# Springer Collected Works in Mathematics

Summer 1953
AMS Summer Institute on Lie algebras and Lie groups, Colby College, Waterville, Maine

Armand Borel

# Oeuvres - Collected Papers I

1948 – 1958

Reprint of the 1983 Edition

 Springer

Armand Borel (1923 – 2003)
The Institute for Advanced Study
Princeton, NJ
USA

ISSN 2194-9875
ISBN 978-3-662-44307-1    (Softcover)
         978-3-540-12126-8    (Hardcover)
DOI 10.1007/978-3-662-44308-8
Springer Heidelberg New York Dordrecht London

Library of Congress Control Number: 2012954381



Printed on acid-free paper

Springer is part of Springer Science+Business Media (www.springer.com)

# Préface

Ces trois volumes contiennent tous les articles que j'ai publiés, seul ou en collaboration, jusqu'en 1982, à l'exception de quelques exposés de Séminaire. N'y figurent pas non plus, bien entendu, les livres ou Notes de cours (à part une introduction). J'ai par contre inclus deux manuscrits restés inédits, ne serait-ce que pour fournir une référence originale à des travaux qui avaient été indirectement publiés, au moins en partie, à l'époque.

Les articles sont pour la plupart reproduits par photocopie. Quelques-uns d'entre eux cependant ont fait l'objet d'une composition typographique. Des corrections mineures ont été faites directement sur le texte. D'autres, plus longues, figurent dans les «Commentaires et corrections» à la fin de chaque volume. Ces derniers fournissent aussi des références à des résultats ultérieurs qui complètent ou généralisent des propositions du texte, ou encore répondent à des questions qui y sont posées. Quelques problèmes encore ouverts à ma connaissance sont aussi signalés. Ni ces renseignements ni les corrections ne prétendent à être exhaustifs.

On remarquera la forte proportion d'articles écrits en collaboration. Ils furent une source de discussions et échanges dont j'ai tiré grand profit, aussi suis-je heureux de saisir cette occasion pour exprimer ma gratitude aux coauteurs de ces travaux, non seulement pour m'avoir autorisé à les reproduire ici, mais avant tout pour la collaboration elle-même.

Enfin, je remercie vivement Springer-Verlag pour la proposition, si flatteuse, de faire figurer mes travaux dans sa série de «Collected Papers» et pour avoir mené à bien cette publication avec son habileté coutumière, en accédant volontiers à toutes mes demandes.

Princeton, Décembre 1982        A. Borel

# Curriculum vitae

Né à la Chaux-de-Fonds, Neuchâtel, Suisse le 21 mai 1923

Études à la section de Mathématiques et Physique de l'École Polytechnique Fédérale, Zürich, 1942–1947. Diplôme en mathématiques au printemps 1947
Assistant à l'E.P.F., 1947–1949
Boursier du C.N.R.S., Paris, 1949–50
Remplaçant du professeur d'algèbre à l'Université de Genève, 1950–1952
Doctorat ès Sciences, Université de Paris, 1952
Membre de l'Institute for Advanced Study, Princeton, 1952–54
Visiting lecturer, University of Chicago, 1954–55
Professeur à l'E.P.F., Zürich, 1955–57
Professeur à l'Institute for Advanced Study, depuis 1957

Invitations de un mois ou plus:
MIT, Cambridge, Mass., printemps 1958, automne 1969
Tata Institute of Fundamental Research, Bombay, janvier-mars 1961, janvier 1968
Université de Paris, janvier-juin 1964
Université de Genève, printemps 1966
Cours à Columbia University, New York, printemps 1968
University of Utrecht, The Netherlands, printemps 1971
University of Buenos Aires, Argentina, août 1973
Institut des Hautes Etudes Scientifiques, Bures-sur-Yvette, automne 1973, juin 1978
Cours à Princeton University, octobre 1974–janvier 1975
University of California at Berkeley, printemps 1975
University of Chicago, printemps 1976
University of Washington, Seattle (Walker Ames Professorship), été 1976
Collège de France, Paris, mai 1977
Yale University, automne 1978
University of Amsterdam, mai 1978
University of Mexico, été 1953, été 1979
Mathematics Institute, Academia Sinica, Beijing, Chine, mai-juin 1981

Membre du Comité de rédaction: Annals of Mathematics 1962–1979; Inventiones Math., depuis 1979

# Table des matières

**Volume I**

# 1.

(avec J. de Siebenthal)

## Sur les sous-groupes fermés connexes de rang maximum des groupes de Lie clos

C. R. Acad. Sci., Paris **226** (1948) 1662−1664

**Théorie des Groupes.** − *Sur les sous-groupes fermés connexes de rang maximum des groupes de Lie clos.* Note [1] de MM. Armand Borel et Jean de Siebenthal, présentée par M. Élie Cartan.

1. Les sous-groupes abéliens maximums d'un groupe de Lie clos $G$ sont tous connexes et ont la même dimension; ce sont des tores $T^l$ dont la dimension définit le rang $l$ de $G$. On peut se proposer d'étudier les sous-groupes fermés connexes $G'$ de $G$ en se plaçant au point de vue du rang; dans le cas où le rang de $G'$ est au rang de $G$, on peut énoncer:

**Théorème 1.** − *Soient $G$ un groupe de Lie clos, $G'$ un sous-groupe fermé connexe de rang maximum de $G$, et $Z'$ le centre de $G'$; alors $G'$ est le normalisateur connexe de $Z'$.*

**Théorème 2.** − *Soient $G$ un groupe de Lie clos, et $G'$ un sous-groupe fermé connexe* maximum *de rang maximum dans $G$; alors $G'$ est le normalisateur d'un élément de $G$.*

Par normalisateur d'un sous-ensemble $H$ de $G$, nous entendons l'ensemble des éléments $x$ de $G$ tels que $x H x^{-1} \subset H$. Remarquons que le théorème 2 peut être en défaut si $G'$ n'est pas maximum; par exemple, $A_1 \times A_1 \times A_1 \subset C_3$ n'est le normalisateur d'aucun élément de $C_3$. Ajoutons que *si $n$, $n'$ et $s$ sont les dimensions respectives de $G$, $G'$, et du centre $Z$ de $G$, on a $n' \leqq n - 2\,(l - s)$.*

2. La démonstration nécessite les notions suivantes [2,3]: au groupe clos $G$ sont associés un espace vectoriel réel $R^l$ et un ensemble $\sum$ de $2m$ formes linéaires $\pm\,\vartheta_1(x), \dots, \pm\,\vartheta_m(x)$, $x \in R^l$: les paramètres angulaires de $G$; la somme $\sum_1^m \vartheta_i^2$ définit dans $R^l$ une métrique euclidienne. Les $(l-1)$ − plans $\vartheta' \equiv 0 \pmod 1$ constituent le diagramme de $G$, et le groupe engendré par les symétries par rapport à ces plans est un groupe spatial $\Gamma$ dont chaque opération conserve le diagramme.

---

1 Séance du 19 mai 1948.

2 E. Cartan, *Annali di Mat.* **4** (1927), 211−225.

3 E. Stiefel, *Comment. Math. Helv.* **14** (1942), 350−380.

1

$R^l$ peut être considéré comme le recouvrement universel du tore $T^l$: $\varrho\, R^l = T^l$; les plans $\vartheta_i \equiv 0$ [2] représentent alors les éléments (dits singuliers) de $T^l$ dont le normalisateur dans $G$ est plus grand que $T^l$. Les opérations de $\Gamma$ définissent des transformations de $T^l$ sur lui-même; ce sont les automorphismes intérieurs de $G$ qui laissent $T^l$ invariant.

Si $G$ est simple, le domaine fondamental de $\Gamma$ dans $R^l$ est un simplexe $P(G)$ défini par le système $\varphi_1 \geqq 0$, ..., $\varphi_l \geqq 0$, $\omega \leqq 1$ où $\varphi_1$, ..., $\varphi_l$ sont $l$ paramètres angulaires (fondamentaux); $\omega = \sum_{1,\ldots,l} m_i\, \varphi_i$ est le paramètre angulaire dominant ($m_i$ entiers positifs). Si $\vartheta_i(x) = -\vec{\vartheta}_i \cdot \vec{x}$, on peut représenter $\vec{\varphi}_1$, ..., $\vec{\varphi}_l$, $-\vec{\omega}$ par $l+1$ points $P_1$, ..., $P_l$, $P$ reliés par 0, 1, 2 ou 3 traits suivant que l'angle des vecteurs correspondants est 90°, 120°, 135° ou 150°. La figure obtenue est la figure de Schläfli $\mathfrak{F}(G)$.

3. On parvient maintenant aux propositions énoncées à l'aide des lemmes suivants, qui supposent $T^l \subset G' \subset G$.

A. *Soit $G'$ un sous-groupe fermé connexe de $G$ ayant même rang; les paramètres angulaires de $G'$ sont des paramètres angulaires de $G$.*

B. *Si $\pm\vartheta_1$, ..., $\pm\vartheta_{m'}$ sont les paramètres d'un sous-groupe, les points $x$ de $R^l$ tels que $\vartheta'_{m+j}(x) \equiv 0$ $(j = 1, \ldots, m - m')$ recouvrent le centre de $G$.*

C. *Soit $\pm\vartheta_1$, ..., $\pm\vartheta_{m'}$ un sous-ensemble $\sum'$ de $\sum$; la condition nécessaire et suffisante pour que $\sum'$ soit l'ensemble des paramètres angulaires d'un sous-groupe $G'$ de $G$ ayant même rang, est que tout paramètre angulaire de $\sum$ qui est une combinaison linéaire à coefficients entiers de paramètres de $\sum'$ appartienne déjà à $\sum'$.*

Le lemme (A) est essentiel dans toutes les propositions; (B) est utilisé dans (C) et pour établir l'inégalité $n' \leqq n - 2\,(l - s)$, (C) est le lemme principal.

4. Le théorème 2 permet de déterminer d'une façon simple tous les sous-groupes maximums $G'$ de rang maximum d'un groupe simple $G$ donné, sans distinguer entre deux sous-groupes conjugués.

Soient $\varphi_1(x)$, ..., $\varphi_l(x)$ les coordonnées de $x \in R^l$, et $S_j(0, \ldots, 0, 1/m_j, 0, \ldots, 0)$ $(j = 1, 2, \ldots, l)$ les sommets de $P(G)$ distincts de l'origine $O$. $G'$ est ou bien le normalisateur de $\varrho\, S_j$ pour $m_j$ premier plus grand que 1 ou bien le normalisateur d'un élément intérieur à l'arête $\varrho\,(O\,S_i)$ pour $m_i = 1$. Les paramètres angulaires fondamentaux de $G'$ sont $\varphi_1$, ..., $\varphi_{j-1}$, $-\omega$, $\varphi_{j+1}$, ..., $\varphi_l$ dans le premier cas, et $\varphi_1$, ..., $\varphi_{i-1}$, $\varphi_{i+1}$, ..., $\varphi_l$ dans le second; ainsi, en supprimant dans $\mathfrak{F}(G)$ le point $P_j$ ou les deux points $P$, $P_i$ (ainsi que les traits issus de ces points), on peut lire la structure de $G'$.

*Résultats.* — Les valeurs utiles de $m_k$ sont 1, 2, 3 ou 5. Pour $m_k = 1$ ou 2, on obtient les sous-groupes caractéristiques des automorphismes involutifs de $G$ appartenant au groupe adjoint continu, l'espace homogène $G/G'$ étant symétrique et irréductible [4].

Pour $m_k = 3$, on obtient $A_2 \times A_2 \times A_2 \subset E_6$, $A_2 \times A_5 \subset E_7$, $A_8$ et $A_2 \times E_6 \subset E_8$, $A_2 \times A_2 \subset F_4$, et $A_2 \subset G_2$. Pour $m = 5$, seulement $A_4 \times A_4 \subset E_8$ [5].

---

4 E. Cartan, *Bull. Soc. Math.* **55** (1927), 126−132.

5 Les démonstrations détaillées seront publiées prochainement; d'autres mémoires sur les sous-groupes paraîtront ultérieurement.

**2.**

# Some remarks about Lie groups transitive on spheres and tori

Bull. Amer. Math. Soc. **55** (1949) 580–587

The present note pertains principally to two papers of D. Montgomery and H. Samelson [1, 2],[1] in which the authors study compact Lie groups transitive on tori [1] and spheres [2]. I will here prove in another way, generalize, and sharpen a part of their results. §1 contains the remarks to [1], §2 to [2]; they are independent of one another and the methods used in both are quite different.

I recall first the definition and some simple properties of homogeneous spaces. A manifold $W$ is a homogeneous space under the Lie group[2] $G$ if to each element $a$ of $G$ there corresponds a differentiable transformation $T_a : x \to T_a(x)$ of $W$ into itself such that:

(1) $T_a(x)$ depends continuously on the pair $a \in G$, $x \in W$.

(2) To the product $(ab)$ corresponds the mapping $x \to T_{(ab)}(x) = T_a[T_b(x)]$.

(3) Given any two points $x$, $y$ in $W$, there exists $a \in G$ such that $T_a(x) = y$ (that is, $G$ is *transitive* on $W$).

$G$ is said to be *effective* on $W$ if only the identity element $e$ of $G$ induces the identity transformation of $W$.

Let us choose an arbitrary point $x$ of $W$. The set of elements $h$ in $G$ for which $T_h(x) = x$ is a closed subgroup $H$ of $G$, called the *associated group*. As is well known [3, no. 29], $W$ may be identified with the space of left cosets $G/H$, the mappings $T_a$ being then: $xH \to (ax)H$. Actually, $H$ depends on the choice of $x \in W$ and should be denoted $H_x$, but I shall in general drop the index $x$ as there will be no danger of confusion and also because all the groups $H_x$ $(x \in W)$ are conjugate to each other in $G$.

When considering a homogeneous space as the space of left cosets, it is quite easy to prove that *every subgroup of $H$ which is invariant in $G$ induces the identity mapping of $W$*, and, conversely, *a subgroup of $H$, each element of which induces the identity of $W$, is invariant in $G$.*

1. **The $n$-dimensional torus as a homogeneous space.** In [1], D. Montgomery and H. Samelson proved that a Lie group which acts transitively and effectively on the $n$-dimensional torus is itself the $n$-dimensional toral group $T^n$. Actually, as they remark at the end of

---

Received by the editors June 8, 1948.

[1] Numbers in brackets refer to the bibliography at the end of the paper.

[2] The manifolds and Lie groups considered here are always *compact*.

3

their note, their proof gives at the same time the stronger theorem:

*Let $W$ be an $n$-dimensional homogeneous space under a compact connected Lie group $G$, the first Betti number of $W$ being $n$.*

*Then $W$ is homeomorphic to the $n$-dimensional torus, and if $G$ is effective on $W$, it is isomorphic to $T^n$.[3]*

I shall prove here the more general theorem:

THEOREM I. *Let $W$ be an $n$-dimensional homogeneous space under the compact connected Lie group $G$. Let us suppose that for one index $j$ ($1 \leq j \leq n-1$) the jth Betti number of $W$ equals the binomial coefficient $C_{n,j}$. Then:*

(a) *$W$ is homeomorphic to the $n$-dimensional torus;*

(b) *if $G$ is effective on $W$, $G$ is isomorphic to the $n$-dimensional toral group $T^n$.[3]*

The demonstration is quite different from that given in [1] in the case $j=1$, and employs the theory of integral invariants on a homogeneous space [4], the main theorems of which I review now.

Let us denote by $p_j$ the $j$th Betti number of $W$ and by $n_j$ the number of linearly independent differential exterior forms of degree $j$ on $W$ which are invariant under all transformations of $G$. Then we always have:

$$p_j \leq n_j \leq C_{n,j}.$$

The first inequality follows from the theorems of G. de Rham [5] and from the fact that every closed form is equivalent to an invariant one [4, Theorem I]. To obtain the second inequality one needs only to remark that an invariant form is completely determined by its value at one point of $W$.

Let now $x_0$ be a definitely chosen point of $W$, $H = H_{x_0}$ the associated group; we can take in a neighborhood $U(e)$ of $e$ in $G$ canonical coordinates $x_1, x_2, \cdots, x_n, x_{n+1}, \cdots, x_{n+s}$ such that $H \cap U(e)$ is the $s$-plane of the last $s$ coordinates; $x_1, \cdots, x_{n+s}$ may also be taken as coordinates in the tangent space to $G$ at $e$. The transformations: $x \rightarrow (a^{-1}xa)$, where $a \in G$, $x \in U$, are linear, and form the adjoint linear group of $G$, which I shall denote by Ad $G$. $G$ being compact, Ad $G$ may be assumed to be orthogonal. The representation of $H$ contained in Ad $G$ splits then into two parts, one of which is a linear group $\gamma$ leaving invariant the set of variables $x_1, \cdots, x_n$. But $x_1, \cdots, x_n$ can be taken as coordinates in a neighborhood $V(x_0)$ of $x_0$ in $W$ (or

---

[3] *$G$ being then abelian, $H$ reduces to the identity element if $G$ is effective; $W$ may be identified with the manifold of $G$.*

as coordinates in the vector space $L(x_0)$ tangent to $W$ at $x_0$), so that $\gamma$ indicates how $H$ acts on $V(x_0)$ (or on $L(x_0)$).

To $\gamma$ there corresponds a linear group $\gamma_j$ of degree $C_{n,j}$: the group of transformations of $j$-dimensional elements of $L(x_0)$ induced by the operations of $\gamma$. The following theorem allows us to compute, at least theoretically, $n_j$ with the help of $\gamma_j$ (see [4, nos. 25, 28]).

*The number of linearly independent invariant differential forms of degree $j$ equals the number of times the trivial representation[4] of $H$ occurs in $\gamma_j$.*

If $W$ is the manifold of a group $G'$, one takes as transformation group of $W$ the left and the right translations of $G'$; then $G = G' \times G'$, and the differential forms invariant under $G$ are the doubly (left *and* right) invariant forms. The associated group $H_e$ is isomorphic to Ad $G'$ and the number $n_j$ of doubly invariant independent forms is also given by the previous theorem, where $\gamma$ is replaced by Ad $G'$ and $\gamma_j$ by the corresponding group (Ad $G'$)$_j$ of transformations of $j$-dimensional elements (see [4, no. 53]).

Theorem I will be an immediate consequence of the results mentioned above and of the following rather trivial lemma:

LEMMA. *Let $A$ be a regular $n \times n$ matrix, $A_j$ the matrix of degree $C_{n,j}$ giving the transformation of $j$-dimensional planes induced by $A$.*

*If for one index $j$ $(1 \le j \le n-1)$ $A_j = E$ (identity matrix), then $A = \pm E$.*

PROOF. The coefficients of $A_j$ are the determinants of degree $j$ of $A$, and especially the diagonal terms of $A_j$ are the principal $j$-minors of $A$.

If $A \ne cE$, then there is at least one vector $\vec{x}$ which is not eigenvector of the linear transformation: $\vec{x} \to A\vec{x}$ given by $A$, that is, $\vec{x}$ and $A\vec{x}$ are linearly independent. Let $\pi_j$ be a $j$-dimensional plane containing $\vec{x}$ but not $A\vec{x}$ (such a plane exists, since $j \le n-1$). $\pi_j$ is certainly not invariant under $A_j$ and $A_j \ne E$, which contradicts the assumption. Therefore we must have $A = cE$; but then each diagonal term of $A_j$ equals $c^j$; if $A_j = E$, one has $c = \pm 1$ and $A = \pm E$.

PROOF OF THEOREM I. Let $W$ be a $n$-dimensional homogeneous space, one Betti number $p_j$ of which equal $C_{n,j}$. Then we know that $n_j = C_{n,j}$ and that $\gamma_j$ reduces to the identity matrix. The previous lemma shows that $\gamma$ consists either of $E$ or of $+E$ and $-E$. In the former case, every element of the associated group $H$ induces the identity mapping of a neighborhood $V(x)$ of $x$ in $W$, and therefore

---

[4] That is, the representation of degree 1 which assigns the number one to each element of $H$.

on the whole of $W$.[5] $H$ is then invariant in $G$ and $W$ is homeomorphic to the manifold of a group $G' = G/H$. We also see that, if $G$ is effective on $W$, $H = \{e\}$ and $G' = G$.

In the second case $(-E \in \gamma)$, $H$ possesses a subgroup $H_1$ of index two represented by $+E$ in $\gamma$. $H_1$ is invariant in $G$, $\overline{W} = G/H_1$ is the manifold of a group $G'$ and $p_j(\overline{W}) \leqq C_{n,j}$. But on the other hand $\overline{W}$ is a two-fold covering space of $W$ and therefore, as is known, $p_j(\overline{W}) \geqq p_j(W)$. Thus $p_j(\overline{W}) = C_{n,j}$.

We know now that, if $p_j(W) = C_{n,j}$, then $W$ is either homeomorphic to or twice covered by the manifold of a group $G'$, and that $G = G'$ if $G$ is effective on $W$. The latter case cannot occur when $G'$ is abelian (see footnote 3).

We have seen that $p_j(G') = C_{n,j}$. Theorem I will therefore be completely proved if we establish the proposition:

*Let $W$ be the manifold of a compact connected $n$-parameter Lie group $G$. For one index $j$ $(1 \leqq j \leqq n-1)$ let $p_j(W) = C_{n,j}$.*

*Then $G$ is isomorphic to the $n$-dimensional toral group $T^n$.*

PROOF. This could be deduced from theorems of E. Cartan and H. Hopf on the Poincaré polynomials of compact Lie groups, but we can also follow the same method as above: if $p_j = C_{n,j}$ then $n_j = C_{n,j}$, $(\text{Ad } G)_j = E$ and $\text{Ad } G = E$ ($\text{Ad } G$ is connected and contains only one element if it is discrete). That means that $(a^{-1}xa) = x$ for $a \in G$, $x \in U(e)$, and therefore also for every $x \in G$, since an element of a connected topological group may be written as the product of a finite number of elements taken in an arbitrary neighborhood $U(e)$ of the identity. $G$ is then abelian; being compact and connected, it is isomorphic to $T^n$ according to a well known theorem [3, no. 43]).

## 2. Even-dimensional spheres as homogeneous spaces.

In [2], Montgomery and Samelson study spheres of arbitrary dimensions; their results and demonstrations show that the cases of even and odd dimensionality have to be treated separately. Here I shall consider only the simpler one: even-dimensional spheres.

It is first shown in [2] that a compact connected Lie group acting transitively and effectively on an even-dimensional sphere $S^n$ is simple. $S^n$ being simply connected and having, for $n$ even, an Euler-characteristic $\chi(S^n)$ equal to two, that theorem is contained in the following statement:

THEOREM II. *Let $G$ be a compact connected Lie group acting transi-*

---

*tively and effectively on a simply connected space $W$ which has an Euler-characteristic equal to a prime number.*

*Then $G$ is simple.*

The proof is based on a theorem of H. Hopf and H. Samelson [6] which I shall formulate a little later, but first I must recall some points of the theory of compact Lie groups.

1    All maximal abelian subgroups of a compact connected Lie group are toral groups and conjugate to each other (see for example [6, no. 4]). Their common dimension $r$ defines the *rank $r(G)$* of $G$. Let $T^r$ be a maximal toral group; the normalizer $N(T^r)$ of $T^r$ (that is, the totality of elements $x \in G$ for which $x^{-1}T^r x \subset T^r$) has also the dimension $r$ and consists of a finite number of cosets of $T^r$ [6, Hilfs-satz 2]; each coset defines one automorphism of $T^r$ and the group $N(T^r)/T^r$ is isomorphic to the group of automorphisms of $T^r$ obtained by means of the inner automorphisms of $G$ leaving $T^r$ invariant; this group plays a fundamental role in the theory of semi-simple Lie groups. I shall call it $\Phi(G)$; it is independent of the choice of $T^r$ since all maximal toral groups of $G$ are conjugate to each other. If $H$ is a proper subgroup of $G$ having the same rank as $G$, the group $\Phi(H)$ is of course a subgroup of $\Phi(G)$. *If $H$ is a proper connected subgroup of same rank as $G$, then $\Phi(H)$ is a proper subgroup of $\Phi(G)$.* This is not explicitly stated, but follows easily from the theory of singular elements in a compact group (see, for example [7], especially §2, nos. 5, 7).

The theorem of Hopf and Samelson I need is:

*Let $W$ be a homogeneous space under a compact connected Lie group. Then $\chi(W) \geqq 0$; it is positive if and only if the rank of the associated group $H$ equals the rank of $G$; in that case, $\chi(W)$ is equal to the index of $\Phi(H)$ in $\Phi(G)$.*[6]

PROOF OF THEOREM II. Let $W$ be a homogeneous space possessing the properties listed in Theorem II, and let $H$ be the associated group; then $r(H) = r(G)$; moreover, $W$ being simply connected, $H$ is connected [3, no. 31],[7] and we see, by the way, that $\chi(W) > 1$. Let us call a connected subgroup of $G$ *maximal* if it is not contained in another *connected* proper subgroup of $G$. Then, if $\chi(W)$ is a prime number, $H$ is maximal, for if there were a connected group $H'$ such that $H \subset H' \subset G$, $H \neq H' \neq G$, we should have $\Phi(H) \subset \Phi(H') \subset \Phi(G)$ with $\Phi(H) \neq \Phi(H')$

---

[6] That is, the quotient of the order of $\Phi(G)$ by the order of $\Phi(H)$.

[7] In our special case, the converse is also true: *If $H$ is connected and if $r(H) = r(G)$, then $G/H$ is simply connected.* This follows from the fact that $H$ contains a toral group $T^r$ maximal in $G$ and that every closed curve in $G$ is homotopic to a closed curve in $T^r$.

7

$\neq \Phi(G)$ (see the previous paragraph), and the index of $\Phi(H)$ in $\Phi(G)$ could not be a prime number.

Let us suppose now that $G$ is not simple. Then $G = \overline{G}/N$, where $N$ is a finite group and $\overline{G}$ a direct product $G_1 \times G_2 \times \cdots \times G_k$ of compact simple groups [3, no. 52]; $W$ may be considered in an evident way as a homogeneous space under $\overline{G}$, the associated group $\overline{H}$ being the reciprocal image of $H$ in $\overline{G}$. If $G$ is effective then $\overline{G}$ is "almost effective," that is, only a finite number of elements in $\overline{G}$ induce the identity mapping of $W$. It is clear that $\overline{H}$ is maximal in $\overline{G}$ and that $r(\overline{H}) = r(\overline{G})$; from the last equality it may be deduced readily that $\overline{H}$ is itself a direct product $H_1 \times H_2 \times \cdots \times H_k$ ($H_i \subset G_i$, $i = 1, \cdots, k$). One $H_i$ at least must be different from the $G_i$ in which it lies; let us suppose that $H_1 \neq G_1$, then, $H$ being maximal in $G$, we have $H_i = G_i$ ($i = 2, 3, \cdots, k$).

$G_2 \times G_3 \times \cdots \times G_k$ is now a *connected* subgroup of $\overline{H}$ which is invariant in $\overline{G}$; it must contain only the identity element if $\overline{G}$ is almost effective; therefore, $G$ is isomorphic to $G_1/N$ and is simple, q.e.d.

In [2] D. Montgomery and H. Samelson also determined the simple groups which act transitively on $S^n$. Their method is of topological nature and requires the knowledge of the homology rings of simple groups; it could not be applied to the exceptional groups.

Another method is suggested by the previous considerations; it consists in finding directly the associated group $H$. We have seen that if $G/H$ is homeomorphic to $S^n$ ($n$ even) then $H$ is connected, maximal (in the sense of the proof of Theorem II), has the same rank as $G$ and a group $\Phi(H)$ of index two in $\Phi(G)$.

In a paper I wrote with J. de Siebenthal (Lausanne), which will appear in the Comment. Math. Helv.,[8] we study the subgroups of maximal rank of compact Lie groups and we give, for each simple group of the Killing-Cartan classification, a list of all types of connected maximal subgroups having the same rank as the group itself. On the other hand, the orders of the groups $\Phi$ may be easily computed: for the simple groups, they are to be found for example in [8], for the others, they are given by the relation $\Phi(G_1 \times G_2) = \Phi(G_1) \times \Phi(G_2)$. By studying that list of maximal subgroups, I found that the index of $\Phi(H)$ in $\Phi(G)$ equals 2 only in the following cases:

(a) $D_r$ in $B_r$, $r = 1, 2, \cdots$;[9]

---

[8] A summary is given in a note published in C. R. Acad. Sci. Paris vol. 226 (1948) pp. 1662–1664.

[9] I follow the usual notations: $B_r$ and $D_r$ are the unimodular orthogonal groups of respectively $2r+1$ and $2r$ variables, $A_r$ the unimodular unitary group, $C_r$ the unitary symplectic group of $2r$ variables, $G_2$, $F_4$ the exceptional groups of 14 and 52 parameters.

(b) $A_2$ in $G_2$.

According to the theorem of Hopf and Samelson, the characteristic of the spaces $B_r/D_r$ and $G_2/A_2$ is two. But it is well known that these spaces are really homeomorphic to spheres ($G_2$ is the automorphism-group of the Cayley numbers and acts transitively on the purely imaginary Cayley numbers of norm one, which are in a one-to-one correspondence with the points of $S^6$). Thus we have proved the following two theorems, the first of which is slightly stronger than the result obtained in [2, Theorem II, p. 462].

THEOREM III. *The only compact connected simple Lie group acting transitively on the even-dimensional sphere $S^{2r}$ is locally isomorphic to $B_r$ ($r=1, 2, \cdots$), and also, for $r=3$, to $G_2$.*

THEOREM IV. *The even-dimensional spheres are, up to a homeomorphism, the only simply-connected spaces of characteristic two on which compact connected Lie groups act transitively.*

Theorem III gives thus an infinity of simply-connected homogeneous spaces of characteristic 2. This fact occurs only for the prime number 2. More precisely, we can assert the following theorem:

THEOREM V. *For each prime number $p>2$, there are only a finite number of simply-connected spaces of characteristic $p$ on which compact connected Lie groups act transitively.*[10] *These spaces are homeomorphic to*:
  (1) $A_{p-1}/A_{p-2} \times T^1$ *(dimension $2(p-1)$)*,
  (2) $C_p/C_{p-1} \times C_1$ *(dimension $4(p-1)$)*,
*and, for $p=3$*:
  $F_4/B_4$ *(dimension 16) and $G_2/A_1 \times A_1$ (dimension 8)*.

This can be checked with the help of the list of maximal subgroups already cited.

### BIBLIOGRAPHY

1. D. Montgomery and H. Samelson, *Groups transitive on the n-dimensional torus*, Bull. Amer. Math. Soc. vol. 49 (1943) pp. 455–456.

2. ———, *Transformation groups of spheres*, Ann. of Math. vol. 44 (1943) pp. 454–470.

3. E. Cartan, *La théorie des groupes finis et continus et l'analysis situs*, Mémorial des Sciences Mathématiques vol. 42 (1930).

4. ———, *Sur les invariants intégraux de certains espaces homogènes clos ...*, Polskie Towarzystwo matematyczne, Krakow, Rocznik vol. 8 (1929) pp. 182–225;

---

[10] The space $G/H$ is automatically of even dimension if $r(H)=r(G)$, for we have for every compact $n$-parameter Lie group the relation $n \equiv r(G)$ (modulo 2) (see [7, p. 359]).

also *Selecta*, Paris, 1939, pp. 203–233.

5. G. de Rham, *Sur l'analysis situs des variétés à n dimensions.* J. Math. Pures Appl. vol. 10 (1931) pp. 115–200.

6. H. Hopf und H. Samelson, *Ein Satz über die Wirkungsräume geschlossener Liescher Gruppen*, Comment Math. Helv. vol. 13 (1941), pp. 240–251.

7. E. Stiefel, *Ueber eine Beziehung zwischen geschlossenen Lie'schen Gruppen und . . .* , Comment. Math. Helv. vol. 14 (1942), pp. 350–380.

8. E. Witt, *Spiegelungsgruppen und Aufzählung halbeinfacher Lie'scher Ringe*, Abh. Math. Sem. Hamburgischen Univ. vol. 14 (1941) pp. 289–322.

ZÜRICH, SWITZERLAND

**3.**

(avec J. de Siebenthal)

## Les sous-groupes fermés de rang maximum des groupes de Lie clos

Comment. Math. Helv. **23** (1949) 200–221

1     Dans un groupe de Lie compact $G$, tout sous-groupe abélien maximum est clos, puisqu'il est fermé, et de plus connexe[1]); c'est donc un produit direct de $l$ groupes clos à un paramètre[2]), appelé toroïde à $l$ dimensions ; $l$ ne dépend que de $G$ et non du sous-groupe abélien considéré et définit le *rang* de $G$ (au point de vue global).

L'objet de ce travail est l'étude des sous-groupes fermés (donc de Lie) connexes d'un group de Lie clos possédant le même rang que le groupe, ou, si l'on veut, ayant avec le groupe un toroïde maximum commun. Ils sont complètement caractérisés par le théorème suivant, démontré au N° 6 :

*Soient $G'$ un sous-groupe fermé connexe de rang maximum d'un groupe de Lie clos $G$ et $Z'$ le centre de $G'$ ; alors, $G'$ est la composante connexe du normalisateur dans $G$ de $Z'$.*

Par normalisateur dans $G$ d'un sous-groupe $Z'$, nous entendons ici, selon l'usage habituel, l'ensemble des éléments $x$ de $G$ pour lesquels :

$$x^{-1} Z' x \subset Z'$$

c'est un sous-groupe fermé de $G$, de rang maximum si $Z'$ est abélien.

On peut aussi dire qu'un sous-groupe connexe de rang maximum est entièrement défini par son centre.

Cette étude se fera à l'aide du diagramme ou, ce qui revient au même, des vecteurs racines de $G$, dont nous rappelons les définitions et principales propriétés au N° 1. Leur emploi mène rapidement au but ici grâce au fait que les vecteurs racines d'un sous-groupe de même rang sont

---

*) Un résumé de cet article a paru dans les Comptes Rendus, t. **226** (1948) p. 1662/4.

[1]) *H. Hopf*, Über den Rang geschlossener Liescher Gruppen, Comm. Math. Helv. **13** (1940—41), p. 119—143, N° 23.

[2]) *E. Cartan*, La théorie des groupes finis et continus et l'analysis situs, Mémorial Sc. Math. **XLII**, Paris 1930, N° 42.

11

aussi vecteurs racines du groupe (Théorème 2), ce qui n'est en général pas vrai pour les sous-groupes de rangs inférieurs à celui du groupe. Cette proposition nous conduit à chercher un critère pour qu'un système de vecteurs racines pris parmi ceux de $G$ corresponde à un sous-groupe fermé. Nous donnons à cet effet au N° 4 une condition nécessaire (Théorème 3) d'où nous déduisons une borne supérieure pour le nombre des paramètres d'un sous-groupe de même rang. Ensuite, une propriété des vecteurs racines démontrée au N° 2, jointe au théorème 3, nous permet d'obtenir au N° 5 une condition nécessaire et suffisante, qui équivaut à l'énoncé donné plus haut. Enfin, le N° 7 est consacré à la détermination explicite des plus grands sous-groupes de même rang des groupes simples clos.

En nous proposant l'examen des sous-groupes *fermés*, nous nous plaçons automatiquement à un point de vue global, et effectivement nous considérons dans ce travail toujours les groupes ,,en grand" ; mais il est à remarquer que l'on pourrait traiter le problème par la méthode infinitésimale car *tout sous-groupe de Lie local d'un groupe clos $G$ qui est de rang maximum, c'est-à-dire contient un noyau de sous-groupe abélien maximum dans $G$, est le noyau d'un sous-groupe en grand fermé dans $G$.* Nous reviendrons sur ce point au N° 8.

Dans ce mémoire, nous nous occupons exclusivement des sous-groupes de même rang que le groupe, nous réservant pour plus tard l'étude des sous-groupes de rang quelconque. Mentionnons cependant que les considérations du N° 4 s'étendent avec peu de modifications au cas général, ce qui n'est pas le cas pour le N° 5.

Il nous est agréable de remercier ici MM. H. Hopf et E. Stiefel de leurs conseils. C'est directement à l'instigation de ce dernier que l'un de nous (A. Borel) s'est occupé de la question traitée ici, à l'étude de laquelle J. de Siebenthal a été amené par l'examen de problèmes topologiques proposés par M. Hopf.

**1.** Dans la suite $G$ désignera toujours, même si nous ne le mentionnons pas expressément, un groupe de Lie compact connexe et $G'$ un sous-groupe fermé connexe de rang maximum de $G$.

Soit $T^l$ un toroïde maximum de $G$. On peut toujours rapporter un entourage $U(e)$ de l'élément neutre à des coordonnées orthogonales canoniques $x_1, x_2, \ldots, x_n$ (de première espèce) dans lesquelles [3]) :

---

[3]) Pour les théorèmes de ce paragraphe, voir *E. Stiefel*, Über eine Beziehung zwischen geschlossenen Lieschen Gruppen und ..., Comm. Math. Helv. **14**, 1941/42, p. 350—379.

a) le groupe adjoint linéaire de $G$ est orthogonal.

b) $x_1, \ldots, x_l$ sont les coordonnées de $T^l \frown U(e)$; la multiplication dans $T^l$ est représentée par l'addition des coordonnées et l'image de $T^l$ dans le groupe adjoint linéaire de $G$ est formée par des matrices du type :

$$\begin{pmatrix} E_l & & & \\ & D_1(x) & & 0 \\ 0 & & \ddots & \\ & & & D_m(x) \end{pmatrix} \qquad D_i(x) = \begin{pmatrix} \cos 2\pi\vartheta_i(x) & -\sin 2\pi\vartheta_i(x) \\ \sin 2\pi\vartheta_i(x) & \cos 2\pi\vartheta_i(x) \end{pmatrix}$$

$\pm\,\vartheta_1(x), \pm\,\vartheta_2(x), \ldots, \pm\,\vartheta_m(x)$ étant des formes linéaires en $x_1, \ldots, x_l$; ce sont les *paramètres angulaires* de $G$; deux paramètres $\vartheta_i, \vartheta_j$ quelconques sont linéairement indépendants.

Prenons $x_1, \ldots, x_l$ comme coordonnées dans un espace $R^l$ à $l$ dimensions ; l'addition vectorielle fait de $R^l$ le groupe de recouvrement universel simplement connexe de $T^l$; réciproquement, on obtiendra $T^l$ à partir de $R^l$ en identifiant entre eux les points équivalents par rapport à un réseau à $l$ dimensions, le réseau unité, qui est le noyau de l'homomorphisme de $R^l$ sur $T^l$. Cette correspondance entre $R^l$ et $T^l$ permet de considérer un système $(x_1, \ldots, x_l)$ comme caractérisant indifféremment un point de $R^l$ ou un élément de $T^l$, ce dont nous ferons constamment usage. Les plans à $l - 1$ dimensions :

$$\vartheta_i(x) \equiv 0 \ (\text{modulo } 1), \qquad i = 1, 2, \ldots, m$$

définissent dans $R^l$ le *diagramme de G* que nous noterons $D(G)$. Ces plans contiennent les *éléments singuliers* de $T^l$ [4]), c'est-à-dire ceux dont le normalisateur dans $G$ est plus grand que $T^l$; si un point se trouve sur $k$ plans, son normalisateur connexe possède $l + 2k$ paramètres.

Nous considérerons $R^l$ comme un espace euclidien, avec la métrique $x_1^2 + x_2^2 + \cdots + x_l^2$; les symétries aux plans du diagramme laissent ce dernier et le réseau des points équivalents à l'élément neutre invariants. En tant que transformations de $T^l$, elles sont fournies par des automorphismes intérieurs de $G$ laissant $T^l$ invariant. Les transformations de $T^l$ obtenues à l'aide de ces automorphismes constituent un groupe qui est isomorphe (holoédrique) au groupe $\mathit{\Psi}$ engendré par les symétries aux plans du diagramme contenant l'origine. $\mathit{\Psi}$ est un groupe fini.

---

[4]) Les formes $\pm\,2\pi\sqrt{-1}\,\vartheta_i$ sont les racines de $G$, au sens de la théorie infinitésimale; les éléments singuliers du texte et contenus dans $T^l \frown U(e)$ sont portés par les groupes à un paramètre qu'engendrent les transformations infinitésimales de $T^l$ dont le polynôme caractéristique admet la racine zéro avec une multiplicité plus grande que $l$.

On peut aussi caractériser le diagramme par un système de $2m$ vecteurs racines $\pm\vec{\vartheta}_1, \pm\vec{\vartheta}_2, \ldots, \pm\vec{\vartheta}_m$ introduits par *H. Weyl*. $\vec{\vartheta}_i$ est le vecteur contravariant dont les composantes covariantes sont les coefficients du paramètre angulaire $-\vartheta_i$; $\vec{\vartheta}_i$ est donc perpendiculaire au plan $\vartheta_i = 0$. Ces vecteurs vérifient les conditions [5]:

$$(1) \qquad 2\frac{(\vec{\vartheta}_i, \vec{\vartheta}_j)}{(\vec{\vartheta}_i, \vec{\vartheta}_i)} \quad \text{est un nombre entier } ((\vec{\vartheta}_i, \vec{\vartheta}_j) \text{ est le produit scalaire ordinaire}).$$

$$(2) \qquad \text{Si } 2\frac{(\vec{\vartheta}_i, \vec{\vartheta}_j)}{(\vec{\vartheta}_i, \vec{\vartheta}_i)} = k, \quad \vec{\vartheta}_j - \varepsilon\vec{\vartheta}_i, \vec{\vartheta}_j - 2\varepsilon\vec{\vartheta}_i, \ldots, \vec{\vartheta}_j - k\vec{\vartheta}_i,$$
$$(\varepsilon = \text{signe de } k) \text{ sont aussi des vecteurs racines.}$$

(2) est du reste une conséquence de (1) et du fait que les vecteurs racines sont deux à deux opposés.

Toutes ces propriétés sont en général énoncées pour les groupes compacts semi-simples, mais elles s'étendent d'elles-mêmes aux groupes clos quelconques, qui sont toujours localement isomorphes au produit direct d'un groupe semi-simple et d'un groupe commutatif indiquant la présence d'un centre continu; si celui-ci est à $s$ paramètres, les plans $\vartheta_i = 0$, $i = 1, \ldots, m$ se couperont suivant un espace $R^s$ à $s$ dimensions; les vecteurs racines sous-tendent l'espace $R^{l-s}$ complémentaire de $R^s$, et réciproquement. $R^{l-s}$ recouvre le toroïde maximum de la composante semi-simple; si cette dernière n'est pas simple, elle est (au moins localement) produit direct de $k$ groupes simples et les vecteurs racines se répartissent en $k$ systèmes de vecteurs, mutuellement orthogonaux, correspondant aux différents groupes simples, et réciproquement.

Si le centre continu de $G$ a $s$ paramètres, le domaine fondamental de $\Psi$ est limité par $l - s$ plans, disons $\vartheta_1 = 0$, $\vartheta_2 = 0, \ldots, \vartheta_{l-s} = 0$; tous les autres paramètres angulaires sont combinaisons linéaires à coefficients *entiers* de $\vartheta_1, \vartheta_2, \ldots, \vartheta_{l-s}$, qui sont dits pour cela former un système de *paramètres fondamentaux*; en multipliant éventuellement certains paramètres par $(-1)$, on peut faire en sorte que tous les coefficients soient positifs ou nuls, le domaine fondamental de $\Psi$ étant alors donné par les relations $\vartheta_i(x) \geq 0$, $i = 1, \ldots, l - s$.

---

[5] Voir *B. L. van der Waerden*, Die Klassifikation der einfachen Lieschen Gruppen, Math. Zeitschr. **37**, 1933, pp. 448; aussi *E. Stiefel*, l. c. note 3, p. 378; les vecteurs définis par M. Stiefel ne sont pas exactement les vecteurs racines, mais ont les longueurs inversément proportionnelles.

Rappelons encore que, d'après un théorème de *E. Cartan*[6]) tout élément de $G$ a au moins un conjugué par un automorphisme intérieur dans tout domaine fondamental du groupe engendré par les symétries à tous les plans du diagramme. Ce domaine est un simplexe[6]) si le groupe est simple, un produit topologique de simplexes et d'un espace $R^s$ dans le cas général. L'angle de deux faces est toujours de la forme $\pi/k$, $k$ entier, ce qui permet de représenter ce polyèdre par un graphe très simple, dû à Schläfli, que nous utiliserons au N° 7.

Si $G$ est simple, on obtiendra les points du simplexe en ajoutant au système $\vartheta_i(x) \geq 0$, $i = 1, \ldots, l$ une équation $\vartheta(x) \leq 1$ où $\vartheta = c_1 \vartheta_1 + c_2 \vartheta_2 + \cdots + c_l \vartheta_l$ est le *paramètre dominant*, ainsi nommé parce que $c_i$ est le plus grand coefficient de $\vartheta_i$ qui intervienne dans les expressions des paramètres angulaires en fonction de $\vartheta_1, \vartheta_2, \ldots, \vartheta_l$.

## 2. Une propriété des vecteurs racines

**Théorème 1.** *Soient $G$ un groupe compact et $\vec{\vartheta}, \vec{\vartheta}_1, \ldots, \vec{\vartheta}_h$ $h + 1$ vecteurs racines de $G$ tels que :*

(a) $\vec{\vartheta}_1, \vec{\vartheta}_2, \ldots, \vec{\vartheta}_h$ *soient indépendants.*

(b) $\vec{\vartheta} = a_1 \vec{\vartheta}_1 + \cdots + a_p \vec{\vartheta}_p - a_{p+1} \vec{\vartheta}_{p+1} - \cdots - a_h \vec{\vartheta}_h$, *les $a_i$ étant positifs.*

*Alors, il existe au moins un indice $k$ tel que, ou bien $\vec{\vartheta} - \vec{\vartheta}_k$, si $k \leq p$, ou bien $\vec{\vartheta} + \vec{\vartheta}_k$ si $k > p$ soit un vecteur racine de $G$.*

Prenons les vecteurs $\vec{\vartheta}_1, \vec{\vartheta}_2, \ldots, \vec{\vartheta}_h$ comme base de l'espace vectoriel qu'ils engendrent ; les composantes contravariantes de $\vec{\vartheta}$ dans ce système sont $a_1, \ldots, a_p, \ -a_{p+1}, \ldots, -a_h$.

Supposons que l'indice $k$ de l'énoncé n'existe pas ; alors, $\vec{\vartheta} - \vec{\vartheta}_i$ n'étant pas un vecteur racine pour $i = 1, \ldots, p$, l'entier $2 \dfrac{(\vec{\vartheta}, \vec{\vartheta}_i)}{(\vec{\vartheta}_i, \vec{\vartheta}_i)}$ est négatif ou nul, d'après la propriété (2) des vecteurs du diagramme ; de même, $\vec{\vartheta} + \vec{\vartheta}_j$ n'étant pas un vecteur racine, pour $j = p + 1, \ldots, h$, $2 \dfrac{(\vec{\vartheta}, \vec{\vartheta}_j)}{(\vec{\vartheta}_j, \vec{\vartheta}_j)}$ est positif ou nul ; on a donc $(\vec{\vartheta}, \vec{\vartheta}_i) \leq 0$, $i = 1, \ldots, p$ et

---

[6]) *E. Cartan*, La géométrie des groupes simples, Annali di Matematica t. **4**, 1927, pp. 211, spéc. Chap. I et t. **5**, 1928, pp. 253, où l'on trouve du reste une grande partie des notions et théorèmes indiqués dans le N° 1, mais introduits à l'aide de la théorie infinitésimale.

$(\vec{\vartheta}, \vec{\vartheta_j}) \geq 0$, $j = p + 1, \ldots, h$. En résumé, le produit d'une composante contravariante $c^i$ de $\vartheta$ par la composante covariante $c_i$ de même indice est négatif ou nul, $i = 1, \ldots, h$. Il en résulte que:

$$(\vec{\vartheta}, \vec{\vartheta}) = c_1 c^1 + c_2 c^2 + \cdots + c_h c^h \leq 0$$

ce qui est impossible. L'existence de l'indice $k$ étant assurée, la proposition est établie.

**Corollaire.** *Si $a_1, a_2, \ldots, a_h$ sont entiers, il existe un vecteur $\vec{\vartheta_i}$ choisi parmi $\vec{\vartheta_1}, \vec{\vartheta_2}, \ldots, \vec{\vartheta_h}$ tel qu'on puisse relier $\vec{\vartheta}$ à $\vec{\vartheta_i}$ par une suite finie $\vec{\vartheta_i}, \vec{\vartheta_i} \pm \vec{\vartheta_k}, \ldots, \vec{\vartheta}$ de vecteurs racines, le j-ème se déduisant du $(j - 1)$-ème par addition de l'un des vecteurs $\pm \vec{\vartheta_1}, \pm \vec{\vartheta_2}, \ldots, \pm \vec{\vartheta_m}$.*

Pour obtenir ce corollaire, il suffira d'appliquer à plusieurs reprises le théorème 1, en observant qu'après chaque pas, la somme des valeurs absolues des composantes du vecteur obtenu est plus petite d'une unité que pour le vecteur précédent.

**3.** Précisons tout d'abord que par recherche des sous-groupes, nous entendons plutôt recherche des *structures* de sous-groupes, sans distinguer entre groupes localement isomorphes; par exemple, „$G$ contient $G'$" signifiera simplement qu'un groupe localement isomorphe à $G'$, mais pas forcément $G'$ lui-même, se trouve dans $G$.

Des groupes clos localement isomorphes admettent un recouvrement *fini* commun, produit direct de groupes simples clos[7]); de là on déduit aisément que la propriété de contenir un sous-groupe $G'$ fermé, au sens donné ci-dessus à cette expression, est commune à tous les éléments d'une famille de groupes clos localement isomorphes, et il suffira d'étudier un représentant de la famille. On peut même, si l'on veut, se borner aux groupes simples en vertu du théorème:

*Un sous-groupe $G'$ fermé de rang maximum d'un produit direct $G_1 \times G_2 \times \cdots \times G_k$ de groupes clos est isomorphe à un produit direct $G_1' \times G_2' \times \cdots \times G_k'$, où $G_i'$ est un sous-groupe fermé de même rang de $G_i$, $(i = 1, \ldots, k)$.*

*Démonstration.* Un toroïde maximum $T^l$ de $G'$ est aussi maximum dans $G$, c'est donc un produit direct $T_1 \times T_2 \times \cdots \times T_k$, $T_i$ maximum

---

[7]) Voir par exemple *E. Cartan*, l. c. note 2, N° 52.

dans $G_i$. Tous les $a_i \in G_i$ qui figurent dans les expressions $(a_1, \ldots, a_i, \ldots, a_k)$ des éléments a de $G'$ forment un sous-groupe $G'_i$ de $G_i$, de même rang que $G_i$, car il contient $T_i$. $G'$ sera isomorphe au produit direct des $G'_i$ s'il renferme, avec $(a_1, \ldots, a_i, \ldots, a_k)$ tous les éléments $\bar{a}_i = (e_1, \ldots, e_{i-1}, a_i, e_{i+1}, \ldots, e_k)$, $i = 1, \ldots, k$, où $e_j$ désigne l'unité de $G_j$, ce que nous allons justement montrer.

Selon un théorème rappelé au N° 1, $a$ est conjugué à au moins un élément de $T^l$; soit $b = (b_1, \ldots, b_i, \ldots, b_k)$ dans $G'$ tel que:

$$b^{-1} a \, b = (t_1, \ldots, t_i, \ldots, t_k) \in T^l$$

en particulier

$$b_i^{-1} a_i b_i = t_i \in T_i$$

mais $G'$ contient $\bar{t}_i = (e_1, \ldots, e_{i-1}, t_i, e_{i+1}, \ldots, e_k)$, donc aussi $b \, \bar{t}_i \, b^{-1}$, qui est précisément $\bar{a}_i$.

Ce théorème montre en particulier qu'un sous-groupe maximum de rang maximum, c'est-à-dire non contenu dans un sous-groupe différent du groupe total, d'un produit direct $G_1 \times G_2 \times \cdots \times G_k$ est de la forme

$$G_1 \times \cdots \times G_{1-1} \times G'_i \times G_{i+1} \times \cdots \times G_k$$

$G'_i$ maximum dans $G_i$.

La possibilité d'utiliser le diagramme ou les vecteurs racines pour l'étude des sous-groupes de même rang résulte du

**Théorème 2.** *Soient $G$ un groupe compact, d'ordre $n = l + 2m$, $G'$ un sous-groupe connexe fermé de rang maximum, à $n' = l + 2m'$ paramètres. Le diagramme de $G'$ est formé de $m'$ familles complètes de plans parallèles du diagramme $D(G)$; autrement dit, les vecteurs racines de $G'$ sont des vecteurs racines de $G$.*

Soit $T^l$ un toroïde maximum de $G'$. Prenons dans un entourage $U(e)$ de l'unité dans $G$ un système de coordonnées canoniques rendant le groupe adjoint linéaire orthogonal. $U(e) \cap T^l$ et $U(e) \cap G'$ sont des portions de plans; à l'aide d'un changement de coordonnées orthogonal, on peut faire en sorte que ces plans aient les équations:

$$x_{l+1} = x_{l+2} = \cdots = x_n = 0 \ ,$$

$$x_{n'+1} = x_{n'+2} = \cdots = x_n = 0 \ .$$

A un élément $x$ de $G'$ correspond dans le groupe adjoint de $G$ une matrice (orthogonale) du type:

$$S(x) = \begin{pmatrix} S_1(x) & 0 \\ 0 & S_2(x) \end{pmatrix}$$

les matrices $S_1(x)$, de degré $n'$, forment le groupe adjoint linéaire de $G'$.
Si $x \in T^l$, on aura

$$S(x) = \begin{pmatrix} E_l & & 0 \\ & S_1'(x) & \\ 0 & & \\ & & S_2(x) \end{pmatrix}$$

les matrices $S_1'(x)$, $x \in T^l$, constituent un groupe abélien orthogonal ;
un changement de coordonnées orthogonal portant sur $x_{l+1}, \ldots, x_{n'}$
permettra de les mettre simultanément sous la forme

$$\begin{pmatrix} D_1 & & 0 \\ & \ddots & \\ 0 & & D_{m'} \end{pmatrix} \qquad D_i = \begin{pmatrix} \cos 2\pi\,\vartheta_i(x) & -\sin 2\pi\,\vartheta_i(x) \\ \sin 2\pi\,\vartheta_i(x) & \cos 2\pi\,\vartheta_i(x) \end{pmatrix}$$

de même, les matrices $S_2(x)$ pourront être réduites à la forme

$$\begin{pmatrix} D_{m'+1} & & 0 \\ & \ddots & \\ 0 & & D_m \end{pmatrix} \qquad D_{m'+i} = \begin{pmatrix} \cos 2\pi\,\vartheta_{m'+i}(x) & -\sin 2\pi\,\vartheta_{m'+i}(x) \\ \sin 2\pi\,\vartheta_{m'+i}(x) & \cos 2\pi\,\vartheta_{m'+i}(x) \end{pmatrix}$$

Par définition (cf. N° 1), les plans $\vartheta_i(x) \equiv 0\,(1)$, $i = 1, 2, \ldots, m'$
forment $D(G')$ et, puisque $T^l$ est aussi maximum dans $G$, les plans
$\vartheta_j(x) \equiv 0\,(1)$, $j = 1, \ldots, m$, donnent $D(G)$, ce qui démontre le théorème.

Remarquons que l'essentiel du théorème précédent est le mot *complète* de la conclusion ; en effet, un élément singulier de $G'$ étant évidemment singulier dans $G$, il est clair que $D(G')$ fera toujours partie de $D(G)$, mais il importait de voir que $D(G')$ ne peut contenir un plan sans comprendre tous les plans de $D(G)$ qui lui sont parallèles, ou si l'on veut, qu'un vecteur racine de $G'$ n'est jamais un multiple (différent de $\pm 1$) d'un vecteur de $G$.

La réciproque du théorème 2 est fausse ; il se peut très bien que $D(G)$ possède un sous-diagramme $D'$ auquel ne corresponde aucun sous-groupe, comme nous le verrons bientôt. Notre tâche est précisément de savoir quand une inclusion de diagrammes permet de conclure à une inclusion de groupes.

## 4. Une condition nécessaire
## pour qu'un sous-diagramme indique un sous-groupe

Soit $G'$, à $l + 2m'$ paramètres, un sous-groupe fermé de rang maximum de $G$. Nous reprenons les coordonnées et notations du théorème 2 ; $G'$ est donc représenté dans le groupe adjoint linéaire de $G$ par des matrices :

$$\begin{pmatrix} S_1(x) & 0 \\ 0 & S_2(x) \end{pmatrix}$$

les matrices $S_2(x)$ définissent un groupe homomorphe à $G'$. Nous nous proposons de montrer que :

*Si $G$ est simple, le noyau $N$ de l'homomorphisme de $G'$ sur le groupe des matrices $S_2(x)$, $x \in G'$, est identique au centre de $G$.*

Le centre de $G$ est dans chaque toroïde maximum, donc dans $G'$ et même dans $N$, puisque l'image du centre de $G$ dans le groupe adjoint linéaire de $G$ se réduit à la matrice identité ; il nous reste à prouver que, inversément, $N$ est contenu dans le centre de $G$ ; pour cela, il sera commode de considérer l'espace homogène de $G$ défini par $G'$ [8]. Pour l'obtenir, on associe à chaque classe $xG'$ d'éléments de $G$ un point $\overline{x}$ d'un nouvel espace $H$ ; la topologie de $G$ permet d'y introduire de façon naturelle une topologie, qui fait de $H$ une variété compacte à $n - n'$ dimensions. $(x_{n'+1}, x_{n'+2}, \ldots, x_n)$ peuvent être prises comme coordonnées dans un entourage $V(\overline{e})$ du point $\overline{e}$ de $H$ associé à $G'$.

L'ensemble des transformations de $H$ sur lui-même :

$$f_a : \overline{x} \to \overline{(a\,x)} \,, \qquad a \in G$$

opère transitivement sur $H$, qui est donc un espace homogène de $G$. $G'$ se compose de tous les éléments $g'$ de $G$ pour lesquels $f_{g'}(\overline{e}) = \overline{e}$ : c'est le groupe d'isotropie de $H$, et les matrices $S_2(x)$ indiquent précisément comment le groupe d'isotropie opère sur $V(\overline{e})$. Si $S_2(x) = E$, la transformation laisse $V(\overline{e})$, partant $H$, fixe point par point. $N$ n'est autre que l'ensemble des éléments de $G$ qui induisent dans $H$ la transformation identique. On en déduit immédiatement que $N$ est invariant dans $G$ ; comme il est de plus fermé, et que $G$ est simple, $N$ est discret et fait alors partie du centre de $G$.

Pour énoncer facilement la condition nécessaire que nous avons en vue, il est commode d'introduire la définition suivante :

---

[8] cf. *E. Cartan*, l. c.[2]), n°s 17, 18, 28, 29.

**Définition.** *Le centre de k familles de plans parallèles de $R^l$ est l'ensemble des points par lesquels passent un plan de chaque famille.*

En particulier, le centre d'un diagramme $D(G)$ recouvre le centre du groupe $G$.

Désignons par $D - D'$ le complément d'un sous-diagramme $D'$ de $D$, c'est-à-dire l'ensemble des plans de $D$ non compris dans $D'$; nous pouvons alors énoncer le théorème :

**Théorème 3.** *Supposons que les $m'$ premières familles de plans parallèles du diagramme $D(G)$ dun groupe simple $G$ forment un sous-diagramme $D'$. Pour que $G$ contienne un sous-groupe fermé $G'$ de diagramme $D'$, il faut que le centre du complément $D - D'$ de $D'$ dans $D$ soit identique au centre de $D$.*

C'est une conséquence immédiate du théorème précédent ; en effet, si $x$ est un point de $D - D'$, on a :

$$\vartheta_{m'+i}(x) \equiv 0 \quad (1) \, , \qquad i = 1, \ldots, m - m'$$

d'où

$$S_2(x) = E$$

et $x$ représente un élément de $N$, et fait donc partie du centre de $D(G)$.

*Exemple 1.* $D(B_2)$ [9]) est formé par les plans :

$$x_1 \pm x_2 \equiv 0 \quad (1)$$

$$x_1 \equiv 0 \qquad x_2 \equiv 0 (1)$$

les deux dernières familles définissent un diagramme $D'$ de $D$. Le point $(\tfrac{1}{2}, \tfrac{1}{2})$ est dans le centre de $D - D'$, mais pas dans celui de $D(B_2)$; $B_2$ ne contient pas de sous-groupe ayant le diagramme $D'$.

*Exemple 2.* On peut prendre comme diagramme du groupe exceptionnel $G_2$ les plans

---

[9]) Selon l'usage habituel, $B_l$ désigne la structure du groupe unimodulaire orthogonal à $2l + 1$ variables, $D_l$ celle du groupe unimodulaire orthogonal à $2l$ variables.

$$x_1 \equiv 0, \qquad x_2 \equiv 0, \qquad x_1 + x_2 \equiv 0 \quad (1)$$

$$x_1 - x_2 \equiv 0, \qquad 2x_1 + x_2 \equiv 0, \qquad x_1 + 2x_2 \equiv 0 \quad (1)$$

où $x_1$ et $x_2$ sont coordonnées dans un système dont les vecteurs base ont la longueur un et font entre eux un angle de 60 degrés. Les trois familles de la première ligne forment un diagramme de $A_2$ auquel ne correspond aucun sous-groupe, car le point $(\tfrac{1}{3}, \tfrac{1}{3})$ est dans le centre de son complément, mais pas dans celui de $D(G_2)$.

**Corollaire.** Soit $G$ un groupe simple clos de rang $l$, à $n$ paramètres. Un sous-groupe fermé de même rang a au maximum $n - 2l$ paramètres.

*Démonstration.* Le centre de $D - D'$ est égal au centre de $D(G)$ qui est un réseau de points ; en particulier, les plans de $D - D'$ passant par l'origine ne peuvent avoir que ce point en commun et leur nombre est au moins $l$. Or, la différence entre les ordres de $G$ et de $G'$ est égale à deux fois le nombre de familles de plans formant $D - D'$, d'où le corollaire.

*Remarques sur un mémoire de B. L. van der Waerden.* Dans le travail cité en note [5]), l'auteur construit par induction les systèmes de vecteurs racines des groupes simples clos et en dresse le tableau p. 461, indiquant par une flèche quand un système est une extension d'un autre. Signalons tout d'abord qu'il y manque les relations $D_5 \to E_6$, $D_6 \to E_7$, établies au § 17, sous $n = 5$ et $n = 6$, et que, autour de $F_4$, le tableau correct est

$$
\begin{array}{ccc}
B_3 & & C_3 \\
\downarrow & & \downarrow \\
B_4 \to & F_4 & \leftarrow C_4
\end{array}
$$

ce qui résulte du texte: au § 7, l'extension de $C_3$ donne un système $F_4$ englobant $C_4$, de même au § 6 pour les $B$.

Dans une phrase précédant immédiatement ce tableau, l'auteur dit que les flèches indiquent aussi des inclusions de groupes, ce qui n'est pas toujours exact. Le théorème 3 permet de voir aisément que $D_4 \to C_4 \to F_4$ et $D_n \to C_n (n \geqslant 3)$ ne sont pas des inclusions de groupes. Du théorème 4 établi ci-dessous on déduit par contre que les autres relations entre systèmes de même rang correspondent à des inclusions de groupes. Ajoutons enfin pour compléter que les flèches reliant 2 systèmes de rangs différents indiquent toujours des inclusions de groupes.

## 5. Un critère nécessaire et suffisant
## pour qu'un sous-diagramme indique un sous-groupe

Pour parvenir à ce critère, nous aurons besoin du :

**Lemme.** *Soit $G'$ un sous-groupe fermé de rang maximum de $G$. Si $\vec{\vartheta}_1$ et $\vec{\vartheta}_2$ sont des vecteurs racines de $G'$ et si $\vec{\vartheta}_1 + \vec{\vartheta}_2$ est un vecteur racine de $G$, c'est aussi un vecteur de $G'$* [10]).

Pour la démonstration, nous distinguons deux cas :

a) *rang de $G = 2$*. Les seules structures semi-simples de rang deux non isomorphes sont $A_2$, $B_2$, $D_2$, $G_2$ ; un coup d'œil sur leurs diagrammes [11]) montre que dans deux cas seulement on peut trouver un sous-diagramme ne vérifiant pas notre lemme ; ce sont justement les deux exemples traités après le théorème 3 ; nous avons vu qu'il ne correspond pas de sous-groupe à ces sous-diagrammes, ce qui démontre la proposition sous l'hypothèse a).

b) *Rang de $G > 2$*. Les plans $\vartheta_1(x) = 0$ et $\vartheta_2(x) = 0$ se coupent suivant un espace $R^{l-2}$ à $l - 2$ dimensions. Le centralisateur connexe [12]) $N$ de $R^{l-2}$ a comme diagramme tous les plans de $D(G)$ parallèles à $R^{l-2}$ ses vecteurs racines sont donc tous les vecteurs racines de $G$ situés dans le plan à deux dimensions déterminé par $\vec{\vartheta}_1$ et $\vec{\vartheta}_2$, en particulier $\vec{\vartheta}_1$, $\vec{\vartheta}_2$, $\vec{\vartheta}_1 + \vec{\vartheta}_2$. $N$ est localement le produit direct d'un toroïde à $l - 2$ dimensions recouvert par $R^{l-2}$ avec un groupe semi-simple $N_2$ de rang 2 ayant les mêmes vecteurs que $N$ (cf. No 1).

En raisonnant de même sur $G'$, on voit que *tous* les vecteurs racines de $G'$ coplanaires avec $\vec{\vartheta}_1$ et $\vec{\vartheta}_2$ sont vecteurs racines d'un groupe $N'_2$ de rang deux, qui est l'intersection de $N_2$ avec $G'$. D'après a), $\vec{\vartheta}_1 + \vec{\vartheta}_2$ est un vecteur racine de $N'_2$ donc aussi de $G'$.

---

[10]) Du point de vue infinitésimal, ce lemme résulte, pour les groupes à paramètres complexes, de théorèmes connus (cf. *Cartan*, Thèse, p. 55, th. 5).

[11]) Ils se trouvent par exemple dans: *E. Stiefel*, l. c. note 3.

[12]) Nous désignons ainsi l'ensemble des éléments de $G$ échangeables avec tous les éléments de $T^l$ représentés par des points de $R^{l-2}$. $R^{l-2}$ recouvre un sous-groupe *fermé* à $l - 2$ paramètres de $T^l$, car $R^{l-2}$ a en commun avec le réseau unité un réseau à $l - 2$ dimensions (cf. *E. Stiefel*, l. c., p. 361).

**Théorème 4.** *Soient $G$ un groupe compact de rang $l$, $\pm\vec{\vartheta}_1, \pm\vec{\vartheta}_2, \ldots, \pm\vec{\vartheta}_m$, ses vecteurs racines. Pour que $\pm\vec{\vartheta}_1, \pm\vec{\vartheta}_2, \ldots, \pm\vec{\vartheta}_{m'}$, soient les vecteurs racines d'un sous-groupe $G'$ fermé de $G$ il faut et il suffit que :*

(a) *Si $h$ $(h \leq l)$ est le rang de $\vec{\vartheta}_1, \vec{\vartheta}_2, \ldots, \vec{\vartheta}_{m'}$, on puisse trouver parmi $\vec{\vartheta}_1, \vec{\vartheta}_2, \ldots, \vec{\vartheta}_{m'}$ $h$ vecteurs dont tous les autres soient combinaisons linéaires à coefficients entiers.*

(b) *Tout vecteur racine de $G$ combinaison linéaire à coefficients entiers de $\vec{\vartheta}_1, \vec{\vartheta}_2, \ldots, \vec{\vartheta}_{m'}$ fasse partie du système $\pm\vec{\vartheta}_1, \pm\vec{\vartheta}_2, \ldots, \pm\vec{\vartheta}_{m'}$.*

1) Ces conditions sont *nécessaires*. Supposons donc que $\pm\vec{\vartheta}_1, \pm\vec{\vartheta}_2, \ldots, \pm\vec{\vartheta}_{m'}$, soient les vecteurs racines d'un sous-groupe $G'$ fermé de $G$. Si $h$ est le rang de ces vecteurs, nous savons qu'il est possible d'en choisir $h$ dont les autres sont combinaisons linéaires à coefficients entiers ; on peut par exemple prendre $h$ vecteurs perpendiculaires aux $h$ faces d'un domaine fondamental de $\Psi(G')$, cf. N° 1, donc (a) est bien nécessaire ; il est loisible d'admettre que ces vecteurs sont $\vec{\vartheta}_1, \vec{\vartheta}_2, \ldots, \vec{\vartheta}_h$ ; alors toute combinaison à coefficients entiers de $\vec{\vartheta}_1, \vec{\vartheta}_2, \ldots, \vec{\vartheta}_{m'}$ est déjà combinaison à coefficients entiers de $\vec{\vartheta}_1, \vec{\vartheta}_2, \ldots, \vec{\vartheta}_h$.

Soit maintenant

$$\vartheta = a_1 \vec{\vartheta}_1 + a_2 \vec{\vartheta}_2 + \cdots + a_h \vec{\vartheta}_h \qquad (a_i \text{ entiers})$$

un vecteur de $G$. En vertu du corollaire au théorème 1, on peut trouver un vecteur $\pm\vec{\vartheta}_i$ $(i \leq h)$ relié à $\vec{\vartheta}$ par une suite de vecteurs racines de $G$, $\pm\vec{\vartheta}_i, \pm\vec{\vartheta}_i \pm \vec{\vartheta}_k, \ldots, \vartheta$ le $j$-ème se déduisant du $(j-1)$-ème par addition de l'un des vecteurs $\pm\vec{\vartheta}_1, \pm\vec{\vartheta}_2, \ldots, \pm\vec{\vartheta}_h$ ; mais le lemme ci-dessus assure que $\pm\vec{\vartheta}_i \pm \vec{\vartheta}_k$, puis le troisième vecteur de la suite, le quatrième, ..., enfin $\vec{\vartheta}$ sont des vecteurs racines de $G'$, c. q. f. d.

2) Ces conditions sont *suffisantes*. Soient donc $\vec{\vartheta}_1, \vec{\vartheta}_2, \ldots, \vec{\vartheta}_h$ $h$ vecteurs racines de $G$ indépendants et $\pm\vec{\vartheta}_1, \pm\vec{\vartheta}_2, \ldots, \pm\vec{\vartheta}_{m'}$ tous les vecteurs de $G$ combinaisons linéaires à coefficients entiers de $\vec{\vartheta}_1, \vec{\vartheta}_2, \ldots, \vec{\vartheta}_h$.

Nous avons à montrer que $\pm\vec{\vartheta}_1, \pm\vec{\vartheta}_2, \ldots, \pm\vec{\vartheta}_{m'}$ sont les vecteurs d'un sous-groupe $G'$ de $G$. Considérons pour cela l'ensemble $Z$ des points $x$ de $R^l$ pour lesquels $\vartheta_i(x) \equiv 0(1)$, $i = 1, \ldots, m'$. $Z$ est identique au centre des $h$ familles de plans $\vartheta_i(x) \equiv 0(1)$, $i \leq h$ par suite de (a). Appelons $G'$ la composante connexe du centralisateur de $Z$ dans $G$. Le diagramme de $G'$ comprend en tout cas les plans $\vartheta_i(x) \equiv 0(1)$, $i = 1, 2, \ldots, m'$, en vertu de la définition même des éléments singuliers d'un groupe clos (voir N° 1), et nous allons maintenant montrer qu'il n'en contient pas d'autres ; il suffit pour cela d'établir qu'aucune famille de plans $\vartheta_{m'+i}(x) \equiv 0(1)$ ne renferme $Z$, puisque $Z$, faisant partie du centre de $G'$ doit se trouver sur chaque famille de plans parallèles de $D(G')$. Or, $\vec{\vartheta}_{m'+i}$ n'étant pas une combinaison à coefficients entiers de $\vec{\vartheta}_1, \vec{\vartheta}_2, \ldots, \vec{\vartheta}_h$ on a deux possibilités : ou bien,

$$\vartheta_{m'+i} = a_1\vec{\vartheta}_1 + a_2\vec{\vartheta}_2 + \cdots + a_h\vec{\vartheta}_h$$

et l'un des coefficients au moins, disons $a_1$, est rationnel non entier, et alors un point $z$ solution de

$$\vartheta_1(z) = 1 \qquad \vartheta_2(z) = \vartheta_3(z) = \cdots = \vartheta_h(z) = 0\,{}^{13})$$

se trouve dans $Z$ mais pas sur un des plans $\vartheta_{m'+i}(x) \equiv 0(1)$ ; ou bien $\vec{\vartheta}_{m'+i}$ est indépendant de $\vec{\vartheta}_1, \vec{\vartheta}_2, \ldots, \vec{\vartheta}_h$ (ce qui ne peut du reste se produire que si $h < l$). Dans ce cas, l'intersection des plans $\vartheta_i(x) = 0$, $i = 1, 2, \ldots, h$ est un espace à $l - h$ dimensions possédant au moins une droite qui n'a avec $\vartheta_{m'+i}(x) = 0$ que l'origine en commun ; les points de cette droite sont dans $Z$ mais ne seront pas tous sur un des plans $\vartheta_{m'+i} \equiv 0(1)$.

**6.** Soient $G$ un groupe clos, $G'$ un sous-groupe connexe de rang maximum, $Z$ le centre de $G'$. De la démonstration du théorème 4 il résulte immédiatement que $G'$ est le plus grand sous-groupe connexe de $G$ formé par les éléments de $G$ échangeables avec tous ceux de $Z$ ; $G'$ est donc centralisateur connexe de $Z$ dans $G$. On peut même affirmer que $G'$ est identique à la composante connexe du normalisateur de $Z$ dans $G$. En effet, tout automorphisme $x^{-1}Zx$ de $Z$ fourni par un élément de la composante connexe de ce normalisateur peut être relié à l'identité par une suite continue d'automorphismes de $Z$ ; mais $Z$ est un groupe abélien compact (connexe ou non, éventuellement discret) et ses automorphismes

---

${}^{13}$) Ce système est compatible, car les formes linéaires $\vartheta_1, \ldots, \vartheta_h$ sont indépendantes (et $h \leq l$).

continus forment un groupe discret ; l'automorphisme précédent est donc l'identité et $x$ est échangeable avec chaque élément de $Z$ ; le normalisateur connexe de $Z$ est égal au centralisateur connexe de $Z$. Nous avons démontré :

**Théorème 5.** *Soient $G$ un groupe de Lie clos, $G'$ un sous-groupe fermé connexe de rang maximum, $Z'$ le centre de $G'$ ; $G'$ est égal à la composante connexe du normalisateur dans $G$ de $Z'$.*

**Corollaire.** *Tout sous-groupe fermé connexe maximum*[14]) *de rang maximum est le normalisateur connexe d'un élément de $G$.*

Pour prouver ce corollaire, considérons un élément $z$ qui soit dans le centre de $G'$ mais pas dans celui de $G$ ($z$ existe certainement si $G' \neq G$ d'après le théorème 5). Le normalisateur connexe de $z$ est différent de $G$, il contient $G'$ et doit lui être égal si ce dernier est maximum.

La réciproque du corollaire est fausse, comme on peut s'y attendre ; un sous-groupe peut être normalisateur d'un élément sans être maximum (voir le N° 7). On peut même se demander si tout sous-groupe fermé de rang maximum ne peut pas être défini comme normalisateur d'un élément de $G$ ; cela revient à savoir s'il existe toujours un point dans le centre du diagramme de $G'$ par lequel ne passe aucun plan du diagramme de $G$ qui ne fasse déjà partie du diagramme $D(G')$. Il n'en est rien, comme le montre l'exemple suivant :

*Exemple.* $D(C_3)$ se compose des plans

$$2x_i \equiv 0(1) \qquad i = 1, 2, 3.$$
$$x_i \pm x_j \equiv 0(1) \qquad i \neq j$$

les trois premières familles forment un diagramme $D'$ du produit direct $A_1 \times A_1 \times A_1$. Le centre de $D'$ se compose des points $(n_1/2, \, n_2/2, \, n_3/2)$, $n_i$ entiers quelconques. Il est facile de voir que les vecteurs racines de $D'$ satisfont aux conditions (a) et (b) du théorème 4 ; par conséquent $D'$ est le diagramme d'un sous-groupe $G'$ de $C_3$. $G'$ ne peut être défini comme normalisateur d'un élément de $G$. En effet, si c'était le cas, on pourrait trouver un point $P = (n_1/2, \, n_2/2, \, n_3/2)$ du centre de $D'$ par lequel ne passe aucun plan de $D - D'$. Or, cela est impossible ; en effet deux au moins des coordonnées de $P$ sont congrues entre elles modulo $\frac{1}{2}$ ; soient $i$ et $j$ leurs indices, $P$ est alors sur un des plans $x_i + x_j \equiv 0(1)$, et le normalisateur de $P$ est plus grand que $G'$.

---

[14]) Ici et dans la suite de ce travail, $G'$ sous-groupe *maximum* de $G$ signifie: $G'$ n'est contenu dans aucun sous-groupe *connexe* de $G$ différent de $G$ ou de $G'$.

## 7. Détermination explicite des sous-groupes maxima de rang maximum des groupes simples clos

Rappelons tout d'abord que les plus grands sous-groupes de rang maximum des groupes de Lie compacts sont connus dès que ceux des groupes simples le sont (N° 3) ; ce n'est donc pas restreindre la généralité que de se limiter à ces derniers.

Un sous-groupe maximum de même rang d'un groupe simple clos $G$ est normalisateur d'un élément $x$ de $G$ (théorème 5, corollaire) ; bien entendu, nous ne cherchons que les *types* de sous-groupes maxima, sans distinguer entre des sous-groupes isomorphes, en particulier entre les normalisateurs de deux éléments conjugués. Il est donc loisible de supposer que $x$ se trouve dans un toroïde maximum déterminé $T^l$, ou même dans un simplexe fondamental du diagramme $D(G)$, qui contient toujours au moins un représentant de toutes les classes d'éléments conjugués de $G$ (cf. N° 1).

Soit donc $x$ un point du simplexe $S(G)$ ; si $x$ est à l'intérieur de $S$, le normalisateur $N(x)$ est $T^l$, qui n'est pas maximum si $l > 1$ ; si $x$ est sur une face à $k \geq 2$ dimensions de $S$ (mais pas sur une arête) on voit facilement que le normalisateur d'un point d'une arête de $S$ contenue dans ce $k$-plan est plus grand que $N(x)$, qui n'est donc pas maximum. Si $x$ est sur une arête dont une extrémité $x'$ au moins n'appartient pas au centre de $D(G)$, $N(x)$ est contenu dans $N(x')$ et n'est pas non plus maximum ; supposons maintenant que les deux extrémités de l'arête fassent partie du centre de $D(G)$ et soit $z$ l'une d'elles ; $z$ représente un élément du centre de $G$ et le normalisateur $N(z^{-1}x)$ du produit $(z^{-1}x)$ est le même que celui de $x$. Le point $(z^{-1}x)$ est sur une arête d'un simplexe $S'$, issue de l'origine 0 (car la multiplication dans $T^l$ est donnée par l'addition vectorielle dans $R^l$). Il existe une transformation de $\Psi$ qui amène $S'$ et $S$ (cf. N° 1) et $z^{-1}x$ en un point $x'$ d'une arête de $S$ passant par 0 ; $x'$ et $(z^{-1}x)$ sont conjugués, et leurs normalisateurs isomorphes.

Notons d'autre part que les normalisateurs des points intérieurs à une arête sont tous les mêmes ; chacun a en effet comme diagramme tous les plans de $D(G)$ parallèles à cette arête et aucun autre puisque $S(G)$ n'est traversé par aucun plan de $D(G)$.

Par conséquent, *pour obtenir tous les types de sous-groupes maxima, il suffit d'examiner les normalisateurs des sommets du simplexe $S$ qui n'appartiennent pas au centre de $D(G)$ et ceux des milieux des arêtes issues de 0 dont la deuxième extrémité est dans le centre de $D(G)$, d'où le théorème :*

*Un sous-groupe maximum de rang maximum d'un groupe simple compact est soit semi-simple soit de la structure $G_{l-1} \times T$, où $G_{l-1}$ est un sous-groupe semi-simple de rang $l-1$ et $T$ un groupe à un paramètre.*

Le premier cas est celui du normalisateur d'un sommet, le deuxième celui du normalisateur du milieu d'une arête (car alors tous les vecteurs racines du sous-groupe sont perpendiculaires à cette arête).

Mais il convient d'être plus précis, car nous ne savons pas encore si tous les normalisateurs envisagés sont vraiment maxima.

Soient $\vartheta_1(x) \geq 0$, $\vartheta_2(x) \geq 0, \ldots, \vartheta_l(x) \geq 0, \vartheta(x) \leq 1$ les équations du simplexe $S(G)$. $\vartheta_1, \vartheta_2, \ldots, \vartheta_l$ sont les paramètres fondamentaux, $\vartheta = m_1 \vartheta_1 + m_2 \vartheta_2 + \cdots + m_l \vartheta_l$ ($m_i$ entiers positifs) est le paramètre dominant (voir N° 1). $\vartheta_1, \vartheta_2, \ldots, \vartheta_l$ sont des formes linéaires indépendantes, et on peut les utiliser pour définir dans $R^l$ de nouvelles coordonnées, ce que nous ferons. Dans ce système, le centre de $D(G)$ est le réseau des points à coordonnées entières. Les sommets de $S$ autres que l'origine sont les points

$$x_i = (0, \ldots, 0, 1/m_i, 0, \ldots, 0) \qquad i = 1, 2, \ldots, l \ ,$$

pour que $x_i$ soit dans le centre de $G$, il faut et il suffit que $m_i = 1$; notons en passant que le nombre des $m_i$ égaux à un donne l'ordre, diminué de un, du groupe de Poincaré du groupe adjoint linéaire de $G$[15]).

**Théorème 6.** *Soient $G$ un groupe simple compact, $x_i = (0, \ldots, 0, 1/m_i, 0, \ldots, 0)$ un sommet du simplexe $S(G)$.*

*(a) Si $m_i = 1$, le normalisateur du milieu de l'arête $0 x_i$ est maximum dans $G$, et réciproquement.*

*(b) Le normalisateur $N(x_i)$ de $x_i$ est maximum si et seulement si $m_i$ est premier $> 1$.*

*On obtient de la sorte tous les types de sous-groupes maxima de rang maximum de $G$[16]).*

La réciproque de (a) ayant déjà été établie plus haut, il nous reste à démontrer trois points.

1) *Si $m_i = 1$, le normalisateur $N(y)$ du milieu $y$ de $0 x_i$ est maximum.* Le diagramme de $N(y)$ se compose de tous les plans de $D(G)$

---

parallèles à $0x_i$. Si maintenant $N'$ est un sous-groupe plus grand que $N(y)$, $D(N')$ a au moins un plan non parallèle à $0x_i$; soit $\vartheta' = n_1\vartheta_1 + n_2\vartheta_2 + \cdots + n_l\vartheta_l$ le paramètre angulaire correspondant; $n_i = 1$ car $n_i \neq 0$ et $n_i \leq m_i = 1$ ($\vartheta$ paramètre dominant); par suite le système de congruences $0 \equiv \vartheta_1(x) \equiv \cdots \equiv \vartheta_{i-1}(x) \equiv \vartheta_{i+1}(x) \equiv \cdots \equiv \vartheta_l(x) \equiv \vartheta'(x)$ est équivalent à $\vartheta_j(x) \equiv 0$, $(j = 1, \ldots, l)$, et tout élément du centre de $N'$ est dans le centre de $G$, d'où $N' = G$ (théorème 5); $N$ est bien maximum.

2) *Si* $m_i = a \cdot b$ (*a et b entiers différents de* 1), $N(x_i)$ *n'est pas maximum.* $D(N)$ est formé par toutes les familles de plans de $D(G)$ qui contiennent $x_i$; les paramètres angulaires de $N(x_i)$ sont donc tous les paramètres angulaires de $G$ qui, exprimés en fonction de $\vartheta_1, \vartheta_2, \ldots, \vartheta_l$, ont $m_i$ comme coefficient de $\vartheta_i$. Soit $y = x_i^a$ le point $(0, \ldots, 0, 1/b, 0, \ldots, 0)$; $N(y)$ a comme paramètres tous ceux dont le coefficient de $\vartheta_i$ est $b$ ou un multiple entier de $b$, donc $N(y) \ni N(x_i)$. Mais $G$ a au moins un paramètre $\vartheta'$ pour lequel le coefficient de $\vartheta_i$ est $b$; pour s'en convaincre, il suffit d'appliquer le corollaire du théorème 1 à $\overrightarrow{\vartheta_1}, \overrightarrow{\vartheta_2}, \ldots, \overrightarrow{\vartheta_l}, \overrightarrow{\vartheta}$. Ainsi $\vartheta'$ est paramètre angulaire de $N(y)$ mais pas de $N(x_i)$. $N(y)$ est effectivement plus grand que $N(x_i)$ et, comme $N(y) \neq G$, $N(x_i)$ n'est pas maximum.

3) *Si* $m_i$ *est premier* $> 1$, $N(x_i)$ *est maximum.* Si $N(x_i)$ n'était pas maximum, il serait contenu dans un sous-groupe maximum, c'est-à-dire dans le normalisateur $N(y)$ d'un certain élément $y$ de $T^l$; il nous suffira donc de montrer que tout normalisateur $N(y) \neq G$ contenant $N(x_i)$ est égal à $N(x_i)$.

$\vartheta_1, \ldots, \vartheta_{i-1}, \vartheta_{i+1}, \ldots, \vartheta_l \vartheta$ sont des paramètres de $N(x_i)$ et $N(y)$; $y$ est dans le centre de $N(y)$, donc ses coordonnées $(n_1, \ldots, n_l)$ seront toutes entières sauf la $i$-ème; quant à cette dernière, l'équation $\vartheta(y) \equiv 0 \,(1)$ indique qu'elle est de la forme $q/m_i$, et l'on est sûr que $q \not\equiv 0 \,(m_i)$, sinon $y$ aurait toutes ses coordonnées entières, ferait partie du centre de $G$, et alors $N(y) = G$. Désignons par $z$ le point $(n_1, n_2, \ldots, n_{i-1}, 0, n_{i+1}, \ldots, n_l)$; $z$ est dans le centre de $G$ et de plus $y = x_i^q \cdot z$.

$m_i$ étant premier et $q \not\equiv 0 \,(m_i)$, on peut trouver un entier $r$ tel que $q \cdot r \equiv 1 \,(m_i)$, et on voit alors aisément que

$$y^r = x_i \cdot z' \qquad (z' \text{ dans le centre de } G).$$

Chaque élément de $N(y)$ est bien entendu échangeable avec $y^r$, d'où

$$N(y) \subset N(y^r) = N(x_i z') = N(x_i)$$

ce qui, joint à l'hypothèse $N(y) \supset N(x_i)$, entraîne $N(y) = N(x_i)$, q. e. d.

Nous savons maintenant exactement quels points du simplexe sont à considérer. Il nous faut encore pouvoir indiquer la structure des sous-groupes trouvés ; il suffit pour cela de connaître un système de paramètres fondamentaux du sous-groupe, ce qui est immédiat ; en effet, si nous prenons le normalisateur d'un sommet $x_i$, les plans $\vartheta = 1$, $\vartheta_j = 0$ ($j \leq l$, $j \neq i$) délimitent un angle polyèdre contenant $S(G)$ et par conséquent traversé par aucun plan singulier issu de $x_i$ ; donc les plans $\vartheta = 0$, $\vartheta_j = 0$ ($j \leq l$, $j \neq i$) bornent un domaine fondamental du groupe $\Psi$ de $N(x_i)$, et $\vartheta, \vartheta_1, \ldots, \vartheta_{i-1}, \vartheta_{i+1}, \ldots, \vartheta_l$ sont des paramètres fondamentaux de $N(x_i)$ ; si le sous-groupe envisagé est normalisateur du milieu d'une arête $0\,x_i$, on voit de même que $\vartheta_1, \ldots, \vartheta_{i-1}, \vartheta_{i+1}, \ldots, \vartheta_l$ sont des paramètres angulaires fondamentaux de sa composante semi-simple.

Pour effectuer l'énumération des sous-groupes maxima, il est commode de représenter le simplexe $S(G)$ selon un procédé dû à Schläfli : à chaque face $\vartheta_j = 0$, $j \leq l$, et $\vartheta = 1$ on fait correspondre un point $P_j$, $j \leq l$, $P$, et on joint $P_i$ à $P_j$ par $k - 2$ traits si l'angle non obtus des deux faces est $\pi/k$ ; si on enlève le point $P$ et les traits issus de $P$ on a une représentation de l'angle polyèdre à $l$ faces, domaine fondamental de $\Psi(G)$ ; en général, cet angle polyèdre caractérise déjà le groupe ; parmi les groupes simples, seuls $B_l$ et $C_l$ ont le même angle polyèdre sans être localement isomorphes pour $l \geq 3$.

Si $m_i$ est premier $> 1$, on enlèvera à la représentation de $S$ le point $P_i$ et les traits partant de $P_i$, la figure restante donne l'angle polyèdre de $N(x_i)$. Si on enlève les points $P$ et $P_j$, on obtient l'angle polyèdre du normalisateur d'un point intérieur de l'arête $O\,x_j$.

Dans le tableau qui suit, nous énumérons les sous-groupes maximums des groupes simples ; dans les deux premières colonnes se trouvent la représentation du simplexe du groupe et son paramètre dominant, dans les deux dernières les sous-groupes maxima de rang maximum ; sous $G_l$ figurent les sous-groupes simples ou semi-simples, sous $G_{l-1} \times T$, les sous-groupes à centre continu.

Dans les deux remarques ci-dessous, $\overline{G}$ désigne le groupe adjoint linéaire de la structure simple close $G$.

**Remarque I.** Le centre de $\overline{G}$ se réduit à l'élément neutre $e$, et le centre de son diagramme est le recouvrement dans $R^l$ de $e$ ; les sommets $x_i$ du simplexe pour lesquels $m_i = 2$ et les milieux des arêtes $O\,x_i$ lorsque $m_i = 1$ représentent des éléments d'ordre 2 de $\overline{G}$ ; leurs normalisateurs

| Groupe | Simplexe | Paramètre dominant | $G_l$ | $G_{l-1} \times T$ |
|---|---|---|---|---|
| $A_l$ | $P_1\ P_2\ P_3\ \cdots\ P_{l-1}\ P_l$ | $\varphi_1+\varphi_2+\cdots+\varphi_{l-1}+\varphi_l$ | | $A_i \times A_{l-i-1} \times T$ <br> $(i=1,2,3,\ldots)$ |
| $B_l$ | $P_1\ P_2\ P_3\ \cdots\ P_{l-1}\ P_l\ P$ | $2\varphi_1+2\varphi_2+\cdots+2\varphi_{l-1}+\varphi_l$ | $D_l,\ B_i \times D_{l-i}$ <br> $(i=1,2,\ldots,l-2)$ | $B_{l-1} \times T$ |
| $C_l$ | $P_1\ P_2\ P_3\ \cdots\ P_{l-1}\ P_l\ P$ | $\varphi_1+2\varphi_2+2\varphi_3+\cdots+2\varphi_l$ | $C_i \times C_{l-i}$ <br> $(i=1,2,\ldots)$ | $A_{l-1} \times T$ |
| $D_l$ | $P_1\ P_2\ P_3\ P_4\ \cdots\ P_{l-2}\ P_{l-1}\ P_l\ P$ | $\varphi_1+\varphi_2+2\varphi_3+2\varphi_4+\cdots$ <br> $+2\varphi_{l-1}+\varphi_l$ | $D_i \times D_{l-i}$ <br> $(i=2,3,\ldots,l-2)$ | $A_{l-1} \times T$ <br> $D_{l-1} \times T$ |
| $E_6$ | $P_5\ P_2\ P_1\ P_3\ P_6\ P_4\ P$ | $3\varphi_1+2\varphi_2+2\varphi_3+2\varphi_4$ <br> $+\varphi_5+\varphi_6$ | $A_1 \times A_5$ <br> $A_2 \times A_2 \times A_2$ | $D_5 \times T_1$ |
| $E_7$ | $P_7\ P_4\ P_2\ P_1\ P_3\ P_6\ P\ P_5$ | $4\varphi_1+3\varphi_2+3\varphi_3+2\varphi_4$ <br> $+2\varphi_5+2\varphi_6+\varphi_7$ | $A_1 \times D_6,\ A_7,\ A_2 \times A_5$ | $E_6 \times T$ |
| $E_8$ | $P_7\ P_3\ P_1\ P_2\ P_4\ P_6\ P_8\ P\ P_5$ | $6\varphi_1+5\varphi_2+4\varphi_3+4\varphi_4$ <br> $+3\varphi_5+3\varphi_6-2\varphi_7+2\varphi_8$ | $D_8,\ A_1 \times E_7,\ A_8,$ <br> $A_2 \times E_6,\ A_4 \times A_4$ | |
| $F_4$ | $P_4\ P_1\ P_2\ P_3\ P$ | $4\varphi_1+3\varphi_2+2\varphi_3+2\varphi_4$ | $A_1 \times C_3,\ B_4,\ A_2 \times A_2$ | |
| $G_2$ | $P_1\ P_2\ P$ | $3\varphi_1+2\varphi_2$ | $A_1 \times A_1,\ A_2$ | |

connexes ne sont autres que les sous-groupes caractéristiques des automorphies involutives de $G$, et les espaces homogènes correspondants sont symétriques irréductibles ; à ce point de vue, ces sous-groupes sont connus depuis longtemps [17]). Le tableau précédent montre en particulier que tous les sous-groupes maxima de rang maximum des groupes simples $A_l$, $B_l$, $C_l$, $D_l$ engendrent des espaces symétriques. Les groupes exceptionnels se comportent différemment et chacun contient au moins un sous-groupe maximum caractéristique d'une automorphie non involutive (d'ordre 3 ou 5).

**Remarque II.** *L'ordre de connexion des sous-groupes maxima.* En s'appuyant sur le fait que les points à coordonnées entières forment le réseau unité de $\overline{G}$, on démontre aisément que le normalisateur *dans* $\overline{G}$ d'un sommet $x_i$ du simplexe a comme centre exactement le groupe cyclique, d'ordre $m_i$, engendré par $x_i$ ; cela permet d'indiquer facilement des exemples de groupes simples simplement connexes contenant des sous-groupes maxima semi-simples *non* simplement connexes. Par exemple, le groupe adjoint de $E_8$ est simplement connexe et renferme $A_8$ qui est normalisateur de $x_5$ avec $m_5 = 3$. Comme le groupe simplement connexe $A_8$ recouvre neuf fois son groupe adjoint, le groupe de Poincaré du $A_8 \subset E_8$ est d'ordre 3. Il en est de même pour le groupe $A_2 \times A_2 \times A_2$ qui se trouve dans le groupe simplement connexe de structure $E_6$.

## 8. Les sous-groupes locaux de rang maximum des groupes clos

**Théorème.** *Soit $G$ un groupe de Lie compact de rang $l$, $K$ un sous-groupe local continu à $n'$ paramètres [18]) de rang $l$, c'est-à-dire contenant un sous-groupe (local) abélien à $l$ paramètres. Alors, $K$ est le noyau d'un sous-groupe fermé $G'$ de $G$ à $n'$ paramètres.*

Soit $U(e)$ un entourage de l'unité de $G$ rapporté à des coordonnées canoniques ; $K$ est alors dans l'intersection de $U$ avec un plan à $n'$ dimensions [18]) ; on peut supposer $U$ assez petit pour que $K$ remplisse toute cette intersection.

---

[17]) *E. Cartan*, Sur une classe remarquable d'espaces de Riemann, Bull. Soc. Math. France, t. **55**, 1927, p. 126—132.

[18]) Cela veut dire que les éléments de $K$ sont dans un entourage $U$ de l'unité $e$ de $G$, comprennent $e$ et dépendent de façon continue de $n'$ paramètres; de plus le produit de deux éléments de $K$ appartient à $K$ s'il est contenu dans $U$; d'après un théorème de *Cartan*, l. c., note 2, No. 26, $K$ est un groupe de Lie et ses points forment une variété analytique dans un système de coordonnées analytiques de $G$. C'est en particulier une portion de plan à $n'$ dimensions dans un système de coordonnées canoniques; enfin, en restreignant éventuellement la variété de $K$, on peut supposer que $K$ possède l'inverse de chacun de ses éléments.

L'ensemble des produits que l'on peut former avec un nombre fini d'éléments de $K$ constitue un sous-ensemble $G'$ de $G$ qui est en tout cas un groupe abstrait. Soit $\overline{G'}$ son adhérence dans $G$, c'est-à-dire l'ensemble composé de $G'$ et des points d'accumulation de $G'$ dans $G$ ; $\overline{G'}$ est un sous-groupe fermé de $G$ (donc de Lie et compact). Soit enfin $K' = \overline{G'} \cap U(e)$. $K'$ contient $K$, c'est l'intersection de $U$ avec un plan à $p \geq n'$ dimensions.

Les transformations (linéaires en coordonnées canoniques) $x^{-1} U x$ laissent le plan de $K$ invariant si $x$ est dans $K$, donc aussi si $x \in G'$, et par raison de continuité, si $x \in \overline{G'}$. $K$ est donc un sous-groupe local invariant dans $K'$ ; mais $K'$ est le noyau d'un groupe clos $\overline{G'}$ ; si $p > n'$, $K'$ est isomorphe à un produit direct $K \times L^{19})$, où $L$ est à $p - n'$ paramètres. Or, $L$ contient au moins un groupe à un paramètre, qui déterminera avec le groupe abélien d'ordre $l$ de $K$ un groupe abélien à $l + 1$ paramètres ; celui-ci engendrera dans $G$ un groupe dont l'adhérence sera un toroïde à au moins $l + 1$ dimensions, ce qui contredit l'hypothèse sur le rang de $G$ ; ainsi, $K$ et $K'$ ont la même dimension et $K = K'$ ; $K$ est un voisinage de l'unité pour le sous-groupe $\overline{G'}$ fermé dans $G$.

Nous aurions donc pu nous placer au point de vue local pour rechercher les sous-groupes fermés de rang maximum. On sait d'autre part qu'il y a correspondance biunivoque entre les sous-groupes locaux d'un groupe de Lie $G$ et les sous-anneaux de Lie de l'anneau des transformations infinitésimales de $G$. Notre théorème 4 doit donc, convenablement interprété, fournir un critère pour qu'un sous-ensemble de l'anneau de $G$ qui renferme $l$ transformations échangeables entre elles forme un anneau de Lie. On peut s'assurer que tel est le cas ; un critère analogue a du reste déjà été obtenu par Killing (Math. Annalen *36*, pp. 239) dans l'étude des sous-anneaux maxima des structures simples *complexes*. Inversément, nous aurions pu opérer directement dans l'anneau de $G$, mais bien entendu, la caractérisation des sous-groupes comme normalisateurs échappe à cette méthode.


(Reçu le 1<sup>er</sup> septembre 1948.)

---

[19]) *E. Cartan*, l. c., note 2, N<sup>o</sup> 41.

# 5.

## Limites projectives de groupes de Lie

C. R. Acad. Sci., Paris **230** (1950) 1197–1199

Beaucoup de propriétés des limites projectives ([1]) de suites *dénombrables* de groupes de Lie se démontrent à l'aide de choix *cohérents* c'est-à-dire compatibles avec les homomorphismes $f_{\alpha\beta}$, faits par récurrence. Le théorème **1** permet assez souvent de se passer de l'hypothèse de dénombrabilité. Les n[os] **2** et **3** en donnent quelques applications. Le n° **4** traite des limites projectives localement compactes.

1. $H_\alpha (\alpha \in J$, J ordonné filtrant à droite pour la relation $<$) désigne un ensemble partiellement ordonné (relation $\subseteq$) muni d'une opération intersection (meet); $p_{\alpha\beta}$ est une application de $H_\beta$ sur $H_\alpha$, définie si $\alpha < \beta$. On suppose que :

A. $p_{\alpha\beta}$ conserve la relation d'ordre $\subseteq$ et $p_{\alpha\gamma} = p_{\alpha\beta} \circ p_{\beta\gamma} (\alpha < \beta < \gamma)$;

B. si $\alpha < \beta$ et $h_\alpha \in H_\alpha$, $p_{\alpha\beta}^{-1}(h_\alpha)$ a un élément maximum;

C. pour tout $\alpha \in J$, une suite strictement décroissante d'éléments de $H_\alpha$ n'a qu'un nombre fini de termes.

Théorème 1. — *Soit* $(H_\alpha\,;\,p_{\alpha\beta})$ *un système vérifiant les conditions précédentes et, pour tout* $\alpha \in J$, $\Omega_\alpha$ *un sous-ensemble non vide de* $H_\alpha$ *tel que :*

*a.* $p_{\alpha\beta}(\Omega_\beta) = \Omega_\alpha$;

*b.* $x, y \in \Omega_\alpha$ *et* $x \subseteq y$ *entraînent* $x = y$;

*c. si* $h_\alpha = p_{\alpha\beta}(h_\beta)$, $x_\alpha \subseteq h_\alpha(x_\alpha \in \Omega_\alpha)$ *et s'il existe* $y_\beta \subseteq h_\beta(y_\beta \in \Omega_\beta)$, *alors il existe* $x_\beta \subseteq h_\beta(x_\beta \in \Omega_\beta)$ *tel que* $p_{\alpha\beta}(x_\beta) = x_\alpha$.

*Sous ces hypothèses, on peut choisir dans chaque* $\Omega_\alpha$ *un élément* $x_\alpha$ *de sorte que* $x_\alpha = p_{\alpha\beta}(x_\beta)$ *toutes les fois que* $\alpha < \beta$.

2. Dans toute la suite, G est limite projective de groupes de Lie $G_\alpha$.

Théorème 2. — *Soit* $g_\mu(t)$ *un sous-groupe à un paramètre de* $G_\mu$. *Alors* G *contient un sous-groupe a un paramètre* $g(t)$ *tel que* $f_\mu[g(t)] = g_\mu(t)$.

*Démonstration.* — Les $f_{\alpha\beta}$ induisent des homomorphismes $f_{\alpha\beta}^0$ des algèbres de Lie $AG_\alpha$ des groupes $G_\alpha$; $H_\alpha$ sera la lattice des sous-espaces vectoriels de $AG_\alpha$, $p_{\alpha\beta}$ l'application de $H_\beta$ sur $H_\alpha$ déduite de $f_{\alpha\beta}^0$, $\Omega_\alpha (\alpha > \mu)$ l'ensemble des transformations infinitésimales de $AG_\alpha$ appliquées sur $X_\mu$ [transformation

---

([1]) *Cf.* A. Weil, *L'intégration sur les groupes topologiques* (*Act. Sc.*, 869, Paris 1940), dont nous suivons les notations.

engendrant $g_\mu(t)$] par $f^0_{\mu\alpha}$. Les hypothèses du théorème 1 sont remplies et l'on peut choisir $X_\alpha \in AG_\alpha$ tel que $f^0_{\alpha\beta}(X_\beta) = X_\alpha$; $g(t) = [\exp(tX_\alpha)]$ est le sous-groupe de G cherché.

On peut procéder de façon analogue avec un nombre quelconque de sous-groupes à 1 paramètre de $G_\mu$ et en particulier montrer que la fibration de G par le noyau de $f_\mu$ admet une section locale ($^2$), d'où dimension $G \geqslant$ dimension $G_\mu$, si l'on appelle dimension de G la borne supérieure des dimensions de ses compacts ($^3$); de 2 on tire le

THÉORÈME 3. — *Si* G *est connexe, la composante connexe par arc de l'élément neutre est un sous-groupe invariant partout dense dans* G.

3. THÉORÈME 4. — *On peut choisir dans chaque* $G_\alpha$ *un sous-groupe semi-simple maximal* $S_\alpha$ *de sorte que* $f_{\alpha\beta}(S_\beta) = S_\alpha$ *quand* $\alpha < \beta$.

Les radicaux des $G_\alpha$ sont toujours appliqués les uns sur les autres par les $f_{\alpha\beta}$. Le théorème 4 assure ainsi l'existence de décompositions de Lévi *cohérentes*. Pour déduire 4 de 1, on prend pour $H_\alpha$ l'ensemble des sous-algèbres de $AG_\alpha$, et pour $\Omega_\alpha$ l'ensemble des sous-algèbres semi-simples maximales de $AG_\alpha$. Pour vérifier $a$ et $c$ il faut utiliser un théorème de Malcev ($^4$) disant que les sous-groupes semi-simples maximaux d'un groupe de Lie sont conjugués. Il admet l'extension suivante :

THÉORÈME 5. — *Si* $(S_\alpha)$, $(S'_\alpha)$ *sont deux systèmes cohérents de sous-groupes semi-simples maximaux, les sous-groupes* $S = \lim(S_\alpha; f_{\alpha\beta})$ *et* $S' = \lim(S'_\alpha; f_{\alpha\beta})$ *de* G *sont conjugués.*

A l'aide du théorème 4, on peut ramener la démonstration de la proposition : *Le $n^{\text{ième}}$ groupe d'homotopie* $\pi_n(G)$ *de* G *est la limite projective des groupes* $\pi_n(G_\alpha)$ ($^5$) au cas aisé à traiter où G est compact (si $n \geqslant 2$). C'est encore vrai pour $n = 1$, mais moins immédiat; en particulier, $\pi_2(G) = 0$, et G est simplement connexe si les $G_\alpha$ le sont.

4. THÉORÈME 6. — *Si* G *est localement compact, il existe un indice* $\nu$ *tel que le noyau* $N_{\alpha\beta}$ *de* $f_{\alpha\beta}$ *soit compact et que* $G_\beta$ *soit localement isomorphe au produit direct* $G_\alpha \times N_{\alpha\beta}$, *lorsque* $\nu < \alpha < \beta$.

L'existence d'un $\mu$ tel que $N_{\mu\alpha}$ soit compact est immédiate; alors $N_{\mu\alpha}$ est localement isomorphe au produit direct $T_{\mu\alpha} \times P_{\mu\alpha}$ d'un tore par un groupe semi-simple; tous deux sont invariants dans G et $T_{\mu\alpha}$ est dans le centre de

---

($^2$) Un théorème plus général et sa démonstration, analogue à celle du théorème 1, seront donnés dans une prochaine Note.

($^3$) Cela suppose G localement compact.

($^4$) *Bull. Ac. Sc. U. R. S. S.*, **8**, 1944, p. 129-60.

($^5$) *Cf.* J. P. SERRE, *Comptes rendus*, **230**, 1950, p. 916.

$G_\alpha$; d'après un théorème bien connu, $G_\alpha$ est localement isomorphe à $G'_{\mu\alpha} \times P_{\mu\alpha}$. En substituant aux $G'_{\mu\alpha}$ leurs algèbres de Lie, on est ramené au :

LEMME. — *Soit* $(AG_\alpha;\ f_{\alpha\beta})$ *un système d'algèbres de Lie et d'homomorphismes* $f_{\alpha\beta}$ *de* $AG_\beta$ *sur* $AG_\alpha$ $(\alpha < \beta)$ *vérifiant :* $f_{\alpha\gamma} = f_{\alpha\beta} \circ f_{\beta\gamma}$ $(\alpha < \beta < \gamma)$.

*Si pour tout* $\alpha > \mu$ *le noyau de* $f_{\mu\alpha}$ *est dans le centre de* $AG_\alpha$, *il existe* $\nu$ *tel que* $AG_\beta$ *soit le composé direct de* $AG_\alpha$ *et du noyau de* $f_{\alpha\beta}$, $(\nu < \alpha < \beta)$.

Les deux théorèmes de K. Iwasawa ([6]) sur la structure des (L)-groupes connexes se déduisent facilement des théorèmes 1 et 6.

---

([6]) *Ann. Math.*, (2), 50, 1949, p. 507-558, théorèmes **11** et **13**.

(Extrait des *Comptes rendus des séances de l'Académie des Sciences*,
t. **230**, p. 1127-1128, séance du 20 mars 1950.)

# 6.

## Sections locales de certains espaces fibrés

C. R. Acad. Sci., Paris **230** (1950) 1246–1248

Dans une Note récente ([1]) J.-P. Serre a montré que moyennant certaines hypothèses sur la base, un espace fibré principal est trivial quand le groupe structural est limite projective d'une suite dénombrable de groupes de Lie. Le but principal de cette Note est d'esquisser la démonstration de la généralisation de ce théorème au cas d'une limite projective quelconque de groupes de Lie.

1. *Préliminaires.* — $G = \lim(G_\alpha; f_{\alpha\beta})$ limite projective ([2]) de groupes de Lie $G_\alpha$, $N_\alpha$ noyau de la projection $f_\alpha$ de G sur $G_\alpha$, $N_{\alpha\beta}$ noyau de $f_{\alpha\beta}$. Soit E un espace fibré principal (en abrégé e. f. p.) de base B et de groupe (structural) G; $N_\alpha$ y définit une relation d'équivalence et le quotient $E_\alpha$ de E par cette relation est un e. f. p. de base B et de groupe $G_\alpha$. Si $\alpha <' \beta$, $E_\alpha$ est le quotient de $E_\beta$ par la relation d'équivalence qu'y définit $N_{\alpha\beta}$; soient $p_\alpha$ la projection de E sur $E_\alpha$, $p_{\alpha\beta}$ celle de $E_\beta$ sur $E_\alpha$; on a $p_{\alpha\beta} = p_\alpha \circ p_\beta^{-1}$; $p_\alpha$, $p_{\alpha\beta}$ sont des applications induisant l'identité sur B. Finalement E apparaît comme une limite projective d'e. f. p. de base B et dont les groupes structuraux sont de Lie.

Soient $S_\alpha$, $S_\beta$ des sections de $E_\alpha$, resp. $E_\beta (\alpha < \beta)$, considérées comme ensemble de points. On vérifie aisément les lemmes suivants : $1^\circ$ $p_{\alpha\beta}(S_\beta)$ est une section de $E_\alpha$; $2^\circ$ $p_{\alpha\beta}^{-1}(S_\alpha)$ est un e. f. p. de groupe $N_{\alpha\beta}$; $3^\circ$ soient $M_1$, $M_2$ deux sous-espaces de $E_\alpha$ qui sont des e. f. p. de groupes respectifs $H_1$, $H_2 (H_1, H_2 \in G)$; *s'ils ont une section en commun,* leur intersection est un e. f. p. de base B et de groupe $H_1 \cap H_2$.

2. THÉORÈME. — *Soit E un espace fibré principal dont la base B est localement compacte, paracompacte et contractile en l'un de ses points et dont le groupe structural G est une limite projective de groupes de Lie. Alors E est trivial, c'est-à-dire possède une section.*

Si S est une section de E, $p_\alpha(S) = S_\alpha$ définit une section de $E_\alpha$ et ces sections sont cohérentes en ce sens que $p_{\alpha\beta}(S_\beta) = S_\alpha (\alpha < \beta)$. Réciproquement, il est facile de voir qu'un système de sections $S_\alpha$ cohérentes définit une section de E. Tout revient à construire ces sections.

---


([1]) *Comptes rendus*, **230**, 1950, p. 916-918.
([2]) A. WEIL, *Act. Sc.*, **869**, Paris, 1940.

Soit $x$ un point de E choisi une fois pour toutes et $\Omega_\alpha$ l'ensemble des sections de $E_\alpha$ passant par $x_\alpha = p_\alpha(x)$. D'après un théorème de Gleason ([3]), tout e. f. p. de base B et dont le groupe structural est de Lie est trivial; cela permet de démontrer les propriétés $a$ et $c$ ci-dessous.

$a.$ $p_{\alpha\beta}(\Omega_\beta) = \Omega_\alpha$; $\Omega_\alpha$ n'est pas vide;

$b.$ $S_\alpha$, $S'_\alpha \in \Omega_\alpha$ et $S_\alpha \subset S'_\alpha$ entraînent $S_\alpha = S'_\alpha$;

$c.$ soit $M_\beta$ un sous-espace de $E_\beta$, qui est un e. f. p. dont le groupe structural est un sous-groupe fermé de G et qui contient un élément de $\Omega_\beta$ et soit $M_\alpha = p_{\alpha\beta}(M_\beta)$. Si $S_\alpha \in \Omega_\alpha$ et $S_\alpha \subset M_\alpha$, il existe $S_\beta \in \Omega_\beta$ contenu dans $M_\beta$ tel que $S_\alpha = p_{\alpha\beta}(S_\beta)$.

*Définition.* — Soit F une partie de l'ensemble des indices J. Un ensemble de sections $S_\alpha \in \Omega_\alpha$ ($\alpha$ parcourant F) est un F-système s'il vérifie :

(1) Si $\gamma > \alpha_1, \ldots, \alpha_n$, $(\alpha_1, \ldots, \alpha_n \in F$, $\gamma$ *quelconque* $\in J)$, $\displaystyle\bigcap_1^n p_{\alpha_i\gamma}^{-1}(S_{\alpha_i})$

contient au moins un élément de $\Omega_\gamma$.

Les $S_\alpha$ d'un F-système sont donc cohérentes. Les F-systèmes (F variable) forment de façon évidente un ensemble partiellement ordonné inductif (et non vide). D'après le théorème de Zorn, il contient un élément maximal et il faut montrer que pour ce dernier $F = J$. Cela résulte du

Lemme. — *Soit* $\beta \notin F$. *Alors tout* F-*système peut être prolongé en un* $\{\beta\} \cup F$-*système*.

Soit $\gamma > \alpha_1, \ldots, \alpha_n, \beta (\alpha_1, \ldots, \alpha_n \in F)$. Posons

$$M(\alpha_1, \ldots, \alpha_n; \gamma) = p_{\beta\gamma}\left[\bigcap_1^n p_{\alpha_i\gamma}^{-1}(S_{\alpha_i}).\right].$$

D'après (1) et 3° du n° 1, $\displaystyle\bigcap_1^n p_{\alpha_i\gamma}^{-1}(S_{\alpha_i})$ est un e. f. p. de groupe $\displaystyle\bigcap_1^n N_{\alpha_i\gamma}$ M est

un e. f. p. de groupe $H(\alpha_1, \ldots, \alpha_n; \gamma) \cong \displaystyle\bigcap_1^n \frac{N_{\alpha_i\gamma}}{N_{\beta\gamma} \cap N_{\alpha_1\gamma} \cap \ldots \cap N_{\alpha_n\gamma}}$ et contient

un $S_\beta \in \Omega_\beta$. L'intersection de 2M en contient un autre et ainsi 2M ont au moins en commun un élément de $\Omega_\beta$. Il y a donc correspondance entre inclusions de sous-espaces M et inclusions de sous-groupes H ou de sous-groupes H', composantes connexes de $e$ des H. Comme les H' sont de plus représentés par des sous-espaces vectoriels d'un espace de dimension *finie*, à savoir l'algèbre de Lie de $G_\alpha$, il en existe un, disons $H'(\alpha_1, \ldots, \alpha_n; \gamma)$ contenu dans tous les autres. Soit $S_\beta \in \Omega_\beta$ contenu dans $M(\alpha_1, \ldots, \alpha_n; \gamma)$. En utilisant l'axiome (FP) de définition des e. f. p. ([4]), on montre alors que $S_\beta$ est contenu dans tous les M.

---

([3]) Cité dans la Note ([1]).

([4]) Cité par J.-P. Serre, *Comptes rendus*, **229**, 1949, p. 1295-1297.

( 3 )

De plus, si $\gamma > \alpha_1, \ldots, \alpha_n, \beta(\alpha_1, \ldots, \alpha_n \in F)$ on établit que

$$p_{\gamma\beta}^{-1}(S_\beta) \cap p_{\alpha_1\gamma}^{-1}(S_{\alpha_1}) \cap \ldots \cap p_{\alpha_n\gamma}^{-1}(S_{\alpha_n})$$

*contient un élément de* $\Omega_\gamma$.

Ce point essentiel s'obtient grâce à $b$ et surtout à $c$. Il signifie justement que $S_\beta$ forme avec les $S_\alpha$ du F-système donné un $\{\beta\} \cup$ F-système.

3. La démonstration précédente montre que : 1° E est trivial dès que tout e. f. p. de base B et de groupe structural de Lie est trivial; 2° E est localement trivial si B est localement contractile en un point; cela permet de généraliser au cas où G est limite projective quelconque de groupes de Lie le théorème 3 de ($^1$) (suite d'homotopie) et aussi le corollaire au théorème 4, puisque les théorèmes 4 et 5 sont vrais dans ce cas ($^5$).

*Remarque.* — La contractilité locale de B paraît être nécessaire. Par ex. $\Pi_1^\infty G_i$ fibré par $\Pi_1^\infty H_i$ $(H_i \subset G_i)$ n'est pas localement trivial si $G_i \simeq G$ de Lie, $H_i \simeq H \subset G$, G n'étant pas fibré trivialement par H.

---

($^5$) A. Borel, *Comptes rendus*, **230**, 1950, p. 1127.

(Extrait des Comptes rendus des séances de l'Académie des Sciences,<br>
t. 230, p. 1246-1248, séance du 27 mars 1950.)

# 7.

## Le plan projectif des octaves
## et les sphères comme espaces homogènes

C. R. Acad. Sci., Paris **230** (1950) 1378–1380

Le plan projectif des octaves de Cayley est un espace homogène du groupe simple
compact exceptionnel $F_4$. Le n° 2 complète la détermination des groupes de Lie
compacts transitifs sur les sphères, due à D. Montgomery et H. Samelson [1], [2].
Au n° 3, applications à l'homotopie de $G_2$, $F_4$.

*Notations.* — $A_l$, $B_l$, $C_l$, $D_l$ désigneront les groupes linéaires classiques
compacts représentant ces structures de groupes de Lie simples compacts.
$\overline{B}_l$, resp. $\overline{D}_l$ sera le groupe de recouvrement simplement connexe de $B_l$, resp. $D_l$.
Rappelons que les structures de groupe compact $G_2$, $F_4$ n'ont, à une iso-
morphie près, qu'un représentant.

1. Le plan projectif des octaves est une variété close à 16 dimensions; elle
contient des sous-variétés homéomorphes à $S_8$ qui, prises comme droites projectives, vérifient les axiomes d'incidence de la géométrie projective [3].

THÉORÈME 1. — *Le plan projectif des octaves de Cayley est homéomorphe à
l'espace homogène* $F_4/\overline{B}_4$; $F_4$ *opère transitivement sur les droites projectives.*

D'après E. Cartan[4], il passe par deux points de $F_4/\overline{B}_4$ en général une seule
géodésique (dans une métrique riemanienne invariante par $F_4$). Les points que
l'on peut joindre à un point donné $p$ par plus d'une géodésique forment une
variété à huit dimensions, la variété antipodique de $p$, qui est homéomorphe
à $S_8$. On prend les variétés antipodiques comme droites projectives; pour vérifier les axiomes d'incidence on se sert de l'unicité de l'antipode d'une variété
antipodique et d'une deuxième définition de cette dernière, formulée à l'aide
des sous-groupes de $F_4$ isomorphes à $\overline{B}_4$.

Les quatre variétés closes connues qui sont des plans projectifs admettent
ainsi un groupe de Lie compact transitif de transformations, qui sont même
projectives; il n'en serait plus de même pour d'autres plans projectifs; en effet,

---

(*) Séance du 3 avril 1950.

[1] *Ann. Math.*, (2), 44, 1943, p. 454-470.

[2] A. BOREL, *Bull. Am. Math. Soc.*, 55, 1949, p. 580-587, complète [1] pour les
sphères de dimensions paires.

[3] G. HIRSCH, *Colloque de Topologie algébrique*, Paris, 1947, p. 35-42.

[4] *Ann. Éc. Norm. Sup.*, 44, 1927, p. 345-467.

une telle variété a $(1 + t^n + t^{2n})$ comme polynôme de Poincaré ([3]) et son deuxième groupe d'homotopie est nul, (si $n > 3$) puisque le complémentaire d'une droite projective $S_n$ est l'espace euclidien ([3]). Or, mis à part les trois plans projectifs de dimensions $> 2$, un seul espace homogène de groupe de Lie compact a la caractéristique d'Euler-Poincaré 3, c'est $G_2/A_1 \times A_1$ ([2]); ici $A_1 \times A_1$ ne désigne que la structure du groupe d'isotropie, en réalité isomorphe à $D_2$. On voit aisément que le polynôme de Poincaré de cet espace est $1 + t^4 + t^8$, mais $\pi_2(G_2/D_2) = \pi_1(D_2) \neq o$ (suite d'homotopie), donc :

*La variété $G_2/D_2$ a même polynôme de Poincaré que le plan projectif quaternionien, mais ne lui est pas homéomorphe.*

2. *Groupes transitifs sur $S_{2n-1}$.* Soit $W = G/G'$; $G$ est *effectif* sur $W$ si seule l'unité de $G$ induit l'identité de $W$. Si $W = S_{2n-1}$, $G'$ est non homologue à zéro dans $G$ et rang $G = $ rang $G' + 1$ ([5]). On montre d'abord dans ([1]) que si $G$ est effectif et transitif sur $S_{2n-1}$, il est localement le produit direct d'un ou deux facteurs. On a plus généralement le

Théorème 2. — *Soit $G$ de Lie compact connexe effectif sur $W = G/G'$, $G'$ connexe. Si rang $G' = $ rang $G - k$ et si $G$ est localement isomorphe au produit direct de plus de $k + 1$ groupes (non réduits à l'élément neutre), $W$ est un produit topologique d'espaces homogènes.*

Il y a donc ici un ou deux facteurs simples; dans le deuxième cas, l'un est de rang 1 et l'autre est transitif sur $S_{2n-1}$ ([1]), on est bien ramené au cas où $G$ est simple. Les seuls groupes classiques transitifs sur $S_{2n-1}$ sont $A_n$, $D_n$, $C_m$ et éventuellement $B_m$ (ou $\overline{B}_m$) (si $n = 2m$) ([1]). Le plus difficile est de savoir si $S_{4m-1}$ est homéomorphe à $\overline{B}_m/\overline{B}_{m-1}$ ou à $B_m/B_{m-1}$; il résulte de ([1]) que c'est exclu pour $m \neq 2, 4$. On peut aussi le voir en vérifiant par le calcul des plus petits degrés des représentations de $B_{m-1}$ que ses images non triviales dans $B_m$ sont toutes équivalentes à la somme $1 + 1 + B_{m-1}$; or le quotient de $B_m$ par un tel sous-groupe est la variété des vecteurs unitaires tangents à $S_{2m}$, qui n'est pas $S_{4m-1}$. Par contre $\overline{B}_3$ a une représentation fidèle $1 + \Delta$, où $\Delta$ est irréductible de degré 8 et le quotient de $\overline{B}_4$ par l'image inverse de ce sous-groupe de $B_4$ est $S_{15}$. Cela équivaut en somme au fait que $F_4/B_4$ est de rang 1 ([4]). De manière analogue on a $\overline{B}_2/\overline{B}_1 = S_7$, mais cela est bien connu, car $\overline{B}_2 \simeq C_2$, $\overline{B}_1 \simeq C_1$. On montre facilement que $\Delta$ opère transitivement sur l'espace quotient de $D_4$ par $1 + B_3$, qui est $S_7$; cette dernière est donc le quotient de $\overline{B}_3$ par un sous-groupe à 14 paramètres, qui est forcément $G_2$ ([6]).

Les espaces $G_2/A_1$ ou $G_2/B_1$ ont mêmes nombres de Betti que $S_{11}$ mais ne

---

([5]) H. Samelson, *Ann. Math.*, (2), 42, 1941, p. 1091-1137.

([6]) Cela a d'abord été démontré par M. A. Blanchard, par la considération des structures presque cómplexes de $S_6$.

lui sont pas homéomorphes [la suite d'homotopie appliquée à $G_2/A_2 = S_6$ donne $\pi_4(G_2) = \pi_4(A_2) = 0$ ([7]), tandis que $G_2/A_1 = S_{11}$ donnerait $\pi_4(G_2) \neq 0$]. Les autres groupes exceptionnels ne sont pas transitifs sur $S_{2n-1}$ car ils ne possèdent pas de sous-groupes de rang $l-1$ non homologues à zéro ([8]). On peut alors compléter les théorèmes 3 et 4 de ([1]) par le :

Théorème 3. — *Les espaces homogènes de groupes de Lie simples compacts homéomorphes à $S_{2n-1}$ sont $A_n/A_{n-1}$, $D_n/B_{n-1}$ et (pour $n = 2m$) $C_m/C_{m-1}$; enfin il y a encore $\overline{B}_4/\overline{B}_3 = S_{15}$ et $\overline{B}_3/G_2 = S_7$.*

3. Les sept premiers groupes d'homotopie du plan des octaves V sont nuls, puisque le complémentaire d'une $S_8$ est l'espace euclidien ([9]). La suite d'homotopie appliquée à cette fibration et aux deux dernières du théorème 3 donne le :

Théorème 4. — $\pi_i(G_2) = \pi_i(B_3)$, $(2 \leq i \leq 5)$; $\pi_i(F_4) = \pi_i(B_4)$, $(2 \leq i \leq 6)$; $\pi_i(B_3) = \pi_i(B_4)$, $(i \leq 13)$.

---

([7]) L. Pontrjagin, *Comm. Math. Helv.*, 13, 1940-41, p. 277-292.

([8]) Yen Chih Ta, *Comptes rendus*, 228, 1949, p. 628-630.

([9]) On a de plus d'après M. A. Blanchard : $\pi_i(V) = \pi_{i-1}(S_7)$ $(i \leq 15)$.

(Extrait des *Comptes rendus des séances de l'Académie des Sciences*,
t. 230, p. 1378-1380, séance du 12 avril 1950.)

# 8.

## Groupes localement compacts

Séminaire Bourbaki, Exp. 29 (1949/50)

*Notations*

l.c.    localement compact
gLg    groupe de Lie généralisé
$G_0, M_0 \ldots$ composante connexe de l'élément neutre $e$ de $G$, $M \ldots$
Un sous-groupe d'un groupe topologique est toujours un sous-groupe *fermé*.

## I. Groupes de Lie généralisés, L-groupes et limites projectives

### 1. Groupes de Lie généralisés de A. M. Gleason

**Définition.** Un groupe l.c. est un groupe de Lie généralisé (un gLg) si, pour tout voisinage $U$ de $e$, il existe un sous-groupe ouvert $H$ et un sous-groupe compact $M \subset U$ invariant dans $H$ tel que $H/M$ soit de Lie.

Pour abréger, nous dirons que 2 sous-groupes $H$, $M$ de $G$ sont *associés dans G* si $H$ est ouvert dans $G$, $M$ est compact invariant dans $H$ et $H/M$ de Lie.

**Théorème 1.** 1°) *G est un* gLg *si et seulement s'il possède une paire de sous-groupes associés;* 2°) (Gleason) *G est un* gLg *si et seulement s'il possède un sous-groupe ouvert qui soit limite projective* l.c. *de groupes de Lie.*

1°) Nécessité: par définition. Suffisance: Soient $H$, $M$ associés dans $G$, $H' = H/M$, $N$ l'image réciproque dans $H$ de $H_0'$; $N$ est ouvert dans $H$ ou $G$. A $n \in N$ correspond un automorphisme $T_n$ de $M$: $m \to nmn^{-1}$, intérieur si $n \in M$; par passage au quotient, on obtient une représentation de $H_0'$ dans Aut $M$/Int $M$ qui est totalement discontinu ([5] Théorème 6); $H_0'$ étant connexe, cette application est constante, autrement dit les automorphismes $T_n$ de $M$ sont intérieurs et les sous-groupes invariants de $M$ sont aussi invariants dans $N$. Or $M$ est compact et possède des sous-groupes arbitrairement petits invariants $M_\alpha$ formant une base de filtre tels que $M/M_\alpha$ soit de Lie; mais alors $N/M_\alpha$ est de Lie car c'est l'extension du groupe de Lie $M/M_\alpha$ par $N/M_\alpha$ (qui est de Lie comme sous-groupe ouvert de $H/M$) ([5] Théorème 3). $G$ satisfait à la définition des gLg (en prenant $H$ égal à $N$ pour tout $U$).

42

$2°$) Suffisance: évidente. Nécessité: Le groupe $N$ précédemment construit est limite projective l.c. des groupes de Lie $N/M_\alpha$.

**Théorème 2.** *Un gLg $G$ invariant dans un groupe connexe $\hat{G}$ est une limite projective de groupes de Lie.*

Soient $H$ et $L$ associés dans $G$; $(H/L)_0$ a un sous-groupe invariant compact maximum $M'$: c'est l'intersection de ses sous-groupes compacts maximaux, qui sont conjugués les uns des autres par des automorphismes intérieurs (Malcev, Iwasawa); soient $V$, $M$ les images réciproques dans $H$ de $(H/L)_0$, $M'$; $M$ est compact invariant dans $H$; et $V$ est ouvert dans $H$ ou $G$; $G$ étant invariant dans $\hat{G}$, on peut, pour des raisons de compacité, trouver un voisinage $U$ de $e$ dans $\hat{G}$ tel que $g\,Mg^{-1} \subset V$ pour $g \in U$; mais alors $g\,Mg^{-1}$ se projette dans $(H/L)_0$ suivant un groupe invariant compact donc dans $M'$, c'est-à-dire que $g\,Mg^{-1} \subset M$ pour $g \in U$, donc aussi pour $g \in \hat{G}$, qui est connexe. Ainsi $M$ est invariant dans $\hat{G}$ et de plus tous ses sous-groupes invariants sont invariants dans $\hat{G}$ ($\hat{G}$ connexe, Aut $M$/Int $M$ totalement discontinu). Soit $M_\alpha$ l'un d'eux et $M/M_\alpha$ de Lie; $G/M_\alpha$ est localement isomorphe à son sous-groupe ouvert $H/M_\alpha$ qui est de Lie (extension de $M/M_\alpha$ par $H/M = (H/L)/(M/L)$), d'où le théorème.

## 2. Les L-groupes de K. Iwasawa

**Définition.** Un groupe l.c. $G$ est un *L-groupe* s'il possède un système de sous-groupes invariants $N_v$ tels que $G/N_v$ soit de Lie et que $\bigcap N_v = \{e\}$.

**Théorème 3.** *Un L-groupe est un gLg; en particulier (Iwasawa) un L-groupe connexe est limite projective de groupes de Lie.*

Remarquons d'abord que si $G/N_1$ et $G/N_2$ sont de Lie, il en est de même de $N_1/N_1 \cap N_2$, qui admet une image continue univalente dans $G/N_2$ et de $G/N_1 \cap N_2$, extension de $N_1/N_1 \cap N_2$ par $G/N_1$. L'ensemble des sous-groupes $N_\alpha$ de $G$ (l.c. quelconque) tels que $G/N_\alpha$ soit de Lie est donc une base de filtre. Si $G$ est un L-groupe, nous allons y trouver une paire de sous-groupes associés. Soit $U$ un voisinage relativement compact de $e$ dans $G$; comme $(\bigcap N_\alpha) \cap (\bar{U} - U) = \emptyset$, il y a un $N_\alpha$ dont l'intersection avec $\bar{U} - U$ est vide; alors $N_\alpha \subset U$ est compact; posons $G' = G/N_\alpha$, $G'$ n'est pas forcément de Lie, mais il contient un sous-groupe invariant totalement discontinu $N_\alpha/N_{\alpha 0} = N'$ et $G'/N' \cong G/N_\alpha$ est de Lie. La fibration de $G'$ par $N'$ admet alors une section locale $P$ qui est un sous-groupe local ([6]), évidemment localement isomorphe à $G/N_\alpha$; $P$ est *connexe* et fait donc partie du commutant de $N'$; soit maintenant $M'$ un sous-groupe ouvert compact de $N'$; $M'$ est invariant dans le sous-groupe $H'$ engendré par $M'P$, qui est ouvert et localement isomorphe à $M' \times P$. Alors les images réciproques $H$, $M$ de $H'$, $M'$ sont associées dans $G$.

Si $G$ est connexe, la démonstration est plus simple car $N_\alpha/N_{\alpha 0}$ est invariant totalement discontinu dans $G'$ connexe et fait partie de son centre; il est abélien et l'image réciproque $M$ d'un sous-groupe ouvert compact $M'$ de $N'$ est compacte *invariante* dans $G$. $G/M$ est localement isomorphe au groupe de Lie $G/N_\alpha$ car c'en est le quotient par le groupe discret $N_\alpha/M$. On peut appliquer le théorème 1.

**Remarques.** 1°) Dans le cas général, la notion de gLg est plus maniable que celle de $L$-groupe et c'est elle que nous utiliserons. Nous avons fait figurer ici les $L$-groupes, qui sont à la base du mémoire d'Iwasawa, surtout pour les situer par rapport aux gLg.

2°) On a les inclusions: limites projectives de groupes de Lie l.c. $\subset L$-groupes $\subset$ gLg. Les groupes compacts, abéliens l.c. sont des limites projectives. Un groupe l.c. totalement discontinu contient des sous-groupes ouverts compacts, c'est donc un gLg, mais pas toujours un $L$-groupe; il peut en particulier être simple et non discret (Exemple: groupes classiques sur un corps $p$-adique). Je ne sais pas si un $L$-groupe est toujours une limite projective de groupes de Lie. Ces 3 notions coïncident dans le cas des sous-groupes invariants d'un groupe connexe (Théorèmes 2 et 3).

### Théorème 4.

a)  *Un produit direct de* gLg *($L$-groupes) est un* gLg *($L$-groupe).*
b)  *Un sous-groupe d'un* gLg *($L$-groupe) est un* gLg *($L$-groupe).*
c)  *Un groupe quotient d'un* gLg *est un* gLg.
d)  *Un groupe localement isomorphe à un* gLg *est un* gLg.
e)  *Un groupe* l.c. *ayant une représentation fidèle dans un* gLg *est un* gLg.

Démonstrations faciles; d) peut être faux pour les $L$-groupes (remarque 2); je ne sais ce qui en est de c) pour les $L$-groupes.

## II. Le théorème d'extension pour les gLg

**Théorème 5** (Gleason). *Soit $N$ invariant dans $G$. Si $N$ et $G/N$ sont des* gLg, *alors $G$ est aussi un* gLg.

$G$ est automatiquement l.c. si $N$ et $G/N$ le sont, d'après Vilenkin. Nous démontrons le théorème 5 tout d'abord dans 2 cas particuliers: $N$ compact (a) et $N$ de Lie (b, c, d).

a) *$N$ compact.* Soient $H'$, $M'$ associés dans $G/N$; leurs images réciproques sont associées dans $G$; on est ramené au théorème 1.

b) $N = \mathbf{R}^s$, $G' = G/N$ *compact.* $G$ contient un sous-groupe compact $K$ tel que $KN = G$, $K \cap N = \{e\}$ ([5] Théorème 4). L'automorphisme $T_k$ de $\mathbf{R}^s$: $x \to kxk^{-1}$ ($x \in \mathbf{R}^s$, $k \in K$) est une transformation linéaire; la correspondance $k \to T_k$ est un homomorphisme de $K$ sur un groupe linéaire compact, donc de Lie. Le noyau $M$ de cet homomorphisme est l'intersection de $K$ avec le commutant $C(N)$ de $N$ dans $G$; il est invariant dans $K$, donc aussi dans $G = KN$; $G/M$ est le produit croisé de 2 groupes de Lie $K/M$ et $N$ avec une loi de composition de groupe de Lie; $M$ est compact, $G/M$ de Lie, on est ramené au théorème 1.

c) $N = \mathbf{R}^s$. Soient $H'$, $P'$ associés dans $G' = G/N$, $H$ et $P$ leurs images réciproques; on peut appliquer la construction de b) à $P$. Je prétends que le sous-groupe $M$ trouvé dans $P$, égal à $C(N) \cap K$, est aussi invariant dans $H$. En effet, si $h \in H$, les éléments de $hMh^{-1}$ sont dans $P$, c'est-à-dire sont des produits $k \cdot x$ ($k \in K$, $x \in \mathbf{R}^s$), et $k$ est dans $C(N)$, puisque $hMh^{-1}$ et $x$ y sont; alors la projection $k \cdot x \to x$ de $hMh^{-1}$ dans $N = \mathbf{R}^s$ est un *homomorphisme* sur un sous-groupe compact de $\mathbf{R}^s$, qui se réduit forcément à $e$, donc $k \cdot x \in hMh^{-1}$ entraîne $x = e$, $hMh^{-1} \subset C(N) \cap K = M$; $H/M$ est l'extension du groupe de Lie $P/M$ par $H/P = H'/P'$ de Lie, donc est de Lie. $H$ et $M$ sont associés dans $G$; on applique le théorème 1.

d) *$N$ de Lie.* Soit $R(N_0)$ le radical de $N_0$ (sous-groupe invariant résoluble connexe maximum). La démonstration se fait par induction sur la dimension de $R(N_0)$. Soit d'abord $\dim R(N_0) = 0$, c'est-à-dire $N_0$ semi-simple. Int $N_0$ est un sous-groupe *ouvert* de Aut $N_0$, donc si $g$ est voisin de $e$ l'automorphisme de $N_0$: $n \to gng^{-1}$ est intérieur, et $g$ peut se mettre sous la forme $c \cdot n$ ($n \in N_0$, $c$ dans le commutant $C(N_0)$ de $N_0$, tous deux voisins de $e$). $N_0 \cap C(N_0)$ est discret; on en déduit aisément que $G$ est localement isomorphe au produit direct $C(N_0) \times N_0$ et, comme $N/N_0$ est discret, que $C(N_0)$ est localement isomorphe à $G/N$, qui est un gLg; $G$ est un gLg d'après le théorème 4 a et d).

Supposons maintenant d) établi pour $\dim R(N_0) < r$, et soit $N$ dont le radical a la dimension $r > 0$ et $Z$ le premier groupe dérivé abélien de $R(N_0)$; $Z$ est invariant dans $G$ et $Z = \mathbf{R}^a \times \mathbf{T}^b$ ($a + b > 0$). Admettons d'abord que $b = 0$. On applique alors l'hypothèse d'induction à $G/R^a$, ce qui est possible car $a > 0$ et $\dim R(N_0/\mathbf{R}^a)$ $= r - a$; $G/R^a$ est un gLg, donc aussi $G$ d'après c). Si maintenant $b > 0$, $\mathbf{T}^b$ est aussi invariant dans $G$, en tant que sous-groupe compact *maximum* de $Z$, on applique l'hypothèse d'induction à $G/\mathbf{T}^b$ et $G$ est un gLg d'après a).

e) *Le cas général.* Supposons que nous ayons trouvé un sous-groupe $H$ ouvert de $G$ et $M \subset H \cap N$, compact invariant *dans* $H$, tel que $H \cap N/M$ soit de Lie. Alors $H/N \cap H$ est un gLg (sous-groupe de $G/N$), ainsi que $H/M$ qui est l'extension du groupe de Lie $H \cap N/M$ par $H/H \cap N$ (cas d); enfin $H$ est un gLg d'après a), de même que $G$ qui lui est localement isomorphe. Tout revient donc à construire $H$ et $M$.

Soient $L$ et $P$ associés dans $N$. Nous procédons comme au théorème 2. On prend l'image réciproque $M$ dans $L$ du sous-groupe invariant compact maximum de $(L/P)_0$ et un voisinage $U$ de $e$ dans $G$ tel que $gMg^{-1} \subset M$ si $g \in U$. $M$ est alors invariant dans le groupe ouvert $H$ engendré par $U \cdot L$; de plus $H \cap N$ contient $L$ comme sous-groupe ouvert et $H \cap N/M$ est localement isomorphe à $L/M$ $= (L/P)/(M/P)$ qui est de Lie, C.Q.F.D.

**Corollaire.** *$G$ est un* gLg *si et seulement si $G_0$ est un* gLg.

Il ne semble par très probable que l'extension d'un $L$-groupe par un $L$-groupe soit toujours un $L$-groupe; c'est en tout cas un gLg. En outre les théorèmes 2, 3 et 5 donnent le théorème (Iwasawa):

Soient $G$ et $N$ invariants dans un groupe connexe $\hat{G}$. Si $G/N$ et $N$ sont des $L$-groupes, $G$ est aussi un $L$-groupe.


### III. Groupes localement compacts en général

**1.** Soit $G$ un groupe topologique. Nous appellerons *groupe dérivé topologique* de $G$ l'adhérence du sous-groupe de $G$ engendré par les commutateurs; il sera noté $D(G)$. On définit par induction transfinie la série des groupes dérivés topologiques de $G$ par: $D_0(G) = G$, $D_{\alpha+1}(G) = D(D_\alpha(G))$ et si $\beta$ est un nombre limite, $D_\beta(G)$

$= \bigcap_{\alpha < \beta} D_\alpha(G)$; le 1er ordinal $v$ tel que $D_{v+1}(G) = D_v(G)$ est la longueur de la série des groupes dérivés ou *longueur de* $G$; $G$ est (topologiquement) résoluble si $D_v(G) = \{e\}$. Il est immédiat que $D(G)$ est connexe si $G$ l'est et que si $G'$ est un sous-groupe partout dense de $G$, le groupe des commutateurs de $G'$ (au sens abstrait) est partout dense dans $D(G)$. De là suit que si $G'$ est résoluble au sens de la théorie des groupes abstraits, $G$ est topologiquement résoluble. Un sous-groupe, un groupe quotient d'un groupe résoluble sont résolubles; toute extension d'un groupe résoluble par un groupe résoluble est résoluble.

**Théorème 6** (Iwasawa). *La longueur d'un groupe compact connexe est au plus 1; celle d'un groupe connexe l.c. est finie.*

Soit $G$ compact connexe, $G' = G/D_2(G)$; $D_1(G')$ est abélien invariant donc dans le centre de $G'$ ([5] Théorème 8); l'adhérence du sous-groupe engendré par $g' \in G'$ et $D_1(G')$ est un sous-groupe abélien *invariant* car c'est l'image réciproque d'un sous-groupe de $G'/D_1(G')$, qui est abélien. Toujours d'après le théorème 8 de [5], $g'$ est dans le centre de $G'$, d'où $G'$ est abélien, $D_1(G') = \{e\} = D_2(G')$ et $D_1(G) = D_2(G)$.

Si $G$ est l.c. connexe, on remarque que dans $G' = G/D_\omega(G)$, l'un des sous-groupes $D_n(G')$ est compact (car les $D_n(G')$ sont connexes et $\bigcap D_n(G') = \{e\}$); soit $k$ le 1er indice pour lequel $D_k(G')$ est compact, alors $D_{k+1}(G') = D_{k+2}(G')$ et $G$ est aussi de longueur $k + 1$ au plus.

La longueur d'un groupe compact non connexe n'est pas nécessairement finie, ainsi le produit direct de tous les groupes finis est de longueur $\omega$; cependant on démontre aisément le:

**Théorème 6′** (Iwasawa). *Un sous-groupe invariant* l.c. *d'un groupe connexe est de longueur finie (au plus 1 s'il est compact).*

**Corollaire.** *Un sous-groupe invariant résoluble* l.c. *d'un groupe connexe* $G$ *est un* gLg *(et fait partie du centre de* $G$ *s'il est compact).*

**2.** Nous établirons dans ce numéro l'existence du sous-groupe invariant résoluble maximum d'un groupe connexe l.c.; remarquons tout d'abord que si $N_1$ et $N_2$ sont invariants résolubles, il en est de même de $\overline{N_1 N_2}$; en effet, $N_1$ et $N_2$ sont de longueur finie donc $N_1 N_2$ est résoluble au sens de la théorie des groupes abstraits, et $\overline{N_1 N_2}$ l'est au sens topologique.

**Lemme 1** (Gleason). *Soit* $H_0 = \{e\} \subset H_1 \subset H_2 \subset \ldots$ *une suite croissante de sous-groupes connexes d'un groupe* l.c., $G$. *Si* $H_i/H_{i-1}$ *est non compact* $(i = 1, 2, \ldots)$ *la suite est finie et le nombre de ses termes a une borne supérieure finie ne dépendant que de* $G$.

Soit $U$ un voisinage ouvert relativement compact de $e$ dans $G$, et $U_n = H_n \cap U$; $U_n H_{n-1}$ est ouvert dans $H_n$, $\bar{U}_n H_{n-1}$ y est fermé; si l'on avait $\bar{U}_n \subset U_n \cdot H_{n-1}$, alors $\bar{U}_n H_{n-1} = U_n H_{n-1} = H_n$ ($H_n$ connexe) et $H_n/H_{n-1}$ serait compact contrairement à l'hypothèse; il existe donc $a_n \in \bar{U}_n$, $a_n \notin U_n H_{n-1}$ ($n = 1, 2, \ldots$); les $a_n$ étant dans le compact $\bar{U}$, on peut trouver 2 indices $s$, $t$ ($s < t$) tels que $a_t a_s^{-1} \in U$ (si la suite $H_i$ est infinie). Mais alors $a_t \in U_t H_{t-1}$, d'où une contradiction; la suite $H_i$ est donc finie.

Soit $V$ un voisinage symétrique de $e$ dans $G$ tel que $V^2 \subset U$. On peut recouvrir $\bar{U}$ par un nombre fini, disons $k$, d'ensembles $Vu_j$. Alors si $a, b \in Vu_j$, on a $ab^{-1} \in U$; le raisonnement ci-dessus montre que la suite $H_i$ a au plus $k$ termes $\neq \{e\}$, d'où la 2e partie du lemme.

**Remarque.** Le lemme 1 montre aussi qu'une suite décroissante de groupes connexes $H_i$, tels que $H_i/H_{i+1}$ ne soit pas compact, n'a qu'un nombre fini de termes.

**Théorème 7** (Iwasawa, Gleason). *Un groupe connexe l.c. possède un sous-groupe invariant résoluble maximum.*

Montrons d'abord que $G$ possède un sous-groupe invariant résoluble *connexe* maximum. Soient $N_\alpha$ les sous-groupes invariants résolubles connexes de $G$, $N$ l'adhérence du sous-groupe qu'ils engendrent; $N$ est connexe invariant. Il existe $v$ tel que $\overline{N_\alpha N_v}/N_v$ soit compact pour tout $\alpha$ (lemme 1). Soit $G' = G/N_\alpha$, $\overline{N_\alpha N_v}/N_v$ y est invariant compact résoluble connexe et fait partie de son centre $Z'$. L'image réciproque $Z$ de $Z'$ est résoluble et contient $N$ qui est donc résoluble.

Il est alors immédiat que l'image réciproque dans $G$ du centre de $G/N$ est le sous-groupe cherché.

**Notation.** $R(G)$ = sous-groupe invariant résoluble maximum de $G$.

**3. Théorème 8** (Iwasawa). *Un groupe connexe l.c. possède un sous-groupe invariant compact connexe maximum.*

a) $G$ est un gLg. Soient $N$ invariant compact et $G/N$ de Lie, $K$ l'image réciproque du sous-groupe invariant compact maximum de $G/N$, $K_0$ est le sous-groupe cherché.

b) $R(G) = \{e\}$. Soit $K$ l'adhérence du sous-groupe engendré par les sous-groupes invariants compacts connexes $K_\alpha$ de $G$; les centres de $K_\alpha$ et de $K$ se réduisent à $e$ (vu $R(G) = \{e\}$). Soit $C(K_\alpha)$ le commutant de $K_\alpha$ dans $K$; on a $K = K_\alpha \times C(K_\alpha)$ et $C(K_\alpha)$ est donc connexe; $\bigcap C(K_\alpha)$ est le centre de $K$, et se réduit à $e$; d'après un raisonnement fait plusieurs fois, $C(K_\alpha)$ est compact pour un certain $\alpha$; alors $K = K_\alpha \times C(K_\alpha)$ est compact.

c) Cas général. Soit $G' = G/R(G)$ et $L$ l'image réciproque du sous-groupe invariant compact connexe maximum de $G'$ (cf. b); $L$ est un gLg et le sous-groupe invariant compact connexe maximum de $L_0$ (cf. a)) est le sous-groupe demandé.

**Remarque.** On ne sait pas si un groupe connexe l.c. possède toujours un sous-groupe invariant compact maximum (connexe ou non); c'est vrai pour un gLg (on prend le groupe $K$ défini en a)), ou si $R(G) = \{e\}$ (voir ci-dessous).

**Théorème 9** (Gleason). *Soit $G$ connexe l.c. et $R(G) = \{e\}$. Alors $G$ est un produit direct de groupes de Lie simples non abéliens, compacts à l'exception d'un nombre fini, et éventuellement d'un facteur $P$.*

*$P$ est le produit d'un nombre fini de facteurs indécomposables, est métrisable et ne contient pas de gLg invariants $\neq \{e\}$.*

Soit $K$ invariant compact connexe maximum; son centre se réduit à $e$ et $G = K \times C(K)$; que $K$ soit un produit direct de groupes de Lie simples compacts se déduit facilement de théorèmes connus (cf. A. Weil [7] paragraphe 25). Si $S$ est invariant dans $C(K)$, $S_0 \neq \{e\}$ car un sous-groupe invariant totalement discontinu serait dans le centre de $C(K)$, donc dans $R(G)$; en particulier, comme $S_0 \not\subset K$, $S$ ne peut être compact, ce qui montre que $K$ est invariant compact maximum. Soit $N$ de Lie invariant connexe dans $C(K)$, $N$ est semi-simple et de centre égal à $\{e\}$ (toujours à cause de $R(G) = \{e\}$); c'est un produit de groupes simples non compacts et de plus $C(K) = N \times C(N)$ (car $(\text{Aut } N)_0 = \text{Int } N$); il ne peut y avoir qu'un nombre fini de facteurs de Lie non compacts puisque $G$ est l.c.; soit $P$ le facteur ne contenant pas de sous-groupes invariants compacts ou de Lie connexes. $P$ ne peut être produit que d'un nombre fini de facteurs indécomposables, puisque chaque facteur est non compact. $P$ ne contient pas de gLg invariant $\neq \{e\}$: si $L$ en est un, $L_0 \neq \{e\}$ possède un sous-groupe invariant compact maximum $N \neq \{e\}$, puisque $L_0$ n'est pas de Lie, et on a vu que cela est impossible. Enfin, $P$ métrisable résulte du:

**Lemme 2.** *Un groupe $G$, l.c. non métrisable, engendré par un voisinage compact $V$ de $e$, possède un sous-groupe invariant compact $\neq \{e\}$.*

Les voisinages $V_i$, $W_i$ définis ci-dessous sont symétriques compacts. On peut trouver $V_1$ vérifiant $V_1^2 \subset V$, puis, pour des raisons de compacité, $W_1$ vérifiant $v\, W_1\, v^{-1} \subset V_1$ si $v \in V$; on prend ensuite $V_2$ avec $V_2^2 \subset W_1$ et $W_2$ avec $v\, W_2\, v^{-1} \subset V_2$ si $v \in V$, et ainsi de suite. Il est clair que $\bigcap V_i = \bigcap W_i$ est un sous-groupe compact invariant de $G$. Il est $\neq \{e\}$ car si $G$ est non métrisable l'intersection d'une infinité dénombrable de voisinages compacts de $e$ est $\neq \{e\}$.

**Corollaire au théorème 9** (Iwasawa). *Un groupe connexe l.c. possède un L-sous-groupe invariant maximum $L$. Le L-sous-groupe invariant maximum de $G/L$ est $\{e\}$.*

$L$ est l'image réciproque du produit direct des facteurs de $G/R(G)$ qui sont de Lie.

**Théorème 10** (Gleason). *Un groupe l.c. possède une suite de composition finie dont les groupes quotients sont ou totalement discontinus ou abéliens ou compacts ou simples.*

Il suffit de traiter le cas où $G$ est connexe. Si $G$ est un gLg, le facteur $P$ de $G/R(G)$ (Théorème 9), est alors un gLg, donc est un groupe de Lie semisimple sans centre. On combine alors la suite de composition des groupes dérivés de $R(G)$ avec l'image réciproque d'une suite de décomposition de $G/R(G)$ qui vérifie le théorème.

Soit maintenant $G$ connexe, localement compact, mais par ailleurs quelconque. Considérons une suite

$$(1) \qquad\qquad G = N_0 \supset N_1 \supset \ldots \supset N_p = e$$

de sous-groupes connexes, $N_i$ étant invariant dans $N_{i-1}$ ($i = 1, \ldots, p$). D'après le lemme 1, le nombre de quotients $N_i/N_{i+1}$ non compacts a une borne supérieure ne dépendant que de $G$. Supposons-la atteinte par la suite (1); les quotients $N_i/N_{i+1}$ ont alors la propriété suivante:

(A) pour toute suite de composition formée de sous-groupes connexes, il y a au plus 1 groupe quotient non compact.

Il suffit de démontrer le théorème sous cette hypothèse.

a) Si $G$ connexe vérifie (A), et si son gLg invariant maximum se réduit à $(e)$, $G$ est l'extension d'un groupe simple par un groupe compact.

Si $G$ n'est ni simple ni compact, soit $S$ l'intersection de ses sous-groupes invariants $\neq e$; remarquons que si $N$ est invariant $\neq e$, alors $N_0 \neq e$ (car $R(G) = e$), et est même non compact (pas de gLg invariant), donc $S$ est connexe. Montrons que la supposition $S = e$ mène à une contradiction. Si $S = e$, on peut trouver un nombre fini de sous-groupes invariants $N_1, \ldots, N_k$ dont l'intersection $N$ ne rencontre pas le bord $\bar{U} - U$ d'un voisinage relativement compact de $e$; alors $N \cap U$ est compact donc $= e$ ainsi que $N$. De là on déduit l'existence de deux sous-groupes $M_1$, $M_2 \neq e$ invariants connexes, d'intersection $= e$. $M_1$ admet une représentation fidèle dans $G/M_2$ qui est compact d'après (A). Or un groupe ayant une représentation fidèle dans un gLg est lui-même un gLg, comme on le voit aisément, d'où la contradiction. Ainsi $S$ est connexe, $\neq e$, donc non compact, a la propriété (A), et son gLg invariant maximum est aussi $= e$, car il est invariant aussi dans $G$. $S$ est simple car l'intersection de ses sous-groupes invariants $\neq e$ est $\neq e$ d'après ce qui précède, est invariante dans $G$, donc contient $S$ par définition de $S$. $S$ est simple et $G/S$ compact d'après (A).

b) Soit $G$ ayant la propriété $A$, $L$ son gLg invariant maximum; il suffit de montrer que $G/L = G'$ a la propriété $A$.

Soit $G' = N_0' \supset N_1' \supset \ldots \supset N_k' \supset N_{k+1}' \supset \ldots N_p' = e$ une suite de composition de $G$ formée de groupes connexes. Remarquons que le gLg invariant maximum de $N_i'$ étant invariant dans $N_{i-1}'$ se réduit à $e$ comme celui de $G'$. Il nous faut montrer que si $N_{k-1}'/N_k'$ est non compact, $N_k'$ est compact (donc $= e$). Soit $N_i$ image réciproque dans $G$ de $N_i'$, $N_{i0}$ sa composante connexe de $e$. Si $N_{k-1}'/N_k'$ *est non compact, il en est de même de* $G/N_{k0}$, donc de l'un des quotients $N_{i0}/N_{i+1,0}$ $(i = k - 1)$, par suite $N_{k0}$ est compact et $N_k$ est un gLg invariant dans $N_{k-1}$. On en déduit immédiatement que $N_k$ est dans $L$ donc que $N_k' = e$, C.Q.F.D.

**Corollaire** (Iwasawa, Gleason). *La conjecture: Tout groupe connexe* l.c. *est un* gLg, *est équivalente à la conjecture: Tout groupe connexe* l.c. *simple est un groupe de Lie.*

**Remarque.** Si cette conjecture est vraie, il est aussi vrai que tout groupe localement euclidien est de Lie (cf. corollaire au théorème 13), mais l'étude de cette conjecture apparaît, dans l'état actuel de la question, comme beaucoup plus difficile que celle du 5e problème de Hilbert. Ainsi ce dernier est résolu depuis longtemps pour les groupes localement euclidienne de dimensions 1, 2; cependant, le fait qu'un groupe l.c. connexe *métrisable* de dimension 1 ou 2 est limite projective de groupes de Lie n'a été démontré que récemment par D. Montgomery [3].


## IV. Structure des gLg connexes


Rappelons qu'un gLg connexe est en même temps L-groupe et limite projective de groupes de Lie connexes; quant à ces dernières, nous prenons les notations de A. Weil ([7] paragraphe 5), $G$ est limite projective des groupes $G_\alpha$ muni des homomorphismes $f_{\alpha\beta}$ si le système $G$, $G_\alpha$, $f_{\alpha\beta}$ vérifie les axiomes LP I, LP II, LP III; (si les $G_\alpha$ sont de Lie connexes, LP III est du reste conséquence de LP I, LP II). On écrira

$G = \lim (G_\alpha; f_{\alpha\beta})$. On ne change pas $\lim (G_\alpha; f_{\alpha\beta})$ si l'on ne prend que les $G_\alpha$ correspondant aux indices d'un sous-ensemble I' de l'ensemble des indices I lorsque I' est dense (cofinal) dans I), en particulier si I' est formé de tous les indices plus grands qu'un indice $v$ donné.

Nous démontrerons plus loin le:

**Lemme 3.** *Soit G un L-groupe, $G' = G/N$, f l'homomorphisme canonique de G sur $G'$ et $g'(t)$ un sous-groupe à un paramètre de $G'$. Alors on peut trouver un sous-groupe à un paramètre $g(t)$ de G tel que $f(g(t)) = g'(t)$.*


## 1. Sous-groupes compacts maximaux

Nous admettrons le théorème (Malcev, Iwasawa): les sous-groupes compacts maximaux d'un groupe de Lie connexe sont conjugués les uns des autres (par des automorphismes intérieurs). Si $K$ est l'un d'eux, on peut trouver dans $G$, $n$ sous-groupes à 1 paramètre $H_i \cong R$ (fermés) tels que tout $g \in G$ s'écrive d'une seule façon sous la forme $k h_1 \ldots h_n (k \in K, h_i \in H_i)$, $k$, $h_i$ étant des fonctions continues de $g$.

**Théorème 11** (Iwasawa). *Un gLg connexe contient des sous-groupes compacts maximaux; deux quelconques d'entre eux sont conjugués. Soit K un tel sous-groupe; on peut trouver n sous-groupes à 1 paramètre $H_i \cong R$, tels que $g \in G$ s'écrive d'une seule façon sous forme de produit $k h_1 \ldots h_n (k \in K, h_i \in H_i$, fonctions continues de $g$).*

Soit $N$ invariant compact tel que $G/N$ soit de Lie. Les images réciproques des sous-groupes compacts maximaux de $G'$ sont les sous-groupes compacts maximaux de $G$. Deux tels sous-groupes étant les images réciproques de sous-groupes conjugués de $G'$ sont évidemment conjugués.

Soit $K$ compact maximal de $G$, $K'$ son image dans $G'$. On prend dans $G'$ les $n$ sous-groupes à 1 paramètre $H'_i$ de l'énoncé rappelé plus haut. On peut naturellement considérer $G'$ comme faisant partie du système $(G_\alpha; f_{\alpha\beta})$ dont la limite est $G$; on peut alors appliquer le lemme 3 et trouver les sous-groupes $H_i$ appliqués sur les $H'_i$ par la projection de $G$ sur $G'$. Il est immédiat qu'ils vérifient toutes les conditions de l'énoncé.


## 2. Structure locale d'un gLg connexe

**Théorème 12.** *Soit $G = \lim (G_\alpha; f_{\alpha\beta})$ connexe l.c., les $G_\alpha$ étant de Lie. Alors il existe un indice $v$ tel que le noyau $N_{v\alpha}$ de $f_{v\alpha}$ soit compact et que $G_\beta$ soit localement isomorphe au produit direct $G_v \times N_{\alpha\beta}$ toutes les fois que $v < \alpha < \beta$.*

Soit $U$ un voisinage relativement compact de $e$ dans $G$; pour un certain $\mu$, $U$ contient l'image réciproque d'un voisinage de $e$ dans $G_\mu$, donc $N_\mu = f_\mu^{-1}(e)$ qui est ainsi compact, de même que $N_{\mu\alpha} = f_\alpha(N_\mu)$ et que $N_{\alpha\beta} \subset N_{v\beta} (v < \alpha < \beta)$.

$N_{\mu\alpha}$ est localement isomorphe à un produit $T_{\mu\alpha} \times S_{\mu\alpha}$ ($S_{\mu\alpha}$ semi-simple, $T_{\mu\alpha}$ est un tore); cette décomposition est unique et $S_{\mu\alpha}$, $T_{\mu\alpha}$ sont invariants dans $G_\alpha$, $T_{\mu\alpha}$

étant même dans le centre de $G_\alpha$. De plus on a localement $G_\alpha = G'_\alpha \times S_{\mu\alpha}$, $G'$ connexe, contient $T_{\mu\alpha}$ et est univoquement déterminé, par conséquent $f_{\alpha\beta}(G'_\beta) = G'_\alpha (\mu < \alpha < \beta)$ et $f_{\mu\alpha}(G'_\alpha) = G_\mu$, la composante connexe de $e$ du noyau de cet homomorphisme étant $T_{\mu\alpha}$. Pour obtenir le théorème 12, il nous faut encore établir l'existence de $v$ tel que $G'_\beta$ soit localement une existence triviale de $G'_v (\beta > v)$.

Les $f_{\alpha\beta}$ induisent des homomorphismes des algèbres de Lie $AG'_\alpha$ des groupes $G'_\alpha$ qui vérifient les axiomes LP I, LP II. Le théorème 12 étant local, il suffit de le démontrer pour les algèbres de Lie, c'est l'objet du:

**Lemme 4.** *Soit* $(L_\alpha; g_{\alpha\beta})$ *un système d'algèbres de Lie et d'homomorphismes* $g_{\alpha\beta}$ *vérifiant* LP I, LP II. *Si pour tout* $\alpha > \mu$ *le noyau de* $g_{\mu\alpha}$ *est dans le centre de* $L_\alpha$ *il existe* $v$ *tel que* $L_\beta \cong L_v \oplus N_{v\beta}$ *si* $\beta > v$.

Nous choisissons une fois pour toutes une base $X_1, \ldots, X_n$ de $L_\mu$, les équations de structure étant:

$$[X_i X_j] = c_{ij}^\sigma X_\sigma (1, j, \sigma = 1, \ldots, n).$$

Soit dans $L_\alpha$, $X_{\alpha 1}, \ldots, X_{\alpha n}, Y_{\alpha 1}, \ldots, Y_{\alpha p}$ une base telle que $g_{\mu\alpha}(X_{\alpha i}) = X_i$ et $g_{\mu\alpha}(Y_{\alpha i}) = 0$; alors

$$[X_{\alpha i} X_{\alpha j}] = c_{ij}^\sigma X_{\alpha\sigma} + d_{ij}^\tau Y_{\alpha\tau} [X_{\alpha i} Y_{\alpha j}] = [Y_{\alpha i} Y_{\alpha j}] = 0.$$

Considérons $(d_{11}^\tau, \ldots, d_{nn}^\tau)$ comme un vector $d^\tau$ de $\mathbf{R}^{n^2}$, et de même $c^\sigma = (c_{11}^\sigma, \ldots, c_{nn}^\sigma)$; les vecteurs $c^\sigma$, $d^\tau$ sous-tendent un sous-espace $P_\alpha$. Un calcul immédiat montre que $P_\alpha$ ne change pas si on prend une nouvelle base $\overline{X_{\alpha i}}$, $\overline{Y_{\alpha j}}$ telle que $g_{\mu\alpha}(\overline{X_{\alpha i}}) = X_i$, $g_{\mu\alpha}(\overline{Y_{\alpha i}}) = 0$.

Si $\alpha < \beta$, on a $P_\alpha \subset P_\beta$. En effet, gardons dans $L_\alpha$ la base $\overline{X_{\alpha i}}$, $\overline{Y_{\alpha i}}$ précédente et introduisons dans $L_\beta$ la base $X_{\beta i}, Y_{\beta i}, Z_{\beta i}$ où

$$g_{\alpha\beta}(X_{\beta i}) = X_{\alpha i}, \qquad g_{\alpha\beta}(Y_{\beta i}) = Y_{\alpha i}, \qquad g_{\alpha\beta}(Z_{\beta i}) = 0$$

alors

$$[X_{\beta i} X_{\beta j}] = c_{ij}^\sigma X_{\beta\sigma} + d_{ij}^\tau Y_{\beta\tau} + e_{ij}^\varrho Z_\varrho \quad \text{et} \quad P_\alpha \subset P_\beta.$$

La relation d'inclusion fait des $P_\alpha$ un ensemble ordonné filtrant à droite. Les $P_\alpha$ étant des sous-espaces d'un espace de dimension *finie*, il en existe un, disons $P_v$, qui contient tous les autres. Il reste à voir que $L_\beta$ est une extension triviale de $L_v (\beta > v)$; nous conservons les notations précédentes, sauf que nous posons $\alpha = v$; comme $P_\beta = P_v$, les vecteurs $e^\varrho$ dépendent linéairement des vecteurs $c^\sigma$, $d^\tau$ soit $e^\varrho = a_\sigma^\varrho c^\sigma + b_\tau^\varrho d^\tau$. Un calcul facile montre que les transformations infinitésimales

$$\overline{X_{\beta\sigma}} = X_{\beta\sigma} + a_\sigma^\varrho Z_\varrho \quad \text{et} \quad \overline{Y_{\beta\tau}} = Y_{\beta\tau} + b_\tau^\varrho Z_\varrho$$

forment une sous-algèbre $L'_v \cong L_v$, et $L_\beta = L'_v \oplus N_{v\beta}$.

Revenons à $G = \lim (G_\alpha; f_{\alpha\beta})$; pour $\alpha > v$, $G_\alpha$ contient un sous-groupe $G_{v\alpha}$ localement isomorphe à $G_v$ et appliqué par $f_{v\alpha}$ localement isomorphiquement et homomorphiquement sur $G_v$. $G_{v\alpha}$ est échangeable avec $(N_{v\alpha})_0$ donc aussi avec $N_{v\alpha}$, car chaque composante connexe de $N_{v\alpha}$ rencontre $G_{v\alpha}$ puisque $G_\alpha$ est connexe et que $N_{v\alpha} \cap G_{v\alpha}$ est discret invariant dans $G_{v\alpha}$; enfin, si $\beta > \alpha > v$, $N_{\alpha\beta}$ est localement facteur direct de $N_{v\beta}$ ce qui démontre complètement le théorème. En général $G_{v\alpha}$ n'est pas univoquement déterminé. Nous justifierons plus loin le:

**Lemme 5.** *On peut choisir dans $G_\alpha (\alpha > v)$ un sous-groupe $G_{v\alpha}$ localement isomorphe à $G_v$, appliqué sur $G_v$ par $f_{v\alpha}$, dans le commutant de $N_{v\alpha}$, de façon que $f_{\alpha\beta}(G_{v\beta}) = G_{v\alpha}$ toutes les fois que $v < \alpha < \beta$.*

**Théorème 13** (Iwasawa). *Soit $G$ un $L$-groupe connexe, $U$ un voisinage arbitraire de $e$.*

*$U$ contient un sous-groupe invariant compact $N$ et un groupe de Lie local $L$ tels que $G$ soit localement le produit direct de $N$ et $L$.*

Soit $G = \lim (G_\alpha; f_{\alpha\beta})$; on peut supposer le théorème 12 vérifié. Il existe $\sigma$ et un voisinage $U_\sigma$ de $e$ dans $G$ tel que $f_\sigma^{-1}(U_\sigma) \subset U$. On peut appliquer le lemme 5 aux $G_\alpha (\alpha > \sigma)$ considérés comme extensions de $G_\sigma$ et choisir des sous-groupes $G_{\sigma\alpha} \subset G_\alpha$ cohérents, localement isomorphes à $G_\sigma$ appliqués sur $G_\sigma$ par $f_{\sigma\alpha}$. On prend comme $N$ le noyau $N_\sigma$ de $f_\sigma^{-1}$.

$G_{\sigma\alpha}$ est un revêtement de $G_\sigma$; on peut donc trouver dans chaque $G_{\sigma\alpha}$ un voisinage $L_\alpha$ de $e$ appliqué isomorphiquement sur un certain voisinage $L_\alpha$ de $e$ dans $U_\sigma$; alors $f_{\alpha\beta}(L_\beta) = L_\alpha$ si $\alpha < \beta$ et $U$ contient le groupe de Lie local $L = (L_\alpha)$; $N \cap L = \{e\}$ et $L$ est dans le commutant de $N_v = \lim (N_{v\alpha}; f_{\alpha\beta})$ car $L_\alpha$ est dans celui de $N_{v\alpha} (\alpha > v)$. Enfin, $N \cdot L$ est ouvert car c'est l'image réciproque dans $G$ de l'ouvert $L_\sigma$ de $G_\sigma$.                                            C.Q.F.D.

**Corollaire** (Iwasawa). *Un $L$-groupe connexe localement euclidien est un groupe de Lie.*

## V. Les choix cohérents

Pour démontrer les lemmes 3 et 5, nous utiliserons une proposition qui permet de faire sous certaines conditions dans les $G_\alpha$ des choix cohérents, c'est-à-dire compatibles avec les homomorphismes $f_{\alpha\beta}$. Nous donnerons à cette proposition une forme assez générale, où les groupes de Lie n'interviennent pas car la démonstration n'en est pas plus compliquée que dans les cas particuliers dont nous avons besoin.

Soit $I$ ordonné filtrant à droite, pour $\alpha \in I$, $H_\alpha$ un ensemble partiellement ordonné par la relation $\subseteq$, muni d'une opération intersection $\cap$, et pour $\alpha < \beta$, $p_{\alpha\beta}$ une application de $H_\beta$ sur $H_\alpha$ conservant la relation d'ordre, vérifiant $p_{\alpha\gamma} = p_{\alpha\beta} \circ p_{\beta\gamma}$, si $\alpha < \beta < \gamma$. On suppose:

(A) si $\alpha < \beta$ et $h_\alpha \in H_\alpha$, $p_{\alpha\beta}^{-1}(h_\alpha)$ a un élément maximum.

(B) dans chaque $H_\alpha$ une suite strictement décroissante d'éléments n'a qu'un nombre fini de termes.

**Théorème 14.** Soit $(H_\alpha; p_{\alpha\beta})$ *un système vérifiant les conditions précédentes et, pour tout $\alpha \in I$, $\Omega_\alpha$ un sous-ensemble non vide de $H_\alpha$ tel que:*

(a) $p_{\alpha\beta}(\Omega_\beta) = \Omega_\alpha$

(b) $x, y \in \Omega_\alpha$ *et $x \subseteq y$ entraînent $x = y$.*

(c) *si $h_\alpha = p_{\alpha\beta}(h_\beta)$, $x_\alpha \subseteq h_\alpha(x_\alpha \in \Omega_\alpha)$ et s'il existe $y_\beta \subseteq h_\beta(y_\beta \in \Omega_\beta)$ alors il existe $x_\beta \subseteq h_\beta(x_\beta \in \Omega_\beta)$ tel que $p_{\alpha\beta}(x_\beta) = x_\alpha$.*

*Sous ces hypothèses on peut choisir dans chaque $\Omega_\alpha$ un élément $x_\alpha$ de sorte que $x_\alpha = p_{\alpha\beta}(x_\beta)$ toutes les fois que $\alpha < \beta$.*

Soit $F$ une partie de $I$; on appelle $F$-système un ensemble d'éléments $x_\alpha \in \Omega_\alpha$ ($\alpha$ parcourant $F$) vérifiant:

(I) Si $\gamma > \alpha_1, \ldots, \alpha_n(\alpha_1, \ldots, \alpha_n \in F$, $\gamma$ quelconque $\in I$), il existe $x_\gamma \in \Omega_\gamma$ tel que $p_{\alpha_i\gamma}(x_\gamma) = x_{\alpha_i}(i = 1, \ldots, n)$.

Les $x_\alpha$ d'un $F$-système sont en particulier cohérents; les $F$-systèmes ($F$ variant) forment de façon évidente un ensemble ordonné inductivement (et non vide); il possède un élément maximal d'après le théorème de Zorn; il nous faut montrer que pour ce dernier $F = I$, c'est une conséquence du:

**Lemme 6.** *Soit $\beta \notin F$. Tout $F$-système peut être prolongé en un $\{\beta\} \cup F$-système.*

Soient $\alpha_1, \ldots, \alpha_n \in F$, $\gamma > \alpha_1, \ldots, \alpha_n, \beta$; désignons par $K(\alpha_1, \ldots, a_n; \gamma)$ l'ensemble des éléments $x_\beta$ pour chacun desquels il y a $x_\gamma \in \Omega_\gamma$ tel que $p_{\alpha_i\gamma}(x_\gamma) = x_{\alpha_i}$ ($i = 1, \ldots, n$) et $p_{\beta\gamma}(x_\gamma) = x_\beta$. $K$ est non vide (conditions I et a). Soit $M_{\alpha\gamma}(x_\alpha)$ le maximum de $p_{\alpha\gamma}^{-1}(x_\alpha)$ et posons

$$M(\alpha_1 \ldots \alpha_n; \gamma) = p_{\beta\gamma}(M_{\alpha_1\gamma}(x_{\alpha_1}) \cap \ldots \cap M_{\alpha_n\gamma}(x_{\alpha_n}))$$

Il est immédiat que les $K$ forment une base de filtre pour la relation d'inclusion et que les $M$ en forment une pour $\subseteq$.

Si $\bigcap K(\alpha_1 \ldots \alpha_n; \gamma)$ ($\alpha_i$ variant dans $F$, $\gamma$ dans $I$) est non vide, le lemme est démontré car un élément de cette intersection joint au $F$ système donné forme un $\{\beta\} \cup F$-système par définition des $F$-systèmes et des $K$; nous allons montrer que cette intersection est non vide.

Si $x \in K(\alpha_1, \ldots, \alpha_n; \gamma)$, on a évidemment $x \subseteq M(\alpha_1, \ldots, \alpha_n; \gamma)$. *Réciproquement, si $x \in \Omega_\beta$ et $x \subseteq M(\alpha_1 \ldots \alpha_n; \gamma)$, alors $x \in K(\alpha_1 \ldots \alpha_n; \gamma)$.* C'est une conséquence immédiate de b) et c).

Du fait que les $M$ forment une base de filtre et de la condition minimale (B) on tire qu'il y a un $M$, disons $M(\alpha_1 \ldots \alpha_n; \gamma)$ plus petit que tous les autres (au sens de $\subseteq$). Soit alors $x_\beta \in K(\alpha_1 \ldots \alpha_n; \gamma)$; $x_\beta$ est plus petit que tous les $M$, donc est contenu dans tous les $K$.

**Démonstration du lemme 3.** On peut sans restreindre la généralité, supposer $G'$ connexe; c'est donc une limite projective de groupes de Lie (Théorèmes 2, 3, 4), soit $G' = \lim(G'_\sigma, g_{\sigma\tau})$, ($\sigma, \tau \in I'$). On considère les $G'_\sigma$ comme faisant partie du système $G_\alpha$, ($\alpha \in I$), dont $G$ est limite projective. Un sous-groupe à 1 paramètre $g'(t)$ de $G'$ détermine alors un $I'$-système de transformations infinitésimales $X_\sigma$ ($\sigma \in I'$), car la condition (I) des $F$-systèmes est visiblement vérifiée. Ce $I'$-système est donc contenu dans un $F$-système maximal, pour lequel $F = I$, et qui détermine alors un sous-groupe à 1 paramètre de $G$ s'appliquant sur le sous-groupe donné de $G'$.

**Démonstration du lemme 5.** $H_\alpha$ est l'ensemble des sous-algèbres de $A G_\alpha$, $\Omega_\alpha$ l'ensemble des sous-algèbres de $A G_\alpha$ isomorphes à $A G_\nu$ appliquées sur $A G_\nu$ par $g_{\nu\alpha}$

et échangeables avec $AN_{v\alpha}$. Pour vérifier (c) on remarque que si $L_\beta$ contient un élément de $\Omega_\beta$, il est facteur direct dans $AG_\beta$ et il contient un facteur direct $L'_\beta \cong L_\alpha = g_{\alpha\beta}(L_\beta)$, $g_{\alpha\beta}$ étant la combinaison de la projection de $L_\beta$ sur $L'_\beta$ et d'un isomorphisme de $L'_\beta$ sur $L_\alpha$. Les autres conditions sont trivialement vérifiées. Le lemme 5 est une application directe du théorème.

Signalons enfin que l'on peut également à l'aide du théorème 14 étendre au cas dénombrable certaines démonstrations de Pontrjagin [4] paragraphe 45, en particulier on a le:

**Théorème 15.** *Soit $N$ invariant dans un $L$-groupe connexe $G$. Alors* $\dim G = \dim N + \dim G/N$.

D'où l'on déduit la généralisation suivante du corollaire au théorème 13:

**Théorème 16.** *Un $L$-groupe connexe, localement connexe, de dimension finie est un groupe de Lie.*

### Bibliographie


1. Gleason, Andrew: On the structure of locally compact groups, Proc. nat. Acad. Sc. U.S.A., t. **35**, 1949, p. 384–386
2. Iwasawa, Kenkichi: On some types of topological groups, Annals of Math., (2) **50**, 1949, p. 507–558
3. Montgomery, Deane: Connected one dimensional groups, Annals of Math., (2) **49**, 1948, p. 110–117; Connected two dimensional groups, Annals of Math., (2) **51**, 1950, p. 262–277
4. Pontrjagin, I.: Topological groups. – Princeton, Princeton University Press, 1946
5. Serre, Jean-Pierre: Extensions de groupes localement compacts, Séminaire Bourbaki, Exp. 27, 1949/50, 6 p.
6. Serre, Jean-Pierre: Trivialité des espaces fibrés, Applications, C.R. Acad. Paris, **230** (1950), p. 916–918
7. Weil, André: L'intégration dans les groupes topologiques et ses applications. – Paris, Hermann, 1940 (Act. scient. et ind., n° 869)


*Additif*

On trouvera les démonstrations des résultats traités dans cet exposé dans:

Gleason, Andrew: The structure of locally compact groups, Duke math. J. **18** (1951), p. 85–104

La conjecture de Iwasawa-Gleason «Tout groupe connexe localement compact est un groupe de Lie généralisé», qui contient en particulier une solution affirmative du 5e problème de Hilbert «Un groupe topologique localement euclidien est-il un groupe de Lie»? a été démontrée tout d'abord pour un groupe de dimension finie par juxtaposition de théorèmes de Gleason et de Montgomery-Zippin:

Gleason, Andrew: Groups without small subgroups, Annals of Math., (2.) **56** (1952), p. 193–212

Montgomery, Deane, Zippin, Leo: Small subgroups of finite-dimensional groups, Annals of Math. (2) **56** (1952), p. 213–241

puis, dans le cas général, par:

Yamabe, Hidehiko: On the conjecture of Iwasawa and Gleason, Annals of Math. (2) **58** (1953), p. 48–54; A generalization of a theorem of Gleason, Annals of Math. (2) **58** (1953), p. 351–365

Pour un exposé systématique de la question, voir le livre de

Montgomery, Deane, Zippin, Leo: Topological transformation groups. – New York, Interscience publishers, 1955 (Interscience Tracts n° 1)

[Juin 1957]

# 9.

(avec J-P. Serre)

## Impossibilité de fibrer un espace euclidien par des fibres compactes

C. R. Acad. Sci., Paris **230** (1950) 2258–2259

Notre but est de démontrer le théorème énoncé au n° **1**, confirmant ainsi une hypothèse émise par D. Montgomery et H. Samelson ([1]) et dont des cas particuliers ont été traités par B. Eckmann, H. Šamelson, G. W. Whitehead ([2]) et, plus récemment, par G. S. Young ([3]). La démonstration est une simple application de la théorie des espaces fibrés développée par J. Leray.

**1.** Les espaces fibrés considérés dans cette Note sont localement triviaux ; nous ne faisons aucune hypothèse sur le groupe structural.

THÉORÈME. — *Il n'existe pas de fibration de $R^n$ à fibre compacte non réduite à un point.*

Dans tout ce qui suit, F et B désigneront respectivement la fibre et la base d'une fibration de $R^n$. Comme $R^n$ est localement connexe par arc, il en est de même de F et l'on voit immédiatement que les composantes connexes des fibres F définissent également une fibration (localement triviale) de $R^n$. Il nous suffit donc de démontrer le théorème dans le cas où F est discrète et dans le cas où F est connexe.

**2.** *Cas d'une fibre discrète non réduite à un point.* — $R^n$ est alors le revêtement universel de B ; le groupe de Poincaré $\pi_1(B)$ est fini, opère sur $R^n$ et tout élément de $\pi_1(B)$ différent de l'élément neutre définit une transformation sans point fixe. En considérant un sous-groupe G de $\pi_1(B)$, d'ordre premier $p$, on obtient ainsi une contradiction avec un résultat classique de P. A. Smith ([4]).

Signalons qu'on peut obtenir ce dernier en utilisant un théorème de S. Eilenberg et S. Mac Lane : La cohomologie de $R^n$ étant triviale, celle de $R^n/G$ est isomorphe à celle du groupe G, ce qui est impossible puisque cette dernière est non nulle en toute dimension paire ([5]).

**3.** *Cas d'une fibre connexe non réduite à un point.* — Dans la suite, $H(X)$ désigne l'algèbre de cohomologie de Čech à supports compacts de l'espace localement compact X, à coefficients dans un corps $k$ ; les espaces considérés ici étant visiblement HLC, cette cohomologie s'identifie d'ailleurs à la cohomologie singulière à supports compacts.

---

([1]) *Duke Math. Jour.*, **13**, 1946, p. 51-56.
([2]) *Bull. Am. Math. Soc.*, **55**, 1949, p. 433-438.
([3]) *Proc. Am. Math. Soc.*, **1**, 1950, p. 215-223.
([4]) S. Lefschetz, *Algebraic Topology*, New-York, 1942, App. B.
([5]) S. Eilenberg, *Bull. Am. Math. Soc.*, **55**, 1949, p. 3-27, n°11.

B est simplement connexe (suite exacte d'homotopie) et localement connexe par arc. La théorie de J. Leray [6] montre alors qu'il existe une suite de Leray-Koszul d'algèbres différentielles bigraduées $H_1$, $H_2$, ... dont le premier terme est $H_1 = H(F) \otimes H(B)$; $H_{i+1}$ est l'algèbre de cohomologie de $H_i$ pour une différentielle $\delta_i$; pour $r$ assez grand, $H_r$ est indépendant de l'indice $r$ et isomorphe à l'algèbre graduée associée à $H(R^n)$, c'est-à-dire à $H(R^n)$ elle-même puisqu'elle est de dimension $1$ sur $k$ comme on va le rappeler. La filtration utilisée ici pour définir cette suite est la filtration $f_F$ de $(6a)$ ou $l = -1$, $m = 0$ de $(6b)$.

Comme $H^i(R^n) = 0$ si $i \neq n$ et $H^n(R^n) = k$, on voit que l'algèbre $H_1 = H(F) \otimes H(B)$ doit posséder au moins un élément non nul de degré total $n$ et en particulier que l'on doit avoir $H^q(B) \neq 0$ pour au moins un entier $q$. Or B est de dimension $n-1$ au plus [puisque tout point de B admet un voisinage homéomorphe à un sous-ensemble fermé sans point intérieur de $R^n$ [7]], et par suite $q \leq n-1$. Considérons un élément $y$ non nul de $H(B)$ de degré minimum $p$ et soit $1$ l'élément unité de $H(F)$ qui existe, F étant compacte; l'élément $1 \otimes y$ de $H(F) \otimes H(B)$ est un cocycle pour tous les $\delta_i$ car il est de degré *filtrant* maximum $0$ et $\delta_i$ augmente ce degré de $i$, mais d'autre part, $1 \otimes y$ étant de degré *total* minimum, ne peut être un cobord puisque tous les $\delta_i$ augmentent le degré total d'une unité. Il définit donc un élément non nul de $H_r$ ($r$ quelconque) donc de $H^p(R^n)$ ce qui est absurde, car $p \leq q \leq n-1$.

4. *Remarques.* — La démonstration du n° 3 vaut encore si l'on remplace $R^n$ par une variété $V^n$ simplement connexe et de même cohomologie à supports compacts que $R^n$ (à coefficients entiers). On peut montrer que le théorème lui-même est valable pour une telle variété, en utilisant dans le cas d'une fibre discrète des résultats de Cartan-Leray [8] :

On remarque tout d'abord qu'il suffit de montrer qu'un groupe G cyclique d'ordre premier $p$ ne peut opérer sans point fixe sur $V^n$. Si maintenant G est sans point fixe on montre, en utilisant la suite de Leray-Koszul de [8], p. 85, que $H^{n+q}(V^n/G)$, les coefficients étant les entiers modulo $p$, est isomorphe à $H^q(G)$ avec les mêmes coefficients, d'où une contradiction puisque, d'après [5], $H^q(G) \neq 0$ pour tout $q$.

---

[6] *a. Comptes rendus*, **228**, 1949, p. 1784-1786, n° 1; *b. Jour. Math. pur. appl.*, **29**, 1950, p. 1-139, passim.

[7] HUREWICZ et WALLMAN, *Dimension Theory*, Princeton, 1948, Theorem IV-3.

[8] *Coll. Top. Alg.*, Paris, 1947, p. 83-85.

(Extrait des *Comptes rendus des séances de l'Académie des Sciences*.
t. **230**, p. 2258-2260, séance du 26 juin 1950.)

# 10.

## Remarques sur l'homologie filtrée

J. Math. Pures Appl. (9) **29** (1950) 313–322

Cet article, publié à la demande de J. Leray, a pour but de préciser et compléter quelques points du Mémoire récent de J. Leray sur l'homologie filtrée ([1]), cité dans la suite par L., auquel nous renvoyons pour les définitions des notions et notations utilisées ici.

Le n° 1 explicite quelques homomorphismes jouant un rôle important dans la théorie, afin de mettre en évidence certaines compatibilités, implicitement utilisées à plusieurs reprises dans L., et en donne des conséquences. Au n° 2 nous énonçons et établissons une condition suffisante pour l'isomorphisme de deux anneaux $\mathcal{H}(\mathcal{K} \bigcirc \mathcal{B}')$, $\mathcal{H}(\mathcal{K} \bigcirc \mathcal{B})$ ($\mathcal{K}$ complexe fin, $\mathcal{B}'$, $\mathcal{B}$ faisceaux propres définis sur un même espace X). Comme application nous donnons au n° 3 (théorèmes $5b$ et $6$), une démonstration peut-être plus naturelle que celle de L. du théorème 56.1$a$, $b$ de L.; nous y ajoutons le théorème 5 $a$, d'énoncé et de démonstration voisins, qui affirme entre autres l'isomorphie des anneaux de cohomologie de Čech à supports compacts d'un espace X localement compact et de son image Y par une application propre, lorsque l'image réciproque de chaque point de Y est cohomologiquement triviale (pour l'anneau de coefficients considéré). Cette dernière proposition, dans le cas où X est compact, est l'objet d'un travail récent de E. G. Begle ([2]).

---

[1] J. LERAY, *Journ. math. pur. appl.*, 9ᵉ série, t. **29**, 1950, p. 1-139.

[2] E. G. BEGLE, *The Vietoris mapping theorem for bicompact spaces* [*Ann. Math.*, (2), 51, 1950, p. 534-543.

1. Dans ce numéro, $\mathcal{K}$ désigne un anneau canonique sans torsion (L., p. 25, 30).

Lemme 1. — *Soit $\mathcal{K}$ un anneau différentiel-filtré; si $\mathcal{K}$ a une différentielle nulle, on a*

$$a. \qquad \mathcal{C}_r^p(\mathcal{K}^l \otimes \mathcal{A}) = \sum_s (\mathcal{K}^{[s]l} \otimes \mathcal{C}_r^{p-sl}\mathcal{A}),$$

$$b. \qquad \mathcal{B}_r^p(\mathcal{K}^l \otimes \mathcal{A}) = \sum_s (\mathcal{K}^{[s]l} \otimes \mathcal{B}_r^{p-sl}\mathcal{A}).$$

*a.* On a, tout d'abord,

$$(1) \qquad \mathcal{K}^{[s]l} \otimes \mathcal{C}_r^{p-sl}\mathcal{A} = \mathcal{C}_r^p(\mathcal{K}^{[s]l} \otimes \mathcal{A}),$$

en effet, le premier membre est visiblement contenu dans le deuxième. Pour obtenir l'inclusion contraire, on remarque comme dans L. p. 31 (preuve du lemme 17.1), qu'il suffit de l'établir si $\mathcal{K}^{[s]} = Z =$ groupe des entiers, mais dont les éléments ont ici le degré $sl$. Dans ce cas, $m \otimes a \to ma$ est un isomorphisme de $\mathcal{K}^{[s]l} \otimes \mathcal{C}_r^{p-sl}\mathcal{A}$ sur $\mathcal{C}_r^{p-sl}\mathcal{A}$ diminuant la filtration de $sl$ et $a \to 1 \otimes \mathcal{A}$ un isomorphisme de $\mathcal{A}$ sur $\mathcal{K}^{[s]l} \otimes \mathcal{A}$ augmentant la filtration de $sl$, d'où

$$\mathcal{C}_r^{p-sl}\mathcal{A} \cong \mathcal{C}_r^p(\mathcal{K}^{[s]l} \otimes \mathcal{A}).$$

En combinant ces isomorphismes on voit que l'injection de $\mathcal{K}^{[s]l} \otimes \mathcal{C}_r^{p-sl}\mathcal{A}$ dans $\mathcal{C}_r^p(\mathcal{K}^{[s]l} \otimes \mathcal{A})$ est un isomorphisme sûr.

*a* est une conséquence immédiate de (1); la démonstration de *b* est analogue.

Lemme 2. — *Soit $\mathcal{A}$ un anneau différentiel-filtré. On a*

$$a. \qquad \mathcal{C}_r^p(\mathcal{K}^l \otimes \mathcal{A}) = \sum_s (\mathcal{K}^{[s]l} \otimes \mathcal{C}_r^{p-sl}\mathcal{A}) \qquad (r \leq l);$$

$$b. \quad (\mathcal{C}_{r-1}^{p+1} + \mathcal{B}_{r-1}^p)(\mathcal{K}^l \otimes \mathcal{A}) = \sum_s [\mathcal{K}^{[s]l} \otimes (\mathcal{C}_{r-1}^{p+1-sl} + \mathcal{B}_{r-1}^{p-sl})\mathcal{A}] \qquad (r \leq l);$$

$$c. \qquad \mathcal{H}_l(\mathcal{K}^l \otimes \mathcal{A}) = \mathcal{K}^l \otimes \mathcal{H}_l\mathcal{A} \qquad (^4).$$

---

($^3$) En remontant à la définition du produit dans $\mathcal{H}_l(\mathcal{K}^l \otimes \mathcal{A})$ et $\mathcal{K}^l \otimes \mathcal{H}_l\mathcal{A}$, on voit qu'il est conservé par $\gamma$.

Soit $\delta$ la différentielle de $\mathcal{K} \otimes \mathcal{A}$; on en définit une deuxième $\delta'$ par $\delta'(k \otimes a) = k \otimes \delta a$; alors $f(\delta - \delta') = l$; $a$ et $b$ sont conséquences du lemme 10.7, p. 23 (égalités 10.2, 10.3) de L. et du lemme 1; $c$ s'en déduit immédiatement.

Soit $c \in \mathcal{C}_l^p(\mathcal{K}^l \otimes \mathcal{A})$ de filtration $p$. En lui faisant correspondre son image $h \in \mathcal{H}_l^{[p]}(\mathcal{K}^l \otimes \mathcal{A})$ par l'homomorphisme canonique de $\mathcal{C}_l^p$ sur son quotient $\mathcal{H}_l^{[p]}$, on définit une application $\alpha$ de $U_p \mathcal{C}_l^p(\mathcal{K}^l \otimes \mathcal{A})$ sur $\mathcal{H}_l(\mathcal{K}^l \otimes \mathcal{A})$; on définit aussi de façon évidente une application $\beta$ de $U_p \mathcal{K}^l \otimes \mathcal{C}_l^p \mathcal{A}$ sur $\mathcal{K}^l \otimes \mathcal{H}_l \mathcal{A}$; vu le lemme 2, $\beta$ peut être envisagé comme application de $\mathcal{C}_l^p(\mathcal{K}^l \otimes \mathcal{A})$ dans $\mathcal{K}^l \otimes \mathcal{H}_l \mathcal{A}$ ayant $\mathcal{C}_{l-1}^{p+1}(\mathcal{K}^l \otimes \mathcal{A})$ et $\mathcal{D}_{l-1}^p(\mathcal{K}^l \otimes \mathcal{A})$ dans son noyau ($p$ quelconque), d'où un homomorphisme $\gamma$ de $\mathcal{H}_l(\mathcal{K}^l \otimes \mathcal{A})$ dans $\mathcal{K}^l \otimes \mathcal{H}_l \mathcal{A}$ ($^3$). On a évidemment $\alpha \bigcirc \delta = \delta_l \bigcirc \alpha$; soit, d'autre part, $\bar{\delta}$ la différentielle du produit tensoriel des anneaux *différentiels* $\mathcal{K}^l$ et $\mathcal{H}_l \mathcal{A}$. Les définitions de $\bar{\delta}$ (L. p. 26) et de $\beta$ montrent que $\beta \bigcirc \delta = \bar{\delta} \bigcirc \beta$, d'où $\gamma \bigcirc \delta_l = \bar{\delta} \bigcirc \gamma$.

Du lemme 2 et de ce qui précède on tire le

LEMME 3. — $\gamma$ *est un isomorphisme de* $\mathcal{H}_l(\mathcal{K}^l \otimes \mathcal{A})$ *sur* $\mathcal{K}^l \otimes \mathcal{H}_l \mathcal{A}$. *On a le diagramme de compatibilités suivant :*

$$
\begin{array}{ccc}
 & \mathcal{K}^l \otimes \mathcal{A} & \\
\alpha \downarrow & & \downarrow \beta \\
\mathcal{H}_l(\mathcal{K}^l \otimes \mathcal{A}) & \xrightarrow{\gamma} & \mathcal{K}^l \otimes \mathcal{H}_l \mathcal{A}.
\end{array}
$$

*De plus,* $\gamma \bigcirc \delta_l = \bar{\delta} \bigcirc \gamma$, *où* $\bar{\delta}$ *est la différentielle du produit tensoriel* $\mathcal{K}^l \otimes \mathcal{H}_l \mathcal{A}$, *donc* $\gamma$ *induit un isomorphisme de* $\mathcal{H}_{l+1}(\mathcal{K}^l \otimes \mathcal{A})$ *sur* $\mathcal{H}(\mathcal{K}^l \otimes \mathcal{H}_l \mathcal{A})$ ($^4$).

THÉORÈME 1. — *Soient* $\mathcal{A}'$, $\mathcal{A}$ *deux anneaux différentiels,* $\gamma$ *un homomorphisme de* $\mathcal{A}'$ *dans* $\mathcal{A}$, *introduisant un isomorphisme de* $\mathcal{H}\mathcal{A}'$ *sur* $\mathcal{H}\mathcal{A}$.

*Si le degré de* $\mathcal{K}$ *a une borne supérieure finie,* $\lambda$ *induit un isomorphisme de* $\mathcal{H}(\mathcal{K} \otimes \mathcal{A}')$ *sur* $\mathcal{H}(\mathcal{K} \otimes \mathcal{A})$.

Ce sera une conséquence du

THÉORÈME 1'. — *Soient* $\mathcal{A}'$, $\mathcal{A}$ *deux anneaux différentiels-filtrés,*

---

($^4$) *Cf.* L., Prop., 17.5, p. 31.

$\lambda$ *un homomorphisme de* $\mathcal{A}'$ *dans* $\mathcal{A}$ *de filtration* $\geq$ o ; *on suppose que pour un certain indice* $l$, $\lambda$ *induit un isomorphisme de* $\mathcal{H}_l\mathcal{A}'$ *sur* $\mathcal{H}_l\mathcal{A}$.

*a.* $\lambda$ *induit un isomorphisme de* $\mathcal{H}_r(\mathcal{K}^l\otimes\mathcal{A}')$ *sur* $\mathcal{H}_r(\mathcal{K}^l\otimes\mathcal{A})$ $(r\geq l)$ *et un homomorphisme de* $\mathcal{H}(\mathcal{K}^l\otimes\mathcal{A})$ *dans* $\mathcal{H}(\mathcal{K}^l\otimes\mathcal{A})$ *conservant la filtration.*

*b. Si les filtrations de* $\mathcal{K}^l\otimes\mathcal{A}'$ *et* $\mathcal{K}^l\otimes\mathcal{A}$ *ont des bornes supérieures finies* ([5]) $\lambda$ *définit un isomorphisme de* $\mathcal{H}(\mathcal{K}^l\otimes\mathcal{A}')$ *sur* $\mathcal{H}(\mathcal{K}^l\otimes\mathcal{A})$ *respectant la filtration.*

*Démonstration.* — Soient $\alpha'$, $\beta'$, $\gamma'$ les homomorphismes relatifs à $\mathcal{A}'$ analogues à $\alpha$, $\beta$, $\gamma$; on a le diagramme de compatibilités suivant :

$$\begin{array}{ccccc} \mathcal{K}^l\otimes\mathcal{A}' & & \xrightarrow{\lambda} & & \mathcal{K}^l\otimes\mathcal{A} \\ \beta'\downarrow & \downarrow\alpha' & & \alpha\downarrow & \downarrow\beta \\ \mathcal{K}^l\otimes\mathcal{H}_l\mathcal{A}' \xrightarrow{(\gamma')^{-1}} & \mathcal{H}_l(\mathcal{K}^l\otimes\mathcal{A}') \xrightarrow{\lambda} & \mathcal{H}_l(\mathcal{K}^l\otimes\mathcal{A}) \xrightarrow{\gamma} & \mathcal{K}^l\otimes\mathcal{H}_l\mathcal{A}. \end{array}$$

Le produit tensoriel de l'application identique de $\mathcal{K}$ et de $\lambda$ : $\mathcal{H}_l\mathcal{A}' \to \mathcal{H}_l\mathcal{A}$ est un homomorphisme $\mu$ de $\mathcal{K}^l\otimes\mathcal{H}_l\mathcal{A}'$ dans $\mathcal{K}^l\otimes\mathcal{H}_l\mathcal{A}$ qui est un isomorphisme sûr par suite de l'hypothèse. Or, il est immédiat que $\mu = \beta\bigcirc\lambda\bigcirc(\beta')^{-1}$; donc $\gamma\bigcirc\lambda\bigcirc(\gamma')^{-1}$ est un isomorphisme sur et il en est de même de $\lambda$ : $\mathcal{H}_l(\mathcal{K}^l\otimes\mathcal{A}') \to \mathcal{H}_l(\mathcal{K}^l\otimes\mathcal{A})$. Les autres affirmations du théorème $1'$ résultent alors de la proposition 10.6, p. 22, de L.

*Démonstration du théorème* 1. — On donne à $\mathcal{A}'$ et $\mathcal{A}$ la filtration nulle, d'où $\mathcal{H}_1\mathcal{A}' = \mathcal{H}\mathcal{A}'$, $\mathcal{H}_1\mathcal{A} = \mathcal{H}\mathcal{A}$; on applique le théorème $1'$ au cas $l=1$.

Théorème 2. — *Soient* $\mathcal{A}'$, $\mathcal{A}$ *deux anneaux différentiels-filtrés,* $\lambda$ *un homomorphisme de* $\mathcal{A}'$ *dans* $\mathcal{A}$ *de filtration* $\geq$ o ; *on suppose que pour un indice* $l$, $\lambda$ *induit un isomorphisme de* $\mathcal{H}_{l+1}\mathcal{A}'$ *sur* $\mathcal{H}_{l+1}\mathcal{A}$.

*a. Si le degré de* $\mathcal{K}$ *a une borne supérieure finie,* $\lambda$ *induit un isomorphisme de* $\mathcal{H}_r(\mathcal{K}^l\otimes\mathcal{A}')$ *sur* $\mathcal{H}_r(\mathcal{K}^l\otimes\mathcal{A})$ $(r\geq l+1)$ *et un homomorphisme de* $\mathcal{H}(\mathcal{K}^l\otimes\mathcal{A}')$ *dans* $\mathcal{H}(\mathcal{K}^l\otimes\mathcal{A})$ *conservant la filtration.*

*b. Si, en outre, les filtrations de* $\mathcal{K}^l\otimes\mathcal{A}'$ *et* $\mathcal{K}^l\otimes\mathcal{A}$ *ont des bornes supé-*

---

([5]) On dit que la filtration $f$ de $d$ a une borne supérieure finie $k$ si $f(a) \leq k$ pour tout $a \neq$ o (L., p. 12).

*rieures finies, $\lambda$ induit un isomorphisme de $\mathcal{H}(\mathcal{K}' \otimes \mathcal{A}')$ sur $\mathcal{H}(\mathcal{K}' \otimes \mathcal{A})$ conservant la filtration.*

*Démonstration.* — On applique le théorème 1 à $\lambda : \mathcal{H}_l\mathcal{A}' \to \mathcal{H}_l\mathcal{A}$; l'homomorphisme $\mu$ de la démonstration précédente donne donc un isomorphisme de $\mathcal{H}(\mathcal{K}' \otimes \mathcal{H}_l\mathcal{A}')$ sur $\mathcal{H}(\mathcal{K}' \otimes \mathcal{H}_l\mathcal{A})$; par conséquent l'homomorphisme $\gamma \circ \lambda \circ (\gamma')^{-1}$ de la démonstration du théorème $1'$ induit un isomorphisme de $\mathcal{H}(\mathcal{K}' \otimes \mathcal{H}_l\mathcal{A}')$ sur $\mathcal{H}(\mathcal{K}' \otimes \mathcal{H}_l\mathcal{A})$, d'où l'on tire que $\lambda : \mathcal{H}_{l+1}(\mathcal{K}' \otimes \mathcal{A}') \to \mathcal{H}_{l+1}(\mathcal{K}' \otimes \mathcal{A})$ est un isomorphisme sûr; on applique ensuite la proposition 10.6 de L.

**2.** Dans ce numéro $\mathcal{H}$, $\mathcal{B}$, $\mathcal{B}'$ désignent respectivement un complexe canonique-fin sans torsion (L., p. 47, 49, 53) et des faisceaux propres (L., p. 43) définis sur un espace localement compact X.

Dans les parties III et IV du Chapitre II de L., on peut distinguer deux catégories principales de théorèmes : d'une part, des théorèmes « locaux » qui traitent des sections par un point de complexes ou de faisceaux; ils permettent en particulier, sous des hypothèses convenables, de remplacer les sections par un point d'intersections de complexes et de faisceaux par des produits tensoriels. D'autre part, on a des théorèmes de « passage du local au global » affirmant sous certaines conditions que si les sections par chaque point de deux complexes sont isomorphes ou ont même anneau d'homologie, il en est de même pour les complexes eux-mêmes (par exemple prop. 32.2, 36c, 37.6). On peut ranger dans cette catégorie les théorèmes 3, $3'$ et 4 ci-dessous; 3 et $3'$ ont déjà été indiqués par Leray dans sa Conférence au *Colloque de Topologie algébrique de Paris*, 1947 ([6]).

Lemme 4. — *Soit $\mathcal{B}$ un faisceau différentiel-filtré-propre ; si $\mathcal{K}$ a une différentielle nulle :*

$$a. \qquad \mathcal{C}_r^p(\mathcal{K}' \bigcirc \mathcal{B}) = \sum_s (\mathcal{K}^{[s]l} \bigcirc \mathcal{C}_r^{p-sl}\mathcal{B});$$

$$b. \qquad \mathcal{O}_r^{p}(\mathcal{K}' \bigcirc \mathcal{B}) = \sum_s (\mathcal{K}^{[s]l} \bigcirc \mathcal{O}_r^{p-sl}\mathcal{B}).$$

---

([6]) Ils ne figurent plus dans le texte remanié de cette Conférence publiée par le C. N. R. S. (*Topologie algébrique,* Paris 1947, p. 61-82).

Les deux membres $a$ sont des complexes fins à supports compacts.
Le deuxième est contenu dans le premier et son injection dans
ce complexe induit un isomorphisme de leurs sections par tout
point $x \in \mathrm{X}$, en vertu des formules

$$x\left(\sum_{s} \mathcal{K}^{[s]l} \bigcirc \mathcal{C}_r^{p-sl} \mathcal{B}\right) = \sum_{s} x(\mathcal{K}^{[s]l} \bigcirc \mathcal{C}_r^{p-sl} \mathcal{B}) = \sum_{s} x\,\mathcal{K}^{[s]l} \otimes \mathcal{C}_r^{p-sl} \mathcal{B}(x)$$

$$x\,\mathcal{C}_l^p(\mathcal{K}^l \bigcirc \mathcal{B}) = \mathcal{C}_l^p[\,x(\mathcal{K}^l \bigcirc \mathcal{B})] = \mathcal{C}_l^p[(x\mathcal{K})^l \otimes \mathcal{B}(x)],$$

($cf.$ L., prop. 36.1$b$, 32.1$c$) et du lemme 1. L'injection est donc
un isomorphisme sur d'après la proposition 32.2, p. 56 de L.

Même démonstration pour $b$.

On procède ensuite comme au n° 1 et l'on établit des égalités
qui s'écrivent à partir de celles du lemme 2 en remplaçant $\mathcal{A}$ par $\mathcal{B}$,
$\otimes$ par $\bigcirc$ et $\mathcal{H}_l\mathcal{A}$ par $\mathcal{F}_l\mathcal{B}$, d'où la définition d'applications $\alpha$, $\beta$
de $\mathcal{C}_l^p(\mathcal{K}^l \bigcirc \mathcal{B})$ sur $\mathcal{H}_l(\mathcal{K}^l \bigcirc \mathcal{B})$, resp. $\mathcal{K}^l \bigcirc \mathcal{F}_l\mathcal{B}$ et d'un isomorphisme $\gamma$ de $\mathcal{H}_l(\mathcal{K}^l \bigcirc \mathcal{B})$ sur $\mathcal{K}^l \bigcirc \mathcal{F}_l\mathcal{B}$ vérifiant

$$\begin{array}{ccc}
 & \mathcal{K}^l \bigcirc \mathcal{B} & \\
\alpha \downarrow & & \downarrow \beta \\
\mathcal{H}_l(\mathcal{K}_l \bigcirc \mathcal{B}) & \xrightarrow{\gamma} & \mathcal{K}^l \bigcirc \mathcal{F}_l\mathcal{B}.
\end{array}$$

THÉORÈME 3. — *Soient $\mathcal{B}'$, $\mathcal{B}$ deux faisceaux différentiels-propres
et $\lambda$ un homomorphisme de $\mathcal{B}'$ dans $\mathcal{B}$ induisant un isomorphisme
de $\mathcal{H}\mathcal{B}'(x)$ sur $\mathcal{H}\mathcal{B}(x)$ pour tout $x \in \mathrm{X}$.*

*Si le degré de $\mathcal{K}$ a une borne supérieure finie, $\lambda$ induit un isomor-
phisme de $\mathcal{H}(\mathcal{K}^l \bigcirc \mathcal{B}')$ sur $\mathcal{H}(\mathcal{K}^l \bigcirc \mathcal{B})$.*

Ce sera une conséquence du

THÉORÈME 3′. — *Soient $\mathcal{B}'$, $\mathcal{B}$ deux faisceaux différentiels-filtrés-
propres, $\lambda$ un homomorphisme de $\mathcal{B}'$ dans $\mathcal{B}$ de filtration $\geq 0$; on suppose
que pour un indice $l$ et pour tout $x \in \mathrm{X}$, $\lambda$ induit un isomorphisme
de $\mathcal{H}_l\mathcal{B}'(x)$ sur $\mathcal{H}_l\mathcal{B}(x)$.*

*a. $\lambda$ induit un isomorphisme de $\mathcal{H}_r(\mathcal{K}^l \bigcirc \mathcal{B}')$ sur $\mathcal{H}_r(\mathcal{K}^l \bigcirc \mathcal{B})\,(r \geq l)$
et un homomorphisme de $\mathcal{H}(\mathcal{K}^l \bigcirc \mathcal{B}')$ dans $\mathcal{H}(\mathcal{K}^l \bigcirc \mathcal{B})$ conservant
la filtration.*

*b. Si les filtrations de $\mathcal{K}^l \bigcirc \mathcal{B}'$ et $\mathcal{K}^l \bigcirc \mathcal{B}$ ont des bornes supérieures* *finies, $\lambda$ induit un isomorphisme de $\mathcal{K}(\mathcal{K}^l \bigcirc \mathcal{B}')$ sur $\mathcal{K}(\mathcal{K} \bigcirc \mathcal{B})$ respectant la filtration.*

*Démonstration.* — Le diagramme

$$
\begin{array}{ccccc}
\mathcal{K}^l \bigcirc \mathcal{B}' & & \overset{\lambda}{\to} & & \mathcal{K}^l \bigcirc \mathcal{B} \\
\beta' \downarrow & \downarrow \alpha' & & \alpha \downarrow & \downarrow \beta \\
\mathcal{K}^l \bigcirc \mathcal{F}_l \mathcal{B}' \overset{(\gamma')^{-1}}{\longrightarrow} \mathcal{K}_l(\mathcal{K}^l \bigcirc \mathcal{B}') & \overset{\lambda}{\to} & \mathcal{K}_l(\mathcal{K}^l \bigcirc \mathcal{B}) & \overset{\gamma}{\to} & \mathcal{K}^l \bigcirc \mathcal{F}_l \mathcal{B}
\end{array}
$$

montre que $\mu = \gamma \bigcirc \lambda \bigcirc (\gamma')^{-1}$ est l'homomorphisme produit tensoriel de l'identité de $\mathcal{K}$ et de $\lambda : \mathcal{F}_l \mathcal{B}' \to \mathcal{F}_l \mathcal{B}$; comme $\mathcal{F}_l \mathcal{B}'$ et $\mathcal{F}_l \mathcal{B}$ sont propres et que $\lambda$ est un isomorphisme de $\mathcal{F}_l \mathcal{B}'(x) = \mathcal{K}_l \mathcal{B}'(x)$ sur $\mathcal{F}_l \mathcal{B}(x) = \mathcal{K}_l \mathcal{B}(x)$ pour tout $x \in X$, $\mu$ est un isomorphisme de $\mathcal{K}^l \bigcirc \mathcal{F}_l \mathcal{B}'$ sur $\mathcal{K}^l \bigcirc \mathcal{F}_l \mathcal{B}$ (L., prop. 36.1 $c$) et ainsi $\lambda$ :

$$
\mathcal{K}_l(\mathcal{K}^l \bigcirc \mathcal{B}') \to \mathcal{K}_l(\mathcal{K}^l \bigcirc \mathcal{B})
$$

est un isomorphisme sur. On utilise ensuite la proposition 10.6 de L.

*Démonstration du théorème 3.* — On donne à $\mathcal{B}'$ et $\mathcal{B}$ la filtration nulle. Alors $\mathcal{F} \mathcal{B}' = \mathcal{F}_1 \mathcal{B}$, $\mathcal{F} \mathcal{B} = \mathcal{F}_1 \mathcal{B}$ et l'on applique 3' au cas $l = 1$.

De la même façon que nous avons déduit 2 à partir de 1 et 1', on démontre en utilisant 3 et 3' le

Théorème 4. — *Soient $\mathcal{B}'$, $\mathcal{B}$, deux faisceaux différentiels-filtrés-propres, $\lambda$ un homomorphisme de $\mathcal{B}'$ dans $\mathcal{B}$ de filtration $\geq 0$; on suppose que pour un indice $l$ et pour tout $x \in X$, $\lambda$ induit un isomorphisme de $\mathcal{K}_{l+1} \mathcal{B}'(x)$ sur $\mathcal{K}_{l+1} \mathcal{B}(x)$.*

*a. Si le degré de $\mathcal{K}$ a une borne supérieure finie, $\lambda$ induit un isomorphisme de $\mathcal{K}_r(\mathcal{K}^l \bigcirc \mathcal{B}')$ sur $\mathcal{K}_r(\mathcal{K}^l \bigcirc \mathcal{B})$ $(r \geq l+1)$ et un homomorphisme de $\mathcal{K}(\mathcal{K}^l \bigcirc \mathcal{B}')$ dans $\mathcal{K}(\mathcal{K}^l \bigcirc \mathcal{B})$ conservant la filtration.*

*b. Si, en outre, les filtrations de $\mathcal{K}^l \bigcirc \mathcal{B}'$ et $\mathcal{K}^l \bigcirc \mathcal{B}$ ont des borne supérieures finies, $\lambda$ induit un isomorphisme de $\mathcal{K}(\mathcal{K}^l \bigcirc \mathcal{B}')$ sur $\mathcal{K}(\mathcal{K}^l \bigcirc \mathcal{B})$ conservant la filtration.*

*Remarque.* — Si X est de dimension finie (et est séparable métrique), il possède un complexe canonique-fin sans torsion, et même une couverture fine dont le degré a une borne supérieure finie $\leq$ dimension X ($^7$) (L., n° 40). Le théorème 3 signifie alors que les anneaux de cohomologie de X, relatifs à deux faisceaux différentiels-propres $\mathcal{B}^{\mathrm{i}}$, $\mathcal{B}$ sont isomorphes quand il existe un homomorphisme de $\mathcal{B}'$ dans $\mathcal{B}$ induisant un isomorphisme de $\mathcal{H}\mathcal{B}'(x)$ sur $\mathcal{H}\mathcal{B}(x)$ pour tout $x \in X$. Il s'agit ici de faisceaux propres, c'est-à-dire de cohomologie à supports compacts; on ne sait pas si un théorème correspondant vaut dans la théorie de H. Cartan des faisceaux et complexes à supports fermés non nécessairement compacts ($^8$).

**3.** Soit X localement compact, $u$ l'unité d'une couverture fine $\mathcal{X}$ de X; si l'homomorphisme $\pi$ de $\mathcal{H}\mathcal{B}(X)$ dans $\mathcal{H}(\mathcal{X}\bigcirc\mathcal{B})\,[$ de $\mathcal{H}_r\mathcal{B}(X)$ dans $\mathcal{H}_r(\mathcal{X}^l\bigcirc\mathcal{B})]$ induit par $b \to u\bigcirc b$ est un isomorphisme sur, on écrit $\mathcal{H}\mathcal{B}(X) = \mathcal{H}(X\bigcirc\mathcal{B})\,[\,\mathcal{H}_r\mathcal{B}(X) = \mathcal{H}_r(X'\bigcirc\mathcal{B})]$ (L., définition 48.2, p. 87). En particulier, si $\mathcal{B}$ est un faisceau constant, de différentielle nulle, isomorphe à un anneau $\mathcal{A}$, $\mathcal{H}(X\bigcirc\mathcal{B})$ est l'anneau de cohomologie de Čech-Alexander à supports compacts (coefficients dans $\mathcal{A}$) de X. La condition $\mathcal{H}\mathcal{B}(X) = \mathcal{H}(X\bigcirc\mathcal{B})$ signifie alors que X a une cohomologie nulle s'il est non compact et qu'il a une cohomologie triviale s'il est compact $[\,\mathcal{H}^{[0]}(X\bigcirc\mathcal{B}) = \mathcal{A}$, $\mathcal{H}^{[p]}(X\bigcirc\mathcal{B}) = 0$ pour $p > 0\,]$.

Théorème 5. — *Soient* X, Y *des espaces localement compacts,* $\xi$ *une application continue de* X *dans* Y, $\mathcal{B}$ *un faisceau différentiel-propre sur* X.

*On suppose* $\xi\mathcal{B}$ *propre* ($^9$) *et* $\mathcal{H}\mathcal{B}(\mathcal{F}) = \mathcal{H}(\mathcal{F}\bigcirc\mathcal{B})$ *si* $\mathcal{F} = \overset{-1}{\xi}\,\mathcal{Y}\,(y \in Y)$.

*Alors* $\overset{-1}{\xi}$ *est un isomorphisme de* $\mathcal{H}(\mathcal{Y}\bigcirc\xi\mathcal{B})$ *sur* $\mathcal{H}(\mathcal{X}\bigcirc\mathcal{B})$ *si l'une des deux conditions suivantes est réalisée :*

*a.* $\mathcal{B}$ *a une différentielle nulle.*

---

($^7$) Même si X n'est pas séparable métrique, il possède une couverture fine pour la structure *additive* dont le degré est borné par dim X (*cf.* H. Cartan, Notes polycopiées du *Séminaire de topologie algébrique de l'E. N. S.*, 1948-1949, Exposé XVI, p. 16).

($^8$) H. Cartan, *loc. cit.*, Exposé XVI, p. 8.

($^9$) C'est en particulier le cas, si $\xi$ est une application propre, c'est-à-dire si l'image réciproque de tout compact de Y est un compact de X.

*b. Y est de dimension finie* ([10]).

*Remarque.* — Si $\delta\mathscr{B}=0$, si $\mathscr{B}$ est constant et isomorphe à l'anneau $\mathscr{A}$ et si $\xi$ est une application *propre sur* Y, $\xi\mathscr{B}$ est le faisceau constant sur Y, isomorphe à $\mathscr{A}$; $\mathscr{H}(X\bigcirc\mathscr{B})$, $\mathscr{H}(Y\bigcirc\mathscr{B})$ sont les anneaux de cohomologie de Čech à supports compacts, à coefficients dans $\mathscr{A}$, de X et Y; le théorème 5 *a* est bien alors la généralisation du théorème de Begle, mentionnée à la fin de l'Introduction.

*Démonstration du théorème 5 a.* — Soient $\mathscr{X}$, $\mathscr{Y}$ des couvertures fines de X, resp. Y et $\mathscr{B}^{\star}$ le faiseau associé au complexe $\mathscr{X}\bigcirc\mathscr{B}$; $\xi\mathscr{B}^{\star}$ est associé à $\xi(\mathscr{X}\bigcirc\mathscr{B})$ et $\mathscr{Y}\bigcirc\xi\mathscr{B}^{\star}=\mathscr{Y}\bigcirc\xi(\mathscr{X}\bigcirc\mathscr{B})$ (L., prop. 35.1, p. 63), $\mathscr{X}\bigcirc\mathscr{B}$ étant à supports compacts, $\mathscr{B}^{\star}$ est continu (L., prop. 28.1), donc propre, et il en de même pour $\xi\mathscr{B}^{\star}$. (L., p. 44). Soit $u$ l'unité de $\mathscr{X}$; la correspondance associant à $b\in\mathscr{B}(F)$ l'élément $Fu\bigcirc b$ de $\mathscr{B}^{\star}(F)=F(\mathscr{X}\bigcirc\mathscr{B})=(F\mathscr{X})\bigcirc\mathscr{B}$ (*cf.* L., prop. 36.1 *e*) est un homomorphisme $\lambda$ de $\mathscr{B}$ dans $\mathscr{B}^{\star}$. Donnons à $\mathscr{B}$ la filtration nulle et à $\mathscr{X}\bigcirc\mathscr{B}$ la filtration $\mathscr{X}^{-1}\bigcirc\mathscr{B}$; de $\delta\mathscr{B}=0$ on tire que $\mathscr{F}_0\mathscr{B}=\mathscr{B}=\mathscr{F}\mathscr{B}$ et que $\mathscr{F}_0\mathscr{B}^{\star}=\mathscr{F}_0(\mathscr{X}^{-1}\bigcirc\mathscr{B})=\mathscr{F}(\mathscr{X}^{-1}\bigcirc\mathscr{B})$. L'hypothèse devient : $\lambda$ induit un isomorphisme de $\mathscr{H}\mathscr{B}(F)$ sur $\mathscr{H}\mathscr{B}^{\star}(F)$ quand $F=\overset{-1}{\xi}y$; $\lambda$ induit aussi un homomorphisme de $\xi\mathscr{B}$ dans $\xi\mathscr{B}^{\star}$ qui, pour tout $y\in Y$, est un isomorphisme de $\mathscr{F}_0\xi\mathscr{B}(y)=\xi\mathscr{F}_0\mathscr{B}(y)=\mathscr{F}_0\mathscr{B}\left(\overset{-1}{\xi}y\right)$ sur $\mathscr{F}_0\xi\mathscr{B}^{\star}(y)=\xi\mathscr{F}_0(\mathscr{X}^{-1}\bigcirc\mathscr{B})(y)$. D'après le théorème 3′, $\lambda$ donne un isomorphisme de $\mathscr{H}(\mathscr{Y}^0\bigcirc\xi\mathscr{B})$ sur $\mathscr{H}(\mathscr{Y}^0\bigcirc\xi\mathscr{B}^{\star})$. Or,

$$\mathscr{H}(\mathscr{Y}^0\bigcirc\xi\mathscr{B}^{\star})=\mathscr{H}\big(\mathscr{Y}^0\bigcirc\xi(\mathscr{X}^{-1}\bigcirc\mathscr{B})\big)=\mathscr{H}\big(\overset{-1}{\xi}\mathscr{Y}^0\bigcirc\mathscr{X}^{-1}\bigcirc\mathscr{B}\big)=\mathscr{H}(\mathscr{X}\bigcirc\mathscr{B})$$

(L., n° 50) et l'on voit sans peine, en remontant aux définitions, que l'isomorphisme ainsi obtenu de $\mathscr{H}(Y\bigcirc\xi\mathscr{B})$ sur $\mathscr{H}(X\bigcirc\mathscr{B})$ est bien $\overset{-1}{\xi}$.

*Démonstration du théorème 5b.* — Nous avons ici $\mathscr{F}_1\mathscr{B}=\mathscr{F}\mathscr{B}$, $\mathscr{F}_1(\mathscr{X}^{-1}\bigcirc\mathscr{B})=\mathscr{F}(\mathscr{X}^{-1}\bigcirc\mathscr{B})$ ($\mathscr{B}$ a toujours la filtration nulle). On déduit alors du théorème 3′ l'isomorphisme de $\mathscr{H}(\mathscr{Y}^1\bigcirc\xi\mathscr{B})$ sur $\mathscr{H}(\mathscr{Y}^1\bigcirc\xi\mathscr{B}^{\star})$, donc aussi sur $\mathscr{H}(\mathscr{X}\bigcirc\mathscr{B})$, d'après les égalités rappelées

---

([10]) *Cf.* L., Théorème 56.1 *a, b*, p. 101.

plus haut, où l'on remplace zéro par 1. On prend naturellement une couverture fine $\mathcal{Y}$ dont le degré a une borne supérieure finie.

THÉORÈME 6. — *Soient* X, Y *localement compacts,* $\xi$ *une application continue de* X *dans* Y, $\mathcal{B}$ *un faisceau différentiel-filtré-propre sur* X. *On suppose* $\xi\mathcal{B}$ *propre,* $\mathcal{H}\mathcal{B}(\mathrm{F}) = \mathcal{H}(\mathrm{F} \bigcirc \mathcal{B})$ *et l'existence de* $l$ *tel que* $\mathcal{H}_{l+1}\mathcal{B}(\mathrm{F}) = \mathcal{H}_{l+1}(\mathrm{F}^l \bigcirc \mathcal{B})$ $\big(si\ \mathrm{F} = \overset{-1}{\xi}\, y\big)$.

*Si* Y *est de dimension finie,* $\overset{-1}{\xi}$ *est un isomorphisme de* $\mathcal{H}_r(\mathrm{Y}^l \bigcirc \xi\mathcal{B})$ *sur* $\mathcal{H}_r(\mathrm{X}^l \bigcirc \mathcal{B})$ $(r \geqq l+1)$ *et de* $\mathcal{H}(\mathrm{Y}^l \bigcirc \xi\mathcal{B})$ *sur* $\mathcal{H}(\mathrm{X}^l \bigcirc \mathcal{B})$ *conservant la filtration* ([10]).

Soit $\mathcal{B}^\star$ associé à $(\mathcal{X}^l \bigcirc \mathcal{B})$. A l'aide du théorème 4*a*, on montre que $\lambda$ (démonstration précédente) est un isomorphisme de $\mathcal{H}_r(\mathcal{Y}^l \bigcirc \xi\mathcal{B})$ sur $\mathcal{H}_r(\mathcal{Y}^l \bigcirc \xi\mathcal{B}^\star)$ $(r \geqq l+1)$ et un homomorphisme de $\mathcal{H}(\mathcal{Y}^l \bigcirc \xi\mathcal{B})$ dans $\mathcal{H}(\mathcal{Y}^l \bigcirc \xi\mathcal{B}^\star)$ conservant la filtration; par ailleurs, on sait que ce dernier est un isomorphisme sûr (démonstration du théorème 5*b*).

L'isomorphisme de $\mathcal{H}_r(\mathcal{Y}^l \bigcirc \xi\mathcal{B}^\star)$ sur $\mathcal{H}_r(\mathrm{X}^l \bigcirc \mathcal{B})$ $(r \geqq l+1)$ impliqué par les égalités (L., n° 50)

$$\mathcal{H}_\star(\mathcal{Y}^l \bigcirc \xi\mathcal{B}^\star) = \mathcal{H}_\star(\mathcal{Y}^l \bigcirc \xi(\mathcal{X}^l \bigcirc \mathcal{B})) = \mathcal{H}_\star\big(\overset{-1}{\xi}\mathcal{Y}^l \bigcirc \mathcal{X}^l \bigcirc \mathcal{B}\big) = \mathcal{H}_\star(\mathrm{X}^l \bigcirc \mathcal{B}),$$

conserve le degré et celui de $\mathcal{H}(\mathcal{Y}^l \bigcirc \xi\mathcal{B}^\star)$ sur $\mathcal{H}(\mathrm{X}^l \bigcirc \mathcal{B})$ conserve la filtration, d'où le théorème 6.

66

# 11.

## Impossibilité de fibrer une sphère par un produit de sphères

C. R. Acad. Sci., Paris **231** (1950) 943–945

Cette impossibilité résulte du théorème 2; des cas particuliers ont déjà été obtenus par B. Eckmann, H. Samelson, G. W. Whitehead ([1]) et par G. Hirsch (non publié). Le point essentiel est ici le théorème 1, qui a également des applications dans l'étude de la transgression dans les espaces fibrés principaux; elles seront indiquées dans une Note ultérieure sur la torsion de certains groupes et espaces homogènes. Le n° 4 complète une Note antérieure ([2]).

1. *Définitions et notations.* — $K$ désigne un corps, $H(X, K)$ l'algèbre de cohomologie de Čech à coefficients dans $K$ de l'espace compact $X$, $S_m$ une sphère à $m$ dimensions. Deux anneaux $A_1$, $A_2$ gradués par des sous-groupes $A_1^i$, $A_2^i$ sont dits isomorphes jusqu'à $n$ s'il existe un isomorphisme de $A_1^i$ sur $A_2^i$ ($i \leqq n$) compatible avec le produit d'éléments dont la somme des degrés est $\leqq n$.

$F$ et $B$ seront la fibre, supposée connexe, et la base d'une fibration localement triviale de l'espace compact connexe $E$. On admettra de plus que le terme $H_1$ de l'anneau spectral ([3]) de la projection de $E$ sur $B$ est égal à $H(B, K) \otimes H(F, K)$ ([4]). Rappelons que cet anneau spectral est formé d'une suite d'anneaux bigradués $H_0, \ldots, H_i, \ldots$ $H_{i+1}$ étant l'anneau de cohomologie de $H_i$ pour une différentielle $\delta_i$; si par exemple $H(F, K)$ est de dimension finie, les anneaux sont égaux entre eux à partir d'un certain indice et ont même polynome de Poincaré que $H(E, K)$.

2. THÉORÈME 1. — *Supposons que* $H(F, K) \cong H(S_{m_1} \times \ldots \times S_{m_s}, K)$, *les $m_i$ étant impairs, et que* $H(E, K)$ *soit trivial jusqu'à une dimension $n$* ([5]) ($n \geqq m_1 + \ldots + m_s$); *alors :*

*a.* $H(B, K)$ *est isomorphe jusqu'à $n$ à l'anneau des polynomes* $K[q_1, \ldots, q_s]$ *à $s$ variables de degrés* $(m_1 + 1), \ldots, (m_s + 1)$.

---

([1]) *Bull. Am. Math. Soc.*, 55, 1949, p. 433-438.

([2]) A. BOREL et J.-P. SERRE, *Comptes rendus*, **230**, 1950, p. 2258-2260.

([3]) J. LERAY, *Jour. Math. pur. appl.*, **29**, 1950, p. 1-139.

([4]) C'est par exemple le cas si B est simplement connexe et localement connexe par arc.

([5]) Cela signifie : $H^0(E, K) = K$, $H^i(E, K) = 0$ ($0 < i \leqq n$).

*b. On peut trouver s éléments $p_1$, ..., $p_s$ de* H(F, K) *qui, avec l'unité, engendrent* H(F, K) *tels que* $\delta_r (1 \otimes p_i) = 0$ *pour* $r < m_i$ *et que*

$$\delta_{m_i}(1 \otimes p_i) = q_i \otimes 1 \qquad (i = 1, ..., s).$$

*b.* n'interviendra pas ici. La démonstration du théorème 1 consiste en une étude de l'anneau spectral de la projection de E sur B; nous aurons encore besoin du complément suivant :

*Soient* H(F, K) $\cong$ H($S_{m_1} \times \ldots \times S_{m_s}$, K), H(E, K) *trivial jusqu'à une dimension* $n \geqslant m_1 + \ldots + m_s$. *Si* K *est de caractéristique* $\neq 2$, *les* $m_i$ *sont forcément impairs* ([6]).

3. Les hypothèses du n° 1 et du théorème 2 sont évidemment vérifiées dans le cas d'une fibration localement triviale de $S_n$ par un produit de sphères [et (A) ci-dessous est aussi évident].

THÉORÈME 2. — *Soient* H(F, K) $\cong$ H($S_{m_1} \times \ldots \times S_{m_s}$, K), H(E, K) = H($S_n$, K), *la base* B *étant de dimension finie.*

*Si* K *est de caractéristique* $\neq 2$, *alors* $s = 1$ *et* $m_1$ *est impair; eela est aussi vrai pour* K *de caractéristique* 2 *si l'on suppose les* $m_i$ *impairs.*

*Démonstration.* — Posons $p = m_1 + \ldots + m_s$; soit $h$ un élément de degré total maximum de $H_1 = $ H(B, K) $\otimes$ H(F, K); c'est un cocycle pour les différentielles $\delta_i$ qui augmentent ce degré total; d'autre part il ne peut être un un cobord puisque $\delta_r$ augmente le degré filtrant de $r$; $h$ a donc une image non nulle dans l'anneau terminal, qui est ici égal à H($S_n$, K), par conséquent

$$(A)\ n \geqslant p, \qquad H^{n-p}(B, K) = K, \qquad H^i(B, K) = 0 \qquad \text{pour} \quad i > n - p.$$

D'après le complément au théorème 1, on peut se borner au cas où les $m_i$ sont impairs; supposons $m_1 \leqslant m_2 \leqslant \ldots \leqslant m_s$; nous distinguons deux cas :

1° $m_1 \geqslant 3$. Si $s \geqslant 2$, (A) donne $H^i(B, K) = 0$ pour $n - 2m_1 < i \leqslant n - 1$, en contradiction avec le théorème 1, qui affirme que $H^i(B, K) \neq 0$ si $i$ est un multiple de $m_1 + 1$ inférieur à $n$. Même raisonnement si $m_1 = 1$, $p \geqslant 3$.

2° il reste à éliminer le cas $s = 2$, $m_1 = m_2 = 1$. C'est immédiat si $n$ est impair, car alors $H^{n-1}(B, K) \neq 0$ d'après le théorème 1 et $H^{n-1}(B, K) = 0$ d'après (A). Si maintenant $n$ est pair, le théorème 1 montre que $H^{n-2}(B, K)$ est de dimension 2 au moins, ce qui contredit de nouveau (A). [On a bien $n - 2 > 0$, car sinon H(E, K) = H(F, K), ce qui est absurde.]

---

([6]) Sauf évidemment si $s = 1$, $n = m_1$.

4. A la suite d'une communication de J. Leray nous avons remarqué, J.-P. Serre et moi, que dans le cas d'une fibre connexe le théorème démontré dans la Note ($^2$) se laissait généraliser par le :

THÉORÈME 3. — *Soient* F *connexe et* B *la fibre et la base d'une fibration localement triviale de l'espace euclidien* $\mathrm{R}^n$.

*Alors* F *et* B *ont pour la cohomologie à supports compacts et à coefficients dans un corps quelconque les polynomes de Poincaré* $t^p$, *resp.* $t^q$ $(p+q=n)$, *c'est-à-dire les polynomes de Poincaré de* $\mathrm{R}^p$ *et* $\mathrm{R}^q$.

COROLLAIRE 1. — *Si la fibre est compacte, elle est réduite à un point.*

COROLLAIRE 2. — *Si la base est compacte, elle est réduite à un point.*

*Démonstration.* — Le raisonnement du n° 3 de ($^2$) montre qu'un cocycle de de degré total minimum de $\mathrm{H}(\mathrm{B}) \otimes \mathrm{H}(\mathrm{F})$ a une image non nulle dans l'anneau terminal. Nous avons vu d'autre part au n° 3 ci-dessus qu'un élément de degré total maximum avait aussi une image non nulle dans l'anneau terminal, d'où le théorème puisque le polynome de Poincaré de l'anneau terminal est $t^n$.

(Extrait des *Comptes rendus des séances de l'Académie des Sciences,*
t. **231**, p. 943-945, séance du 6 novembre 1950.)

# 12.

## Sous-groupes compacts maximaux des groupes de Lie

Séminaire Bourbaki, Exp. 33 (1950/51)

### 1. Enoncé du théorème principal

Soient $A_1, \ldots, A_n$ des sous-espaces fermés d'un groupe topologique $G$; on pose $G = A_1 \cdot A_2 \cdot \ldots \cdot A_n$ si tout $g \in G$ s'écrit d'une seule façon comme produit $g = a_1 \cdot a_2 \ldots a_n$ ($a_i \in A_i$), les $a_i$ étant fonctions continues de $g$; l'espace de $G$ est alors homéomorphe au produit topologique $A_1 \times \ldots \times A_n$. Cet exposé est consacré au

**Théorème.** *Un groupe de Lie connexe $G$ possède des sous-groupes compacts maximaux et tout sous-groupe compact est contenu dans l'un d'eux; ils sont connexes et deux quelconques d'entre eux sont conjugués par un automorphisme intérieur de $G$.*

*Soit $K$ l'un d'eux; alors $G$ est homéomorphe à $K \times \mathbf{R}^s$.*

*On peut de plus trouver $s$ sous-groupes fermés à 1 paramètre $H_1, \ldots, H_s$, isomorphes à $\mathbf{R}$, tels que $G = K \cdot H_1 \cdot H_2 \cdot \ldots \cdot H_s$.*

**Corollaire.** *Un groupe de Lie connexe possède un plus grand sous-groupe invariant compact: l'intersection de ses sous-groupes compacts maximaux.*

L'existence de $H_1, \ldots, H_s$ est due à Iwasawa. Le reste du théorème a été démontré par E. Cartan pour les groupes semi-simples et les groupes simplement connexes, puis par Iwasawa et Malcev dans le cas général. Les principales difficultés se présentent dans le cas semi-simple; avant de l'aborder, un exemple (à comparer avec le lemme 3):

**Exemple.** Le groupe $\mathbf{GL}(n, \mathbf{C})$ des $n \times n$-matrices inversibles sur $\mathbf{C}$; on sait que toute matrice inversible s'écrit d'une seule façon comme produit $u \cdot h$ ($u \in \mathbf{U}(n) =$ groupe unitaire sur $\mathbf{C}^n$, $h$ hermitienne définie positive); d'autre part, l'application $a \to \exp a$ est un homéomorphisme de l'espace des matrices hermitiennes sur celui des matrices hermitiennes définies positives et le premier espace est évidemment homéomorphe à $\mathbf{R}^{n^2}$, donc $\mathbf{GL}(h, \mathbf{C})$ est homéomorphe à $\mathbf{U}(n) \times \mathbf{R}^{n^2}$ (cf. Chevalley [6] p. 14−16); le théorème «de conjugaison» est bien connu.

### 2. $G$ semi-simple de centre réduit à $\{e\}$

**Rappel.** Je note $\mathfrak{g}$ l'algèbre de Lie de $G$; c'est une algèbre sur $\mathbf{R}$ à $n$ dimensions. Par extension du corps de base, on obtient à partir de $\mathfrak{g}$ une algèbre de Lie sur $\mathbf{C}$, à $n$ dimensions, la «forme complexe» de $\mathfrak{g}$, que je noterai $\mathfrak{g}_c$; réciproquement, étant donnée une algèbre de Lie sur $\mathbf{C}$ à $n$ dimensions, on appelle forme réelle de cette algèbre un sous-espace vectoriel sur $\mathbf{R}$, ayant une base de $n$ éléments indépendants *sur* $\mathbf{C}$, et contenant le commutateur de 2 quelconques de ses éléments. Une algèbre sur $\mathbf{C}$ n'a pas forcément de forme réelle et si elle en a, elle peut en avoir plusieurs non isomorphes (dans le réel).

Les automorphismes intérieurs $g \to a g a^{-1}$ $(a, g \in G)$ de $G$ induisent des automorphismes de $\mathfrak{g}$, identifié à l'espace tangent à $G$ en $e$. On a ainsi une représentation de $G$, que nous désignons par Int $\mathfrak{g}$. Si $G$ est semi-simple, Int $\mathfrak{g}$ est un sous-groupe *fermé* de $\mathbf{GL}(n, \mathbf{R})$ et les topologies de Int $\mathfrak{g}$ en tant que groupe de Lie et en tant que sous-espace de $\mathbf{GL}(n, \mathbf{R})$ sont équivalentes. Soient $x, y \in \mathfrak{g}$; ad $x$ désigne la dérivation intérieure $y \to [x, y]$ de $\mathfrak{g}$; $\{$ad $x, x \in \mathfrak{g}\}$ est l'algèbre de Lie Ad $\mathfrak{g}$ de Int $\mathfrak{g}$ (le commutateur étant naturellement défini par [ad $x$, ad $y$] = ad $x \circ$ ad $y$ − ad $y \circ$ ad $x$). La forme bilinéaire «de Killing» $B(x, y)$ = Tr(ad $x \circ$ ad $y$) est non dégénérée si $\mathfrak{g}$ est semi-simple et réciproquement (E. Cartan); *si elle est définie négative tout groupe ayant* $\mathfrak{g}$ *comme algèbre de Lie est compact* (Weyl). Si $\mathfrak{g}_c$ est une algèbre sur $\mathbf{C}$, une forme réelle sur laquelle $B$ est définie négative est dite forme réelle compacte; un théorème fondamental de Weyl assure que *toute algèbre de Lie sur* $\mathbf{C}$ *semi-simple admet une forme réelle compacte.*

**Proposition 1.** *Soit $G$ semi-simple connexe de centre réduit à $\{e\}$. Alors $G$ contient un sous-groupe compact connexe $K$ tel que $G$ soit homéomorphe à $K \times \mathbf{R}^s$; le groupe $K$ est un sous-groupe compact maximal de $G$.*

Cette proposition résultera des lemmes 1, 2 et 3; le lemme 1 est aussi à la base de la classification des groupes semi-simples non compacts; démontré par E. Cartan ([4], n$^{\mathrm{os}}$ 20−22) à l'aide de la théorie des espaces riemanniens symétriques, il a été ensuite obtenu algébriquement par Gantmacher ([7], paragraphe 2), puis par Chevalley et Mostow ([10], Théorème 1 et lemme 2.1):

**Lemme 1.** *Soient $\mathfrak{g}$ une algèbre de Lie semi-simple sur $\mathbf{R}$, $\mathfrak{g}_c$ sa forme complexe. On peut trouver une forme réelle compacte $\mathfrak{g}_0$ de $\mathfrak{g}_c$ et une base $x_1, \ldots, x_m$, $y_1, \ldots, y_{n-m}$ de $\mathfrak{g}_0$ telles que:*

*1) l'endomorphisme $\theta$ défini par $x_i \to x_i$ $(i = 1, \ldots, m)$, $y_j \to - y_j$ $(j = 1, \ldots, n - m)$ soit un automorphisme de $\mathfrak{g}_0$.*

*2) $x_1, \ldots, x_m, i\, y_1, \ldots, i\, y_{n-m}$ soit une base (sur $\mathbf{R}$) de $\mathfrak{g}$.*

*3) les matrices ad $x_i$ et ad $y_j$ soient antisymétriques réelles.*

On peut envisager de façon évidente $\mathfrak{g}_c$ comme une algèbre sur $\mathbf{R}$ à $2n$ dimensions; tout élément de $\mathfrak{g}_c$ considérée comme telle s'écrit $x + i x'$ $(x, x' \in \mathfrak{g})$ et $\theta\colon x + i x' \to x - i x'$ est un automorphisme admettant $\mathfrak{g}$ comme ensemble de vecteurs fixes. Le point essentiel, dont la démonstration très technique ne peut être reproduite ici, consiste à montrer que $\theta$ laisse invariante une forme réelle compacte $\mathfrak{g}_0$ de $\mathfrak{g}_c$ ([10], Théorème 1). On peut alors trouver une base (sur $\mathbf{R}$) $u_1, \ldots, u_n$ de $\mathfrak{g}_0$ par rapport à laquelle $B(u, v)$ est la forme bilinéaire unité précédée du signe moins; l'égalité facile à établir $B([u, v], w) + B(v, [u, w]) = 0$ montre l'antisymétrie de ad $u$, qui est d'autre part évidemment réelle. De $\theta[u, v] = [\theta(u), \theta(v)]$ on tire ad $\theta(u) \circ$ ad $\theta(v) = \theta \circ$ ad $u \circ$ ad $v \circ \theta^{-1}$, d'où $B(\theta(u), \theta(v)) = B(u, v)$; $\theta$ est donc représenté par une matrice orthogonale réelle, dont le carré est l'identité; par une substitution orthogonale réelle on peut alors obtenir une base de $\mathfrak{g}_0$ satisfaisant à 1) et 3). Enfin, $x_1, \ldots, x_m, i\, y_1, \ldots, i\, y_{n-m}$, étant fixes par $\theta$ et linéairement indépendants, forment une base de $\mathfrak{g}$, d'où 2).

$\{$ad $u, u \in \mathfrak{g}_0\}$ est une sous-algèbre de ad $\mathfrak{g}_c$ (considérée comme algèbre sur $\mathbf{R}$) qui engendre un groupe orthogonal réel compact isomorphe à Int $\mathfrak{g}_0$; les éléments ad $u$, ($u \in \mathfrak{g}$) engendrent un sous-groupe de $\mathbf{GL}(n, \mathbf{C})$ semblable à Int $\mathfrak{g}$, donc fermé, et isomorphe à $G$, (puisque le centre de $G = \{e\}$, que nous identifierons à $G$).

*Nous supposons donc dans la suite du $n^o 2$: $G$ est un sous-groupe fermé de $\mathbf{GL}(n, \mathbf{C})$; $\mathfrak{g}$ a une base $x_1, \ldots, x_m$, $i\,y_1, \ldots, i\,y_{n-m}$ vérifiant le lemme 1 et de plus ad $x_i = x_i$, ad $y_j = y_j$.*

**Remarque.** Soit $X$ (resp. $Y$), l'espace sur $\mathbf{R}$ sous-tendu par $x_1, \ldots, x_m$ (resp. $y_1, \ldots, y_{n-m}$); du fait que $\theta$ est un automorphisme on tire:

$$[X, X] \subset X, \quad [X, Y] \subset Y, \quad [Y, Y] \subset X.$$

Posons

$$[y_j, y_k] = c^s_{m+j, m+k}\, x_s, \quad [x_j, y_k] = c^{m+s}_{j, m+k}\, y_s$$

l'antisymétrie des ad $y_k$ montre:

$$c^{m+s}_{m+k, j} = - c^j_{m+k, m+s} = c^j_{m+s, m+k};$$

enfin on a dans $\mathfrak{g}$

$$[i\,y_j\, i\,y_k] = - c^s_{m+j, m+k}\, x_s, \quad [x_j, i\,y_k] = c^{m+s}_{j, m+k}(i\,y_s).$$

**Lemme 2.** *Toutes les matrices hermitiennes définies positives de $G$ sont de la forme $\exp\left(\sum i a_j y_j\right)$, ($a_j$ réels); elles forment un sous-espace fermé $H$ de $G$, homéomorphe à $\mathbf{R}^{n-m}$.*

Soit $g \in H$ hermitienne définie positive et $u$ la matrice hermitienne telle que $g = \exp u$; à montrer: $u = i(a_1 y_1 + \ldots + a_{n-m} y_{n-m})$; après un changement de base on peut supposer que $u$ est diagonale. Soient $c_1, \ldots, c_n$ ses valeurs propres (réelles); on a $g \in \operatorname{Int} \mathfrak{g}_c$ donc $g^k \in \operatorname{Aut} \mathfrak{g}_c$ ($k = \pm 1, \pm 2, \ldots$) ce qui se traduit par un nombre fini d'égalités $P(\exp k c_1, \ldots, \exp k c_n) = 0$, où $P$ est un polynôme. Les $c_i$ étant réels on a aussi $P(\exp t c_1, \ldots, \exp t c_n) = 0$ pour $t$ réel quelconque; cela montre que $\exp t u \in \operatorname{Aut} \mathfrak{g}_c$, donc $u$ est une dérivation, forcément intérieure, de $\mathfrak{g}_c$, c'est-à-dire $u \in \operatorname{ad} \mathfrak{g}_c$ est combinaison linéaire à coefficients purement imaginaires de $x_1, \ldots, y_{n-m}$ D'autre part $\theta u$ est aussi hermitienne et $g$ est fixe par $\theta$ (envisagé comme automorphisme de $\operatorname{Int} \mathfrak{g}_c$) donc $\theta u = u$, d'où $u = i(a_1 y_1 + \ldots + a_{n-m} y_{n-m})$; le reste du lemme est trivial.

Si $h_1, h_2 \in H$ alors $(h_1 h_2 h_1) \in H$ car, pouvant être relié par une suite continue de matrices hermitiennes régulières à une matrice définie positive $h_2$, elle est elle-même définie positive. $U_h: h \to h_1 h h_1$ est un homéomorphisme de $H$ sur lui-même; c'est une *transvection* au sens de E. Cartan.

**Lemme 3.** *$x_1, \ldots, x_m$ engendrent un sous-groupe compact connexe $K$ de $G$, et $G = K \cdot H$; le sous-groupe $K$ est compact maximal dans $G$.*

$x_1, \ldots, x_m$ engendrent dans $\operatorname{Int} \mathfrak{g}_0$ la composante connexe $K$ de $e$ du sous-groupe des éléments fixes par $\theta$; $K$ est donc fermé et compact. On voit aisément que $K \cdot H$ est fermé dans $G$. Montrons qu'il y est ouvert. Soient $g = k_0 \cdot h_0 \in K \cdot H$ et $h$ l'unique matrice hermitienne définie positive telle que $h \cdot h = h_0$; $h \in H$ et de plus

$h^{-1} K h \cap H = \{e\}$ car si $h \in H$, $h \neq e$, ses puissances $h^k$ ($k = \pm 1, \ldots$) n'ont pas des coefficients uniformément bornés; $H$ est alors au voisinage de $e$ une section locale de la fibration de $G$ par $h^{-1} K h$ et

$$h^{-1} K h \cdot H = h^{-1} K h \cdot h^{-1} H h^{-1} = h^{-1} K \cdot H h^{-1}$$

est un voisinage de $e$ dans $G$; par conséquent

$$k_0 h \cdot (h^{-1} K \cdot H h^{-1}) h = k_0 K H = K \cdot H$$

est un voisinage de $k_0 \cdot h_0$ dans $G$; la continuité de $k_0, h_0$ comme fonctions de $g$ est triviale.

Enfin, $K$ est compact maximal, car un groupe compact plus grand contiendrait, vu le lemme 3, un $h \in H$, $h \neq e$ dont les puissances ne seraient pas uniformément bornées, ce qui est absurde.

**Proposition 2.** *Tout sous-groupe compact $K'$ de $G$ est conjugué à un sous-groupe de $K$ par un automorphisme intérieur de $G$.*

La démonstration est de E. Cartan ([4], n° 16). Soit $g = k \cdot h$, où $k$ est orthogonale réelle, $h$ hermitienne définie positive et $k h h' h k^{-1} = g \cdot h' \cdot \bar{g}^{-1}$ ($\bar{g}$ complexe conjuguée de $g = \theta g$) est hermitienne définie positive si $h'$ l'est. Nous faisons correspondre de la sorte à $g \in G$ un homéomorphisme $U_g$ de $H$ sur elle-même. On obtient donc un homomorphisme de $G$ dans le groupe des homéomorphismes de $H$ sur elle-même. Soient $h \in H$ et $h^{1/2}$ sa racine carrée définie positive. Alors $h^{1/2} \in H$ et l'ensemble des $g \in G$ pour lesquels $U_g$ laisse $h$ fixe est $(h^{1/2} K h^{-1/2})$. C'est un sous-groupe conjugué de $K$. *Il suffit donc pour obtenir la proposition 2 de montrer que les transformations $U_k$ ($k \in K'$) ont un point fixe commun.* C'est pour obtenir cela qu'il est nécessaire (du moins dans l'état actuel de la question) d'introduire des considérations de géométrie riemannienne. La proposition 2 résultera des lemmes 4 et 5.

**Lemme 4.** *On peut définir sur $H$ une métrique riemannienne à courbure de Riemann négative ou nulle, invariante par les transformations $U_g$ ($g \in G$).*

Dans l'espace tangent à $H$ en $e$, on prend comme forme quadratique $B(i\,y, i\,y)$ = somme des carrés des valeurs propres de $i\,y$; dans notre système de coordonnées, c'est la forme unité; ensuite on transporte cette métrique par les transvections $U_h$; l'invariance évidente de $B$ par les transformations $U_k$ du groupe de stabilité $K$ de $e$ montre que cette métrique est invariante par les transformations $U_g$ ($g \in G$). On montre de plus que les géodésiques issues de $e$ sont les sous-groupes à 1 paramètre $\exp i\,t\,y$, que la transvection $U_h$ réalise le transport par parallélisme de $e$ à $h^2$ le long de la géodésique qui les joint, et que $\theta h = \bar{h} = h^{-1}$; la symétrie, par rapport à $e$, est une isométrie, $H$ est donc un espace symétrique, au sens de E. Cartan. Enfin, pour le tenseur de courbure on a la formule

(A) $$R^s_{r,jk}(i\,y_s) = -(1/4)\,[[i\,y_j, i\,y_k], i\,y_r]$$

d'où en utilisant la remarque ci-dessus:

$$R^s_{r,jk} = (1/4)\, c^t_{n+j,\,n+k}\,[x_t,\, i\,y_r] = (1/4) \sum_t c^t_{n+j,\,n+k}\, c^t_{n+r,\,n+s}.$$

En appliquant la formule (19), de E. Cartan dans [5] on voit que la courbure de Riemann dans la direction du 2-plan soustendu par $i\,y_j$ et $i\,y_k$ est

$$(\text{A}')\qquad\qquad - R_{jk,jk} = - R^k_{j,jk} = - \sum_t (c^t_{n+j,\,n+k})^2 \leqq 0$$

cela vaut pour toute direction plane de l'espace tangent en $e$, donc pour les directions planes issues des autres points *vu* la transitivité du groupe des isométries.

Les calculs de E. Cartan qui conduisent à (A') me paraissent contenir deux fautes de signe qui se compensent. Tout d'abord dans [2], à la p. 64, le signe $-$ de la formule (6) n'est pas repris dans (7) ni dans les formules du haut de la p. 65, d'où la différence de signe avec (A). Ensuite dans [3], p. 383, il part de cette formule (sans le signe $-$) dans laquelle doivent figurer les constantes de structure de $G$ et non pas celles de la forme compacte $G_0$ (désignés par $\Gamma$, resp. $\Gamma_u$); or Cartan dit que l'on peut faire en sorte que les constantes de structure de $G_0$ forment un trivecteur (c'est l'antisymétrie signalée dans le lemme 1); puis il applique cette règle pour trouver $R_{jk,jk}$ aux constantes de structure de $G$; or certaines de ces dernières diffèrent par le signe des constantes de structure correspondantes de $G_0$ (cf. la remarque ci-dessus et on voit facilement que cela donne encore un changement de signe, d'où (A')).

**Lemme 5.** *Les transformations d'un groupe compact $N$ d'isométries (différentiables) d'un espace de Riemann $H$ simplement connexe, à courbure non positive, admettent un point fixe commun.*

Soient $dv$ la mesure de Haar sur $N$, $d(P, Q)$ la distance de $P$ et $Q$ $(P, Q \in H)$ et $n(P)$ le transformé de $P$ par $n \in N$; on sait ([5] Note III) que $P$ et $Q$ sont reliés par une seule géodésique $\overline{PQ}$ et que si $Q_0$ est un 3e point de $H$:

$$(\text{B})\quad d^2(P, Q) \geqq d^2(P, Q_0) + d^2(Q, Q_0) - 2\,d(P, Q_0) \cdot d(Q, Q_0) \cos(\overline{Q_0 P}, \overline{Q_0 Q})\,.$$

Soit $S \in H$ choisi une fois pour toutes et

$$J(Q) = \int_N d^2(n(S), Q)\, dv_n\,;$$

soit $Q_0$ un point pour lequel $\delta J = 0$; pour montrer que $n(Q_0) = Q_0$ $(n \in N)$ il suffit, puisque $J(n(Q_0)) = J(Q_0)$, de savoir que $J(Q) > J(Q_0)$ si $Q \neq Q_0$. Or $\delta J = 0$ se traduit par

$$\int_N d(n(S), Q_0) \cos(\overline{Q_0 n(S)}, \overline{Q_0 Q})\, dv_n = 0$$

et il suffit d'intégrer terme à terme (B) (en remplaçant $P$ par $n(S)$) pour obtenir l'inégalité cherchée, d'où finalement la proposition 2.

L'existence des $H_i$ résulte aisément de la proposition 3. La démonstration [cf. [8], p. 525−529) (dernière assertion du Théorème) *s'appuie sur le lemme 1*; ce n'est donc pas à proprement parler une nouvelle démonstration de la proposition 1; elle indique que l'on peut prendre comme section de la fibration de $G$ par $K$ un sous-groupe au lieu de $H$; elle n'est (actuellement) d'aucune utilité pour obtenir la proposition 2.

**Proposition 3.** *Soit $G$ semi-simple de centre réduit à $\{e\}$. Il possède un sous-groupe compact connexe $K$ et un sous-groupe résoluble simplement connexe $L$ tels que $G = K \cdot L$.*

### 3. $G$ semi-simple ou $G$ extension de $\mathbf{R}^s$ par un compact

Soient $G$ semi-simple, $Z$ son centre (discret), $G' = G/Z$, $K'$ compact maximal dans $G'$, $K$ son image réciproque dans $G$; de $G/K = G'/K' = \mathbf{R}^s$ on tire que $K$ est connexe et même, en utilisant le théorème de Feldbau, que $G$ est homéomorphe à $K \times \mathbf{R}^s$; $K$ n'est pas forcément compact, mais c'est un revêtement d'un groupe compact, donc $K = K_1 \times \mathbf{R}^p$ et $K_1$ est le plus grand sous-groupe compact de $K$, donc compact maximal dans $G$; d'où la proposition 1 pour $G$; la proposition 2 est immédiate. Si l'on admet dans $G'$ l'existence de $H'_1, \ldots, H'_s$ tels que $G' = K' \cdot H'_1 \cdot \ldots \cdot H'_s$ on peut éviter le recours au théorème de Feldbau; il suffit de prendre dans $G$ des sous-groupes $H_i$ appliqués isomorphiquement sur les $H'_i$, et des sous-groupes $H_{s+1}, \ldots, H_{s+p}$ tels que $\mathbf{R}^p = H_{s+1} \times \ldots \times H_{s+p}$, alors $G = K_1 \cdot H_1 \cdot \ldots \cdot H_{s+p}$.

Soit maintenant $G$ extension de $\mathbf{R}^s$ par un compact $K'$. On sait (cf. [11]) que la fibration de $G$ par $\mathbf{R}^s$ a un sous-groupe section $K$ et que 2 groupes sections sont conjugués. Il reste à voir qu'un sous-groupe compact $K_1$ non section est conjugué à un sous-groupe de $K$; tout élément de $K_1$ s'écrit d'une seule façon sous la forme $r \cdot k$ ($r \in \mathbf{R}^s$, $k \in K$) et l'application $r \cdot k \to k$ est un *isomorphisme* de $K_1$ dans un sous-groupe $K_2$ de $K$ (biunivocité à cause de $\mathbf{R}^s \cap K_1 = \{e\}$). Alors $\mathbf{R}^s \cdot K_2$ est un groupe et sa fibration par $\mathbf{R}^s$ admet comme sections, $K_1$ et $K_2$ qui sont donc conjugués.

### 4. Le cas général

Démonstration par récurrence sur la dimension de $G$; c'est trivial pour $\dim G = 1$; admettons que le théorème soit vrai pour les groupes de dimension $< \dim G$; on peut supposer que $G$ est non semi-simple, il possède alors un sous-groupe invariant connexe abélien $N \neq \{e\}$, on sait que $N = \mathbf{T}^p \times \mathbf{R}^q$ ($\mathbf{T}^p$ tore à $p$ dimensions).

a) $p > 0$. $\mathbf{T}^p$ est le plus grand sous-groupe compact de $N$ et est donc invariant *dans* $G$. Soit $G' = G/\mathbf{T}^p$; les images réciproques des sous-groupes compacts maximaux de $G'$ sont évidemment les sous-groupes compacts maximaux de $G$ et sont connexes et conjugués les uns des autres; si $K$ est l'un d'eux, $K'$ son image dans $G'$. Les egalités $G/K = G'/K' = \mathbf{R}^s$ montrent d'après le théorème de Feldbau, que $G$ est homéomorphe à $K \times \mathbf{R}^s$.

b) $p = 0$, $N = \mathbf{R}^q$. Soient $K'$ compact maximal dans $G' = G/N$ et $K$ son image réciproque dans $G$; alors $K = K_1 \times N$ et $K_1$ est compact maximal dans $K$ et $G$. De plus un sous-groupe compact de $G$ est conjugué à un sous-groupe de $K$, donc (cf. n° 3) de $K_1$; enfin, $G$ homéomorphe à $K \times \mathbf{R}^s$, (donc à $K_1 \times \mathbf{R}^{q+s}$) s'obtient de nouveau par le théorème de Feldbau.

Dans les cas a) et b), on peut de nouveau obtenir les $H_i$ et éviter d'utiliser le théorème de Feldbau en «remontant» des sous-groupes à 1 paramètre de $G'$.

### 5. Un complément

C'est le théorème suivant, dû à Iwasawa ([8] lemme 3.13):

*Soient $G$ de Lie connexe, $N$ un sous-groupe invariant connexe, $K_1$ compact maximal dans $N$ et $K'$ compact maximal dans $G/N$. Alors is existe un sous-groupe $K$ compact maximal de $G$ tel que $N \cap K_1 = K$ et que $KN/N = K'$.*

On traite tout d'abord les cas $N$ semi-simple (pas immédiat), $N = \mathbf{R}^p$, $N = \mathbf{T}^q$, puis on fait une démonstration par récurrence sur la dimension de $N$.

### Bibliographie


1. Cartan, Elie: La géométrie des groupes simples, Ann. di Mat., t. **4**, 1927, p. 209−256
2. Cartan, Elie: La géométrie des groupes de transformations, J. Math. pures et appl., t. **6**, 1927, p. 1−119
3. Cartan, Elie: Sur certaines formes riemanniennes remarquables des géométries à groupe fondamental simple, Ann. scient. Ec. Norm. Sup., t. **44**, 1927, p. 345−467
4. Cartan, Elie: Groupes simples clos et ouverts et géométrie riemannienne, J. Math. pures et appl., t. **8**, 1929, p. 1−33
5. Cartan, Elie: Leçons sur la géométrie des espaces de Riemann, 2e éd. − Paris, Gauthier-Villars, 1946 (Cahiers scientifiques, 2)
6. Chevalley, Claude: Theory of Lie groups, I. − Princeton, Princeton University Press, 1946
7. Gantmacher, Felix: Canonical representation of automorphisms of a complex semi-simple Lie group, Mat. Sbornik, N. S., t. **5** (47), 1939, p. 101−146
8. Iwasawa, K.: On some types of topological groups, Ann. of Math., (2) **50**, 1949, p. 507−558
9. Malčev, A: On the theory of the Lie groups in the large, Mat. Sbornik, N. S., t. **16** (58), 1945, p. 163−190
10. Mostow, George-Daniel: A new proof of E. Cartan's theorem on the topology of semi-simple groups, Bull. Amer. math. Soc., t. **55**, 1949, p. 969−980
11. Serre, Jean-Pierre: Extensions de groupes localement compacts, Séminaire Bourbaki, Exp. 27 1949/50, 6 p.


### *Additif*

Divers compléments au théorème fondamental et une simplification dans l'obtention de l'inégalité (B) se trouvent dans:


Mostow, George-Daniel: Some new decomposition theorems for semi-simple groups, Lie algebras and Lie groups. − Memoirs Amer. math. Soc. n° **14**, p. 31−54, Providence, American mathematical Society, 1955
Mostow, George-Daniel: On covariant fiberings of Klein spaces, Amer. J. Math., t. **77**, 1955, p. 247−277


[Juin 1957]

# 13.

## Sur la cohomologie des variétés de Stiefel
## et de certains groupes de Lie

C. R. Acad. Sci., Paris **232** (1951) 1628–1630

Le paragraphe **2** rappelle en les complétant, en particulier au point de vue multiplicatif, des résultats concernant les variétés de Stiefel énoncés par C. Ehresmann([1]). Les n[os] 3 et 4 fournissent des renseignements sur la cohomologie des deux premiers groupes exceptionnels et des groupes de recouvrement simplement connexes des groupes orthogonaux.

1. *Notations et définitions.* — $SO(n)$ désignera le groupe orthogonal unimodulaire de $R^n$, Spin $(n)$ son groupe de recouvrement simplement connexe, $SU(n)$ le groupe unitaire unimodulaire de $C^n$, $Sp(n)$ le groupe unitaire de l'espace $K^n$ de $n$ variables quaternionniennes, $G_2$, $F_4$ les groupes exceptionnels à 14 et 52 paramètres, $V_{n,p}$ (resp. $W_{n,p}$, $U_{n,p}$) la variété de Stiefel des systèmes ordonnés de $(n-p)$ vecteurs orthonormaux de $R^n$ (resp. $C^n$, $K^n$), (définissant la même orientation de $R^n$ si $p=0$); ainsi $V_{n,0} = V_{n,1} = SO(n)$, $W_{n,1} = SU(n)$ et $U_{n,0} = Sp(n)$.

Nous noterons $H(X, A)$ l'anneau de cohomologie de X pour les coefficients A, $\tau H(X, Z)$ le sous-groupe de torsion des éléments d'ordre fini de $H(X, Z)$; soit $Z_2$ le corps des entiers modulo 2, nous dirons que $H(X, Z_2)$ a un *système simple de générateurs* $h_1, \ldots, h_m$ si les produits $(h_{i_1} . h_{i_2} . \ldots . h_{i_s})$, où $i_1 < i_2 < \ldots < i_s$ $(s = 1, \ldots, m)$, forment une base de l'espace des éléments de degrés strictement positifs de $H(X, Z_2)$; en particulier si $H^0(X, Z_2) = Z_2$ et si $r_i$ est le degré de $h_i$ $(i = 1, \ldots, m)$, le polynome de Poincaré mod 2 de X est

$$(1 + t^{r_1})(1 + t^{r_2}) \ldots (1 + t^{r_m}).$$

La structure multiplicative de $H(X, Z_2)$ sera alors complètement déterminée par la donnée des carrés $h_i . h_i \, (i = 1, \ldots, m)$.

2. *Les variétés de Stiefel.* — Théorème 1. — *Les éléments différents de zéro de $\tau H(V_{n,p}, Z)$ sont d'ordre 2; $H(V_{n,p}, Z_2)$ a un système simple de générateurs $h_1, \ldots, h_{n-p}$ de degrés $p$, $(p+1)$, $\ldots$, $(n-2)$, $(n-1)$. On a $h_i . h_i = h_j$ toutes les fois que le degré de $h_j$ est le double du degré de $h_i$, sinon $h_i . h_i = 0$.*

---

([1]) C. Ehresmann, *Comptes rendus*, **208**, 1939, p. 1263.

Le cas particulier des $V_{n,n-2}$ est bien connu [2]; à partir de là on peut procéder par récurrence en étudiant les anneaux spectraux [3] des fibrations $SO(n)/SO(p) = V_{n,p}$. Si $\bar{n}$ (resp. $\bar{p}$) est le plus grand (le plus petit) nombre impair $\leq n$ [$\geq p$], on voit de plus aisément que pour $p \leq (n-2)$:

$H(V_{n,p}, R)$ *est isomorphe à l'algèbre de cohomologie réelle de*

$$S_{2\bar{n}-3} \times S_{2\bar{n}-7} \times \ldots \times S_{2\bar{p}+1}, \; [4]$$

*multiplié encore par* $S_{n-1}$, *resp.* $S_p$, *si n, resp. p, est pair et par* $S_{n-1} \times S_p$ *si n et p sont pairs.*

Cette méthode ne permet cependant pas de déterminer les carrés $h_i \cdot h_i$; pour les obtenir on fait appel d'une part à des résultats relatifs à la transgression [5] et d'autre part à des formules de Wu Wen-Tsün sur les $Sq^i$ dans les grassmanniennes [6].

En utilisant les analogues complexes et quaternionniens des fibrations précitées on retrouve sans difficulté le :

Théorème 2. — *Les variétés* $W_{n,p}$ *et* $U_{n,p}$ *sont sans torsion et*

$$H(W_{n,p}, Z) = H(S_{2n-1} \times S_{2n-3} \times \ldots \times S_{2p+1}, Z)$$
$$H(U_{n,p}, Z) = H(S_{4n-1} \times S_{4n-5} \times \ldots \times S_{4p+3}, Z) \quad [7] \qquad (0 \leq p \leq n-1).$$

3. *Les groupes Spin* $(n)$. — Théorème 3. — $\tau H[\text{Spin}(n), Z] = 0$ *pour* $n \leq 6$, $\tau H[\text{Spin}(n), Z] \neq 0$ *si* $n \geq 7$. *On obtient le polynome de Poincaré mod 2 de* Spin$(n)$ *en remplaçant dans l'expression* $(1+t)(1+t^2) \ldots (1+t^{n-1})$ *le produit* $(1+t^{k-1})(1+t^k)$ *par* $(1+t^{2k-1})$ *pour* $k = 2, 4, \ldots, 2^s, \ldots$ $(k \leq n-1)$; *de plus* $H[\text{Spin}(n), Z_2]$ *possède un système simple de générateurs* $h_1, \ldots, h_{m_n}$ *et l'on a* $h_i \cdot h_i = h_j$ *toutes les fois que degré* $h_j = 2(\text{degré } h_i)$, *sinon* $h_i \cdot h_i = 0$.

Vu le théorème 1 et le fait que Spin $(n)$ recouvre deux fois $SO(n)$ si $n \geq 3$, il est clair que $\tau H[\text{Spin}(n), Z] \otimes Z_p = 0$ pour $p$ premier $\geq 3$; je ne sais si $\tau H[\text{Spin}(n), Z]$ contient des éléments d'ordre $2^a$ avec $a \geq 2$, c'est en tout cas impossible pour $n \leq 16$. La démonstration du théorème 3 repose sur l'étude des anneaux spectraux des fibrations $\text{Spin}(n)/\text{Spin}(p) = V_{n,p}$.

---

[2] E. Stiefel, *Comm. Math. Helv.*, **8**, 1935, p. 3-51.

[3] J. Leray, *Jour. math. pur. appl.*, **29**, 1950, p. 169-213.

[4] Remplacé par un point si $\bar{n} = \bar{p}$.

[5] *Voir* à ce sujet nne prochaine Note.

[6] Wu Wen Tsün, *Comptes rendus*, **230**, 1950, p. 918.

[7] Le théorème 2 et le polynome de Poincaré mod 2 des $V_{n,p}$ figurent dans la note [1].

**4. Les groupes exceptionnels $G_2$ et $F_4$.** — THÉORÈME 4. — $\tau H(G_2, Z) \neq o$ *et ses éléments différents de zéro sont d'ordre* 2; $H(G_2, Z_2)$ *possède un système simple de générateurs* $h_1$, $h_2$, $h_3$ *de degrés* 3, 5, 6 *et* $h_1 . h_1 = h_3$, $h_2 . h_2 = h_3 . h_3 = o$.

THÉORÈME 5. — $\tau H(F_4, Z) \neq o$, *il ne contient pas d'élément d'ordre* $\geq 4$; $H(F_4, Z_2) = H(G_2 \times S_{15} \times S_{23}, Z_2)$.

Pour $G_2$ on considère les fibrations $G_2/SU(2) = V_{7,5}$ dont l'existence s'établit facilement à partir de $G_2/SU(3) = S_6$, et $Spin(7)/G_2 = S_7$ [8]. Pour $F_4$ on étudie les fibrations déduites des inclusions $T^4 \subset Spin(8) \subset Spin(9) \subset F_4$, en tenant compte de la formule $H[F_4/Spin(9), Z] = Z[x^8]/[x^{24}]$, conséquence immédiate des indications données dans la note [8]. Pour voir que $\tau H(F_4, Z) \otimes Z_p = o$ si $p$ est premier $\geq 5$, on se sert notamment du fait que le quotient par $Spin(8)$ du normalisateur de $Spin(8)$ dans $F_4$ est le groupe des permutations de trois objets et opère fidèlement sur $H[F_4/Spin(8), Z]$. Je ne sais pas si $\tau H(F_4, Z)$ possède des éléments d'ordre 3; si oui on aurait alors $H(F_4, Z_3) = Z_3[x^8]/(x^{24}) \otimes H[Spin(9), Z_3]$.

---

[8] A. BOREL, *Comptes rendus*, **230**, 1950, p. 1378.

(Extrait des *Comptes rendus des séances de l'Académie des Sciences*,
t. **232**, p. 1628-1630, séance du 30 avril 1951.)

# 14.

## La transgression dans les espaces fibrés principaux

C. R. Acad. Sci., Paris **232** (1951) 2392–2394

Le but principal de cette Note est d'indiquer comment un théorème énoncé dans une Note antérieure et le théorème de classification des espaces fibrés principaux permettent d'étudier la transgression dans les espaces fibrés principaux et la cohomologie des espaces classifiants.

Nous conservons les notations des Notes ($^1$); on dira que l'espace X est sans $k$-torsion si le sous-groupe des éléments d'ordre fini de $H(X, Z)$ ne contient pas d'élément non nul d'ordre divisible par $k$; en particulier X est toujours sans O-torsion. On désigne par $(E, B, F)$ un espace E connexe fibré, localement trivial, de fibre F et de base B; dans tous les espaces fibrés considérés ici on suppose la base localement compacte, paracompacte et de dimension finie.

1. *Espaces universels et espaces classifiants.* — Soit G un groupe de Lie compact, nous noterons $E(n, G)$ un espace fibré principal de fibre G, universel pour G et pour la dimension $n(^2)$ et qui soit un polyèdre fini; de tels espaces existent pour $n$ et G quelconques (variétés de Stiefel); la base $B(n, G)$ de $E(n, G)$ sera appelée *espace classifiant* pour G et pour la dimension $n$. Le théorème de classification affirme que tout espace fibré principal $(E, B, G)$ à base de dimension $n$ peut être appliqué homomorphiquement dans $E(m, G)$ si $m > n$ et que les classes d'application de B dans $B(m, G)$ sont en correspondance biunivoque avec les structures d'espaces principaux $(E, B, G)$ ($^3$). Si A est un anneau de coefficients, une application $f: B \to B(m, G)$ induit un homomorphisme $f^*: H(B(m, G), A) \to H(B, A)$, dont l'image est le sous-anneau caractéristique de la fibration correspondante, définie comme image réciproque de $E(m, G)$ par $f$; c'est bien un invariant de $(E, B, G)$ car on démontre que :

---

($^1$) *Comptes rendus*, **231**, 1951, p. 943, et **232**, 1951, p. 1628. Ces Notes seront désignées par (I) et (II).

($^2$) Pour ces notions, *cf.* N. E. Steenrod, *The topology of fibre bundles*, Princeton, 1951, § 8 et 19.

($^3$) Si la base est un polyèdre, *cf.* N. E. Steenrod, *loc. cit.*; avec les hypothèses formulées ici, *cf.* H. Cartan, *Notes polycopiées du Séminaire de Topologie de l'E. N. S.*, Paris, 1949-1950, Exp. VIII.

*Le sous-anneau caractéristique de* $(E, B, G)$ *ne dépend pas de l'espace universel dans lequel on applique* E *homomorphiquement. Deux espaces classifiants pour des dimensions* $\geq n$ *ont des anneaux de cohomologie isomorphes jusqu'à n.*

On suppose dorénavant G connexe; $E(n, G)$, étant un polyèdre, a une cohomologie de Čech triviale jusqu'à $n$ et le théorème 1 de (I) donne le

THÉORÈME 1. — *Soit* A *un anneau égal à* Z *ou à un corps, et supposons que* $H(G, A)$ *soit l'algèbre extérieure d'un* A*-module libre ayant une base* $p_1, \ldots, p_r$ *formée d'éléments de degrés* $m_1, \ldots, m_r$ *impairs.*

*Alors, jusqu'à n,* $H[B(n, G), A] \simeq A[q_1, \ldots, q_r]$ *où* $q_i$ *est de degré* $m_i + 1$.

Rappelons que la démonstration du théorème de Hopf ([4]) montre que $H(G, K_p)$ [resp. $H(G, Z)$] est l'algèbre extérieure d'un espace vectoriel (resp. d'un groupe abélien) ayant une base formée d'éléments de degrés impairs si G est sans $p$-torsion (resp. sans torsion).

2. *La transgression.* — Les définitions et le théorème de ce numéro valent notamment en cohomologie singulière ou de Čech-Alexander. Soit (E, B, F) un espace fibré à fibre et à groupe structural connexes. L'injection $i$ d'une fibre dans E et la projection $p$ de E sur B induisent des applications $i^*$ des cochaînes de E sur celles de F et $p^*$ des cochaînes de B dans celles de E. On dit que $h \in H(F, A)$ est transgressive dans E s'il existe une cochaîne $c$ de E dont le cobord soit dans l'image de $p^*$ et telle que $i^*(c)$ soit un cocycle de $h$([5]); $h \to dc$ définit alors une application élevant le degré de $1$ d'un sous-groupe de $H(F, A)$ dans un quotient de $H(B, A)$. Si E est compact, la transgression se traduit dans l'anneau spectral de $p : h \in H^s(F, A)$ est transgressive si et seulement si son image dans l'anneau spectral est un cocycle pour les différentielles $d_k(k < s)$, et la restriction de $d_s$ aux éléments transgressifs de $H(F, A)$ est la transgression.

Si F est un groupe de Lie compact connexe G, on dira que $h \in H(G, A)$ est *absolument transgressive* si elle est transgressive dans tout espace fibré principal (E, B, G).

THÉORÈME 2. — *Si* G *est sans p-torsion, (resp. sans torsion),* $H(G, K_p)$ [*resp.* $H(G, Z)$], *est l'algèbre extérieure d'un espace (resp. d'un groupe) univoquement déterminé ayant une base formée d'éléments absolument transgressifs* ([6]).

Vu le n° 1, il suffit d'établir le théorème 2 dans les espaces universels, pour lesquels il résulte du théorème 1 de (I), qui montre de plus que l'on peut

---

([4]) *Annals of Mathematics*, **42**, 1941. p. 22-53.

([5]) Cette notion a été introduite par S. S. Chern, G. Hirsch et J. L. Koszul.

([6]) Pour la cohomologie réelle des espaces fibrés différentiables, les théorèmes 1 et 2 sont essentiellement dus à A. Weil; *cf.* H. CARTAN, *Colloque de Topologie algébrique*, Bruxelles, 1950.

prendre pour générateurs (jusqu'à $n$) de $H(B(n, G))$ les classes des cobords des cochaînes de transgression d'une base de $H(G)$.

3. *Transgression et espaces classifiants en cohomologie mod 2.* — Beaucoup de groupes de Lie ont de la 2-torsion et l'on ne peut leur appliquer les théorèmes 1 et 2. Dans (II) on a vu que pour $G = SO(n)$, Spin $(n)$, $G_2$, $F_4$, l'algèbre $H(G, Z_2)$ avait un système simple de générateurs. En fait cela vaut pour tout groupe de Lie et résulte d'une précision au théorème de Hopf qui sera indiquée dans une prochaine Note. Mais dans les cas particuliers précités, on peut de plus *vérifier* que $H(G, Z_2)$ a un système simple, unique, de générateurs absolument transgressifs; dans tous ces cas on pourra donc appliquer l'analogue (faible) suivant du théorème 1 :

THÉORÈME 3. — *Si $H(G, Z_2)$ a un système simple de générateurs absolument transgressifs $p_1, \ldots, p_r$ de degrés $m_1, \ldots, m_r$, alors $H(B(n, G), Z_2) \cong Z_2[q_1, \ldots, q_r]$, jusqu'à $n$, $q_i$ se déduisant de $p_i$ par transgression.*

Pour $G = SO(n)$, on retrouve un théorème de Pontrjagin sur les grassmanniennes de plans orientés [7]. D'autre part J. P. Serre a montré que les $Sq^i$ de Steenrod commutent à la transgression [8] (de même que les $p$-puissances réduites en cohomologie mod $p$). Les formules de Wu Wen Tsün sur les $Sq^i$ dans les grassmanniennes [9] donnent alors complètement les $Sq^i$ dans les groupes orthogonaux et en particulier les cup-carrés annoncés dans (II).

---

[7] *Rec. Math. Moscou S. N.*, **21**, 1947, p. 233-284.

[8] *Thèse*, à paraître aux *Annals of Math.*

[9] *Comptes rendus*, **230**, 1950, p. 918-920; les formules sont données pour les grassmanniennes de plans non orientés, mais on passe facilement à leurs revêtements simplement connexes.

(Extrait des *Comptes rendus des séances de l'Académie des Sciences,*
t. **232**, p. 2392-2394, séance du 25 juin 1951.)

# 15.

## Sur la cohomologie des espaces homogènes
## de groupes de Lie compacts

C. R. Acad. Sci., Paris **233** (1951) 569–571

Le n° 1 donne deux anneaux spectraux relatifs aux espaces fibrés principaux et aux espaces homogènes. Le n° 2 et le n° 3 contiennent quelques résultats particuliers, concernant surtout le quotient d'un groupe par un sous-groupe de même rang. Le n° 4 apporte une précision au théorème de Hopf sur la cohomologie des groupes de Lie.

Nous conservons les notations d'une Note antérieure ([1]), sauf que nous désignons par $E_G$ au lieu de $E(n, G)$ un espace universel pour le groupe de Lie compact G et pour la dimension $n$, lorsque $n$, simplement supposé assez grand, ne joue pas de rôle particulier; de même sa base sera notée $B_G$. Si U est un sous-groupe fermé de G, nous entendons par sous-anneau caractéristique de $H(G/U, A)$ son sous-anneau caractéristique en tant que base de G, espace fibré principal de fibre U.

1. *Deux anneaux spectraux.* — Soit (X, Y, U) un espace fibré principal localement compact de fibre le groupe de Lie compact U; l'espace $(E_U, X)_U$, quotient de $E_U \times X$ par la relation d'équivalence $(s, t) \approx (u.s, u.t)$ où $u \in U$, $s \in E_U$, $t \in X$, admet deux fibrations, l'une de base Y et de fibre $E_U$ à cohomologie triviale, l'autre de base $B_U$ et de fibre X. D'où :

THÉORÈME 1. — *Soit* (X, Y, U) *un espace fibré principal localement compact de fibre le groupe de Lie compact* U. *Alors il existe un anneau spectral dans lequel* $H_1 = H(B_U, H(X, A))$ *et qui se termine par l'anneau gradué associé à* $H(Y, A)$ *convenablement filtré.*

*Remarques.* — 1. Si U n'est pas connexe, il n'agit pas toujours trivialement sur $H(X, A)$; dans ce cas, $H_1$ désigne l'anneau de cohomologie de $B_U$ à coefficients dans le système local formé par les anneaux $H(X, A)$.

Si U est un groupe *fini*, $H_1$ est, *au sens des groupes discrets*, l'anneau de cohomologie de U à valeurs dans $H(X, A)$; on retrouve ainsi la suite spectrale des revêtements finis ([2]).

---

([1]) *Comptes rendus*, **232**, 1951, p. 2392.
([2]) H. Cartan et J. Leray, *Colloque de Topologie algébrique*, Paris, 1947, p. 83-85.

**2.** Soit $X = G$, groupe de Lie compact, U un sous-groupe fermé de G ; on peut envisager $(E_U, G)_U$ comme espace fibré principal de fibre G et, le cas échéant, préciser la structure de l'anneau spectral par les théorèmes de ([1]). En cohomologie réelle, H. Cartan a obtenu un théorème plus précis ([3]), qui peut du reste se retrouver dans le cadre de la théorie de Leray.

Un espace $E_G$ universel pour G l'est aussi pour un sous-groupe fermé U de G, et les quotients $E_G/U$ et $E_G/G$ sont des espaces $B_U$, $B_G$ classifiants pour U et G ; la projection du premier sur le second en fait un espace fibré de fibre $G/U$, d'où :

THÉORÈME 2. — *Soit* G *un groupe de Lie compact,* U *un sous-groupe fermé de* G. *Alors il existe un anneau spectral pour lequel* $H_1 = H(B_G, H(G/U, A))$ *et qui se termine par l'anneau gradué associé à* $H(B_U, A)$ *convenablement filtré.*

**2.** *Le quotient par un tore maximal.* — Soit T un tore maximal de G, N le normalisateur de T dans G, $\Phi = N/T$ ; on a $H(B_T, Z) = Z[x_1, \ldots, x_l]$, où $x_i$ est de degré 2, et $l$ désigne la dimension de T ; le groupe $\Phi$ opère sur la fibration de $E_G$ par T, base $B_T$, donc sur $H(B_T, Z)$ ; nous notons $I_G$ l'anneau des éléments de $H(B_T, Z)$ invariants par les opérations de $\Phi$. Considérons d'abord la cohomologie réelle ; on peut montrer que les nombres de Betti de $G/T$ sont nuls en dimensions impaires ([4]) ; il s'ensuit que dans l'anneau spectral du théorème 2 avec $U = T$, $H_1$ est déjà l'anneau terminal, d'où : 1° la formule de Hirsch pour $G/T$, 2° le fait que $H(B_T, R) \to H(G/T, R)$ est sur, donc que ce dernier est égal à son sous-anneau caractéristique, 3° le fait que $p^\star : H(B_G, R) \to H(B_T, R)$ est biunivoque ; enfin on montre que l'image de $p^\star$ est formée des invariants de $\Phi$ ([5]). En ce qui concerne la cohomologie par rapport à d'autres coefficients, j'ai vérifié que : *Si* G *est un groupe simple classique ou de l'un des types* $G_2$, $F_4$, *le quotient* $G/T$ *est sans torsion.*

THÉORÈME 3. — *Si* G *et* $G/T$ *sont sans p-torsion* (*resp. sans torsion*), *alors* $H(G/T, Z_p)$ (*resp.* $H(G/T, Z)$) *est égal à son sous-anneau caractéristique. L'application* $p^\star : H(B_G, Z_p) \to H(B_T, Z_p)$ (*resp.* $H(B_G, Z) \to H(B_T, Z)$) *est biunivoque et son image est* $I_G \otimes Z_p$ (*resp.* $I_G$).

**3.** *Le quotient* $G/U$. — Soit S un tore maximal de U. L'étude de la fibration de $G/S$ par $U/S$, base $G/U$, et le théorème 3 conduisent au :

---

([3]) H. CARTAN, *Colloque de Topologie algébrique*, Bruxelles, 1950, p. 57-71.

([4]) Ce lemme de l'auteur est démontré dans l'article de J. Leray (*Colloque de Topologie algébrique*, Bruxelles, 1950, p. 101-116).

([5]) Ces résultats ne sont pas nouveaux, *cf.* H. CARTAN et J. LERAY, *loc. cit.* ([3]) et ([4]), ainsi que J. L. KOSZUL, même ouvrage, p. 73-81.

Théorème 4. — *Si* U *et* U/S *sont sans p-torsion* (*resp. sans torsion*), U/S *est totalement non homologue à zéro relativement aux coefficients* $Z_p$ (*resp.* Z) *dans* G/S; *les espaces* G/S *et* G/U *sont simultanément avec ou sans p-torsion* (*resp. torsion*).

*Si de plus rang* U = *rang* G, *et si* G/S *et* G *sont sans p-torsion* (*resp. sans torsion*), *alors* H(G/U, $Z_p$) (*resp.* H(G/U, Z)) *est égal à son sous-anneau caractéristique* ([6]).

*Remarques.* — 1. Si $p = 0$, on tire de là la formule de Hirsch pour G/U.
2. Si rang U = rang G, les hypothèses : G/S et U/S sans torsion, sont en général remplies, d'après le n° 2.

4. *Le théorème de Hopf.* — Pour abréger, nous formulerons notre théorème directement pour les groupes de Lie, en relevant toutefois que sa démonstration utilise les mêmes hypothèses algébriques que celle de H. Hopf; il vaut donc notamment pour les variétés $\Gamma$ de Hopf et, à quelques modifications près, pour les espaces de lacets.

Théorème 5. — *Soit* G *un groupe de Lie compact connexe. Alors* H(G, $Z_p$) *possède un système minimal de générateurs :* $1, x_1, \ldots, x_m$ *tel que les produits* $x_1^{r_1} . x_2^{r_2} . \ldots . x_m^{r_m}$ ($0 \leq r_i < s_i$ *où* $s_i$ *est le plus petit entier tel que* $x_i^{s_i} = 0$) *forment une base de l'espace vectoriel* H(G, $Z_p$).

*Si* $p = 2$, $s_i$ *est une puissance de* 2 *et les éléments* $x_i, x_i^2, x_i^4, \ldots$ *non nuls forment un système simple de générateurs* ([7]) *de* H(G, $Z_2$). *Si* $p \neq 2$ *et si* $x_i$ *est de degré pair* (*ce qui ne se présente pas pour* $p = 0$) $s_i$ *est une puissance de p.*

---

([6]) $Z_0$ désigne ici le corps des nombres rationnels.
([7]) Au sens indiqué dans une Note antérieure : *Comptes rendus*, **232**, 1951, p. 1628.

(Extrait des *Comptes rendus des séances de l'Académie des Sciences,*
t. **233**, p. 569-571, séance du 3 septembre 1951.)

## 16.

(avec J-P. Serre)

## Détermination des p-puissances réduites de Steenrod dans la cohomologie des groupes classiques. Applications

C. R. Acad. Sci., Paris **233** (1951) 680–682

N. E. Steenrod [1] a introduit récemment de nouvelles opérations cohomologiques, les $p$-puissances réduites, qui généralisent ses $i$-carrés. Nous montrons ici comment on peut les déterminer dans la cohomologie des groupes classiques, et nous en déduisons l'inexistence de sections dans de nombreux espaces fibrés associés à ces groupes. Application aux champs de vecteurs unitaires et aux structures presque complexes des sphères.

1. *Les p-puissances réduites de Steenrod.* — Steenrod définit dans [1] des homomorphismes $\mathrm{St}_p^i : \mathrm{H}^q(\mathrm{X}, \mathrm{Z}_p) \to \mathrm{H}^{q+i}(\mathrm{X}, \mathrm{Z}_p)$, où X est un polyèdre, $p$ un nombre premier, et où $0 \le i \le q(p-1)$ [2]. On a

$$\mathrm{St}_p^0(x) = \lambda_{p,q}\, x \quad (q = \deg x,\ \lambda_{p,q} \not\equiv 0 \bmod p), \qquad \mathrm{St}_p^{q(p-1)}(x) = x^p,$$

et, si $p \ne 2$ :

$$\mathrm{St}_p^{2i}(x.y) = \pm \Sigma_{j+k=i}\, \mathrm{St}_p^{2j}(x).\mathrm{St}_p^{2k}(y).$$

Ces opérations commutent avec les applications continues, et, à une constante non nulle près, avec le cobord des suites exactes de cohomologie, donc avec la transgression des espaces fibrés.

Enfin, si $x \in \mathrm{H}^2(\mathrm{X}, \mathrm{Z})$, et si $x'$ est l'élément de $\mathrm{H}^2(\mathrm{X}, \mathrm{Z}_p)$ canoniquement défini par $x$, on a

$$\mathrm{St}_p^i(x') = 0 \quad \text{si} \quad 0 < i < 2p - 2 \quad [3].$$

2. *Détermination des p-puissances dans certains groupes de Lie.* — Soient G un groupe de Lie compact connexe, T un tore maximal de G, N le normalisateur de T dans G, $\Phi = \mathrm{N/T}$, $\mathrm{B_G}$ un espace classifiant pour G, $\mathrm{S_G}$ et $\mathrm{S_T}$ les algèbres de cohomologie $\mathrm{H}(\mathrm{B_G}, \mathrm{Z}_p)$ et $\mathrm{H}(\mathrm{B_T}, \mathrm{Z}_p)$. Rappelons que $\mathrm{S_T}$ est isomorphe à une algèbre de polynomes à $l$ variables $x_1, \ldots, x_l$ de degré 2, $l$ étant le rang

---

(1) *Reduced powers of cohomology classes*, Cours professé au Collège de France en mai 1951, à paraître aux *Annals of Math.*

(2) Nous notons $\mathrm{St}_p^i$ l'opération $\mathrm{D}_{pq-q-i}^p$ de Steenrod ; ainsi $\mathrm{St}_2^i = \mathrm{Sq}^i$.

(3) Ce résultat a d'abord été démontré par Wu Wen-Tsün.

86

de G. *Si* G *est sans p-torsion,* $H(G, Z_p)$ est une algèbre extérieure engendrée par des éléments absolument transgressifs ([4]); il suffit donc de connaître les $St_p^i$ de ces générateurs, ce qui, par transgression, se traduit par le calcul analogue dans $S_G$.

*Si en outre* $G/T$ *est sans p-torsion,* $S_G$ s'identifie à $I_G \otimes Z_p$, où $I_G$ désigne le sous-anneau de $H(B_T, Z)$ formé des éléments invariants par $\Phi$ ([5]). Il suffit donc de calculer les $St_p^i$ dans $S_T$; comme ce dernier anneau est engendré par les $x_i$ qui sont de degré 2, ceci ne présente pas de difficulté, vu les résultats rappelés au n° 1 ([6]).

3. *Cas du groupe unitaire* $U(n)$. — L'algèbre $H(U(n))$ est engendrée par des éléments absolument transgressifs $P_1, \ldots, P_n$ de degrés $1, 3, \ldots, 2n-1$; $\Phi$ est le groupe des permutations des $n$ éléments $x_1, \ldots, x_n$, et les images par transgression des $P_i$ sont, modulo des sommes d'éléments décomposables, les $C_i = \Sigma x_1 \ldots x_i$ ([7]). On a donc ([8])

$$St_p^{2k(p-1)}(\Sigma x_1 \ldots x_i) = (-1)^{i+k} \Sigma x_1^p \ldots x_k^p x_{k+1} \ldots x_i.$$

Exprimant le deuxième membre à l'aide des fonctions symétriques élémentaires, on écrira

$$\Sigma x_1^p \ldots x_k^p x_{k+1} \ldots x_i = b_p^{k,j} \Sigma x_1 \ldots x_j + \ldots \qquad (j = i + k(p-1)),$$

où les termes non écrits sont des produits. L'entier $b_p^{k,j}$ est bien déterminé par cette formule, et peut être calculé (par exemple, on a $b_p^{1,j} = j \bmod p$). On obtient en définitive :

THÉORÈME 1. — *Avec les notations données ci-dessus, on a*

$$St_p^{2k(p-1)}(P_i) = (-1)^{i+k+1} \left[ \frac{p}{2} \right]! \, b_p^{k,j} . P_j.$$

Les calculs précédents, appliqués aux classes de Chern $C_i$ d'une sphère presque complexe, donnent :

COROLLAIRE. — *Les sphères* $S_2$ *et* $S_6$ *sont les seules sphères admettant une structure presque complexe.*

---

([4]) A. BOREL, *Comptes rendus,* **232**, 1951, p. 2392.

([5]) A. BOREL, *Comptes rendus,* **233**, 1951, p. 569.

([6]) On remarquera que, dans les cas étudiés ici, $St_p^i = 0$ si $i \neq 0 \bmod 2(p-1)$; c'est du reste un cas particulier d'un résultat non publié de Thom.

([7]) Nous notons un polynome symétrique par son terme générique précédé du signe $\Sigma$; ainsi $\Sigma x_1$ désigne $x_1 + x_2 + \ldots + x_n$.

([8]) Dans ce cas particulier, notre méthode revient à calculer les $St_p^i$ dans la grassmannienne complexe, ce qui avait été fait par Wu Wen-Tsün par une autre méthode (non publié).

4. *Champs de vecteurs unitaires.* — Munissons $C^n$ d'un produit scalaire hermitien $\langle X, Y \rangle$, et soit $S_{2n-1}$ la sphère unité de $C^n$. Nous dirons que $k$ vecteurs $X_1, \ldots, X_k$ d'origine $X_0 \in S_{2n-1}$ forment *un k-repère unitaire tangent à* $S_{2n-1}$ si $\langle X_i, X_j \rangle = \delta_{i,j}$ $(i, j = 0, 1, \ldots, k)$. La variété de ces repères est homéomorphe à $U(n)/U(n-k-1)$, sa cohomologie est appliquée biunivoquement dans celle de $U(n)$ et le théorème 1 permet donc d'y déterminer les $St_p^i$. Utilisant alors le fait évident qu'un espace fibré E de base $S_{2n-1}$ n'a pas de section si l'image de la classe fondamentale de la base dans H(E) s'exprime par des $St_p^i$ (ou des cup-produits) à partir d'éléments de degrés inférieurs, on obtient :

THÉORÈME 2. — *S'il existe un champ continu de k-repères unitaires tangents à* $S_{2n-1}$, *n est divisible par l'entier* $N_k = \Pi_p p^{1+i_p}$, *où le produit est étendu à tous les nombres premiers p, et où* $h_p$ *désigne le plus grand entier h tel que* $(p-1)p^h \leq k$.

COROLLAIRE. — *La fibration* $SU(n)/SU(n-1) = S_{2n-1}$ *n'a pas de section* $(n \geq 3)$.

*Exemples.* — $N_1 = 2$, $N_2 = 12$ : pour $k = 1$, $n$ pair est aussi une condition suffisante, comme on sait; par contre nous ignorons si, pour $k = 2$, il en est de même de $n$ divisible par 12 : en particulier, existe-t-il un champ de deux repères unitaires tangents à $S_{23}$ ?

5. *Autres applications.* — Les résultats du n° 2 s'appliquent aussi aux groupes $Sp(n)$ et, pour $p \neq 2$, aux groupes $SO(n)$ [on peut également passer par l'intermédiaire des calculs déjà faits pour $U(n)$]. Outre les analogues symplectiques des théorèmes 1 et 2, on obtient :

THÉORÈME 3. — *Les fibrations* $Sp(n)/Sp(n-1) = S_{4n-1}$ $(n \geq 2)$, $Spin(7)/G_2 = S_7$, $Spin(9)/Spin(7) = S_{15}$ *n'ont pas de section.*

*Remarques.* — 1° En particulier $Sp(2)/S_3 = S_7$ n'a pas de section, d'où un élément $\neq 0$ de $\pi_6(S_3) \otimes Z_3$.

2° On peut trancher entre les deux possibilités données à la fin de [9] pour $H(F_4, Z_3)$ et voir ainsi que $F_4$ a *de la 3-torsion*.

3° Une méthode analogue à celle du n° 2 permet de calculer les $Sq^i$ dans les groupes orthogonaux et de retrouver le théorème de Steenrod-Whitehead sur les champs de vecteurs tangents aux sphères.

---

[9] A. BOREL, *Comptes rendus*, **232**, 1951, p. 1628.

(Extrait des *Comptes rendus des séances de l'Académie des Sciences*, t. **233**, p. 680-682, séance du 24 septembre 1951.)

## 19.

(avec A. Lichnérowicz)

## Groupes d'holonomie des variétés riemanniennes

C. R. Acad. Sci., Paris **234** (1952) 1835–1837

Définitions et étude topologique des différents groupes d'holonomie d'une variété riemannienne. Le groupe d'holonomie homogène restreint est compact et coïncide avec la composante connexe de $e$ du groupe d'holonomie homogène.


1. Soit $V_m$ une variété riemannienne de classe $C^1$. La notion de *développement* d'un chemin de $V_m$, *différentiable par morceaux*, est supposée connue ([1]). Par développement, le groupoïde des lacets de $V_m$ différentiables par morceaux, fermés en $x$, est représenté sur un groupe $\Phi_x$ de déplacements de l'espace ponctuel euclidien tangent en $x$ et sur un groupe $\Psi_x$ de rotations de l'espace vectoriel euclidien $T_x$ tangent en $x$ ([2]). Un arc joignant deux points $x, y \in V_m$ détermine par développement un isomorphisme de $\Phi_x$ sur $\Phi_y$ et de $\Psi_x$ sur $\Psi_y$.

Si l'on se restreint au groupoïde des lacets fermés en $x$ homotopes à zéro (et par conséquent différentiablement homotopes à zéro), on obtient des sous-groupes invariants connexes par arcs $\rho_x$ de $\Phi_x$ et $\sigma_x$ de $\Psi_x$. Les quatre groupes $\Phi_x$, $\Psi_x$, $\rho_x$, $\sigma_x$ sont dits respectivement groupe d'holonomie (g.h.), g.h. homogène, g.h. restreint, g.h. homogène restreint. Si $\pi_x$ est le groupe de Poincaré de $V_m$ en $x$, la connexion riemannienne de $V_m$ définit des homomorphismes $f$, resp. $g$, de $\pi_x$ sur $\Phi_x/\rho_x$, resp. $\Psi_x/\sigma_x$. Soit $\pi'$ le noyau de $f$; sur le revêtement $V'_m$ de $V_m$ de groupe fondamental $\pi'$, l'image réciproque de la métrique de $V_m$ définit une structure de variété riemannienne admettant un groupe d'holonomie (homogène) isomorphe à $\rho_x$, (resp. $\sigma_x$).

Toute forme différentielle sur $V_m$ à dérivée covariante nulle induit sur $T_x$ une forme invariante par $\Psi_x$. Réciproquement, de toute forme invariante par $\Psi_x$ on déduit par transport parallèle une forme différentielle sur $V_m$ à dérivée covariante nulle.

2. Nous dirons qu'un groupe linéaire réel est réductible ou irréductible selon qu'il laisse invariant un sous-espace *réel* non trivial ou non. $V_m$ est dite

---


([1]) C. Ehresmann, *Colloque de Topologie algébrique*, Bruxelles, 1950, p. 29-55.

([2]) E. Cartan, *Acta Math.*, **48**, 1926, p. 1-42; pour le point de vue local : Kuyper, *Indag. Math.*, **13**, 1951, p. 445-451.


89

réductible si $\Psi'_x$ l'est, irréductible sinon. Si $V_m$ est réductible, $T_x$ admet une décomposition en somme directe de sous-espaces $T_x^{(l)}$ invariants par $\Psi_x$ et dans lesquels $\Psi_x$ induit des représentations irréductibles. Par transport parallèle des $T_x^{(l)}$, on obtient un multi-feuilletage de $V_m$, les feuilles appartenant à des systèmes différents étant orthogonales; tout point $x \varepsilon V_m$ admet un voisinage $U_x$ qui est produit topologique de voisinages $U_x^{(l)}$ des feuilles passant par $x$; le $ds^2$ est somme des $ds^2$ induits sur les feuilles, de sorte que $V_m$ est réductible au sens de la géométrie différentielle locale. Il est équivalent de dire qu'il existe sur $V_m$ des formes différentielles monomes, non triviales, à dérivée covariante nulle ([3]).

3. Supposons choisi pour tout $x \varepsilon V_m$ un voisinage $U_x$. Un lacet $l_x$ d'origine $x$ est dit *petit* s'il est contenu dans $U_x$, il est dit être un *lasso* s'il existe $y \varepsilon V_m$ et un arc $l(x, y)$ joignant $x$ à $y$ tels que $l_x$ soit le produit

$$(1) \qquad l_x = l(x, y)^{-1} . l_y . l(x, y),$$

où $l_y$ est petit. Un raisonnement classique montre que tout lacet $l_x$ homotope à zéro est produit de lassos d'origine $x$. Il en résulte que *tout élément de $\rho_x$ ou de $\sigma_x$ est produit de déplacements ou rotations induits par des lassos d'origine $x$.*

4. Pour étudier $\rho_x$ ou $\sigma_x$, on peut substituer à $V_m$ le revêtement $V'_m$ ou son revêtement universel; sans modifier les notations, nous raisonnerons sur ce dernier, qui admet $\sigma_x$ comme g. h. homogène.

Théorème 1. — *Soit $T_x = \Sigma_1^k T_x^{(l)}$ une décomposition de $T_x$ en somme directe de sous-espaces invariants et irréductibles relativement à $\sigma_x$.*

*Alors $\sigma_x$ est un produit direct $\sigma_1 \times \sigma_2 \times \ldots \times \sigma_k$, où $\sigma_i$ induit sur $T_x^{(j)}$ une représentation triviale ($j \neq i$, $i = 1, \ldots, k$).*

Soient $R \in \sigma_x$ et $R_i$ la rotation de $T_x^{(l)}$ induite par $R$; il suffit de montrer que $\sigma_x$ contient la rotation $S_i$ égale à $R_i$ sur $T_x^{(l)}$ et à l'identité sur $T_x^{(j)}$ ($j \neq i$, $i = 1, \ldots, k$). Or si $R$ est induite par le lasso (1), $S_i$ le sera par le lasso

$$l(x, y)^{-1} l_y^{(l)} l(x, y)$$

où $l_y^{(l)}$ désigne la projection de $l_y$ sur $U_y^{(l)}$; ainsi $S_i \in \sigma_x$ et le théorème résulte du n° 3.

Théorème 2. — *Le groupe d'holonomie homogène restreint $\sigma_x$ d'une variété riemannienne est un sous-groupe fermé de $O^+(m)$.*

---

([3]) A. Lichnerowicz, *Comptes rendus*, **232**, 1951, p. 1634.

$\sigma_i$ est un sous-groupe irréductible connexe de $O^+(m_i)$, ($m_i$ dimension de $T_x^{(l)}$); c'est donc un sous-groupe fermé de $O^+(m_i)$ d'après un raisonnement connu, par conséquent $\sigma_x = \sigma_1 \times \ldots \times \sigma_k$ est fermé dans $O^+(m)$.

Théorème 3. — $\sigma_x$ *est la composante connexe de l'identité de* $\Psi_x^c$.

En effet $\Psi_x^c / \sigma_x$ est dénombrable, comme image de $\pi_x$ par $g$, et séparé ($\sigma_x$ fermé); il est donc totalement discontinu.

5. S'il existe une rotation propre, ayant ses valeurs caractéristiques $\neq \pm 1$, échangeable avec celles de $\Psi_x$, $V_m$ admet une forme quadratique extérieure à dérivée covariante nulle de rang maximum $m = 2n$, donc une structure pseudo-kählerienne [localement kählerienne dans la terminologie de ($^4$)] et réciproquement. En particulier :

Théorème 4. — *Pour que* $V_m$ *irréductible admette une structure pseudo-kählerienne, il faut et il suffit qu'il existe au moins une rotation propre, différente de $\pm e$, échangeable avec celles de* $\Psi_x$.

Dans le cas analytique réel au moins, une structure pseudo-kählerienne dérive évidemment d'une structure kählerienne

---

($^4$) A. Lichnerowicz, *Colloque de Géométrie différentielle*, Louvain, 1951, p. 99-122 et Exposé au Séminaire Bourbaki, février 1952.

(Extrait des *Comptes rendus des séances de l'Académie des Sciences*, t. **234**, p. 1835-1837, séance du 5 mai 1952.)

# 20.

## (avec A. Lichnérowicz)

## Espaces riemanniens et hermitiens symétriques

C. R. Acad. Sci., Paris **234** (1952) 2332–2334

> Théorèmes généraux sur les espaces riemanniens localement ou globalement symétriques. Condition nécessaire et suffisante pour qu'un espace symétrique à groupe d'isométries semi-simple admette une structure analytique complexe invariante par les symétries (espaces hermi tiens symétriques). Liste des espaces hermitiens symétriques.

1. L'espace riemannien complet $V_m$, de classe $C^1$, est globalement (resp. localement) symétrique si tout point $x \in V_m$ est point fixe isolé d'une isométrie (resp. isométrie locale) involutive $\mathcal{S}_x$ de $V_m$. Le groupe local des isométries locales est alors transitif, de plus :

Théorème 1. — *Le groupe local $\mathcal{G}$ des isométries locales d'un espace riemannien localement symétrique admet une structure de Lie naturelle.*

La démonstration repose principalement sur le fait que les « transvections » $\mathcal{S}_y . \mathcal{S}_x$ ($y$ voisin de $x$), forment une section locale de la fibration de $\mathcal{G}$ par le groupe d'isotropie local $\mathcal{H}_x$ de $x$. Ainsi $V_m$ est localement homogène de Lie et comme il est complet, il résulte de ([1]) que son revêtement universel est globalement symétrique.

2. Si $V_m$ est globalement symétrique, son plus grand groupe connexe G d'isométries [qui est de Lie ([2])] est transitif, donc $V_m = G/H$, où H est le groupe d'isotropie d'un point $x \in V_m$, donc compact et sans sous-groupe $\neq \{e\}$ invariant dans G; la correspondance $g \to \mathcal{S}_x g \mathcal{S}_x$ est un automorphisme involutif S de G; H est tel que : *a.* S est identique sur H; *b.* il contient le plus grand sous-groupe connexe de G sur lequel S est identique; un sous-groupe satisfaisant à *a.* et *b.* est dit un *sous-groupe caractéristique de* S.

Inversement, nous dirons qu'un espace homogène G/H, (G connexe de Lie, H compact sans sous-groupe $\neq \{e\}$ invariant dans G), est *homogène symétrique*

---

([1]) C. Ehresmann, *Enseign. Math.*, 35, 1936, n^os 6, 7, p. 317-322.

([2]) Myers-Steenrod, *Ann. Math.*, 40, 1939, p. 400-416; ici cela résulte aussi du théorème 1.

si H est caractéristique d'un automorphisme involutif de G ; l'espace G/H est alors globalement symétrique pour toute métrique riemannienne invariante par G. La donnée d'une telle métrique définit sur G/H une structure d'espace *homogène riemannien symétrique;* G n'est pas forcément le plus grand groupe connexe d'isométries de G/H, cependant on peut à l'aide du théorème 1 préciser le résultat du n° 67 de ($^3$) par le

THÉORÈME 2. — *Si* G/H *est homogène riemannien symétrique et si* G *est semi-simple,* G *contient le plus grand groupe connexe local* $\mathcal{G}_0$ *d'isométries locales de* G/H.

3. Le groupe G contient toujours les transvections $\mathcal{S}_u.\mathcal{S}_v (u,\ v \in G/H)$ de l'espace homogène riemannien symétrique G/H ; le transport parallèle le long d'un segment géodésique étant fourni par une transvection ($^4$), il en résulte aisément que le groupe d'holonomie homogène $\Psi_x$ en $x$ ($^5$) est sous-groupe invariant du groupe linéaire d'isotropie $\widetilde{H}$ (groupe des transformation linéaires induites par H dans l'espace $T_x$ tangent en $x$ à G/H); par conséquent :

PROPOSITION 1. — *Sur l'espace homogène riemannien symétrique* G/H, *toute forme différentielle invariante par* G *est à dérivée covariante nulle.*

$\Psi_x$ et $\widetilde{H}$ peuvent être distincts; cependant on peut établir que, pour tout espace G/H à métrique non euclidienne, leurs plus grands sous-groupes connexes, $\sigma_x$ et $\widetilde{H}_0$, sont *simultanément réductibles ou non* (dans le réel); par ailleurs, ces sous-groupes coïncident si G est semi-simple. L'espace homogène symétrique G/H sera dit irréductible si $\widetilde{H}_0$ est irréductible. Tout espace homogène symétrique est localement isomorphe au produit d'un espace euclidien par des espaces symétriques irréductibles $G_i/H_i$, où $G_i$ est semi-simple (*cf.* ($^3$), n° 64).

4. L'espace *hermitien* $V_m$, $(m = 2n)$, est symétrique (globalement), si tout point $x \in V_m$ est point fixe isolé d'un automorphisme involutif de $V_m$ (pour la structure complexe hermitienne). Le plus grand groupe connexe G d'automorphismes de $V_m$ est transitif de Lie, et $V_m = G/H$ où H est compact, caractéristique d'un automorphisme involutif de G ; on définit comme au numéro 2 la notion d'espace *homogène hermitien symétrique*; un tel espace est symétrique pour la métrique riemannienne associée à la métrique hermitienne donnée, qui est donc toujours *kählérienne* (prop. 1).

---

($^3$)E. CARTAN, *Mém. Sc. Math.*, fasc. 42, Paris, 1930.

($^4$) E. CARTAN, *Leçons sur la géométrie des espaces de Riemann*, 2ᵉ édit., Paris, 1946, Chap. XI.

($^5$) *Comptes rendus*, 234, 1952, p. 1835-1837.

Théorème 3. — *Pour que l'espace homogène riemannien symétrique* G/H *soit hermitien symétrique il faut et il suffit, si* G *est semi-simple, que le groupe linéaire d'isotropie laisse invariante une structure complexe de l'espace tangent* $T_x$. *Dans ce cas, le centre de* H *est non discret et sa composante connexe de e contient la symétrie* $\mathcal{S}_x$.

Il est clair que la condition est nécessaire; montrons qu'elle est suffisante. On définit aisément sur G/H une structure presque hermitienne invariante par G, subordonnée à la structure riemannienne donnée; la partie imaginaire de la forme hermitienne est à dérivée covariante nulle (prop. 1) et comme nous sommes ici dans le cas analytique réel, la structure presque hermitienne dérive d'une structure kählérienne, évidemment unique, donc invariante par G. La structure complexe de $T_x$ est définie par une transformation $J (J^2 = - Id)$ échangeable avec $\widetilde{H}$; on vérifie qu'elle satisfait aux conditions de E. Cartan pour les transformations infinitésimales du groupe d'isotropie local $\mathcal{H}_x$ [(4), p. 266]; par suite, vu le théorème 2, $\exp(tJ)$ est sous-groupe central de $\widetilde{H}$; enfin $\mathcal{S}_x = \exp(\pi J)$.

5. L'espace hermitien symétrique G/H sera dit irréductible si le groupe linéaire d'isotropie complexe est irréductible; du théorème 3 et de (3), numéros 64, 68, on tire :

Théorème 4. — *Un espace homogène hermitien symétriquue* G/H *est localement isomorphe au produit d'un espace unitaire par des espaces hermitiens symétriques* $G_i/H_i$, *où* $G_i$ *est simple* (6).

On est donc ramené à l'étude des espaces hermitiens symétriques G/H, où G est simple. Ils sont tous simplement connexes; ceux qui sont non compacts correspondent (au moins pour les quatre grandes classes) aux domaines bornés symétriques irréductibles de $C^n$ (7); ceux qui sont compacts sont les quotients (8) $SU(p+q)/SU(p) \times SU(q) \times T^1$, $SO(2n)/U(n)$, $SO(n+2)/SO(n) \times T^1$, $Sp(n)/U(n)$, $E_6/Spin(10) \times T^1$, $E_7/E_6 \times T^1$, ce sont des variétés algébriques.

---

(6) Ces derniers espaces sont toujours irréductibles.

(7) E. Cartan, *Abh. a. d. math. Hamburg*, 11, 1935, p. 116-162.

(8) Pour les groupes classiques, nous suivons les notations de C. Chevalley, *Theory of Lie groups*, Princeton, 1946.

(Extrait des *Comptes rendus des séances de l'Académie des Sciences*, t. 234, p. 2332-2334, séance du 9 juin 1952.)

# 21.

## Les espaces hermitiens symétriques

Séminaire Bourbaki, Exp. 62 (1951/52)

Le but de cet exposé est la détermination des espaces hermitiens, symétriques au sens de E. Cartan. Ce sont, essentiellement, les domaines bornés symétriques de $\mathbf{C}^n$ (cf. [7]) et certaines variétés algébriques (grassmanniennes complexes, quadriques complexes, ...) presque toutes étudiées au point de vue topologique par Ehresmann [10]. Le n° 1 résume quelques points de la théorie des espaces riemanniens symétriques (cf. [6], Chap. 4).

### 1. Espaces riemanniens symétriques

La variété riemannienne $V_n$ est (globalement) symétrique si tout point $a \in V_n$ est point fixe isolé d'une isométrie involutive $s_a$ de $V_n$, la «symétrie» par rapport à $a$. Le plus grand groupe connexe $G$ d'isométries de $V_n$, (qui est toujours de Lie), est alors transitif et $V_n = G/H$, $H$ compact, groupe d'isotropie d'un point $c \in V_n$, n'admettant pas de sous-groupe invariant dans $G$ non trivial, la correspondance $g \rightarrow s_0\, g\, s_0$ est un automorphisme involutif de $G$, noté aussi $s_c$; on a $s_0(h) = h$ pour $h \in H$ et $H$ contient le plus grand groupe connexe d'éléments fixes par $s_c$; on dira que $H$ est un *sous-groupe caractéristique de $s_0$*.

Réciproquement soit $G$ de Lie connexe, $H$ sous-groupe compact sans sous-groupe $\neq \{e\}$ invariant dans $G$ et caractéristique d'un automorphisme involutif $s$ de $G$, alors $G/H$ est symétrique par rapport à toute métrique riemannienne invariante par $G$ et on dira que $G/H$ est *homogène riemannien symétrique*, ($G$ n'est donc pas supposé a priori être le plus grand groupe connexe d'isométries de $G/H$).

Soient $L$, $X$ les algèbres de Lie de $G$, $H$; on peut écrire $L = X + Y$ avec $s(x) = x$, $s(y) = -y$, $(x \in X, y \in Y)$, donc

$$(1) \qquad\qquad [X, X] \subset X \quad [X, Y] \subset Y \quad [Y, Y] \subset X.$$

Les indices latins (grecs) seront relatifs à une base de $Y$, (resp. $X$); $H$ étant compact, on peut supposer

$$(2) \qquad\qquad c^\gamma_{\alpha\beta} + c^\beta_{\alpha\gamma} = 0 \quad c^j_{\alpha i} + c^i_{\alpha j} = 0.$$

L'ensemble des $x \in X$ tels que $[x, Y] = 0$ est un idéal dans $L$, donc nul et ainsi $[x, Y] = 0$ entraîne $x = 0$.

95

La forme de Killing $B(u, v) = \mathrm{Tr}(\mathrm{ad}\, u \cdot \mathrm{ad}\, v)$ est invariante par $s$ et dans des coordonnées convenables on aura $-B(a, a) = \mu_\alpha (x^\alpha)^2 + \lambda_i (y^i)^2$; ici vu (2): $\mu_\alpha = \sum (c_{\alpha\beta}^\gamma)^2 + \sum (c_{\alpha j}^i)^2$ donc $\mu_\alpha > 0$ car sinon $[x_\alpha, Y] = 0$; on peut admettre que $\mu_\alpha = 1$, l'invariance de $B$ donne alors aisément

$$(3) \qquad\qquad c_{ik}^\alpha = c_{\alpha i}^k \lambda_k = - c_{\alpha k}^i \lambda_i \qquad \text{(sans sommation)}.$$

**Proposition 1.** *L est semi-simple si et seulement si Y ne contient aucun élément* $y \neq 0$ *tel que* $[y, Y] = 0$.

Si $L$ n'est pas semi-simple un des $\lambda_i$, disons $\lambda_1$, est nul, alors vu (3), on a $c_{1k}^\alpha = 0$ donc $[y_1, Y] = 0$. Réciproquement l'ensemble $Y_1$ des $y \in Y$ tels que $[y, Y] = 0$ est un idéal abélien de $L$, vu (1) et Jacobi, qui n'est donc pas semi-simple si cet idéal est $\neq 0$. On remarquera que cette démonstration vaut pour tout algèbre de Lie vérifiant (1), (2), (3).

**Proposition 2.** *Si L est semi-simple, on a* $X = [X, Y]$ *et G contient le plus grand groupe local connexe d'isométries locales au voisinage de* 0.

Il n'est pas difficile de voir que le groupe local des isométries locales est de Lie, ce que nous *admettrons* ici; soient $L'$ son algèbre de Lie, $X'$ celle du groupe local d'isotropie de 0; $s$ se prolonge en eutomorphisme de $L'$ laissant fixes les éléments de $X'$ et $L' = X' + Y$; posons $Z = [X, Y] + Y$, c'est un idéal de $L'$ (utiliser (1) et Jacobi), qui vérifie (1), (2), (3) et est semi-simple (proposition 1); il est donc facteur direct dans $L'$ d'où l'existence de $U \subset X'$ tel que

$$L' = U + Z \qquad [U, Z] = 0 \qquad [U, U] \subset U.$$

$U$ est ainsi un idéal de $L'$ contenu dans $X'$ donc $U = 0$ $L' = L - Z$.

$Y$ est invariant par les automorphismes ad $h$ ($h \in H$), on sait qu'on peut l'identifier à l'espace tangent $T_0$ à $G/H$ en 0 de manière à ce que ad $h$ devienne la transformation linéaire induite par la translation que définit $h$; on obtient ainsi le *groupe linéaire d'isotropie* que nous noterons $\tilde{H}$; $G/H$ sera réductible ou irréductible suivant que $\tilde{H}$ est réductible *dans le réel* ou non; le sous-espace $Y_1$ (démonstration de la proposition 1) est invariant par $H$ donc si $\tilde{H}$ est irréductible on a, soit $Y_1 = 0$ et $G$ est semi-simple, soit $Y_1 = Y$, $[Y, Y] = 0$, et la métrique est localement euclidienne.

**Théorème 1.** *Tout espace homogène riemannien symétrique G/H est localement isomorphe au produit d'un espace euclidien par des espaces homogènes symétriques irréductibles à groupes d'isométries semi-simples.*

Esquisse de démonstration: On peut supposer $H$ connexe; soient $Y_2$ un supplémentaire de $Y$ (démonstration de la proposition 1) invariant par $\tilde{H}$ et $L_2 = [Y_2, Y_2] + Y_2 = [Y, Y] + Y_2$, c'est un idéal semi-simple d'où l'existence de $X_1 \subset X$ tel que $L = L_1 + L_2$ avec ($L_1 = X_1 + Y_1$, $[L_1, L_2] = 0$); $L_1$ correspond à un espace euclidien; il suffit de considérer encore $L_2$; si l'on a une décomposition $Y_2 = U_1 + U_2$ avec $[X_2, U_i] \subset U_i$ alors vu (3) et $\lambda_j \neq 0$, on a $[U_1, U_2] = 0$ et $X_2 = [U_1, U_1] + [U_2, U_2]$ (proposition 2). $L_2$ est composé direct des algèbres

$[U_i, U_i] + U_i$ (1 = 1, 2), etc. Il faut naturellement s'assurer que ces sous-algèbres engendrent des sous-groupes fermés.

**Corollaire.** *Si $G$ est simple, $H$ connexe, $G/H$ symétrique, alors $G/H$ est irréductible et $H$ est sous-groupe connexe maximal.*

Dans un espace symétrique le transport parallèle le long d'un segment géodésique $\widehat{ab}$ est produit de 2 symétries ([8] Chap. 20); si $a = 0$ c'est une transvection $\exp(ty) \in G$, il en résulte facilement que le groupe d'holonomie homogène en 0 est contenu dans $\tilde{H}$, d'où:

**Proposition 3.** *Une forme différentielle sur l'espace homogène symétrique $G/H$ invariante par $G$ est à dérivée covariante nulle.*

## 2. Espaces hermitiens symétriques

Une variété hermitienne $V_n$ ($n = 2m$) est (globalement) symétrique si tout point $a \in V_n$ est point fixe isolé d'un automorphisme involutif de $V_n$ (pour la structure complexe hermitienne bien entendu). Le groupe des automorphismes de $V_n$ est alors transitif de Lie et $V_n = G/H$. On définit aussi comme précédemment la notion d'espace homogène hermitien symétrique.

L'espace $G/H$ hermitien symétrique est évidemment riemannien symétrique relativement à la métrique riemannienne déduite de la métrique donnée. La proposition 3 appliquée à la partie imaginaire de la métrique hermitienne, montre que cette dernière est toujours *kählérienne*.

**Proposition 4.** *Soient $G$ semi-simple, $G/H$ riemannien symétrique. Pour que $G/H$ soit hermitien symétrique, il faut et il suffit que $\tilde{H}$ laisse invariante une structure complexe de $T_0$, le centre de $\tilde{H}$ est alors de dimension $> 0$ et contient la symétrie $s_0$.*

Nécessité: claire. Suffisance: on peut évidemment trouver dans $T_0$ une structure unitaire invariante par $\tilde{H}$ et subordonnée à la structure euclidienne, d'où une structure presque hermitienne sur $V_n$ invariante par $G$, donc définie par une forme différentielle à dérivée convariante nulle (proposition 3); comme on est dans le cas analytique réel cette structure dérive d'une structure kählérienne (cf. [13]) évidemment univoquement déterminée, et qui est donc *invariante par $G$* puisque la structure presque-hermitienne l'est. Il reste à voir que cette structure est symétrique.

Soit $\mathfrak{H}$ le groupe linéaire de $T_0$ induit par les isométries *locales* laissant 0 fixe; ses transformations infinitésimales $(a_j^i)$ sont caractérisées par le système d'équations linéaires

$$(4) \qquad R_{rjkh}\, \alpha_i^r + R_{irkh}\, a_j^r + R_{ijrh}\, a_k^r + R_{ijkr}\, a_h^r = 0$$

(cf. [5] p. 266), les $R_{ijkh}$ étant les valeurs du tenseur de courbure en 0. Soient dans notre cas $u^1, \ldots, u^m$ des coordonnées complexes locales au voisinage de 0, et prenons dans $T_0$ la base duale de $du^1, \ldots, du^m, d\bar{u}^1 = du^{1*}, \ldots, d\bar{u}^m = du^{m*}$, la métrique de $T_0$ étant $\sum du^i\, du^{i*}$. La transformation $I = (a_j^i)$ avec $a_j^i = -a_{j*}^{i*} = \sqrt{-1}$ est échangeable avec toute opération de $\tilde{H}$; la métrique étant d'autre part kählérienne, les seules composantes du tenseur de courbure éventuellement non nulles sont celles dont la 1e et la 2e paire d'indices sont simultanément formées d'un indice $i$ et d'un indice $j^*$ (cf. par exemple [1]). Par conséquent la transformation $I$ vérifie (4) et $\exp(tI)$ est un sous-groupe à un paramètre de $\mathfrak{H}$; il *fait donc partie de $\tilde{H}$* d'après la proposition 2 et est évidemment dans son centre, enfin $\exp(\pi I)$ est la symétrie $s_0$, elle est analytique complexe. C.Q.F.D.

Un espace hermitien symétrique est dit irréductible si le groupe linéaire d'isotropie complexe est irréductible; l'espace riemannien métrique associé étant alors irréductible, un tel espace est soit localement unitaire, soit à groupe d'automorphismes semi-simple. De plus ici, *si $G/H$ est hermitien irréductible non localement unitaire, $G$ est simple.* En effet, si $G$ n'était pas simple, il serait localement produit de 2 groupes simples $G_1, G_2$ échangés par $s$ (immédiat), $H$ serait l'ensemble des produits $g_1 \cdot s(g_1)$, $(g_1 \in G_1)$, isomorphe à $G_1$ et ne pourrait avoir un centre de dimension $> 0$.

**Théorème 2.** *Un espace homogène hermitien symétrique $G/H$ est localement isomorphe au produit d'un espace unitaire par des espaces hermitiens symétriques irréductible à groupes d'automorphismes simples.*

En tant qu'espace *riemannien* symétrique, $G/H$ est localement produit $G_1/H_1 \times \quad \times G_k/H_k$ d'une espace euclidien $G_1/H_1$ par des espaces irréductibles à groupes semi-simples; $T_0$ est une somme de sous-espaces $T_0^{(i)}$ invariante par $\tilde{H}$, groupe qui est lui-même produit direct $H_1 \times H_2 \times \ldots \times H_k$ où $\tilde{H}_i$ induit une représentation triviale dans $T_0^{(j)}$ $(j \neq i, i = 1, \ldots, k)$ et une représentation irréductible (dans le réel), dans $T_0^{(i)}$ $(i = 2, \ldots, k)$. La structure complexe de $T_0$ invariante par $\tilde{H}$ se caractérise par une transformation $I$ de carré égal à $-Id\cdot$; il est alors immédiat que $I$ laisse les sous-espaces $T_0^{(i)}$ invariants et y induit donc des structures complexes invariantes par $\tilde{H}$. Ainsi $G_i/H_i$ admet une métrique untaire invariante par $H_1$ donc par $G_1$, et $G_i/H_i$ $(i \geqq 2)$ est hermitien symétrique par la proposition 4; l'isomorphisme local entre $G/H$ et le produit des $G_i/H_i$ est évidemment compatible avec les structures presque complexes définies par $I$, il est donc analytique complexe. C.Q.F.D.

Si $G/H$ est hermitien symétrique, on peut dans l'extension complexe $L_c = X_c + Y_c$ mettre $Y_c$ sous la forme $U + U^*$ de sorte que l'on ait pour des bases convenables

$$(5) \qquad [x_\alpha, u_1] = c_{\alpha i}^j u_j, \qquad [x_\alpha, u_{j^*}] = c_{\alpha j^*}^{i^*} u_{i^*} \qquad (c_{\alpha j}^i = \bar{c}_{\alpha j^*}^{i^*})$$

$L$ étant formé des transformations

$$x^\alpha x_\alpha + u^i u_i + u^i u_{i^*} \qquad (x^\alpha \text{ réel}, \ u^i = \bar{u}^{i^*})$$

**Lemme 1.** *On a $[U, U] = [U^*, U^*] = 0$.*

En effet, de (1), (5) et Jacobi, on tire que $[U, U] \subset X$, $[[U, U], U^*] = 0$ donc, vu (5), $[[U, U], U] = 0$; par suite $[U, U]$ est un idéal de $L_c$; s'il est $\neq 0$ on en tire l'existence d'un idéal de $L$ contenu dans $X$ ce qui est impossible.

### 3. Domaines bornés symétriques

Un domaine borné $D$ de $\mathbf{C}^n$ est homogène si son groupe d'automorphismes (qui est de Lie d'après H. Cartan) est transitif, il est symétrique si tout point $a \in D$ est point fixe isolé d'un automorphisme involutif de $D$. Le groupe d'isotropie d'un point est compact (H. Cartan) d'où une métrique hermitienne invariante par tous les automorphismes (on peut aussi prendre la métrique de Bergmann). Un domaine borné symétrique est bien un espace hermitien symétrique au sens du n° 2.

Ce qui suit ne suppose pas nécessairement $D$ univalent; on peut supposer que $D$ est une variété complexe munie d'une application analytique $f\colon D \to \mathbf{C}^n$ à domaine de valeurs borné vérifiant la condition suivante: tout point $a \in D$ a un voisinage dans lequel l'image réciproque par $f$ d'un point de $\mathbf{C}^n$ n'a au plus qu'un nombre fini de points. Cependant on verra que les domaines bornés symétriques sont toujours univalents et simplement connexes. Signalons encore que E. Cartan a vérifié que les domaines bornés homogènes de $\mathbf{C}^n$ sont toujours symétriques si $n \leqq 3$; on ne sait pas s'il en est de même pour $n > 3$.

**Proposition 5.** *Le plus grand groupe connexe d'automorphismes d'un domaine borné symétrique est semi-simple.*

Nous envisageons $G$ comme groupe de transformations, $L$ comme algèbre des transformations infinitésimales sur $D$; d'après H. Cartan des transformations de $L$ indépendantes sur les réels le sont aussi sur les complexes (sinon en effet on aurait 2 transformations infinitésimales $u, v$ de $L$ vérifiant $u = iv$ et on on déduirait l'existence dans $G$ d'un groupe $\exp(zu)$ à 1 paramètre *complexe* $z$; alors les coordonnées de l'image d'un point $a \in D$ par $\exp(zu)$ seraient fonctions entières bornées de $z$, donc constantes, cf. [7] p. 121). Les combinaisons linéaires à coefficients complexes des transformations infinitésimales de $L$ forment donc une algèbre de Lie que l'on peut identifier à $L_c$; nous y prenons la base indiquée à la fin du n° 2. Vu la proposition 1 et le lemme 1 il suffit de voir que $u^* \in U^*$ et $[u^*, U] = 0$ entraînent $u^* = 0$; les transformations infinitésimales $u_1, \ldots, u_m$ sont des champs de vecteurs indépendants en tout point d'un voisinage de 0, et l'on peut prendre comme nouvelles coordonnées dans ce dernier les coordonnées canoniques $\xi^1, \ldots, \xi^m$ du groupe abélien complexe engendré par $u_1, \ldots, u_m$, ainsi $u_i = \partial/\partial\xi^i$; on aura alors $u^* = \varrho^i u_i$ où les $\varrho^i$ sont des fonctions analytiques des $\xi^i$; mais $[u_j, u^*] = 0$ donne alors $\partial\varrho^i/\partial\xi^i = 0$, $(i, j = 1, \ldots, m)$ donc $\varrho^i = \mathrm{Cte}$, et finalement $u^* = 0$ d'après ce qui a été dit au début de la démonstration.

D'après le théorème 2, un domaine borné est localement isomorphe à un produit d'espaces hermitiens symétriques $G_i/H_i$ où $G_i$ est simple; de plus le lieu des transformés de 0 par $G_i$ est une variété analytiquement plongée dans $G/H$.

Si $G_i$ est compact, elle est réduite à un point. $G_i$ est alors un sous-groupe de $H$ invariant dans $G$, donc $G_i = \{e\}$. Ainsi

**Proposition 6.** *Un domaine borné symétrique est localement isomorphe à un produit d'espaces hermitiens symétriques irréductibles $G_i/H_i$ où $G_i$ est simple non compact.*

## 4. Espaces hermitiens symétriques irréductibles

**Proposition 7.** *Les espaces hermitiens symétriques irréductibles (non compacts) sont exactement les quotients $G/H$ où $G$ est simple, $H$ compact, caractéristique d'un automorphisme involutif de $G$ et à centre de dimension $> 0$.*

On sait déjà que les conditions indiquées pour $G$ et $H$ sont nécessaires (n° 2). Suffisance: $G/H$ est en tout cas riemannien symétrique irréductible (corollaire au théorème 1), mais $\tilde{H}$ n'est pas irréductible dans le complexe puisqu'il est compact et possède un centre infini; $\tilde{H}$ laisse donc invariante une structure complexe de $T_0$, on peut appliquer la proposition 4.

Soit $H'$ la composante connexe de $e$ de $H$. Elle est connexe maximale (corollaire au théorème 1); nous distinguons 2 cas:

a) $G$ non compact; $H'$ est en tout cas compact maximal, donc $H$ est forcément connexe, $G/H$ est homéomorphe à $\mathbf{R}^{2m}$ et le groupe effectif sur $G/H$ est le groupe adjoint de $G$.

b) $G$ compact; dans un groupe de Lie compact connexe le centralisateur d'un tore est connexe ([11]), $H'$ qui est connexe maximal, est donc le centralisateur du plus grand groupe connexe de son centre, et ainsi égal à $H$. Il contient évidemment un tore maximal de $G$ et a donc même rang que lui et $G/H$ est simplement connexe; $H$ contient le centre de $G$ et $G/H$ s'identifie de nouveau à ad $G/(H \cap \text{centre } G)$. Soit maintenant $G$ simple compact, de centre $= \{e\}$, $H$ connexe maximal ayant même rang que $G$ et un centre continu, $H$ s'identifie alors à la composante connexe de $e$ du centralisateur d'un élément d'ordre 2 de son centre, il est donc caractéristique d'une automorphie involutive et $G/H$ est hermitien symétrique irréductible. Finalement:

**Théorème 3.** *Les espaces hermitiens symétriques irréductibles (non unitaires) sont toujours simplement connexes, et admettent des groupes simples de centre réduit à $\{e\}$ comme plus grands groupes connexes d'automorphismes.*

*a) Ceux qui sont compacts sont exactement les quotients $G/H$, $G$ simple compact de centre réduit à $e$, $H$ connexe maximal de centre infini ayant même rang que $G$.*

*b) Ceux qui ne sont pas compacts sont exactement les quotients $G/H$, $G$ simple non compact, $H$ compact maximal lorsque $H$ est de centre infini.*

A un espace irréductible $G/H$ compact correspond un espace irréductible non compact, le quotient par $H$ de la «forme ouverte» de $G$ définie par l'involution dont $H$ est caractéristique. Inversement si $G/H$ est irréductible non compact le quotient $G_c/H$, où $G_c$ est la forme compacte de $G$ est aussi hermitien irréductible car les groupes linéaires d'isotropie de $G/H$ et de $G_c/H$ sont les mêmes, et $G_c$ est simple (n° 2). On a ainsi une correspondance biunivoque entre ces deux classes d'espaces. En fait, on peut encore établir un lien plus précis et la proposition 7 montre que $G_c/H$ peut être envisagé comme un prolongement analytique compact de $G/H$.

**Proposition 8.** *Soient $G/H$ hermitien symétrique irréductible non unitaire, $G_c$ la forme compacte de $G$, $C(G)$ l'extension complexe de $G$.*

*Alors $G_c/H$ est un espace homogène analytique complexe de $C(G)$; $G/H$ en est un ouvert, les automorphismes de $G$ se prolongent en homéomorphismes analytiques complexes de $G_c/H$.*

Principe de démonstration: On peut supposer $G$ et $G_c$ de centres réduits à $e$, donc plongés dans un groupe complexe $C(G)$ d'algèbre $L_c$. Dans cette dernière on reprend la décomposition $L_c = X_c + U + U^*$ du n° 2; $X + U^*$ est une sous-algèbre, vu $[X_c, U^*] \subset U^*$ et on démontre (en utilisant l'irréductibilité de $G/H$) qu'elle engendre un sous-groupe fermé $F$, et que de plus, pour des choix convenables des sous-groupes $G$ et $G_c$ on a $G \cap F = G_c \cap F = H$; $C(G)/F$ est un espace homogène analytique complexe à $2m$ dimensions réelles, il contient donc $G_c/H$ et $G/H$ comme ouverts, le 1er étant de plus compact lui est forcément égal, d'où la proposition.

### 5. Espaces hermitiens symétriques irréductibles compacts

Les espaces riemanniens symétriques irréductibles ont été tous déterminés par E. Cartan par voie infinitésimale [4]; ici, vu le théorème 3 a, on peut aussi utiliser la détermination des sous-groupes connexes maximaux de rang maximum ([2]); dans la liste de ces sous-groupes (loc. cit. p. 219) il suffira de considérer ceux dont le centre est infini.

Les espaces hermitiens symétriques irréductibles compacts se répartissent en quatre classes et 2 structures isolées. Dans la liste ci-dessous nous indiquons, pour simplifier les notations, des groupes non nécessairement à centre réduit à $\{e\}$, mais il est entendu que le vrai groupe connexe d'automorphismes est le groupe adjoint de la structure indiquée.

*Type 1:* $\mathbf{U}(p+q)/\mathbf{U}(p) \times \mathbf{U}(q)$, à $pq$ dimensions complexes: grassmannienne des sous-espaces à $p$ dimensions de $\mathbf{C}^{p+q}$.

*Type 2:* $\mathbf{SO}(2n)/\mathbf{U}(n)$, à $n(n-1)/2$ dimensions complexes ($n \geqq 3$): variété des génératrices planes à $n-1$ dimensions d'une quadrique complexe non dégénérée $\mathbf{Q}_{2n-2}$ de l'espace projectif complexe $\mathbf{P}_{2n-1}(\mathbf{C})$.

*Type 3:* $\mathbf{SO}(n+2)/\mathbf{SO}(n) \times \mathbf{T}^1$: quadrique complexe non dégénérée $\mathbf{Q}_{n+1}$ ou aussi variété des droites orientées de l'espace projectif réel $\mathbf{P}_{n+1}(\mathbf{R})$, ($n > 2$).

*Type 4:* $\mathbf{Sp}(n)/\mathbf{U}(n)$, à $n(n+1)/2$ dimensions complexes, espaces des variétés planes à $n-1$ dimensions appartenant à un complexe de droits non dégénéré de $\mathbf{P}_{2n-1}(\mathbf{C})$.

*Type 5:* $\mathbf{E}_6/\mathbf{SO}(10) \times \mathbf{T}^1$, à 16 dimensions complexes; $\mathbf{E}_6$ peut être représenté comme le sous-groupe de $\mathbf{U}(27)$ laissant invariante une certaine forme cubique ([10] et [11]). $\mathbf{E}_6/\mathbf{SO}(10) \times \mathbf{T}$ est la variété de $\mathbf{P}_{26}(\mathbf{C})$ dont les équations s'obtiennent en annulant les dérivées partielles de la forme cubique.

*Type 6:* $\mathbf{E}_7/\mathbf{E}_6 \times \mathbf{T}^1$ à 27 dimensions complexes; $\mathbf{E}_7$ peut être représenté comme le sous-groupe de $\mathbf{Sp}(28)$ qui laisse invariante une certaine forme biquadratique $F$ ([3] p. 144); $\mathbf{E}_7/\mathbf{E}_6 \times \mathbf{T}^1$ est la variété dont les équations s'obtiennent en annulant certaines dérivées secondes de $F$ ([3], loc. cit. p. 144, ligne 9).

On constate ainsi que les espaces hermitiens symétriques irréductibles compacts sont des variétés algébriques.

### 6. Espaces hermitiens irréductibles symétriques non compacts

Ils se répartissent en 6 types comme les précédents. E. Cartan [4] a *vérifié que les espaces des 4 premiers types étaient équivalents à des domaines bornés. Je ne sais* pas ce qui en est des 2 derniers. Pour les 4 grandes classes, je donne ci-dessous une réalisation comme domaine (domaine non borné) de $\mathbf{C}^n$ (cf. [7] ou [14]).

*Type 1:* $G/\mathbf{U}(p) \times \mathbf{U}(q)$ où $G$ est le groupe d'une forme hermitienne à $p$ carrés positifs et $q$ carrés négatifs, l'espace est celui des $p \times q$ matrices complexes $Z$ vérifiant $Z'\bar{Z} < E_q$; en écrivant un élément de $G$ comme matrice

$$\begin{pmatrix} A & B \\ C & D \end{pmatrix}$$

on le fait opérer sur l'espace considéré par $Z \to (AZ + B)(CZ + D)^{-1}$. En permutant $p$ et $q$ on obtient des domaines équivalents, pour $p = 1$, on a la boule ouverte de rayon 1.

*Type 2:* $G/\mathbf{U}(n)$ où $G$ est le sous-groupe de $\mathbf{SO}(n, \mathbf{C})$ laissant invariante une forme hermitienne à $n$ carrés positifs et $n$ carrés négatifs. L'espace est celui des $p \times p$ matrices antisymétriques vérifiant $Z'\bar{Z} < E_n$; le groupe $G$ y opère aussi par $Z \to (AZ + B)(CZ + D)^{-1}$.

*Type 3:* $G/\mathbf{SO}(n) \times \mathbf{T}^1$ où $G$ est le groupe d'une forme quadratique à $n$ carrés positifs et 2 carrés négatifs. Domaine de $\mathbf{C}^n$ défini par

$$|z_1|^2 + \ldots + |z_n|^2 < \tfrac{1}{2}(1 + |z_1^2 + \ldots + z_n^2|^2) < 1.$$

Il peut aussi se représenter comme ensemble des $2n$ matrices *réelles*, vérifiant $XX' < E_2$, le groupe $G$ y opérant par $X \to (AX + B)(CX + D)^{-1}$, (cf. [12]).

*Type 4:* $G/\mathbf{U}(n)$ où $G$ est le sous-groupe de $\mathbf{Sp}(n, \mathbf{C})$ laissant invariante une forme hermitienne à $n$ carrés positifs et $n$ carrés négatifs. L'espace est l'ensemble des $n \times n$ matrices symétriques vérifiant $Z'\bar{Z} < E_n$, le groupe $G$ y opérant comme plus haut. C'est le «cercle unité généralisé» il est équivalent au demiplan généralisé: ensemble des matrices symétriques à partie imaginaire définie positive.

*N.B.* J'ai suivi la numérotation de E. Cartan; celle de Siegel permute les types 3 et 4.

Enfin les deux derniers sont les représentants ouverts des classes E 3 et E 7 de [4].

Si l'on admet qu'ils sont aussi équivalents à des domaines bornés on voit que tout domaine borné symétrique est globalement équivalent à un produit de domaines bornés symétriques irréductibles (en tant qu'espaces hermitiens symétriques). En tout cas les domaines bornés symétriques sont simplement connexes puisque tous les espaces hermitiens symétriques à groupes d'automorphismes semi-simples le sont (résulte des théorèmes 2 et 3).

### Bibliographie


1. Bochner, S.: Vector fields and Ricci curvature, Bull. Amer. math. Soc., t. **52,** 1946, p. 776–797
2. Borel, A., de Siebenthal, J.: Les sous-groupes fermés de rang maximum des groupes de Lie clos, Comm. Math. Helv., t. **23,** 1949, p. 200–221
3. Cartan, Elie: Sur la structure des groupes de transformations finis et continus. – Paris, Nony, 1894 (Thèse Sc. math. Paris 1894)

4. Cartan, Elie: Sur une classe remarquable d'espaces de Riemann, Bull. Soc. math. France t. **54**, 1926, p. 214−264 et t. **55**, 1927, p. 114−134

5. Cartan, Elie: Sur certaines formes riemanniennes remarquables des géométries à groupe fondamental simple, Ann. scient. Ec. Norm. Sup., t. **44**, 1927, p. 345−467

6. Cartan, Elie: La théorie des groupes finis et continus et l'analysis situs. − Paris, Gauthier-Villars, 1930 (Mém. Sc. Math., fasc. 42)

7. Cartan, Elie: Sur les domaines bornés homogènes de l'espace de $n$ variables complexes, Abh. math. Sem. Univ. Hamburg, t. **11**, 1936, p. 116−162

8. Cartan, Elie: Leçons sur la géométrie des espaces de Riemann, 2e éd. − Paris, Gauthier-Villars, 1946 (Cahiers scientifiques n° 2)

9. Chevalley, Claude: Sur le groupe exceptionnel ($E_6$), C. R. Acad. Sc. Paris, t. **232**, 1951, p. 1991−1993

10. Ehresmann, Charles: Sur la topologie de certains espaces homogènes, Ann. of Math., (2) **35**, 1934, p. 396−443

11. Hopf, Heinz: Über den Rang geschlossener Lieschen Gruppen, Comm. Math. Helv., t. **13**, 1940, p. 119−143

12. Hua, Loo-Keng: On the theory of Fuchsian functions of several variables, Ann. of Math, (2) **47**, 1946, p. 167−191

13. Lichnerowicz, André: Variétés localement kählériennes, Séminaire Bourbaki, t. **4**, 1951/52

14. Siegel Carl L.: Analytic functions of several complex variables (Notes by P. Bateman, Institute for Advanced Study, Princeton NJ (1948/49))

### Additif

Harish-Chandra montre a priori, dans

Harish-Chandra: Representations of semisimple Lie groups VI, Amer. J. Math., t. **78**, 1956, p. 564−628

qu'un espace hermitien symétrique irréductible non compact est isomorphe à un domaine borné. Les espaces correspondants compacts font partie de la classe d'espaces homogènes $G/H$ (où $G$ est compact connexe et $H$ le centralisateur d'un tore de $G$), qui sont tous des variétés algébriques rationnelles; cf.:

Goto, M.: On algebraic homogeneous spaces, Amer. J. Math., t. **76**, 1954, p. 811−818.

Borel, A.: Kählerian coset spaces of semisimple Lie groups, Proc. nat. Ac. Sc. U.S.A., t. **40**, 1954, p. 1147−1151

Dans ce dernier article, il est aussi montré que si un domaine borné admet un groupe transitif *semi-simple* d'automorphismes, il est symétrique, ce qui répond partiellement à la question de E. Cartan, mentionnée au n° 3. Ce résultat se trouve également dans:

Koszul, Jean-Louis: Sur la forme hermitienne canonique des espaces homogènes complexes, Canadian J. Math., t. 7, 1955, p. 562−576

[Mai 1957]

**22.**

# Les fonctions automorphes de plusieurs variables complexes

Bull. Soc. Math. France **80** (1952) 167–182

La théorie des fonctions automorphes de plusieurs variables complexes a son origine dans l'étude des fonctions $2\,n$-périodiques et dans les travaux de Poincaré sur les fonctions automorphes d'une variable (*Œuvres complètes*, t. II). Abordée tout d'abord par Picard et Fubini, elle a été développée ensuite par divers auteurs, notamment par Giraud, Myrberg, Hua, Siegel.

Soit D un domaine de l'espace de $n$ variables complexes $C^n$ que nous supposerons toujours univalent, G un groupe d'automorphismes analytiques de D; on appelle fonction automorphe (relativement à G) une fonction uniforme méromorphe dans D, invariante par les opérations de G; il est naturel de supposer G discontinu, c'est-à-dire que les transformés d'un point quelconque de D par G n'ont pas de point d'accumulation dans D, G est alors dénombrable; en fait, il convient souvent de restreindre la notion de discontinuité et, en particulier, d'exiger la discontinuité propre de G par exemple (tout point possède un voisinage ne rencontrant qu'un nombre fini de ses transformés); cela sera indiqué au passage s'il y a lieu.

Dans l'édification d'une théorie des fonctions automorphes, deux problèmes fondamentaux se présentent immédiatement : celui de *l'existence* de fonctions automorphes non constantes, et celui des *relations algébriques* qui peuvent lier ces fonctions; c'est principalement d'eux qu'il va être question ci-dessous.

### I. — **Problèmes d'existence.**

Il s'agit de savoir quelles conditions il faut imposer à D et à G pour qu'il y ait des fonctions automorphes non constantes ou même plus précisément pour qu'il y ait $n$ fonctions automorphes analytiquement indépendantes. Cette question se subordonne à un autre problème : trouver des fonctions non constantes $f(z)$, $(z \in D)$, telles que $\dfrac{f(g \cdot z)}{f(z)}$ soit une fonction d'un type déterminé pour $g \in G$ quelconque (ex. : fonctions thêta, séries de Poincaré, *cf.* infra), les fonctions automorphes étant alors obtenues comme quotients de deux fonctions variant suivant la même

---

(¹) Rapport demandé par le secrétariat de la Société Mathématique de France (Note des Secrétaires).

104

loi. Dans certains cas, dont nous dirons quelques mots au paragraphe III, on est amené à imposer des conditions sur le comportement des fonctions envisagées au voisinage de certains points frontières de D; ici, nous parlerons des deux principaux cas où le problème d'existence a été traité sans conditions de cette nature, et qui sont : $a$. D borné; $b$. $\mathrm{D} = \mathrm{C}^n$, $\mathrm{G} = \mathbf{Z}^{2n}$.

$a$. D *borné*. — Les fonctions définissant les transformations de G sont uniformément bornées, donc également continues; il en résulte aisément que si G est discontinu, il est proprement discontinu et que, de plus, un compact $\mathrm{K} \subset \mathrm{D}$ ne rencontre qu'un nombre fini de ses transformés $g(\mathrm{K})$ par G, $[g(\mathrm{K})$ et $g'(\mathrm{K})$ étant comptés chacun une fois si $g \neq g'$).

Soit $\mathrm{J}_g(z)$ le valeur en $z$ du jacobien de la transformation $z \to g \cdot z$; on appelle *forme automorphe de poids $m$* une fonction holomorphe dans D qui vérifie

$$(\mathrm{I}) \qquad f(g \cdot z) = \mathrm{J}_g(z)^{-m} f(z) \qquad (z \in \mathrm{D}, g \in \mathrm{G}).$$

La construction de formes automorphes repose sur le

LEMME 1. — *La série* $\sum |\mathrm{J}_g(z)|^2$ *converge uniformément sur tout compact.*

*Esquisse de démonstration.* — Soit K un compact de D, $2r$ sa distance à $\mathrm{C}^n$ — D et $\mathrm{C}(r, a)$ un polydisque de rayon $r$ et de centre $a \in \mathrm{K}$. On voit facilement que

$$|\mathrm{J}_g(a)|^2 (\pi r^2)^n \leqq \text{Vol. } g(\mathrm{C}(r, a));$$

K ne rencontre qu'un nombre fini, disons $t$, de ses transformés par G, par conséquent chacun des ensembles $g(\mathrm{C}(r, a))$ n'en rencontre qu'au plus $t$ autres et la somme de leurs volumes est $\leqq t$ Vol. (D), d'où la convergence en $a$ de la série donnée.

Soit encore L compact, contenant K, tel que Vol. (D-L) $\leqq \varepsilon$. Il ne rencontre qu'un nombre fini de transformés de K, disons $g_1(\mathrm{K})$, ..., $g_s(\mathrm{K})$ et si l'on désigne par $\sum'$ une somme sur les éléments de G différents de $g_1, \dots g_s$, on a

$$\sum{}' |\mathrm{J}_g(z)|^2 (\pi r^2)^n \leqq \sum{}' \text{Vol. } g(\mathrm{C}(r, z)) \leqq t \text{ Vol. (D-L)} \leqq t \varepsilon.$$

pour tout $z \in \mathrm{K}$, d'où la convergence uniforme sur K.

PROPOSITION 1. — *Si $f$ est une fonction holomorphe bornée dans* D, *la série*

$$\sum_{g \in \mathrm{G}} f(g \cdot z) \mathrm{J}_g(z)^m$$

*est pour $m$ entier $\geqq 2$ absolument et uniformément convergente sur tout compact, et représente une forme automorphe de poids $m$.*

Les formes automorphes ainsi obtenues sont les *séries de Poincaré*; ce dernier les a introduites pour $n = 1$ sous le nom de séries thêtafuchsiennes.

THÉORÈME 1. — *Soit G discontinu sur un domaine borné* D. *Alors il existe $n$ fonctions automorphes dans* D *analytiquement indépendantes.*

*Esquisse de démonstration.* — Les transformations $g$ pour lesquelles $|J_g(z)| = 1$ pour tout $z \in D$ forment un groupe H, qui est fini d'après le lemme 1; nous en noterons les éléments $h_1 = e, h_2, \ldots, h_k$. On montre tout d'abord l'existence d'un point $a \in D$ et d'un voisinage M de $a$ tels que

$$|J_g(z)| \leq q < 1 \qquad (z \in M,\ g \in G),$$
$$h_i.a \neq a \qquad (i = 2, 3, \ldots, k).$$

Si $F(z, mk)$ désigne la série de Poincaré de poids $mk$ associée à une fonction holomorphe bornée $f(z)$ par la proposition 1, il est clair que

$$\lim_{m \to \infty} F(z, mk) = f(h_1.z) + \ldots + f(h_k.z)$$

uniformément pour $z \in M$; en particulier, si $f(z) = \frac{1}{k}$, on a $\lim F(z, mk) = 1$ dans M et $F(z, mk)$ n'est pas identiquement nulle pour $m$ assez grand.

Prenons $a$ comme nouvelle origine et soit $P(z)$ un polynome vérifiant

$$P(o) = 1,\ P(h_i.o) = o \qquad (i = 2, \ldots, k),$$

posons

$$q_i(z) = z_i P^2(z) \qquad (z_i\text{-ième coordonnée de } C^n;\ i = 1, \ldots, n);$$

notons $Q_i(z, mk)$ la série de Poincaré associée à $q_i(i = 1, \ldots, n)$, $Q_0(z, mk)$ la série correspondant à $\frac{1}{\lambda}$, et considérons les fonctions automorphes

$$F_i(z, m) = \frac{Q_i(z, mk)}{Q_0(z, mk)} \qquad (i = 1, \ldots, n).$$

On a

$$\lim_{m \to \infty} F_i(z, m) = q_i(h_1.z) + \ldots + q_i(h_k.z)$$

uniformément dans M et l'on voit aisément que le jacobien de ces limites vaut 1 à l'origine; par conséquent, si $m$ est assez grand, le jacobien de $F_1, \ldots, F_n$ est $\neq o$ à l'origine et ces fonctions sont analytiquement indépendantes.

*Remarques.* — 1° La démonstration précédente montre plus précisément que pour tout $m$ assez grand il existe $n + 1$ formes automorphes $Q_0, \ldots, Q_n$ de poids $mk$ telles que les quotients $Q_i/Q_0, (i = 1, \ldots, n)$, soient analytiquement indépendants.

2° Pour les démonstrations détaillées des résultats précédents, *voir* [26], paragraphes **38** et **39** dont nous avons du reste suivi l'exposé, mais où cependant l'hypothèse D/G compact [2] est superflue; quand elle est réalisée, D jouit d'une propriété supplémentaire intéressante ([26], § **40**).

PROPOSITION 2. — *Si le domaine borné* D *possède un groupe discontinu* G *d'automorphismes tel que* D/G *soit compact, c'est un domaine d'holomorphie.*

Plus précisément; on montre que D est *domaine d'holomorphie pour toute forme automorphe $\neq o$ de poids $m \geq 2$*; si, en effet, $f(z)$ est une telle forme, on

---

[2] D/G désigne comme d'habitude l'espace quotient de D par la relation d'équivalence qu'y définit G; il est séparé si D est borné, G discontinu; la condition D/G compact équivaut à : G possède un domaine fondamental relativement compact dans D.

établit sans difficulté que tout point frontière $q$ de D est point d'accumulation d'une suite de points $g_i.a$, où $f(a) \neq 0$; comme $f(g.a) = f(a)\, J_g(a)^{-m}$, le lemme 1 montre que $f(g_i.a)$ tend vers l'infini avec $i$ et ainsi $f(z)$ n'est pas bornée au voisinage de $q$.

Si D est l'intérieur du cercle unité, $(n = 1)$, il est aussi domaine de méromorphie de toute fonction automorphe non constante, car tout point frontière est point d'accumulation de transformés d'un domaine fondamental de G (Poincaré). On ne sait pas si la proposition 2 admet un complément analogue pour $n > 1$.

D'après un résultat connu de H. Cartan-P. Thullen, il suit de la proposition 2 que D est réunion d'une suite croissante de polyèdres analytiques; ici cela peut aussi se voir directement, en définissant les polyèdres analytiques à l'aide des jacobiens $J_g(z)$ (*voir* [26], § 37).

*b.* $D = C^n$, $G = Z^{2n}$ ([3]) *à* $2n$ *générateurs fortement indépendants.* — Par générateurs fortement indépendants, on entend des éléments linéairement indépendants en tant que vecteurs de $R^{2n}$, ainsi $C^n/Z^{2n}$ est un *tore complexe* à $n$ dimensions complexes; les fonctions automorphes sont donc ici les fonctions méromorphes $2n$-périodiques, dites encore fonctions abéliennes, dont la théorie a été édifiée par Riemann, Weierstrass, Jacobi, Frobenius, etc.; je me bornerai à rappeler ici les principaux résultats relatifs à l'existence (pour les démonstrations, *voir* [26], chap. IV à VIII, ou [4], exp. II à V).

On appelle *fonction thêta*, ou fonction intermédiaire, une fonction holomorphe ou méromorphe telle que

$$f(g.z) = f(z)\, e^{\nu(z)} \qquad (g \in G),$$

où $\nu(z)$ est une forme C-linéaire, non nécessairement homogène, dépendant de $g$.

On montre en premier lieu que toute fonction abélienne est le quotient de deux fonctions thêta holomorphes premières entre elles. L'étude des conditions nécessaires et suffisantes à l'existence de fonctions thêta non triviales, c'est-à-dire possédant des zéros, conduit finalement au

THÉORÈME 2. — *Pour qu'il existe* $n$ *fonctions abéliennes analytiquement indépendantes, il faut et il suffit qu'il y ait sur* $C^n$ *une forme* R-*bilinéaire alternée, prenant des valeurs entières sur* $Z^{2n}$ *qui soit la partie imaginaire d'une forme hermitienne définie négative.*

Si cette condition est vérifiée, on dit que le tore complexe $C^n/Z^{2n}$ est *non dégénéré*. Les fonctions abéliennes sont bien entendu, exactement les fonctions méromorphes uniformes sur le tore $C^n/Z^{2n}$; rappelons que pour $n > 1$ il existe des tores complexes sur lesquels toutes les fonctions méromorphes uniformes sont constantes ([26], § 31).

---

([3]) $Z^{2n}$ designe un groupe abélien libre à $2n$ générateurs, identifié à un sous-groupe de $R^{2n}$ (muni de l'addition vectorielle).

## II. — Relations algébriques dans le cas D d'holomorphie, D/G compact.

**Théorème 3.** — *Soit* G *un groupe d'automorphismes* (*discontinu ou non*) *d'un domaine d'holomorphie* D *tel que* D/G *soit compact.*

*Si* $f_0, \ldots, f_n$ *sont* $n+1$ *fonctions automorphes, il existe entre elles une relation algébrique* $P(f_0, \ldots, f_n) = 0$ *non triviale dont le degré $s$ en $f_0$ admet une borne supérieure finie ne dépendant que de* $f_1, \ldots, f_n$.

Ce théorème s'applique, en particulier, aux fonctions abéliennes ([26], th. **14**, second proof, § **29**) et, compte tenu de la proposition **2**, au cas D borné, D/G compact ([26], th. **19**, p. 137). En fait, le théorème **3** ne semble être énoncé nulle part, mais la démonstration du théorème **19** de [26] vaut sans changement pour le théorème **3** ci-dessus; du reste, nous allons l'indiquer dans un cas particulier qui ne se distingue du cas général que par des simplifications techniques.

D/G étant compact, on peut trouver un compact K intérieur à D tel que tout point $z \in D$ soit intérieur à l'un des transformés de K par G; nous noterons $6d$ la distance de K à $C^n$-D et L l'ensemble des points de $C^n$ distants d'au plus $3d$ de K; c'est un compact de D et il existe un nombre fini d'éléments de G, soit $g_1 = e, g_2, \ldots, g_u$ tels que $L \subset g_1(K) \cup \ldots \cup g_u(K)$. Soient encore Q un polyèdre analytique de D contenant K et P un polyèdre analytique de D contenant $g_1(Q) \cup \ldots \cup g_u(Q)$

De la théorie des idéaux de fonctions analytiques de H. Cartan ([4]), on déduit en particulier ceci : Soient $f(z)$ une fonction méromorphe dans un voisinage de P, $f_x$ la restriction de $f(z)$ en un point $x \in P$, $I(f_x)$ l'idéal ponctuel des fonctions $h_x$ holomorphes en $x$ telles que $h_x.f_x$ soit holomorphe en $x$. Alors il existe un et un seul idéal $I(f, P)$ de fonctions holomorphes dans P dont la restriction à $x$ soit $I(f_x)$ pour tout $x \in P$; cet idéal a un nombre fini de générateurs et est aussi l'idéal des fonctions $h(z)$ holomorphes dans P telles que $h(z).f(z)$ soit holomorphe dans P; les restrictions à Q des éléments de $I(f, P)$ engendrent évidemment l'idéal analogue $I(f, Q)$.

*Nous supposerons ici que les idéaux* $I(f_0, P), \ldots, I(f_n, P)$ *sont principaux,* ce qui revient à admettre que les fonctions $f_i$, sont dans P quotients de deux fonctions holomorphes premières entre elles; c'est là l'hypothèse simplificatrice à laquelle nous faisions allusion plus haut.

Soit $h_i(z)$ un générateur de $I(f_i, P)$ et $g_j$ un des éléments $g_1, \ldots, g_u$; la fonction

$$f_i(z).h_i(g_j.z) = f_i(g_j.z).h_i(g_j.z)$$

est holomorphe dans Q, donc $h_i(g_j.z) \in I(f_i, Q)$, ce qui s'écrit

$$(2) \qquad h_i(g_j.z) = v_{ij}(z).h_i(z) \qquad (z \in Q, v_{ij} \text{ holomorphe dans } Q).$$

Nous considérerons maintenant une combinaison linéaire $f(z)$ à coefficients cons-

---

([4]) H. Cartan, *Ann. Ec. Norm. sup.*, 3ᵉ série, t. 61, 1944, p. 149-197 et *Bull. Soc. Math. France,* t. 78, 1950, p. 29-64.

tants des $(s+1)(t+1)^n$ monomes $f_0^{a_0} f_1^{a_1} \ldots f_n^{a_n}$ $(0 \leqq a_0 \leqq s,\ 0 \leqq a_i \leqq t, i \geqq 1)$ et poserons $h = h_0^s h_1^t \ldots h_n^t$; le produit $f.h$ est holomorphe dans P et pour $z \in$ K, on a

$$f(g_j.z).h(g_j.z) = f(z)\,h(z)\,v_{0j}^s(z)\,v_{1j}^t(z)\ldots v_{nj}^t(z).$$

Soient $M_0$, M, $\mu$ les maxima sur K des fonctions $v_{0j}(z)$, resp. des fonctions $v_{ij}(z)$ $(i \geqq 1, j = 1, \ldots, u)$, resp. de $h(z)f(z)$. On a donc

$$(3) \qquad |f(g_j.z)\,h(g_j.z)| \leqq \mu\, M_0^s\, M^{tn} \qquad (z \in \text{K}, j = 1, \ldots, u).$$

On peut, d'autre part, trouver sur K un nombre fini de points $k_1, \ldots, k_q$ en lesquels $f_0, f_1, \ldots, f_n$ sont holomorphes et tels que tout point de K soit distant d'au plus $d$ de l'un des $k_i$ au moins. Soient, pour $s$ et $r$ provisoirement fixés, $t$ l'entier tel que

$$(4) \qquad (s+1)t^n \leqq \binom{n+r}{r} q < (s+1)(t+1)^n$$

$\binom{n+r}{r}$ est le nombre des dérivées partielles d'ordres $\leqq r$ d'une fonction de $z_1, \ldots, z_n$; on peut donc supposer que la fonction $f(z)$ examinée plus haut est une combinaison linéaire à coefficients non tous nuls des $(s+1)(t+1)^n$ monomes $f_0^{a_0} f_1^{a_1} \ldots f_n^{a_n}$ qui s'annule ainsi que toutes ses dérivées partielles d'ordres $\leqq r$ aux points $k_1, \ldots, k_q$.

Nous nous proposons maintenant de montrer que si $s$ est plus grand qu'une constante déterminée par $f_1, \ldots, f_n$, la fonction $f$ est forcément identiquement nulle, ce qui établira le théorème.

Posons $\Phi(z) = f(z)\,h(z)$; si $f(z) \not\equiv 0$, alors $\Phi(z) \not\equiv 0$ et, après multiplication par une constante non nulle, on peut supposer que $\Phi(z)$ a sur K un maximum égal à $1$. Soient $b$ un point de K où ce maximum est atteint, $k$ un des points $k_i$ distants d'au plus $d$ de $b$ et $\lambda$ une variable complexe auxiliaire. La fonction $\Psi(\lambda) = \dfrac{\Phi[k + \lambda(b-k)]}{\lambda^{r+1}}$ est holomorphe au voisinage de $\lambda = 0$ et même pour $|\lambda| \leqq 3$, car pour ces valeurs de $\lambda$, le point $k + \lambda(b-k)$ est dans L, donc dans P; puisque $\Psi(1) = \Phi(b) = 1$, il existe un $\lambda_0$ de module égal au nombre $e$ tel que

$$|\Phi[k + \lambda_0(b-k)]| \geqq e^{r+1}$$

et comme $k + \lambda_0(b-k)$ fait partie de L, on peut trouver $g_j$ et $z_0 \in$ K tels que $k + \lambda_0(b-k) = g_j.z_0$; ainsi nous obtenons

$$(5) \qquad |f(g_j.z_0)\,h(g_j.z_0)| \geqq e^{r+1}, \qquad (z_0 \in \text{K})$$

ce qui, compte tenu de $(3)$ et de $\mu = 1$, donne

$$(6) \qquad r + 1 \leqq s \log M_0 + tn \log M;$$

mais, d'autre part, d'après $(4)$,

$$(r+1)^n \geqq \left(\frac{r}{1}+1\right)\left(\frac{r}{2}+1\right) \quad \cdots \quad \left(\frac{r}{n}+1\right) = \binom{n+r}{n} = \binom{n+r}{r} \geqq \frac{s+1}{q}\, t^n,$$

d'où

$$\left(\frac{s+1}{q}\right)^{\frac{1}{n}} \leqq s \log M_0 + nt \log M.$$

Si nous prenons $s$ tel que $s + 1 > q(n \log M)^n$, borne déterminée par $f_1, \ldots, f_n$, on arrive évidemment à une absurdité pour $t$ assez grand, par conséquent on a $f(z) \equiv 0$. 

C. Q. F. D.

En combinant les théorèmes **1, 2, 3**, on obtient le

Théorème **4**. — *Les fonctions automorphes dans* D *relativement au groupe discontinu* G *forment un corps algébrique de fonctions à $n$ indéterminées dans les deux cas suivants : a.* D *borné,* D/G *compact; b.* $D = C^n$, $G = Z^{2n}$, D/G *étant un tore complexe non dégénéré.*

*Remarque sur le cas* D *borné,* D/G *compact.* — Si D est borné, on déduit du théorème **3** que $n + 2$ formes automorphes de même poids sont algébriquement liées et du théorème **4** que toute fonction automorphe est quotient de deux polynomes isobares de même poids en $n + 2$ formes automorphes fixes liées par une relation isobare non triviale ([**26**], th. **20**).

Inversement, on peut parvenir au théorème **3** en étudiant tout d'abord les formes automorphes; on utilise alors la

Proposition **3**. — *Soient* D *borné,* D/G *compact, $d_m$ la dimension de l'espace vectoriel sur* C *des formes automorphes de poids $m$. Alors, $d_m \leqq Am^n$, où* A *est une constante ne dépendant que de $n$.*

Cette proposition est due à M Hervé [**9**]; auparavant, elle avait été obtenue dans des domaines particuliers et pour une catégorie un peu plus générale de fonctions par Siegel [**25**] et Hua [**12**]. Si $n = 2$, Hervé [**10**] a, de plus, montré que $\frac{d_m}{m^2}$ a une limite finie quand $m \to \infty$.

De la proposition **3**, on tire par un raisonnement de Siegel [**25**] que $n + 2$ formes automorphes de poids $m$ assez grand sont algébriquement dépendantes.

III. — Existence et relations quand D/G n'est pas compact.

Le problème des relations s'est avéré beaucoup plus difficile quand D/G n'est pas compact et n'a pu jusqu'à présent être traité que dans les cas des fonctions modulaires et des fonctions invariantes par certains groupes hyperabéliens, auxquels s'ajoutera peut-être celui des fonctions « hermitiennes modulaires » une fois paru le Mémoire IV de la série [**2**]. Nous verrons que pour avoir un théorème de relations satisfaisant, on est amené à imposer des conditions supplémentaires aux fonctions automorphes considérées, ce qui posera un nouveau problème d'existence, non résolu par le théorème **1**, bien que les domaines D soient équivalents à des domaines bornés.

Le *groupe modulaire de degré* $p$ est le groupe des $2p \times 2p$ matrices à coefficients entiers rationnels faisant partie du groupe symplectique réel à $2p$ variables ; ce dernier est le groupe des $2p \times 2p$ matrices réelles S vérifiant

$$S'JS = J, \qquad J = \begin{pmatrix} 0 & E_p \\ -E_p & 0 \end{pmatrix} \qquad (E_p = \text{matrice identité}).$$

Il opère sur le « demi-plan généralisé », domaine de $C^n$, $n = \dfrac{p(p+1)}{2}$, qui est l'espaces des $p \times p$ matrices symétriques à partie imaginaire définie positive ; S agit par

$$(7) \qquad Z \to S(Z) = (AZ + B)(CZ + D)^{-1}, \qquad S = \begin{pmatrix} A & B \\ C & D \end{pmatrix}.$$

Le quotient D/G n'est pas compact ; Siegel a construit un domaine fondamental $F_p$ de G et montré notamment qu'il était limité par un nombre fini de surfaces algébriques ([**23**], § 2).

Considérons tout d'abord le cas $n = p = 1$ ; le domaine fondamental $F_1$ est alors l'ensemble des points $|\mathrm{R}e(z)| \leqq \frac{1}{2}$, $z\,\bar{z} \geqq 1$, et possède un sommet parabolique ; d'autre part, deux fonctions invariantes par G ne sont pas forcément algébriquement liées comme le montre l'exemple de $J(z)$ et $\exp[J(z)]$, où $J(z)$ est l'invariant modulaire classique ; mais convenons d'appeler *fonction modulaire* toute fonction méromorphe invariante par G, qui tend vers une limite (finie ou non) bien déterminée quelle que soit la manière dont $z \to \infty$ en restant dans $F_1$. On peut alors établir (ce qui est dû à Poincaré) que deux fonctions modulaires sont algébriquement dépendantes, en fait qu'elles sont même fonctions rationnelles de $J(z)$, elles sont donc tout comme $J(z)$, quotients de deux formes automorphes de même poids, bornées dans $F_1$.

C'est cette dernière propriété qui sera prise comme définition pour $n > 1$ ; on appelle *forme modulaire* de poids $k$ ($k$ entier pair), une fonction holomorphe dans D, bornée dans $F_p$, vérifiant

$$(8) \qquad \tau(Z_1) = |CZ + D|^k \; \tau(Z) \qquad (|CZ + D| = \text{déterminant de } CZ + D$$

pour toute substitution $Z_1 = S(Z)$, $S \in G$, donnée par (7), et *fonction modulaire* tout quotient de deux formes modulaires de même poids.

Une forme modulaire est périodique de période 1 en les coefficients $z_{ij}$ de Z, elle admet un développement de Fourier convergent que l'on écrira

$$(9) \qquad \tau(Z) = \Sigma_T\, c(T)\, e^{2\pi i \mathrm{Tr}(TZ)},$$

Tr(TZ) est la trace de TZ ; *a priori*, la somme est étendue sur toutes les matrices symétriques $T = (t_{jk})$ demi-entières, c'est-à-dire dans lesquelles $t_{jj}$ et $2t_{jk}$ ($j \neq k$, $j, k = 1, \ldots, p$), sont entiers rationnels ; en fait, on a $c(T) = 0$ si $T < 0$ et la somme ne porte effectivement que sur les matrices $T \geqq 0$ ([**23**], p. 635).

Une forme modulaire est nulle si $k < 0$, constante si $k = 0$ ; pour établir l'existence de formes modulaires $\neq 0$ de poids $k > 0$, on utilise les *séries d'Eisenstein*

$$(10) \qquad \Psi_k(Z) = \sum{}^{*} |CZ + D|^{-k},$$

$\sum^{*}$ désigne une somme dans laquelle figure exactement un représentant (quelconque) de chaque classe de restes à droite de G suivant H, où H est le sous-groupe des matrices S pour lesquelles $C = o$.

Si $k > n + 1$, la série $\Psi_k(Z)$ converge absolument (Braun [1]) et uniformément sur tout compact, et représente une forme modulaire de poids $k$. De plus, on peut trouver $n + 1$ séries d'Eisenstein algébriquement indépendantes ([23, § 5]); le point essentiel de la démonstration consiste à montrer que les fonctions modulaires $f_s(Z) = \dfrac{\Psi_{su}}{\Psi_u^s}$ ($u > n + 1$ entier pair fixé, $s = 1, 2, \ldots$) *grosso modo* « séparent » les points intérieurs de $F_p$; de façon précise, si $Z_1$ et $Z_2$ sont intérieurs à $F_p$ et si $Z_1$ ne fait pas partie d'un certain sous-ensemble Q, qui est réunion dénombrable de surfaces algébriques, on ne peut avoir $f_s(Z_1) = f_s(Z_2)$ pour tout $s$. Si maintenant la famille $\{f_s(Z)\}$ ne contient pas $n$ fonctions algébriquement indépendantes, on prouve sans difficulté l'existence d'un point $Z_1$ intérieur à $F_p$ ($Z_1 \notin Q$), et d'une courbe $\mathcal{C}$ passant par $Z_1$ telle que $f_s(Z) = f_s(Z_1)$ pour tout $s$ et pour tout $Z \in \mathcal{C}$, d'où une contradiction.

Enfin, Siegel ([23], § 4) a montré que $n + 2$ formes modulaires $\tau_0, \tau_1, \ldots, \tau_{n+1}$ sont toujours liées par une relation algébrique isobare non triviale, dont le degré en $\tau_0$ a une borne supérieure finie ne dépendant que de $\tau_1, \tau_2, \ldots, \tau_{n+1}$. La démonstration repose principalement sur le fait qu'une forme modulaire développée en série (9) est identiquement nulle si certains coefficients $c(T)$, en nombre fini, sont nuls; on montre ensuite que si $k$ est assez grand, ce nombre est plus petit que celui des monomes de poids $k$ en $\tau_0, \tau_1, \ldots, \tau_{n+1}$; on peut donc en former une combinaison linéaire à coefficients non tous nuls qui est identiquement nulle.

De ces résultats, on tire le

Théorème 5. — *Les fonctions modulaires de degré $p$ forment un corps algébrique de fonctions à $n = \dfrac{p(p+1)}{2}$ indéterminées.*

Récemment, H. Maass [18] a étendu à $n$ quelconque des méthodes et résultats de H. Petersson sur les fonctions modulaires d'une variable (*voir*, notamment, *Jahresbericht der D. M. V.*, t. **49**, 1939, p. 49-75; *Math. Annalen*, t. **117**, 1940-1941, p. 453-537). Il part pour cela des séries

$$(11) \qquad \Psi_k(Z, T) = \sum^{*} e^{2\pi i \operatorname{Tr}[TS(Z)]} \,|\, CZ + D \,|^{-k}$$

(T, matrice symétrique $\geq o$ demi-entière fixée); il montre qu'une telle série converge absolument et uniformément sur tout compact si

$$k > \operatorname{Min}(2n, n + 1 + \operatorname{rang} T)$$

et représente une forme modulaire de poids $k$; il établit ensuite notamment un théorème « de représentation » : *Toute forme modulaire de poids $k > 2n + 1$ est combinaison linéaire de séries* [11].

On appelle groupe *hyperabélien* un sous-groupe du produit de $n$ groupes homographiques à une variable, à coefficients réels, opérant de façon discontinue sur le produit topologique de $n$ demi-plans $I(z_i) > o$ ; ces groupes et leurs fonctions automorphes ont été envisagés tout d'abord par Picard pour $n = 2$. Un cas bien connu est celui du groupe modulaire de Hilbert, étudié par Blumenthal *Math. Annalen*, t. 56, 1903, p. 509-548; t. 58, 1904, p. 497-527) et, plus tard, notamment par H. Maass [15] [16], [17]. Rappelons-en la définition : Soit K un corps algébrique totalement réel de degré $n$, $K = K^{(1)}$, $K^{(2)}$, ..., $K^{(n)}$ ses conjugués. Le groupe modulaire est celui des transformations

$$(12) \qquad (z_1, \ldots, z_n) \rightarrow \left( \frac{a^{(1)} z_1 + b^{(1)}}{c^{(1)} z_1 + d^{(1)}} \right), \quad \cdots \quad \left( \frac{a^{(n)} z_n + d^{(n)}}{c^{(n)} z_n + d^{(n)}} \right),$$

où $a^{(1)}$, $b^{(1)}$, $c^{(1)}$, $d^{(1)}$, sont des entiers de K tels que $a^{(1)} d^{(1)} - b^{(1)} c^{(1)}$ soit une unité totalement positive, et $a^{(i)}$, $b^{(i)}$, $c^{(i)}$, $d^{(i)}$ leurs conjugués.

L'objet de [16] est l'examen d'une classe plus générale de groupes hyperabéliens. Les formes et fonctions automorphes considérées ont des définitions analogues à celles des formes et fonctions modulaires, et moyennant des hypothèses convenables sur le domaine fondamental de G (en gros, un nombre fini de sommets paraboliques), l'auteur montre que les fonctions automorphes forment un corps algébrique de fonctions à $n$ indéterminées. Il obtient aussi un théorème de représentation des formes automorphes à l'aide de séries d'un type déterminé. L'existence de formes automorphes est également obtenue à l'aide de séries d'Eisenstein, dont la convergence avait été étudiée par Kloosterman [14] dans le cas du groupe modulaire de Hilbert et de certains de ses sous-groupes ayant un index fini.

Le groupe *hermitien modulaire* de degré $p$ introduit par H. Braun [2] est le groupe des $2p \times 2p$ matrices vérifiant

$$(13) \qquad \overline{S}'JS = J, \qquad J = \begin{pmatrix} O & E_p \\ -E_p & O \end{pmatrix}$$

dont les coefficients appartiennent à un corps quadratique imaginaire donné ; il opère par (7) sur un domaine de $C^{p^2}$, l'espace des $p \times p$ matrices Z telles que $i(\overline{Z}' - Z)$ soit hermitienne définie positive. Des séries d'Eisenstein, dont la convergence est examinée dans [2], partie 1, permettent de montrer l'existence de formes hermitiennes modulaires non constantes ; la définition de ces formes est analogue à celle des formes modulaires.

*Remarques*. — Pour $n = 1$, on doit à Poincaré un théorème de relations algébriques dans le cas général où le domaine fondamental de G est un polygone à un nombre fini de côtés, possédant au plus des sommets sur la frontière, D étant le demi-plan supérieur. Les fonctions automorphes auxquelles il s'applique sont celles qui ont une limite (finie ou non) quand $z$ tend vers un sommet du domaine fondamental en restant dans ce domaine, limite ne dépendant que de $f(z)$ et du sommet. Poincaré a montré que deux telles fonctions sont algébriquement liées.

Ce résultat n'a pas encore été généralisé. En fait le problème se pose même dans le cas modulaire, malgré le théorème 5. En effet, la définition précédente s'applique au cas modulaire, c'est même du reste de cette façon que nous avons tout d'abord défini les fonctions modulaires au début de ce paragraphe. On peut l'étendre à $n$ quelconque et elle paraît, *a priori* en tout cas, plus générale que celle que nous avons adoptée (quotient de formes modulaires); mais on ne sait pas si elle est effectivement plus générale et, en fait, on ne connaît pas de théorèmes de relations algébriques pour les fonctions modulaires en ce sens large ([26], p. 198).

### IV. — Les domaines bornés symétriques.

Les résultats généraux des paragraphes précédents montrent qu'il y aurait grand intérêt à connaître les groupes discontinus d'automorphismes des domaines bornés.

On sait que le groupe $\mathcal{A}(D)$ de tous les automorphismes d'un domaine borné D, muni de la topologie de la convergence compacte, est de Lie [5]. De plus, le sous-groupe $\mathcal{H}_z$ des transformations laissant fixe un point $z \in D$, le « groupe d'isotropie » de $z$ est compact; plus généralement, étant donnés un point $z$ et un compact K de D, l'ensemble des automorphismes de D qui envoient $z$ dans K est un compact de $\mathcal{A}(D)$. Il en résulte évidemment que *les groupes discontinus d'automorphismes d'un domaine borné D sont exactement les sous-groupes discrets du groupe $\mathcal{A}(D)$ de tous ses automorphismes*, résultat que l'on trouve fréquemment démontré dans des cas particuliers. Il est important, car il ramène un problème de groupes de transformations, à savoir la détermination des groupes discontinus d'automorphismes de D, à un problème de groupes de Lie abstraits : détermination des sous-groupes discrets de $\mathcal{A}(D)$.

On ne possède actuellement qu'assez peu de renseignements sur $\mathcal{A}(D)$ et, en particulier, on ne sait pas caractériser les domaines pour lesquels il contient une infinité d'éléments. Le cas le mieux étudié pour l'instant est celui où $\mathcal{A}(D)$ est *transitif*, autrement dit où D est un *domaine borné homogène*, il est alors homéomorphe au quotient $\mathcal{A}(D)/\mathcal{H}_z$.

Un domaine borné ou plus généralement une variété analytique complexe V est dite *symétrique* si tout point $z \in V$ est point fixe isolé d'un automorphisme involutif de V. Les domaines bornés symétriques sont toujours homogènes ([3], p. 134) et leur détermination est l'objet principal du Mémoire [3], auquel nous consacrerons le reste du paragraphe IV. E. Cartan a, de plus, vérifié que pour $n = 1, 2, 3$ tout domaine borné homogène est symétrique (*voir* [3] si $n = 1, 2$, démonstration non publiée si $n = 3$); on ne sait pas s'il existe des domaines bornés homogènes non symétriques pour $n > 3$.

Après avoir établi que le groupe des automorphismes d'un domaine borné symétrique est semi-simple et sans composante simple compacte, É. Cartan énonce plusieurs résultats qui, compte tenu de quelques théorèmes sur les groupes semi-simples, sont équivalents au théorème suivant, où $\mathcal{A}_0(D)$ désigne le plus grand sous-groupe connexe de $\mathcal{A}(D)$ :

Théorème 6. — *Si* D *est borné symétrique irréductible* [6], $\mathcal{A}_0(D)$ *est simple*

---

[5] H. Cartan, *Sur les groupes de transformations analytiques Act. Sc. Ind.*, 198, Hermann, Paris, 1935.

[6] Irréductible veut dire ici que le groupe linéaire formé par les parties linéaires des automorphismes de $\mathcal{H}_z$ est irréductible; cette définition, *a priori* plus restrictive que celle de É. Cartan, est celle qui intervient dans les démonstrations.

*non compact de centre réduit à e; le groupe d'isotropie $\mathcal{H}$ de $\mathcal{A}_0(\mathrm{D})$ est un sous-groupe compact maximal de $\mathcal{A}_0(\mathrm{D})$ et possède un centre non discret.*

*Réciproquement, si $\mathcal{G}$ est simple non compact de centre réduit à e et contient un sous-groupe compact maximal $\mathcal{H}$ à centre non discret; l'espace homogène $\mathcal{G}/\mathcal{H}$ possède une structure bien déterminée de variété analytique complexe symétrique, invariante par $\mathcal{G}$ et dont $\mathcal{G}$ est le plus grand groupe connexe d'automorphismes. Enfin, $\mathcal{G}/\mathcal{H}$ est analytiquement homéomorphe à un domaine borné symétrique.*

Disons que les variétés analytiques complexes $V_1$ et $V_2$ sont équivalentes s'il existe entre elles un homéomorphisme analytique (complexe bien entendu); le théorème 6 affirme donc que les classes de domaines bornés symétriques irréductibles équivalents sont en correspondance biunivoque avec les quotients $\mathcal{G}/\mathcal{H}$ ($\mathcal{G}$ simple non compact de centre réduit à $e$, $\mathcal{H}$ à centre non discret compact maximal dans $\mathcal{G}$), dont nous reproduirons la liste plus bas.

En fait, ce théorème ou plus exactement la dernière assertion de ce theorème n'est pas entièrement démontrée. É. Cartan prouve tout d'abord la $1^{\mathrm{re}}$ partie, c'est-à-dire que les conditions imposées à $\mathcal{G}$ et $\mathcal{H}$ sont nécessaires (essentiellement le lemme IX, n° **32**); il affirme ensuite qu'il va obtenir la réciproque, mais les n°ˢ **33, 34, 35** montrent seulement que $\mathcal{G}/\mathcal{H}$ a une structure analytique complexe symétrique invariante par $\mathcal{G}$ et non pas qu'il est équivalent à un domaine borné. Plus loin (p. 146-151), É. Cartan *vérifie* que les quotients $\mathcal{G}/\mathcal{H}$ des quatre grandes classes admettent des réalisations comme domaines bornés symétriques, mais il ne le fait pas pour les deux quotients $\mathcal{G}/\mathcal{H}$ exceptionnels (types V et VI), et l'auteur de ces lignes avoue ne pas savoir si ces derniers sont équivalents ou non à des domaines bornés. Par suite, il n'est pas non plus complètement démontré que tout domaine borné symétrique est équivalent à un produit de domaines bornés symétriques irréductibles. Par contre, il est en tout état de cause exact (et démontré dans [3]), qu'un domaine borné symétrique D de $C^n$ est cerclé, homéomorphe à $R^{2n}$, équivalent à un produit $\mathcal{G}/\mathcal{H}_1 \times \ldots \times \mathcal{G}_k/\mathcal{H}_k$ de variétés analytiques complexes homogènes symétriques irréductibles et que $\mathcal{A}_0(\mathrm{D}) \cong \mathcal{G}_1 \times \ldots \times \mathcal{G}_k$; cette dernière égalité résulte du théorème C, n° **26**, lui-même cas particulier d'un résultat général de É. Cartan sur les espaces riemanniens symétriques, d'où l'on déduit aussi que $\mathcal{A}_0(\mathcal{G}/\mathcal{H}) \cong \mathcal{G}$. Signalons encore qu'en complétant le raisonnement du (n° **34**) de [3], on obtient le ([7])

THÉORÈME 7. — *Soient $\mathcal{G}$ simple non compact de centre réduit à e, possédant un sous-groupe compact maximal $\mathcal{H}$ de centre non discret, $\mathrm{C}(\mathcal{G})$ son extension complexe, $\mathcal{G}_c$ un sous-groupe compact maximal de $\mathrm{C}(\mathcal{G})$ tel que $\mathcal{G}_c \cap \mathcal{G} = \mathcal{H}$.*

*Alors $\mathrm{C}(\mathcal{G})$ opère sur l'espace homogène compact $\mathcal{G}_c/\mathcal{H}$ qui peut être muni d'une structure de variété analytique complexe symétrique respectée par les opérations de $\mathrm{C}(\mathcal{G})$. De plus $\mathcal{G}/\mathcal{H}$ s'identifie à un ouvert de $\mathcal{G}_c/\mathcal{H}$ et les automorphismes de $\mathcal{G}/\mathcal{H}$ se prolongent en automorphismes de $\mathcal{G}_c/\mathcal{H}$.*

---

([7]) *Voir* A. BOREL, *Les espaces hermitiens symétriques*, exposé fait au Séminaire Bourbaki, mai 1952, ainsi qu'un travail qui paraîtra ultérieurement et développera aussi les résultats d'une Note écrite en collaboration avec A. Lichnerowicz (*C. R. Acad. Sc.*, t. 234, 1952, p. 2332-2334).

Ainsi toute variété $\mathcal{G}/\mathcal{H}$ et, par conséquent, tout domaine borné symétrique, admet un *prolongement analytique compact naturel*, naturel en ce sens que tout automorphisme du domaine se prolonge en automorphisme de cette compactification. Certains de ces prolongements ont été retrouvés par Hua [8], [10]; le cas particulier le plus simple est bien entendu l'immersion du demi-plan de Poincaré dans la sphère de Riemann.

Pour simplifier les notations dans la liste ci-dessous, nous n'indiquons pas des groupes $\mathcal{G}$ de centre réduit à $e$, il est entendu que le groupe *effectif* de transformations est le quotient du $\mathcal{G}$ donné par son centre; nous faisons aussi figurer le prolongement compact ainsi que, pour les quatre grandes classes, une réalisation de $\mathcal{G}/\mathcal{H}$ comme domaine de $C^n$, éventuellement non borné (pour plus de détails, *cf.* [26].

*Notations.* — SO($n$) [resp. SU($n$)], groupe orthogonal (resp. unitaire), unimodulaire de $n$ variables réelles (resp. complexes); U($n$) [resp. S$p(n)$], groupe unitaire de $n$ variables complexes (resp. quaternioniennes), Spin (10) revêtement universel de SO(10); $E_6$, $E_7$, groupes exceptionnels compacts à 78 et 133 paramètres.

*Type* I. — D $=$ ensemble des $p \times p$ matrices Z telles $Z'\overline{Z} < E_q$ ($n = pq$), $\mathcal{G}$ groupe des matrices

$$S = \begin{pmatrix} A & B \\ C & D \end{pmatrix} \quad \text{telles que} \quad \overline{S} \begin{pmatrix} -E_p & O \\ O & E_q \end{pmatrix} S' = \begin{pmatrix} -E_p & O \\ O & E_q \end{pmatrix}$$

opérant par $Z \to (AZ + B)(CZ + D)^{-1}$.

$\mathcal{H} = U(p) \times U(q)$; le prolongement compact $U(p+q)/U(p) \times U(q)$ est la grassmannienne complexe des sous-espaces à $p$ dimensions de $C^{p+q}$.

En permutant $p$ et $q$, on obtient des domaines équivalents; pour $p = 1$, D est la boule ouverte de rayon 1 de $C^q$, les groupes discontinus opérant sur elles sont les *groupes hyperfuchsiens*, considérés par Picard pour $p = 2$, par Fubini pour $q$ quelconque.

*Type* II. — D est l'ensemble des $p \times p$ matrices antisymétriques complexes $z$ telles que $Z'\overline{Z} < E_p$; $\mathcal{G}$ est le groupe des $2p \times 2p$ matrices complexes laissant invariante une forme hermitienne à $p$ carrés positifs et $p$ carrés négatifs, et ayant de plus la forme

$$S = \begin{pmatrix} A & B \\ -\overline{B} & \overline{A} \end{pmatrix}$$

opérant sur D par $Z \to (AZ + B)(-\overline{B}Z + \overline{A})$.

$\mathcal{H} = U(p)$ et le prolongement compact est SO($2p$)/U($p$), espace des variétés planes à $p$ dimensions génératrices de la quadrique complexe à $2p$ dimensions (complexes).

*Type* III. — C'est le demi-plan généralisé défini dans le paragraphe III à propos des fonctions modulaires; $\mathcal{G}$ est donc le groupe symplectique de $2p$ variables réelles, $\mathcal{H} = U(p)$ et le prolongement compact est $Sp(p)/U(p)$, espace des variétés planes à $p-1$ dimensions appartenant à un complexe linéaire non dégénéré de l'espace projectif complexe à $2p-1$ dimensions (complexes).

Ce domaine est aussi étudié dans [5] pour $p=2$, $n=3$, dans [11], [24], [26] pour $p$ quelconque.

*Type* IV. — D est l'ensemble des points de $C^p$ vérifiant

$$2(\,|\,z_1\,|^2 + \ldots + |\,z_p\,|^2) < 1 + |\,z_1^2 + \ldots + z_p^2\,|^2 < 2.$$

Pour faire agir $\mathcal{G}$, il est plus commode d'utiliser un modèle matriciel réel [12]; les points de D sont les $2 \times p$ matrices réelles X vérifiant $X.X' < E_2$ et $\mathcal{G}$ est le groupe des $(p+2) \times (p+2)$ matrices réelles S

$$S = \begin{pmatrix} A & B \\ C & D \end{pmatrix} \quad \text{telles que} \quad S \begin{pmatrix} E_2 & O \\ O & -E_p \end{pmatrix} S' = \begin{pmatrix} E_2 & O \\ O & -E_p \end{pmatrix}$$

agissant par $X \to (AX + B)(CX + D)^{-1}$.

$\mathcal{H} = SO(p) \times SO(2)$; le prolongement compact $SO(p+2)/SO(p) \times SO(2)$ est l'espace des droites orientées de l'espace projectif réel à $p+1$ dimensions, ou encore la quadrique complexe non dégénérée à $p$ dimensions complexes.

Pour $p=2$, le domaine n'est pas irréductible et est produit de deux demi-plans de Poincaré. Pour $p=3$, il a été considéré par Giraud [5], [6], [7], pour $p$ quelconque par Giraud ([8], chap. III) et Hua [12].

*Types* V et VI. — Les prolongements compacts sont $E_6/Spin(10) \times SO(2)$ et $E_7/E_6 \times SO(2)$. Ce sont aussi des variétés algébriques, mais de définitions moins simples que les précédentes et que nous n'indiquerons pas. Les variétés symétriques non compactes correspondantes sont les quotients par $Spin(10) \times SO(2)$ resp. $E_6 \times SO(2)$, des formes ouvertes de $E_6$ et $E_7$ définies par les automorphismes involutifs de $E_6$ et $E_7$ dont $Spin(10) \times SO(2)$ et $E_6 \times SO(2)$ sont les sous-groupes caractéristiques. Elles ont resp. 16 et 27 dimensions complexes; comme nous l'avons déjà relevé, on n'en connaît pas de réalisation comme domaine (borné ou non) de $C^{16}$, resp. $C^{27}$.

*Remarques.* — Pour les quatre grandes classes, nous avons suivi la numérotation de Siegel (26), celle de É. Cartan permute III et IV. Pour les petites dimensions, certains des domaines énumérés sont équivalents. Ces équivalences sont :

1° Type I, $p=q=1$; type II, $p=2$ et types III et IV pour $p=1$ sont équivalents au demi-plan de Poincaré ;

2° Type I, $p=1$, $q=3$ et type II, $p=3$ ;

3° Type I, $p=q=2$ et type IV, $p=4$ ;

4° Type III, $p=2$ et type IV, $p=3$.

On ne sait que peu de choses sur les sous-groupes discrets des groupes de la liste précédente, car on n'a pas de méthode systématique d'investigation des sous-groupes discrets des groupes de Lie. Pour l'instant, on ne peut construire des sous-groupes discrets que par voie arithmétique, par un procédé remontant essentiellement à Poincaré. Par exemple pour le type I on prend des groupes de matrices dont les coefficients sont des entiers algébriques d'un corps algébrique bien choisi ([26], § 47); une méthode analogue s'applique au type III ([26], § 52).

### V. -- Groupes kleinéens.

On sait que la théorie des fonctions automorphes d'une variable de Poincaré se divise en deux parties, l'une consacrée aux fonctions fuchsiennes, l'autre aux fonctions kleinéennes. La première est l'étude des fonctions définies sur le demi-plan de Poincaré ou sur l'intérieur du cercle unité et invariantes par des groupes discontinus (fonctions à cercle principal); on a donc ici un domaine D donné *a priori*.

Dans la deuxième partie, on part des groupes kleinéens, ce sont les sous-groupes discrets du groupe homographique complet d'une variable complexe, autrement dit du groupe des automorphismes de la sphère de Riemann. Si un tel sous-groupe n'est pas fini, il ne peut être discontinu sur toute la sphère et l'on est conduit à deux problèmes : A. Étant donné un groupe kleinéen, trouver des domaines de discontinuité invariants relativement à ce groupe : B. Faire la théorie des fonctions automorphes dans l'un de ces domaines. Remarquons en passant qu'il y a avantage pour A à introduire la discontinuité en un point $z$ d'un groupe qui signifie que $z$ n'est pas point d'accumulation de ses transformés.

On peut considérer les paragraphes I, II, III comme généralisations de la théorie des fonctions fuchsiennes, par contre les travaux de P. J. Myrberg [19], [20], [21], représentent plutôt une extension à $n$ dimensions du point de vue kleinéen. Leur auteur considère des groupes opérant sur l'espace projectif complexe, ce sont des sous-groupes discrets du groupe homographique ou plus généralement certains groupes de Crémona de transformations birationnelles; dans ce dernier cas, les transformations possèdent donc en général des singularités. Il attache à un tel groupe un ou plusieurs domaines invariants de *discontinuité normale* (par exemple où le groupe est discontinu et où les fonctions définissant ses transformations forment une famille normale) et étudie les fonctions invariantes par le groupe, définies dans l'un de ces domaines. Les théorèmes d'existence sont aussi obtenus à l'aide de séries de Poincaré [19]. Le Mémoire [22] de Schubart se rattache à cet ordre d'idées et étudie les domaines fondamentaux de sous-groupes discrets du groupe homographique pour $n = 2$.

On peut enfin remarquer que le théorème 7 suggère une extension assez naturelle de la théorie des groupes et fonctions kleinéens. Elle consisterait à partir des prolongements analytiques compacts, des sous-groupes discrets de leurs groupes d'automorphismes, d'en étudier leurs domaines de discontinuité et leurs fonctions automorphes, définies dans l'un de ces domaines. Mais, sauf dans le cas de l'espace projectif complexe, qui est le prolongement compact de la boule unité, ce problème ne semble jamais avoir été abordé.

# BIBLIOGRAPHIE

*N. B.* — Cette bibliographie ne prétend en aucune façon être exhaustive, elle est en particulier fort incomplète quant aux travaux parus avant 1920.

[1] H. Braun, *Konvergenz verallgemeinerter Eisensteinscher Reihen* (*Math. Zeits.*, t, 44, 1939, p. 387-397).

[2] H. Braun, *Hermitian modular functions*, part. 1 (*Ann. Math.*, t. 50, 1949, p. 827-855); part. 2 (*Ibid.*, t. 51, 1950, p. 92-104); part, 3 (*Ibid.*, t. 53, 1951, p. 143-160).

[3] É. Cartan, *Sur les domaines bornés homogènes de l'espace de n variables complexes* (*Abb. math. Sem. Univ. Hamburg.*, t. 11, 1935, p. 116-162).

[4] H. Cartan, *Séminaire de l'Ec. Norm. Sup.*, Paris, 1951-1952, Notes polycopiées.

[5] G. Giraud, *Sur une classe de groupes discontinus...* (*Ann. Ec. Norm. Sup.*, 3ᵉ série, t. 32, 1915, p. 237-403).

[6] G. Giraud, *Sur les groupes... de certaines formes quadratiques quaternaires...* (*Ibid.*, t. 33, 1916, p. 303-330).

[7] G. Giraud, *Sur les groupes... de certaines formes quadratiques quinaires* (*Ibid.*, t. 33, 1916, p. 331-362).

[8] G. Giraud, *Leçons sur les fonctions automorphes*, Gauthier-Villars, Paris, 1920.

[9] M. Hervé, *Sur les fonctions automorphes de n variables complexes* (*C. R. Acad. Sc.*, t. 226, 1948, p. 462-464).

[10] M. Hervé, *Sur les fonctions fuchsiennes de deux variables complexes* (*Ibid.*, t. 232, 1951, p. 673-675).

[11] L. K. Hua, *On the theory of automorphic functions of a matrix variable* : I. *Geometrical basis* (*Amer. J. Math.*, t. 66, 1944, p. 470-488); II. *The classification of hypercircles under the symplectic group* (*Ibid.*, t. 66, 1944, p. 531-563).

[12] L. K. Hua, *On the theory of fuchsian functions of several variables* (*Ann. Math.*, t. 47, 1946, p. 167-191).

[13] L. K. Hua, *On the extended spaces of several complex variables* (*Acad. Sinica Sc. Record.* t. 2, 1947, p. 5-8).

[14] H. D. Kloosterman, *Theorie der Eisensteinschen Reihen von mehreren Veränderlichen* (*Abb. math. Sem. Univ. Hamburg.*, t. 6, 1928, p. 163-188).

[15] H. Maass, *Ueber Gruppen von hyperabelschen Transformationen* (*Sitzungsberichte Heidel. Akad. Wiss.*, math.-naturw. Kl., 1940, 2 Abh.).

[16] H. Maass, *Zur theorie der automorphen Funtionen von n Veränderlichen* (*Mat. Ann.*, t. 117, 1940-1941, p. 538-578).

[17] H. Maass, *Theorie der Poincaréschen Reihen zu den hyperbolischen Fixpunktsystemen der Hilbertschen Modulgruppe* (*Ibid.*, t. 118, 1942, p. 518).

[18] H. Maass, *Ueber die Darstellung der Modulformen n-ten Grades durch Poincarésche Reihen* (*Ibid.*, t. 123, 1951, p. 125-151).

[19] P. J. Myrberg, *Untersuchungen über automorphe Funktionen beliebig vieler Variabeln* (*Acta Mathematica*, t. 46, 1925, p. 215-336).

[20] P. J. Myrberg, *Ueber gewisse Cremona-Gruppen und ihre automorphe Funktionen.* I. (*Ann. Acad. Sc. Fennicae*, Ser. A, Math. Phys., t. 23, 1925); II. (*Ibid.*, t. 53, 1948).

[21] P. J. Myrberg, *Beispiele von automorphen Funktionen 2 Variabeln* (*Ibid.*, t. 56, 1951).

[22] H. Schubart, *Ueber normal-diskontinuerliche lineare Gruppen in 2 komplexen Variabeln* (*Comm. Math. Helv.*, t. 12, 1939-1940, p. 81-129).

[23] C. L. Siegel, *Einführung in die Theorie der Modulfuntionen n-ten Grades* (*Math. Ann.*, t. 116, 1939, p. 617-657).

[24] C. L. Siegel, *Symplectic geometry* (*Amer. J. Math.*, t. 65, 1943, p. 1-86).

[25] C. L, Siegel, *Note on automorphic functions of several variables* (*Ann. Math.*, t. 43, 1942, p. 613-616).

[26] C. L. Siegel, *Analytic functions of several complex variables*, Princeton, 1949, Notes polycopiées.

Série A, No. 2461
No. d'ordre:
3333

# THÈSES

PRÉSENTÉES

## À LA FACULTÉ DES SCIENCES
## DE L'UNIVERSITÉ DE PARIS

POUR OBTENIR

LE GRADE DE DOCTEUR ÈS SCIENCES MATHÉMATIQUES

**PAR ARMAND BOREL**

1$^{re}$ THÈSE—**SUR LA COHOMOLOGIE DES ESPACES FIBRÉS PRINCIPAUX ET DES ESPACES HOMOGÈNES DE GROUPES DE LIE COMPACTS.**

2$^{e}$ THÈSE—**PROPOSITIONS DONNÉES PAR LA FACULTÉ.**

SOUTENUES LE 25 MARS 1952 DEVANT LA COMMISSION D'EXAMEN:

MM. J. LERAY,  PRÉSIDENT
H. CARTAN
A. LICHNEROWICZ } EXAMINATEURS

# 23.

# Sur la cohomologie des espaces fibrés principaux et des espaces homogènes de groupes de Lie compacts
(Thèse, Paris 1952)

Ann. Math. (2) **57** (1953) 115–207

## Introduction

1     L'étude de la topologie des groupes de Lie compacts et plus généralement de leurs espaces homogènes, inaugurée par E. Cartan [8],[1] poursuivie notamment par C. Ehresmann ([14], [15], [16], [17]), Pontrjagin [26], Hopf ([19], [20]), Samelson ([20], [28]) a fait ces dernières années l'objet de plusieurs travaux dûs d'une part à J. Leray [25], d'autre part à J. L. Koszul ([21], [22]), H. Cartan [11], C. Chevalley, A. Weil. Ces mémoires, mis à part ceux de Ehresmann, sont presque uniquement consacrés à l'homologie ou à la cohomologie réelle. Cependant ce dernier ne procède pas à proprement parler à une étude d'espaces homogènes, car il utilise des décompositions cellulaires dont la construction repose sur une définition géométrique directe des variétés envisagées; le fait qu'elles soient par ailleurs des quotients de groupes de Lie compacts ne joue guère de rôle.

Très différent est le point de vue, purement algébrique, de J. L. Koszul [21], qui considère l'homologie et la cohomologie d'une algèbre de Lie sur un corps de caractéristique zéro. Dans le cas des coefficients réels, l'interprétation topologique des résultats se fait bien entendu par l'intermédiaire des théorèmes de E. Cartan et de G. de Rham, qui ont justement conduit à ce formalisme algébrique, comme on sait. Ce travail montre le grand intérêt de la transgression (cf. §5), notion directement inspirée par l'isomorphisme caractéristique réduit de G. Hirsch,[2] aussi introduite dans un cas particulier par S. S. Chern ([12], Theorem 8). Sous l'impulsion de A. Weil, on a été amené ensuite à considérer la transgression non seulement dans les espaces homogènes, mais aussi dans les espaces fibrés principaux différentiables; son étude se ramène alors en définitive à celle de la transgression dans une algèbre différentielle à cohomologie triviale qui joue le rôle de l'algèbre des formes différentielles extérieures d'un espace universel (§18) pour toutes les dimensions, comme H. Cartan l'a mis en évidence [11]. Les résultats obtenus dans cette voie, en partie conjointement, par Cartan, Chevalley, Koszul, Weil sont résumés dans [11] et [22].

Les travaux de Leray concernent aussi la cohomologie réelle des espaces homogènes mais procèdent d'idées différentes. Comme ceux de Hopf et Samelson, ils utilisent des méthodes de topologie algébrique; les hypothèses de différentiabilité et la théorie infinitésimale, qui sont à la base de [11], [21], [22], n'y interviennent que dans une très faible mesure. Leray se sert surtout de sa théorie

---

[1] Les numéros entre crochets renvoient à la bibliographie, placée à la fin de ce travail.

[2] *Un isomorphisme attaché aux structures fibrées,* C. R. Acad. Sci. Paris **227** (1948), 1328–1330.

homologique des espaces fibrés [24], elle-même cas particulier d'une théorie homologique des applications continues [23].

Le présent travail a pour objet l'étude de la cohomologie des espaces fibrés principaux et des espaces homogènes par rapport à des coefficients variés; nous y utilisons constamment la théorie de Leray, ce qui n'est pas pour surprendre, puisqu'elle vaut pour des coefficients quelconques. Guidés par les recherches de Cartan-Chevalley-Koszul-Weil, nous donnons une place prépondérante à la transgression, aux espaces universels et à leurs bases, les espaces classifiants. L'existence des espaces universels pour des groupes de Lie compacts et des dimensions quelconques est fondamentale ici. C'est en bonne partie ce fait et le théorème de Hopf qui, joints à la théorie générale de Leray, nous permettront d'obtenir des résultats particuliers aux espaces fibrés principaux et aux espaces homogènes.

Nous résumons maintenant brièvement le contenu des différents chapitres.

Le Chapitre I est surtout consacré au rappel des notions et théorèmes utilisés dans la suite, en particulier de la théorie de Leray. Pour rendre ce travail aussi indépendant que possible nous avons également répété toutes les définitions pour lesquelles il aurait fallu renvoyer le lecteur à des Mémoires originaux. Ainsi, la lecture du nôtre ne présuppose pas obligatoirement celle d'autres travaux, pour autant que l'on veuille bien admettre les théorèmes énoncés sans démonstrations dans les quatre premiers paragraphes. Le §5 donne plusieurs définitions de la transgression dans un espace fibré; la plus importante ici est la dernière, qui s'exprime directement dans l'algèbre spectrale de l'espace fibré.

Les énoncés classiques du théorème de Hopf [19], [21] et[3] sont formulés en caractéristique zéro, mais Hopf a déjà souligné que sa démonstration fournissait des renseignements partiels modulo $p$; ici il importait naturellement de déterminer la structure d'une algèbre de Hopf (c'est à dire vérifiant les conditions de Hopf) sur un corps de caractéristique $p$ quelconque, ce qui est fait au Chapitre II, §6. On peut exprimer le résultat obtenu en disant qu'une algèbre de Hopf est toujours isomorphe à un produit tensoriel gauche d'algèbres de Hopf à un générateur (si le corps de base est parfait); le §6 est purement algébrique et, excepté pour quelques définitions rappelées au §1 (A), (E), indépendant du Chapitre I. Le §7 tire quelques conséquences topologiques de ce théorème.

Le Chapitre III est consacré à une étude sommaire de la cohomologie des variétés de Stiefel réelles, complexes et quaternioniennes. Il s'agit ici simplement d'obtenir des renseignements qui permettront d'appliquer à des cas particuliers les théorèmes généraux des chapitres suivants.

Dans le Chapitre IV nous démontrons le théorème central de ce travail (Théorème 13.1); bien que nous ne l'utilisions plus loin que dans des questions topologiques, il est lui-même algébrique et concerne des algèbres spectrales ayant quelques propriétés formelles des algèbres spectrales d'espaces fibrés, aussi ce Chapitre est-il complètement algébrique.

---

[3] J. Leray, Jour. Math. pur. appl. IXs. **24** (1946), 96–248, No. 24.

Le Chapitre V introduit tout d'abord les notions d'espace universel $E(n, G)$ ou simplement $E_G$ pour un groupe de Lie compact $G$ et pour $n$, (espace fibré principal compact, connexe et localement connexe, de fibre $G$, à cohomologie triviale jusqu'à $n$), et d'espace classifiant $B(n, G)$ ou $B_G = E_G/G$ pour $G$ et pour $n$. Le §19 contient les applications du Théorème 13.1; le résultat principal est le suivant: Si l'algèbre de cohomologie $H(G, K_p)$ d'un groupe de Lie compact connexe, à coefficients dans un corps de caractéristique $p$, est une algèbre extérieure à générateurs de degrés impairs, alors elle possède une base formée d'éléments "universellement transgressifs" (c'est à dire transgressifs dans $E_G$, donc notamment dans tous les espaces fibrés principaux compacts localement connexes de fibre $G$); de plus l'algèbre de cohomologie $H(B_G, K_p)$ de $B_G$ est (jusqu'à $n$) une algèbre de polynômes dont les générateurs sont images par transgression d'un système minimal de générateurs universellement transgressifs de $H(G, K_p)$.

Dans le §20 nous montrons en premier lieu qu'un élément universellement transgressif de $H(G, K_p)$ est aussi primitif, les résultats du §19 permettent alors de généraliser les principaux théorèmes de la Thèse de H. Samelson [28]. Si $U$ est un sous-groupe fermé de $G$, il existe un homomorphisme naturel $\rho^*(U, G)$: $H(B_G, M) \rightarrow H(B_U, M)$, ($M$ anneau de coefficients quelconques), très important pour la suite qui est défini dans le §21, où il est mis en relations avec l'homomorphisme $i^*:H(G, M) \rightarrow H(U, M)$ transposé de l'inclusion. Le §22 introduit des algèbres spectrales relatives aux espaces fibrés principaux et aux espaces homogènes, mettant en jeu les espaces classifiants; en particulier celle qui mène de $H(B_G, H(G/U, M))$ à $H(B_U, M)$ sera fréquemment utilisée (Théorème 22.2). Enfin le §23 étudie les espaces classifiants pour les groupes orthogonaux unimodulaires ou, si l'on veut, les grassmanniennes de plans orientés; en cohomologie mod. 2 on retrouve un théorème de Pontrjagin.

Le Chapitre VI est consacré à la cohomologie réelle; après avoir généralisé aux espaces fibrés principaux compacts localement connexes un théorème de Chevalley sur la cohomologie des espaces fibrés principaux différentiables, nous obtenons une formule très générale de H. Cartan, qui affirme que l'algèbre de cohomologie réelle d'un espace homogène $G/U$ est l'algèbre de cohomologie de $H(B_U, R) \otimes H(G, R)$ muni d'une différentielle convenable déterminée par la transgression dans $E_G$ et par $\rho^*(U, G)$. On pourrait notamment en déduire par des raisonnements algébriques la cohomologie de $G/U$ lorsque rang $G$ = rang $U$ (et en particulier la formule de Hirsch); cependant nous avons préféré traiter cette question indépendamment en nous appuyant sur deux théorèmes du Chapitre V et sur un lemme affirmant que les nombres de Betti de $G/T$, ($T$ tore maximal de $G$), sont nuls en dimensions impaires. Le §27 fait intervenir l'algèbre des polynômes invariants par le groupe de Weyl de $G$ et montre qu'on peut l'identifier à $H(B_G, R)$. Ce Chapitre s'achève par quelques remarques sur l'homomorphisme $\rho^*(U, G)$, en partie valables pour des coefficients quelconques.

Le Chapitre VII étudie la cohomologie mod. $p$ ou à coefficients entiers d'espaces homogènes; les résultats sont loin de se présenter sous une forme aussi achevée que dans le cas des coefficients réels; nous avons surtout examiné le cas d'égalité des rangs et donné des conditions suffisantes pour que l'on puisse se ramener à la considération des invariants du groupe de Weyl, ce qui permet souvent de faire des calculs effectifs; comme applications, nous étudions la cohomologie de quelques espaces homogènes classiques: $\mathbf{U}(n)/\mathbf{U}(n_1) \times \cdots \times \mathbf{U}(n_k)$, $(n_1 + \cdots + n_k = n)$, $\mathbf{SO}(2n)/\mathbf{U}(n)$, $\mathbf{U}(2n)/\mathbf{Sp}(n)$, $\mathbf{U}(n)/\mathbf{SO}(n)$. On remarquera que plusieurs théorèmes de ce chapitre prendraient une forme plus satisfaisante si l'on pouvait montrer que $H(G/T, Z)$, ($T$ tore maximal de $G$) est sans torsion; dans le §29 nous vérifions que cela est vrai si $G$ est un produit de groupes simples isomorphes à des groupes classiques ou à $G_2$, $F_4$, mais nous ne savons rien quant aux cas $G = \mathbf{E}_6$, $\mathbf{E}_7$, $\mathbf{E}_8$.

Les principaux résultats de ce travail ont été annoncés dans [1], [3], [4]; dans un Mémoire ultérieur, nous démontrerons les théorèmes annoncés dans [2] et qui ne figurent pas dans le Chapitre III, étudierons la cohomologie mod 2 de quelques espaces homogènes des groupes orthogonaux (qui sont l'objet de [15]), ainsi que les $Sq^i$ dans les grassmanniennes et les variétés de Stiefel. Un autre travail, qui sera écrit en collaboration avec J. P. Serre, établira les résultats de [6].

En terminant cette introduction, je tiens à remercier M. J. Leray, qui m'a communiqué les démonstrations de résultats annoncés dans les *Comptes Rendus*; je lui dois en outre de considérables améliorations dans l'exposition et la rédaction du Chapitre IV. Je remercie aussi M. H. Cartan qui a bien voulu me tenir au courant des recherches qu'il poursuivait avec MM. Chevalley, Koszul, Weil; ses remarques ont beaucoup contribué à me faire comprendre le sens topologique des méthodes algébriques développées par ces auteurs. J'ai d'autre part tiré un très grand profit de son Séminaire de Topologie algébrique. Ma reconnaissance va également à J. P. Serre, dont les nombreuses suggestions m'ont grandement aidé durant l'élaboration de ce travail.

TABLE DES MATIERES

Introduction.

## Chapitre I. Preliminaires

### §1. Notions algébriques

(A) On désignera toujours par $A$ un anneau isomorphe soit à $Z$ soit à un corps de caractéristique $p$ $K_p$ ($p$ nul ou premier).[4] Les $A$-modules considérés dans la suite sont toujours supposés unitaires. Un $A$-module $E$ est *sans torsion* si $ax = 0(a \in A, x \in E)$ implique $a = 0$ ou $x = 0$, ce n'est naturellement une restriction que pour $A = Z$; si $E$ est un groupe abélien, on notera Tors. $E$ le sous-groupe de ses éléments d'ordre fini, on dira que $E$ est sans $k$-torsion si Tors. $E$ ne contient pas d'élément non nul d'ordre divisible par $k$, en particulier $E$ est toujours sans $o$-torsion.

Un $A$-module $E$ est *gradué* s'il est somme directe de sous-modules $E^i$, $m^i \in E^i$ est dit homogène de degré $i$, il est bigradué s'il est somme directe de sous-modules

---

[4] Ce que nous rappelons dans ce Chapitre vaut aussi si $A$ est un anneau principal quelconque, mais nous n'aurons besoin que des cas précités.

$E^{i,j}$, $m^{i,j} \in E^{i,j}$ est bi-homogène de bi-degré $(i, j)$. Si $E$ est une $A$-algèbre, on exige encore

$$(1.1) \qquad E^i \cdot E^j \subset E^{i+j} \text{ resp. } E^{i,j}E^{s,t} \subset E^{i+s,j+t}.$$

Une algèbre graduée est anticommutative si $m^i m^j = (-1)^{ij} m^j m^i$. On notera $\wedge P$ l'algèbre extérieure d'un $A$-module libre $P$; si $P$ est gradué, $\wedge P$ est graduée de façon évidente; pour $A = Z$, ou $A = K_p$ $(p \neq 2)$ elle n'est anticommutative que si $P$ est gradué par des degrés impairs.

Une $A$-algèbre *différentielle* $(E, d, \omega)$ est une algèbre munie d'un endomorphisme $A$-linéaire $d$ et d'un automorphisme $\omega$ (pour la structure d'algèbre) vérifiant

$$(1.2) \qquad d \cdot d = 0; \qquad d\omega + \omega d = 0; \qquad d(x \cdot y) = dx \cdot y + \omega(x) \cdot dy.$$

On appelle cocycles les éléments du noyau $C(E)$ de $d$, cobords les éléments de l'image $D(E)$ de $d$, le quotient $H(E) = C(E)/D(E)$, muni du produit usuel défini par passage au quotient, est l'algèbre de cohomologie de $E$. Si $E$ est graduée, on supposera encore que $d(E^i) \subset E^{i+r}$ ($r$ indépendant de $i$ est le degré de $d$), $H(E)$ est alors aussi graduée.

$(E, d, \omega)$ sera dite *canonique* si elle est graduée, si $d$ est de degré 1 et si $\omega(m^i) = (-1)^i m^i (m^i \in E^i)$.

(B) *Algèbre filtrée*. Une *filtration* sur une $A$-algèbre $E$ est définie par une suite de sous-modules $S^p$ vérifiant:

$$(1.3) \qquad S^{p+1} \subset S^p, \; S^p \cdot S^q \subset S^{p+q} \qquad\qquad \bigcup S^p = E.$$

En posant $f(x) = \max (p, x \in S^p)$, on définit sur E une fonction à valeurs entières ou égales à $+ \infty$, satisfaisant à:

$$(1.4) \qquad
\begin{aligned}
f(x + y) &\geq \min (f(x), f(y)) & f(ax) &\geq f(x) \quad (a \in A, x, y \in E) \\
f(x \cdot y) &\geq f(x) + f(y) & f(0) &= + \infty.
\end{aligned}$$

Réciproquement une telle fonction étant donnée, on définit une filtration en posant $S^p = \{x, f(x) \geq p\}$.

On dira que la filtration est bornée supérieurement (inférieurement) s'il existe $k$ tel que $S^k = 0$ (resp. $S^c = E$); la fonction $f$ admet alors la borne supérieure (resp. inférieure) $k$ sur les éléments différents de zéro.

A une algèbre filtrée $E$ est associée une algèbre graduée $G(E)$. Comme module, c'est la somme directe des modules $S^p/S^{p+1}$; le produit de $\bar{s}^p \in S^p/S^{p+1}$ par $\bar{s}^q \in S^q/S^{q+1}$ est l'image dans $S^{p+q}/S^{p+q+1}$ du produit $s^p s^q$ de deux représentants de $\bar{s}^p$ et $\bar{s}^q$ dans $S^p$ et $S^q$, cette définition est légitimée par (1.3).

Si la filtration est bornée supérieurement et inférieurement, $G(E)$ est la somme directe des quotients successifs d'une suite normale finie de sous-modules emboîtés. Cas particuliers: $A = K$, $G(E)$ est alors un espace vectoriel isomorphe (non canoniquement) à $E$, gradué par un nombre fini de degrés; $A = Z$, $E = Z$, $G(E)$ est somme directe d'un nombre fini de groupes cycliques d'ordres finis $p_i$

différents et d'un groupe $Z$; $A = Z$, $E = Z + \cdots + Z(k \text{ fois})$, $G(E)$ est somme d'un groupe fini et de $k$ groupes $Z$; $A = Z$, $E$ groupe fini d'ordre $n$, $G(E)$ est somme de $m$ groupes finis d'ordres $n_1, \cdots, n_m$ et $n_1 \cdots n_m = n$. Remarquons enfin que si $G(E)$ est sans torsion ($E$ quelconque), $E$ est sans torsion.

Si $E$ est différentielle filtrée, on exigera encore que $f(\omega(x)) = f(x)$. Posant $C^p = S^p \cap C(E)$, $D^p = D(E) \cap S^p$, on définit dans $H(E)$ une filtration par des sous-modules $J^p$, images canoniques des $C^p$ et alors

$$(1.5) \qquad G(H(E)) = \sum J^p/J^{p+1} = \sum C^p/C^{p+1} + D^p.$$

(C) *Algèbre spectrale.* A une algèbre différentielle filtrée on fait correspondre une *algèbre spectrale*, que nous noterons $(H_r)$, formée d'une suite d'algèbres différentielles graduées. Renvoyant à [23] pour plus de détails, nous en rappelle-rons brièvement la définition et quelques propriétés. On pose:

$$(1.6) \qquad \begin{aligned} C_r^p &= \{x, \, x \in S^p, \, dx \in S^{p+r}\}; \qquad D_r^p = dC_r^{p-r} \\ H_r^p &= C_r^p/C_{r-1}^{p+1} + D_{r-1}^p \, ; \qquad H_r = \sum H_r^p \end{aligned}$$

on définit dans $H_r$ un produit et un automorphisme $\omega$ par passage au quotient et un endomorphisme $d_r^k : H_r^k \to H_r^{k+r}$ par passage au quotient à partir des homo-morphismes de paires

$$(1.7) \quad (C_r^p, C_{r-1}^{p+1} + D_{r-1}^p) \xrightarrow{\;d\;} (C^{p+r}, D_{r-1}^{p+r}) \xrightarrow{\;i\;} (C_r^{p+r}, C_{r-1}^{p+r+1} + D_{r-1}^{p+r})$$

($i$ est l'inclusion), d'où un endomorphisme $d_r$ de $H_r$, évidemment de carré nul, qui augmente le degré de $r$. On montre que $H_r$ est alors une algèbre différentielle graduée et que son algèbre de cohomologie est $H_{r+1}$. On introduit encore $H_\infty = G(H(E))$, $H_{-\infty} = G(E)$.

On note $\kappa_{r+1}^r$ l'homomorphisme des cocycles de $H_r$ sur $H_{r+1}$ et on pose $\kappa_s^r = \kappa_s^{s-1} \circ \cdots \circ \kappa_{r+2}^{r+1} \circ \kappa_{r+1}^r (s > r)$; $\kappa_s^r$ est donc l'homomorphisme sur $H_s$ des éléments de $H_r$ qui sont des "cocycles pour $d_r, d_{r+1}, \cdots, d_{s-1}$," c'est à dire qui vérifient $d_k \kappa_k^r h = 0$ pour $r \leqq k < s$.

Nous ne nous intéresserons qu'au cas où l'algèbre filtrée $(E, d, \omega)$ admet encore une graduation par des sous-modules que nous noterons ici $^nE$, pour laquelle elle est canonique, chaque $S^p$ étant somme directe de ses intersections avec les modules $^iE$. Cette nouvelle graduation se transmet aux algèbres $H_r$. Posons

$$(1.8) \qquad \begin{aligned} C_r^{p,q} &= C_r^p \cap {}^{p+q}E \qquad D_r^{p,q} = D_r^p \cap {}^{p+q}E \\ J^{p,q} &= J^p \cap {}^{p+q}H(E) \end{aligned}$$

alors $H_r$ est bigradué par des sous-modules

$$(1.9) \qquad H_r^{p,q} = C_r^{p,q}/C_{r-1}^{p+1,q-1} + D_{r-1}^{p,q}$$

et $H_\infty$ par les sous-modules

$$H_\infty^{p,q} = J^{p,q}/J^{p+1,q-1}.$$

Si de plus

(1.10)$$0 \leqq f(x) \leqq i \qquad\qquad \text{pour } x \, \epsilon \, {}^{i}E,\ x \neq 0$$

alors

(1.11)$$H_r^{p,q} = H_{r+1}^{p,q} = \cdots = H_\infty^{p,q} \qquad \text{pour } r > p + q + 1$$

ce qui permet de considérer $H_\infty = G(H(E))$ comme la limite de $H_r$ pour $r$ infini.

Enfin nous appellerons *algèbre spectrale canonique* une suite $(H_r)$ d'algèbres différentielles $H_r$ ($r$ entier quelconque, ou éventuellement $r$ entier $\geqq r_0$) jouissant des propriétés suivantes: $H_r$ est une algèbre différentielle bigraduée par deux degrés $p$, $q \geqq 0$; elle est canonique et anticommutative par rapport au degré total $n = p + q$; $d_r$ augmente $p$ de $r$, diminue $q$ de $r - 1$, $H_{r+1}$ est l'algèbre de cohomologie de $H_r$.

(D) *Homomorphismes.* Soient $E$, $E'$ deux algèbres sur $A$, $\lambda: E \to E'$ un homomorphisme; si $E$ et $E'$ sont graduées, on supposera que $\lambda(E^i) \subset E'^i$, si elles sont différentielles que $d' \cdot \lambda = \lambda \cdot d$, $\omega'\lambda = \lambda\omega$ si elles sont filtrées que $\lambda(S^p) \subset S'^p$; $\lambda$ induit alors un homomorphisme des algèbres spectrales $(H_r)$ et $(H_r')$, c'est à dire pour tout $r$ un homomorphisme de $H_r$ dans $H_r'$ que nous désignerons aussi par $\lambda$ vérifiant:

(1.12)$$\lambda(\kappa_{r+1}^r h) = \kappa_{r+1}^r(\lambda(h)) \qquad \text{si } h \text{ est cocycle pour } d_r$$

$\lambda$ induit aussi un homomorphisme de $H(E)$ dans $H(E')$, pour lequel $\lambda(J^n) \subset J'^n$ et par conséquent un homomorphisme de $H_\infty$ dans $H_\infty'$. Si $\lambda$ est un isomorphisme de $H_r$ sur $H_r'$, c'est naturellement aussi un isomorphisme de $H_s$ sur $H_s'$ ($s \geqq r$). Si de plus $E$ et $E'$ sont gradués et si (1.10) est vérifiée, $\lambda$ est un isomorphisme de $H(E)$ sur $H(E')$ conservant la filtration; en effet, sous les hypothèses faites, $\lambda$ est un isomorphisme de $G(H(E)) = H_\infty = \lim H_r$ sur $G(H(E')) = \lim H_r'$; sur les éléments ayant un degré total $n$ donné la filtration est bornée supérieurement, le raisonnement de la Prop. 6.2 de [23] s'applique.

(E) *Produit tensoriel.* $E \otimes F$ désignera le produit tensoriel sur $A$ des $A$-modules $E$ et $F$ ([7] §1). Si $E$ et $F$ sont gradués, $E \otimes F$ est bigradué par les sous-modules $E^i \otimes F^j$; on y introduit encore un troisième degré, le degré total $i + j$; si $E$ et $F$ sont des algèbres graduées, on fait de $E \otimes F$ une algèbre bigraduée en introduisant un produit par

(1.13)$$(x \otimes y^i)(x^j \otimes y) = (-1)^{ij}(x \cdot x^j \otimes y^i \cdot y).$$

En fait il faudrait nommer ce produit le produit tensoriel gauche, par opposition au produit tensoriel d'algèbres usuel ([7], § 3), mais comme nous n'utiliserons que le premier, nous omettrons le mot gauche. Si $E$ et $F$ sont anticommutatives, $E \otimes F$ l'est pour le degré total; si $E$ et $F$ sont canoniques, on fait de $E \otimes F$ une algèbre différentielle canonique pour le degré total en introduisant une différentielle $d$ et un automorphisme $\omega$ par

(1.14)$$\begin{aligned} d(x^p \otimes y) &= dx^p \otimes y + (-1)^p x^p \otimes dy \\ \omega(x^p \otimes y^q) &= (-1)^{p+q}(x^p \otimes y^q) \end{aligned}$$

$x \otimes y \to dx \otimes y$ et $x \otimes y \to x \otimes dy$ sont aussi des endomorphismes de carré nul, que nous nommerons les différentielles partielles par rapport à $E$ et $F$.

## §2. Espaces fibrés

On appellera ici espace fibré un système $(E, B, F, p)$ formé de deux espaces $E, B$, d'une application ouverte $p$ de $E$ sur $B$, la projection, telle que pour tout $b \in B$ il y ait un voisinage $V_b$ de $b$ et un homéomorphisme $\zeta_b$ de $p^{-1}(V_b)$ sur $V_b \times F$ vérifiant:

$$(2.1) \qquad \zeta_b(p^{-1}(x)) = x \times F \qquad (x \in V_b).$$

On dit comme on sait qu'un fibré est trivial s'il y a un homéomorphisme de $E$ sur $B \times F$ satisfaisant à (2.1) pour tout $x \in B$. La condition imposée ici est donc celle de la *trivialité locale*. A vrai dire, pour obtenir le Théorème 4.1, il faut encore exiger une certaine uniformité dans la trivialité locale et on postule qu'il existe un voisinage $V$ de la diagonale de $B \times B$ tel que l'espace fibré soit trivial au-dessus de $U \subset B$ toutes les fois que $U \times U \subset VV$; mais cette propriété est une conséquence de la trivialité locale en tout cas si $B$ est compact ou si $B$ est métrisable, deux cas particuliers d'une généralité bien suffisante pour ce travail, et c'est pourquoi nous n'incorporons pas cette condition supplémentaire dans la définition.

On dit que le groupe compact $G$ opère à droite sur l'espace $E$ s'il existe une application continue $h: E \times G \to E$ vérifiant:

$$(2.2) \qquad x \cdot e = x \quad (x \cdot g) \cdot g' = x \cdot (gg'), \quad (x \in E, g, g' \in G, e \text{ unité de } G)$$

(on a posé $h(x, g) = x \cdot g$). Définition analogue pour un groupe opérant à gauche. Supposons de plus que

$$(2.3) \qquad x \cdot g \neq x \text{ si } g \neq e, x \text{ quelconque.}$$

Alors $G$ définit une partition de $E$ en sous-espaces fermés homéomorphes à $G$, les trajectoires des points de $E$. Soit $p$ la projection de $E$ sur son quotient $B = E/G$ par la relation d'équivalence définie par $G$. Le système $(E, B, G, p)$ est un *espace fibré principal de groupe* (compact) $G$. Pour les besoins de la théorie de Leray, il n'est pas nécessaire d'exiger la trivialité locale, mais ces distinctions n'ont aucune importance dans ce travail. En effet, $G$ sera toujours de Lie, $E$ toujours localement compact, donc complètement régulier, et la trivialité locale est assurée par un théorème de A. M. Gleason, (Proc. Amer. Math. Soc. 1 (1950), 35–43); trivialité locale s'entend ici au sens des espaces fibrés principaux, cela signifie que pour tout $b \in B$ il existe un voisinage $U_b$ et un homéomorphisme $\zeta_b$ de $p^{-1}(U_b)$ sur $U_b \times G$ vérifiant (2.1) et

$$(2.4) \qquad \zeta_b(x \cdot g) = \zeta_b(x) \cdot g$$

(on fait bien entendu opérer $G$ dans $U_b \times G$ par $(x, g) \cdot g' = (x, gg')$).

Soit $F$ un espace sur lequel $G$ opère à gauche, $(E, B, G, p)$ un espace fibré principal. On notera $(E, F)_G$ le quotient, introduit par C. Ehresmann, de $E \times F$

par la relation d'équivalence $(x. g, g^{-1} \cdot f) \approx (x, f)$; l'application $(x, f) \to p(x)$ de $E \times F$ sur $B$ passe au quotient et fait de $X = (E, F)_G$ un espace fibré $(X, B, F, p)$ à groupe structural $G$ (localement trivial si $E$ l'est). Explicitons deux cas particuliers de cette notion.

(a) $F$ est lui-même un espace fibré principal $(E', B', G, p')$, sur lequel en fait opérer $G$ à gauche par $x' \to g^{-1} \cdot x$; la relation d'équivalence devient $(x, x') \approx (x. g, x' \cdot g)$; l'espace $(E, E')_G$ admet 2 fibrations, $(X, B, E', p)$ et $(X, B', E, p')$. Si $i_x$ est l'injection de $E'$ dans $X$ qui résulte de l'application $e' \to x \times e'$ de $E'$ dans $E \times E'$ et de la projection de ce dernier sur $X$, il est clair que l'on a un diagramme commutatif

$$(2.5) \qquad \begin{array}{ccc} X & \xleftarrow{\;i_c\;} & E' \\ {\scriptstyle p'}\big\downarrow & \swarrow{\scriptstyle p'} & \\ B' & & \end{array}$$

(b) $G$ opère transitivement sur $F$, qui s'identifie donc à l'espace $G/U$ des classes à gauche de $G$ suivant un sous-groupe fermé $U$, et sur lequel $G$ opère par les translations à gauche. Alors $(E, F)_G = (E, G/U)_G$ s'identifie canoniquement au quotient de $E$ par la relation d'équivalence qu'y définit $U$; c'est donc un espace fibré $(E/U, B, G/U, p)$. Si de plus $U$ est invariant dans $G$, $G/U$ opère de façon évidente à droite sur $E/U$, qui devient un espace fibré principal de groupe $G/U$.

Nous ne répéterons pas les définitions bien connues d'homomorphismes d'espaces fibrés, d'espaces fibrés principaux, ou d'espaces fibrés à groupe structural donné (cf. par ex. [9], Exp. VI). Rappelons enfin la définition d'un espace fibré image réciproque (induced bundle dans [31], §10); soit $(E', B', F', p')$ un espace fibré, $f: B \to B'$ une application continue, $E$ le sous-espace de $B \times E'$ formé des points $(b, e')$ tels que $f(b) = p'(e')$. On définit $p: E \to B$ par $p((b, e')) = b$ et $\bar{f}: E \to E'$ par $\bar{f}(b, e')) = e'$; $p$ fait de $E$ un espace fibré $(E, B, F', p)$, (localement trivial si $E'$ l'est), nommé l'image réciproque de $(E', B', F', p')$ par $f$. Le diagramme

$$(2.6) \qquad \begin{array}{ccc} E & \xrightarrow{\;\bar{f}\;} & E' \\ {\scriptstyle p}\big\downarrow & & \big\downarrow{\scriptstyle p'} \\ B & \xrightarrow{\;f\;} & B' \end{array}$$

est évidemment commutatif, $\bar{f}$ est un homomorphisme de $(E, B, F', p)$ dans $(E', B', F', p')$; $E'$ étant localement trivial, ce diagramme détermine $(E, B, F', p)$ à un isomorphisme près. Si $E'$ est principal, $E$ l'est aussi, (pour toutes les notions rappelées dans ce paragraphe, voir [9], Exp. VI, VII, aussi [31]).

## §3. Théorie de Leray: Cohomologie des espaces compacts

De la théorie de Leray, nous utiliserons presque uniquement le théorème d'existence de l'algèbre spectrale d'un espace fibré et ses propriétés résumées au début du §4; des notions classiques jointes à celles qui ont été rappelées dans les §1 et 2 suffisent pour les exprimer. Cependant dans les §5 et 24, la manière même dont cette algèbre spectrale est construite interviendra, d'où la nécessité de faire appel à d'autres points de la théorie de Leray, que nous allons résumer ici. Nous n'en aurons besoin dans les §5 et 24 que pour les espaces compacts, aussi pour ne pas allonger inutilement ces préambules ne considérerons nous dans ce paragraphe que des espaces COMPACTS; nous insistons sur le fait que certaines des définitions ci-dessous ne sont valables telles quelles que pour les espaces compacts.

[23] développe tout d'abord une théorie axiomatique de la cohomologie d'Alexander-Spanier[5] à supports compacts; la notion algébrique de base y est celle d'anneau, mais il y a avantage pour certaines applications à partir plus généralement d'algèbres sur $A$, ce que nous ferons ici; les démonstrations de [23] se transportent naturellement sans difficulté à ce cas, on trouvera du reste un exposé détaillé de la théorie fait de ce point de vue dans [5], où nous renverrons aussi pour quelques propositions ne figurant pas dans [23] ou [24].

Un *A-complexe K* sur un espace compact $X$ est un $A$-module à chaque élément $k$ duquel est attaché une partie fermée $S(k)$ de $X$, son support, par une loi qui vérifie:

$$(3.1) \qquad S(k + k') \subset S(k) \cup S(k'); \qquad S(ak) \subset S(k)$$

$$(3.2) \qquad S(k) = \emptyset \text{ est équivalent à } k = 0.$$

Si $K$ est une $A$-algèbre différentielle, on supposera encore

$$(3.3) \quad S(k. \, k') \subset S(k) \cap S(k'); \qquad S(dk) \subset S(k); \qquad S(\omega(k)) = S(k)$$

et s'il est gradué, que $S(k)$ est la réunion des supports des composantes homogènes de $k$; le complexe est *sans torsion* si $S(ak) = S(k)$, $(a \in A, k \in K)$, $K$ est alors sans torsion en tant que $A$-module vu (3.1) et (3.2).

Soit $f: X \to Y$ une application continue. Si $K$ est un complexe sur $X$, on lui fait correspondre un complexe $f(K)$ ou $fK$ sur $Y$ en attribuant à $k$ le support $f(S(k))$. Si $L$ est un complexe sur $Y$, on y introduit de nouveaux supports sur $X$ par $S'(k) = f^{-1}(S(k))$. Le quotient de $L$ par les éléments de (nouveaux) supports vides est un complexe sur $X$, noté $f^{-1}(L)$; en particulier si $f$ est l'injection d'un sous-espace $X \subset Y$, $f^{-1}(L)$ est la *section de L par X* que nous désignerons par $XL$, (et $Xk$ sera l'image dans $XL$ de $k \in L$). Il est clair que l'on a des isomorphismes d'algèbres:

$$(3.4) \qquad fK = K; \qquad f^{-1}(y) \cdot f^{-1}(L) = yL.$$

Remarquons encore que si $L$ est sans torsion, $XL$ l'est aussi.

Soient $K$ et $K'$ deux $A$-complexes sur $X$; on définit dans $K \otimes K'$ des supports

---

[5] Suivant H. Cartan [10] nous nommons ainsi la cohomologie étudiée dans [30], dans laquelle les p-cochaînes sont les fonctions de $p + 1$ points de l'espace; à supports compacts signifie que l'on ne considère que les fonctions nulles lorsque les $p + 1$ points sont suffisamment voisins et en dehors d'un compact (dépendant de la fonction considérée).

ainsi: Soit $h \in K \otimes K'$, on dit que $x \in S(h)$ si l'image de $h$ dans $xK \otimes xK'$ par l'homomorphisme produit tensoriel des sections $K \to xK$ et $K' \to xK'$ est non nulle. Le quotient de $K \otimes K'$ par les éléments de support vide est un $A$-complexe sur $X$, *l'intersection de $K$ et $K'$*, noté $K \odot K'$.

$K$ est *fin* si pour tout recouvrement fini ouvert $V_1, \cdots, V_n$ de $X$ il existe des endomorphismes de $K$ (pour la structure de $A$-module uniquement) $r_1, \cdots, r_n$ tels que

$$(3.5) \qquad S(r_i(k)) \subset \overline{V}_i \cap S(k); \qquad (r_1 + \cdots + r_n)(k) = k.$$

$K$ est une *$A$-couverture* s'il est sans torsion, canonique gradué par des degrés $\geqq 0$, muni d'un élément neutre u dont le support est $X$, est si $H^0(xK) \cong A$, $H^i(xK) = 0$ $(i > 0)$ pour tout $x \in X$.

Le théorème d'unicité affirme que les algèbres de cohomologie de deux $A$-couvertures fines sont canoniquement isomorphes ([5], Exp. III); on note $H(X, A)$ l'algèbre de cohomologie ainsi obtenue, c'est l'algèbre de cohomologie d'Alexander-Spanier de $X$ à valeurs dans $A$, car les cochaînes d'Alexander-Spanier à valeurs dans $A$ munies de supports convenables forment une $A$-couverture fine ([23] No. 16, [5] Exp. II). A vrai dire ce théorème est formulé et démontré directement dans [23] pour la cohomologie par rapport à un faisceau ([23], No. 41, [5] Exp. V, No. 5), mais cette notion n'interviendra explicitement ici que dans une faible mesure aussi, sans donner de définition complète, nous bornerons-nous à quelques indications, surtout pour traduire la cohomologie par rapport à un faisceau constant ou localement constant à l'aide de notions plus usuelles. Un faisceau $B$ sur $X$ est défini par la donnée d'une loi attachant à toute partie fermée $F$ de $X$ un module $B(F)$, vérifiant certains postulats ([23], No. 23, [5], Exp. V); à un complexe $K$ et à un faisceau $B$ on fait correspondre un complexe $K \odot B$, leur *intersection*; c'est en gros l'ensemble des combinaisons linéaires finies d'éléments de $K$, à coefficients dans $B$, le domaine des coefficients pour $k$ étant $B(S(k))$; en particulier si $B$ est un "faisceau constant isomorphe au $A$-module $M$" et si $K$ est fin, alors $K \odot B \cong K \otimes M$, si $K$ est une $A$-couverture fine, $H(K \odot B) = H(K \otimes M)$ est canoniquement isomorphe au module de cohomologie d'Alexander-Spanier à valeurs dans $M$ ([5], Exp. IV No. 1); c'est une algèbre anticommutative si $M$ est une algèbre commutative.

La notion de faisceau localement constant généralise celle de système de coefficients locaux au sens de Steenrod, elle s'y ramène même lorsque $X$ est globalement et localement connexe par arcs ([23], Nos. 69 à 73). Dans un faisceau localement constant localement isomorphe à un $A$-module $M$, il y a un plus grand sous-faisceau constant $\underline{B}$, isomorphe à un sous-module $\underline{M}$ de $M$ ($\underline{M}(x)$ est l'ensemble des éléments de $M(x)$ sur lesquels le groupe fondamental de $X$ agit trivialement dans le cas des coefficients locaux). On montre que si $X$ est compact connexe, localement connexe $K$ une $A$-couverture fine, alors $H^0(K \odot B) \cong \underline{M}$, ([5], Exp. VII, Appendice), ce qui est du reste bien connu dans le cas des coefficients locaux. L'isomorphisme de $H^0(K \odot B)$ sur $\underline{M}$ est induit par la section de $K \bigcirc B$ par un point $x \in X$, section qui est par définition un homomorphisme de $K \bigcirc B$ dans $xK \otimes B(x) = xK \otimes M$.

La section d'une couverture fine de $X$ par un sous-espace $Y \subset X$ est une couverture fine de $Y$ ([23], No. 32 et Prop. 37.3, [5] Exp. II). Si $X$ est une variété on peut prendre comme $R$-couverture fine ($R$ = corps des nombres réels) les formes différentielles extérieures, qui constituent une algèbre canonique *anti-commutative*; cela vaut en particulier pour une sphère et le théorème d'immersion de Menger-Nöbeling donne la

PROPOSITION 3.1. *Un espace compact séparable métrique de dimension finie possède une R-couverture fine anticommutative.*[6]

$X$ étant toujours compact, soit $F$ un sous-espace fermé, $K$ une $A$-couverture fine de $X$, $K_{X-F}$ le noyau de $K \to FK$, c'est à dire l'ensemble des éléments de $K$ dont le support ne rencontre pas $F$, et enfin $M$ un $A$-module; $K$ étant fin, on a une suite *exacte*:

$$(3.6) \qquad 0 \to K_{X-F} \otimes M \to K \otimes M \to FK \otimes M \to 0$$

d'où la suite exacte de cohomologie

$$(3.7) \quad \to H^{n-1}(F, M) \xrightarrow{\delta} H^n(K_{X-F} \otimes M) \to H^n(X, M) \to H^n(F, M) \to$$

on montre que l'on peut identifier $H^n(K_{X-F}, M)$ à $H^n(X \bmod F, M)$ de manière à ce que la suite (3.7) devienne la suite exacte de cohomologie relative d'Alexander-Spanier ([5] Exp. IV No. 1, Exp. VII Appendice).

*Notations.* Sauf mention expresse du contraire, $H(X, M)$ sera l'algèbre de cohomologie d'Alexander-Spanier à supports compacts de l'espace localement compact $X$, à valeurs dans l'algèbre $M$ ou éventuellement dans un faisceau localement constant, localement isomorphe à $M$. On dira que $X$ a une cohomologie triviale relativement à $M$ (jusqu'à $n$) si $H^0(X, M) = M$, $H^i(X, M) = 0$ pour $i > 0$ (resp. $0 < i \leqq n$) que $X$ est sans torsion, (resp. sans $k$-torsion), si $H(X, Z)$ est sans torsion, (resp. sans $k$-torsion).

$f^*: H(Y, M) \to H(X, M)$ sera l'homomorphisme transposé de l'application continue $f: X \to Y$; pour la cohomologie à supports compacts il ne peut être non nul que si $f$ est *propre*, c'est à dire si l'image réciproque de tout compact de $Y$ est un compact de $X$.

### §4. Théorie de Leray.: Espaces fibrés

J. Leray a associé des algèbres spectrales à toute application continue ([23], No. 50); nous ne considérerons ici que le cas de la projection d'un espace fibré sur sa base et énoncerons le théorème fondamental ainsi:

THEOREME 4.1. *Soit $(E, B, F, p)$ un espace fibré connexe, localement compact, à fibres connexes, à base localement connexe, $M$ une $A$-algèbre commutative.*

---

[6] D'après H. Cartan, il existe une $R$-couverture fine anticommutative sur tout espace compact (non publié).

*Alors il existe une algèbre spectrale $(H_r)$ sur $A$, canonique pour $r \geq 2$, dans laquelle $H_2 = H(B, H(F, M))$, et qui se termine par l'algèbre graduée associée à $H(E, M)$ convenablement filtrée.[7]*

De façon plus précise, $H_2$ est l'algèbre de cohomologie de $B$ par rapport à un faisceau localement constant, localement isomorphe à $H(F, M)$, déterminé sur $B$ par $p$, ou, si l'on veut, par rapport au système local de coefficients formé sur $B$ par les algèbres $H(p^{-1}(b), M)$. Pratiquement nous utiliserons cette algèbre presque uniquement quand ce système est simple, c'est à dire lorsque l'on a dans $H_2$ des coefficients ordinaires. Ce fait se produit notamment dans chacun des deux cas suivants ([24], Nos. 4 et 5):

(i) $B$ est globalement et localement connexe par arcs, et simplement connexe.

(ii) $(E, B, F, p)$ est un espace fibré principal, dont la fibre est un groupe compact connexe, ou encore est le quotient $(E/U, B, F/U, p)$ d'un tel espace par un sous-groupe fermé (non nécessairement connexe) de $F$.

Si $M = A$ et si l'on a dans $H_2$ des coefficients ordinaires, on peut appliquer la "règle de Künneth". On sait qu'alors $H_2$ contient une sous-algèbre isomorphe à $H(B, A) \otimes H(F, A)$, qui lui est égale quand $A = K_p$ ou encore, si $A = Z$, quand $H(B, Z)$ ou $H(F, Z)$ est sans torsion ([23], No. 17); le quotient $H(B, H(F, Z))/H(B, Z) \otimes H(F, Z)$ est le produit dual ou de torsion de H. Cartan et S. Eilenberg Tor $(H(B, Z), H(F, Z))$, mais nous n'aurons besoin de cette notion que dans des cas élémentaires bien connus (voir §8.2). Signalons qu'en ce qui concerne la bigraduation on a la suite exacte:

$$(4.1) \quad 0 \to H^p(B, Z) \otimes H^q(F, Z) \to H^p(B, H^q(F, Z))$$
$$\to \mathrm{Tor}\,(H^{p+1}(B, Z), H^q(F, Z)) \to 0.$$

Nous résumons maintenant les principales propriétés de l'algèbre spectrale.

(a) $H_2$ est bigradué par les sous-modules $H_2^{p,q} = H^p(B, H^q(F, M))$. On dira que $p$ est le *degré-base*, $q$ le *degré fibre*, $p + q$ le *degré total*; ces degrés seront notés $DB$, $DF$ et $D$ respectivement. La différentielle $d_r$ de $H_r$ augmente $DB$ de $r$, diminue $DF$ de $r - 1$, augmente $D$ de 1.

(b) *L'homomorphisme* $p^*\colon H(B, M) \to H(E, M)$; il ne peut être non nul (pour la cohomologie à supports compacts) que si $F$ est compacte. Dans ce cas $H_2^{p,0} = H^p(B, H^0(F, M)) = H^p(B, M)$; la différentielle $d_r$ qui diminue $DF$ de $r - 1$ est forcément nulle sur $H_2^{p,0}(r \geq 2)$, et $H_{r+1}^{p,0}$ est un quotient de $H_r^{p,0}$, d'où la suite d'homomorphismes *sur*

$$H^p(B, M) = H_2^{p,0} \to H_3^{p,0} \to \cdots \to H_{p+1}^{p,0} = H_\infty^{p,0} = J^{p,0} \subset H^p(E, M)$$

(Notations du §1C), la dernière inclusion résulte du fait que $J^{p+1} \cap H^p(E, M) = 0$

---

[7] En fait, il y a une infinité d'algèbres spectrales correspondant chacune à une filtration caractérisée par deux entiers $l$, $m$, mais elles ne sont pas essentiellement différentes. Le théorème est énoncé ici pour la filtration $l = 0$, $m = 1$, de [24], la seule que nous utiliserons, dont la définition sera rappelée plus bas; elle vérifie la condition (1.10) et il en est de même pour la filtration de $H(E, M)$ associée. Si $M$ n'est pas commutative, on a un théorème analogue, sauf que $H_r$ n'est plus forcément anticommutative pour le degré total; de même si $M$ est un module, on affirmera simplement que $H_r$ est un module.

vu la condition (1.10). On montre que la première égalité est donnée par un iso-morphisme canonique $\pi^*$ tel que:[8]

(4.2) $$p^* = \kappa^2_{p+1}\circ\pi^* \qquad\qquad \text{sur } H^p(B, M)$$

([24], No. 6g, [5], Exp. VII, No. 2).

(c) *L'homomorphisme* $i^*\!:\!H(X, M) \to H(F, M)$. Soit $i_b^{*}$ l'homomorphisme transposé de l'injection $i_b$ de la fibre $F_b = p^{-1}(b)$ dans $E$, il ne peut être non nul que si $B$ est compact; dans ce cas il y a un isomorphisme canonique $i_b^{*8}$

(4.3) $$i_b^{*}\!:\!H_2^{0,q} = H^0(B, H^q(F, M)) = \underline{H^q(F_b , M)}$$

les éléments de $H_r^{0,q}$ ne peuvent être cobords pour $d_r$ qui augmente $DB$ de $r(r \geq 2)$, $H_{r+1}^{0,q}$ est isomorphe au module des cocycles de $H_r^{0,q}$; on a une suite d'inclusions

$$\underline{H^q(F_b , M)} = H_2^{0,q} \supset H_3^{0,q} \supset \cdots \supset H_{2+q}^{0,q} = H_\infty^{0,q} = H^q(E, M)/J^{1,q-1}.$$

L'homomorphisme de $H^q(E, M)$ dans $H^q(F_bM)$ résultant des applications

(4.4) $$H^q(E, M) \to H^q(E, M)/J^{1,q-1} = H_\infty^{0,q} \subset H_2^{0,q} = \underline{H^q(F_b , M)}$$

est $i_b^{*}$ (cf. [24], No. 6f, [5] Exp. VIII, Théorème 2 et sa démonstration); le noyau de $i_b^{*}$ est donc $J^1$; si $b$ varie, les isomorphismes $i_b^{*}$ sont naturellement compatibles avec les identifications canoniques des modules $H^q(F_b , M)$, considérés comme éléments du sous-faisceau constant contenu dans le faisceau $H(p^{-1}(b), M)$. Ainsi, vu (4.4), $i_b^{*}$ est indépendant de $b$, on peut parler de l'homomorphisme $i^*\!:\!H(E, M) \to H(F, M)$.

Explicitons encore un cas particulier que nous rencontrerons fréquemment dans la suite; on dit que $F$ est *totalement non homologue à zéro* dans $E$, relative-ment à $M$, si $i^*\!:\!H(E, M) \to H(F, M)$ est sur; d'autre part on dit que l'algèbre spectrale $(H_r)$ est triviale si $d_r = 0(r \geq 2)$, donc si $H_2 = H_3 = \cdots = H_\infty = G(H(E, M))$.

PROPOSITION 4.1. *Soit* $(E, B, F, p)$ *un espace fibré compact connexe de fibre con-nexe, de base localement connexe.*

*Pour que l'algèbre spectrale sur* $K_p$ *de cette fibration soit triviale et que* $H(F, K_p) = \underline{H(F, K_p)}$, *il faut et il suffit que* $F$ *soit totalement non homologue à zéro dans* $E$ *relativement à* $K_p$ . *Dans ce cas,* $p^*$ *est biunivoque, le noyau de* $i^*$ *est l'idéal engendré par* $p^*(H^+(B, K_p))$.[9]

*On a une proposition analogue pour les coefficients entiers lorsque* $H(B, Z)$ *ou* $H(F, Z)$ *est sans torsion.*

Si $H_2 = H_\infty$, $p^*$ est biunivoque vu (4.2) et l'idéal de l'image de $p^*(H^+(B, K_p))$ dans $H_2 = G(H(E, M))$ est la réunion des modules $J^{p,q}/J^{p+1,q-1}(p > 0)$. On a $J^{n+1,-1} = 0$ puisque la filtration vérifie (1.10); pour $p + q = n$ fixé l'inclusion de $J^{p,n-p}$ dans l'idéal de $p^*(H^+(B, K_p))$ se démontre alors par récurrence des-

---

[8] Sa définition sera rappelée plus bas.

[9] $H^+ (B, K_p)$ est l'ensemble des éléments de degrés $>0$ de $H(B, K_p)$.

cendante sur $p > 0$, donc $J^1$ est dans l'idéal de $p^*(H^+(B, K_p))$; l'inclusion contraire résulte de $p^*(H^p(B, K_p)) = J^{p,0}$ et de $J^p \cdot J^q \subset J^{p+q}$. L'idéal de $p^*(H^+(B, K_p))$ est égal à $J^1$, qui est le noyau de $i^*$ d'après ce que nous avons rappelé plus haut. Pour la démonstration du reste de la Prop. 4.1, voir [24], Théorèmes 7.1 et 7.3, où [5] Exp. pl. IX.

Rappelons encore ([24], Théorème 7.2) que *si les éléments de $H_2$ ont des degrés totaux de même parité, $(H_r)$ est triviale* car les différentielles $d_r$, qui augmentent le degré total de un, sont forcément nulles.

(d) *Homomorphismes d'algèbres spectrales.* Soient $(E, B, F, p)$ et $(E', B', F', p')$ deux espaces fibrés; une représentation de l'un dans l'autre est définie par deux applications continues $\lambda: E \to E'$ $\mu: B \to B'$ telles que le diagramme (4.5) soit commutatif

$$(4.5) \qquad \begin{array}{ccc} E & \overset{\lambda}{\longrightarrow} & E' \\ {\scriptstyle p}\downarrow & & \downarrow{\scriptstyle p'} \\ B & \overset{\mu}{\longrightarrow} & B' \end{array}$$

A la représentation (4.5) est associée un homomorphisme $\lambda^*$ de l'algèbre spectrale $(H'_r)$ de $(E', B', F', p')$ dans l'algèbre spectrale $(H_r)$ de $(E, B, F, p)$; (cela vaut déjà lorsque $p$ et $p'$ sont des applications continues quelconques, cf [23], No. 54, [5], Exp. VII). Supposons $E$, $F$, $E'$, $F'$ compacts connexes, les hypothèses du Théorème 4.1 remplies; alors les deux diagrammes suivants sont commutatifs

$$(4.6) \qquad \begin{array}{ccc} H_2^{p,0} & \overset{\lambda^*}{\longleftarrow} & H'^{\,p,0}_2 \\ {\scriptstyle \pi^*}\uparrow & & \uparrow{\scriptstyle \pi^*} \\ H^p(B, M) & \overset{\mu^*}{\longleftarrow} & H^p(B', M) \end{array} \qquad \begin{array}{ccc} H_2^{0,q} & \overset{\lambda^*}{\longleftarrow} & H'^{\,0,q}_2 \\ {\scriptstyle \iota_b^*}\uparrow & & \uparrow{\scriptstyle \iota_b^*} \\ \underline{H^q(F_b, M)} & \overset{\lambda_b^*}{\longleftarrow} & \underline{H^q(F'_{b'}, M)} \end{array}$$

$(b' = \lambda(b)$, $\lambda_b$ = restriction de $\lambda$ à $F_b = p^{-1}(b))$, *voir* [5] Exp. VII Théorème 4 et Exp. VIII, Théorème 4; ainsi $\lambda_b^*$ est indépendant de $b$ sur $\underline{H(F'_{b'}, M)}$.

*Soit $M = A$, supposons encore que l'on a dans $H'_2$ et $H_2$ des coefficients ordinaires, que $\lambda_b^*$ est un isomorphisme sur, que $H^i(F, A) = H^i(F', A) = 0$ pour $i > s$, et enfin que $\mu^*$ est un isomorphisme de $H^j(B', A)$ sur $H^j(B, A)$ pour $j \leq m$.*

*Alors $\lambda^*$ est pour les éléments de $D \leq m - s$ un isomorphisme de $H'_r$ sur $H_r$ et de $H(E', M)$ sur $H(E, M)$, $(r \geq 2)$.*

DÉMONSTRATION. D'après les hypothèses et la formule (4.1) $\lambda^*$ est un isomorphisme de $H'_2$ sur $H_2$ pour les éléments de $DB \leq m$; comme $d_2$ augmente $D$ de 1, $\lambda^*$ est un isomorphisme sur pour les cobords de $D \leq m$ et pour les cocycles de $D \leq m - 1$, c'est donc un isomorphisme de $H'_3$ sur $H_3$ pour les éléments de degré total $\leq m - 1$; de même, $d_3$ augmentant aussi $D$ de 1, $\lambda^*$ est un isomorphisme de $H'_4$ sur $H_4$ pour les éléments de $D \leq m - 2$, et finalement c'est un isomorphisme de $H'_{s+2}$ sur $H_{s+2}$ pour les éléments de $D \leq m - s$. Mais nous avons supposé d'autre part que $H(F, A)$ et $H(F', A)$ n'ont pas d'élément non nul de degré $> s$; les degrés fibres dans $H'_r$ et $H_r$ ($r \geq 2$) sont donc compris entre $0$ et $s$ et $d_r$, qui diminue $DF$ de $r - 1$, est nulle pour $r \geq s + 2$, et ainsi $H'_{s+2} = H'_\infty = G(H(E', A))$, $H_{s+2} = H_\infty = G(H(E, A))$.

Nous obtenons ainsi un isomorphisme de $H'_r$ sur $H_r$ pour $D \leq m - s$, $r$ quelconque $> 2$ et enfin un isomorphisme de $H^i(E', A)$ sur $H^i(E, A)$, ($i \leq m - s$), (cf. §1D).

La quatrième définition de la transgression mise à part, ce qui précède contient presque toutes les propriétés de l'algèbre spectrale des espaces fibrés que nous utiliserons. Les remarques suivantes n'auront d'emploi que dans les §5 et 24; pour simplifier nous supposerons ci-dessous l'espace fibré $(E, B, F, p)$ compact.

Soient $\mathcal{E}$ et $\mathcal{B}$ des $A$-couvertures fines de $E$ et de $B$, on montre aisément que $p^{-1}(\mathcal{B}) \bigcirc \mathcal{E}$ est une $A$-couverture fine de $E$; nous noterons aussi $M$ un faisceau constant isomorphe à la $A$-algèbre $M$, alors (§3):

$$(4.7) \qquad H(p^{-1}(\mathcal{B}) \bigcirc \mathcal{E} \bigcirc M) = H(p^{-1}(\mathcal{B}) \bigcirc \mathcal{E} \otimes M) = H(E, M)$$

$\mathcal{C} = p^{-1}(\mathcal{B}) \bigcirc \mathcal{E} \bigcirc M$ est bigradué de façon évidente, mais le degré qui induit la graduation de $H(E, M)$ par les sous-modules $H^i(E, M)$ est le degré total. On filtre $\mathcal{C}$ par les sous-modules

$$(4.8) \qquad S^p = \sum\nolimits_{i \geq p} p^{-1}(\mathcal{B}^i) \bigcirc \mathcal{E} \bigcirc M$$

la condition $0 \leq f(x) \leq$ degré $x$ est bien vérifiée pour le degré total; l'algèbre spectrale correspondante $(H_r)$ est celle du Théorème 4.1 ([24], Théorème 4.1, [5], Exp. VIII), on démontre qu'elle est indépendante des $A$-couvertures fines choisies ([23], No. 50).

Soit $u$ l'élément neutre de $\mathcal{E}$, il y a un homomorphisme canonique $p': \mathcal{B} \bigcirc M \rightarrow p^{-1}(\mathcal{B}) \bigcirc u \bigcirc M$, c'est celui qui associe $k \bigcirc u \bigcirc m$ à $k \bigcirc m$; il est même biunivoque ([23], Prop. 37.5, [5] Exp. II Théorème 7.5). On peut donc identifier $\mathcal{B} \bigcirc M$ à $p^{-1}(\mathcal{B}) \bigcirc u \bigcirc M$, l'ensemble des "cochaînes de base" de $\mathcal{C}$; l'homomorphisme de $H(\mathcal{B} \bigcirc M) = H(B, M)$ dans $H(\mathcal{C}) = H(E, M)$ induit par $p'$ est dans la théorie de Leray $p^*$ par définition; on voit aisément que si l'on identifie $H(\mathcal{B} \bigcirc M)$ et $H(\mathcal{C})$ aux algèbres de cohomologie d'Alexander-Spanier de $B$ et $E$ par les isomorphismes canoniques du théorème d'unicité, $p^*$ se transporte en l'homomorphisme naturel défini dans la cohomologie d'Alexander-Spanier, mais cela ne jouera pas de rôle ici.

LEMME 4.1. *Pour filtration (4.8) de $\mathcal{C}$, on a, si $F$ est connexe*

$$C_1^{p,0} = p^{-1}(\mathcal{B}^p) \bigcirc u \bigcirc M = p'(\mathcal{B}^p \bigcirc M)$$

(voir [5], Exp. VII, Lemme 4). Par conséquent $C_2^{p,0}$ est l'ensemble des cocycles de $p'(\mathcal{B} \bigcirc M)$ et $D_1^{p,0} = dC_1^{p-1,0}$ celui de ses cobords, d'où un isomorphisme canonique:

$$\pi^*: H_2^{p,0} = C_2^{p,0}/D_1^{p,0} = H^p(B, M)$$

(car $C_1^{p+1,-1}$ est nul), qui est l'isomorphisme mentionné plus haut sous $b$).

Soit $b$ un point quelconque mais fixé de $B$, et $F_b = p^{-1}(b)$ on a pour la section de $\mathcal{C}$ par $F_b$

$$(4.9) \quad \mathcal{C}' = F_b(\mathcal{C}) = p^{-1}(b) \cdot p^{-1}(\mathcal{B}) \bigcirc F_b(\mathcal{E} \bigcirc M) = b\mathcal{B} \otimes F_b\mathcal{E} \otimes M$$

(cela résulte de lemmes simples sur les complexes, cf. [5] Exp. VII ou [23], formule (30.6) et lemme 32.2); $F_b\mathcal{E}$ et $b\mathcal{B}$ sont des $A$-couvertures fines de $F_b$ et $b$, ils sont sans torsion, $H(F_b\mathcal{E} \bigcirc M) = H(F_b, M)$ et $b\mathcal{B}$ a une cohomologie triviale. Filtrons $\mathcal{C}'$ par

$$(4.10) \qquad\qquad S'^p = \sum_{i \geq p} b\mathcal{B}^i \otimes F_b\mathcal{E} \otimes M.$$

On a donc $F_b(S^p) \subset S'^p$, la section induit un homomorphisme des algèbres spectrales $(H_r)$ et $(H'_r)$ de $\mathcal{C}$ et $\mathcal{C}'$, et un homomorphisme de $H(E, M)$ dans $H(F_b, M)$ qui est $i_b^*$ par définition; on a en particulier $i_b^*(J^p) \subset J'^p$; l'algèbre spectrale $(H'_r)$ se calcule facilement ([23], No. 17, [5], Exp. VI, Théorème 4). On trouve: $H'_0 = G(\mathcal{C}')$, $d'_0$ est la differentielle partielle par rapport à $F_b\mathcal{E}$, par conséquent

$$(4.11) \qquad H'_1 = b\mathcal{B} \otimes H(F_b, M); \qquad H'^{p,q}_1 = b\mathcal{B}^p \otimes H^q(F_b, M)$$

$d'_1$ est la différentielle partielle par rapport à $b\mathcal{B}$, d'où

$$(4.12) \qquad H'_2 = H(F_b, M); \qquad H'^{0,q}_2 = H^q(F_b, M); \qquad H'^{p,q}_2 = 0 \quad (p > 0)$$

donc $d'_r = 0$ pour $r \geq 2$, $H'_2 = H'_\infty = G(H(F_b, M))$ n'a que des éléments de degré filtrant nul; cela signifie que $J'^1 = 0$ et que $H(F_b, M)$ est naturellement isomorphe à $G(H(F_b, M)) = H'_2$; on voit aussi en passant que $i_b^*(J^1) = 0$, ce qui a déjà été mentionné plus haut sous c). Enfin on montre que la section est un isomorphisme de $H^{0,q}_2 = H^0(B, H^q(F, M))$ sur $\underline{H^q(F_b, M)}$; c'est l'isomorphisme $i_b^*$ annoncé sous c), (cf. [5], Exp. VIII).

## §5. La transgression

La transgression dans un espace fibré $(E, B, F, p)$, (que nous supposerons toujours connexe) relativement aux coefficients $M$, est un homomorphisme d'un sous-module de $H^s(F, M)$ dans un quotient de $H^{s+1}(B, M)$, $(s = 0, 1, \cdots)$. Comme nous l'avons déjà dit, elle jouera un rôle fondamental dans ce travail; nous en donnerons ici quatre définitions, dont nous montrerons l'équivalence (dans leur domaine commun de définition); les deux premières sont très générales tandis que les deux dernières, formulées ici dans le cadre de la théorie de Leray, sont valables pour les espaces compacts.

Dans le §5, $H(X, M)$ est l'algèbre de cohomologie d'Alexander-Spanier de l'espace $X$ à valeurs dans $M$, à supports non nécessairement compacts, $C(X, M)$ est l'algèbre des cochaînes d'Alexander-Spanier de $X$ à valeurs dans $M$.

1ère définition. L'injection $i_b$ d'une fibre $F_b$ dans $E$ induit un homomorphisme $i'_b$ canonique de $C(E, M)$ sur $C(F_b, M)$, la projection $p$ induit un homomorphisme canonique $p'$ de $C(B, M)$ dans $C(E, M)$ qui est biunivoque; on identifie $C(B, M)$ à son image par $p'$, dont les éléments sont nommés les cochaînes de base.

$h \in H^s(F_b, M)$ *est transgressif s'il existe* $c \in C(E, M)$ *telle que* $i'_b(c)$ *soit un cocycle de* $h$ *et que* $dc$ *soit une cochaîne de base*; c est une cochaîne de transgression pour $h$, $dc$ est naturellement un cocycle de $C(B, M)$, on peut dire que sa classe de cohomologie est une image de $h$ dans $H^{s+1}(B, M)$ par transgression, mais elle n'est pas univoquement déterminée; soit en effet $K^{s+1}(B, M)$ le sous-module de $H^{s+1}(B, M)$ formé des éléments $x$ ayant la propriété suivante: $x$ contient un cocycle qui est dans $C(E, M)$ cobord d'une cochaîne annulée par $i'_b$. On vérifie immédiatement que l'image d'un élément transgressif est déterminée à un élément de $K^{s+1}(B, M)$ près; nous obtenons donc un homomorphisme du sous-module des éléments transgressifs de $H^s(F_b, M)$ dans $H^{s+1}(B, M)/K^{s+1}(B, M)$, c'est la transgression.

2ème définition. Elle est due à J. P. Serre ([29], No. 9); on considère les applications

$$(5.1) \qquad H^s(F_b, M) \xrightarrow{\ \delta\ } H^{s+1}(E \bmod F_b, M) \xleftarrow{\ q^*\ } H^{\cdot+1}(B, M)$$

$\delta$ est l'homomorphisme cobord de la suite exacte de cohomologie relative, de $E$ mod $F_b$, $q^*$ est le composé de l'isomorphisme canonique de $H^{s+1}(B, M)$ sur $H^{s+1}(B \bmod b, M)$ et de l'homomorphisme canonique $p^*: H^{s+1}(B \bmod b, M) \to H^{s+1}(E \bmod F_b, M)$ induit par $p$.

(5.1) permet de définir un homomorphisme d'un sous-module de $H^s(F_b, M)$ dans un quotient de $H^{s+1}(B, M)$, il est immédiat que c'est la transgression au sens de la 1ère définition.

Remarque. Ces deux définitions peuvent naturellement être données dans d'autres cohomologies, par exemple en cohomologie singulière comme cela est fait par J. P. Serre [29]. A priori ces définitions dépendent de la fibre, en fait il n'en est rien comme nous le verrons ici tout au moins si $E$ est compact, $F$ connexe

Pour les deux dernières définitions, nous supposons $E$ compact, $F$ connexe.

3ème définition. Elle est analogue à la première mais utilise des cochaînes prises dans un complexe particulier, celui qui permet de construire l'algèbre spectrales de la fibration, et dont la définition a été rappelée au §4. Soient de nouveau $\mathcal{E}$ et $\mathcal{B}$ des $A$-couvertures fines de $E$ et $B$, $C = p^{-1}(\mathcal{B}) \bigcirc \mathcal{E} \bigcirc M$; on a déjà défini un isomorphisme $p'$ de $\mathcal{B} \bigcirc M$ dans $C$, sur $p^{-1}(\mathcal{B}) \bigcirc u \bigcirc M$; les éléments de ce dernier complexe sont les cochaînes de base. On dira alors que $h \in H^s(F_b, M)$ *est transgressif s'il existe* $c \in \mathcal{C}$ *telle que* $F_b c$ *soit un cocycle de* $h$ *et que* $dc$ *soit une cochaîne de base*. Soit $L^{s+1}(B, M)$ l'ensemble des éléments $x$ de $H^{s+1}(B, M)$ ayant la propriété suivante: Il existe $c \in \mathcal{C}$ tel que $F_b c = 0$ et que $dc$ soit un cocycle de $x$; en faisant correspondre à un élément transgressif la classe de cohomologie de $dc$ on définit un homomorphisme d'un sous-module de $H^s(F_b, M)$ dans un quotient $H^{s+1}(B, M)/L^{s+1}(B, M)$ de $H^{s+1}(B, M)$, c'est la transgression. Montrons que cette définition équivaut à la précédente; soit $\mathfrak{N}$ le noyau de la section de $\mathcal{C}$ par $F_b$, c'est donc l'ensemble des éléments de $\mathcal{C}$ dont le support ne rencontre pas $F_b$, et de même soit $\mathcal{P}$ le noyau de la section de $\mathcal{B} \bigcirc M$ par $b$. On a le diagramme commutatif suivant, où les lignes sont exactes:

$$(5.2) \qquad \begin{array}{ccccccc} 0 \to \mathfrak{N} & \to & \mathcal{C} & \to & F_b\mathcal{C} & \to & 0 \\ & & & & & & \\ \uparrow p' & & \uparrow p' & & \uparrow p' & & \\ & & & & & & \\ 0 \to \mathcal{P} & \to & \mathcal{B} \bigcirc M & \to & b\mathcal{B} \otimes M & \to & 0 \end{array}$$

d'où l'on tire le diagramme commutatif (5.3), où les lignes sont exactes:

$$(5.3) \qquad \begin{array}{ccccccccc} \to & H^s(F_b, M) & \xrightarrow{\delta} & H^{s+1}(\mathfrak{N}) & \to & H^{s+1}(E, M) & \xrightarrow{i^*} & H^{s+1}(F_b, M) & \to \\ & & & \uparrow p^* & & \uparrow p^* & & & \\ \to & H^s(b, M) & \to & H^{s+1}(\mathcal{P}) & \xrightarrow{f} & H^{s+1}(B, M) & \to & H^{s+1}(b, M) & \to \end{array}$$

$f$ est un isomorphisme, soit $q^*: H^{s+1}(B, M) \to H^{s+1}(\mathfrak{N})$ l'homomorphisme obtenu en composant $f^{-1}$ et $p^*$; il est alors clair que la 3ème définition de la transgression est équivalente à celle que l'on obtient par

$$(5.4) \qquad\qquad H^s(F_b, M) \xrightarrow{\delta} H^{s+1}(\mathfrak{N}) \xleftarrow{q^*} H^{s+1}(B, M)$$

On a déjà dit (§3) que $H(\mathfrak{N})$ et $H(\mathcal{P})$ s'identifiaient canoniquement à $H(E \bmod F_b, M)$ et à $H(B \bmod b, M)$; cette identification est naturellement telle que (5.3) devienne l'homomorphisme des suites exactes de cohomologie relative associé à $p$ (cf. [5], Exp. VII, Appendice), mais alors (5.4) devient exactement (5.1), d'où l'équivalence annoncée.

Notations. $T^s(F_b, M)$ est le sous-module des éléments transgressifs de $H^s(F_b, M)$, et $\tau$ est l'homomorphisme de transgression.

Il y a quelquefois intérêt à modifier légèrement la troisième définition en élargissant la notion de cochaîne de transgression, de la manière suivante, qui m'a été signalée par J. Leray.

Disons que $c \in \mathcal{C}$, de degré $s \geq 1$, *est une cochaîne de transgression au sens large si $dc$ est une cochaîne de base*. On n'exige donc pas que $F_bc$ soit un cocycle, néanmoins $c$ définit un élément bien déterminé de $H^s(F_b, M)$, que nous noterons $\omega(c)$; en effet

$$F_b(p^{-1}(\mathcal{B}) \bigcirc u \bigcirc M) \cong b\mathcal{B} \otimes M$$

a une cohomologie triviale et, puisque $dc \in p^{-1}(\mathcal{B}) \bigcirc u \bigcirc M$, on a

$$dF_bc = F_b(dc) = F_b(dk), \qquad\qquad (Dk = s - 1, \ k \in p^{-1}(\mathcal{B}) \bigcirc u \bigcirc M)$$

et $F_b(c - k)$ est un cocycle; sa classe de cohomologie dans $H^s(F_b, M)$ ne dépend pas de $k$, car si $F_b(c - k')$ est un cocycle, ($k'$ de base), $F_b(k - k')$ est un cocycle faisant partie de $b\mathcal{B} \otimes M$, donc

$$F_b(k - k') = dF_bm \quad (Dm = s - 1, \ m \in p^{-1}(\mathcal{B}) \bigcirc u \bigcirc M)$$

et $F_b(c - k') = F_b(c - k) + dF_b m$ est cohomologue à $F_b(c - k)$; la classe $\omega(c)$ de $F_b(c - k)$ est bien déterminée par $c$. De plus, $k$ étant de base, $dc$ et $d(c - k)$ sont dans le même élément y de $H^{s+1}(B, M)$, par conséquent: *Si $c$ est une cochaîne de transgression au sens large, $\omega(c)$ est transgressif et la classe de $dc$ en est une image par transgression.*

Evidemment si $\omega(c) = 0$ il existe $k$ de base telle que $F_b(c - k) = 0$, donc $L^{s+1}(B, M)$ est l'ensemble des classes de cohomologie des éléments $dc$ où $c$ est une cochaîne de transgression au sens large telle que $\omega(c) = 0$.

Remarquons qu'une cochaîne de transgression au sens large de degré $s$ fait partie de $C_{s+1}^{0,s}$ par définition et que $\omega(c)$ peut être aussi défini comme l'image de $c$ par la suite d'homomorphismes

$$C_{s+1}^{0,s} \xrightarrow{\;\nu_{s+1}^{0,s}\;} H_{s+1}^{0,s} \subset H_2^{0,s} \xrightarrow{\;\iota_b^*\;} H^s(F_b, M)$$

ou $\nu_{s+1}^{0,s}$ est la projection de $C_{s+1}^{0,s}$ sur $H_{s+1}^{0,s} = C_{s+1}^{0,s}/C_s^{1,s-1} + D_s^{0,s}$; cela résulte immédiatement de la définition de $\iota_b^*$ et du fait que $\nu_{s+1}^{0,s}(c - k) = \nu_{s+1}^{0,s}(c)$ puisque $k$ est de base, donc dans $C_s^{1,s-1}$.

LEMME 5.1. *Soient $c$ une cochaîne de transgression au sens large et $m$ un cocycle de base cohomologue à $dc$.*

*Alors il existe une cochaîne de transgression au sens large $c'$ telle que $dc' = m$ et que $\omega(c') = \omega(c)$.*

En effet, $dc = m + dk$, ($k$ de base), par hypothèse; on pose $c' = c - k$. Ce lemme sera utilisé dans le §25.

4ème DÉFINITION. On considère l'algèbre spectrale $(H_r)$ de $(E, B, F, p)$, en supposant donc les hypothèses du théorème 4.1 vérifiées; $H_{s+1}^{0,s}$ $(r \geqq 2)$ est le sous-module de $H_2^{0,s}$ formé des éléments qui sont des cocycles pour $d_2, \cdots, d_s$; la différentielle $d_{s+1}$ est un homomorphisme de $H_{s+1}^{0,s}$ dans $H_{s+1}^{s+1,0}$, nous voulons montrer que c'est la transgression; de façon précise:

PROPOSITION 5.1. *Identifions $H^{s+1}(B, M)$ et $H^s(\underline{F_b \cdot M})$ à $H_2^{s+1,0}$ et $H_2^{0,s}$ par les isomorphismes $\pi^*$ et $\iota_b^*$. Alors $L^{s+1}(B, M)$ et $T^s(F_b, M)$ se transportent en le noyau de $\kappa_{s+1}^2$ et en $H_{s+1}^{0,s}$, on a le diagramme commutatif ($s \geqq 1$):*

$$
\begin{array}{ccccc}
T^s(F_b, M) & \xrightarrow{\;\tau\;} & H^{s+1}(B, M)/L^{s+1}(B, M) & \leftarrow & H^{s+1}(B, M) \\[6pt]
\Big\uparrow{\iota_b^*} & & \Big\uparrow{\pi^*} & & \Big\uparrow{\pi^*} \\[6pt]
H_{s+1}^{0,s} & \xrightarrow{\;d_{s+1}\;} & H_{s+1}^{s+1,0} & \xleftarrow{\;\kappa_{s+1}^2\;} & H_2^{s+1,0}
\end{array}
$$

(5.5)

$F_b$ étant supposé connexe, la transgression n'a d'intérêt que pour $s \geqq 1$; soit $L'^{s+1}$ le noyau de $\kappa_{s+1}^2 : H_2^{s+1,0} \to H_{s+1}^{s+1,0}$; évidemment $L'^2 = 0$; pour $s \geqq 2$, on a une suite d'inclusions

$$(5.6) \qquad H_{s+1}^{s+1,0} \supset (\kappa_s^2)^{-1} d_s H_s^{1,s-1} \supset (\kappa_{s-1}^2)^{-1} d_{s-1} H_{s-1}^{2,s-2} \supset \cdots \supset d_2 H_2^{s-1,1}$$

et $L'^{s+1} = (\kappa_s^2)^{-1} d_s H_s^{1,s-1}$; nous montrerons d'abord que $L'^{s+1}$ est égal à $L^{s+1}(B, M)$, que nous noterons ici $L^{s+1}$

(i) *A montrer*: $L^{s+1} \subset L'^{s+1}$ ($s \geqq 1$). Soit $x \, \epsilon \, L^{s+1}$, il existe donc $c \, \epsilon \, \mathcal{C}$ telle que $F_b c = 0$ et que $dc$ soit un cocycle de base, appartenant à $x$; $c$ étant naturellement supposé non nul, il existe $p$ ($0 \leqq p \leqq s$) tel que $c \, \epsilon \, S^p$, donc $c \, \epsilon \, C^{p,p-s}_{s+1-p}$, puisque $dc$ est de base. *Si $p = s$, $c$* est lui-même une cochaîne de base (Lemme 4.1), donc $x = 0$; soient maintenant $0 \leqq p < s$ et $c^*$ la projection de $c$ dans $H^{p,s-p}_{s+1-p}$; par définition de $d_{s+1-p}$ (et de $\pi^*$), on a

$$\kappa^2_{s+1-p} x = d_{s+1-p} c^*$$

si $p > 0$, on a $2 \leqq s + 1 - p \leqq s$ et

$$x \, \epsilon \, (\kappa^2_{s+1-p})^{-1} d_{s+1-p} H^{p,s-p}_{s+1-p} \subset L'^{s+1}$$

*si $p = 0$* désignons par $\hat{c}$ la projection de $c$ dans $H^{0,s}_2$; ce dernier est isomorphe à $\underline{H^s(F_b, M)}$ par un isomorphisme $\iota_b^*$ induit par la section (§4), donc $F_b c = 0$ implique $\hat{c} = 0$ d'où

$$\kappa^2_{s+1} x = d_{s+1} c^* = d_{1+s} \kappa^2_{s+1} \, \hat{c} = 0$$

donc $x \, \epsilon \, L'^{s+1}$.

(ii) *A montrer*: $L'^{s+1} \subset L^{s+1}$ ($s \geqq 1$); il n'y a rien à démontrer pour $s = 1$ puisque $L'^2 = 0$; pour $s \geqq 2$, on prouvera par récurrence sur $a$, ($2 \leqq a \leqq s$), que:

$$(5.6)_a \qquad\qquad (\kappa^2_a)^{-1} d_a H^{s-a+1,a-1}_a \subset L^{s+1}$$

Supposons $(5.6)_{a-1}$ démontré, soit $x \, \epsilon \, (\kappa^2_a)^{-1} d_a H^{s-a+1,a-1}_a$ et $h \, \epsilon \, H^{s-a+1,a-1}_a$ tels que $\kappa^2_a x = d_a h$.

Soit $c$ un représentant de $h$ dans $C^{s-a+1,a-1}_a \subset C^{0,s}_{s+1}$, c'est une co chaîne de transgression au sens large et comme $s - a + 1 > 0$, on a $\omega(c) = 0$ et la classe de cohomologie $y$ de $dc$ fait partie de $L^{s+1}$; par définition de $d_a$ et de $\pi^*$ on a $d_a h = \kappa^s_a y$ donc $y = x + x'$, $x'$ étant dans le noyau de $\kappa^2_a$, c'est à dire dans $(\kappa^2_{a-1})^{-1} d_{a-1} H^{s-a,a-2}_{a-1}$, qui fait partie de $L^{s+1}$ d'après l'hypothèse de récurrence; ainsi $x = y - x'$ est dans $L^{s+1}$. Démonstration analogue pour $a = 2$.

(iii) *A montrer*: $T^s(F_b, M) = H^{0,s}_{s+1}$ et $\tau = d_{s+1}$.

Si $h \, \epsilon \, T^s(F_b, M)$, une cochaîne de transgression $c$ pour $h$ est un élément de $C^{0,s}_{s+1}$ tel que $\omega(c) = h$, d'où $T^s(F_b, M) \subset H^{0,s}_{s+1}$. De plus si $y \, \epsilon \, H^{s+1}(B, M)$ est la classe de $dc$, on a d'après i), ii) et la définition de $d_{s+1}$

$$d_{s+1} h = \kappa^2_{s+1} y = \tau h.$$

Il reste à montrer que $H^{0,s}_{s+1} \subset T^s(F_b, M)$; or, soit $h' \, \epsilon \, H^{0,s}_{s+1}$; un quelconque de ses représentants dans $C^{0,s}_{s+1}$ est une cochaîne de transgression au sens large et $\omega(c) \, \epsilon \, T^s(F_b, M)$, d'où l'inclusion annoncée.

*Remarques.* (1) La quatrième définition montre que $T^s(F_b, M) \subset \underline{H^s(F_b, M)}$ et que les trois premières définitions sont indépendantes de la fibre particulière considérée; de même la troisième définition ne dépend pas des $A$-couvertures fines $\mathcal{E}$ et $\mathcal{B}$ choisies.

(2) Si $E$ et $F$ sont des polyèdres ou plus généralement des espaces compacts *HLC*, les suites exactes de cohomologie relative d'Alexander-Spanier et singu-

lière s'identifient. La quatrième définition est donc équivalente à la deuxième prise en cohomologie singulière, donc aussi à la première formulée à l'aide des cochaînes singulières.

(3) Pour un espace fibré quelconque, il y en a en cohomologie singulière aussi équivalence entre la première, la deuxième et la quatrième définition, $(H_r)$ étant alors l'algèbre spectrale de la fibration en cohomologie singulière introduite par J. P. Serre ([29], No. 9). Enfin, dans le cas de la fibration d'un groupe de Lie compact par un sous-groupe fermé connexe, la première définition, énoncée à l'aide des formes différentielles extérieures, admet aussi une traduction dans l'algèbre spectrale de J. L. Koszul ([21], deux dernières lignes).

Chapitre II. Le Theoreme de Hopf

On sait que le théorème de Hopf [19] concerne l'algèbre de cohomologie d'un espace muni d'un produit vérifiant certaines conditions; ces hypothèses se traduisent par une propriété de l'algèbre de cohomologie qui suffit pour faire la démonstration. Dans le §6, nous partirons de cette dernière et établirons un théorème de Hopf directement formulé pour des algèbres. Pour l'énoncé que nous avons en vue, il nous faudra supposer le corps de base *parfait* (du moins pour la démonstration ci-dessous), mais cette hypothèse s'avérera superflue dans le cas topologique, traité dans le §7.

### §6. Le théorème de Hopf algébrique

6.1. $H$ sera une algèbre sur un corps $K_p$, graduée par des sous-espaces $H^i (i \geq 0)$, anticommutative, munie d'un élément neutre 1 qui est base de $H^0$. On note $Dx$ le degré de l'élément homogène $x$; on dit que $h \in H$ est de *hauteur infinie* si $h^r \neq 0$, pour tout entier $r \geq 0$, qu'il est de *hauteur s* si $h^{s-1} \neq 0$, $h^s = 0$; on pose bien entendu $x^0 = 1$ pour tout $x \in H$.

Pour simplifier les notations, nous supposerons que $H$ est de *type fini*, c'est à dire que chaque sous-espace $H^i$ est de dimension finie. Elle admet donc un système dénombrable de générateurs. Rappelons que les éléments homogènes de degrés $> 0$, $x_1$, $x_2$, $\cdots$ sont dits former un *système minimal* de générateurs de $H$ si tout $h \in H$ est somme d'un polynômes en les $x_i$ et d'un multiples scalaire de 1 et si $x_k$ n'est pas un polynôme en les $x_i$ d'indices $\neq k$ ($k = 1, 2, \cdots$).

DEFINITION 6.1. *L'ensemble* $(x_i)$, ($i = 1, 2, \cdots$), *d'éléments homogènes de* $H$, $(0 < Dx_i \leq Dx_j \ si \ i \leq j)$ *est un système de générateurs du type* (M) *de* $H$ *s'il vérifie les deux conditions:*

M 1: *C'est un système minimal de générateurs de* $H$.

M 2: *La hauteur de* $x_k$ *est plus petite ou égale à la hauteur de tout élément* $x_k +$ $P(x_{k-1}, \cdots, x_1)$, *où* $P(x_{k-1}, \cdots, x_1)$ *est un polynôme en* $x_{k-1}, \cdots$, $x_1 (k = 1, 2, \cdots)$.

Une construction immédiate par récurrence montre l'existence d'au moins un système de générateurs de type (M), mais un système minimal quelconque ne vérifie pas forcément M 2.

DEFINITION 6.2. $H$ *est une algèbre de Hopf s'il existe un homomorphisme d'algè-*

145

*bres graduées $f: H \rightarrow H \otimes H$ et deux automorphismes $\rho$ et $\sigma$ de $H$ tels que pour tout $h \subset H$ homogène l'on ait:*

$$(6.1) \quad f(h) = \rho(h) \otimes 1 + 1 \otimes \sigma(h) + x_1 \otimes y_1 + \cdots + x_s \otimes y_s$$

$$(0 < Dx_i < Dh).$$

Nous supposerons dans la suite que $\rho$ et $\sigma$ sont l'identité; ce n'est pas restreindre la généralité car on se ramène à ce cas en composant $f$ et l'automorphisme $x \otimes y \rightarrow \rho^{-1}(x) \otimes \sigma^{-1}(y)$ de $H \otimes H$.

THÉORÈME 6.1. *Soit $H$ une algèbre de Hopf de type fini, sur un corps $K_p$ parfait, et $(x_i)$, $(i = 1, 2, \cdots)$, un système de générateurs de type (M), $s_i$ la hauteur de $x_i$, (éventuellement infinie).*

*Alors les monômes $x_1^{r_1} \cdot x_2^{r_2} \cdots x_k^{r_k} \cdots$, $(0 \leqq r_i < s_i$, $r_i$ nul sauf pour un nombre fini d'indices), forment une base d'espace vectoriel sur $K_p$ de $H$.*

*Si $p = 0$, tout système minimal de générateurs est de type (M).*

COMPLÉMENT. *Si $p = 2$, $s_i$ est infini ou une puissance de 2. Si $p \neq 2$: pour $Dx_i$ impair, $s_i = 2$, pour $Dx_i$ pair, $s_i$ est une puissance de $p$ ou infini, toujours infini quand $p = 0$.*

Ce théorème affirme en somme que $H$ est l'algèbre associative engendrée par les $x_i$ avec comme seules relations celles qui sont fournies par l'anticommutation et la nilpotence éventuelle de certains éléments; joint au complément, il montre aussi qu'une algèbre de Hopf peut toujours être envisagée comme produit tensoriel (gauche) d'algèbres de Hopf à un générateur. Il résulte évidemment du Théorème 6.1 que si $P(x_k, \cdots, x_1) = 0$ est une relation entre certains $x_i$ ($P$ polynôme), et si $P_i$ est la dérivée partielle de $P$ par rapport à $x_i$, alors $P_i(x_k, \cdots, x_1) = 0$ est aussi vraie; rappelons que dans la formulation de J. Leray du théorème de Hopf (voir loc. cit.[3]), on ne peut dériver que par rapport à une variable de degré maximum.

Pour exprimer commodément le Théorème 6.1 nous introduirons encore la définition suivante, valable pour toute algèbre $H$ sur $K_p$ vérifiant les conditions du début de 6.1.

DÉFINITION 6.3. *Un ensemble d'éléments $(x_i)$ de $H$ est $p$-semi-libre si*

*(1) les monômes $x_1^{r_1} x_2^{r_2} \cdots x_k^{r_k} \cdots$ $(0 \leqq r_i < s_i$, $r_i$ nul sauf pour un nombre fini d'indices, $s_i$ hauteur de $x_i$, év. infinie), sont linéairement indépendants.*

*(2) Si $p = 2$, $s_i$ est infini ou une puissance de deux; si $p \neq 2$ et $Dx_i$ pair, $s_i$ est infini ou une puissance de $p$, toujours infini pour $p = 0$.*

Notre théorème affirme donc que dans une algèbre de Hopf sur un corps parfait, tout système de générateurs de type (M) est $p$-semi-libre, en particulier il y a toujours un système $p$-semi-libre de générateurs.

6.2. La démonstration du Théorème 6.1 est l'objet des Nos. 6.3, 6.4 et 6.5; ici nous rassemblons quelques remarques préliminaires et fixons des notations.

(a) $C_s^r$ sera le coefficient binomial $\binom{r}{s}$; on utilisera constamment le fait facile à démontrer que $C_s^r \equiv 0 \bmod p$, $p$ premier, pour tout $s$ vérifiant $0 < s < r$ équivaut à: $r$ est une puissance de $p$ (ou un). En particulier, si $r$ est une puissance de $p$, la $r$-ième puissance d'une somme de termes faisant partie du centre de $H$ (ou de $H \otimes H$) est la somme des puissances $r$-ièmes de ces termes.

(b) *Si $p \neq 2$ et si $Dx$ est impair*, $x \cdot x = 0$, aussi remarquons-nous une fois pour toutes que si nous considérons $x^s$ avec $s > 1$, c'est que ou bien $p = 2$, ou bien $Dx$ est pair; dans les deux cas, $x$ est dans le centre de $H$ et chaque terme de $f(x)$ figurant dans (6.1) est dans le centre de $H \otimes H$; on pourra les traiter comme variables commutatives dans le calcul de $(f(x))^s$.

(c) $(x_1, \cdots, x_k)$ étant l'idéal engendré dans $H$ par $x_1, \cdots, x_k$, nous noterons $I_k$ l'idéal $(x_1, \cdots, x_k) \otimes H$ de $H \otimes H$; on a alors pour le système $(x_i)$ de l'énoncé, les congruences modulo $I_{k-1}$ :

$$f(x_k) \equiv x_k \otimes 1 + 1 \otimes x_k; \qquad f(x_i) \equiv 1 \otimes x_i \qquad (i < k)$$

$$(6.2) \quad f(x_k^{r_k} \cdots x_k^{r_1}) \equiv x_k^{r_k} \otimes x_{k-1}^{r_{k-1}} \cdots x_1^{r_1}$$
$$+ \sum_{0 \leq i < r_k} C_i^{r_k}(x_k^i \otimes x_k^{r_x - i})(1 \otimes x_{k-1}^{r_{k-1}} \cdots x_1^{r_1}).$$

6.3. Nous appellerons *monôme normal* de $H$ un produit $x_k^{r_k} x_{k-1}^{r_{k-1}} \cdots x_1^{r_1}$ où $0 < r_k < s_k$, $0 \leqq r_i < s_i(0 < i < k)$; par degré d'un tel monôme nous entendons toujours son degré en tant qu'élément de $H$, c'est à dire $(r_1 Dx_1 + \cdots + r_k Dx_k)$; un monôme normal de $H \otimes H$ sera un produit tensoriel $a \otimes b$ de deux monômes normaux $a$ et $b$ de $H$. Notre théorème affirme essentiellement que les monômes normaux de $H$ forment avec l'élément neutre une base d'espace vectoriel sur $K_p$ de $H$; il est clair que tout élément de $H$ est combinaison linéaire finie (à coefficients dans $K_p$) de monômes normaux et de l'élément neutre; il suffit donc de démontrer l'indépendance linéaire des monômes normaux de degré $i$ ($i = 1, 2, \cdots$), ce que nous ferons par récurrence sur le degré; c'est trivial pour $i = 1$, supposons le vrai pour $i < n$; il s'ensuit tout d'abord:

*Deux monômes normaux de degrés $<n$ ne sont égaux en tant qu'éléments de $H$ que s'ils sont formellement identiques. Les monômes $a \otimes b$, où $a$ et $b$ parcourent les monômes normaux de degrés $<n$ sont linéairement indépendants dans $H \otimes H$ et ainsi deux combinaisons linéaires (sans répétition) de tels monômes ne sont égales en tant qu'éléments de $H \otimes H$ que si elles sont formellement identiques (à l'ordre des termes près)*

Soit $P(x_k, \cdots, x_1)$ une combinaison linéaire finie de monômes normaux de degré $n$, à coefficients non nuls, $k$ étant le plus grand indice tel que $x_k$ figure dans $P$; nous ordonnons les monômes de $P$ par ordre lexicographique décroissant: $x_i^{r_i} x_{i-1}^{r_{i-1}} \cdots x_1^{r_1}$ vient avant $x_j^{t_j} x_{j-1}^{t_{j-1}} \cdots x_1^{t_1}$ si $i > j$ ou pour $i = j$ si la première différence $(r_i - t_i), \cdots, (r_1 - t_1)$ non nulle est positive. On peut écrire

$$(6.3) \qquad P(x_k, \cdots, x_1) = x_k^r Q(x_{k-1}, \cdots, x_1) + R(x_k, \cdots, x_1)$$

où $Q$ et $R$ sont des sommes de monômes normaux, $x_k$ n'intervenant (éventuellement) dans $R$ qu'avec des exposants $<r$; nous notons donc $r$ la plus grande puissance de $x_k$, qui jouera dans la démonstration un rôle particulier; notre but est de tirer une contradiction de la supposition $P = 0$.

6.4. *A montrer*: *Si $P = 0$, $Q$ est une constante, $r$ est une puissance de $p$ pour $p \neq 0$, est égal à 1 pour $p = 0$.*

140 ARMAND BOREL

En utilisant le No. 6.2, on voit que

$$f(x_kQ) = x_k^r \otimes Q + \sum_{0 \le i < r} C_i^r (x_k^i \otimes x_r^{r-i})(1 \otimes Q) \text{ mod. } I_{k-1}$$

et que $f(R)$ ne contient pas de terme $x_k^i a \otimes x_k^j b$ avec $i + j = r$. Si maintenant $Q$ est de degré $>0$, alors $x_k^r$ et $Q$ sont de degrés $<n$, on peut appliquer le No. 6.3; pour que $f(P) = 0$, il faut que chaque monôme normal de $x_k^r \otimes Q$ se retrouve identiquement dans $f(P) - x_k^r \otimes Q$ mais cela est impossible d'après ce que nous venons de dire.

Ainsi $rDx_k = n$, $Q$ est une constante non nulle, que l'on peut supposer être égale à 1. Si maintenant $r > 1$ et si de plus, pour $p \ne 0$, $r$ n'est pas une puissance de $p$, alors $f(x_k^r Q) = f(x_k^r)$ contient un terme $C_i^r(x_k^i \otimes x_k^{r-i})$, $(0 < i < r)$, non nul et le monôme normal $x_k^i \otimes x_k^{r-i}$ ne peut se retrouver dans $f(P) - C_i^r(x_k^i \otimes x_k^{r-i})$, donc $f(P) \ne 0$. Cela montre:Pour $p = 0$, $r = 1$, pour $p \ne 0$, $r$ est une puissance de $p$ ou 1; mais si $r = 1$, $P = 0$ signifie $x_k = -R(x_{k-1}, \cdots, x_1)$ ce qui est absurde puisque le système $(x_i)$ est minimal, et démontre notre théorème pour $p = 0$.

REMARQUE. Nous n'avons utilisé jusqu'à présent que la condition M 1; pour $p = 0$, notre théorème et sa démonstration valent donc pour tout système minimal; toujours dans le cas $p = 0$, le raisonnement précédent montre que si $Dx_k$ est pair, $x_k$ est de hauteur infinie: En effet, si $x_k^{s-1} \ne 0$, $f(x_k^s)$ contient un terme $C_i^r(x_k^i \otimes x_k^{r-i})$, $(0 < i < s)$, non nul qui ne pourra se retrouver dans $f(x_k^s) - C_i^r(x_k^i \otimes x_k^{r-i})$ donc $f(x_k^s) \ne 0$ et $x_k^s \ne 0$, d'où pour $p = 0$, le fait que tout système minimal est de type (M) et le complément.

6.5. Nous supposons dorénavant $p \ne 0$, $P = x_k^r + R(x_k, \cdots, x_1)$, $r$ puissance de $p$. A montrer: *Si $P = 0$, tout monôme normal de $R$ est puissance $r$-ième d'un monôme en $x_1, \cdots, x_{k-1}$*, (éventuellement multiplié par une constante en $K_p$.

Admettons cela pour un instant. Le corps de base étant parfait, chacun de ses éléments est puissance $r$-ième, donc $R$ est une somme de puissances $r$-ièmes et est finalement lui-même puissance $r$-ième d'un polynôme en $x_1, \cdots, x_{k-1}$; ainsi il existe un polynôme $R_1(x_{k-1}, \cdots, x_1)$ tel que $P = (x_k + R_1)^r$; mais alors $P = 0$ signifie que $x_k$ a une hauteur strictement plus grande que $x_k + R_1(x_{k-1}, \cdots, x_1)$, ce qui contredit la condition M 2 de la définition 6.1, et termine la démonstration du théorème.

Soit $p = 2$ ou sinon $Dx_j$ pair; alors si $s$ n'est pas une puissance de $p$ et si $x_j^{s-1} \ne 0$, $f(x_j^s)$ contiendra un terme $C_i^s(x_j^i \otimes x_j^{s-i})$, $(0 < i < s)$, non nul qui ne peut être annulé par un monôme de $f(x_j^s) - C_i^s(x_j^i \otimes x_j^{s-i})$, donc $x_j^s \ne 0$: la hauteur de $x_j$ est infinie ou une puissance de $p$, ce qui prouve le complément.

Il nous reste donc à établir l'assertion (6.5); nous procéderons par récurrence sur l'ordre lexicographique décroissant des monômes normaux; supposons avoir démontré:

$$(6.5) \quad P = (x_k + S(x_{k-1}, \cdots, x_1))^r + x_j^t Q(x_{j-1} \cdots, x_1) + T(x_j, \cdots, x_1)$$

avec $j \le k$, $x_j$ ne figurant (éventuellement) dans $T$ qu'avec des exposants $<t \cdot$ N. B. On n'exclut pas le cas $S = 0$, c'est à dire où l'on considère le premier

monôme normal suivant $x_k^r$, c'est du reste le seul où l'on peut avoir a priori $j = k$. On a:

$$f(x_k + S) = (x_k + S) \otimes 1 + 1 \otimes (x_k + S) + k_1 a_1 \otimes b_1 + \cdots + k_m a_m \otimes b_m$$

$(k_i \in K_p ; a_i , b_i$ monômes normaux en $x_{k-1} , \cdots , x_1)$, donc

$$f((x_k + S)^r = (x_k + S)^r \otimes 1 + 1 \otimes (x_k + S)^r$$
$$\pm k_1^r a_1^r \otimes b_1^r \pm \cdots \pm k_m^r a_m^r \otimes b_m^r .$$

Admettons tout d'abord que dans la formule (6.5), $Q$ soit de degré strictement positif et soit a son premier monôme normal; alors le raisonnement de 6.3 montre que $f(x_j^t Q + T)$ contient $x_j^t \otimes a$ exactement une fois, précédé du coefficient de a dans $Q$; pour que $f(P) = 0$ il faut donc que ce monôme normal se retrouve identiquement dans $f((x_k + S)^r)$, donc qu'il existe i tel que $a_i^r = x_j^t$, $b_i^r = a$; le monôme $x_j^t a$ est donc puissance $r$-ième de $a_i b_i$ multiplié éventuellement par une racine $r$-ième de $(-1)$.

Soit maintenant $Q = c$ une constante; on a donc $j < k$, et naturellement $r \leqq t$, vu $t D x_j = r D x_k$ et $D x_j \leqq D x_k$. Ainsi, si $t$ est lui-même puissance de $p$, il est divisé par $r$ et $x_j$ est puissance $r$-ième (d'une puissance de $x_j$); sinon, $f(c x_j^t)$ contient un terme $c C_q^t (x_j^q \otimes x_j^{t-q})$, $(0 < q < t)$, non nul, qui devra se retrouver dans $f((x_k + S)^r)$; il y a donc un indice i tel que $x_j^q = a_i^r$, $x_j^{t-q} = b_j^r$, $x_j^t$ est de nouveau puissance $r$-ième (en fait aussi d'une puissance de $x_j$, car on tire de 6.3 que $a_i$ et $b_i$ sont des puissances de $x_j$), ce qui termine la démonstration.

6.6. Pour la définition suivante, $H$ a les propriétés énumérées dans les trois premières lignes de 6.1.

Definition 6.4. *L'ensemble d'éléments homogènes de degrés positifs $(x_i)$, $(i = 1, 2, \cdots )$, de $H$ est un système simple de générateurs si les monômes $x_{i_1} x_{i_2} \cdots x_{i_k}(i_1 < i_2 < \cdots < i_k ; k = 1, 2, \cdots )$ forment avec l'élément neutre une base d'espace vectoriel sur $K_p$ de $H$.*

Proposition 6.1. (a) *Une algèbre de Hopf de type fini sur un corps parfait de caractéristique deux admet toujours un système simple de générateurs.*

(b) *Soit $H$ une algèbre de Hopf de dimension finie sur un corps parfait de caractéristique $p \neq 2$. Elle admet un système simple de générateurs si et seulement si elle est une algèbre extérieure engendrée par des éléments de degrés impairs. Cela se produit toujours quand $p = 0$.*

(a) Si $(x_i)$ est un système de générateurs $p$-semi-libre on obtient un système simple en ajoutant aux $x_i$ leurs puissances d'exposants $2, 4, \cdots , 2^s, \cdots$ tant qu'elles ne sont pas nulles.

(b) Pour $p = 0$ un système minimal de générateurs ne peut contenir un élément de degré pair, puisque la hauteur de ce dernier serait infinie, $H$ est donc une algèbre extérieure (compte tenu du théorème 6.1); pour $p \neq 0, 2$ il nous suffit de montrer que si $H$ a un système simple de générateurs, tout élément d'un système de générateurs $p$-semi-libre est de degré impair; or soit $n$ la dimension de $H$, si $H$ a un système simple de générateurs, $n$ est une puissance de deux, si d'autre part $(x_1 , \cdots , x_m)$ est un système de générateurs $p$-semi-libre et si

$s_i$ est la hauteur de $x_i$, $n = s_1 \cdots s_m$, $n$ est donc divisible par $p$ si l'un des $x_j$ est de degré pair (complément au Théoreme 6.1), d'où notre assertion.

## §7. Conséquences topologiques

On appelle variété de Hopf une variété $X$ pour laquelle il existe une application continue $\zeta \colon X \times X \to X$ telle que les transformations $x \to \zeta(a \times x)$ et $x \to \zeta(x \times b)$ de $X$ dans elle-même induisent des automorphismes de $H(X, Z)$; on dira que $\zeta$ est un *produit essentiel* sur $X$.

PROPOSITION 7.1. *Soit $X$ une variété de Hopf compacte connexe et $K_p$ un corps quelconque de caractéristique $p$.*

*Alors $H(X, K_p)$ admet un système de générateurs $p$-semi-libre.*

Si $L_p$ est le corps premier de $K_p$, on a

$$(7.1) \qquad H(X, K_p) = H(X, L_p) \otimes K_p \qquad \text{(produit tensoriel sur } L_p)$$

il suffit donc de prouver la proposition pour les coefficients $L_p$. Or ici

$$(7.2) \qquad H(X \times X, L_p) = H(X, L_p) \otimes H(X, L_p)$$

et l'homomorphisme $\zeta^* \colon H(X, L_p) \to H(X \times X, L_p)$ transposé de $\zeta$ fait de $H(X, L_p)$ une algèbre de Hopf, comme on sait; on peut appliquer le théorème 6.1 puisque $L_p$ est parfait et $H(X, L_p)$ évidemment de type fini.

REMARQUES. La Proposition 7.1 vaut naturellement pour des espaces plus généraux munis d'un produit essentiel; en cohomologie d'Alexander-Spanier il s'applique à tout espace $X$ compact connexe, en effet, dans ce cas (7.2) est toujours vrai (voir par ex. [23], No. 63) et le théorème 6.1 est valable, tout au moins si $H(X, L_p)$ est de type fini, mais cette hypothèse n'est pas indispensable dans cette démonstration. En cohomologie singulière la proposition 7.2 s'applique à tout espace $X$ connexe dont la cohomologie singulière est de type fini, car (7.2) est alors vrai d'après un résultat (non publié) de Eilenberg-Zilber, mais cette hypothèse de finitude qui intervient déjà à propos de (7.2) ne peut probablement être supprimée en général.

PROPOSITION 7.2. *Si $X$ est une variété de Hopf compacte connexe sans $p$-torsion $H(X, K_p)$ est l'algèbre extérieure d'un espace vectoriel gradué par des degrés impairs.*

Pour $p = 0$, notre hypothèse est toujours vérifiée et la proposition résulte de la proposition 6.1.

Si $X$ est sans $p$-torsion on a:

$$(7.3) \qquad H(X, K_p) = H(X, Z) \otimes K_p \quad \text{(produit tensoriel sur } Z)$$

et tout élément de degré impair de $H(X. K_p)$ est de carré nul (pour $p \neq 2$, c'est évident, pour $p = 2$, c'est vrai dans $H(X, Z)$, puisque le carré d'une classe entière est d'ordre deux, donc dans $H(X, Z) \otimes K_p$). Il suffira donc de montrer que les éléments d'un système de générateurs $(x_{p,i})$ $p$-semi-libre sont de degrés impairs.

Soit $G_p^j$ le sous-espace des éléments décomposables de $H^j(X, K_p)$, c'est à dire le sous-espace engendré par les produits d'éléments de degrés strictement plus petits que $j$; le nombre de générateurs de $(x_{p,i})$ de degré $j$ est évidemment égal à dim. $H^j(X, K_p) - $ dim. $G_p^j$ ; d'autre part, si $X$ est sans $p$-torsion on a dim. $H^j(X, K_0) = $ dim. $H^j(X, K_p)$; il suffit donc, puisque le théorème est vrai pour $p = 0$, de montrer que dim. $G_0^j = $ dim. $G_p^j$ . C'est évident pour $j = 1$, supposons le vrai pour $j < k$; il y a alors correspondance biunivoque conservant le degré entre les éléments de $(x_{0,i})$ et de $(x_{p,i})$ ayant des degrés $<k$ (donc forcément impairs) et aussi entre les monômes $x_{0,i_1} \cdots x_{0,i_s}$ et

$$x_{p,i_1} \cdots x_{p,i_s} \ (i_1 < i_2 < \cdots < i_s)$$

produits d'éléments de degrés $<k$; ceux qui sont de degré $k$ forment alors une base de $G_0^k$ , resp. $G_p^k$ ; ces deux espaces ont même dimension.

REMARQUES. (1) Il résulte évidemment de cette démonstration que si $X$ est sans $p$-torsion, tout système minimal de générateurs de $H(X, K_p)$ est $p$-semi-libre.

(2) Signalons en passant qu'il y a au moins une réciproque partielle à la Prop. 7.2: *Si $H(X, K_p)$ est une algèbre extérieure engendrée par des éléments de degrés impairs et si $H^2(X, Z)$ est sans $p$-torsion, alors $X$ est sans $p$-torsion;* la dernière condition est en particulier vérifiée si le groupe fondamental de $X$ n'a pas de $p$-torsion. Nous omettons la démonstration de ce résultat dont nous n'aurons pas besoin.

PROPOSITION 7.3. *Si $X$ est une variété de Hopf compacte connexe sans torsion, $H(X, Z)$ est l'algèbre extérieure d'un groupe abélien libre ayant une base formée d'éléments de degrés impairs.*

Soit $G^j$ le sous-groupe des éléments décomposables de $H^j(X, Z)$; ce dernier étant supposé libre, on peut y trouver une base $u_{j,1}, \cdots, u_{j,rj}, v_{j,1}, \cdots, v_{j,sj}$ telle que $m_{j,i}u_{j,i}$ soit une base de $G^j$ ($m_{j,i}$ entier non nul).

Soit $Z_p$ le corps des entiers mod $p$, $Z_0$ celui des rationnels $H(X, Z)$ est contenu dans $H(X, Z_0)$, et il est clair que $G^j$ engendre $G_0^j$ , (donc $r_j = $ dim. $G_0^j$), et que les $v_{j,i}$ forment un sustème minimal de générateurs de $H(X, Z_0)$; les $v_{j,i}$ sont donc de degrés impairs, de carrés nuls et ont un produit non nul; il nous suffira de montrer qu'ils forment un système de générateurs de $H(X, Z)$, et pour cela que $G^j$ est facteur direct dans $H^j(X, Z)$, c'est à dire que

$$m_{j,i} = \pm 1 \ (j = 1, 2, \cdots ; i = 1, 2, \cdots, r_j).$$

On a déjà $r_j = $ dim. $G_0^j = $ dim. $G_p^j$ , vu la démonstration de la Prop. 7.2; d'autre part, si $p > 1$, $H(X, Z_p) = H(X, Z) \otimes Z_p$ s'identifie au quotient de $H(X, Z)$ par le sous-groupe des éléments $p \cdot h(h \in H(X, Z))$ et il est immédiat que $G_p^j$ s'identifie alors au quotient de $G^j$; il ne peut être de dimension $r_j$ que si aucun des $m_{ji}$ n'est divisible par $p$; cela valant pour tout premier $p > 1$, on a bien $m_{ji} = \pm 1$.

CHAPITRE III. COHOMOLOGIE DES VARIETES DE STIEFEL (THEORIE ELEMENTAIRE)

## §8. Remarques sur l'algébre spectrale des espaces fibrés

Dans ce paragraphe nous considérons un espace fibré $(E, B, F, p)$ pour lequel nous supposons que $E, B, F$ sont des polyèdres finis et que les algèbres $H(F_b , Z)$ forment un système simple sur $B$; ces hypothèses ne seront pas répétées.

8.1. Si $h \in H(E, A)$ est de filtration $p$, c'est à dire si $h \in J^p$, $h \notin J^{p+1}$, on note $\bar{h}$ son image dans $J^p/J^{p+1} \subset G(H(E, A)) = H_\infty$.

PROPOSITION 8.1. (a) *Si* $(\bar{h}_i)$, $(i = 1, \cdots, m)$, *est un système de générateurs d'algèbre (resp. de module) de* $G(H(E, A))$, $(h_i)$ *est un système de générateurs d'algèbre (resp. de module) de* $H(E, A)$.

(b) *Si* $(\bar{h}_i)$ *est un système simple de générateurs de* $G(H(E, A))$, $(h_i)$ *est un système simple de générateurs de* $H(E, A)$.

(c) *Si* $G(H(E,A))$ *est une algèbre extérieure engendrée par des éléments* $\bar{h}_1, \cdots, \bar{h}_m$ *de degrés totaux impairs,* $H(E, A)$ *est une algèbre extérieure engendrée par* $h_1, \cdots, h_m$ *quand* $A = K_p$, $(p \neq 2)$, *ou encore quand* $A = Z$ *et* $G(H(E, Z))$ *est sans torsion.*

(a) Soit $P$ la sous-algèbre engendrée par l'élément neutre et $h_1, \cdots, h_m$; par hypothèse, tout élément de $J^{p,n-p}$ est égal, modulo $J^{p+1,n-p-1}$, à un élément de $P$; comme $J^{n+1,-1} = 0$, on en déduit par récurrence descendante sur $p$ que $J^{p,n-p} \subset P$, donc $H^n(E, A) = J^{0,n} \subset P$ et $H(E, A) \subset P$.

Démonstration analogue pour le cas du système de générateurs de module.

(b) Désignons par $q_1, \cdots, q_s$ les monômes $h_{i_1}h_{i_2} \cdots h_{i_k}(i_1 < i_2 < \cdots < i_k$; $k = 1, \cdots, m)$; la démonstration de a) montre que tout $h \in H(E, A)$ est combinaison linéaire de 1 et des $q_i$; il reste à établir l'indépendance linéaire de $q_1, \cdots, q_s$; soit $h = a_1 q_{i_1} + \cdots + a_l q_{j_l}$ une combinaison linéaire de certains d'entre eux à coefficients non nuls $(j_i \neq j_k$ si $i \neq k)$; on peut supposer que $q_{j_1}, \cdots, q_{j_k}$ sont de filtration $p$ et que $q_{j_{k+1}}, \cdots, q_{j_l}$ sont de filtrations $> p$; alors $h \in J^p$ et son image dans $J^p/J^{p+1}$ est $\bar{h} = a_1 \bar{q}_{j_1} + \cdots + a_k \bar{q}_{j_k}$, elle est différente de zéro, puisque $\bar{h}_1, \cdots, \bar{h}_m$ est un système simple de générateurs de $G(H(E, A))$, donc $h \neq 0$.

(c) $(h_i)$ est un système simple de générateurs de $H(E, A)$ d'après (b); il suffit de voir que $h_i h_i = 0$. Pour $A = K_p$, $p \neq 2$, c'est évident; si $G(H(E, Z))$ est sans torsion, il en est de même de $H(E, Z)$, et $h_i h_i$ qui ne peut qu'être d'ordre deux s'il est $\neq 0$ est bien nul.

REMARQUE. Le fait que $H(E, A)$ est une algèbre de cohomologie n'a pas joué de rôle; nous avons simplement explicité quelques relations entre une algèbre filtrée et l'algèbre graduée associée lorsque la filtration vérifie certaines conditions de finitude.

8.2. Pour déterminer $H_2 = H(B, H(F, Z))$ on peut appliquer la règle de Künneth ce qui donne ici:

$$H_2 = H(B, Z) \otimes H(F, Z) + \text{Tor}\,(H(B, Z), H(F, Z)) = H(B \times F, Z)$$

au point de vue additif bien entendu; le groupe $\text{Tor}\,(H(B, Z), H(F, Z))$ est le quotient de $H_2$ par $H(B, Z) \otimes H(F, Z)$, il est complètement déterminé par les sous-groupes de torsion de $H(B, Z)$ et $H(F, Z)$ et en dépend bilinéairement ([23], Théorème 63.1); ici, pour le calculer explicitement en fonction de ces derniers, il suffit de savoir que $\text{Tor}\,(Z_p, Z_q) = Z_{(p,q)}$, où $(p, q)$ est le plus grand commun diviseur de $p$ et $q$ ([23], Prop. 18.1e).

8.3. Nous avons déjà relevé au §1 que les propriétés de torsion d'une algèbre filtrée et de son algèbre graduée associée peuvent être fort différentes; nous donnerons ici un cas très particulier où $H(E, Z)$ et $G(H(E, Z)$ sont additivement isomorphes. Nous dirons que l'algèbre spectrale de $(E, B, F, p)$ calculée pour les coefficients $A$ est l'algèbre spectrale sur $A$ de $(E, B, F, p)$.

PROPOSITION 8.2. *On suppose que $H(B, Z)$ et $H(F, Z)$ ne contiennent que des éléments d'ordre infini ou deux, et que les algèbres spectrales de $(E, B, F, p)$ sur $R$ et sur $Z_2$ sont triviales.*

*Alors l'algèbre spectrale de $(E, B, F, p)$ sur $Z$ est triviale, $H(E, Z)$ est additivement isomorphe à $H_2 = G(H(E, Z))$.* $H_r(r \geq 2)$, resp. $H_\infty$, $H(E, Z)$, est somme directe de $m_r$, resp. $m_\infty$, $m$ groupes $Z$ et de $n_r$, resp. $n_\infty$, $n$ groupes cycliques d'ordres égaux à des puissances de nombres premiers, $m_2$ et $n_2$ sont finis, il en est donc de même de $m_r$, $n_r$, $m_\infty$, $n_\infty$. En tenant compte des remarques du §1B, on voit que $m_\infty = m$, $n_\infty \geq n$; d'autre part $m$ et $m_2$ sont les dimensions de $H(E, R)$ et de $H_2$ calculé pour $A = R$ donc vu les hypothèses $m_2 = m$, d'où $m_2 = m_3 = \cdots = m_\infty = m$ car évidemment $m_{r+1} \leq m_r$ ; l'égalité $m_r = m_{r+1}$ signifie qu'un cocycle de $H_r$ d'ordre infini n'est pas un cobord, donc que $d_r(H_r) \subset$ Tors. $H_r$, d'où Tors. $H_{r+1} = \kappa^r_{r+1}$ Tors. $H_r$, Tors. $H_{r+1}$ est un quotient de Tors. $H_r$.

Ici, vu nos hypothèses et le No. 8.2, Tors. $H_2$ est somme de $n_2$ groupes $Z_2$ ; Tors. $H_r$ et Tors. $H_\infty$ sont donc aussi sommes de groupes $Z_2$ et de plus $n \leq n_\infty \leq \cdots \leq n_{r+1} \leq n_r \leq \cdots \leq n_2$ ; Tors. $H(E, Z)$ est donc somme directe de groupes $Z_{u_i}$ où $u_i$ est une puissance de 2 (cf. §1B), $(i = 1, \cdots, n)$. D'après la formule des coefficients universels, on a

$$H(E, Z_2) = H(E, Z) \otimes Z_2 + \mathrm{Tor}\ (H(E, Z), Z_2)$$

la dimension de $H(E, Z_2)$ est donc $m + 2n$. Comme sur $Z_2$ on a $H_2 = H(B, Z_2) \otimes H(F, Z_2) = H(B \times F, Z_2)$, la dimension de $H_2$ est de même $m_2 + 2n_2$ ; ces deux dimensions sont égales puisque l'algèbre spectrale de $(E, B, F, p)$ sur $Z_2$ est triviale (et que dim $H(E, K_p) = $ dim $G(H(E, K_p))$ d'où $n = n_\infty = n_{r+1} = n_r = n_2$ ; l'égalité $n_{r+1} = r_r$ ne peut être ici vraie que si Tors. $H_{r+1} = $ Tor. $H_r$ donc si $d_r = 0$, l'algèbre spectrale sur $Z$ est donc triviale.

Soit enfin $u_i = 2^{s_i}$; il correspond à $Z_{u_i} \subset H(E, Z)$ dans $G(H(E, Z))$ une somme de $s_i$ groupes cycliques d'ordre 2 (vu le §1B et le fait que Tors. $H_\infty$ n'a que des éléments d'ordre 2); pour que $n_\infty = n$, il faut donc que $s_i = 1 (i = 1, \cdots, n)$, d'où l'isomorphie additive de $H(E, Z)$ et $G(H(E, Z)) = H_2 = H(B \times F, Z)$.

### §9. Variétés de Stiefel complexes et quaternioniennes

NOTATIONS. $\mathbf{W}_{n,q}$: variété des systèmes ordonnés de $q$ vecteurs orthonormaux de l'espace $C^n$ de $n$ variables complexes.

$\mathbf{X}_{n,q}$: variété des systèmes ordonnés de $q$ vecteurs orthonormaux de l'espace $K^n$ de $n$ variables quaternioniennes.

$\mathbf{U}(n)$, resp. $\mathbf{Sp}\,(n)$, groupe unitaire de $C^n$, resp. $K^n$.

$\mathbf{SU}(n)$, groupe unitaire unimodulaire de $C^n$.

On sait que l'on a des inclusions canoniques $\mathbf{U}(n) \supset \mathbf{U}(n-1) \supset \cdots \supset \mathbf{U}(1)$ et que

$$(9.1) \qquad \mathbf{U}(n)/\mathbf{U}(n-q) = \mathbf{W}_{n,q} ; \qquad \mathbf{W}_{n,1} = \mathbf{S}_{2n-1} ; \qquad \mathbf{W}_{n,n} = \mathbf{U}(n)$$

$(\mathbf{U}(n), \mathbf{W}_{n,q}, \mathbf{U}(n-q), p_q)$ est un espace fibré principal de groupe $\mathbf{U}(n-q)$, son quotient par $\mathbf{U}(n-q-r)$ est un espace fibré $(\mathbf{W}_{n,q+r}, \mathbf{W}_{n,q}, \mathbf{W}_{n-q,r}, p_{q,q+r})$; il est clair que:

$$(9.2) \qquad p_{q,q+r} = p_{q,q+1} \circ p_{q+1,q+2} \circ \cdots \circ p_{q+r-1,q+r} ; \qquad p_{q,n} = p_q .$$

On construit des fibrations analogues à partir des groupes $\mathbf{SU}(n)$ et $\mathbf{Sp}(n)$; en particulier

$$(9.3) \quad \mathbf{W}_{n,q} = \mathbf{SU}(n)/\mathbf{SU}(n-q); \qquad \mathbf{W}_{n,n-1} = \mathbf{SU}(n)$$

$$(9.4) \quad \mathbf{X}_{n,q} = \mathbf{Sp}(n)/\mathbf{Sp}(n-q); \qquad \mathbf{X}_{n,1} = \mathbf{S}_{4n-1} ; \qquad \mathbf{X}_{n,n} = \mathbf{Sp}(n).$$

PROPOSITION 9.1.[10] $\mathbf{W}_{n,n-q}$ et $\mathbf{X}_{n,n-q}$ sont sans torsion et

$$H(\mathbf{W}_{n,n-q}, Z) = H(\mathbf{S}_{2n-1} \times \mathbf{S}_{2n-3} \times \cdots \times \mathbf{S}_{2q+1}, Z)$$

$$H(\mathbf{X}_{n,n-q}, Z) = H(\mathbf{S}_{4n-1} \times \mathbf{S}_{4n-5} \times \cdots \times \mathbf{S}_{4q+3}, Z) \qquad (0 \leqq q \leqq n-1).$$

La proposition est vraie pour $\mathbf{W}_{n,1} = \mathbf{S}_{2n-1}$; supposons-la établie pour $\mathbf{W}_{n,n-q-1}$ et considérons l'algèbre spectrale sur $Z$ de

$$(\mathbf{W}_{n,n-q}, \mathbf{W}_{n,n-q-1}, \mathbf{W}_{q+1,1}, p_{n-q-1,n-q});$$

on a des coefficients ordinaires dans $H_2$ d'après le §4ii), ou aussi, si l'on veut, parce que la base est simplement connexe, donc

$$H_2 = H(\mathbf{W}_{n,n-q-1}, Z) \otimes H(\mathbf{S}_{2q+1}, Z)$$

les degrés fibres sont 0 et $2q+1$, donc seule $d_{2q+2}$ peut ne pas être nulle; cependant elle est nulle sur les éléments de $DF$ nul qui forment $H(\mathbf{W}_{n,n-q-1}, Z) \otimes H^0(\mathbf{S}_{2q+1}, Z)$, et également sur $H_{2q+2}^{0,2q+1} \cong H^{2q+1}(\mathbf{S}_{2q+1}, Z)$ car $H_{2q+2} = H_2$ n'a pas d'élément de degré total $2q+2$, d'après l'hypothèse de récurrence; $d_{2q+2}$ étant une différentielle est alors nulle sur $H_{2q+2}^{r,s} = H_{2q+2}^{r,0} \otimes H_{2q+2}^{0,s}$, donc sur $H_{2q+2}$, l'algèbre spectrale est triviale; on applique alors la Prop. 8.1c.

Démonstration analogue pour $\mathbf{X}_{n,n-q}$.

REMARQUES. (1) Dans la Proposition 9.1 il s'agit bien entendu d'un isomorphisme d'algèbres, c'est à dire respectant la structure additive et le cup-produit, mais cet isomorphisme n'est en général pas valable pour les $p$-puissances réduites de Steenrod (*voir* [6]).

(2) On déduit immédiatement de la Prop. 9.1 que l'algèbre spectrale sur $Z$ de $(\mathbf{W}_{n,r+s}, \mathbf{W}_{n,r}, \mathbf{W}_{n-r,s}, p_{r,r+s})$ est triviale, donc que $\mathbf{W}_{n-r,s}$ est totalement non homologue à zéro dans $\mathbf{W}_{n,r+s}$ et que $p_{r,r+s}^*$ est biunivoque. Soient $\bar{h}_1, \cdots, \bar{h}_k$ resp. $\bar{h}_{k+1}, \cdots, \bar{h}_l$ des générateurs de $H(\mathbf{W}_{n,r}, Z) \otimes 1$ et de $1 \otimes H(\mathbf{W}_{n-r,s}, Z)$; alors les éléments $h_i$ ($h_i$ représentant de $\bar{h}_i$ dans $H(\mathbf{W}_{n,r+s}, Z)$) sont de carré nul et $H(\mathbf{W}_{n,r+s}, Z)$ est l'algèbre extérieure engendrée par eux; elle s'identifie donc au produit tensoriel de l'algèbre extérieure de $h_1, \cdots, h_k$, qui est l'image de $p_{r,r+s}^*$, par l'algèbre extérieure de $h_{k+1}, \cdots, h_l$ qui est appliquée isomorphiquement sur $H(\mathbf{W}_{n-r,s}, Z)$ par $i^*$ (cf. §4c).

---

[10] Cette proposition est due à C. Ehresmann [17].

Il en résulte en particulier ceci: Si $x_i$ est un générateur de $H^{2i+1}(\mathbf{W}_{n,n-i}\,,\,Z)$, alors $p^*_{n-1}(x_1)$, $p^*_{n-2}(x_2)$, $\cdots$, $p^*_1(x_{n-1})$ forment avec un générateur de $H^1(U(n), Z)$ un système de générateurs de $H(\mathbf{U}(n), Z)$.

## §10. Variétés de Stiefel réelles

NOTATIONS. $\mathbf{V}_{n,q}$ : variété des systèmes ordonnés de $q$ vecteurs orthonormaux de $R^n$.

$O(n)$, resp. $SO(n)$, groupe orthogonal, resp. groupe orthogonal unimodulaire, de $R^n$.

$\mathbf{G}_{n,m}$, (resp. $\mathbf{G}^0_{n,m}$), grassmannienne des $m$ plans, (resp. des $m$ plans orientés), de $R^n$, passant par l'origine.

On a des inclusions canoniques $O(n) \supset O(q)$, $SO(n) \supset SO(q)$ qui conduisent aux fibrations

$$(10.1) \qquad \mathbf{V}_{n,q} = SO(n)/SO(n-q) = O(n)/O(n-q) \qquad (1 \leqq q \leqq n).$$

On a

$$(10.2) \qquad \mathbf{V}_{n,1} = \mathbf{S}_{n-1}\,; \qquad \mathbf{V}_{n,n-1} = \mathbf{V}_{n,n} = SO(n)$$

et comme dans le cas unitaire, des fibrations $(\mathbf{V}_{n,q+r}\,,\,\mathbf{V}_{n,q}\,,\,\mathbf{V}_{n-q,r}\,,\,p_{q,q+r})$. Des inclusions $O(n) \supset O(q) \times O(n-q)$ et $SO(n) \supset SO(q) \times SO(n-q)$ on déduit les espaces fibrés principaux

$$(10.3) \qquad (\mathbf{V}_{n,q}\,,\,\mathbf{G}_{n,q}\,,\,O(q),\,p); \qquad (\mathbf{V}_{n,q}\,,\,\mathbf{G}^0_{n,q}\,,\,SO(q),\,p)$$

et que $\mathbf{G}^0_{n,m}$ est un recouvrement à deux feuillets de $\mathbf{G}_{n,m}$ (pour ces fibrations, voir par ex. [31] No. 7).

Nous admettrons la Proposition suivante, due à E. Stiefel ([32], Satz V):

PROPOSITION 10.1. *Si $n$ est pair, $H(\mathbf{V}_{n,2}\,,\,Z) = H(\mathbf{S}_{n-1} \times \mathbf{S}_{n-2}\,,\,Z)$. Si $n$ est impair, les groupes de cohomologie entière de $\mathbf{V}_{n,2}$ sont*

$$H^0 = H^{2n-3} = Z,\, H^{n-1} = Z_2; \qquad H^i = 0 \qquad (i \neq 0,\, n-1,\, 2n-3).$$

Par conséquent si $n$ est impair:

$$(10.4) \qquad H(\mathbf{V}_{n,2}\,,\,K_2) = H(\mathbf{S}_{n-1} \times \mathbf{S}_{n-2}\,,\,K_2)$$

$$(10.5) \qquad H(\mathbf{V}_{n,2}\,,\,K_p) = H(\mathbf{S}_{2n-3}\,,\,K_p) \qquad\qquad (p \neq 2).$$

PROPOSITION 10.2. *Soit $\bar{n}$, (resp. $\bar{q}$), le plus grand, (resp. le plus petit), entier impair $\leqq n$, (resp. $\geqq q$).*

*Alors $\mathbf{V}_{n,n-q}$ a pour les coefficients $K_p$ ($p \neq 2$) même algèbre de cohomologie que le produit:*

$$\mathbf{S}_{2\bar{n}-3} \times \mathbf{S}_{2\bar{n}-7} \times \cdots \times \mathbf{S}_{2\bar{q}+1}{}^{11}$$

*multiplié encore par $\mathbf{S}_{n-1}$ si $n$ est pair, par $S_q$ si $q$ est pair.*

Nous supposons tout d'abord $q$ impair; la proposition est vraie pour $\mathbf{V}_{2m,1} =$

---

[11] remplacé par un point si $\bar{n} = \bar{q}$.

$S_{2m-1}$ et pour $V_{2m+1,2}$ (Prop. 10.1); on passera de $V_{n,n-q-2}$ à $V_{n,n-q}$ en montrant que l'algèbre spectrale sur $K_p$ de la fibration $(V_{n,n-q}, V_{n,n-q-2}, V_{q+2,2}, p_{n-q-2,n-q})$ est triviale, à l'aide d'un raisonnement s'appuyant sur (10.5) et à peu près identique à la démonstration de la Prop. 9.1, que nous n'expliciterons pas.

Si $q$ est pair, on considère la fibration $(V_{n,n-q}, V_{n,n-q-1}, S_q, p_{n-q-1}, {}_{n-q})$; la proposition est vraie pour $V_{n,n-q-1}$ et d'autre part $S_q$ est totalement non homologue à zéro relativement à $K_p$, puisque $q$ est pair et $p \neq 2$ (voir par ex. [24], Théorème 12.1); l'algèbre spectrale est donc triviale (Prop. 4.1) d'où, au point de vue additif pour l'instant, l'isomorphie annoncée; mais si $h \in H(V_{n,n-q}, K_p)$ est tel que $i^*(h)$ soit un cocycle fondamental de $S_q$, alors $h \cdot h = 0$ car $H^{2q}(V_{n,q}, K_p) = 0$; il en résulte que $H(V_{n,n-q}, K_p)$ est le produit tensoriel de l'algèbre engendrée par 1 et h et de l'algèbre $p^*_{n-q-1,n-q}(H(V_{n,n-q-1}, K_p)) \cong H(V_{n,n-q-1}, K_p)$, ce qui établit la proposition au point de vue multiplicatif.

PROPOSITION 10.3. $H(V_{n,n-q}, K_2)$ admet un système simple de générateurs $h_q, h_{q+1}, \cdots, h_{n-1}$ de degrés respectifs $q, q+1, \cdots, n-1$.[12]

Pour $V_{n,2}$, $n$ quelconque, cf. (10.4), supposons la proposition vraie pour $V_{n,r}$ $(2 \leq r \leq p-1, n$ quelconque). Pour passer à $V_{n,p}$ nous examinons tout d'abord l'algèbre spectrale de la fibration $(V_{n,p}, V_{n,1}, V_{n-1,p-1}, p_{1,p})$; comme $V_{n,1} = S_{n-1}$, les seuls degrés base sont 0 et $n-1$ et $d_{n-1}$ est la seule différentielle pouvant ne pas être nulle; cependant, comme $p \geq 3$, elle est certainement nulle sur $H_{n-1}^{0,n-p} = H_2^{0,n-p} \cong H^{n-p}(V_{n-1,p-1}, K_2)$ qui est différent de zéro par suite de l'hypothèse d'induction, donc $H_\infty^{0,n-p} \neq 0$ et $H^{n-p}(V_{n,p}, K_2) \neq 0$. Considérons maintenant l'algèbre spectrale de la fibration $(V_{n,p}, V_{n,p-1}, V_{n-p+1,1}, p_{p-1,p})$; comme $V_{n-p+1,1} = S_{n-p}$ les seuls degrés-fibre sont 0 et $n-p$ et seule $d_{n-p+1}$ peut ne pas être nulle. Dans $H_{n-p+1}$, les seuls éléments de degré total $n-p$ sont $H_{n-p+1}^{0,n-p} = 1 \otimes H^{n-p}(S_{n-p}, K_2)$ et forment un espace de dimension 1; on sait déjà que $H^{n-p}(V_{n,p}, K_2) \neq 0$, il faut donc que $H_\infty$ contienne des éléments de degré total $n-p$; la seule possibilité est ici $H_\infty^{0,n-p} \neq 0$, ce qui entraîne $d_{n-p+1}(H_{n-p+1}^{0,n-p}) = 0$, et même $d_{n-p+1} = 0$ puisque $H_{n-p+1}$ est le produit tensoriel de la sous-algèbre formée des éléments de degré fibre 0 par la sous-algèbre engendrée pas 1 et $H_{n-p+1}^{0,n-p}$; ainsi l'algèbre spectrale est triviale, il suffit alors d'appliquer la Prop. 8.1b et l'hypothèse d'induction.

REMARQUES. (1) On tire immédiatement de la Prop. 10.3 que l'algèbre spectrale sur $K_2$ de $(V_{n,q+r}, V_{n,q}, V_{n-q,r}, p_{q,q+r})$ est triviale et, en utilisant la Prop. 8.1 et le §4b, que l'on peut trouver un système simple de générateurs de $H(V_{n,q+r}, K_2)$ dont les derniers éléments forment un système simple de générateurs de $p^*_{q,q+r}(H(V_{n,q}, K_2)) = H(V_{n,q}, K_2)$.

Comme dans le cas unitaire, il en résulte ceci: Soit $x_i$ un générateur de $H^i(V_{n,n-i}, K_2)$ et $p_{n-i}$ la projection de $SO(n)$ sur $V_{n,n-i}$; alors $p^*_{n-2}(x_2), \cdots, p^*_1(x_{n-1})$ forment avec un générateur de $H^1(SO(n), K_2)$ un système simple de générateurs de $H(SO(n), K_2)$.

(2) L'isomorphisme additif de $H(V_{n,q+r}, K_2)$ et de $H(V_{n,q}, K_2) \otimes H(V_{n-q,r}, K_2)$

---

[12] Le polynôme de Poincaré mod 2 de $V_{n,p}$ a été indiqué par C. Ehresmann [17]; pour ces variétés voir aussi [16].

ne s'étend pas en général au cup-produit comme le montrent les cup-produits indiqués dans [2]. Signalons que pour les $Sq^i$ on trouve (pour un certain choix du système simple de générateurs):

$$(10.6) \qquad Sq^i h_j = \binom{j}{i} h_{i+j} \ (i + j \le n - 1), \qquad Sq^i h_j = 0 \qquad (i + j \ge n).$$

PROPOSITION 10.4. *Les éléments non nuls de* Tors. $H(\mathbf{V}_{n,n-q}, Z)$ *sont d'ordre deux. Si $\bar{n}$ (resp. $\bar{q}$), est le plus grand, (resp. le plus petit), nombre impair $\le n$ (resp. $\ge q$), $\mathbf{V}_{n,n-q}$ a au point de vue additif, même cohomologie entière que le produit*

$$\mathbf{V}_{\bar{n},2} \times \mathbf{V}_{\bar{n}-2,2} \times \cdots \times \mathbf{V}_{\bar{q}+2,2}{}^{11}$$

*multiplié encore par $\mathbf{S}_{n-1}$ si n est pair, par $\mathbf{S}_q$ si q est pair.*

Si $q$ est impair, les algèbres spectrales sur $R$ et sur $K_2$ de $(\mathbf{V}_{n,n-q}, \mathbf{V}_{n,n-q-2}, \mathbf{V}_{q+2,q}, p_{n-q-2,n-q})$ sont triviales (cf. démonstration de la Prop. 10.2 et la remarque ci-dessus). De même, si $q$ est pair, les algèbres spectrales sur $R$ et sur $K_2$ de $(\mathbf{V}_{n,n-q}, \mathbf{V}_{n,n-q-1}, \mathbf{S}_q, p_{n-q-1,n-q})$ sont triviales. Notre proposition résulte alors par récurrence des Prop. 8.2 et 10.1.

## CHAPITRE IV. LE THEOREME PRINCIPAL

Nous démontrons dans ce chapitre le théorème qui nous permettra d'étudier la transgression dans les espaces fibrés principaux; sa démonstration ne fait intervenir que les propriétés formelles de l'algèbre spectrale des espaces fibrés, aussi en donnons-nous ici un énoncé algébrique, renvoyant aux chapitres suivants pour les applications topologiques.

La notion de relation introduite dans le §11 pourrait être étudiée plus complètement; nous n'avons pas cherché à faire un exposé systématique, mais uniquement à établir les résultats utiles pour la suite. Ils sont en partie à rapprocher de théorèmes obtenus par J. L. Koszul dans théorie de l'homologie des $S$-modules [22].

La lecture du §17 est inutile pour la compréhension de la suite de ce travail. Il figure néanmoins ici car la Prop. 17.1 a déjà été utilisée dans [1] et sa démonstration se rattache directement à celle du théorème principal.

### §11. La notion de relation

Dans tout ce chapitre, $B$ désigne une algèbre sur un corps $K$ qui sauf mention du contraire, est de caractéristique quelconque, graduée par les sous-espaces $B^i (i \ge 0)$, anticommutative, munie d'un élément neutre 1 qui est base de $B^0$. Si $b_1, \cdots, b_n$ sont des éléments homogènes de $B$, les idéaux à gauche, à droite, bilatères qu'ils engendrent coïncident, on peut parler de l'idéal de $b_1, \cdots, b_n$ que nous noterons $(b_1, \cdots, b_n)$.

DEFINITION. *Soient $b_1, \cdots, b_n \in B$ homogènes; une égalité*

$$a_1 b_{i_1} + \cdots + a_m b_{i_m} = 0$$

$$(11.1) \qquad (i_1 < i_2 < \cdots < i_m ; Da_j + Db_{i_j} = k)$$

*est une relation de degré k entre* $b_1, \cdots, b_n$ *s'il existe au moins un indice $j$ tel que* $a_j \notin (b_{i_1}, \cdots, b_{i_{j-1}}, b_{i_{j+1}}, \cdots, b_{i_m})$.[13]

$b_1, \cdots, b_n$ *sont sans relations jusqu'à* $k$, *(ou pour* $D \leq k$*), s'il n'existe aucune relation* (11.1) *dans laquelle les termes* $a_j b_{i_j}$ *sont homogènes d'un même degré* $\leq k$.

Nous donnerons plus bas plusieurs énoncés différents de la condition "$b_1, \cdots, b_n$ sont sans relations pour $D \leq k$". Il peut paraître plus naturel d'appeler relation entre $b_1, \cdots, b_n$ une égalité

$$(11.2) \qquad\qquad a_1 b_1 + \cdots + a_n b_n = 0 \qquad\qquad (Da_i + Db_i = k)$$

pour laquelle il existe $j$ tel que $a_j \notin (b_1, \cdots, b_{j-1}, b_{j+1}, \cdots, b_n)$; cette définition n'est pas équivalente à la précédente et donne moins de relations entre $b_1, \cdots, b_n$; dans ce nouveau sens, la condition "$b_1, \cdots, b_n$ sans relations pour $D \leq k$" serait plus faible que dans notre définition, et moins maniable ici.

$P$ désignera un espace vectoriel sur $K$, de dimension finie gradué par des sous-espaces $P^i$, $(i > 0)$; sauf mention expresse du contraire on supposera $P^i = 0$ si $i$ est pair.

Soit encore $J = B \otimes \wedge P$ le produit tensoriel (gauche) sur $K$ de $B$ et de $\wedge P$; dans la suite, $J$ jouera le rôle du terme $H_2$ d'une algèbre spectrale d'un espace fibré, $B$ et $\wedge P$ remplaçant respectivement $H(B, K)$ et $H(F, K)$, aussi adopterons-nous pour les degrés les notations du §4: l'élément $h = b^p \otimes x^q$, $(b^p \epsilon B^p, x^q \epsilon (\wedge P)^q)$, a les trois degrés $DBh = p$, $DFh = q$, $Dh = p + q$; on peut encore graduer $J$ par les sous-espaces $B \otimes \wedge^j P$, on dira que $j$ est le *degré extérieur*. Nous supposons dans le §11 $J$ muni d'une différentielle $d$ qui augmente $D$ de 1 et qui vérifie:

$$(11.3) \qquad\qquad d(B \otimes 1) = 0; \qquad d(1 \otimes P) = Q \otimes 1 \qquad\qquad (Q \subset B)$$

$Q$ est donc un sous-espace gradué par des degrés pairs, il fait partie du centre de $B$; la différentielle est aussi homogène en le degré extérieur, qu'elle diminue de 1; $H(J)$ admet ainsi deux graduations induites l'une par $D$, l'autre par le degré extérieur; si de plus tous les éléments de $P$ ont un même degré $s - 1$, la différentielle est aussi homogène en $DF$, qu'elle diminue de $s - 1$, en $DB$ qu'elle augmente de $s$, ces deux graduations se transmettent aussi à $H(J)$.

Lemme 11.1. *On suppose que $P$ a une base $p_1, \cdots, p_m$ formée d'éléments ayant le même degré impair $s - 1$ et on munit $J$ de la différentielle $d$ définie par $d(B \otimes 1) = 0$, $d(1 \otimes p_i) = q_i \otimes 1$, $(Dq_i = s, i = 1, \cdots, m)$. Alors*

(a) *Les éléments de $DF$ nul de $H(J)$ forment une algèbre isomorphe à* $B/(q_1, \cdots, q_m)$.

(b) *Si les cocycles de $DB \leq k - s$ et de degré extérieur 1 sont des cobords, il en est de même des cocycles ayant un $DB \leq k - s$ et un degré extérieur $\geq 1$.*

(a) est clair; nous démontrerons (b) par récurrence sur $m$, il est évident pour $m = 1$, nous le supposons vrai pour $m - 1 \geq 1$.

Soit $B' = B/(q_1)$, $P'$ l'espace vectoriel de base $p_2, \cdots, p_m$ $J' = B' \otimes \wedge P'$;

---

[13] Si $m = 1$, cela signifie que $a_1 \neq 0$.

on note $h'$ l'image de $h \, \epsilon \, B \otimes \wedge P'$ dans $B' \otimes \wedge P'$ par l'homomorphisme canonique $f$ de $B \otimes \wedge P'$ sur $J'$; $B \otimes \wedge P'$ s'identifie à une sous-algèbre de $B \otimes \wedge P$, stable pour $d$; on suppose $B \otimes \wedge P'$ munie de la différentielle $d$ induite par $d$ et on introduit dans $J'$ une différentielle $d'$ par

$$(11.4) \qquad d'(B' \otimes 1) = 0; \qquad d'(1 \otimes p_i) = q'_i \otimes 1 \qquad (i = 2, \cdots, m)$$

$f$ est alors compatible avec les structures d'algèbres différentielles bigraduées. Nous divisons la démonstration du lemme en trois parties.

(i) Montrons que $J'$ vérifie aussi l'hypothèse (b) du lemme; soit $h' = b'_2 \otimes p_2 + \cdots + b'_m \otimes p_m$ un cocycle de $DB \leq k - s$; cela signifie que $b'_2 q'_2 + \cdots + b'_m q'_m = 0$, il existe donc $b_1 \, \epsilon \, B$ tel que $b_1 q_1 + \cdots + b_m q_m = 0$ et

$$u = b_1 \otimes p_1 + b_2 \otimes p_2 + \cdots + b_m \otimes p_m$$

est un cocycle de $J$, de $DB \leq k - s$, de degré extérieur 1, donc par hypothèse $u = dv$; écrivons:

$$v = (1 \otimes p_1)h_1 + h_2 \qquad\qquad (h_1, h_2 \, \epsilon \, B \otimes \wedge P')$$

d'où

$$b_2 \otimes p_2 + \cdots + b_m \otimes p_m = (q_1 \otimes 1)h_1 + dh_2$$

et

$$h' = d'h'_2$$

ainsi $J'$ vérifie l'hypothèse (b), notre lemme vaut dans $J'$ par hypothèse de récurrence.

(ii) Soit Ann $q_1$ l'annulateur de $q_1$ dans $B$; nous voulons prouver par récurrence sur $n$ que Ann $q_1 \cap B^n = 0$ pour $0 \leq n \leq k - s$.

Supposons le vrai pour les degrés $<n$ et soit $b \, \epsilon$ Ann $q_1 \cap B^n$ alors $b \otimes p_1$ est un cocycle de $DB \leq k - s$, de degré extérieur 1, par hypothèse $b \otimes p_1 = dh$, où

$$h = (1 \otimes p_1)h_1 + h_2$$
$$(h_1, h_2 \, \epsilon \, B \otimes \wedge P', DBh_1 = DBh_2 = n - s)$$

donc

$$b \otimes p_1 = -(1 \otimes p_1)dh_1 ; \qquad (q_1 \otimes 1)h_1 + dh_2 = 0$$

par conséquent $d'h'_2 = 0$ et d'après (i) on a $h'_2 = d'.h'_3$, c'est à dire

$$h_2 = dh_3 + (q_1 \otimes 1)h_4 ,$$
$$(h_3, h_4 \, \epsilon \, B \otimes \wedge P', DBh_3 = DBh_4 = n - 2s)$$

mais alors

$$(q_1 \otimes 1)h_1 + (q_1 \otimes 1)dh_4 = 0$$

et $h_1 = -dh_4$ puisque Ann $q_1 = 0$ pour $DB < n$ et que $DBh_1 = DBdh_4 = n - s$ finalement

$$b \otimes p_1 = -(1 \otimes p_1)ddh_4 = 0 \text{ et } b = 0$$

(iii) Nous pouvons maintenant établir (b) pour $J$; soit

$$h = (1 \otimes p_1)h_1 + h_2$$

$$(h_1, h_2 \,\epsilon\, B \otimes \wedge P', \ DBh_1 = DBh_2 \leqq k - s)$$

un cocycle de $DB \leqq k - s$, de degré extérieur $>0$; alors $d'h_2' = 0$, donc $h_2' = d'h_3'$ ou encore

$$h_2 = dh_3 + (q_1 \otimes 1)h_4 ,$$

$$(h_3, h_4 \,\epsilon\, B \otimes \wedge P', \ DBh_3 = DBh_4 \leqq k - 2s)$$

$dh = 0$ donne alors

$$0 = (q_1 \otimes 1)h_1 + dh_2 = (q_1 \otimes 1)(h_1 + dh_4)$$

et d'après (ii):

$$h_1 + dh_4 = 0$$

finalement

$$h = (1 \otimes p_1)(-dh_4) + dh_3 + (q_1 \otimes 1)h_4 = d(h_3 + (1 \otimes p_1)h_4) \qquad \text{C.Q.F.D.}$$

Afin d'abréger nous écrirons Ann $q_i$ dans $B/(q_1, \cdots, q_{i-1})$ pour annulateur dans $B/(q_1, \cdots, q_{i-1})$ de l'image de $q_i$ dans cette algèbre.

PROPOSITION 11.1. *On suppose que* $J = B \otimes \wedge P$ *vérifie les hypothèses du lemme 11.1. Alors les quatre conditions suivantes sont équivalentes:*

(1) *Les cocycles de degré extérieur 1 et de $DB \leqq k - s$ de $J$ sont des cobords.*

(2) $q_1, \cdots, q_m$ *sont sans relations dans $B$ jusqu'à $k$.*

(3) *Pour toute permutation $j_1, \cdots, j_m$ de $1, \cdots, m$, Ann $q_{j_i}$ dans $B/(q_{j_1}, \cdots, q_{j_{i-1}})$ n'a pas d'élément non nul de $D \leqq k - s$ $(i = 1, \cdots, m)$.*[14]

(4) Ann $q_i$ *dans $B/(q_1, \cdots, q_{i-1})$ n'a pas d'élément non nul de $D \leqq k - s$ $(i = 1, \cdots, m)$.*

Il est immédiat que (2) et (3) sont équivalentes et que (3) implique (4); le lemme 11.1 et les points (i), (ii) de sa démonstration permettent de montrer aisément, par récurrence sur $i$, que (1) entraîne (3); il reste donc à voir que (4) implique (1); c'est évident si $P$ est de dimension 1, supposons le vrai lorsque $P$ est de dimension $m - 1$, donc en particulier pour $J'$, en reprenant les notations de la démonstration du lemme 11.1. Soit

$$h = b_1 \otimes p_1 + b_2 \otimes p_2 + \cdots + b_m \otimes p_m$$

$$(DBh = t \leqq k - s)$$

---

[14] Pour $i = 1$, cela signifie que l'annulateur de $q_{j_1}$ dans $B$ n'a pas d'élément non nul de degré $\leqq k - s$.

un cocycle; $b_2' \otimes p_2 + \cdots + b_m' \otimes p_m$ est alors un cocycle de $J'$, de $DB \leq k - s$, donc un cobord, d'où

$$b_2 \otimes p_2 + \cdots + b_m \otimes p_m = dh_1 + (q_1 \otimes 1)h_2 ,$$

$$(h_1 , h_2 \ \epsilon \ B \otimes \wedge P')$$

$$(-1)^t (b_2 q_2 + \cdots + b_m q_m) \otimes 1 = (q_1 \otimes 1)dh_2$$

mais $h$ est un cocycle par hypothèse, donc $b_2 q_2 + \cdots + b_m q_m = -b_1 q_1$ et puisque Ann $q_1$ est nul pour $D \leq k - s$, on voit que

$$(-1)^{t+1} (b_1 \otimes 1) = dh_2$$

d'où $h = -(1 \otimes p_1)dh_2 + dh_1 + (q_1 \otimes 1)h_2 = d(h_1 + (1 \otimes p_1)h_2)$.

REMARQUES. (1) La condition (1) est trivialement remplie si $k < s$; pour $k = s$, elle signifie que $q_1 , \cdots , q_m$ sont linéairement indépendants. Si $p_1' , \cdots , p_m'$ est une deuxième base de $P$, il est clair qu'elle vérifiera ou ne vérifiera pas la condition (1) en même temps que $p_1 , \cdots , p_m$. Par conséquent si $q_1 , \cdots , q_m$ sont sans relations pour $D \leq k$, $(k \geq s)$, les éléments d'une deuxième base $q_1' , \cdots , q_m'$ de l'espace $Q$ sous-tendu par $q_1 , \cdots , q_m$ sont aussi sans relations pour $D \leq k$. Pour éviter d'introduire inutilement des bases, on dira alors que $Q$ est sans relations pour $D \leq k$. La condition (2), pour $k \geq s$, est donc équivalente à: $Q$ est isomorphe par $d$ à $P$ et est sans relations pour $D \leq k$.

(2) Disons que $q_1 , \cdots , q_m$ sont algébriquement indépendants jusqu'à $k$ quand la condition suivante est réalisée: Si $P(x_1 , \cdots , x_m)$ est un élément non nul de $K[x_1 , \cdots , x_m]$ et si $P(q_1 , \cdots , q_m)$ est, en tant qu'élément de $B$, somme de monômes homogènes d'un même degré $\leq k$, alors $P(q_1 , \cdots , q_m) \neq 0$. Il est clair que si $q_1 , \cdots , q_m$ sont sans relations pour $D \leq k$, ils sont algébriquement indépendants pour $D \leq k$, lorsque $1, q_1 , \cdots , q_m$ engendrent $B$ jusqu'à $k$.

(3) On a des résultats analogues aux précédents quand les $p_i$ ne sont pas tous de même degré; on suppose alors $Dq_i = Dp_i + 1$, $(Dq_i$ pair$)$, on remplace la condition (1) par: les cocycles de degré extérieur 1 et de $D \leq k - 1$ sont des cobords; la conclusion (b) du lemme 11.1 devient: tout cocycle de degré extérieur $>0$ de $J$ dont le cobord a, formellement, un $DB \leq k$, est lui-même un cobord, mais nous n'utiliserons pas cette extension.

## §12. Propositions auxiliaires

Nous considérerons dans les §12 à 15 une algèbre spectrale canonique (cf §1C), $(H_r)$, $(r \geq 2)$, dans laquelle $H_2 = B \otimes \wedge P$, $P$ étant gradué par des degrés impairs; les sous-espaces $H_2^{p,q}$ sont:

$$H_2^{p,q} = B^p \otimes (\wedge P)^q$$

la différentielle $d_2$ diminue $q$ de 1, augmente $p$ de 2, en particulier $d_2(B \otimes 1) = 0$.
On pose $B_r = \kappa_r^2(B \otimes 1)$; si un sous-espace $S$ de $\wedge P$ est formé de $d_r$-cocycles

pour $r < j$, $\kappa_j^2$ applique $1 \otimes S$ isomorphiquement dans $H_j$ ; on désignera aussi par $1 \otimes S$ ce sous-espace de $H_j$, lorsque cela ne prêtera pas à confusion;

$m$ sera le maximum du degré de $P$ et on pose

$$P_*^i = P^i + P^{i+1} + \cdots + P^m.$$

Enfin, dans les formules, on désignera par $=$, resp. $\subset$, un isomorphisme sur, resp. dans, que le contexte précisera.

DÉFINITION. $A(t, k)$ est l'ensemble des deux affirmations suivantes:

(1) $d_r\kappa_r^2(1 \otimes P_*^r) = 0$ pour $2 \leqq r \leqq t$.

(2) Si $i \leqq \min(t, k)$, $Q^i = d_i\kappa_i^2(1 \otimes P^{i-1})$ est isomorphe à $P^{i-1}$ et $Q^i$ est sans relations dans $B_i$ pour $D \leqq k$.

Disons par analogie avec la quatrième définition de la transgression (§5), que $x \in (\wedge P)^{i-1}$ est *transgressif* si $d_r\kappa_r^2(1 \otimes x) = 0$ pour $r < i$. Si $A(t, k)$ est vrai, les éléments de $D \leqq t$ de $P$ sont transgressifs. Pour $k = 0, 1$ la condition (2) de la définition précédente est vide et en particulier si $t \geqq m$, $A(t, 0)$ signifie exactement que les éléments homogènes de $P$ sont transgressifs.

La proposition suivante jouera un rôle essentiel dans la démonstration du théorème que nous avons en vue.

PROPOSITION 12.1. *Si $A(t, k)$ est vrai dans $(H_r)$, on a pour $2 \leqq r \leqq \min(t, k)$*

$(1_r)$ $$H(B_r \otimes \wedge P^{r-1}) \otimes \wedge P_*^r \subset H_{r+1} \qquad \text{pour } DB \leqq k + 1$$

$(2_r)$ $$H_{r+1} = H(B_r \otimes \wedge P^{r-1}) \otimes \wedge P_*^r = B_r/(Q^r) \otimes \wedge P_*^r = B_{r+1} \otimes \wedge P_*^r$$

$$(\text{si } DB \leqq k - r)$$

$(3_r)$ $\kappa_{r+1}^2(B \otimes \wedge P_*^r)$ *est un quotient de $B_{r+1} \otimes \wedge P_*^r$ et lui est égal pour $DB \leqq k + 1$.*

Nous poserons $S_r = B_r \otimes \wedge P_*^{r-1} = B_r \otimes \wedge P^{r-1} \otimes \wedge P_*^r$ et le munissons d'une différentielle $\delta_r$ nulle sur $B_r \otimes \wedge P_*^r$, égale à $d_r$ sur $P^{r-1}$. Les éléments de $B \otimes \wedge P_*^{r-1}$ sont des $d_i$-cocycles pour $i < r$ $T_r = \kappa_r^2(B \otimes \wedge P_*^{r-1})$ est bien défini; dans le noyau de $\kappa_r^2$ figure en particulier le noyau de $\kappa_r^2 : B \otimes 1 \to B_r$, $\kappa_r^2$ définit donc par passage au quotient un homomorphisme $f_r$ de $S_r$ sur $T_r$ et il est clair que $d_r \circ f_r = f_r \circ \delta_r$. Dans ces notations, nos affirmations s'écrivent:

$(1_r)$ $$H(S_r) \subset H_{r+1} \qquad \text{pour } DB \leqq k + 1$$

$(2_r)$ $$H_{r+1} = H(S_r) = B_r/(Q^r) \otimes \wedge P_*^r = S_{r+1}$$

$$\text{pour } DB \leqq k - r$$

$(3_r)$ $T_{r+1}$ *est un quotient de $S_{r+1}$ il lui est égal pour $DB \leqq k + 1$,*
   nous démontrerons également

$(4_r)$ *l'isomorphisme de $(1_r)$ et le premier isomorphisme de $(2_r)$ sont induits par $f_r$, l'isomorphisme $H_{r+1} = S_{r+1}$ $(DB \leqq k - r)$, de $(2_r)$ et l'homomorphisme de $(3_r)$ sont induits par $f_{r+1}$.*

$(1_2)$ est évident (pour $DB$ quelconque du reste), $(2_2)$ se déduit de la Prop. 11.1 et du lemme 11.1; les cobords contenus dans $B \otimes \wedge P_*^2$ sont $d_2(B \otimes P^1 \otimes \wedge P_*^2 = (Q^2) \otimes \wedge P_*^2$, d'où $(3_2)$; $(4_2)$ est clair.

Supposons $(1_{r-1})$, $(2_{r-1})$, $(3_{r-1})$, $(4_{r-1})$ établis et $r \leq \min (t, k)$ pair, car pour $r$ impair, $P^{r-1} = 0$ et le passage à $r$ est immédiat; $f_r$ qui est un homomorphisme permis de $S_r$ sur $T_r \subset H_r$ définit en tout cas un homomorphisme de $H(S_r)$ dans $H(H_r) = H_{r+1}$; soit $h$ un $d_r$-cocycle de $T_r$ et $DBh \leq k+1$, alors si $h$ est un cobord dans $H_r$, c'est déjà un cobord dans $T_r$; soit en effet $h = d_r u$, $(u \in H_r)$, on a $DBu \leq k+1-r$ et puisque $f_r(S_r) = H_r$ pour $DB \leq k+1-r$ vu $2_{r-1}$ et $(4_{r-1})$ il existe $v \in S_r$ tel que $u = f_r(v)$, donc $u \in T_r$ et $h = d_r u \in d_r T_r$ si de plus $h = f_r(h')$, où $h'$ est un cocycle de $S_r$, on a $h' = \delta_r v$ puisque $f_r$ est un homomorphisme permis et qu'il est biunivoque pour $D \leq k+1$ d'après $(3_{r-1})$ et $(4_{r-1})$. Cela montre que

$$(12.1) \qquad d_r(H_r) \cap \kappa_r^2(B \otimes \wedge P_*^r) = f_r((Q^r) \otimes \wedge P_*^r) \qquad \text{pour } DB \leq k+1$$

(car le deuxième membre représente visiblement tous les $\delta_r$-cobords contenus dans $B_r \otimes \wedge P_*^r$), et que $f_r$ applique $H(S_r)$ isomorphiquement dans $H_{r+1}$ pour $DB \leq k+1$, c'est $(1_r)$ et la 1ère affirmation de $(4_r)$. Mais on sait de plus que $f_r(S_r) = H_r$ pour $DB \leq k - r + 1$ d'après $(2_{r-1})$ et $(4_{r-1})$, $f_r$ applique donc $H(S_r)$ biunivoquement sur $H_{r+1}$ pour $DB \leq k - r + 1$; cela contient la première égalité de $(2_r)$ et la deuxième affirmation de $(4_r)$; la deuxième égalité de $(2_r)$ résulte alors de la Prop. 11.1 et du lemme 11.1. L'égalité (12.1) montre notamment que $(Q^r) = d_r(H_r) \cap B_r$ pour $DB \leq k+1$, autrement dit que

$$(12.2) \qquad B_{r+1} = \kappa_{r+1}^r B_r = B_r/(Q^r) \qquad \text{pour } DB \leq k+1$$

ce qui contient la troisième égalité de $(2_r)$. Par définition:

$$\kappa_{r+1}^2(B \otimes \wedge P_*^r) = \kappa_{r+1}^r \kappa_r^2(B \otimes \wedge P_*^r) = \kappa_{r+1}^r f_r(B_r \otimes \wedge P_*^r)$$

$(Q^r) \otimes \wedge P_*^r = \delta_r(S_r)$, l'homomorphisme $f_r$ l'envoie donc dans $d_r H_r$, c'est à dire dans le noyau de $\kappa_{r+1}^r$, d'où par passage au quotient un homomorphisme de $B_r/(Q^r) \otimes \wedge P_*^r$ sur $T_{r+1}$; c'est évidemment $f_{r+1}$ pour $DB \leq k+1$, vu (12.2), ainsi $f_{r+1}$ induit bien l'isomorphisme $H_{r+1} = S_{r+1}$ $(DB \leq k - r)$; de plus nous savons que pour $DB \leq k+1$ $f_r$ est un isomorphisme de $S_r$ sur $T_r$, d'après $(3_{r-1})$ et $(4_{r-1})$. et vu (12.1) qu'il envoie $(Q^r) \otimes \wedge P_*^r$ sur le noyau de $\kappa_{r+1}^r \colon \kappa_r^2(B \otimes \wedge P_*^r) \to T_{r+1}$ il induit par conséquent un isomorphisme de $B_r/(Q^r) \otimes \wedge P_*^r$ sur $T_{r+1}$ pour $DB \leq k+1$, qui est bien, vu (12.2), l'isomorphisme de $S_{r+1}$ sur $T_{r+1}$ induit par $f_{r+1}$; cela démontre $(3_r)$ et la dernière affirmation de $(4_r)$.

REMARQUE. Supposons $k \geq t$, soit $x_1, \cdots, x_s$ une base de $P^1 + \cdots + P^{t-1}$ et $y_i \in B$ tel que

$$\kappa_{r_i}^2(y_i \otimes 1) = d_{r_i} \kappa_{r_i}^2(1 \otimes x_i),$$

$$(i = 1, \cdots, m; r_i = Dx_i + 1)$$

et soit $\bar{Q}^j$ le sous-espace sous-tendu par les $y_i$ de degré $j$; il est clair que $\bar{Q}^j$ est appliqué isomorphiquement sur $Q^j$ par $\kappa_j^2$ et que

$$(12.3) \qquad B_r = B/(\bar{Q}^1 + \cdots + \bar{Q}^{r-1})$$

$$\text{pour } DB \leq k, r = 3, 4, \cdots, t + 1.$$

De $Q^j$ sans relations dans $B_j$ pour $D \leqq k, j = 1, \cdots, t$, on tire que Ann $y_i$ dans $B/(y_1, \cdots, y_{i-1})$ est nul pour $D \leqq k (i = 1, \cdots, s)$, donc que $y_1, \cdots, y_s$ sont sans relations pour $D \leqq k$ dans $B$ (Prop. 11.1)

LEMME 12.1. *On suppose $A(t, k)$ vrai et $H_\infty$ triviale pour $D \leqq k$. Soit $h_p \in H_p$, $h_p \neq 0, 0 < D(h_p) \leqq k, DF(h_p) < p - 1$.*

*Alors il existe $x \in H_2$, et un entier $s \geqq 2$ tels que*

$$d_r \kappa_r^2 x = 0 \qquad\qquad (r < s);$$

$$d_s \kappa_s^2 x = \kappa_s^p h_p \neq 0$$

*et $DF(h_p) = 0$ lorsque $s \leqq \min(t, k)$ ou encore si $t \geqq k$.*

$d_r$ diminue $DF$ de $r - 1$, donc $h_p$ est un $d_r$-cocycle pour tout $r \geqq p$; $H_\infty$ étant triviale pour $D \leqq k$, il doit exister $x$ et $s$ tels que

$$d_r \kappa_r^2 x = 0 \qquad\qquad (r < s);$$

$$d_s \kappa_s^2 x = \kappa_s^p h_p \neq 0$$

$$(Dx = Dh_p - 1, DBx = DBh_p - s)$$

Si $s \leqq \min(t, k)$, on a puisque $DB(x) \leqq k - s$: $\kappa_s^2 x \in B_s \otimes \Lambda P_*^{s-1}$ (Prop. 12.1), et $DF(d_s \kappa_s^2 x) < p - 1 \leqq s - 1$ donne $DF(d_s \kappa_s^2 x) = DF(h_p) = 0$. Si $t \geqq k$ et $DF(h_p) \neq 0$, alors $s > \min(t, k)$ donc $s > k$ et $DB(h_p) = DB(x) + s > k$, ce qui est absurde puisque $D(h_p) \leqq k$ et termine la démonstration du lemme.

PROPOSITION 12.2. *On suppose $A(t, 0)$ vrai et $H_\infty$ triviale pour $D \leqq t$. Alors*

*(a) $A(t, t + 1)$ est vrai; $P$ contient tous les éléments homogènes transgressifs de $\Lambda P$ ayant un degré $\leqq t$.*

*(b) soient $x_1, \cdots, x_l$ une base de $P^1 + \cdots + P^{t-1}$ et $y_i \in B$ vérifiant $\kappa_r^2(y_i \otimes 1) = d_r \kappa_r^2(1 \otimes x_i), (r = Dx_i + 1); y_1, \cdots, y_l$ engendrent $B^j (0 < j \leqq t)$ et $B = K[y_1, \cdots, y_l]$ pour $D \leqq t$.*

(a) $Q^i$ est isomorphe à $P^{i-1} (i = 2, \cdots, t)$, car sinon $P^{i-1}$ contiendrait un élément non nul cocycle pour tout $d_r$ et aurait une image non nulle dans $H_\infty$ alors que ce dernier est trivial pour $D \leqq t$. Supposons $A(t, k)$ vrai et $k \leqq t$, si $A(t, k + 1)$ est faux il existe $i, (2 \leqq i \leqq t)$, tel que $Q^i$ possède une relation de $D = k + 1$; mais pour $DB \geqq k$, d'après la Prop. 12.1 $(1_i)$:

$$H(B_i \otimes \Lambda P^{i-1}) \otimes \Lambda P_*^i \subset H_{i+1}$$

il doit alors exister (Prop. 11.1):

$$h \in H_{i+1}, \qquad h \neq 0, \qquad Dh = k, \qquad DFh = i - 1 \neq 0$$

ce qui contredit le lemme 12.1 puisque $t \geqq k$, et montre que $A(t, k + 1)$ est vrai, d'où $A(t, t + 1)$ par récurrence.

Soit $x \in (\Lambda P)^{i-1}, (i \leqq t + 1)$, transgressif; alors d'après la Prop. 12.1 $2_i$ on a $\kappa_i^2(1 \otimes x) \in \kappa_i^2(1 \otimes \Lambda P_*^{i-1})$, donc $x \in P^{i-1}$.

(b) On sait déjà que $y_1, \cdots, y_l$ sont sans relations pour $D \leqq t + 1$ (remarque à la Prop. 12.1); il suffit de montrer qu'ils engendrent $B^j (0 < j \leqq t)$ et pour cela que $B^j \subset (y_1, \cdots, y_l)$ pour tout $j$ vérifiant $0 < j \leqq t$; or si $b \in B^j, b \notin (y_1, \cdots, y_l)$, alors $\kappa^2_{t+1}b \neq 0$ et vu la trivialité de $H_\infty$, $b$ doit être pour un $s \geqq t + 1$ le $d_s$-cobord d'un élément $x$ qui vérifie forcément $Dx = j - 1$, $DFx = s - 1 > 0$, $DBx = j - s < j - t$, donc (Prop. 12.1 $2_t$):

$$\kappa^2_{t+1}x \; \epsilon \; B_{t+1} \otimes \wedge P^t_*$$

et $DFx$ qui est $>0$ doit être $\geqq t$, ce qui est impossible puisque $Dx = j - 1 \leqq t - 1$.

PROPOSITION 12.3. *On suppose $A(m + 1, 0)$ vrai, $m$ étant le maximum du degré de $P$, et $H_\infty$ triviale jusqu'à $n \geq m$. Alors*

(a) *$A(m + 1, n + 1)$ est vrai, et $P$ contient tous les éléments transgressifs de $\wedge P$.*

(b) *Soit $x_1, \cdots, x_l$ une base de $P$, $y_i \; \epsilon \; B$ vérifiant $\kappa^2_r(y_i \otimes 1) = d_r \kappa^2_r(1 \otimes x_i)$, $(r = Dx_i + 1, i = 1, \cdots, l)$. On a $B = K[y_1, \cdots, y_l]$ pour $D \leqq n$.*

En effet, si $A(m + 1, 0)$ est vrai, il en est de même de $A(t, 0)$ pour tout $t > m + 1$, et en particulier de $A(n, 0)$, on applique alors la Prop. 12.2.

REMARQUE. Nous avons toujours supposé $P$ de dimension finie, seul cas intéressant pour la suite, mais cette hypothèse n'a en somme pas joué de rôle; en fait, les énoncés et démonstrations des Prop. 12.1 et 12.2 subsistent sans aucun changement si l'on suppose seulement que chaque sous-espace $P^i$ est de dimension finie; on voit même qu'à quelques changements évidents de notations près, les considérations des §11 et 12 valent pour des espaces $P^i$ de dimensions quelconques.

## §13. Le théorème principal

Nous désignons toujours par $m$ le maximum du degré de $P$.

4   THEOREME 13.1. *Soit $(H_r)$, $(r \geqq 2)$, une algèbre spectrale canonique dans laquelle $H_2 = B \otimes \wedge P$; on suppose $P$ gradué par des degrés impairs et $H_\infty$ triviale pour $D \leqq n$, $(n \geqq 2m + 1)$.*[15] *Alors*

(a) *$\wedge P$ est l'algèbre extérieure d'un sous-espace $P'$ avant une base $x_1, \cdots, x_l$ formée d'éléments homogènes transgressifs; $P'$ contient tous les éléments transgressifs de $\wedge P$.*

(b) *Si $y_i \; \epsilon \; B$ vérifie $\kappa^2_r(y_i \otimes 1) = d_r \kappa^2_r(1 \otimes x_i)$, $(r = Dx_i + 1)$, on a $B = K[y_1, \cdots, y_l]$ pour $D \leqq n$.*

On peut remarquer que dans ce théorème, le point essentiel est une question d'unicité; étant donné $P$ gradué par des degrés impairs, il est clair qu'il existe au moins un $B$ et une algèbre spectrale commençant à $H_2 = B \otimes \wedge P$ et se terminant par une algèbre triviale: il suffit de supposer $P$ sous-tendu par des éléments transgressifs $x_i$ et de définir $B$ et l'algèbre spectrale par la conclusion (b) ci-dessus; le théorème affirme que c'est la seule manière d'y parvenir, à un isomorphisme d'algèbres spectrales près.

Si $P^i = 0$ pour $i < m$, $A(m + 1, 0)$ est évident, le théorème se ramène à la Proposition 12.3; nous supposons dorénavant que $P$ a au moins deux degrés.

---

[15] Pour la suite, il suffirait de supposer $n$ arbitrairement grand; nous indiquons une borne inférieure pour fixer les idées, ce n'est pas exactement celle qui figure dans [1], (*voir* remarque à la fin du §17).

Etant donné la Prop. 12.3 il suffit d'établir la validité de $A(m + 1, 2m + 1)$,[16] ce que nous ferons par une double récurrence: Dans le §14, nous passerons de $A(t, 2t + 1)$ à $A(t + 1, 2t + 1)$, dans le §15 de $A(t, 2t - 1)$ à $A(t, 2t + 1)$. Il serait naturellement tentant, vu la Prop. 12.3, d'essayer de prouver directement $A(m + 1, 0)$,[16] par exemple par récurrence sur le premier indice seulement, mais cela ne semble pas possible.

## §14. Première partie de la démonstration

Faisons tout d'abord quelques remarques simples. Pour $0 < i \leq t$, $i \leq n$, $B_{t+1}^i = 0$, car vu les propriétés de degrés des différentielles $d_r$, $B_{t+1}^i$ est appliqué isomorphiquement dans $H_\infty$ qui est trivial pour $D \leq n$. Si $P^t$ est formé d'éléments transgressifs, $Q^{t+1} = d_{t+1}\kappa_{t+1}^2(1 \otimes P^t)$ est isomorphe à $P^t$ car sinon $P^t$ aurait une image non nulle dans $H_\infty$, et de plus $B_{t+1}^{t+1} = Q^{t+1}$; en effet $Q^{t+1} = B_{t+1}^{t+1} \cap d_{t+1}(H_{t+1})$ et $0 = B_{t+2}^{t+1} = B_{t+1}^{t+1}/Q^{t+1}$.

Supposons $A(t, 2t + 1)$ vrai; la Prop. 12.1 ($2_t$) donne

$$(14.1) \qquad\qquad H_{t+1} = B_{t+1} \otimes \wedge P_*^t \qquad\qquad \text{pour } DB \leq t + 1$$

donc

$$d_{t+1}\kappa_{t+1}^2(1 \otimes P_*^t) \subset B_{t+1}^{t+1} \otimes \wedge P_*^t$$

en particulier si $t$ est pair, $B_{t+1}^{t+1} = Q^{t+1} = 0$, donc $P_*^t$ est formé de $d_{t+1}$-cocycles et $A(t + 1, 2t + 1)$ est vrai; il nous suffit d'examiner le cas $t$ impair.

Lemme 14.1. *Si $A(t, 2t + 1)$ est vrai ($t$ impair), $Q^{t+1}$ est sans relations pour $D \leq 2t + 2$, ($t \leq m$).*

On sait par la Prop. 12.1 ($3_t$) que

$$S_{t+1} = B_{t+1} \otimes \wedge P^t \otimes \wedge P_*^{t+1} \subset H_{t+1} \qquad \text{pour } DB \leq 2t + 1$$

si $Q^{t+1}$ a une relation de $DB \leq 2t + 2$, alors (Prop. 11.1), $B_{t+1} \otimes \wedge P^t$ possède un cocycle $h$, ($Dh \leq 2t + 1$, $DFh = t$, $DBh \leq t + 1$), qui n'est pas contenu dans $d_{t+1}(B_{t+1} \otimes \wedge P^t)$; je prétends que $h$ n'est pas cobord dans $H_{t+1}$; en effet si $h = d_{t+1}u$, alors $DFu = 2t$, $DBu = 0$, (donc $DBh = t + 1$), et d'après (14.1), $u \in 1 \otimes \wedge P_*^t$, ou même *puisque* $P^{2t} = 0$, $u \in 1 \otimes \wedge^2 P^t$, et $h \in d_{t+1}(B_{t+1} \otimes \wedge P^t)$ ce qui n'est justement pas. Ainsi $\kappa_{t+2}^{t+1}h \neq 0$, mais comme $DBh \leq t + 1$, $DFh = t$, cet élément est un $d_r$-cocycle pour tout $r \geq t + 1$, et n'est jamais un $d_r$-cobord, il a une image non nulle dans $H_\infty$, ce qui est absurde car $Dh \leq 2t + 1 \leq n$, et démontre le lemme.

Proposition 14.1. *Si $A(t, 2t + 1)$ est vrai ($t \leq m$), $A(t + 1, 2t + 1)$ est **vrai**.*[16]

Il suffit de traiter le cas $t$ impair comme nous l'avons dit au début de ce **para**graphe. Soit

$$x_1, \cdots, x_k, x_{k+1}, \cdots, x_l$$

$$(Dx_i \leq t \text{ si } i \leq k, Dx_i > t \text{ si } i > k)$$

---

[16] Pour une base convenable de $\wedge P$.

une base de $\wedge P$ vérifiant $A(t, 2t + 1)$; nous montrerons que l'on peut ajouter à $x_i(i > k)$ un élément décomposable de manière à obtenir une nouvelle base homogène $x_1, \cdots, x_k, x'_{k+1}, \cdots, x'_l$ de $\wedge P$ vérifiant $A(t + 1, 0)$; comme les éléments de degrés $\leq t$ n'ont pas été modifiés cette nouvelle base vérifie alors $A(t + 1, 2t + 1)$ vu l'hypothèse et le lemme 14.1.

Supposons notre choix fait pour $k + i \leq j$, soient $V$ le sous-espace de base $x'_{k+1}, \cdots, x'_j$ et $y_{j+1} = d_{t+1}\kappa^2_{t+1}(1 \otimes x_{j+1})$. La base de $\wedge P$ formée de $x'_{k+1}, \cdots, x'_j$ et des $x_i$ d'indices différents de $k + 1, \cdots, j$ vérifie $A(t, 2t + 1)$, nous appliquons la Prop. 12.1 $(2_t)$ à cette base; on obtient $y_{j+1} \in B_{t+1} \otimes \wedge P^t_*$, ou même $y_{j+1} \in B_{t+1} \otimes \wedge P^t \otimes \wedge V$ car $DFy_{j+1} < Dx_{j+1}$, ce qui peut s'écrire:

$$y_{j+1} = a_1 \otimes v_1 + \cdots + a_p \otimes v_p$$

$$(a_i \in B_{t+1} \otimes \wedge P^t, v_i \in \wedge V)$$

on peut supposer $v_1, \cdots, v_p$ linéairement indépendants; $y_{j+1}, v_1, \cdots, v_p$ sont des $d_{t+1}$-cocycles, donc on a $d_{t+1}a_i = 0(i = 1, \cdots, p)$; évidemment $DBa_i = t + 1$, donc si $DFa_i \neq 0$, il existe $c_i \in 1 \otimes \wedge P^t$ tel que $a_i = d_{t+1}c_i$ (Lemme 14.1 et Prop. 11.1); si $DFa_i = 0$, alors

$$a_i \in B^{t+1}_{t+1} = Q^{t+1} \otimes 1 = d_{t+1}\kappa^2_{t+1}(1 \otimes P^t)$$

et

$$a_i = d_{t+1}c_i \qquad (c_i \in 1 \otimes P^t).$$

Finalement nous obtenons un élément décomposable

$$1 \otimes h = c_1 \otimes v_1 + \cdots + c_p \otimes v_p \qquad (h \in \wedge (P^t + V))$$

tel que

$$d_r\kappa^2_r(1 \otimes (x_{j+1} - h)) = 0 \qquad \text{pour } 2 \leq r \leq t + 1$$

on prendra $x'_{j+1} = x_{j+1} - h$.

La démonstration est naturellement la même pour $j + 1 = k + 1$, ce qui permet de construire par récurrence la base annoncée, et démontre la Proposition 14.1.

Par des raisonnements analogues mais plus simples, on assure le départ de la récurrence en montrant le:

LEMME 14.2. $A(2, 3)$ *est vrai*.

On prouve tout d'abord que $Q^2$ est sans relations pour $D \leq 4$ par le raisonnement du lemme 14.1. On en tire ensuite comme dans la Prop. 14.1 l'existence d'une nouvelle base de $\wedge P$ vérifiant $A(2, 0)$, donc aussi $A(2, 3)$ ou même ici $A(2, 4)$.

## §15. Deuxième partie de la démonstration

LEMME 15.1. *Supposons $A(t, 2t - 1)$ vrai $(t \leq m)$, et soit $h_p \in H_p$, $h_p \neq 0$, $0 < D(h_p) \leq 2t$, $DF(h_p) < p - 1$*

*Alors ou bien il existe $s$, $(t \geq s \geq p)$, tel que $0 \neq \kappa_s^p h_p \in (Q^s)$ et $DF(h_p) = 0$, ou bien il existe $s > t$ tel que $0 \neq \kappa_s^2 h_p = d_s \kappa_s^2 x (x \in 1 \otimes P_*^t)$, et $D(h_p)$ est pair.*

$\kappa_r^p h_p$ est un $d_r$-cocycle pour tout $r \geq p$, $H_\infty$ est triviale pour $D \leq 2t + 1$, il existe donc $s \geq p$, $x \in H_2$ tels que

$$d_r \kappa_r^2 x = 0 \qquad\qquad (r < s):$$

$$d_s \kappa_s^2 x = \kappa_s^p h_p \neq 0,$$

$$(Dx \leq 2t - 1,\ DBx \leq 2t - s).$$

Supposons tout d'abord $s \leq t$ et appliquons la Prop. 12.1 $(2_{s-1})$ pour $k = 2t - 1$; $DBx \leq 2t - s = 2t - 1 - (s - 1)$ donne

$$\kappa_s^2 x \in B_s \otimes \wedge P_*^{s-1}$$

mais de $DF(d_s \kappa_s^2 x) = DF(h_p) < p - 1 \leq s - 1$ on tire alors $DF(d_s \kappa_s^2 x) = 0$, $DFx = s - 1$ et

$$\kappa_s^2 x \in B_s \otimes P^{s-1}; \qquad \kappa_s^2 h_p = d_s \kappa_s^p x \in (Q^s).$$

Si maintenant $s > t$, on a $DBx \leq 2t - t - 1 = t - 1$; la Prop. 12.1 $(2_t)$ donne

$$\kappa_{t+1}^2 x \in B_{t+1} \otimes \wedge P_*^t$$

mais $B_{t+1}^i = 0$ pour $0 < i \leq t$ (cf début du §14), par conséquent $x \in 1 \otimes \wedge P_*^t$ ou même $x \in 1 \otimes P_*^t$ car $x$ ne peut être décomposable puisque $Dx \leq 2t - 1$; comme $x$ est homogène non nul, $Dx$ est forcément impair et $D(h_p)$ est pair.

LEMME 15.2. *Si $A(t, 2t - 1)$ est vrai, $B^i$ est nul pour $i$ impair $\leq 2t - 1$.*

Si cette affirmation est fausse soit $j$ le plus petit indice impair $\leq 2t - 1$ pour lequel $B^j \neq 0$ et soit $h \in B^j$, $h \neq 0$; $h$ vérifie pour $p = 2$ les hypothèses du lemme précédent; ici évidemment les degrés $\leq j$ de $(Q^i)$ sont pairs; on devrait donc être dans la deuxième alternative, mais alors $j$ est pair, ce qui est absurde.

PROPOSITION 15.2. *Si $A(t, 2t - 1)$ est vrai $(t \leq m)$, alors $A(t, 2t + 1)$ est vrai.*

Supposons $A(t, k)$ vrai, $(2t - 1 \leq k < 2t + 1)$; si $A(t, k + 1)$ est faux il existe $i$, $(2 \leq i \leq t)$, tel que $Q^i$ ait une relation de degré $k + 1$ et $i$ est forcément *pair*; la Prop. 12.1 $(1_i)$ donne

$$H(B_i \otimes \wedge P^{i-1}) \otimes \wedge P_*^i \subset H_{i+1} \qquad\qquad \text{pour } DB \leq k$$

et (Prop. 11.1), il existe

$$h \in H_{i+1}, \qquad h \neq 0, \qquad Dh = k, \qquad DFh = i - 1, \qquad DBh = k - i + 1$$

$DBh = k - i + 1 \leq 2t - i + 1 \leq 2t - 1$, donc $DBh$ est *pair* (Lemme 15.2) et $Dh = DBh + i - 1$ est *impair*; d'autre part $h$ vérifie les hypothèses du lemme 15.1 pour $p = i + 1$; comme $DFh = i - 1$ est $\neq 0$, on doit être dans la deuxième alternative, et $Dh$ doit être *pair*, en contradiction avec ce que nous avons vu précédemment. Par conséquent $A(t, k + 1)$ est vrai.

Le lemme 14.2, les Prop. 14.1 et 15.1 permettent de prouver par récurrence que $A(m + 1, 2m + 1)$ est vrai et notre théorème résulte alors comme nous l'avons déjà remarqué de la Prop. 12.3.

## §16. Un complément en caractéristique deux

Dans ce paragraphe, nous supposons $K = K_2$ de caractéristique deux. Si $F$ est une algèbre sur $K_2$ admettant un système simple de générateurs $p_1, \cdots, p_l$ et si $P$ est l'espace de base $p_1, \cdots, p_l$ on écrira $F = \Delta P$; si $P'$ est un sous-espace de $P$ ayant une base $q_1, \cdots, q_s$ formée d'éléments pris parmi les $p_i$, on notera $\Delta P'$ le sous-espace de $F$ ayant une base formée de l'élément neutre et des monômes $q_{i_1} \cdots q_{i_k} (i_1 < \cdots < i_k ; k = 1, \cdots, s)$; si $P''$ est un deuxième sous-espace du même type que $P'$ et si $P' \cap P'' = 0$, on a évidemment $\Delta(P' + P'') = \Delta P' \otimes \Delta P''$ (produit tensoriel de modules); $\Delta P'$ n'est pas forcément une sous-algèbre.

En caractéristique 2, le lemme 11.1 vaut aussi naturellement pour $s$ impair. Plus généralement il reste valable si l'on remplace $\wedge P$ par $\Delta P$, $s$ étant de parité quelconque. En effet, il y a un isomorphisme d'espaces vectoriels évident de $B \otimes \Delta P$ sur $B \otimes \wedge P$; cet isomorphisme est compatible avec les quatre graduations et avec les différentielles, il s'ensuit que le lemme 11.1 vaut aussi pour $B \otimes \Delta P$. Cet isomorphisme n'est pas forcément compatible avec le produit, mais néanmoins respecte le produit de monômes $p_{i_1} \cdots p_{i_k}$ et $p_{j_1} \cdots p_{j_s}$ si les $i_\mu$ sont tous différentes des $j_\nu (i_1 < \cdots < i_k ; j_1 < \cdots < j_s)$, par conséquent la démonstration même du lemme 11.1 vaut pour $B \otimes \Delta P$, une fois $\wedge$ remplacé par $\Delta$. Ces remarques montrent aussi que l'on peut appliquer le lemme 11.1 au cas $J = B \otimes \Delta P$, même si $\Delta P$ n'est pas une algèbre, mais est plongée dans une algèbre $F$ à système simple de générateurs comme le sous-espace $\Delta P'$ mentionné au début de ce paragraphe.

De cela résulte évidemment que la Prop. 11.1, les résultats du §12 et leurs démonstrations subsistent si on substitue $\Delta$ à $\wedge$. La Prop. 12.3 donne:

PROPOSITION 16.1 *Soit* $(H_r)$, $(r \geq 2)$, *une algèbre spectrale canonique sur* $K_2$, *dans laquelle* $H_2 = B \otimes F$, *où* $F = \Delta P$ *est une algèbre commutative admettant un système simple de générateurs* $x_1, \cdots, x_l$ *dont les degrés sont* $> 0$, *de parités quelconques. On suppose* $H_\infty$ *triviale pour* $D \leq n$, *et les* $x_i$ *transgressifs.*

*Si* $y_i \,\epsilon\, B$ *vérifie* $\kappa_r^2(y_i \otimes 1) = d_r \kappa_r^2(1 \otimes x_i)$, $(r = Dx_i + 1, i = 1, \cdots l)$, *alors* $y_1, \cdots, y_l$ *sont sans relations pour* $D \leq n$ *et* $B = K_2[y_1, \cdots, y_l]$ *pour* $D \leq n$; $P$ *contient tous les éléments transgressifs de* $F$.

Dans cette proposition, nous ne supposons pas $x_i \cdot x_i = 0$ ni $Dx_i$ impair, mais par contre *nous admettons que* $x_i$ *est transgressif;* c'est donc beaucoup plus un analogue faible qu'une généralisation de théorème 13.1 pour $K = K_2$; des exemples montrent du reste que le théorème 13.1 peut être mis en défaut pour $K = K_2$ si $P$ a des degrés pairs.

## §17. Un complément pour les caractéristiques différentes de deux

Comme nous l'avons dit au début de ce chapitre, le §17 est consacré à un résultat utilisé dans [1] mais qui n'interviendra jamais dans la suite de ce travail.

Dans [1] il est question de fibrations dont les fibres ont la cohomologie d'un produit de sphères; leur algèbre de cohomologie admet donc un système simple de générateurs de carrés nuls. Nous écrirons $F = MP$ si l'algèbre anticommutative $F$ admet un système simple de générateurs $p_1, \cdots, p_l$ de carrés nuls, $P$ désignant l'espace sous-tendu par $p_1, \cdots, p_l$ ; cette notation est un peu incorrecte car une autre base homogène $p_1', \cdots, p_l'$ de $P$ ne constitue pas en général un système simple de générateurs de carrés nuls, néanmoins nous l'utiliserons pour abréger et parce qu'elle ne prêtera pas à confusion dans la suite. Si $P'$ et $P''$ sont les espaces de bases $p_1, \cdots, p_k$ et $p_{k+1}, \cdots, p_l$, $MP'$ et $MP''$ sont des sous-algèbres et on a $MP = MP' \otimes MP''$ (produit tensoriel gauche). Bien entendu, si $P$ est gradué par des degrés impairs $MP = \wedge P$.

Nous considérerons une algèbre spectrale canonique $(H_r)$, $(r \geqq 2)$, dans laquelle $H_2 = B \otimes MP$.

DÉFINITION. *On dit que $A^*(t, k)$ est vrai dans $(H_r)$ si $P^i = 0$ pour $i$ pair $\leqq t - 1$ et si $A(t, k)$ est vrai.*

Il est clair que les résultats et démonstrations du §12 restent valables si on y remplace $A$ par $A^*$ et $\wedge$ par $M$; nous noterons Prop. 12.1* la proposition ainsi obtenue à partir de la Prop. 12.1.

Soit de nouveau $m$ le maximum du degré de $P$.

PROPOSITION 17.1 *Soit $(H_r)$ une algèbre spectrale canonique sur $K_p$ dans laquelle $H_2 = B \otimes MP$.*

*Si $p \neq 2$, et si $H_\infty$ est triviale pour $D \leqq n$, $(n \geqq 2m + 1)$, alors $P^i = 0(i$ pair$)$.*

Nous employerons sans mention particulière le fait bien connu suivant: Dans une algèbre différentielle canonique, anticommutative, sur un corps de caractéristique $\neq 2$, on a $b.db = 0$ quand $b$ est de degré pair et de carré nul (en effet $2b.db = d(b.b) = 0$).

Pour obtenir la Prop. 17.1 je ne vois pas d'autre procédé que la construction de toute l'algèbre spectrale, par une méthode analogue à celle qui a permis d'établir le théorème 13.1.

Si $P^i = 0$ pour $i < m$, on a $d_r = 0(2 \leqq r \leqq m)$, $H_{m+1} = H_2$ ; soit $x \in P^m$, $x \neq 0$, $d_{m+1}x \in B \otimes 1$, donc $x.dx = 0$ si et seulement si $dx = 0$; pour $m$ pair, $x$ est donc un $d_{m+1}$-cocycle et admet une image non nulle dans $H_\infty$, ce qui contredit la trivialité de $H_\infty$ pour $D \leqq n$ et démontre la Proposition quand $P$ a un seul degré. Nous supposons dorénavant qu'il en a au moins deux, donc $n \geqq 2m + 1$. Il nous suffira de montrer que $A^*(m + 1, 2m + 1)$ est vrai, ce que nous ferons en suivant d'aussi près que possible la démonstration de $A(m + 1, 2m + 1)$ donnée dans les §14 et 15.

*1-ère partie: Passage de $A^*(t, 2t + 1)$ à $A^*(t + 1, 2t + 1)$.*

Nous supposons que $F = MP$ possède une base

$$x_1, \cdots, x_s, x_{s+1}, \cdots, x_l \qquad (Dx_i < t \text{ si } i \leqq s, Dx_i \geqq t \text{ si } i > s).$$

formant un système simple de générateurs de carrés nuls et vérifiant $A^*(t, 2t + 1)$; la Prop. 12.1* $(2_t)$ donne pour $k = 2t + 1$:

$$(17.1) \qquad H_{t+1} = B_{t+1} \otimes MP_t^* \qquad \text{pour } DB \leqq t + 1$$

par conséquent $y_i = d_{t+1}\kappa_{t+1}^2(1 \otimes x_i)$, $(i > s)$, est dans $B_{t+1} \otimes MP_t^*$ et comme

$DF(y_i) < DF(x_i)$, le produit $y_i \cdot \kappa_{t+1}^2(1 \otimes x_i)$ est nul si et seulement si $y_i = 0$. Il en résulte:

(17.2) *Si $Dx_i$ est pair $(i > s)$, $x_i$ est automatiquement un $d_{t+1}$-cocycle.*

En particulier si $t$ est pair, $P^t$ est isomorphiquement appliqué dans $H_\infty$, donc $P^t = 0$. D'autre part

$$d_{t+1}\kappa_{t+1}^2(1 \otimes P^t) = Q^{t+1} = B_{t+1}^{t+1}$$

vu la trivialité de $H_\infty$ (cf début du §14), donc si $t$ est pair, $y_i = 0$ pour tout $i > s$, et la base donnée vérifie déjà $A^*(t + 1, 2t + 1)$. Pour $t$ impair, on établit comme dans le §14:

(17.3) $Q^{t+1}$ *est sans relations pour $D \leqq 2t + 2$.*

La démonstration est à compléter sur un seul point: De $u \in 1 \otimes MP_*^t$ on conclut a priori $u \in 1 \otimes \wedge^2 P^t$ *ou bien* $u \in 1 \otimes P^{2t}$, mais la deuxième alternative est exclue d'après (17.2) car $d_{t+1}u = h \neq 0$; on retombe bien sur $u \in 1 \otimes \wedge^2 P^t$. Cela étant, on démontre par le raisonnement de la Prop. 14.1:

(17.4) *En ajoutant aux éléments de degrés impairs $>t$ de la base donnée des éléments décomposables, on peut obtenir une nouvelle base vérifiant $A^*(t + 1, 0)$*

Il faut bien remarquer que dans cette construction par récurrence on passe d'une base à la suivante en ne modifiant qu'un élément de degré impair; les bases intermédiaires et la base finale sont donc toujours formées d'éléments de carrés nuls constituant un système simple de générateurs.

On passera ensuite de $A^*(t + 1, 0)$ à $A^*(t + 1, 2t + 1)$ grâce à (17.3) et à $A^*(t, 2t + 1)$; enfin la validité de $A^*(2, 3)$ s'établit par des raisonnements analogues.

*2ème partie: Passage de $A^*(t, 2t - 1)$ à $A^*(t, 2t + 1)$.*

Ici nous aurons besoin d'un nouveau lemme.

LEMMA 17.1. *Si $A^*(t, 2t - 1)$ est vrai $(t \leqq m)$, $P^i = 0$ pour $i$ pair $< 2t$.*

Si $P^j \neq 0$ pour $j$ pair $<2t$, alors par hypothèse $j \geqq t$ et il existe $p \in 1 \otimes P^j$, $p \neq 0$, de carré nul, qui est un $d_r$-cocycle pour $r \leqq t$; par la trivialité de $H_\infty$, il doit se trouver $q \in H_2$ et $s \geqq t + 1$ tels que

$$
(17.5) \qquad
\begin{aligned}
d_r\kappa_r^2 q &= 0 && (r < s); \\
0 \neq \kappa_s^2 q &= d_s\kappa_s^2 p && (Dq = j + 1 \leqq 2t - 1, DBq = s)
\end{aligned}
$$

$DFq = j + 1 - s \leqq 2t - 1 - s \leqq 2t - 1 - t - 1 = t - 2$ donc

$$q \in B \otimes \wedge(P^1 + \cdots + P^{t-1}) \qquad \text{et } q \cdot p \neq 0.$$

Comme $p \cdot p = 0$, on a $\kappa_s^2(q \cdot p) = \kappa_s^2 q \cdot \kappa_s^2 p = 0$ et il doit exister $y \in H_2$ et $s' < s$ tels que

$$
\begin{aligned}
d_r\kappa_r^2 y &= 0 && (r < s'); \\
d_{s'}\kappa_{s'}^2 y &= \kappa_{s'}^2(q \cdot p) \neq 0 && (DBy = DBq - s' = s - s')
\end{aligned}
$$

nous démontrerons plus bas que $s' \geqq t + 1$; admettons-le provisoirement dans ce cas, $DBy \leqq DBq - t - 1 \leqq 2t - 1 - t - 1 \leqq t - 2$ et d'après la Prop. 12.1*$2_t$

$$\kappa_{t+1}^2 y \,\epsilon\, B_{t+1} \otimes MP_*^t$$

mais $B_{t+1}^i = 0$ pour $i \leq t$ (trivialité de $H_\infty$), donc $DBy = 0$, et $s = s'$ ce qui est absurde et démontre le lemme.

Nous avons encore à prouver que $s' \geq t + 1$; c'est évident si $DFq = 0$ car alors $\kappa_{t+1}^2 q \,\epsilon\, B_{t+1}$ et comme $\kappa_{t+1}^2 q \neq 0$ d'après (17.5) on a :

$$\kappa_{t+1}^2 (q \cdot p) \,\epsilon\, \kappa_{t+1}^2 (B \otimes P_*^t) = B_{t+1} \otimes P_*^t \qquad\qquad (\text{pour } DB \leq 2t - 1)$$

est aussi $\neq 0$; supposons donc que $DFq = i - 1 \neq 0$; alors $DBq \leq 2t - 1 - (i - 1)$ et d'après la Prop. 12.1* $(2_{i-1})$:

$$\kappa_i^2 q \,\epsilon\, B_i \otimes MP_*^{i-1} \qquad\qquad \text{donc } \kappa_i^2 q \,\epsilon\, B_i \otimes P^{i-1}$$

et $\kappa_{i+1}^2 q$ qui est $\neq 0$, est un élément non nul de $H(B_i \otimes \wedge P^{i-1})$, de degré extérieur 1. Comme

$$H(B_i \otimes \wedge P^{i-1}) \otimes MP_*^i \subset H_{i+1} \qquad \text{pour } DB \leq 2t - 1$$

(Prop. 12.1* $1_i$), on voit que $\kappa_{i+1}^2 (q \cdot p) \neq 0$ et que $\kappa_{i+1}^2 q \,\notin\, B_{i+1} \otimes MP_*^i$.

Admettons maintenant avoir démontré que

$$(17.6) \qquad \kappa_r^2 (q \cdot p) \,\notin\, \kappa_r^2 (B \otimes MP_*^{r-1}) \qquad\qquad \text{pour } i + 1 \leq r \leq \min (s', t).$$

Si $d_k \kappa_k^2 y = 0$ pour $k < r \leq t$, alors $s' \geq r$, $DBy \leq 2t - 1 - r$ et

$$\kappa_r^2 y \,\epsilon\, B_r \otimes MP_*^{r-1}; \qquad d_r \kappa_r^2 y \,\epsilon\, B_r \otimes MP_*^{r-1}$$

$d_r \kappa_r^2 y$ ne peut donc être égal à $\kappa_r^2 (q \cdot p)$ vu (17.6), c'est donc un $d_r$-cocycle d'après la définition même de $y$, donc $s' > r$ et par récurrence $s' \geq t + 1$, ce que nous nous proposions de démontrer.

Pour terminer, il reste à démontrer (17.6), nous procédons par récurrence sur $r$; supposons (17.6) vrai pour $r = u - 1$, $(i + 1 \leq u \leq \min (s', t))$, s'il est faux pour $u$, cela signifie qu'il existe $x \,\epsilon\, B \otimes MP_*^{u-1}$ tel que

$$0 \neq \kappa_u^2 (q \cdot p) = \kappa_u^2 x$$

de plus $DBx = DBq \leq 2t - 1$, la prop. 12.1* $(1_i)$ et le fait que $\kappa_{i+1}^2 q$ est de degré extérieur 1 dans $H(B_i \otimes \wedge P^{i-1})$ donnent

$$\kappa_{i+1}^2 x \,\epsilon\, B_{i+1} \otimes MP_*^i \text{ et } \kappa_{i+1}^2 x \neq \kappa_{i+1}^2 (q \cdot p)$$

par conséquent on peut trouver $z \,\epsilon\, H_2$ et un degré $v$, $(i + 1 \leq v < u)$, tels que

$$d_r \kappa_r^2 z = 0 (r < v); \qquad d_v \kappa_v^2 z + \kappa_v^2 x = \kappa_v^2 (q \cdot p); \qquad d_v \kappa_v^2 z \neq 0$$

mais $DB(z) = DBq - v \leq 2t - 1 - v$ et d'après la Prop. 12.1* $2_{v-1}$ et $3_{v-1}$ :

$$\kappa_v^2 z, \, d_v \kappa_v^2 z \,\epsilon\, \kappa_v^2 (B \otimes MP_*^{v-1})$$

comme on a déjà $\kappa_v^2 x \,\epsilon\, \kappa_v^2 (B \otimes MP_*^{u-1}) \subset \kappa_v^2 (B \otimes MP_*^{v-1})$, $(v < u)$, on obtient alors

$$\kappa_v^2 (q \cdot p) \,\epsilon\, \kappa_v^2 (B \otimes MP_*^{v-1})$$

pour $v < u$, contrairement à l'hypothèse de minimum faite sur $u$. (17.6) est donc démontré.

Le lemme 17.1 étant obtenu, les énoncés et démonstrations des lemmes 15.1, 15.2 et de la prop. 15.1 subsistent si on y remplace $A$ par $A^*$ et $\wedge$ par M; la seule différence est qu'à la fin de la démonstration du lemme 15.2, pour parvenir à $Dx$ impair à partir de $x \in 1 \otimes P_*^t$, il faut utiliser le lemme 17.1 et $Dx \leqq 2t - 1$ au lieu d'invoquer directement l'hypothèse $P^i = 0$ pour $i$ pair.

REMARQUE. Soit $M = \dim P^1 + 2 \cdot \dim P^2 + \cdots + m \dim P^m$; dans [1], nous avons énoncé le Théorème 13.1 et la Proposition 17.1 pour $n \geqq M$, borne qui peut dans certains cas particuliers être inférieure à $2m + 1$. Sans chercher à voir si nos démonstrations s'étendent à ce cas, ce qui est sans intérêt pour la suite, nous montrerons ici comment les compléter pour obtenir le Théorème 2 de [1] quand $n < 2m + 1$.

Nous supposons donc que $(H_r)$ est l'algèbre spectrale sur $K$ d'une fibration d'une sphère (homologique) dont nous notons ici la dimension par $n + 1$; on montre tout d'abord comme dans [1] que $B^k = 0$ si $k > n + 1 - M$. Admettons qu'il y ait au moins deux sphères en fibres, donc que $M \geqq m + 1$, et que $n < 2m + 1$; soit $t$ tel que $2t + 3 > n \geqq 2t + 1$. Alors $B^k = 0$ pour $k > 2t + 3 - t - 2 = t + 1$, donc $H_{t+2} = H_\infty = G(H(S_{n+1}, K)) = H(S_{n+1}, K)$. D'autre part, $A(t + 1, 2t + 1)$ et $A^*(t + 1, 2t + 1)$, dont les démonstrations ne font intervenir que la trivialité de $H_\infty$ jusqu'à $2t + 1$, restent valables et en particulier (Prop. 12.1 $2_{t+1}$):

$$H_{t+2} = B_{t+2} \otimes \wedge P_*^{t+1} \qquad (DB \leqq t)$$

ce qui est en contradiction avec l'égalité $H_{t+2} = H(S_{n+1}, K)$ et démontre le théorème 2 de [1] dans le cas particulier $n < 2m + 1$, le seul qu'il restait à considérer.

CHAPITRE V. LA TRANSGRESSION DANS LES ESPACES FIBRES PRINCIPAUX

## §18. Espaces universels et espaces classifiants

J'adopterai ici des définitions homologiques pour les notions d'espaces universels et de sous-algèbres caractéristiques, qui m'ont été suggérées par J. P. Serre; le point de vue homotopique ([9], [31]) sera rappelé plus bas. Ces définitions peuvent être utilisées grâce à la proposition suivante, qui n'est qu'un cas particulier du théorème de Vietoris-Begle sur les applications propres:[17]

PROPOSITION 18.1. *Soit $(E, B, F, p)$ un espace fibré connexe localement compact, à fibres compactes connexes.*

---

[17] Pour les espaces compacts, cf. E. G. Begle, Ann. of Math. **51** (1950), 534–543; pour les espaces localements compacts en cohomologie d'Alexander-Spanier: à supports compacts, A. Borel, Jour. Math. pur. appl. IXs. **29** (1950), 313–322, Théorème 5. a, ou [5] Exp. VII Théorème 3, à supports fermés quelconques [10] Exp. XXI, Prop. 5. Pour les espaces fibrés (au sens de Serre), à base et fibre connexes par arcs, en cohomologio singulière, *voir* [29], p. 470; si $E$ est localement connexe, la Prop. 18.1 elle-même résulte trivialement du §4a, b (en cohomologie d'Alexander-Spanier à supports compacts).

*Si $H^i(F, M) = 0$ pour $0 < i \leq n$, $p^*$ est un isomorphisme de $H^i(B, M)$ sur $H^i(E, M)$ pour $0 \leq i \leq n$.*

DÉFINITION 18.1. *On appelle espace universel pour le groupe de Lie compact $G$ et pour la dimension $n$ un espace fibré principal. que nous noterons $E(n, G)$, de fibre $G$, compact connexe et localement connexe dont la cohomologie (d'Alexander-Spanier à coefficients quelconques) est triviale jusqu'à $n$.*

*La base $B(n, G)$ d'un tel espace est dite espace classifiant pour $G$ et pour la dimension $n$.*

Nous désignerons aussi quelquefois ces espaces par $E_G$ et $B_G$ lorsque $n$, simplement supposé assez grand, ne joue pas de rôle particulier. Rappelons que des espaces universels existent pour tout $G$ et pour tout $n$; en effet, si $U$ est un sous-groupe fermé de $G$, $E(n, G)$ est évidemment universel pour $U$ et pour $n$; comme tout groupe admet une représentation linéaire fidèle dans un groupe $\mathbf{SO}(k)$, il suffit d'établir cette existence pour ces derniers, on prend alors les variétés de Stiefel (cf. Prop. 10.1 et 10.4).

EXEMPLES. On peut prendre pour $E(n, \mathbf{O}(k))$ et $E(n, \mathbf{SO}(k))$ la variété de Stiefel $V_{n+k+1,k}B(n, \mathbf{O}(k))$ et $B(n, \mathbf{SO}(k))$ sont alors les grassmanniennes des $k$-plans (resp. des $k$-plans orientés) de $R^{n+k+1}$ passant par l'origine.

De manière analogue on peut prendre pour $E(2n, \mathbf{U}(k))$ et $E(4n, \mathbf{Sp}(k))$ les variétés de Stiefel $\mathbf{W}_{n+k,k}$ et $\mathbf{X}_{n+k,k}$ ; les espaces classifiants sont alors les grassmanniennes des $k$-plans de $C^{n+k}$ et $K^{n+k}$ passant par l'origine.

Nous dirons que deux algèbres graduées $H$ et $H'$ *sont isomorphes jusqu'à $n$ (ou pour $D \leq n$)*, s'il existe un isomorphisme de $H^i$ sur $H'^i$ $(i \leq n)$ compatible avec le produit d'éléments homogènes dont la somme des degrés est $\leq n$.

PROPOSITION 18.2. *Les algèbres de cohomologie de deux espaces classifiants pour $G$ et pour des dimensions $\geq n$ sont canoniquement isomorphes jusqu'à $n$.*

Désignons par $E_1$, $E_2$ deux espaces universels pour $G$ et pour des dimensions $\geq n$, par $B_1$ et $B_2$ leurs bases et formons le diagramme commutatif:

$$(18.1) \quad \begin{array}{ccccc} E_2 & \xleftarrow{\tilde{f}^2} & E_1 \times E_2 & \xrightarrow{\tilde{f}_1} & E_1 \\ {\scriptstyle p^2}\downarrow & & {\scriptstyle p}\downarrow & & \downarrow{\scriptstyle p_1} \\ B_2 & \xleftarrow{f_2} & (E_1, E_2)_G & \xrightarrow{f_1} & B_1 \end{array}$$

On envisage bien entendu $E_1 \times E_2$ comme espace fibré principal de groupe $G$ en y faisant opérer $G$ par: $(e_1 \times e_2)g = e_1 \cdot g \times e_2 \cdot g$ et $p$ est la projection de $E_1 \times E_2$ sur sa base; $\tilde{f}_1$ et $\tilde{f}_2$ désignent les projections $e_1 \times e_2 \to e_1$ et $e_1 \times e_2 \to e_2$, ce sont des homomorphismes d'espaces fibrés principaux, $f_1$ et $f_2$ sont les applications obtenues par passage au quotient; il est clair que $f_1$, (resp. $f_2$), fait de $X = (E_1, E_2)_G$ un espace fibré $(X, B_1, E_2, f_1)$, (resp. $(X, B_2, E_1, f_2)$). D'après le théorème de Vietoris, $f_j^*$ est un isomorphisme de $H^i(B_j, M)$ sur $H^i(X, M)$, $(j = 1, 2; 0 \leq i \leq n)$, d'où un isomorphisme pour $D \leq n$ $f_{12}^* = f_1^{*-1} \circ f_2^*$ de $H(B_2, M)$ sur $H(B_1, M)$.

Cet isomorphisme est canonique dans le sens suivant: Si $E_3$ est un troisième espace universel pour une dimension $\geqq n$ et $B_3$ sa base, alors $f_{13}^* = f_{12}^* \circ f_{23}^*$ ; pour le voir on passe par l'intermédiaire de $E_1 \times E_2 \times E_3$ , dont le quotient par la relation d'équivalence $e_1 \times e_2 \times e_3 \approx e_1 \cdot g \times e_2 \cdot g \times e_3 \cdot g$ sera noté $Y$. Le diagramme

$$(18.2)\qquad
\begin{array}{ccccc}
E_i & \xleftarrow{\bar{g}_i} & E_1 \times E_2 \times E_3 & \xrightarrow{\bar{g}_j} & E_j \\
\downarrow & & \downarrow & & \downarrow \\
B_i & \xleftarrow{g_i} & Y & \xrightarrow{g_j} & B_j
\end{array}$$

où $\bar{g}_i$ et $\bar{g}_j$ sont des projections donne de nouveau un isomorphisme $g_{ij}^* = g_i^{*-1} \circ g_j^*$ de $H(B_j , M)$ sur $H(B_i , M)$ et il est clair que $g_{13}^* = g_{12}^* \circ g_{23}^*$ . On peut former en outre le diagramme

$$(18.3)\qquad
\begin{array}{ccccccc}
E_2 & \xleftarrow{\bar{f}_2} & E_1 \times E_2 & \xleftarrow{\bar{h}_3} & E_1 \times E_2 \times E_3 & \xrightarrow{\bar{g}_1} & E_1 \\
\downarrow & & \downarrow & & \downarrow & & \downarrow \\
B_2 & \xleftarrow{f_2} & (E_1, E_2)_G & \xleftarrow{h_3} & Y & \xrightarrow{g_1} & B_1
\end{array}$$

$\bar{h}_3$ est la projection et toujours par Vietoris on voit que $h_3^*$ est un isomorphisme sur pour $i \leqq n$. On a $g_2 = f_2 \circ h_3$ , $g_1 = f_1 \circ h_3$ d'où

$$g_{12}^* = g_1^{*-1} \circ g_2^* = f_1^{*-1} \circ h_3^{*-1} \circ h_3^* \circ f_2^* = f_1^{*-1} \circ f_2^* = f_{12}^*$$

de même on voit que $g_{ij}^* = f_{ij}^*$ , d'où $f_{13}^* = f_{12}^* \circ f_{23}^*$ .

La Prop. 18.2 légitime la définition suivante:

DEFINITION 18.2. *$H(B_G , M)$ est l'algèbre graduée qui pour tout $n$ est isomorphe jusqu'à $n$ à $H(B(n, G), M)$, où $B(n, G)$ est un espace classifiant pour $G$ et pour la dimension $n$ quelconque.*

Cette algèbre jouera en somme le rôle d'une algèbre de cohomologie d'un espace classifiant pour $G$ et pour toute dimension, bien qu'un tel espace ne puisse être compact (On verra en effet dans le §19 que $H(B_G , R)$ contient des éléments non nilpotents).

$H(B_G , M)$ est complètement déterminé par $G$, il se pose le problème d'établir des relations entre $H(G, M)$ et $H(B_G , M)$; dans le §19 nous indiquerons quelques cas où la connaissance de $H(G, M)$ permet de donner $H(B_G , M)$ explicitement.

Soit $(E, B, G, p)$ un espace fibré principal connexe, localement compact; nous formons le diagramme[18]

$$(18.4)\qquad
\begin{array}{ccccc}
E & \xleftarrow{\bar{g}} & E(n, G) \times E & \xrightarrow{\bar{f}} & E(n, G) \\
\downarrow{\scriptstyle p} & & \downarrow & & \downarrow{\scriptstyle p''} \\
B & \xleftarrow{g} & (E(n, G), E)_G & \xrightarrow{f} & B(n, G)
\end{array}$$

---

[18] C'est ce diagramme qui m'a été indiqué par J. P. Serre et qui a permis ici l'adoption d'un point de vue purement homologique.

$\bar{g}$ et $\bar{f}$ sont les projections, $g$ fait de $X = (E(n, G), E)_G$ un espace fibré $(X, B, E(n, G), g)$, donc $g^*$ est un isomorphisme sur pour $D \leqq n$, d'où un homomorphisme $g^{*-1}f^* \colon H(B(n, G), M) \to H(B, M)$ pour $D \leqq n$; cet homomorphisme est indépendant de l'espace universel dans le sens suivant: Si $E'(n, G)$ est un deuxième espace universel et si $h^* \colon H(B'(n, G), M) \to H(B(n, G), M)$ est l'isomorphisme (jusqu'à $n$) de la Prop. 18.2, alors $g^{*-1} \circ f^* \circ h^*$ est l'homomorphisme $H(B'(n, G), M) \to H(B, M)$ que définit le diagramme (18.4) si on y remplace $E(n, G)$ par $E'(n, G)$. On le voit en utilisant l'espace $E(n, G) \times E'(n, G) \times E$ par un raisonnement tout à fait analogue à celui qui termine la démonstration de la Prop. 18.2 et que nous ne reproduirons pas; cela permet de poser la:

DEFINITION 18.3. *Soit $(E, B, G, p)$ un espace fibré principal connexe localement compact, de groupe de Lie compact $G$. On appelle homomorphisme caractéristique de cette fibration (relativement aux coefficients $M$) l'homomorphisme $\sigma^* \colon H(B_G, M) \to H(B, M)$ qui pour tout $n$ coïncide jusqu'à $n$ avec l'homomorphisme $H(B(n, G), M) \to H(B, M)$ déduit du diagramme (18.4). L'image de $\sigma^*$ est la sous-algèbre caractéristique de la fibration.*

REMARQUE. Dans la suite nous utiliserons cette notion presque uniquement pour des espaces compacts. Si $E$ n'est pas compact, il faut se placer en cohomologie d'Alexander-Spanier à supports fermés quelconques (donc utiliser ci-dessus le théorème de Vietoris-Begle généralisé de [10], Exp. XXI).

PROPOSITION 18.3. *Soit $h \colon (E, B, G, p) \to (E', B', G, p')$ un homomorphisme d'espaces fibrés principaux, $\sigma^*$ et $\sigma'^*$ les homomorphismes caractéristiques de ces fibrations.*

*Alors $\sigma^* = h^* \circ \sigma'^*$*

A l'aide de $h$ on établit un homomorphisme évident du diagramme (18.4) dans le diagramme correspondant formé pour $E'$; en considérant les deux lignes inférieures, on obtient un diagramme commutatif:

$$
\begin{array}{ccc}
 & (E(n, G), E)_G \xrightarrow{\;g\;} B & \\
B(n, G) \nearrow\!\!\!\!\!\!\!\!\!\overset{f}{} \quad \downarrow h \qquad \downarrow h & \\
 \searrow\!\!\!\!\!\!\!\!\!\overset{f'}{} (E(n, G), E') \xrightarrow{\;g'\;} B' &
\end{array}
$$

d'où l'on déduit que

$$
\sigma^* = g^{*-1} \circ f^* = g^{*-1} \circ h^* \circ f'^* = h^* \circ (g'^*)^{-1} \circ f'^* = h^* \circ \sigma'^*.
$$

Une conséquence souvent utile est le:

COROLLAIRE. *Soit $(E, B, G, p)$ un espace fibré principal connexe localement compact, $U$ un sous-groupe fermé de $G$.*

*Si l'homomorphisme caractéristique $\sigma^*$ de $(G, G/U, U, q)$ relativement à $M$ est sur, $G/U$ est totalement non homologue à zéro relativement à $M$ dans $(E/U, B, G/U, q)$.*

On peut développer des considérations analogues pour les espaces fibrés à groupe structural de Lie compact $G$ donné (comme groupe d'homéomorphismes de la fibre); un tel espace est de la forme $(E, F)_G$ où $E$ est principal de fibre $G$ ([9] Exp. VI, [31], Nos. 8.7, 8.12). Les espaces universels seront alors par définition les espaces $(E(n, G), F)_G$. Si $E_1$ et $E_2$ sont deux espaces universels pour $G$ et pour $n$, on formera le diagramme commutatif suivant, où $\hat{f}_1$ et $\hat{f}_2$ sont les projections canoniques:

$$(18.5)$$

$$
\begin{array}{ccccc}
E_2 \times F & \xleftarrow{\hat{f}_2} & E_1 \times E_2 \times F & \xrightarrow{\hat{f}_1} & E_1 \times F \\
\downarrow & & \downarrow & & \downarrow \\
(E_2, F)_G & \xleftarrow{\tilde{f}_2} & (E_1 \times E_2, F)_G & \xrightarrow{\tilde{f}_1} & (E_1, F)_G \\
\downarrow{\scriptstyle p_2} & & \downarrow & & \downarrow{\scriptstyle p_1} \\
B_2 & \xleftarrow{f_2} & (E_1, E_2)_G & \xrightarrow{f_1} & B_1
\end{array}
$$

Il est immédiat que $f_1$ et $f_2$ sont les mêmes applications que dans (18.1); par Vietoris on montre que (18.5) définit un isomorphisme $\tilde{f}_{12}^* = \tilde{f}_1^{*^{-1}} \circ \tilde{f}_2^*$ de $H((E_2, F)_G, M)$ sur $H((E_1, F)_G, M)$ pour $D \leqq n$ tel que $p_1^* \circ f_{12}^* = \tilde{f}_{12}^* \circ p_2^*$; comme $f_{12}^*$ cet isomorphisme est canonique et permet d'introduire une algèbre $H((E_G, F)_G, M)$, qui pour tout $n$ est isomorphe jusqu'à $n$ à $H((E(n, G), F)_G, M)$, et un homomorphisme

$$p_G^*{:}\,H(B_G, M) \to H((E_G, F)_G, M)$$

qui pour tout $n$, coïncide avec l'homomorphisme

$$p^*{:}\,H(B(n, G), M) \to H((E(n, G), F)_G, M) \qquad (\text{pour } D \leqq n).$$

Si maintenant $((E, F)_G, B, F, p)$ est un espace fibré connexe localement compact on formera un diagramme analogue à (18.5), où $E_1$, $B_1$, $p_1$, $\hat{f}_1$, $\tilde{f}_1$, $f_1$ sont remplacés par $E$, $B$, $p$, $\hat{g}$, $\tilde{g}$, $g$; il donne un homomorphisme canonique $\tilde{g}^{*^{-1}} \circ \tilde{f}_2^*$: $H((E_2, F)_G, M) \to H((E, F)_G, M)$ pour $D \leqq n$ tel que $p^* \circ g^{*^{-1}} \circ f_2^* = \tilde{g}^{*^{-1}} \circ \tilde{f}_2^* \circ p_2^*$; finalement on obtient un diagramme commutatif

$$(18.6)$$

$$
\begin{array}{ccc}
H((E_G, F)_G, M) & \xrightarrow{\bar{\sigma}^*} & H((E, F)_G, M) \\
\uparrow{\scriptstyle p_G^*} & & \uparrow{\scriptstyle p^*} \\
H(B_G, M) & \xrightarrow{\sigma^*} & H(B, M)
\end{array}
$$

ou $\sigma^*$ est l'homomorphisme caractéristique de la définition 18.3.

REMARQUE. En s'appuyant sur les résultats de Serre [29] on peut aussi dans tout ce qui précède se placer en cohomologie singulière; un espace universel pour $G$ et pour $n$ est alors un espace fibré principal connexe par arcs à cohomologie singulière triviale pour $D \leqq n$. (On peut donc aussi prendre les variétés de Stiefel), mais un tel espace ne doit pas être forcément supposé compact. A l'aide du théorème de [29] cité dans[17] on démontre comme ci-dessus la Prop. 18.2 et on introduit une sous-algèbre caractéristique pour des espaces fibrés principaux connexes par arcs quelconques, et un couple de sous-algèbres caractéristiques comme dans (18.6) pour les espaces $(E, F)_G$. Aucune hypothèse de compacité locale n'est à faire.

*Le point de vue homotopique.* On appelle espace universel pour $G$ et pour $n$ un espace $E(n, G)$ fibré principal de fibre $G$, connexe par arcs et dont les groupes d'homotopie $\pi_i(E(n, G))$ sont nuls pour $i \leqq n$, (cf [9], Exp. VIII, [31] No. 19), on peut donc encore prendre les variétés de Stiefel. Le nom d'espace classifiant donné à la base $B(n, G)$ d'un espace universel est justifié par le théorème de classification suivant (voir [31], No. 19, si $B$ est un polyèdre fini, [9] Exp. VIII sous les hypothèses formulées ici, mais on exige alors que $E(n, G)$ soit un polyèdre fini):

*Soit $B$ un espace localement compact, paracompact, de dimension finie, $G$ un groupe de Lie compact. Alors les structures d'espaces fibrés principaux $(E, B, G, p)$ de base $B$ sont en correspondance biunivoque avec les classes d'applications continues de $B$ dans $B(n, G)$, $(n \geqq \dim. B)$, et la structure qui correspond à $f\colon B \to B(n, G)$ est l'image réciproque de $E(n, G)$ pour cette application.*

$h^*\colon H(B(n, G), M) \to H(B, M)$, (cohomologie singulière ou d'Alexander-Spanier à supports quelconques) est l'homomorphisme caractéristique de la fibration, son image est la sous-algèbre caractéristique; nous voulons montrer que l'on retrouve ainsi l'homomorphisme et la sous-algèbre caractéristiques au sens de la définition 18.3, pour autant bien entendu que l'on prenne des espaces universels dans les sens homologiques et homotopiques (variétés de Stiefel).

PROPOSITION 18.4. *Soit $\bar{h}\colon E \to E(n, G)$ un homomorphisme d'espaces fibrés principaux, $h\colon B \to B(n, G)$ l'application correspondante. Alors $h^*$ coïncide jusqu'à $n$ avec l'homomorphisme $\sigma^*$ de la définition 18.3.*

Soit $\bar{\zeta}\colon E \to E \times E(n, G)$ l'homomorphisme défini par $\bar{\zeta}(e) = (e, h(e))$, $\zeta\colon B \to (E, E(n, G))_G$ l'application correspondante; on a en reprenant les notations du diagramme 18.4:

$$h = f \circ \zeta; \quad g \circ \zeta = id.$$

donc

$$h^* = \zeta^* \circ f^* = g^{*-1} \circ f^* = \sigma^* \qquad \text{c.q.f.d.}$$

Rappelons que l'on déduit du théorème de classification un résultat semblable pour les espaces $(E, F)_G$ à fibre $F$ et groupe structural $G$ donné: Ceux qui ont $B$ comme base sont en correspondance biunivoque avec les classes d'applications de $B$ dans $B(n, G)$, l'espace correspondant à une telle application étant l'image réciproque de $((E(n, G), F)_G$ par cette application ([9], Exp. VIII). A $((E, F)_G, B, F, p)$ correspond alors un couple d'homomorphismes caractéristiques et on montre aussi, comme précédemment, que c'est le couple $\sigma^*$, $\bar{\sigma}^*$ de (18.6).

## §19. La cohomologie des espaces classifiants et la transgression

DEFINITION. *Soit $G$ de Lie compact connexe; $x \in H(G, M)$ est universellement transgressif (relativement à $M$) s'il existe des espaces universels pour $G$ et pour des dimensions arbitrairement grandes dans lesquels il est transgressif.*

PROPOSITION 19.1. *Si $h \in H(G, A)$ est universellement transgressif, il est transgressif dans tout espace fibré principal $(E, B, G, p)$ compact connexe, localement connexe.*

Nous reprenons le diagramme (18.4), $E(n, G)$ y désignant un espace universel pour $n$ assez grand, disons $n \geqq 2s$, ($s = \dim. G$) dans lequel $x$ est transgressif; soient $(H'_r)$, $(H'_r)$, $(H''_r)$ les algèbres spectrales sur $A$ de $p$, $p'$, $p''$; comme il s'agit d'espaces fibrés principaux à fibre compacte connexe $G$, on a dans $H_2$, $H'_2$, $H''_2$ des coefficients ordinaires (§4ii).

$\bar{f}^*$ induit un homomorphisme de $(H''_r)$ dans $(H'_r)$, donc $x$ qui est transgressif dans $(H''_r)$, l'est aussi dans $(H'_r)$; $\bar{g}$ est naturellement un isomorphisme pour la cohomologie de la fibre, et par Vietoris $g^*$ est un isomorphisme pour $D \leqq n$, par conséquent $\bar{g}^*$ est un isomorphisme de $(H_r)$ sur $(H'_r)$ pour les éléments de degré $\leqq n - s$, (cf §4d), donc ici en particulier pour les éléments de $D \leqq s$, et ainsi $x$ est aussi transgressif dans $(H_r)$.

REMARQUES (1). Cette proposition montre qu'un élément est universellement transgressif s'il est transgressif dans *un* espace universel $E(n, G)$ pour $n$ assez grand.

(2) On peut naturellement indiquer d'autres espaces dans lesquels un élément universellement transgressif est transgressif, en utilisant par exemple en cohomologie d'Alexander-Spanier à supports quelconques l'algèbre spectrale de H. Cartan ([10] Exp. XXI), ou en cohomologie singulière l'algèbre spectrale de Serre. Du point de vue du théorème de classification, on peut remarquer que si $h : E \to E'$ est un homomorphisme d'espaces fibrés principaux, et si $x$ est transgressif dans $E'$, il l'est dans $E$, car l'image inverse d'une cochaîne de transgression pour $x$ dans $E'$ est cochaîne de transgression pour $x$ dans $E$; donc si $x$ est universellement transgressif, il est transgressif dans tout espace fibré principal pour lequel le théorème de classification est valable, (et cela aussi bien en cohomologie singulière qu'en cohomologie d'Alexander-Spanier à supports quelconques).

Si $F$ admet $G$ comme groupe d'homéomorphismes, on dira que $x \in H(F, M)$ est universellement transgressif s'il est transgressif dans des espaces $(E(n, G), F)_G$, $n$ arbitrairement grand; il le sera alors dans tout espace $(E, F)_G$ pour lequel le théorème de classification est valable, ou aussi, si $M = A$, $F$ compact, connexe, localement connexe, dans tout espace $(E, F)_G$ où $E$ est compact, connexe localement connexe (démonstration semblable à celle de la Prop. 19.1).

THEOREME 19.1. *Soit $G$ de Lie compact connexe; supposons que $H(G, K_p)$, (resp. $H(G, Z)$), soit l'algèbre extérieure d'un espace vectoriel, (resp. d'un groupe abélien libre), ayant une base formée de $l$ éléments de degrés impairs $r_1, \cdots, r_l$. Alors*

(a) *$H(G, K_p)$, (resp. $H(G, Z)$), a un système $x_1, \cdots, x_l$ ($Dx_i = r_i$) de générateurs universellement transgressifs; tous les éléments universellement transgressifs de $H(G, K_p)$, (resp. $H(G, Z)$), sont combinaisons linéaires $x_i$.*

(b) *$H(B_G, K_p)$, (resp. $H(B_G, Z)$), est isomorphe à une algèbre de polynômes $K_p[y_1, \cdots, y_l]$, (resp. $Z[y_1, \cdots, y_l]$). Dans un espace $E(n, G)$ $y_i$ est la classe de cohomologie du cobord d'une cochaîne de transgression pour $x_i$.*

Si $H(G,K_p)$ vérifie notre hypothèse, c'est l'algèbre extérieure d'un sous-espace $P$ univoquement déterminé d'éléments transgressifs dans un espace universel $E(n, G)$, $(n \geq$ dim. $G)$, d'après le Théorème 13.1; les éléments de $P$ sont alors transgressifs dans tout espace universel (Prop. 19.1); pour obtenir (b) il suffit d'appliquer le théorème 13.1 (b) à des espaces $E(n, G)$ où $n$ est arbitrairement grand.

Si $H(G, Z)$ est l'algèbre extérieure d'un groupe abélien libre de base $x_1, \cdots, x_l$, $H(G, K_p) = H(G, Z) \otimes K_p$ est l'algèbre extérieure engendrée par $x_1 \otimes 1, \cdots, x_l \otimes 1$; et $H(B_G, K_p) = K_p[y_1, \cdots, y_l]$ $(Dy_i = Dx_i + 1)$. Je prétends tout d'abord que $H(B_G, Z) = Z[y_1, \cdots, y_l]$ ou, ce qui revient au même, que $H(B(n, G), Z) = Z[y_1, \cdots, y_l]$ pour $D \leq n$; en effet $H^i(E(n, G), Z)$ et $H^i(G, Z)$ ont un nombre fini de générateurs $(i \leq n)$, et à l'aide de l'algèbre spectrale sur $Z$ de $E(n, G)$ on démontre facilement par récurrence sur $i \leq n$ que $H^i(B(n, G), Z)$ a un nombre fini de générateurs; comme la dimension de $H^i(B(n, G), K_p)$ est indépendante de $p$, on en conclut que ce groupe est sans torsion et que $H(B(n, G), Z)$ est au moins additivement isomorphe à $Z[y_1, \cdots, y_l]$ pour $D \leq n$; l'isomorphie multiplicative s'établit par un raisonnement analogue à celui de la Prop. 7.3.

5     Notre théorème étant vrai pour les coefficients rationnels $Z_0$, $H(G, Z)$ est l'algèbre extérieure d'un groupe abélien libre $P$ ayant une base $x_1, \cdots, x_l$ formée d'éléments "rationnellement transgressifs", il existe donc un entier $m_i > 0$ tel que $m_i x_i$ soit transgressif; l'image canonique de $P$ dans $H(G, Z_0)$ est l'espace des éléments universellement transgressifs, donc $P$ est bien déterminé. On peut aussi admettre que $y_1, \cdots, y_l$ est un système de générateurs de $H(B(n, G), Z)$ tel que $n_i y_i$ ($n_i$ entier positif) soit une image de $m_i x_i$ par transgression. Nous devons montrer que $n_i = m_i = 1$ $(i = 1, \cdots, l)$, autrement dit que dans l'algèbre spectrale $(H_r)$ sur $Z$ de $E(n, G)$ on a:

$$(19.1) \qquad d_r \kappa_r^2(1 \otimes x_i) = 0 \qquad\qquad (r \leq Dx_i);$$

$$\kappa_r^2(y_i \otimes 1) = d_r \kappa_r^2(1 \otimes x_i), \qquad (r = Dy_i)$$

par hypothèse

$$(19.2) \qquad d_r \kappa_r^2(1 \otimes m_i x_i) = 0 \qquad\qquad (r \leq Dx_i)$$

ce qui montre qu'en tout cas si $\kappa_r^2(1 \otimes x_i)$ est défini on a

$$d_r \kappa_r^2(1 \otimes x_i) \subset \text{Tors. } H_r \qquad\qquad (r \leq Dx_i)$$

(19.1) est vrai pour $r = 2$; en effet $d_2$ est un isomorphisme de $H^1(G, Z) = H_2^{0,1}$ sur $H^2(B(n, G), Z) = H_2^{2,0}$ vu la trivialité de $H_\infty$ et il est nul sur $x_i$ si $Dx_i > 1$ car Tors. $H_2 = 0$ pour $DB \leq n$. Supposons (19.1) démontré pour $r < t$, soit $Dx_i < t$ pour $i < a$, $Dx_i = t$ pour $a \leq i < b$, $Dx_i > t$ pour $i \geq b$, $P^t$ l'espace sous-tendu par $x_a, \cdots, x_{b-1}$, $P^t_*$ l'espace de $x_a, \cdots, x_l$. Les éléments $y_1, \cdots, y_l$ sont évidemment sans relations pour $DB \leq n$, la Prop. 12.1 donne

$$H_{t+1} \cong Z[y_a, \cdots, y_l] \otimes \Lambda P^t_* \qquad \text{pour } DB \leq n - t$$

et $H_{t+1}$ est ainsi sans torsion pour $DB \leq n - t$; $d_{t+1}$ est donc nul sur $x_i$ si $Dx_i > t$, c'est de plus un isomorphisme de $P^t = H^{0,t}_{t+1}$ sur $H^{t+1,0}_{t+1}$ (qui est l'ensemble des éléments de degré $t + 1$ de $Z[y_a, \cdots, y_l]$), vu la trivialité de $H_\infty$, ce qui démontre (19.1) pour $r = t + 1$.

REMARQUE. Rappelons que l'hypothèse du théorème 19.1 est vraie si $G$ est sans $p$-torsion (resp. sans torsion), d'après les Prop. 7.2 et 7.3.

Exemples. On a vu au §9 que

$$H(\mathbf{U}(m), Z) = H(\mathbf{S}_1 \times \mathbf{S}_3 \times \cdots \times \mathbf{S}_{2m-1}, Z)$$

$$H(\mathbf{Sp}(m), Z) = H(\mathbf{S}_3 \times \mathbf{S}_7 \times \cdots \times S_{4m-1}, Z)$$

le théorème 19.1 s'applique pour les coefficients entiers. Les algèbres $H(B(n, \mathbf{U}(m), Z)$ et $H(B(n, \mathbf{Sp}(m), Z)$ sont jusqu'à $n$ des algèbres de polynômes à coefficients entiers à $m$ variables de degrés 2, 4, $\cdots$, $2m$, resp. 4, 8, $\cdots$, $4m$; on retrouve pour les grassmanniennes complexes un théorème de S. S. Chern [12], et un résultat analogue pour les grassmanniennes quaternioniennes.

Dans ces deux cas particuliers, l'existence du système de générateurs universellement transgressifs peut aussi s'établir indépendamment du théorème 13.1, par un raisonnement qui sera exposé plus loin à propos des groupes orthogonaux; il montre aussi que $H(\mathbf{W}_{n,q}, Z)$ et $H(\mathbf{X}_{n,q}, Z)$ ont un système de générateurs universellement transgressifs, $\mathbf{W}_{n,q}$ et $\mathbf{X}_{n,q}$ étant bien entendu envisagés comme munis des groupes d'homéomorphismes définis par les fibrations $\mathbf{W}_{n,q} = \mathbf{U}(n)/\mathbf{U}(n - q)$, $\mathbf{X}_{n,q} = \mathbf{Sp}(n)/\mathbf{Sp}(n - q)$.

Signalons enfin une conséquence de la Prop. 16.1:

PROPOSITION 19.2. *Si $H(G, K_2)$ possède un système simple de générateurs universellement transgressifs, $x_1, \cdots, x_l$, alors $H(G, K_2) = K_2[y_1, \cdots, y_l]$, $(Dy_i = Dx_i + 1)$; $y_i$ est la classe de cohomologie du cobord d'une cochaîne de transgression pour $x_i$ dans $E(n, G)$.*

### §20. Eléments universellement transgressifs et éléments primitifs

Voulant rester en cohomologie, nous appellerons ici primitif de $H(G, K_p)$ un élément $x$ dont l'image dans $H(G, K_p) \otimes H(G, K_p)$ par le transposé $f^*$ de l'application $f\colon G \times G \to G$ définie par le produit est:

$$(20.1) \qquad\qquad f^*(x) = x \otimes 1 + 1 \otimes x.$$

En caractéristique zéro, cela équivaut à dire que $x$ est orthogonal aux éléments décomposables de l'algèbre d'homologie (produit de Pontrjagin), ([21], Lemme 10.1). Le théorème de transgression de Cartan-Chevalley-Weil assure que les primitifs de $H(G, R)$ sont les éléments transgressifs dans les espaces fibrés principaux différentiables; nous voulons ici démontrer un résultat analogue en caractéristique quelconque.

Par analogie avec la définition (6.4), nous dirons que $H(X, Z)$ a un système simple de générateurs $x_1, \cdots, x_m$ si elle est sans torsion et si les monômes $x_{i_1} \cdots x_{i_k}$ $(i_1 < \cdots < i_k ; k = 1, \cdots, m)$ forment avec l'élément neutre une base de groupe abélien de $H(X, Z)$.

Remarquons encore que si la variété de Hopf $X$ est sans torsion, on a

$H(X \times X, Z) = H(X, Z) \otimes H(X, Z)$, la formule (20.1) a un sens et définit les primitifs de la cohomologie entière.

DÉFINITION. *L'espace $X$ vérifie $(T)_A$ si $H(X, A)$ est sans torsion[19] et possède un système simple de générateurs universellement transgressifs.*

*La variété de Hopf $X$ vérifie $(P)_A$ si $H(X, A)$ est sans torsion[19] et possède un système simple de générateurs primitifs.*

*Notations.* On écrira aussi $(T)_p$, $(P)_p$ quand $A = K_p$, $(T)$, $(P)$ si $A = Z$.

Soit $(E, B, G, p)$ un espace fibré principal, $(H_r)$ son algèbre spectrale sur $A$; notons $q$ la projection $(e, g) \to p(e)$ de $E \times G$ sur $B$, que l'on envisage ainsi comme un espace fibré principal $(E \times G, B, G \times G, q)$ de groupe $G \times G$, et soit $(H'_r)$ son algèbre spectrale.

LEMME 20.1. *Si $H(G, A)$ est sans torsion, $H'_r = H_r \otimes H(G, A)$, la différentielle $d'_r$ de $H'_r$ est égale à $d_r$ sur $H_r$, nulle sur $H(G, A)$.*

On a en tout cas

$$H'_2 = H(B, A) \otimes H(G \times G, A) = H(B, A) \otimes H(G, A) \otimes H(G, A).$$

Si l'on identifie $H(G \times G, A)$ à l'algèbre de cohomologie d'une fibre $q^{-1}(b)$, on peut supposer que le premier facteur $H(G, A)$ correspond à $(p^{-1}(b), g_0)$ où $g_0$ est un élément fixe de $G$ et que le deuxième correspond à $(u, G)$, $(u \in p^{-1}(b))$; ce dernier est formé de $d_r$-cocycles $(r > 2)$ puisque $(u, G)$ est totalement non homologue à zéro, (cf §4c). Formons le diagramme

$$
\begin{array}{ccccc}
E & \overset{\alpha}{\longleftarrow} & E \times G & \overset{\beta}{\longleftarrow} & E \\
\downarrow{\scriptstyle p} & & \downarrow{\scriptstyle q} & & \downarrow{\scriptstyle p} \\
B & \underset{id.}{\longleftrightarrow} & B & \underset{id.}{\longleftrightarrow} & B
\end{array}
$$

$\alpha$ est la projection $(e, g) \to e$, $\beta$ est l'injection $e \to (e, g_0)$; $\alpha^*$, resp. $\beta^*$ est un homomorphisme de $(H_r)$ dans $(H'_r)$, resp. de $(H'_r)$ dans $(H_r)$ et $\beta^* \circ \alpha^*$ est l'identité puisque $\alpha \circ \beta = id.$, donc $\alpha^*$ est biunivoque; on a $H_2 = H(B, A) \otimes H(G, A)$; d'après le §4d, $\alpha^*$ est l'identité sur $H(B, A) \otimes 1$; sur $1 \otimes H(G, A)$ il est défini par l'homomorphisme $H(G, A) \to H(G \times G, A)$ transposé de la restriction à une fibre de $\alpha$ c'est donc un isomorphisme de $H(G, A) \otimes 1$ sur $1 \otimes H(G, A) \otimes 1$; ainsi

$$H'_2 = \alpha^*(H_2) \otimes H(G, A) \cong H_2 \otimes H(G, A)$$

et $d'_2$ coincide avec $d_2$ sur $H_2$, est nulle sur $H(G, A)$; comme $H(G, A)$ est libre, notre lemme en résulte facilement par récurrence sur $r$.

PROPOSITION 20.1. *Si $H(G, A)$ est sans torsion et si $x \in H(G, A)$ est universellement transgressif, il est primitif.*

Soit $E_G$ universel pour $G$ et pour $n$ assez grand, dans lequel $x$ est transgressif;

---

[19] Si $A = K_p$ cette hypothèse est toujours réalisée et ne doit pas être confondue avec $H(G, Z)$ sans $p$-torsion.

$G$ opère sur $E_G$ d'où une application $h\colon E_G \times G \to E_G$, un diagramme commutatif

$$(20.1) \qquad \begin{array}{ccc} E_G \times G & \xrightarrow{\;h\;} & E_G \\ q \downarrow & & \downarrow p \\ B_G & \xleftarrow{\;id.\;} & B_G \end{array}$$

et un homomorphisme de l'algèbre spectrale $(H_r)$ de $p$ dans l'algèbre spectrale $(H'_r)$ de $q$; en particulier $h^*\colon H_2 \to H'_2$ est l'identité sur $H(B_G, A)$, le transposé de la restriction de $h$ à une fibre sur $H(G, A)$, c'est à dire le transposé $f^*\colon H(G, A) \to H(G \times G, A)$ de l'application définie par le produit. Par conséquent, pour $h^*\colon H_2 \to H'_2$:

$$h^*(x) = 1 \otimes f^*(x) = 1 \otimes (x \otimes 1 + 1 \otimes x + u_1 \otimes v_1 + \cdots + u_s \otimes v_s)$$

où $0 < Du_j < Dx$ $(j = 1, \cdots, s)$. D'après le lemme 20.1, $v_j$ est un $d'_r$-cocycle pour tout $r$, et $u_j$ s'identifie à un élément de $(H_r)$; $h^*(x)$ est transgressif puisque $x$ l'est, c'est donc un $d'_r$-cocycle pour $r \leqq Dx$, et si l'on admet, ce qui est loisible, que les $v_i$ sont linéairement indépendants, cela entraîne que $u_i$ est un $d_r$-cocycle pour $r \leqq Dx$, donc pour tout $r$ vu $Du_i < Dx$; mais ce n'est pas un $d_r$-cobord puisque $DBu_i = 0$, et s'il est différent de zéro, il admet une image non nulle dans l'algèbre terminale de $(H_r)$, qui cependant est triviale; ainsi, $u_i = 0$ $(i = 1, \cdots, s)$, $x$ est primitif.

PROPOSITION 20.2. *Si $H(G, A)$ vérifie $(T)_A$, il vérifie $(P)_A$ ; les éléments universellement transgressifs et les éléments primitifs coïncident.*

Les éléments universellement transgressifs de $H(G, A)$ sont tous combinaisons linéaires des générateurs donnés (Théorème 19.1, Prop. 6.1 et 19.1), et ils sont primitifs d'après la Prop. 20.1; cela détermine complètement l'homomorphisme $f^*$ et on voit aisément qu'un élément décomposable n'est jamais primitif, ce que établit la deuxième assertion de la Prop. 20.2.

REMARQUES. (1) Si $H(G, K_p)$ est une algèbre extérieure engendrée par des éléments de degrés impairs, on voit en combinant le Théor. 19.1 et la Prop. 20.2 que $H(G, K_p)$ a un système de générateurs primitifs; en caractéristique zéro, où cette hypothèse est toujours réalisée, on obtient le théorème de Samelson [28]; pour le démontrer sous la condition indiquée au début de cette remarque, il est inutile de recourir à la transgression, car la démonstration de Leray (loc. cit.[3] p. 133–134), ne nécessite pas d'hypothèse sur la caractéristique.

6    (2) On pourrait aussi démontrer $(T)_A$ à partir de $(P)_A$ ; en utilisant des opérateurs différentiels analogues à ceux de Leray (C. R. Acad. Sci. Paris 228 (1949), 1784–1786, il s'agit des opérateurs du No. 4); ils se définissent à partir du diagramme (20.1) qui m'a été justement à ce propos signalé par Leray; en les faisant opérer sur l'algèbre spectrale de $E(n, G)$, on peut montrer que les primitifs sont transgressifs.

## §21. Trois homomorphismes associés à un sous-groupe

*Notations.* $G$ groupe de Lie compact connexe, $U$ sous-groupe fermé connexe, $p^*$ et $i^*$ les homomorphismes transposés de la projection de $G$ sur $G/U$ et de l'injection de $U$ dans $G$.

L'anneau $A(=Z$ ou à $K_p)$ étant fixé, $P_G$ sera le module des primitifs de $H(G, A)$, supposé sans torsion.

Nous étudierons tout d'abord $p^*$ et $i^*$ et généraliserons des résultats établis en caractéristique 0 par H. Samelson [28]; nous mettrons ensuite $i^*$ en relations avec un homomorphisme canonique de $H(B_G, A)$ dans $H(B_U, A)$ qui sera souvent utilisé dans la suite.

PROPOSITION 21.1. *Si $G$ vérifie $(P)_A$, l'image de $p^*$ admet un système simple de générateurs primitifs.*

$G$ opère par les translations sur $G/U$, d'où une application $\psi: G/U \times G \to G/U$ et un diagramme commutatif

$$
(21.1) \qquad
\begin{array}{ccc}
G \times G & \xrightarrow{\ f\ } & G \\
\Big\downarrow p & \Big\downarrow id. & \Big\downarrow p \\
G/U \times G & \xrightarrow{\ \psi\ } & G/U
\end{array}
$$

qui donne le diagramme commutatif suivant (même pour $A = Z$, car $H(G, A)$ est supposé sans torsion):

$$
\begin{array}{ccc}
H(G, A) \otimes H(G, A) & \xleftarrow{\ f^*\ } & H(G, A) \\
\Big\uparrow p^* & \Big\uparrow id. & \Big\uparrow p^* \\
H(G/U, A) \otimes H(G, A) & \xleftarrow{\ \psi^*\ } & H(G/U, A)
\end{array}
$$

Soit $x_1, \cdots, x_m$ une base de $P_G$, dont les $k$ premiers vecteurs sous-tendent $p^*(H(G/U, A)) \cap P_G);$[20] appelons *monôme simple* un produit $x_{i_1} \cdots x_{i_s}$ $(i_1 < \cdots < i_s)$ et soit $Q$ l'espace vectoriel ayant comme base les monômes simples produits de $x_i$ d'indices $\leq k$; nous devons montrer que $Q$ est l'image de $p^*$, il suffit de voir qu'il la contient, l'autre inclusion étant évidente. Il est clair que $p^*(H^i(G/U, A)) \subset Q$ pour $i = 1$, supposons l'avoir démontré si $i < n$ et soit $y \in H^n(G/U, A)$.

$\psi^*(y)$ est une somme de termes $y_i \otimes z_i$ $(y_i \in H(G/U, A), z_i \in H(G, A))$ et $p^* \cdot \psi^*(y)$ est somme des termes $p^*(y_i) \otimes z_i$; l'ensemble de ces termes pour lesquels $Dz_i > 0$, peut s'écrire vue l'hypothèse d'induction comme somme d'éléments $c_j u_j \otimes v_j$ linéairement indépendants ($c_j \in A$, $u_j$ monôme simple de $Q$, $v_j$ monôme simple).

---

[20] Il faut bien remarquer que si une base de $P_G$ est un système simple de générateurs, toute autre base l'est aussi; c'est évident pour $A = Z$ ou $A = K_p$ $(p \neq 2)$, car on est alors dans le cas de l'algèbre extérieure à générateurs de degrés impairs; pour $A = K_2$ on le démontre sans difficulté en utilisant les faits évidents que $P_G$ contient tous les primitifs de $H(G, A)$ et que le carré d'un primitif est un primitif.

On peut d'autre part écrire $p^*(y) = w_1 + \cdots + a_t w_t$ ($a_i \in A$, $w_1$ primitif, $w_2, \cdots, w_t$ monômes simples, $w_1, w_2, \cdots, w_t$ linéairement indépendants); il suffira de montrer que $w_i \in Q$ ($i = 1, \cdots, t$). Prenons tout d'abord $i \geq 2$, et soit $w_i = x_{j_1} \cdots x_{j_s}$ ($s \leq 2$); l'élément $x_{j_1} \otimes x_{j_2} \cdots x_{j_s}$ apparaîtra dans $f^*p^*(y)$ exactement une fois, avec le coefficient $\pm a_i$ puisque les $x_i$ sont un système simple de primitifs; comme $f^*p^*(y) = p^*\psi^*(y)$ il faudra que cet élément soit égal à l'un des termes $u_j \otimes v_j$ décrits plus haut, par conséquent $x_{j_1} \in Q$, on voit de même que $x_{j_2}, \cdots, x_{j_s} \in Q$, d'où $w_i \in Q$ ($i \geq 2$) $w_i$ est ainsi dans l'image de $p^*$, il en est donc de même de $w_1 = p^*(y) - a_2 w_2 - \cdots - a_t w_t$, mais $w_1$ est primitif, donc $w_1 \in Q$ par définition de $Q$; finalement $p^*(y) \in Q$, ce qui assure la passage à $n$.

REMARQUE. Si $A = Z$ ou si $A = K_p$ ($p \neq 2$), et si $G$ vérifie $(P)_A$, on peut trouver dans $H(G/U, A)$ une sous-algèbre appliquée biunivoquement sur l'image de $p^*$ ("remonter" des générateurs de cette image, ils sont forcément de carrés nuls); $(P)_0$ étant toujours réalisée, on retrouve en particulier un théorème de H. Samelson ([28], Satz V). La démonstration donnée ici est directement inspirée de Leray (C. R. Acad. Sci. Paris 228 (1949), 1545) bien que nous ne mentionnons pas explicitement les opérateurs différentiels $\delta$, qui pourraient être définis à partir de $\psi^*$ dès que $(P)_A$ est vérifiée: Si l'on exprime $\psi^*(y)$ comme somme de termes $y_i \otimes z_i$ où $z_i$ est un monôme simple, l'opérateur associé à $x_i$ fait correspondre à $y$ l'élément $y_j$ coefficient de $z_j = x_i$.

La Prop. 21.2 généralise le théorème II de [28].

PROPOSITION 21.2. *Si $G$ et $U$ vérifient $(P)_A$, l'image de $i^*$ admet un système simple de générateurs primitifs. Le noyau de $i^*$ est l'idéal engendré par les primitifs de $H(G, A)$ que $i^*$ annule.*

COROLLAIRE. *Si $P_G$ et $P_U$ ont des bases formées d'éléments de degrés impairs et de carrés nuls, on peut écrire $H(G, A) = \wedge P_1 \otimes \wedge P_2$, $H(U, A) = \wedge R_1 \otimes \wedge R_2$, $(P_1 + P_2 = P_G, R_1 + R_2 = P_U)$, $i^*$ annule $P_2$ et applique $\wedge P_1$ isomorphiquement sur $\wedge R_1$.*

Le diagramme commutatif

$$
\begin{array}{ccc}
U \times U & \xrightarrow{\ i\ } & G \times G \\
\downarrow{\scriptstyle f} & & \downarrow{\scriptstyle f} \\
U & \xrightarrow{\ i\ } & G
\end{array}
$$

montre que $i^*(P_G) \subset P_U$, ce qui compte tenu de,[20] permet de prouver la 1ère assertion; l'idéal des primitifs annulés par $i^*$ fait naturellement partie du noyau de $i^*$, des considérations faciles de dimensions montrent qu'il lui est égal; le corollaire est clair.

*L'homomorphisme $\rho^*$.* Soit $E(n, G)$ un espace universel pour $G$, il l'est aussi pour $U$, on peut écrire $E(n, G)/U = B(n, U)$, $E(n, G)/G = B(n, G)$; la projection $\rho_n$ du 1er de ces espaces sur le deuxième induit un homomorphisme $\rho_n^*$: $H(B(n, G), M) \to H(B(n, U), M)$. Si $E_1$ et $E_2$ sont deux espaces universels pour $G$ et pour $n$, le diagramme

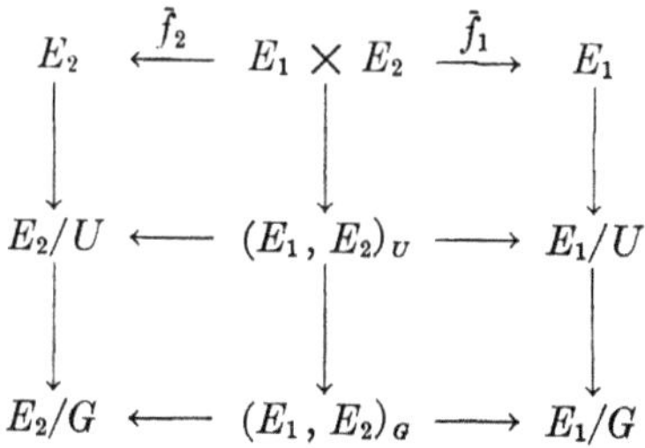

où $\bar{f}_1$ et $\bar{f}_2$ sont les projections, montre que cet homomorphisme est indépendant de l'espace universel considéré aux identifications canoniques du §18 près. Cela légitime la définition

DEFINITION. *Soit $G$ de Lie compact, $U$ un sous-groupe fermé. On désigne par $\rho_M^*(U, G)$ l'homomorphisme canonique $H(B_G, M) \to H(B_U, M)$ qui pour tout $n$ est jusqu'à $n$ l'homomorphisme $H(B(n, G), M) \to H(B(n, U), M)$ déduit de la projection de $E(n, G)/U$ sur $E(n, G)/G$.*

*Notations.* On écrira aussi $\rho_p^*(U, G)$ si $M = K_p$, $\rho^*(U, G)$ si $M = Z$. En supposant $G$ et $U$ connexes, vérifiant $(T)_A$, nous allons voir que l'on peut remplacer la considération de $i^*$ par celle de $\rho^*$; cette substitution est intéressante parce que l'on peut souvent calculer $\rho^*$ effectivement (voir §28 à 31).

Scient $D_G$ le sous-espace de $H(B_G, A)$ sous-tendu par $H^0(B_G, A)$ et par les éléments décomposables, et $\pi$ la projection de $H(B_G, A)$ sur $Q_G = H(B_G, A)/D_G$; $Q_G$ est gradué par les sous-espaces $Q_G^n = H^n/D_G \cap H^n$, soit de même $P_G^n = P_G \cap H^n(G, A)$, $P_G^n$ est l'ensemble des éléments universellement transgressifs de degré $n$ (Prop. 20.2). Les démonstrations des Théorème 13.1, 19.1, des Prop. 16.1 et 19.2 montrent que dans l'algèbre spectrale d'un espace universel la différentielle $d_s$ établit un isomorphisme entre $P_G^{s-1}$ et $Q_G^s$, qui est la transgression (§5). A priori cet isomorphisme est défini par la transgression dans un espace universel particulier, mais le diagramme (18.1) établit un isomorphisme entre les algèbres spectrales de $E_1$ et $E_2$ (au moins pour $D \leqq n - k$, $k = \dim. G$) ce qui montre que l'isomorphisme $P_G^{s-1} \to Q_G^s$ ne dépend pas de l'espace universel choisi.

Le diagramme commutatif

$$
\begin{array}{ccc}
E(n, G) & \xleftarrow{\ id.\ } & E(n, G) \\
\downarrow & & \downarrow \\
E(n, G)/U & \xrightarrow{\ \rho_n\ } & E(n,G)/G
\end{array}
$$

donne un homomorphisme de l'algèbre spectrale de $E(n, G) \to B(n, G)$ dans celle de $E(n, U) \to B(n, U)$, on en tire la:

PROPOSITION 21.3. *Soient $G$, $U$ vérifiant $(T)_A$. Si l'on identifie $P_G$ et $P_U$ à $Q_G$ et à $Q_U$ respectivement par la transgression, $i^*$ se transporte en l'homomorphisme de $Q_G$ dans $Q_U$ défini par passage au quotient à partir de $\rho_A^*(U, G)$.*

COROLLAIRE. *Sous les hypothèses faites, $U$ est totalement non homologue à zéro dans $G$ relativement à $A$ si et seulement si $\rho_A^*(U, G)$ est un homomorphisme sur.*

## §22. Deux algèbres spectrales

Ce paragraphe est consacré à des algèbres spectrales relatives aux espaces fibrés principaux et aux espaces homogènes, où interviennent des espaces classifiants, qui seront très fréquemment utilisées dans la suite.

$E_G$ et $B_G$ sont des espaces universels et classifiants pour une dimension $n$ assez grande. En fait les énoncés et démonstrations qui suivent ne sont en toute rigueur valables que jusqu'à un certain degré (par exemple pour $D \leqq n - s$, $s$ dimension de $G$ ou $U$), nous nous permettrons néanmoins de ne pas le mentionner, surtout parce que l'on peut souvent passer à $n$ infini, comme nous l'indiquerons à la fin de ce paragraphe.

Nous aurons à considérer des faisceaux localement constants sur des espaces classifiants, aussi supposerons-nous dorénavant les espaces universels globalement et localement connexes et simplement connexes *par arcs*, ce qui n'est pas une restriction essentielle vu la possibilité de prendre les variétés de Stiefel. Les faisceaux localement constants sur $B_G$ se ramènent alors aux systèmes locaux de coefficients, et si $G_0$ est la composante connexe de l'élément neutre de $G$, on a $\pi_1(B_G) \cong G/G_0$.

THEOREME 22.1. *Soit $U$ de Lie compact, $(X, Y, U, p)$ un espace fibré principal localement compact, connexe.*

*Alors il existe une algèbre spectrale canonique dans laquelle $H_2 = H(B_U, H(X, M))$ et qui se termine par l'algèbre graduée associée à $H(Y, M)$ convenablement filtrée.*

*Les éléments de $H^0(B_U, H(X, M)) = H(X, M)$ qui sont des cocycles pour toutes les différentielles forment l'image de $p^*$. Si $X$ est compact, l'homomorphisme $H(B_U, M) \to H(Y, M)$ déduit de l'algèbre spectrale est l'homomorphisme caractéristique de $(X, Y, U, p)$.*

La ligne inférieure de (18.3) écrit pour $E_U$ et $X$ est:

$$B_U \xleftarrow{\;\;f\;\;} (E_U, X)_U \xrightarrow{\;\;g\;\;} Y$$

$f$ fait de $(E_U, X)_U$ un espace fibré $((E_U, X)_U, B_U, X, f)$, et $g^*$ identifie $H(Y, M)$ à $H((E_U, X)_U, M)$; l'algèbre spectrale de $f$ répond aux conditions de l'énoncé. Si $i$ est l'injection d'une fibre $X$ dans $(E_U, X)_U$ alors $p = i \circ g$ (cf. §2), $p^*$ se ramène donc à $i^*$, une fois $H(Y, M)$ et $H((E_U, X)_U, M)$ identifiés par $g^*$; son image est l'ensemble des éléments de $H(X, M)$ qui sont cocycles pour toutes les différentielles d'après le §4c. Enfin, si $X$ est compact, l'homomorphisme $H(B_U, M) \to H((E_U, X)_U, M)$ déduit de l'algèbre spectrale est $f^*$ (§4b); combiné avec $g^{*-1}$, il donne bien l'homomorphisme caractéristique.

REMARQUES. L'algèbre spectrale du théorème est donc celle de $((E_U, X)_U, B_U, X, f)$; nous n'avons pas supposé $U$ connexe, si $U_0$ est sa composante connexe de l'élément neutre, $\pi_1(B_U) \cong U/U_0$ peut agir non trivialement

180 ARMAND BOREL

sur $H(X, M)$, $H_2$ est l'algèbre de cohomologie de $B_U$ à coefficients dans un système local de coefficients; en fait, ce système sera toujours simple dans les applications que nous donnerons.

(2) Si $U$ est discret, $H(B_U, H(X, M))$ est, *au sens des groupes discrets*, l'algèbre de cohomologie de $U$, à valeurs dans $H(X, M)$ sur laquelle $U$ opère; $(H_r)$ est probablement la suite spectrale des revêtement finis de H. Cartan-J. Leray (Colloque de Topologie Algébrique, Paris (1949), p. 83–85).

(3) Si $X = G$ est un groupe de Lie compact connexe dont $U$ est un sous-groupe fermé, on peut envisager $(E_U, G)_U$ comme espace fibré principal de fibre $G$ (on fait opérer $G$ dans $E_U \times G$ par $(e, g) \cdot g' = (e, g'^{-1} \cdot g)$ si $u$ opère par $(e, g) \cdot u = (e \cdot u, g \cdot u)$), et puisque $G$ est supposé connexe, $\pi_1(B_U)$ agit toujours trivialement sur $H(G, M)$. Un cas particulier important est l'objet de la proposition suivante, où nous utilisons les notations du §21.

Proposition 22.1. *Soit $G$ de Lie compact connexe vérifiant $(T)_A$, $x_1, \cdots, x_l$ une base de $P_G$, $y_1, \cdots, y_l$ des générateurs de $H(B_G, A)$ leur correspondant par transgression.*

*Dans l'algèbre spectrale du Théorème 22.1 pour $X = G$ on a $H_2 = H(B_U, A) \otimes H(G, A)$ et de plus*

$$d_r \kappa_r^2(1 \otimes x_i) = \kappa_r^2(\rho_A^*(U, G)(y_i) \otimes 1),$$

$$(i = 1, \cdots, l; r = Dx_i).$$

Partant d'un espace $E_G$ universel pour $G$ (donc pour $U$) on obtient un diagramme commutatif

$$
\begin{array}{ccc}
(E_U, G)_U & \xrightarrow{\bar{\rho}_n} & (E_G, G)_G \\
f \downarrow & & \downarrow \\
B_U & \xrightarrow{\rho_n} & B_G
\end{array}
$$

mais $(E_G, G)_G$ s'identifie naturellement à $E_G$, $\bar{\rho}_n^*$ est donc un homomorphisme de l'algèbre spectrale de $(E_G, B_G, G, p)$ dans celle de $((E_U, G)_U, B_U, G, f)$, d'où notre proposition, compte tenu du §4d.

Théorème 22.2. *Soit $U$ un sous-groupe fermé du groupe de Lie compact $G$, $G/U$ etant connexe Alors il existe une algèbre spectrale où $H_2 = H(B_G, H(G/U, M))$ et qui se termine par l'algèbre graduée associée à $H(B_U, M)$ convenablement filtrée.*

*L'homomorphisme $H(B_G, M) \to H(B_U, M)$ défini par l'algèbre spectrale est $\rho_M^*(U, G)$. Les éléments de $H(G/U, M)$ qui sont des cocycles pour toutes les différentielles jorment la sous-algèbre caractéristique de $(G, G/U, U, p)$.*

On prendra l'algèbre spectrale de la fibration $(E_G/U, E_G/G, G/U, \rho_n)$, qui peut s'écrire $(B_U, B_G, G/U, \rho_n)$; l'homomorphisme $H(B_G, M) \to H(B_U, M)$ déduit de l'algèbre spectrale est $\rho_n^*$, qui est $\rho_M^*(U, G)$ par définition.

Pour définir la sous-algèbre caractéristique de $(G, G/U, U, p)$ on part du diagramme suivant, où l'on écrit $E_G$ pour $E_U$ :

$$
\begin{array}{ccccc}
E_G & \xleftarrow{\ \bar{f}\ } & E_G \times G & \xrightarrow{\ \bar{h}\ } & G \\
\downarrow & & \downarrow & & \downarrow{\scriptstyle p} \\
E_G/U & \xleftarrow{\ f\ } & (E_G, G)_U & \xrightarrow{\ h\ } & G/U
\end{array}
$$

et l'homomorphisme caractéristique est $\sigma^* = h^{*-1} \circ f^*$ (cf. §18). Soit $e$ un élément fixe de $E_G$, $\bar{\zeta}: G \to E \times G$ l'homomorphisme défini par $\bar{\zeta}(g) = (e \cdot g, g)$; $\bar{f} \circ \bar{\zeta}$ est l'injection de la fibre de $e$, et $\bar{h} \circ \bar{\zeta} = id.$; $\bar{\zeta}$ passe au quotient par $U$ et donne une application $\zeta: G/U \to (E_G, G)_U$ telle que $f \circ \zeta$ soit l'injection d'une fibre et que $h \circ \zeta = id.$; alors

$$
\sigma^* = h^{*-1} \cdot f^* = \zeta^* \circ f^* = i^*.
$$

l'image de $\sigma^*$ est donc bien formée des éléments de $H(G/U, M)$ qui sont cocycles pour toutes les différentielles, (§4c).

PROPOSITION 22.2. *Soit $U$ un sous-groupe invariant fermé du groupe de Lie compact $G$. Alors il existe une algèbre spectrale dans laquelle $H_2 = H(B_{G/U},$ $H(B_U, M))$ et qui se termine par l'algèbre graduée associée à $H(B_G, M)$ convenablement filtrée.*

$B_U = E_G/U$ est ici aussi un espace fibré principal $(E_G/U, B_G, G/U, \rho_n)$ de groupe $G/U$. Il suffit d'appliquer le Théorème 22.1 en prenant $X = E_G/U = B_U$, $Y = B_G$ et en remplaçant $U$ par $G/U$.

Cette algèbre spectrale qui m'a été signalée par J. P. Serre est l'analogue pour les groupes de Lie compacts de celle qu'il a introduite dans l'étude des extensions de groupes discrets (C. R. Acad. Sci. Paris *231* (1950), p. 643–646).

REMARQUE SUR LE PASSAGE À $n$ INFINI. Il est en général inutile d'introduire une borne supérieure finie pour le degré dans les énoncés précédents car:

*La Prop. 22.1 et le Théor. 22.2 sont valables si on interprète les termes $H_2$ comme algèbres de cohomologie d'espaces classifiants pour tout $n$ au sens de la définition 18.2; il en est de même pour le Théorème 22.1 si $U$ est connexe et pour la Prop. 22.2 si $G/U$ est connexe.*

L'algèbre spectrale du Théorème 22.1 est celle de $((E_U, X)_U, B_U, X, p)$, et on a dans $H_2$ des coefficients ordinaires si $U$ est connexe (car $B_U$ est simplement connexe, cf début du §22). Si $E_1$ et $E_2$ sont deux espaces universels pour $U$ et pour $n$ les deux lignes inférieures du diagramme (18.5), où l'on fait $X = F$, $G = U$, permettent d'établir un isomorphisme canonique entre les algèbres spectrales de $((E_2, X)_U, B_2, X, p_2)$ et de $((E_1, X)_U, B_1, X, p_1)$ pour $D \leqq n - s$, $(s = \dim. U)$. On peut donc définir sans ambiguïté une algèbre spectrale canonique $(H_r)$, $(r \geqq 2)$ qui pour tout $n$ est isomorphe jusqu'à $n - s$ à l'algèbre spectrale de $((E(n, U), X)_U, B(n, U), X, p)$, c'est l'algèbre spectrale annoncée. Cela s'applique aussi aux Prop. 22.1 et 22.2, cas particuliers du Théorème 22.1; dans cette dernière, il y a encore lieu de faire un passage à $n$ infini pour obtenir en fibre $H(B_U, M)$ au lieu de $H(B(n, U), M)$, ce qui ne présente pas de difficulté. Enfin, pour le Théorème 22.2, on utilisera de même les deux lignes inférieures du diagramme qui précède la définition de $\rho_M^*(U, G)$ dans le §21.

## §23. Cohomologie des espaces classifiants pour les groupes orthogonaux unimodulaires

$\mathbf{SO}(m)$ n'a pas de $p$-torsion pour $p \neq 2$ et on peut appliquer le Théorème 19.1; par contre il possède de la 2-torsion si $m > 2$ et $H(\mathbf{SO}(m), K_2)$ a un système simple de générateurs de degrés $1, 2, \cdots, m - 1$ (Prop. 10.3); nous voulons montrer que l'on peut prendre un système de générateurs universellement transgressifs; c'est clair pour $x_1$ ; on sait d'autre part que $x_i$ peut être choisi comme image d'un élément non nul de $H^i(\mathbf{V}_{m,m-i}, K_2)$ par la transposée de la projection $p_{m-i}$ de $\mathbf{SO}(m)$ sur $\mathbf{V}_{m,m-i}$ $(i \geq 2$, cf. §10, rem. 1).

Soit $(E, B, \mathbf{SO}(m), p)$ un espace fibré principal compact connexe, il est aussi fibré principal de groupe $\mathbf{SO}(i)$, d'où la fibration $(E/\mathbf{SO}(i), B, \mathbf{V}_{m,m-1}, p)$ et le diagramme commutatif suivant, où les flèches horizontales sont les projections canoniques, les flèches verticales des injections, $P$ un point,

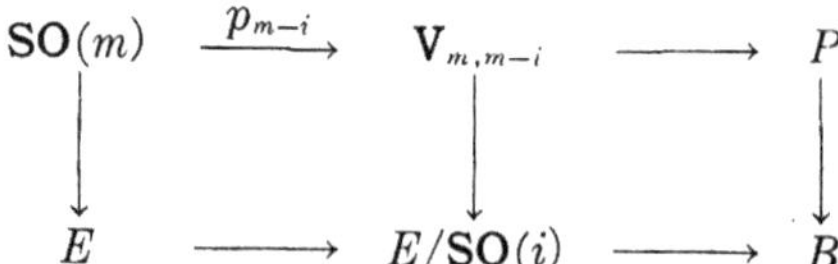

qui montre que si $h \in H(\mathbf{V}_{m,m-i}, K_2)$ est transgressif dans $E/\mathbf{SO}(i)$, $p_{m-i}^*(h)$ l'est dans $E$; les éléments de degré positif minimum de $H(\mathbf{V}_{m,m-i}, K_2)$ étant évidemment transgressifs, $x_i$ est bien transgressif dans $E$. En prenant pour $E$ un espace universel et en appliquant la Prop. 19.2 on voit:

PROPOSITION 23.1. $H(\mathbf{SO}(m), K_2)$ *possède un système simple de générateurs universellement transgressifs* $x_1, \cdots, x_{m-1}$ *de degrés* $1, 2, \cdots, m - 1$ *et* $H(B_{\mathbf{SO}(m)}, K_2) = K_2[y_1, \cdots, y_{m-1}](Dy_i = i + 1)$, $y_i$ *classe de cohomologie d'une cochaîne de transgression pour* $x_i$ *dans* $E(n, \mathbf{SO}(m))$; $x_i$ *est déterminé à un multiple scalaire près.*

Mais on peut prendre comme espaces universels et classifiants pour $n - 1$ les variétés $\mathbf{V}_{n+m,m}$ et $\mathbf{G}_{n+m,m}^0$ (cf. §18), on retrouve ainsi la Proposition suivante, due à L. S. Pontrjagin [27]:

PROPOSITION 23.2. *Pour* $D < n$, $H(\mathbf{G}_{n+m,m}^0, K_2)$ *est isomorphe à une algèbre de polynômes* $K_2[y_1, \cdots, y_{m-1}]$ *à* $m - 1$ *variables de degrés* $2, 3, \cdots, m$.

Il ne nous semble pas possible d'obtenir sans détours un résultat analogue de S. S. Chern [13] sur la cohomologie des grassmanniennes $\mathbf{G}_{n+m,m}$ : $H(\mathbf{G}_{n+m,m}, K_2) = K_2[y_0, y_1, \cdots, y_{m-1}](Dy_i = i + 1)$ pour $D < n$; du reste le formalisme développé dans ce travail est surtout adapté au cas des groupes connexes. Nous comblerons cette lacune dans un travail ultérieur mentionné dans l'introduction, où nous donnerons aussi l'algèbre de cohomologie mod 2 complète de $\mathbf{G}_{n+m,m}$ .

La démonstration de la Prop. 23.1 utilise les variétés de Stiefel et montre que l'on peut prendre comme générateurs de $H(\mathbf{G}^{0}_{n+m,m}, K_2)$ leur correspondant par transgression les classes de Stiefel-Whitney réduites de $\mathbf{G}^{0}_{n+m,m}$ ce qui est bien connu. De même on établira des liens entre les générateurs de $H(B_{\mathbf{U}(m)}, Z)$ et les classes de Chern des grassmanniennes complexes.

Enfin remarquons qu'une démonstration analogue à celle de la Prop. 23.1 donne la

PROPOSITION 23.3. *$H(\mathbf{V}_{n,n-q}, K_2)$ a un système simple de générateurs universellement transgressifs $x_q, \cdots, x_{n-1}$ de degrés $q, q+1, \cdots, n-1$ pour les espaces fibrés à groupe structural* $\mathbf{SO}(m)$, *agissant sur* $\mathbf{V}_{n,n-q}$ *par les opérations que définit la fibration* $\mathbf{SO}(m)/\mathbf{SO}(q)$.

### CHAPITRE VI. COHOMOLOGIE RÉELLE DES ESPACES FIBRES PRINCIPAUX ET DES ESPACES HOMOGÈNES

*Notations.* Dans tout ce chapitre, $H(X)$ est l'algèbre de cohomologie de $X$ pour les coefficients réels; $G$ et $U$ sont des groupes de Lie compacts.

$H(B_G, R)$ sera notée $S_G$; c'est donc une algèbre de polynômes. $S_G^+$ est la sous-algèbre formée des éléments de degré $> 0$ des $S_G$.

### §24. Cohomologie des espaces fibres principaux compacts

Nous avons rappelé dans la Prop. 3.1 qu'un espace compact de dimension finie (séparable métrique) possède une $R$-couverture fine *anticommutative*, par exemple pour une variété différentiable l'algèbre des formes différentielles extérieures. Ce fait et le Théorème 19.1 de transgression sont à la base de la démonstration des Théorème 24.1 et 24.1′, qui généralisent dans le cas compact un résultat de C. Chevalley valable pour les espaces fibrés différentiables (démonstration non publiée, cf. J. L. Koszul [22], Théorème I).

En cohomologie réelle, le Théorème 19.1 s'applique toujours: $H(G) = \wedge P$ est l'algèbre extérieure de l'espace $P$ de ses éléments universellement transgressifs, qui est gradué par des degrés impairs. Soit $(E, B, G, p)$ un espace fibré principal compact connexe, localement connexe, de dimension finie, $\mathcal{E}$ et $\mathcal{B}$ des $R$-couvertures fines anticommutatives de $E$ et $B$, $\mathcal{C} = p^{-1}\mathcal{B} \bigcirc \mathcal{E}$; $\mathcal{C}$ est donc anticommutative pour le degré total; soient $x_1, \cdots, x_l$ une base de $P$, $c_i \epsilon \mathcal{C}$ une cochaîne de transgression pour $x_i$, et appelons $b_i$ l'unique élément de $\mathcal{B}$ tel que $p^{-1}(b_1) \bigcirc u = dc_i (i = 1, \cdots, l; u =$ élément neutre de $\mathcal{E}$).

Nous munissons le produit tensoriel gauche $L$ sur $R$ de $\mathcal{B}$ et $H(G)$ d'une différentielle $d$ canonique pour le degré total vérifiant

$$(24.1) \qquad d(b \otimes 1) = db \otimes 1; \qquad d(1 \otimes x_i) = b_i \otimes 1 \quad (i = 1, \cdots, l)$$

(il faut naturellement s'assurer que ces conditions déterminent complètement une différentielle, mais c'est immédiat); ainsi $d$ augmente le degré total de un et prolonge la différentielle de $\mathcal{B}$.

Définissons une application linéaire $\lambda$ de $\mathcal{B} \otimes P$ dans $\mathcal{C}$ par:

$$\lambda(b \otimes 1) = p^{-1}(b) \bigcirc u; \qquad \lambda(1 \otimes x_i) = c_i \quad (i = 1, \cdots, l)$$

$\mathcal{C}$ étant anticommutative pour le degré total, $\lambda$ se prolonge de façon unique en un *homomorphisme multiplicatif* de $L = \mathcal{B} \otimes \wedge P$ dans $\mathcal{C}$. qui est compatible avec les différentielles, d'où un homomorphisme de $H(L)$ dans $H(\mathcal{C}) = H(E)$, que nous notons aussi $\lambda$. Nous désignons par $q$ l'homomorphisme de $H(B)$ dans $H(L)$ résultant de l'inclusion de $\mathcal{B}$ dans $L$; un élément de $1 \otimes \wedge P$ ne peut évidemment jamais être un cobord dans $L$, une classe de cohomologie de $L$ contient donc au plus un cocycle de $1 \otimes \wedge P$; en lui associant ce cocycle (si elle en contient un), on définit un isomorphisme d'une sous-algèbre de $H(L)$ sur une sous-algèbre de $H(G)$, noté $r$.

THÉORÈME 24.1. *Soit* $(E, B, G, p)$ *un espace fibré principal compact, globalement et localement connexe, de dimension finie à fibres connexes,* $\mathcal{E}$ *et* $\mathcal{B}$ *des R-couvertures fines anticommutatives de* $E$ *et* $B$.

*Alors l'homomorphisme* $\lambda$ *précédemment défini de* $L = \mathcal{B} \otimes H(G)$ *dans* $p^{-1}\mathcal{B} \bigcirc \mathcal{E}$ *induit un isomorphisme de* $H(L)$ *sur* $H(E)$. *On a le diagramme commutatif*

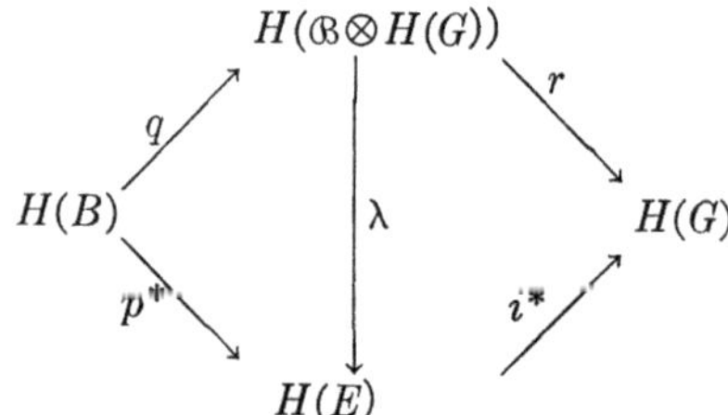

DÉMONSTRATION: Nous filtrons $L$ par les sous-espaces

$$L^p = \sum_{i \geq p} \mathcal{B}^i \otimes H(G).$$

Pour $\mathcal{C}$ nous reprenons la filtration du §4 par

$$S^p = \sum_{i \geq p} p^{-1}(\mathcal{B}^i) \bigcirc \mathcal{E}$$

évidemment $\lambda(L^p) \subset S^p$, $\lambda$ définit donc un homomorphisme de l'algèbre spectrale $(H_r^*)$ de $L$ dans l'algèbre spectrale $(H_r)$ de $\mathcal{C}$, qui est celle du Théorème 4.1 Pour obtenir notre théorème il suffit par exemple de prouver que $\lambda$ est un isomorphisme de $H_2^*$ sur $H_2$, puisqu'alors c'est un isomorphisme de $H_r^*$ sur $H_r$ $(r \geq 2)$ et de $H(L)$ sur $H(C)$, (cf. §1D). On a tout d'abord

$$H_0^* = G(L) \cong L, \qquad H_0^{*\,p} \cong \mathcal{B}^p \otimes H(G)$$

puisque $d(L^p) \subset L^p$. Sur $H_0^* = L^p/L^{p+1}$, $d_0^*$ est l'endomorphisme obtenu par passage au quotient à partir de $d$, mais il est clair vu la définition de $d$, que $d(L^p) \subset L^{p+1}$; ainsi $d_0^*$ est nul sur $H_0^{*\,p}$ ($p$ quelconque) donc sur $H_0^*$ et $H_1^* = H_0^* =$ cela peut aussi s'écrire dans les notations du §1:

$$C_1^{*\,p} = L^p; \qquad C_1^{*\,p+1} + D_0^p = L^{p+1}$$

$d_1^*$ est sur $H_1^{*\,p}$ obtenue par passage au quotient à partir de l'homomorphisme de paires

$$(L^p, L^{p+1}) \xrightarrow{\ d\ } (L^{p+1}, L^{p+2})$$

Considérons par exemple $b^p \otimes x_i \in \mathcal{B} \otimes P$. On a

$$d(b^p \otimes x_i) = db^p \otimes x_i \pm b^p \cdot b_i \otimes 1 \qquad (Db_i = Dx_i + 1)$$

le 1er terme est dans $L^{p+1}$, le deuxième dans $L^{p+2}$, donc $d_1^*(b^p \otimes x_i) = db \otimes x_i$, cela vaut aussi naturellement pour un élément $b \otimes x \in \mathcal{B}^p \otimes H(G) = H_1^{*p}$, et montre que $d_1^*$ est la *différentielle partielle par rapport à* $\mathcal{B}$ de $H^*_1 \cong \mathcal{B} \otimes H(G)$. Par conséquent $H_2^* = H(B) \otimes H(G)$. Il est bien isomorphe à $H_2$, il faut encore voir que $\lambda$ est un isomorphisme de $H_2^*$ sur $H_2$, c'est immédiat: Si $b$ est un cocycle de $\mathcal{B}$, $b \otimes 1$ et $p^{-1}(b) \bigcirc u$ ont dans $H_2^*$ et $H_2$ le même image, à savoir la classe de cohomologie de $b$ (pour $H_2^*$ nous venons de la démontrer pour $H_2$, voir définition de $\pi^*$ dans le §4); ensuite l'image de $\lambda(x_i) = c_i$ dans $H_2$ est bien $x_i$ vu la définition de $\iota_0^*$ au §4. $\lambda$ est donc l'identité sur $H(B) \otimes P$, comme il est multiplicatif c'est bien un isomorphisme de $H_2^*$ sur $H_2$.

Par définition même on a $p^* = \lambda \circ q$, ce qui donne la partie de gauche du diagramme; les éléments de $H_2^{*0,s} = H^s(G)$ qui sont cocycles pour toutes les différentielles sont exactement les éléments de $H^s(G) \subset L$ qui sont cocycles pour $d$, comme il résulte facilement des définitions, c'est donc l'image de $r$; $\lambda$ les met ainsi en correspondance biunivoque avec les éléments de $H_\infty^{0,s}$ qui forment l'image de $i^*$, cela montre la commutativité de la partie droite du diagramme. c.q.f.d.

Dans cette démonstration, nous n'avons pas pleinement utilisé l'hypothèse que $(E, B, G, p)$ est fibré principal à fibre de Lie compacte connexe. Sont intervenus les faits que $H(G)$ était algèbre extérieure d'un espace d'éléments transgressifs, et que dans l'algèbre spectrale de la fibration on a $H_2 = H(B) \otimes H(G)$. Le Théorème 24.1 admet donc la généralisation suivante:

THÉORÈME 24.1'. *Soit $(E, B, F, p)$ un espace fibré compact, globalement et localement connexe, de dimension finie. On suppose que $H(F)$ est l'algèbre extérieure d'un espace gradué par des degrés impairs, sous-tendu par des éléments transgressifs dans $E$, et que dans l'algèbre spectrale de cette fibration on a $H_2 = H(B) \otimes H(F)$.*

*Alors la conclusion du Théorème 24.1, où l'on remplace $G$ par $F$, est aussi valable.*

REMARQUE. Si $B$ est une variété différentiable, on peut prendre pour $\mathcal{B}$ l'algèbre des formes différentielles extérieures, on retrouve le théorème de Chevalley, mais il faut relever que ce dernier vaut aussi dans les espaces fibrés différentiables non compacts.

## §25. Cohomologie des espaces homogènes

Le Théorème 24.1 montre que $H(E)$ est déterminée par $H(G)$, $\mathcal{B}$ et la transgression, mais n'affirme pas qu'elle l'est déjà par $H(G)$, $H(B)$ et la transgression; c'est cependant le cas si $\mathcal{B}$ est formée de cocycles, ainsi que l'a remarqué J. L. Koszul, car $L$ s'identifie alors à $H(B) \otimes H(G)$ muni d'une différentielle nulle sur $H(B)$ définie par la transgression; cette condition ne peut être réalisée ici car $\mathcal{B}$ est supposée être une $R$-couverture fine, mais, comme nous allons le voir, il suffit déjà que $\mathcal{B}$ contienne une sous-algèbre de cocycles, possédant un représentant de chaque élément de $H(B)$.

$(E, B, G, p)$ étant toujours un espace fibré principal compact, globalement et localement connexe, nous considérerons dans ce paragraphe $H(B) \otimes H(G)$ muni de la différentielle $d$ "de transgression" définie par

$$(25.1) \qquad d(H(B) \otimes 1) = 0 \qquad d(1 \otimes x_i) = b_i \otimes 1 \qquad (i = 1, \cdots, l)$$

$x_1, \cdots, x_l$ étant une base de l'espace des éléments universellement transgressifs de $H(G)$, et $b_i$ une image de $x_i$ par transgression.

THÉORÈME 25.1. *Soient* $(E, B, G, p)$ *un espace fibré principal, compact globalement et localement connexe à fibres connexes,* $\mathfrak{B}$ *une R-couverture fine anticommutative de B. On suppose que* $\mathfrak{B}$ *possède une sous-algèbre* $\mathfrak{B}'$ *formée de cocycles et contenant exactement un cocycle de chaque classe de cohomologie.*

*Alors* $H(E)$ *est canoniquement isomorphe à* $H(H(B) \otimes H(G))$, *on a le diagramme commutatif*

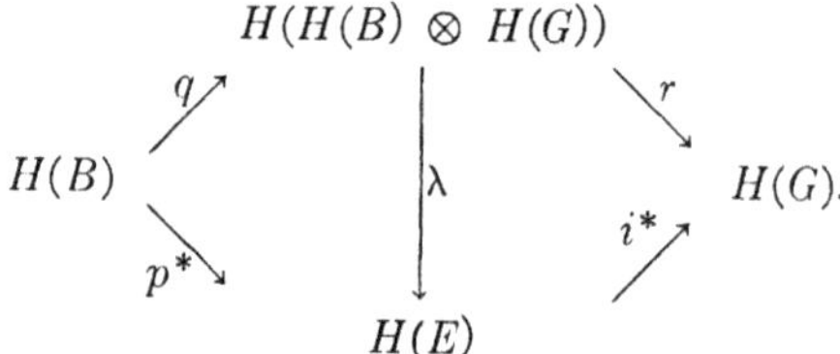

Soient $L = \mathfrak{B} \otimes H(G)$, $L' = \mathfrak{B}' \otimes H(G)$; pour chaque $x_i$ nous prenons une cochaîne de transgression $c_i$ au sens large telle que $dc_i$ soit le représentant de $b_i$ contenu dans $\mathfrak{B}'$, ce qui est possible d'après le lemme 5.2, et munissons $L$ de la différentielle $d$ définie par (24.1). Dans ce cas, $L'$ est une *sous-algèbre stable* et la différentielle induite est justement celle de (25.1), (car $\mathfrak{B}' \cong H(B)$). Introduisons dans $L$ et $L'$ les filtrations définies par les modules $S^p$ de la démonstration du Théorème 24.1, resp. par $L'^p = L^p \cap L'$; l'inclusion de $L'$ dans $L$ induit un homomorphisme de l'algèbre spectrale $(H'_r)$ de $L'$ dans l'algèbre spectrale $(H^*_r)$ de $L$; on a vu dans la démonstration du Théorème 24.1 que $H^*_2 = H(B) \otimes H(G)$, de même évidemment on aura $H'_2 = H(B) \otimes H(G)$ et l'inclusion de $L'$ dans $L$ induit visiblement un isomorphisme de $H'_2$ sur $H^*_2$; elle induit donc aussi un isomorphisme de $H(L') = H(H(B) \otimes H(G))$ sur $H(L)$; or ce dernier est égal à $H(E)$ d'après le Théorème 24.1, d'où notre Théorème, compte tenu du diagramme du Théorème 24.1.

COROLLAIRE (Koszul [22]). *Soit* $G$ *de Lie compact connexe,* $U$ *un sous-groupe fermé connexe tel que* $G/U$ *soit un espace symétrique.*

*Alors* $H(G) = H(H(G/U) \otimes H(U))$, *on a le diagramme commutatif.*

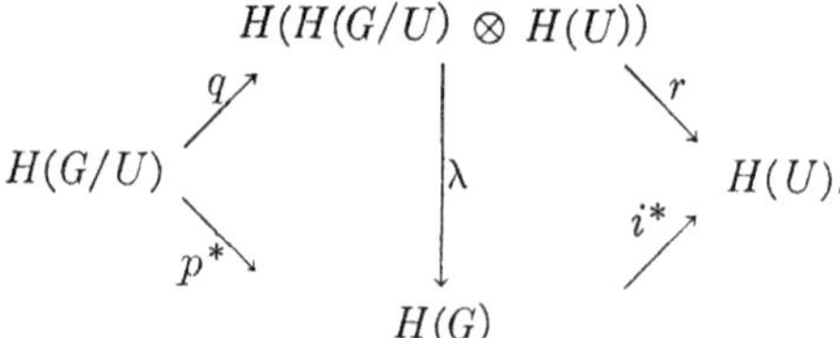

Soient $\mathfrak{B}$ l'algèbre des formes différentielles sur $G/U$, $\mathfrak{B}'$ celle des formes différentielles invariantes par les opérations de $G$; on sait que $\mathfrak{B}'$ est formée de cocycles, et contient exactement un représentant de chaque classe de cohomologie ([8], No. 10). On applique le Théorème 25.1 ou l'on remplace $E$, $B$, $G$ resp. par $G$, $G/U$, $U$.

COMPLÉMENT AU THÉORÈME 25.1. *Si $\mathfrak{B}'$ ne vérifie l'hypothèse que pour les éléments de degré $D \leqq n$, alors la conclusion subsiste pour les éléments de degrés $\leqq n - s$, ($s = \dim. G$).*

En effet, on a encore pour $D \leqq n$, $L' = H(B) \otimes H(G)$ d'où $H(L') = H(H(B) \otimes H(G))$ pour $D \leqq (n - 1)$; de même on a $H_2' = H(B) \otimes H(G)$ pour $D \leqq n$ est l'inclusion de $L'$ dans $L$ détermine un isomorphisme de $H_2'$ sur $H_2^*$ pour les éléments de degré total $D \leqq n$, donc aussi un isomorphisme de $H(L')$ sur $H(L)$ pour les éléments de $D \leqq n - s$. c.q.f.d.

THÉORÈME 25.2 (H. Cartan [11b]). *Soient $U$ un sous-groupe fermé connexe du groupe de Lie compact connexe $G$, $x_1$, $\cdots$, $x_l$ un système de générateurs universellement transgressifs de $H(G)$, $y_1$, $\cdots$, $y_l$ des générateurs de $S_G$ qui leur correspondent par transgression dans un espace universel $E_G$.*

*Alors $H(G/U)$ est canoniquement isomorphe à $H(S_U \otimes H(G))$, l'algèbre $S_U \otimes H(G)$ étant munie d'une différentielle nulle sur $S_U$, vérifiant $d(1 \otimes x_i) = \rho^*(y_i) \otimes 1$, $(i = 1, \cdots, l)$. On a le diagramme commutatif*

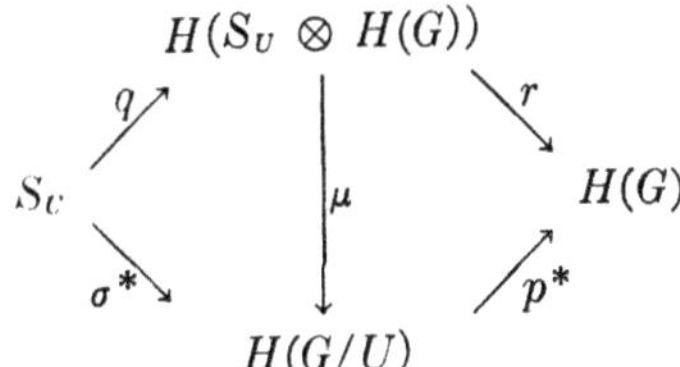

($\rho^*$ désigne l'homomorphisme $\rho^*(U, G)\colon S_G \to S_U$, défini dans le §21, $q$ est défini par l'inclusion, $r$ comme dans le §24, $\sigma^*$ est l'homomorphisme caractéristique de $(G, G/U, U, p)$, l'isomorphisme $\mu$ sera défini plus bas).

DÉMONSTRATION. Nous partons d'un espace $X = (E(n, U), G)_U$, ($n$ grand) $E(n, U)$ étant supposé de dimension finie; $X$ admet deux fibrations souvent considérées: $(X, B(n, U), G, f)$ et $(X, G/U, E(n, U), g)$; par Vietoris $g^*$ est un isomorphisme de $H(G/U)$ sur $H(X)$ pour $D \leqq n$. La 1ère fibration vérifie toutes les hypothèses du Théor. 24.1, de plus l'homomorphisme de $(X, B(n, U), G, f)$ dans $(E_G, B_G, G, p)$ établi dans la démonstration de la Prop. 22.1 montre que $b_i = \rho^*(y_i)$ est image de $x_i$ par transgression dans $X$ ($i = 1, \cdots, l$).

$H(B(n, U))$ est pour $D \leqq n$ une algèbre de polynômes $R[z_1, \cdots, z_k]$; prenons dans une $R$-couverture fine anticommutative $\mathfrak{B}$ de $B(n, U)$ un cocycle $u_j$ de $z_j$ ($j = 1, \cdots, k$) et soit $\mathfrak{B}'$ la sous-algèbre engendrée par $1$, $u_1$, $\cdots$, $u_k$ et tous les éléments de degrés $> n$ de $\mathfrak{B}$. Comme elle est anticommutative, et que $H(B(n, U))$ est une algèbre de polynômes pour $D \leqq n$, on voit que $\mathfrak{B}'$ ne contient pour $D \leqq n$ que des cocycles, et possède exactement un représentant de chaque classe de cohomologie. Le complément au Théorème 25.1 donne alors pour $D \leqq n - s$ le diagramme commutatif

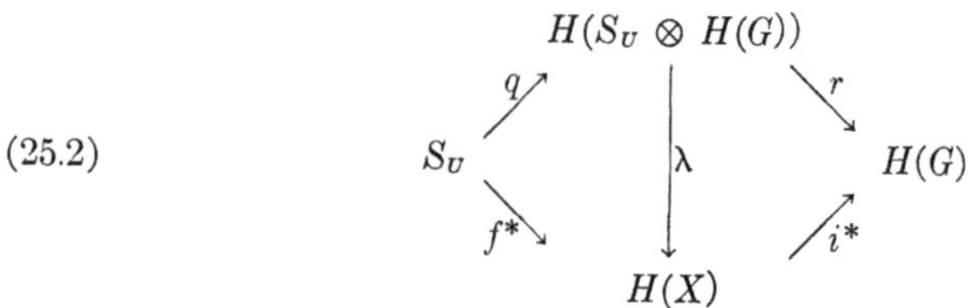

$$(25.2)$$

Posons $\mu = g^{*-1} \circ \lambda$, c'est un isomorphisme de $H(S_U \otimes H(G))$ sur $H(G/U)$ pour $D \leqq n - s$; comme $g^{*-1} \circ f^* = \sigma^*$ par définition (Déf. 18.3) et que $p^* = i^* \circ g^*$ d'après (2.5), on tire de (25.2) le diagramme commutatif

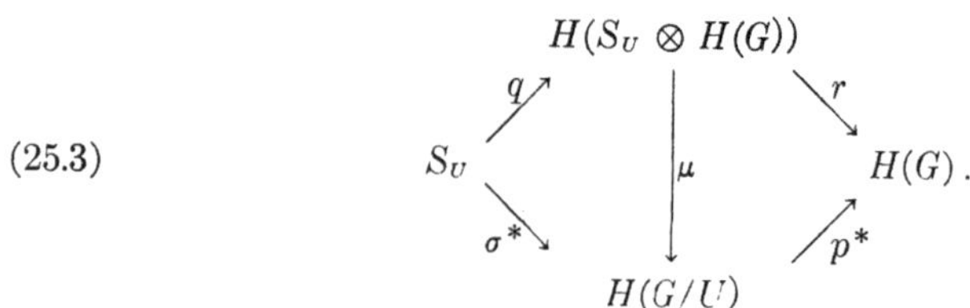

$$(25.3)$$

Ce diagramme est établi pour $D \leqq n - s$ mais en prenant $n$ de plus en plus grand et en passant à la limite on voit qu'il vaut sans restriction sur $D$, ce qui démontre le Théorème 25.2.

## §26. Quotient d'un groupe compact par un sous-groupe de même rang

Nous rappelons au début des §26 et 27 quelques points de la théorie des groupes de Lie compacts (*voir* par exemple [20], [33]).

Soit $G$ un groupe de Lie compact connexe de dimension $n$; il contient des sous-groupes à un paramètre donc des tores et même des tores maximaux; ces derniers sont en même temps sous-groupes abéliens maximaux; deux quelconques d'entre eux sont conjugués par un automorphisme intérieur de $G$ et leur dimension commune définit le *rang $l$* (au sens global) de $G$; tout élément de $G$ est contenu dans un tore maximal; le rang d'un sous-groupe $U$ est $\leqq l$, il lui est égal si et seulement si $U$ contient un tore maximal dans $G$. Tout lacet d'origine $e$ (élément neutre) est homotope à un lacet tracé dans un tore maximal (H. Weyl, Math. Zeitschrift *24* (1925), 328–395), par conséquent le quotient $G/U$ est simplement connexe si $U$ est connexe de même rang que $G$; dans ce cas l'image réciproque $\overline{U}$ de $U$ dans un revêtement $\overline{G}$ de $G$ est alors aussi connexe; comme un tore maximal d'un produit direct est produit direct de tores maximaux des différents facteurs et que deux groupes de Lie compacts connexes localement isomorphes admettent un revêtement fini commun (Pontrjagin, Topological groups, Princeton 1946, Theorem 87), on voit que *les quotients de deux groupes de Lie compacts connexes localement isomorphes $G$, $G'$ par des tores maximaux $T$, $T'$ sont homéomorphes et que pour étudier $G/T$ on peut si l'on veut se borner au cas $G$ simple. Plus générale-*

ment on montre que si $U$ est un sous-groupe de $G_1 \times G_2 \times \cdots \times G_k = G$ ayant même rang que $G$, alors

$$U = U_1 \times U_2 \times \cdots \times U_k \ (U_i \subset G_i, \ \text{rang } U_i = \text{rang } G_i),$$

ce qui ramène aussi l'étude de $G/U$ (rang $G = $ rang $U$) au cas où $G$ est simple, mais nous n'aurons pas besoin de ce fait.

On sait que le rang de $G$ est égal à la dimension d'un espace dont $H(G, R)$ est l'algèbre extérieure (H. Hopf, Comment. Math. Helv. 13 (1940–41), 119–143, pour d'autres démonstrations, cf. [22], [25]); nous en donnerons également une démonstration ci-dessous.

Pour étudier la cohomologie réelle de $G/U$ (rang $G = $ rang $U$), nous nous appuyerons sur les Théorème 19.1, 22.2 qui, joints au lemme 26.1, permettront d'obtenir aisément les résultats du §26.

LEMME 26.1. *Si $T$ est un tore maximal du groupe de Lie compact connexe $G$, les nombres de Betti de $G/T$ sont nuls pour les dimensions impaires.*

Démonstration par récurrence sur le rang $l$ et la dimension $n$ de $G$; pour $n = l$, $l$ quelconque, il n'y a rien à prouver, supposons donc le lemme vrai pour $U$ si rang $U \leqq$ rang $G$, dim $U <$ dim $G$ et établissons le pour $G$; on peut supposer $G$ semi-simple, sinon en effet $G$ est localement isomorphe à $T^s \times U$ (rang $U = l - s$) et $G/T = U/T'$ $T'$ maximal dans $U$. Le centre $C(G)$ de $G$ est alors discret et on peut trouver $x \, \epsilon \, G$ tel que $x \, \notin \, C(G)$, $x^2 \, \epsilon \, C(G)$. Soit $U$ la composante connexe de l'élément neutre $e$ du normalisateur de $x$ dans $G$; $x$ étant contenu dans un tore maximal, le rang de $U$ est égal à celui de $G$, mais comme $x \, \notin \, C(G)$, dim $U <$ dim $G$. Désignons par $L(G)$ l'algèbre de Lie de $G$, $L(U)$ la sous-algèbre correspondant à $U$ et par $I_a$ l'automorphisme de $L(G)$ induit par l'automorphisme $g \to aga^{-1}$; en particulier $I_x$ est une involution et $L(U)$ est l'espace de tous les vecteurs fixes par $I_x$.

Nous montrerons tout d'abord que les nombres de Betti de $G/U$ sont nuls pour les dimensions impaires; considérons $G/U$ comme espace des classes à gauche $gU$, soit $y$ le point représentant $U$, $V$ l'espace tangent à $G/U$ en $y$. On sait que l'on peut identifier $V$ à un sous-espace $V'$ de $L(G)$ supplémentaire de $L(U)$, invariant par les automorphismes $I_u$ de manière à ce que l'automorphisme de $V$ induit par la translation $gU \to ugU$ $(u \, \epsilon \, U)$ devienne précisément $I_u$. ([8] No. I); chaque classe de cohomologie réelle de $G/U$ peut être représentée par une forme multilinéaire alternée sur $V$, invariante par les translations de $U$, ou encore par une forme multilinéaire alternée sur $V'$, invariante par les automorphismes $I_u$ [8]. Par rapport à l'involution $I_x$, le supplémentaire invariant $V'$ ne peut qu'être le sous-espace des vecteurs correspondant à la valeur propre $-1$, donc $I_x$ est sur $V'$ la symétrie par rapport à l'origine; une forme invariante non nulle doit donc être de degré pair et ainsi $H^i(G/U) = 0$ si i est impair.

Prenons maintenant comme tore maximal $T$ de $G$ un tore de $U$; dans l'algèbre spectrale sur $R$ de $(G/T, G/U, U/T, p)$ on a $H_2 = H(G/U) \otimes H(U/T)$. Par hypothèse d'induction $H^i(U/T) = 0$ si i est impair, donc $H_2$ n'a que des éléments de degrés pairs, il en est de même de $H_\infty$, et de $H(G/T)$; du reste ici $H_\infty = H_2$

puisque les différentielles, qui augmentent $D$ de 1, sont forcément nulles, ce qui démontre le lemme pour $G/T$.

PROPOSITION 26.1. *L'homomorphisme* $\rho_R^*(T, G)\colon S_G \to S_T$ *est biunivoque.* $H(G/T)$ *est le quotient de* $S_T$ *par l'idéal engendré par l'image de* $S_G^+$ *et est égal à sa sous-algèbre caractéristique.*

*Le rang de* $G$ *est égal à la dimension de l'espace des primitifs de* $H(G, R)$; *si* $s_1 - 1, \cdots, s_l - 1$ *sont les degrés des éléments d'une base de ce dernier, le polynôme de Poincaré de* $G/T$ *est*

$$P(G/T, t) = (1 - t^{s_1})(1 - t^{s_2}) \cdots (1 - t^{s_l})/(1 - t^2)^l.$$

Dans l'algèbre spectrale du Théorème 22.2 pour $M = R$, $U = T$, on a $H_2 = S_G \otimes H(G/T)$; désignons provisoirement par $k$ la dimension de l'espace des primitifs (ou des éléments universellement transgressifs) de $H(G)$, par $x_1, \cdots, x_k$ une base de cet espace et soit $Dx_i = s_i - 1$; on sait que

$$S_G = R[y_1, \cdots, y_k] \ (Dy_i = Dx_i + 1 = s_i \text{ est pair})$$

il n'y a donc, vu le lemme 26.1 que des degrés pairs dans $H_2$, et ainsi $H_2 = H_\infty$; $G/T$ est égal à sa sous-algèbre caractéristique (compte tenu du Théorème 22.2), $\rho_R^*$ est biunivoque et $H(G/T) = S_T/(\rho^*(S_G^+))$, (Prop. 4.1).

La série de Poincaré de $S_G$ est

$$P(S_G, t) = (1 - t^{s_1})^{-1}(1 - t^{s_2})^{-1} \cdots (1 - t^{s_k})^{-1}$$

celle de $H_2 = H_\infty = G(S_T)$, est (pour le degré total)

$$P(S_T, t) = (1 - t^2)^{-l} \qquad\qquad (l = \text{rang de } G)$$

donc

$$P(G/T, t) = (1 - s^{s_1}) \cdots (1 - s^{s_k})/(1 - t^2)^l.$$

Il reste à voir que $k = l$; $H(G/T)$ étant de dimension finie l'égalité précédente montre que $k \geq l$; pour obtenir l'inégalité contraire, nous nous appuyerons sur le lemme

LEMME 26.2 *Soit* B *une algèbre graduée par des degrés positifs, anticommutative,* $J = (b_1, \cdots, b_k)$ *l'idéal engendré par* $k$ *éléments homogènes de degrés* $s_1, \cdots, s_k$. *Si* $b_1, \cdots, b_k$ *sont sans relations, la série de Poincaré de* $B/J$ *est*

$$P(B/J, t) = P(B, t)(1 - t^{s_1}) \cdots (1 - t^{s_k})$$

*sinon,* $P(B/J, t)$ *majore strictement l'expression de droite.*

Nous laissons au lecteur la démonstration de ce lemme, qui se fait facilement par récurrence sur $k$, si l'on traduit "$b_1, \cdots, b_k$ sans relations" par l'ensemble des conditions: l'annulateur de l'image de $b_i$ dans $B/(b_1, \cdots, b_{i-1})$ est nul $(i = 1, \cdots, k)$.

Si l'on revient à la Prop. 26.1, la formule obtenue pour $P(G/T, t)$ montre que $\rho^*(y_1), \cdots, \rho^*(y_k)$ sont sans relations car l'idéal de $S_G^+$ est $(\rho^*(y_1), \cdots, \rho^*(y_k))$. Cela n'est possible que si $k \leq l$; en effet si $k > l$, le polynôme de Poincaré de $B = S_T/(\rho^*(y_1), \cdots, \rho^*(y_l))$ est

$$P(B, t) = (1 - t^{s_1}) \cdots (1 - t^{s_l})/(1 - t^2)^l$$

$B$ est de dimension finie non nulle et l'annulateur de l'image de $\rho^*(y_{l+1})$ dans $B$ ne peut être nul. Ainsi $k = l$, et de plus nous voyons que $\rho^*(y_1), \cdots, \rho^*(y_l)$ sont sans relations dans $S_T$.

REMARQUE. $\rho^*(T, G)$ est aussi biunivoque si $G$ n'est pas connexe, $T$ désignant un tore maximal du plus grand sous-groupe connexe $G_0$ de $G$. Considérons en effet les projections canoniques

$$E_G \to B_T \xrightarrow{\alpha} B_{G_0} \xrightarrow{\beta} B_G .$$

Par définition $\alpha^* = \rho^*(T, G_0)$, $\beta^* = \rho^*(G_0, G)$ et $\alpha^* \circ \beta^* = \rho^*(T, G)$; $\beta$ fait de $B_{G_0}$ un revêtement fini de $B_G$, de groupe $G/G_0$, et d'après un résultat connu sur les revêtements finis (B. Eckmann, Bull. Amer. Math. Soc. *55* (1949), 95–101), $\beta^*$ applique $S_G$ biunivoquement sur l'ensemble des éléments de $S_G$ qui sont fixes par les opérations de $G/G_0$ ; $\alpha^*$ étant biunivoque d'après la Prop. 26.1, $\rho^*(T, G) = \alpha^* \circ \beta^*$ l'est aussi.

THEOREME 26.1. *Soit $U$ un sous-groupe fermé du groupe de Lie compact $G$, ayant même rang que $G$.*

(a) $\rho^*(U, G) : S_G \to S_U$, *est biunivoque.*

(b) *Si $G$ est connexe, $H(G/U)$ est le quotient de $S_U$ par l'idéal de $\rho^*(S_G^+)$ et est égale à sa sous-algèbre caractéristique.*

(c) *Si $G$ et $U$ sont connexes et si $s_1 - 1, \cdots, s_l - 1$, resp. $r_1 - 1, \cdots, r_l - 1$, sont les degrés des éléments d'une base d'algèbre extérieure de $H(G)$, resp. $H(U)$, le polynôme de Poincaré de $G/U$ est*

$$P(G/U, t) = \frac{(1 - t^{s_1})(1 - t^{s_2}) \cdots (1 - t^{s_l})}{(1 - t^{r_1})(1 - t^{r_2}) \cdots (1 - t^{r_l})} .$$

DÉMONSTRATION. On a $\rho^*(T, G) = \rho^*(T, U) \circ \rho^*(U, G)$; $\rho^*(U, G)$ est donc biunivoque puisque $\rho^*(T, G)$ l'est (Prop. 26.1 et remarque). Dorénavant, $G$ est supposé connexe.

Soit tout d'abord $U$ connexe; $H(U/T)$ est égale à sa sous-algèbre caractéristique (Prop. 26.1), donc est totalement non homologue à zéro dans la fibration $(G/T, G/U, U/T, p)$ d'après le corollaire à la Prop. 18.3. L'algèbre spectrale de cette fibration est donc triviale (Prop. 4.1) et $P(G/T, t) = P(G/U, t) \cdot P(U/T, t)$, ce qui donne le polynôme de Poincaré de (c) et montre que $H^i(G/U) = 0$ pour $i$ impair. Par conséquent l'algèbre spectrale du Théorème 22.2, qui relie $H_2 = S_G \otimes H(G/U)$ à $S_U$ est triviale, d'où (b) pour $U$ connexe.

Si $U$ n'est pas connexe, soit $U_0$ son plus grand sous-groupe connexe, et considérons le diagramme commutatif

$$E_G \;\to\; B_{U_0} \;\xrightarrow{\;\alpha\;}\; B_U \;\xrightarrow{\;\beta\;}\; B_G$$

$$\uparrow \hat{\imath} \qquad\qquad \uparrow \tilde{\imath} \qquad\qquad \uparrow i$$

$$G \;\to\; G/U_0 \;\xrightarrow{\;\gamma\;}\; G/U$$

les flèches horizontales sont des projections, les flèches verticales des inclusions canoniques; $\tilde{\imath}$, resp. $i$, provient par passage au quotient à partir de $\hat{\imath}$, que l'on peut envisager comme homomorphisme d'espaces fibrés principaux de groupe $U_0$, resp. $U$, donc $\tilde{\imath}^*$ et $i^*$ sont les homomorphismes caractéristiques (Prop. 18.4). Nous savons déjà que $\tilde{\imath}^*$ est sur et que son noyau est l'idéal de $\rho^*(S_G^+) = \alpha^* \circ \beta^*(S_G^+)$. D'autre part le théorème sur les revêtements finis évoqué dans la remarque à la Prop. 26.1 montre que $\alpha^*$ et $\gamma^*$ sont biunivoques et ont comme images les invariants de $U/U_0$. En faisant des moyennes sur $U/U_0$ on en déduit aisément que $i^*$ est sur et que son noyau est l'idéal de $\beta^*(S_G^+)$, ce qui établit (b) pour $U$ non nécessairement connexe.

REMARQUE. La formule donnant $P(G/U, t)$ a été conjecturée par G. Hirsch, démontrée tout d'abord pour les groupes classiques par J. Leray (C. R. Acad. Sci. Paris *228* (1949), 1902 1904), pour les espaces symétriques par J. L. Koszul, enfin dans le cas général par Cartan-Koszul ([11], [22]), puis par J. Leray et l'auteur [25]; elle a été généralisée par J. Leray ([25], Théorème 2.2d). Une démonstration purement algébrique dans le cadre des algèbres de Lie a été donnée par C. Chevalley (non publié); la structure multiplicative de $H(G/U)$ est aussi étudiée dans ces Mémoires.

## §27. Les invariants du groupe de Weyl

Soit $T$ un tore maximal de $G$; nous supposons un voisinage de $e$ de $G$ rapporté à des coordonnées canoniques. Dans le groupe de recouvrement $R^l$ de $T$ on distingue le diagramme de $G$ [33], formé de $m$ familles de plans parallèles ($n = l + 2m$); c'est l'ensemble des points de $R^l$ dont la projection dans $T$ est un élément singulier de $G$, c'est à dire un élément dont le normalisateur est de dimension strictement plus grande que $l$. Soit $N(T)$ le normalisateur de $T$ dans $G$, le quotient $\Phi(G) = N(T)/T$ est un groupe fini, *le groupe de Weyl de $G$*, il est *isomorphe* au groupe des automorphismes de $T$ induits par des automorphismes intérieurs de $G$. Il opère aussi sur $R^l$ en laissant le diagramme invariant et est engendré par les $m$ symétries aux plans du diagramme passant par l'origine, symétrie étant entendu au sens d'une métrique euclidienne invariante par $\Phi$, donnée essentiellement par la forme de Killing. Les opérations de $\Phi$ laissent aussi invariant le "réseau unité", image réciproque dans $R^l$ de $e$, qui est isomorphe au groupe fondamental de $T$, donc aussi à $H_1(T, Z)$, puisqu'il est abélien. On en déduit une représentation fidèle de $\Phi$ comme groupe d'opérateurs de $H^1(T, Z)$ ou de $H^1(T, A) = H^1(T, Z) \otimes A$ que nous noterons $\Phi_A(G)$ ou $\Phi_A$ si aucune confusion n'est à craindre. Si $z_1, \cdots, z_l$ est une base de $H^1(T, Z)$, $\Phi_A$ détermine une représentation de $\Phi$ comme groupe d'automorphismes de $A[z_1, \cdots, z_l]$ que nous noterons $\Phi_A^*(G)$ ou $\Phi_A^*$. Soit $I_G$ la sous-algèbre des invariants de $\Phi_Z^*$, c'est à dire des éléments fixes par toutes les opérations de $\Phi_Z^*$. Il est clair que $I_G \otimes A$ est contenu dans l'ensemble des invariants de $\Phi_A^*$, et qu'il lui est égal si $A = R$.

Dans le cas $A = R$, on peut naturellement interpréter $z_1, \cdots, z_l$ comme des variables réelles, coordonnées sur $R^l$, et $\Phi_R^*$ est la représentation de $\Phi$ comme groupe d'automorphismes de l'algèbre des polynômes à coefficients réel sur $R^l$; on peut aussi envisager $z_1, \cdots, z_l$ comme coordonnées sur l'algèbre de Lie de $T$ et $\Phi_R^*$ comme groupe d'automorphismes des polynômes sur cette algèbre de Lie.

Si $G$ n'est pas connexe, on peut aussi considérer $\Phi(G) = N(T)/T$; $G_0$ étant le plus grand sous-groupe connexe de $G$, l'inclusion de $N(T)$ dans $G$ induit toujours un isomorphisme de $\Phi(G)/\Phi(G_0)$ sur $G/G_0$; $\Phi(G)$ n'opère pas forcément fidèlement sur $T$, c'est toutefois le cas si $G$ est sous-groupe d'un groupe compact connexe de même rang.

Soit $E_G$ un espace universel pour $G$; il l'est aussi pour $T$, $N(T)$ opère sur la fibration $(E_G, B_T, T, p)$ et $\Phi = N(T)/T$ opère ainsi sur $H(T, A)$ et $H(B_T, A)$; sur $H^1(T, A)$ c'est la la représentation $\Phi_A$; $N(T)$ opère aussi sur une couverture fine $p^{-1}(\mathfrak{B}) \cap \mathcal{E}^{21}$ définissant l'algèbre spectrale de $p$, transformant les modules $S^p$ en eux-mêmes, $N(T)$ opère donc sur l'algèbre spectrale $(H_r)$ de $p$; sur $H_2 = H(B_T, A) \otimes H(T, A)$, $T$ opère identiquement et on obtient la représentation de $\Phi$ en le faisant opérer sur chacun des facteurs, comme il a été dit plus haut (cela résulte facilement de la définition des isomorphismes $\pi^*$ et $\iota_b^*$ au §4); mais $\Phi$ commute à la différentielle $d_2$ qui établit un isomorphisme entre $H^1(T, A)$ et $H^2(B_T, A)$; on peut donc identifier ce dernier à $A[z_1, \cdots, z_l]$, $(z_1, \cdots, z_l$ base de $H^1(T, A))$ canoniquement, de manière à ce que $\Phi_A^*$ soit la représentation de $\Phi$ comme groupe d'opérateurs de $H(B_T, A)$ précédemment définie. Remarquons encore que $N(T)$ opère sur $H(B_T, A)$ en respectant les modules $J^p$, puisque $J^p$ est l'image canonique des cocycles de $S^p$. Si en particulier $A$ est un corps, on pourra établir un isomorphisme d'espaces vectoriels entre $H(B_T, A)$ et $H_\infty = G(H(B_T, A))$ qui commute avec $\Phi_A^*$.

$N(T)$ agit aussi sur la fibration $(E_G, B_G, G, q)$ en laissant chaque fibre fixe; par suite $\Phi$ opère trivialement sur $H(B_G, A)$, et naturellement commute avec $\rho_A^*(U, G)$, dont l'image est ainsi formée d'invariants de $\Phi_A^*$. Nous verrons que pour $A = R$, on obtient ainsi tous les invariants de $\Phi_R^*$; cela résultera du lemme 27.1, dû à Leray [25].

LEMME 27.1. *Si $G$ est connexe, $H(G/T)$ est l'espace d'une représentation de $\Phi$ équivalente à la représentation régulière.*

$G/T$ étant envisagé comme espace des classes à gauche, il s'agit bien entendu de la représentation obtenue en faisant agir $N(T)$ par les translations à droite. Si $n \in N(T)$, $n \notin T$, cette translation est un homéomorphisme sans point fixe, et son nombre de Lefschetz est nul; si $n \in T$, c'est l'identité et son nombre de

---

Lefschetz est la caractéristique d'Euler-Poincaré de $G/T$, c'est à dire l'ordre de $\Phi^*$ ([20], p. 251). Mais les nombres de Betti de $G/T$ en dimensions impaires sont nuls (Lemme 26.1), le nombre de Lefschetz est donc la trace de l'endomorphisme induit par $n$ dans $H(G/T)$, la représentation de $\Phi$ ainsi obtenue a donc même caractère que la représentation régulière, elle lui est équivalente.

PROPOSITION 27.1. *Si $T$ est un tore maximal du groupe de Lie compact $G$, l'image biunivoque de $\rho_R^*(T, G) : S_G \to S_T$ est formée de tous les invariants de $\Phi_R^*$.*

Supposons tout d'abord $G$ connexe. Dans l'algèbre spectrale de $(B_T, B_G, G/T, p)$,

$$H_2 = S_G \otimes H(G/T)$$

n'a que des degrés pairs et est donc l'algèbre terminale $H_\infty$, qui est l'algèbre graduée à $S_T$ convenablement filtrée. Il existe donc un isomorphisme entre $H_2 = H_\infty$ et $S_T$ commutant avec $\Phi_R^*$ comme nous l'avons dit plus haut; d'autre part $\rho_R^*(T, G)$ est biunivoque et identifie $S_G$ au sous-espace $S_G \otimes 1$ de $S_T$ sur lequel par conséquent $\Phi_R^*$ agit trivialement. Ce sous-espace contient même tous les invariants de $\Phi_R^*$ puisque $1 \otimes H(G/T)$ est d'après le lemme 27.1 espace de la représentation régulière.

Si $G$ n'est pas connexe, nous considérons les applications

$$B_T \xrightarrow{\ \alpha\ } B_{G_0} \xrightarrow{\ \beta\ } B_G$$

où $G_0$ est le plus grand sous-groupe connexe de $G$; $\rho_R^*(T, G_0) = \alpha^*$ applique $S_G$ biunivoquement sur les invariants de $\Phi(G_0)$; $\beta^* = \rho_R^*(G_0, G)$ applique biunivoquement $S_G$ sur les invariants de $G/G_0$; mais si $N(T)$ est le normalisateur de $T$ dans $G$, l'inclusion $N(T) \subset G$ induit un isomorphisme de $\Phi(G)/\Phi(G_0)$ sur $G/G_0$, ces deux groupes étant envisagés comme groupes d'opérateurs de $S_{G_0}$. Par conséquent $\alpha^* \circ \beta^*$ est un isomorphisme de $S_G$ sur les invariants de $\Phi(G)$.

PROPOSITION 27.2. (a) *Si $G$ est connexe, l'anneau des polynômes sur l'espace de recouvrement $R^l$ d'un tore maximal invariants par $\Phi(G)$ admet $l$ générateurs sans relations.*

(b) *Si $m_1, \cdots, m_l$ sont des degrés de ces générateurs, $2m_1 - 1, \cdots, 2m_l - 1$ sont les degrés des éléments d'une base d'algèbre extérieure de $H(G)$ et le polynôme de Poincaré de $G$ est*

$$P(G, t) = (1 + t^{2m_1-1})(1 + t^{2m_2-1}) \cdots (1 + t^{2m_l-1}).$$

C'est une conséquence immédiate du Théorème 19.1 et des Prop. 26.1 et 27.1.

REMARQUE. La Prop. 27.1a, dont nous avons donné une démonstration. topologique, est due à C. Chevalley qui, plus généralement, l'a obtenue par voie algébrique pour tous les groupes finis engendrés par des symétries (non publié); la Prop. 27.2b a d'abord été établie par H. Cartan et Chevalley. Elle a le grand intérêt de ramener à l'étude des invariants d'un groupe fini la détermination du polynôme de Poincaré d'un groupe de Lie compact connexe.

PROPOSITION 27.3. *Soient $(X, Y, U, p)$ un espace fibré principal compact, globalement et localement connexe, de groupe $U$ de Lie compact, $T$ un tore maximal de $U$.*

*La projection* : $X/T \to Y$ *induit un isomorphisme de* $H(Y)$ *sur l'algèbre des éléments de* $H(X/T)$ *fixes par* $\Phi(U)$.

Cette proposition est due à Leray ([25], Théor. 2.2a). La démonstration est tout à fait analogue à celle de la Prop. 27.1, qui est le cas particulier de la Prop. 27.3 où l'on prend $X = E_U$, $Y = B_U$ donc $X/T = B_T$, aussi ne la reproduirons-nous pas.

## §28. Interprétation de l'homomorphisme $\rho^*$

Soient $T$ un tore maximal de $G$, $U$ un sous-groupe fermé de $G$, $S$ un tore maximal de $U$; on peut supposer sans restreindre essentiellement la généralité que $S \subset T$. Si $E_G$ est universel pour $G$, le diagramme commutatif

$$\begin{array}{ccc} E_G/T & \longleftarrow & E_G/S \\ \downarrow & & \downarrow \\ E_G/G & \longleftarrow & E_G/U \end{array}$$

où les homomorphismes sont les projections, peut aussi d'écrire :

$$\begin{array}{ccc} B_T & \longleftarrow & B_S \\ \downarrow & & \downarrow \\ B_G & \longleftarrow & B_U \end{array}$$

et montre que

$$\rho_A^*(S,\ U) \circ \rho_A^*(U,\ G) = \rho_A^*(S,\ T) \circ \rho_A^*(T,\ G)$$

en particulier si $\rho_A^*(S,\ U)$ et $\rho_A^*(T,\ G)$ sont biunivoques et si l'on identifie par ces isomorphismes $H(B_U,\ A)$ et $\mathrm{H}(B_G,\ A)$ à des sous-algèbres de $H(B_S,\ A)$ et $H(B_T,\ A)$ respectivement, on voit que $\rho_A^*(U,\ G)$ se transporte en la restriction à $H(B_U,\ A)$ de $\rho_A^*(S,\ T)$. Etudions encore ce dernier. Le diagramme commutatif :

$$\begin{array}{ccc} E_G & \overset{id.}{\longleftarrow} & E_G \\ \downarrow & & \downarrow \\ E_G/T & \longleftarrow & E_G/S \end{array}$$

donne un homomorphisme de l'algèbre spectrale de $E_G \to E_G/T = B_T$ dans celle de $E_G \to E_G/S = B_S$ ; sur les termes $H_2$ on obtient un homomorphisme commutant à $d_2$ de $H(B_T,\ A) \otimes H(T,\ A)$ dans $H(B_S,\ A) \otimes H(S,\ A)$ qui est d'après le §4d le produit tensoriel de $\rho_A^*(S,\ T)$ et de $i^*: H(T,\ A) \to H(S,\ A)$.

Soient $x_1,\ \cdots,\ x_l$ et $y_1,\ \cdots,\ y_k$ des bases de $H^1(T,\ A)$ et $H^1(S,\ A)$. On a déjà dit que $d_2$ permettait d'identifier $H(B_T,\ A)$ et $H(B_S,\ A)$ à $A[x_1,\ \cdots,\ x_l]$ et $A[y_1,\ \cdots,\ y_k]$ respectivement, d'où la:

PROPOSITION 28.1. *Soient* $S$ *un tore, sous-groupe d'un tore* $T$, $y_1,\ \cdots,\ y_k$ *une base de* $H^1(S,\ A)$, $x_1,\ \cdots,\ x_l$ *une base de* $H^1(T,\ A)$.

*On peut identifier canoniquement $H(B_T, A)$ et $H(B_S, A)$ à $A[x_1, \cdots, x_l]$ et $A[y_1, \cdots, y_k]$ respectivement de sorte que $\rho_A^*(S, T)$ devienne l'homorphisme de $A[x_1, \cdots, x_l]$ dans $A[y_1, \cdots, y_k]$ induit par l'homomorphisme $i^* : H^1(T, A) \to H^1(S, A)$ transposé de l'injection.*

Dans le cas de la cohomologie réelle, on peut considérer $R[x_1, \cdots, x_l]$ et $R[y_1, \cdots, y_k]$ comme les algèbres de polynômes sur le groupe de recouvrement $R^l$ de $T$, resp. sur le sous-groupe $R^k$ recouvrant $S$, ou encore comme les algèbres de polynômes sur l'algèbre de Lie $L(T)$ de $T$, resp. sur la sous-algèbre $L(S)$ correspondant à $S$; $\rho_R^*(S, T)$ est bien entendu la restriction à $R^k$ des polynômes sur $R^l$. D'autre part, si $T$ et $S$ sont les tores maximaux de deux groupes $G \supset U$, $\rho_R^*(S, U)$ et $\rho_R^*(T, G)$ sont biunivoques, leurs images sont les invariants de $\Phi_R^*(U)$ et $\Phi_R^*(G)$ respectivement (Prop. 27.1); par conséquent:

PROPOSITION 28.2. *Soit $U$ un sous-groupe fermé du groupe de Lie compact $G$, $S \subset T$ des tores maximaux pour $U$ et $G$, $R^l$ l'espace de recouvrement de $T$, $R^k$ le sous-espace recouvrant $S$.*

*Si l'on identifie $S_G$ et $S_U$ aux algèbres des polynômes à coefficients réels sur $R^l$, resp. $R^k$, invariants par $\Phi_R^*(G)$, resp. $\Phi_R^*(U)$, l'homomorphisme $\rho_R^*(U, G) : S_G \to S_U$ est la restriction à $R^k$ des polynômes de $S_G$.*

On voit ainsi que la restriction d'un invariant de $\Phi(G)$ est un invariant de $\Phi(U)$; cela pouvait être prévu a priori pour $G$ et $U$ connexes, car tout automorphisme de $R^k$ donné par un élément de $\Phi(U)$ est aussi induit par un élément de $\Phi(G)$, (*voir* J. de Siebenthal, Comm. Math. Helv. *25* (1951), 210–256, §6, Théorème 5).

On a vu que l'homomorphisme $\rho_R^*(U, G)$, $(U, G$ connexes), déterminait complètement la cohomologie réelle de $G/U$. La Prop. 28.2 montre qu'il ne dépend que de phénomènes locaux ou infinitésimaux; en effet, le groupe $\Phi$ est engendré par les symétries aux plans du diagramme passant par l'origine et $\rho^*$ est déterminé par des plans et par la situation de $R^k$ dans $R^l$; en termes d'algèbres de Lie, $\rho_R^*$ ne dépend que des transformations infinitésimales de $L(S)$, $L(T)$ singulières dans $L(U)$, resp. $L(G)$ et de la situation de $L(S)$ dans $L(T)$. Ce sont des notions infinitésimales. On retrouve le résultat classique de E. Cartan [8], affirmant que la cohomologie réelle de $(G/U)$ est déterminée par des données locales.

La Prop. 27.2 traduit pour les groupes de Lie un phénomène analogue; elle explique notamment pourquoi des groupes qui ont "même groupe $\Phi$", c'est à dire dont les diagrammes coincident dans un voisinage de l'origine, ont même polynôme de Poincaré pour les coefficients réels; c'est le cas de **Sp**$(n)$ et **SO**$(2n + 1)$.

De ce point de vue, il faudrait pour traiter la cohomologie entière faire intervenir le diagramme total, et aussi le réseau unité qui permet de distinguer entre groupes localement isomorphes (cf. [33], §4), mais cela paraît difficile et je ne connais que peu de résultats dans cet ordre d'idées.

CHAPITRE VII. COHOMOLOGIE ENTIERE ET MOD $p$ DE QUELQUES ESPACES
HOMOGENES

Les résultats de ce Chapitre sont très fragmentaires et pour la plupart relatifs au cas d'égalité des rangs. On établira ici surtout des conditions suffisantes pour que l'on ait mod. $p$ des phénomènes analogues à ceux qui ont été décrits au §26. Comme applications nous étudierons dans le §31 la cohomologie de quelques espaces homogènes classiques.

*Notations.* $G$ groupe de Lie compact connexe de rang $l$; $U$ sous-groupe fermé connexe de $G$, $T$ tore maximal de $G$.

$P_p(X, t)$ polynôme de Poincaré de $X$ pour la cohomologie dans un corps de caractéristique $p$.

$H^+(X, A)$ ensemble des éléments de degrés $> 0$ de $H(X, A)$.

$S(x_1, \cdots, x_k)$: anneau des fonctions symétriques de $x_1, \cdots, x_k$ à coefficients entiers.

$\rho_p^*(U, G)$ est comme toujours l'homomorphisme canonique de $H(B_G, K_p)$ dans $H(B_U, K_p)$, $\Phi_p^*(G)$ la représentation de $\Phi$ comme groupe d'automorphismes de $H(B_T, K_p)$ définie au §27, $I_G$ est l'anneau des invariants de $\Phi_Z^*(G)$.

## §29. Le quotient d'un groupe compact par un tore maximal

Notre premier but sera de vérifier que si $G$ est un groupe simple classique ou de l'un des types $\mathbf{G}_2$, $\mathbf{F}_4$, le quotient $G/T$ de $G$ par un tore maximal est sans torsion; cela vaudra donc aussi lorsque $G$ est localement isomorphe à un produit direct de tores par des groupes simples des types précités (cf. §26, début). En ce qui concerne les quotients $\mathbf{E}_i/T$ $(i = 6, 7, 8)$, je ne sais rien; la méthode récurrente utilisée ici ne permet pas actuellement d'aborder l'étude de ces espaces car il n'y a pas d'espace homogène de $\mathbf{E}_i$ dont on connaisse la cohomologie entière. A tout hasard, signalons une propriété commune aux $G/T$ et à certains espaces homogènes de $\mathbf{U}(n)$ sans torsion (cf. §31, No. 1), mais sans savoir si elle est en relations avec la question topologique qui nous occupe;

*$G/T$ admet une structure de variété complexe invariante par les homéomorphismes de $G$.*

Il suffit de le voir pour $G$ semi-simple; or on vérifie immédiatement que $G/T$ est le quotient de l'extension complexe de $G$ par le sous-groupe résoluble dont l'algèbre de Lie a été décrite par K. Iwasawa (Annals of Math. *50* (1949), 507–558, démonstration du lemme 3.11, p. 527–528, il s'agit de l'algèbre $R$). $G/T$ est donc le quotient d'un groupe de Lie à paramètres complexes par un sous-groupe au sens de la structure de groupe de Lie complexe, d'où notre assertion.

Lemme 29.1. *Soit $S$ un tore maximal de $U$. Si $G/U$ et $U/S$ sont sans $p$-torsion (resp. sans torsion), $G/S$ est sans $p$-torsion (sans torsion).*

$H(U/S, R)$ est égal à sa sous-algèbre caractéristique (Prop. 26.1), donc $U/S$ est totalement non homologue à zéro dans $G/S$ pour la cohomologie réelle (Cor. à la Prop. 18.3) et

$$P_0(G/S, t) = P_0(G/U, t) \cdot P_0(U/S), t)$$

$P_p(G/S, t)$ majore naturellement $P_0(G/S, t)$, mais il minore le polynôme de Poincaré (pour le degré total) du terme $H_2$ de l'algèbre spectrale sur $K_p$ de $(G/S, U/S, U/S, p)$ qui est $P_p(G/U, t) \cdot P_p(U/S, t)$; mais

$$P_p(G/U, t)P_p(U/S, t) = P_0(G/U, t)P_0(U/S, t) = P_0(G/S, t)$$

d'après nos hypothèses. Ainsi $P_p(G/S, t) = P_0(G/S, t)$ et $G/S$ est sans $p$-torsion. Le lemme pour $Z$ s'en déduit aussitôt.

REMARQUE. En fait la démonstration précédente montre plus généralement que si dans l'espace fibré $(X, Y, F, p)$ $F$ est totalement non homologue à zéro pour les coefficients réels et si $Y$ et $F$ sont sans $p$-torsion, $X$ est sans $p$-torsion, cela pour autant que la théorie de Leray s'applique, que les groupes de cohomologie entière de $X$, $Y$, $F$ soient de type fini et que $H_2 = H(Y, K_p) \otimes H(F, K_p)$.

LEMME 29.2. *Soit $G$ de rang $l$, $U$ de rang $l - 1$, $S$ un tore maximal de $U$, $T$ un tore maximal de $G$ contenant $S$.*

*Si $G/S$ et $U/S$ sont sans torsion, $G/T$ est sans torsion.*

$G/T$ est toujours de dimension paire (*voir*, par ex. [33], p. 359) et orientable; d'après la dualité, les groupes de torsion $H^i(G/T, Z)$ et $H^j(G/T, Z)$ sont isomorphes pour $i + j = n - 1$. Si Tors. $H(G/T, Z) \neq 0$ il y a donc un plus petit indice $j$ *impair* tel que Tors. $H^j(G/T, Z) \neq 0$.

On peut supposer $T \supset S$ et $T/S$ est un cercle; dans l'algèbre spectrale sur $Z$ de $(G/S, G/T, T/S, p)$ on a puisque $T/S$ est sans torsion

$$H_2 = H(G/T, Z) \otimes H(T/S, Z).$$

Les degrés-fibres étant 0 et 1, seule $d_2$ peut ne pas être nulle et $H_3 = H_\infty$ ; si $x$ est un générateur de $H^1(T/S, Z)$ et si $y \otimes 1 = d_2(1 \otimes x)$ $(y \in H^2(G/T, Z))$, $p^*$ a comme image le quotient de $H(G/T, Z)/(y)$ de $H(G/T, Z)$ par l'idéal de $y$. Vu le lemme 26.1 et l'hypothèse de minimum faite sur $j$, $H^k(G/T, Z) = 0$ pour $k$ impair $< j$, donc

$$(y) \cap H^j(G/T, Z) = 0$$

et $p^*$ applique $H^j(G/T, Z)$ isomorphiquement dans $G/S$; ainsi $G/S$ a de la torsion, ce qui contredit notre hypothèse; donc Tors. $H^j(G/T, Z) = 0$.

PROPOSITION 29.1. *Si $G$ est isomorphe à un groupe classique ou encore à $\mathbf{G}_2$, $\mathbf{F}_4$, son quotient par un tore maximal est sans torsion.*

Dans cette démonstration, $\mathbf{T}^n$ désigne un tore de dimension $n$.

(a) $G = \mathbf{U}(n)$ ou $\mathbf{SU}(n)$. $\mathbf{U}(n)$ est de rang $n$; pour $n = 1$, $\mathbf{U}(1) = \mathbf{T}^1$, il n'y a rien à démontrer; supposons la prop. vraie pour $\mathbf{U}(n)$, elle l'est donc aussi pour $\mathbf{U}(n) \times \mathbf{T}^1$. On sait que $\mathbf{U}(n + 1)/\mathbf{U}(n) \times \mathbf{T}^1$ est l'espace projectif complexe à $n$ dimensions complexes, qui est sans torsion; il suffit d'appliquer le lemme 29.1.

$\mathbf{SU}(n)$ est de rang $n - 1$ et $\mathbf{SU}(n)/\mathbf{T}^{n-1} = \mathbf{SU}(n) \times \mathbf{T}^1/\mathbf{T}^n = \mathbf{U}(n)/\mathbf{T}^n$ est aussi sans torsion.

(b) $G = \mathbf{Sp}(n)$. La Prop. est vraie pour $\mathbf{Sp}(1) = \mathbf{SU}(2)$; on procède ensuite par récurrence comme précédemment en utilisant le fait que $\mathbf{Sp}(n + 1)/\mathbf{Sp}(n) \times \mathbf{Sp}(1)$ est l'espace projectif quaternionien à $n$ dimensions quaternioniennes et est sans torsion.

(c) $G = \mathbf{SO}(n)$. $\mathbf{SO}(2n)$ et $\mathbf{SO}(2n + 1)$ sont de rang $n$. La Prop. est vraie pour $\mathbf{SO}(3)/\mathbf{T}^1 = \mathbf{SU}(2)/\mathbf{T}^1$ et $\mathbf{SO}(4)/\mathbf{T}^2 = \mathbf{SO}(3)/\mathbf{T}^1 \times \mathbf{SO}(3)/\mathbf{T}^1$. On procède ensuite par récurrence. Pour passer de $\mathbf{SO}(2n)$ à $\mathbf{SO}(2n + 1)$ on remarque que $\mathbf{SO}(2n + 1)/\mathbf{SO}(2n) = \mathbf{S}_{2n}$ et on applique le lemme 29.1; pour passer de

$SO(2n + 1)$ à $SO(2n + 2)$ on part de $SO(2n + 2)/SO(2n + 1) = S_{2n+1}$ ; le lemme 29.1 montre que $SO(2n + 2)/\mathbf{T}^n$ est sans torsion, $\mathbf{T}^n$ étant un tore maximal de $SO(2n + 1)$; on applique ensuite le lemme 29.2.

(d) $G = \mathbf{G}_2$. Il est de rang deux. On applique le lemme 29.1 à la fibration bien connue $\mathbf{G}_2/SU(3) = S_6$ (nombres de Cayley purement imaginaires), en tenant compte du fait que $SU(3)/\mathbf{T}^2$ est sans torsion.

(e) $G = \mathbf{F}_4$. Soit $\mathbf{Spin}\,(9)$ le groupe de recouvrement universel de $SO(9)$; $\mathbf{Spin}\,(9)/\mathbf{T}^4 = SO(9)/\mathbf{T}^4$ est sans torsion d'après c); l'espace $\mathbf{F}_4/\mathbf{Spin}\,(9)$ a déjà été étudié par E. Cartan (Annales de l'Ecole Norm. Sup. *44* (1927), 345–467), c'est un espace homogène de rang un, ce qui signifie qu'en général il ne passe qu'une seule géodésique par deux points (dans une métrique riemannienne invariante par $\mathbf{F}_4$); l'ensemble des points qui peuvent être reliés à un point $P$ par plus d'une géodésique (la variété antipodique de $P$ au sens de E. Cartan) est $\mathbf{S}_8$ ; $\mathbf{F}_4/\mathbf{Spin}\,(9)$ admet donc une décomposition cellulaire formée de deux cellules: une sphère $\mathbf{S}_8$ et une boule ouverte à 16 dimensions. Il en résulte, pour la cohomologie entière de $\mathbf{F}_4/\mathbf{Spin}\,(9)$

$$H^0 = H^8 = H^{16} = Z, H^i = 0 \qquad\qquad (i \neq 0, 8.16)$$

et en particulier que Tors. $H(\mathbf{F}_4/\mathbf{Spin}\,(9), Z) = 0$ on peut appliquer le lemme 29.1.

PROPOSITION 29.2. (a) *Si $G$ et $G/T$ sont sans $p$-torsion, $\rho_p^*(T, G)$ est biunivoque. $H(G/T, K_p)$ est le quotient de $H(B_T, K_p)$ par l'idéal de $\rho_p^*(H^+(B_G, K_p))$ et est égal à sa sous-algèbre caractéristique. L'image de $\rho_p^*(T, G)$ est $I_G \otimes K_p$.*

(b) *Si $G$ et $G/T$ sont sans torsion, on a une proposition analogue pour les coefficients entiers.*

(a) $H(B_G, K_p)$ est une algèbre de polynômes à $l$ variables de degrés pairs (Prop. 7.2 et Théorème 19.1); le lemme 26.1 et l'hypothèse montrent que $H^i(G/T, K_p) = 0$ si $i$ est impair. L'algèbre spectrale de $(B_T, B_G, G/T, p)$ du Théorème 22.2 qui mène de $H_2 = H(B_G, K_p) \otimes H(G/T, K_p)$ à $H(B_T, K_p)$ est donc triviale; la Prop. 4.1 donne alors (a), à l'exception de la dernière assertion.

Le Théorème 19.1 montre ici que $H(B_G, R)$ et $H(B_G, K_p)$ ont même série de Poincaré, $H(B_G, Z)$ est donc sans $p$-torsion (car $H(B(n, G), Z)$ est de type fini, cf. dém. du Théorème 19.1), et $H(B_G, K_p) = H(B_G, Z) \otimes K_p$. L'image de $\rho_Z^*(T, G)$ étant évidemment contenue dans $I_G$, celle de $\rho_p^*(T, G)$ est contenue dans $I_G \otimes K_p$.

Soit $I_G^k = H^k(B_T, Z) \cap I_G$ ; $H^k(B_T, Z)$ est libre, il en résulte immédiatement que $I_G^k$ est un *facteur direct* dans $H^k(B_T, Z)$. Le nombre $s_k$ d'éléments d'une base de $I_G^k$ est donc égal à la dimension de $I_G \otimes K_p \subset H(B_T, K_p)$ ou à celle de $I_G^k \otimes R \subset H(B_G, R)$; or $I_G^k \otimes R$ est naturellement l'ensemble des invariants de $\Phi_R^*(G)$ contenus dans $H^k(B_T, R) = H^k(B, Z) \otimes R$, il est par conséquent de même dimensions que $H^k(B_G, R)$, d'après la Prop. 27.1; nous obtenons ainsi

$$s_k = \dim I_G^k \otimes K_p = \dim I_G^k \otimes R = \dim H^k(B_G, R) = \dim H^k(B_G, K_p)$$

$s_k$ est égal à la dimension de l'image de $H^k(B_G, K_p)$ par $\rho_p^*(T, G)$ qui est biunivoque, comme nous l'avons déjà montré, d'où

$$I_G \otimes K_p = \rho_p^*(U, G)(H(B_G, K_p))$$

puisque le terme de gauche contient celui de droite.

(b) Si $G$ est sans torsion, $H(B_G, Z)$ est sans torsion (Théorème 19.1) et si de plus $G/T$ est sans torsion $H_2 = H(B_G, Z) \otimes H(G/T, Z)$ est algèbre terminale de l'algèbre spectrale de $(B_T, B_G, G/T, p)$, (tous les degrés sont pairs), ce qui établit (b), mis à part l'égalité $I_G = \rho_Z^*(H(B_G, Z))$.

Le deuxième terme est en tout cas contenu dans le 1er, et comme $I_G$ est facteur direct dans $H(B_T, Z)$ on peut trouver une base de $H^k(B_T, Z)$, $u_1, \cdots, u_s$, $v_1, \cdots, v_t$ telle que $u_1, \cdots, u_s$ soit une base de $I_G^k$ et que $m_i u_i$ ($m_i$ entier) soit une base de $\rho_Z^*(H^k(B_G, Z))$. Mais d'après (a) on a

$$I_G^k \otimes K_p = \rho_p^*(H^k(B_G, K_p)) = \rho_Z^*(H^k(B_G, Z)) \otimes K_p \qquad (p \text{ quelconque})$$

ce qui montre que $m_i = \pm 1$ ($i = 1, \cdots, s$) et que $I_G = \rho_Z^*(H(B_G, Z))$.

EXEMPLES. (1) $G = \mathbf{U}(n)$ et $\mathbf{U}(n)/T$ sont sans torsion, $\Phi$ est le groupe des permutations de $x_1, \cdots, x_n$ (base de $H^1(T, Z)$ ou de $H^2(B_{\mathbf{U}(n)}, Z)$); $I_G$ est l'anneau des fonctions symétriques de $x_1, \cdots, x_n$; (si on les considère comme éléments de $H(B_{\mathbf{U}(n)}, Z)$, il faut naturellement donner le degré 2 aux variables $x_i$).

(2) $G = \mathbf{Sp}(n)$ et $\mathbf{Sp}(n)/T$ sont sans torsion; $\Phi$ est le groupe des permutations de $x_1, \cdots, x_n$ accompagnées d'un nombre quelconque de changements de signes et $I_G$ est l'anneau des fonctions symétriques en $x_1^2, \cdots, x_n^2$.

(3) $G = \mathbf{SO}(2n + 1)$ est sans $p$-torsion pour $p \geq 3$, (Prop. 10.4), $\mathbf{SO}(2n + 1)/T$ est sans torsion. Le groupe $\Phi$ est le même que pour $\mathbf{Sp}(n)$. Si $p > 2$, $\rho_p^*$ identifie donc $H(B_{\mathbf{SO}(2n+1)}, K_p)$ à l'algèbre des fonctions symétriques de $x_1^2, \cdots, x_n^2$ contenues dans $K_p[x_1, \cdots, x_n]$.

(4) $G = \mathbf{SO}(2n)$ est sans $p$-torsion pour $p \geq 3$; $\mathbf{SO}(2n)/T$ est sans torsion. Le groupe $\Phi$ est le groupe des permutations de $x_1, \cdots, x_n$ accompagnées d'un nombre pair de changements de signes. $I_{\mathbf{SO}(2n)}$ est l'anneau engendré par les $n - 1$ premières fonctions symétriques élémentaires en $x_1^2, \cdots, x_n^2$ et par le monôme $x_1 \cdots x_n$; $\rho_p^*$ identifie $H(B_{\mathbf{SO}(2n)}, K_p)$ à $I_{\mathbf{SO}(2n)} \otimes K_p$, $(p \pm 2)$.

REMARQUES. (1) Soit $\sigma_i(x_1, \cdots, x_n)$ la ième fonction symétrique élémentaire de $x_1, \cdots, x_n$. De l'exemple 1) on déduit que la classe de Chern $C_{2i}$ de degré $2i$ de la grassmannienne complexe s'identifie à $\pm\sigma_i + P(\sigma_1, \cdots, \sigma_{i-1})$. En fait on verra dans un travail ultérieur de J. P. Serre et l'auteur que l'on a $C_{2i} = \sigma_i$, (après choix convenable d'une base de $H^1(T, Z)$).

(2) L'hypothèse $G$ sans $p$-torsion n'est pas superflue dans ce qui précède; par exemple l'image de $\rho_2^*(T, \mathbf{SO}(n))$ n'est pas biunivoque puisque $H(B_{\mathbf{SO}(n)}, K_2)$ contient des éléments de degrés impairs (Prop. 23.1). L'algèbre spectrale de $(B_T, B_{\mathbf{SO}(n)}, \mathbf{SO}(n)/T, p)$ sur $K_2$ n'est pas triviale, car si elle l'était on aurait $P_0(B_{\mathbf{SO}(n)}, t) = P_2(B_{\mathbf{SO}(n)}, t)$, et $H(\mathbf{SO}(n)/T, K_2)$ n'est pas égal à sa sous-algèbre caractéristique.

(3) Même si $G$ et $G/T$ sont sans torsion, $I_G \otimes K_p$ n'est pas forcément l'ensemble des invariants de $\Phi_p^*$; par exemple pour $\mathbf{Sp}(n)$, $I_G \otimes K_2$ est l'ensemble

des fonctions symétriques en $x_1^2$, $\cdots$, $x_n^2$ tandis que les invariants de $\Phi_2^*$ sont les fonctions symétriques en $x_1$, $\cdots$, $x_n$. Cela signifie que l'espace des vecteurs fixes par $\Phi$ dans $H(\mathbf{Sp}(n)/T, K_2)$ est de dimension $>1$ (voir démonstration de la Proposition 27.1).

PROPOSITION 29.3. *Soit $(X, Y, G, p)$ un espace fibré principal compact globalement et localement connexe. Si $G$ et $G/T$ sont sans $p$-torsion (resp. sans torsion), $G/T$ est totalement non homologue a zéro* mod $p$ *(resp. pour les coefficients entiers) dans $X/T$.*

*Si $Y$ et $X/T$ ont des cohomologies entières de type fini, ils sont simultanément avec ou sans $p$-torsion (resp. torsion).*

C'est une conséquence du Corollaire à la Prop. 18.3 et de la Prop. 29.2. Pour obtenir la dernière assertion il suffit de comparer les polynômes de Poincaré en caractéristiques zéro et $p$ de $Y$, $X/T$.

## §30. Quotient d'un groupe par un sous-groupe de même rang

PROPOSITION 30.1. *Soit $U$ un sous-groupe de $G$ ayant même rang que $G$, $T$ un tore maximal commun.*

*Si $U$, $G/T$, $U/T$ sont sans $p$-torsion (resp. sans torsion), $G/U$ est sans $p$-torsion (resp. sans torsion).*

On applique la Prop 29.3 à la fibration $(G, G/U, U, p)$, (on remplace donc $X$ par $G$, $G$ par $U$).

Dans cet énoncé, la torsion de $G$ n'intervient pas et, en tenant compte de la Prop. 29.1, on peut dire "qu'en général", $G/U$ est sans $p$-torsion lorsque $U$ est sans $p$:torsion et que rang $U$ = rang $G$. Ces deux hypothèses ne sont naturellement pas superflues comme le montrent les exemples $\mathbf{Sp}(2)/\mathbf{Sp}(1) = \mathbf{V}_{5,2}$ et $\mathbf{G}_2/\mathbf{SO}(4)$, (pour ce dernier, cf. C.R. Acad. Sci. Paris 230 (1950), 1378-80).

PROPOSITION 30.2. *Soit $U$ un sous-groupe de $G$ ayant même rang que $G$, $T$ un tore maximal commun.*

*Si $G$, $U$, $G/T$, et $U/T$ sont sans $p$-torsion (resp. sans torsion), $\rho_p^*(U, G)$, (resp. $\rho_Z^*(U, G)$), est biunivoque, $H(G/U, K_p)$, (resp. $H(G/U, Z)$) est le quotient de $H(B_U, K_p)$, (resp. $H(B_U, Z)$), par l'idéal de $\rho_p^*(H^+(B_G, K_p))$, (resp. de $\rho_Z^*(H^+(B_G, Z)))$, et est égal à sa sous-algèbre caractéristique.*

D'après le Théorème 19.1, la formule de Hirsch (Théorème 26.1), et la Prop. 30.1, on sait que $H(B_G, K_p)$ et $H(G/U, K_p)$ n'ont d'éléments non nuls qu'en degrés pairs. L'algèbre spectrale de $(B_U, B_G, G/U, p)$ sur $K_p$ est donc triviale; on applique la Prop. 4.1, ce qui établit notre proposition pour $K_p$. Même démonstration en cohomologie entière.

A l'aide du corollaire à la Prop. 18.3 on en déduit la Prop. 30.3, qui généralise, la Prop. 29.3 et, tout au moins pour $U$ connexe, le Théorème 2.2c de [25][22]:

PROPOSITION 30.3. *Soit $(X, Y, G, p)$ un espace fibré principal compact globalement et localement connexe. Si $G$, $U$, $G/T$ et $U/T$ sont sans $p$-torsion (resp. sans*

---

[22] Ce Théorème est lui-même ici conséquence du Théor. 26.1 b et du corollaire à la Prop. 18.3.

*torsion), $G/U$ est totalement non homologue à zéro* mod $p$ *(resp. pour la cohomologie entière) dans* $X/U$.

*Si $Y$ et $X/U$ ont des cohomologies entières de type fini, ils sont simultanément avec ou sans $p$-torsion (resp. avec ou sans torsion).*

### §31. Etude de quelques cas particuliers

Dans les énoncés qui suivent on donnera le degré deux aux variables $x_1, \cdots, x_n$.

(31.1)　　　*Les espaces* $\mathbf{W}(n_1, \cdots, n_k) = \mathbf{U}(n)/\mathbf{U}(n_1) \times \cdots \times \mathbf{U}(n_k)$,

$$(n_1 + \cdots + n_k = n).$$

$\mathbf{W}(n_1, \cdots, n_k)$ est la variété "de drapeaux" dont l'élément générateur est formé de $k - 1$ sous-espaces de $C^n$ emboîtés, le premier de dimension $n_1$, le 2ème de dimension $n_1 + n_2, \cdots$, le $k - 1$-ème de dimension $n_1 + \cdots + n_{k-1}$. Pour $k = 2$, on retrouve les grassmanniennes complexes. $\mathbf{W}(n_1, \cdots, n_k)$ est un quotient $G/U$, où rang $G$ = rang $U$, et où $G$, $U$, $G/T$ et $G/T$ sont sans torsion (Prop. 9.1 et 29.1). On déduit alors de la Prop. 30.2 la Prop. 31.1, qui, au point de vue additif, est due à C. Ehresmann [14]:

PROPOSITION 31.1. $\mathbf{W}(n_1, \cdots, n_k)$ *est sans torsion, son polynôme de Poincaré* mod $p$ *est donné par la formule de Hirsch.*

$H(\mathbf{W}(n_1, \cdots, n_k), Z)$ *est isomorphe au quotient de*

$$S(x_1, \cdots, x_{n_1}) \otimes S(x_{n_1+1}, \cdots, x_{n_1+n_2}) \otimes \cdots \otimes S(x_{n_1+\cdots+n_{k-1}+1}, \cdots, x_n)$$

*par l'idéal engendré par* $S^+(x_1, \cdots, x_n)$.

(31.2.)　$\mathbf{K}(n_1, \cdots, n_k) = \mathbf{Sp}(n)/\mathbf{Sp}(n_1) \times \cdots \times \mathbf{Sp}(n_k)$, $(n_1 + \cdots + n_k = n)$.

C'est l'analogue quaternionnien de $\mathbf{W}(n_1, \cdots, n_k)$, on peut de nouveau appliquer la Prop. 30.2; il suffit dans la Prop. précédente de remplacer $\mathbf{W}(n_1, \cdots, n_k)$ par $\mathbf{K}(n_1, \cdots, n_k)$ et $x_i$ par $x_i^2$.

(31.3.)　　　　　　　　$\mathbf{F}_n = \mathbf{SO}(2n)/\mathbf{U}(n)$.

Cette variété joue comme on sait un rôle dans l'étude des structures presque complexes des variétés différentiables (*voir* [18], Nos. 8.9.10, [31], No. 41), c'est un quotient $G/U$ où rang $G$ = rang $U = n$ et où $U$, $G/T$ et $U/T$ sont sans torsion; $\mathbf{F}_n$ est donc sans torsion d'après la Prop. 30.1; la formule de Hirsch montre qu'au point de vue *additif*, $\mathbf{F}_n$ a la cohomologie entière de

$$\mathbf{S}_2 \times \mathbf{S}_4 \times \cdots \times \mathbf{S}_{2n-2},$$

résultat dû à Ehresmann [14]. On peut aussi l'obtenir plus directement par récurrence sur $n$ en considérant l'algèbre spectrale de la fibration

$$(\mathbf{F}_n, \mathbf{S}_{2n-2}, \mathbf{F}_{n-1}, p),$$

(voir [18], [31]), qui est alors triviale (tous les degrés sont pairs).

Au point de vue multiplicatif, deux cas sont à distinguer. Si $p \neq 2$, $SO(2n)$ est sans $p$-torsion, la Prop. 30.2 s'applique. Si $p = 2$ considérons l'algèbre spectrale sur $K_2$ de $(SO(2n), F_n, U(n), p)$, le terme $H_2 = H(F_n, K_2) \otimes H(U(n), K_2)$ a pour le degré total le polynôme de Poincaré de $S_1 \times S_2 \times \cdots \times S_{2n-2} \times S_{2n-1}$, c'est celui de $SO(2n)$, (Prop. 10.3), donc celui de l'algèbre terminale; l'algèbre spectrale est par conséquent triviale, $U(n)$ est totalement non homologue à zéro mod 2 dans $SO(2n)$, $p^*$ applique $H(W_n, K_2)$ biunivoquement dans $H(SO(2n), K_2)$. On peut utiliser le §21 et on obtient finalement:

PROPOSITION 31.2. *La variété $F_n = SO(2n)/U(n)$ est sans torsion et a au point de vue additif même cohomologie entière que $S_2 \times S_4 \times \cdots \times S_{2n-2}$.*

*Si $p \neq 2$, $H(F_n, K_p)$ est égale à sa sous-algèbre caractéristique et est isomorphe au quotient de $S(x_1, \cdots, x_n)$ par l'idéal engendré par les $n - 1$ premières fonctions symétriques élémentaires de $x_1^2, \cdots, x_n^2$ et par le monôme $x_1 \cdots x_n$.*

*$U(n)$ est totalement non homologue à zéro mod 2 dans $SO(2n)$; $H(F_n, K_2)$ est appliqué isomorphiquement dans $H(SO(2n), Z_2)$, sur la sous-algèbre engendrée par les éléments primitifs de degrés 2, 4, $\cdots$, 2n − 2.*

REMARQUE. D'après la Prop. 20.2, les primitifs de $H(U(n), K_2)$ sont images par $i^*\colon H(SO(2n), K_2) \to H(U(n), K_2)$ des primitifs de degrés $1, 3, \cdots, 2n - 1$ de $H(SO(2n), K_2)$. Les $Sq^i$ indiqués dans la formule (10.6) pour $H(SO(2n), K_2)$, et qui sont valables lorsque les générateurs $h_i$ sont universellement transgressifs (donc primitifs, Prop. 21.1) déterminent donc les $Sq^i$ de $U(n)$ et ceux de $F_n$.

$$(31.4.) \qquad\qquad X_n = U(2n)/Sp(n).$$

Cette variété joue le rôle de $F_n$ dans l'étude des structures presque-quaternioniennes des variétés analytiques complexes ([18], No. 11).

PROPOSITION 31.3. *$Sp(n)$ est totalement non homologue à zéro dans $U(n)$ pour la cohomologie entière.*

*$H(X_n, Z) = H(S_1 \times S_5 \times \cdots \times S_{4n-3}, Z)$ est appliquée isomorphiquement par $p^*\colon H(X_n, Z) \to H(U(2n), Z)$ sur une sous-algèbre engendrée par des éléments primitifs.*

Il suffit, vu les Prop. 4.1 et 21.1, d'établir la 1ère assertion et pour cela de voir que, $T^n \subset T^{2n}$ désignant des tores maximaux de $Sp(n)$ et $U(2n)$, $\rho_z^*(T^n, T^{2n})$ induit un homomorphisme de $I_{U(2n)}$ sur $I_{Sp(n)}$, (Prop. 23.1, corollaire et §28).

Soient $(s_1, \cdots, s_n, s_1', \cdots, s_n')$ et $(u_1, \cdots, u_n)$ des bases de $H_1(T^{2n}, Z)$ et $H_1(T^n, Z)$, $(x_1, \cdots, x_n, x_1', \cdots, x_n')$ et $(y_1, \cdots, y_n)$ les bases duales de

$$H^1(T^{2n}, Z) \quad \text{et} \quad H^1(T^n, Z).$$

Utilisant les renseignements indiqués dans [33], §3, on voit sans difficulté que l'on a

$$I_{U(2n)} = S(x_1, \cdots, x_n, x_1', \cdots, x_n'); \qquad I_{Sp(n)} = S(y_1^2, \cdots, y_n^2)$$

et que l'injection $i$ est définie par $i(u_j) = s_j - s_j'$ $(j = 1, \cdots, n)$; dualement on obtient $i^*(x_j) = i^*(-x_j') = y_j$ $(j = 1, \cdots, n)$; l'image par $\rho_z^*(T^n, T^{2n})$ d'un polynôme en $x_1, \cdots, x'_n$ se trouve donc en y remplaçant $x_j$ et $-x'_j$ par $y_j$ ; il est alors clair que l'image de $I_{\mathbf{U}(2n)}$ est $I_{\mathbf{Sp}(n)}$ .

Remarque. Les éléments universellement transgressifs de $H(\mathbf{Sp}(n), Z)$ sont images d'éléments universellement transgressifs de $H(\mathbf{U}(2n), Z)$ par la transposée de l'injection (Prop. 21.1 et 21.2); les $p$-puissances réduites de $H(\mathbf{X}_n, K_p)$ et $H(\mathbf{Sp}(n), K_p)$ sont donc complètement déterminées par celles de $H(\mathbf{U}(2n), K_p)$, (voir au sujet de ces dernières [6]).

$$(31.5) \qquad\qquad \mathbf{Y}_n = \mathbf{U}(n)/\mathbf{SO}(n).$$

Nous en étudierons ici la cohomologie mod $p$ pour $p \neq 2$.

Proposition 31.4. *Soit $p \neq 2$. Alors $\mathbf{U}(n)/\mathbf{SO}(n)$ est sans $p$-torsion. $\mathbf{SO}(2k+1)$ est totalement non homologue à zéro* mod $p$ dans $\mathbf{U}(2k+1)$. *et*

$$H(\mathbf{Y}_{2k+1}, K_p) = H(\mathbf{S}_1 \times \mathbf{S}_5 \times \cdots \times \mathbf{S}_{4k+1}, K_p)$$

*de plus:* $H(\mathbf{Y}_{2k}, K_p) = H(\mathbf{S}_1 \times \mathbf{S}_5 \times \cdots \times \mathbf{S}_{4k-3} \times \mathbf{S}_{2k}, K_p)$.

Pour $p \neq 2$, $\mathbf{SO}(n)$ est sans $p$-torsion (Prop. 10.4) et $H(B_{\mathbf{SO}(n)}, K_p)$ s'identifie à $I_{\mathbf{SO}(n)} \otimes K_p$ (Prop. 29.1 et 29.2). Il en est de même pour $\mathbf{U}(n)$.

Les calculs relatifs au cas $n = 2k+1$ seront pratiquement les mêmes que dans l'exemple précédent. Soient $\mathbf{T}^k \subset \mathbf{T}^{2k+1}$ des tores maximaux de $\mathbf{SO}(2k+1)$ et $\mathbf{U}(2k+1)$. On prend des bases $(s_0, s_1, \cdots, s_k, s'_1, \cdots, s'_k)$ et $(u_1, \cdots, u_k)$ de $H_1(\mathbf{T}^{2k+1}, Z)$ et $H_1(\mathbf{T}^k, Z)$, telles que $i(s_0) = 0$, $i(u_j) = s_j - s'_j$ . Soient

$$(x_0, x_1, \cdots, x_k, x'_1, \cdots, x'_k) \quad \text{et} \quad (y_1, \cdots, y_k)$$

les bases duales de $H^1(\mathbf{T}^{2k+1}, Z)$ et $H^1(\mathbf{T}^k, Z)$; on aura

$$I_{\mathbf{U}(2k+1)} \otimes K_p = S(x_0, x_1, \cdots, x_k, x'_1, \cdots, x'_k) \otimes K_p$$

$$I_{\mathbf{SO}(2k+1)} \otimes K_p = S(y_1^2, \cdots, y_k^2) \otimes K_p$$

$i^*$ est donnée par $i^*(x_0) = 0$, $i^*(x_j) = i^*(-x'_j) = y_j$ $(j = 1, \cdots, k)$ l'image $I_{\mathbf{U}(2k+1)} \otimes K_p$ par $\rho_p^*(T^k, T^{2k+1})$ est bien $I_{\mathbf{SO}(2k+1)} \otimes K_p$ ; avec les identifications faites, cela signifie que $\rho_p^*(\mathbf{SO}(2k+1), \mathbf{U}(2k+1))$ est *sur*, donc que $\mathbf{SO}(2k+1)$ est totalement non homologue à zéro mod $p$ dans $\mathbf{U}(2k+1)$, (Prop. 21.3). Comme on est dans le cas d'algèbres extérieures, $H(\mathbf{U}(2k+1), K_p)$ est alors additivement et multiplicativement isomorphe à $H(\mathbf{Y}_{2k+1}, K_p) \otimes H(\mathbf{SO}(2k+1), K_p)$, ce qui donne la formule annoncée pour $\mathbf{Y}_{2k+1}$.

Si maintenant $n = 2k$ est pair, soient $\mathbf{T}^k \subset \mathbf{T}^{2k}$ des tores maximaux

$$(x_1, \cdots, x_k, x'_1, \cdots, x'_k) \quad \text{et} \quad (y_1, \cdots, y_k)$$

des bases de $H^1(\mathbf{T}^{2k}, K_p)$ et $H^1(\mathbf{T}^k, K_p)$ telles que l'injection soit définie par $i^*(x_j) = i^*(-x'_j) = y_j$ $(j = 1, \cdots, k)$; $I_{\mathbf{U}(2k)} \otimes K_p$ a comme générateurs les $2k$ fonctions symétriques élémentaires en $x_1, \cdots, x'_k$, $I_{\mathbf{SO}(2k)} \otimes K_p$ a comme générateurs les $k - 1$ fonctions symétriques élémentaires $\sigma_i(y_1^2, \cdots, y_k^2)$,

$(i = 1, \cdots, k - 1)$ et le monôme $y_1 \cdots y_k$. On obtient aisement:

$$(31.1) \quad \begin{aligned} \rho_p^*(\sigma_i(x_1, \cdots, x_k')) &= \dot{0} \qquad (i = 1, 3, 5, \cdots, 2k - 1) \\ \rho_p^*(\sigma_{2i}(x_1, \cdots, x_k')) &= (-1)^i\, \sigma_i(y_1^2, \cdots, y_k^2)\,, \quad (j = 1, 2, \cdots, k) \end{aligned}$$

$\rho_p^*$ peut être envisagé comme $\rho_p^*(\mathbf{T}^k, \mathbf{T}^{2k})$ ou comme $\rho_p^*(\mathbf{SO}(2k), \mathbf{U}(2k))$ vu les identifications faites.

$H(\mathbf{U}(2k), K_p)$ a un système de générateurs universellement transgressifs, que nous noterons ici $x_1, x_3, \cdots, x_{4k-1}$ $(Dx_i = i)$. Nous considérons maintenant l'algèbre spectrale sur $K_p$ de la Prop. 22.1; elle va de

$$H_2 = H(B_{\mathbf{SO}(2k)^{K_t}}) \otimes H(U(2k), K_p)$$

à $H(Y_{2k}, K_p)$ de plus, vu (31.1)

$$d_{i+1}\kappa_{i+1}^2(1 \otimes x_i) = 0 \qquad (i = 1, 5, 9, \cdots, 4k - 3)$$

$$d_{i+1}\kappa_{i+1}^2(1 \otimes x_i) = (-1)^j\, \kappa_{i+1}^2(\sigma_j(y_1^2, \cdots, y_k^2)),$$

$$(i = 4j - 1; j = 1, 2, \cdots, k - 1)$$

$$d_{4k}\kappa_{4k}^2(1 \otimes x_{4k-1}) = (-1)^k\, \kappa_{4k}^2(y_1^2 \cdots y_k^2).$$

On en déduit immédiatement l'algèbre spectrale; on voit que $H_{4k+1}$ est l'algèbre terminale et que

$$H_{4k+1} = K_p[q_k]/(q_k^2) \otimes \wedge P'$$

$(q_k = y_1 \cdots y_k,\ P'$ espace sous-tendu par $x_1, x_5, x_9, \cdots, x_{4k-3})$. L'algèbre terminale a un système simple de générateurs de degrés $1, 5, \cdots, 4k - 3$ et $2k$; il en est de même pour $H(\mathbf{Y}_{2k}, K_p)$, (Prop. 8.1). Les générateurs de degrés impairs sont forcément de carrés nuls $(p \neq 2)$. Celui qui a le degré $q_k$ est aussi de carré nul, car on peut le prendre dans $K_p[q_k]/(q_k^2)$ qui s'identifie canoniquement à une sous-algèbre de $H(\mathbf{Y}_{2k}, K_p)$, car ce sont les éléments de degré fibre 0 (cf. §4). Cela démontre la formule relative à $H(\mathbf{Y}_{2k}, K_p)$. Enfin $H(\mathbf{Y}_n, K_0)$ et $H(\mathbf{Y}_n, K_p)$, $(p \neq 2)$ ayant même polynôme de Poincaré, $\mathbf{Y}_n$ est sans $p$-torsion.

Les $p$-puissances réduites ($p$ impair) de $\mathbf{U}(2k + 1)$ déterminent donc celles de $\mathbf{SO}(2k + 1)$, (et les formules sont les mêmes que pour $\mathbf{Sp}(k)$). Une fois connu $H(\mathbf{Y}_{2k}, K_p)$ on construit facilement l'algèbre spectrale sur $K_p$ de

$$(\mathbf{U}(2k), \mathbf{Y}_{2k}, \mathbf{SO}(2k), p);$$

on voit alors que l'image de $i^*\colon H(\mathbf{U}(2k), K_p) \to H(\mathbf{SO}(2k), K_p)$ est la sous-algèbre engendrée par les éléments universellement transgressifs de degrés $3, 7, \cdots, 4k - 5$, dont les $p$-puissances sont ainsi déterminées. Cela suffit pour connaître les $p$-puissances de $\mathbf{SO}(2k)$, $(p \neq 2)$; le dernier générateur de $H(\mathbf{SO}(2k), K_p)$, qui est de degré $2k - 1$, n'est pas lié aux autres par ces opérations cohomologiques, comme on l'indiquera dans un travail ultérieur.

Mod 2, les résultats diffèrent beaucoup de la Prop. 31.4. On calculera dans un prochain Mémoire le polynôme de Poincaré mod 2 de $\mathbf{U}(n)/\mathbf{O}(n)$ et on verra qu'il est égal à celui de $\mathbf{S}_1 \times \mathbf{S}_2 \times \cdots \times \mathbf{S}_n$. On donnera aussi la cohomologie mod 2 des espaces

$$\mathbf{G}(n_1, \cdots, n_k) = \mathbf{O}(n)/\mathbf{O}(n_1) \times \cdots \times \mathbf{O}(n_k), \ (n_1 + \cdots + n_k = n),$$

analogues réels des espaces $\mathbf{W}(n_1, \cdots, n_k)$, qui, au point de vue additif, a été déterminée par C. Ehresmann [15]. On verra que $H(\mathbf{G}(n_1, \cdots, n_k), K_2)$ est isomorphe à $H(\mathbf{W}(n_1, \cdots, n_k), K_2)$ par un isomorphisme qui *double les degrés*.

GENÈVE, SUISSE


### BIBLIOGRAPHIE

[1] A. BOREL, *Impossibilité de fibrer une sphère par un produit de sphères*, C. R. Acad. Sci. Paris **231** (1950), 943–945.

[2] A. BOREL, *Sur la cohomologie des variétés de Stiefel et de certains groupes de Lie*, Ibid. **232** (1951), 1628–1630.

[3] A. BOREL, *La transgression dans les espaces fibrés principaux*, Ibid. **232** (1951), 2392–2394.

[4] A. BOREL, *Sur la cohomologie des espaces homogènes des groupes de Lie compacts*, Ibid. **233** (1951), 569–571.

[5] A. BOREL, *Séminaire de Topologie algébrique de l'E.P.F.*, Zurich (1951), Notes polycopiées.

[6] A. BOREL and J. P. SERRE, *Détermination des p-puissances réduites de Steenrod dans la cohomologie des groupes classiques. Applications* C. R. Acad. Sci. Paris **233** (1951), 680–682.

[7] N. BOURBAKI, Algèbre multilinéaire, Act. Sci. & Industr. 1044, Hermann éd., Paris (1948).

[8] E. CARTAN, *Sur les invariants intégraux de certains espaces homogènes clos, . . . ,* Annales Soc. Pol. Math. VIII (1929), 181–225; aussi Selecta, Paris (1939), 203–223.

[9] H. CARTAN, *Séminaire de Topologie algébrique de l'E.N.S. II,* Paris (1949–50), Notes polycopiées.

[10] H. CARTAN, idem III, (1950–51).

[11] H. CARTAN, a. *Notions d'algèbre différentielle, application aux groupes de Lie, . . . ,* b. *La transgression dans un groupe de Lie et dans un espace fibré principal,* Colloque de Topologie algébrique, Bruxelles (1950), 16–27 et 57–71.

[12] S. S. CHERN, *Characteristic classes of hermitian manifolds,* Ann. of Math. **47** (1946), 85–121.

[13] S. S. CHERN, *On the multiplication in the characteristic ring of a sphere bundle,* Ibid. **49** (1948), 362–372.

[14] C. EHRESMANN, *Sur la topologie de certains espaces homogènes,* Ibid. **35** (1934), 396–443.

[15] C. EHRESMANN, *Sur la topologie de certaines variétes algébriques réelles,* J. Math. Pures Appl. IXs. **16** (1937), 69–100.

[16] C. EHRESMANN, *Sur la variété des génératrices planes d'une quadrique réelle et sur la topologie du groupe orthogonal à n variables,* C. R. Acad. Sci. Paris **208** (1939), 321–323.

[17] C. EHRESMANN, *Sur la topologie des groupes simples clos,* Ibid. **208** (1939), 1263–1265.

[18] C. EHRESMANN, *Sur la théorie des espaces fibrés,* Colloque international de Topologie algébrique, Paris (1949), 3–15.

[19] H. HOPF, *Ueber die Topologie der Gruppen-Mannifaltigkeiten und ihrer Verallgemeinerungen,* Ann. of Math. **42** (1941), 22–52.

[20] H. Hopf and H. Samelson, *Ein Satz über die Wirkungsräume geschlossener Liescher Gruppen*, Comment. Math. Helv. **13** (1940–41), 240–251.

[21] J. L. Koszul, *Homologie et cohomologie des algèbres de Lie*, Bull. Soc. Math. France **78** (1950), 65–127.

[22] J. L. Koszul, *Sur la structure multiplicative de l'anneau de cohomologie des espaces homogènes*, Colloque de Topologie algébrique, Bruxelles (1950).

[23] J. Leray, *L'anneau spectral et l'anneau filtré d'homologie d'un espace localement compact et d'une application continue*, Jour. Math. Pures Appl. IXs. **29** (1950), 1–139.

[24] L. Leray, *L'homologie d'un espace fibré dont la fibre est connexe*, Ibid. **29** (1950), 169–213.

[25] J. Leray, *Sur l'homologie des groupes de Lie, des espaces homogènes et des espaces fibrés principaux*, Colloque de Topologie algébrique, Bruxelles (1950), 101–115.

[26] L. S. Pontrjagin, *Homologies in compact Lie groups*, Rec. Math. (Mat. Sbornik) N.S. **6** (1939), 389–422.

[27] L. S. Pontrjagin, *Characteristic cycles on differentiable manifolds*, Rec. Math. (Mat. Sbornik) N.S. **21** (1947), 233–284.

[28] H. Samelson, *Beiträge sur Topologie der Gruppen-Mannigfaltigkeiten*, Ann. of Math. **42** (1941), 1091–1137.

[29] J. P. Serre, *Homologie singulière des espaces fibrés. Applications*, Ann. of Math. **54** (1951), 425–505.

[30] E. Spanier, *Cohomology theory for general spaces*, Ibid. **49** (1948), 407–427.

[31] N. Steenrod, The topology of fibre bundles, Princeton (1951).

[32] E. Stiefel, *Richtungsfelder und Fernparallelismus in n-dimensionalen Mannigfaltigkeiten*, Comment. Math. Helv. **8** (1935–36), 3–51.

[33] E. Stiefel, *Ueber eine Beziehung zwischen geschlossenen Lieschen Gruppen und diskontinuerlichen Bewegungsgruppen*, etc., Ibid. **14** (1941–42), 350–380.

DEUXIÈME THÈSE

PROPOSITIONS DONNÉES PAR LA FACULTÉ

## FONCTIONS AUTOMORPHES
## DE PLUSIEURS VARIABLES COMPLEXES

VU ET APPROUVÉ:
PARIS, LE 20 MARS 1952
LE DOYEN DE LA FACULTÉ
DES SCIENCES

A. CHÂTELET

VU ET PERMIS D'IMPRIMER:
LE RECTEUR DE L'ACADÉMIE DE PARIS,
JEAN SARRAILH

**24.**

(avec J-P. Serre)

# Sur certains sous-groupes des groupes de Lie compacts

Comment. Math. Helv. **27** (1953) 128–139

## 1. Introduction

On sait que tout sous-groupe abélien connexe $H$ d'un groupe de Lie compact $G$ est contenu dans un tore maximal de $G$; par contre cette propriété peut être en défaut pour un sous-groupe $H$ non connexe [1]. Cependant nous montrerons (théorème 1) qu'un tel sous-groupe $H$ est contenu, sinon dans un tore maximal, du moins dans le normalisateur $N$ d'un tore maximal $T$ de $G$. En fait ce résultat vaut pour une catégorie de groupes $H$ plus vaste que celle des groupes abéliens : celle des groupes vérifiant la propriété $(MP)$ du n° 2 qui comprend aussi les groupes nilpotents finis. Appliqué au cas où $G$ est le groupe unitaire $U(n)$, le théorème 1 redonne un résultat classique sur les représentations monomiales (n° 5).

Ainsi, l'étude des sous-groupes abéliens de $G$ est ramenée à l'étude des sous-groupes abéliens de $N$; cela nous permettra d'obtenir quelques propriétés des sous-groupes de type $(p, \ldots, p)$ de $G$, sous-groupes qui sont, à certains égards, l'analogue «modulo $p$» des tores contenus dans $G$. Ces sous-groupes sont en rapport avec la $p$-torsion [2] des groupes d'homologie de $G$; de façon plus précise, nous montrerons (théorème 2) que si $G$ est un groupe de Lie compact connexe de rang $l$ qui contient un sous-groupe isomorphe à $(Z_p)^{l+1}$, alors $G$ a de la $p$-torsion. En particulier, nous verrons que les groupes exceptionnels $G_2, F_4$ et $E_8$ ont de la 2-torsion.

## 2. La propriété $(MP)$

C'est une propriété portant sur un *groupe topologique* $G$ :

$(MP)$ — $G$ *possède une suite finie de sous-groupes invariants fermés*

---

[1] Il suffit de prendre pour $G$ le groupe $SO(3)$ des rotations de l'espace à trois dimensions et pour $H$ le groupe engendré par les rotations de 180° autour de trois axes rectangulaires.

[2] On dit qu'un espace a de la *$p$-torsion* ($p$ premier) si l'un de ses groupes d'homologie à coefficients entiers a un coefficient de torsion divisible par $p$.

217

$${e} = G_0 \subset G_1 \subset \cdots \subset G_{k-1} \subset G_k = G$$

*telle que les quotients successifs $G_i/G_{i-1}$ soient isomorphes à un groupe cyclique fini ou au tore à une dimension.*

Nous dirons qu'une suite $(G_i)$ de sous-groupes vérifiant les conditions précédentes est une *suite semi-principale* de $G$.

Un groupe $G$ possédant la propriété $(MP)$ est un *groupe de Lie compact résoluble* et sa composante connexe de l'élément neutre est un *tore*. On notera cependant qu'il existe des groupes résolubles finis ne vérifiant pas $(MP)$[3].

Tout groupe de Lie compact abélien vérifie $(MP)$ car il est isomorphe au produit direct d'un tore et d'un groupe abélien fini. L'exemple donné dans la Note [3] montre donc que si $G/N$ et $N$ vérifient $(MP)$, il n'en est pas nécessairement de même pour $G$. Cependant, toute extension *centrale* $G$ d'un groupe $G/N$ vérifiant $(MP)$ par un groupe de Lie compact abélien $N$ vérifie aussi $(MP)$. En effet, $N$ étant dans le centre de $G$, les éléments d'une suite semi-principale $(N_i)$ de $N$ sont des sous-groupes invariants dans $G$ et on obtient une suite semi-principale de $G$ en complétant $(N_i)$ par l'image réciproque d'une suite semi-principale de $G/N$. En particulier, nous voyons ainsi que tout groupe de Lie compact *nilpotent* vérifie $(MP)$.

**Proposition 1.** *Tout sous-groupe fermé et tout groupe quotient d'un groupe vérifiant $(MP)$ vérifie aussi $(MP)$.*

Soient $G$ un groupe vérifiant $(MP)$, $H$ un sous-groupe fermé de $G$, $N$ un sous-groupe invariant fermé de $G$, et $K = G/N$. Si $(G_i)$ est une suite semi-principale de $G$, nous poserons $H_i = H \cap G_i$ et $K_i = N \cdot G_i/N$ ; les $H_i$ et les $K_i$ sont des sous-groupes invariants fermés de $H$ et de $K$ respectivement ; le groupe $H_i/H_{i-1}$ (resp. $K_i/K_{i-1}$) est isomorphe à un sous-groupe fermé (resp. à un quotient par un sous-groupe fermé) du groupe $G_i/G_{i-1}$ ; il s'ensuit que $H_i/H_{i-1}$ et $K_i/K_{i-1}$ sont isomorphes soit à un groupe cyclique fini, soit au tore à une dimension ce qui montre que $(H_i)$ et $(K_i)$ sont des suites semi-principales de $H$ et de $K$ respectivement.

**Proposition 2.** *Un groupe topologique non réduit à l'élément neutre qui vérifie $(MP)$ contient un sous-groupe invariant cyclique d'ordre premier.*

---

[3]) Citons par exemple le produit semi-direct de $Z_2 + Z_2$ par $Z_3$, le groupe $Z_3$ opérant sur les éléments non nuls de $Z_2 + Z_2$ par permutation circulaire ($Z_n$ désignant comme à l'ordinaire le groupe additif des entiers modulo $n$): on voit tout de suite que ce groupe, bien que résoluble, n'admet pas de sous-groupe invariant cyclique $\neq \{e\}$ ; il ne vérifie donc pas $(MP)$.

Soit $G_i$ une suite semi-principale d'un groupe $G$ vérifiant $(MP)$ ; on
peut supposer $G_1 \neq \{e\}$. Si $G_1$ est isomorphe au tore à une dimension,
$G_1$ contient pour tout entier $n \geqslant 1$ un unique sous-groupe cyclique
d'ordre $n$ ; si $G_1$ est cyclique d'ordre $k$ et si $p$ est un nombre premier
divisant $k$, $G_1$ contient un unique sous-groupe cyclique d'ordre $p$. Dans
tous les cas nous obtenons au moins un sous-groupe cyclique d'ordre
premier invariant par tous les automorphismes de $G_1$, donc en particulier
par les automorphismes intérieurs de $G$ ; ce sous-groupe est donc invariant
dans $G$, cqfd.

### 3. Le théorème principal

**Théorème 1.** *Soient $G$ un groupe de Lie compact et $H$ un sous-groupe
de $G$ vérifiant la propriété $(MP)$. Il existe un tore maximal $T$ de $G$ dont
le normalisateur dans $G$ contient $H$.*

Dire que le normalisateur de $T$ contient $H$ équivaut à dire que $T$ est
*stable* par les automorphismes intérieurs que définissent les éléments
de $H$. Soient alors $\mathfrak{g}$ l'algèbre de Lie de $G$, $K$ le groupe d'automorphismes
de $\mathfrak{g}$ défini par $H$ ; le groupe $K$ étant un groupe quotient de $H$ vérifie
$(MP)$ d'après la prop. 1 ; il nous faut trouver une sous-algèbre abélienne
maximale $\mathfrak{t}$ de $\mathfrak{g}$ telle que $\sigma(\mathfrak{t}) = \mathfrak{t}$ pour tout $\sigma \in K$. Autrement dit,
il nous suffit d'établir le théorème suivant (du reste équivalent au théo-
rème 1) :

**Théorème 1′.** *Soient $\mathfrak{g}$ une algèbre de Lie de groupe compact et $K$ un
groupe d'automorphismes de $\mathfrak{g}$ qui vérifie la propriété $(MP)$. Il existe alors
une sous-algèbre abélienne maximale $\mathfrak{t}$ de $\mathfrak{g}$ qui est stable par les opérations de $K$.*

Pour prouver le théorème 1′ nous nous appuyerons sur la proposition
suivante qui sera démontrée dans le n° 4 :

**Proposition 3.** *Soient $\mathfrak{g}$ une algèbre de Lie de groupe compact et $\sigma$ un
automorphisme de $\mathfrak{g}$ d'ordre égal à un nombre premier $p$. Si l'ensemble des
points fixes de $\sigma$ est réduit à $\{0\}$, $\mathfrak{g}$ est une algèbre abélienne.*

Admettons provisoirement cette proposition, et démontrons le théorème
1′ par récurrence sur la dimension de $\mathfrak{g}$, le cas où celle-ci est égale à $0$
étant trivial.

On sait que $\mathfrak{g}$ est isomorphe au produit direct $\mathfrak{c} \times \mathfrak{g}'$ de son centre $\mathfrak{c}$
par son algèbre dérivée $\mathfrak{g}'$ et ces deux sous-algèbres sont évidemment
stables par $K$. Si $\mathfrak{c} \neq \{0\}$, l'hypothèse de récurrence montre l'existence d'une sous-algèbre abélienne maximale $\mathfrak{t}'$ de $\mathfrak{g}'$ stable par $K$, et
$\mathfrak{c} \times \mathfrak{t}'$ est une sous-algèbre abélienne maximale de $\mathfrak{g}$ stable par $K$.

Il nous reste donc à examiner le cas où $\mathfrak{c} = \{0\}$, donc où $\mathfrak{g}$ est *semi-simple*. Le théorème est évidemment vrai si $K = \{e\}$; sinon, d'après la proposition 2, $K$ possède un sous-groupe invariant $L$ cyclique d'ordre premier; si $\sigma$ désigne un générateur de $L$, l'ensemble $\mathfrak{a}$ des points fixes de $\sigma$ est une sous-algèbre de $\mathfrak{g}$ qui est $\neq \{0\}$ d'après la Prop. 3, et qui est $\neq \mathfrak{g}$ puisque $\sigma$ n'est pas l'automorphisme identique; puisque $L$ est invariant dans $K$, cette sous-algèbre $\mathfrak{a}$ est stable par $K$, et ce dernier définit un groupe $K'$ d'automorphismes de $\mathfrak{a}$ qui est un quotient de $K$, donc qui vérifie aussi $(MP)$. Comme, d'après un résultat bien connu, $\mathfrak{a}$ est une algèbre de Lie de groupe compact, on peut appliquer au couple $(\mathfrak{a}, K')$ l'hypothèse de récurrence et il existe une sous-algèbre abélienne maximale $\mathfrak{u}$ de $\mathfrak{a}$ stable par $K'$, donc par $K$. Soit alors $\mathfrak{b}$ la sous-algèbre de $\mathfrak{g}$ formée des éléments $b$ tels que $[u, b] = 0$ pour tout $u \in \mathfrak{u}$. Elle contient évidemment toute sous-algèbre abélienne maximale de $\mathfrak{g}$ contenant $\mathfrak{u}$ et elle a donc même rang que $\mathfrak{g}$. Puisque $\mathfrak{u}$ est stable par $K$, $\mathfrak{b}$ l'est aussi; en outre, puisque $\mathfrak{u} \neq \{0\}$ et que le centre de $\mathfrak{g}$ est $\{0\}$, on a $\mathfrak{b} \neq \mathfrak{g}$. On peut donc appliquer l'hypothèse de récurrence au couple $(\mathfrak{b}, K'')$, où $K''$ est le groupe d'automorphismes de $\mathfrak{b}$ défini par $K$, et l'on obtient une sous-algèbre abélienne maximale $\mathfrak{t}$ de $\mathfrak{b}$ qui est stable par les opérations de $K''$, donc de $K$. Comme $\mathfrak{b}$ et $\mathfrak{g}$ ont même rang, $\mathfrak{t}$ est aussi une sous-algèbre abélienne maximale de $\mathfrak{g}$, ce qui achève la démonstration.

### 4. Sur les automorphismes d'ordre premier d'une algèbre de Lie

Pour achever la démonstration du théorème $1'$, nous devons encore établir la proposition 3. Or, on sait qu'une algèbre de Lie de groupe compact qui est nilpotente est de ce fait abélienne; la proposition 3 est donc une conséquence de la proposition suivante, que nous allons maintenant démontrer :

**Proposition 4.** *Soient* $\mathfrak{g}$ *une algèbre de Lie et* $\sigma$ *un automorphisme de* $\mathfrak{g}$ *d'ordre égal à un nombre premier* $p$. *Si l'ensemble des points fixes de* $\sigma$ *est réduit à* $\{0\}$, $\mathfrak{g}$ *est une algèbre nilpotente.*

Soit $\mathfrak{g}_C = \mathfrak{g} \otimes C$ l'algèbre de Lie complexe déduite de $\mathfrak{g}$ par passage du réel au complexe; tout élément de $\mathfrak{g}_C$ s'écrit d'une seule façon sous la forme $z = x + i \cdot y \, (x, y \in \mathfrak{g})$. Nous prolongerons $\sigma$ à $\mathfrak{g}_C$ en posant $\sigma(x + iy) = \sigma(x) + i \cdot \sigma(y)$; si l'ensemble des points fixes de $\sigma$ dans $\mathfrak{g}$ est réduit à $\{0\}$, il en est de même dans $\mathfrak{g}_C$.

Soit $\varepsilon \neq 1$ une racine $p$-ième de l'unité; les valeurs propres de $\sigma$ sont de la forme $\varepsilon^j$, $j \in Z_p$ (groupe des entiers mod. $p$), et nous noterons $V_j$ le sous-espace propre de $\mathfrak{g}_C$ relatif à la valeur propre $\varepsilon^j$ ; $\mathfrak{g}_C$ est somme directe des $V_j$ et l'on a :

$$V_0 = \{0\} \tag{4.1}$$

$$[V_j, V_k] \subset V_{j+k} \qquad j, k \in Z_p . \tag{4.2}$$

(La formule 4.1 signifie que l'ensemble des points fixes de $\sigma$ est réduit à $\{0\}$ et la formule 4.2 résulte de $\sigma([x, y]) = [\sigma(x), \sigma(y)])$ .

Désignons par ad. $x$ l'endomorphisme $y \to [x, y]$ de $\mathfrak{g}_C$ . Nous allons montrer que ad. $x$ est nilpotent lorsque $x$ est contenu dans l'un des sous-espaces $V_j$. D'après 4.1, on peut supposer $j \not\equiv 0 \bmod. p$, et d'après 4.2, on a ad. $x\ (V_k) \subset V_{j+k}$ , d'où $(\text{ad. } x)^q(V_k) \subset V_{qj+k}$ , quel que soit l'entier $q$. Choisissons en particulier pour $q$ un entier positif, $< p$ , et tel que $qj + k \equiv 0 \bmod. p$, ce qui est possible, puisque $j \not\equiv 0 \bmod. p$. On a alors $(\text{ad. } x)^q(V_k) \subset V_0 = \{0\}$ , d'où *a fortiori* $(\text{ad. } x)^p(V_k) = \{0\}$ , et ceci ayant lieu pour tout $k$ on en conclut que $(\text{ad. } x)^p = 0$ , ce qui montre bien que ad. $x$ est nilpotent.

Soit $f(x, y) = Tr(\text{ad. } x \circ \text{ad. } y)$ la *forme de Killing* de $\mathfrak{g}_C$ ; elle est invariante par tout automorphisme de $\mathfrak{g}_C$, donc en particulier par $\sigma$ et la formule $f(x, y) = f(\sigma(x), \sigma(y))$ entraîne immédiatement :

$$f(x, y) = \varepsilon^{j+k} \cdot f(x, y) \qquad \text{si} \quad x \in V_j \quad \text{et} \quad y \in V_k . \tag{4.3}$$

Montrons maintenant que $f(x, y)$ est identiquement nulle ; il suffit évidemment de prouver que $f(x, y) = 0$ si $x \in V_j$ , $y \in V_k$, quels que soient $j, k \in Z_p$ . Si $j + k \not\equiv 0 \bmod. p$, cela résulte de 4.3 ; si $j + k \equiv 0 \bmod. p$, alors $[x, y] = 0$ d'après 4.1 et 4.2 et les endomorphismes ad. $x$ et ad. $y$ commutent. Comme ils sont tous deux nilpotents, leur produit ad. $x \circ \text{ad. } y$ est aussi nilpotent et sa trace $f(x, y)$ est nulle. Ainsi la forme de Killing de $\mathfrak{g}_C$ est nulle. D'après un critère classique d'Elie Cartan, ceci entraîne que $\mathfrak{g}_C$ est une algèbre *résoluble*. Si $n$ est la dimension de $\mathfrak{g}$, on sait qu'il existe alors $n$ formes linéaires sur $\mathfrak{g}_C$ $\omega_1, \ldots, \omega_n$ telles que les racines de l'équation caractéristique de ad. $x$ soient les $n$ nombres $\omega_1(x), \ldots, \omega_n(x)$ (les $\omega_i$ sont les *poids* de la représentation adjointe de $\mathfrak{g}_C$ .) Puisque ad. $x$ est nilpotent pour tout $x \in V_j$ , on a $\omega_1(x) = \cdots = \omega_n(x) = 0$ pour tout $x \in V_j$ , et comme $\mathfrak{g}_C$ est somme directe des $V_j$ ceci entraîne $\omega_1(x) = \cdots = \omega_n(x) = 0$ pour tout $x \in \mathfrak{g}_C$ . L'endomorphisme ad. $x$ est donc nilpotent pour tout $x \in \mathfrak{g}_C$ , ce qui signifie que $\mathfrak{g}_C$ est une algèbre de Lie nilpotente. Il en est donc de même de $\mathfrak{g}$, cqfd.

*Remarque.* La dernière partie de la démonstration précédente est inutile pour démontrer la proposition 3 ; il est en effet immédiat qu'une algèbre de Lie de groupe compact dont la forme de Killing est nulle est abélienne.

## 5. Représentations monomiales

Soit $h \to M_h$ une représentation linéaire d'un groupe $H$ dans un espace vectoriel complexe $E$ de dimension finie $n$ ; on dit que $M$ est *monomiale* s'il est possible de trouver une base $(e_i)$ de $E$ telle que, pour tout $h \in H$ et tout $i$, le vecteur $M_h(e_i)$ soit colinéaire à l'un des vecteurs $e_j$. Un théorème classique ( [6], I, § 8) affirme que toutes les représentations linéaires d'un $p$-groupe sont monomiales. Ce théorème est un cas particulier de la proposition suivante :

**Proposition 5.** *Toute représentation linéaire d'un groupe $H$ qui vérifie la propriété $(MP)$ est monomiale.*

Soit $M$ la représentation, que l'on peut supposer unitaire, $H$ étant compact ; $M$ est donc un homomorphisme de $H$ dans le groupe unitaire $U(n)$ et l'image $K$ de $H$ par $M$ vérifie $(MP)$ d'après la prop. 1. Le théorème 1 montre alors l'existence d'un tore maximal $T$ de $U(n)$ dont le normalisateur $N$ contient $K$. Mais tout tore maximal de $U(n)$ s'obtient évidemment en prenant les matrices diagonales par rapport à une base orthonormée $(e_i)$ de $E$. Le normalisateur $N$ de ce tore est l'ensemble des matrices unitaires qui transforment chaque $e_i$ en un multiple scalaire d'un $e_j$ ; il s'ensuit que $N$, et *a fortiori* $K$, sont des groupes monomiaux, cqfd.

*Remarque.* Il existe des groupes qui vérifient la prop. 5 sans vérifier le théorème 1 (ni à plus forte raison $(MP)$). Le groupe cité dans la Note [3] en est un exemple : toutes ses représentations sont monomiales puisque son groupe des commutateurs est abélien (cf. [6], *loc. cit.*) et on peut le plonger dans $SO(3)$ de telle sorte qu'il ne soit contenu dans le normalisateur d'aucun tore maximal.

## 6. Le p-rang d'un groupe de Lie compact

Soient $G$ un groupe de Lie compact, $T$ un tore maximal de $G$, $N$ le normalisateur de $T$ dans $G$, $\Phi(G) = N/T$ le *groupe de Weyl* de $G$ [4]), qui est un groupe *fini*. Le théorème 1 montre que, pour qu'un groupe abélien $H$ puisse être plongé biunivoquement dans $G$, il est nécessaire qu'il admette un sous-groupe $H_1$ isomorphe à un sous-groupe de $T$, le quotient $H/H_1$ étant isomorphe à un sous-groupe de $\Phi(G)$.

---

[4]) On trouvera un exposé des propriétés classiques de $N$, $T$, $\Phi(G)$ dans [5].

Nous écrirons fréquemment $\Phi$ au lieu de $\Phi(G)$ lorsqu'aucune confusion ne sera à craindre.

Nous nous intéresserons spécialement aux sous-groupes $H$ de $G$ qui sont abéliens finis de type $(p, \ldots, p)$, autrement dit qui sont isomorphes à $Z_p + \cdots + Z_p$, $p$ premier. Nous poserons la définition suivante :

**Définition.** *Le $p$-rang d'un groupe de Lie compact $G$ est le plus grand entier $h$ tel que $G$ contienne un sous-groupe isomorphe à $(Z_p)^h$.*

Nous désignerons le $p$-rang par $l_p(G)$, ou simplement $l_p$ si aucune confusion n'est à craindre, et nous désignerons le rang au sens usuel (dimension de $T$) par $l(G)$ ou $l$.

Le $p$-rang d'un tore est égal à la dimension du tore quel que soit $p$ ; comme $l_p(G) = l_p(N)$ d'après le théorème 1, et que

$$l_p(T) \leqslant l_p(N) \leqslant l_p(T) + l_p(\Phi),$$

on en conclut :

$$l \leqslant l_p(G) \leqslant l + l_p(\Phi). \tag{6.1}$$

Les inégalités 6.1 montrent notamment que $l_p(G)$ est *fini*. Lorsque $G$ est connexe on a le résultat plus précis suivant :

**Proposition 6.** *Si $G$ est un groupe de Lie compact connexe, on a $l \leqslant l_2 \leqslant 2l$, $l \leqslant l_p \leqslant 3\, l/2$ si $p \neq 2$, et $l = l_p$ si $p$ ne divise pas l'ordre du groupe $\Phi(G)$.*

$G$ étant connexe, on sait [5] que $\Phi$ opère *fidèlement* sur l'algèbre de Lie du tore maximal $T$. Tout sous-groupe de $\Phi$ isomorphe à $(Z_p)^h$ admet donc une représentation linéaire réelle *fidèle* de dimension $l$. Il s'ensuit comme on sait que $h \leqslant l$ si $p = 2$ et que $h \leqslant l/2$ si $p \neq 2$ ; ceci signifie que $l_2(\Phi) \leqslant l$ et que $l_p(\Phi) \leqslant l/2$ si $p \neq 2$ ; d'autre part il est évident que $l_p(\Phi) = 0$ si $p$ ne divise pas l'ordre de $\Phi$. Notre proposition est alors une conséquence des inégalités 6.1.


### Exemples

1. *Groupe unitaire $U(n)$.* Comme tout sous-groupe abélien du groupe unitaire peut être mis sous forme diagonale, c'est-à-dire plongé dans un tore maximal, on a $l_p = l = n$ pour tout nombre premier $p$.

2. *Groupe orthogonal unimodulaire $SO(n)$.* Ici on a $l = [n/2]$ (nous notons $[x]$ la partie entière du nombre $x$). D'autre part, si $H$ est un sous-groupe abélien de $SO(n)$, on sait qu'on peut décomposer l'espace $R^n$ en somme directe de sous-espaces à deux dimensions (augmentée d'un sous-espace à une dimension si $n$ est impair) qui sont stables par $H$. On en déduit que $l_2 = 2n - 1$ et que $l_p = [n/2] = l$ si $p \neq 2$ ;

en particulier si $n = 2k + 1$ on a $l = k$ et $l_2 = 2k$, ce qui montre que l'inégalité $l_2 \leqslant 2l$ ne peut être améliorée en général.

3. *Groupe exceptionnel* $G_2$. C'est le groupe des automorphismes de l'algèbre des octaves de Cayley, son rang est égal à 2. On peut y définir un sous-groupe isomorphe à $Z_2 + Z_2 + Z_2$ comme suit: soit $\{1, e_i\}$, $i \in Z_7$, une base des octaves où les systèmes quaternioniens sont les triplets $(e_i, e_{i+1}, e_{i+3})$; soit $S_i$ la transformation définie par $S_i(1) = 1$, $S_i(e_j) = -e_j$ si $j = i, i+2, i+3, i+4$ et $S_i(e_j) = e_j$ sinon; on vérifie immédiatement que $S_i$ est un automorphisme pour tout $i \in Z_7$, et que les sept transformations $S_i$ forment avec l'identité un groupe isomorphe à $Z_2 + Z_2 + Z_2$.

On a donc $l_2(G_2) \geqslant 3$, inégalité que nous retrouverons par une autre voie au n° 8; nous verrons au n° 7 qu'en fait $l_2(G_2) = 3$.

## 7. Relations du p-rang avec la torsion

On sait que les nombres de Betti d'un groupe de Lie compact connexe $G$ sont complètement déterminés par la connaissance du groupe de Weyl $\Phi$, considéré comme groupe d'automorphismes de l'algèbre de Lie d'un tore maximal $T$ de $G$ [5]); ils sont en particulier égaux pour deux groupes $G_1$ et $G_2$ localement isomorphes. Cependant, alors que $G_1$ et $G_2$ ont même homologie réelle, ils se distinguent en général par leurs coefficients de torsion; et d'autre part les normalisateurs des tores maximaux de $G_1$ et $G_2$ sont en général des extensions différentes de $\Phi$ par $T$. Ceci suggère assez naturellement que les propriétés de l'extension de $\Phi$ par $T$ sont en quelque manière liées à la torsion. C'est dans ce sens que l'on peut interpréter le théorème 2, car il met en rapport la torsion avec le $p$-rang, notion qui dépend visiblement de l'extension de $\Phi$ par $T$.

**Théorème 2.** *Soient $G$ un groupe de Lie compact connexe, $p$ un nombre premier. Si $l_p(G) > l(G)$, le groupe $G$ a de la $p$-torsion.*

Raisonnant par l'absurde, nous supposerons $G$ sans $p$-torsion et nous démontrerons qu'on a alors $l_p \leqslant l$.

Soit $B_G$ un espace classifiant pour $G$ [6]). D'après [1], § 19 l'algèbre de cohomologie modulo $p$ $H^*(B_G, Z_p)$ est une algèbre de polynomes à $l$ générateurs de degrés $p_1, \ldots, p_l$.

---

[5]) Ce résultat est dû à *Cartan-Chevalley-Koszul-Weil* ainsi qu'à *Leray. Voir* à ce sujet les articles de *Cartan, Koszul et Leray* du Colloque de Topologie de Bruxelles (1950), ainsi que [1], Chap. VI.

[6]) Pour tout ce qui concerne la notion d'espace classifiant, la notation $B_G$, *voir* [1], Chap. V.

Soit d'autre part $H$ un sous-groupe de $G$ isomorphe à $(Z_p)^k$; nous devons montrer que $k \leqslant l$. Soit $B_p$ un espace classifiant pour le groupe $Z_p$; l'algèbre $H^*(B_p, Z_p)$ est bien connue[7]: si $p = 2$ c'est une algèbre de polynomes à un générateur de degré 1 et si $p \neq 2$ c'est le produit tensoriel d'une algèbre extérieure à un générateur de degré 1 par une algèbre de polynomes à un générateur de degré 2. On peut prendre pour espace classifiant $B_H$ pour $H$ le produit direct de $k$ espaces homéomorphes à $B_p$; il s'ensuit, d'après la formule de Künneth, que $H^*(B_H, Z_p)$ est isomorphe au produit tensoriel de $k$ algèbres isomorphes à $H^*(B_p, Z_p)$, donc est isomorphe au produit tensoriel d'une algèbre de dimension finie par une algèbre de polynomes à $k$ générateurs. L'inégalité $k \leqslant l$ que nous avons en vue est donc un cas particulier de la proposition suivante:

3    **Proposition 7.** *Soient $G$ un groupe de Lie compact connexe, $H$ un sous-groupe fermé de $G$ (non nécessairement connexe) et $p$ un nombre premier. On suppose que $H^*(B_G, Z_p)$ (resp. $H^*(B_H, Z_p)$) est isomorphe au produit tensoriel d'une algèbre de dimension finie par une algèbre de polynomes à $r$ générateurs (resp. à $s$ générateurs). On a alors l'inégalité $s \leqslant r$.*

(Dans l'application au théorème 2 on a $s = k, r = l$, et on en tire bien $k \leqslant l$).

Avant de donner la démonstration de la proposition 7, fixons quelques notations:

$H^*(B_G, Z_p) = L \otimes U$, où dim. $L = a < +\infty$, et où $U$ est une algèbre de polynomes à $r$ générateurs de degrés $p_1, \ldots, p_r$;

$H^*(B_H, Z_p) = M \otimes V$, où dim. $M = b < +\infty$, et où $V$ est une algèbre de polynomes à $s$ générateurs de degrés $q_1, \ldots, q_s$;

$H^*(G/H, Z_p) = P$ est une algèbre de dimension finie (puisque $G/H$ est une variété compacte) que nous désignerons par $c$.

Enfin, si $A$ est une algèbre graduée par des sous-espaces $A_n$ de dimension finie, on désignera par $A(t)$ la *série formelle de Poincaré* de $A$:

$$A(t) = \Sigma_n(\dim. A_n) \cdot t^n.$$

Démontrons maintenant la proposition 7. D'après [1], § 22, l'espace $B_H$ peut être fibré de base $B_G$ et de fibre $G/H$. Cette fibration donne naissance à une suite spectrale dont le second terme est isomorphe à $H^*(B_G, Z_p) \otimes H^*(G/H, Z_p) = L \otimes P \otimes U$, et dont le terme final est

---

[7]) Lorsque $H$ est un groupe fini, la cohomologie de $B_H$ n'est autre que la cohomologie du groupe $H$, au sens de *Hopf*. Ici, nous utilisons la détermination de la cohomologie des groupes cycliques que l'on trouvera par exemple dans S. *Eilenberg*, Bull. Amer. Math. Soc., *55* (1949), 3—27.

isomorphe à l'algèbre graduée associée à $H^*(B_H, Z_p) = M \otimes V$. Il s'ensuit que l'on a dim. $(L \otimes P \otimes U)_n \geqslant$ dim. $(M \otimes V)_n$ pour tout $n$, ce qui se traduit par :

$$(L \otimes P \otimes U)(t) = (M \otimes V)(t) + R(t), \qquad (7.1)$$

où $R(t)$ est une série formelle à coefficients tous positifs.

Explicitons 7.1. On a $U(t) = \Pi_{i=1}^{i=r} 1/(1-t^{p_i})$, $V(t) = \Pi_{j=1}^{j=s} 1/(1-t^{q_j})$ d'où :

$$\frac{L(t) \cdot P(t)}{\Pi(1-t^{p_i})} - \frac{M(t)}{\Pi(1-t^{q_j})} = R(t) \qquad (7 \cdot 2)$$

Le premier membre de 7.2 est une série entière qui converge pour $|t| < 1$ ; il en est donc de même du second membre, et $R(t)$ peut être considérée comme une *fonction* de $t$, définie pour $|t| < 1$. Puisque tous les coefficients de la série de Taylor de $R(t)$ sont positifs, on a $R(t) \geqslant 0$ pour $0 \leqslant t < 1$, ce qui donne :

$$\frac{L(t) \cdot P(t)}{\Pi(1-t^{p_i})} \geqslant \frac{M(t)}{\Pi(1-t^{q_j})} \text{ pour } 0 \leqslant t < 1. \qquad (7.3)$$

Posons $t = 1 - 1/N$. Lorsque $N$ tend vers $+\infty$, on voit tout de suite que le premier membre de 7.3 équivaut à $a.c. N^r/p_1 \cdots p_r$, et que le second membre équivaut à $b. N^s/q_1 \cdots q_s$. Pour que le premier membre reste supérieur au second lorsque $N$ tend vers $+\infty$ il est donc nécessaire que $r \geqslant s$, ce qui démontre la proposition. De plus nous voyons que, si $s = r$, on a :

$$a.c. q_1 \cdots q_s \geqslant b. p_1 \cdots p_r. \qquad (7.4)$$

**4**  **Corollaire.** *Si $H^*(G, Z_2)$ possède un système simple de $r$ générateurs universellement transgressifs (au sens de [1], § 19), on a les inégalités $l \leqslant l_2 \leqslant r$.*

D'après [1], prop. 19.2, $H^*(B_G, Z_2)$ est une algèbre de polynomes à $r$ générateurs ; la proposition 7 montre alors que $l_2 \leqslant r$. L'inégalité $l \leqslant l_2$ a été démontrée dans la proposition 6.

*Remarques.* 1. Si $G = U(n)$, $Sp(n)$ ou $SO(n)$, on a l'égalité $l_2 = r$ ; mais cette égalité n'est pas générale : on peut montrer qu'elle est en défaut pour le groupe adjoint de $SO(6)$.

2. D'après [2], le groupe exceptionnel $G_2$ vérifie les hypothèses du corollaire précédent avec $r = 3$. On a donc $l_2(G_2) \leqslant 3$, d'où, compte tenu du n° 6, $l_2(G_2) = 3$.

## 8. Sur le 2-rang des groupes exceptionnels

Les cinq types exceptionnels de groupes de Lie simples compacts sont notés usuellement $G_2, F_4, E_6, E_7, E_8$. Ces symboles désigneront également ici les représentants simplement connexes de ces structures de groupes de Lie. Leurs centres ont respectivement 1, 1, 3, 2, 1 éléments (cf. [4]) et tous les automorphismes de $G_2, F_4, E_7, E_8$ sont intérieurs (cf. [3], ainsi que *F. Gantmacher*, Rec. Math. Moscou N. S., 5, 1939, p. 101—144).

**Lemme.** *Soient* $\mathfrak{g}$ *une algèbre de Lie de groupe semi-simple compact et* $\mathfrak{t}$ *une sous-algèbre abélienne maximale de* $\mathfrak{g}$. *Il existe un automorphisme* $\sigma$ *de* $\mathfrak{g}$, *d'ordre deux, et dont la restriction à* $\mathfrak{t}$ *est donnée par* $\sigma(t) = -t$, $t \in \mathfrak{t}$ [8].

Soient $\mathfrak{g}_C = \mathfrak{g} \otimes C$ l'algèbre de Lie complexe déduite de $\mathfrak{g}$ par passage du réel au complexe, et $\mathfrak{t}_C = \mathfrak{t} \otimes C$. D'après H. Weyl [7], on peut trouver une base $h_1, \ldots, h_l, e_\alpha, e_\beta, \ldots$ de $\mathfrak{g}_C$, où $h_i \in \mathfrak{t}_C$, et où $\alpha, \beta, \ldots$ sont des formes linéaires sur $\mathfrak{t}_C$ (les *racines* de $\mathfrak{g}_C$), qui vérifient les propriétés suivantes :

$$\alpha \neq 0 ; \quad si \quad \alpha \quad est \; une \; racine, \quad -\alpha \quad est \; aussi \; une \; racine. \tag{8.1}$$

$$[h, e_\alpha] = \alpha(h) \cdot e_\alpha \quad pour \; tout \quad h \in \mathfrak{t}_C . \tag{8.2}$$

$$[e_\alpha, e_\beta] = 0 \; si \; \alpha + \beta \; n'est \; pas \; une \; racine. \tag{8.3}$$

$$[e_\alpha, e_\beta] = N_{\alpha\beta} \cdot e_{\alpha+\beta} \; si \; \alpha + \beta \; est \; une \; racine. \tag{8.4}$$

$$N_{\alpha\beta} = \overline{N}_{\alpha\beta} = N_{-\alpha, -\beta} . \tag{8.5}$$

*Les éléments de la forme* $\Sigma a_i \cdot h_i + \Sigma b_\alpha \cdot e_\alpha$, *où* $a_i$ *est imaginaire pur et où* $\overline{b}_{-\alpha} = b_\alpha$, *forment une sous-algèbre de Lie (réelle)* $\mathfrak{g}_0$ *de* $\mathfrak{g}_C$ *isomorphe à* $\mathfrak{g}$.
$$\tag{8.6}$$

Comme les sous-algèbres abéliennes maximales de $\mathfrak{g}$ sont conjuguées par les automorphismes de $\mathfrak{g}$ (cf. [7] par exemple), on peut donc supposer qu'il existe un isomorphisme $\varphi : \mathfrak{g} \to \mathfrak{g}_0$ qui applique $\mathfrak{t}$ sur $\mathfrak{g}_0 \cap \mathfrak{t}_C$.

Soit maintenant $\psi$ la transformation linéaire de $\mathfrak{g}_C$ définie par :

$$\psi(h) = -h \quad si \quad h \in \mathfrak{t}_C , \quad \psi(e_\alpha) = e_{-\alpha} .$$

En utilisant 8.1 et 8.5 on voit que $\psi$ respecte les relations 8.2, 8.3 et 8.4 ; $\psi$ est donc un *automorphisme* de $\mathfrak{g}_C$ ; en outre $\mathfrak{g}_0$ est stable par $\psi$. En posant $\sigma = \varphi^{-1} \circ \psi \circ \varphi$ on obtient alors l'automorphisme de $\mathfrak{g}$ cherché.

---

[8] Ce résultat est un cas particulier d'un résultat classique ; pour être complets, nous en rappelons la démonstration.

**Corollaire.** *Soit $G$ un groupe de Lie semi-simple compact de rang $l$ et de centre réduit à $\{e\}$. Si tous les automorphismes de $G$ sont intérieurs, $G$ contient un sous-groupe isomorphe à $(Z_2)^{l+1}$.*

Soient $\mathfrak{g}$ et $\mathfrak{t}$ les algèbres de Lie de $G$ et d'un tore maximal $T$ de $G$ ; l'automorphisme $\sigma$ du lemme précédent définit un automorphisme de $G$, laissant stable $T$, qui vérifie $\sigma(x) = x^{-1}$ pour tout $x \in T$. Vu les hypothèses faites sur $G$, on a $\sigma(x) = g \cdot x \cdot g^{-1}$, avec $g \in G$, et $g^2 = e$. L'élément $g$ commute donc avec les éléments d'ordre 2 de $T$, et engendre avec eux un sous-groupe isomorphe à $(Z_2)^{l+1}$.

**Proposition 8.** *Les groupes $G_2$, $F_4$, Ad. $E_7$ et $E_8$ ont un 2-rang strictement plus grand que leur rang. Ils possèdent donc de la 2-torsion.*

(On a noté Ad. $G$ le *groupe adjoint* de $G$, quotient de $G$ par son centre).

Cette proposition résulte immédiatement du corollaire précédent et des résultats rappelés au début de ce numéro.

**Remarques.**

1. L'existence de la 2-torsion n'est nouvelle que pour $E_8$. Elle est en effet triviale pour Ad. $E_7 \approx E_7/Z_2$, et la cohomologie modulo 2 de $G_2$ et de $F_4$ a déjà été déterminée par l'un de nous [2].

2. La proposition 8 montre à nouveau que $l_2(G_2) \geqslant 3$.

3. Elle montre également que $l_2(F_4) \geqslant 5$. Mais il résulte de [2] et du corollaire à la proposition 7 que $l_2(F_4) \leqslant 5$. On a donc finalement $l_2(F_4) = 5$.

4. Nous ne savons pas si les groupes $E_6$ et $E_7$ vérifient la proposition 8.


BIBLIOGRAPHIE

[1] *A. Borel*, Sur la cohomologie des espaces fibrés principaux et des espaces homogènes de groupes de Lie compacts. Thèse, Paris 1952, à paraître aux Ann. of Math.

[2] *A. Borel*, La cohomologie mod 2 de certains espaces homogènes, Comment. Math. Helv. *27* (1953), 165 ff.

[3] *E. Cartan*, Le principe de dualité et la théorie des groupes simples et semi-simples. Bull. Sci. Math., *49* (1925), 130—152.

[4] *E. Cartan*, La géométrie des groupes simples. Annali Mat. Pura Appl., *4* (1927), 209—256.

[5] *E. Stiefel*, Über eine Beziehung zwischen geschlossenen Lieschen Gruppen und diskontinuierlichen Bewegungsgruppen euklidischer Räume und ihre Anwendung auf die Aufzählung der einfachen Lieschen Gruppen. Comment. Math. Helv., *14* (1942), 350—380.

[6] *B.-L. van der Waerden*, Gruppen von linearen Transformationen. Ergebnisse der Math. IV, 2, Berlin, Springer (1935).

[7] *H. Weyl*, Theorie der Darstellung kontinuierlicher halbeinfacher Gruppen durch lineare Transformationen III. Math. Z., *24* (1926), 377—395.


Reçu le 12 septembre 1952.

## 25.

# La cohomologie mod 2 de certains espaces homogènes

Comment. Math. Helv. **27** (1953) 165–197

## Introduction

Ce travail est consacré à l'étude de la cohomologie mod 2 de quelques espaces homogènes ou fibrés principaux des groupes orthogonaux, pour la plupart classiques. Comme dans [2], nous utilisons systématiquement les espaces classifiants et l'algèbre spectrale des espaces fibrés ; cependant, peu de résultats de [2] interviendront aussi, pour donner à ce travail une certaine autonomie, avons-nous rappelé brièvement dans les Nos 1 et 2 les principales notions et notations dont nous ferons usage.

Un des principaux buts de [2] est l'étude des espaces classifiants et des relations que l'on peut établir entre leur cohomologie et celle des groupes de Lie ; en ce qui concerne les groupes orthogonaux, le cas le plus intéressant est, comme on sait, celui de la cohomologie mod 2, mais, si nous en avons dit quelques mots pour le groupe orthogonal unimodulaire $SO(n)$, nous avons complètement laissé de côté le groupe orthogonal complet $O(n)$, et notre premier but dans I sera de combler cette lacune. On sait que la variété de Stiefel $V_{n+1+k,\,n}$ des $n$-repères orthonormaux de l'espace euclidien $R^{n+1+k}$ est un espace universel $E\big(k, O(n)\big)$ pour $O(n)$ et pour $k$ ; sa base, qui est par définition un espace classifiant $B\big(k, O(n)\big)$ pour $O(n)$ et pour $k$, est la grassmannienne $G_{n+1+k,\,n}$ des sous-espaces à $n$ dimensions de $R^{n+1+k}$. Ainsi, étudier $H(B_{O(n)}, Z_2)$ jusqu'à $k$ revient, si l'on veut, à étudier $H(G_{n+1+k,\,n}, Z_2)$ jusqu'à $k$, ce qui a été fait à l'aide de décompositions cellulaires notamment par Ehresmann [6], Chern [4], [5], et Wu [12], [13]. Nous retrouverons leurs résultats dans les Nos 5, 6, 7, mais en partant d'un point de vue différent : Soit en effet $Q(n)$ le sous-groupe des matrices diagonales de $O(n)$, c'est donc un groupe isomorphe au produit direct $(Z_2)^n$ de $n$ groupes cycliques d'ordre deux et le produit direct de $n$ espaces projectifs réels est un espace classifiant pour $Q(n)$, l'algèbre de cohomologie $H(B_{Q(n)}, Z_2)$ est donc iso-

229

morphe à une algèbre de polynômes $Z_2[x_1, \ldots, x_n]$ à $n$ générateurs de degré 1. Nous montrerons au No 5 que l'homomorphisme

$$\varrho^*(\boldsymbol{Q}(n), \boldsymbol{O}(n)): \ H(B_{\boldsymbol{O}(n)}, Z_2) \to H(B_{\boldsymbol{Q}(n)}, Z_2) \ ,$$

défini par l'inclusion $\boldsymbol{Q}(n) \subset \boldsymbol{O}(n)$, (voir No 1), est biunivoque, applique $H(B_{\boldsymbol{O}(n)}, Z_2)$ sur l'ensemble des fonctions symétriques en $x_1, \ldots, x_n$ et que l'image de la $i$-ème classe de Stiefel-Whitney réduite mod 2 $w^i$ est la $i$-ème fonction symétrique élémentaire en $x_1, \ldots, x_n$; pour y parvenir, nous devons au préalable étudier la cohomologie de l'espace homogène $\boldsymbol{O}(n)/\boldsymbol{Q}(n)$, ce qui est fait au No 4. Nous retrouvons ainsi le fait que les classes de Stiefel-Whitney réduites sont algébriquement indépendantes et engendrent $H(\boldsymbol{G}_{n+1+k,n}, Z_2)$ pour les degrés $\leq k$, ([4], [5], [13]). L'interprétation des classes réduites comme fonctions symétriques élémentaires permet de déduire d'une identité évidente entre fonctions symétriques les formules de dualité mod 2 de Whitney; elle permet aussi de ramener à un problème de fonctions symétriques la détermination des $i$-carrés des classes caractéristiques réduites et nous donnons au No 7 une démonstration des formules de Wu Wen Tsün ([13], [5]) qui résolvent cette question.

On passe aisément de là aux espaces classifiants pour les groupes orthogonaux unimodulaires, que l'on peut représenter comme grassmanniennes de sous-espaces orientés; en effet, nous verrons au No 8 que

$$\varrho^*(\boldsymbol{SO}(n), \boldsymbol{O}(n))$$

identifie $H(B_{\boldsymbol{SO}(n)}, Z_2)$ au quotient de $H(B_{\boldsymbol{O}(n)}, Z_2)$ par l'idéal de $w^1$. C'est donc une algèbre de polynômes à $n-1$ variables de degrés $2, \ldots, n$, résultat dû à Pontrjagin [9] que nous avions retrouvé d'une autre manière dans [2], § 23; de plus les formules de Wu donnent évidemment aussi les $Sq^i$ dans $H(B_{\boldsymbol{SO}(n)}, Z_2)$; or nous avons montré dans [2] que $H(\boldsymbol{SO}(n), Z_2)$ a un système simple de générateurs $h_1, \ldots, h_{n-1}$ universellement transgressifs, $w^{i+1}$ étant une image de $h_i$ par transgression; comme la transgression commute aux $i$-carrés ([10], No 9), on obtient immédiatement les $Sq^i$ dans $\boldsymbol{SO}(n)$, On trouve

$$Sq^i h_j = \binom{j}{i} h_{i+j} \quad (i + j \leq n - 1); \quad Sq^i h_j = 0 \quad (i + j \geq n) \ .$$

En fait, comme la sous-algèbre engendrée par $h_k, h_{k+1}, \ldots, h_{n-1}$ s'identifie à $H(\boldsymbol{V}_{n,n-k}, Z_2)$, ces formules décrivent plus généralement les $i$-carrés dans la cohomologie des variétés de Stiefel, qui ont été déterminés d'une tout autre manière par Miller [8].

Dans I le sous-groupe $Q(n)$, qui est visiblement un sous-groupe abélien maximal de type $(2, 2, \ldots, 2)$, joue un rôle décisif, tout à fait analogue à celui d'un tore maximal dans l'étude de la cohomologie réelle des classifiants ([2], Chapitre VI); pour une discussion plus étendue nous renvoyons au début de II, où cette analogie est poursuivie et conduit à la détermination de la cohomologie mod 2 de certains espaces homogènes. On sait que la cohomologie réelle d'un espace homogène $G/H$ se décrit aisément lorsque $G$ et $H$ ont même rang, c'est-à-dire ont un tore maximal commun. Nous établirons ici en cohomologie mod 2, dans certains cas particuliers où $G$ et $H$ ont un sous-groupe abélien maximal de type $(2, \ldots, 2)$ commun, des résultats qui s'écrivent et se démontrent sensiblement de la même façon. Nous obtenons ainsi notamment l'algèbre de cohomologie mod 2 des espaces $O(n)/O(n_1) \times \cdots \times O(n_k)$, $(n_1 + \cdots + n_k = n)$, $U(n)/O(n)$, $G_2/SO(4)$. Rappelons que les variétés $O(n)/O(n_1) \times \ldots \times O(n_k)$ ont été étudiées, au point de vue additif, par Ehresmann [6]; parmi elles figurent les grassmanniennes dont nous déterminons ainsi l'algèbre de cohomologie complète, et non pas seulement jusqu'à la dimension «critique» comme dans I. Dans tous les cas traités ici, $H(G/H, Z_2)$ est un quotient de $H(B_H, Z_2)$; par conséquent, lorsque $H$ est un produit de groupes orthogonaux, les formules de Wu déterminent aussi les $i$-carrés de $G/H$ [1]).

## 1. Espaces universels, espaces classifiants

Tous les espaces fibrés que nous rencontrerons dans ce travail seront des variétés compactes, et même des espaces fibrés différentiables; ils vérifieront donc a fortiori toutes les restrictions qu'il y a lieu d'imposer à la notion générale d'espace fibré pour que les résultats rappelés ci-dessous soient valables, aussi ne mentionnerons-nous pas ces conditions, renvoyant à [2] pour plus de détails. Nous ne répétons pas la définition d'espaces fibrés et d'espaces fibrés principaux (voir par exemple [2], No 2); indiquons simplement que nous désignons le système formé par un espace $E$ fibré de base $B$ et de fibres $F$ par $(E, B, F)$ ou $(E, B, F, p)$ si nous voulons mettre en évidence la projection de $E$ sur $B$.

---

$G$ désignera toujours un groupe de Lie compact. On appelle *espace universel* pour $G$ et pour $k$ un espace fibré principal compact connexe, noté $E(n,G)$ ou $E_G$, à cohomologie triviale jusqu'à $k$,

$$\text{(i. e. } H^0\big(E(n,G),\Gamma\big)\cong\Gamma, \quad H^i\big(E(n,G),\Gamma\big)=0\,, \quad (0<i\leq k))\,,$$

pour tout anneau de coefficients $\Gamma$). Sa base $B(n,G)$ ou $B_G$ est dite *espace classifiant* pour $G$ et pour $k$. Deux espaces classifiants pour $G$ et pour $k$ ont des algèbres de cohomologie isomorphes jusqu'à $k$ ([2], Prop. 18.2) ce qui permet de définir une algèbre graduée $H(B_G,\Gamma)$ qui pour tout $k$ est isomorphe à $H\big(B(k,G),\Gamma\big)$ jusqu'à $k$ ([2], Déf. 18.2). Quand $G$ est discret, $H(B_G,\Gamma)$ n'est autre que l'algèbre de cohomologie de $G$ au sens de Hopf.

Si $(E,B,G)$ est un espace fibré principal compact de fibre $G$, il existe un homomorphisme $\sigma^*:H(B_G,\Gamma)\to H(B,\Gamma)$, l'homomorphisme *caractéristique*, qui est un invariant de la fibration $(E,B,G)$. Son image est la *sous-algèbre caractéristique*. Si $U$ est un sous-groupe fermé de $G$, nous convenons d'appeler sous-algèbre caractéristique de $H(G/U,\Gamma)$ la sous-algèbre caractéristique de la fibration $(G,G/U,U)$. Nous utiliserons fréquemment le résultat suivant ([2], Corollaire à la Prop. 18.3) :

(1.1) *Soient $(X,Y,G)$ un espace fibré principal compact connexe, et $U$ un sous-groupe fermé de $G$. Si $H(G/U,\Gamma)$ est égale à sa sous-algèbre caractéristique, alors $G/U$ est totalement non homologue à zéro, relativement à $\Gamma$, dans la fibration $(X/U,Y,G/U)$.*

(En effet, l'homomorphisme caractéristique $\sigma^*$ de $(G,G/U,U)$ est le composé $i^*\cdot\sigma_1^*$ de l'homomorphisme caractéristique de $(X,X/U,U)$ par le transposé de l'inclusion $G/U\subset X/U$ ; si $\sigma^*$ est sur, il doit en être de même de $i^*$.)

Soit toujours $U$ un sous-groupe fermé de $G$ ; un espace $E(k,G)$ universel pour $G$ est évidemment universel pour $U$, d'où une projection $\varrho(U,G):E(k,G)/U=B(k,U)\to B(k,G)=E(k,G)/G$ qui permet de définir un homomorphisme $\varrho_\Gamma^*(U,G):H(B_G,\Gamma)\to H(B_U,\Gamma)$ qui joue un rôle fondamental dans [2]. Ici, nous désignerons cet homomorphisme par $\varrho^*(U,G)$ lorsque $\Gamma\cong Z_2$.

(1.2) Remarquons encore que $\varrho(U,G)$ définit une fibration $\big(B_U,B_G,G/U,\varrho(U,G)\big)$ et que l'homomorphisme $i^*$ transposé de l'inclusion d'une fibre est l'homomorphisme caractéristique de $(G,G/U,U)$, (voir [2], Théorème 22.2).

## 2. Algèbre spectrale des espaces fibrés

Pour nous conformer à un usage de plus en plus répandu, nous noterons une algèbre spectrale $(E_r)$ au lieu de $(H_r)$ comme dans [2]. Dans le cas d'un espace fibré on a, comme on sait

$$E_2 = H\big(B, H(F, \Gamma)\big)\ , \qquad E_2^{p,q} = H^p\big(B, H^q(F, \Gamma)\big)$$

et $E_\infty$ est l'algèbre graduée associée à $H(E, \Gamma)$ convenablement filtrée ; $H\big(B, H(F, \Gamma)\big)$ est l'algèbre de cohomologie de $B$ à coefficients dans le système local formé par les algèbres de cohomologie des différentes fibres ; nous utiliserons sans commentaire le fait que ce système est simple lorsque $B$ est simplement connexe, ou lorsque $E$ est fibré principal de groupe structural $G$ connexe, ou encore quotient d'un tel espace par un sous-groupe fermé de $G$. Dans le cas du système simple et si $\Gamma$ est isomorphe à un corps $K$, on a donc $E_2 = H(B, K) \otimes H(F, K)$, (produit tensoriel «gauche» sur $K$).

Nous ne répétons pas ici la définition de l'algèbre spectrale des espaces fibrés et nous n'allons mentionner que certaines de ses propriétés, celles qui interviendront le plus fréquemment dans la suite (pour plus de détails, voir [7], [2] § 2, 4, [10]).

(2.1) Nous notons $Dx$ le degré total d'un élément de $E_r$, et $^iE_r$ l'ensemble des éléments de degré total $i$ de $E_r$, i. e.

$$^iE_r = \sum_{p+q=i} E_r^{p,q}\ .$$

Si l'algèbre spectrale est prise relativement à un corps $K$ de coefficients on désigne par $P_K(E_r, t)$ le polynôme de Poincaré de $E_r$ relativement au degré total. On a donc

$$P_K(E_\infty, t) = P_K(E, t)$$

et, puisque $E_{r+1}$ est l'algèbre de cohomologie de $E_r$ relativement à $d_r$

$$P_K(E_{r+1}, t) \leqq P_K(E_r, t)$$

l'égalité valant si et seulement si $d_r \equiv 0$, c'est-à-dire si $E_r \cong E_{r+1}$.

(2.2) $E_\infty^{0,q}$ s'identifie à un sous-module de $E_2^{0,q}$, l'ensemble des éléments de $E_2^{0,q}$ qui sont cocycles pour toutes les différentielles, et forme l'image de l'homomorphisme $i^*: H^q(E, \Gamma) \to H^q(F, \Gamma)$ transposé de l'inclusion.

(2.3) En fait, toutes les algèbres spectrales auxquelles nous aurons affaire, sauf une, seront triviales (i. e. $E_2 = E_\infty$, ou si l'on veut $d_r \equiv 0$

pour tout $r \geqq 2$), aussi allons nous parler de ce cas plus en détails. Rappelons tout d'abord un résultat connu ([7], Théorèmes 7.1, 7.3, [2] Prop. 4.1).

*Pour que l'algèbre spectrale de $(E, B, F, p)$ sur un corps $K$ soit triviale et que l'on ait dans $E_2$ des coefficients ordinaires, il faut et il suffit que $F$ soit totalement non homologue à zéro dans $E$, relativement à $K$. Dans ce cas $p^*$ est biunivoque, $i^*$ identifie $H(F, K)$ au quotient de $H(E, K)$ par l'idéal qu'y engendrent les éléments de degrés $> 0$ de $p^*\big(H(B, K)\big)$.*

Il est clair que si les conditions précédentes sont réalisées on a

$$P_K(E, t) = P_K(E_\infty, t) = P_K(E_2, t) = P_K(B \times F, t) \ .$$

Cette condition est aussi suffisante ; en effet :

**Proposition 2.1.** *Soit $(E, B, F)$ un espace fibré compact, connexe, de base localement connexe, à fibres connexes. Pour que $F$ soit totalement non homologue à zéro dans $E$, relativement à $K$, il faut et il suffit que $P_K(E, t) = P_K(B, t) \cdot P_K(F, t)$.*

Vu (2.3), nous pouvons nous borner à établir la suffisance de la condition ; montrons tout d'abord que le système des $H(F, K)$ est *simple*. Soit $C^q(F, K)$ le plus grand sous-espace de $H^q(F, K)$ sur lequel le groupe fondamental de $B$ agit trivialement, on a donc

$$E_2^{0,q} = H^0(B, H^q(F, K)) = C^q(F, K)$$

et nous devons prouver que $C^q(F, K) = H^q(F, K)$ ; c'est clair pour $q = 0$, supposons-le vrai pour $q < k$, $(k > 0)$, on a donc

$$E_2^{p,q} = H^p\big(B, H^q(F, K)\big) = H^p(B, K) \otimes H^q(F, K) \qquad (q < k)$$

d'où

$$\dim.\ ^kE_2 = \dim.\ H^k(B \times F, K) - \dim.\ H^k(F, K) + \dim.\ C^k(F, K)$$

$$\dim.\ ^kE_2 = \dim.\ ^kE_\infty - \dim.\ H^k(F, K) + \dim.\ C^k(F, K)$$

et puisque $\dim.\ ^kE_2 \geqq \dim.\ ^kE_\infty$, on obtient $\dim.\ C^k(F, K) \geqq \dim.\ H^k(F, K)$ donc $C^k(F, K) = H^k(F, K)$.

Ainsi le système des $H(F, K)$ est simple et $E_2 = H(B, K) \otimes H(F, K)$, d'où

$$P_K(E_2, t) = P_K(B, t)\, P_K(F, t) = P_K(E, t) = P_K(E_\infty, t)$$

et l'algèbre spectrale est triviale d'après (2.1), $F$ est totalement non homologue à zéro d'après (2.3).

### 3. Remarques auxiliaires

Pour ne pas devoir interrompre le cours de certaines démonstrations de I, nous rassemblons ici quelques remarques à peu près évidentes sur le groupe fondamental d'un espace.

Soit $(E, B, \pi)$ un espace fibré principal, globalement et localement connexe et simplement connexe par arcs, dont la fibre est un groupe abélien discret. Le groupe $\pi_1(B)$ est donc isomorphe à $\pi$, de façon précise on a un isomorphisme canonique $\zeta_b : \pi \to \pi_1(B, b)$, $(b \in B)$ obtenu ainsi : Soit $\tilde{b} \in p^{-1}(b)$, on fait correspondre à $x \in \pi$ la classe des lacets qui sont projections d'arcs joignant $\tilde{b}$ à $\tilde{b} \cdot x$ ; cela ne dépend pas de $\tilde{b}$ puisque $\pi$ est supposé abélien.

Supposons que $E$ soit aussi fibré principal pour un surgroupe $\bar{\pi}$ de $\pi$, dans lequel $\pi$ est invariant ; $\bar{\pi}$ opère alors sur $E$ en respectant la fibration $(E, B, \pi, p)$ et opère donc sur $B$ par passage au quotient ; soit $k_b$ l'isomorphisme de $\pi_1(B, b)$ sur $\pi_1\big(B, k(b)\big)$ qui se déduit ainsi de l'homéomorphisme $x \to x \cdot k^{-1}$ de $E$ ; il est immédiat que $\zeta_{k(b)}^{-1} \circ k_b \circ \zeta_b$ est l'automorphisme $T_k :$ $x \to k x k^{-1}$, et ainsi le quotient $\bar{\pi}/\pi$ opère sur $\pi_1(B)$, donc sur le premier groupe d'homologie $H_1(B, Z) \cong \pi_1(B)$, par les automorphismes $T_k$.

Soient $\pi'$ un sous-groupe de $\pi$, et $f$ la projection de $E/\pi'$ sur $E/\pi$. Il est clair que le diagramme suivant est commutatif

$$
\begin{array}{ccc}
\pi_1(E/\pi', a) & \overset{\zeta_a}{\leftarrow} & \pi' \\[4pt]
\downarrow f & & \downarrow i \qquad (i \text{ inclusion de } \pi' \text{ dans } \pi) \\[4pt]
\pi_1\big(E/\pi, f(a)\big) & \overset{\zeta_{f(a)}}{\leftarrow} & \pi
\end{array}
$$

On peut donc identifier canoniquement $\pi'$, resp. $\pi$, à $H_1(E/\pi', Z)$, resp. $H_1(E/\pi, Z)$, de manière à ce que $f_* : H_1(E/\pi', Z) \to H_1(E/\pi, Z)$ soit l'inclusion $i$ ; si $\Gamma$ est un groupe abélien, $f_* : H_1(E/\pi', \Gamma) \to H_1(E/\pi, \Gamma)$ est l'homomorphisme $\pi' \otimes \Gamma \to \pi \otimes \Gamma$ défini par l'inclusion $\pi' \subset \pi$ et par l'identité sur $\Gamma$ ; remarquons encore qu'il est biunivoque et que $\pi' \otimes \Gamma \cong \pi'$ ; $\pi \otimes \Gamma \cong \pi$ quand $\Gamma \cong Z_2$ et quand $\pi$ est de type $(2, 2, \ldots, 2)$.

*Cas particulier.* Soient $\boldsymbol{Q}(n)$ le groupe des matrices diagonales de $\boldsymbol{O}(n)$, et $N_n$ le normalisateur de $\boldsymbol{Q}(n)$ dans $\boldsymbol{O}(n)$. Il est clair que $\boldsymbol{Q}(n) = (Z_2)^n$ et que $N_n/\boldsymbol{Q}(n)$ s'identifie au groupe des permutations d'un système convenable de générateurs de $\boldsymbol{Q}(n)$, soit $u_1, \ldots, u_n$ ; à ce système correspond une base $v_1, \ldots, v_n$ de $H_1(B, Z_2) \cong H_1(B, Z) \otimes Z_2$. Soit encore $x_1, \ldots, x_n$ la base duale de $H^1(B, Z_2)$. Alors $N_n/\boldsymbol{Q}(n)$, considéré comme groupe d'opérateurs de $H^1(B, Z_2)$ est le groupe des permutations de $x_1, \ldots, x_n$.

Si $\pi' = Q(i)$ est le sous-groupe engendré par $u_{n-i+1}, \ldots, u_n$, $f_* : H_1(E/Q(i), Z_2) \to H_1(E/Q(n), Z_2)$ identifie $H_1(E/Q(i), Z_2)$ au sous-espace de $H_1(E/Q(n), Z_2)$ ayant $v_{n-i+1}, \ldots, v_n$ comme base. Désignons enfin par $y_1, \ldots, y_i$ la base de $H^1(E/Q(i), Z_2)$ qui est duale à la base de $H_1(E/Q(i), Z_2)$ définie par $u_{n-i+1}, \ldots, u_n$; l'homomorphisme transposé $f^* : H^1(E/Q(n), Z_2) \to H^1(E/Q(i), Z_2)$ est défini par

$$f^*(x_{n-i+j}) = y_j \ (j = 1, 2, \ldots, i); \ f^*(x_k) = 0 \ (1 \leqq k \leqq n - i) \ . \quad (3.1)$$

## I. Espaces classifiants pour les groupes orthogonaux; variétés de Stiefel

Dorénavant, nous considérerons exclusivement la cohomologie mod 2, aussi convenons-nous de désigner par $H(X)$ l'algèbre de cohomologie de $X$ relativement au corps à deux éléments; de même $P(X, t)$ sera le polynôme de Poincaré de $H(X)$, et une suite spectrale $(E_r)$ sera toujours relative à $Z_2$.

Nous notons $Q(n)$, (resp. $SQ(n)$), le sous-groupe des matrices diagonales de $O(n)$, (resp. de $SO(n)$), donc

$$Q(n) \cong (Z_2)^n \ ; \quad SQ(n) \cong (Z_2)^{n-1}$$

d'où

$$H(B_{Q(n)}, Z_2) \cong Z_2[x_1, \ldots, x_n] \qquad (D x_i = 1)$$

$$H(B_{SQ(n)}) \quad \cong Z_2[y_1, \ldots, y_{n-1}] \quad (D y_i = 1)$$

$$P(B_{Q(n)}, t) = (1 - t)^{-n} \ ; \quad P(B_{SQ(n)}, t) = (1 - t)^{-n+1} \ .$$

$F_n$ désignera l'espace homogène

$$F_n = O(n)/Q(n) \cong SO(n)/SQ(n) \ .$$

## 4. Cohomologie de $F_n$

Nous avons surtout en vue l'étude de l'homomorphisme

$$\varrho^*(Q(n), O(n))$$

mais ce dernier est le transposé de la projection dans la fibration

$$(B_{Q(n)}, B_{O(n)}, F_n)$$

et c'est pourquoi l'étude de $F_n$ s'avèrera utile ; remarquons que l'on peut aussi l'envisager comme fibre dans la fibration $(B_{SQ(n)}, B_{SO(n)}, F_n)$ correspondant à l'inclusion $SQ(n) \subset SO(n)$.

**Lemme 4.1.** *La dimension de $H^1(F_n)$ est* $\geq n - 1$, $(n = 2, 3, \ldots)$. Dans l'algèbre spectrale de $(B_{SQ(n)}, B_{SO(n)}, F_n)$ on a

$$E_2 = H(B_{SO(n)}) \otimes H(F_n) \quad \text{et} \quad E_2^{1,0} = 0$$

car $B_{SO(n)}$ est simplement connexe, d'où

$${}^1E_2 = E_2^{0,1} \cong H^1(F_n) \tag{4.1}$$

d'autre part

$$\dim {}^1E_\infty = \dim H^1(B_{SQ(n)}) = n - 1 \tag{4.2}$$

et le lemme résulte de l'inégalité $\dim {}^1E_2 \geq \dim {}^1E_\infty$ .

**Proposition 4.1.** *$H(F_n)$ est engendrée par ses éléments de degré* $\leq 1$ *et son polynôme de Poincaré est*

$$P(F_n, t) = (1 - t^2)(1 - t^3) \ldots (1 - t^n)(1 - t)^{1-n} \quad (n \geq 2) .$$

Démonstration par récurrence sur $n$. Pour $n = 2$, $F_2 = SO(2)/Z_2$ est un cercle, supposons la proposition vraie pour $F_{n-1}$, $(n \geq 3)$, on a donc en particulier $\dim H^1(F_{n-1}) = n - 2$.

Soit $Z_2 \times O(n - 1)$ le sous-groupe de $O(n)$ formé des matrices dont le premier coefficient est $\pm 1$, il contient $Q(n) = Z_2 \times Q(n - 1)$ et comme le quotient $O(n)/Z_2 \times O(n - 1)$ est l'espace projectif réel à $n - 1$ dimensions $P_{n-1}$, on a une fibration

$$\big(O(n)/Q(n), P_{n-1}, O(n - 1)/Q(n - 1), p_n\big)$$

que l'on peut aussi écrire $(F_n, P_{n-1}, F_{n-1}, p_n)$ dont nous voulons étudier l'algèbre spectrale. On a

$$\dim E_2^{1,0} = \dim H^1(P_{n-1}) = 1$$

$$\dim E_2^{0,1} = \dim H^0(P_{n-1}, H^1(F_{n-1})) = \dim C^1(F_{n-1}) \leq n - 2$$

donc $\dim {}^1E_2 \leq n - 1$, $(C^1(F_{n-1})$ est le sous espace maximum de $H^1(F_{n-1})$ sur lequel $\pi_1(P_{n-1})$ agit trivialement). Mais

$$\dim {}^1E_\infty = \dim H^1(F_n) \geq n - 1$$

il faut donc que $C^1(F_{n-1}) = H^1(F_{n-1})$ et que les éléments de $E_2^{0,1}$ soient cocycles pour toutes les différentielles $d_r$ ; par conséquent l'image de l'homomorphisme $i^*: \ H(\boldsymbol{F}_n) \to H(\boldsymbol{F}_{n-1})$ transposé de l'inclusion contient $H^1(\boldsymbol{F}_{n-1})$, donc aussi $H(\boldsymbol{F}_{n-1})$ qui est engendré par ses éléments de degrés $\leq 1$. Ainsi $\boldsymbol{F}_{n-1}$ est totalement non homologue à zéro dans $\boldsymbol{F}_n$, l'algèbre spectrale est triviale $\big($voir $(2.3)\big)$, et

$$P(\boldsymbol{F}_n, t) = P(\boldsymbol{P}_{n-1}, t)\, P(\boldsymbol{F}_{n-1}, t) = (1 - t^2)(1 - t^3)\ldots(1 - t^n)(1 - t)^{1-n}$$

compte tenu de l'hypothèse d'induction. Enfin,

$$E_\infty = E_2 = H(\boldsymbol{P}_{n-1}) \otimes H(\boldsymbol{F}_{n-1})$$

est engendré par ses éléments de degrés $\leq 1$, il en est donc de même pour $H(\boldsymbol{F}_n)$, puisque $E_\infty$ est l'algèbre graduée associée à $H(\boldsymbol{F}_n)$ convenablement filtrée (voir [2], Prop. 8.1 a).

**Corollaire.** $H\big(\boldsymbol{SO}(n)/\boldsymbol{SQ}(n)\big)$ *est égale à sa sous-algèbre caractéristique ; la série de Poincaré de* $H(B_{\boldsymbol{SO}(n)})$ *est*

$$P(B_{\boldsymbol{SO}(n)}, t) = (1 - t^2)^{-1}(1 - t^3)^{-1}\ldots(1 - t^n)^{-1} \ .$$

Nous reprenons l'algèbre spectrale de $(B_{\boldsymbol{SQ}(n)}, B_{\boldsymbol{SO}(n)}, \boldsymbol{F}_n)$ considérée dans le lemme 4.1 ; la proposition 4.1, jointe à (4.1) et (4.2), montre que $\dim {}^1E_\infty = \dim {}^1E_2 = n - 1$. Les différentielles doivent donc être nulles sur les éléments de degré total 1, en particulier sur $1 \otimes H^1(\boldsymbol{F}_n)$, donc aussi sur $1 \otimes H(\boldsymbol{F}_n)$ qui est engendré par ses éléments de degré $\leq 1$ ; ainsi $\boldsymbol{F}_n$ est totalement non homologue à zéro dans cette fibration, dont l'algèbre spectrale est par suite triviale. Il en résulte que

$$H\big(\boldsymbol{SO}(n)/\boldsymbol{SQ}(n)\big)$$

est égale à sa sous-algèbre caractéristique (No 2) et que

$$P(B_{\boldsymbol{SO}(n)}, t) \cdot P(\boldsymbol{F}_n, t) = P(B_{\boldsymbol{SQ}(n)}, t) = (1 - t)^{-n+1}$$

d'où l'égalité annoncée (compte tenu de la Proposition 4.1).

## 5. Cohomologie de $B_{\boldsymbol{O}(n)}$ ; classes caractéristiques réduites

Pour $m < n$, nous identifions $\boldsymbol{O}(m)$ au sous-groupe de $\boldsymbol{O}(n)$ formé des matrices dont les $n - m$ premiers termes diagonaux sont égaux à 1, et $\varrho^*(\boldsymbol{O}(m), \boldsymbol{O}(n))$ désigne l'homomorphisme de $H(B_{\boldsymbol{O}(m)})$ dans $H(B_{\boldsymbol{O}(n)})$, correspondant à cette inclusion (voir 1).

On sait que les premiers groupes de cohomologie (mod 2) de la variété de Stiefel $V_{n,n-i} = \boldsymbol{O}(n)/\boldsymbol{O}(i)$ sont donnés par (voir par exemple [2], Proposition 10.3) :

$$H^j(V_{n,n-i}) = 0 \quad (j<i) \;; \quad H^i(V_{n,n-i}) = Z_2 \;. \tag{5.1}$$

**Lemme 5.1.** *La classe de Stiefel-Whitney réduite* mod 2 *de degré $i+1$ de $B_{\boldsymbol{O}(n)}$, soit $w^{i+1}$, est l'unique élément non nul de degré $i+1$ contenu dans le noyau de $\varrho^*(\boldsymbol{O}(i),\ \boldsymbol{O}(n))$, $(i = 1, 2, \ldots, n-1)$.*

Dans cet énoncé, $B_{\boldsymbol{O}(n)}$ désigne un espace classifiant pour une dimension assez grande, par exemple $>n$.

On sait (voir [11], p. 139) que $w^{i+1}$ est l'image par transgression de l'élément non nul de $H^i(V_{n,n-i})$ dans la fibration

$$\big(E_{\boldsymbol{O}(n)}/\boldsymbol{O}(i),\ E_{\boldsymbol{O}(n)}/\boldsymbol{O}(n),\ V_{n,n-i},\ \varrho\,(\boldsymbol{O}(i)/\boldsymbol{O}(n))\big) \;,$$

c'est-à-dire $\big(B_{\boldsymbol{O}(i)},\ B_{\boldsymbol{O}(n)},\ V_{n,n-i},\ \varrho\,(\boldsymbol{O}(i),\ \boldsymbol{O}(n))\big)$ . Dans son algèbre spectrale on a d'après (5.1)

$$E_r^{p,q} = 0 \quad \text{pour} \quad p + q \leqq i, \;\; p>0, \;\; r \geqq 2 \tag{5.2}$$

donc

$$E_{i+1}^{i+1,0} \cong E_2^{i+1,0} \cong H^{i+1}(B_{\boldsymbol{O}(n)}) \tag{5.3}$$

et, puisque $\pi_1(B_{\boldsymbol{O}(n)})$ agit forcément trivialement sur $Z_2$

$$E_2^{0,i} \cong E_3^{0,i} \cong \cdots \cong E_{i+1}^{0,i} \cong H^i(V_{n,n-i})$$

Soit $v^i$ l'élément non nul de $H^i(V_{n,n-i})$ ; comme la transgression en dimension $i$ coincide avec l'homomorphisme $E_{i+1}^{0,i} \to E_{i+1}^{i+1,0}$ défini par $d_{i+1}$ ([2], Proposition 5.1), on doit avoir

$$d_{i+1}(1 \otimes v^i) = w^{i+1} \otimes 1 \;.$$

Ensuite, comme toujours dans une algèbre spectrale :

$$E_{i+2}^{i+1,0} \cong E_{i+1}^{i+1,0}/d_{i+1}\,({}^iE_{i+1}) \frown E_{i+1}^{i+1,0}$$

$$E_{i+2}^{i+1,0} \cong E_{i+3}^{i+1,0} \cong \cdots \cong E_{\infty}^{i+1,0} \cong \varrho^*\big(H^{i+1}(B_{\boldsymbol{O}(n)})\big)$$

mais, vu (5.2), $d_{i+1}({}^iE_{i+1}) \frown E_{i+1}^{i+1,0}$ est engendré par $w^{i+1}$, d'où le lemme.

**Théorème 5.1.** *L'homomorphisme $\varrho^*(\boldsymbol{Q}(n),\ \boldsymbol{O}(n))$ de $H(B_{\boldsymbol{O}(n)})$ dans $H(B_{\boldsymbol{Q}(n)}) = Z_2[x_1, \ldots, x_n]$, $(Dx_i = 1)$, est biunivoque. Son image est l'algèbre des fonctions symétriques en $x_1, \ldots, x_n$ ; il applique la classe caractéristique réduite $w^i$ sur la $i$-ème fonction symétrique élémentaire $\sigma^i$ $(i = 1, \ldots, n)$.*

Dans la démonstration, divisée en trois parties, on écrira $\varrho^*_{(i)}$ au lieu de $\varrho^*(Q(i), O(i))$.

a) Nous montrerons tout d'abord que $\varrho^*_{(n)}$ *est biunivoque et que*

$$P(B_{O(n)}, t) = (1 - t)^{-1}(1 - t^2)^{-1}\ldots(1 - t^n)^{-1} \;.$$

Dans l'algèbre spectrale de $(B_{Q(n)}, B_{O(n)}, F_n, \varrho_{(n)})$ on a

$$\dim {}^1E_2 = \dim E_2^{1,0} + \dim E_2^{0,1}$$

$$\dim {}^1E_2 = \dim H^1(B_{O(n)}) + \dim H^0\big(B, H^1(F_n)\big) \leqq n$$

vu la Proposition 4.1 et le fait que $\pi_1(B_{O(n)}) \cong \pi_0(O(n)) \cong Z_2$, (suite d'homotopie dans $(E_{O(n)}B_{O(n)}, O(n))$. D'autre part

$$\dim {}^1E_\infty = \dim H^1(B_{Q(n)}) = n$$

ainsi, il faut que $\dim {}^1E_2 = n$, donc que $H^0\big(B_{Q(n)}, H^1(F_n)\big)$ soit isomorphe à $H^1(F_n)$ et formé d'éléments qui sont cocycles pour toutes les différentielles. Puisque $H(F_n)$ est engendré par ses éléments de degré $\leqq 1$, on voit que $H^0\big(B_{Q(n)}, H^k(F_n)\big) = H^k(F_n)$ pour tout $k$ et que ses éléments sont cocycles pour toutes les différentielles. Ainsi

$$E_2 = H(B_{O(n)}) \otimes H(F_n) = E_\infty$$

l'algèbre spectrale est triviale, $\varrho^*_{(n)}$ est biunivoque, (voir (2.3)), et

$$P(B_{O(n)}, t) \cdot P(F_n, t) = P(B_{Q(n)}) = (1 - t)^{-n}$$

d'où, compte tenu de la Proposition 4.1,

$$P(B_{O(n)}, t) = (1 - t)^{-1}(1 - t^2)^{-1}\ldots(1 - t^n)^{-1} \;.$$

b) Nous notons $S(x_1, \ldots, x_n)$ l'algèbre des fonctions symétriques en $x_1, \ldots, x_n$. Nous voulons montrer que $S(x_1, \ldots, x_n)$ *est l'image de* $\varrho^*_{(n)}$.

Le normalisateur $N_n$ de $Q(n)$ dans $O(n)$ opère sur la fibration $(E_{O(n)}, B_{Q(n)}, Q(n))$. On peut appliquer les remarques du No 3 (cas particulier) à $E = E_{O(n)}$, $B = B_{O(n)}$; ainsi, le groupe $\Psi_n = N_n/Q(n)$ opère sur $H(B_{Q(n)}) = Z_2[x_1, \ldots, x_n]$ et est le groupe des permutations de $x_1, \ldots, x_n$.

$N_n$ opère sur la fibration $(E_{O(n)}, B_{O(n)}, O(n))$ et commute évidemment avec la projection en laissant chaque fibre invariante il opère donc trivialement sur $B_{O(n)}$ et sur $H(B_{O(n)})$; il est clair que $N_n$ commute à la projection $\varrho^*_{(n)}\colon\ B_{Q(n)} \to B_{O(n)}$, donc finalement $\Psi_n$ commute à $\varrho^*_{(n)}$:

$H(B_{O(n)}) \to H(B_{Q(n)})$ et agit trivialement sur la première algèbre. L'image de $\varrho_{(n)}^*$ est certainement contenue dans la sous-algèbre de $H(B_{Q(n)})$ formée par les éléments sur lesquels $\Psi_n$ opère trivialement, et qui est $S(x_1, \ldots, x_n)$. Mais d'après a) $\varrho_{(n)}^*$ est biunivoque, et la série de Poincaré de $H(B_{O(n)})$ est justement celle de $S(x_1, \ldots, x_n)$; l'image de $\varrho_{(n)}^*$ est donc tout $S(x_1, \ldots, x_n)$.

c) *A montrer*: $\varrho_{(n)}^*(w^j) = \sigma^j$ $(j = 1, 2, \ldots, n)$. Pour $j = 1$, c'est évident car $\sigma^1$ est le seul élément non nul de degré 1 de $S(x_1, \ldots, x_n)$; soit donc $j = i + 1$ $(i \geqq 1)$, et considérons le diagramme commutatif

$$E_{O(n)}/Q(i) \overset{\alpha}{\to} E_{O(n)}/Q(n)$$
$$\downarrow \qquad\qquad \downarrow$$
$$E_{O(n)}/O(i) \overset{\beta}{\to} E_{O(n)}/O(n)$$

qui peut s'écrire

$$B_{Q(i)} \overset{\alpha}{\to} B_{Q(n)}$$
$$\downarrow \varrho_{(i)} \qquad \downarrow \varrho_{(n)}$$
$$B_{O(i)} \overset{\beta}{\to} B_{O(n)}$$

d'où l'on déduit

$$H(B_{Q(i)}) \overset{\alpha^*}{\leftarrow} H(B_{Q(n)})$$
$$\uparrow \varrho_{(i)}^* \qquad \uparrow \varrho_{(n)}^*$$
$$H(B_{O(i)}) \overset{\beta^*}{\leftarrow} H(B_{O(n)})$$

où $\alpha^* = \varrho^*\big(Q(i), Q(n)\big)$ et $\beta^* = \varrho^*\big(O(i), O(n)\big)$; d'après (3.1) on a pour un choix convenable de générateurs $y_1, \ldots, y_i$ de $H(B_{Q(i)})$

$$\alpha^*(x_{n-i+k}) = y_k \quad (k = 1, \ldots, i); \quad \alpha^*(x_k) = 0 \quad (k \leqq n - i) . \tag{5.4}$$

Nous savons par ailleurs que $\varrho_{(i)}^*$ et $\varrho_{(n)}^*$ sont biunivoques et ont comme images respectives $S(y_1, \ldots, y_i)$ et $S(x_1, \ldots, x_n)$; de plus, d'après le lemme 5.1:

$$\alpha^* \circ \varrho_{(n)}^*(w^{i+1}) = \varrho_{(i)}^* \circ \beta^*(w^{i+1}) = 0 .$$

Par conséquent, $\varrho_{(n)}^*(w^{i+1})$ est une fonction symétrique de degré $i + 1$, non nulle, dont l'image par l'homomorphisme que définit (5.4) est nulle, c'est forcément $\sigma^{i+1}$. C. Q. F. D.

*Remarque.* Dans la partie a) de la démonstration, nous avons vu que l'algèbre spectrale de $(B_{Q(n)}, B_{O(n)}, F_n, \varrho_{(n)})$ est triviale, par conséquent, $H\big(O(n)/Q(n)\big)$ est égale à sa sous-algèbre caractéristique.

*Interprétation géométrique.* Prenons comme espace universel pour $O(n)$ la variété de Stiefel $V_{m,n}$ ($m$ grand), des $n$-repères orthonormaux de $R^m$. Il est clair que si $(e_1, \ldots, e_n)$ est un $n$-repère orthonormal, ses transformés par $Q(n)$ sont les repères $(\pm e_1, \pm e_2, \ldots, \pm e_n)$. L'espace $V_{m,n}^* = V_{m,n}/Q(n)$ est donc *la variété des systèmes ordonnés de $n$ droites non orientées de $R^n$, orthogonales deux à deux, passant par l'origine*. Cet espace est par ailleurs le quotient d'un espace universel, c'est donc un espace classifiant $B_{Q(n)}$ pour $Q(n)$ (et pour $m - n - 1$) donc $H(V_{m,n}^*) = Z_2[x_1, \ldots, x_n]$ pour $D < m - n$; la fibration

$$\left( B_{Q(n)}, \, B_{O(n)}, \, O(n)/Q(n), \, \varrho\big(Q(n), \, O(n)\big) \right)$$

s'écrit ici $\left( V_{m,n}^*, \, G_{m,n}, \, O(n)/Q(n)\right), \varrho\big(Q(n), O(n)\big)$. Sous a) nous avons en somme démontré que $O(n)/Q(n)$ était totalement non homologue à zéro (mod 2) dans $V_{m,n}^*$ donc $\varrho^*: \ H(G_{m,n}) \to H(V_{m,n}^*)$ est biunivoque en toute dimension, sous b) nous avons vu que l'image de $\varrho^*$ est pour les degrés $< m - n$ l'ensemble des fonctions symétriques en $x_1, \ldots, x_n$.

Soit encore $\left( E, \, V_{m,n}^*, \, O(n), \, p \right)$ l'espace fibré image réciproque de $\left( V_{m,n}, \, G_{m,n}, \, O(n), \, q \right)$ par $\varrho_{(n)}$ («induced bundle» dans [11] § 10), $E$ est donc un espace fibré principal, muni d'un homomorphisme $\bar\varrho: \ E \to V_{m,n}$ qui induit $\varrho_{(n)}$ par passage au quotient; l'égalité $\varrho_{(n)}^*(w^i) = \sigma^i$ signifie que les classes caractéristiques réduites mod 2 de la fibration

$$\left( E, \, V_{m,n}^*, \, O(n), \, p \right)$$

sont les fonctions symétriques élémentaires en $x_1, \ldots, x_n$.

## 6. Les formules de dualité mod 2

A deux espaces fibrés principaux de groupes structuraux $O(n_1)$ et $O(n_2)$ ayant même base $B$, on fait correspondre, comme on sait, un espace fibré principal de fibre $O(n_1) \times O(n_2)$, puis, par extension du groupe structural, un espace fibré principal de fibre $O(n)$ ($n = n_1 + n_2$), tous deux de base $B$. Les formules de dualité mod 2 de H. Whitney expriment des relations liant les classes caractéristiques réduites des 3 fibrations précédentes de groupes structuraux respectifs $O(n_1)$, $O(n_2)$ et $O(n)$.

Ces formules se déduisent directement de relations entre les classes caractéristiques réduites de deux espaces fibrés principaux

$$\left( E_i, \, B_i, \, O(n_i), \, p_i \right) \quad (i = 1, 2) \, ,$$

et de l'espace fibré $(E, B_1 \times B_2, \boldsymbol{O}(n), p)$ obtenu par extension du groupe structural à partir de $(E_1 \times E_2, B_1 \times B_2, \boldsymbol{O}(n_1) \times \boldsymbol{O}(n_2))$ et qui sont dues à Wu Wen Tsün [12]. Quant à ces dernières, il suffit pour les obtenir de considérer le cas des espaces universels, autrement dit où $E_i = \boldsymbol{V}_{m_i, n_i}$ ($m_i$ grand). Soit

$$h: \quad \boldsymbol{G}_{m_1, n_1} \times \boldsymbol{G}_{m_2, n_2} \to \boldsymbol{G}_{m, n} \quad (n = n_1 + n_2, \ m = m_1 + m_2)$$

l'application qui associe au couple $(P_1, P_2)$ le sous-espace de la somme directe $R^m = R^{m_1} + R^{m_2}$ sous-tendu par $P_1$ et $P_2$. Soient $w_{(i)}^j$ la $j$-ème classe réduite de $\boldsymbol{G}_{m_i, n_i}$, et $w^j$ la $j$-ème classe réduite de $\boldsymbol{G}_{m, n}$, (on convient de poser $w_{(i)}^j = 0$ $(j > n_i)$, $w^j = 0$ $(j > n)$). Le problème consiste à exprimer l'image de $w^j$ par l'homomorphisme

$$h^*: \quad H(\boldsymbol{G}_{m, n}) \to H(\boldsymbol{G}_{m_1, n_1}) \otimes H(\boldsymbol{G}_{m_2, n_2})$$

à l'aide des classes $w_{(i)}^k$; la solution est donnée par la Proposition suivante ([12], Théorème I).

**Proposition 6.1.** *Avec les notations précédentes on a*

$$h^*(w^j) = \sum_{a+b=j} w_{(1)}^a \otimes w_{(2)}^b \quad (j = 1, 2, \ldots)\,.$$

Nous admettrons provisoirement que pour $D < \mathrm{Min}\,(m_1 - n_1, m_2 - n_2)$ $h^*$ s'identifie à l'homomorphisme $\varrho^*(\boldsymbol{O}(n_1) \times \boldsymbol{O}(n_2), \boldsymbol{O}(n))$ qui correspond à l'inclusion de $\boldsymbol{O}(n_1) \times \boldsymbol{O}(n_2)$ dans $\boldsymbol{O}(n)$.

Le diagramme commutatif (6.1), où les flèches désignent des projections, la flèche verticale de gauche étant l'identité :

$$\begin{array}{ccc}
\boldsymbol{V}_{m, n}/\boldsymbol{Q}(n_1) \times \boldsymbol{Q}(n_2) & \to & \boldsymbol{V}_{m, n}/\boldsymbol{O}(n_1) \times \boldsymbol{O}(n_2) \\
\downarrow & & \downarrow \gamma \\
\boldsymbol{V}_{m, n}/\boldsymbol{Q}(n) & \to & \boldsymbol{V}_{m, n}/\boldsymbol{O}(n)
\end{array} \quad (6.1)$$

donne par passage à la cohomologie mod 2 un diagramme qui pour $D < \mathrm{Min}\,(m_1 - n_1, m_2 - n_2)$ coincide avec le diagramme (6.2) :

$$\begin{array}{ccc}
H(B_{\boldsymbol{Q}(n_1)}) \otimes H(B_{\boldsymbol{Q}(n_2)}) & \xleftarrow{\beta^*} & H(B_{\boldsymbol{O}(n_1)}) \otimes H(B_{\boldsymbol{O}(n_2)}) \\
\uparrow \alpha^* & & \uparrow \gamma^* \\
H(B_{\boldsymbol{Q}(n)}) & \xleftarrow{\varrho_{(n)}^*} & H(B_{\boldsymbol{O}(n)})\,.
\end{array} \quad (6.2)$$

Si l'on pose

$$H(B_{\boldsymbol{Q}(n_1)}) = Z_2[y_1, \ldots, y_{n_1}]\,; \quad H(B_{\boldsymbol{Q}(n_2)}) = Z_2[y_{n_1+1}, \ldots, y_n]$$

il est clair que pour un choix convenable des $y_i$ on a (voir No 3)

$$\alpha^*(x_i) = y_i \otimes 1 \quad (i \le n_1)\,; \quad \alpha^*(x_j) = 1 \otimes y_j \quad (j > n_1)\,.$$

$\beta^*$ n'est autre que $\varrho^*\big(\boldsymbol{Q}(n_1)\times\boldsymbol{Q}(n_2),\ \boldsymbol{O}(n_1)\times\boldsymbol{O}(n_2)\big)$, c'est donc le produit tensoriel des homomorphismes $\varrho^*_{(n_1)}$ et $\varrho^*_{(n_2)}$, d'où

$$\beta^*(w_{(1)}^j\otimes 1)=\sigma_{(1)}^j\otimes 1 \qquad (j=1,2,\dots)$$

$$\beta^*(1\otimes w_{(2)}^k)=1\otimes\sigma_{(2)}^k \qquad (k=1,2,\dots)$$

(on note $\sigma_1^{(j)}$, resp. $\sigma_{(2)}^k$, la $j$-ème fonction symétrique élémentaire en $y_1,\dots,y_{n_1}$, resp. en $y_{n_1+1},\dots,y_n$ et on convient que $\sigma_{(i)}^j=0$ si $j$ est strictement plus grand que le nombre des variables). $\gamma^*$ est l'homomorphisme $\varrho^*\big(\boldsymbol{O}(n_1)\times\boldsymbol{O}(n_2),\ \boldsymbol{O}(n)\big)$ qui, comme nous l'avons admis, coincide avec $h^*$ pour $D<\mathrm{Min}\,(m_1-n_1,\,m_2-n_2)$. Enfin (Théorème 5.1)

$$\varrho^*_{(n)}(w^j)=\sigma^j \qquad (j=1,2,\dots)\ .$$

La proposition 6.1 résulte alors de la commutativité de (6.2) et de l'identité évidente

$$\alpha^*(\sigma^j)=\sum\nolimits_{a+b=j}\ \ \sigma_{(1)}^a\otimes\sigma_{(2)}^b \qquad (j=1,2,\dots)\ .$$

Pour compléter cette démonstration, nous devons encore établir le

**Lemme 6.1.** *Pour* $D<\mathrm{Min}\,\big(m_1-n_1,\,m_2-n_2\big)$, *on a*

$$h^*=\varrho^*\big(\boldsymbol{O}(n_1)\times\boldsymbol{O}(n_2),\ \boldsymbol{O}(n)\big)\ .$$

$\boldsymbol{V}_{m,\,n}/\boldsymbol{O}(n_1)\times\boldsymbol{O}(n_2)$ est l'espace des systèmes formés par un sous-espace $P_1$ de dimension $n_1$ de $R^{m_1}$ et un sous-espace $P_2$ de dimension $n_2$ orthogonal à $P_1$; on a une inclusion évidente

$$i:\quad \boldsymbol{G}_{m_1,\,n_1}\times\boldsymbol{G}_{m_2,\,n_2}\subset \boldsymbol{V}_{m,\,n}/\boldsymbol{O}(n_1)\times\boldsymbol{O}(n_2)$$

telle que $h=\gamma\circ i$; l'application $i$ provient par passage au quotient d'une inclusion de $\boldsymbol{V}_{m_1,\,n_1}\times\boldsymbol{V}_{m_2,\,n_2}$ dans $\boldsymbol{V}_{m,\,n}$ qui est un homomorphisme d'espaces fibrés principaux (de groupes structuraux $\boldsymbol{O}(n_1)\times\boldsymbol{O}(n_2)$). Ces deux espaces étant universels pour $\boldsymbol{O}(n_1)\times\boldsymbol{O}(n_2)$ et pour

$$D<\mathrm{Min}\,(m_1-n_1,\,m_2-n_2)\ ,$$

il s'ensuit que $i^*$ est un isomorphisme sur pour ces valeurs de $D$, ([2], Propositions 18.2 et 18.3), ainsi $h^*$ se ramène bien à

$$\gamma^*=\varrho^*\big(\boldsymbol{O}(n_1)\times\boldsymbol{O}(n_2),\ \boldsymbol{O}(n)\big)$$

pour les degrés considérés.

*Remarque.* En fait ce lemme n'est qu'un cas particulier d'un résultat général facile à établir concernant les extensions de groupes structuraux.

Soient $U$ un sous-groupe fermé du groupe de Lie compact $G$, $(E, B, U, p)$ un espace fibré principal, $(E', B, G, p')$ un espace obtenu par extension du groupe structural à partir de $(E, B, U, p)$, $\sigma_U^*$ et $\sigma_G^*$ les homomorphismes caractéristiques de ces deux fibrations (au sens du No 1), alors $\sigma_G^* = \sigma_U^* \circ \varrho^*(U, G)$ (voir à ce sujet un article ultérieur de J. P. Serre et l'auteur). Plus haut nous avons considéré un cas où $E$ est universel, donc où $\sigma_U^*$ est l'identité.

### 7. Les $i$-carrés des classes caractéristiques réduites

Pour compléter Nos 5, 6, nous donnons ici une démonstration des formules de Wu Wen Tsün ([13], [5]), qui du reste ne diffère pas essentiellement de la sienne.

Nous désignons comme précédemment par $w^j$ $(j = 1, 2, \ldots)$ les classes caractéristiques réduites de $H(B_{O(n)})$, en convenant de poser $w^j = 0$ pour $j > n$.

**Théorème 7.1.** *On a les formules*

$$Sq^i w^j = \sum_{0 \leq t \leq i} \binom{j - i + t - 1}{t} \; w^{i-t} \; w^{j+t} \quad (i \leq j)$$

*avec les conventions suivantes:* $\binom{a}{b} = $ *coefficient binomial réduit* mod 2 *si* $a \geq b$; $\binom{a}{b} = 1$ *si* $b = 0$; $\binom{a}{b} = 0$ *si* $a < b$ *et* $b \neq 0$.

Dans $H(B_{O(n)}) = Z_2[x_1, \ldots, x_n]$, les $i$-carrés sont déterminés par

$$Sq^0 x_i = x_i \; ; \quad Sq^1 x_i = x_i^2 \; ; \quad Sq^j x_i = 0 \quad (j > 1) \qquad (7.1)$$

et par la formule de H. Cartan

$$Sq^i(u \cdot v) = \sum_{a+b=i} Sq^a u \cdot Sq^b v \; . \qquad (7.2)$$

Il en résulte visiblement que pour $i \leq j$, $i_1 < i_2 < \cdots < i_j$:

$$Sq^i(x_{i_1} x_{i_2} \ldots x_{i_j}) = \sum_{k_1 < \cdots < k_i} x_{k_1}^2 x_{k_2}^2 \ldots x_{k_i}^2 x_{k_{i+1}} \ldots x_{k_j} \qquad (7.3)$$

$(k_1, \ldots, k_i)$ étant une partie de $(i_1, \ldots, i_j)$ et $(k_{i+1}, \ldots, k_j)$ son complément.

D'après le Théorème 5.1 on a $\varrho_{(n)}^*(w^j) = \sigma^j$; on tire donc de (7.3) que

$$Sq^i \varrho_{(n)}^*(w^j) = \sum x_1^2 x_2^2 \ldots x_i^2 x_{i+1} \ldots x_j \qquad (i \leq j)$$

le deuxième membre désignant la fonction symétrique en $x_1, \ldots, x_n$ de terme typique $x_1^2 x_2^2 \ldots x_i^2 x_{i+1} \ldots x_j$. Comme $\varrho_{(n)}^*$ est biunivoque, le Théorème 7.1 équivaut à la formule

$$\Sigma \; x_1^2 \, x_2^2 \ldots x_i^2 \, x_{i+1} \ldots x_j = \Sigma_{0 \leq i \leq t} \binom{j-i+t-1}{t} \sigma^{i-t} \;\; \sigma^{j+t} \qquad (7.5)$$

avec les conventions du Théorème 7.1 pour les coefficients. Introduisons la notation

$$c_t^{i,j} = \binom{j-i+t-1}{t} , \qquad\qquad (7.6)$$

les coefficients $c_t^{i,j}$ vérifient donc les formules

$$
\begin{aligned}
c_0^{i,j} &= 1 & (i \leq j) \\
c_t^{i,j} &= c_t^{i-1,j-1} & (0 \leq t < i \leq j) \qquad (7.7) \\
c_t^{i,j} &= c_t^{i,j-1} + c_{t-1}^{i,j} & (0 < t \leq i < j) .
\end{aligned}
$$

La démonstration de (7.5) se fait par récurrence sur le nombre des variables. Pour $n = 1$, c'est immédiat, supposons (7.5) établie pour $n - 1$ variables. Si $i = j$, (7.5) devient

$$\Sigma \; x_1^2 x_2^2 \ldots x_j^2 = \sigma^j \cdot \sigma^j$$

et est évidemment vraie, puisque nous calculons mod 2 ; il reste à considérer le cas $i < j$. Nous noterons

$$\Sigma^* \; x_1^2 \cdot x_2^2 \ldots x_i^2 \, x_{i+1} \ldots x_j$$

une fonction symétrique en $x_1, \ldots, x_{n-1}$ de terme typique

$$x_1^2 \, x_2^2 \ldots x_i^2 \, x_{i+1} \ldots x_j$$

et $\sigma_*^j$ sera le $j$-ème fonction symétrique élémentaire en $x_1, \ldots, x_{n-1}$.

Le premier membre de (7.5) s'écrit

$$x_n^2 \, \Sigma^* \, x_1^2 \ldots x_{i-1}^2 x_i \ldots x_{j-1} + x_n \, \Sigma^* \, x_1^2 \ldots x_i^2 x_{i+1} \ldots x_{j-1}$$
$$+ \, \Sigma^* \, x_1^2 \ldots x_i^2 x_{i+1} \ldots x_j$$

le deuxième membre, soit $A^{i,j}$, se transforme de la manière suivante :

$$A^{i,j} = c_i^{i,j} (x_n \sigma_*^{j+i-1} + \sigma_*^{j+i}) + \Sigma_{0 \leq t < i} c_t^{i,j} (x_n \sigma_*^{i-t-1} + \sigma_*^{i-t}) (x_n \sigma_*^{j+t-1} + \sigma_*^{j+t})$$

$$A^{i,j} = x_n^2 \, \Sigma_{0 \leq t < i} c_t^{i,j} \sigma_*^{i-t+1} \sigma_*^{j+t-1} + x_n \, \Sigma_{0 \leq t \leq i} (c_t^{i,j-1} + c_{t-1}^{i,j}) \sigma_*^{i-t} \sigma_*^{j+t-1}$$

$$+ \, \Sigma_{0 \leq i \leq t} c_t^{i,j} \sigma_*^{i-t} \sigma_*^{j+t}$$

(en posant $c_{-1}^{i,j} = 0$) ; l'égalité des deux membres résulte alors de l'hypothèse de récurrence et de (7.7).

## 8. Cohomologie de $B_{SO(n)}$

$SO(n)$ étant invariant dans $O(n)$, il existe une algèbre spectrale qui mène de $E_2 = H\big(B_{O(n)/SO(n)}, H(B_{SO(n)})\big)$ à $H(B_{O(n)})$ (voir [2], Proposition 22.2) ; ici du reste, $O(n)/SO(n) = Z_2$ et $B_{SO(n)}$ est le revêtement à deux feuillets simplement connexe de $B_{O(n)}$, on peut aussi prendre la suite spectrale des revêtements finis (Cartan-Leray, Colloque de Topologie algébrique, Paris 1947, p. 83—85). Quelle que soit la manière dont on envisage cette suite spectrale, il est facile de voir que les éléments de $E_2^{0,q}$ qui sont cocycles pour toutes les différentielles forment l'image de $\varrho^*(SO(n), O(n))$ pour le degré $q$. (Dans [2], cela résulte du Théorème 22.1 et de la manière dont on obtient la Proposition 22.2 à partir de ce théorème.)

Puisque $O(n)/SO(n) = Z_2$ on a

$$H(B_{O(n)/SO(n)}) \cong Z_2[x] \qquad (Dx = 1)$$

on en tire à l'aide du Théorème 5.1 et du corollaire à la Proposition 4.1 :

$$P\big(B_{O(n)/SO(n)}, t\big) \cdot P(B_{SO(n)}, t) = P(B_{O(n)}, t)$$

d'où (Proposition 2.1) :

$$E_2 = H(B_{O(n)/SO(n)}) \otimes H(B_{SO(n)}) = E_\infty$$

et $B_{SO(n)}$ est totalement non homologue à zéro. Par conséquent, vu (2.3) :

**Proposition 8.1.** *L'homomorphisme $\varrho^*(SO(n), O(n))$ applique $H(B_{O(n)})$ sur $H(B_{SO(n)})$ ; son noyau est l'idéal engendré par $w^1$.*

Nous voyons ainsi que $H(B_{SO(n)})$ est une algèbre de polynômes en $n-1$ variables $\widehat{w}^2, \ldots, \widehat{w}^n$ de degrés $2, 3, \ldots, n$, images de $w^2, \ldots, w^n$ par $\varrho^*(SO(n), O(n))$. La grassmannienne $G_{m,n}^0$ des plans orientés est classifiante pour $SO(n)$ et pour $m - n - 1$, donc pour ces degrés, $H(G_{m,n}^0)$ est une algèbre de polynômes en $\widehat{w}^2, \ldots, \widehat{w}^n$, qui sont évidemment les classes caractéristiques réduites de la fibration

$$\big(V_{m,n}, G_{m,n}, SO(n)\big) \ .$$

Remarquons encore que l'on déduit du Théorème 7.1 et de la Proposition 8.1, (en posant $\widehat{w}^1 = 0$) :

$$Sq^i \widehat{w}^j = \Sigma_{0 \leqslant t \leqslant i} \binom{j - i + t - 1}{t} \widehat{w}^{i-t} \widehat{w}^{j+t} \qquad (i \leqslant j, \ j = 2, \ldots, n) \ . \qquad (8.1)$$

**Proposition 8.2.** *a) L'homomorphisme $\varrho^*(SQ(n), Q(n))$ est sur, et identifie $H(B_{SQ(n)})$ au quotient de $H(B_{Q(n)}) = Z_2[x_1, \ldots, x_n]$ par l'idéal $(x_1 + \cdots + x_n)$ qu'y engendre $x_1 + \cdots + x_n$.*

b) *L'homomorphisme $\varrho^*(SQ(n), SO(n))$ est biunivoque, son image est le quotient de $S(x_1, \ldots, x_n)$ par $(x_1 + \cdots + x_n)$.*

a) On peut appliquer à la projection $\varrho(SQ(n), Q(n)) : B_{SQ(n)} \to B_{Q(n)}$ les remarques du No 3 : $\varrho_*(SQ(n), Q(n)) : H_1(B_{SQ(n)}) \to H_1(B_{Q(n)})$ est biunivoque et se ramène à l'inclusion $SQ(n) \subset Q(n)$. L'homomorphisme transposé $\varrho^*$ est par conséquent *sur* en dimension 1, donc en toute dimension puisque $H(B_{SQ(n)})$ est engendré par ses éléments de degré $\leqq 1$. Il est d'autre part visible que si $x_1, \ldots, x_n$ est une base convenable de $H^1(B_{Q(n)})$, le sous-espace $H_1(B_{SQ(n)})$ de $H_1(B_{Q(n)})$ est précisément le plus grand sous-espace sur lequel $x_1 + \cdots + x_n$, (envisagé comme forme linéaire), s'annule ; ainsi l'idéal $(x_1 + \cdots + x_n)$ fait partie du noyau de $\varrho^*(SQ(n), Q(n))$, il constitue tout le noyau car sa série de Poincaré est $t(1-t)^{-n}$, donc égale à la différence $P(B_{Q(n)}, t) - P(B_{SQ(n)}, t)$.

b) Aux inclusions

$$SQ(n) \to Q(n)$$
$$\downarrow \qquad \downarrow$$
$$SO(n) \to O(n)$$

correspond le diagramme commutatif

$$
\begin{array}{ccc}
H(B_{SQ(n)}) & \xleftarrow{\varrho^*(SQ(n),\, Q(n))} & H(B_{Q(n)}) \\
\uparrow \varrho^*(SQ(n),\, SO(n)) & & \uparrow \varrho^*(Q(n),\, O(n)) \\
H(B_{SO(n)}) & \xleftarrow{\varrho^*(SO(n),\, O(n))} & H(B_{O(n)})
\end{array}
$$

$\varrho^*(SO(n), O(n))$ est sur (proposition 8.1), l'image de $\varrho^*(SQ(n), SO(n))$ est donc la même que celle de $\varrho^*(SQ(n), Q(n)) \circ \varrho^*(Q(n), O(n))$, qui est justement $S(x_1, \ldots, x_n)/(x_1 + \cdots + x_n)$ compte tenu de a) et du Théorème 5.1. Enfin $\varrho^*(SQ(n), SO(n))$ est biunivoque car $H(B_{SO(n)})$ a même série de Poincaré que son image ; cela résulte aussi déjà de la trivialité de l'algèbre spectrale de $(B_{SQ(n)}, B_{SO(n)}, F_n)$ (voir démonstration du Corollaire à la Proposition 4.1).

*Remarque.* Soit $SN_n$ le normalisateur de $SQ(n)$ dans $SO(n)$ ; il est clair que $SN_n/SQ(n)$ est isomorphe à $\Psi_n = N_n/Q(n)$, qu'il opère sur

$$H(B_{SQ(n)}) = Z_2[x_1, \ldots, x_n]/(x_1 + \cdots + x_n)$$

par les permutations de $x_1, \ldots, x_n$. Ainsi, comme dans le cas de $\varrho^*(Q(n), O(n))$ nous voyons que $\varrho^*(SQ(n), SO(n))$ identifie $H(B_{SO(n)})$ aux invariants du normalisateur de $SQ(n)$.

## 9. Les $i$-carrés dans les variétés de Stiefel

Nous disons que $h_1, \ldots, h_m$ est un système simple de générateurs de $H(X)$ si les monômes

$$h_{i_1} h_{i_2} \ldots h_{i_k} \qquad (i_1 < i_2 < \cdots < i_k \, ; \, k = 1, 2, \ldots, m)$$

forment avec l'élément neutre une base d'espace vectoriel sur $Z_2$ de $H(X)$ (voir [2], Définition 6.4) ; si $X = G$ est un groupe de Lie compact connexe, $H(X)$ a toujours un système simple de générateurs ([2], Proposition 6.1a). Dans le cas du groupe orthogonal, nous avons démontré dans [2] (Proposition 10.3 et remarque 1 à cette proposition, Proposition 23.1) :

**Proposition 9.1.** $H(SO(n))$ *a un unique système simple de générateurs universellement transgressifs* $h_1, \ldots, h_{n-1}$ *de degrés* $1, 2, \ldots, n-1$.
*L'homomorphisme* $p_{n-k}^*$ *transposé de la projection* $p_{n-k}$ :

$$SO(n) \to SO(n)/SO(k) = V_{n, n-k}$$

*applique* $H(V_{n, n-k})$ *biunivoquement sur la sous-algèbre engendrée par* $h_k, h_{k+1}, \ldots, h_{n-1}$ $(k = 1, 2, \ldots, n - 1)$.

On sait que la transgression dans une espace fibré $(E, B, F, p)$ applique un sous-espace de $H^s(F)$, que nous noterons ici $\mathfrak{T}^s$, dans un *quotient* de $H^{s+1}(B)$ $(s = 0, 1, \ldots)$ (voir par exemple [2], § 5). Dans le cas particulier d'une fibration $(E_{SO(n)}, B_{SO(n)}, SO(n), p)$ où $E_{SO(n)}$ est universel pour $SO(n)$, cela se précise de la façon suivante ([2], fin du § 21, et § 23) :

Soient $D^j$ le sous-espace des éléments décomposables de $H^j(B_{SO(n)})$ et $Q^j = H^j(B_{SO(n)})/D^j$ ; pour $j = 2, 3, \ldots, n$, $Q^j$ est de dimension 1 et a comme base la projection $\widehat{w}_*^j$ de $\widehat{w}^j$ ; d'autre part $\mathfrak{T}^j$ est le sous-espace de base $h_j$. Alors la transgression $\tau$ est un isomorphisme de $\mathfrak{T}^j$ sur $Q^{j+1}$ autrement dit :

$$\mathfrak{T}(h_j) = \widehat{w}_*^{j+1} \qquad (j = 1, \ldots, n-1) \, . \tag{9.1}$$

On a évidemment $Sq^i(D^j) \subset D^{i+j}$ vu la formule du produit (7.2), et $Sq^i$ définit par passage au quotient un homomorphisme $Q^j \to Q^{j+i}$ que nous désignons aussi par $Sq^i$. Dire que les $i$-carrés commutent à la transgression ([10], No 9) signifie dans notre cas particulier exactement que le diagramme suivant est commutatif :

$$
\begin{array}{ccc}
\mathfrak{T}^j & \overset{Sq^i}{\to} & \mathfrak{T}^{i+j} \\
\downarrow \mathfrak{T} & & \downarrow \mathfrak{T} \\
Q^{j+1} & \overset{Sq^i}{\to} & Q^{j+1+i} \,.
\end{array} \qquad (9.2)
$$

De la formule (8.1), on tire

$$
Sq^i \, \widehat{w}_*^j = \binom{j-1}{i} \widehat{w}_*^{j+i} \qquad (i \leqq j \,;\, j = 2, 3, \ldots) \,. \qquad (9.3)
$$

Cette égalité, jointe à (9.1), (9.2) et à la Proposition 9.1, donne le :

**Théorème 9.1.** $H(V_{n,n-k})$ *a un système simple de générateurs*

$$
h_k, h_{k+1}, \ldots, h_{n-1} \qquad (D h_i = i) \,,
$$

*liés par les relations :*

$$
Sq^i h_j = \binom{j}{i} h_{i+j} \quad (i \leqq j \,;\, i + j \leqq n - 1) \,; \quad Sq^i h_j = 0 \quad (i + j \geqq n) \,.
$$

Ces formules ont été obtenues par Miller [8] à l'aide de décompositions cellulaires. Dans la Note [1], nous nous étions bornés à indiquer les cup-carrés $Sq^i h_i$. Rappelons que l'on déduit aisément de cette formule le théorème de Steenrod-Whitehead relatif aux champs de vecteurs sur les sphères (voir [8]). Par la même méthode, on montre que *si la fibration* $(V_{n,r+1}, V_{n,r}, V_{n-r,1})$ *a une section et si* $r = 2^k s$ *(s impair), alors* $n-r-1$ *est divisible par* $2^{k+1}$, ce qui contient des résultats de B. Eckmann (Colloque de Topologie, Bruxelles 1950, p. 83—99, No 4.2).

## II. Quelques espaces homogènes

### 10. Remarques générales

Dans l'introduction nous avons fait allusion à une analogie entre les rôles de $Q(n)$ en cohomologie mod 2 et des tores maximaux en cohomologie réelle que nous allons maintenant expliciter ; pour les démonstrations des théorèmes de cohomologie réelle rappelés ci-dessous nous renvoyons à [2], § 19, 26, 27.

On sait que les tores maximaux d'un groupe de Lie compact connexe sont conjugués et que leur dimension commune, le *rang* de $G$, a un sens topologique : C'est la dimension d'un espace dont $H(G, R)$ est l'algèbre extérieure, ou encore la dimension de l'espace qu'engendrent les éléments universellement transgressifs, ou enfin le nombre de générateurs de

$H(B_G, R)$ (qui est une algèbre de polynômes). Soit $T^n$ un tore maximal de $G$, l'homomorphisme $\varrho_R^*(T^n, G)$ applique $H(B_G, R)$ biunivoquement dans $H(B_{T^n}, R) \cong R[y_1, \ldots, y_n]$ $(Dy_i = 2)$, sur l'algèbre des invariants du groupe de Weyl $\Phi(G) = N(T^n)/T^n$, quotient par $T^n$ de son normalisateur dans $G$ ; enfin $H(G/T^n, R)$ est égale à sa sous-algèbre caractéristique, isomorphe au quotient de $H(B_{T^n}, R)$ par l'idéal qu'y engendrent les éléments de degrés $>0$ de l'image de $\varrho_R^*(T^n, G)$, et son polynôme de Poincaré en caractéristique zéro est

$$P_0(G/T^n, t) = (1 - t^{m_1})(1 - t^{m_2}) \ldots (1 - t^{m_n})(1 - t^2)^{-n} \qquad (10.1)$$

où $m_1, \ldots, m_n$ sont les degrés de générateurs de $H(B_G, R)$ ou aussi les degrés augmentés de 1 des éléments d'un système de générateurs de $H(G, R)$.

Si nous substituons $\boldsymbol{Q}(n)$, ou $\boldsymbol{SQ}(n)$, à $T^n$ et $\boldsymbol{O}(n)$, ou $\boldsymbol{SO}(n)$, à $G$ et la cohomologie mod 2 à la cohomologie réelle, les résultats précédents se traduisent aisément en propositions obtenues dans I. Le groupe $\boldsymbol{Q}(n)$ est évidemment abélien maximal de type $(2, \ldots, 2)$ dans $\boldsymbol{O}(n)$ et tous les sous-groupes de ce type lui sont conjugués ; comme il est isomorphe à $(Z_2)^n$ nous dirons que le 2-rang de $\boldsymbol{O}(n)$ est $n$. Ce 2-rang a aussi une interprétation topologique, c'est le nombre de générateurs de $H(B_{\boldsymbol{O}(n)}, Z_2)$ (qui est une algèbre de polynômes, Théorème 5.1), c'est aussi si l'on veut le nombre d'éléments d'un système simple de générateurs de $H(\boldsymbol{O}(n))$ pour autant que l'on convienne d'ajouter aux générateurs de $H(\boldsymbol{SO}(n))$ un générateur de degré zéro pour tenir compte du fait que $H^0(\boldsymbol{O}(n)) = Z_2 + Z_2{}^2$). De plus $H(B_{\boldsymbol{Q}(n)}) \cong Z_2[x_1, \ldots, x_n]$, $(Dx_i = 1)$, l'homomorphisme $\varrho^*(\boldsymbol{Q}(n), \boldsymbol{O}(n))$ est biunivoque, son image est l'ensemble des invariants de $\Psi_n = N_n/\boldsymbol{Q}(n)$, l'algèbre $H(\boldsymbol{O}(n)/\boldsymbol{Q}(n))$ est égale à sa sous-algèbre caractéristique, isomorphe au quotient de $H(B_{\boldsymbol{Q}(n)})$ par l'idéal qu'y engendrent les éléments de degrés $>0$ de l'image de $\varrho^*(\boldsymbol{Q}(n), \boldsymbol{O}(n))$ et son polynôme de Poincaré mod 2 est

$$P(\boldsymbol{O}(n)/\boldsymbol{Q}(n), t) = (1 - t)(1 - t^2) \ldots (1 - t^n)(1 - t)^{-n} \qquad (10.2)$$

où les exposants sont les degrés de générateurs de $H(B_{\boldsymbol{O}(n)})$, ou les degrés augmentés de 1 d'éléments formant un système simple de générateurs de $H(\boldsymbol{O}(n))$, formule dont l'analogie avec (10.1) est claire. Nous avons également obtenu des résultats tout à fait semblables pour $\boldsymbol{SQ}(n)$, $\boldsymbol{SO}(n)$ et $\boldsymbol{SO}(n)/\boldsymbol{SQ}(n)$.

---

[2]) De même nous dirons que l'algèbre de cohomologie de l'*espace* $\boldsymbol{Q}(n)$, qui se réduit évidemment à ses éléments de degré 0, a un système simple de $n$ générateurs.

Ces propositions sont très suggestives et il est naturel de se demander si elles se généralisent. Nous verrons que les principales d'entre elles s'étendent à $U(n)$, $SU(n)$, $Sp(n)$, $G_2$, mais néanmoins elles ne sont pas toutes générales. Par exemple on peut montrer que le 2-rang du quotient $SO(4k)/Z_2$ de $SO(4k)$ par son centre est $< 4k - 1$, alors que $H\big(SO(4k)/Z_2\big)$, a un système simple de $4k - 1$ générateurs [3]). D'autre part $H(B_G)$ n'est pas toujours une algèbre de polynômes, ni même le produit tensoriel d'une algèbre de dimension finie par une algèbre de polynômes [3]). L'analogie avec la cohomologie réelle n'est donc pas parfaite, mais cependant ces exemples et contre-exemples n'élucident pas complètement la question, qui nous paraît intéressante, de savoir jusqu'à quel point les phénomènes décrits plus haut découlent de théorèmes généraux [4]).

Revenons à la cohomologie réelle. On sait qu'une fois $H(G/T^n, R)$ connue, on détermine aisément l'algèbre de cohomologie $H(G/U, R)$ lorsque $U$ est connexe, de même rang que $G$. Cette algèbre est égale à sa sous-algèbre caractéristique, isomorphe au quotient de $H(B_U, R)$ par l'idéal qu'y engendrent les éléments de degrés $> 0$ de l'image de $\varrho_R^*(U, G)$, qui est biunivoque, et son polynôme de Poincaré est donné par la formule de Hirsch :

$$P_0(G/U, t) = \frac{(1 - t^{m_1})(1 - t^{m_2})\ldots(1 - t^{mn})}{(1 - t^{q_1})(1 - t^{q_2})\ldots(1 - t^{q_n})} \; , \qquad (10.4)$$

où $m_1, \ldots, m_n$ resp. $q_1, \ldots, q_n$, sont les degrés des générateurs de $H(B_G, R)$ resp. $H(B_U, R)$.

En répétant presque mot pour mot les raisonnements qui font passer de $H(G/T^n, R)$ à $H(G/U, R)$ nous obtiendrons ici la cohomologie mod. 2 de $G/U$ lorsque $G$ et $U$ ont même 2-rang, dans quelques «bons cas» où $H\big(G/Q(n)\big)$ et $H\big(U/Q(n)\big)$ ont les principales propriétés de $H\big(O(n)/Q(n)\big)$. Pour le polynôme de Poincaré (mod. 2) nous trouverons une expression que nous appellerons la *formule de Hirsch* mod. 2 qui s'écrit exactement comme (10.3) mais où les exposants $m_i$ et $q_i$ sont les degrés augmentés de 1 d'éléments formant des systèmes simples de générateurs de $H(G)$ et $H(U)$ (ou aussi ici les degrés de générateurs de $H(B_G)$ et $H(B_U)$). Dans ce sens (10.2) apparaît déjà comme un cas particulier de la formule de Hirsch mod. 2.

---

[3]) Cela sera démontré dans le travail cité dans la note 1, p. 4.

[4]) Pour d'autres considérations sur les relations qu'il y a entre la torsion de $G$ et ses sous-groupes abéliens maximaux de type $(2, 2, \ldots, 2)$ ou plus généralement de type $(p, p, \ldots, p)$, voir [3].

**Lemme 10.1.** *Soient $U$ un sous-groupe fermé de $G$, ayant même 2-rang que $G$, et $Q(n)$ un sous-groupe abélien maximal de type $(2, 2, \ldots, 2)$ commun.*

*Si $H\big(G/Q(n)\big)$ et $H\big(U/Q(n)\big)$ vérifient la formule de Hirsch mod 2 et si $H\big(U/Q(n)\big)$ est égale à sa sous-algèbre caractéristique, alors $H(G/U)$ vérifie la formule de Hirsch mod. 2.*

En effet, d'après les hypothèses faites et (1.1), $U/Q(n)$ est totalement non homologue à zéro dans la fibration $\big(G/Q(n), G/U, U/Q(n)\big)$, donc

$$P\big(G/Q(n), t\big) = P(G/U, t)\, P\big(U/Q(n), t\big)$$

et si $P\big(G/Q(n), t\big)$ et $P\big(U/Q(n), t\big)$ vérifient la formule de Hirsch mod. 2, il en est alors évidemment de même pour $P(G/U, t)$.

## 11. Les espaces homogènes

$$\boldsymbol{O}(n)/\boldsymbol{O}(n_1) \times \cdots \times \boldsymbol{O}(n_k) \;, \qquad (n_1 + \cdots + n_k = n) \;.$$

*Notations.* $(B)$ est l'idéal engendré dans une algèbre $A$ par une partie $B$ de $A$.

Si $A$ est une algèbre graduée par des degrés $\geqq 0$, $A^+$ désigne la sous-algèbre formée par les éléments de $A$ dont le degré est $> 0$.

$S(x_1, \ldots, x_n)$ : algèbre des fonctions symétriques en $x_1, \ldots, x_n$, à coefficients dans $Z_2$.

Enfin nous posons

$$\boldsymbol{G}(n_1, \ldots, n_k) = \boldsymbol{O}(n)/\boldsymbol{O}(n_1) \times \cdots \times \boldsymbol{O}(n_k) \;, \qquad (n_1 + \cdots + n_k = n) \;.$$

Cet espace est la variété dont l'élément générateur est formé de $k - 1$ sous-espaces emboîtés de $R^n$, de dimensions respectives

$$n_1, n_1 + n_2, \ldots, n_1 + \cdots + n_{k-1} \;.$$

En particulier $\boldsymbol{G}(n_1, n_2) = \boldsymbol{G}_{n, n_1}$. Parmi ces variétés figurent aussi les variétés de Stiefel de systèmes de droites non orientées dont il a été question à la fin du No 5, en effet, $\boldsymbol{O}(1)$ est isomorphe à $Z_2$ et

$$\boldsymbol{V}^*_{m, n} = \boldsymbol{V}_{m, n}/(Z_2)^n = \boldsymbol{O}(n + m)/\big(\boldsymbol{O}(1)\big)^n \times \boldsymbol{O}(m) \;.$$

**Théorème 11.1.** $\varrho^*\big(\boldsymbol{O}(n_1) \times \cdots \times \boldsymbol{O}(n_k), \boldsymbol{O}(n)\big)$ *est biunivoque,*

$$H\big(\boldsymbol{G}(n_1, \ldots, n_k)\big)$$

*est égale à sa sous-algèbre caractéristique, est le quotient de $H\big(B_{\boldsymbol{O}(n_1) \times \cdots \times \boldsymbol{O}(n_k)}\big)$ par l'idéal qu'y engendrent les éléments de degrés $> 0$ de l'image de*

$$\varrho^*\big(\boldsymbol{O}(n_1)\times\cdots\times\boldsymbol{O}(n_k),\ \boldsymbol{O}(n)\big)\ ,$$

*donc est isomorphe au quotient de*

$$S(x_1,\ldots,x_{n_1})\otimes S(x_{n_1+1},\ldots,x_{n_1+n_2})\otimes\ldots\otimes S(x_{n-n_k+1},\ldots,x_n)$$

*par* $\big(S^+(x_1,\ldots,x_n)\big)$. *Son polynôme de Poincaré mod 2 est*

$$P\big(G(n_1,\ldots,n_k,t)\big)=\frac{(1-t)\,(1-t^2)\ldots(1-t^{n-1})\,(1-t^n)}{\Pi_{i=1}^{i=k}\,(1-t)\,(1-t^2)\ldots(1-t^{n_i})}$$

Ici groupe et sous-groupe ont un 2-rang égal à $n$, l'espace

$$\boldsymbol{O}(n_1)\times\cdots\times\boldsymbol{O}(n_k)/\boldsymbol{Q}(n)$$

est le produit des espaces $\boldsymbol{F}_{n_i}=\boldsymbol{O}(n_i)/\boldsymbol{Q}(n_i)$. Son algèbre de cohomologie mod 2 et celle de $\boldsymbol{F}_n=\boldsymbol{O}(n)/\boldsymbol{Q}(n)$ vérifient donc la formule de
Hirsch mod 2 et sont égales à leurs sous-algèbres caractéristiques (Pro-
position 4.1 et remarque au Théorème 5.1), et le Lemme 10.1 donne le
polynôme de Poincaré annoncé. Utilisant ensuite le Théorème 5.1 on voit
que

$$P\big(G(n_1,\ldots,n_k),t\big)\cdot P(B_{\boldsymbol{O}(n)},t)=P(B_{\boldsymbol{O}(n_1)\times\cdots\times\boldsymbol{U}(n_k)},t)\ ;$$

par conséquent l'algèbre spectrale de la fibration

$$\big(B_{\boldsymbol{O}(n_1)\times\cdots\times\boldsymbol{O}(n_k)},\ B_{\boldsymbol{O}(n)},\ \boldsymbol{G}(n_1,\ldots,n_k)\big)$$

est triviale (Proposition 2.1), d'où les autres assertions du théorème,
compte tenu de (1.2) et de (2.3).

*Le cas particulier des grassmanniennes.* Nous voulons déduire du
Théorème 11.1 appliqué au cas particulier $k=2$ quelques propriétés
cohomologiques connues des grassmanniennes.

Les grassmanniennes $\boldsymbol{G}_{m,n}$ et $\boldsymbol{G}_{m,m-n}$ sont homéomorphes et $H(G_{m,n})$
a deux systèmes de classes caractéristiques réduites $w^0=1,\ w^1,\ldots,w^n$
et $\overline{w}^0=1,\ \overline{w}^1,\ldots,\overline{w}^{m-n}$ suivant que l'on considère $G_{m,n}$ comme base
de la fibration $\big(\boldsymbol{V}_{m,n},\ \boldsymbol{G}_{m,n},\ \boldsymbol{O}(n)\big)$ ou de la fibration

$$\big(\boldsymbol{V}_{m,m-n},\ \boldsymbol{G}_{m,m-n},\ \boldsymbol{O}(m-n)\big)\ .$$

Nous convenons de poser $w^j=0\ \ (j>n)$, $\overline{w}^k=0\ \ (k>m-n)$.

**Proposition 11.1.**[5]) *Les classes $w^i$ et $\overline{w}^j$ sont liées par les relations*

$$\Sigma_{i+j=k}\,w^i\,\overline{w}^j=0\qquad(k=1,2,\ldots)$$

---

[5]) Cette proposition est due à S. S. Chern [4], [5], p. 90.

*chacun des systèmes* $w^0, \ldots, w^n$ *et* $\overline{w}^0, \ldots, \overline{w}^{m-n}$ *engendre multiplicative-*
*ment* $H(\boldsymbol{G}_{m,n})$.

Soient $\sigma_{(1)}^j$ le $j$-ème fonction symétrique élémentaire en $x_1, \ldots, x_n$,
avec la convention $\sigma_{(1)}^j = 0$ si $j > n$, et de même $\sigma_2^{(j)}$, resp. $\sigma^j$, la $j$-ème
fonction symétrique élémentaire en $x_{n+1}, \ldots, x_m$, resp. en $x_1, \ldots, x_m$.
Les classes $w^j$ et $\overline{w}^j$ sont les images de $\sigma_{(1)}^j \otimes 1$ et $1 \otimes \sigma_{(2)}^j$ par l'homomorphisme canonique de

$$S(x_1, \ldots, x_n) \otimes S(x_{n+1}, \ldots, x_m)$$

sur $H(\boldsymbol{G}_{m,n})$, qui n'est autre que l'homomorphisme caractéristique de
la fibration $\big(\boldsymbol{O}(m),\ \boldsymbol{G}_{m,n},\ \boldsymbol{O}(n) \times \boldsymbol{O}(m-n)\big)$, (vu (1.2) et le Théorème
5.1). Comme $S^+(x_1, \ldots, x_n)$ fait partie du noyau de cet homomorphisme
(Théorème 11.1), les relations annoncées résultent par passage au quotient des identités

$$\sigma^k = \sum\nolimits_{i+j=k} \sigma_{(1)}^i \otimes \sigma_{(2)}^j \ .$$

Les éléments $\sigma_{(1)}^j \otimes 1$ et $1 \otimes \sigma_{(2)}^j$ $(j = 1, 2, \ldots)$ engendrent évidemment $S(x_1, \ldots, x_n) \otimes S(x_{n+1}, \ldots, x_m)$ leurs images $(w^i)$ et $(\overline{w}^j)$ engendrent donc $H(\boldsymbol{G}_{m,n})$ ; mais les relations que nous venons d'établir entre
ces classes montrent que $w^j$, resp. $\overline{w}^j$, est un polynôme en $\overline{w}^0, \ldots, \overline{w}^{m-n}$,
resp. en $w^0, \ldots, w^n$ $(j = 1, 2, \ldots)$ ; ainsi chacun des systèmes $(w^j)$ et
$(\overline{w}^j)$ engendre $H(\boldsymbol{G}_{m,n})$.

## 12. Les espaces homogènes $\boldsymbol{U}(n)/\boldsymbol{Q}(n)$ et $\boldsymbol{U}(n)/\boldsymbol{O}(n)$

On sait que le groupe unitaire de l'espace de $n$ variables complexes,
soit $\boldsymbol{U}(n)$, est sans torsion, que $H\big(\boldsymbol{U}(n)\big)$ est une algèbre extérieure à générateurs de degrés $1, 3, 5, \ldots, 2n-1$ (voir par exemple [2], Proposi-
tion 9.1), et que $H(B_{\boldsymbol{U}(n)})$ est une algèbre de polynômes à $n$ variables de
degrés $2, 4, 6, \ldots, 2n$ ([2], Théorème 19.1).

Les sous-groupes abéliens maximaux de type $(2, 2, \ldots, 2)$ de $\boldsymbol{U}(n)$
sont visiblement conjugués au sous-groupe des matrices diagonales, ils
sont donc contenus dans des tores maximaux, le rang et le 2-rang de
$\boldsymbol{U}(n)$ sont égaux à $n$[6]).

**Lemme 12.1.** *$\varrho^*\big(\boldsymbol{Q}(n), \boldsymbol{U}(n)\big)$ est biunivoque, son image est $S(x_1^2, \ldots, x_n^2)$.*
Soit $\boldsymbol{T}^n$ un tore contenant $\boldsymbol{Q}(n)$, l'homomorphisme $\varrho^*\big(\boldsymbol{Q}(n), \boldsymbol{T}^n\big)$ est

---

[6]) Plus généralement, si $G$ est sans 2-torsion, son 2-rang est égal à son rang au sens
usuel ([3], Théorème 2). Cependant nous ignorons si dans ce cas un sous-groupe abélien
de type $(2, 2, \ldots, 2)$ est toujours contenu dans un tore maximal.

évidemment le produit tensoriel de $n$ homomorphismes $\varrho^*(\boldsymbol{Q}(1), \boldsymbol{T^1})$ ; ce dernier se calcule aisément. Posons

$$H(B_{T^1}) = Z_2[y] \quad (Dy = 2) \; , \qquad H(B_{Q(1)}) = Z_2[x] \quad (Dx = 1) \; ,$$

(rappelons que l'on peut prendre comme espace classifiant pour $T^1$ un espace projectif complexe). L'espace $\boldsymbol{T^1}/\boldsymbol{Q}(1)$ est un cercle, donc

$$P(B_{T^1}, t) \cdot P(\boldsymbol{T^1}/\boldsymbol{Q}(1), t) = P(\boldsymbol{Q}(1), t)$$

et l'algèbre spectrale de $(B_{Q(1)}, B_{T^1}, \boldsymbol{T^1}/\boldsymbol{Q}(1), \varrho(\boldsymbol{Q}(1), \boldsymbol{T^1})$ est triviale (Proposition 2.1) ; ainsi $\varrho^*(\boldsymbol{Q}(1), \boldsymbol{T^1})$ est biunivoque et son image est forcément $Z_2[x^2]$, ce qui montre que $\varrho^*(\boldsymbol{Q}(n), \boldsymbol{T^n})$ est biunivoque et a $Z_2[x_1^2, \ldots, x_n^2]$ comme image.

D'autre part on déduit des inclusions $\boldsymbol{Q}(n) \subset \boldsymbol{T^n} \subset \boldsymbol{U}(n)$ que

$$\varrho^*(\boldsymbol{Q}(n), \boldsymbol{U}(n)) = \varrho^*(\boldsymbol{Q}(n), \boldsymbol{T^n}) \circ \varrho^*(\boldsymbol{T^n}, \boldsymbol{U}(n)) \; ;$$

l'homomorphisme $\varrho^*(\boldsymbol{T^n}, \boldsymbol{U}(n))$ est biunivoque et son image dans $H(B_{T^n}) = Z_2[y_1, \ldots, y_n]$ $(Dy_i = 2)$, est $S(y_1, \ldots, y_n)$, ([2], Proposition 29.2, Exemple 1), d'où le lemme.

*Remarques.* 1) Plus généralement *si $Q(n)$ est contenu dans un tore maximal $T^n$ de $G$, et si $G$ et $G/T^n$ sont sans 2-torsion, $\varrho^*(Q(n), G)$ est biunivoque.* En effet, $\varrho^*(Q(n), G) = \varrho^*(Q(n), T^n) \cdot \varrho^*(T, G)$, et $\varrho^*(T^n, G)$ est biunivoque d'après la Proposition 29.2 de [2].

2) Ici le quotient $N(\boldsymbol{Q}(n))/\boldsymbol{Q}(n)$ par $\boldsymbol{Q}(n)$ du normalisateur de $\boldsymbol{Q}(n)$ dans $\boldsymbol{U}(n)$ est de nouveau isomorphe au groupe des permutations de $n$ objets. L'image de $\varrho^*(\boldsymbol{Q}(n), \boldsymbol{U}(n))$ ne contient donc pas tous les invariants de $N(\boldsymbol{Q}(n))/\boldsymbol{Q}(n)$, qui forment $S(x_1, \ldots, x_n)$ ; sur ce point, l'analogie avec la cohomologie réelle (cf. No 10) n'a plus lieu. Bien entendu, dans tous les cas, l'image de $\varrho^*(Q(n), G)$ est contenue dans les invariants de $N(Q(n))/Q(n)$.

**Proposition 12.1.** *$H(\boldsymbol{U}(n)/\boldsymbol{Q}(n), Z_2)$ est égale à sa sous-algèbre caractéristique ; elle est isomorphe au quotient de $H(B_{Q(n)}, Z_2)$ par l'idéal qu'y engendrent les éléments de degrés $>0$ contenus dans l'image de $\varrho^*(\boldsymbol{Q}(n), \boldsymbol{U}(n))$, c'est à dire à $Z_2[x_1, \ldots, x_n]/(S^+(x_1, \ldots, x_n))$ $(Dx_i = 1)$. Son polynôme de Poincaré mod. 2 est*

$$P(\boldsymbol{U}(n)/\boldsymbol{Q}(n), t) = (1 - t^2)(1 - t^4) \ldots (1 - t^{2n})(1 - t)^{-n} \; .$$

Pour $n = 1$, cela résulte du fait que $T^1/Z_2$ est un cercle et que l'algèbre spectrale de $(B_{Z_2}, B_{T^1}, T^1/Z_2)$ est triviale, comme nous l'avons remarqué dans la démonstration du lemme 12.1; supposons la proposition établie pour $n-1$ et considérons les inclusions

$$U(n) \supset Z_2 \times U(n-1) \supset Q(n) \quad \text{où} \quad U(n)/Z_2 \times U(n-1) = S_{2n-1}/Z_2 = P_{2n-1}$$

il existe donc une fibration $\big(U(n)/Q(n), P_{2n-1}, U(n-1)/Q(n-1)\big)$ dans laquelle la fibre est totalement non homologue à zéro mod 2, vu l'hypothèse d'induction et (1.1), d'où

$$P\big(U(n)/Q(n), t\big) = P(P_{2n-1}, t)\, P\big(U(n-1)/Q(n-1), t\big)$$
$$= (1-t)^{-n} \Pi_{i=1}^{i=n} (1 - t^{2i})$$

par conséquent

$$P(B_{Q(n)}, t) = P(B_{U(n)}, t) \cdot P\big(U(n)/Q(n), t\big)$$

et l'algèbre spectrale sur $Z_2$ de $\big(B_{Q(n)}, B_{U(n)}, U(n)/Q(n)\big)$ est triviale ce qui démontre la proposition.

*Remarque.* Cette démonstration présente une grande analogie avec celle de la Proposition 1.1; nous n'avons pas utilisé mais démontré à nouveau le fait que $\varrho_2^*\big(Q(n), U(n)\big)$ est biunivoque (lemme 12.1), mais ce lemme nous a permis de donner explicitement l'image de cet homomorphisme.

Les groupes $SU(n)$ et $Sp(n)$ sont sans torsion, $H\big(SU(n), Z_2\big)$ et $H\big(Sp(n), Z_2\big)$ ont des générateurs de degrés $3, 5, \ldots, 2n-1$, resp. $3, 7, \ldots, 4n-1$ (voir p. ex. [2], Proposition 9.1), $H(B_{SU(n)}, Z_2)$ et $H(B_{Sp(n)}, Z_2)$ sont des algèbres de polynômes à générateurs de degrés $4, 6, \ldots, 2n$, resp. $4, 8, \ldots, 4n$ ([2] Théorème 19.1). Les sous-groupes abéliens maximaux de $SU(n)$ et $Sp(n)$ sont conjugués aux sous-groupes $SQ(n)$ et $Q(n)$ de leurs matrices diagonales, par une démonstration à peu près identique à celle de la Proposition 12.1, et que nous ne reproduirons pas, on obtient:

**Proposition 12.2.** $\varrho^*\big(SQ(n), SU(n)\big)$ *et* $\varrho^*\big(Q(n), U(n)\big)$ *sont biunivoques.* $H\big(SU(n)/SQ(n)\big)$, *resp.* $H\big(Sp(n)/Q(n)\big)$, *est égale à sa sous-algèbre caractéristique, est le quotient de* $H(B_{SQ(n)})$, *resp.* $H(B_{Q(n)})$, *par l'idéal qu'y engendrent les éléments de degré* $>0$ *de l'image de* $\varrho^*\big(SQ(n), SU(n)\big)$ *resp.* $\varrho^*\big(Q(n), Sp(n)\big)$. *On a*

$$P\big(SU(n)/SQ(n), t\big) = (1-t^4)(1-t^6)\ldots(1-t^{2n})(1-t)^{1-n},$$

$$P\big(Sp(n)/Q(n), t\big) = (1-t^4)(1-t^8)\ldots(1-t^{4n})(1-t)^{-n}.$$

En fait ce résultat peut encore être précisé. En utilisant le fait que $\varrho^*\big(T^n, Sp(n)\big)$ est biunivoque et a comme image dans

$$H(B_{T^n}) = Z_2[y_1, \ldots, y_n]$$

l'algèbre $S(y_1^2, \ldots, y_n^2)$ ([2], Proposition 29.2, exemple 2), on montre que

$$H\big(Sp(n)/Q(n)\big) = Z_2[x_1, \ldots, x_n]/\big(S^+(x_1^4, \ldots, x_n^4)\big) \ .$$

$SU(n)$ est totalement non homologue à zéro dans $U(n)$, donc

$$\varrho^*\big(SU(n),\, U(n)\big)$$

est sur ([2], Corollaire à la Proposition 21.3). Cela étant on voit très aisément que si $T^{n-1}$ est un tore maximal de $SU(n)$, on peut écrire $H(B_{T^{n-1}})$ sous la forme $Z_2[y_1, \ldots, y_n]/(y_1 + \cdots + y_n)$ de manière à ce que l'image de $\varrho^*\big(T^{n-1}, SU(n)\big)$ dans ce quotient soit celle de $S(y_1, \ldots, y_n)$. On en déduit que

$$H\big(SU(n)/SQ(n)\big) = Z_2[x_1, \ldots, x_n]/J \ .$$

$J$ désignant l'idéal engendré par $S^+(x_1^2, \ldots, x_n^2)$ et $x_1 + \cdots + x_n$.

**Théorème 12.1.** *$\varrho^*\big(O(n), U(n)\big)$ est biunivoque; $H\big(U(n)/O(n)\big)$ est égale à sa sous-algèbre caractéristique, est le quotient de $H(B_{O(n)})$ par l'idéal qu'y engendrent les éléments de degré $> 0$ de l'image de*

$$\varrho^*\big(O(n), U(n)\big) \ ,$$

*donc est isomorphe à $S(x_1, \ldots, x_n)/\big(S^+(x_1^2, \ldots, x_n^2)\big)$. On a*

$$P\big(U(n)/O(n), t\big) = \Pi_{i=1}^{i=n} (1 - t^{2i})(1 - t^i)^{-1} = \Pi_{i=1}^{i=n} (1 + t^i) \ .$$

On obtient le polynôme de Poincaré en appliquant le lemme 10.1, les Propositions 4.1, 12.1 et la remarque au Théorème 5. On en déduit

$$P(B_{O(n)}, t) = P(B_{U(n)}, t)\, P(U(n)/O(n), t)$$

l'algèbre spectrale de $\big(B_{O(n)}, B_{U(n)}, U(n)/O(n), \varrho\,(O(n), U(n))\big)$ est donc triviale (Proposition 2.1), ce qui établit les autres assertions du théorème.

*Remarque.* Il est clair que la même démonstration permet de prouver un théorème analogue, et en particulier la formule de Hirsch mod 2, pour les quotients $U(n)/O(n_1) \times \cdots \times O(n_k)$, $(n_1 + \cdots + n_k = n)$ ou même plus généralement pour les quotients

$$U(n)/U(n_1) \times \cdots \times U(n_i) \times O(n_{i+1}) \times \cdots \times O(n_k) \qquad (n_1 + \cdots + n_k = n) \ ,$$

par exemple

$$P\big(U(n)/U(a)\times O(b),\, t\big) = \frac{(1-t^2)(1-t^4)\dots(1-t^{2n})}{(1-t^2)\dots(1-t^{2a})(1-t)\dots(1-t^b)}\,,$$

$$(a+b=n)\,.$$

Cela s'applique aussi à $SU(n)/SO(n)$, quotient de deux groupes dont le 2-rang est égal à $n-1$.

## 13. Les espaces homogènes $G_2/Q(3)$ et $G_2/SO(4)$

Nous parlerons ici de deux cas où la formule de Hirsch mod 2 est valable, dont l'intérêt est surtout de mettre en jeu un groupe exceptionnel, le groupe $G_2$ des automorphismes des octaves de Cayley, qui est simplement connexe, à 14 paramètres et de rang deux. Cependant, pour ne pas trop allonger, nous nous permettrons d'énoncer plus bas sans démonstration (et sans renvois) quelques propriétés de $G_2$ qui du reste s'obtiennent sans difficulté.

$H(G_2)$ a un système simple de générateurs universellement transgressifs de degrés 3, 5, $6^2$), par conséquent $H(B_{G_2})$ est une algèbre de polynômes à 3 générateurs de degrés 4, 6, 7 ([2], Proposition 19.2) et

$$P(B_{G_2},\, t) = (1-t^4)^{-1}(1-t^6)^{-1}(1-t^7)^{-1}\,. \tag{13.1}$$

$G_2$ contient des sous-groupes isomorphes à $SO(4)^7$), donc des sous-groupes $Q(3) = (Z_2)^3$ et son 2-rang est $\geq 3$. On peut de plus voir qu'il est égal à trois[8]), et que les sous-groupes abéliens de type $(2, 2, 2)$ de $G_2$ sont conjugués.

$G_2$ contient également un sous-groupe $SU(3)$ tel que $G_2/SU(3) = S_6$, fibration bien connue, obtenue en faisant agir $G_2$ sur les nombres de Cayley purement imaginaires de norme 1. On trouve de plus aisément un sous-groupe $Q(3)$ abélien de type $(2, 2, 2)$ faisant partie du normalisateur de $SU(3)$ tel que $Q(3) \cap SU(3) \cong SQ(3) \cong Z_2 + Z_2$; soit $K$ le sous-groupe engendré par $Q(3)$ et $SU(3)$; ce dernier y est invariant et $K/SU(3) \cong Z_2$; $K/Q(3)$ est homéomorphe à $SU(3)/SQ(3)$.

**Théorème 13.1.** $\varrho^*(Q(3), G_2)$ *et* $\varrho^*(SO(4), G_2)$ *sont biunivoques,* $H\big(G_2/Q(3)\big)$, *resp.* $H\big(G_2/SO(4)\big)$ *est égale à sa sous-algèbre caractéristique, est le quotient de* $H(B_{Q(3)})$, *resp.* $H(B_{SO(4)})$, *par l'idéal qu'y engendrent les éléments de degré* $>0$ *de l'image de* $\varrho^*(Q(3), G_2)$, *resp.* $\varrho^*(SO(4), G_2)$. *On a*

---

[7]) A. Borel-J. de Siebenthal, Comment. Math. Helv. **23** (1949—1950) 200—221.

[8]) Le fait que le 2-rang de $G_2$ est $\leq 3$ se déduit des résultats relatifs à $H(G_2)$ précités et du Corollaire à la Proposition 6 de [3], travail auquel nous renvoyons aussi pour un exemple explicite de sous-groupe abélien de type $(2, 2, 2)$.

$$P\big(G_2/Q(3),t\big) = (1-t^4)(1-t^6)(1-t^7)(1-t)^{-3}$$

$$P\big(G_2/SO(4),t\big) = \frac{(1-t^4)(1-t^6)(1-t^7)}{(1-t^2)(1-t^3)(1-t^4)} = 1+t^2+t^3+\cdots+t^5+t^6+t^8 .$$

Nous étudions tout d'abord l'abord l'algèbre spectrale de la fibration $\big(G_2/Q(3),\, G_2/K/Q(3)\big)$. L'espace $G_2/K$ est le quotient de $G_2/SU(3) = S_6$ par $K/SU(3) = Z_2$, sa cohomologie est donc celle de l'espace projectif $P_6$. L'espace $K/Q(3)$ est homéomorphe à $SU(3)/SQ(3)$, donc, vu la Proposition 12.2,

$$H^1\big(K/G(3)\big) = Z_2 + Z_2 \quad \textit{et engendre } H\big(K/Q(3)\big) . \qquad (13.2)$$

On en tire :

$$\dim {}^1E_2 = \dim H^1(G_2/K) + \dim H^0\big(G_2/K, H^1(K/Q(3)\big) \leqq 3 ,$$

mais $Q(3)$ est isomorphe au groupe fondamental de $G_2/Q(3)$, donc

$$\dim {}^1E_\infty = \dim H^1\big(G_2/Q(3)\big) = 3 ;$$

puisque $\dim {}^1E_\infty \leqq \dim {}^1E_2$, il faut que $H^0\big(G_2/K, H^1(K/Q(3)\big)$ soit isomorphe à $H^1\big(K/Q(3)\big)$ et formé d'éléments qui sont cocycles pour toutes les différentielles. Ainsi, vu (2.2), l'image de $i*$ :

$$H\big(G_2/Q(3)\big) \to H\big(K/Q(3)\big) \quad \text{contient} \quad H^1\big(K/Q(3)\big) ,$$

donc tout $H\big(K/Q(3)\big)$ d'après (13.2) ; $K/Q(3)$ est totalement non homologue à zéro, l'algèbre spectrale est triviale et

$$P\big(G_2/Q(3),t\big) = P\big(G_2/K,t\big)\,P\big(K/Q(3),t\big)$$
$$P\big(G_2/Q(3),t\big) = P\big(P_6,t\big)\,P\big(SU(3)/SQ(3),t\big)$$
$$P\big(G_2/Q(3),t\big) = (1-t^7)(1-t)^{-1}(1-t^4)(1-t^6)(1-t)^{-2}$$

ce qui est la formule annoncée ; le polynôme de Poincaré de $G_2/SO(4)$ s'obtient alors en appliquant le lemme 10.1, compte tenu du No 4.

Cela étant, (13.1) et la Proposition 8.1 montrent que

$$P(B_{Q(3)}, t) = P\big(G_2/Q(3), t\big) \cdot P(B_{G_2}, t)$$
$$P(B_{SO(4)}, t) = P\big(G_2/SO(4), t\big) \cdot P(B_{G_2}, t)$$

les algèbres spectrales des fibrations

$$\big(B_{Q(3)},\, B_{G_2},\, G_2/Q(3)\big) \quad \text{et} \quad \big(B_{SO(4)},\, B_{G_2},\, G_2/SO(4)\big)$$

sont donc triviales (Proposition 2.1), d'où le théorème.

## BIBLIOGRAPHIE

[1] *A. Borel*, Sur la cohomologie des variétés de Stiefel et de certains groupes de Lie, C. R. Acad. Sci. Paris **231** (1950) 943—945.

[2] *A. Borel*, Sur la cohomologie des espaces fibrés principaux et des espaces homogènes de groupes de Lie compacts, Ann. Math. (2) **57** (1953) 115—207.

[3] *A. Borel et J.-P. Serre*, Sur certains sous-groupes des groupes de Lie compacts, Comment. Math. Helv. **27** (1953) 128—139.

[4] *S. S. Chern*, On the multiplication in the characteristic ring of a sphere bundle, Ann. Math. (2) **49** (1948) 362—372.

[5] *S. S. Chern*, Topics in differential geometry, Princeton 1951, mimeographed notes.

[6] *C. Ehresmann*, Sur la topologie de certaines variétés algébriques réelles, J. Math. Pur. Appl IXs. **16** (1937) 69—100.

[7] *J. Leray*, L'homologie d'un espace fibré dont la fibre est connexe, Ibid. **29** (1950) 169—213.

[8] *C. Miller*, The topology of the rotation groups, Ann. Math. (2) **57** (1953) 90—114.

[9] *L. S. Pontrjagin*, Characteristic cycles on differentiable manifolds, Rec. Math. Moscou N. S. **21** (1947) 233—284.

[10] *J.-P. Serre*, Homologie singulière des espaces fibrés. Applications, Ann. Math. (2) **54** (1951) 425—505.

[11] *N. Steenrod*, The topology of fibre bundles, Princeton 1951.

[12] *Wu Wen Tsün*, On the product of sphere bundles and the duality theorem mod 2, Ann. Math. (2) **49** (1948) 641—653.

[13] *Wu Wen Tsün*, Les *i*-carrés dans une variété grassmannienne, C. R. Acad. Sci. Paris **230** (1950) 918—920.

(Reçu le 15 décembre 1952.)

# 26.

(avec J-P. Serre)

## Groupes de Lie et puissances réduites de Steenrod

Amer. J. Math. **75** (1953) 409–448

**Introduction.** N. E. Steenrod a défini de nouvelles opérations cohomologiques, les puissances réduites, qui généralisent ses $i$-carrés. Nous nous proposons ici d'étudier ces opérations dans la cohomologie mod $p$, ($p$ premier), des groupes de Lie et de leurs espaces classifiants, et d'appliquer les résultats obtenus à divers problèmes.

Pour la commodité du lecteur, nous avons rappelé dans la première partie tous les principaux résultats sur les groupes de Lie et leurs espaces classifiants dont nous avons à faire usage par la suite, en les complétant du reste sur quelques points. La deuxième partie est consacrée aux puissances réduites, dont nous indiquons les propriétés au No. 7, sans en répéter la définition explicite, qui n'interviendra pas ici; nous calculons ensuite ces opérations dans les espaces projectifs complexes et quaterniuniens, ce qui permet d'obtenir quelques renseignements sur les groupes d'homotopie des sphères, par la méthode de Steenrod.

Dans la troisième partie, nous combinons les résultats de I et II pour étudier les puissances réduites dans les algèbres de cohomologie $H^*(G, Z_p)$ et $H^*(B_G, Z_p)$ d'un groupe de Lie compact connexe $G$ et d'un espace $B_G$ classifiant pour $G$, *lorsque $G$ et son quotient $G/T$ par un tore maximal sont sans $p$-torsion.*[1] Dans ce cas en effet, $H^*(B_G, Z_p)$ s'identifie à une sous-algèbre de $H^*(B_T, Z_p)$ ; or $H^*(B_T, Z_p)$ est engendrée par ses éléments de degré deux, ($B_T$ peut même, si l'on veut, être envisagé comme produit d'espaces projectifs complexes), et les puissances réduites y sont donc connues d'après II. Cela détermine en principe les puissances réduites dans $H^*(B_G, Z_p)$, et par conséquent aussi dans $H^*(G, Z_p)$ car, sous les hypothèses faites, $H^*(B_G, Z_p)$ est une algèbre de polynômes dont les générateurs sont images par transgression de générateurs de $H^*(G, Z_p)$, (qui est une algèbre extérieure), et la transgression commute aux puissances réduites. Cette méthode générale est ensuite appliquée aux groupes unitaire $U(n)$ et unitaire symplectique $Sp(n)$ pour $p$ (premier) quelconque, au groupe orthogonal

---

* Received February 22, 1953.

[1] On dit qu'un espace a de la $p$-torsion ($p$ premier), si l'un de ses groupes d'homologie entière a un coefficient de torsion divisible par $p$.

262

$SO(n)$ pour $p \neq 2$, et à leurs espaces classifiants, ce qui donne, entre autres, des résultats sur les classes de Chern.

La quatrième partie est consacrée aux applications. Nous montrons dans le No. 15 la non-existence de structures presque-complexes sur $S_n$, $(n \geq 8)$, et d'un type d'algèbres à division de dimension $> 8$, et dans le No. 17, la non-existence de sections dans certaines fibrations, (par exemple $U(n)/U(n-1) = S_{2n-1}$); on en déduit quelques renseignements sur les groupes d'homotopie des groupes classiques, auxquels nous consacrons également ment les Nos. 18 et 19. Enfin, le No. 20 donne des conditions nécessaires pour l'existence de sections dans des fibrations où espace, base et fibre sont des variétés de Stiefel complexes.

## I.  Espaces fibrés à groupe structural de Lie.

**1.  Espaces universels et espaces classifiants pour un groupe de Lie.** Soit $G$ un groupe de Lie compact; rappelons que l'on appelle *espace universel pour $G$* jusqu'à la dimension $n$ un espace $E$, fibré principal de groupe structural $G$, tel que $\pi_i(G) = 0$ pour $0 \leq i \leq n$, ([14], § 19); sa base $B = E/G$ est dite *espace classifiant pour $G$* et pour la dimension $n$, elle permet en effet de classer tous les espaces fibrés principaux de groupe structural $G$ ayant comme base un polyèdre $X$ donné de dimension $n$, (une classe d'espaces fibrés correspondant biunivoquement à une classe d'applications homotopes de $X$ dans $B$, *voir* [14], § 19).

On sait, ([14], 19.7), que l'on peut trouver pour tout $G$ et pour tout $n$ des espaces universels qui sont, ainsi que leurs bases, des variétés analytiques compactes, donc des polyèdres finis; il est souvent commode de les considérer pour $n$ arbitrairement grand et pour éviter d'avoir à préciser cet entier, on peut introduire les notions d'espace universel et d'espace classifiant pour $G$, (sous-entendu: pour tout $n$), de la façon suivante:

Soit $E_1, E_2, \cdots$ une suite d'espaces universels pour $G$ et pour des dimensions $n_1 < n_2 < \cdots$; il est clair que l'on peut la choisir telle que $E_i$ et $B_i = E_i/G$ soient des polyèdres finis et qu'il existe un homéomorphisme $f_i$ de $E_i$ dans $E_{i+1}$ commutant avec les opérations de $G$, $(i = 1, 2, \cdots)$. La limite inductive $E$ des $E_i$ est alors un espace fibré principal de groupe structural $G$, dont tous les groupes d'homotopie sont nuls; $E$ sera dit universel pour $G$, sa base $B$, qui est limite inductive des espaces $B_i$, sera dite espace classifiant pour $G$.  On déduit immédiatement du théorème de classification que deux espaces universels, ou deux espaces classifiants, ont même type d'homotopie; il n'y a donc pas d'inconvénient, tant que l'on ne s'intéresse qu'à des questions homologiques ou homotopiques, à désigner par $E_G$, resp. $B_G$, l'un quelconque de ces espaces; en particulier, on pourra parler des groupes d'homologie singulière ou de cohomologie singulière de l'espace $B_G$; on a d'ailleurs, $\Gamma$ étant un groupe de coefficients:

$$H_p(B_G, \Gamma) \approx H_p(B_i, \Gamma), \qquad H^p(B_G, \Gamma) \approx H^p(B_i, \Gamma) \qquad \text{si } n_i > p,$$

(les isomorphismes en cohomologie étant bien entendu compatibles avec le cup-produit si $\Gamma$ est un anneau); les groupes $H^p(B_G, \Gamma)$ sont donc isomorphes aux groupes $H^p(B_i, \Gamma)$ lorsque $i$ est assez grand, on retrouve ainsi les conventions de [2], § 18.[2]

Nous avons donc fait correspondre à tout groupe de Lie compact $G$ un espace, ou plutôt une classe d'espaces ayant le même type d'homotopie, $B_G$. On peut de plus associer à tout homomorphisme $f : H \to G$ d'un groupe de Lie compact dans un autre une classe d'applications homotopes $\rho(f) : B_H \to B_G$.

Soit en effet $E_H$ un espace universel pour $H$; par extension du groupe structural de $H$ à $G$ au moyen de $f$, $E_H$ définit un espace $E'_H$ principal pour $G$ et de base $B_H$; cet espace est le quotient $(E_H, G)_H$ du produit $E_H \times G$ par la relation d'équivalence $(x, g) \approx (x \cdot h, f(h) \cdot g)$. Comme la base de $E'_H$ est limite inductive de polyèdres, le théorème de classification s'applique, et il existe une classe d'applications homotopes $\rho(f)$ de $B_H$ dans $B_G$ telle que $E'_H$ soit l'image réciproque de $E_G$ par les $\rho(f)$; cela définit les $\rho(f)$.

Bien entendu, $\rho(f)$ est homotope à l'identité si $f$ est l'identité, et les $\rho(f)$ vérifient la propriété de transitivité $\rho(f \circ g) = \rho(f) \circ \rho(g)$. On peut donc dire que la correspondance $G \to B_G$ est un *foncteur covariant* de $G$.

Le cas particulier le plus important de la notion précédente est celui où $f$ est l'application identique d'un sous-groupe fermé $H$ d'un groupe $G$ dans le groupe $G$ lui-même; on désigne alors $\rho(f)$ par $\rho(H, G)$, conformément aux notations de [2], § 21. Dans ce cas on peut choisir $\rho(f)$ de telle sorte que $\rho(f) : B_H \to B_G$ *définisse $B_H$ comme espace fibré de base $B_G$ et de fibre l'espace homogène $G/H$*. En effet, puisque $H$ est plongé dans $G$, il opère sur $E_G$ et $E_G$, muni de ces opérateurs, est un espace universel pour $H$, que l'on peut prendre comme $E_H$. On aura alors $B_H = E_G/H$, $B_G = E_G/G$ et l'application $\rho(f)$ n'est autre que la projection canonique de $E_G/H$ sur $E_G/G$; elle définit bien $B_H$ comme espace fibré de fibre $G/H$ et de base $B_G$.

Dans le cas général, on peut, au moins au point de vue homologique ou

---

[2] Si $G$ est discret (cas que nous n'avons pas exclu), les groupes $H_p(B_G, \Gamma)$ et $H^p(B_G, \Gamma)$ ne sont autres que les groupes d'homologie et de cohomologie de $G$ au sens de Hopf-Eilenberg-MacLane-Eckmann.

homotopique, envisager aussi $\rho(f)$ comme projection d'un espace fibré. Soit en effet $X = (E'_H, E_G)_H$ le quotient de $E'_H \times E_G$ par la relation d'équivalence $(x, y) \approx (x \cdot h, y \cdot h)$, il admet deux fibrations, l'une de fibre $E_G$ et de base $B_H$, l'autre de fibre $E'_H$ et de base $B_G$; notons $\alpha$ et $\beta$ les projections correspondantes. Comme $E_H$ est acyclique, $\beta$ définit un isomorphisme $\beta_*$ des groupes d'homologie (ou d'homotopie) de $X$ sur ceux de $B_H$. D'autre part un homomorphisme de $E'_H$ dans $E_G$ définit de façon évidente une section $s: B_H \to X$, qui composée avec $\alpha$ redonne $\rho(f)$; ainsi, une fois les groupes d'homologie de $B_H$ identifiés à ceux de $X$ par $\beta_*^{-1}$, l'homomorphisme $\rho_*(f)$ devient l'homomorphisme $\alpha_*$ induit par la projection $\alpha$.

En particulier, si $f$ est la projection de $H$ sur son quotient $H/N$ par un sous-groupe invariant fermé $N$, l'espace $E'_H$ est visiblement un espace $B_N$ et $\rho_*(f)$ *s'identifie à l'homomorphisme induit par la projection d'un espace fibré ayant même homologie que $B_H$, de fibre $B_N$ et de base $B_{H/N}$.*

*Note.* Soit $E$ un espace fibré de groupe structural $H$ dont la base $X$ est un polyèdre fini; $E$ est donc bien défini par une classe d'applications homotopes $\zeta: X \to B_H$; en les composant avec les applications $\rho(f): B_H \to B_G$, on définit donc un espace fibré de base $X$ et de groupe structural $G$; en outre, d'après la construction même de $\rho(f)$, cet espace est celui que l'on obtient à partir de $E$ *en étendant le groupe structural de $H$ à $G$ au moyen de $f$.*

C'est sous cette forme que l'on trouvera étudiée, dans des cas particuliers, l'application $\rho(f)$, notamment par Wu ([18], [19]). On voit également que pour qu'un espace fibré de base $X$, de groupe $G$, défini par $\zeta: X \to B_G$ puisse être obtenu à partir d'un espace fibré de groupe $H$ par extension du groupe structural il faut et il suffit que $\zeta$ puisse se "factoriser" par $\rho(f)$. Si l'on connait les algèbres de cohomologie $H^*(B_H)$ et $H^*(B_G)$, ainsi que $\rho^*(f): H^*(B_G) \to H^*(B_H)$, on tire de là des conditions cohomologiques nécessaires pour que l'on puisse restreindre le groupe structural de $G$ à $H$. C'est là la méthode suivie par Wu [18] pour étudier les structures presque complexes, ($f$ étant alors l'inclusion de $\boldsymbol{U}(n)$ dans $\boldsymbol{SO}(2n)$).


## 2. Cohomologie des groupes de Lie et de leurs espaces classifiants.

Soit $G$ un groupe de Lie compact connexe de rang $l$, (rappelons que le rang est la dimension commune des tores maximaux de $G$). D'après un théorème classique de Hopf, l'algèbre de cohomologie de $G$ relativement à un corps de caractéristique zéro est une algèbre extérieure engendrée par $l$ éléments de degrés impairs. Ce résultat vaut encore pour $H^*(G, Z_p)$, ($p$ premier, $Z_p$ corps des entiers modulo $p$), lorsque $G$ est sans $p$-torsion,[1] ([2], Proposition 7.2);

de même, si $G$ n'a pas de torsion, $H^*(G, Z)$ est l'algèbre extérieure d'un groupe abélien libre ayant $l$ générateurs de degrés impairs.

Dans le cas où $G$ est sans $p$-torsion, on peut établir des relations très précises entre $H^*(G, Z_p)$ et $H^*(B_G, Z_p)$ en utilisant la transgression. Rappelons que la transgression dans un espace fibré $E$, de base $B$ et de fibre $F$, relativement à un groupe de coefficients $\Gamma$, est en dimension $s$, $(s = 0, 1, 2, \cdots)$, un homomorphisme :

$$(2.1) \qquad \tau : T^s(F, \Gamma) \to H^{s+1}(B, \Gamma)/L^{s+1}(B, \Gamma)$$

d'un sous-groupe $T^s(F, \Gamma)$ de $H^s(F, \Gamma)$ dans un quotient de $H^{s+1}(B, \Gamma)$. L'homomorphisme $\tau$ est le composé $q^{*-1} \circ \delta$, où $\delta$ désigne l'homomorphisme de cobord qui applique $H^s(F, \Gamma)$ dans $H^{s+1}(E, F; \Gamma)$, et où $q^*$ est le produit de l'isomorphisme de $H^{s+1}(B, \Gamma)$ sur $H^{s+1}(B, b; \Gamma)$, ($b$ projection de $F$), par l'homomorphisme $p^* : H^{s+1}(B, b; \Gamma) \to H^{s+1}(E, F; \Gamma)$ transposé de la projection (*voir* [2], § 5; [11], pp. 434, 457). En particulier nous noterons $T^s(G, \Gamma)$ l'ensemble des éléments de $H^s(G, \Gamma)$ transgressifs dans un espace universel $E_G$, et qui seront dits être *universellement transgressifs*.

Ces définitions étant posées, on peut exprimer ainsi les propriétés de la fibration de $E_G$ par $G$, base $B_G$ qui sont établies dans [2], (Théorèmes 13.1, 19.1) :

2.2. *Soit $p$ un nombre premier, et supposons $G$ sans $p$-torsion. Alors $H^*(G, Z_p)$ possède un système de générateurs $h_1, \cdots, h_l$ de degrés impairs qui forment une base du sous-espace $T(G, Z_p)$ de $H^*(G, Z_p)$ engendré par les éléments universellement transgressifs.*

2.3. *Le sous-espace $L^{s+1}(B_G, Z_p)$ de $H^{s+1}(B_G, Z_p)$, (notations de 2.1), est égal au sous-espace des éléments décomposables de $H^{s+1}(B_G, Z_p)$, (c'est à dire au sous-espace engendré par les produits d'éléments de degrés $< s + 1$).*

Nous désignerons par $D^j(B_G, \Gamma)$, ou par $D^j$ si cela ne prête pas à confusion, l'ensemble des éléments décomposables de $H^j(B_G, \Gamma)$ et par $D(B_G, \Gamma)$, ou par $D$, la somme directe des $D^j$.

2.4. *Soient $\tau$ la transgression dans $E_G$ et $y_i \, \varepsilon \, H^*(B_G, Z_p)$ un représentant de $\tau(h_i)$, $(i = 1, \cdots, l)$. Alors $H^*(B_G, Z_p)$ est identique à l'algèbre des polynômes admettant les $y_i$ comme générateurs.*

On a ici $\tau(h_i) = y_i \bmod D$ et $H^*(B_G, Z_p)$ est une algèbre de polynômes à $l$ générateurs dont les degrés sont égaux aux degrés des $h_i$ augmentés d'une unité (et sont par conséquent pairs).

Les résultats 2.2, 2.3, 2.4 restent valables si l'on remplace partout $Z_p$ par un corps de caractéristique zéro, sans hypothèse sur $G$, ou encore si l'on substitue $Z$ à $Z_p$ lorsque $G$ n'a pas de torsion.

### 3. Relations entre $H^*(B_G, Z_p)$ et le groupe de Weyl de $G$.

Soient $T$ un tore maximal du groupe de Lie compact connexe $G$ de rang $l$, $N$ le normalisateur de $T$ dans $G$, et $\Phi$ le groupe de Weyl de $G$, c'est à dire le quotient $N/T$. On sait que $\Phi$ est un groupe fini. D'après les résultats du No. 2, la transgression établit un isomorphisme de $H^1(T, Z)$ sur $H^2(B_T, Z)$, et $H^*(B_T, Z)$ est l'algèbre symétrique libre engendrée par $H^2(B_T, Z)$; toute base $(\xi_1, \cdots, \xi_l)$ de $H^1(T, Z)$ définit donc par transgression un système de générateurs indépendants $(x_1, \cdots, x_l)$ de $H^*(B_T, Z)$ de degrés égaux à deux.

Puisque $N$ est une extension de $T$ par $\Phi$, le groupe $\Phi$ opère canoniquement sur $T$, et de ce fait sur $H^1(T, Z)$ donc aussi sur $H^*(B_T, Z)$. On notera $I_G$ la sous-algèbre des éléments de $H^*(B_T, Z)$ invariants par $\Phi$. Il est clair que si $x \, \varepsilon \, H^*(B_T, Z)$ est tel que $n \cdot x \, \varepsilon \, I_G$, ($n$ entier), on a aussi $x \, \varepsilon \, I_G$; par conséquent $I_G$ est *facteur direct* de $H^*(B_T, Z)$ pour la structure de groupe abélien, ce qui permet de considérer $I_G \otimes Z_p$ comme plongé dans

$$H^*(B_T, Z) \otimes Z_p \approx H^*(B_T, Z_p).$$

Cela étant posé, on a ([2], Prop. 29.2) :

3.1. *Si $G$ et $G/T$ sont sans torsion, l'homomorphisme*

$$\rho^*(T, G) : H^*(B_G, Z) \to H^*(B_T, Z)$$

*est biunivoque et son image est $I_G$.*

3.2. *Soit $p$ un nombre premier. Si $G$ et $G/T$ sont sans $p$-torsion, il en est de même de $B_G$, l'homomorphisme :*

$$\rho^*(T, G) : H^*(B_G, Z_p) \to H^*(B_T, Z_p)$$

*est biunivoque, et son image est $I_G \otimes Z_p$, (plongé dans $H^*(B_T, Z_p)$ comme il a été dit plus haut).*

Lorsqu'on sera dans les hypothèses de 3.1, (resp. 3.2), on identifiera $H^*(B_G, Z)$, (resp. $H^*(B_T, Z_p)$), à $I_G$, (resp. $I_G \otimes Z_p$) ; cela permettra comme on le verra de ramener beaucoup de questions portant sur $B_G$ aux questions analogues sur $B_T$, qui est plus simple à étudier. Soient par exemple $H$ et $G$ deux groupes de Lie vérifiant 3.2, $f : H \to G$ un homomorphisme et cherchons à déterminer $\rho^*(f) : H^*(B_G, Z_p) \to H^*(B_H, Z_p)$. Soient $T'$ un tore maximal de $H$, $T$ un tore maximal de $G$ contenant $f(T')$, et $g: T' \to T$ la restriction de $f$ à $T'$. Elle définit un homomorphisme $\rho^*(g): H^*(B_T, Z_p) \to H^*(B_{T'}, Z_p)$ dont la restriction à $I_G \otimes Z_p$ est évidemment $\rho^*(f)$; pour connaître $\rho^*(f)$, il suffit donc de connaître $\rho^*(g)$, ce qui est très facile: Soient $\xi_1, \cdots, \xi_r$, (resp. $\xi'_1, \cdots, \xi'_s$), une base de $H^1(T, Z_p)$, (resp. de $H^1(T', Z_p)$. On peut écrire:

$$g^*(\xi_i) = \Sigma\, n_{ij}\xi'_j, \qquad\qquad (n_{ij} \in Z_p),$$

et, si $x_i$, resp. $x'_i$, est image par transgression de $\xi_i$, resp. $\xi'_i$, un polynôme $Q(x_1, \cdots, x_r)$ en les $x_i$ a comme image par $\rho^*(g)$ le polynôme

$$Q(\Sigma\, n_{1j}x'_j, \cdots, \Sigma\, n_{rj}x'_j),$$

(*voir* pour plus de détails [2], § 28, 31 où cette méthode est appliquée dans le cas où $f$ est biunivoque).

Un cas particulier important est celui où $f$ est l'inclusion d'un sous-groupe $H$ de $G$ dans $G$, *H et G ayant même rang*. On a alors $T = T'$, et $\rho^*(g)$ est l'identité; tenant compte des identifications faites plus haut on voit que $H^*(B_G, Z_p)$ *s'identifie à une sous-algèbre de* $H^*(B_H, Z_p)$, *elle-même identifiée à une sous-algèbre de* $H^*(B_T, Z_p)$.

*Conditions d'application des résultats précédents.* Les hypothèses 3.1 et 3.2 sont fréquemment vérifiées, en effet:

3.3. *Si l'algèbre de Lie de G ne contient aucun facteur isomorphe à* $E_6$, $E_7$, *ou* $E_8$, $G/T$ *est sans torsion* ([2], Prop. 29.1).

3.4. *Pour tout n les groupes classiques* $U(n)$, $SU(n)$, $Sp(n)$ *sont sans torsion* ([2], Prop. 9.1).

3.5. *Pour tout n et pour tout nombre premier p impair,* $SO(n)$ *est sans p-torsion,* ([2], Prop. 10.4).

Ainsi, *à l'exception de* $SO(n)$ *pour* $p = 2$, *tout groupe classique est justiciable de* 3.2. Dans le cas de $SO(n)$, $p = 2$, il convient de remplacer les tores maximaux par des sous-groupes abéliens maximaux de type $(2, 2, \cdots, 2)$, (*voir* [3]).

**4. Cas particulier: le groupe unitaire $U(n)$.** Soit $G = U(n)$ le groupe des matrices complexes unitaires à $n$ lignes et $n$ colonnes; les matrices diagonales en constituent un tore maximal $T$, $U(n)$ est donc de rang $n$. Désignant par $\exp(2i\pi\zeta_1), \cdots, \exp(2i\pi\zeta_n)$ les valeurs propres d'une matrice diagonale, nous prendrons les éléments $\xi_i = d\zeta_i$ comme base de $H^1(T, Z)$ et noterons $x_i$ l'image par transgression de $\xi_i$ dans $H^2(B_T, Z)$.

Le normalisateur $N$ de $T$ dans $U(n)$, est l'ensemble des matrices *monomiales* (c'est à dire produits d'une matrice diagonale par une matrice de permutation), et $\Phi = N/T$ est le groupe des permutations des $\xi_i$ ou des $x_i$; par conséquent $I_G$ est l'algèbre des polynômes symétriques en les $x_i$; de même $I_{U(n)} \otimes Z_p$ est l'ensemble des polynômes symétriques à coefficients dans $Z_p$.

Soit $C_{2i}$ la $i$-ème fonction symétrique élémentaire $\Sigma x_1 \cdots x_i$[3] c'est donc un élément de $I_G = H^*(B_{U(n)}, Z)$ et de plus $I_G$ est identique à l'algèbre des polynômes en les $C_{2i}$; comparant cela avec les résultats du No. 2, on voit que $H^*(U(n), Z)$ contient des éléments bien déterminés $h_i$, $(1 \leq i \leq n)$, de degré $2i - 1$, tels que $\tau(h_i) = C_{2i} \bmod (C_2, \cdots, C_{2i-2})$, $\tau$ étant la transgression dans $E_{U(n)}$; en outre $H^*(U(n), Z)$ est l'algèbre extérieure engendrée par les $h_i$.

Il s'impose de comparer les résultats précédents avec ceux qu'obtient S. S. Chern dans [6]. Au moyen des grassmanniennes complexes et des symboles de Schubert, Chern y définit des éléments $c_{2i} \varepsilon H^{2i}(B_{U(n)}, Z)$ et montre que $H^*(B_{U(n)}, Z)$ est l'algèbre des polynômes admettant les $c_{2i}$, $(1 \leq i \leq n)$, comme générateurs; ainsi les classes $C_{2i}$ ont les mêmes propriétés que les classes de Chern $c_{2i}$; en fait on a:

PROPOSITION 4. 1.   *Les classes* $C_{2i} = \Sigma x_1 \cdots x_i$ *coïncident avec les classes de Chern* $c_{2i}$ $(i = 1, \cdots, n)$.

Pour éviter toute confusion, nous n'identifierons pas dans cette démonstration $I_{U(n)}$ et $H^*(B_{U(n)}, Z)$. Nous devons donc montrer que *l'homomorphisme* $\rho^*(T, U(n)) : H^*(B_{U(n)}, Z) \to H^*(B_T, Z)$ *applique* $c_{2i}$ *sur* $C_{2i}$.

Nous établirons la Prop. 4. 1 par récurrence sur $n$ en utilisant la *formule de dualité* des classes de Chern (4. 3), (*voir* [7], [19]). Pour $n = 1$, $U(1) = T$ et la proposition est évidente car $C_2$ et $c_2$ sont toutes deux images par transgression de la classe $\xi = d\zeta$ de $H^1(T, Z)$. Nous supposons maintenant la proposition démontrée pour $U(m)$ si $m < n$; comme nous aurons à considérer plusieurs valeurs de $n$, il sera commode de distinguer par un indice $n$, que nous placerons en haut à gauche, ce qui est relatif à $U(n)$; ainsi nous parlerons de ${}^n\xi_i$, ${}^nx_i$, ${}^nC_{2i}$, ${}^nc_{2i}$, etc.

Soient $p, q > 0$ tels que $p + q = n$, $f$ l'inclusion canonique de $U(p) \times U(q)$ dans $U(n)$, $T^p$, $T^q$ et $T^n = T^p \times T^q$ des tores maximaux de $U(p)$, $U(q)$ et

---

[3] Dans tout ce travail, nous notons un polynôme symétrique par son terme initial précédé du **signe** $\Sigma$.

$U(n)$ ; la restriction $g$ de $f$ à $T^p \times T^q$ est donc l'identité. Le diagramme commutatif

$$
\begin{array}{ccc}
T^p \times T^q & \xrightarrow{\ g\ } & T^n \\
\downarrow & & \downarrow \\
U(p) \times U(q) & \xrightarrow{\ f\ } & U(n)
\end{array}
$$

où les flèches sont des inclusions, donne lieu au diagramme commutatif

$$
\begin{array}{ccc}
H^*(B_{T^p}, Z) \otimes H^*(B_{T^q}, Z) & \xleftarrow{\ \ \alpha\ \ } & H^*(B_{T^n}, Z) \\
\uparrow \beta & & \uparrow \delta \\
H^*(B_{U(p)}, Z) \otimes H^*(B_{U(q)}, Z) & \xleftarrow{\ \ \gamma\ \ } & H^*(B_{U(n)}, Z)
\end{array}
$$

où, dans les notations du No. 1 :

$$
\alpha = \rho^*(g) = \rho^*(T^p \times T^q, T^n), \qquad \beta = \rho^*(T^p \times T^q, U(p) \times U(q)),
$$
$$
\gamma = \rho^*(U(p) \times U(q), U(n)) = \rho^*(f) \text{ et enfin } \delta = \rho^*(T^n, U(n)).
$$

Si l'on prend dans $H^1(T^p, Z)$, $H^1(T^q, Z$ et $H^1(T^n, Z)$ les bases $(^p\xi_j)$, $(^q\xi_k)$, $(^n\xi_i)$ indiquées au début de ce No, il est clair que $g^*$ est définie par

$$
g^*(^n\xi_i) = {}^p\xi_i \quad (i \le p), \qquad g^*(^n\xi_{p+i}) = {}^q\xi_i, \quad (1 \le i \le q),
$$

par conséquent, $\alpha$ est défini par

$$
\alpha(^nx_i) = {}^px_i \otimes 1 \quad (1 \le i \le p) ; \qquad \alpha(^nx_{p+j}) = 1 \otimes {}^qx_j \quad (1 \le j \le q),
$$

et il en résulte évidemment que

$$
(4.2) \qquad \alpha(^nC_{2i}) = \Sigma_{j+k=i} \ {}^pC_{2j} \otimes {}^qC_{2k}
$$

en posant bien entendu $^pC_{2j} = 0$ si $j > p$, $^qC_{2k} = 0$ si $k > q$; en faisant une convention analogue pour les classes de Chern, on peut écrire la formule de dualité :

$$
(4.3) \qquad \gamma(^nc_{2i}) = \Sigma_{j+k=i} \ {}^pc_{2j} \otimes {}^qc_{2k}
$$

mais l'homomorphisme $\beta$ est le produit tensoriel des homomorphismes $\rho^*(T^p, U(p))$ et $\rho^*(T^q, U(q))$, donc, vu l'hypothèse d'induction, on obtient :

$$
(4.4) \qquad \beta \circ \gamma(^nc_{2i}) = \Sigma_{j+k=i} \ {}^pC_{2j} \otimes {}^qC_{2k}
$$

d'où, compte tenu de (4.2) et de $\beta \circ \gamma = \alpha \circ \delta$,

$$
\alpha \circ \delta(^nc_{2i}) = \alpha(^nC_{2i}), \qquad\qquad (1 \le i \le n),
$$

et finalement $\delta(^nc_{2i}) = {}^nC_{2i}$ puisque $\alpha$ est biunivoque,

*Remarques.* (1) Sans utiliser la formule de dualité on peut montrer aisément que $^nc_{2i} = \epsilon_i C_{2i}$, où $\epsilon_i = \pm 1$. Pour prouver la Proposition 4.1, il ne reste donc plus qu'à établir les égalités $\epsilon_i = 1$ $(1 \leq i \leq n)$, ce qui peut se faire en se servant des valeurs des classes de Chern de la structure tangente de l'espace projectif complexe et du calcul des puissances de Steenrod des classes $^nC_{2i}$ qui sera fait au No. 11. Malheureusement cette méthode, au reste peu naturelle, conduit à des calculs assez compliqués.

Il serait intéressant de trouver une démonstration de la Proposition 4.1 qui soit simple et indépendante de la dualité; peut être est-ce possible en utilisant l'expression des classes de Chern comme formes différentielles? On déduirait alors la formule de dualité directement de l'identité évidente (4.2), comme cela est fait dans [3] pour les classes de Stiefel-Whitney réduites mod 2.

**5. Autres groupes classiques.** Nous allons passer brièvement en revue les autres groupes classiques, renvoyant à [2] pour plus de détails.[4]

Examinons tout d'abord les groupes *orthogonaux*. Le groupe $SO(2n+1)$ est de rang $n$, et son groupe de Weyl est le groupe des permutations et changements de signes des $x_i$. Il en résulte donc que $H^*(B_{SO(2n+1)}, Z_p)$ est l'algèbre des polynômes ayant comme générateurs les $n$ éléments $P_{4i} = \Sigma x_1^2 \cdots x_i^2$, $(1 \leq i \leq n)$, lorsque $p$ est impair (cette restriction étant due, rappelons-le, au fait que $SO(n)$ a de la 2-torsion pour $m \geq 3$).

Le groupe $SO(2n)$ est aussi de rang $n$, et son groupe de Weyl est engendré par les permutations et les changements de signes *en nombre pair* des $x_i$. Il en résulte aisément que pour $p$ premier impair $H^*(B_{SO(2n)}, Z_p)$ est l'algèbre des polynômes admettant comme générateurs les $P_{4i}$ $(1 \leq i \leq n-1)$, et $W_{2n} = x_1 \cdots x_n$.

PROPOSITION 5.1. *$P_{4i}$ coïncide avec la classe de Pontrjagin de dimension $4i$, réduite mod $p$; $W_{2n}$ coïncide avec la classe de Stiefel-Whitney de dimension $2n$, réduite mod $p$.*

Nous noterons $p_{4i}$ et $w_{2n}$ les classes de Pontrjagin et de Stiefel-Whitney respectivement.

Soit d'abord $f$ l'inclusion de $U(n)$ dans $SO(2n)$; ces deux groupes étant de même rang, $\rho^*(f) = \rho^*(U(n), SO(2n))$ est biunivoque et, vu les identifications faites plus haut, se ramène au plongement des polynômes en les $P_{4i}$

---

[4] Pour tout ce qui concerne le groupe de Weyl, *voir* par exemple E. Stiefel, *Comm. Math. Helv.*, tome 14 (1941-42), pp. 350-380.

et $W_{2n}$ dans l'algèbre de tous les polynômes symétriques. Il en résulte visiblement:

$$(5.2) \qquad \rho^*(f)(W_{2n}) = C_{2n}.$$

Mais il est classique ([13], 41.8) que, étant donné un espace fibré de groupe structural $U(n)$ et de classes de Chern $c_{2i}$, on obtient en étendant le groupe structural à $SO(2n)$ un espace fibré dont la classe de Stiefel-Whitney $w_{2n}$ est égale à $c_{2n}$; cela signifie que $\rho^*(f)(w_{2n}) = c_{2n}$ et, comme $C_{2n} = c_{2n}$, l'égalité (5.1) donne bien $W_{2n} = w_{2n}$, puisque $\rho^*(f)$ est biunivoque.

On pourrait raisonner de la même façon pour les classes de Pontrjagin, à l'aide du No. 3 de la Note [18] de Wu, mais il est plus commode de procéder différemment, en partant du plongement canonique de $SO(n)$ dans $U(n)$, qui définit un homomorphisme

$$\sigma = \rho^*(SO(n), U(n)) : H^*(B_{U(n)}, Z_p) \to H^*(B_{SO(n)}, Z_p)$$

déterminé explicitement dans [2], § 31; on a

$$\sigma(C_{2i}) = 0 \text{ si } i \text{ est impair}$$

$$(5.3)$$

$$\sigma(C_{4k}) = (-1)^k P_{4k}.$$

D'autre part, on a d'après Wu ([20], p. 9):

$$\sigma(c_{4k}) = (-1)^k p_{4k},$$

ce qui, joint à $C_{4k} = c_{4k}$, donne $P_{4k} = p_{4k}$.

*Remarque.* De même que pour la Proposition 4.1, il y aurait intérêt à avoir une démonstration de la Proposition 5.1 indépendante des résultats de Wu, car on obtiendrait alors ces derniers de façon simple, par des calculs sur les polynômes symétriques et des changements de variables.

Le cas du groupe unitaire symplectique $Sp(n)$ est tout à fait analogue à celui du groupe $SO(2n+1)$, car ces deux groupes ont même rang et des groupes de Weyl isomorphes; la différence essentielle est que l'on peut raisonner directement avec des coefficients entiers puisque $Sp(n)$ n'a pas de torsion.

On trouve alors que $H^*(B_{Sp(n)}, Z)$ est identique à l'algèbre des polynômes ayant pour générateurs des classes $K_{4i}$, $(1 \leq i \leq n)$, définies par: $K_{4i} = \Sigma x_1^2 \cdots x_i^2$.

Le plongement canonique de $Sp(n)$ dans $U(2n)$ définit un homomorphisme

$$\nu = \rho^*(Sp(n)), U(2n)) \quad : \quad H^*(B_{U(2n)}, Z) \to H^*(B_{Sp(n)}, Z)$$

donné par les formules :

$$\nu(C_{2i}) = 0 \text{ si } i \text{ est impair}$$

(5. 4)

$$\nu(C_{4k}) = (-1)^k K_{4k}.$$

*Note.* Les formules (5. 2), (5. 3), (5. 4) permettent de déterminer les homomorphismes

$$H^*(SO(2n), Z_p) \to H^*(U(n), Z_p) \to H^*(SO(n), Z_p)$$

et

$$H^*(U(2n), Z) \to H^*(Sp(n), Z)$$

induits par les plongements canoniques ([2], Proposition 21. 3 et § 31). Ainsi, si l'on désigne par $t_k$ l'élément de $H^{4k-1}(SO(n), Z_p)$ dont l'image par transgression est $P_{4k}$, par $u_n$ celui dont l'image est $W_n$ ($n$ pair), par $v_k$ l'élément de $H^{4k-1}(Sp(n), Z)$ dont l'image est $K_{4k}$, on voit que $(-1)^k t_k$ et $(-1)^k v_k$ sont restrictions des classes

$$h_{2k} \, \varepsilon \, H^{4k-1}(U(n), Z_p), \text{ resp. } h_{2k} \, \varepsilon \, H^{4k-1}(U(n), Z).$$

Par conséquent :

5. 5.  *A l'exception de la classe $u_n$, (d'ailleurs exceptionnelle à plus d'un titre), les générateurs des algèbres de cohomologie des groupes classiques sont restrictions de générateurs de l'algèbre de cohomologie du groupe unitaire (pour $SO(n)$, on suppose $p \neq 2$).*

## II.  Les puissances réduites de Steenrod.

**6.  Les puissances réduites.**  Dans les Nos. 6 et 7, $p$ désignera un nombre premier fixé, $K$ un polyèdre fini, $L$ un sous-polyèdre de $K$. On notera $H^q(K, L; Z_p)$ ou $H^q(K, L)$ lorsque cela ne prêtera pas à confusion, les groupes de cohomologie de $K$ modulo $L$, à coefficients dans $Z_p$.

Les puissances réduites sont des homomorphismes

$$P_i{}^p : H^q(K, L; Z_p) \to H^{pq-i}(K, L; Z_p)$$

définis pour tout $p$ premier, tout $i \geq 0$, tout $q \geq 0$, et tout couple de polyèdres $K$ et $L$, $L$ étant un sous-polyèdre de $K$.

A la place de la notation $P_i{}^p$, qui est adoptée dans [15], on trouve fréquemment ([4], [17], [20]) la notation $St_p{}^i$ qui désigne $P^p{}_{pq-q-i}$; ainsi l'homomorphisme $St_p{}^i$ applique $H^q(K, L)$ dans $H^{q+i}(K, L)$ et élève donc le degré de $i$ unités.

Dans cet article, nous utiliserons une troisième notation, qui figure à la fin de [15b]. Rappelons les raisons de ce changement : D'après un théorème de Thom, ([16], [15b]), on a $St_p^i = 0$ si $i \not\equiv 0 \bmod 2\,(p-1)$ et il est connu que $St_p^{2i+1}$ se ramène immédiatement à $St_p^{2i}$; ainsi, seules les opérations $St_p^{2k(p-1)}$ sont réellement importantes, et il est naturel de les désigner par un symbole plus simple; d'autre part les propriétés des $St_p^i$ sont compliquées par la présence de facteurs numériques; si on cherche à les faire disparaître, en modifiant convenablement la définition des puissances réduites, on est finalement conduit à la notation suivante, qui est celle que nous adopterons dans toute la suite :

*On désigne par $\mathcal{P}_p^k$ l'homomorphisme de $H^q(K, L\,;Z_p)$ dans*

$$H^{q+2k(p-1)}(K, L\,;Z_p)$$

*qui est égal à $\lambda(p, q, k) \cdot St_p^{2k(p-1)}$, le coefficient $\lambda(p, q, k)$ étant un élément de $Z_p$ défini comme suit :*

*Si $p = 2$, $\lambda(p, q, k) = 1$*

*Si $p = 2h+1$, $\lambda(p, q, k) = (-1)^{hr(r-1)/2}(h!)^{-r}$ avec $r = q - 2k$.*

**7. Formulaire.** Nous rappelons ici les propriétés des puissances réduites $\mathcal{P}_p^k$, (*voir* [15b]); dans la suite de ce travail, nous n'utiliserons que ces formules, et jamais la définition explicite des $\mathcal{P}_p^k$, (ce qui n'est d'ailleurs pas surprenant, puisque Thom [17] a montré que les formules en question caractérisent complètement les $\mathcal{P}_p^k$).

7.1.  $\mathcal{P}_p^k : H^q(K, L\,;Z_p) \to H^{q+2k(p-1)}(K, L\,;Z_p)$ *est un homomorphisme défini quels que soient $q \geq 0$, $k \geq 0$ et le couple $(K, L)$.*

7.2.  *Soit $f : (K, L) \to (K', L')$ une application continue. Si $f^*$ est l'homomorphisme de $H^*(K', L')$ dans $H^*(K, L)$ induit par $f$ on a $\mathcal{P}_p^k \circ f^* = f^* \circ \mathcal{P}_p^k$.*

7.3.  *Lorsque $p = 2$, on a $\mathcal{P}_p^k = Sq^{2k}$ ("i-carré" de Steenrod).*

7.4.  *$\mathcal{P}_p^0$ est l'application identique de $H^*(K, L)$ sur lui-même.*

7.5.  *$\mathcal{P}_p^k : H^q(K, L) \to H^{q+2k(p-1)}(K, L)$ est nul lorsque $q < 2k$, coïncide avec l'élévation à la p-ième puissance lorsque $q = 2k$.*

7.6.  *Si $\delta$ désigne l'homomorphisme cobord qui applique $H^q(L)$ dans $H^{q+1}(K, L)$, on a $\mathcal{P}_p^k \circ \delta = \delta \circ \mathcal{P}_p^k$.*

7.7. *Soient $x$ et $y$ deux éléments de $H^*(K, L)$, $x \cdot y$ leur cup-produit. Lorsque $p \neq 2$, on a:*

$$\mathcal{P}_p^k(x \cdot y) = \Sigma_{i+j=k}\,\mathcal{P}_p^i(x) \cdot \mathcal{P}_p^j(y).$$

(Cela montre en particulier que $\mathcal{P}_p^1$ est une *dérivation*.)

7.8. $Sq^k(x \cdot y) = \Sigma_{i+j=k}\, Sq^i(x) \cdot Sq^j(y).$

(*Ainsi, la formule* 7.7 *est valable pour* $p = 2$ *quand* $Sq^1$ *est nul pour tout élément de* $H^*(K, L)$.)

Remarquons enfin que la transgression dans un espace fibré, dont nous avons rappelé la définition au No. 2, est un produit $q^{*-1} \cdot \delta$, où $q^*$ et $\delta$ commutent avec $\mathcal{P}_p^k$, vu 7.2 et 7.6; par conséquent:

7.9. *Si $\tau$ désigne la transgression dans un espace fibré $E$ on a:*

$$\mathcal{P}_p^k \circ \tau = \tau \circ \mathcal{P}_p^k.$$

De façon plus précise, $\mathcal{P}_p^k$ applique $T^s(F)$ dans $T^{s+2k(p-1)}(F)$, et $L^{s+1}(B)$ dans $L^{s+1+2k(p-1)}(B)$, et on a un diagramme commutaif

$$
\begin{array}{ccc}
T^s(F) & \xrightarrow{\mathcal{P}_p^k} & T^{s+2k(p-1)}(F) \\
\downarrow{\tau} & & \downarrow{\tau} \\
H^{s+1}(B)/L^{s+1}(B) & \xrightarrow{\mathcal{P}_p^k} & H^{s+1+2k(p-1)}(B)/L^{s+1+2k(p-1)}(B)
\end{array}
$$

*Note.* Les puissances réduites $\mathcal{P}_p^k$ sont définies dans [15] pour les couples $(K, L)$ de *polyèdres finis*; mais, comme nous l'a signalé N. E. Steenrod, elles sont définissables dans des théories cohomologiques plus vastes et notament dans la *théorie de Čech* (par passage à la limite à partir des polyèdres) et dans la *théorie singulière* (car il existe une formule simpliciale universelle, analogue à celle des $i$-produits, qui fait passer d'un cocycle représentant la classe de cohomologie $x$ à un cocycle représentant $\mathcal{P}_p^k(x)$). Bien entendu, le formulaire précédent est encore valable dans ces deux cas.

## 8. Les puissances réduites dans les espaces projectifs.

Nous allons montrer maintenant comment les formules du No. 7 permettent de déterminer les opérations $\mathcal{P}_p^k$ dans quelques cas simples. Les résultats obtenus nous serviront du reste dans la troisième partie de ce travail.

PROPOSITION 8.1. *Soit $u$ une classe de cohomologie de dimension* 2. *On a, si $p \neq 2$, $\mathcal{P}_p^k(u^n) = \binom{n}{k}u^{n+k(p-1)}$ (on convient que $\binom{n}{k} = 0$ si $k > n$); si $p = 2$ la formule précédente reste valable lorsque $Sq^1 u = 0$.*

On raisonne par récurrence sur $n$. Supposons tout d'abord $p \neq 2$; en appliquant 7.7 on obtient:

$$\mathcal{P}_p{}^k(u^n) = \Sigma_{i+j=k}\mathcal{P}_p{}^i(u) \cdot \mathcal{P}_p{}^j(u^{n-1})$$

et d'après l'hypothèse de récurrence, la somme du 2ème membre se réduit à

$$\tbinom{n-1}{k-1}u^{n+k(p-1)} + \tbinom{n-1}{k}u^{n+k(p-1)} = \tbinom{n}{k}u^{n+k(p-1)}.$$

Pour $p = 2$, on doit appliquer la formule 7.8 et on trouve un terme supplémentaire, égal à $Sq^1u \cdot Sq^{2k-1}(u^{n-1})$, qui est nul si l'on suppose que $Sq^1u = 0$, et le reste du calcul vaut sans changement.

COROLLAIRE 8.2. *Soient $X = P_m(C)$ l'espace projectif complexe de dimension complexe $m$, $u$ un élément de $H^2(X, Z_p)$. On a:*

$$\mathcal{P}_p{}^k(u^n) = \tbinom{n}{k}u^{n+k(p-1)}.$$

La seule chose à vérifier est que $Sq^1u = 0$, ce qui résulte de la nullité de $H^3(X, Z_2)$.

COROLLAIRE 8.3. *Soit $Y = P_m(K)$ l'espace projectif quaternionien de dimension quaternionienne $m$. Alors $H^4(Y, Z_p)$ contient un élément $v \neq 0$ tel que:*

$$\mathcal{P}_p{}^k(v^n) = 0 \ si \ p = 2 \ et \ si \ k \ est \ impair,$$

$$\mathcal{P}_p{}^k(v^n) = \tbinom{2n}{k}v^{n+k(p-1)/2} \ sinon.$$

Par définition même, $P_m(K)$ est la base de $S_{4m+3}$, fibrée par le groupe $Sp(1)$ des quaternions de norme 1, qui est homéomorphe à $S_3$; de même le quotient de $S_{4m+3}$ par un sous-groupe $S_1$ de $Sp(1)$ est l'espace $P_{2m+1}(C)$. Ce dernier est donc fibré de fibre $S_3/S_1 = S_2$ et de base $P_m(K)$; soit $\psi$ la projection qui définit cette fibration. On voit immédiatement (soit par un raisonnement géométrique, soit en examinant la suite spectrale de cette fibration), que $\psi^*$ est un isomorphisme de $H^*(Y)$ sur la sous-algèbre de $H^*(P_{2m+1}(C))$ engendrée par $u^2$, $u$ étant un générateur de $H^*(P_{2m+1}(C))$. Soit alors $v$ la réduction mod $p$ de l'élément $\hat{v} \in H^4(Y, Z)$ tel que $\psi^*(\hat{v}) = u^2$.

Pour $p = 2$, $k$ impair, $\mathcal{P}_p{}^k(v^n)$ est de dimension congrue à 2 mod 4, et est donc nul; sinon on a

$$\psi^*(\mathcal{P}_p{}^k(v^n)) = \mathcal{P}_p{}^k(u^{2n}) = \tbinom{2n}{k}u^{2n+k(p-1)} = \phi^*(\tbinom{2n}{k}v^{n+k(p-1)/2}),$$

d'où le corollaire, puisque $\psi^*$ est biunivoque.

*Remarque.* Il est naturel de se demander si, de même que dans le

Corollaire 8.2, la formule du corollaire 8.3 vaut pour *tout* élément de $H^4(Y)$. Un tel élément étant de la forme $\lambda v$, $(\lambda \,\varepsilon\, Z_p)$, on est amené à voir si l'on a $\lambda^{k(p-1)/2} \equiv 1 \bmod p$; si $k$ est pair, c'est bien le cas quel que soit $\lambda \not\equiv 0$, mais si $k$ est impair, il faut et il suffit que $\lambda$ soit reste quadratique mod $p$.

PROPOSITION 8.4. *Soit $X$ un espace dont l'algèbre de cohomologie $H^*(X, Z_p)$ est engendrée par des éléments de dimension 2. Si $(\mathcal{P}_p{}^1)^k$ désigne l'opération $\mathcal{P}_p{}^1$ itérée $k$ fois, on a $(\mathcal{P}_p{}^1)^k(x) = k!\,\mathcal{P}_p{}^k(x)$ pour tout $x \,\varepsilon\, H^*(X, Z_p)$.*

Cette égalité résulte immédiatement de la Proposition 8.1 pour $x$ de dimension deux; il nous reste donc simplement à montrer que si elle est vraie pour $x$ et $y$, elle l'est encore pour $x \cdot y$; or, $\mathcal{P}_p{}^1$ étant une dérivation d'après 7.7, on peut lui appliquer la formule de Leibnitz donnant la dérivée $k$-ième d'un produit, et l'on obtient ainsi :

$$(\mathcal{P}_p{}^1)^k(x \cdot y) = \Sigma_{i+j=k} \tbinom{k}{i} (\mathcal{P}_p{}^1)^i(x) \cdot (\mathcal{P}_p{}^1)^j(y).$$

D'après l'hypothèse faite sur $x$ et $y$, le second membre est égal à

$$\Sigma_{i+j=k}\, i!\,j!\,\tbinom{k}{i} \cdot \mathcal{P}_p{}^i(x) \cdot \mathcal{P}_p{}^j(y) = k!\,\Sigma_{i+j=k}\,\mathcal{P}_p{}^i(x) \cdot \mathcal{P}_p{}^j(y),$$

donc à $k!\,\mathcal{P}_p{}^k(x \cdot y)$, d'après 7.7.

COROLLAIRE. *L'opération $\mathcal{P}_p{}^1$, itérée $p$ fois, est nulle.*

*Remarque.* Si $p \neq 2$ la formule $(\mathcal{P}_p{}^1)^k = k!\,\mathcal{P}_p{}^k$ est très probablement valable sans hypothèse restrictive sur $X$; elle l'est en tout cas lorsque $X = G$ et $X = B_G$, $G$ étant un groupe de Lie vérifiant les conditions 3.2, car $H^*(B_G)$ est alors isomorphe à une sous-algèbre de $H^*(B_T)$, laquelle vérifie les hypothèses de la Proposition 8.4, et on passe de là à $H^*(G)$ par transgression. Cette formule est par contre inexacte pour $p = 2$, comme le montre l'exemple $Sq^2 \circ Sq^2 = Sq^3 \circ Sq^1$.

**9. Applications aux groupes d'homotopie des sphères.** N. E. Steenrod, (*Reduced powers of cohomology classes*, Cours professé au Collège de France, Mai 1951), a montré comment on peut utiliser les puissances réduites pour étudier les groupes $\pi_i(S_n)$. Rappelons sa méthode :

Soient $p$ un nombre premier, $k$ un entier, $f$ une application continue de $S_i$ dans $S_n$, avec $i = n + 2k(p-1) - 1$. Désignons par $X$ le complexe cellulaire obtenu en adjoignant à $S_n$ une boule de dimension $i + 1$ par l'application $f$ de sa frontière dans $S_n$; on a :

$$H^0(X, Z) = H^n(X, Z) = H^{n+2k(p-1)}(X, Z) = Z$$

et les autres groupes de cohomologie de $X$ sont nuls; soit encore $s$, (resp. $t$), la réduction mod $p$ du générateur canonique de $H^n(X, Z)$, (resp. de $H^{n+2k(p-1)}(X, Z)$). On a $\mathcal{P}_p^k(s) = \lambda_f t$, $(\lambda_f \, \varepsilon \, Z_p)$, et il est clair que $\lambda_f$ ne dépend que de la classe d'homotopie de $f$, et que l'application $f \to \lambda_f$ définit un homomorphisme de $\pi_{n+2k(p-1)-1}(S_n)$ dans $Z_p$ que nous noterons $\zeta_p^{n,k}$.

Si $E$ désigne la suspension de Freudenthal, on a

$$9.1 \qquad\qquad \zeta_p^{n+1,k} \circ E = \zeta_p^{n,k},$$

(cela résulte du fait que $\mathcal{P}_p^k$ commute avec $\delta$).

*Exemples.*

1) $p = 2$. On déduit de l'existence d'applications dont l'invariant de Hopf est 1 que $\zeta_2^{n,1}$, $\zeta_2^{n,2}$ et $\zeta_2^{n,4}$ sont des homomorphismes de $\pi_{n+1}(S_n)$, de $\pi_{n+3}(S_n)$ et de $\pi_{n+7}(S_n)$ *sur* $Z_2$ (pour $n \geq 2$, $n \geq 4$ et $n \geq 8$ respectivement).

2) $p = 3$. Il est classique que l'espace $X$ obtenu par le procédé décrit plus haut à partir de l'application de Hopf $f : S_7 \to S_4$ est le *plan projectif quaternionien* $\mathbf{P}_2(K)$. Or, d'après 8.3, on a $\mathcal{P}_3^1(v) \neq 0 \bmod 3$ si $v$ est un élément non nul do $H^4(\mathbf{P}_2(K), Z_3)$; par conséquent $\zeta_3^{4,1}(f) \neq 0$, ce qui, compte tenu de 9.1, montre que $\zeta_3^{n,1}$ est un homomorphisme de $\pi_{n+3}(S_n)$ *sur* $Z_3$ pour $n \geq 4$.

La suspension itérée $E^2$ étant un isomorphisme de $\pi_6(S_3)$ sur un sous-groupe d'indice 2 de $\pi_8(S_5)$, (d'après des résultats classiques de Freudenthal et de G. W. Whitehead), la formule 9.1 montre que $\zeta_3^{3,1}$ applique $\pi_6(S_3)$ *sur* $Z_3$, résultat obtenu d'une autre manière par Steenrod, et que nous préciserons au No. 19 en donnant explicitement un élément de $\pi_6(S_3)$ dont l'image par $\zeta_3^{3,1}$ est $\neq 0$.

Ainsi, pour $p = 2, 3$, l'homomorphisme $\zeta_p^{n,1}$ applique $\pi_{n+2p-3}(S_n)$ sur $Z_p$ lorsque $n \geq 3$; nous allons voir que ce fait est général; plus précisément:

PROPOSITION 9.2. *L'homomorphisme* $\zeta_p^{n,1} : \pi_{n+2p-3}(S_n) \to Z_p$ *est un iso-morphisme du $p$-composant de* $\pi_{n+2p-3}(S_n)$ *sur* $Z_p$ *lorsque* $n \geq 3$.

D'après [13], Chap. IV, Prop. 3 et 4, la suspension de Freudenthal applique isomorphiquement le $p$-composant de $\pi_{n+2p-3}(S_n)$ sur celui de $\pi_{n+2p-2}(S_{n+1})$ lorsque $n \geq 3$. Vu 9.1, il suffit donc de démontrer 9.2 pour $n = 3$; comme on sait que le $p$-composant de $\pi_{2p}(S_3)$ est $Z_p$, (ibid. Proposition 7), on est finalement ramené à prouver que, si $f : S_{2p} \to S_3$ est une application essentielle définissant un élément d'ordre $p$ de $\pi_{2p}(S_3)$, on a $\lambda_f \neq 0$, avec les notations introduites au début de ce paragraphe.

Or, soit $X$ l'espace obtenu en adjoignant à $S_3$ une cellule de dimension $2p + 1$ à l'aide de $f$, et écrivons la suite exacte d'homotopie de $(X, S_3)$ :

$$\cdots \to \pi_i(S_3) \to \pi_i(X) \to \pi_i(X, S_3) \xrightarrow{\ d\ } \pi_{i-1}(S_3) \to \pi_{i-1}(X) \to \cdots$$

On a visiblement $\pi_i(X, S_3) = 0$ lorsque $i < 2p + 1$ et $\pi_{2p+1}(X, S_3) = Z$; en outre, l'image de $d : \pi_{2p+1}(X, S_3) \to \pi_{2p}(S_3)$ est le sous-groupe engendré par la classe de $f$, et est donc isomorphe à $Z_p$. Il suit de là :

$$\pi_i(X) \approx \pi_i(S_3) \text{ si } i < 2p, \qquad \pi_{2p}(X) \approx \pi_{2p}(S_3)/Z_p.$$

Soit alors $Y = (X, 4)$ l'espace obtenu à partir de $X$ en tuant $\pi_3(X) = Z$, (au sens de [5], voir aussi [13], Chap. III). Par définition de $Y$, on a $\pi_i(Y) = 0$ pour $i \leq 3$, et $\pi_i(Y) = \pi_i(X)$ pour $i \geq 4$, ce qui, joint aux formules précédentes, montre que $\pi_i(Y)$, $(i \leq 2p)$, est un groupe fini dont le $p$-composant est nul; il en résulte que $H^i(Y, Z_p) = 0$ lorsque $0 < i \leq 2p$, ([13], Chap. III, Théor. 1).

Mais d'autre part $Y$ est un espace fibré de base $X$ et dont la fibre est un $K(Z, 2)$, au sens d'Eilenberg-MacLane. L'algèbre $H^*(Z, 2)$ est, comme on sait, une algèbre de polynômes engendrée par un élément de dimension deux, soit $r$. La transgression $\tau$ dans l'espace fibré $Y$ transforme $r$ en un élément de $H^3(X)$, qui est nécessairement de la forme $\lambda s$, $(\lambda \varepsilon Z_p)$, $s$ étant le générateur introduit plus haut. L'élément $r$ étant transgressif, il en est de même de $r^p = \mathcal{P}_p^1(r)$, d'après 7.9, et l'on a : $\tau(r^p) = \mathcal{P}_p^1(\tau(r)) = \lambda \mathcal{P}_p^1(s)$.

Si $\tau(r^p)$ étant nul, $r^p$ définirait un élément non nul de $H^{2p}(Y, Z_p)$ ce qui est impossible, on l'a vu; on doit donc forcément avoir $\mathcal{P}_p^1(s) \neq 0$, ce qui signifie justement que $\lambda_f \neq 0$.

On remarquera que la démonstration précédente, à la différence de celles relatives à $p = 2$ et à $p = 3$, ne fournit aucun élément *explicite* de $\pi_{n+2p-3}(S_n)$ dont l'image par $\zeta_p^{n,1}$ soit non nulle.


## III. Les puissances réduites dans la cohomologie des groupes de Lie et de leurs espaces classifiants.


**10. Méthode générale.** Nous revenons maintenant sur la méthode de calcul des puissances réduites dans $H^*(G, Z_p)$ et $H^*(B_G, Z_p)$ déjà brièvement décrite dans l'introduction.

$p$ étant un nombre premier arbitraire, mais fixé, nous supposerons *dans toute la suite* que $G$ vérifie les conditions 3.2, autrement dit que $G$ et son quotient $G/T$ par un tore maximal sont sans $p$-torsion; comme nous l'avons rappelé au No. 3, cela a lieu pour tout groupe classique et tout $p$, à l'exception du cas $G = \boldsymbol{SO}(n)$, $p = 2$; nous n'obtiendrons donc pas ici les $Sq^i$ dans $H^*(\boldsymbol{SO}(n), Z_2)$ et $H^*(B_{\boldsymbol{SO}(n)}, Z_2)$, pour lesquels nous renvoyons à [3], où ils sont traités par une méthode analogue, utilisant des sous-groupes abéliens maximaux de type $(2, 2, \cdots, 2)$ au lieu de tores maximaux.

$G$ vérifiant 3.2, l'algèbre $H^*(B_G, Z_p)$ est une algèbre de polynômes à $l$ générateurs de dimensions paires, soient $y_1, \cdots, y_l$, qui s'identifie canoniquement à une sous-algèbre de $H^*(B_T, Z_p)$; or cette dernière est une algèbre de polynômes à $l$ générateurs $x_1, \cdots, x_l$ de dimension deux et les $p$-puissances réduites y sont déterminées par la Proposition 8.1 et la formule 7.7; cela résout donc la question pour $H^*(B_G, Z_p)$.

On passe de là à $H^*(G, Z_p)$ par transgression en utilisant les résultats du No. 2. Soit $x_i$ l'élément universellement transgressif de $H^*(G, Z_p)$ tel que $\tau(x_i) = y_i \bmod D$, $(1 \leq i \leq l)$; d'après 7.9, $\mathcal{P}_p{}^k(x_i)$ est aussi universellement transgressif et de plus, compte tenu de 2.3:

$$\boldsymbol{\tau} \mathcal{P}_p{}^k(x_i) = \mathcal{P}_p{}^k(\tau x_i) = \mathcal{P}_p{}^k(y_i) \bmod D;$$

mais les puissances réduites dans $H^*(B_G, Z_p)$ sont déjà connues; on sait donc exprimer $\mathcal{P}_p{}^k(y_i)$ comme polynôme en les $y_j$; désignons par $\Sigma \lambda_j y_j$ sa partie homogène de degré 1. On a donc $\mathcal{P}_p{}^k(y_i) = \Sigma \lambda_j y_j \bmod D$ ou encore

$$\mathcal{P}_p{}^k(y_i) = \Sigma \lambda_j(\tau x_j) = \tau(\Sigma \lambda_j x_j) \bmod D$$

d'où finalement $\mathcal{P}_p{}^k(x_i) = \Sigma \lambda_j x_j$, puisque $\tau$ est biunivoque. Cela détermine les puissances réduites des éléments universellement transgressifs de $H^*(G, Z_p)$; comme cette dernière est identique à l'algèbre extérieure engendrée par les $x_i$, les $\mathcal{P}_p{}^k$ s'y obtiennent alors grâce à 7.7.

*Remarque.* On voit que la partie *essentielle* de cette méthode est le calcul des $\mathcal{P}_p{}^k$ dans $H^*(B_G, Z_p)$; pour en déduire $\mathcal{P}_p{}^k$ dans $H^*(G, Z_p)$, il nous suffit même de connaître le terme dominant de $\mathcal{P}_p{}^k(y_i)$, $(1 \leq i \leq l)$. Inversement la connaissance de $\mathcal{P}_p{}^k$ dans $H^*(G, Z_p)$ détermine le terme dominant de $\mathcal{P}_p{}^k(y_i)$ mais ne fournit aucun renseignement sur sa partie décomposable. En fait, nous n'aurons besoin que des termes dominants pour toutes les applications données dans la quatrième partie.

**11. Le groupe unitaire $\boldsymbol{U(n)}$.** Nous expliciterons tout d'abord la méthode générale dans le cas particulier le plus important, celui du groupe unitaire $\boldsymbol{U}(n)$. Nous reprenons les notations du No. 4; l'algèbre $H^*(B_{\boldsymbol{U}(n)}, Z_p)$ est engendrée par les classes $C_{2i}$, $(1 \leq i \leq n)$, et il s'agit essentiellement d'exprimer $\mathcal{P}_p^k(C_{2i})$ comme polynôme en les $C_{2i}$; la classe $C_{2i}$ s'identifie à la $i$-ième fonction symétrique élémentaire $\Sigma x_1 \cdots x_i = \sigma_i$, une fois $H^*(B_{U(n)}, Z_p)$ plongé dans $H^*(B_T, Z_p)$ comme il a été dit au No. 3.

LEMME 11. 1.

$$\mathcal{P}_p^k(x_1 \cdots x_i) = \Sigma_{1 \leq i_1 < \cdots < i_k \leq i} \, x^p_{i_1} \cdot x^p_{i_2} \cdots \cdots x^p_{i_k} \cdot x_{j_1} \cdots \cdots x_{j_{i-k}}$$

où $\{j_1 < j_2 < \cdots < j_{i-k}\}$ est l'ensemble complémentaire de $\{i_1, \cdots, i_k\}$ dans la suite $\{1, 2, \cdots, i\}$.

Démonstration par récurrence sur $i$; pour $i = 1$, le lemme se réduit à la Proposition 8. 1; d'après 7. 7, (qui vaut ici même si $p = 2$, car $H^*(B_T, Z_p)$ est nulle en toute dimension impaire), on a :

$$\mathcal{P}_p^k(x_1 \cdots x_i) = \mathcal{P}_p^k(x_1 \cdots x_{i-1}) \cdot x_i + \mathcal{P}_p^{k-1}(x_1 \cdots x_{i-1}) \cdot \mathcal{P}_p^1(x_i)$$

et, puisque $P_p^1(x_i) = x_i^p$ d'après 7. 5, cela donne :

$$\mathcal{P}_p^k(x_1 \cdots x_i) = \mathcal{P}_p^k(x_1 \cdots x_{i-1}) \cdot x_i + \mathcal{P}_p^{k-1}(x_1 \cdots x_{i-1}) \cdot x_i^p.$$

Vu l'hypothèse de récurrence, le premier terme du second membre est identique à la somme partielle de

$$\Sigma_{1 \leq i_1 < \cdots < i_k \leq i} \, x^p_{i_1} \cdots \cdots x_{i_k}^p \cdot x_{j_1} \cdots \cdots x_{j_{i-k}}$$

correspondant à $i_k < i$, et le second terme est identique à la somme partielle correspondant à $i_k = i$, ce qui démontre le lemme. (On observera que, si l'on y fait $x_1 = x_2 = \cdots = x_i = x$, on retrouve la Proposition 8. 1). Il résulte évidemment du lemme 11. 1 que

$$11. 2 \qquad \mathcal{P}_p^k(\Sigma \, x_1 \cdots x_i) = \Sigma \, x_1^p \cdots x_k^p x_{k+1} \cdots x_i,$$

d'où finalement

THÉORÈME 11. 3. *Soit $B_p^{k,j}(\sigma_1, \cdots, \sigma_j)$, $(j = i + k(p-1))$, le polynôme qui exprime le polynôme symétrique de terme typique $x_1^p \cdots x_k^p x_{k+1} \cdots x_i$ en fonction des $\sigma_i = \Sigma \, x_1 \cdots x_i$. Si $C_{2i} \, \varepsilon \, H^{2i}(B_{U(n)}, Z_p)$ désigne la classe de Chern de dimension $2i$ réduite mod $p$, on a*

$$\mathcal{P}_p^k(C_{2i}) = B_p^{k,j}(C_2, \cdots, C_{2j}).$$

Ce théorème est dû à Wu Wen Tsün [20]; notre démonstration est du reste tout à fait semblable à la sienne, la seule différence étant que chez Wu, l'égalité $C_{2i} = \Sigma \, x_1 \cdots x_i$ n'a qu'un caractère " symbolique " et ne peut être utilisée directement pour le calcul de $\mathcal{P}_p^k(C_{2i})$ ; (Wu raisonne par récurrence sur $n$, en utilisant le théorème de dualité rappelé au No. 4, alors qu'ici nous avons interprété les $x_i$ comme des éléments de $H^2(B_T, Z_p)$).

En combinant 10.1 et 11.3, on obtient:

COROLLAIRE 11.4.    *Soient $b_p{}^{k,j}\sigma_j$ le terme dominant de $B_p{}^k(\sigma_1, \cdots, \sigma_j)$, et $h_i \, \varepsilon \, H^{2i-1}(\boldsymbol{U}(n), Z_p)$ l'élément dont l'image par transgression est $C_{2i} \bmod D$. On a*:

$$\mathcal{P}_p{}^k(h_i) = b_p{}^{k,j}h_j \qquad\qquad (1 \leq i \leq n \,; j = i + k(p-1)).$$

(Le terme dominant est bien entendu défini par la condition que

$$B_p{}^{k,j}(\sigma_1, \cdots, \sigma_j) - b_p{}^{k,j}\sigma_j$$

soit un polynôme en $\sigma_1, \cdots, \sigma_{j-1}$.)

**12.   Cas particuliers.**   Lorsque $k$, $j$, $p$ sont des entiers donnés, le polynôme $B_p{}^{k,j}(\sigma_1, \cdots, \sigma_j)$ et son terme dominant $b_p{}^{k,j}\sigma_j$ penvent être calculés par un procédé mécanique bien connu; pour $p = 2$, Wu Wen Tsün a même donné une formule générale, valable pour $k$ et $j$ quelconques:

$$B_2{}^{k,j} = \binom{j-k-1}{k}\sigma_j + \binom{j-k-2}{k-1}\sigma_1 \cdot \sigma_{j-1}$$
$$+ \cdots + \binom{j-2k}{1}\sigma_{k-1} \cdot \sigma_{j-k-1} + \sigma_k \cdot \sigma_{j-k} \,;$$

nous ignorons s'il existe une formule générale du même genre pour $p \neq 2$.

*Exemples.*

1)   Calcul de $B_3{}^{1,j}$. Il nous faut calculer $\Sigma\, x_1{}^3 x_2 \cdots x_{j-2}$; on a

$$\Sigma\, x_1{}^3 x_2 \cdots x_{j-2} = (\Sigma\, x_1{}^2) \cdot (\Sigma\, x_1 \cdots x_{j-2}) - \Sigma\, x_1{}^2 x_2 \cdots x_{j-1},$$

$$\Sigma\, x_1{}^2 x_2 \cdots x_{j-1} = (\Sigma\, x_1) \cdot (\Sigma\, x_1 \cdots x_{j-1}) - j \cdot \Sigma\, x_1 \cdots x_j.$$

Comme $\Sigma\, x_1{}^2 = (\sigma_1)^2 - 2\sigma_2$, on trouve en définitive:

12.1  $$B_3{}^{1,j} = (\sigma_1)^2 \cdot \sigma_{j-2} - 2\sigma_2 \cdot \sigma_{j-2} - \sigma_1 \cdot \sigma_{j-1} + j \cdot \sigma_j,$$

d'où, compte tenu de 11.3:

12.2  $$\mathcal{P}_3{}^1(C_{2j-4}) = (C_2)^2 \cdot C_{2j-4} - 2 \cdot C_4 \cdot C_{2j-4} - C_2 \cdot C_{2j-2} + j \cdot C_{2j}.$$

2)   Calcul de $b_p{}^{1,j}$. L'exemple précédent montre que $b_3{}^{1,j} = j$; nous allons voir que plus généralement:

12.3  $$b_p{}^{1,j} \equiv j \quad \bmod p.$$

Puisque $(-1)^{p+1} \equiv 1 \bmod p$ pour tout $p$ premier, il suffit évidemment de prouver que le terme dominant de $\Sigma\, x_1{}^q x_2 \cdots x_{j-q+1}$ est $(-1)^{q+1} j \cdot \sigma_j$, ce qui, pour $q = 2$, résulte de la formule:

$$\Sigma\, x_1{}^2 x_2 \cdots x_{j-1} = (\Sigma\, x_1)(\Sigma\, x_1 \cdots x_{j-1}) - j \cdot \Sigma\, x_1 \cdots x_j,$$

et, pour $q > 2$, se démontre par récurrence sur $q$ à l'aide de l'identité:

$$\Sigma\, x_1{}^q x_2 \cdots x_{j-q+1} = (\Sigma\, x_1{}^{q-1})(\Sigma\, x_1 \cdots x_{j-q+1}) - \Sigma\, x_1{}^{q-1} x_2 \cdots x_{j-q+2}.$$

En combinant 12.3 avec 11.3 et 11.4, dont nous gardons les notations, on obtient:

PROPOSITION 12.4. *Soient $p$ un nombre premier, $j$ un entier $> p$, non divisible par $p$. La classe de Chern $C_{2j}$, réduite mod $p$, est égale à $1/j \cdot \mathcal{P}_p{}^1(C_{2j-2p+2})$ augmentée d'un polynôme par rapport aux classes $C_{2i}$, $(i < j)$, et l'on a $h_j = 1/j \cdot \mathcal{P}_p{}^1(h_{j-p+1})$.*

En fait, dans la plupart des applications, c'est $j$ qui est donné, et l'on cherche un nombre premier $p$ vérifiant les hypothèses de 12.4; on a à ce sujet:

LEMME 12.5. *Pour tout entier $j \geq 3$, il existe un nombre premier $p$ tel que $p < j$ et que $j \not\equiv 0 \bmod p$; ce nombre peut être choisi impair si $j \geq 4$.*

La première partie se démontre en prenant pour $p$ un diviseur premier de $j - 1$, la seconde en prenant pour $p$ un diviseur premier de $j - 1$ ou de $j - 2$ suivant que $j$ est pair ou impair.

Il résulte de 12.4 et 12.5:

PROPOSITION 12.6. *Soit $j$ un entier $\geq 3$. Il existe un nombre premier $p < j$ ne divisant pas $j$, impair si $j \geq 4$, tel que $C_{2j}$, (resp. $h_j$), réduite mod $p$, soit égale à la somme d'un polynôme par rapport aux classes $C_{2i}$, (resp. $h_i$), $i < j$, et de $\mathcal{P}_p{}^1(\lambda C_{2j-2p+2})$, (resp. $\mathcal{P}_p{}^1(\lambda h_{j-p+1})$), $\lambda \in Z_p$.*

Puisque tout élément de $H^{2j}(B_{U(n)}, Z_p)$, (resp. de $H^{2j-1}(U(n), Z_p)$), est somme d'un multiple de $C_{2j}$, (resp. de $h_j$), et d'un polynôme en les $C_{2i}$, (resp. en les $h_i$), $i < j$, on déduit de 12.6:

COROLLAIRE 12.7. *Si $j$ et $p$ vérifient les conditions de 12.6, tout élément de $H^{2j}(B_{U(n)}, Z_p)$, et tout élément de $H^{2j-1}(U(n), Z_p)$, peuvent s'exprimer à l'aide de cup-produits et d'opérations de Steenrod à partir d'éléments de dimensions strictement plus petites.*

On notera que ce Corollaire vaut aussi bien pour $SU(n)$; cela pourrait se montrer par des calculs analogues, mais il est plus simple de remarquer que, $SU(n)$ étant totalement non homologue à zéro dans $U(n)$, les algèbres

$H^*(\boldsymbol{SU}(n), Z_p)$ et $H^*(B_{\boldsymbol{SU}(n)}, Z_p)$ sont des quotients de $H^*(\boldsymbol{U}(n), Z_p)$ et $H^*(B_{\boldsymbol{U}(n)}, Z_p)$, ([2], Cor. à la Prop. 21. 3).

**13. Le groupe symplectique unitaire $\boldsymbol{Sp}(n)$.** Si l'on applique la méthode générale, on est amené à calculer $\mathcal{P}_p^k(K_{4i})$ avec $K_{4i} = \Sigma\, x_1^2 \cdots x_i^2$.

Le lemme 11.1 donne la valeur de $\mathcal{P}_p^k(x_1^2 \cdots x_i^2)$, d'où celle de $\mathcal{P}_p^k(K_{4i})$ ; tous calculs faits, on trouve :

13. 1  $\quad \mathcal{P}_p^k(\Sigma\, x_1^2 \cdots x_i^2)$

$$= \Sigma_{2r+s=k}\, 2^s \Sigma\, x_1^{2p} \cdot x_2^{2p} \cdots x_r^{2p} \cdot x_{r+1}^{p+1} \cdots x_{r+s}^{p+1} \cdot x_{r+s+1}^2 \cdots x_i^2.$$

Lorsque $i$ et $k$ sont assez petits, cette formule permet d'exprimer $\mathcal{P}_p^k(K_{4i})$ comme polynôme en les $K_{4i}$.

*Exemples.*

1)  $k = 1$, $p = 3$.  On doit calculer $2 \cdot \Sigma\, x_1^4 x_2^2 \cdots x_i^2$.  On a

$$\Sigma\, x_1^4 x_2^2 \cdots x_i^2 = (\Sigma\, x_1^2)(\Sigma\, x_1^2 \cdots x_i^2) - (i+1)\Sigma\, x_1^2 \cdots x_{i+1}^2,$$

ce qui donne :

13. 2  $\qquad\qquad \mathcal{P}_3^1(K_{4i}) = 2 \cdot K_4 \cdot K_{4i} - (2i+2) \cdot K_{4i+4}.$

2)  $k = 1$, $p = 5$.  On doit calculer $2\, \Sigma\, x_1^6 x_2^2 \cdots x_i^2$.  On a

$$\Sigma\, x_1^6 x_2^2 \cdots x_i^2 = (\Sigma\, x_1^4)(\Sigma\, x_1^2 \cdots x_i^2) - \Sigma\, x_1^4 x_2^2 \cdots x_{i+1}^2,$$

ce qui, compte tenu du calcul précédent et de $(\Sigma\, x_1^4) = (\Sigma\, x_1^2)^2 - 2 \cdot \Sigma x_1^2 x_2^2$ donne :

13. 3  $\quad \mathcal{P}_5^1(K_{4i}) = 2 \cdot K_4^2 \cdot K_{4i} + K_8 \cdot K_{4i} + 3 \cdot K_4 \cdot K_{4i+4} + (2i+4) \cdot K_{4i+8}.$

En fait, il est en général plus commode d'utiliser le plongement canonique de $\boldsymbol{Sp}(n)$ dans $\boldsymbol{U}(2n)$ ; il conduit à un homomorphisme

$$\nu \colon H^*(B_{\boldsymbol{U}(2n)}) \to H^*(B_{\boldsymbol{Sp}(n)})$$

qui, d'après 5. 4, applique $C_{4i+2}$ sur zéro et $C_{4i}$ sur $(-1)^i K_{4i}$.  On a donc :

$$\mathcal{P}_p^k(K_{4i}) = (-1)^i \mathcal{P}_p^k(\nu(C_{4i})) = (-1)^i \nu(\mathcal{P}_p^k(C_{4i})).$$

Appliquant alors le Théorème 11. 3, on trouve :

**Théorème 13. 4.**  *Avec les notations du Théorème 11. 3, on a :*

$$\mathcal{P}_p^k(K_{4i}) = (-1)^i B_p^{k,2j}(0, -K_4, 0, K_8, \cdots, 0, (-1)^i K_{4i}, \cdots, (-1)^j K_{4j}),$$

*$j$ désignant l'entier $i + k(p-1)/2$.*

(On a supposé $p \neq 2$, ou bien $k$ pair, car sinon il est évident que $\mathcal{P}_p^k(K_{4i}) = 0$, puisque $H^{4i+2k}(B_{Sp(n)}, Z_2) = 0$.)

De ce théorème on tire la conséquence suivante, analogue à 11.4 :

COROLLAIRE 13.5. *Si $v_i$ désigne l'élément de $H^{4i-1}(Sp(n), Z_p)$ dont l'image par transgression est $K_{4i} \bmod D$, on a :*

$$\mathcal{P}_p^k(v_i) = 0 \text{ si } p = 2 \text{ et si } k \text{ est impair,}$$

$$\mathcal{P}_p^k(v_i) = (-1)^{k(p-1)/2} \cdot b_p^{k,2j} \cdot v_j \text{ sinon, } (\text{avec } j = i + k(p-1)/2).$$

(On pourrait également déduire 13.5 de 11.4 et du fait que $v_i$ est induit par $(-1)^i h_{2i}$, cf. No. 5).

Enfin, 13.4 et 13.5, joints à l'égalité $b_p^{1,2j} \equiv 2j \bmod p$, donnent l'analogue suivant de 12.7 :

COROLLAIRE 13.6. *Soit $j$ un entier $\geqslant 2$. Il existe un nombre premier $p < 2j$ impair tel que tout élément de $H^{4j}(B_{Sp(n)}, Z_p)$ et tout élément de $H^{4j-1}(Sp(n), Z_p)$ puissent s'exprimer à l'aide de cup-produits et d'opérations de Steenrod à partir d'éléments de dimensions strictement plus petites.*

**14. Le groupe orthogonal $SO(n)$.** Nous devons nous borner ici aux nombres premiers $p$ *impairs*, puisque $SO(n)$ a de la 2-torsion. On a vu au No. 5 que $H^*(SO(n), Z_p)$ admet comme système de générateurs les classes de Pontrjagin réduites $P_{4i}$, auxquelles s'ajoute la classe de Stiefel-Whitney $W_n$ lorsque $n$ est pair ; de plus le plongement canonique de $SO(n)$ dans $U(n)$ définit un homomorphisme $\sigma : H^*(B_{U(n)}, Z_p) \to H^*(B_{SO(n)}, Z_p)$ qui applique $C_{4i+2}$ sur 0 et $C_{4i}$ sur $(-1)^i P_{4i}$, (*voir* 5.3). On peut alors répéter au sujet des $P_{4i}$ le raisonnement fait au No. 13 pour les $K_{4i}$, et l'on obtient :

THÉORÈME 14.1. *Si $P_{4i} \varepsilon H^{4i}(B_{SO(n)}, Z_p)$ désigne la classe de Pontrjagin de dimension $4i$ réduite mod $p$, $(p \neq 2)$, on a :*

$$\mathcal{P}_p^k(P_{4i}) = (-1)^i \cdot B_p^{k,2j}(0, -P_4, 0, P_8, \cdots, (-1)^j P_{4j}),$$
$$(j = i + k(p-1)/2).$$

Dans le cas où $n = 2m$ est pair, il reste encore à calculer $\mathcal{P}_p^k(W_{2m})$ ; le plus simple est ici d'appliquer la méthode générale ; $W_{2m}$ étant égale à $x_1 \cdots x_m$, on a $\mathcal{P}_p^k(W_{2m}) = \Sigma x_1^p \cdots x_k^p x_{k+1} \cdots x_m$, ou encore puisqu'il n'y a que $m$ lettres $x_1 \cdots x_m$ :

$$\mathcal{P}_p^k(W_{2m}) = x_1 \cdots x_m \Sigma x_1^{p-1} \cdots x_k^{p-1} = W_{2m} \Sigma x_1^{2h} \cdots x_k^{2h},$$

en posant $h = (p-1)/2$ ; il nous reste donc à exprimer $\Sigma x_1^{2h} \cdots x_k^{2h}$ comme polynôme en les $P_{4i} = \Sigma_1^2 \cdots x_i^2$ et $(W_{2m})^2$, ce qui conduit au théorème suivant:

THÉORÈME 14.2. *Soient $p$ un nombre premier impair, $h = (p-1)/2$, et $C^{k,h}(\sigma_1, \cdots, \sigma_m)$ le polynôme qui exprime la fonction symétrique $\Sigma x_1^h \cdots x_k^h$ comme polynôme en les $\sigma_i = \Sigma x_1 \cdots x_i$, les lettres $x_i$ étant au nombre de $m$. Si $W_{2m} \; \varepsilon \; H^{2m}(B_{SO(2m)}, Z_p)$ désigne la classe de Stiefel-Whitney de dimension $2m$, réduite mod $p$, on a:*

$$\mathcal{P}_p{}^k(W_{2m}) = W_{2m} \cdot C^{k,h}(P_4, P_8, \cdots, P_{4m-4}, (W_{2m})^2).$$

En particulier, on observera que $\mathcal{P}_p{}^k(W_{2m})$ est toujours un élément *décomposable* si $k \geq 1$.

Les théorèmes 14.1 et 14.2 entraînent:

COROLLAIRE 14.3. *Soient $p$ un nombre premier impair, $t_i$ l'élément de $H^{4i-1}(SO(n), Z_p)$ dont l'image par transgression est $P_{4i} \bmod D$, et, pour $n$ pair, $u_n \; \varepsilon \; H^{n-1}(SO(n), Z_p)$ celui dont l'image par transgression est $W_n \bmod D$. On a:*

$$\mathcal{P}_p{}^k(u_n) = 0 \; lorsque \; k \geq 1.$$

$$\mathcal{P}_p{}^k(t_i) = (-1)^{k(p-1)/2} \cdot b_p{}^{k,2j} \cdot t_j, \qquad (j = i + k(p-1)/2).$$

(Remarquons en passant que l'on aurait pu prévoir *a priori* la nullité de $\mathcal{P}_p{}^k(u_n)$, $(k \geq 1)$. En effet, par définition même, $W_n$ est image par transgression de l'élément de $H^{n-1}(SO(n), Z)$ qui est image de la classe fondamentale de $S_{n-1}$ par l'homomorphisme transposé de la projection naturelle de $SO(n)$ sur $S_{n-1}$; cet élément, une fois réduit mod $p$, est forcément égal à $u_n$ puisque la transgression est ici biunivoque; $\mathcal{P}_p{}^k(u_n)$ est donc l'image d'un élément de $H^{n-1+2k(p-1)}(S_{n-1}, Z_p)$ et est bien nul si $k \geq 1$.)

Enfin, par une démonstration tout à fait semblable à celle de 12.7, on déduit de ce qui précède:

PROPOSITION 14.4. *Soient $j$ un entier $\geq 2$, $n$ un entier impair. Il existe un nombre premier impair $p < 2j$ tel que tout élément de $H^{4j}(B_{SO(n)}, Z_p)$ et tout élément de $H^{4j-1}(SO(n), Z_p)$ puissent s'exprimer à l'aide de cup-produits et d'opérations de Steenrod à partir d'éléments de dimensions strictement plus petites.*

*Remarque.* Soit $G$ un groupe classique, et soit $2q - 1$ la plus grande dimension pour laquelle $H^*(G, R)$, ($R$ corps des nombres réels), contient un élément universellement transgressif non nul.

*Quel que soit le nombre premier impair $p < q$, l'opération $\mathcal{P}_p^1$ est non triviale dans $H^*(G, Z_p)$, et de façon plus précise, $\mathcal{P}_p^1$ transforme un élément $x \,\varepsilon\, H^3(G, Z_p)$ universellement transgressif et non nul, en un élément non nul de $H^{2p+1}(G, Z_p)$.*

Cela se vérifie sur chaque cas particulier $G = \boldsymbol{U}(n)$, $\boldsymbol{SU}(n)$, $\boldsymbol{Sp}(n)$, $\boldsymbol{SO}(n)$, en tenant compte de $b_p^{1,j} \equiv j \bmod p$; pour $G = \boldsymbol{U}(n)$, $\boldsymbol{SU}(n)$ c'est encore vrai si $p = 2$.

Par contre, si $p > q$, il est évident a priori que $\mathcal{P}_p^1$, et, plus généralement, $\mathcal{P}_p^k$, est nul dans $H^*(G, Z_p)$.

## IV. Applications.

### 15. Les sphères presque complexes et les algèbres à division sur le corps des nombres réels.

PROPOSITION 15.1. *La sphère $\boldsymbol{S}_{2n}$, $(n \geq 4)$, n'admet pas de structure presque complexe.*

Raisonnons par l'absurde et soient $c_{2i} \,\varepsilon\, H^{2i}(\boldsymbol{S}_{2n}, Z)$ les classes de Chern d'une structure presque complexe de $\boldsymbol{S}_{2n}$; la classe $c_{2i}$ est l'image de la classe $C_{2i} \,\varepsilon\, H^{2i}(B_{\boldsymbol{U}(n)}, Z)$ par l'homomorphisme transposé d'une certaine application continue de $\boldsymbol{S}_{2n}$ dans $B_{\boldsymbol{U}(n)}$, $(1 \leq i \leq n)$; il existe donc, d'après 12.6 où l'on fait $j = n$, un nombre premier *impair* $p < n$ tel que $c_{2n}$, réduite mod $p$, s'exprime à l'aide de cup produits et de l'opération de Steenrod $\mathcal{P}_p^1$ à partir des $c_{2i}$, $(i < n)$. Mais ces dernières sont nulles puisque $H^{2i}(\boldsymbol{S}_{2n}, Z) = 0$ pour $0 < i < n$, ce qui montre que $c_{2n} \equiv 0 \bmod p$.

Soit d'autre part $h$ la classe fondamentale de $H^{2n}(\boldsymbol{S}_{2n}, Z)$; on sait ([14], 41.8), que $c_{2n}$ est égale à $\chi(\boldsymbol{S}_{2n}) \cdot h$, c'est à dire à $2 \cdot h$. Comme on a choisi $p$ impair, on voit que $c_{2n} \not\equiv 0 \bmod p$, d'où une contradiction.

*Remarque.* Le raisonnement précédent s'applique à la sphère $\boldsymbol{S}_{2n}$ munie *d'une structure différentiable quelconque*, alors que la démonstration classique d'inexistence d'une structure presque-complexe sur $\boldsymbol{S}_4$ ([14], 41.20), suppose de façon essentielle que $\boldsymbol{S}_4$ est munie de la structure usuelle.

On sait que $\boldsymbol{S}_6$ admet une structure presque complexe définie à l'aide des octaves de Cayley ([14], 41.21); en généralisant cette construction, nous allons démontrer la proposition suivante:

PROPOSITION 15.2. *Soit $A$ une algèbre (non necessairement associative) sur le corps des nombres réels $R$, jouissant des propriétés suivantes:*

(a) *A possède un élément unité, qui sera noté e.*

(b) *La relation $a \cdot b = 0$ entraîne $a = 0$ ou $b = 0$.*

(c) *La relation $a \cdot b = e$ entraîne que a, b et e vérifient une relation linéaire à coefficients réels.*

*Dans ces conditions, la dimension de l'algèbre A est 1, 2, 4, ou 8.*

Avant de passer à la démonstration remarquons que, d'après Hopf et Stiefel,[5] les conditions (a) et (b) seules permettent d'établir que la dimension de $A$ est une puissance de deux; on ignore si elles impliquent l'inégalité $\dim A \leq 8$. Dans le cas où la sous-algèbre engendrée par un élément quelconque est associative la condition (c) équivaut à dire que tout élément de $A$ vérifie une relation quadratique.

Posons $n = \dim A$, et supposons $n \geq 3$; nous devons montrer que $n = 4$ ou $n = 8$. Introduisons sur $A$, considéré comme espace vectoriel réel, une forme quadratique définie positive. Soient $H$ l'hyperplan homogène de $A$ orthogonal à $e$, (relativement au produit scalaire défini par cette forme), $S$ l'ensemble des points de $H$ à distance unité de l'origine; $S$ est donc une sphère de dimension $n - 2$. Si $x$ est un point de $S$ on peut identifier l'espace vectoriel $T_x$ des vecteurs tangents à $S$ en $x$ au sous-espace de $A$ orthogonal à $e$ et $x$ et de dimension $n - 2$; soit $k_x$ l'opération de projection orthogonale de $A$ sur $T_x$, et posons

$$J_x(y) = k_x(x \cdot y) \quad \text{pour } y \, \varepsilon \, T_x.$$

L'opérateur $J_x$ est un endomorphisme de $T_x$ qui varie continûment avec $x$; montrons que $J_x$ *n'a pas de valeur propre réelle*: une égalité $J_x(y) = \lambda y$, $(\lambda \, \varepsilon \, R)$, peut s'écrire $k_x(x \cdot y - \lambda e) = 0$, ou encore $x \cdot y - \lambda y = \mu e + \nu x$, $(\mu, \nu \, \varepsilon \, R)$, ce qui donne $(x - \lambda \cdot e)(y - \nu \cdot e) = (\mu + \lambda \cdot \nu)e$. Si l'on suppose $y \neq 0$, les éléments $x - \lambda \cdot e$ et $y - \nu \cdot e$ sont $\neq 0$ puisque $e$ et $y$ sont orthogonaux à $e$; il s'ensuit d'après (b) que $(\mu + \lambda \cdot \nu) \neq 0$; on peut donc poser $w = (\mu + \lambda \cdot \nu)^{-1} \cdot (y - \nu e)$ et l'on a $(x - \lambda \cdot e) \cdot w = e$; d'après (c), il existe alors une relation linéaire entre $(x - \lambda \cdot e)$, $w$ et $e$, donc aussi entre $x$, $y$ et $e$; mais cela est absurde puisque ces éléments sont deux à deux orthogonaux.

Ainsi, nous avons associé à tout point $x \, \varepsilon \, S$ un endomorphisme sans valeurs propres réelles $J_x$ de l'espace des vecteurs tangents à $S$ en $x$; il en résulte classiquement (voir ci-dessous) que $S$ peut être munie d'une structure presque complexe, et l'on a donc $n - 2 = 2$ ou 6, c'est à dire $n = 4$ ou 8.

*Note.* Indiquons encore, pour être complet, comment on passe de l'exis-

---

[5] E. Stiefel, *Comm. Math. Helv.*, tome 13 (1940-41), pp. 201-218, H. Hopf, *ibid.*, pp. 219-239.

tence de l'endomorphisme $J_x$ à une structure presque complexe sur $\mathbf{S}$.[6] Il nous faut remplacer l'endomorphisme $J_x$ par un endomorphisme $I_x$ tel que $(I_x)^2 = -1$.

Soit $T_x \otimes C$ l'extension complexe de l'espace vectoriel réel $T_x$ et soient $(\alpha_1, \cdots, \alpha_q, \bar{\alpha}_1, \cdots, \bar{\alpha}_q)$ les valeurs propres de $J_x$ dans $T_x \otimes C$, chaque $\alpha_i$ ayant une partie imaginaire positive; pour toute valeur propre $\alpha$ nous désignons par $V_\alpha$ le plus grand sous-espace vectoriel de $T_x \otimes C$ sur lequel $J_x - \alpha$ est nilpotent; on sait que $T_x \otimes C$ est la somme directe des $V_\alpha$, et il est clair que $V_{\bar{\alpha}} = \bar{V}_\alpha$; l'espace $T_x \otimes C$ est donc la somme directe de $W = V_{\alpha_1} + \cdots + V_{\alpha_q}$ et de $\bar{W}$, et tout élément $y \, \varepsilon \, T_x$ peut se mettre d'une seule façon sous la forme $y = w + \bar{w}$, $(w \, \varepsilon \, W)$. Posons alors $I_x(y) = iw - i\bar{w}$, c'est un élément de $T_x$ et ainsi $I_x$ définit un endomorphisme de $T_x$ qui vérifie visiblement la condition $(I_x)^2 = -1$; il reste encore à s'assurer qu'il varie continûment avec $x$; cela résulte, par exemple, de la continuité des valeurs propres de $J_x$.

**16. Sur les espaces fibrés à base sphérique.** Nous intercalons ici quelques résultats dont nous aurons besoin dans les Nos. suivants; la Proposition 16.1 a été également utilisée par Miller [10].

PROPOSITION 16. 1. *Soient $E$ un espace fibré de fibre $F$, de base $\mathbf{S}_r$, $\beta$ la classe fondamentale de $H^r(\mathbf{S}_r, Z_p)$, ($p$ premier), $\zeta$ la projection de $E$ sur $\mathbf{S}_r$. Si la classe $\gamma = \zeta^*(\beta)$ peut s'exprimer à l'aide de cup-produits et d'opérations de Steenrod à partir d'éléments de $H^*(E, Z_p)$ de dimensions $< r$, l'espace fibré $E$ n'admet pas de section.*

Par hypothèse on peut trouver des éléments $u_1, \cdots, u_k \, \varepsilon \, H^*(E, Z_p)$, $(0 < \dim u_i < r)$, tels que $\gamma = f(u_1, \cdots, u_k)$, où $f$ est une expression formée à l'aide de cup-produits et d'operations $\mathcal{P}_p^k$. Si $s: \mathbf{S}_r \to E$ était une section de l'espace fibré $E$, l'homomorphisme $s^*: H^*(E, Z_p) \to H^*(\mathbf{S}_r, Z_p)$ vérifierait la relation $s^* \circ \zeta^* = 1$, et l'on aurait:

$$\beta = s^* \circ \zeta^*(\beta) = s^*(\gamma) = s^*(f(u_1, \cdots, u_k)) = f(s^*(u_1), \cdots, s^*(u_k)) = 0$$

puisque $s^*(u_i)$ est une classe de cohomologie de $\mathbf{S}_r$ de dimension strictement comprise entre $0$ et $r$; mais comme $\beta \neq 0$, cela est impossible et montre qu'il n'y a pas de section.

(Bien entendu, ce genre de raisonnement a une portée plus générale et s'applique à d'autres espaces que les sphères, pourvu que l'on soit certain que $s^*(u_i) = 0$ pour tout $i$.)

La Proposition 16. 1 revient à dire que *la classe caractéristique $\alpha \, \varepsilon \, \pi_{r-1}(F)$*

---

*de la fibration considérée est un élément non nul de $\pi_{r-1}(F)$; nous allons préciser ce résultat dans les deux propositions suivantes.*

PROPOSITION 16.2. *Avec les hypothèses et notations précédentes, la classe caractéristique $\alpha \in \pi_{r-1}(F)$ est, soit d'ordre infini, soit d'ordre fini divisible par $p$.*

Il nous faut montrer que l'on a $q \cdot \alpha \neq 0$ dans $\pi_{r-1}(F)$ lorsque $q$ est un entier $\neq 0$ et non divisible par $p$.

Pour cela, soient $\psi : S_r \to S_r$ une application de degré $q$, $E'$ l'espace fibré image réciproque de $E$ par $\psi$, et $\zeta'$ la projection de $E'$ sur $S_r$; il existe donc une application $\bar{\psi} : E' \to E$ telle que $\psi \circ \zeta' = \zeta \circ \bar{\psi}$. On a évidemment $\psi^*(\beta) = q \cdot \beta$, d'où

$$q \cdot \zeta'^*(\beta) = \zeta'^* \circ \psi^*(\beta) = \bar{\psi}^* \circ \zeta^*(\beta) = \bar{\psi}^*(f(u_1, \cdots, u_k)),$$

ce que donne, puisque $q \not\equiv 0 \bmod p$,

$$\zeta'^*(\beta) = 1/q \cdot f(\bar{\psi}^*(u_1), \cdots, \bar{\psi}^*(u_k)),$$

et $E'$ n'a pas de section d'après 16.1; cela signifie que la classe caractéristique $\alpha' \in \pi_{r-1}(F)$ de $E'$ est non nulle, et comme cette classe est évidemment égale à $q \cdot \alpha$, la proposition est démontrée.

PROPOSITION 16.3. *Ajoutons aux hypothèses de 16.1 les suivantes :*

(a) *L'espace fibré $E$ est un espace fibré principal à groupe structural $F$ connexe par arcs.*

(b) *Si $u_1, \cdots, u_k$ sont les éléments de $H^*(E, Z_p)$ tels que $\gamma = f(u_1, \cdots, u_k)$, on a $0 < \dim u_i \leq r - 2$ pour tout $i$.*

(c) *La classe $\gamma$ est $\neq 0$.*

*Alors il n'existe aucun élément $\alpha' \in \pi_{r-1}(F)$ tel que $\alpha = p \cdot \alpha'$.*

(Autrement dit, $\alpha$ définit un élément non nul de $\pi_{r-1}(F) \otimes Z_p$, résultat évidemment plus précis que celui de 16.2.)

Nous raisonnons par l'absurde et supposons donc l'existence d'un élément $\alpha' \in \pi_{r-1}(F)$ tel que $\alpha = p \cdot \alpha'$. On sait ([14], 18.5), que si l'on associe à tout espace fibré principal de base $S_r$, de fibre $F$, sa classe caractéristique, on définit une correspondance biunivoque entre les classes d'espaces fibrés principaux de fibre $F$, base $S_r$, et les éléments de $\pi_{r-1}(F)$. Vu notre hypothèse, il existe donc un espace fibré principal $E'$, de classe caractéristique $\alpha'$, dont $E$ est l'image réciproque par une application $\sigma : S_r \to S_r$ de degré $p$. On désigne comme dans la démonstration précédente par $\zeta'$ la projection de $E'$ sur $S_r$; soient encore $\bar{\sigma} : E \to E'$ l'application canonique de $E$ dans $E'$

et $i^* : H^*(E, Z_p) \to H^*(F, Z_p)$, resp. $i'^* : H^*(E', Z_p) \to H^*(F, Z_p)$, l'homomorphisme défini par l'injection d'une fibre dans $E$, resp. $E'$.

On a évidemment $i^* \circ \bar{\sigma}^* = i'^*$; mais, d'après la suite exacte de H. C. Wang (*Duke Math. Jour.*, vol. 16 (1949), 33-38, ou [12], p. 471), $i^*$ et $i'^*$ sont des isomorphismes sur pour les dimensions $\leq r - 2$; il en est donc de même pour $\bar{\sigma}^*$ et vu l'hypothèse (b), $H^*(E', Z_p)$ contient des éléments $u'_i$ tels que $u_i = \bar{\sigma}^*(u'_i)$, $(1 \leq i \leq k)$. On a donc

$$i^*(\gamma) = i^*(f(u_1, \cdots, u_k)) = i^* \circ \bar{\sigma}^*(f(u'_1, \cdots, u'_k)) = i'^*(f(u'_1, \cdots, u'_k)).$$

Il est clair que $i^*(\gamma) = 0$, donc $i'^*(f(u'_1, \cdots, u'_k)) = 0$, et la suite de Wang donne alors $f(u'_1, \cdots, u'_k) = \lambda \cdot \zeta'^*(\beta)$, $(\lambda \, \varepsilon \, Z_p)$. On en tire

$$\gamma = \lambda \cdot \bar{\sigma}^* \circ \zeta'^*(\beta) = \lambda \cdot \zeta^* \circ \sigma^*(\beta),$$

mais cela est impossible car $\sigma^*(\beta) = 0$ puisque $\sigma$ est de degré $p$, et d'autre part $\gamma \neq 0$ d'après (c), ce qui démontre 16. 3.

## 17. Inexistence de sections dans certains espaces fibrés.

PROPOSITION 17. 1. *Les fibrations suivantes n'ont pas de section:*

(a) $SU(n)/SU(n-1) = S_{2n-1}$ *pour* $n \geq 3$.

(b) $U(n)/U(n-1) = S_{2n-1}$ *pour* $n \geq 3$.

(c) $Sp(n)/Sp(n-1) = S_{4n-1}$ *pour* $n \geq 2$.

(d) $Spin(9)/Spin(7) = S_{15}$.

(e) $Spin(7)/G_2 = S_7$.

(Les fibrations (a), (b), (c) sont classiques, pour les deux dernières voir [1].)

D'après 16. 1, il suffit de trouver dans chaque cas un nombre premier $p$ tel que tout élément de $H^{2n-1}(SU(n), Z_p)$, de $H^{2n-1}(U(n), Z_p)$, de $H^{4n-1}(Sp(n), Z_p)$, de $H^{15}(Spin(9), Z_p)$, de $H^7(Spin(7), Z_p)$ s'exprime à l'aide de cup-produits et de puissances réduites à partir d'éléments de dimensions strictement inférieures. C'est possible pour $U(n)$ et $SU(n)$ d'après 12. 7 et pour $Sp(n)$ d'après 13. 6. Dans le cas (d), on choisit d'abord $p$ impair tel que tout élément de $H^{15}(SO(9), Z_p)$ s'exprime à l'aide de cup-produits et d'opérations $\mathcal{P}_p^k$ à partir d'éléments de dimensions $< 15$, ce qui est possible pour $p = 3, 5, 7$ d'après 13.4; puisque $Spin(9)$ est un revêtement à deux feuillets de $SO(9)$, l'homomorphisme $H^*(SO(9), Z_p) \to H^*(Spin(9), Z_p)$ transposé de la projection est un isomorphisme sur, et la même propriété a lieu dans $H^*(Spin(9), Z_p)$; on raisonne de la même façon dans le cas (e), pour $p = 3$.

*Remarque.* La Prop. 17.1 (a) montre que $SU(3)/SU(2) = S_5$ n'a pas de section, autrement dit que la classe caractéristique $\alpha \,\varepsilon\, \pi_4(S_3)$ de cette fibration est non nulle, ce qui a été tout d'abord démontré par Pontrjagin [11], par une étude homotopique de $\alpha$; on observera que nous sommes parvenus à ce résultat par voie cohomologique, (en utilisant l'opération $Sq^2$).

PROPOSITION 17.2. (a) *La classe caractéristique de la fibration* $SU(n)/SU(n-1) = S_{2n-1}$ *définit un élément non nul de* $\pi_{2n-2}(SU(n-1))\otimes Z_p$ *pour tout $p$ premier $< n$, ne divisant pas $n$.*

(b) *Il en est de même pour la fibration* $U(n)/U(n-1) = S_{2n-1}$.

(c) *Il en est de même pour tout $p$ premier impair $< 2n$, ne divisant pas $n$, pour la fibration* $Sp(n)/Sp(n-1) = S_{4n-1}$.

(d) *La classe caractéristique de la fibration* $Spin(9)/Spin(7) = S_{15}$ *définit un élément non nul de* $\pi_{14}(Spin(7))\otimes Z_p$ *pour $p = 3, 5, 7$.*

(e) *La classe caractéristique de la fibration* $Spin(7)/G_2 = S_7$ *définit un élément non nul de* $\pi_6(G_2)\otimes Z_3$.

On doit montrer que les hypothèses de 16.3 sont vérifiées; 16.3(a) est évidente, 16.3(b) résulte de ce que l'opération $f$ utilisée pour établir 17.1 est chaque fois $\mathcal{P}_p^1$, qui augmente le degré $2(p-1) \geq 2$ unités. Enfin, il est évident dans chaque cas envisagé ici que $\gamma$ est universellement transgressif, et il résulte de la détermination même des algèbres $H^*(E, Z_p)$ que $\gamma \neq 0$; 16.3(c) est donc aussi satisfaite.

On vérifie ensuite, en utilisant la formule $b_p^{1,j} \equiv j \bmod p$ et les résultats de III que dans chaque cas, les nombres premiers de l'énoncé sont tels que $\gamma = \mathcal{P}_p^1(u)$, $(u \,\varepsilon\, H^*(E, Z_p))$; 17.2 résulte donc de 16.3.

*Remarque.* Pour démontrer la Proposition 17.2, nous n'avons eu besoin que des opération $\mathcal{P}_p^1$. En se servant des puissances réduites $\mathcal{P}_p^k$ pour $k$ quelconque, et d'un lemme sur les coefficients $b_p^{k,j}$ qui sera établi plus loin (lemme 20.7), on déduit par le raisonnement ci-dessus un résultat plus complet, que nous énoncerons uniquement dans le cas (a) pour simplifier:

*La classe caractéristique de* $SU(n)/SU(n-1) = S_{2n-1}$ *définit un élément non nul de* $\pi_{2n-2}(SU(n-1))\otimes Z_p$ *lorsque le nombre premier $p < n$ vérifie la condition suivante: Si $h(p, n)$ est le plus grand entier tel que $p^{h(p,n)} \cdot (p-1) < n$, le nombre $n$ n'est pas divisible par $p^{h(p,n)+1}$.*

Nous terminons le No. 17 par la Proposition suivante, tout à fait analogue au cas (c) des Prop. 17.1 et 17.2:

PROPOSITION 17.3. *Soit* $W_{4n-1}$ *la variété des vecteurs de longueur unité tangents à la sphère* $S_{2n}$. *La fibration* $SO(2n+1)/SO(2n-1) = W_{4n-1}$

*n'a pas de section si $n \geq 2$. Si $p$ est un nombre premier impair $< 2n$, ne divisant pas $n$, l'homomorphisme bord $d$ de $\pi_{4n-1}(W_{4n-1})$ dans $\pi_{4n-2}(SO(2n-1))$ définit un sous-groupe isomorphe à $Z_p$ de $\pi_{4n-2}(SO(2n-1)) \otimes Z_p$.*

On sait que, si $p$ est impair, $H^*(W_{4n-1}, Z_p) \approx H^*(S_{4n-1}, Z_p)$; le raisonnement de la Prop. 16.1 s'applique donc sans changement et la première partie de la Proposition résulte de 13.4.

On sait (*voir* [13], Chap. IV, Prop. 2), qu'il existe une application $g$ de $S_{4n-1}$ dans $W_{4n-1}$ telle que le noyau et le conoyau des applications

$$g_0 \colon \pi_i(S_{4n-1}) \to \pi_i(W_{4n-1})$$

soient des 2-groupes pour toute valeur de $i$. Soit $E$ l'espace fibré image réciproque de $SO(2n+1)$ par cette application, et $\bar{g}$ son application canonique dans $SO(2n+1)$. Comme la restriction de $\bar{g}$ à une fibre est un homéomorphisme sur une fibre de $SO(2n+1)$, et comme $g^*$ est pour tout $p \neq 2$ un isomorphisme de $H^*(S_{4n-1}, Z_p)$ sur $H^*(W_{4n-1}, Z_p)$, l'homomorphisme $\bar{g}^*$ est un isomorphisme de $H^*(SO(2n+1), Z_p)$ sur $H^*(E, Z_p)$, ([2], § 4d); on peut donc appliquer à $E$ les mêmes raisonnements et calculs qu'à la fibration (c) de 17.2. Par conséquent l'image de

$$d' \colon \pi_{4n-1}(S_{4n-1}) \to \pi_{4n-2}(SO(2n-1)) \otimes Z_p$$

est un sous-groupe de $\pi_{4n-2}(SO(2n-1)) \otimes Z_p$ isomorphe à $Z_p$, ce qui, joint à l'égalité $d' = d \circ g_0$, démontre la deuxième partie de 17.3.

**18. Sur les $p$-composants des groupes d'homotopie des groupes classiques.** Les Propositions précédentes permettent de calculer les $p$-composants des groupes $\pi_i(G)$, ($G = SU(n), Sp(n), SO(n)$), jusqu'à la dimension $4p - 3$. Pour énoncer les résultats obtenus, il sera commode d'utiliser le langage de la $C$-théorie de [13], et en particulier la notion de $C$-isomorphisme définie dans le Chap. I de [13]. Nous désignons par $C_p$ la classe des groupes finis d'ordre premier à $p$.

PROPOSITION 18.1. *Soient $p$ un nombre premier, $G = SU(n)$. A un $C_p$-isomorphisme près, les groupes $\pi_i(G)$, ($i \leq 4p - 3$), sont les suivants:*

(I). *Si $n \leq p$, on a $\pi_{2j-1}(G) \equiv Z$, ($2 \leq j \leq n$), $\pi_{2k}(G) \equiv Z_p$, ($p \leq k \leq p + n - 2$), $\pi_{4p-3}(G) \equiv Z_p$, $\pi_i(G) \equiv 0$ sinon.*

(II). *Si $p < n \leq 2p - 2$, on a $\pi_{2j-1}(G) \equiv Z$, ($2 \leq j \leq n$), $\pi_{2k}(G) \equiv Z_p$, ($n \leq k \leq 2p - 2$), $\pi_i(G) \equiv 0$ sinon.*

(III). *Si $n \geq 2p - 1$, on a $\pi_{2j-1}(G) \equiv Z$, ($2 \leq j \leq 2p - 1$), $\pi_i(G) \equiv 0$ sinon.*

Si $n \leq p$, il résulte de [13], Chap. V, Prop. 6 que $p$ est *régulier* pour $G$, (au sens du § 4 de cet article), et il s'ensuit que $\pi_i(G)$ est $C_p$-isomorphe à la somme directe des groupes $\pi_i(S_{2m-1})$, $(2 \leq m \leq n)$, ce qui démontre (I).

A partir de là, on raisonne par récurrence sur $n$ pour établir (II) et (III). Il suffit pour cela de considérer la suite exacte :

$$\pi_{i+1}(S_{2n-1}) \to \pi_i(SU(n-1)) \to \pi_i(SU(n)) \to \pi_i(S_{2n-1}),$$

en remarquant que les groupes $\pi_i(S_{2n-1})$ sont tous $C_p$-nuls sauf pour $i = 2n - 1$ puisque $2n - 1 + 2p - 3 \geq 4p - 2$ et en utilisant la Proposition 17. 2 pour déterminer l'image de $d : \pi_{2n-1}(S_{2n-1}) \to \pi_{2n-2}(SU(n-1))$ quand $p < n \leq 2p - 2$.

Le lecteur n'aura pas de peine à obtenir des résultats analogues pour $G = Sp(n), SO(2n+1)$ que nous n'expliciterons pas. Nous nous bornerons à indiquer comment l'on passe de $SO(2n-1)$ à $SO(2n)$ :

PROPOSITION 18. 2. *Si $C$ désigne la classe des 2-groupes, le groupe $\pi_i(SO(2n))$ est $C$-isomorphe à la somme directe de $\pi_i(SO(2n-1))$ et de $\pi_i(S_{2n-1})$.*

On sait que la classe caractéristique $\alpha$ de la fibration $SO(2n)/SO(2n-1)$ $= S_{2n-1}$ vérifie $2 \cdot \alpha = 0$. L'espace fibré $E$, image réciproque de $SO(2n)$ par une application de $S_{2n-1}$ sur $S_{2n-1}$ de degré deux, est donc isomorphe à $SO(2n-1) \times S_{2n-1}$. En outre, on tire de [2], § 4d, exactement comme dans la démonstration de 17. 3, que l'application canonique de $E$ sur $SO(2n)$ définit un isomorphisme de $H^*(SO(2n), Z_p)$ sur $H^*(E, Z_p)$, pour tout $p$ premier impair. Si $\bar{E}$ et $\mathbf{Spin}(2n)$ sont les revêtements universels (à deux feuillets) de $E$ et $SO(2n)$, il en est alors de même de l'application correspondante de $H^*(\mathbf{Spin}(2n), Z_p)$ dans $H^*(\bar{E}, Z_p)$ ; le Théorème 3 du Chap. III de [13] montre alors que $\pi_i(\bar{E}) \to \pi_i(\mathbf{Spin}(2n))$, donc aussi $\pi_i(E) \to \pi_i(SO(2n))$, est un $C$-isomorphisme sur, ce qui termine la démonstration.

**19. Groupes d'homotopie de dimension 6 des groupes classiques.** Nous supposerons connues les valeurs des cinq premiers groupes d'homotopie des groupes classiques (*voir* [14], 24. 11, 25. 4, 25. 5, et [9], 3. 72) et le fait que $\pi_6(S_3) \approx Z_{12}.$[7] Pour déterminer les 6-ièmes groupes d'homotopie, nous nous appuyerons sur la :

---

[7] Il est classique que $\pi_6(S_3)$ a 12 éléments ; on en trouvera une démonstration simple dans [13], Chap. IV, Prop. 10. Pour prouver qu'il est cyclique, on peut, soit montrer qu'il contient un sous-groupe isomorphe à $Z_4$, ce qui a été fait par M. G. Barratt et G. F. Paechter, *Proc. Nat. Acad. Sci. U. S. A.*, tome 38 (1952), pp. 119-121, soit utiliser

PROPOSITION 19.1. *La classe caractéristique* $\alpha \varepsilon \pi_6(S_3)$ *de la fibration* $Sp(2)/Sp(1)$ *est un générateur de* $\pi_6(S_3)$.

Nous savons déjà par 17.2(c) que $\alpha$ n'est pas divisible par trois; pour obtenir 19.1, il nous suffit donc de montrer que $\alpha$ n'est pas divisible par deux.

Identifions $Sp(1)$ à la sphère unité du corps des quaternions, et $S_6$ à la variété des couples $(q, q')$ de quaternions tels que $|q|^2 + |q'|^2 = 1$ et que la partie réelle de $q'$ soit nulle; d'après [14], 24.11, la classe $\alpha$ est alors définie par l'application $g: S_6 \to S_3$ qui vérifie:

$$g(q, q') = 1 - 2q \cdot (1 + q')^{-2} \cdot \bar{q}.$$

D'après G. W. Whitehead [17], l'application $g$ est homotope à $g'$:

$$g'(q, q') = 1 - 2 |q|^2 + 2 \cdot \frac{q \cdot q' \cdot \bar{q}}{|q|}.$$

Si l'on pose $q = Q \cdot \cos \theta$, $q' = Q' \cdot \sin \theta$, avec $0 \leq \theta \leq \pi/2$ et $|Q| = |Q'| = 1$, on voit que

$$g'(Q, Q') = -\cos 2\theta + \sin 2\theta \cdot Q \cdot Q' \cdot \bar{Q}.$$

Cela signifie que $g': S_6 \to S_3$ est obtenue en faisant la construction de Hopf sur l'application de $S_3 \times S_2$ dans $S_2$ donnée par $(Q, Q') \to Q \cdot Q' \cdot \bar{Q}$. Mais alors, d'après Blakers-Massey, (*Proc. Nat. Acad. Sci., U.S.A.*, vol. 35, (1949), 322-328), l'image de $\alpha$ par l'invariant de Hopf généralisé $H: \pi_6(S_3) \to Z_2$ est *non nulle*; $\alpha$ n'est donc pas divisible par deux.

PROPOSITION 19.2. *On a* $\pi_6(Sp(1)) = Z_{12}$, *et* $\pi_6(Sp(n)) = 0$ *pour* $n \geq 2$.

La première égalité résulte de $Sp(1) = S_3$. La fibration $Sp(2)/Sp(1) = S_7$ donne lieu à la suite exacte:

$$\pi_7(S_7) \xrightarrow{d} \pi_6(S_3) \to \pi_6(Sp(2)) \to 0.$$

L'image de $d$ étant le sous-groupe engendré par $\alpha$ est *tout* $\pi_6(S_3)$ d'après 19.1, il s'ensuit que $\pi_6(Sp(2)) = 0$, d'où $\pi_6(Sp(n)) = 0$ pour $n \geq 2$.

PROPOSITION 19.3. *On a* $\pi_6(SO(3)) = Z_{12}$, $\pi_6(SO(4)) = Z_{12} + Z_{12}$, $\pi_6(SO(n)) = 0$ *pour* $n \geq 5$.

$SO(3)$ et $SO(4)$ ont pour revêtements universels $S_3$ et $S_3 \times S_3$ respectivement, d'où les deux premiers résultats. Il est classique que le revêtement universel de $SO(5)$ est isomorphe à $Sp(2)$, donc, vu 19.1, $\pi_6(SO(5)) = 0$.

La fibration $SO(6)/SO(5) = S_5$ donne lieu à la suite exacte:

---

la détermination des groupes d'Eilenberg-MacLane en cohomologie modulo 2 due à l'un de nous, *C. R. Acad. Sci. Paris*, tome 234 (1952), pp. 1243-1245, ainsi qu'un article à paraître aux *Comm. Math. Helv.*

$$0 \to \pi_6(SO(6)) \to \pi_6(S_5) \xrightarrow{\ d\ } \pi_5(SO(5)) \to \pi_5(SO(6)).$$

Comme $\pi_5(SO(6)) = Z$ et $\pi_5(SO(5)) = Z_2$, (*voir* [9]), on voit que $d$ est un isomorphisme de $\pi_6(S_5) = Z_2$ sur $\pi_5(SO(5))$, d'où $\pi_6(SO(6)) = 0$.

Considérons maintenant la suite exacte:

$$0 \to \pi_6(SO(7)) \to \pi_6(S_6) \xrightarrow{\ d\ } \pi_5(SO(6)) \to \pi_5(SO(7)).$$

D'après [9], on a $\pi_5(SO(7)) = 0$ et $\pi_5(SO(6)) = Z$; par suite, $d$ est un isomorphisme sur et $\pi_6(SO(7)) = 0$; comme $\pi_6(SO(n)) = \pi_6(SO(7))$ pour $n \geq 7$, la démonstration de 19.3 est achevée.

PROPOSITION 19.4. *On a*

$$\pi_6(SU(2)) = Z_{12},\ \pi_6(SU(3)) = Z_6,\ \pi_6(SU(n)) = 0 \qquad (n \geq 4).$$

La première égalité résulte de $SU(2) = S_3$. Examinons le groupe $SU(3)$; la fibration $SU(3)/S_3 = S_5$ donne lieu à la suite exacte:

$$\pi_7(S_5) \xrightarrow{\ d\ } \pi_6(S_3) \to \pi_6(SU(3)) \to \pi_6(S_5) \xrightarrow{\ d\ } \pi_5(S_3) \to \pi_5(SU(3)).$$

Montrons tout d'abord que l'homomorphisme $d : \pi_6(S_5) \to \pi_5(S_3)$ applique le premier groupe *sur* le second. On sait [11] que $\pi_4(SU(3)) = 0$, donc qu'une application quelconque $S_4 \to S_3 \to SU(3)$ est inessentielle; il en est a fortiori de même pour sa composée avec une application $S_5 \to S_4$; comme $S_5 \to S_4 \to S_3$ est essentielle lorsque $S_5 \to S_4$ et $S_4 \to S_3$ le sont, cela implique que l'image de $\pi_5(S_3)$ dans $\pi_5(SU(3))$ est nulle, donc que $d$ applique $\pi_6(S_5)$ sur $\pi_5(S_3)$. Par conséquent, la suite exacte précédente donne:

$$\pi_7(S_5) \xrightarrow{\ d\ } \pi_6(S_3) \xrightarrow{\ i\ } \pi_6(SU(3)) \to 0.$$

Pour établir l'égalité $\pi_6(SU(3)) = Z_6$, il suffit de montrer que l'image de $d$ n'est pas nulle, autrement dit que le noyau de $i$ est non nul. Or Hilton a prouvé que l'application composée $S_6 \to S_5 \to S_4 \to S_3$, où chaque application est essentielle, définit un élément non nul de $\pi_6(S_3)$, (*voir* aussi [13], Chap. IV, Prop. 10, Rem. 1), et le raisonnement fait plus haut, (qui s'applique *a fortiori* ici), montre que cet élément est dans le noyau de $i$.

Il est bien connu que le groupe $SU(4)$ est isomorphe au revêtement universel du groupe $SO(6)$; on a donc $\pi_6(SU(4)) = 0$ d'après 19.3 et comme $\pi_6(SU(n)) = \pi_6(SU(4))$ pour $n \geq 4$, la Proposition 19.4 est complètement démontrée.

**20. Les fibrations des variétés de Stiefel complexes.** Soient $W_{n,q} = U(n)/U(n-q)$ la variété de Stiefel complexe des $q$-repères orthonormaux de l'espace hermitien $C^n$, et $\psi_{q,r}$ la projection naturelle de $U(n)/U(n-q) = W_{n,q}$ sur $U(n)/U(n-r) = W_{n,r}$ $(q \geq r)$. On sait ([2], § 9) que $H^*(W_{n,q}, Z)$

est une algèbre extérieure engendrée par des éléments de dimensions $2n-2q+1$, $2n-2q+3, \cdots, 2n-1$, appliquée biunivoquement dans $H^*(\boldsymbol{U}(n), Z)$ par $\psi^*_{n,q}$, et que

$$20.1 \qquad H^*(\boldsymbol{U}(n), Z) \approx H^*(\boldsymbol{U}(n-q), Z) \otimes H^*(\boldsymbol{W}_{n,q}, Z).$$

Plus précisément, si l'on désigne par $h_1, \cdots, h_n$ les générateurs universellement transgressifs de $H^*(\boldsymbol{U}(n), Z)$ définis au No. 4, on a:

LEMME 20.2. *L'image de $H^*(\boldsymbol{W}_{n,q}, Z)$ dans $H^*(\boldsymbol{U}(n), Z)$ par $\psi^*_{n,q}$ est la sous-algèbre de $H^*(\boldsymbol{U}(n), Z)$ engendrée par les éléments $h_i$, $n-q+1 \le i \le n$.*

Soit $v_i$ un générateur de $H^{2n-2i+1}(\boldsymbol{W}_{n,i}, Z)$ $(1 \le i \le n)$. C'est un élément de dimension positive minimum de $H^*(\boldsymbol{W}_{n,i}, Z)$, par conséquent, d'après un raisonnement aisé, exposé dans [2], § 23, l'élément $\psi^*_{n,i}(v_i)$ est universellement transgressif, d'où $\psi^*_{n,i}(v_i) = m_i h_i$; mais les éléments $\psi^*_{n,i}(v_i)$ forment un système de générateurs de $H^*(\boldsymbol{U}(n), Z)$, ([2], § 9, Remarque 2), donc $m_i = \pm 1$ $(1 \le i \le n)$.

La relation de transitivité évidente $\psi^*_{n,i} = \psi^*_{n,q} \circ \psi^*_{q,i}$, $(1 \le i \le q)$, montre alors que les éléments $h_i$ $(n-q+1 \le i \le n)$ sont dans l'image de $\psi^*_{n,q}$; ils engendrent forcément toute cette image d'après 20.1.

Ce lemme permet de ramener le calcul des puissances réduites dans $H^*(\boldsymbol{W}_{n,q})$ au calcul analogue dans $H^*(\boldsymbol{U}(n))$, que nous avons déjà fait, (*voir* 11.4). Nous voulons en tirer des conditions nécessaires pour l'existence d'une section dans la fibration de $\boldsymbol{W}_{n,r+s}$ par $\boldsymbol{W}_{n-r,s}$, de base $\boldsymbol{W}_{n,r}$.

PROPOSITION 20.3. *Si la fibration $\boldsymbol{W}_{n,r+s}/\boldsymbol{W}_{n-r,s} = \boldsymbol{W}_{n,r}$ admet une section, on a, pour tout $p$ premier, $\mathcal{P}_p^k(h_i) = 0$, ou, ce qui revient au même, $b_p^{k,j} \equiv 0 \bmod p$, lorsque $i$ vérifie les inégalités:*

(1) $\quad n-r-s < i \le n-r,$

(2) $\quad n-r < j \le n$, *en posant* $j = i + k(p-1)$.

Soit $h'_a$ l'élément de $H^*(\boldsymbol{W}_{n,r+s})$ vérifiant

$$\psi^*_{n,r+s}(h'_a) = h_a \qquad\qquad (n-r-s < a \le n)$$

et soit de même $h''_b \in H^*(\boldsymbol{W}_{n,r})$ tel que

$$\psi^*_{n,r}(h''_b) = h_b \qquad\qquad (n-r < b \le n).$$

On a évidemment $\psi^*_{r+s,r}(h''_b) = h'_b$, et si $s: \boldsymbol{W}_{n,r} \to \boldsymbol{W}_{n,r+s}$ est une section, l'égalité $s^* \circ \psi^*_{r+s,r} = 1$, donne alors:

$$s^*(h'_i) = 0 \qquad\qquad (n-r-s < i \le n-r)$$

20.4

$$s^*(h'_j) = h''_j \qquad\qquad (n-r < j \le n);$$

si maintenant nous supposons que $i$ vérifie les inégalités de 20. 3, on déduit de 11. 4, 20. 2 et 20. 4:

$$0 = \mathcal{P}_p{}^k(s^*(h'_i)) = s^*(\mathcal{P}_p{}^k(h'_i)) = s^*(b_p{}^{k,j} \cdot h'_j) = b_p{}^{k,j} \cdot s^*(h'_j) = b_p{}^{k,j} \cdot h''_j$$

donc $b_p{}^{k,j} \equiv 0 \bmod p$.

COROLLAIRE 20. 5. *Si la fibration* $\boldsymbol{W}_{n,r+s}/\boldsymbol{W}_{n-r,s} = \boldsymbol{W}_{n,r}$ *admet une section, on a* $s = 1$ *ou* $r = 1$.

Supposant $r \geq 2$ et $s \geq 2$, nous appliquerons la Proposition 20. 3 avec $p = 3$; distinguons deux cas:

a) $n - r \equiv 2 \bmod 3$; on pose $i = n - r$, $k = 1$; on a donc $j = i + 2 = n - r + s$ et les inégalités (1) et (2) de 20. 3 sont vérifiées puisque $r \geq 2$; de plus, vu l'hypothèse faite sur $n - r$, on a $j \equiv 1 \bmod 3$. Mais d'après 12. 3 $b_3{}^{1,j} \equiv j \bmod 3$, donc $b_3{}^{1,j} \not\equiv 0 \bmod 3$ et il n'y a pas de section vu 20. 3.

(b) $n - r \not\equiv 2 \bmod 3$. On pose $i = n - r - 1$, $k = 1$; les inégalités (1) et (2) sont vérifiées puisque $s \geq 2$; mais $j = n - r + 1 \not\equiv 0 \bmod 3$, d'où comme précédemment, $b_3{}^{1,j} \not\equiv 0 \bmod 3$.

Nous traiterons maintenant plus en détail le cas $r = 1$; on pourrait étudier de même le cas $s = 1$, mais, les calculs étant plus compliqués, nous ne nous y attarderons pas.

PROPOSITION 20. 6. *Si la fibration* $\boldsymbol{W}_{n,s+1}/\boldsymbol{W}_{n-1,s} = \boldsymbol{W}_{n,1} = \boldsymbol{S}_{2n-1}$ *admet une section, $n$ est divisible par l'entier*

$$N_s = \Pi_p \, p^{1+h(p,s)}$$

*où le produit est étendu à les nombres premiers, et où $h(p,s)$ désigne pour tout $p$ le plus grand entier $h \geq -1$ tel que $(p-1) \cdot p^h \leq s$.*

Vu la Proposition 20. 3, il nous suffira de prouver ceci:

LEMME 20. 7. *Soient $p$ un nombre premier, $s$ un entier $< n$, et supposons que $b_p{}^{k,n} \equiv 0 \bmod p$ pour tout entier $k > 0$ tel que $n - k(p-1) \geq n - s$, (autrement dit tel que $k(p-1) \leq s$). Alors $n$ est divisible par $p^{1+h(p,s)}$.*

Ce lemme sera lui-même conséquence du lemme suivant, dans lequel $s$ n'intervient plus:

LEMME 20. 8. *Soient $a$ un entier $\geq 0$, $k = p^a$, supposons $n > k(p-1)$ et $n$ divisible par $k$. Si $b_p{}^{k,n} \equiv 0 \bmod p$, alors $n$ est divisible par $p^{a+1}$.*

Montrons, par récurrence sur $s$, que 20. 8 entraîne 20. 7. Ce dernier est trivial pour $s = 0$, supposons le vrai pour $s - 1$; puisque

$$h(p,s) \leq 1 + h(p, s-1),$$

cela implique que $p^{h(p,s)}$ divise $n$; mais $(p-1) \cdot p^{h(p,s)} \leq s < n$ par définition de $h(p,s)$, par conséquent l'entier $a = p^{h(p,s)}$ vérifie les hypothèses de 20. 8 et $n$ est bien divisible par $p^{h(p,s)+1}$.

Le lemme 20. 8 est un cas particulier du résultat suivant, que nous allons maintenant démontrer:

LEMME 20. 9.    *Soient $F$ le polynôme symétrique $\Sigma\, x_1{}^{\alpha_1} \cdots x_i{}^{\alpha_i}$, de degré $n = \Sigma\, \alpha_i$, $p$ un nombre premier, $a$ un entier.  On suppose que $p^a$ divise $n$ et qu'il y a au plus $p^a$ indices $j$ tels que $\alpha_j \neq 1$.*

*Dans ces conditions, pour que le terme dominant de $F$ soit $\not\equiv 0 \bmod p$, il faut et il suffit, ou bien que $\alpha_j = 1$ pour tout $j$, ou bien qu'il y ait exactement $p^a$ indices $j$ tels que $\alpha_j \neq 1$, les $\alpha_j$ correspondants étant tous égaux et $n$ n'étant pas divisible par $p^{a+1}$.*

(On obtient 20. 8 en appliquant 20. 9 au cas où $\alpha_j = p$ pour $1 \leq j \leq p^a$ et $\alpha_j = 1$ pour $j > p^a$.)

Nous démontrerons le lemme 20. 9 par récurrence descendante sur $i$, le cas $i = n$ étant trivial puisque tous les $\alpha_j$ sont alors égaux à 1.

Nous supposerons que l'on a $\alpha_1, \cdots, \alpha_k > 1$, et $\alpha_{k+1} = \cdots = \alpha_i = 1$. On a $1 \leq k \leq p^a$, vu $i < n$.  Considérons le polynôme symétrique:

$$G = (\Sigma\, x_1{}^{\alpha_1-1} \cdots x_k{}^{\alpha_k-1}) \cdot (\Sigma\, x_1 \cdots x_i)\,;$$

dans le développement de $G$, nous trouverons évidemment le polynôme $F$; quant aux autres termes ce seront des polynômes symétriques de la forme:

$$c_{(\beta)} \Sigma\, x_1{}^{\beta_1} \cdots x_k{}^{\beta_k} \cdot x_{k+1} \cdots x_{i'},$$

où $i' = n + k - \Sigma\, \beta_j$, et où $\beta_j$ est égal soit à $\alpha_j$, soit à $\alpha_j - 1$, ce second cas se présentant pour au moins une valeur de $i$, (ce qui montre que $i' > i$); le coefficient $c_{(\beta)}$ est un entier.

$G$ est le produit de deux polynômes symétriques, il est donc décomposable et l'égalité:

$$G = F + \Sigma_{(\beta)} c_{(\beta)} \Sigma\, x_1{}^{\beta_1} \cdots x_k{}^{\beta_k} \cdot x_{k+1} \cdots x_{i'},$$

montre que le terme dominant de $F$, changé de signe, est égal à la somme des termes dominants des polynômes $c_{(\beta)} \Sigma\, x_1{}^{\beta_1} \cdots x_k{}^{\beta_k} x_{k+1} \cdots x_{i'}$; comme $i' > i$, on peut appliquer le lemme à ces derniers vu l'hypothèse de récurrence. Nous distinguerons quatre cas:

(A)    *On a $\alpha_j = 2$ pour $j \leq k$.*  Dans ce cas, le seul choix des $\beta_j$ qui conduise à un terme dominant non nul est celui où $\beta_j = 1$ pour tout $j$; il est immédiat que le coefficient $c_{(\beta)}$ correspondant est égal au coefficient binomial $\binom{n}{k}$, et, puisque $1 \leq k \leq p^a$ et que $p^a$ divise $n$, les propriétés de divisibilité des coefficients binomiaux montrent que:

$$c_{(\beta)} = \binom{n}{k} \equiv 0 \bmod p \quad \text{si} \ \ k < p^a,$$

$$c_{(\beta)} = \binom{n}{k} \equiv n/p^a \bmod p \quad \text{si} \ \ k = p^a,$$

ce qui établit le lemme sous l'hypothèse (A).

(B)   *On a $\alpha_j = q > 2$ pour $j \leq k$.* Le seul choix des $\beta_j$ qui conduise à un terme dominant non nul est celui où $\beta_j = q - 1$ pour $1 \leq j \leq k$, lorsque de plus $k = p^a$ et $p^{a+1}$ ne divise pas $n$; on voit alors tout de suite que $c_{(\beta)} = 1$, ce qui démontre le lemme dans le cas (B).

(C)   *On a $k < p^a$.* Le seul choix des $\beta_j$ qui conduise à un terme dominant non nul est celui où $\beta_j = 1$ pour tout $j$; mais les $\alpha_j$, $(1 \leq j \leq k)$, sont alors égaux à 2, et l'on se retrouve dans le cas (A) déjà traité.

(D)   *On a $k = p^a$, et les $\alpha_j$, $(1 \leq j \leq k)$, ne sont pas tous égaux.* Dans ce cas, le seul choix des $\beta_j$ qui conduise à un terme dominant non nul est $\beta_1 = \cdots = \beta_k = q > 1$, et ce choix n'est possible que si certains des $\alpha_j$ sont égaux à $q + 1$, et tous les autres à $q$; soient $r$ et $s$ leurs nombres respectifs. Vu l'hypothèse faite on a $r + s = p^a$, $r \geq 1$, $s \geq 1$; comme $q > 1$, il est immédiat que

$$c_{(\beta)} = \binom{r+s}{r} = \binom{p^a}{r} \equiv 0 \bmod p,$$

d'où le lemme dans le cas (D).

Comme les cas (A), (B), (C), (D) épuisent toutes les possibilités, la démonstration du lemme 20.8 est achevée, et la Proposition 20.6 est complètement établie.

*Exemples.*

$s = 1$; pour $p = 2$, on a $h(p, 1) = 0$, pour $p > 2$, $h(p, 1) = -1$, d'où $N_1 = 2$. Dans ce cas du reste, la condition "$n$ pair" est non seulement nécessaire mais suffisante pour l'existence d'une section (*voir* Eckmann, [8], Satz IV).

$s = 2$; pour $p = 2$, $h(p, 2) = 1$, pour $p = 3$, $h(p, 2) = 0$, pour $p \geq 5$, $h(p, 2) = -1$, donc $N_s = 12$. Nous ignorons si la condition "$n$ divisible par 12" est suffisante pour l'existence d'une section, mais cela semble peu probable. Il est assez naturel de conjecturer que $W_{n,s+1}/W_{n-1,s} = S_{2n-1}$ n'a pas de section si $s > 1$.

Indiquons pour terminer quelques valeurs de la fonction arithmétique $N_s$ :

$$N_1 = 2, \ N_2 = N_3 = 12, \ N_4 = N_5 = 120, \ N_6 = N_7 = 2.520, \cdots,$$

$$N_{20} = N_{21} = 6.983.776.800.$$

INSTITUTE FOR ADVANCED STUDY, PRINCETON,
UNIVERSITÉ DE NANCAGO.

## BIBLIOGRAPHIE.

[1] A. Borel, " Le plan projectif des octaves et les sphères comme espaces homogènes," *C. R. Acad. Sci. Paris*, tome 230 (1950), pp. 1378-1380.

[2] ———, " Sur la cohomologie des espaces fibrés principaux et des espaces homogènes de groupes de Lie compacts," *Annals of Mathematics*, tome 57 (1953), pp. 115-207.

[3] ———, " La cohomologie mod 2 de certains espaces homogènes," à paraître aux *Comm. Math. Helv.*

[4] ——— et J.-P. Serre, " Détermination des $p$-puissances réduites de Steenrod dans la cohomologie des groupes classiques. Applications," *C. R. Acad. Sci. Paris*, tome 233 (1951), pp. 680-682.

[5] H. Cartan et J.-P. Serre, " Espaces fibrés et groupes d'homotopie. I. Constructions générales," *C. R. Acad. Sci. Paris*, tome 234 (1952), pp. 288-290; " II. Applications," *ibid.*, pp. 393-395.

[6] S. S. Chern, " Characteristic classes of hermitian manifolds," *Annals of Mathematics*, tome 47 (1946), pp. 85-121.

[7] ———, " On the characteristic classes of complex spheres bundles and algebraic varieties," à paraître dans l'*Amer. Jour. Math.* [75 (1953), 565-597].

[8] B. Eckmann, " Systeme von Richtungsfeldern in Sphären und stetige Lösungen komplexer linearer Gleichungen," *Comm. Math. Helv.*, tome 15 (1942), pp. 1-26.

[9] ———, " Espaces fibrés et homotopie," *Colloque de Topologie*, Bruxelles, 1950, pp. 83-89.

[10] C. E. Miller, " The topology of rotation groups," *Annals of Mathematics*, tome 57 (1953), pp. 90-114.

[11] L. S. Pontrjagin, " Ueber die topologische Struktur der Lie'schen Gruppen," *Comm. Math. Helv.*, tome 13 (1940), pp. 277-283.

[12] J.-P. Serre, " Homologie singulière des espaces fibrés. Applications," *Annals of Mathematics*, tome 54 (1951), pp. 425-505.

[13] ———, " Groupes d'homotopie et classes de groupes abéliens," à paraître aux *Annals of Mathematics*. [58 (1953), 258-294].

[14] N. E. Steenrod, *The topology of fibre bundles*, Princeton, 1951.

[15] ———, a. " Homology groups of symmetric groups and reduced powers operations " *Proc. Nat. Acad. Sci. U. S. A.*, tome 39 (1953), pp. 213-217, b. " Cyclic reduced powers of cohomology classes " *ibid.*, pp. 217-223.

[16] R. Thom, " Une théorie axiomatique des puissances de Steenrod," *Colloque de Topologie*, Strasbourg, 1951.

[17] G. W. Whitehead, " Correction to my paper 'On families of continuous vector fields over spheres,' " *Annals of Mathematics*, tome 48 (1947), pp. 782-783.

[18] W. T. Wu, " Sur la structure presque complexe d'une variété différentiable réelle," *C. R. Acad. Sci. Paris*, tome 228 (1949), pp. 972-973.

[19] ———, *Sur les classes caractéristiques des structures fibrées sphériques*, Act. Sci. et Ind. 1183, Hermann éd., Paris (1952).

[20] ———, " Sur les puissances de Steenrod," *Colloque de Topologie*, Strasbourg, 1951.

# 27.

# Les bouts des espaces homogènes de groupes de Lie

Ann. Math., (2) **58** (1953) 443–457

## Introduction

Ce travail comprend deux parties, la première est consacrée à l'étude du nombre de bouts que peut avoir un espace homogène de groupe de Lie, et la seconde à un problème dont la résolution fait intervenir les bouts: Détermination des espaces simplement connexes que nous appelons $m$-homogènes, c'est à dire qui admettent un groupe de Lie d'homéomorphismes transitif sur les $m$-uples de points distincts.

On sait qu'un groupe localement compact, globalement et localement connexe, vérifiant le deuxième axiome de dénombrabilité, possède au plus deux bouts (Freudenthal [3], Satz 15). Nous verrons qu'il en est de même pour un espace homogène $G/H$ d'un groupe de Lie connexe $G$ lorsque le groupe d'isotropie $H$ est *connexe* (Théorème 2); cela résultera directement d'un théorème de E. Specker et du fait que $G/H$ a, au point de vue additif, même homologie que le quotient $K/L$, où $K$ et $L$ désignent des sous-groupes compacts maximaux de $G$ et $H$ respectivement (Théorème 1); nous montrerons de plus que si $G/H$ a deux bouts, il est homéomorphe au produit topologique de $K/L$ par une droite. Dans le Théorème 2, l'hypothèse $H$ connexe n'est pas superflue: Le No 2 donne en effet des exemples d'espaces homogènes ayant un nombre arbitraire de bouts.

On déduit aisément de ce qui précède qu'il n'y a pas d'espace simplement connexe qui soit compact et 4-homogène ou bien non compact et 3-homogène. On verra en outre que les espaces simplement connexes 2-homogènes sont les sphères, les espaces projectifs complexes et quaternioniens, le plan projectif des octaves et les espaces euclidiens, et que, parmi eux, seules les sphères sont 3-homogènes.

J'ai tiré profit de plusieurs discussions avec H. Samelson sur les questions traitées ici, je tiens à l'en remercier.

### 1. Espaces homogènes à groupe d'isotropie connexe

Nous ne considérons dans ce travail que des variétés, aussi n'y a-t-il pas lieu de distinguer entre homologie singulière et homologie de Čech. Nous désignons par $H_i(X)$, (resp. $H^i(X)$, resp. $H^i_c(X)$), le ième groupe d'homologie, (resp. de cohomologie, resp. de cohomologie à supports compacts), entière de $X$.

Par "espace homogène" nous entendrons toujours "espace homogène d'un groupe de Lie connexe"; en particulier un tel espace sera toujours connexe.

La notation $X \sim Y$ signifiera que $X$ est homéomorphe à $Y$.

Nous utiliserons fréquemment, sans autre commentaire, le théorème fondamental suivant, dû à E. Cartan-Malcev-Iwasawa, (*voir* par exemple [6], Theorem 6): Un groupe de Lie connexe $G$ possède des sous-groupes compacts maximaux, conjugués les uns des autres par des automorphismes intérieurs de $G$; si $K$ est l'un d'eux, l'espace quotient $G/K$ est homéomorphe à un espace euclidien $R^n$, par conséquent la fibration de $G$ par $K$ est triviale et $G \sim K \times R^n$.

THÉORÈME 1. *Soient $H$ un sous-groupe fermé connexe du groupe de Lie connexe $G$, $K$ et $L$ des sous-groupes compacts maximaux de $G$ et $H$ tels que $K \supset L$, $s$ et $t$ les entiers tels que $G \sim K \times R^s$, $H \sim L \times R^t$. Alors $s \geqq t$ et $H_c^i(G/H) \cong H_c^i (K/L \times R^{s-t}) \cong H^{i-s+t}(K/L)$, ($i$ quelconque).*

La fibration de $G/L$ par $K/L$, de base $G/K \sim R^s$, est triviale, donc $G/L \sim K/L \times R^s$, d'où, compte tenu de la règle de Künneth et du fait que $H_c^s(R^s) = Z$, $H_c^j(R^s) = 0$, $(j \neq s)$:

$$(1.1) \qquad H_c^i(G/L) \cong H_c^{i-s}(K/L) \otimes H_c^s(R^s) \cong H^{i-s}(K/L), \qquad (i \text{ quelconque}),$$

D'autre part les inclusions $G \supset H \supset L$ montrent que $G/L$ est fibré par $H/L \sim R^t$, la base étant $G/H$; dans l'algèbre spectrale de cette fibration pour la cohomologie entière à supports compacts, on a, $H$ étant connexe:

$$(1.2) \qquad E_2^{p,q} = H_c^p(G/H, H_c^q(R^t)),$$

([8], Théorème 5.1 et No 6, nous considérons l'algèbre spectrale correspondant à $l = 0$, $m = 1$, et écrivons $E_r$ au lieu de $\mathcal{K}_r$), d'où:

$$(1.3) \qquad E_2^{p,t} \cong H_c^p(G/H), \qquad E_2^{p,q} = 0 \text{ si } q \neq t.$$

Ainsi, il n'y a qu'un seul degré-fibre dans $E_2$, donc aussi dans $E_r$, $(r \geqq 2)$, et la différentielle $d_r$ de $E_r$, qui diminue le degré fibre de $r - 1$, est identiquement nulle si $r \geqq 2$. Par conséquent, $E_\infty = E_2$, ce qui donne ici

$$(1.4) \qquad H_c^{i+t}(G/L) \cong E_\infty^{i,t} \cong E_2^{i,t} \cong H_c^i(G/H), \qquad (i \text{ quelconque}),$$

et le Théorème résulte de (1.1) et (1.4).

REMARQUES. (1) En utilisant la dualité de Poincaré entre la cohomologie à supports compacts et l'homologie ordinaire, on voit que l'égalité des deux termes extrêmes de (1.4) pour tout $i$ équivaut à $H_i(G/H) = H_i(G/L)$ pour tout $i$; cela peut aussi s'établir par le raisonnement précédent, mais appliqué à la suite spectrale en homologie singulière [12], de la fibration de $G/L$ par $H/L$. Plus simplement on peut aussi, comme me l'a fait remarquer H. Samelson, dire que puisque la fibre est contractile en un point, la projection $p$ de $G/L$ sur $G/H$ induit pour tout $i \geqq 0$ un isomorphisme de $\pi_i(G/L)$ sur $\pi_i(G/H)$, donc aussi de $H_i(G/L)$ sur $H_i(G/H)$ en vertu d'un théorème de J. H. C. Whitehead (Bull. Amer. Math. Soc. *54* (1948), pp. 1133–1145, Theorem 1).

(2) Il est naturel de conjecturer qu'*un espace homogène $G/H$ est homéomorphe à un espace euclidien si et seulement si $H$ contient un sous-groupe compact maximal de $G$*, (autrement dit si $K = L$ dans les notations précédentes). Comme $K/L$ est une variété, le Théorème 1 montre que l'égalité $K = L$ est une condition nécessaire. Réciproquement, *si $K = L$, alors $G/H$ est contractile en un point et $G/H \times R^t$ est (différentiablement) homéomorphe à $R^s$*. Pour le démontrer on remarque tout d'abord que, $H$ étant connexe, $\pi_1(G/H)$ est un quotient de $\pi_1(G)$, il

est donc abélien et isomorphe à $H_1(G/H)$; par ailleurs, d'après le Théorème 1, et la remarque (1), on a $H_i(G/H) = 0$ pour $i > 0$, ainsi, la variété analytique $G/H$ est, d'après Hurewicz, acyclique, contractile en un point, et la fibration de $G/L = G/K \sim R^s$ par $H/L \sim R^t$ est triviale, d'où l'homéomorphie $R^s \sim G/H \times R^t$ (que l'on peut choisir différentiable, puisqu'il s'agit d'espaces fibrés différentiables). Cependant, nous ignorons si l'on peut en déduire que $G/H \sim R^{s-t}$.

Le fait que $G/H$ a au plus deux bouts lorsque $H$ est connexe résulte du Théorème plus précis suivant:

THÉORÈME 2. *On conserve les hypothèses et notations du Théorème 1. Alors si* $s = t$, $K$ *opère transitivement sur* $G/H$, *qui est compact et homéomorphe à* $K/L$; *si* $s = t + 1$, $G/H$ *est homéomorphe à* $K/L \times R^1$ *et possède donc deux bouts; si* $s > t + 1$, $G/H$ *a un bout.*

$G/H$ est compact si et seulement si $H_c^0(G/H) \neq 0$, donc vu le Théorème 1, si et seulement si $s = t$; dans ce cas, dim $G/H = $ dim $K/L$, et $K/L$ étant à la fois ouvert et fermé dans $G/H$, lui est égal, ce qui établit notre première assertion, et montre aussi que si le quotient $G/H$ de deux groupes de Lie connexes est compact, tout sous-groupe compact maximal de $G$ opère transitivement sur $G/H$, résultat dû à D. Montgomery, ([10], Theorem A).

D'après E. Specker, ([13], Satz IV), le nombre de bouts diminué de un d'un polyèdre localement fini, non compact, $X$ est égal au rang du noyau $E_1$ de l'homomorphisme naturel de $H_c^1(X)$ dans $H^1(X)$, ($E_1$ est toujours un groupe abélien libre, [13], 4.3); mais ici $H_c^1(G/H) \cong H^{1-s+t}(K/L)$, est nul si $s > t + 1$, de rang 1 si $s = t + 1$, par conséquent $G/H$ a un bout si $s > t + 1$, et pour qu'il en ait deux, il est nécessaire que $s = t + 1$. Cette condition est aussi suffisante, comme nous allons le voir en montrant qu'elle entraîne l'homéomorphie $G/H \sim K/L \times R$.

Soient $K$ un sous-groupe compact maximal de $G$ choisi une fois pour toutes, $H_x$ le groupe d'isotropie de $x \in G/H$ et posons $K_x = K \cap H_x$. L'orbite de $x$ relativement à $K$, que nous noterons $K(x)$, est donc homéomorphe à $K/K_x$.

LEMME. $K_x$ *est un sous-groupe compact maximal de* $H$ *pour tout* $x \in G/H$ *et si* $n$ *désigne la dimension de* $G/H$, *les orbites de* $K$ *sont de dimension* $n - 1$.

Comme $s = t + 1$, on a $n = $ dim $G - $ dim $H = $ dim $K - $ dim $L + 1$; si maintenant dim $K_x < $ dim $L$, alors la dimension de $K(x)$, qui est égale à dim $K - $ dim $K_x$, serait $\geq n$, et $K(x)$ serait à la fois ouvert et compact dans $G/H$, ce qui est absurde.

Ainsi, pour tout $x$, dim $K_x = $ dim $L$, ce qui montre que $K_x$ est compact maximal dans $H_x$ et que dim $K(x) = $ dim $K - $ dim $L = n - 1$.

Les orbites de $K$ définissent donc une partition de $G/H$ en sous-espaces $K(x) = K/K_x$, qui sont des sous-variétés régulièrement plongées[2] de dimension $n - 1$;

---

[1] Plus précisément, la démonstration montrera que les orbites de $K$ sont toutes homéomorphes à $K/L$ et définissent une fibration localement triviale de $G/H$ dont la base est une droite.

[2] Cela signifie que tout point $x$ de la sous-variété possède un voisinage dans la variété ambiante pouvant être rapporté à des coordonnées locales telles que la sous-variété soit, au voisinage de $x$, représentée par un ouvert d'un hyperplan.

remarquons encore que $K_x$ est *connexe*, puisque c'est un sous-groupe compact maximal du groupe connexe $H_x$; l'homéomorphie $G/H \sim K/L \times R$, que nous devons encore établir pour achever la démonstration du Théorème 2, sera donc une conséquence du Théorème suivant:[3]

THÉORÈME 3. *Soient $K$ un groupe de Lie compact connexe opérant différentiablement sur une variété connexe non compacte $M$ de dimension $n$, et $K_x$ le groupe d'isotropie du point $x$. Pour tout $x \in M$ on suppose que $K_x$ est connexe et que l'orbite $K(x)$ de $x$ est une sous-variété de dimension $n - 1$, régulièrement plongée dans $M$.*

*Alors les orbites sont homéomorphes entre elles, définissent une fibration triviale de $M$, et $M \sim K(x) \times R$.*

Remarquons d'abord que la dimension de $K_x$, égale à dim $K - $ dim $K(x) = $ dim $K - n + 1$, est indépendante de $x$.

Il est clair que $M$ admet une métrique riemannienne invariante par $K$, (pour l'obtenir, il suffit de faire, à l'aide de la mesure invariante de $K$, la moyenne des transformées d'une métrique riemannienne sur $M$ quelconque). Soit alors, au sens d'une telle métrique, $\mathcal{C}$ la géodésique issue de $x$, normale à $K(x)$; elle est invariante par $K_x$, puisque $x$ et $K(x)$ le sont, et est même fixe point par point par toute isométrie $k \in K_x$, vu l'hypothèse $K_x$ connexe; si $y \in \mathcal{C}$, on a donc $K_x \subset K_y$, d'où $K_x = K_y$, vu que dim $K_x = $ dim $K_y$.

Il est immédiat qu'un intervalle fermé $\mathcal{J}$ sur $\mathcal{C}$, entourant $x$, suffisamment petit, rencontre toute orbite assez voisine de $K(x)$ en exactement un point (qui est un point de l'orbite situé à une distance minimum de $x$); comme $K_y = K_x$ si $y \in \mathcal{C}$ et comme deux points $u$, $v$ situés sur une même orbite ont des groupes d'isotropie $K_u$, $K_v$ conjugués dans $K$, on en déduit que l'ensemble des points $y \in M$ pour lesquels $K_y$ est conjugué de $K_x$ est un ouvert de $M$; son complémentaire sera réunion d'ouverts pour la même raison, donc vide, puisque $M$ est connexe; ainsi, pour tout $y \in M$, le sous-groupe $K_y$ est conjugué de $K_x$, et $K(y)$ est bien homéomorphe à $K(x)$.

Soit encore $I$ un intervalle fermé et désignons par $x_t \in \mathcal{J}$ l'image de $t \in I$ par un homéomorphisme de $I$ sur $\mathcal{J}$; comme $K_{x_t} = K_x$, il est clair qu'en faisant correspondre au couple $(k, t)$ le point $k(x_t)$ on définira un homéomorphisme de $K/K_x \times I$ sur un voisinage de $x$, qui applique $K/K_x \times \{t\}$ sur l'orbite $K(x_t)$; les orbites définissent donc une fibration localement triviale de $M$, dont la base est une variété de dimension 1, forcément connexe et non compacte, c'est à dire une droite; la base étant contractile en un point, la fibration est triviale d'après le théorème de Feldbau et $M \sim K(x) \times R$.

REMARQUE. Soient $K' \supset L'$ des sous-groupes compacts maximaux de $G$ et $H$, éventuellement différents de $K$ et $L$; le Théorème 1 montre que les groupes d'homologie de $K/L$ sont isomorphes à ceux de $K'/L'$, mais j'ignore si $K/L$ est toujours homéomorphe à $K'/L'$; c'est toutefois vrai dans le cas particulier $s = t + 1$, car on déduit aisément de la démonstration du Théorème 3 qu'il existe un isomorphisme de $K$ sur $K'$ qui applique $L$ sur $L'$.

---

[3] Le théorème 3 et sa démonstration, qui est une simplification de ma démonstration relative au cas de l'espace homogène, m'ont été indiqués par H. Samelson.

*Généralisation des résultats précédents.* Dans cette remarque, $G$ est un groupe connexe métrisable, localement compact, localement connexe, et $H$ un sous-groupe fermé de $G$.

Sous ces hypothèses, le Théorème 1 et sa démonstration valent sans changement, (en cohomologie d'Alexander-Spanier à supports compacts); en effet, $G$ et $H$ sont des limites projectives de groupes de Lie connexes,[4] on a donc encore les homéomorphies $G \sim K \times R^s$, $H \sim L \times R^t$, ([6], Theorem 11), et d'autre part la suite spectrale de la fibration de $G/L$ par $H/L$ vérifie toujours (1.2), ([8], loc. cit.). Comme le théorème de Specker utilisé dans la démonstration du Théorème 2 se généralise aux espaces métrisables localement compacts et localement connexes ([14], Lemma 3), on voit de nouveau que $G/H$ a au plus deux bouts, et qu'il ne peut en avoir deux que si $s = t + 1$. Je ne sais pas si dans ce dernier cas, $G/H$ est homéomorphe à $K/L \times R$; peut-être pourrait-on le voir par un passage à la limite convenable?

## 2. Espaces homogènes ayant plus de deux bouts

Dans ce No. $D$ désigne l'intérieur du cercle unité et $G^*$ le groupe de ses transformations conformes qui conservent l'orientation. $G^*$ est comme on sait un groupe de Lie à 3 paramètres, isomorphe au plus grand sous-groupe connexe du groupe homographique d'une variable réelle. Nous envisageons $D$ comme l'espace homogène des classes à gauche $G^*/T$ de $G^*$ relativement au groupe des rotations du cercle. Suivant la notation de Siegel, nous noterons $G\backslash H$ l'espace des classes à droite de $G$ suivant $H$.

Théorème 4. *Si $M$ est une surface de Riemann admettant l'intérieur du cercle unité comme revêtement universel, la variété des directions tangentes à $M$ est un espace homogène de $G^*$, qui a même nombre de bouts que $M$.*

Le groupe fondamental $\Gamma$ de $M$ s'identifie à un sous-groupe de $G^*$ et $M$ est homéomorphe à $D/\Gamma$; on peut évidemment considérer $M$ comme l'espace des "doubles" classes de restes $\Gamma g T$ de $G^*$, donc aussi comme le quotient par $T$ de $G^*\backslash\Gamma$. Comme $G^*$ s'identifie à la variété des directions tangentes à $D$, il est immédiat que $G^*\backslash\Gamma$ est la variété des directions tangentes à $M$. L'espace $G^*\backslash\Gamma$ est fibré de base $M$ et de fibre compacte connexe $T$; il a donc même nombre de bouts que $M$, comme on le voit aisément par un raisonnement géométrique direct (cf. remarque à la fin de ce No).

Le plan complexe privé de $k - 1$ points ($k \geqq 3$) ou d'une infinité de points est une surface de Riemann à $k$ bouts, resp. à une infinité de bouts, admettant $D$ comme revêtement universel, d'où le:

Corollaire. *Le groupe des transformations conformes de l'intérieur du cercle unité possède des espaces homogènes ayant un nombre fini $k \geqq 3$ arbitraire ou une infinité de bouts.*

Remarque. Le fait que $G^*\backslash\Gamma$ a même nombre de bouts que son quotient par un cercle $T$ pourrait se montrer par la considération d'algèbres spectrales et du

---

[4] D'après un résultat récent de Yamabe, Ann. of Math. 58 (1953), 48–54, 351–365.

théorème de Specker, mais il est plus simple de l'envisager comme cas particulier du résultat suivant: Soient $X$, $Y$ des espaces connexes, localement compacts et localement connexes, métrisables, $f$ une application continue de $X$ sur $Y$ telle que $f^{-1}(K)$ soit compact lorsque $K \subset Y$ est compact et que $f^{-1}(y)$ soit connexe pour tout $y \, \epsilon \, Y$. Alcrs $X$ et $Y$ ont même nombre de bouts.

En effet, si $K$ est un compact de $Y$, l'application $f$ établit visiblement une correspondance biunivoque entre les composantes connexes de $X - f^{-1}(K)$ et celles de $Y - K$; en remontant à la définition des bouts ([3], [13]), qui fait justement intervenir les composantes connexes des complémentaires d'une suite de compacts épuisant l'espace, on en déduit immédiatement que $f$ établit une correspondance biunivoque entre les bouts de $X$ et ceux de $Y$.

### 3. Espaces $m$-homogènes

DÉFINITION. *Soient $G$ un groupe de Lie opérant sur une variété $M$ et $m$ un entier $>0$. On dira que $M$, est un espace $m$-homogène de $G$ si étant donnés deux $m$-uples quelconques de points de $M$, $\{x_i\}$ et $\{y_i\}$, $(x_i \neq x_j$ , $y_i \neq y_j$ si $i \neq j$, $1 \leq i$, $j \leq m)$, il existe au moins une transformation $g \, \epsilon \, G$ telle que $g(x_i) = y_i$ $(1 \leq i \leq m)$.*

Si $M$ est un espace $m$-homogène de $G$, ce dernier sera dit être *largement $m$-transitif sur $M$*; cette notion est plus générale que celle de groupe $m$-transitif au sens classique, (i.e. il existe exactement un élément $g \, \epsilon \, G$ tel que $g(x_i) = y_i$ , $(1 \leq i \leq m)$). Remarquons encore qu'un espace $m$-homogène est aussi $k$-homogène pour $k < m$, autrement dit qu'un groupe largement $m$-transitif est aussi largement $k$-transitif, alors qu'un groupe de transformations $m$-transitif n'est pas $k$-transitif pour $k < m$.

THÉORÈME 5. *Il n'y a pas d'espace homogène simplement connexe qui soit ou bien non compact et 3-homogène, ou bien compact et 4-homogène.*

Soient $M$ un espace $m$-homogène simplement connexe de $G$, $x_1 \cdots , x_m$ $m$ points distincts de $M$, et $G_i$ le sous-groupe formé des transformations de $G$ qui laissent $x_1 , \cdots , x_i$ fixes, $(1 \leq i \leq m)$; le complémentaire $M_i$ de $x_1 , \cup \cdots \cup x_i$ dans $M$ s'identifie donc au quotient $G_i/G_{i+1}$ , $(1 \leq i \leq m - 1)$.

Supposons tout d'abord dim $M > 2$; les espaces $M_i$ sont alors connexes et simplement connexes et l'on en déduit par récurrence sur $i$ que $G_i$ est *connexe*, $(1 \leq i \leq m)$. Si $M$ est compact, (resp. non compact), $M_{m-1}$ a évidemment $m - 1$, (resp. $m$), bouts, d'où, vu le Théorème 2, $m \leq 4$, (resp. $m \leq 3$).

Soit maintenant dim $M = 2$; l'espace $M$ est alors homéomorphe à la sphère $S_2$ ou au plan euclidien $R^2$; s'il était 4-homogène dans le premier cas, ou 3-homogène dans le second, le plan deux fois pointé serait un espace homogène, ce qui n'est pas ([11], p. 624).

Enfin, si $M$ est de dimension 1, c'est une droite et elle ne peut être espace 2-homogène d'un groupe de Lie *connexe*, car le groupe d'isotropie $G_1$ serait connexe, transitif sur $M_1 = M - x_1$ , qui n'est pas connexe, ce qui est absurde.

REMARQUE. Bien entendu, la droite admet un groupe de Lie non connexe d'homéomorphismes largement 2-transitif, le groupe de toutes les affinités $x' = ax + b$, $(a \neq 0)$.

THÉORÈME 6. *Les espaces 3-homogènes simplement connexes sont les sphères $S_n$ ,*

($n \geq 2$). *Les espaces 2-homogènes simplement connexes non compacts sont les espaces euclidiens $R^n$, ($n \geq 2$).*

Le groupe des similitudes conservant l'orientation de $R^n$, ($n \geq 2$), est évidemment largement 2-transitif; augmenté des inversions aux hypersphères, il engendre le groupe conforme de $R^n$ compactifié par un point à l'infini, espace qui est homéomorphe à $S_n$, et sur lequel ce groupe est visiblement largement 3-transitif. Il nous reste à voir que $S_n$, (resp. $R^n$), est le seul espace simplement connexe à $n$ dimensions qui soit 3-homogène, (resp. 2-homogène et non compact); il suffit de considérer le cas $n > 2$.

Considérons tout d'abord une variété $M$ simplement connexe non compacte, 2-homogène pour $G$. Soient $x$, $y$ deux points distincts de $M$, notons $G'$, (resp. $H'$), le sous-groupe formé des transformations de $G$ laissant $x$, (resp. $x$, $y$), fixe. La variété $M' = M - x$ a évidemment $k + 1 \geq 2$ bouts, si $k \geq 1$ est le nombre de bouts de $M$, et est par hypothèse un espace homogène de $G'$, donc $M' = G'/H'$; mais, $M$ et $M'$ étant connexes et simplement connexes, $G'$ et $H'$ sont connexes et le Théorème 2 s'applique: $M'$ a exactement deux bouts, et si $K'$ et $L'$ sont des sous-groupes compacts maximaux de $G'$ et $H'$, les orbites de $K'$ sont toutes de dimension $n - 1$, homéomorphes à $K'/L'$, définissent une fibration triviale de $M'$ et $M' \sim K'/L' \times R$; $K'$ opère dans $M$, nous pouvons donc comme dans la démonstration du Théorème 4 prendre dans $M$ une métrique riemannienne invariante par $K'$; nous notons $d(y, z)$ la distance dans cette métrique de deux points $y$, $z \in M$. Soit $y$ un point situé dans un voisinage sphérique de $x$ qui peut être rapporté à des coordonnées normales d'origine $x$; l'ensemble $\Omega$ des points $z \in V$ tels que $d(x, z) = d(x, y)$ est alors homéomorphe à $S_{n-1}$; par ailleurs, $K'$ est un groupe d'isométries laissant $x$ fixe, l'orbite $K'(x)$ est donc contenue dans $\Omega$, et comme c'est une variété à $n - 1$ dimensions, elle est forcément égale à $\Omega$. Ainsi $K'/L' \sim S_{n-1}$ et $M' \sim S_{n-1} \times R$; comme $M'$ est le complément d'un point dans $M$, il en résulte évidemment que $M \sim R^n$.

On raisonnera de manière analogue dans le cas où $M$ est 3-homogène simplement connexe; $M$ est compact d'après le Théorème 5, le complément $M'$ de deux points distincts $x$, $y$ sera un espace homogène simplement connexe à deux bouts, donc de la forme $K'/L' \times R$, où $K'$ et $L'$ sont les sous-groupes compacts maximaux des sous-groupes de $G$ laissant $x$, $y$, resp. $x$, $y$ et un troisième point $z$, fixes. En utilisant une métrique riemannienne invariante, on voit comme précédemment que $K'/L' = S_{n-1}$, donc que $M' \sim S_{n-1} \times R$. Ainsi, $M$ est une variété compacte dans laquelle le complément de deux points est homéomorphe à $S_{n-1} \times R$, c'est évidemment une sphère à $n$ dimensions.

## 4. Les espaces 2-homogènes compacts simplement connexes

Notre but dans ce No est d'établir le Théorème 7 énoncé plus bas, cependant, pour ne pas devoir interrompre le cours de sa démonstration, nous rappellerons tout d'abord sous (4.1) quelques propriétés des groupes de Lie compacts et de leurs espaces homogènes, dont nous aurons besoin dans les paragraphes (4.4), (4.5), (4.6).

4.1. Le rang $l$ d'un groupe de Lie compact connexe $K$ est la dimension commune de ses tores maximaux; le groupe de Weyl de $K$, que nous notons $\Phi(K)$, est le quotient par un tore maximal $T^l$ du normalisateur de ce tore dans $K$; c'est un groupe fini, qui s'identifie de façon naturelle à un groupe d'automorphismes de $T^l$; si $n$ est la dimension de $K$, alors $n - l$ est le double du nombre de transformations de $\Phi(K)$ qui admettent un sous-groupe de points fixes de dimension $l - 1$.[5] Si $K'$ est un sous-groupe de $K$ ayant même rang que $K$, le groupe $\Phi(K')$ s'identifie à un sous-groupe de $\Phi(K)$ et si $K'$ est *connexe* on ne peut donc avoir $\Phi(K) = \Phi(K')$ que si $K = K'$.

Soit $L$ un sous-groupe fermé de $K$. La caractéristique d'Euler-Poincaré, (pour la cohomologie à coefficients réels), de $K/L$ est $\geqq 0$, et $> 0$ si et seulement si $K$ et $L$ ont même rang; de plus dans ce dernier cas, elle est égale au quotient de l'ordre de $\Phi(K)$ par l'ordre de $\Phi(L)$, (*voir* [5]). Par conséquent, compte tenu de ce qui a été dit plus haut:

(4.11) *Si $L$ est un sous-groupe fermé connexe de $K$, la caractéristique d'Euler-Poincaré de $K/L$ est égale à 1 si et seulement si $K = L$.*[6]

$L$ est dorénavant un sous-groupe fermé connexe de $K$, ayant même rang que $K$. On sait que les algèbres de cohomologie $H^*(K, R)$ et $H^*(L, R)$, ($R$ corps des nombres réels), sont des algèbres extérieures à $l$ générateurs de degrés impairs. Si $a_1, \cdots, a_l$, resp. $b_1, \cdots, b_l$, désignent ces degrés, le polynôme de Poincaré de $K/L$ est donné par la "formule de Hirsch":

$$(4.12) \qquad P(K/L, t) = \prod_{i=1}^{i=l} (1 - t^{a_i+1}) \cdot (1 - t^{b_i+1})^{-1},$$

(dont on trouvera une démonstration par exemple dans la Thèse de l'auteur, Ann. of Math. *57* (1953), pp. 115–207, §26); il en résulte évidemment que si $L'$ est un sous-groupe connexe de $L$, de rang $l$, on a:

$$(4.13) \qquad P(K/L', t) = P(K/L, t) \cdot P(L/L', t).$$

Rappelons encore les valeurs des degrés $a_i$ pour les différentes structures de groupes simples non abéliens (pour les groupes classiques, *voir* par exemple $H$. Samelson, Ann. of Math. *42* (1941), 1091–1137, pour les groupes exceptionnels, *voir* [15]):

|  |  |  |
|---|---|---|
| | $\mathbf{A}_l$, $(l \geqq 1)$: | $3, 5, 7, \cdots, 2l - 1.$ |
| | $\mathbf{B}_l$, $(l \geqq 3)$, et $\mathbf{C}_l$, $(l \geqq 2)$: | $3, 7, 11, \cdots, 4l - 1.$ |
| | $\mathbf{D}_l$, $(l \geqq 4)$: | $3, 7, 11, \cdots, 4l - 5, 2l - 1.$ |
| | $\mathbf{G}_2$: | $3, 11.$ |
| (4.14) | $\mathbf{F}_4$: | $3, 11, 15, 23.$ |
| | $\mathbf{E}_6$: | $3, 9, 11, 15, 17, 23.$ |
| | $\mathbf{E}_7$: | $3, 11, 15, 19, 23, 27, 35.$ |
| | $\mathbf{E}_8$: | $3, 15, 23, 27, 35, 39, 47, 59.$ |

---

[5] Pour toutes ces questions *voir* par exemple E. Stiefel, Comment. Math. Helv. 14 (1941–42), pp. 350–380.

[6] Une remarque analogue a déjà été faite par H. C. Wang. Indag. Math. 11 (1949), pp. 286–295, Theorem I.

4.15. On sait que tout groupe de Lie compact connexe est localement isomorphe au produit $T^s \times K_1 \times \cdots \times K_p$ d'un tore par des groupes simples non abéliens; comme deux groupes localement isomorphes ont même algèbre de cohomologie à coefficients réels, les résultats précédents permettent de décrire $H^*(K, R)$ pour $K$ quelconque. De plus, si $L$ est un sous-groupe connexe de rang $l$ de $K$, $L$ est localement isomorphe à un produit $T^s \times L_1 \times \cdots \times L_p$ où $L_i \subset K_i$, rang $L_i = \text{rang } K_i$. En particulier si $K$ a un centre réduit à $\{e\}$, $K$ et $L$ sont globalement isomorphes à des produits directs.

4.2. Le théorème que nous voulons démontrer est le suivant:

THÉORÈME 7. *Les espaces 2-homogènes compacts simplement connexes sont les sphères, les espaces projectifs complexes et quaternioniens de dimensions arbitraires et le plan projectif des octaves de Cayley.*

Nous savons déjà que les sphères sont 3-homogènes; d'autre part le groupe des transformations projectives de l'espace projectif complexe ou quaternionien à $m$ dimensions complexes ou quaternioniennes est transitif sur les $(m + 2)$-uples de points en situation générale, il est donc largement 2-transitif; de même le groupe projectif du plan des octaves, qui est une forme réelle du groupe exceptionnel $E_6$, à 78 paramètres, est transitif sur les quadruples de points en situation générale [4]. Ainsi, tous les espaces mentionnés dans notre énoncé sont 2-homogènes, il reste à voir que ce sont les seuls parmi les espaces compacts simplement connexes; il suffit évidemment de le faire pour les espaces de dimension $> 2$.

Soient $M = G/H$ un tel espace, $x \in M$ un point fixe par $H$, $M' = M - x$ et $H'$ le sous-groupe de $H$ laissant $y \neq x$ fixe; $M$ et $M'$ sont connexes et simplement connexes, et $H$ est transitif sur $M'$, donc $M' = H/H'$, et $H$ et $H'$ sont connexes. Si $K \supset L \supset L'$ désignent des sous-groupes compacts maximaux de $G$, $H$, $H'$, on peut écrire, compte tenu du Théorème 2 et du fait que $M'$ a un seul bout:

$$G \sim K \times R^{u+t}, \qquad H \sim L \times R^{u+t}, \qquad H' \sim L' \times R^t, \quad (u \geqq 2),$$

$$(4.21) \qquad G/H \sim K/L, \qquad H_c^i(H/H') \cong H^{i-u}(L/L'), \quad (i \text{ quelconque})$$

$L/L'$ est une variété compacte orientable de dimension $n - u$; nous traiterons dans les Nos 4.3, 4.4 et 4.5 le cas où $n > u$, et dans le No 4.6 celui où $L = L'$.

4.3. Nous montrerons tout d'abord que $u$ divise $n$ et que l'on a

$$(4.31) \quad H^i(K/L) = Z, (i = 0, u, 2u, \cdots, n), \qquad H^j(K/L) = 0, \quad (j \not\equiv 0 \bmod u).$$

$$(4.32) \quad H^i(L/L') = Z, (i = 0, u, 2u, \cdots, n - u), H^j(L/L') = 0, \quad (j \not\equiv 0 \bmod u).$$

Il suffit évidemment de prouver que l'on a pour un corps arbitraire de coefficients $k$:

$$(4.33) \quad H^i(K/L, k) = k, (i = 0, u, 2u, \cdots, n), H^j(K/L, k) = 0, \quad (j \not\equiv 0 \bmod u).$$

$$(4.34) \qquad H^i(L/L', k) = k, (i = 0, u, \cdots, n - u), H^j(L/L', k) = 0,$$
$$(j \not\equiv 0 \bmod u).$$

Ces égalités vont se déduire par récurrence sur $i$, des relations:

$$(4.35) \qquad H^i(K/L, k) = H^i_c(H/H', k) = H^{i-u}(L/L', k), \qquad (i \geqq 1),$$

$$(4.36) \qquad H^i(K/L, k) = H^{n-i}(K/L, k), \qquad (i \geqq 0),$$

$$(4.37) \qquad H^i(L/L', k) = H^{n-u-i}(L/L', k), \qquad (i \geqq 0),$$

(les deux dernières résultent de la dualité, la première de (4.21) et du fait qu'en dimensions $>0$ la cohomologie à supports compacts de $H/H'$ n'est autre que la cohomologie de $K/L \sim M$).

(4.35) montre que (4.33) est vraie pour $i$ compris entre 0 et $u$, ou, comme nous dirons pour abréger, que (4.33) est vraie de 0 à $u$; supposons avoir prouvé que (4.33) est vraie de 0 à un indice $j < n$; alors d'après (4.36), on a pour $n \geqq i \geqq n - j$:

$H^i(K/L, k) = k, (i \equiv n \bmod u), H^i(K/L, k) = 0, (i \not\equiv n \bmod u)$, à l'aide de (4.35), on en tire:

$$H^i(L/L', k) = k, (i \equiv n \bmod u), H^i(L/L', k) = 0, \quad (i \not\equiv n \bmod u),$$

pour $n - u \geqq i \geqq n - u - j$; par dualité, cela montre que (4.34) est vraie de 0 à $j$, donc, vu (4.35), que (4.33) est vraie de 0 à $j + u$.

Ainsi nous voyons par récurrence que (4.33) est vraie de 0 à $n$, il en est alors de même pour (4.34), vu (4.35), et il en résulte évidemment que $u$ divise $n$.

4.4. Nous montrerons maintenant que $u$ *est pair et que $K$ est simple non abélien.* Nous avons vu que

$$(4.41) \qquad \begin{aligned} P(K/L, t) &= 1 + t^u + t^{2u} + \cdots + t^n, \qquad (n \geqq 2u) \\ P(L/L', t) &= 1 + t^u + t^{2u} + \cdots + t^{n-u}; \end{aligned}$$

si $u$ était impair, l'une des deux caractéristiques d'Euler-Poincaré, $\chi(K/L)$, $\chi(L/L')$ serait donc égale à 1, ce qui est impossible d'après 4.11 car $K \neq L \neq L'$ et $K, L, L'$ sont connexes; ainsi, $u$ est pair, $\chi(K/L)$ et $\chi(L/L')$ sont $> 0$, et $K$, $L$, $L'$ ont le même rang, soit $l$, (*voir* 4.1).

Nous envisageons $G$ comme groupe de transformations et le supposons naturellement effectif, $K$ est donc aussi effectif et $L$ ne possède pas de sous-groupe $\neq \{e\}$ qui soit invariant dans $K$; mais $L$ contient un tore maximal de $K$, donc aussi le centre de $K$,[5] qui doit ainsi se réduire à $\{e\}$; $K$ est alors isomorphe à un produit $K_1 \times K_2 \times \cdots \times K_p$ de groupes simples non abéliens et nous devons montrer que $p = 1$. Puisque $K, L, L'$ ont même rang, on peut écrire:

$$L = L_1 \times L_2 \times \cdots \times L_p, \qquad (L_i \subset K_i, \operatorname{rang} L_i = \operatorname{rang} K_i, 1 \leqq i \leqq p),$$

$$L' = L'_1 \times L'_2 \times \cdots \times L'_p \qquad (L'_i \subset L_i, \operatorname{rang} L'_i = \operatorname{rang} K_i, 1 \leqq i \leqq p),$$

d'où:

$$K/L \sim K_1/L_1 \times \cdots \times K_p/L_p, \qquad L/L' \sim L_1/L'_1 \times \cdots \times L_p/L'_p.$$

Les points $x$, $y$, fixes par $L$, $L'$ introduits au No 4.2 peuvent se noter $x = (x_1, \cdots, x_p)$, $y = (y_1, \cdots, y_p)$, $(x_i, y_i \in K_i/L_i)$, et $L_i/L_i'$ est homéomorphe à l'orbite $L_i(y_i)$; on a donc

$$(4.42) \qquad n_i' < n_i, \ (n_i' = \dim L_i/L_i', \ n_i = \dim K_i/L_i, \ 1 \leqq i \leqq p),$$

et, d'après le No 4.3:

$$(4.43) \quad n_1 + \cdots + n_p = \dim K/L = \dim L/L' + u = n_1' + \cdots + n_p' + u;$$

par ailleurs le polynôme de Poincaré de $K/L$, (resp. de $L/L'$), est le produit des polynômes de Poincaré des espaces $K_i/L_i$, (resp. $L_i/L_i'$), on doit donc avoir, vu (4.41):

$$n_i \equiv n_i' \equiv 0 \bmod u, \qquad (1 \leqq i \leqq p);$$

(4.42) montre alors que $n_i' \leqq n_i - u$, ce qui, d'après (4.43), n'est possible que si $p = 1$, et $K = K_1$ est bien simple non abélien.

4.5 *Fin de la démonstration dans le cas* $\dim L/L' > 0$. Nous devons prouver que $K/L$ est un espace projectif complexe ou quaternionien ou le plan des octaves. Cela va se faire par une vérification, utilisant (4.41), la formule de Hirsch (4.12), et la détermination des sous-groupes de rang maximum des groupes simples [2]; les remarques suivantes nous seront utiles:

4.51. *Soient* $r_1 \leqq r_2 \leqq \cdots r_p$ *et* $s_1 \leqq s_2 \leqq \cdots \leqq s_q$, $(s_1 \not\equiv r_1)$, *des entiers* $> 0$. *Pour que le quotient*

$$(1 - t^{r_1}) \cdots (1 - t^{r_p})(1 - t^{s_1})^{-1} \cdots (1 - t^{s_q})^{-1}$$

*soit égal à un polynôme* $(1 + t^u + t^{2u} + \cdots + t^{ku})$, $(k \geqq 1)$, *il est nécessaire que* $s_1 < r_1$ *et que* $s_2 \geqq r_1$; *dans ce cas on a forcément* $u = s_1$.

(Pour le voir, il suffit de comparer les premiers coefficients de $(1 - t^{r_1}) \cdots (1 - t^{r_p})$ et de $(1 + t^u + \cdots + t^{ku})(1 - t^{s_1}) \cdots (1 - t^{s_q})$.)

Le troisième nombre de Betti d'un groupe simple $K$ est égal à 1, ([7], Théorème 11.4); autrement dit, dans les notations de 4.1, si $a_1 \leqq a_2 \leqq \cdots \leqq a_l$, on a $a_1 = 3$, $a_2 > 3$; cela, joint à (4.41) et (4.51), montre que:

4.52. *Si* $L$ *n'est pas semi-simple, il est localement isomorphe au produit* $T^1 \times L_1$ *d'un tore à une dimension par un groupe simple non abélien, et* $u = 2$.

4.53. *Si* $L$ *est semi-simple, mais non simple, il est localement isomorphe au produit de deux groupes simples, et* $u = 4$.

En particulier, on voit que $L$ *est localement isomorphe au produit d'au plus deux facteurs simples.*

L'égalité $\dim K/L = \dim L/L' + u$ entraîne:

$$\dim L = \dim L' - u + \dim K/L \geqq l - u + \dim K/L,$$

donc en particulier, compte tenu de (4.52) et (4.53):

$$(4.54) \qquad
\begin{aligned}
&\dim L \geqq l - 4 + \dim K/L \ \textit{pour } L \textit{ semi-simple non simple,} \\
&\dim L \geqq l - 2 + \dim K/L \ \textit{pour } L \textit{ non semi-simple,}
\end{aligned}$$

et il est clair, vu (4.15), que *si (4.54) n'est pas vérifiée par un sous-groupe (non simple) L, elle ne l'est pas a fortiori par un sous-groupe de rang l de L.* Rappelons que les dimensions des groupes exceptionnels $\mathbf{G}_2$, $\mathbf{F}_4$, $\mathbf{E}_6$, $\mathbf{E}_7$, $\mathbf{E}_8$ sont respectivement 14, 52, 78, 133, 248 et que celles de $\mathbf{A}_l$, $\mathbf{B}_l$, $\mathbf{C}_l$, $\mathbf{D}_l$ sont $l(l+2)$, $l(2l+1)$, $l(2l+1)$, $l(2l-1)$.

Dans [2] figure, p. 219, la liste des sous-groupes de rang maximum des groupes simples qui sont *connexes maximaux*, mais grâce à (4.15), elle permet de déduire successivement *tous* les sous-groupes connexes de rang maximum des groupes simples; relevons encore que dans cette liste on ne distingue pas entre groupes localement isomorphes, (autrement dit, on ne donne que les structures locales des groupes et des sous-groupes), mais cela suffit pour calculer le polynôme de Poincaré de l'espace quotient, d'après (4.1).

Nous passons maintenant en revue les différentes structures de groupes simples, et cherchons quels sous-groupes $L$, $L'$ sont susceptibles de vérifier toutes les conditions nécessaires trouvées jusqu'à présent.

(a) $K = \mathbf{A}_l$, $(l \geq 1)$. Soit tout d'abord $l \geq 3$; à l'exception de $\mathbf{T}^1 \times \mathbf{A}_{l-1}$, tous les sous-groupes de rang $l$ sont localement isomorphes au produit d'au moins 3 groupes, (isomorphes à $\mathbf{T}^1$, ou à un groupe de type $\mathbf{A}_j$); vu (4.52) et (4.53), seul $\mathbf{T}^1 \times \mathbf{A}_{l-1}$ est éventuellement possible; il convient en effet, et $\mathbf{A}_l / \mathbf{T}^1 \times \mathbf{A}_{l-1}$ est l'espace projectif complexe à $l$ dimensions complexes. Pour $l = 2$, les seuls sous-groupes sont $\mathbf{A}_1 \times \mathbf{T}^1$, qui correspond au plan projectif complexe, et $\mathbf{T}^2$ qui est exclu par (4.52); si $l = 1$, on a un seul sous-groupe, (isomorphe à $\mathbf{T}^1$),qui ne peut donc convenir.

(b) $K = \mathbf{C}_l$, $(l \geq 2)$. Les seuls sous-groupes de rang $l$ produits d'au plus 2 facteurs simples sont $\mathbf{C}_i \times \mathbf{C}_{l-i}$, $(1 \leq i \leq l-1)$, $\mathbf{T}^1 \times \mathbf{A}_{l-1}$ et $\mathbf{T}^1 \times \mathbf{C}_{l-1}$. On exclut $\mathbf{C}_i \times \mathbf{C}_{l-i}$, $(i \neq 1, l-1)$, et $\mathbf{T}^1 \times \mathbf{A}_{l-1}$, (pour $l \geq 3$), grâce à (4.51) et (4.14), et $\mathbf{T}^1 \times \mathbf{A}_1 \subset \mathbf{C}_2$ grâce à (4.54); enfin les espaces $\mathbf{C}_l / \mathbf{C}_1 \times \mathbf{C}_{l-1}$ et $\mathbf{C}_l / \mathbf{T}^1 \times \mathbf{C}_{l-1}$ sont respectivement l'espace projectif quaternionien à $l-1$ dimensions quaternioniennes et l'espace projectif complexe à $2l-1$ dimensions complexes.

(c) $K = \mathbf{D}_l$, $(l \geq 4)$. Comme $\mathbf{A}_r$ et $\mathbf{D}_r$, $(r \geq 2)$, ne possèdent pas de sous-groupe simple de rang $r$, les seuls sous-groupes de $\mathbf{D}_l$ de rang $l$ qui sont produits d'au plus deux facteurs simples sont les sous-groupes maximaux $\mathbf{D}_i \times \mathbf{D}_{l-i}$, $(2 < i < l-2)$, $\mathbf{A}_{l-1} \times \mathbf{T}^1$ et $\mathbf{D}_{l-1} \times \mathbf{T}^1$; on vérifie que ces inclusions sont incompatibles avec (4.14) et (4.51).

(d) $K = \mathbf{B}_l$, $(l \geq 3)$. Les sous-groupes connexes maximaux de rang $l$ de $\mathbf{B}_l$, $(l \geq 2)$, sont $\mathbf{D}_l$, $\mathbf{B}_i \times \mathbf{D}_{l-i}$, $(1 \leq i \leq l-2)$, $\mathbf{B}_{l-1} \times \mathbf{T}^1$; les sous-groupes non maximaux qui sont produits d'au plus deux facteurs simples sont donc $\mathbf{D}_i \times \mathbf{D}_{l-i}$ $(2 < i < l-2)$, $\mathbf{A}_{l-1} \times \mathbf{T}^1$, $\mathbf{D}_{l-1} \times \mathbf{T}^1$. Le sous-groupe $\mathbf{D}_l$ est exclu car $\mathbf{B}_l / \mathbf{D}_l = S_{2l}$, et tous les autres, sauf $\mathbf{B}_{l-1} \times \mathbf{T}^1$, sont éliminés par (4.14) et (4.51); on a

$$(4.55) \qquad P(\mathbf{B}_l / \mathbf{B}_{l-1} \times \mathbf{T}^1, t) = 1 + t^2 + t^4 + \cdots + t^{4l-2},$$

mais pour que $\mathbf{B}_{l-1} \times \mathbf{T}^1$ convienne, il doit, d'après (4.41), contenir un sous-groupe $L'$ de rang $l$, donc forcément de la forme $L' = L^* \times T^1$, ($L^* \subset \mathbf{B}_{l-1}$, rang $L^* = l - 1$), tel que

$$P(\mathbf{B}_{l-1}/L^*, t) = P(\mathbf{B}_{l-1} \times \mathbf{T}^1/L^* \times \mathbf{T}^1, t) = 1 + t^2 + \cdots + t^{4l-4};$$

pour exclure $\mathbf{B}_{l-1} \times \mathbf{T}^1$, il suffit donc de démontrer que:

(4.56) $\mathbf{B}_r$, $(r \geqq 2)$, *ne contient pas de sous-groupe $L^*$ de rang $r$ tel que*

$$P(\mathbf{B}_r/L^*, t) = 1 + t^2 + \cdots + t^{4r}.$$

D'après (4.51), (4.52) et (4.53), un sous-groupe $L^*$ contredisant (4.56) est nécessairement produit de $T^1$ par un groupe simple non abélien, donc, vu les résultats rappelés au début de (d), $L^*$ est l'un des groupes $\mathbf{B}_{r-1} \times \mathbf{T}^1$, $\mathbf{A}_{r-1} \times \mathbf{T}^1$, $\mathbf{D}_{r-1} \times \mathbf{T}^1$, mais le premier est éliminé par (4.55) et les deux autres par (4.52), ce qui établit (4.56).

(e) $K = \mathbf{G}_2$. Les sous-groupes connexes de rang 2 sont $\mathbf{A}_2$, $\mathbf{A}_1 \times \mathbf{A}_1$, $\mathbf{A}_1 \times \mathbf{T}^1$ et $\mathbf{T}^2$; le dernier est exclu par (4.52), le troisième par (4.54) et le premier parce que $\mathbf{G}_2/\mathbf{A}_2 = S_6$ ; enfin, on a bien

$$P(\mathbf{G}_2/\mathbf{A}_1 \times \mathbf{A}_1, t) = 1 + t^4 + t^8,$$

mais pour que $\mathbf{A}_1 \times \mathbf{A}_1$ convienne, il faut qu'il possède un sous-groupe $L'$ de rang 2 tel que $P(\mathbf{A}_1 \times \mathbf{A}_1/L', t) = 1 + t^4$, ce qui n'est pas: En effet, ces sous-groupes sont $\mathbf{A}_1 \times \mathbf{T}^1$ et $\mathbf{T}^2$ et les quotients correspondants sont respectivement homéomorphes à $S_2$ et à $S_2 \times S_2$.

(f) $K = \mathbf{F}_4$. Compte tenu de (4.54), seuls entrent en ligne de compte $\mathbf{B}_4$ et ses sous-groupes de rang 4 qui sont produits d'au plus deux facteurs simples, soient $\mathbf{D}_4$, $\mathbf{B}_1 \times \mathbf{D}_3$, $\mathbf{B}_3 \times \mathbf{T}^1$, $\mathbf{A}_3 \times \mathbf{T}^1 = \mathbf{D}_3 \times \mathbf{T}^1$; ces derniers sont tous éliminés par (4.51); quant à $\mathbf{B}_4$, il convient et $\mathbf{F}_4/\mathbf{B}_4$ est le plan des octaves [4].

(g) $K = \mathbf{E}_6$, $\mathbf{E}_7$, $\mathbf{E}_8$. Les seules inclusions compatibles avec (4.54) et où $L$ est connexe maximal sont $\mathbf{E}_6 \supset \mathbf{D}_5 \times \mathbf{T}^1$, $\mathbf{E}_7 \supset \mathbf{E}_6 \times \mathbf{T}^1$, $\mathbf{E}_7 \supset \mathbf{A}_1 \times \mathbf{D}_6$, $\mathbf{E}_7 \supset \mathbf{A}_7$, $\mathbf{E}_8 \supset \mathbf{D}_8$, $\mathbf{E}_8 \supset \mathbf{A}_8$, $\mathbf{E}_8 \supset \mathbf{A}_1 \times \mathbf{E}_7$ ; aucune ne vérifie (4.51). Il reste à voir que l'on ne peut pas y remplacer $L$ par un sous-groupe connexe de rang maximum; le fait que $\mathbf{D}_5$, $\mathbf{D}_6$, $\mathbf{E}_6$ n'ont pas de sous-groupe simple de rang maximum montre que cela est impossible pour les deux premières inclusions et que pour la troisième, la seule possibilité est $\mathbf{T}^1 \times \mathbf{D}_6$, mais ce dernier choix est incompatible avec (4.51); dans tous les autres cas, le nouveau sous-groupe n'est jamais simple et ne vérifie pas (4.54).

4.6. Pour terminer la démonstration du Théorème 7, nous devons encore examiner le cas où $L = L'$, c'est à dire où $n = u$; cela signifie que $M' = M - x$ a même homologie que $R^n$, donc que $K/L = M$ a même homologie entière que $S_n$ ; l'assertion en vue résultera alors du fait suivant:

(4.61). *Tout espace homogène compact simplement connexe qui a même homologie entière que $S_n$ est homéomorphe à $S_n$.*

Pour $n$ pair, un résultat plus fort a été établi par H. C. Wang, (loc. cit.,[6]

Theorem II), et par l'auteur, (Bull. Amer. Math. Soc. *55* (1949), pp. 580–587, Theorem IV).

Si un espace homogène $K/L$, ($K$, $L$ compacts connexes), a même homologie rationnelle qu'une sphère de dimension impaire, alors $L$ est totalement non homologue à zéro et rang $L$ = rang $K - 1$, (cela résulte, par exemple, trivialement du Théorème 18.3 de [7]); dans ce cas et si $K$ est un groupe classique Matsushima [9] a montré que $K/L$ est soit une sphère, soit la variété des directions tangentes à une sphère de dimension paire; il en résulte donc que $K/L$ est une sphère s'il en possède l'homologie entière. A vrai dire, les théorèmes de Matsushima n'affirment cela qu'à un nombre fini d'exceptions possibles près; mais on peut par une méthode différente, utilisant les résultats de [1] et les caractères des groupes classiques, retrouver et compléter ses résultats; nous espérons revenir ultérieurement sur cette question.

En ce qui concerne les groupes exceptionnels, la situation est plus simple; les quatre derniers ne contiennent pas de sous-groupe de rang $l - 1$ non homologue à zéro [15], et ne sont donc *a fortiori* pas transitifs sur des sphères d'homologie de dimensions impaires. Les sous-groupes de rang 1 de $\mathbf{G_2}$ non homologues à zéro sont de structure $\mathbf{A_1}$ ; si un quotient $\mathbf{G_2}/\mathbf{A_1}$ avait même homologie entière que $S_{11}$ , alors d'après Hurewicz, ses groupes d'homotopie de dimensions $\leq 10$ seraient nuls et l'on aurait par la suite d'homotopie $\pi_4(\mathbf{G_2}) \cong \pi_4(\mathbf{A_1}) \cong Z_2$ , alors qu'en fait $\pi_4(\mathbf{G_2}) = 0$ [1]; ainsi $\mathbf{G_2}$ n'est pas transitif sur un espace simplement connexe ayant même homologie entière qu'une sphère de dimension impaire.

Institute for Advanced Study


### BIBLIOGRAPHIE

[1] A. Borel, *Le plan projectif des octaves et les sphères comme espaces homogènes*, C. R. Acad. Sci. Paris 230 (1950), pp. 1662–1664.

[2] A. Borel et J. deSiebenthal, *Les sous-groupes fermés connexes de rang maximum des groupes de Lie clos*, Comment. Math. Helv. 23 (1949–50), pp. 200–221.

[3] H. Fruedenthal, *Ueber die Enden topologischer Räume und Gruppen*, Math. Zeit. 33 (1931), pp. 692–713.

[4] H. Freudenthal, Oktaven, Ausnahmegruppen und Oktavengeometrie, Université d'Utrecht (1950), polycopié.

[5] H. Hopf et H. Samelson, *Ein Satz über die Wirkungsräume geschlossener Lie'scher Gruppen*, Comment. Math. Helv. 13 (1940–41), pp. 240–251.

[6] K. Iwasawa, *On some types of topological groups*, Ann. of Math. 50 (1949), pp. 507–558.

[7] J. L. Koszul, *Homologie et cohomologie des algèbres de Lie*, Bull. Soc. Math. France 78 (1950), pp. 65–127.

[8] J. Leray, *L'homologie d'un espace fibré dont la fibre est connexe*, J. Math. Pures Appl. 29 (1950), pp. 169–213.

[9] Y. Matsushima, *On a type of subgroups of compact Lie groups*, Nagoya Math. 2 (1951), pp. 1–15.

[10] D. Montgomery, *Simply connected homogeneous spaces*, Proc. Amer. Math. Soc., 1 (1950), pp. 467–469.

[11] G. D. Mostow, *The extendability of local Lie groups of transformations and groups on surfaces*, Ann. of Math. 52 (1950), pp. 606–637.

[12] J.-P. Serre, *Homologie singulière des espaces fibrés. Applications*, Ann. of Math. 54 (1951), pp. 425–505.

[13] E. Specker, *Die erste Cohomologiegruppe von Ueberlagerungen und Homotopie-Eigenschaften dreidimensionaler Mannigfaltigkeiten*, Comment. Math. Helv. 23 (1949–50), pp. 303–333.

[14] H. C. Wang, *One dimensional cohomology group of locally compact metrically homogeneous spaces*, Duke Math. J. 19 (1952), pp. 303–309.

[15] Chih-Ta Yen, *Sur les polynômes de Poincaré des groupes exceptionnels*, C. R. Acad. Sci. Paris 228 (1949), 628–630.

316

## 28.

# Homology and cohomology of compact connected Lie groups

Proc. Nat. Acad. Sci. USA **39** (1953) 1142–1146

The homological properties of compact connected Lie groups over real coefficients are completely known;[1] the cohomology mod. $p$ or over the integers of the classical groups, whose study was initiated by L. S. Pontrjagin and C. Ehresmann, has also been fully investigated.[2] In this note, we shall describe the cohomology ring mod. $p$ ($p$ prime), and also, partly, over the integers, of the quotient groups of the classical groups and (completing earlier results announced in (I)) of Spin($n$), $G_2$, $F_4$. We shall add some information on the homology ring (Pontrjagin product), derived in part from general statements connecting cohomology and Pontrjagin product formulated in No. 1; No. 2 is devoted to a converse statement to the main theorems on transgression in universal bundles of (II). The detailed proofs of these results will appear elsewhere.

*Notations and Definitions.*—$p$ denotes a prime number or zero, $K_p$ a field of characteristic $p$, $Z_p$, ($p \neq 0$), the integers mod. $p$, $Z_0$ the rational numbers; $\Lambda(x_1, \ldots, x_k)$ is the exterior algebra (over a field which the context will make precise) generated by the $x_i$ (in the sense of Grassmann multiplication); in a graded module, $Dx$ will be the degree of a homogeneous element $x$.

$H^*(X, A)$, (resp., $H_*(X, A)$), is the direct sum of the cohomology (resp., homology), groups $H^i(X, A)$, (resp., $H_i(X, A)$), of the space $X$ with coefficients in $A$; the space $X$ has no $p$-torsion ($p \neq 0$), if the torsion coefficients of $H^*(X, Z)$ are not divisible by $p$; by convention, $X$ is always without 0-torsion.

$G$ always denotes a compact connected Lie group, $B_G$ is a classifying space for $G$, i. e., the base-space of a universal bundle $E_G$ for $G$; an element $x \epsilon H^*(G, A)$ is universally transgressive if it is transgressive in $E_G$, (see (II), §18, 19); $SU(n)$, (resp., $SO(n)$), unimodular unitary group in $n$ complex (resp., real), variables, Sp($n$) unitary group in $n$ quaternionic variables; $V_{n, k}$, Stiefel manifold of orthonormal $k$-frames in Euclidian $n$-space. Finally we recall, in a slightly more general form, a definition introduced in (II) §6:

DEFINITION. *Let $E$ be an associative algebra with unit over a ring $A$. The elements $x_i$ ($i \epsilon I$, $I$ totally ordered set), form a simple system of generators of $E$ if $E$ is the weak direct sum of the monogeneous submodules generated by the unit and by all the products $x_{i_1} x_{i_2} \ldots x_{i_k}$ ($i_1 < i_2 < \ldots < i_k$; $k = 1, 2, \ldots$).*

1. *The Pontrjagin Product.*[3]—Let $h : G \times G \to G$ be the map defining

317

the product; it induces a map $h_*$ of $H_*(G, K_p) \otimes H_*(G, K_p)$ into $H_*(G, K_p)$ and $h_*(a \otimes b)$ is called the Pontrjagin product of $a$ and $b$; this product adds the degrees, is associative, distributive, possesses a unit which spans $H_0(G, K_p)$ but, unlike the cup-product, is not always anticommutative, even for Lie groups, as an example below will show. We recall that an element $x \in H^*(G, K_p)$ of positive degree is called *primitive* if $h^*(x) = x \otimes 1 + 1 \otimes x$, $h^*$ being the homomorphism $H^*(G, K_p) \to H^*(G, K_p) \otimes H^*(G, K_p)$ induced by $h$.

PROPOSITION 1. *If $H^*(G, K_p)$ has a simple system of primitive generators, $(x_i)$, $(1 \le i \le m)$, then $H_*(G, K_p)$ is an anticommutative exterior algebra generated by $m$ elements $u_i$, $(Du_i = Dx_i)$, and conversely.*

This is a simple consequence of the fact that $h^*$ and $h_*$ are dual to each other. Since a universally transgressive element is primitive ((II), Proposition 20.1), the assumption of Proposition 1 is in particular fulfilled when $H^*(G, K_p)$ has a simple system of universally transgressive generators; this happens when $G$ has no $p$-torsion ((II), Prop. 7.2 and Theor. 19.1), and also, mod. 2, in some other cases, e.g., for $G = SO(n)$, ((II), Prop. 23.1), or $G = \mathrm{Spin}(n)$, $(n \le 9)$, $G_2$, $F_4$ (see below); in particular one sees that:

*If $G$ is a classical group, $H_*(G, K_p)$ is an anticommutative exterior algebra for all $p$.*

The degrees of the generators are given by Prop. 1 and by the results on the classical groups previously cited; e.g., for $H_*(SO(n), Z_2)$ they are equal to $1, 2, \ldots, n - 1$, as was first shown by Miller, *loc. cit.*[2]

Let $X$ be a space on which $G$ operates; following J. Leray,[4] one can attach to each element $u \in H_s(G, K_p)$ an endomorphism $\vartheta_u$ (for the vector space structure only), of $H^*(G, K_p)$ which decreases degrees by $s$. The map $u \to \vartheta_u$ is a homomorphism of $H_*(G, K_p)$ into the algebra of linear endomorphisms of $H^*(X, K_p)$); if $G$ operates on the space $Y$ and if there is a map $f: X \to Y$ commuting with $G$, then $\vartheta_u$ commutes with $f^*$, and also acts on the spectral sequence of $f$; with the help of these operators one proves:

THEOREM 1. *Let $Y$ be a space on which $G$ operates and let $f: G \to Y$ be a map commuting with $G$ (acting upon itself by left translations). If $H^*(G, K_p)$ has a simple system of primitive generators, then the image of $f^*$ is a subalgebra generated by primitive elements; if moreover $p \ne 2^5$, then $H^*(Y, K_p) = N \otimes \bigwedge P'$, where $f^*$ annihilates $N$ and maps $\bigwedge P'$ isomorphically into $H^*(G, K_p)$.*

Applied to the particular cases where $f$ is the inclusion of $G$ into an over-group, and where $f$ is the projection of $G$ onto a coset space, Theorem 1 generalizes a result of Leray, *loc. cit.*,[4] Note (a), as well as Prop. 21.1 and 21.2 of (II), which were extensions of theorems due to H. Samelson.

*2. A Transgression Theorem in Universal Bundles.*—By arguments partly analogous to but simpler than those of Chap. IV in (II), one proves the following theorem, which may be considered as a converse to Theorem 19.1 and Prop. 19.1 of (II):

THEOREM 2. *If $H^*(B_G, K_p) = K_p[y_1, \ldots, y_m]$, ($Dy_i$ even), then $H^*(G, K_p) = \Lambda(x_1, \ldots, x_m)$, ($x_i$ universally transgressive, $Dx_i = Dy_i - 1$); if $H^*(B_G, K_2) = K_2[y_1, \ldots, y_m]$, then $H^*(G, K_2)$ has a simple system of universally transgressive generators $x_1, \ldots, x_m$ ($Dx_i = Dy_i - 1$). In both cases $y_i$ is an image of $x_i$ by transgression in $E_G$.*

3. *Quotient Groups of the Classical Groups.*—The groups $Sp(n)$, $SU(n)$, $SO(2n)$, $SO(2n + 1)$ have cyclic centers of respective orders 2, $n$, 2, 1; $\Gamma_m$ will denote the subgroup of order $m$ of one of these centers. Using the known results on the classical groups, the cohomology of the cyclic groups, the spectral sequence of regular finite coverings, and the explicit determination of $\rho^*(\Gamma_m, G)$, (defined in (II), §21), one gets:

THEOREM 3. *Let $n$ be a positive integer and $s$ the greatest power of 2 dividing $n$. Then, with $Dx = 1$, $Dx_i = i$:*[6]

$$H^*(Sp(n)/\Gamma_2, Z_2) \cong Z_2[x]/(x^{4s}) \otimes \Lambda(x_3, x_7, \ldots, \hat{x}_{4s-1}, \ldots, x_{4n-1})$$

$$H^*(SO(2n)/\Gamma_2, Z_2) \cong Z_2[x]/(x^{2s}) \otimes V$$

*where $V$ is a unitary graded algebra having a simple system of $2n - 2$ generators $v_i(1 \leq i \leq 2n - 1, i \neq 2s - 1, Dv_i = i)$, with the relations $v_i \cdot v_i = v_{2i}$ if $2i \leq n - 1$. $v_i \cdot v_i = 0$ otherwise.*

THEOREM 4. *Let $n$ be a positive integer, $m$ a divisor of $n$, $p$ a prime divisor of $m$, and $s$ the greatest power of $p$ dividing $n$. Then (with $Dx = 1$, $Dy = 2$, $Dx_i = i$), for $p \geq 3$ or $p = 2$, $m \equiv 0$ mod. 4:*[6]

$$H^*(SU(n)/\Gamma_m, Z_p) \cong Z_p[y]/(y^s) \otimes \Lambda(x_1, x_3, \ldots, \hat{x}_{2s-1}, \ldots, x_{2n-1}),$$

*and, for $p = 2$, $m \equiv 2$ mod. 4:*

$$H^*(SU(n)/\Gamma_m, Z_2) \cong Z_2[x]/(x^{2s}) \otimes \Lambda(x_3, x_5, \ldots, \hat{x}_{2s-1}, \ldots, x_{2n-1}).$$

For the sake of completeness, we recall that if $p$ does not divide $m$, $G$ and $G/\Gamma_m$ have the same cohomology mod. $p$, as follows from well-known theorems on finite regular coverings.

4. *The Spinor Group.*—The group $Spin(n)$, ($n \geq 3$), is the twofold universal covering of $SO(n)$; it admits a fibering $Spin(n)/T^1 = V_{n, n-2}$; knowing the cohomology of $V_{n, n-2}$, including the $Sq^i$ (see (II), (III), or Miller[2]), one can determine its spectral sequence and obtain not only the results formulated in (I), but the more complete:

THEOREM 5. *$H^*(Spin(n), Z)$ has torsion if and only if $n \geq 7$, and its torsion coefficients are then all equal to 2. Let $s(n)$ be the integer such that $2^{s(n)-1} < n \leq 2^{s(n)}$ and put $a(n) = 2^{s(n)} - 1$. Then $H^*(Spin(n), Z_2)$ has a simple system of $n - s(n)$ generators $u_i(1 \leq i < n - s(n))$, and $u$, ($Du =*

$a(n)$, and the sequence $Du_1, \ldots, Du_{n-s(n)-1}$ is obtained from the sequence $3, 4, \ldots, n-1$ by erasing all powers of 2), subject to the relations:

$$\mathrm{Sq}^i u_j = \binom{Du_j}{i} u_k \text{ if } i \leq Du_j, \ i + Du_j = Du_k$$

$$\mathrm{Sq}^i u_j = 0 \text{ otherwise}; \ u \cdot u = 0.$$

Mod. 2, the group $Spin(n)$ shows a rather particular behavior as regards transgression in universal bundles; in fact, by use of Theorem 2 and study of the spectral sequences of the fiberings $(Spin(n), V_{n, n-2}, S_1)$ and $(B_{Spin(n)}, B_{SO(n)}, B_{Z_2})$ one proves:

PROPOSITION 2. *In Theorem 5, the elements $u_i(i < n - s(n))$, may be chosen to be universally transgressive, but this is the case for $u$ if and only if $n \leq 9$.*

In particular, $H^*(Spin(n), Z_2)$ is not generated by universally transgressive elements, and $H^*(B_{Spin(n)} \ Z_2)$ is not a ring of polynomials for $n \geq 10$; these facts have also repercussions on the Pontrjagin product in $H_*(Spin(n), Z_2)$ which is not anticommutative (i.e., commutative here, since we calculate mod. 2) for $n \geq 10$. I did not completely determine $H^*(B_{Spin(n)}, Z_2)$ and $H_*(Spin(n), Z_2)$ for general $n$; however:

THEOREM 6. $H^*(B_{Spin(10)}, Z_2) \cong Z_2[w_4, w_6, w_7, w_8, w_{10}, w_{32}]/(w_7 \cdot w_{10})$, *with $Dw_i = i$, and $(w_7 \cdot w_{10})$ being the ideal generated by the product $w_7 \cdot w_{10}$. The algebra $H_*(Spin(10), Z_2)$ has a simple system of 6 generators $u_3, u_5, u_6, u_7, u_9, u_{15}$ $(Du_i = i)$, subject to the relations: $u_i \cdot u_i = 0$ (all $i$), $u_i \cdot u_j = u_j \cdot u_i$ for $i < j$ $(i, j) \neq (6, 9)$, and $u_6 \cdot u_9 = u_9 \cdot u_6 + u_{15}$.*

*5. The First Two Exceptional Groups.*—$G_2$ and $F_4$ denote as usual the compact exceptional groups with 14 and 52 parameters; they are necessarily simply connected.

THEOREM 7. $H^*(G_2, Z)$ *is generated by 2 elements $h_3$, $h_{11}$, $(Dh_i = i)$, with relations $h_3^4 = h_{11}^2 = h_3^2 \cdot h_{11} = 0$, such that $H^*(G_2, Z)$ is the weak direct sum of the 4 infinite cyclic groups generated by 1, $h_3$, $h_{11}$, $h_3 \cdot h_{11}$ and of the 2 cyclic groups of order 2 generated by $h_3^2$ and $h_3^3$.*

This is obtained by investigation of the fiberings $G_2/S_3 = V_{7, 2}$ and $Spin(7)/G_2 = S_7$, which shows moreover:

THEOREM 8. $H^*(G_2, Z_2)$ *has a simple system of universally transgressive generators $x_3, x_5, x_6$ $(Dx_i = i)$, satisfying: $\mathrm{Sq}^2 x_3 = x_5$, $\mathrm{Sq}^3 x_3 = x_6$, $\mathrm{Sq}^1 x_5 = x_6$, $\mathrm{Sq}^i x_j = 0$ otherwise; $H^*(G_2, Z_5) = \bigwedge(y_3, y_{11})$, $(Dy_i = i)$, with $\mathcal{P}^1(y_3) = y_{11}$.*[7]

To investigate $F_4$ one uses, as indicated in (I), the spectral sequences of the fiberings deduced from the inclusions $F_4 \supset Spin(9) \supset Spin(8) \supset T^4$ and $F_4 \supset Spin(9) \supset Spin(7) \supset G_2$, where $F_4/Spin(9)$ is the projective plane over the Cayley numbers; to construct these spectral sequences, one needs some of the above results and one has to know that the image of the natural homomorphism of $H^8(F_4/Spin(9), Z)$ into $H^8(F_4, Z)$ is $Z_3$; this in turn follows from the two facts: (*a*) the symetric group of three objects acts faithfully on $H^8(F_4/Spin(8), Z)$, trivially on $H^8(F_4, Z)$ and commutes with the map induced by the projection; (*b*) $H^*(Spin(9), Z_3) = \bigwedge(x_3, x_7, x_{11}, x_{15})$ with $\mathcal{P}^1 x_3 = x_7$, $\mathcal{P}^1 x_{11} = x_{15}$.[7] This leads to:

THEOREM 9. $H^*(F_4, Z) = H^*(G_2 \times S_{15}, Z) \otimes U$, *where $U$ is a unitary graded ring defined by:* $U^0 = U^{23} = Z$, $U^8 = U^{16} = Z_3$ *with* $U^8 . U^8 = U^{16}$ *and* $U^i = 0$ *otherwise. Thus* $H^*(F_4, Z_2) = H^*(G_2 \times S_{15} \times S_{23}, Z_2)$ *and for* $p \neq 2, 3$, $H^*(F_4, Z_9) = \bigwedge(x_3, x_{11}, x_{15}, x_{23})$, $(Dx_i = i)$. *Moreover* $H^*(F_4, Z_2)$ *has a simple system of universally transgressive generators of degrees* 3, 5, 6, 15, 23 *and* $H^*(F_4, Z_3) \cong Z_3[x]/(x^3) \otimes \bigwedge(x_3, x_7, x_{11}, x_{15})$, $(Dx_i = i, Dx = 8)$.

The torsion coefficients of $H^*(F_4, Z)$ are therefore equal to 2 or 3; the proof also gives the following partial results concerning reduced powers: (*i*) The isomorphism $H^*(F_4, Z_2) = H^*(G_2 \times S_{15} \times S_{23}, Z_2)$ is valid at least up to degree 22 for the $Sq^i$; (*ii*) mod. 3, $\mathcal{P}^1 x_3 = x_7$, $\mathcal{P}^1 x_{11} = x_{15}$ and $x$ is obtained from $x_7$ by the Bockstein homomorphism (for suitable $x$, $x_i$); (*iii*) mod. 5 $\mathcal{P}^1 x_3 = x_{11}$, mod. 7, $\mathcal{P}^1 x_3 = x_{15}$.[7]

[1] See H. Samelson's report, *Bull. Am. Math. Soc.*, **58**, 2–37 (1952) for references.

[2] Borel, A., *Compt. rend. Acad. Sci.* (*Paris*), **232**, 1628–1630 (1951); *Ann. Math.*, **57**, 115–207 (1953), Chap. III; *Comm. Math. Helv.*, **27**, 165–197 (1953), cited in the following (I), (II), (III), Borel, A., and Serre, J.-P., *Am. J. Math.*, **75**, 409–448 (1953); also, for the orthogonal group, Miller, C. E., *Ann. Math.*, **57**, 90–115 (1953).

[3] For the sake of brevity, we have stated the results in No. 1 only for Lie groups, but they are also in part valid for H-spaces with an associative product (same proofs); also, one has analogous statements over the integers, provided $G$, resp. $G$ and $Y$, have no torsion.

[4] Leray, J., (*a*) *Compt. rend. Acad. Sci.* (*Paris*), **228**, 1545–1547 (1949); (*b*) *Ibid.*, 1784–1786.

[5] $H^*(G, K_p)$ is then an exterior algebra generated by elements of odd degrees; (see (II), Proposition 6.1(*b*)).

[6] As usual, ^ over a variable means that the variable has to be omitted.

[7] For suitable universally transgressive elements; $\mathcal{P}^1$ is the reduced power operation, which, mod. $p$, increases degrees by $2(p - 1)$; see Steenrod, N. E., Proc. Natl. Acad. Sci., **39**, 213–223 (1953).

**29.**

## Sur l'homologie et la cohomologie des groupes de Lie compacts connexes

Amer. J. Math. **76** (1954) 273–342

**Introduction.** On sait que l'homologie et la cohomologie à coefficients réels des groupes de Lie simples compacts connexes sont complètement connues, (*voir* notamment [7], [10], [16], [17], [18]†). Quant à la cohomologie entière ou mod. $p$, elle a été déterminée pour les groupes classiques seulement, tant au point de vue additif ([8], [9], [16]) que multiplicatif ou même des puissances réduites de Steenrod ([3], [4], [6], [15]).[1] Nous nous proposons ici principalement d'étudier la cohomologie par rapport à un corps de caractéristique quelconque des groupes localement isomorphes aux groupes classiques et des deux premiers groupes exceptionnels $G_2$, $F_4$; pour $\mathit{Spin}\,(n)$, $G_2$, $F_4$ nous déterminerons aussi la cohomologie entière et, partiellement, l'algèbre d'homologie (le produit étant le produit de Pontrjagin), et les éléments universellement transgressifs.

Ces résultats feront l'objet des 3ème, 4ème, 5ème parties, qui sont précédées de généralités sur le produit de Pontrjagin et d'un théorème de transgression dans les espaces universels; ils seront établis essentiellement par l'étude de l'algèbre spectrale de certaines fibrations, les unes de nature générale faisant intervenir les espaces classifiants, les autres particulières aux groupes étudiés, et en grande partie indépendamment des résultats de I et II: Les Nos. 3 à 6 notamment ne seront utilisés que dans les Nos. 15 et 16. Pour pouvoir décrire ces algèbres spectrales et, éventuellement, passer à l'algèbre dont $E_\infty$ est l'algèbre graduée, nous nous appuyerons fréquemment sur des résultats de [3], pour la plupart longuement résumés dans [6], et qui ici seront supposés connus. Toutefois nous avons rappelé au No. 0 les principales notations et au No. 1, avec quelques compléments, toutes les définitions et résultats concernant la structure de l'algèbre de cohomologie d'un $H$-espace.

---

* Received October 7, 1953.

† ainsi qu'une Note écrite en collaboration avec C. Chevalley, à paraître dans les Memoirs of the Amer. Math. Soc.

[1] Ces résultats sont rappelés au No 8.

322

Le No. 2 établit quelques relations entre le produit de Pontrjagin et l'algèbre de cohomologie; le No. 3 associe à tout élément $x \varepsilon H_s(G, K_p)$ un endomorphisme diminuant le degré de $s$ de l'espace de cohomologie $H^*(G, K_p)$, ou encore de la suite spectrale d'un espace fibré principal de groupe structural $G$; ces opérateurs ont été introduits en caractéristique 0 par J. Leray [12], [13]; comme application, nous démontrons un théorème assez général contenant comme cas particuliers des résultats de J. Leray, H. Samelson relatifs aux homomorphismes transposés des applications $G \to G/U$, $U \to G$, ($U$ sous-groupe de $G$).

Dans II nous montrons que si l'algèbre de cohomologie $H^*(B_G, K_p)$ d'un espace classifiant pour $G$ est une algèbre de polynômes, alors $H^*(G, K_p)$ possède un système simple de générateurs universellement transgressifs; c'est donc, grosso modo, une réciproque aux résultats du § 19 de [3].

On sait que les centres des groupes classiques $SU(n)$, $Sp(n)$, $SO(2n)$, $SO(2n + 1)$,[2] sont cycliques à respectivement $n$, 2, 2, 1 éléments. Dans la 3ème partie, nous nous occupons des quotients de ces groupes par leurs centres (ou dans le premier cas par un sous-groupe du centre), autrement dit des groupes projectifs unitaires $PU(n)$, $PSp(n)$, $PSO(2n)$. Auparavant, nous étudions plus généralement au No. 10 la cohomologie mod. $p$ du quotient de $G$ par un sous-groupe cyclique $Z_m$, ($m \equiv 0 \bmod. p$), à l'aide de l'algèbre spectrale des revêtements réguliers, sur laquelle on peut donner des renseignements très précis lorsque $H^*(G, K_p)$ possède un système simple de générateurs universellement transgressifs.

IV est consacrée au revêtement universel, à deux feuillets, du groupe orthogonal $SO(n)$, le groupe des spineurs $Spin(n)$. L'essentiel est ici la cohomologie mod 2 et nous calculons $H^*(Spin(n), Z_2)$ au No. 13, par l'intermédiaire de l'algèbre spectrale de la fibration $Spin(n)/S_1 = V_{n,n-2}$; en particulier, $Spin(n)$ a de la 2-torsion si et seulement si $n \geq 7$, et son polynôme de Poincaré mod 2 s'obtient à partir de $(1 + t)(1 + t^2) \cdots (1 + t^{n-1})$ en y remplacant $(1 + t^{k-1}) \cdot (1 + t^k)$ par $(1 + t^{2k-1})$ toutes les fois que $k$ est une puissance de deux; le No. 14 montrera que les coefficients de torsion de $Spin(n)$, ($n \geq 7$), sont tous égaux à deux. Nous étudions ensuite aux Nos. 15, 16 les éléments universellement transgressifs et le produit de Pontrjagin mod 2 de $Spin(n)$; malgré les calculs assez longs et fastidieux auxquels on est ainsi conduit, il nous a semblé qu'il valait la peine d'insister sur ces points où le comportement

---

[2] *Voir le* No. 0 *pour les notations.*

de $Spin(n)$, $(n \geqq 10)$, paraît quelque peu exceptionnel; en effet, tandis que pour $G = U(n)$, $SU(n)$, $Sp(n)$, $SO(n)$, $G_2$, $F_4$, l'algèbre $H^*(G, Z_2)$ est engendrée par des éléments universellement transgressifs, et que $H_*(G, Z_2)$ est commutative, on constatera que $Spin(n)$ ne possède aucune de ces deux propriétés pour $n \geqq 10$.

L'étude des deux premiers groupes exceptionnels est faite dans V. Celle de $G_2$, très simple, utilise les deux fibrations $G_2/S_3 = V_{7,2}$ et $Spin(7)/G_2 = S_7$; on trouve notamment que les coefficients de torsion de $G_2$ sont tous égaux à deux. Pour $F_4$ nous nous servirons des fibrations déduites des inclusions $F_4 \supset Spin(9) \supset Spin(8) \supset T^4$ et $F_4 \supset Spin(9) \supset Spin(7) \supset G_2$; un point important est le fait que le groupe des permutations de trois objets opère fidèlement sur $H^*(F_4/Spin(8), Z)$, trivialement sur $H^*(F_4, Z)$ et commute avec l'homomorphisme naturel du premier groupe dans le second; c'est ce qui nous permettra de voir que $F_4$ n'a pas de $p$-torsion pour $p > 3$. Par contre les valeurs de $H^*(F_4, Z_3)$ et de $H^*(F_4, Z_2)$, (Nos. 21-22), montreront que $F_4$ a de la 2- et de la 3-torsion; on vérifiera enfin (No. 23) que ses coefficients de torsion sont égaux à 2, 3 ou 6.

Pour conclure cette vue d'ensemble des résultats acquis sur les groupes de Lie simples compacts connexes, signalons que l'on ne sait rien sur la torsion des trois derniers groupes exceptionnels, mis à part le fait que $E_8$ a de la 2-torsion [5].

Les principaux résultats de ce travail ont été résumés dans une Note aux Proc. Nat. Acad. Sci. U. S. A. *39* (1953), pp. 1142-1146. Une partie d'entre eux avait été antérieurement annoncée aux *Comptes Rendus* [2].

# TABLE DES MATIERES

## 0.  Préliminaires; principales notations.

**0. 1.  Algèbre.**  $p$ désignera toujours soit un nombre premier soit zéro, $K_p$ un corps de caractéristique $p$, $Z_p$, $(p \neq 0)$, le corps des entiers mod. $p$, $Z_0$ celui des rationnels.

Tors. $A$ est le sous-groupe des éléments d'ordre fini du groupe abélien $A$, Tors. $_pA$ sa composante $p$-primaire; $(U)$ dénotera l'idéal bilatère engendré par une partie $U$ d'une algèbre $V$.

L'algèbre extérieure d'un espace vectoriel sur un corps que le contexte précisera (ou d'un groupe abélien libre) $P$ est notée $\wedge P$ ou encore $\wedge(x_1, \cdots, x_m)$, si $(x_i)$ est une base de $P$, et $\wedge^j P$ est bien entendu le sous-espace (sous-groupe) engendré par les produits extérieurs de $j$ éléments de $P$.

Soient $H$ une algèbre unitaire, $x_1, \cdots, x_m$ des éléments de $H$, et $P$ le sous-espace qu'ils engendrent.  On notera $\triangle(x_1, \cdots, x_m)$ ou $\triangle P$ le sous-espace engendré par 1 et par les monômes $x_{i_1} \cdots x_{i_k}$, $(i_1 < \cdots < i_k; 1 \leqq k \leqq m)$, lorsque ces monômes sont linéairement indépendants, (*voir* la définition de système simple de générateurs au No. 1).

**0. 2.  Homologie et cohomologie.**  $H_i(X, \Gamma)$, (resp. $H^i(X, \Gamma)$), ième groupe d'homologie, (resp. de cohomologie) de $X$, relativement à $\Gamma$; $H_*(X, \Gamma)$, (resp. $H^*(X, \Gamma)$), somme directe des $H_i$, (resp. $H^i$), ($X$ sera toujours un polyèdre connexe fini ou éventuellement localement fini à homologie de type fini).

$Dx$ est le degré de l'élément homogène $x$, $P_p(X, t)$ le polynôme (ou la série) de Poincaré de $X$ pour la cohomologie à coefficients dans $K_p$:

$$P_p(X, t) = \Sigma_{i \geqq 0} \dim. H^i(X, K_p) t^i;$$

enfin, on dira que $X$ a de la $p$-torsion $(p \neq 0)$ si Tors. $_pH^*(X, Z) \neq 0$; par convention, $X$ est toujours sans 0-torsion.

**0. 3.  Algèbre spectrale des espaces fibrés.**  Le système formé d'un espace $E$ fibré de base $B$ et de fibre typique $F$ est noté $(E, B, F)$ ou $(E, B, F, q)$, $q$ étant la projection de $E$ sur $B$.  Dans son algèbre spectrale $(E_r)$ on a donc, sous des hypothèses convenables, toujours vérifiées dans ce travail,

$$E_2^{s,t} \cong H^s(B, H^t(F, \Gamma)),^3 \qquad (\Gamma, \text{ anneau de coefficients}),$$

---

[3] Plus précisément $E_2$ est, comme on sait, l'algèbre de cohomologie de $B$ à coefficients dans le système local formé par les algèbres de cohomologie des fibres; dans tous les cas considérés dans ce travail, ce système sera simple, presque toujours soit parce que $B$ est simplement connexe, soit parce que le groupe structural de la fibration est connexe.

et $E_\infty$ est l'algèbre graduée associée à $H^*(E, \Gamma)$ convenablement filtrée ; $s$, $t$, $s+t$ sont respectivement le degré-base, le degré-fibre et le degré total et sont notés $DB$, $DF$, $D$.

$^nE_r$ est la somme directe des $E_r^{s,t}$, $(s+t=n)$.

$\kappa_{r+1}^r$ est la projection canonique des $d_r$-cocycles de $E_r$ sur $E_{r+1}$, et $\kappa_b^a = \kappa_b^{b-1} \circ \cdots \circ \kappa_{a+1}^a$, $(a < b)$, est la projection sur $E_b$ des éléments de $E_a$ vérifiant $d_r \kappa_r^a x = 0$ $(a \leqq r < b)$.

$T^s =$ idéal des éléments de filtration $\geqq s$ dans $H^*(E, \Gamma)$ ; on pose $J^{s,t} = J^s \cap H^{s+t}(E, \Gamma)$, par conséquent $E^{s,t} = J^{s,t}/J^{s+t,t-1}$.

On sait que $E_r^{s,0}$, (resp. $E_r^{0,t}$), s'identifie à un quotient, (resp. à un sous-module), de $H^s(B, \Gamma)$, (resp. de $H^t(F, \Gamma)$).

La transgression admet plusieurs définitions équivalentes ([3], § 5) ; ici, nous n'utiliserons que la définition " spectrale " : $x \, \varepsilon \, H^t(F, \Gamma)$ est transgressif si et seulement si il fait partie de $E_{t+1}^{0,t}$, et la transgression est en dimension $t$, l'homomorphisme $E_{t+1}^{0,t} \rightarrow E_{t+1}^{t+1,0}$ défini par la différentielle $d_{t+1}$ de $E_{t+1}$.

Nous utiliserons sans commentaire toutes les propriétés usuelles de l'algèbre spectrale (*voir* par exemple [3], § 4).

**0.4. Espaces universels et espaces classifiants.** Soit $G$ un groupe de Lie compact. Un espace *universel*, (resp. classifiant), pour $G$ sera noté $E_G$, (resp. $B_G$).

*L'algèbre spectrale universelle pour $G$* est l'algèbre spectrale de la fibration $(E_G, B_G, G)$ ; on a donc $E_2 = H^*(B_G, H^*(G, \Gamma))$ et $E_\infty$ est triviale, (i. e. $E_\infty^{0,0} \cong \Gamma$, $E_\infty^{s,t} = 0$ pour $s+t > 0$).

$x \, \varepsilon \, H^t(G, \Gamma)$ est *universellement transgressif* s'il est transgressif dans $E_G$ ; il l'est alors dans une large classe d'espaces fibrés principaux de groupe structural $G$, ([3], § 18).

*Remarque.* En fait, on définit tout d'abord classiquement des espaces $E(n, G)$ et $B(n, G)$ universel ou classifiant pour $G$ et *pour la dimension $n$* qui devrait en principe figurer plus haut. Cependant on peut en toute rigueur aisément éviter de mentionner ce $n$ (qui quoi qu'il en soit peut être supposé arbitrairement grand) par un passage à la limite convenable ; par exemple on peut définir des espaces universel ou classifiant pour $G$ et pour tout $n$ comme limite inductive d'une suite convenable d'espaces $E(n, G)$ ou $B(n, G)$, ([6], No. 1) ; l'algèbre spectrale universelle et celle des fibrations rappelées en 0.6 sont alors prises en cohomologie singulière ou d'Alexander-Spanier à supports fermés quelconques. On peut aussi directement passer à la limite sur les algèbres de cohomologie et les algèbres spectrales comme cela est fait dans

[3], § 18 et 22. L'algèbre spectrale universelle sera alors par définition une algèbre spectrale $(E_r)$, $(r \geqq 2)$, qui pour tout $n$ est isomorphe pour $D < n$ — dim $G$ avec l'algèbre spectrale d'une fibration $(E(n, G), (B(n, G), G)$; cette définition est licite car si $E'(n, G)$ est un deuxième espace universel pour $G$ et pour $n$, de base $B'(n, G)$, le diagramme (18. 3) de [3], écrit pour $E$ et $E'$ montre non seulement que $H^*(B(n, G), \Gamma)$ et $H^*(B'(n, G), \Gamma)$ sont canoniquement isomorphes jusqu'à $n$, mais encore, vu [3], § 4d, que les algèbres spectrales de $(E(n, G), B(n, G), G)$ et de $(E'(n, G), B'(n, G), G)$ sont canoniquement isomorphes pour $D < n$ — dim $G$.

**0. 5. L'homomorphisme $\rho^*(U, G)$.** Si $U$ est un sous-groupe fermé de $G$, $E_G$ est aussi universel pour $U$, d'où une application $\rho(U, G) : E_G/U = B_U \to E_G/G = B_G$; elle définit un homomorphisme $\rho^*(U, G) : H^*(B_G, \Gamma) \to H^*(B_U, \Gamma)$ qui sera désigné par $\rho^*_p(U, G)$ lorsque $\Gamma = K_p$.

En fait, on peut faire correspondre une application $\rho(f) : B_U \to B_G$ à tout homomorphisme $f : U \to G$, ([6], No. 1), mais nous n'aurons pas besoin de cette généralisation.

**0. 6. Quelques fibrations.**

(a) Si $(X, Y, U, q)$ est un espace fibré principal à groupe structural $U$ de Lie compact, il existe une fibration dans laquelle l'espace a même homologie que $Y$, la fibre type est $X$ et la base est $B_U$, ([3], Théorème 22. 1); par abus de langage, nous parlerons de la *fibration* $(Y, B_U, X, r)$; bien entendu, l'homomorphisme $i^*$ déduit de l'inclusion d'une fibre n'est autre que $q^*$, et $r^*$ est l'homomorphisme caractéristique de la fibration donnée.

Dans le cas où $U$ est discret, la suite spectrale de cette fibration est tout à fait analogue (et probablement isomorphe) à la suite spectrale des revêtements finis réguliers de H. Cartan-J. Leray.

(b) Si $U$ est un sous-groupe fermé de $G$, la projection $\rho(U, G)$ donne lieu à une fibration $(B_U, B_G, G/U, \rho(U, G))$.

(c) Si $U$ est *invariant* dans $G$, il existe une fibration dans laquelle l'espace a l'homologie de $B_G$, la base et la fibre type sont respectivement $B_{G/U}$ et $B_U$, ([3], Prop. 22. 2, ou [6], No. 1); ici encore on parlera de la fibration $(B_G, B_{G/U}, B_U)$. L'homomorphisme $i^*$ de cette fibration est $\rho^*(U, G)$.

**0. 7. Groupes de Lie simples compacts connexes.** Les différentes structures de groupes de Lie simples compacts connexes se notent classiquement $\boldsymbol{A}_l$, $(l \geqq 1)$, $\boldsymbol{B}_l$, $(l \geqq 2)$, $\boldsymbol{C}_l$, $(l \geqq 3)$, $\boldsymbol{D}_l$, $(l \geqq 4)$, $\boldsymbol{G}_2$, $\boldsymbol{F}_4$, $\boldsymbol{E}_6$, $\boldsymbol{E}_7$, $\boldsymbol{E}_8$. Chacun de ces symboles représente une classe de groupes ayant des algèbres de Lie isomorphes ; les quatre premières, les structures classiques, ont chacune un représentant linéaire bien connu, soit :

pour $A_l$ : $SU(l+1)$ = groupe unitaire unimodulaire de $l+1$ variables complexes.

pour $C_l$ : $Sp(l)$ = groupe unitaire de $l$ variables quaternioniennes.

pour $B_l$, resp. $D_l$ : $SO(2l+1)$, (resp. $SO(2l)$), groupe orthogonal unimodulaire de $2l+1$, (resp. $2l$), variables réelles.

Les quotients de $SU(n)$, $Sp(n)$, $SO(2n)$, par leurs centres, qui sont cycliques à resp. $n$, 2, 2 éléments, sont notés $PU(n)$, $PSp(n)$, $PSO(2n)$. Les groupes $SU(n)$ et $Sp(n)$ sont simplement connexes, tandis que $SO(n)$, $(n \geqq 3)$, admet un revêtement simplement connexe à deux feuillets, le groupe $Spin(n)$, dont le centre est cyclique d'ordre 2 pour $n$ impair, d'ordre 4 pour $n = 2m$, $m$ impair, et isomorphe à $Z_2 + Z_2$ quand $n$ est un multiple de 4, (*voir* E. Cartan, Annali di Matematica, t. 4 (1927), pp. 209-256).

Les représentants simplement connexes des structures exceptionnelles $G_2$, $F_4$, $E_6$, $E_7$, $E_8$ ont des centres cycliques d'ordres respectifs 1, 1, 3, 2, 1, (E. Cartan, loc. cit.) ; en particulier il n'y a, à un isomorphisme près, *qu'un* groupe de structure $G_2$, (resp. $F_4$, resp. $E_8$), que nous désignerons par le même symbole.

## I.  Le produit de Pontrjagin.

**1.  Cohomologie d'un $H$-espace.** Dans la définition suivante, $H$ est une algèbre de dimension finie sur un corps $K_p$, graduée par des sous-espaces $H^k$, $(k \geqq 0)$, anticommutative (i. e. $a \cdot b = (-1)^{st} b \cdot a, a \, \varepsilon \, H^s, b \, \varepsilon \, H^t$), munie d'un élément neutre engendrant $H^0$.

La hauteur de $x \, \varepsilon \, H$ est l'entier $h$ tel que $x^{h-1} \neq 0$, $x^h = 0$ ; elle vaut toujours deux lorsque $Dx$ est impair et que $p \neq 2$.

DÉFINITION 1.1.  *Soient $J = (x_i)$, $(1 \leqq i \leqq m, Dx_i \leqq Dx_j$ si $i \leqq j)$, un système de générateurs homogènes de $H$, et $s_i$ la hauteur de $x_i$.*

(a)  $J$ est de type $(M)$ s'il est minimal et si $s_k$ est au plus égale à la hauteur de toute élément de la forme $x_k + P(x_1, \cdots, x_{k-1})$, où $P$ est un polynôme $(1 \leqq k \leqq m)$.

(b)  *$J$ est $q$-semi-libre,* $(q$ nul ou premier), si les monômes $x_1^{r_1} x_2^{r_2} \cdots x_m^{r_m}$, $(0 \leqq r_i < s_i)$, forment une base d'espace vectoriel de $H$, et si de plus $Dx_i$ est impair pour $q = 0$, $s_i$ est une puissance de $q$ pour $q = 2$ ou bien $q \neq 0$, $Dx_i$ pair. Les monômes précédents seront les *monômes basiques* associés à $J$.

(c) *$J$ est $q$-simple* si les monômes $x_{i_1}{}^{r_1} x_{i_2}{}^{r_2} \cdots x_{i_k}{}^{r_k}$, ($i_1 < \cdots < i_k$; $1 \leqq k \leqq m$, $0 \leqq r_i < q$ pour $Dx_i$ pair et $q \neq 0$, $r_i = 0, 1$ sinon), forment avec 1 une base d'espace vectoriel de $H$; ces monômes seront les *monômes basiques associés* à $J$. Un élément $x \, \varepsilon \, H$ sera dit *décomposable relativement à $J$* s'il est somme de monômes basiques qui sont produits d'au moins deux $x_i$.

Au lieu de 2-simple ou 0-simple, nous dirons en général *simple*, conformément à la définition 6.4 de [3]. On peut bien entendu étendre ces définitions aux algèbres $H$ de type fini, avec quelques légères modifications, (cf. [3], Définitions 6.1, 6.2). Certaines d'entre elles équivalent à la notion d'algèbre extérieure et ne sont introduites que pour simplifier certains énoncés.

Il est clair que si $J$ est $q$-semi-libre, les éléments $x_i$ forment avec leurs puissances non nulles d'exposants $q, q^2, q^3, \cdots$ un système $q$-simple de générateurs, le *système $q$-simple associé à $J$*.

Si un système $q$-simple possède $a$ générateurs de degrés impairs $m_1, \cdots, m_a$ et $b$ générateurs de degrés pairs $n_1, \cdots, n_b$, le polynôme de Poincaré de $H$ est :

$$(1.2) \quad
\begin{aligned}
P_p(H, t) &= \prod_{i=1}^{i=a} (1 + t^{m_i}) \cdot \prod_{j=1}^{j=b} (1 + t^{n_j} + t^{2n_j} + \cdots + t^{(q-1)n_j}), \quad (q \neq 0) \\
P_p(H, t) &= \prod_{i=1}^{i=a} (1 + t^{m_i}) \cdot \prod_{j=1}^{j=b} (1 + t^{n_j}), \quad (q = 0),
\end{aligned}$$

et il est clair que tout système $q$-simple de générateurs possède $a$ éléments de degrés $m_1, m_2, \cdots, m_a$ et $b$ éléments de degrés $n_1, \cdots, n_b$, et enfin que

$$(1.3) \quad
\begin{aligned}
\dim H &= 2^a \cdot q^b \quad (q \neq 0) \\
\dim H &= 2^{a+b} \quad (q = 0).
\end{aligned}$$

On a vu dans [3], (Théorème 6.1 et No. 7) :

1.4. *Soit $X$ un $H$-espace* [4] *qui soit un polyèdre fini connexe. Alors tout système de type $(M)$ de générateurs de $H^*(X, K_p)$ est $p$-semi-libre.*

En particulier, $H^*(X, K_p)$ possède *toujours* un système $p$-semi-libre de générateurs.

---

[4] C'est à dire un espace muni d'un produit tel que les translations à gauche et à droite induisent des automorphismes de la cohomologie.

1. 5.   $H^*(X, K_p)$ *est l'algèbre extérieure d'un sous-espace gradué par des degrés impairs lorsque l'une des conditions suivantes est remplie*;

(a).   $p \neq 2$ *et* $H^*(X, K_p)$ *a un système simple de générateurs* ([3], Prop. 6. 1b).

(b).   $p \neq 2$ *et* dim $H^*(X, K_p)$ *est une puissance de deux.*

(c).   $p = 2$ *et* $P_2(X, t) = \prod\limits_{i=1}^{i=m} (1 + t^{n_i})$, ($n_i$ *impair,* $1 \leqq i \leqq m$).

(d).   $X$ *est sans p-torsion* ([3], Prop. 7. 2.).[5]

Vu (1. 3), (a) et (b) sont équivalents, il nous reste donc à établir (c). Soit $J = (y_i)$, $(1 \leqq i \leqq k)$, un système 2-semi-libre de générateurs de $H^*(X, K_2)$ ; le système simple associé $J'$ est d'après l'hypothèse formé de $m$ éléments de degrés $n_i$ impairs ; il ne peut donc contenir d'élément de la forme $y_i \cdot y_i$ ce qui implique que $y_i \cdot y_i = 0$, $(1 \leqq i \leqq k)$ ; ainsi $J'$ est égal à $J$, ne comprend que des éléments de degrés impairs et de carrés nuls, et engendre bien une algèbre extérieure.

1. 6.   *Soit $X$ un $H$-espace qui soit un polyèdre fini connexe. Alors si $X$ est sans torsion, $H^*(X, Z)$ est l'algèbre extérieure d'un sous-groupe abélien libre gradué par des degrés impairs* ([3], Prop. 7. 3.).

*Remarques.*

1. 7.   Les propriétés 1. 5 (a), (b), (c) sont en fait valables pour toute algèbre de Hopf, (au sens de [3], Définition 6. 2) sur un corps parfait puisque (1. 4) vaut sous cette hypothèse, ([3], Théorème 6. 1).

1. 8.   En utilisant (1. 2) et (1. 3), on obtient aisément la généralisation suivante de (1. 5b) : Soit $p \neq 2$. Si $H^*(X, K_p)$ possède un système $q$-simple de générateurs, $(q \neq p)$, alors c'est l'algèbre extérieure d'un sous-espace gradué par des degrés impairs.

1. 9.   Les définitions précédentes s'étendent aisément à des algèbres quelconques ; par exemple :

DÉFINITION.   *Soit $H$ une algèbre unitaire sur un anneau $A$. L'ensemble $(x_i)$, $(x_i \varepsilon H, i \varepsilon I, I$ ensemble totalement ordonné) est un système simple de générateurs de $H$ si ce dernier est la somme directe faible des sous-modules*

---

[5] Signalons à ce propos une légère erreur de [3]: La réciproque partielle à la Prop. 7. 2, énoncée dans démonstration en remarque, p. 143, est valable sous l'hypothèse $H^1(X, K_p) = 0$, et non pas seulement Tors. $_pH^2(X, Z) = 0$.

*monogènes engendrés par 1 et par les monômes* $x_{i_1} \cdots x_{i_k}$ $(i_1 < \cdots < i_k;$ $k = 1, 2, \cdots)$.

**2. Le produit de Pontrjagin.** Soit $X$ un $H$-espace. Le produit $h:$ $X \times X \to X$ définit un homomorphisme $h_*$ (compatible avec les degrés totaux), de $H_*(X, K_p) \otimes H_*(X, K_p)$ dans $H_*(X, K_p)$ ; l'élément $h_*(a \otimes b)$, *le produit de Pontrjagin de $a$ et $b$* sera noté $a \vee b$. Ce produit ajoute les degrés, est distributif, est associatif si $h$ l'est, possède un élément neutre engendrant $H_0$ si $h$ a un élément neutre.

Nous noterons $\langle\ ,\ \rangle$ la forme bilinéaire canonique sur le produit d'un espace vectoriel et de son dual ; on sait que $H^*$ et $H_*$ sont en dualité de même que $H^* \otimes H^*$ et $H_* \otimes H_*$ et que

$$(2.1) \qquad \langle x \otimes y, u \otimes v \rangle = \langle x, u \rangle \langle y, v \rangle ;$$

d'autre part $h^*$ et $h_*$ sont transposés l'un de l'autre, ce qui signifie :

$$(2.2) \qquad \langle h^*(x), a \otimes b \rangle = \langle x, a \vee b \rangle.$$

Un élément homogène $x \in H^*(X, K_p)$ est dit *primitif* si

$$(2.3) \qquad h^*(x) = x \otimes 1 + 1 \otimes x,$$

ce qui équivaut visiblement à dire que $x$ est orthogonal aux éléments décomposables de $H_*(X, K_p)$ ; cette formule permet aussi de définir les éléments primitifs de la cohomologie relativement à un anneau principal $A$, car $H^*(X, A) \otimes H^*(X, A)$ est toujours canoniquement contenue dans $H^*(X \times X, A)$.

Définition 2.4. *Soit $\theta$ l'automorphisme de $H^*(X, K_p) \otimes H^*(X, K_p)$ qui transforme $x \otimes y$ en $(-1)^{st} y \otimes x$, $(Dx = s, Dy = t)$ ; nous dirons que $h^*$ est symétrique si $\theta \circ h^* = h^*$.*

Proposition 2.5. *Le produit de Pontrjagin est anticommutatif si et seulement si $h^*$ est symétrique.*

Démonstration immédiate : $u \vee v = (-1)^{st} v \vee u$ pour tout $u \in H_s(X, K_p)$, $v \in H_t(X, K_p)$ équivaut à

$$\langle x, u \vee v \rangle = \langle x, (-1)^{st} v \vee u \rangle \text{ pour tout } u, v \text{ et } x \in H^{s+t}(X, K_p)$$

c'est à dire à

$$\langle h^*(x), u \otimes v \rangle = \langle h^*(x), (-1)^{st} v \otimes u \rangle$$

ou encore, puisqu'évidemment:

$$\langle \theta \cdot h^*(x), u \otimes v \rangle = \langle h^*(x), (-1)^{st} v \otimes u \rangle,$$

à

$$\langle \theta \circ h^*(x), u \otimes v \rangle = \langle h^*(x), u \otimes v \rangle \text{ pour } u, v, x \text{ quelconques donc à}$$
$\theta \circ h^* = h^*$.

*Remarques.*

2.6. La démonstration prouve plus précisément que $u \vee v = (-1)^{st} v \vee u$ pour tout $u \, \varepsilon \, H_s$, $v \, \varepsilon \, H_t$ si et seulement si $h^*$ est symétrique sur les éléments de degré $s + t$.

2.7. $h^*$ est en particulier symétrique si $H^*(X, K_p)$ possède un système de générateurs primitifs.

PROPOSITION 2.8. *Les deux conditions suivantes sont équivalentes.*

(a). $H^*(X, K_p)$, *(resp. $H^*(X, Z)$ est sans torsion et), a un système simple de générateurs primitifs.*

(b). $H_*(X, K_p)$, *(resp. $H_*(X, Z)$), est anticommutative et est l'algèbre extérieure d'un sous-espace, gradué par des degrés impairs si $p \neq 2$, (resp. d'un sous-groupe abélien libre gradué par des degrés impairs).*

(a) *entraîne* (b). Soit $(x_i)$, $(1 \leqq i \leqq m)$, un système simple de primitifs ; les éléments

$$x(i_1, i_2, \cdots, i_k) = x_{i_1} \cdot x_{i_2} \cdots \cdot x_{i_k}, \qquad (i_1 < \cdots < i_k ; 1 \leqq k \leqq m),$$

forment avec 1 une base additive de $H^*(X, K_p)$ ; soit $(v(i_1 \cdots i_k))$ la base duale, $v(i_1, \cdots i_k)$ correspondant bien entendu à $x(i_1, \cdots, i_k)$ ; nous voulons montrer que $v(i) \vee v(i) = 0$ et que $v(i_1, \cdots, i_k) = v(i_1) \vee \cdots \vee v(i_k)$, ce qui établira (b). Par hypothèse, les $x_i$ sont primitifs, donc

$$(2.9) \qquad h^*(x_{i_1} \cdots x_{i_k}) = \Sigma_{\alpha_1 < \ldots < \alpha_j} \epsilon_{\alpha_1 \ldots \alpha_j} x_{\alpha_1} \cdots x_{\alpha_j} \otimes x_{\alpha_{j+1}} \cdots x_{\alpha_k}$$

$\{\alpha_1, \cdots, \alpha_j\}$ étant une partie ordonnée de $\{i_1, \cdots, i_k\}$, $\{\alpha_{j+1}, \cdots, \alpha_k\}$ son complément ordonné, et $\epsilon_{\alpha_1 \ldots \alpha_n}$ le nombre d'inversions de la suite $\{\alpha_1, \cdots, \alpha_j, \alpha_{j+1}, \cdots, \alpha_k\}$. On en déduit immédiatement que $v(i) \vee v(i)$ et, par récurrence sur $k$, que $v(i_1, \cdots, i_k) - v(i_1) \vee \cdots \vee v(i_k)$ sont orthogonaux à $H^*(X, K_p)$, d'où les égalités annoncées.

Même démonstration pour les coefficients entiers.

(b) *entraîne* (a). Soit $(v_i)$ une base homogène d'un sous-espace dont $H_*(X, K_p)$ est l'algèbre extérieure ; les éléments

$$v(i_1, \cdots, i_k) = v_{i_1} \vee \cdots \vee v_{i_k}, \qquad (i_1 < \cdots < .i_k ; 1 \leqq k \leqq m)$$

forment avec 1 une base additive de $H_*(X, K_p)$, et comme $v_i \vee v_i = 0$ pour tout $i$, les produits d'au moins deux $v_i$ engendrent le sous-espace des éléments décomposables de $H_*(X, K_p)$. Soit $(x(i_1, \cdots, i_k))$ la base duale; les éléments $x_i = x(i)$ sont orthogonaux aux éléments décomposables de $H_*(X, K_p)$, donc primitifs, et vérifient de nouveau (2.9); cela permet de prouver par récurrence sur $k$ que $x(i_1, \cdots, i_k) - x(i_1) \cdots x(i_k)$ est orthogonal à $H_*(X, K_p)$, donc que $x(i_1, \cdots, i_k) = x(i_1) \cdots x(i_k)$; ainsi $(x_i)$ est un système *simple* de générateurs primitifs.

Même démonstration pour les coefficients entiers.

*Remarque.* Nous dirons que les systèmes $(x_i)$ et $(v_i)$ de la démonstration précédente sont en dualité.

2. 10. *Conditions suffisantes pour l'existence d'un système simple de générateurs primitifs.*

(a) Si le produit est associatif, il suffit que $H^*(X, K_p)$, (resp. $H^*(X, Z)$) soit l'algèbre extérieure d'un sous-espace (resp. d'un sous-groupe abélien libre) gradué par des degrés impairs. L'existence d'un système de primitifs est alors assurée par le théorème de Samelson ([17], ou [11], pp. 133-134); en fait le théorème n'y est formulé qu'en caractéristique zéro, mais la démonstration de Leray vaut sans changement en caractéristique quelconque, et même pour les coefficients entiers.

(b) La condition (a) est en particulier remplie lorsque $X$ est sans $p$-torsion, (resp. sans torsion), d'après 1. 5(d) et 1. 6; comme un polyèdre fini ne peut avoir de $p$-torsion que pour un nombre fini de $p$, cela montre que, sauf éventuellement pour un nombre fini de $p$, $H_*(X, K_p)$ est une algèbre extérieure anticommutative.

(c) Soit $X = G$ un groupe de Lie compact connexe. Il suffit que $H^*(X, K_p)$ (resp. $H^*(X, Z)$ soit sans torsion et) possède un système simple de générateurs universellement transgressifs, puisque ces éléments sont primitifs, [3], Proposition 20. 1). Cette condition est toujours vérifiée si (a) l'est, ([3], Théorème 19. 1) et en fait lui est équivalente en caractéristique différente de deux (resp. sur $Z$). En caractéristique deux cependant elle vaut dans d'autres cas (voir Nos. 8, 17, 22), qui ne semblent pas justiciables d'une démonstration algébrique analogue à celle du Théorème de Samelson, mais elle n'est pas toujours réalisée (voir Nos. 15, 16).

Nous nous sommes bornés à formuler 2. 8 dans un cas simple, le seul utile dans la suite. Indiquons cependant qu'elle admet la généralisation suivante:

PROPOSITION 2.11. *Les deux conditions suivantes sont équivalentes:*

(a)   $H^*(X, K_p)$ *a un système $p$-simple de $m$ générateurs primitifs $(x_i)$.*

(b)   $H_*(X, K_p)$ *est anticommutative et possède un système $p$-semi-libre de $m$ générateurs $(v_i)$, $(Dv_i = Dx_i)$, la hauteur de $v_i$ étant égale à $p$ si $Dv_i$ est pair, à deux sinon.*

Démonstration tout à fait analogue à celle de (2.8), et que nous ne détaillerons pas.  On s'appuyera sur le fait que si $x$ est primitif de degré pair

$$(2.12) \qquad\qquad \langle x^n, v^n \rangle = n!(\langle x, v \rangle)^n,$$

(démonstration par récurrence sur $n$ immédiate) ; on utilisera (2.9) lorsque les $x_i$ sont de degrés impairs, que l'on complétera par l'égalité suivante, où $y_1 \cdots y_l$ sont des primitifs de degrés pairs

$$(2.13) \quad h^*(y_1{}^{r_1} \cdots y_l{}^{r_l}) = \Sigma_{0 \le a_i \le r_i} \binom{r_1}{a_1} \cdots \binom{r_l}{a_l} y_1{}^{a_1} \cdots y_l{}^{a_l} \otimes y_1{}^{r_1-a_1} \cdots y_l{}^{r_l-a_l}.$$

PROPOSITION 2.14.   *Soit $J = (x_i)$, $(1 \le i \le m)$, un système $p$-simple, (resp. simple), de générateurs de $H^*(X, K_p)$ dans lequel $x_i$ est de degré impair pour $i \le k$, de degré pair pour $k + 1 \le i \le l$, primitif pour $1 \le i \le l$, $(1 \le k \le l \le m)$.*

*Un élément $x \ne 0$, décomposable relativement à $J$, combinaison linéaire de monômes basiques dans lesquels n'interviennent que $x_1, \cdots, x_l$ n'est pas primitif.*

Soient $y_i$, $(1 \le i \le n)$, les monômes basiques associés à $J$ qui sont produits des $x_i$, $(1 \le j \le l)$.  Les monômes $y_{ij} = y_i \otimes y_j$, $(1 \le i, j \le n)$ sont donc linéairement indépendants, et vu, (2.9) et (2.13), $h^*(x)$ en est une combinaison linéaire ; supposons que le monôme

$$x_{i_1} \cdots x_{i_s} x_{j_1}{}^{r_1} \cdots x_{j_t}{}^{r_t}$$
$$(i_1 < \cdots < i_s \le k < j_1 < \cdots < j_t \le l, 1 \le r_i < p, s + t \ge 2),$$

ait le coefficient $c \ne 0$ dans $x$ ; on déduit alors de (2.9) et (2.13) que $h^*(x)$ contient

$$x_{i_1} \cdots x_{i_{s-1}} x_{j_1}{}^{r_1} \cdots x_{j_t}{}^{r_t} \otimes x_{i_s}$$

avec le coefficient $c$ si $s \ge 1$ et qu'il contient

$$x_{j_1}{}^{r_1-1} x_{j_2}{}^{r_2} \cdots x_{j_t}{}^{r_t} \otimes x_{j_1}$$

avec le coefficient $r_1 \cdot c$ si $s = 0$, et $h^*(x)$ n'est pas primitif ; démonstration analogue dans le cas du système simple.

COROLLAIRE 2.15. *Soit $J = (x_i)$ un système $p$-simple, ou simple, de générateurs primitifs de $H^*(X, K_p)$. Alors tout primitif est une combinaison linéaire des $x_i$.*

Si $J = (x_i)$ est un système $p$-simple, ou simple, il n'y a pas de raison en général pour qu'une nouvelle base de l'espace sous-tendu par les $x_i$ soit encore un système $p$-simple, ou simple; cependant:

PROPOSITION 2.16. *Soient $J = (x_i)$ un système $p$-simple, (resp. simple), de générateurs primitifs de $H^*(X, K_p)$, $P$ l'espace sous-tendu par les $x_i$. Alors toute base $(y_i)$ de $P$ est un système $p$-simple, (resp. simple), de générateurs de $H^*(X, K_p)$.*

Si $p \neq 2$ et si $J$ est simple, $H^*(X, K_p)$ s'identifie à l'algèbre extérieure de $P$, la démonstration est immédiate et bien connue. Il reste donc à examiner le cas du système $p$-simple pour $p \neq 0$.

Si $p \neq 2$ et $Dy_i$ est impair, $y_i \cdot y_i = 0$; sinon, comme on calcule mod. $p$, l'élément $y_i^p$ sera aussi primitif, donc combinaison linéaire des $x_j$ ou des $y_j$ vu (2.15); il en résulte immédiatement que tout monôme basique associé à $J$ est combinaison linéaire de monômes de la même forme écrits à l'aide des $y_i$; ces derniers, dont le nombre est égal à celui des monômes basiques de $J$, sont donc forcément linéairement indépendants, et forment avec 1 une base de $H^*(X, K_p)$; ainsi $(y_i)$ est un système $p$-simple de générateurs.

*Remarques.*

2.17. Si $X = G$ est un groupe de Lie compact connexe, tout élément universellement transgressif est primitif, les Propositions 2.14, 2.15, 2.16 restent donc valables si on y remplace primitif par universellement transgressif.

2.18. Bien entendu, les résultats (2.8) à (2.16) et leur démonstration subsistent sans changement pour $H^*(X, K_p)$ ou $H^*(X, Z)$ de type fini.

**3. Opérateurs sur la cohomologie d'un espace fibré principal définis par l'homologie du groupe structural.** Soient $G$ un groupe de Lie compact connexe opérant sur deux espaces $X$, $Y$, et $f: X \to Y$ une application continue commutant à $G$. Leray, ([12], [13]), a indiqué que l'on pouvait faire opérer $H_*(G, K_0)$ sur $H^*(X, K_0)$ et $H^*(Y, K_0)$ et sur l'algèbre spectrale de $f$. Nous utiliserons ces opérations au No. 16, aussi voulons-nous en donner ici la définition et les principales propriétés en caractéristique quelconque.

3.1. Soient $A$ et $B$ deux espaces vectoriels sur $K_p$, $\hat{B}$ le dual de $B$; on vérifie aisément que si l'on pose $\sigma_u(a \otimes b) = \langle b, u \rangle a$, $(a \, \varepsilon \, A, \, b \, \varepsilon \, B, \, u \, \varepsilon \, \hat{B})$, on fait correspondre à $u$ un homomorphisme $\sigma_u$ de $A \otimes B$ dans $A$. Si de plus $h^*$ est un homomorphisme de $A$ dans $A \otimes B$ on en déduit un endomorphisme $\vartheta_u = h^* \circ \sigma_u$ de $A$ ; on notera $x \cdot \vartheta_u$ l'image de $x$ par $\vartheta_u$.

3. 2. Soient $E$ un espace sur lequel $G$ opère, $\zeta : E \times G \to E$ l'application ainsi définie ; on a

$$H^*(E \times G, K_p) = H^*(E, K_p) \otimes H^*(G, K_p)$$

et nous appliquons 3. 1 au cas $A = H^*(E, K_p)$, $B = H^*(G, K_p)$ et $h^* = \zeta^*$ ; autrement dit, si

$$\zeta^*(x) = \Sigma_i \, x_i \otimes y_i, \; (x, x_i \, \varepsilon \, H^*(E, K_p), y_i \, \varepsilon \, H^*(G, K_p)),$$

on pose

$$x \cdot \vartheta_u = \Sigma_i \langle y_i, u \rangle x_i ;$$

Comme

$$H_*(E \times G, K_p) = H_*(E, K_p) \otimes H_*(G, K_p)$$

$\zeta_*$ définit un accouplement de $H_*(E, K_p)$, $H_*(G, K_p)$ à $H_*(E, K_p)$, que l'on peut aussi appeler le produit de Pontrjagin, par

$$x \vee v = \zeta_*(x \otimes v), \; (x \, \varepsilon \, H_*(E, K_p), v \, \varepsilon \, H_*(G, K_p)),$$

et il est clair que $\vartheta_u$ est le transposé du produit de Pontrjagin, c'est à dire que

$$\langle x \cdot \vartheta_u, v \rangle = \langle x, v \vee u \rangle \text{ pour tout } v \, \varepsilon \, H_*(E, K_p).$$

Ces opérateurs ont les propriétés suivantes :

(a) Soit $Du = s$ ; $\vartheta_u$ est un homomorphisme de $H^k(E, K_p)$ dans $H^{k-s}(E, K_p)$ pour tout $k$.

(b) $\vartheta_0 = 0$ ; $\vartheta_1$ est l'identité ; $\vartheta_{au+bv} = a\vartheta_u + b\vartheta_v$, $(a, b \, \varepsilon \, K_p)$.

(c) $\vartheta_u \circ \vartheta_v = \vartheta_{u \cdot v}$.

(d) Soient $X, Y$ deux espaces sur lesquels $G$ opère, $f : X \to Y$ une application commutant à $G$. Alors $f^* \circ \vartheta_u = \vartheta_u \circ f^*$ pour tout $u \, \varepsilon \, H_*(G, K_p)$.

(e) Soit $u \, \varepsilon \, H_s(G, K_p)$ orthogonal aux éléments décomposables de $H^*(G, K_p)$ et soient $x, y$ homogènes $\varepsilon \, H^*(E, K_p)$. Alors

$$(x \cdot y) \cdot \vartheta_u = x \cdot (y \cdot \vartheta_u) + (-1)^{s \cdot Dy}(x \cdot \vartheta_u) y.$$

(a) et (b) sont clairs ; (c) résulte par un calcul facile de la commutativité du diagramme

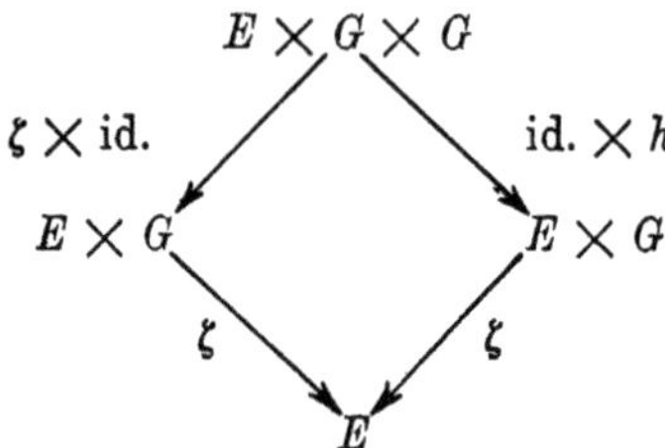

qui exprime l'égalité $(e \cdot g) \cdot g' = e \cdot (g \cdot g')$ ; la propriété (d) se déduit de la commutativité du diagramme

$$(3.21) \qquad \begin{array}{ccc} X \times G & \xrightarrow{\ \zeta_X\ } & X \\ f\downarrow & \downarrow \mathrm{id.} & \downarrow f \\ Y \times G & \xrightarrow{\ \zeta_Y\ } & Y \ . \end{array}$$

Enfin (e) est une conséquence immédiate de la définition, de l'égalité $f^*(x \cdot y) = f^*(x) \cdot f^*(y)$ et du fait que, vu l'existence d'un élément neutre dans $G$, on a, pour tout $x$ homogène $\varepsilon\, H^*(E, K_p)$ :

$$f^*(x) = x \otimes 1 + \Sigma x_i \otimes z_i, \ (x_i \,\varepsilon\, H^*(E, K_p),\, z_i \,\varepsilon\, H^*(G, K_p),\, 0 < Dz_i < Dx).$$

3.3.  Soit maintenant $(E, B, G, q)$ un espace fibré principal connexe, disons compact; $G$ opère sur $E$, en laissant chaque fibre invariante, d'où un diagramme commutatif :

$$(3.31) \qquad \begin{array}{ccc} E \times G & \xrightarrow{\ \zeta\ } & E \\ \downarrow q & & \downarrow q \\ B & \xrightarrow{\ \mathrm{id.}\ } & B \end{array}$$

$\zeta^*$ définit un homomorphisme de l'algèbre spectrale $(E_r)$ de $(E, B, G, q)$ dans celle de $(E \times G, B, G \times G, q)$, soit $(E'_r)$ ; du reste $\zeta^*$ est biunivoque,

$$E'_r \cong \zeta^*(E_r) \otimes H^*(G, K_p) \cong E_r \otimes H^*(G, K_p), \qquad (r \geqq 2),$$

la différentielle $d'_r$ de $E'_r$ est égale à $d_r$ sur $\zeta^*(E_r)$, nulle sur $1 \otimes H^*(G, K_p)$, *voir* [3], lemme 20.1, dont la démonstration montre de plus que

$$E'^{s,t}_r = \Sigma_{0 \leqq i \leqq t} E_r^{s, t-i} \otimes H^i(G, K_p).$$

En prenant $A = E_r$, $B = H^*(G, K_p)$, $h^* = \zeta^*$, on définit selon 3.1, un endomorphisme additif $\vartheta_u$ de $E_r$, pour tout $r \geqq 2$, qui a les propriétés suivantes :

(a).  $\vartheta_u$ est un homomorphisme de $E_r^{j,k}$ dans $E_r^{j,k-s}$,

$$(u \,\varepsilon\, H_s(G, K_p), r \geqq 2).$$

(b).  $\vartheta_0 = 0$ ;  $\vartheta_1 = \mathrm{id.}$ ;  $\vartheta_{au+bv} = a\vartheta_u + b\vartheta_v$, $(a, b \ \varepsilon \ K_p)$.

(c).  $\vartheta_u \circ \vartheta_v = \vartheta_{u \cdot v}$.

(d).  $\vartheta_u \circ d_r = d_r \circ \vartheta_u$ et $\vartheta_u \circ \kappa_{r+1}{}^r = \kappa_{r+1}{}^r \circ \vartheta_u$.

(e).  Sur $E_2$, on a $(b \otimes x) \cdot \vartheta_u = b \otimes (x \cdot \vartheta_u)$,
$$(b \ \varepsilon \ H^*(B, K_p), \ x \ \varepsilon \ H^*(G, K_p)).$$

(f).  $\vartheta_u$ laisse invariants les idéaux $J^s$ qui définissent la filtration de $H^*(E, K_p)$, et le diagramme suivant est commutatif.

$$
\begin{array}{ccc}
J^{j,k} & \xrightarrow{\ \vartheta_u\ } & J^{j,k-s} \\
\downarrow \pi & & \downarrow \pi \\
E_\infty{}^{j,k} & \xrightarrow{\ \vartheta_u\ } & E_\infty{}^{j,k-s}
\end{array}
\qquad (\pi \text{ projection canonique}).
$$

La propriété (f) provient du fait que pour définir $(E_r)$ et $(E'_r)$ on filtre des couvertures fines bien choisies de $E$ et $E \times G$ par le degré en les cochaînes de base, (*voir* par ex. [3], § 4, pour la définition précise), qui n'est pas altéré par le transposé de $\zeta$ ; la propriété (e) résulte de l'égalité $\zeta^*(b \otimes x) = b \otimes h^*(x)$ qui exprime que $\zeta$ est l'identité sur $B$ et que sa restriction à une fibre $G \times G$ est le produit, (*voir* [3], démonstration du lemme 20.1) ; les autres propriétés sont immédiates.

3.4.  En utilisant le diagramme (3.21) au lieu de (3.31) on pourrait aussi faire opérer $H_*(G, K_p)$ sur l'algèbre spectrale de $f$ ; on obtiendrait ainsi les opérateurs du No. 3 de [13], sur lesquels nous n'insisterons pas.  Le cas traité ici au No. 3.3 correspond au No. 4 de [13].

3.5.  *Applications.*  Nous considérerons ici la situation du diagramme (3.21) dans le cas particulier $X = G$, l'application $\zeta_X = h$ étant bien entendu celle qui définit le produit de $G$.

THÉORÈME 3.6.  *Soient $Y$ un espace sur lequel $G$ opère, $f : G \to Y$ une application commutant à $G$, (opérant sur lui-même par les translations à droite).  Si $H^*(G, K_p)$ possède un système simple de primitifs, alors $f^*(H^*(Y, K_p))$ est engendrée par des primitifs.*

En effet, vu 3.2(c), l'image de $f^*$ est stable par rapport aux opérateurs $\vartheta_u$ de $H^*(G, K_p)$ ; il suffit donc de voir que toute sous-algèbre de $H^*(G, K_p)$ stable par rapport aux $\vartheta_u$, ($u$ parcourant $H_*(G, K_p)$), est engendrée par des primitifs, ce qui est élémentaire et laissé au lecteur.

THÉORÈME 3.7.  *On conserve les hypothèses de 3.6 en supposant de plus* *que $p \neq 2$.[6] Alors $H^*(Y, K_p) = A \otimes \wedge P'$, où $A$ est une sous-algèbre annulée par $f^*$ et où $\wedge P'$ est une sous-algèbre que $f^*$ applique biunivoquement dans $H^*(G, K_p)$.*

Soient $x_1, \cdots, x_l$ une base de $P$ dont les $k$ premiers éléments engendrent l'image de $f^*$, $(Dx_i \leqq Dx_j$ si $i \leqq j \leqq k)$ ; nous désignons par $(u_i)$ la base duale et écrivons $\vartheta_i$ pour $\vartheta_{u_i}$ ; les opérateurs $\vartheta_i$ engendrent une algèbre extérieure, en particulier nous noterons $\wedge \vartheta'$ l'algèbre extérieure de $\vartheta_1, \cdots, \vartheta_k$. La démonstration de 3.7 comprend trois parties.

(i)   *A montrer*: Il existe $y_i \, \varepsilon \, H^*(Y, K_p)$ tel que $f^*(y_i) = x_i$ et que $y_i \cdot \vartheta_j = \delta_{ij}$, ($\delta_{ij}$ symbole de Kronecker, $1 \leqq i, j \leqq k$).

Vu que $f^*$ est un isomorphisme en dimension zéro et que $y \cdot \vartheta_j = 0$ si $Dy < Dy_j$, on voit facilement que l'on peut trouver $\bar{y}_i \, \varepsilon \, f^{*-1}(x_i)$ tel que

$$(3.71) \qquad\qquad \bar{y}_i \cdot \vartheta_j = \delta_{ij}, \qquad\qquad (1 \leqq i \leqq j \leqq k) \, ;$$

supposant avoir obtenu $y_1, \cdots, y_s$ vérifiant (i), nous voulons construire $y_{s+1}$ ; l'élément

$$y_{s+1, s} = \bar{y}_{s+1} - (\bar{y}_{s+1} \cdot \vartheta_1 \cdots \cdots \vartheta_s) y_s \cdot y_{s-1} \cdots y_1$$

est annulé par le produit $\vartheta_1 \cdot \vartheta_2 \cdots \cdots \vartheta_s$, fait partie de $f^{*-1}(x_{s+1})$ car

$$f^*(\bar{y}_{s+1} \cdot \vartheta_1 \cdots \cdots \vartheta_s) = x_{s+1} \cdot \vartheta_1 \cdots \cdots \vartheta_s = 0$$

et vérifie

$$(3.72) \qquad y_{s+1, s} \cdot \vartheta_{s+1} = 1, \qquad y_{s+1, s} \cdot \vartheta_j = 0 \qquad\qquad (s + 1 < j \leqq k).$$

Admettons maintenant qu'il existe $y_{s+1, j} \, \varepsilon \, f^{*-1}(x_{s+1})$ vérifiant (3.72), annulé par $\wedge^j(\vartheta_1, \cdots, \vartheta_s)$ ; si $j > 1$, alors

$$y_{s+1, j-1} = y_{s+1, j} - \Sigma_{\,i_1 < \ldots < i_j \leqq s} \, (y_{s+1, j} \cdot \vartheta_{i_1} \cdots \cdots \vartheta_{i_j}) y_{i_j} \cdots y_{i_1}$$

est dans $f^{*-1}(x_{s+1})$, vérifie (3.72) et est annulé par $\wedge^{j-1}(\vartheta_1, \cdots, \vartheta_s)$.  Finalement on arrivera à $y_{s+1, 1}$ qui satisfait aux conditions imposées à $y_{s+1}$ dans (i).

(ii).   Les $y_i$ sont de degrés impairs, de carrés nuls et leurs images par $f^*$ engendrent $\wedge(x_1, \cdots x_k)$ ; par conséquent la sous-algèbre $B$ engendrée par les $y_i$ dans $H^*(Y, K_p)$ s'identifie à $\wedge(y_1, \cdots, y_k)$.  Soit $A$ l'ensemble des éléments de $H^*(Y, K_p)$ qui sont annulés par $\wedge^1 \vartheta'$ ; c'est une sous-algèbre d'après 3.2(e), qui fait visiblement partie du noyau de $f^*$ ; nous voulons prouver que tout $y \, \varepsilon \, H^*(Y, K_p)$ est contenu dans la sous-algèbre engendrée par $A$ et $B$, que nous notons $A \cdot B$.

---

[6] $H^*(X, K_p)$ est donc une algèbre extérieure à générateurs de degrés impairs d'après 1.5(a).

Si $y$ est annulé par $\wedge^1\vartheta'$, cela est vrai par définition de $A$; supposons-le établi pour tout élément annulé par $\wedge^s\vartheta'$ et soit $y$ annulé par $\wedge^{s+1}\vartheta'$. Alors

$$y' = y - \Sigma_{i_1<\ldots<i_s\leqq k}\, (y\cdot\vartheta_{i_1}\cdots\vartheta_{i_s})y_{i_s}\cdot y_{i_{s-1}}\cdots y_{i_1}$$

est annulé $\wedge^s\vartheta'$, de même évidemment que les coefficients $(y\cdot\vartheta_{i_1}\cdots\cdot\vartheta_{i_s})$, et $y\,\varepsilon\,A\cdot B$ vu l'hypothèse d'induction d'où notre assertion, puisque tout élément est annulé par $\wedge^{k+1}\vartheta' = 0$.

(iii). Il reste encore à voir que $A\cdot B$ est isomorphe à $A\otimes B$; il est clair qu'il suffira pour cela d'établir:

(3.73). *Si l'élément*

$$z = \Sigma_{i_1<\ldots<i_s\,;\,1\leqq s\leqq k}\, a_{i_1,\ldots,i_s}y_{i_1}\cdots y_{i_s}$$

$(a_{i_1,\ldots,i_s}\,\varepsilon\,A)$, *est nul, alors chaque coefficient* $a_{i_1,\ldots,i_s}$ *est nul.*

Mais $z\cdot\vartheta_1\cdots\vartheta_k = a_{1,\ldots,k} = 0$ si $z = 0$; *cela étant*

$$z\cdot\vartheta_{i_1}\cdots\cdot\vartheta_{i_{k-1}} = a_{i_1,\ldots,i_{k-1}} = 0$$

et ainsi de suite, on démontre (3.73) par récurrence descendante sur $s$.

*Remarques.*

3.8. En caractéristique deux, la même démonstration montre que si $H^*(G, K_2)$ possède un système simple de générateurs primitifs, alors tout élément de $H^*(Y, K_2)$ peut se mettre sous la forme (3.73); la seule différence avec le cas 3.7 est que l'espace $\triangle(y_1,\cdots,y_s)$ n'est pas forcément une sous-algèbre.

3.9. Bien entendu, on a des résultats analogues en cohomologie entière lorsque $H^*(G, Z)$ et $H^*(Y, Z)$ sont sans torsion, (mêmes démonstrations).

3.10. Dans le cas particulier où $f$ est l'inclusion de $G$ dans un surgroupe de Lie compact connexe, 3.6 et 3.7 donnent respectivement les Prop. 21.2 et 21.3 de [3], elles-mêmes généralisations de résultats dûs à H. Samelson [17].

Si $f$ est la projection de $G$ sur un espace homogène $G/U$, le Théorème 3.7 généralise un résultat énoncé en caractéristique zéro par J. Leray [13].

## II. Un théorème de transgression.

Le but essentiel de cette partie est la démonstration du Théorème 6. 1 qui peut s'envisager comme une réciproque au Théorème 19. 1 et à la Proposition 19. 1 de [3] ; tous ces résultats s'obtiennent par l'étude de l'algèbre spectrale universelle, mais tandis que ceux de [3] étaient cas particuliers de propositions purement algébriques, dans lesquelles il n'était même pas question d'espaces fibrés, nous utiliserons ici plus complètement les hypothèses topologiques, en faisant notamment intervenir les propriétés de l'algèbre de cohomologie d'un $H$-espace rappelées au No. 1.

Remarquons une fois pour toutes qu'en caractéristique zéro, l'hypothèse et la conclusion de 6. 1 sont toujours vraies, ([3], Théorème 19. 1), aussi supposerons-nous $p \neq 0$ dans les démonstrations des Nos. 4, 5, 6.

### 4. Enoncé d'une proposition et notations.

PROPOSITION 4. 1. *Soit $G$ un groupe de Lie compact connexe et supposons que $H^*(B_G, K_p)$ est une algèbre de polynômes, pour un $p$ donné. Alors $H^*(G, K_n)$ possède un système simple de générateurs universellement transgressifs, de degrés impairs si $p \neq 2$.*

Pour tout entier $j > 0$, nous prouverons, par récurrence sur $j$, l'existence d'un système $M_j$ de générateurs de type $(M)$ dans lequel les éléments de degré $\leq j$ sont universellement transgressifs (et de degrés impairs pour $p \neq 2$), ce qui établira 4. 1.

Les éléments de $H^1(G, K_p)$ sont toujours tous universellement transgressifs ; on peut donc prendre pour $M_1$ n'importe quel système de type $(M)$ ; supposant maintenant connaître un système $M_k$, $(k \geq 1)$, nous nous proposons de construire $M_{k+1}$ ; nous y parviendrons à la fin du No. 5, après avoir démontré une série de lemmes ; auparavant, introduisons quelques notations.

*Notations.*

$(y_i)$ système de générateurs de $H^*(B_G, K_p)$.

$D^j$ sous-espace des éléments décomposables de $H^j(B_G, K_p)$.

$Q^j$ sous-espace sous-tendu par les $y_i$ dont le degré vaut $j$ ; il est donc isomorphe à $H^j(B_G, K_p)/D^j$.

$K_p[Q^j]$ algèbre de polynômes sur $Q^j$.

$B_j$ sous-algèbre de $H^*(B_G, K_p)$ engendrée par 1 et par les $y_i$ dont le degré est $\leq j$ ; on a donc un isomorphisme naturel $B_j \cong K_p[Q^j] \otimes B_{j-1}$.

$N_k = (x_i)$ : système $p$-simple associé à $M_k$.

$S_i{}^j$ : Sous-espace de $H^*(G, K_p)$ engendré par 1 et par les monômes basiques associés à $N_k$ qui sont produits d'éléments dont le degré vérifie $i \leq Dx \leq j$, $S_i{}^j$ et $S_{j+1}{}^l$ sont donc isomorphes aux sous-espaces $S_i{}^j \otimes 1$ et $1 \otimes S_{j+1}{}^l$ de $S_i{}^j \otimes S_{j+1}{}^l$, qui est lui-même canoniquement isomorphe à $S_i{}^l$ par un isomorphisme qui fait correspondre le produit $a \cdot b$ à $a \otimes b$, $(a \, \varepsilon \, S_i{}^j, b \, \varepsilon \, S_{j+1}{}^l)$.

$(E_r)$ est l'algèbre spectrale sur $K_p$ universelle pour $G$; on a donc $E_2{}^{s,t} = H^s(B_G, K_p) \otimes H^t(G, K_p)$ et $E_\infty$ est triviale. On sait que dans toute algèbre spectrale $E_{j+1}{}^{j,0} \cong E_\infty{}^{j,0}$ et $E_{j+2}{}^{0,j} \cong E_\infty{}^{0,j}$, donc ici

$$(4.2) \qquad\qquad E_{j+1}{}^{j,0} = E_{j+2}{}^{0,j} = 0 \qquad\qquad (j > 0).$$

Comme de plus $E_{j+1}{}^{j,0} \cong E_j{}^{j,0}/d_j(E_j{}^{0,j-1})$ et $E_{j+1}{}^{0,j-1} \cong d_j{}^{-1}(0) \cap E_j{}^{0,j-1}$ on voit que

$$(4.3) \quad d_j \text{ est un isomorphisme de } E_j{}^{0,j-1} \text{ sur } E_j{}^{j,0} \ (j \geq 2).$$

## 5. Démonstration de la Proposition 4.1.

**LEMME 5.1.** *Soit* $p \neq 2$. *Alors* $H^*(B_G, K_p)$ *n'a que des éléments de degrés pairs et tout élément universellement transgressif* $\neq 0$ *est de degré impair.*

En caractéristique $\neq 2$, un élément de degré impair est de hauteur deux, $H^*(B_G, K_p)$, qui est par hypothèse une algèbre de polynômes, doit donc être engendrée par des éléments de degrés pairs. D'autre part le sous-espace $E_j{}^{0,j-1}$ des éléments universellement transgressifs de degré $j-1$ est isomorphe à $E_{j+1}{}^{j,0}$ d'après (4.3), donc nul si $j$ est impair.

**LEMME 5.2.** *Soit* $j \leq k$. *Supposons* $A_j = K_p[Q^j] \otimes S_{j-1}{}^{j-1}$ *muni d'une différentielle nulle sur* $K_p[Q^j] \otimes 1$, *qui applique l'espace des éléments de degré* $j-1$ *de* $1 \otimes S_{j-1}{}^{j-1}$ *isomorphiquement sur* $Q^j \otimes 1$. *Alors* $A_j$ *a une cohomologie triviale.*

Remarquons tout d'abord qu'en caractéristique $p \neq 2$, il n'y a rien à démontrer si $j$ est impair, et que pour $j$ pair, $S_{j-1}{}^{j-1}$ est une algèbre extérieure à générateurs de degrés impairs.

A l'aide de la règle de Künneth, on se ramène immédiatement au cas où $Q^j$ est de dimension 1, pour lequel la vérification est aisée; ce lemme résulte aussi pour $p \neq 2$ du lemme 11.1 et de la Proposition 11.1 de [3] et pour $p = 2$, des résultats correspondants dans le cas du système simple ([3], § 16).

**LEMME 5.3.** $(a_r)$. *Pour* $D \leq k + 3$, $\kappa_r{}^2$ *est un isomorphisme de* $B_r \otimes S_{r-1}{}^k$ *dans* $E_r$, $(2 \leq r \leq k + 1)$.

$(b_r)$    $\kappa_r^2(B_r \otimes S_{r-1}{}^k)$ *contient* $E_r^{s,t}$ *pour* $s + t \leqq k + 2, t \leqq k,$
$$(2 \leqq r \leqq k + 1).$$

$(a_2)$ est évident, $(b_2)$ résulte du fait que $E_2^{1,0} = 0$, (4. 2) ; supposons $(a_j)$ et $(b_j)$ démontrés pour un indice $j$, $(2 \leqq j \leqq k)$ ; il en résulte:

(5. 31)    $\kappa_j^2(B_j \otimes S_{j-1}{}^k) \cong B_j \otimes S_{j-1}{}^k \cong K_p[Q^j] \otimes S_{j-1}{}^{j-1} \otimes S_j{}^k,$    $(D \leqq k + 3),$

(5. 32)                              $E_j{}^{j,0} \cong Q^j,$

(5. 33)    $E_j{}^{0,j-1} \subset \kappa_j^2(1 \otimes S_{j-1}{}^{j-1}) \cong S_{j-1}{}^{j-1}$ est le sous-espace sous-tendu par les $x_i$ dont le degré vaut $j - 1$.

(5. 34)    $\kappa_j^2(B_j \otimes S_{j-1}{}^k)$ est stable pour $d_j$, et pour $D \leqq k + 2$, $d_j$ se transporte sur le dernier membre de (5. 31) en une différentielle bien déterminée par sa restriction à $E_j{}^{0,j-1}$, qui est un isomorphisme sur $Q^j$, vu (4. 3) et (5. 32), et par le fait qu'elle est nulle sur $K_p[Q^j] \otimes B_{j+1} \otimes S_j{}^k$.

*Démonstration de* $(a_{j+1})$ : $d_j$ est nulle sur $B_{j+1} \otimes S_j{}^k$, donc pour que $\kappa_{j+1}^2 = \kappa_{j+1}{}^j \circ \kappa_j^2$ soit biunivoque sur ce sous-espace, $(D \leqq k + 3)$, il suffit que $\kappa_{j+1}{}^j$ le soit, c'est à dire que

$$\kappa_j^2(B_{j+1} \otimes S_j{}^k) \cap d_j({}^sE_j) = 0 \text{ pour } s \leqq k + 2;$$

soit $u \, \varepsilon \, {}^sE_j$ ; si $DFu \leqq k$, alors $u \, \varepsilon \, \kappa_j^2(B_j \otimes S_{j-1}{}^k) \cong B_j \otimes S_{j-1}{}^k$ et $d_j(u)$ est contenu dans l'idéal de $Q^j$, vu (5. 32) et (5. 34), et ne fait donc pas partie de $\kappa_j^2(B_{j+1} \otimes S_j{}^k)$ ; si $DFu > k$, alors $DBu = 0$ puisque $E_j{}^{1,0} = 0$ et que $Du \leqq k + 2$, donc $DB(d_ju) = j$, et si $d_j(u) \neq 0$, il ne peut faire partie de $\kappa_j^2(B_{j+1} \otimes S_j{}^k)$, dans lequel les degrés base $> 0$ sont $\geqq j + 1$.

*Démonstration de* $(b_{j+1})$. Un élément de $E_j{}^{s,t}$, $(s + t \leqq k + 2, t \leqq k)$, peut s'écrire d'après $(b_j)$ et (5. 31) :

(5. 35)                $h = u_1 \otimes v_1 + \cdots + u_n \otimes v_n + 1 \otimes v_{n+1},$

$(u_i \, \varepsilon \, K_p[Q^j] \otimes S_{j-1}{}^{j-1}, Du_i > 0 ; v_i \, \varepsilon \, B_{j+1} \otimes S_j{}^k ; v_1, \cdots, v_n$ linéairement indépendants). L'espace $E_{j+1}{}^{s,t}$ est la projection, par $\kappa_{j+1}{}^j$ de l'espace des $d_j$-cocycles de $E_j{}^{s,t}$ ; pour prouver $(b_{j+1})$ il suffira donc de montrer que si $d_j(h) = 0$, chacun des $n$ premiers termes de (5. 35) est un $d_j$-cobord ; en effet, on aura dans ce cas :

$$\kappa_{j+1}{}^j(h) = \kappa_{j+1}{}^j(1 \otimes v_{n+1}) \subset \kappa_{j+1}{}^j \circ \kappa_j^2(B_{j+1} \otimes S_j{}^k) = \kappa_{j+1}^2(B_{j+1} \otimes S_j{}^k).$$

Or si $d_j(h) = 0$, on doit avoir $d_j(u_i) = 0$, vu l'indépendance linéaire des $v_i$, $(1 \leqq i \leqq n)$ ; comme $Du_i > 0$, il existe $u'_i \, \varepsilon \, K_p[Q^j] \otimes S_{j-1}{}^{j-1}$ tel que $u_i = d_j(u'_i)$, (Lemme 5. 2 et (5. 34)), et alors

$$u_i \otimes v_i = d_j(u'_i \otimes v_i)$$

est bien un $d_j$-cobord, $(1 \leqq i \leqq n)$.

LEMME 5.4. *Soit $x$ un élément de degré $k + 1$ de $M_k$. Il existe $z \, \varepsilon \, S_1{}^k$, de degré $k + 1$, tel que $x + z$ soit universellement transgressif.*

Supposons avoir trouvé $z_j \, \varepsilon \, S_1{}^k$ tel que $x + z_j$ soit un $d_r$-cocycle pour $r < j$; alors, vu (5.3):

$$h = d_j \kappa_j{}^2 (x + z_j) \subset E_j{}^{j,k+2-j} \subset \kappa_j{}^2 (B_j \otimes S_{j-1}{}^k) \cong B_j \otimes S_{j-1}{}^k$$

ou plus précisément, puisque $DB(h) = j$:

$$h = u_1 \otimes v_1 + \cdots + u_n \otimes v_n,$$

($u_i \, \varepsilon \, Q^j \otimes S_{j-1}{}^{j-1}$, $v_i \, \varepsilon \, S_j{}^k$, $(1 \le i \le n)$, $v_1, \cdots, v_n$ linéairement indépendants); évidemment $d_j(h) = 0$, d'où $d_j(u_i) = 0$ et (lemme 5.2), l'existence de $u'_i \, \varepsilon \, K_p[Q^j] \otimes S_{j-1}{}^{j-1}$ tel que $u_i = d_j u'_i$, $(1 \le i \le n)$; mais ici $DBu_i = j$ donc $DBu'_i = 0$, ce qui signifie que $u'_i \, \varepsilon \, S_{j-1}{}^{j-1}$; on en tire

$$d_j \kappa_j{}^2 (x + z_j) = h = d_j(u'_1 \otimes v_1 + \cdots + u'_n \otimes v_n) = d_j(a), \quad (a \, \varepsilon \, 1 \otimes S_{j-1}{}^k),$$

et ainsi $x + z_j - a = x + z_{j+1}$, $(z_{j+1} \, \varepsilon \, S_1{}^k)$, est un $d_r$-cocycle pour $r < j + 1$, de manière analogue on montre l'existence de $z_2 \, \varepsilon \, 1 \otimes S_1{}^k$ tel que $d_2(x + z_2) = 0$; on obtient donc par récurrence $z_{k+2} \, \varepsilon \, S_1{}^k$ tel que $x + z_{k+2}$ soit un $d_r$-cocycle pour $r < k + 2$, autrement dit soit universellement transgressif.

LEMME 5.5. *Dans les notations du lemme 5.4, la hauteur de $x + z$ est égale à celle de $x$.*

Pour $p \ne 2$, $x$ et $x + z$ sont de degrés impairs, (s'ils sont différents de zéro), d'après le lemme 5.1, donc tous deux de hauteur deux. Il reste à considérer le cas $p = 2$.

Nous supposons les éléments du système simple $N_k = (x_i)$ associé à $M_k$ numérotés de telle sorte que les $l$ premiers soient les générateurs de $M_k$ de degrés $\le k$ ainsi que leurs puissances non nulles d'exposants $2, 4, 8, \cdots$; la transgression commutant aux $Sq^i$, les éléments $x_i$, $(1 \le i \le l)$, sont tous universellement transgressifs. Soit $S \supset S_1{}^k$ le sous-espace engendré par 1 et par les monômes basiques

$$x_{i_1} x_{i_2} \cdots x_{i_a}, \qquad (i_1 < i_2 < \cdots < i_a \le l, 1 \le a \le l).$$

Comme l'ensemble des $x_i$, $(1 \le i \le l)$, contient le carré de chacun de ses éléments, lorsqu'il est $\ne 0$, on voit que $S$ est une sous-algèbre dans laquelle, puisque nous calculons mod 2, le carré de tout élément décomposable relativement à $J = (x_i)$, $(1 \le i \le l)$, (Déf. 1.1c), est aussi décomposable relativement à $J$; en particulier, l'élément $z$ de 5.4, de degré $k + 1$, est forcément décomposable relativement à $J$, d'où vu (2.14) et (2.17):

(5. 51)   Soit $j$ un entier $> 0$; si $z^{2^j} \neq 0$, ce n'est pas un élément universellement transgressif.

La hauteur de $x$ est une puissance de 2, (1. 4), disons $2^a$; celle de $x + z$ est $\geqq 2^a$ par définition du système de type $(M)$; il reste donc à montrer qu'elle est $\leqq 2^a$; or, comme nous calculons mod 2,

$$(x + z)^{2^a} = x^{2^a} + z^{2^a} = z^{2^a}$$

et $z^{2^a}$ est universellement transgressif, en tant que puissance $2^a$-ième d'un élément universellement transgressif, donc nul d'après (5. 51).

5. 6.   *Construction du système $M_{k+1}$.*   Soit $M_k = (h_i)$ le système donné; nous définissons un nouveau système $(h'_i)$ par

$$h'_i = h_i \ \text{si}\ Dh_i \neq k + 1$$

$$h'_i = h_i + z_i \ \text{si}\ Dh_i = k + 1$$

$z_i$ étant décomposable tel que $h'_i$ soit universellement transgressif. Les $z_i$ étant décomposables, $(h'_i)$ est aussi minimal, et de plus tout polynôme en $h'_1, \cdots, h'_j$ est aussi un polynôme en $h_1, \cdots, h_j$, $(j = 1, 2, \cdots)$; un élément $h'_j + P(h'_1, \cdots, h'_{j-1})$ s'écrit donc aussi $h_j + Q(h_1, \cdots, h_{j-1})$ et sa hauteur est toujours $\geqq$ que la hauteur de $h_j$, donc que la hauteur de $h'_j$ vu (5. 5); ainsi $(h'_i)$ est un système de type $(M)$ dans les éléments de degrés $\leqq k + 1$ sont universellement transgressifs; c'est le système $M_{k+1}$ cherché.

**6.  Un théorème de transgression.**   En fait, tout l'essentiel est contenu dans la Proposition 4. 1, mais pour l'application que nous avons en vue, il sera plus commode d'utiliser l'énoncé suivant:

THÉORÈME 6. 1.   *Soit $G$ un groupe de Lie compact connexe et supposons que pour un $p$ premier donné, $H^*(B_G, K_p)$ soit une algèbre de polynômes engendrée par $m$ éléments $y_1, \cdots, y_m$, (forcément de degrés pairs si $p \neq 2$).*

*Alors $H^*(G, K_p)$ possède un unique système simple de générateurs universellement transgressifs $(u_i)$, $(i = 1, \cdots, m, Du_i = Dy_i - 1)$, tel que $y_i$ soit une image de $u_i$ par transgression dans $E_G$.*

Prenons un système $(h_i)$ de type $(M)$ d'éléments universellement transgressifs, (Prop. 4. 1), et soit $N = (x_i)$ le système simple associé, (il faut bien remarquer que pour $p \neq 2$, les $h_i$ sont de degrés impairs, et $N = M$ est bien un système simple, et non pas seulement $p$-simple). L'algèbre spectrale universelle vérifie relativement à $N$ et pour $D$ quelconque les propriétés que nous avons démontrées pour $N_k$ et $D \leqq k + 2$, en particulier (5. 31), (5. 32),

(5.33). Ainsi l'espace $T(G, K_p)$ engendré par les éléments universellement transgressifs, et qui est la somme des $E_{j+1}{}^{0,j}$, $(j \geqq 1)$, admet les $x_i$ comme base. Comme $d_j$ est un isomorphisme de $E_j{}^{0,j-1}$ sur $Q^j = E_j{}^{j,0}$, $((4.3)$ et $(5.32))$, on voit que $N$ compte $m$ éléments et que si $y_a, \cdots, y_b$ est base de $Q^j$, l'espace $E_j{}^{0,j-1}$ possède une base $u_a, \cdots, u_b$ bien déterminée telle que

$$(6.2) \qquad\qquad d_j \kappa_j{}^2 (1 \otimes u_i) = \kappa_j{}^2 (y_i \otimes 1), \qquad\qquad (a \leqq i \leqq b) \, ;$$

ce qui exprime justement que $y_i$ est une image de $u_i$ par transgression dans $E_G$. Le système $(u_i)$ est complètement déterminé par $(6.2)$, et comme c'est une base de $T(G, K_p)$ il constitue aussi un système simple de générateurs (*voir* $(2.16)$ et $(2.18))$, d'où le théorème.


### III.   Groupes quotients des groupes classiques.

**7. Sur l'algèbre spectrale des espaces fibrés.**   Dans ce No, $A$ est un anneau principal, $(E_r)$ l'algèbre spectrale sur $A$ d'une fibration $(E, B, F, q)$, où espace, base et fibres sont des polyèdres finis.

On notera $i$ l'inclusion de $F$ dans $E$, $\iota$ celle de $E_\infty{}^{s,0} = J^{s,0}$ dans $H^s(E, A)$, (cf. 0.3 pour les notations).   Rappelons que

$$(7.1) \qquad\qquad \iota \circ \kappa_\infty{}^2 = q^* \, ; \qquad E_\infty{}^{0,t} \cong i^*(H^t(E, A)).$$

Nous nous proposons d'indiquer deux cas particuliers dans lesquels $E_\infty$ est, (additivement et multiplicativement) isomorphe à $H^*(E, A)$ ; on supposera réalisée la condition suivante :

7.2.   *$E_\infty$ s'identifie au produit tensoriel (gauche sur $A$) de $U = \Sigma_{s \geqq 0} E_\infty{}^{s,0}$ et $V = \Sigma_{t \geqq 0} E_\infty{}^{0,t}$ par un isomorphisme qui applique le produit $x \cdot y$ sur $x \otimes y$, $(x \, \varepsilon \, E_\infty{}^{s,0}, y \, \varepsilon \, E_\infty{}^{0,t})$ ; en particulier $E_\infty{}^{s,t}$ s'identifie à $E_\infty{}^{s,0} \otimes E_\infty{}^{0,t}$.*

LEMME 7.3.   *Sous l'hypothèse $(7.2)$, $J^s$ est l'idéal engendré par*

$$q^*(\Sigma_{i \geqq 0} H^{s+i}(B, A)).$$

Etant donné $h \, \varepsilon \, J^{s,t}$ il existe d'après $(7.1)$ et $(7.2)$ des éléments $x_i \, \varepsilon \, q^*(H^s(B, A)) = \iota(E_\infty{}^{s,0})$ et $y_i \, \varepsilon \, H^t(E, A)$ tels que

$$h - x_1 \cdot y_1 - \cdots - x_n \cdot y_n$$

soit dans $J^{s+1,t-1}$ ; pour $s + t$ fixé l'inclusion de $J^{s,t}$ dans l'idéal de

$$\iota(E_\infty{}^{s,0} + E_\infty{}^{s+1,0} + \cdots)$$

s'en déduit alors par récurrence descendante sur $s$ ; l'inclusion contraire résulte de $\iota(E_\infty{}^{s,0}) = J^{s,0} \subset J^s$ et de la règle $J^a \cdot J^b \subset J^{a+b}$.

PROPOSITION 7.4. *On suppose, outre* (7.2), *qu'il existe un homomorphisme* $v: V \to H^*(E, A)$ *tel que* $i^* \circ v$ *soit l'identité. Alors l'homomorphisme* $\iota \otimes v: U \otimes V \to H^*(E, A)$ *est un isomorphisme sur.*

C'est une légère généralisation d'une proposition de J.-P. Serre (*Annals of Math.*, *54* (1951), p. 473), qui s'établit exactement de la même façon, (rappelons que l'on filtre $U \otimes V$ par le degré en $U$ et l'on montre que $\iota \otimes v$ induit un isomorphisme des algèbres graduées).

PROPOSITION 7.5. *On ajoute à* (7.2) *les hypothèses suivantes.*

(a)  *$E$ est un H-espace.*

(b)  *$A = K_p$ est un corps de caractéristique $p$.*

(c)  *$U$, (resp. $V$), possède un système $p$-semi-libre de générateurs $(u_i)$, $(1 \leq l \leq m, Du_i \leq Du_j$ si $i \leq j)$, (resp. $(v_i)$, $(1 \leq i \leq n, Dv_i \leq Dv_j$ si $i \leq j)$ et l'on a $Du_m \leq Dv_1$.*

*Alors $H^*(E, K_p)$ est isomorphe à $U \otimes V$.*

Le système $(u_1, \cdots, v_n)$ est un système $p$-semi-libre de générateurs de $U \otimes V$, il est en particulier minimal et même de type $(M)$. Soit $\hat{u}_i = \iota(u_i)$ et soit $\bar{v} \, \varepsilon \, H^*(E, K_p)$ tel que $i^*(\bar{v}_i) = v_i$; on voit aisément que c'est un système de générateurs de $H^*(E, K_p)$, ([3], Prop. 8.1); il est du reste minimal: En effet vu que $Du_m \leq Dv_1$ la condition de minimalité est visiblement vérifiée par les $\hat{u}_i$, qui engendrent une sous-algèbre isomorphe à $U$; d'autre part, si $\bar{v}_i = P(\hat{u}_1, \cdots, \bar{v}_{i-1})$, alors

$$v_i = P(i^*(\hat{u}_1), \cdots, i^*(\bar{v}_{i-1})) = Q(v_1, \cdots, v_{i-1}), \qquad (\text{vu } i^*(\hat{u}_i) = 0),$$

ce qui est absurde. Soit enfin $\hat{v}_i = \bar{v}_i + P_i(\hat{u}_1, \cdots, \bar{v}_{i-1})$ de hauteur minimum parmi les éléments de la forme $\bar{v}_i + P(\hat{u}_1, \cdots, \bar{v}_{i-1})$, où $P$ est un polynôme. Comme $\iota(U) \cong U$ et que $Du_m \leq Dv_1$, les $\hat{v}_i$ forment avec les $\hat{u}_i$ un système de type $(M)$ de générateurs de $H^*(E, K_p)$. Ce système est $p$-semi-libre vu l'hypothèse (a) et (1.4), et par conséquent

$$H^*(E, K_p) \cong \iota(U) \otimes \hat{V}, \qquad (\hat{V} \text{ sous-algèbre engendrée par les } \hat{v}_i).$$

Il nous faut encore montrer que $\hat{V} \cong V$. La hauteur de $\hat{u}_i$, soit $r_i$, est égale à celle de $u_i$; celle de $\hat{v}_i$, soit $\hat{s}_i$, est au moins égale à la hauteur de $i^*(\hat{v}_i) = v_i + P_i(i^*(u_1), \cdots, i^*(v_{i-1}))$, qui est $\geq$ que la hauteur de $v_i$, soit $s_i$. Mais la définition de système $p$-semi-libre montre que

$$\dim H^*(E, K_p) = r_1 \cdots r_m \hat{s}_1 \cdots \hat{s}_n$$

$$\dim E_\infty = \dim U \otimes V = r_1 \cdots r_m s_1 \cdots s_n.$$

Comme ces deux dimensions sont égales, on doit avoir $s_i = \hat{s}_i$, $(1 \leqq i \leqq n)$, d'où l'isomorphie de $\hat{V}$ et $V$.

*Remarques.*

7.6.  Soit $v'_i = i^*(\hat{v}_i) = v_i + Q_i(v_1, \cdots, v_{i-1})$ ; sa hauteur est égale à celle de $v_i$, car elle est d'une part $\leqq$ que la hauteur de $\hat{v}_i$, qui vaut $s_i$, et d'autre part $\geqq$ que la hauteur de $v_i$, qui vaut $s_i$ ; on en déduit sans difficulté que $(v'_i)$ est aussi $p$-semi-libre, et que la correspondance $v'_i \rightarrow \hat{v}_i$ définit un homomorphisme $\nu : V \rightarrow H^*(E, K_p)$ tel que $i^* \circ \nu$ soit l'identité ; l'isomorphisme de 7.5 peut donc être obtenu comme celui de 7.4.

7.7.  Les résultats et démonstrations de ce No valent pratiquement sans changement lorsque $E$, $B$, $F$ ont des cohomologies de type fini.

## 8. Homologie et cohomologie des groupes classiques.

*Notations.*  Soient $x_1, \cdots, x_n$ $n$ variables, $\sigma_j$ la jème fonction symétrique élémentaire en les $x_i$, $p$ un nombre premier.

On note $B_p^{k,j}(\sigma_1, \cdots, \sigma_j)$, $(j = i + k(p-1))$, le polynôme qui exprime la fonction symétrique de terme typique $x_1^p \cdots x_k^p x_{k+1} \cdots x_i$ en fonction des $\sigma_j$, et $b_p^{k,j}$ le coefficient de $\sigma_j$ dans $B_p^{k,j}$, réduit mod. $p$.  Par exemple on a ([6], 12.3) :

$$(8.1) \qquad\qquad b_p^{1,j} \equiv j \bmod. p.$$

THÉORÈME 8.2.  $U(n)$, $SU(n)$, $Sp(n)$ *sont sans torsion.  On a*

$$H^*(U(n), Z) = H^*(S_1 \times S_3 \times \cdots \times S_{2n-1}, Z)$$

$$H^*(SU(n), Z) = H^*(S_3 \times S_5 \times \cdots \times S_{2n-1}, Z)$$

$$H^*(Sp(n), Z) = H^*(S_3 \times S_7 \times \cdots \times S_{4n-1}, Z).$$

(Au point de vue additif, ce résultat est dû à Ehresmann [9] et Pontrjagin [16] ; pour une démonstration de 8.2, voir [3], Proposition 9.1) ; l'isomorphisme de 8.2 est bien entendu valable additivement et pour le cup-produit.  Par contre, au point de vue des puissances réduites on a [6], 11.4 et 13.5) :

THÉORÈME 8.3.  *Soit $p$ un nombre premier.  $H^*(U(n), Z_p)$, (resp. $H^*(Sp(n), Z_p)$), possède un système de $n$ générateurs universellement transgressifs $(h_i)$, $(Dh_i = 2i - 1)$, (resp. $(v_i)$, $Dv_i = 4i - 1$), tels que*

$$\mathcal{P}_p{}^k(h_i) = b_p{}^{k,j} \cdot h_j, \quad (1 \leqq i \leqq n, \, j = i + k(p-1)),$$

$$\mathcal{P}_p{}^k(v_i) = 0 \; si \; p = 2 \; et \; si \; k \; est \; impair,$$

$$\mathcal{P}_p{}^k(v_i) = (-1)^{k(p-1)/2} \cdot b_p{}^{k,2j} \cdot v_j \; sinon, \quad (j = i + k(p-1)/2).$$

En combinant (2.8), (2.10), et (8.2), on voit que:

THÉORÈME 8.4. *Pour* $G = \boldsymbol{U}(n)$, $\boldsymbol{SU}(n)$, $\boldsymbol{Sp}(n)$, *l'algèbre* $H_*(G, Z)$ *est une algèbre extérieure anticommutative, isomorphe à* $H^*(G, Z)$.

Avant de passer aux groupes orthogonaux, rappelons que la cohomologie de la variéte $\boldsymbol{V}_{n,2}$ des vecteurs unité tangents à $\boldsymbol{S}_{n-1}$, déterminée par E. Stiefel (*Comm. Math. Helv.*, t. 8 (1935), pp. 3-50), est *pour* $n$ *impair*:

$$(8.5) \quad H^0(\boldsymbol{V}_{n,2}, Z) = H^{2n-3}(\boldsymbol{V}_{n,2}, Z) = Z; \; H^{n-1}(\boldsymbol{V}_{n,2}, Z) = Z_2; \; H^i = 0 \; sinon.$$

THÉORÈME 8.6. *Au point de vue additif,* $\boldsymbol{SO}(n)$ *a même cohomologie entière que le produit*

$$\boldsymbol{V}_{3,2} \times \boldsymbol{V}_{5,2} \cdots \times \boldsymbol{V}_{\bar{n},2} \qquad (\bar{n} \; plus \; grand \; entier \; impair \leqq n),$$

*multiplié encore par* $\boldsymbol{S}_{n-1}$ *quand* $n$ *est pair*.

(*voir* [8], [9], [16], [15], [3] Proposition 10.4). Les résultats suivants montrent que cet isomorphisme n'est pas valable au point de vue multiplicatif pour $n \geqq 5$.

THÉORÈME 8.7. $H^*(\boldsymbol{SO}(n), Z_2)$ *possède un unique système simple de générateurs universellement transgressifs* $(h_i)$, $(1 \leqq i \leqq n-1, \, Dh_i = i)$, *liés par les relations*:

$$Sq^i h_j = \binom{j}{i} h_{i+j}, \quad (i \leqq j, i+j \leqq n-1); \quad Sq^i h_j = 0 \; sinon.$$

([15], Theorems 5.3, 6.1, [3], Prop. 23.3, [4], Théorème 9.1, remarquons en passant que l'existence du système de générateurs universellement trans-gressifs pourrait aussi se déduire du fait que $H^*(B_{\boldsymbol{SO}(n)}, Z_2)$ est une algèbre de polynômes en les classes caractéristiques réduites $w_2, \cdots, w_n$, qui est établi dans [4], No. 8, sans recours à $H^*(\boldsymbol{SO}(n), Z_2)$, et du Théorème 6.1 du présent travail.)

Le théorème (8.7) montre en particulier que

8.8. $H^*(\boldsymbol{SO}(n), Z_2)$ *admet un système 2-semi-libre de générateurs* $h_1$, $h_3, h_5, \cdots$, *la hauteur* $s_i$ *de* $h_{2i-1}$ *étant la plus petite puissance de 2 telle que* $s_i(2i-1) \geqq n$.

En ce qui concerne la cohomologie mod $p$ impair on a ([3], Prop. 10. 2, [6], No. 14) :

THÉORÈME 8. 9. *Soit $p$ un nombre premier impair. $H^*(SO(2n + 1), Z_p)$, (resp. $H^*(SO(2n), Z_p)$), est une algèbre extérieure engendrée par $n$ éléments $b_1, \cdots, b_n$, (resp. $b_1, \cdots, b_{n-1}, u_{2n}$), $(Db_i = 4i - 1, Du_{2n} = 2n - 1)$, universellement transgressifs, vérifiant:*

$$\mathcal{P}_p{}^k(u_{2n}) = 0 \text{ lorsque } k \geqq 1.$$

$$\mathcal{P}_p{}^k(b_i) = (-1)^{k(p-1)/2} \cdot b_p{}^{k,2j} \cdot b_j, \quad (j = i + k(p-1)/2).$$

En utilisant (2. 8), (2. 10), (8. 7) et (8. 9), on obtient le théorème suivant, dû à Miller ([15], Theorems 4. 2, 4. 3) :

THÉORÈME 8. 10. *Soit $p \neq 2$. $H_*(SO(n), Z_p)$ est une algèbre extérieure anticommutative, isomorphe à $H^*(SO(n), Z_p)$.*

*$H^*(SO(n), Z_2)$ est une algèbre extérieure commutative, engendrée par $n - 1$ éléments de degrés respectifs $1, 2, \cdots, n - 1$.*

Rappelons encore pour terminer ce No que certains des théorèmes précédents sont en fait des cas particuliers de théorèmes sur les variétés de Stiefel (réelles, complexes ou quaternioniennes). Pour ne pas trop allonger nous nous contenterons de mentionner un résultat qui sera utilisé plus loin ([15], Nos. 3, 5, 6, [3] Prop. 10. 4 et [4] Théorème 9. 1) :

8. 11. *Les coefficients de torsion de la variété de Stiefel $V_{n,k}$ des $k$-repères orthonormaux de $R^n$ sont tous d'ordre deux. La projection naturelle $p_k$: $SO(n) \to V_{n,k}$ induit un isomorphisme de $H^*(V_{n,k}, Z_2)$ sur la sous-algèbre de $H^*(SO(n), Z_2)$ qui est engendrée par les éléments $h_i$, $(n - k \leqq i \leqq n - 1; 1 \leqq k \leqq n - 1)$.*

## 9. Revêtements réguliers finis; cohomologie des groupes cycliques.

Ce No est principalement consacré au rappel de notions et résultats pour la plupart bien connus.

Soit $N$ un groupe fini. $H^*(B_N, \Gamma)$, ($\Gamma$ anneau quelconque) s'identifie à l'algèbre de cohomologie de $N$ relativement à $\Gamma$, au sens des groupes discrets. Supposons que $N$ soit sous-groupe d'un groupe de Lie compact connexe $G$; il agit forcément trivialement sur sa cohomologie, par conséquent dans la fibration $(G/N, B_N, G)$ associée à $(G, G/N, N)$, (*voir* 0. 5(a)), le système des $H^*(G, \Gamma)$ est simple et en particulier:

$$(9. 1) \qquad E_2 \cong H^*(B_N, K_p) \otimes H^*(G, K_p).$$

On sait que $N$ a une cohomologie triviale relativement à $K_p$ lorsque $p = 0$ ou lorsque $p$ ne divise pas l'ordre de $N$ ; dans ce cas, $E_2$ est évidemment égale à $E_\infty$, d'où la Proposition bien connue :

PROPOSITION 9.2. *Soient $G$ un groupe de Lie compact connexe, $N$ un sous-groupe discret de $G$, d'ordre $n$, et $q$ la projection de $G$ sur $G/N$.*

*Alors $q^* : H^*(G/N, K_p) \to H^*(G, K_p)$ est un isomorphisme sur lorsque $p = 0$ ou lorsque $p$ est premier à $n$.*

COROLLAIRE 9.3. *Si $p$ premier ne divise pas $n$, $G$ et $G/N$ sont simultanément avec ou sans $p$-torsion.*

Rappelons encore la cohomologie du groupe cyclique $Z_n$, (*voir* par exemple, S. Eilenberg, *Bull. Math. Soc.*, 55 (1949), pp. 3-37, No. 11) :

PROPOSITION 9.4. *$Z_n$ a une cohomologie triviale en caractéristique zéro, ou en caractéristique $p$ si $p$ ne divise pas $n$.*

*Si $p$ impair divise $n$, $H^*(B_{Z_n}, Z_p)$ est isomorphe au produit tensoriel gauche $\wedge (a) \otimes Z_p[b]$ $(Da = 1, Db = 2)$ ; on a le même résultat pour $p = 2$ lorsque $n \equiv 0$ mod. 4.*

*Si $n = 2m$, $m$ impair, $H^*(B_{Z_n}, Z_2) \cong Z_2[a]$, $(Da = 1)$.*

PROPOSITION 9.5. *Soient $Z_m \subset Z_n$ des groupes cycliques d'ordres divisibles par $p$. Si $(m/n, p) = 1$, l'homomorphisme $\rho^*_p(Z_m, Z_n)$ est un isomorphisme sur, si $m/n$ est divisible par $p$, l'homomorphisme $\rho^*_p(Z_m, Z_n)$ est un isomorphisme sur pour les éléments de degrés pairs et annule les éléments de degrés impairs.*

Soient $m = p^s q$, $n = p^t r$, $((q, p) = (r, p) = 1)$. On a donc

$$Z_m = Z_{p^s} \times Z_q, \qquad Z_n = Z_{p^t} \times Z_r,$$

$$B_{Z_m} = B_{Z_{p^s}} \times B_{Z_q}, \qquad B_{Z_n} = B_{Z_{p^t}} \times B_{Z_r}$$

et comme les deuxièmes facteurs des seconds membres ont une cohomologie triviale, l'homomorphisme $\rho^*_p(Z_m, Z_n)$ se ramène à l'homomorphisme $\rho^*_p$ calculé pour les composantes $p$-primaires ; il suffit donc d'examiner le cas $m = p^s$, $n = p^t$.

Notre assertion est évidente pour $s = t$ ; soit donc $s < t$ et posons $k = p^{t-s}$. Dans l'algèbre spectrale de $(B_{Z_n}, B_{Z_k}, B_{Z_m})$, (voir 0.5 (c)) on a

$$E_2 \cong H^*(B_{Z_k}, H^*(B_{Z_m}, Z_p))$$

et les coefficients sont ordinaires, car $Z_k$ agit certainement trivialement sur $H^i(B_{Z_m}, Z_p) = Z_p$, donc

$$E_2 \cong H^*(B_{Z_k}, Z_p) \otimes H^*(B_{Z_m}, Z_p) = \wedge(a) \otimes Z_p[y] \otimes \wedge(b) \otimes Z_p[x]$$

$(Da = Db = 1, Dy = Dx = 2)$. Comme

$$\dim E_2^{1,0} = \dim E_\infty^{1,0} = 1 = \dim {}^1E_\infty$$

il faut que $E_3^{0,1} = 0$, ce qui n'est possible que si

$$(9.51) \qquad d_2(1 \otimes b) = ky \otimes 1, \ (k \ \varepsilon \ Z_p, k \neq 0).$$

$E_2^{2,1}$ a l'élément $y \otimes b$ comme base, il ne contient donc pas de $d_2$-cocycle $\neq 0$, ni a fortiori de $d_2$-cobord $\neq 0$, par conséquent

$$(9.52) \qquad d_2(1 \otimes x) = 0,$$

ces deux formules déterminent complèment $d_2$ et on calcule aisément (voir aussi Lemme 5.2) :

$$E_3 \cong \wedge(a) \otimes Z_p[x];$$

ainsi pour $r \geqq 3$, $E_r$ ne contient pas de degré base $\geqq 2$, $d_r$ est nulle et $E_3 \cong E_\infty$.

$Z_p[x]$ s'identifie à l'ensemble des éléments de degré fibre zéro de $E_\infty$, c'est bien l'image de $\rho^*_p(Z_m, Z_n)$, (voir 0.5), d'où notre proposition dans le cas $p$ impair. Pour $p = 2$, la démonstration est pratiquement identique à la précédente et laissée au lecteur.

## 10. Quotient d'un groupe de Lie par un sous-groupe cyclique.

*Notation. Dans tout de No, $\Gamma_m$ désigne un sous-groupe isomorphe à $Z_m$ du groupe de Lie compact connexe $G$.*

Nous voulons étudier la cohomologie mod. $p$ du quotient $G/\Gamma_m$, $(p/m)$, lorsque $H^*(G, Z_p)$ possède un système simple de générateurs universellement transgressifs.

LEMME 10.1. *Soient $p$ un nombre premier, $m$ un entier divisible par $p$. On suppose que $H^*(G, Z_p)$ est l'algèbre extérieure d'un sous-espace $P$ gradué par des degrés impairs. Soit $2s$ le premier degré pour lequel $\rho^*_p(\Gamma_m, G)$ est non nul.[7] Alors dans l'algèbre spectrale sur $Z_p$ de $(G/\Gamma_m, B_{\Gamma_m}, G, q)$ :*

$$E_\infty \cong E_{2s+1} \cong H^*(B_{\Gamma_m}, Z_p)/(H^{2s}(B_{\Gamma_m}, Z_p)) \otimes \wedge P'$$

*où, (pour un $P$ convenable), $P'$ est un sous-espace gradué de $P$ tel que $\dim P' = \dim P - 1$, $\dim P'^{2s-1} = \dim P^{2s-1} - 1$. Si de plus $\Gamma_m$ est invariant dans $G$, l'entier $s$ est une puissance de $p$.*

---

[7] La démonstration montrera l'existence de $s$.

On peut supposer que $P$ est l'espace des éléments universellement transgressifs de $H^*(G, Z_p)$, ([3], Théorème 19.1), par conséquent ([3], Prop. 22.1):

$$(10.11) \qquad d_r \kappa_r^2 (1 \otimes P^i) = 0 \text{ si } r \leqq i,$$

$$(10.12) \qquad d_i \kappa_i^2 (1 \otimes P^{i-1}) = \kappa_i^2 (\rho^*_p (\Gamma_m, G) (H^i(B_G, Z_p) \otimes 1)).$$

Si $\rho^*_p (\Gamma_m, G)$ est nul sur les éléments de degrés $i < k$, ces formules montrent que $d_r \kappa_r^2 (1 \otimes P) = 0$ pour $r < k$, donc que $d_r = 0$ et que $E_r \cong E_2$ pour $r < k$; mais $E_2$ est de dimension infinie, alors que $E_\infty$ est de dimension finie, il existe donc un premier entier $2s$ tel que $\rho^*_p$ ne soit pas nul pour ce degré; l'espace $H^{2s}(B_{\Gamma_m}, Z_p)$ étant de dimension 1, le noyau $P'$ de la restriction de $d_{2s}$ à $\kappa_{2s}^2 (1 \otimes P)$ est de dimension inférieure de 1 à celle de $P$; soit encore $x$ un élément de $P^{2s-1}$, non contenu dans $P'$; on peut écrire

$$E_{2s} \cong E_2 \cong H^*(B_{\Gamma_m}, Z_p) \otimes \wedge (x) \otimes \wedge P',$$

$$d_{2s} \kappa_{2s}^2 (1 \otimes P') = 0; \qquad d_{2s} \kappa_{2s}^2 (1 \otimes x) = \kappa_{2s}^2 (y \otimes 1) \neq 0$$

où $y$ est un générateur de $H^{2s}(B_{\Gamma_m}, Z_p)$; on en tire aisément

$$E_{2s+1} \cong H^*(B_{\Gamma_m}, Z_p) / (H^{2s}(B_{\Gamma_m}, Z_p)) \otimes \wedge P',$$

et $E_{2s+1}$, qui ne contient plus d'élément non nul de degré base $\geqq 2s + 1$, vu (9.4), est forcément égal à $E_\infty$. Remarquons encore que $s$ est la hauteur de l'élément $\sigma^*(y)$, où $y$ est un générateur de $H^2(B_{\Gamma_m}, Z_p)$, et où $\sigma^*$ est l'homomorphisme caractéristique de la fibration $(G, G/\Gamma_m, \Gamma_m, q)$.

Soit maintenant $\Gamma_m$ invariant dans $G$. Si $p$ est impair $\sigma^*(y)$ fait partie de tout système de type $(M)$ de générateurs de $H^*(G/\Gamma_m, Z_p)$, et sa hauteur est une puissance de $p$, (1.4). Si $p = 2$, $\sigma^*(y)$ ne fait pas forcément partie d'un système de type $(M)$, mais on vérifie facilement à l'aide de (1.4) que dans l'algèbre de cohomologie mod 2 d'un $H$-espace, les éléments de degré $\leqq 2$ ont toujours comme hauteur une puissance de deux.

COROLLAIRE 10.2. *Le polynôme de Poincaré* mod $p$ *de* $G/\Gamma_m$ *est*

$$P_p(G/\Gamma_m, t) = P_p(G, t) (1 - t^{2s}) (1 - t)^{-1} \cdot (1 - t^{2s-1})^{-1}.$$

PROPOSITION 10.3. *On conserve les hypothèses du lemme* 10.1 *et on suppose de plus que* $p$ *est impair. Alors,*

$$H^*(G/\Gamma_m, Z_p) \cong \wedge (a) \otimes Z_p[y]/(y^s) \otimes \wedge P'.$$

En effet, d'après (9.4) et le lemme, on a dans l'algèbre spectrale de $(G/\Gamma_m, B_{\Gamma_m}, G, q)$

$$E_\infty \cong E_{2s+1} \cong \wedge (a) \otimes Z_p[y]/(y^s) \otimes \wedge P',$$

et comme on est en caractéristique impaire, l'algèbre extérieure $\wedge P'$ se " remonte " dans $H^*(G/\Gamma_m, Z_p)$, et l'on peut appliquer (7.4).

PROPOSITION 10.4. *On suppose* $p = 2$, $\Gamma_m$ *invariant dans* $G$, *et on conserve les hypothèses du lemme* 10.1. *Alors si* $m \equiv 2 \bmod. 4$:

$$H^*(G/\Gamma_m, Z_p) \cong Z_2[a]/(a^{2s}) \otimes \wedge P', \qquad (Da = 1),$$

*si* $m \equiv 0 \bmod. 4$ *et si* $H^1(G, Z_2) = 0$,

$$H^*(G/\Gamma_m, Z_2) \cong \wedge (a) \otimes Z_2[y]/(y^s) \otimes \wedge P', \qquad (Da = 1, Dy = 2).$$

D'après (9.4) et (10.1), on a dans l'algèbre spectrale de $(G/\Gamma_m, B_{\Gamma_m}, G, q)$

$$E_\infty \cong Z_2(a)/(a^{2s}) \otimes \wedge P' \text{ si } m \equiv 2 \bmod. 4,$$

$$E_\infty \cong \wedge (a) \otimes Z_2[y]/(y^s) \otimes \wedge P' \text{ si } m \equiv 0 \bmod. 4,$$

$(Da = 1,\ Dy = 2)$ ; comme nous supposons $\Gamma_m$ invariant, on déduit l'isomorphie de $H^*(G/\Gamma_m, Z_p)$ avec $E_\infty$ de (7.5), (qui s'applique aussi dans le deuxième cas puisque nous y supposons $H^1 = 0$).

PROPOSITION 10.5. *On suppose que* $H^*(G, Z_2) = \triangle P$ *possède un système simple de générateurs universellement transgressifs formant une base de* $P$. *Soit* $\Gamma_2$ *un sous-groupe d'ordre deux de* $G$ *et soit* $s$ *le premier degré pour lequel* $\rho^*_2(\Gamma_2, G)$ *est* $\neq 0$.[7] *Alors, dans l'algèbre spectrale de* $(G/\Gamma_2, B_{\Gamma_2}, G)$, *on a*

$$E_\infty \cong E_{s+1} \cong Z_2[a]/(a^s) \otimes \triangle P'$$

$(P'$ *sous-espace gradué de* $P$, dim $P' - 1$, dim $P'^{s-1} = $ dim $P^{s-1} - 1$). *Si* $\Gamma_2$ *est invariant,* $s$ *est une puissance de deux.*

Nous laissons au lecteur la démonstration, qui est pratiquement identique à celle de (10.1), si l'on tient compte du fait que toute base de $P$ est un système *simple* de générateurs de $H^*(G, Z_2)$ d'après (2.16).

On pourrait aussi étudier le cas où $m$ est divisible par 4, mais l'énoncé est plus compliqué car on doit envisager deux possibilités pour l'algèbre spectrale, suivant que $s$ est pair ou impair, et nous ne le reproduirons pas ici. De même, si l'on cherche à étendre (10.4) au cas système simple de générateurs, on se heurte à quelques complications et nous nous bornerons au cas particulier suivant:

PROPOSITION 10.6. *On suppose que* $H^*(G, Z_2)$ *possède un système* 2-*semi-libre de générateurs universellement transgressifs* $J = (x_i)$, $(1 \leq i \leq m,$ $Dx_i < Dx_j$ *si* $i < j)$. *Soit* $\Gamma_2$ *un sous-groupe invariant d'ordre deux de* $G$ *et* *soit s le premier degré pour lequel $\rho^*_2(\Gamma_2, G)$ est non nul. Alors $J$ contient un élément de degré $s - 1$, soit $x_j$, et $H^*(G/\Gamma_2, Z_2) = Z_2[a]/(a^s) \otimes V$, $(Da = 1)$, où $V$ est isomorphe à la sous-algèbre de $H^*(G, Z_2)$ qui est engendrée par les $x_i$ d'indices $i \neq j$ et par $x_j^2$.*

Soient $J'$ le système simple associé à $J$ et $P$ le sous-espace sous-tendu par les éléments de $J'$; ces derniers sont universellement transgressifs et les formules (10.11) et (10.12) leur sont aussi applicables; par conséquent, tant que $d_r$ est nulle sur $J$, sur $J'$, (ce qui a lieu pour $r < s$), elle est identiquement nulle, d'où $E_s \cong E_2$. De plus $d_s$ n'étant pas nulle il doit exister $x_j \varepsilon J$, non annulé par $d_s$, unique d'après l'hypothèse $Dx_a < Dx_b$ quand $a < b$. Le noyau $P'$ de la restriction de $d_s$ à $P$ admet visiblement une base formée des éléments $x_i$, $(i \neq j)$, de $x_j^2$ et de leurs puissances non nulles d'exposants $2, 4, 8, \cdots$; comme $J$ est 2-semi-libre, le sous-espace $\triangle P'$ est une sous-algèbre isomorphe à l'algèbre $V$ décrite dans l'énoncé, et (10.5) montre que dans l'algèbre spectrale de $(G/\Gamma_2, B_{Z_2}, G)$ on a

$$E_\infty \cong Z_2[a]/(a^s) \otimes V\,;$$

mais le système formé par les $x_i$, $(i \neq j)$ et $x_j^2$ est évidemment 2-semi-libre, et comme $Da = 1$, $H^*(G/\Gamma_2, Z_2)$ est isomorphe à $E_\infty$ d'après (7.5), ce qui établit notre proposition.

**11. Groupes quotients des groupes classiques.** Dans le No précédent, nous avons vu que l'étude de $H^*(G/\Gamma_m, Z_p)$ se ramène essentiellement à celle de $\rho^*_p(\Gamma_m, G)$ lorsque $G$ possède un système simple de générateurs universellement transgressifs; dans le cas où $G$ est classique, cette condition est toujours vérifiée et $\rho^*_p(\Gamma_m, G)$ se calcule aisément, comme nous allons le voir ici lorsque $\Gamma_m$ est un sous-groupe du centre de $G$.

LEMME 11.1. *Soient $Z_m$ le sous-groupe des éléments d'ordre $m$ d'un tore à une dimension $T^1$, $p$ un nombre premier divisant $m$. Alors $\rho^*_p(Z_m, T^1)$ est biunivoque.*

En effet, $T^1/Z_m$ est aussi un cercle, $H^*(B_{T^1}, Z_p)$ est une algèbre de polynômes à un générateur de degré deux, donc, vu (9.4)

$$P_p(B_{Z_m}, t) = P_p(T^1/Z_m, t) \cdot P_p(B_{T^1}, t),$$

l'algèbre spectrale mod. $p$ de $(B_{Z_m}, B_T, T^1/Z_m, \rho(Z_m, T^1))$ est triviale, et $\rho^*_p(Z_m, T^1)$ est donc biunivoque.

LEMME 11.2. *Soient $(Z_m)^n$ le sous-groupe des éléments d'ordre $m$ d'un* *tore $T^n$ à $n$ dimensions, et $p$ un nombre premier divisant $m$. Alors $\rho^*_p((Z_m)^n, T^n)$ est biunivoque.*

C'est une conséquence évidente de (11.1). Remarquons encore que $\rho^*_p((Z_m)^n, T^n)$ se décrit facilement: Si $p = 2$ et si $m \equiv 2$ mod. 4,

$$H^*(B_{(Z_m)^n}, Z_2) \cong Z_2[x_1, \cdots, x_n], \qquad (Dx_i = 1),$$

et l'image de $\rho^*_p((Z_m)^n, T^n)$ est la sous-algèbre des polynômes en les $x_i^2$. Si $p \geqq 3$ ou bien si $p = 2$ et si $m \equiv 0$ mod. 4:

$$H^*(B_{(Z_m)^n}, Z_p) \cong \wedge(b_1, \cdots, b_n) \otimes Z_p[y_1, \cdots, y_n], \quad (Db_i = 1, Dy_i = 2),$$

et l'on peut visiblement prendre comme deuxième facteur (qui n'est pas univoquement déterminé), l'image de $\rho^*_p((Z_m)^n, T^n)$.

Nous passons maintenant aux quotients des groupes classiques par des sous-groupes de leurs centres, (pour les notations, cf. 0.7).

THÉORÈME 11.3. *Soient $n$ un entier $> 0$ et $s = 2^k$ la plus grande puissance de deux divisant $n$. Alors, (avec $Da = 1, Dx_i = i$):*

$$H^*(\boldsymbol{PSp}(n), Z_2) \cong Z_2[a]/(a^{4s}) \otimes \wedge(x_3, x_7, \cdots, \hat{x}_{4s-1}, \cdots, x_{4n-1}).[8]$$

D'après (8.3), les hypothèses de (10.1) et (10.4) sont vérifiées, il nous suffit donc de prouver que

(11.31). $4s = 2^{k+2}$ *est le plus petit degré $> 0$ pour lequel $\rho^*_2(\Gamma_2, \boldsymbol{Sp}(n))$, est $\neq 0$, $\Gamma_2$ étant le centre de $\boldsymbol{Sp}(n)$.*

Soient $\boldsymbol{T}^n$ le tore maximal de $\boldsymbol{Sp}(n)$ que forment les matrices diagonales à coefficients complexes, $(\boldsymbol{Z}_2)^n$ le sous-groupe de ses éléments d'ordre 2; les inclusions:

$$\Gamma_2 \subset (\boldsymbol{Z}_2)^n \subset \boldsymbol{T}^n \subset \boldsymbol{Sp}(n),$$

montrent que

$$\rho^*_2(\Gamma_2, \boldsymbol{Sp}(n)) = \rho^*_2(\Gamma_2, (\boldsymbol{Z}_2)^n) \circ \rho^*_2((\boldsymbol{Z}_2)^n, \boldsymbol{T}^n) \circ \rho^*_2(\boldsymbol{T}^n, \boldsymbol{Sp}(n)).$$

L'homomorphisme $\rho^*_2(\boldsymbol{T}^n, \boldsymbol{Sp}(n))$ est biunivoque, et son image dans

$$H^*(B_{\boldsymbol{T}^n}, Z_2) \cong Z_2[u_1, \cdots, u_n], \qquad (Du_i = 2),$$

est l'ensemble des fonction symétriques en $u_1^2, \cdots, u_n^2$, ([3], § 29); par conséquent, vu (11.2), l'image de $\rho^*_2((\boldsymbol{Z}_2)^n, \boldsymbol{Sp}(n))$ dans

$$H^*(B_{(Z_2)^n}, Z_2) \cong Z_2[x_1, \cdots, x_n], \qquad (Dx_i = 1),$$

est l'ensemble des fonctions symétriques en $x_1^4, x_2^4, \cdots, x_n^4$.

---

[8] Comme d'habitude, une variable surmontée d'un $\wedge$ doit être omise.

Il reste à calculer $\rho^*_2(\Gamma_2, (\mathbf{Z}_2)^n)$. Or, on peut identifier $\mathbf{Z}_2$ et $(\mathbf{Z}_2)^n$ aux premiers groupes d'homologie (entière ou mod. 2) de leurs espaces classifiants de manière à ce que l'inclusion $\Gamma_2 \subset (\mathbf{Z}_2)^n$ se transporte en la restriction de $\rho_*(\mathbf{Z}_2, (\mathbf{Z}_2)^n)$ à la dimension 1.[9] D'autre part $(\mathbf{Z}_2)^n$ est formé des matrices diagonales dont les coefficients valent $\pm 1$, et l'élément non nul de $\Gamma_2$, est la matrice $-1$; si $v$, resp. $v_1, \cdots, v_n$ sont des systèmes de générateurs de $H_1(B_{\Gamma_2}, Z_2)$, resp. $H_1(B_{(\mathbf{Z}_2)^n}, Z_2)$, l'image de $v$ par $\rho_*$ sera $v_1 + \cdots + v_n$, (pour un choix convenable évident des $v_i$), d'où, $x$, resp. $x_1, \cdots, x_n$ étant les bases duales des premiers groupes de cohomologie

$$\rho^*_2(\Gamma_2, (\mathbf{Z}_2)^n)(x_i) = x, \qquad\qquad (1 \leqq i \leqq n),$$

$$\rho^*_2(\Gamma_2, (\mathbf{Z}_2)^n)(\sigma_i(x_1^4, \cdots, x_n^4)) = \binom{n}{i} x^{4i}$$

($\sigma_i$ ième fonction symétrique élémentaire); mais on sait que

$$(11.32) \qquad \binom{n}{i} \equiv 0 \bmod. 2 \text{ pour } i < 2^k, \ \binom{n}{2^k} \not\equiv 0 \bmod. 2,$$

$$(n = 2^k \cdot n', n' \text{ impair}),$$

ce qui, joint aux propriétés déjà établies de $\rho^*_2((\mathbf{Z}_2)^n, \mathbf{Sp}(n))$, donne (11.31).

THÉORÈME 11.4. *Soient $\Gamma_m$ le sous-groupe d'ordre $m$ du centre $\Gamma_n$ de $\mathbf{SU}(n)$, $p$ un nombre premier divisant $m$ et $s = p^k$ la plus grande puissance de $p$ divisant $n$. Alors, avec $Dx = 1$, $Dy = 2$, $Dx_i = i$:*

$$H^*(\mathbf{SU}(n)/\Gamma_m, Z_p) \cong Z_p[y]/(y^s) \otimes \wedge(x_1, x_3, \cdots, \hat{x}_{2s-1}, \cdots, x_{2n-1})[8]$$

*pour $p \geqq 3$, ou bien $p = 2$, $m \equiv 0 \bmod. 4$, et pour $p = 2$, $m \equiv 0 \bmod. 4$:*

$$H^*(\mathbf{SU}(n)/\Gamma_m, Z_2) \cong Z_2[x]/(x^{2s}) \otimes \wedge(x_3, x_5, \cdots, \hat{x}_{2s-1}, \cdots, x_{2n-1}).$$

D'après (8.3), (10.3), (10.4), il nous suffit de montrer que:

(11.41)  $2s = 2p^k$ *est le premier degré $> 0$ pour lequel $\rho^*_p(\Gamma_m, \mathbf{SU}(n))$ est non nul.*

$\mathbf{SU}(n)$ est totalement non homologue à zéro dans $\mathbf{U}(n)$, relativement à des coefficients quelconques, donc $\rho^*_p(\mathbf{SU}(n), \mathbf{U}(n))$ est *sur*, ([3], Cor. à la Prop. 21.3), et puisque

$$\rho^*_p(\Gamma_m, \mathbf{U}(n)) = \rho^*_p(\Gamma_m, \mathbf{SU}(n)) \circ \rho^*_p(\mathbf{SU}(n), \mathbf{U}(n))$$

il suffit de faire voir que (11.41) vaut aussi pour $\rho^*_p(\Gamma_m, \mathbf{U}(n))$, ce qui va s'établir exactement comme (11.31). On part des inclusions

$$\Gamma_m \subset (\mathbf{Z}_m)^n \subset \mathbf{T}^n \subset \mathbf{U}(n),$$

---

[9] Pour une discussion plus détaillée d'un cas analogue, cf. [4], No. 3.

$T^n$ étant le tore maximal des matrices diagonales de $U(n)$, d'où l'on déduit

$$\rho^*_p(\Gamma_m, U(n)) = \rho^*_p(\Gamma_m, (Z_m)^n) \circ \rho^*_p((Z_m)^n, T^n) \circ \rho^*_p(T^n, U(n)).$$

$\rho^*_p(T^n, U(n))$ est biunivoque, et son image est l'ensemble des fonctions symétriques en $y_1, \cdots, y_n$, ([3], § 29). Si $p = 2$, $m \equiv 2$ mod. 4, on démontre comme plus haut que l'image de $\sigma_i(u_1, \cdots, u_n)$ par $\rho^*_p(\Gamma_m, T^n)$ est

$$\rho^*_2(\Gamma_m, T^n)(\sigma_i(u_1, \cdots, u_n)) = \binom{n}{i} x^{2i}.$$

Si maintenant $p \geqq 3$, ou bien $p = 2$, $m \equiv 0$ mod. 4

$$H^*(B_{(Z_m)^n}, Z_p) \cong \wedge(a_1, \cdots, a_n) \otimes Z_p[y_1, \cdots, y_n], \quad (Da_i = 1, Dy_i = 2),$$

et l'image de $\rho^*_p((Z_m)^n, U(n))$ est, vu (11.2), l'ensemble des fonctions symétriques en les $y_i$. Enfin l'homomorphisme $\rho^*_p(\Gamma_m, (Z_m)^n$ dans

$$H^*(B_{\Gamma_m}, Z_p) \cong \wedge(b) \otimes Z_p[y], \quad (Db = 1, Dy = 2),$$

est de nouveau transposé de l'inclusion, applique les $b_i$ sur $b$ et les $y_i$ sur $y$, donc

$$\rho^*_p(\Gamma_m, (Z_m)^n)(\sigma_i(y_1, \cdots, y_n)) = \binom{n}{i} y^i,$$

et (11.41) se déduit des relations

$$\binom{n}{i} \equiv 0 \text{ mod. } p \text{ si } i < p^k, \quad \binom{n}{p^k} \not\equiv 0 \text{ mod. } p, \quad (n = p^k \cdot n', (n', p) = 1).$$

THÉORÈME 11.5. *Soient $n$ un entier $> 0$, $s = 2^k$ la plus grande puissance de deux divisant $2n$. Alors,*

$$H^*(PSO(2n), Z_2) = Z_2[a]/(a^s) \otimes V, \quad (Da = 1),$$

*où $V$ est une algèbre unitaire ayant un système simple de $2n - 2$ générateurs $x_i$, $(1 \leqq i \leqq 2n - 1, i \neq 2^k - 1, Dx_i = n)$, liés par les relations $x_i \cdot x_i = x_{2i}$ si $2i \leqq 2n - 1$, $x_i \cdot x_i = 0$ sinon.*

$PSO(2n)$ est le quotient de $SO(2n)$ par un sous-groupe $\Gamma_2$ à deux éléments; (8.8) montre les hypothèses de (10.6) sont réalisées et qu'il suffira de faire voir que:

(11.51). *$s$ est le plus petit degré $> 0$ pour lequel $\rho^*_2(\Gamma_2, SO(2n))$ est non nul.*

L'homomorphisme $\rho^*_2(SO(2n), O(2n))$, où $O(2n)$ est le groupe orthogonal complet à $2n$ variables, est *sur*, ([4], Prop. 8.1), il suffit donc d'établir

(11. 51) pour $\rho^*{}_2(\Gamma_2, \boldsymbol{O}(2n))$. Soit $\boldsymbol{Q}(2n)$ le sous-groupe des matrices diagonales de $\boldsymbol{O}(2n)$, il est isomorphe à $(Z_2)^{2n}$, donc

$$H^*(B_{\boldsymbol{Q}(2n)}, Z_2) \cong Z_2[x_1, \cdots, x_{2n}], \qquad (Dx_i = 1);$$

les inclusions $\Gamma_2 \subset \boldsymbol{Q}(2n) \subset \boldsymbol{O}(2n)$ montrent que

$$\rho^*{}_2(\Gamma_2, \boldsymbol{O}(2n)) = \rho^*{}_2(\Gamma_2, \boldsymbol{Q}(2n)) \circ \rho^*{}_2(\boldsymbol{Q}(2n), \boldsymbol{O}(2n)),$$

$\rho^*{}_2(\boldsymbol{Q}(2n), \boldsymbol{O}(2n))$ applique $H^*(B_{\boldsymbol{O}(2n)}, Z_2)$ sur l'ensemble des fonctions symétriques en les $x_i$, ([4], Théorème 5. 1). Quant à $\rho^*{}_2(\Gamma_2, \boldsymbol{Q}(2n))$ c'est de nouveau en dimension un le transposé de l'inclusion, et comme dans le cas de $\boldsymbol{Sp}(n)$, on aura:

$$\rho^*{}_2(\Gamma_2, \boldsymbol{Q}(2n))(\sigma_i(x_1, \cdots, x_{2n})) = \binom{2n}{i} x^i$$

et (11.51) résulte des propriétés (11. 32) des coefficients binomiaux.

*Remarques.*

11. 6. Si $n$ est impair, $s$ est égal à deux, le théorème montre que l'on obtient $H^*(\boldsymbol{PSO}(2n), Z_2)$ à partir de $H^*(\boldsymbol{SO}(2n), Z_2)$ simplement en y remplaçant $h_1$ par un élément de carré nul; en particulier, $\boldsymbol{PSO}(2n)$ a aussi un système simple de $2n-1$ générateurs de degrés $1, 2, \cdots, 2n-1$. On pourrait du reste déduire $s = 2$ du fait que le groupe fondamental de $\boldsymbol{PSO}(2n)$, qui est isomorphe au centre de $\boldsymbol{Spin}(2n)$, est isomorphe à $Z_4$, (0. 7).

Par contre si $n$ est pair, $s$ est $> 2$, (ce qui si l'on veut correspond au fait que $\pi_1(\boldsymbol{PSO}(2n)) = Z_2 + Z_2$), et $H^*(\boldsymbol{PSO}(2n), Z_2)$ a un système simple de $2n-2+k$ générateurs.

11. 7. Nous n'avons étudié la cohomologie mod. $p$ de $G/\Gamma_m$ que dans le cas où $p$ divise $m$, le seul qui présente quelque intérêt. Lorsque $(p, m) = 1$, il suffit d'appliquer (9. 2).

## IV. Le groupe des spineurs.

### 12. Cohomologie du groupe des spineurs (résultats).

Théorème 12. 1. (a). *Pour $p$ impair, $\boldsymbol{Spin}(n)$ n'a pas de $p$-torsion et $H^*(\boldsymbol{Spin}(n), Z_p)$ est isomorphe à $H^*(\boldsymbol{SO}(n), Z_p)$.*

(b). *$\boldsymbol{Spin}(n)$ a de la 2-torsion si et seulement si $n \geqq 7$, et ses coefficients de torsion sont tous égaux à deux.*

(c). *Soit $s(n)$ l'entier tel que $2^{s(n)-1} < n \leqq 2^{s(n)}$. L'algèbre $H^*(\boldsymbol{Spin}(n),$*

*$Z_2$) possède un système simple de $n - s(n)$ générateurs $u_1, \cdots, u_{n-s(n)-1}, u$;
le dernier est de degré $2^{s(n)} - 1$ et la suite des degrés $Du_1, Du_2, \cdots, Du_{n-s(n)-1}$
s'obtient à partir de la suite $3, 4, \cdots, n-1$ en y supprimant toutes les
puissances de deux. Ces éléments vérifient les relations suivantes:*

$$Sq^i u_j = \binom{Du_j}{i} u_k \ si \ i \leqq Du_j, \ i + Du_j = Du_k; \ Sq^i u_j = 0 \ sinon; \ u \cdot u = 0.$$

12. 1(a) résulte de (8. 6) et (9. 3); donnons maintenant les valeurs des
degrés $Du_i, Du$ pour $n \leqq 9$.

| $n$ | $s(n)$ | $Du_1, \cdots, Du_{n-s(n)-1}$ | $Du$ |
|-----|--------|-------------------------------|------|
| 3 | 2 | | 3 |
| 4 | 2 | 3 | 3 |
| 5 | 3 | 3 | 7 |
| 6 | 3 | 3, 5 | 7 |
| 7 | 3 | 3, 5, 6 | 7 |
| 8 | 3 | 3, 5, 6, 7 | 7 |
| 9 | 4 | 3, 5, 6, 7 | 15 |

**13. Cohomologie mod. 2.** Nous diviserons la démonstration de 12. 1(c)
en trois parties: (i). Détermination d'un système simple de générateurs, (ii).
Détermination des $u_i$ vérifiant les $Sq^i$ annoncés, (iii). Détermination d'un
générateur $u$ de carré nul complétant le système des $u_i$.

(i). *Un système simple de générateurs.* L'espace homogène $V_{n,n-2}$
$= SO(n)/SO(2)$ est aussi le quotient de $Spin(n)$ par l'image réciproque
de $SO(2)$ dans $Spin(n)$; cette dernière est connexe puisque $V_{n,n-2}$ est simplement connexe, c'est un revêtement à deux feuillets de $SO(2)$, donc un cercle,
d'où une fibration $(Spin(n), V_{n,n-2}, S_1, q)$ dont nous voulons étudier l'algèbre
spectrale sur $Z_2$. On déduit immédiatement des propriétés de $H^*(V_{n,n-2}, Z_2)$
rappelées au No. 8:

13. 1. L'idéal engendré par $h_2$ possède, en tant qu'espace vectoriel sur
$Z_2$, une base formée des monômes $h_{i_1} \cdot h_{i_2} \cdots \cdot h_{i_k}, \ (i_1 < i_2 < \cdots < i_k)$, où
l'un des $i_j$ au moins est une puissance de deux.

13. 2. Les $n - s(n) - 1$ éléments $h_i$ dont les degrés ne sont pas des
puissances de 2 constituent un système simple de générateurs d'une sous-
algèbre unitaire $K$ de $H^*(V_{n,n-2}, Z_2)$ qui, en tant qu'espace vectoriel, est un
supplémentaire de l'idéal $(h_2)$.

13. 3.   La hauteur de $h_2$ est égale à $2^{s(n)-1}$; l'annulateur de $h_2$, soit Ann. $h_2$, est l'idéal engendré par l'élément:

$$h^* = h_2 \cdot h_4 \cdots h_{2^{s(n)-1}} = h_2^{2^{s(n)-1}-1}, \qquad (Dh^* = 2^{s(n)} - 2);$$

l'application $y \to y \cdot h^*$ est une application linéaire biunivoque de $K$ sur Ann. $h_2$.

Nous pouvons maintenant passer à l'algèbre spectrale sur $Z_2$ de $(\boldsymbol{Spin}(n), \boldsymbol{V}_{n,n-2}, \boldsymbol{S}_1, q)$.   On a tout d'abord:

$$E_2 \cong H^*(\boldsymbol{V}_{n,n-2}, Z_2) \otimes H^*(\boldsymbol{S}_1, Z_2),$$

$$E_3 \cong E_\infty.$$

Soit $x$ l'élément non nul de $H^1(\boldsymbol{S}_1, Z_2)$; comme $\boldsymbol{Spin}(n)$ est simplement connexe, on doit avoir $E_3^{0,1} = 0$ et $x$ ne peut être un $d_2$-cocycle, d'où

$$d_2(1 \otimes x) = h_2 \otimes 1,$$

ce qui détermine complètement $d_2$, comme on sait; les $d_2$-cocycles forment la sous-algèbre

$$C(E_2) = \text{Ann.}\, h_2 \otimes x + H^*(\boldsymbol{V}_{n,n-2}, Z_2) \otimes 1,$$

et les $d_2$-cobords la sous-algèbre: $d_2(E_2) = (h_2) \otimes 1$.

En tant qu'espace vectoriel, Ann. $h_2 \otimes x + K \otimes 1$ est un supplémentaire de $d_2(E_2)$ dans $C(E_2)$ d'après (13. 2); mais, vu (13. 3) et (13. 1), cette sous-algèbre admet un système simple de générateurs formé des $n - s(n) - 1$ éléments $h_i$ dont le degré n'est pas une puissance de deux et d'un élément $h^* \otimes x$ de degré égal à $2^{s(n)} - 1$; comme elle est appliquée isomorphiquement sur $E_3$ par $\kappa_3^2$, on voit que $E_3 \cong E_\infty$, donc aussi ([3], Prop. 8. 1) que $H^*(\boldsymbol{Spin}(n), Z_2)$ possède un système simple de $n - s(n)$ générateurs dont les degrés sont égaux aux entiers compris entre 3 et $n - 1$ et non puissances de deux et à $2^{s(n)} - 1$, ce qui établit (i).

(ii).   *Détermination des $u_i$.*   Soient $(u_i)$, $(1 \leqq i < n - s(n))$, les éléments $q^*(h_j)$, ($j$ non puissance de 2), rangés par ordre de degrés croissants et soit $u^*$ un représentant dans $H^*(\boldsymbol{V}_{n,n-2}, Z_2)$ de $h^* \otimes x$.   Vu (8. 7) et (8. 11), $Sq^i u_j$ a bien la valeur énoncée dans 12. 1(c); de plus les $u_i$ sont représentés dans $E_\infty$ par les éléments $\kappa_\infty^2(h_i)$, ($i$ non puissance de deux), qui forment avec $h^* \otimes x$ un système simple de générateurs de $E_\infty$, par conséquent ([3], Prop. 8. 1), les $u_i$ et $u^*$ constituent un système simple de générateurs de $H^*(\boldsymbol{Spin}(n), Z_2)$.

(iii). *Le générateur* $u$. Posons $U = q^*(H^*(\boldsymbol{V}_{n,n-2}, Z_2))$ et $a(n)$ $= 2^{s(n)} - 1$. De (i) et (ii) on tire que $U$ est isomorphe à $H^*(\boldsymbol{V}_{n,n-2}, Z_2)/(h_2)$ et contient tous les éléments de degrés $< a(n)$ de $H^*(\boldsymbol{Spin}(n), Z_2)$, que $H^{a(n)}(\boldsymbol{Spin}(n), Z_2)/U^{a(n)}$ est de dimension 1, et que tout élément de degré $> a(n)$ de $H^*(\boldsymbol{Spin}(n), Z_2)$ est décomposable. Un système de type $(M)$ de générateurs de $H^*(\boldsymbol{Spin}(n), Z_2)$ comprendra donc un système de type $(M)$ de générateurs de $U$, soit $J$, complété par un élément de degré $a(n)$ soit $u$.

Nous voulons montrer que la hauteur $k$ de $u$ vaut 2. Comme $(J, u)$ est 2-semi-libre d'après (1. 4), on a :

$$(13. 4) \quad P_2(\boldsymbol{Spin}(n), t) = P_2(U, t) . \ (1 + t^{a(n)} + t^{2a(n)} + \cdots + t^{(k-1)a(n)}) ;$$

mais nous savons déjà que les $u_i$, (resp. les $u_i$ et $u^*$), forment un système simple de générateurs de $U$, (resp. de $H^*(\boldsymbol{Spin}(n), Z_2)$), d'où

$$(13. 5) \qquad P_2(\boldsymbol{Spin}(n), t) = P_2(U, t) . \ (1 + t^{a(n)}).$$

ce qui, joint à (13. 4), donne bien $k = 2$.

$u$ étant ainsi de carré nul, et $(J, u)$ étant 2-semi-libre, on voit que $H^*(\boldsymbol{Spin}(\dot{n}), Z_2)$ est isomorphe à $U \otimes \wedge(u)$, donc que $(u_i, u)$ en est un système simple de générateurs.


**14. Cohomologie entière.** Nous savons déjà que $\boldsymbol{Spin}(n)$ n'a pas de $p$-torsion pour $p \neq 2$ ; d'autre part, 12. 1(a), (c) et le No. 8 montrent que pour $n < 7$, $\boldsymbol{Spin}(n)$ a même polynôme de Poincaré mod. 2 qu'en caractéristique zéro, il n'a donc pas de 2-torsion ; naturellement cela résulte aussi du No. 8 et des isomorphies classiques :

$$\boldsymbol{Spin}(3) \cong \boldsymbol{Sp}(1), \qquad \boldsymbol{Spin}(4) \cong \boldsymbol{Sp}(1) \times \boldsymbol{Sp}(1),$$

$$\boldsymbol{Spin}(5) \cong \boldsymbol{Sp}(2), \qquad \boldsymbol{Spin}(6) \cong \boldsymbol{SU}(4).$$

Par contre, pour $n \geqq 7$, $P_2(\boldsymbol{Spin}(n), t)$ contient $t^5$ et $t^6$, qui ne figurent pas dans $P_0(\boldsymbol{Spin}(n), t)$, et $\boldsymbol{Spin}(n)$ a bien de la 2-torsion. Pour terminer la démonstration de 12. 1(b), (et de 12), il nous reste donc à prouver que les coefficients de torsion de Tors. $H^*(\boldsymbol{Spin}(n), Z)$ sont tous égaux à deux pour $n \geqq 7$.

14. 1. Soit $X$ un polyèdre fini. On sait que l'homomorphisme

$$Sq^1 : H^k(X, Z_2) \to H^{k+1}(X, Z_2)$$

n'est autre que l'homomorphisme de Bockstein attaché à la suite exacte de coefficients :

$$0 \rightarrow Z \rightarrow Z \rightarrow Z/2Z \rightarrow 0$$

suivi de la réduction mod. 2 ; il en résulte que dim. $Sq^1(H^k(X, Z_2))$ est égale au nombre des coefficients de torsion de Tors. $_2H^{k+1}(X, Z)$ qui sont égaux à deux ; d'autre part les formules

$$H^k(X, Z_2) \cong H^k(X, Z) \otimes Z_2 + \mathrm{Tor}(H^{k+1}(X, Z), Z_2)$$

$$H^k(X, Z_0) \cong H^k(X, Z) \otimes Z_0 \cong H^k(X, Z)/\mathrm{Tors.}\, H^k(X, Z) \otimes Z_0$$

montrent que dim. $H^*(X, Z_2) - \dim. H^*(X, Z_0)$ est égal au double du nombre des coefficients de torsion de Tors. $_2H^*(X, Z)$. Par conséquent :

(14.11). *Pour que les coefficients de torsion de* Tors. $_2H^*(X, Z)$ *soient tous égaux à deux, il faut et il suffit que*

$$2 \cdot \dim. Sq^1(H^*(X, Z_2)) = \dim. H^*(X, Z_2) - \dim. H^*(X, Z_0)$$

*ou encore, puisque le premier membre est toujours $\leqq$ au second, que :*

$$2 \cdot \dim. Sq^1(H^*(X, Z_2)) \geqq \dim. H^*(X, Z_2) - \dim. H^*(X, Z_0).$$

D'après 12. 1(a), (c), et le No. 8, on a

$$\dim. H^*(\mathbf{Spin}(n), Z_2) = 2^{n-s(n)}$$

$$\dim. H^*(\mathbf{Spin}(n), Z_0) = 2^{b(n)} \qquad\qquad (b(n) = [n/2]),$$

il nous suffira donc d'établir que

$$(14.12) \qquad 2 \cdot \dim. Sq^1(H^*(\mathbf{Spin}(n), Z_2) \geqq 2^{n-s(n)} - 2^{b(n)}.$$

14. 2.  Nous reprenons les notations du No. 13 ; on a donc

$$H^*(\mathbf{Spin}(n), Z_2) \cong U \otimes \wedge(u) \cong \triangle(u_1, \cdots, u_{n-s(n)-1}) \otimes \wedge(u),$$

où $U = q^*(H^*(\boldsymbol{V}_{n,n-2}, Z_2))$ est stable pour $Sq^i$ ; soit $(x_i)$ une base d'un supplémentaire dans $U$ du noyau de $Sq^1$ ; comme $H^1(\mathbf{Spin}(n), Z_2) = 0$, il est clair que $Sq^1(u) \, \varepsilon \, U$, donc que les vecteurs $Sq^1(x_i \otimes 1) = Sq^1(x_i) \otimes 1$ et les vecteurs

$$Sq^1(x_i \otimes u) = Sq^1(x_i) \otimes u + x_i \cdot Sq^1(u) \otimes 1$$

forment un système libre ; par suite

$$\dim. Sq^1(H^*(\mathbf{Spin}(n), Z_2)) \geqq 2 \cdot \dim. Sq^1(U)$$

et (14. 12) résultera de

$$(14.21) \qquad\qquad 4 \cdot \dim. Sq^1(U) \geqq 2^{n-s(n)} - 2^{b(n)}.$$

14. 3.　Nous avons vu que

$$U = q^*(H^*(\boldsymbol{V}_{n,n-2}, Z_2)) = H^*(\boldsymbol{V}_{n,n-2}, Z_2)/(h_2) \, ;$$

on peut donc écrire $U = A \otimes B$ avec

$$A = \otimes_i \triangle(h_{2^i-1}), \qquad (2 \leqq i < s(n)), \text{ pour } n \text{ impair,}$$

$$A = \otimes_i \triangle(h_{2^i-1}) \otimes \triangle(h_{n-1}), \qquad (2 \leqq i < s(n)), \text{ pour } n \text{ pair,}$$

$$B = \otimes_i \triangle(h_{m_i}, h_{m_i+1}), \ (5 \leqq m_i \leqq n-2, \ m_i + 1 \text{ pair, non puissance de 2}).$$

Nous noterons $c(n)$ le nombre de facteurs $\triangle(h_{m_i}, h_{m_i+1})$ de $B$, donc

$$c(n) = b(n) - s(n) + 1 \qquad\qquad (n \text{ impair}),$$

$$c(n) = b(n) - s(n) \qquad\qquad (n \text{ pair}).$$

Nous avons rappelé au No. 8 les $Sq^i$ de $\boldsymbol{V}_{n,n-2}$ ; en particulier

$$Sq^1(h_i) = h_{i+1} \text{ pour } i \text{ impair} \leqq n-2, \ Sq^1(h_i) = 0 \text{ sinon,}$$

$$h_i \cdot h_i = h_{2i} \text{ si } 2i \leqq n-1, \ h_i \cdot h_i = 0 \text{ sinon,}$$

ce qui montre que $A$ et $B$ sont des sous-algèbres stables par $Sq^1$, et en fait que $Sq^1(A) = 0$ ; par des calculs élémentaires, que nous ne reproduirons pas, on en déduit que (14. 21) équivaut à

$$(14.\,31) \qquad\qquad 2 \cdot \dim. Sq^1(B) \geqq 2^{2c(n)} - 2^{c(n)}.$$

14. 4.　Soit $B_k$, ($k$ impair $\geqq 5$), la sous-algèbre de $B$, stable pour $Sq^1$, qui est engendrée par les $h_i$ d'indices $\geqq k$ ; elle possède un système simple de générateurs, formé d'un nombre pair, que nous noterons $2l(k)$, d'éléments $h_i$ ; en particulier

$$B_5 = B, \qquad l(5) = c(n) \, ; \qquad l(k-2) = l(k) + 1 \, ;$$

l'inégalité (14. 31) résultera donc de :

$$(14.\,41) \qquad 2 \cdot \dim. Sq^1(B_k) \geqq 2^{2l(k)} - 2^{l(k)}, \qquad\qquad (k = 5, 7, \cdots)$$

que nous démontrerons par récurrence sur $l(k)$, (donc par récurrence descendante sur $k$).

Cette inégalité est immédiate pour $l(k) = 1$, supposons-la vraie pour un indice $k > 5$, et soient, dans $B_k$, $N_k$ le noyau de $Sq^1$, $I_k$ son image, $S_k$ un supplémentaire de $N_k$ et $P_k$ un supplémentaire de $I_k$ dans $N_k$, (on a bien $I_k \subset N_k$ puisque $Sq^1 \circ Sq^1 = 0$). Soit encore $s$ l'indice tel que $l(s) = l(k) + 1$, autrement dit tel que

$$B_s = \triangle(h_s, h_{s+1}) \otimes B_k.$$

L'espace $Sq^1(B_s)$ contient:

$$V_1 = (1 + h_{s+1}) \otimes I_k \cong I_k + I_k$$

$$V_2 = \{x, x = h_s \cdot h_{s+1} \otimes Sq^1 u + 1 \otimes h_{s+1} \cdot h_{s+1} \cdot u, u \, \varepsilon \, S_k\} \cong S_k$$

$$V_3 = h_{s+1} \otimes P_k \cong P_k$$

$$V_4 = \{x, x = h_s \otimes Sq^1 v + h_{s+1} \otimes v, v \, \varepsilon \, S_k\} \cong S_k.$$

On vérifie facilement que des vecteurs $v_i \neq 0$, $(v_i \, \varepsilon \, V_i)$ sont linéairement indépendants, et comme d'autre part

$$\text{dim. } S_k = \text{dim. } I_k,$$

$$\text{dim. } B_k = \text{dim. } N_k + \text{dim. } I_k = \text{dim. } P_k + 2 \cdot \text{dim. } I_k,$$

on voit que

$$\text{dim. } Sq^1(B_s) \geqq 4 \cdot \text{dim. } I_k + \text{dim. } P_k = 2 \cdot \text{dim. } I_k + \text{dim. } B_k.$$

Mais $\text{dim. } B_k = 2^{2l(k)}$ et par hypothèse d'induction,

$$2 \cdot \text{dim. } I_k \geqq 2^{2l(k)} - 2^{l(k)},$$

d'où finalement

$$\text{dim. } Sq^1 B_s \geqq 2^{2l(k)} - 2^{l(k)} + 2^{2l(k)}$$

$$2 \cdot \text{dim. } Sq^1(B_s) \geqq 2^{2l(k)+2} - 2^{l(k)+1} = 2^{2l(s)} - 2^{l(s)}$$

c. q. f. d.

## 15. Éléments universellement transgressifs de $H^*(Spin(n), Z_2)$.

PROPOSITION 15.1. *Dans les notations de 12.1, les éléments $(u_i)$, $(1 \leqq i < n - s(n))$, sont universellement transgressifs.*

Soient $\alpha$ et $\beta$ les projections canoniques:

$$\boldsymbol{Spin}(n) \xrightarrow{\ \alpha\ } \boldsymbol{SO}(n) \xrightarrow{\ \beta\ } \boldsymbol{V}_{n,n-2};$$

mod. 2, $\beta^*$ est biunivoque, applique $h_i$ sur l'élément universellement transgressif de degré $i$ de $H^*(\boldsymbol{SO}(n), Z_2)$, (voir [3], § 10, 23), soit $x_i$; considérons d'autre part le diagramme

$$
\begin{array}{ccc}
E_{\boldsymbol{Spin}(n)} & \xrightarrow{\ \lambda\ } & E_{\boldsymbol{Spin}(n)}/\Gamma_2 \\
\downarrow \mu & & \downarrow \nu \\
B_{\boldsymbol{Spin}(n)} & \xrightarrow{\ \text{id.}\ } & B_{\boldsymbol{Spin}(n)}
\end{array}
$$

où $\Gamma_2$ désigne le centre de $\boldsymbol{Spin}(n)$, et où $\lambda, \mu, \nu$ sont les projections canoniques;

366

il est clair que $\nu$ fait de $E_{\mathbf{Spin}(n)}/\Gamma_2$ un espace fibré principal de groupe structural $\mathbf{SO}(n)$, dans lequel $x_i$ est donc transgressif. Comme la restriction de $\lambda$ à une fibre est $\alpha$, l'image réciproque par $\lambda^*$ d'une cochaine de transgression pour $x_i$ dans la fibration de droite sera une cochaîne de transgression pour $\alpha^*(x_i) = \alpha^* \circ \beta^*(h_i) = q^*(h_i) = u_j$, ($j$ étant tel que $Du_j = i$), dans la fibration de gauche, ce qui montre justement que $u_j$ est universellement transgressif.

Il reste à savoir si l'on peut compléter le système des $u_i$ par un générateur universellement transgressif; nous verrons que cela n'est possible que si $n \leqq 9$; plus précisément:

2      PROPOSITION 15. 2. *$H^*(\mathbf{Spin}(n), Z_2)$ a un système simple de générateurs universellement transgressifs si et seulement si $n \leqq 9$.*

Compte tenu de 6. 1 et de la Prop. 19. 1 de [3], cela équivaut à:

PROPOSITION 15. 3. *$H^*(B_{\mathbf{Spin}(n)}, Z_2)$ est une algèbre de polynômes si et seulement si $n \leqq 9$.*

Pour étudier $H^*(B_{\mathbf{Spin}(n)}, Z_2)$, nous nous servirons de l'algèbre spectrale sur $Z_2$ de $(B_{\mathbf{Spin}(n)}, B_{\mathbf{SO}(n)}, B_{\Gamma_2})$ qui correspond à la fibration $(\mathbf{Spin}(n), \mathbf{SO}(n), \Gamma_2)$, (cf. 0. 6).

Remarquons que si $E_\infty$ est une algèbre de polynômes, il en est évidemment de même pour $H^*(B_{\mathbf{Spin}(n)}, Z_2)$; d'autre part, si $H^*(B_{\mathbf{Spin}(n)}, Z_2)$ est une algèbre de polynômes, alors 6. 1 et 12. 1 montrent qu'elle possède $n - s(n)$ générateurs de degrés $Du_i + 1$, ($1 \leqq i < n - s(n)$), et $Du + 1$, autrement dit que sa série de Poincaré est:

$$(15.4) \qquad (1 - t^{2s(n)})^{-1} \cdot \prod_{i=1}^{i=n-s(n)-1} (1 - t^{Du_i+1})^{-1};$$

la Prop. 15. 3 sera donc conséquence de la:

PROPOSITION 15. 5. *Soit $(E_r)$ l'algèbre spectrale sur $Z_2$ de $(B_{\mathbf{Spin}(n)}, B_{\mathbf{SO}(n)}, B_{\Gamma_2})$. Alors pour $n \leqq 9$, $E_\infty$ est une algèbre de polynômes et pour $n > 9$, $E_\infty$ a pour le degré total une série de Poincaré différente de (15.4).*

La démonstration de (15. 5) sera donnée au No. 15. 18, après une série de remarques préliminaires.

15. 6.    Soit $X$ un espace et soit $a = a_1 \cdot a_2 \cdots a_k$ un élément de degré $j$ de $H^*(X, Z_2)$, $(a_i \, \varepsilon \, H^{m_i}(X, Z_2))$. Alors $Sq^{j-1}a$ est une somme de monômes qui ont la forme

$$a_1{}^2 \cdots a_{i-1}{}^2 (Sq^{m_i-1}a_i) \cdot a_{i+1}{}^2 \cdots a_k{}^2;$$

c'est une conséquence évidente des propriétés classiques des $Sq^i$.

15. 7.  On sait que $H^*(B_{SO(n)}, Z_2) \cong Z_2[w_2, \cdots, w_n]$, $(Dw_i = i)$, est une algèbre de polynômes en les classes caractéristiques réduites $w_i$, dont les $i$-carrés sont donnés par les formules de Wu Wen Tsün:

$$Sq^i w_j = \Sigma_{0 \le t \le i} \binom{j-i+t-1}{t} w_{i-t} \cdot w_{j+t}, \qquad (i \le j, j = 2, \cdots, n),$$

avec les conventions: $w_1 = 0$; $w_k = 0$ si $k > n$; $\binom{a}{0} = 1$, $\binom{a}{b} = 0$ si $a < b$ et $b \ne 0$, (*voir* par ex. [4], No. 8).  En particulier

$$(15. 8) \qquad Sq^{j-1} w_j = w_{j-1} w_j + w_{j-2} w_{j+1} + \cdots + w_2 w_{2j-3} + w_{2j-1};$$

on en déduit que les éléments $v_i$ définis par

$$v_i = w_i \quad \text{si } i \text{ n'est pas de la forme } 2^j + 1$$

$$(15. 9) \quad v_2 = w_2$$

$$v_{2^j+1} = Sq^{2^{j-1}}(v_{2^{j-1}+1}) = Sq^{2^{j-1}} \circ Sq^{2^{j-2}} \circ \cdots \circ Sq^2 \circ Sq^1(w_2)$$

$(0 < j < s(n))$, forment aussi un système algébriquement libre de générateurs de $H^*(B_{SO(n)}, Z_2)$.

*Notations.* $I(k)$ idéal de $H^*(B_{SO(n)}, Z_2)$ engendré par $v_2, \cdots, v_k$, ou, ce qui revient au même, par $w_2, \cdots, w_k$.

$L(k)$, idéal engendré par les éléments $v_{2^j+1}$, $(0 \le j < k)$.

$a(n) = 2^{s(n)} - 1$; $d(n) = 2^{s(n)-1}$.

15. 10.  *Soit $Q \varepsilon I(k)$, (resp. $Q \varepsilon L(k)$ et $k < s(n) - 1$), de degré $j$. Alors $Sq^{j-1}(Q) \varepsilon I_{2k-1}$, (resp. $Sq^{j-1}(Q) \varepsilon L(k+1)$).*

C'est une conséquence évidente de (15. 6), (15. 8) et (15. 9).

15. 11.  *On a $v_{2^j+1} \equiv w_{2^j+1} \bmod. I(2^{j-1})$,   $(1 \le j < s(n))$.*

La démonstration se fait aisément par récurrence sur $j$, à l'aide de (15. 8) et (15. 9), et est laissée au lecteur.

15. 12.  *On a $Sq^{d(n)} v_{d(n)+1} \varepsilon L(s(n))$ pour $n \le 9$.*
La formule $Sq^2 v_3 = w_5 + w_2 w_3$ montre que (15. 12) est vérifiée pour $n < 5$ et que si $n \ge 5$

$$v_5 \equiv w_5 \quad \bmod. L(2), \text{ ou encore } w_5 \varepsilon L(3);$$

par conséquent, d'après (15. 8) et (15. 10):

$$Sq^4 v_5 \equiv w_9 + w_2 w_7 + w_3 w_6 + w_4 w_5 \quad \bmod. L(3)$$

ce qui donne (15.12) pour $5 \leqq n < 9$ et de plus, pour $n \geqq 9$ ;

$$v_9 \equiv w_9 \quad \text{mod. } L(3) \text{ ou encore } w_9 \, \varepsilon \, L(4) ;$$

on en tire à l'aide de (15.10) :

$$Sq^8 v_9 \equiv Sq^8 w_9 \quad \text{mod. } L(4),$$

en particulier, si $n = 9$ :

$$Sq^8 v_9 \equiv w_8 w_9 \quad \text{mod. } L(4), \text{ donc } Sq^8 v_9 \, \varepsilon \, L(4).$$

Notons encore en passant que pour $n = 10$, on a :

$$(15.13) \qquad \begin{aligned} Sq^8 v_9 &\equiv w_8 w_9 + w_7 w_{10} \quad \text{mod. } L(4) \\ Sq^8 v_9 &\equiv v_8 v_9 + v_7 v_{10} \quad \text{mod. } L(4). \end{aligned}$$

15.14.    Pour $n > 9$, $Sq^{d(n)} v_{d(n)+1} \not\in L(s(n))$. D'après (15.11), on peut écrire

$$v_{d(n)+1} = w_{d(n)+1} + Q + v_{d(n)/2} \cdot R$$

$(Q \, \varepsilon \, I(2^{s(n)-2} - 1)$, $R$ de degré $2^{s(n)-2} + 1)$. On en déduit

$$\begin{aligned} Sq^{d(n)} v_{d(n)+1} = Sq^{d(n)} (w_{d(n)+1} + Q) \\ + v^2_{d(n)/2} \cdot Sq^{d(n)/2}(R) + R^2 \cdot Sq^{d(n)/2-1}(v_{d(n)/2}), \end{aligned}$$

d'où, vu (15.8), (15.10) et $n > 9$, donc $s(n) \geqq 4$ :

$$\begin{aligned} Sq^{d(n)} v_{d(n)+1} &\equiv w_{d(n)} w_{d(n)+1} + w_{d(n)-1} w_{d(n)+2} && \text{mod. } I(d(n) - 2)) \\ Sq^{d(n)} v_{d(n)+1} &\equiv v_{d(n)} v_{d(n)+1} + v_{d(n)-1} v_{d(n)+2} && \text{mod. } I(d(n) - 2). \end{aligned}$$

$Sq^{d(n)} v_{d(n)+1}$ est un polynôme en les $v_i$, dans lequel le produit $v_{d(n)-1} \cdot v_{d(n)+2}$ figure ainsi avec le coefficient 1 ; il ne fait donc pas partie de l'idéal $L(s(n))$ pour $s(n) \geqq 4$, c. q. f. d.

15.15.    Nous pouvons maintenant étudier l'algèbre spectrale de la fibration $(B_{Spin(n)}, B_{SO(n)}, B_{\Gamma_2})$ ; puisque $B_{SO(n)}$ est simplement connexe, on a

$$E_2 \cong H^*(B_{SO(n)}, Z_2) \otimes Z_2[x] \qquad (Dx = 1),$$

ce qui peut s'écrire

$$E_2 \cong Z_2[v_2] \otimes Z_2[v_3, \cdots, v_n] \otimes \triangle(x) \otimes Z_2[x^2] ;$$

$B_{Spin(n)}$ étant simplement connexe, on a ${}^1 E_\infty = 0$ et $x$ n'est pas un $d_2$-cocycle, ce qui implique :

$$d_2(1 \otimes x) = v_2 \otimes 1 ;$$

évidemment

$$d_2(1 \otimes x^2) = 2 \cdot v_2 \otimes x = 0$$

et l'on voit, à l'aide de la règle de Künneth et de 5.2, que:

$$E_3 \cong Z_2[v_3, \cdots, v_n] \otimes Z_2[x^2].$$

Notons encore que, la transgression commutant aux $Sq^i$, les éléments $x^2, x^4, x^8, \cdots$, sont transgressifs et de plus

$$(15.16) \quad \begin{aligned} d_{2^j+1}\kappa_{2^j+1}{}^2(1 \otimes x^{2^j}) &= \kappa_{2^j+1}{}^2(v_{2^j+1} \otimes 1), \qquad (1 \leqq j < s(n)), \\ d_{2d(n)+1}\kappa_{2d(n)+1}{}^2(1 \otimes x^{2d(n)}) &= \kappa_{2d(n)+1}{}^2(Sq^{d(n)}v_{d(n)+1} \otimes 1). \end{aligned}$$

15.17.    *A montrer: Pour* $2 \leqq r \leqq 2d(n) = 2^{s(n)}$, *on a* $E_r \cong E_{r+1}$ *si* $r$ *n'est pas de la forme* $2^j + 1$, *et*

$$E_{r+1} \cong H^*(B_{SO(n)}, Z_2)/L(j+1) \otimes Z_2[x^{2(r-1)}] \ si \ r = 2^j + 1,$$
$$(0 < j < s(n)),$$

Nous avons déjà calculé $E_3$; supposons (15.17) établie pour $E_k$, où $k < 2d(n)$ alors

$$E_k \cong U \otimes V, \qquad U = \kappa_k{}^2(H^*(B_{SO(n)}, Z_2)), \qquad V = \kappa_k{}^2(Z_2[x]),$$

et $V$ est une algèbre de polynômes engendrée par $x^s$, où $s$ est une puissance de deux. Si $k \neq 2^j + 1$, $V$ est engendrée par un élément transgressif do degré $\neq k - 1$, donc $d_k(1 \otimes V) = 0$, d'où, ici, $d_k \equiv 0$ et $E_{k+1} \cong E_k$; si maintenant $k = 2^j + 1$, $(1 \leqq j < s(n))$, alors

$$E_k \cong E_{2^{j-1}+2} \cong H^*(B_{SO(n)}, Z_2)/L(j) \otimes Z_2[x^{2^j}]$$
$$E_k \cong H^*(B_{SO(n)}, Z_2)/L(j) \otimes \triangle(x^{2^j}) \otimes Z_2[x^{2^{j+1}}],$$

et, vu (15.16), il en résulte de nouveau par (5.2) et la règle de Künneth:

$$E_{k+1} \cong H^*(B_{SO(n)}, Z_2)/L(j+1) \otimes Z_2[x^{2^{j+1}}].$$

15.18.    *Démonstration de la Proposition* 15.5. Nous savons par (15.17) que

$$(15.19) \qquad E_{2d(n)+1} \cong Z_2[v_2, \cdots, v_n]/L(s(n)) \otimes Z_2[x^{2d(n)}].$$

Soit $n \leqq 9$. Les formules (15.12) et (15.16) montrent que $d_{2d(n)+1}$ est nulle sur $Z_2[x^{2d(n)+1}]$, donc identiquement nulle sur $E_{2d(n)+1}$; comme $x^{2d(n)}$ est un $d_r$-cocycle pour tout $r > 2d(n) + 1$, les différentielles ultérieures seront aussi identiquement nulles, et $E_\infty \cong E_{2d(n)+1}$ est une algèbre de polynômes.

Si $n > 9$, $d_{2d(n)+1}$ n'est pas nulle sur

$$\kappa_{2d(n)+1}{}^2(1 \otimes x^{2d(n)})$$

vu (15.14), (15.16) et (15.19); par conséquent la série de Poincaré de

$E_{2d(n)+2}$, et, *a fortiori*, celle de $E_\infty$ seront majorées par celle de $E_{2d(n)+1}$, qui est justement égale à la série (15.4), ce qui termine la démonstration de la Prop. 15.5.

15.20. Nous ne chercherons pas à déterminer complètement la structure de $H^*(B_{Spin(n)}, Z_2)$, qui paraît être assez compliquée dans le cas général, et nous nous bornerons à décrire $H^*(B_{Spin(10)}, Z_2)$. D'après (15.13), (15.16) et (15.19), on a

$$E_{17} \cong Z_2[v_2, \cdots, v_{10}]/L(4) \otimes Z_2[x^{16}]$$

$$E_{17} \cong Z_2[v_4, v_6, v_7, v_8, v_{10}] \otimes \triangle(x^{16}) \otimes Z_2[x^{32}]$$

$$d_{17}\kappa_{17}{}^2(1 \otimes x^{16}) = \kappa_{17}{}^2(v_7 \cdot v_{10} \otimes 1)$$

d'où, par un calcul facile,

$$E_{18} = Z_2[v_4, v_6, v_7, v_8, v_{10}]/(v_7 \cdot v_{10}) \otimes Z_2[x^{32}],$$

(cela résulte aussi du reste du lemme 11.1 de [3] appliqué au cas du système simple, cf. [3], § 16). Par conséquent $E_{18} \cong E_{33}$ et

$$d_{33}\kappa_{33}{}^2(1 \otimes x^{32}) = \kappa_{33}{}^2 Sq^{16}(v_7 \cdot v_{10}) \otimes 1.$$

Par ailleurs

$$Sq^{16}(v_7 \cdot v_{10}) = Sq^{16}(w_7 \cdot w_{10}) = (Sq^6 w_7) \cdot w_{10}{}^2 + w_7{}^2 \cdot Sq^9 w_{10}$$

$$Sq^{16}(w_7 \cdot w_{10}) = (w_6 \cdot w_7 + w_5 \cdot w_8 + w_4 \cdot w_9 + w_3 \cdot w_{10}) \cdot w_{10}{}^2 + w_7{}^2 \cdot w_9 \cdot w_{10};$$

$w_3, w_5, w_9$ sont dans $L(4)$, (voir démonstration de 15.12), et les expressions de $E_{17}$ et $E_{18}$ écrites au début de (15.20) montrent que $L(4)$ et le produit $v_7 \cdot v_{10} = w_7 \cdot w_{10}$ font partie du noyau de $\kappa_{33}{}^2$; ainsi $d_{33}$ est nulle sur l'image de $x^{32}$ dans $E_{33}$, donc identiquement nulle; les différentielles ultérieures, toujours nulles sur un élément de degré 32, seront alors aussi identiquement nulles, et $E_\infty \cong E_{33} \cong E_{18}$. L'algèbre de polynômes $Z_2[x^{32}]$ peut évidemment se "remonter" de $E_\infty$ à $H^*(B_{Spin(10)}, Z_2)$, on peut appliquer (7.4), ce qui donne finalement:

PROPOSITION 15.21. *L'algèbre* $H^*(B_{Spin(10)}, Z_2)$ *est isomorphe à*

$$Z_2[w_4, w_6, w_7, w_8, w_{10}, w_{32}]/(w_7 \cdot w_{10}), \qquad (Dw_i = i).$$

### 16. Sur l'homologie du groupe des spineurs.

En combinant (2.8), (12.1) et (15.2), on obtient:

THÉORÈME 16.1. *Pour* $p \neq 2$, *l'algèbre* $H_*(\mathbf{Spin}(n), K_p)$ *est une algèbre extérieure, anticommutative, isomorphe à* $H^*(\mathbf{Spin}(n), K_p)$.

*Si $n \leq 9$, $H_*(\mathbf{Spin}(n), Z_2)$ est une algèbre extérieure commutative à $n - s(n)$ générateurs $(v_i)$, $(1 \leq i \leq n - s(n))$ ; le degré de $v_{n-s(n)}$ est égal à $2^{s(n)} - 1$ et la suite des degrés $Dv_1, \cdots, Dv_{n-s(n)-1}$ s'obtient en supprimant les puissances de deux dans la suite $3, 4, \cdots, n - 1$.*

Nous nous proposons maintenant de déterminer le produit de Pontrjagin dans $H_*(\mathbf{Spin}(10), Z_2)$ ; à cet effet, nous aurons besoin de quelques propriétés de l'algèbre spectrale universelle sur $Z_2$ de $\mathbf{Spin}(10)$, qui font l'objet du Lemme 16. 2.

*Notations.* Il sera commode de mettre en indices les degrés des générateurs aussi désignerons-nous dorénavant le système simple de générateurs de $H^*(\mathbf{Spin}(10), Z_2)$ décrit dans le Théorème 12.1 par $u_3, u_5, u_6, u_7, u_9, u^*_{15}$, $(Du_i = i)$.

$D$ est l'algèbre des éléments décomposables de $H^*(\mathbf{Spin}(10), Z_2)$ et $D^i = D \cap H^i(\mathbf{Spin}(10), Z_2)$.

LEMME 16. 2. *Il existe $u_{15} \, \varepsilon \, H^{15}(\mathbf{Spin}(10), Z_2)$, congru à $u^*_{15}$ mod. $D$* [10] *tel que l'on ait, dans l'algèbre spectrale universelle sur $Z_2$ pour $\mathbf{Spin}(10)$ :*

(a). $u_{15}$ *est un $d_r$-cocycle pour $2 \leq r \leq 9$ et*

$$d_{10}\kappa_{10}{}^2(1 \otimes u_{15}) = \kappa_{10}{}^2(w_{10} \otimes u_6) \neq 0.$$

(b). $E_7 \cong Z_2[w_7, w_8, w_{10}, w_{32}]/(w_7 \cdot w_{10}) \otimes \triangle(u_6, u_7, u_9, u_{15})$.

(c). $\kappa_{10}{}^2(w_{10} \otimes 1) \neq 0$.

Nous utiliserons sans autre commentaire le fait que les $u_i$, $(i < 15)$, sont universellement transgressifs (15. 1) et que leurs images par transgression dans l'algèbre spectrale universelle sont $\neq 0$ (puisque $E_\infty$ est triviale). Vu (15. 21), on a :

$$E_2 \cong Z_2[w_4, w_6, w_7, w_8, w_{10}, w_{32}]/(w_7, w_{10}) \otimes \triangle(u_3, u_5, u_6, u_7, u_9, u^*_{15}).$$

d'où évidemment, $d_2 = d_3 = 0$, $E_4 \cong E_2$ et

$$d_4\kappa_4{}^2(1 \otimes u_3) = \kappa_4{}^2(w_4 \otimes 1).$$

les quatre $u_i$ suivants sont des $d_4$-cocycles, et, en ce qui concerne $u^*_{15}$, on peut en tout cas écrire :

$$h = d_4\kappa_4{}^2(1 \otimes u^*_{15}) = \kappa_4{}^2(a_1 \otimes b_1 + \cdots + a_8 \otimes b_8),$$

---

[10] Comme le système $(u_i)$ contient $u_i{}^2$ lorsqu'il est $\neq 0$, on vérifie aisément que tout élément congru à $u$ mod. $D$ forme avec les $u_i$ un système simple de générateurs.

324 ARMAND BOREL.

$(a_i \, \varepsilon \, w_4 \otimes \triangle (u_3), \, a_i \neq 0, \, b_i \, \varepsilon \, \triangle (u_5, u_6, u_7, u_9) \, ; \, b_1, \cdots, b_s$ linéairement indé-
pendants$)$ ; l'élément $h$ est forcément un $d_4$-cocycle, d'où $d_4(a_i) = 0$ et
$a_i = w_4 \otimes 1, \, (1 \leqq i \leqq s)$ ; ainsi, l'élément

$$u'_{15} = u^*_{15} + u_3 \cdot (b_1 + \cdots + b_s)$$

est un $d_r$-cocycle pour $2 \leqq r \leqq 4$, congru à $u^*_{15}$ mod. $D.$[10]. On en tire par
un calcul direct facile, ou à l'aide de (5. 2), que :

$$E_5 \cong Z_2[w_6, w_7, w_8, w_{10}, w_{32}]/(w_7 \cdot w_{10}) \otimes \triangle (u_5, u_6, u_7, u_9, u'_{15}) \, ;$$

par conséquent $d_5 = 0$, $E_5 \cong E_6$ et

$$(16.21) \qquad d_6 \kappa_6{}^2 (1 \otimes u_5) = \kappa_6{}^2 (w_6 \otimes 1).$$

Par un raisonnement en tous points semblable à celui qui nous a conduit à
$u'_{15}$ et à $E_5$, on en déduit l'existence de $x \, \varepsilon \, \triangle (u_6, u_7, u_9)$, de degré 15, tel que
$u''_{15} = u'_{15} + x$ soit un $d_5$-cocycle pour $2 \leqq r \leqq 6$, et

$$(16.22) \qquad E_7 \cong Z_2[w_7, w_8, w_{10}, w_{32}]/(w_7 \cdot w_{10}) \otimes \triangle (u_6, u_7, u_9, u''_{15}) \, ;$$

il en résulte que

$$(16.23) \qquad d_7 \kappa_7{}^2 (1 \otimes u_6) = \kappa_7{}^2 (w_7 \otimes 1),$$

et que $\kappa_7{}^2 (w_{10} \otimes u_6)$ est un $d_7$-cocycle, non nul, qui engendre $E_7{}^{10,6}$. Mais $E_\infty$
est triviale, et $d_r E_r{}^{10,6} = 0$ pour tout $r > 7$, il doit donc exister un indice
$t \geqq 7$ et un élément $z$ tels que :

$$(16.24) \qquad 0 \neq \kappa_t{}^2 (w_{10} \otimes u_6) = d_t(z), \qquad\qquad (z \, \varepsilon \, E_t{}^{10-t,5+t}) \, ;$$

cependant, $E_r{}^{p,q} = 0$ pour $0 < p \leqq 3$, l'égalité (16.24) n'est donc possible
que pour $t = 10$ et

$$z \, \varepsilon \, E_{10}{}^{0,15} \subset E_7{}^{0,15}.$$

$E_7{}^{0,15}$ est, d'après (16.22), de dimension 2, engendré par $u_6 \cdot u_9$ et $u''_{15}$ ; comme :

$$d_7 \kappa_7{}^2 (1 \otimes u_6 \cdot u_9) = \kappa_7{}^2 (w_7 \otimes u_9)$$

est $\neq 0$ d'après (16. 22), on doit avoir

$$z = u''_{15} + c \, u_6 \cdot u_9, \qquad\qquad (c \, \varepsilon \, Z_2).$$

et $z = u_{15}$ est un élément congru à $u^*_{15}$ mod. $D$ qui vérifie 16.2(a) ; l'assertion
16.2(b), résulte de (16.22) ; enfin, $E_7{}^{10,0}$ est, vu (16.22), engendré par
$\kappa_7{}^2 (w_{10} \otimes 1)$, d'où

$$0 \neq d_{10} \kappa_{10}{}^2 (1 \otimes u_9) = \kappa_{10}{}^2 (w_{10} \otimes 1)$$

ce qui prouve 16. 2(c).

*Notations.* $h^*$ et $h_*$ seront les homomorphismes induits en cohomologie et en homologie mod. 2 par le produit de **Spin**(10).

$\{v_{i_1,\ldots,i_k}\}$ sera la base de $H_*(\mathbf{Spin}(10), Z_2)$, duale de la base $\{u_{i_1}\cdots u_{i_k}\}$ de $H^*(\mathbf{Spin}(10), Z_2)$, $(i_1 < \cdots < i_k; 1 \leq k \leq 6)$.

$H_*(\mathbf{Spin}(10), Z_2)$ opère sur $H^*(\mathbf{Spin}(10), Z_2)$, ainsi que sur l'algèbre spectrale universelle, (cf. No. 3), et nous noterons $\vartheta_{i_1,\ldots,i_k}$ l'opérateur défini par $v_{i_1,\ldots,i_k}$.

LEMME 16.3.   *On a* $h^*(u_i) = u_i \otimes 1 + 1 \otimes u_i$, $(i < 15)$, *et*
$$h^*(u_{15}) = u_{15} \otimes 1 + 1 \otimes u_{15} + u_9 \otimes u_6.$$

Pour $u_i$, $(i < 15)$, il suffit le remarquer qu'un élément universellement transgressif est aussi primitif, ([3], Prop. 20.1).

En utilisant les propriétés des opérateurs $\vartheta_u$ énoncées au No. 13, et (16.2), on obtient:

$$d_r\kappa_r{}^2(1 \otimes u_{15} \cdot \vartheta_{i_1,\ldots,i_k}) = d_r\kappa_r{}^2(1 \otimes u_{15})) \cdot \vartheta_{i_1,\ldots,i_k}, \qquad (r \leq 9).$$

(16.31)   $d_{10}\kappa_{10}{}^2(1 \otimes u_{15} \cdot \vartheta_6) = (d_{10}\kappa_{10}{}^2(1 \otimes u_{15})) \cdot \vartheta_6 = (\kappa_{10}{}^2(w_{10} \otimes u_6)) \cdot \vartheta_6,$

$$d_{10}\kappa_{10}{}^2(1 \otimes u_{15} \cdot \vartheta_6) = \kappa_{10}{}^2(w_{10} \otimes u_6 \cdot \vartheta_6) = \kappa_{10}{}^2(w_{10} \otimes 1) \neq 0,$$

donc

(16.32)   $$u_{15} \cdot \vartheta_6 \neq 0.$$

Par ailleurs, 16.2(b) montre que $H^*(\mathbf{Spin}(10), Z_2)$ ne contient qu'un élément non nul de degré strictement positif et $< 15$ qui soit un $d_r$-cocycle pour $2 \leq r \leq 9$, c'est $u_9$; les formules (16.31) et (16.32) entraînent par conséquent:

$$u_{15} \cdot \vartheta_6 = u_9$$
$$u_{15} \cdot \vartheta_{i_1,\ldots,i_k} = 0, \qquad (i_1 + \cdots + i_k < 15, (i_1,\cdots,i_k) \neq (6)).$$

Si l'on remonte à la définition de $\vartheta_u$, No. 3.1, on voit que cela signifie précisément que $h^*(u_{15})$ a la valeur annoncée dans (16.3).

THÉORÈME 16.4.   $H_*(\mathbf{Spin}(10), Z_2)$ *possède un système simple de générateurs* $v_3, v_5, v_6, v_7, v_9, v_{15}$, $(Dv_i = i)$, *vérifiant les relations:*

$$v_i \vee v_i = 0, \quad (3 \leq i \leq 15), \qquad v_i \vee v_j = v_j \vee v_i \quad (i < j, (i,j) \neq (6,9)),$$
$$v_6 \vee v_9 = v_9 \vee v_6 + v_{15}.$$

On tire tout d'abord de (16.3):

(16.41).   $h^*$ est symétrique (au sens de la définition 2.3) sur $\triangle(u_3, u_5, u_6, u_7, u_9)$.

(16.42).   $h^*(a \cdot u_{15}) = h^*(a)(u_{15} \otimes 1 + 1 \otimes u_{15}) + h^*(a) \cdot (u_9 \otimes u_6)$, **et** le premier addende du deuxième membre est symétrique si $h^*(a)$ l'est.   Il est clair que

$$\langle h^*(a) \cdot (u_9 \otimes u_6), v_{i_1} \cdots v_{i_j} \otimes v_{i_{j+1}} \rangle = 0 \text{ si } i_1 < \cdots < i_j < i_{j+1},$$

$$\langle h^*(a) \cdot (u_9 \otimes u_6), v_i \otimes v_j \rangle = 0 \text{ si } (i, j) \neq (9, 6).$$

ce qui, joint à (16.41) et (16.42) montre que

$$v_i \vee v_j = v_j \vee v_i \text{ pour } (i < j, (i, j) \neq (6, 9)),$$

et, par récurrence sur $j$, que

$$v_{i_1, \ldots, i_j} = v_{i_1} \vee v_{i_2} \vee \cdots \vee v_{i_j}, \qquad (i_1 < i_2 < \cdots < i_j)$$

donc en particulier que $(v_i)$ est un système simple de générateurs.

De (16.3) et (16.42) on tire que

$$h^*(u_{i_1} \cdot \cdots \cdot u_{i_k}), \qquad (i_1 < i_2 < \cdots < i_k),$$

ne contient jamais de terme de la forme $u_i \otimes u_i$, d'où les égalités $v_i \vee v_i = 0$.

Enfin $H^{15}(\boldsymbol{Spin}(10), Z_2)$ est engendré par $u_{15}$ et par

$$D^{15} = H^{15}(\boldsymbol{Spin}(10), Z_2) \cap \triangle(u_3, u_5, u_6, u_7, u_9);$$

par définition des $v_i$ on a $\langle D^{15}, v_{15} \rangle = 0$, et, vu (16.3), on a

$$\langle x, v_6 \vee v_9 \rangle = \langle x, v_9 \vee v_6 \rangle \qquad\qquad (x \, \varepsilon \, D^{15})$$

$$\langle u_{15}, v_9 \vee v_6 \rangle = \langle u_{15}, v_{15} \rangle = 1$$

$$\langle u_{15}, v_6 \vee v_9 \rangle = 0$$

ce qui implique

$$v_6 \vee v_9 = v_9 \vee v_6 + v_{15}.$$

*Remarque.* Nous ne pousserons pas plus avant l'étude de $H_*(\boldsymbol{Spin}(n), Z_2)$, et nous bornerons à signaler qu'en s'appuyant sur les résultats des Nos. 15, 16, et sur un théorème non encore publié de H. Cartan on peut voir que cette algèbre n'est pas commutative pour $n \geqq 10$.

*Principe de démonstration.* Nous reprenons les notations de 12.1(c) et soit $\{v_{i_1, \ldots, i_k}\}$ une base de $H_*(\boldsymbol{Spin}(n), Z_2)$, duale de la base formée par les monômes basiques associés au système simple $(u_i, u)$, $(1 < i < n - s(n)$, $v_i$ correspondant à $u_i$, $(1 \leqq i < n - s(n))$, et $v_{n-s(n)}$ à $u$.   Les $u_i$ étant primitifs, on voit tout d'abord aisément que $v_i \vee v_i = 0$ $(1 < i < n - s(n))$; si maintenant $H_*(\boldsymbol{Spin}(n), Z_2)$ était commutative, l'application diagonale en ferait une algèbre de Hopf, à laquelle on pourrait appliquer les résultats du No. 1; les éléments $v_i$, $(1 < i < n - s(n))$, feraient alors partie d'un système de type $M$ lequel le dernier générateur $v^* \equiv v_{n-s(n)}$ mod. $D$ serait de carré nul, (même argument que dans 14(iii)), et ainsi $H_*(\boldsymbol{Spin}(n), Z_2)$ serait isomorphe à $\wedge(v_1, \cdots, v_{n-s(n)})$. Mais alors, d'après H. Cartan, $H^*(B_{\boldsymbol{Spin}(n)}, Z_2)$ aurait même série de Poincaré qu'une algèbre de polynômes à $n - s(n)$ variables de degrés $Du_i + 1$, $Du + 1$, ce qui contredit (15.5) pour $n \geqq 10$.

## V.  Les deux premiers groupes exceptionnels.

**17.  Le groupe $\boldsymbol{G}_2$.**  On sait que le groupe compact $\boldsymbol{G}_2$ peut être envisagé comme le groupe des automorphismes des octaves de Cayley; il est de rang 2 et possède 14 paramètres.

LEMME 17.1.  *$\boldsymbol{G}_2$ contient un sous-groupe isomorphe à $\boldsymbol{SU}(2)$, tel que l'espace homogène $\boldsymbol{G}_2/\boldsymbol{SU}(2)$ soit homéomorphe à la variété de Stiefel $\boldsymbol{V}_{7,2}$ des 2-repères orthonormaux de $R^7$.*

Soient $(o_i)$, $(i \circ Z_7)$, une base des octaves purement imaginaires, les systèmes quaternioniens étant les triplets $(e_i, e_{i+1}, e_{i+3})$.  Soient $f_1$ et $f_2$ deux octaves purement imaginaires orthonormaux, relativement à la métrique usuelle; posons $f_4 = f_1 \cdot f_2$ et soit $f_3$ orthonormal à $f_1, f_2, f_4$; On voit sans difficulté que

$$f_5 = f_2 \cdot f_3, \qquad f_6 = f_3 \cdot f_4, \qquad f_7 = f_4 \cdot f_5,$$

forment avec les $f_i$, $(1 \leqq i \leqq 4)$, un système libre et que la correspondance $e_i \to f_i$, $(i \varepsilon Z_7)$ définit un automorphisme des octaves, (pour plus de détails, *voir* N. Jacobson, *Duke Mathematical Journal*, 5 (1939), pp. 776-783). Cela montre:

(i)  $\boldsymbol{G}_2$ est transitif sur les systèmes $f_1, f_2$ de deux octaves purement imaginaires orthonormaux, autrement dit sur $\boldsymbol{V}_{7,2}$.

(ii).  Les éléments de $\boldsymbol{G}_2$ qui laissent $f_1$ et $f_2$ fixes sont en correspondance biunivoque avec les vecteurs unitaires $f_3$ de l'espace à 4 dimensions orthogonal à $f_1, f_2, f_4$, c'est à dire avec les points de $\boldsymbol{S}_3$; le groupe d'isotropie relativement à $\boldsymbol{V}_{7,2}$ est donc homéomorphe à $\boldsymbol{S}_3$, il est bien isomorphe à $\boldsymbol{SU}(2)$.

THÉORÈME 17.2.  *$H^*(\boldsymbol{G}_2, Z)$ possède un système de 2 générateurs $h_3$, $h_{11}$ $(Dh_i = i)$, jouissant des propriétés suivantes:*

(a).  $h_3{}^4 = h_{11}{}^2 = h_3{}^2 \cdot h_{11} = 0$.

(b). $H^*(G_2, Z)$ *est la somme directe faible des sous-groupes cycliques engendrés par les éléments d'ordre infini* $h_3, h_{11}, h_3 \cdot h_{11}$ *et par les éléments d'ordre deux* $h_3{}^2, h_3{}^3$.

Compte tenu de la structure de $H^*(V_{7,2}, Z)$, rappelée au No. 8, ce théorème résulte visiblement du :

**THÉORÈME 17.3.** (a). $H^*(S_3 \times V_{7,2}, Z)$ *est l'algèbre graduée associée à* $H^*(G_2, Z)$ *convenablement filtrée.*

(b). *Pour* $p \neq 2$, $H^*(G_2, Z_p) \cong \wedge (x_3, x_{11})$, $(Dx_i = i)$ ; *les puissances réduites y sont triviales si* $p \neq 5$ *et* $\mathcal{P}_5{}^1(x_3) = x_{11}$.[11]

(c). $H^*(G_2, Z_2)$ *possède un système simple de générateurs universellement transgressifs* $x_3, x_5, x_6$, $(Dx_i = i)$, *liés par les relations :*

$$Sq^2 x_3 = x_5, \ Sq^1 x_5 = x_6, \ Sq^3 x_3 = x_3, \ Sq^i x_j = 0 \ sinon.$$

Dans la suite spectrale de la fibration $(G_2, V_{7,2}, S_3)$ on a pour $\Gamma = Z$ ou $Z_p$

$$E_2 \cong H^*(V_{7,2}, \Gamma) \otimes H^*(S_3, \Gamma),$$

($\otimes$ sur $\Gamma$), d'où $E_2 = E_\infty$ pour des raisons de degrés évidentes, ce qui établit 17.3(a).

Considérons maintenant la fibration $Spin(7)/G_2 = S_7$, (*voir* [1]), et soit $i$ l'inclusion d'une fibre. D'après le No. 8, 12.1(a) et 17.3(a), on a pour les polynômes de Poincaré :

$$P_p(S_7, t) \cdot P_p(G_2, t) = P_p(Spin(7), t), \qquad (p \text{ nul ou premier}),$$

et ainsi $G_2$ est totalement non homologue à zéro mod. $p$ dans $Spin(7)$,[12] en particulier, $H^*(G_2, Z_2)$ admettra comme système simple de générateurs les éléments $i^*(u_i)$, (notations de 12.1(c), $(1 \leq i \leq 3)$), d'où les $Sq^i$ de 17.3(c) ; l'élément de plus petit degré positif $x_3 = i^*(u_1)$ étant forcément universellement transgressif, il en sera de même pour

$$x_5 = Sq^2 x_3 \text{ et } x_6 = Sq^3 x_3$$

ce qui termine la démonstration de 17.3(c).

Enfin, mod. $p$ impair, $H^*(Spin(7), Z_p)$ s'identifie canoniquement à $H^*(SO(7), Z_p)$, possède trois générateurs $b_1, b_2, b_3$ de degrés 3, 7, 11 et

---

[11] Pour un choix convenable de générateurs universellement transgressifs $x_i$.

[12] Il l'est aussi relativement à la cohomologie entière, comme on peut le voir en montrant que l'algèbre spectrale sur $Z$ de la fibration $(Spin(7), S_7, G_2)$ est triviale ; cela résultera aussi de la remarque du No 23.

$H^*(\boldsymbol{G}_2, Z_p)$ est l'algèbre engendrée par $i^*(b_1)$ et $i^*(b_3)$, et 17.3(b) résulte de 8.9.

THÉORÈME 17.4.   *Pour $p \neq 2$, $H_*(\boldsymbol{G}_2, Z_p)$ est une algèbre extérieure anticommutative, isomorphe à $H^*(\boldsymbol{G}_2, Z_p)$.*

*$H_*(\boldsymbol{G}_2, Z_2)$ est une algèbre extérieure commutative, engendrée par 3 éléments de degrés 3, 5, 6.*

C'est une conséquence de (2.8) et (17.3).

**18. Groupes opérant sur un espace fibré principal.**   Nous aurons besoin au No 20 de quelques remarques relatives à une situation souvent considérée par J. Leray (*voir* par ex. [14]) et aussi dans [3], aussi pour plus de clarté, voulons-nous énoncer ici, sous des hypothèses générales, les propriétés en question.

Soient $(E, B, G, q)$ un espace fibré principal connexe, de groupe structural $G$, compact pour fixer les idées, $U$ un sous-groupe fermé de $G$ et $N$ un sous-groupe fermé du normalisateur de $U$ dans $G$.   Les éléments de $N$ définissent des homéomorphismes de $E$ compatibles avec la fibration $(E, E/U, U, s)$, (i. e. ils envoient fibres sur fibres) ; par conséquent $N$ opère sur les algèbres de cohomologie de ces espaces et sur l'algèbre spectrale de cette fibration. Supposons dorénavant $U$ connexe.   On a alors les propriétés suivantes:

(a).   *Par l'intermédiaire des translations, $N/N \cap U$ opère sur*

$$H^*(E/U, \Gamma), \qquad H^*(E, \Gamma),$$

*en commutant à $s^*$ et en respectant la filtration de $H^*(E, \Gamma)$, ($\Gamma$, anneau de coefficients).*

(b).   *$N/N \cap U$ opère sur l'algèbre spectrale $(E_r)$ de $(E, E/U, U, s)$ pour $r \geqq 2$ [13]; il commute avec l'isomorphisme canonique de $E_2^{p,0}$ sur $H^p(E/U, \Gamma)$; sur $E_2^{0,q}$ identifié canoniquement à $H^q(U, \Gamma)$, il opère par l'intermédiaire des automorphismes $u \to n^{-1} \cdot u \cdot n$, ($u \, \varepsilon \, U, n \, \varepsilon \, N$).*

(c).   *Si $\Gamma$ est un corps, il existe un isomorphisme d'espaces vectoriels gradués de $E_\infty$ sur $H^*(E, \Gamma)$ commutant à $N/N \cap U$. [14]*

Ces propriétés, qui sont bien naturelles, se démontrent aisément si l'on

---

[13] Cela signifie qu'à tout élément de $N/N \cap U$ correspond un endomorphisme (de la structure d'algèbre bigraduée) de $E_r$, ($r \geqq 2$), commutant à $d_r$ et à $\kappa_{r+1}^r$, cette correspondance étant homomorphique.   $N$ opère sur toute l'algèbre spectrale, mais $N \cap U$ n'opère trivialement que pour $r \geqq 2$, d'où cette restriction.

[14] Pour $E_\infty$ il s'agit bien entendu du degré total.

remonte à la définition et aux principales propriétés de l'algèbre spectrale des espaces fibrés (résumées par exemple dans [3], § 4), et si l'on utilise pour définir cette dernière des couvertures fines de $E$ et de $E/U$ sur lesquelles $N$ opère, (par exemple les cochaînes d'Alexander-Spanier).

$N$ agit aussi sur la fibration $(E/U, E/G, G/U, q)$ en laissant chaque fibre invariante, et sur $G/U$ envisagé comme espace des classes de restes à gauche, il opère par les translations à droite; ces opérations jouissent des propriétés suivantes, analogues aux précédentes:

(d). *$N/N \cap U$ opère sur $H^*(E, \Gamma)$ en respectant la filtration, opère trivialement sur $H^*(E/G, \Gamma)$, et commute à $q^*$.*

(e). *Supposons $G$ connexe: Alors $N/N \cap U$ opère sur l'algèbre spectrale $(E_r)$ $(r \geq 2)$,*[13] *trivialement sur $E_2^{p,0}$, et commute avec l'isomorphisme canonique de $E_2^{0,q}$ sur $H^q(G/U, \Gamma)$.*

(f). *Si $\Gamma$ est un corps il existe un isomorphisme d'espaces vectoriels gradués de $E_\infty$ sur $H^*(E/U, \Gamma)$ commutant à $N/N \cap U$.*[14]

**19. Homologie et cohomologie de $F_4$, (résultats).** $F_4$ est de rang 4, à 52 paramètres, il agit transitivement sur le " plan projectif des octaves " $W$, variété à 16 dimensions, et le groupe d'isotropie est isomorphe à $\mathbf{Spin}(9)$, (voir [1]); dans $W$ le complément d'une droite projective, (i. e. d'une sphère à 8 dimensions), est homéomorphe à $R^{16}$, d'où

$$(19.1) \qquad\qquad H^*(W, Z) \cong Z[x]/(x^3), \qquad\qquad (Dx = 8).$$

THÉORÈME 19.2. (a). *$F_4$ n'a pas de $p$-torsion pour $p \neq 2, 3$ et*

$$H^*(F_4, Z_p) = \wedge (x_3, x_{11}, x_{15}, x_{23}), \qquad\qquad (Dx_i = i).$$

(b). *$F_4$ possède de la 3-torsion et*

$$H^*(F_4, Z_3) \cong Z_3[x]/(x^3) \otimes \wedge (x_3, x_7, x_{11}, x_{15}), \qquad (Dx = 8, Dx_i = i).$$

(c). *$F_4$ a de la 2-torsion; $H^*(F_4, Z_2)$ possède un système simple de générateurs universellement transgressifs $x_3, x_5, x_6, x_{15}, x_{23}$ et $H^*(F_4, Z_2)$ $\cong H^*(G_2 \times S_{15} \times S_{23}, Z_2)$ au sens du cup-produit et, pour $D \leq 22$, au sens des $Sq^i$.*

(d). *$H^*(F_4, Z)$ est additivement et multiplicativement isomorphe au produit tensoriel $U \otimes H^*(G_2 \times S_{15}, Z)$, où $U$ est un anneau unitaire gradué dans lequel $U^0 = U^{23} = Z$, $U^8 \cong U^8 \cdot U^8 = U^{16} \cong Z_3$, $U^i = 0$ sinon; ses coefficients de torsion sont donc égaux à 2, 3, ou 6.*

*Remarques.*

19.3.   Les isomorphismes 19.2(a) et (b) sont bien entendu valables pour la structure additive et le cup-produit; nous obtiendrons également les renseignements suivants au sujet des puissances réduites:

(a).   $\mathcal{P}_5{}^1 x_3 = x_{11}$   $\mathcal{P}_7{}^1 x_3 = x_{15}.{}^{11}$

(b).   $\mathcal{P}_3{}^1 x_3 = x_7$,   $\mathcal{P}_3{}^1 x_{11} = x_{15}$, *et* $x$ (*notations de* 19.2(b)), *provient de* $x_7$ *par l'homomorphisme de Bockstein* (*pour un choix convenable de* $x_i, x$).

19.4.   Pour $p \geqq 5$, on peut supposer les $x_i$ universellement transgressifs; on a donc toujours

$$\mathcal{P}_p{}^i x_j = a_{p,j}{}^i x_k, \qquad\qquad (a_{p,j}{}^i \, \varepsilon \, Z_p, \ k = 2i(p-1) + j),$$

et en particulier $\mathcal{P}_p{}^i$ est identiquement nulle sur $H^*(F_4, Z_p)$ pour $p \geqq 13$, $i \geqq 1$.

19.5.   Nous ignorons si l'isomorphisme de 19.2(c) est valable pour les $i$-carrés en général; en fait, comme nous le verrons, la seule question qui reste à trancher est de savoir si $Sq^8 x_{15}$ est nul ou égal à $x_{23}$.

THÉORÈME 19.6.   *Pour* $p \neq 2, 3$ $H_*(F_4, Z_p)$ *est une algèbre extérieure anticommutative, isomorphe à* $H^*(F_4, Z_p)$.

$H_*(F_4, Z_2)$ *est une algèbre extérieure commutative engendrée par 5 éléments de degrés* 3, 5, 6, 15, 23.

Cela résulte de (2.8) et (19.2).   Le reste de ce travail est consacré à la démonstration de 19.2, 19.3 et 19.5.

**20.   L'homomorphisme $\Psi^*$: $H^8(F_4/Spin(9), Z) \to H^8(F_4, Z)$.**   Nous choisissons une fois pour toutes une suite de sous-groupes emboîtés

$$F_4 \supset Spin(9) \supset Spin(8) \supset T$$

où $T$ est un tore à quatre dimensions, maximal dans chacun des trois autres groupes.   Nous considérerons les projections naturelles

$$F_4 \xrightarrow{\ \alpha\ } F_4/Spin(8) \xrightarrow{\ \beta\ } F_4/Spin(9) = W \qquad\qquad \text{et } \psi = \beta \circ \alpha$$

Soient $N_G$ le normalisateur de $T$ dans $G$ et $\Phi(G) = N_G/T$, ($G = F_4$, $Spin(9), Spin(8)$).   Ce dernier est le groupe de Weyl de $G$, qui s'identifie au groupe des automorphismes de $T$ (ou du revêtement universel de $T$), qui sont induits par les automorphismes intérieurs de $G$ laissant $T$ invariant.

LEMME 20. 1. *$\Phi(\mathbf{Spin}(8))$ est invariant dans $\Phi(F_4)$ et $\Phi(F_4)/\Phi(\mathbf{Spin}(8))$ est isomorphe au groupe $\sigma_3$ des permutations de 3 objets; $N_{F_4}$ fait partie du normalisateur de $\mathbf{Spin}(8)$.*

Bien que nous ne puissions guère indiquer de référence précise, ce lemme est connu et résulte trivialement de propriétés classiques de $F_4$, et nous en donnerons la démonstration sans entrer dans tous les détails.[15]

Pour un choix convenable des coordonnées $x_i$ dans le revêtement universel $R^4$ de $T$, les racines de $F_4$ s'écrivent, en omettant le facteur $2\pi\sqrt{-1}$:

$$(20.2) \qquad \pm x_i \pm x_j \qquad\qquad (i < j),$$

$$(20.3) \qquad 1/2(\pm x_1 \pm x_2 \pm x_3 \pm x_4) ; \pm x_i, \qquad (1 \leqq i \leqq 4),$$

où (20.2) est l'ensemble des racines de $\mathbf{Spin}(8)$. Soit $S^*_\alpha$ la transformation contragrédiente de la symétrie à l'hyperplan $\alpha = 0$ [16]; de la formule

$$S^*_\alpha(\beta) = \beta - 2(\alpha, \beta) \cdot (\alpha, \alpha)^{-1}\alpha, \qquad (\alpha, \beta \text{ formes linéaires sur } R^4),$$

où ( , ) est le produit scalaire défini par la métrique,[16] on déduit immédiatement que le système (20.2) est invariant par les symétries $S^*_\alpha$, où $\alpha$ parcourt les racines de $F_4$; comme le groupe de Weyl d'un groupe de Lie compact connexe $G$ est engendré par les symétries aux hyperplans obtenus en égalant à zéro les racines de $G$, il en résulte que $\Phi(\mathbf{Spin}(8))$ est invariant dans $\Phi(F_4)$.

$\Phi(F_4)$ et $\Phi(\mathbf{Spin}(8))$ sont d'ordres respectifs 192. 6 et 192; leur quotient est bien d'ordre 6; on vérifie directement, ce que nous ne ferons pas, qu'il est isomorphe à $\sigma_3$ (en fait au groupe des permutations de trois des sommets d'un simplexe fondamental de $\mathbf{Spin}(8)$); on peut du reste s'épargner cette verification en s'appuyant sur des résultats connus: En effet, nous avons vu que $\Phi(F_4)/\Phi(\mathbf{Spin}(8))$ est un sous-groupe d'ordre 6 du quotient $\Phi'(\mathbf{Spin}(8))/\Phi(\mathbf{Spin}(8))$, où $\Phi'(\mathbf{Spin}(8))$ est le groupe de Cartan de $\mathbf{Spin}(8)$, c'est à dire le groupe de tous les automorphismes de $R^4$ laissant le système des racines (20.2) invariant, et l'on sait que ce quotient est isomorphe à $\sigma_3$.[17]

---

[15] Pour tous les résultats de la théorie des groupes de Lie utilisés ici, *voir* par exemple E. Cartan, loc. cit., 0. 7, F. Gantmacher, Rec. Math. Moscou N. S. *5* (1939), 101-144, E. Stiefel, Comm. Math. Helv. *14* (1941-42), pp. 350-380.

[16] Au sens de la métrique définie par la somme des carrés des racines de $F_4$.

[17] Ce n'est qu'une autre manière de dire que la quotient du groupe des automorphismes de $\mathbf{Spin}(8)$ par le sous-groupe des automorphismes intérieurs est isomorphe à $\sigma_3$, (principe de trialité); en somme, (20.1) montre que tous ces automorphismes sont induits par des automorphismes intérieurs de $F_4$.

Enfin, les automorphismes $t \to n \cdot t \cdot n^{-1}$ ($t \,\varepsilon\, T$, $n \,\varepsilon\, N_{F_4}$) laissant le système (20.2) invariant, il est clair que $N_{F_4}$ est dans le normalisateur de $\boldsymbol{Spin}(8)$.

LEMME 20.4. *Au point de vue additif,*

$$H^*(\boldsymbol{F}_4/\boldsymbol{Spin}(8), Z) \cong H^*(\boldsymbol{W}, Z) \otimes H^*(\boldsymbol{S}_8, Z).$$

En effet, $\boldsymbol{Spin}(9)/\boldsymbol{Spin}(8) = \boldsymbol{S}_8$, le terme

$$E_2 \cong H^*(\boldsymbol{W}, Z) \otimes H^*(\boldsymbol{S}_8, Z)$$

de la suite spectrale de la fibration $(\boldsymbol{F}_4/\boldsymbol{Spin}(8), \boldsymbol{W}, \boldsymbol{S}_8)$ ne contient que des éléments de degrés pairs et est donc égal à $E_\infty$.

LEMME 20.5. *La représentation de $\sigma_3 = N_{F_4}/N_{F_4} \cap \boldsymbol{Spin}(8)$ dans $H^8(\boldsymbol{F}_4/\boldsymbol{Spin}(8), Z)$ induite par les translations à droite est fidèle.*

Il suffira évidemment de montrer que la représentation correspondante dans $H^8(\boldsymbol{F}_4/\boldsymbol{Spin}(8), R)$ est fidèle ($R$ corps des réels).

Relativement à $R$, $\boldsymbol{Spin}(8)/\boldsymbol{T}$ est totalement non homologue à zéro dans la fibration $(\boldsymbol{F}_4/\boldsymbol{T}, \boldsymbol{F}_4/\boldsymbol{Spin}(8), \boldsymbol{Spin}(8)/\boldsymbol{T})$, ([3], Prop. 26.1 et Cor. à la Prop. 18.3), donc

$$E_\infty \cong E_2 \cong H^*(\boldsymbol{F}_4/\boldsymbol{Spin}(8), R) \otimes H^*(\boldsymbol{Spin}(8), R),$$

(ce qui du reste résulte aussi du fait que $E_2$ ne contient que des éléments de degrés pairs d'après la formule de Hirsch).

Par ailleurs, si $T$ est un tore maximal d'un groupe de Lie compact connexe $G$, la représentation naturelle de $\Phi(G) = N_T/T$ dans $H^*(G/T, R)$ est équivalente à la représentation régulière d'après J. Leray ([14], Prop. 11.1, ou [3], Lemme 27.1). En appliquant les remarques du No. 18 au cas

$$E = G = \boldsymbol{F}_4, \qquad N = \boldsymbol{N}_{F_4}, \qquad U = \boldsymbol{T},$$

on voit donc que $E_\infty$ (resp. $1 \otimes H^*(\boldsymbol{Spin}(8)/\boldsymbol{T}, R)$), est espace de la représentation régulière de $\Phi(\boldsymbol{F}_4)$, (resp. $\Phi(\boldsymbol{Spin}(8))$), et que $\Phi(\boldsymbol{Spin}(8))$ agit trivialement sur $H^*(\boldsymbol{F}_4/\boldsymbol{Spin}(8), R) \otimes 1$. Il s'ensuit évidemment que la représentation de $\sigma_3 = \Phi(\boldsymbol{F}_4)/\Phi(\boldsymbol{Spin}(8))$ induite dans ce dernier espace est la représentation régulière, et les 2 sous-espaces invariants de dimension 2 $H^8(\boldsymbol{F}/\boldsymbol{Spin}(8), R)$, $H^{16}(\boldsymbol{FSpin}(8), R)$ sont espaces de la représentation irréductible non triviale de $\sigma_3$, qui est fidèle comme on sait.

LEMME 20.6. *On a $\alpha^*(3x)$ pour tout $x \,\varepsilon\, H^8(\boldsymbol{F}_4/\boldsymbol{Spin}(8), Z)$.*

$\Phi(\boldsymbol{Spin}(8))$ opère trivialement sur $H^*(\boldsymbol{F}_4, Z)$ (puisque ces opérations sont induites par des translations homotopes à l'identité), fidèlement sur $H^8(F_4/Spin(8), Z)$ et commute à $\alpha^*$; soit $v$ un élément d'ordre 3 de $\sigma_3$, et soit $A$ l'automorphisme de $H^8(F_4/Spin(8), R)$ ou de $H^8(F_4/Spin(8), Z)$ qui lui correspond; cet espace étant de dimension 2 et la représentation étant fidèle, l'automorphisme $A$ n'a pas de valeur propre réelle, et l'égalité

$$(A^2 + A + 1) \cdot (A - 1) = A^3 - 1 = 0$$

entraîne

$$A^2 + A + 1 = 0$$

$$\alpha^*(A^2(x) + A(x) + x) = 0$$

et le lemme, puisque

$$\alpha^*(A(x)) = A(\alpha^*(x)) = \alpha^*(x).$$

PROPOSITION 20.7. *L'image de $\psi^*\colon H^8(W, Z) \to H^8(F_4, Z)$ est égale à $H^8(F_4, Z)$; elle est soit nulle, soit isomorphe à $Z_3$.*

On obtient la seconde assertion en appliquant (20.6) à $\beta^*(x)$, où $x$ engendre $H^8(W, Z)$. Pour établir la première il suffit de remarquer que dans l'algèbre spectrale sur $Z$ de la fibration $(F_4, W, Spin(9), \psi)$, on a, vu (12.1):

$$^8E_2 = E_2^{8,0} \cong H^8(W, Z)$$

d'où

$$^8E_\infty = E_\infty^{8,0} \text{ et } \psi^*(H^8(W, Z)) = H^8(F_4, Z).$$

**21. Cohomologie mod. $p$ de $F_4$, $(p \neq 2)$.** Nous voulons démontrer ici 19.2(a), (b) et 19.3, en déterminant l'algèbre spectrale mod. $p$ de $(F_4, W, Spin(9), \psi)$. On a

$$E_2 \cong H^*(W, Z_p) \otimes H^*(Spin(9), Z_p) \cong Z_p[x]/(x^3) \otimes \wedge(b_1, b_2, b_3, b_4)$$

$(Dx = 8, \ Db_i = 4i - 1, \ b_i$ universellement transgressif). Evidemment, $E_2 = E_8$.

Soit $p \neq 2, 3$; on tire de (20.7) que $\psi^*(3x) = 0$, ce qui n'est possible que si

$$d_8\kappa_8^2(1 \otimes b_2) = \kappa_8^2(cx \otimes 1), \ (c \ \varepsilon \ Z_p, c \neq 0);$$

les $d_8$-cocycles forment donc la sous-algèbre

$$H^*(W, Z_p) \otimes \wedge(b_1, b_3, b_4) + x^2 \otimes b_2 \otimes \wedge(b_1, b_3, b_4)$$

et

$$d_8(E_8) = (x) \otimes \wedge(b_1, b_3, b_4);$$

ainsi, $E_9$ est l'algèbre extérieure engendrée par les éléments $\kappa_9{}^2(x^2 \otimes b_2)$ et $\kappa_9{}^2(1 \otimes b_i)$, $(i = 1, 3, 4)$, de degrés 23, 3, 11, 15. Les différentielles $d_r$, $(r \geq 9)$ sont nulles sur les deux premiers; d'autre part on voit que

$$E_9{}^{12,0} = E_9{}^{16,0} = 0$$

et les différentielles $d_r$ $(r \geq 2)$ seront donc toutes nulles sur les éléments transgressifs $1 \otimes b_3$ et $1 \otimes b_4$; cela montre que $d_r = 0$ $(r \geq 9)$, d'où (compte tenu de la Prop. 8.1 de [3]) :

$$\bigwedge (x_3, x_{11}, x_{15}, x_{23}) \cong E_9 \cong E_\infty \cong H^*(\boldsymbol{F}_4, Z_p).$$

Les polynômes de Poincaré de $\boldsymbol{F}_4$ en caractéristique zéro et mod. $p$ $(p \geq 5)$, sont donc égaux, d'où l'absence de $p$-torsion et 19.2(a).

De plus, on peut prendre comme générateurs $x_3, x_{11}, x_{15}$ les éléments univoquement déterminés tels que

$$i^*(x_{4j-1}) = b_j, \qquad (j = 1, 3, 4, \ i \ \text{inclusion de } \boldsymbol{Spin}(9) \ \text{dans } \boldsymbol{F}_4),$$

et les formules

$$\mathcal{P}_5{}^1 x_3 = x_{11}, \qquad \mathcal{P}_7{}^1 x_3 = x_{15},$$

résultent de (8.0).

Soit maintenant $p = 3$. L'algèbre $H^*(\boldsymbol{W}, Z)$ ne contenant pas d'élément non nul de degré 4 ou 12, les éléments universellement transgressifs $b_1, b_3$ sont des cocycles pour toutes les différentielles, autrement dit font partie de l'image de $i^*$; il en sera alors de même pour

$$b_2 = \mathcal{P}_3{}^1 b_1 \ \text{et} \ b_4 = \mathcal{P}_3{}^1 b_3$$

(voir (8.9)), $\boldsymbol{Spin}(9)$ est totalement non homologue à zéro mod. 3 dans $\boldsymbol{F}_4$, d'où, compte tenu de (7.4) :

$$H^*(\boldsymbol{F}_4, Z_3) \cong E_\infty \cong E_2 \cong H^*(\boldsymbol{W}, Z_3) \otimes H^*(\boldsymbol{Spin}(9), Z_3)$$

ce qui établit 19.2(b) ; on voit en outre que l'on peut prendre comme système 3-semi-libre de générateurs de $H^*(\boldsymbol{F}_4, Z_3)$ des éléments $x_i$ tels que

$$x_8 = \psi^*(x), \qquad i^*(x_{4j-1}) = b_j, \qquad (1 \leq j \leq 4)$$

$$x_7 = \mathcal{P}_3{}^1 x_3, \qquad x_{15} = \mathcal{P}_3{}^1 x_{11};$$

Enfin, $\psi^*(H^8(\boldsymbol{F}_4, Z))$ est $\neq 0$ donc (20.7) d'ordre 3, d'où le fait que pour un certain multiple $x'_8$ de $x_8$ on a

$$\delta^*(x_7) = x'_8, \qquad \delta^*(x_7 \cdot x'_8) = x'_8{}^2$$

($\delta^*$, homomorphisme de Bockstein), ce qui termine la démonstration de 19.3.

*Remarque.* Nous venons de voir que $H^8(\boldsymbol{F}_4, Z) \neq 0$, ce qui, vu (20.7)
donne :

(21.1) $$H^8(\boldsymbol{F}_4, Z) = Z_3.$$

**22. Cohomologie mod. 2 de $\boldsymbol{F}_4$.** $H^*(\boldsymbol{Spin}(9), Z_2)$ possède un système
simple de générateurs universellement transgressifs de degrés 3, 5, 6, 7, 15,
(15.2), et d'autre part $\psi^*(H^8(\boldsymbol{W}, Z_2)) = 0$ d'après (20.5) ; on pourrait en
déduire comme précédemment la structure de l'algèbre spectrale sur $Z_2$ de la
fibration $(\boldsymbol{F}_4, \boldsymbol{W}, \boldsymbol{Spin}(9), \psi)$ et le fait que $H^*(\boldsymbol{F}_4, Z_2)$ a un système simple
de générateurs de degrés 3, 5, 6, 15, 23. Cependant, pour obtenir quelques
précisions supplémentaires sur les $i$-carrés et la transgression, nous retrouverons et compléterons ce résultat par une méthode légèrement différente, qui
détermine aussi la cohomologie mod. 2 de $\boldsymbol{Spin}(9)$, mais utilise celle de $\boldsymbol{G}_2$.
Nous choisissons une fois pour toutes une suite de sous-groupes emboîtés :

$$\boldsymbol{F}_4 \supset \boldsymbol{Spin}(9) \supset \boldsymbol{Spin}(7) \supset \boldsymbol{G}_2$$

tels que $\boldsymbol{Spin}(9)/\boldsymbol{Spin}(7) = S_{15}$ et $\boldsymbol{Spin}(7)/\boldsymbol{G}_2 = S_7$, (*voir* [1]), et soient
$\lambda, \mu$ les projections naturelles

$$\boldsymbol{F}_4 \xrightarrow{\ \lambda\ } \boldsymbol{F}_4/\boldsymbol{G}_2 \xrightarrow{\ \mu\ } \boldsymbol{F}_4/\boldsymbol{Spin}(9) = \boldsymbol{W}.$$

LEMME 22.1. $\quad H^*(\boldsymbol{Spin}(9)/\boldsymbol{G}_2, Z) \cong H^*(S_7 \times S_{15}, Z) \cong \wedge(u_7, u_{15})$,
$(Du_i = i)$.

En effet, l'algèbre spectrale sur $Z$ de la fibration

$$(\boldsymbol{Spin}(9)/\boldsymbol{G}_2, \boldsymbol{Spin}(9)/\boldsymbol{Spin}(7), \boldsymbol{Spin}(7)/\boldsymbol{G}_2) = (\boldsymbol{Spin}(9)/\boldsymbol{G}_2, S_{15}, S_7)$$

est visiblement triviale.

LEMME 22.2. $\quad H^i(\boldsymbol{F}_4/\boldsymbol{G}_2, Z) = 0$ *pour* $0 < i < 7$, $i = 9$; $\lambda^*$ *est un isomorphisme de* $H^8(\boldsymbol{F}_4/\boldsymbol{G}_2, Z)$ *sur* $H^8(\boldsymbol{F}_4, Z)$; *en particulier, vu* (21.1),
$H^8(\boldsymbol{F}_4/\boldsymbol{G}_2, Z) \cong Z_3$.

La première assertion résulte du fait que dans l'algèbre spectrale sur $Z$
de la fibration $(\boldsymbol{F}_4/\boldsymbol{G}_2, \boldsymbol{W}, \boldsymbol{Spin}(9)/\boldsymbol{G}_2, \mu)$ le terme $E_2$ n'a aucun élément
non nul de degré total $i$, pour $0 < i < 7$, $i = 9$.

On en déduit, à l'aide de (17.2), que dans l'algèbre spectrale sur $Z$ de
$(\boldsymbol{F}_4, \boldsymbol{F}_4/\boldsymbol{G}_2, \boldsymbol{G}_2, \lambda)$ :

$$E_2^{p,q} = 0, \quad (p + q = 7, q > 0); \qquad E_2^{8,0} = {}^8E_2,$$

ce qui implique

$$E_2{}^{8,0} \cong E_\infty{}^{8,0} = {}^8E_\infty$$

donc que $\lambda^*$ est un isomorphisme sur en dimension 8.

LEMME 22.3. *Soit $p \neq 3$. Alors $H^*(\boldsymbol{F}_4/\boldsymbol{G}_2, Z_p) = H^*(\boldsymbol{S}_{15} \times \boldsymbol{S}_{23}, Z_p)$ ; en particulier, $\boldsymbol{F}_4/\boldsymbol{G}_2$ n'a pas de $p$-torsion.*

Dans l'algèbre spectrale mod. $p$ de $(\boldsymbol{F}_4/\boldsymbol{G}_2, \boldsymbol{W}, \boldsymbol{Spin}(9)/\boldsymbol{G}_2, \mu)$, on a

$$E_2 \cong H^*(\boldsymbol{W}, Z_p) \otimes H^*(\boldsymbol{Spin}(9)/\boldsymbol{G}_2, Z_p) \cong Z_p[x]/(x^3) \otimes \wedge(u_7, u_{15})$$

$(Dx = 8)$, d'où

$$E_2 \cong E_8 ; \qquad d_8 \kappa_8{}^2(1 \otimes u_{15}) = 0 ;$$

mais le lemme précédent montre que

$$H^8(\boldsymbol{F}_4/\boldsymbol{G}_2, Z_p) \cong H^8(\boldsymbol{F}_4/\boldsymbol{G}_2, Z) \otimes Z_p = 0$$

ce qui n'est possible que si

$$d_8 \kappa_8{}^2(1 \otimes u_7) = \kappa_8{}^2(x \otimes 1) ;$$

on en déduit immédiatement que

$$E_\infty \cong E_9 \cong \wedge(x^2 \otimes u_7, u_{15})$$

et le lemme.

PROPOSITION 22.4. *Le groupe $\boldsymbol{G}_2$ est totalement non homologue à zéro mod. 2 dans $\boldsymbol{F}_4$ ; $H^*(\boldsymbol{F}_4, Z_2)$ est isomorphe à $H^*(\boldsymbol{G}_2 \times \boldsymbol{S}_{15} \times \boldsymbol{S}_{23}, Z_2)$ pour la structure additive et le cup-produit, et, au moins pour $D \leqq 22$, au sens des $i$-carrés.*

Nous désignerons par $i$ l'inclusion de $\boldsymbol{G}_2$ dans $\boldsymbol{F}_4$ et par $y_3, y_5, y_6$ les générateurs universellement transgressifs de $H^*(\boldsymbol{G}_2, Z_2)$.

$H^4(\boldsymbol{F}_4/\boldsymbol{G}_2, Z_2)$ étant nul d'après (22.2), l'image par transgression dans $\boldsymbol{F}_4$ de $y_3$ est nulle, autrement dit $y_3$ fait partie de l'image de $i^*$, et il ne sera de même pour

$$y_5 = Sq^2 y_3, \qquad y_6 = y_3 \cdot y_3.$$

Ainsi, $\boldsymbol{G}_2$ est totalement non homologue à zéro mod. 2 dans $\boldsymbol{F}_4$, et dans l'algèbre spectrale de $(\boldsymbol{F}_4, \boldsymbol{F}_4/\boldsymbol{G}_2, \boldsymbol{G}_2, \lambda)$, on a, vu (22.3) :

$$E_\infty \cong E_2 \cong H^*(\boldsymbol{F}_4/\boldsymbol{G}_2, Z_2) \otimes H^*(\boldsymbol{G}_2, Z_2) \cong \wedge(y_{15}, y_{23}) \otimes \triangle(y_3, y_5, y_6)$$

$(Dy_i = i)$, et ([3], Prop. 8.1), $H^*(\boldsymbol{F}_4, Z_2)$ possède un système simple de générateurs $x_3, x_5, x_6, x_{15}, x_{23}$ tels que

$$(22.5) \qquad \begin{aligned} i^*(x_i) &= y_i, & (i = 3, 5, 6), \\ \lambda^*(y_i) &= x_i, & (i = 15, 23). \end{aligned}$$

En fait, pour des raisons de degrés évidentes, les éléments $x_3, x_5, x_6$ sont *univoquement* déterminés par 22.5, et engendrent une sous-algèbre isomorphe à $H^*(G_2, Z_2)$, ce qui, compte tenu de (7.4) et de (17.3), donne

$$H^*(F_4, Z_2) \cong E_\infty = H^*(G_2 \times S_{15} \times S_{23}, Z_2)$$

$Sq^2 x_3 = x_5,\ Sq^1 x_5 = x_6,\ Sq^3 x_3 = x_6,\ Sq^i x_j = 0$ sinon, $(j \leqq 6)$, et, joint aux égalités

$$Sq^i x_{15} = \lambda^*(Sq^i y_{15}) = 0 \qquad (0 < i \leqq 7),$$
$$Sq^i x_{23} = \lambda^*(Sq^i y_{23}) = 0 \qquad (i > 0),$$

démontre (22.4), (19.5), et (19.2(c)), mis à part cependant le fait que les $x_i$ sont universellement transgressifs, qui fait l'objet de la Proposition 22.7.

Lemme 22.6. *Les générateurs $y_{15}$ et $y_{23}$ de $H^*(F_4/G_2, Z_2)$ sont transgressifs dans la fibration $(B_{G_2}, B_{F_4}, F_4/G_2, \rho(G_2, F_4))$.*

Dans l'algèbre spectrale mod. 2 de cette fibration, on a évidemment

$$E_r{}^{p,q} = 0, \qquad (q \neq 0, 15, 23, r \geqq 2),$$

$y_{15}$ est donc transgressif et de plus

$$E_2{}^{p,q} \cong E_\infty{}^{p,q}, \qquad (p + q < 15),$$

en particulier $\rho^*_2(G_2, F_4)$ est un isomorphisme sur pour $D < 15$; mais d'après 17.3 et la Prop. 19.1 de [3]:

$$H^*(B_{G_2}, Z_2) \cong Z_2[v_4, v_6, v_7] \qquad (Dv_i = i),$$

d'où

$$E_r{}^{9,0} = E_r{}^{9,15} = 0;$$

ainsi, nous voyons que

$$d_r(E_r{}^{0,23}) \subset E_r{}^{r,24-r} = 0, \qquad (r \geqq 2),$$

et $y_{23}$ est transgressif.

Proposition 22.7. *Les générateurs $x_i$ $(i = 3, 5, 6, 15, 23)$, de $H^*(F_4, Z_2)$ définis par (22.5) sont universellement transgressifs.*

Cela est clair pour $x_3$, qui a le plus petit degré $> 0$, donc pour $x_5 = Sq^2 x_3$ et $x_6 = x_3 \cdot x_3$. Considérons maintenant le diagramme

$$E_{F_4} \xrightarrow{\ \nu\ } B_{G_2}$$

$$\downarrow \qquad\qquad \downarrow \rho(G_2, F_4)$$

$$B_{F_4} \xrightarrow{\ \text{id.}\ } B_{F_4}$$

où $\nu$ est la projection naturelle:

$$E_{F_4} = E_{G_2} \xrightarrow{\ \nu\ } B_{G_2} = E_{G_2}/G_2.$$

la restriction de $\nu$ à une fibre $G_2$ est $\lambda$ et comme $y_{15}, y_{23}$ sont transgressifs dans la fibration de droite, les éléments $x_i = \lambda^*(y_i)$, $(i = 15, 23)$ seront transgressifs dans la fibration de gauche, c'est à dire universellement transgressifs.

### 23. Cohomologie entière de $F_4$.

PROPOSITION 23.1. $H^*(F_4/G_2, Z)$ est additivement et multiplicativement isomorphe au produit $U \otimes H^*(S_{15}, Z)$, où $U$ est une algèbre unitaire graduée définie par $U^0 \cong U^{23} \cong Z$, $U^8 \cong U^8 \cdot U^8 \cong U^{16} \cong Z_3$, $U^i = 0$ sinon.

On a vu (22.2) que $\lambda^* : H^8(F_4/G_2, Z) \to H^8(F_4, Z)$ est un isomorphisme sur, et comme $H^8(F_4, Z_3) \cong H^8(F_4, Z) \otimes Z_3$ est engendré par un élément de carré non nul, il en sera de même pour $H^8(F_4, Z)$ et $H^8(F_4/G_2, Z)$; cela va nous permettre de construire l'algèbre spectrale sur $Z$ de la fibration $(F_4/G_2, W, Spin(9)/G_2, \mu)$. On a, compte tenu de (22.1),

$$E_2 \cong H^*(W, Z) \otimes H^*(Spin(9)/G_2, Z) \cong Z[x]/(x^3) \otimes \wedge(u_7, u_{15}) = E_8$$

$$d_8 \kappa_8^2 (1 \otimes u_7) = \kappa_8^2 (3x \otimes 1),$$

$$d_8 \kappa_8^2 (1 \otimes u_{15}) \ \varepsilon \ E_8^{8,8} = 0,$$

les $d_8$-cocycles forment donc la sous-algèbre

$$x^2 \otimes u_7 \otimes \wedge(u_{15}) + Z[x]/(x^3) \otimes \wedge(u_{15})$$

et les $d_8$-cobords forment

$$(3x) \otimes \wedge(u_{15}),$$

ce qui donne

$$E_9 \cong H^*(W, Z)/(3x) \otimes \wedge(u_{15}) + (x^2 \otimes u_7) \otimes \wedge(u_{15}) = U \otimes \wedge(u_{15}).$$

Comme $E_\infty^{16,0} \neq 0$, il faut que $d_{15} \kappa_{15}^2 (1 \otimes u_{15})$ soit nul, ce qui entraîne $E_9 \cong E_\infty$. Ainsi, $E_\infty$ est formé d'un groupe $Z$ en dimensions 0, 15, 23, 38 et d'un groupe $Z_3$ en dimensions 8, 16, 23, 31, ce qui montre déjà

$$H^i(\boldsymbol{F}_4/\boldsymbol{G}_2, Z) \cong {}^iE_\infty \quad \text{pour } i \neq 23$$

$$H^{23}(\boldsymbol{F}_4/\boldsymbol{G}_2, Z) \cong Z \text{ ou } Z + Z_3;$$

mais par dualité de Poincaré, puisque dim. $\boldsymbol{F}_4/\boldsymbol{G}_2 = 38$,

$$\text{Tors. } H^{23}(\boldsymbol{F}_4/\boldsymbol{G}_2, Z) = \text{Tors. } H^{16}(\boldsymbol{F}_4/\boldsymbol{G}_2, Z) = \text{Tors. } {}^{16}E_\infty = Z_3$$

ce qui prouve que $H^{23}(\boldsymbol{F}_4/\boldsymbol{G}_2, Z) \cong Z + Z_3 \cong {}^{23}E_\infty$, donc que $H^*(\boldsymbol{F}_4/\boldsymbol{G}_2, Z)$ est additivement isomorphe à $E_\infty$; que cet isomorphisme soit multiplicatif résulte alors directement des faits suivants: (a) $E_\infty$ est l'algèbre graduée associée à $H^*(\boldsymbol{F}_4/\boldsymbol{G}_2, Z)$ convenablement filtrée, (b) $\mu^*$ est un isomorphisme de $H^*(\boldsymbol{W}, Z)/(3x)$ dans $H^*(\boldsymbol{F}_4/\boldsymbol{G}_2, Z)$, (c) des représentants quelconques dans $H^*(\boldsymbol{F}_4/\boldsymbol{G}_2, Z)$ de $u_{15}$ et $x^2 \otimes u_7$ sont forcément de carré nul.

PROPOSITION 23.2. *Dans les notations de* (22.1), $H^*(\boldsymbol{F}_4, Z)$ *est additivement et multiplicativement isomorphe à* $U \otimes H^*(\boldsymbol{G}_2 \times \boldsymbol{S}_{15}, Z)$.

Tors. $H^*(\boldsymbol{G}_2, Z)$ ne contenant que des éléments d'ordre 2, le résultat précédent montre que

$$\text{Tor.}(H^*(\boldsymbol{F}_4/\boldsymbol{G}_2, Z), H^*(\boldsymbol{G}_2, Z)) = 0;$$

dans l'algèbre spectrale sur $Z$ de la fibration $(\boldsymbol{F}_4, \boldsymbol{F}_4/\boldsymbol{G}_2, \boldsymbol{G}_2, \lambda)$ on a donc

$$(23.3) \quad E_2 \cong H^*(\boldsymbol{F}_4/\boldsymbol{G}_2, Z) \otimes H^*(\boldsymbol{G}_2, Z) \cong U \otimes \wedge(u_{15}) \otimes H^*(\boldsymbol{G}_2, Z).$$

Le plus petit degré-base $> 0$ est 8, les différentielles $d_r$ $(2 \leqq r \leqq 7)$, sont donc nulles; par ailleurs $H^*(\boldsymbol{G}_2, Z)$ est engendré par deux éléments $y_3, y_{11}$ d'après (17.2); les différentielles $d_r$ $(r \geqq 8)$, sont évidemment nulles sur $\kappa_r{}^2(1 \otimes y_3)$, de plus elles annulent aussi $\kappa_r{}^2(1 \otimes y_{11})$ car ${}^{12}E_r = 0$; ainsi finalement $d_r = 0$ pour tout $r \geqq 2$, $E_\infty$ est isomorphe à $E_2$ et ses coefficients de torsion sont égaux à 2, 3, ou 6; en explicitant (23.3) on obtient:

$$^{12}E_\infty = {}^{17}E_\infty = E_\infty{}^{16,6} = 0$$

$$^{22}E_\infty = E_\infty{}^{8,14} = Z_3,$$

par conséquent:

$$(23.4) \qquad H^{12}(\boldsymbol{F}_4, Z) = H^{17}(\boldsymbol{F}_4, Z) = 0; \qquad H^{22}(\boldsymbol{F}_4, Z) = Z_3.$$

Soit $x'_j \, \varepsilon \, H^j(\boldsymbol{F}_4, Z)$ tel que

$$i^*(x'_j) = y_j, \qquad\qquad (j = 3, 11, i \text{ inclusion de } \boldsymbol{G}_2 \text{ dans } \boldsymbol{F}_4),$$

$y_j$ étant le générateur de $H^*(\boldsymbol{G}_2, Z)$ mentionné dans (17.2). Les égalités (23.4) montrent que

$$x'_3{}^4 = x'_3{}^2 \cdot x'_{11} = 0$$

et aussi que $x'^2_{11} = 0$ car si cet élément était non nul, il devrait être d'ordre deux; $x'_3$ et $x'_{11}$ engendrent donc une sous-algèbre isomorphe à $H^*(\boldsymbol{G}_2, Z)$, et l'isomorphie additive et multiplicative de $H^*(\boldsymbol{F}_4, Z)$ avec

$$E_\infty \cong E_2 \cong U \otimes H^*(\boldsymbol{G}_2 \times \boldsymbol{S}_{15}, Z)$$

résulte de (7.4).

*Remarque.* Nous avons vu que dans l'algèbre spectrale sur $Z$ de la fibration $(\boldsymbol{F}_4, \boldsymbol{F}_4/\boldsymbol{G}_2, \boldsymbol{G}_2, \lambda)$

$$E_\infty \cong E_2 \cong H^*(\boldsymbol{F}_4/\boldsymbol{G}_2, Z) \otimes H^*(\boldsymbol{G}_2, Z)$$

par conséquent, $\boldsymbol{G}_2$ est totalement non homologue à zéro dans $\boldsymbol{F}_4$ relativement à la cohomologie entière.

THE INSTITUTE FOR ADVANCED STUDY.

---

## BIBLIOGRAPHIE.

[1] A. Borel, "Le plan projectif des octaves et les sphères comme espaces homogènes," *Comptes rendus de l'Académie des Sciences*, Paris, t. 230 (1950), pp. 1378-1380.

[2] ———, "Sur la cohomologie des variétés de Stiefel et de certains groupes de Lie," *ibid.*, t. 232 (1950), pp. 1628-1630.

[3] ———, "Sur la cohomologie des espaces fibrés principaux et des espaces homogènes de groupes de Lie compacts," *Annals of Mathematics*, t. 57 (1953), pp. 115-207.

[4] ———, "La cohomologie mod. 2 de certains espaces homogènes," *Commentarii Mathematici Helvetici*, t. 27 (1953), pp. 165-197.

[5] ——— et J.-P. Serre, "Sur certains sous-groupes des groupes de Lie compacts," *ibid.*, t. 27 (1953), pp. 128-139.

[6] ——— et J.-P. Serre, "Groupes de Lie et puissances réduites de Steenrod," *American Journal of Mathematics*, t. 75 (1953), pp. 409-448.

[7] C. Chevalley, "Determination of the Betti numbers of the exceptional Lie groups," *Proceedings of the International Congress of Mathematicians*, 1950, t. II, pp. 21-24.

[8] C. Ehresmann, "Sur la variété des génératrices planes d'une quadrique réelle et sur la topologie du groupe orthogonal," *Comptes rendus de l'Académie des Sciences*, Paris, t. 208 (1939), pp. 321-323.

[9] ———, "Sur la topologie des groupes simples clos," *ibid.*, pp. 1263-1265.

[10] H. Hopf, "Ueber die Topologie der Gruppen-Mannigfaltigkeiten und ihrer Verallgemeinerungen," *Annals of Mathematics*, t. 42 (1941), pp. 22-52.

[11] J. Leray, " Sur la forme des espaces topologiques et sur les points fixes des représentations," *Journal de Mathématiques Pures et Appliquées*, t. 54 (1945), pp. 95-167.

[12] ———, " Espaces où opère un groupe de Lie compact connexe," *Comptes rendus de l'Académie des Sciences, Paris*, t. 228 (1949), pp. 1545-1547.

[13] ———, "Applications continue commutant avec les éléments d'un groupe de Lie," *ibid.*, pp. 1784-1786.

[14] ———, " Sur l'homologie des groupes de Lie, des espaces homogènes et des espaces fibrés principaux," *Colloque de Topologie (espaces fibrés)*, Bruxelles, 1950, pp. 101-115.

[15] C. E. Miller, " The topology of rotation groups," *Annals of Mathematics*, t. 57 (1953), pp. 90-114.

[16] L. Pontrjagin, " Homologies in compact Lie groups," *Matematicheski Sbornik*, t. 6 (1939), pp. 389-422.

[17] H. Samelson, " Beiträge zur Topologie der Gruppen-Mannigfaltigkeiten," *Annals of Mathematics*, t. 42 (1941), pp. 1091-1137.

[18] Yen Chih-Tah, " Sur les polynômes de Poincaré des groupes de Lie exceptionnels," *Comptes rendus de l'Académie des Sciences, Paris*, t. 228 (1949), pp. 628-630.

**30.**

# Représentations linéaires et espaces homogènes kähleriens des groupes simples compacts

(inédit, mars 1954)

1      Soient $G$ un groupe simple compact, de rang $r$, $T$ un tore maximal de $G$, $G_c$ et $T_c$ leurs complexifications. On peut munir $G/T$ d'une structure analytique complexe invariante par $G_c$, et d'une métrique kählerienne invariante par $G$, et $G_c$ opère sur les systèmes linéaires complets de diviseurs sur $G/T$ (cf. No. 4). Un des buts du papier est de faire voir que ces représentations sont irréductibles et que les systèmes complets de dim. $\geq 2$ sont de cette façon en correspondance biunivoque avec les classes de représentations irréductibles de $G$.

En fait, on est naturellement amené à considérer non seulement $G/T$, mais aussi tous les espaces homogènes $G/U$, ou $U$ est le centralisateur d'un tore, qui se trouvent être tous les espaces homogènes kählériens de $G$; on caractérisera aussi les représentations fournies par leurs systèmes linéaires complets, et on verra en outre que $G/U$ est une variété algébrique rationnelle.

## 1. Préliminaires

L'algèbre de Lie (sur $\mathbf{R}$ ou $\mathbf{C}$ suivant le cas) d'un groupe $L$ sera notée $l$. J'écris les racines de $g_c$ sous la forme $2\pi i\, a(x)$, où $a(x)$ est une forme linéaire sur le revêtement universel $\mathbf{C}^r$ de $T_c$, à valeurs réelles sur le $\mathbf{R}$-sous-espace $\mathbf{R}^r$ de revêtement de $T$, à valeurs entières sur l'image inverse de $e$.

On choisit une fois pour toutes un ordre des formes linéaires réelles sur $\mathbf{R}^r$, on désigne par $a_1, \ldots, a_m$ les racines positives, par $a_1, \ldots, a_r$ les racines *simples* (i.e. celles dont les autres sont combinaisons linéaires à coefficients entiers de même signe).

Le produit scalaire défini par la forme de Killing est noté $(\,,)$; il définit un isomorphisme entre $\mathbf{C}^r$ (resp. $\mathbf{R}^r$) et son dual et permet donc d'identifier une forme linéaire à un élément de $\mathbf{C}^r$ ou de $\mathbf{R}^r$, ou même de $t$. $W$ désigne la chambre de Weyl $a_i(t) \geq 0$, $(1 \leq i \leq r, t \in \mathbf{R}^r)$.

$e_a$ est la transformation infinitésimale de $g_c$ correspondant à la racine $a$, autrement dit telle que $[t, e_a] = 2\pi i\, a(t)\, e_a$, $(t \in t_c)$.

$H$ désignera le sous-groupe résoluble engendré par $t_c$ et par les $e_{a_i}$ $N^+$, (resp. $N^-$), le sous-groupe nilpotent engendré par les $e_{a_i}$ (resp. $e_{-a_i}$). Si $b$ est une forme linéaire réelle sur $\mathbf{C}^r$, contenue dans $W$, on désigne par $L_b$ le sous-groupe engendré

392

par $\mathfrak{h}$ et les $e_{-a_i}$, où $(a_i, b) = 0$, et par $N_b^-$ le groupe nilpotent engendre par les $e_{-a_i}$ non dans $\mathfrak{l}_b$, (qui forment visiblement une sous-algèbre). $L_b$ est donc le centralisateur de $b$ (envisagé comme transf. infinit.) et si $b$ est orthogonal à exactement $k$ racines simples, $L_b$ est localement isomorphe au produit direct d'un groupe semi-simple par $\mathbf{T}_c^{r-k}$ et $G \cap L_b = C(\mathbf{T}^{r-k})$ est le centralisateur de $\mathbf{T}_c^{r-k} \cap \mathbf{T}^k$; enfin on démontre que $L_b$ est égal à son normalisateur et que le centralisateur d'un tore dans $G$ est connexe.

## 2. Espaces homogènes kähleriens

Il est clair que si l'on se donne $T^k \subset T$, alors $G/C(T^k)$ peut s'écrire $G_c/L_b$ ou $b$ est un élément de l'algèbre de Lie de $T^k$ dont le centralisateur est $C(T^k)$. Cet espace possède donc une structure complexe invariante par $G_c$; on démontre de plus a) qu'il a une métrique kählérienne invariante par $G$, ce qui du reste résultera aussi ici du No 5, b) que l'on obtient ainsi tous les espaces homogènes kähleriens de $G$, mais c'est sans importance ici.

Le centralisateur d'un tore $T^s$ peut s'écrire sous la forme $U'. T^k$ ($U'$ semi-simple, $T^s \subset T^k$) avec $T^k$ et $U'$ échangeables, d'intersection finie. Pour avoir tous les groupes de ce type, à un automorphisme intérieur près, il suffira donc de prendre les $r$ normalisateurs des arêtes, les $r(r-1)/2$ normalisateurs des 2-faces, ... d'une chambre de Weyl. Tous ces espaces sont des quotients de $G/T$, et il y en a parmi eux $r$ «minimaux», correspondant aux normalisateurs des arêtes.

## 3. Représentations linéaires

Soit $g \to A_g$ une représentation linéaire (analytique complexe) de $G_c$ dans $\mathbf{C}^n$; la représentation induite de $\mathfrak{t}_c$ se met sous forme diagonale et ses coefficients sont les poids de la représentation; un poids $b$ est dominant si $b + a_i$ n'est pas un poids ($1 \le i \le m$). Je rappelle quelques résultats $\pm$ classiques:

1) Une représentation irréductible a un unique poids dominant qui la caractérise complètement, et est de multiplicité 1.

2) Les poids dominants des différentes représentations irréductibles sont les formes linéaires $2\pi b$ sur $\mathfrak{t}_c$, où $b$ vérifie:

$$(a_i, b) = k_i (a_i, a_i)/2, \qquad (k_i \text{ entier } \ge 0,\ 1 \le i \le r).$$

ce sont donc les combinaisons linéaires à coefficients entiers $\ge 0$ de $r$ poids fondamentaux $b_i$, $b_i$ étant défini par $k_i = 1$, $k_j = 0$ $(i \ne j)$.

3) Dans une représentation quelconque, les vecteurs propres de $H$ sont les vecteurs propres de $T_c$ correspondant aux poids dominants des sous-représentations irréductibles.

4) Soit $(x_i)$ une base de $\mathbf{C}^n$ formée de vecteurs propres de $\mathfrak{t}_c$, rangés par ordre de poids décroissants. Alors $\mathfrak{n}^+$, (resp. $\mathfrak{n}^-$), est représentée par des matrices nilpotentes triangulaires supérieures, (resp. inférieures).

5) Soit $(A_g)$ une représentation irréductible de poids dominant $b$, et soit $x \ne 0$ un vecteur propre de $H$. Alors $L_b$ est le plus grand sous-groupe de $G_c$ pour lequel $x$

est propre. Nous dirons que l'espace homogène kählérien $G/U = G_c/L$ et la représentation de poids $b$ sont *associés* si $b$ est dans le centre de $U$ ou de $L$, donc si $L \subset L_b$, et qu'ils sont *strictement associés* si $L = L_b$.

## 4. Représentation définie par un système linéaire complet

Soient $G/U$ homogène kählérien, $D$ un diviseur $> 0$ sur $G/U$, $F(D)$ l'espace des fonctions méromorphes telles que $(F) + D \geq 0$, et $F_0, \ldots, F_n$ une base de $F(D)$. Soit, pour $g \in G_c$, $g\,F$ la fonction définie par $g\,F(P) = F(g^{-1}(P))$. On a évidemment $(g\,F) + g(D) \geq 0$; mais $G_c$ est connexe, $G/U$ est simplement connexe, les diviseurs $D$ et $g(D)$, qui sont homologues, seront donc aussi linéairement équivalents, i.e. il existe une fonction $\tau_g$ telle que $g(D) - D = (\tau_g)$; en particulier on voit que $(g\,F_i \tau_g) + D \geq 0$, ce qui donne

$$(4.1) \qquad\qquad g\,F_i \cdot \tau_g = \Sigma_j a_{ij} F_j = A_g(F_i).$$

Les matrices $A_g$ sont définies à une constante multiplicative près et définissent une représentation projective de $G_c$; mais on peut supposer ce dernier simplement connexe, et normaliser les $A_g$ de manière à avoir une représentation linéaire.

**Théorème 1.** *Soit $D$ un diviseur sur l'espace homogène kählérien $G/U$. La représentation précédemment définie dans $F(D)$ est irréductible, associée à $G/U$ (au sens de 3.5).*

En faisant correspondre à $P \in G/U$ le point $h(P) \in \mathbf{P}(n, \mathbf{C})$ de coordonnées homogènes $(F_0(P), \ldots, F_n(P))$ on définit une «application méromorphe» de $G/U$ dans $\mathbf{P}(n, \mathbf{C})$. En fait, (4.1) peut s'écrire

$$(4.2) \qquad\qquad F_i(g(P)) \cdot \tau_g(P) = \Sigma_j a_{ij}(g)\, F_j(P)$$

autrement dit

$$(4.3) \qquad\qquad h(g(P)) = A_g(h(P)) ,$$

et on en déduit immédiatement que $h$ est partout régulière. On a $G/U = G_c/L$, $(L \supset H)$; si $P_0$ est un point de $G/U$ fixe par $L$, (4.3) montre que $(F_0(P_0), \ldots, F_n(P_0))$ est un vecteur propre de $L$, donc de $H$, donc que ce vecteur appartient à un poids dominant $b$; le plus petit sous-espace $\mathbf{C}^k$ invariant par $G_c$ le contenant sera espace de la représentation irréductible de poids dominant $b$, soit $(A_g^*)$. Comme $L_b \supset L$, cette représentation est bien associée à $G/U$; il nous reste à voir que $k = n + 1$. Si ce n'est pas le cas, on peut supposer, après un changement linéaire convenable, que les $F_i$, $i > k$ sont nuls en $P_0$ et sous-tendent un sous-espace invariant par $G_c$; mais pour $g$ voisin de $e$, on peut supposer que $g(D)$ ne rencontre pas $P_0$; la fonction $\tau_g$ telle que $(\tau_g) = D - g(D)$ est donc régulière $\neq 0$ en $x$, et (4.2) montre alors que $F_i(g(P_0)) = 0$ pour $i > k$ et $g$ voisin de $e$, donc que $F_i \equiv 0$ ce qui est absurde.

## 5. Système linéaire associé à une représentation irréductible

Soit $b$ le poids dominant d'une représentation irréductible dans $\mathbf{C}^{k+1}$, et soit $x \neq 0$ un vecteur propre de $L_b$. Les transformés de $x$ par $G_c$ forment un cône (pointé à l'origine), et en passant à $\mathbf{P}(k, \mathbf{C})$, on voit que l'application $g \to A_g(x)$ définit un homéomorphisme bi-régulier de $G_c/L_b$ sur une sous-variété analytique de $P(k, \mathbf{C})$.

Comme $\mathfrak{n}_b^-$ est supplémentaire de $L_b$, l'application précédente définit un homéomorphisme d'un voisinage de $e$ dans $N_b^-$ sur un voisinage de $x$; ce groupe étant représenté par des matrices de la forme Id + nilp., on voit ainsi que les coordonnées homogènes des points voisins de $x$ sont des polynômes en les coordonnées canoniques de $N_b^-$, ainsi $G/L_b$ est une *variété algébrique rationnelle*. Comme, étant donné l'espace kählérien $G/U$, on peut toujours trouver $b$ tel que $G_c/L_b = G/U$, (vu les nos 2, 3) on voit que tous ces espaces sont algébriques rationnels.

Remarquons que si $G/L$ est kählérien, $L \subset L_b$, la projection $G/L \to G_c/L_b$ définit évidemment sur $G/L$ un système linéaire espace de la représentation donnée, qui est complet vu le Théor. 1. On a donc

**Théorème 2.** *A une représentation irréductible de poids dominant $b$ correspond sur tout espace homogène kählérien associé à $b$, un système linéaire, espace de la représentation donnée, qui est ample sur et seulement sur $G/L_b$.*

Nous voulons encore caractériser la classe de cohomologie du système complet ainsi défini par $b$.

Un poids $b$ est une forme linéaire sur le revêtement $R^r$ de $T$, à valeurs entières sur l'image inverse de l'élément neutre, qui s'identifie à $H_1(T, \mathbf{Z})$; en d'autres termes, $b$ est un élément de $H^1(T, \mathbf{Z})$; de plus la transgression dans $G$ détermine un isomorphisme de $H^1(T, \mathbf{Z})$ dans $H^2(G/T, \mathbf{Z})$ (qui en fait est sur si $G$ est simplement connexe), ce qui permet de considérer $b$ comme élément de $H^2(G/T, \mathbf{Z})$. De façon analogue, $b$ s'identifie à un élément de $H^2(G/U, \mathbf{Z})$, ou $U$ est le centralisateur d'un tore.

Cela étant, on s'imagine bien que la classe de cohomologie du système linéaire défini précédemment doit être $b$, ce qu'il est facile de démontrer. Soit $M_b$ le sous-groupe de $G_c$ laissant $x$ fixe (notations de plus haut); il est invariant dans $L_b$ et $L_b/M_b = \mathbf{C}^*$; le quotient $G_c/M_b$ est donc espace fibré principal de fibre $\mathbf{C}^*$ sur $G_c/L_b$, et l'on vérifie aisément que sa classe caractéristique est $b$. D'autre part l'application $g \to A_g(x)$ définit visiblement un isomorphisme d'espaces fibrés principaux de $(G_c/M_b, G_c/L_b, \mathbf{C}^*)$ sur le cône pointé, envisagé comme espace fibré principal sur la variété correspondante de l'espace projectif. Comme ce dernier est l'espace fibré principal associé aux sections hyperplanes, sa classe caractéristique est bien duale de la section hyperplane.

Finalement on a:

**Théorème.** *Les espaces homogènes kählériens $G/U$, sont des variétés algébriques rationnelles. Une classe de cohomologie de $H^2(G/U, \mathbf{Z})$ est duale d'un système linéaire complet de dim. $\geqq 2$ si et seulement si c'est le poids dominant d'une représentation de $G$ associée à $G/U$. Le système linéaire est alors espace de la représentation considérée, il est ample si et seulement si la représentation est strictement associée à $G/U$.*

*Exemples:* $U$ est le centralisateur du tore $T^{r-2}$ défini par $a_1 = a_2 = 0$, les poids associés sont (notations du No 3) les poids $k_3 b_3 + \ldots + k_r b_r$, ils donnent lieu a des systèmes amples si et seulement si les $k_i$ sont $\neq 0$.

Pour un espace «minimal» $G/U$ ou $U$ est le centralisateur d'une arête de la chambre de Weyl, disons de $a_2 = \ldots = a_r = 0$, les poids dominants sont $k_1 b_1$, les systèmes obtenus sont tous amples.

**Remarques.** 1) En fait la démonstration précédente montre que $G/U$ est rationnel au sens faible (coordonnées d'un point générique paramétrées rationnellement), mais il est aussi vrai que $G/U$ est rationnel au sens fort (corps des fonctions extension transcendante pure du corps de base); cela peut se voir en prouvant que l'orbite de $N_b^-$ est un ouvert (dans la topologie de Zariski) birationnellement équivalent à l'espace affine complexe. Cette remarque est de Goto, qui l'a appliquée à la représentation adjointe de $G_c$ justement pour démontrer que les $G/U$ sont rationnels. C'est une extension d'un résultat de Gelfand disant que dans $\mathbf{GL}(n, \mathbf{C})$, l'ensemble des matrices représentables comme produit $a \cdot b$, où $a$ est triangulaire inférieure à valeurs propres égales à 1 et où $b$ est triangulaire supérieure, a un complémentaire réunion d'un nombre fini de variétés algébriques.

2) La structure complexe de $G/T$ a été introduite en représentant cet espace comme quotient $G_c/H$, et la définition de $H$ suppose d'abord choisi un ordre lexicographique des racines: si l'on change cet ordre, et par suite $H$, on obtient une structure complexe différente en ce sens qu'elle induit sur l'espace tangent en un point une autre structure complexe, mais équivalente à la première car on passe de l'une à l'autre par un homéomorphisme de $G/T$.

La classe de cohomologie $k_1 b_1 + \ldots + k_r b_r$, $(k_i > 0,\ 1 \leq i \leq r)$, correspond à un système linéaire complet non trivial dans la 1ère structure, mais trivial dans la seconde si cette somme n'est pas dominante pour l'ordre qui la définit.

396

## 31.

# Kählerian coset spaces of semi-simple Lie groups

Proc. Nat. Acad. Sci. USA **40** (1954) 1147–1151

Our main purpose in this note is to determine the coset spaces of semisimple Lie groups which admit a complex analytic Kählerian structure invariant under the group; we shall also obtain some information on coset spaces with an invariant symplectic structure. In the compact case, all the manifolds thus obtained are algebraic and admit a complex analytic cellular decomposition; in the noncompact case, they are complex analytically fibered, with compact Kählerian fibers, over Hermitian symmetric spaces. As an application, we see that a bounded domain in the space of several complex variables which has a transitive *semisimple* group of complex analytic homeomorphisms is symmetric in É. Cartan's sense,[1] thus giving a *partial* answer to a well-known question raised by that author. Only brief indications of proofs are given; the full details will appear elsewhere.

1. *Notations and Definitions.*—G denotes a connected Lie group, which, except in section 1, *is always supposed to be semisimple;* U is a closed subgroup of $G$; and $G/U$ is the space of left cosets of $G$ modulo $U$, on which $G$ acts by the left translations. We always assume $G$ to be effective on $G/U$, i.e., $U$ contains no subgroup $\neq \{e\}$ invariant in $G$. Lie algebras are denoted by German letters and, unless otherwise stated, are taken over the real numbers; the Lie algebra of a group $G$, $U, \ldots$ is of course denoted by the corresponding German letter.

A complex analytic manifold is Kählerian if it is endowed with a Hermitian metric whose imaginary part $\Omega$, the so-called associated form to the metric, has exterior differential zero; in any case it is an exterior form of degree two and maximal rank everywhere. An even-dimensional manifold carrying a form $\Omega$ with the last-named properties is called *symplectic;* it is always orientable; clearly, Kählerian implies symplectic.

A coset space is homogeneous complex (resp. homogeneous Kählerian, resp. homogeneous symplectic) if it carries a complex analytic structure (resp. Kählerian structure, resp. a form of degree two and maximal rank everywhere) invariant under the group. For a compact connected group the usual averaging process shows that symplectic implies homogeneous symplectic and that "homogeneous complex and Kählerian" implies "homogeneous Kählerian."

397

$H^i(X)$ (resp. $H^i(X, Z)$) is the $i$th cohomology group of the manifold $X$ with real coefficients (resp. integers).

2. *A Necessary Condition.*—A Lie algebra is reductive[2] if its adjoint representation is fully reducible or, equivalently,[3] if it is the direct product of its center by a semisimple ideal; a Lie subalgebra $\mathfrak{b}$ of a Lie algebra $\mathfrak{a}$ is reductive in $\mathfrak{a}$ if the restriction to $\mathfrak{b}$ of the adjoint representation of $\mathfrak{a}$ is fully reducible in $\mathfrak{a}$.

PROPOSITION 1. *Let $G/U$ be homogeneous symplectic, $U$ be connected. Assume $\mathfrak{u}$ to be reductive in $\mathfrak{g}$, and let $\mathfrak{c}$ be its center. Then $\mathfrak{u}$ is the centralizer of $\mathfrak{c}$ in $\mathfrak{g}$.*

The proof makes mainly use of cohomology of Lie algebras and is based on the three following facts: (*a*) a semisimple Lie algebra has vanishing first and second cohomology groups; (*b*) the centralizer of $\mathfrak{c}$ in $\mathfrak{g}$ is reductive in $\mathfrak{g}$; (*c*) there exists an element $h$ in the second relative cohomology group $H^2(\mathfrak{g}, \mathfrak{u})$ such that $h^m \neq 0$ ($2m = \dim G/U$).

*Remarks:* (1) It follows from Proposition 1 that $\mathfrak{u}$ contains a Cartan subalgebra of $\mathfrak{g}$. (2) Proposition 1 applies when $G/U$ is homogeneous Kählerian, because in that case $\mathfrak{u}$ is readily seen to be reductive in $\mathfrak{g}$, even when $U$ is not compact. It also applies for $G$ compact, $G/U$ symplectic. (3) For a particular case of Proposition 1, see A. Lichnerowicz, *Compt. Rend. Acad. Sci. (Paris)* **237**, 695–697 (1953).

THEOREM 1. *Let either $G/U$ be homogeneous Kählerian, or $G$ be compact and $G/U$ be symplectic. Then $U$ is compact, connected, and equal to the centralizer of a torus of $G$. Moreover, $G$ has center reduced to $\{e\}$,[4] and $G/U$ is simply connected.*

For $U$ connected, this follows essentially from Proposition 1 and remark 1. In the general case, one considers the covering $G/U_0$ ($U_0$ connected component of the identity in $U$), on which the given structure on $G/U$ induces a similar structure, invariant under $G$, and also under $U/U_0$ operating by right translations; the main point is that $U/U_0$ operates faithfully on the identity component of the center of $U_0$, and that follows from the lemma: If the centralizer of a torus in a connected semisimple Lie group has a compact identity component, then it is equal to it.

COROLLARY. *Let $G = G_1 \times \ldots \times G_k$ be a decomposition of $G$ into a product of simple groups. Then $U = U_1 \times \ldots \times U_k$ where $U_i \subset G_i$ and is the centralizer of a torus in $G_i$; hence $G/U$ is isomorphic[5] to the product of the spaces $G_i/U_i$.*

3. *Complex Semisimple Lie Algebras.*—We recall here a few known facts and fix some notations. Let $\mathfrak{g}$ be a compact semisimple Lie algebra of rank $l$, dimension $n = l + 2m$; let $\mathfrak{g}^c$ be the complexification of $\mathfrak{g}$ and $\mathfrak{h}^c$ be a Cartan subalgebra of $\mathfrak{g}^c$ such that $\mathfrak{h} = \mathfrak{h}^c \cap \mathfrak{g}$ has (real) dimension $l$. We denote by $\pm 2\pi i a_j$ ($1 \leq j \leq m$) the roots of $\mathfrak{g}^c$ with respect to $\mathfrak{h}^c$; the $a_j$'s are therefore real-valued on $\mathfrak{h}$, and, moreover, we assume them to be positive with respect to some total ordering of the space $\mathfrak{h}^*$ dual to $\mathfrak{h}$, chosen once for all, the fundamental roots being $2\pi i a_k$ ($1 \leq k \leq l$). The scalar product induced on $\mathfrak{h}$ or $\mathfrak{h}^*$ by the Killing form is written $(\,,\,)$, and $W$ is the Weyl chamber (in $\mathfrak{h}$ or $\mathfrak{h}^*$) defined by $(a_k, y) \geq 0$ ($1 \leq k \leq l$).

$e_{\epsilon j}$ ($\epsilon = \pm 1, j = 1, \ldots, m$) is an element of $\mathfrak{g}^c$ satisfying

$$[h, e_{\epsilon j}] = \epsilon 2\pi i a_j(h) \qquad (h \in \mathfrak{h}),$$

chosen in the usual way, and $\mathfrak{g}$ is spanned over the reals by $\mathfrak{h}$, by $e_j + e_{-j}$ and $i(e_j - e_{-j})$ ($1 \leq j \leq m$).

Let $G^c$ (resp. $G$) be the group with center reduced to $\{e\}$ and Lie algebra $\mathfrak{g}^c$ (resp. $\mathfrak{g}$). We denote by $L$ the closed solvable subgroup of $G^c$ generated by $\mathfrak{h}^c$ and the $e_j$'s ($1 \leq j \leq m$) and by $L_b$ ($b \in W$) the subgroup generated by $\mathfrak{h}^c$, the $e_j$'s ($1 \leq j \leq m$), and the $e_{-k}$ for which $(a_k, b) = 0$ (it is readily seen that these elements form the Lie algebra of a closed subgroup).

$\mathfrak{h}^*$ may be identified in a well-known way to $H^1(T)$, where $T$ is a maximal torus of $G$ with Lie algebra $\mathfrak{h}$; in this identification $H^1(T, Z)$ becomes the set of $h \in \mathfrak{h}^*$ for which $2(a_k, h)(a_k, a_k)^{-1}$ ($1 \leq k \leq l$) is an integer.

4. *The Compact Case.*—If $G$ is compact semisimple, then $G/U$ has the first Betti number zero; conversely, any compact coset space of a Lie group with vanishing first Betti number is a quotient of a compact group[6] which, as is easily seen, may be assumed to be semisimple. Hence the results of sections 2 and 4 give *all algebraic homogeneous manifolds with first Betti number zero.*

THEOREM 2. *Let $G$ be compact semisimple and $U$ be the centralizer of a torus. Then $G/U$ is homogeneous Kählerian and algebraic.*[7]

There exists clearly $b \in W$ such that $\mathfrak{u}$ is the centralizer of $b$; one proves that $U = G \cap L_b$ (notations of sec. 3), whence a natural homeomorphism of $G/U$ onto $G^c/L_b$ commuting with $G$ and the homogeneous complex structure. The invariant Kählerian metric is then constructed by means of Maurer-Cartan forms. We sketch here the proof for $G/T$ ($T$ maximal torus), i.e., $L_b = L$; the general case is analogous.

Let us denote by $\omega^{\epsilon j}$ the left-invariant Maurer-Cartan forms on $G^c$ which induce on $\mathfrak{g}^c$ the base dual to $(e_{\epsilon j})$ and are orthogonal to $\mathfrak{h}^c$; using the Maurer-Cartan equations and well-known properties of constants of structure, one shows that

$$\Omega = i \sum_{=1}^{j = m} c_j \omega^j \wedge \omega^{-j}$$

is closed if and only if

$$c_p + c_q = c_r \qquad \text{whenever} \qquad a_p + a_q = a_r.$$

$\Omega$ is therefore determined by the $c_k$'s ($1 \leq k \leq l$), which are arbitrary; its restriction on $G$ is left-invariant under $G$, right-invariant under $T$, and represents a form on $G/T$, which is of type $(1, 1)$ because $\omega^{-j}$ corresponds to $\bar{\omega}^j$ in the complex structure constructed above. For real $c_j$'s it is real-valued, and its (real) cohomology class may be shown to be the image by transgression of the element $h \in H^1(T)$, for which $(a_k, h) = c_k$ ($1 \leq k \leq l$). If $h$ belongs to the interior of $W$, all the $c_j$'s are $> 0$, and

$$ds^2 = \sum_{j = 1}^{j = m} c_j \omega^j \cdot \bar{\omega}^j \qquad \text{(usual product)}$$

is a Kählerian metric on $G/T$. If, moreover, $h \in H^1(T, Z)$, its image by transgression is an integral class, the corresponding metric is a Hodge metric, and $G/T$ is algebraic by a result of Kodaira.[8]

*Remark:* This theorem can be proved in other ways; for instance, one can construct projective imbeddings with the help of linear representations, as was noticed by J. Tits and, independently, by A. Weil and the author (yet unpublished); also, M. Goto proved that $G/U$ is rational algebraic (to appear in *Am. J. Math*); finally, the existence of the homogeneous complex structure is part of a result of H. C. Wang (*Am. J. Math.*, **76**, 1–32, 1954). The above method has been sketched, however, because it is also used in section 6.

5. *Complex Analytic Cellular Decompositions.*—A complex compact manifold $M$ has a complex analytic cellular decomposition if it admits a partition into a finite number of (complex) submanifolds $M_i$, the "open cells," each isomorphic to some complex affine space and having a set-theoretical boundary made up of open cells with strictly smaller dimensions; the closures of the $M_i$'s define, then, a cellular decomposition, whose cells have *even* dimensions; consequently, they are all cycles, and they form a basis for the integral homology groups of $M$, which thus have no torsion and vanish in odd dimensions. As is well known, C. Ehresmann[9] proved the existence of such decompositions for certain classical spaces, like the complex Grassmann manifolds or the nondegenerate complex quadrics; his method is geometric and uses mainly the Schubert systems, but this result can also be given a group-theoretical proof, valid for all spaces considered in section 4.

THEOREM 3. *Let $G$ be compact and $G/U$ be homogeneous Kählerian. Then $G/U$ admits a complex analytic cellular decomposition by "open cells" which are birationally and biregularly equivalent to complex affine spaces; in particular, its integral homology groups have no torsion.*[10]

If we represent $G/U$ in the form $G^c/L_b$ as above, the open cells are just the orbits of $L$; to prove it, one uses notably a recent (unpublished) result of Harish-Chandra (first checked by Bruhat for the classical groups, as announced in *Compt. rend. Acad. sci.* (Paris), **238**, 437, 1954), to the effect that the double cosets $LgL$ of $L$ in $G^c$ are finite in number.

6. *The Noncompact Case.*—A Hermitian manifold is *Hermitian symmetric* if every point is an isolated fixed point of an involutive automorphism of the Hermitian structure; it is then always homogeneous Kählerian.[11] The quotient $G/K$ of a simple noncompact group with center reduced to $\{e\}$ by a maximal compact subgroup carries a Hermitian symmetric structure invariant under $G$ if and only if $K$ has a nondiscrete center.[11]

PROPOSITION 2. *Let $G$ be simple noncompact, with center reduced to $\{e\}$, $K$ a maximal compact subgroup of $G$, and $U$ a subgroup of $K$ which is the centralizer in $G$ of a torus. Then $G/U$ is homogeneous complex and homogeneous symplectic.*[12] *It is homogeneous Kählerian if and only if $G/K$ is Hermitian symmetric; in that case, the fibering of $G/U$ by $K/U$ over $G/K$ is complex analytic.*

Let $G_c$ be a maximal compact subgroup of the complexification $G^c$ of $G$, containing $K$; the group $U$ is also centralizer of a torus in $G_c$, and (Theorem 2) $G_c/U$ is homogeneous Kählerian; it is easily shown that $G/U$ may be identified with an open submanifold of $G_c/U$, whence the homogeneous complex structure. The second part of the theorem is obtained by detailed analysis of invariant differential forms. From that and from the corollary to Theorem 1, one gets Theorem 4.

THEOREM 4. *The homogeneous Kählerian coset spaces of semisimple Lie groups are all simply connected. They are exactly the products of the Kählerian homogeneous spaces $G_i/U_i$ with $G_i$ simple, $U_i$ centralizer of a torus, and where either $G_i$ is compact or $G_i$ has a maximal compact subgroup with nondiscrete center. Any coset space $G/U$ of this type has a complex analytic fibering with fiber $K/U$ ($K$ maximal compact) over a Hermitian symmetric space.*

A bounded domain in $C^n$ possesses a Kählerian metric invariant under all complex analytic homeomorphisms (the Bergmann metric); hence, if it is homogeneous, it is automatically homogeneous Kählerian. It is said to be *symmetric*[1] if every point is an isolated fixed point of an involutive complex analytic homeomorphism; this implies Kählerian homogeneity. É. Cartan[1] has asked whether every bounded homogeneous domain in $C^n$ is symmetric and has checked that it is indeed the case for $n = 1, 2, 3$. Since a domain does not contain a connected compact complex analytic submanifold with more than one point, we deduce from Theorem 4:

THEOREM 5. *A bounded domain in $C^n$ which admits a transitive semisimple group of complex analytic homeomorphisms is symmetric.*[13]

[1] É. Cartan, *Abhandl. Math. Sem. Hamburg*, 11, 116–162, 1935.

[2] J. L. Koszul, *Bull. Soc. Math. France*, 78, 65–127, 1950.

[3] *Ibid.*, p. 87.

[4] Recall that $G$ is effective on $G/U$ by assumption.

[5] As coset space only.

[6] D. Montgomery, *Proc. Am. Math. Soc.*, 1, 467–469, 1950.

[7] I.e., is complex analytically homeomorphic to a complex submanifold of some complex projective space, imbedded without singularities.

[8] K. Kodaira, these PROCEEDINGS, 40, 313–316, 1954.

[9] C. Ehresmann, *Ann. Math.*, 35, 396–443, 1934.

[10] This applies, e.g., to $G/T$ ($T$ maximal torus), as had been partly checked by the author (*Ann. Math.*, 57, 115–207, 1953, sec. 29). The absence of torsion on these spaces has also been proved by R. Bott, these PROCEEDINGS, 40, 586–588(1954).

[11] A. Borel and A. Lichnerowicz, *Compt. rend. Acad. sci.* (Paris), 234, 2332–2334, 1952.

[12] In fact, it always carries an invariant *indefinite* Kählerian metric.

[13] Theorem 5 has also been obtained independently by J. L. Koszul (yet unpublished). For the homogeneous spaces of theorem 2, see also J. Tits, *Compt. Rend. Acad. Sci. (Paris)*, 239, 466–468(1954).

## 33.

# Topology of Lie groups and characteristic classes

Bull. Amer. Math. Soc. **61** (1955) 397–432

1. **Introduction.** The notion of continuous group, later called Lie group, introduced by S. Lie in the nineteenth century, has classically a local character. Although global Lie groups were also sometimes considered, it is only after 1920 that this concept was clearly formulated. We recall that a Lie group in the large is first a manifold, i.e., a topological Hausdorff space admitting a covering by open sets, each of which is homeomorphic to euclidian $n$-space; second it is a group; third it is a topological group, i.e., the product $x \cdot y$ of $x$ and $y$ and the inverse $x^{-1}$ are continuous functions of their arguments; and finally it is required that there exist coordinates in a neighbourhood $V$ of the identity element $e$ such that if $x$, $y$, and $x \cdot y$ are in $V$, the coordinates of $x \cdot y$ are analytic functions in the coordinates of $x$ and $y$. Gleason, Montgomery, and Zippin recently proved that the last condition follows from the others, thus solving Hilbert's fifth problem, with which we shall not be concerned here.

As soon as the concept was defined with precision, there arose the problem of studying topological properties of such group-manifolds. Indeed, in the first paper which systematically considers global Lie groups, H. Weyl's famous paper on linear representations [81], a key result which states that the fundamental group of a compact semi-simple Lie group is finite is topological in nature. The question was next considered by E. Cartan in several papers, and later on by many mathematicians; as a matter of fact, it was often generalized in order to include also the study of "homogeneous spaces," i.e., manifolds which admit a transitive Lie group of homeomorphisms. A very complete survey of the work done in this field up to 1951 has been published in this Bulletin by H. Samelson [67]. Although of course some overlap is unavoidable, the present report is meant as a sequel and will therefore concentrate mainly on developments which occurred during these very last years. It will be devoted for the greater

<hr>

An address delivered before the New York meeting of the Society on February 27, 1954 by invitation of the Committee to Select Hour Speakers for Eastern Sectional Meetings; received by the editors May 7, 1955.

[1] This report also surveys material expounded at the Summer Mathematical Institute on Lie groups and Lie algebras, Colby College, 1953. The author expresses his hearty thanks to Dr. W. G. Lister, who prepared mimeographed notes of these lectures, which were helpful in the preparation of this paper.

402

part to homological properties of compact Lie groups, their classifying spaces and coset spaces. To complete the picture we also discuss
at the end homotopy groups, noncompact Lie groups and their coset
spaces and homogeneous complex spaces.

2. **Outline of methods.** There have been several lines of approach
to the study of homological properties of compact Lie groups and
coset spaces which, in first approximation, may be divided into three
groups; methods of differential geometry, of algebraic topology, and
the use of Morse theory.

The first direction was initiated by E. Cartan [16] who showed
that the study of exterior differential forms on a coset space $G/U$
invariant under the operations of $G$ allows one to compute the Betti
numbers of $G/U$ using de Rham's theorems (which were conjectured
by Cartan for that purpose, and proved soon afterwards by de
Rham). This method was applied to the classical groups by R. Brauer
and to certain symmetric spaces by C. Ehresmann, and Iwamoto.
Implicit in Cartan's construction was the notion of cohomology ring
of a Lie algebra modulo a subalgebra which was explicitly formulated by Chevalley-Eilenberg [25] and which became Koszul's principal tool [41]. Under the influence of A. Weil this point of view was
broadened and led to a theory of differentiable principal bundles
which gave a framework to a modern exposition of E. Cartan's theory
of connections as well as new tools to study homology of coset spaces.
The work of H. Cartan, C. Chevalley, J. L. Koszul and A. Weil in
this direction has been summarized in [20; 24; 42]. Some of the main
points are an algebraic transgression theorem in the Weil algebra
(whose topological analog will be discussed in §9), a theorem of
Chevalley connecting the Betti numbers of a Lie group and the invariants of its Weyl group (see §9), a result of Cartan on homogeneous spaces (see §13), and a theory, due to Koszul, of a certain
type of differential algebras. Besides its topological applications, the
latter allows us to give a homological formulation of Hilbert's theory
of syzygies; it was later on generalized by H. Cartan-S. Eilenberg
(see their forthcoming book, *Homological Algebra*, Princeton Series,
no. 19). This method makes full use of differential forms, and as far
as topology is concerned, gives results only about real cohomology.
Already discussed in [67], it will not be dealt with here anymore,
since most of the results directly relevant to our subject have been
obtained later on by topological methods, to which we now turn our
attention. Roughly speaking, these and the results to which they lead
may also be divided into three groups.

The first group (see §§6, 7) consists of general properties, "general" in the sense that they derive solely from the existence of a nontrivial product, say with unit, sometimes assumed to be associative. The interest of this approach was displayed first by H. Hopf [38] who showed that the real cohomology algebra of a compact connected manifold endowed with such a product is a Grassmann algebra. Subsequent work along these lines has been done by H. Samelson [66], J. Leray [45], and the author [2].

The second group uses fiber bundle theory and in particular Leray's spectral sequence. Its starting point is the existence of universal bundles (see §8 for definition) and is at the source of a great part of the recent progress in this field. It may be viewed as a study of relations between on one hand cohomological and group-theoretical properties of a compact Lie group $G$, and on the other hand universal properties of characteristic classes of bundles with structural group $G$. Thus it connects topology of Lie groups with a problem of fiber bundle theory, and the simultaneous consideration of these two questions has allowed us to gain new information on both. The main results are described in §§8, 9 and the most important examples are given in §10; more or less direct applications to coset spaces and Lie groups are discussed in §§11 to 14.

The results obtained so far from these two points of view do not give a systematic and effective procedure to compute the cohomology over a field of characteristic not zero of a given coset space. In order to determine it (whenever possible), one has to use "special devices" taking advantage of some particular property of the space under consideration, and these make up the third group mentioned above. The main ones are cellular decompositions (see §15) and the study of special fiberings combined with the general results on universal bundles; §11 indicates the present state of knowledge concerning the cohomology of the compact simple Lie groups.

The use of Morse theory in these questions was recently initiated by R. Bott [13] who derives topological properties of certain coset spaces and of the space of loops on a Lie group by the study of geodesics on compact Lie groups. Their properties are obtained from the theory of singular elements, due to H. Weyl and E. Cartan, which is thus connected with topology in an entirely new way. The results announced in [13; 14], will be mentioned in §§11, 12, 15, 18.

**3. Algebra.** It will be convenient to recall in §§3, 4, 5 some known facts and definitions and to fix notations.

$p$ will denote either a prime number or zero, $Z_p$ ($p$ prime) the field of integers mod $p$, $Z_0$ the field of rational numbers, $R$ the real numbers, $K$ an arbitrary field.

A module $M$ over a ring $A$ is *graded* if it is the direct sum of sub-modules to be denoted here by $M^i$ (sometimes $M_i$), the index running through the positive integers; the degree $d^0x$ of an element $x \neq 0$ is the smallest integer $i$ such that $x \in \sum_{j \leq i} M^j$, and the elements of $M^i$ are the homogeneous elements of degree $i$.

A *graded algebra* over a ring $A$ is a graded module where $H^i \cdot H^j \subset H^{i+j}$; the unit, if any, is then contained in $H^0$. The algebra, or the product, is said to be *anticommutative* if

$$a \cdot b = (-1)^{i \cdot j} b \cdot a, \qquad (a \in H^i, b \in H^j),$$

when $A = Z_2$, this is just commutativity; if $A$ is a field of characteristic $\neq 2$, then every homogeneous element of odd degree has square zero.

The exterior algebra of a vector space $P$ over a field $K$ (or of a free abelian group) is denoted $\bigwedge(P)$ or $\bigwedge(x_1, \cdots, x_s)$ where the $x_i$'s form a base of $P$; the latter will always be graded, and the $x_i$ be homogeneous; $\bigwedge(P)$ is then a graded algebra under the exterior product. When $K$ has characteristic $\neq 2$, the exterior product is anticommutative if and only if the $x_i$ have odd degrees.

The elements $(x_i)$ of an algebra $H$ form a *simple system* of generators if $H$ is the weak direct sum of the $A$-modules generated by the unit, if any, and by the elements

$$x_{i_1} \cdot x_{i_2} \cdot \cdots \cdot x_{i_k} \qquad (i_1 < i_2 < \cdots < i_k; 1 \leq k \leq s).$$

We write in this case $H = \Delta(x_1, \cdots, x_s)$. The additive basis is the same as for the exterior algebra $\bigwedge(x_1, \cdots, x_s)$, but the former differs in that no requirement is made about $x_i x_j + x_j x_i$.

As usual $A[x_1, \cdots, x_s]$ is the ring of polynomials in the indeterminates $x_1, \cdots, x_s$ with coefficients in the commutative ring $A$. We denote by $S(x_1, \cdots, x_s)$ the ring of symmetric polynomials in the $x_i$'s and by $\sigma_i(x_1, \cdots, x_s)$ the $i$th elementary symmetric function.

If $H_1$ and $H_2$ are two graded algebras over a ring $A$, $H_1 \otimes H_2$ is their (skew-)-tensor product over $A$: as a module, it is the usual tensor product, but the product is defined by

$$(a \otimes b) \cdot (c \otimes d) = (-1)^{ij}(a \cdot c \otimes b \cdot d), \qquad (b \in H_2^i, c \in H_1^j);$$

it has three gradings, but the one we shall consider usually is the total degree defined by

$$(H_1 \otimes H_2)^i = \sum_{s+t=i} H_1^s \otimes H_2^t.$$

If $H_1$ and $H_2$ are anticommutative, so is $H_1 \otimes H_2$ with respect to the total degree.

**4. Homology and cohomology groups.** We shall not specify the homology and cohomology groups of a space $X$. Actually, since almost all the spaces considered, at least up to §16, are compact differentiable manifolds and hence finite polyhedra, most of the time it would suffice to use simplicial homology and cohomology groups. $H^i(X, A)$ (resp. $H_i(X, A)$) is the $i$th cohomology (resp. homology) group of $X$ with coefficients in the abelian group $A$, and $H^*(X, A)$ (resp. $H_*(X, A)$) is the direct sum of the $H^i(X, A)$ (resp. $H_i(X, A)$). We shall in general consider cohomology so that, when $A$ is a ring, we have a product in $H^*(X, A)$, the so-called cup-product; it is associative, distributive, adds the degrees, has a unit, spanning $H^0(X, A)$ when $X$ is connected, and is anticommutative when $A$ is commutative.

The homology and cohomology groups depend on the coefficients, the most complete information being obtained when $A$ is the ring of integers $Z$. In this case we have ($X$ being a finite polyhedron):

$$H^i(X, Z) = F^i + T^i$$

with $F^i$ free abelian and finitely generated, $T^i$ finite; the $T^i$ define the *torsion of the space* $X$. In particular we say that $X$ has $p$-torsion ($p$ prime) if one of the $T^i$ has order divisible by $p$; to simplify certain statements we also allow $p$ to be zero and agree that a space is always without 0-torsion. The study of integral cohomology groups is often difficult and it is convenient to first investigate the cohomology over various fields of coefficients choosing one for each characteristic. Roughly speaking, we may say that the knowledge of $H^*(X, Z_0)$ gives information on the $F^i$, but says nothing about torsion; $H^*(X, Z_0)$ and $H^*(X, Z_p)$ give rather precise, though not complete, information on the $p$-primary components of the torsion groups $T^i$.

In case of a field of coefficients the $H^i(X, K)$ and $H_i(X, K)$ are vector spaces, dual to each other. The dimension of $H^i(X, Z_0)$ (resp. $H^i(X, Z_p)$) is the $i$th Betti number (resp. the $i$th Betti number mod $p$) of $X$. Finally we denote by $P_p(X, t)$ the *Poincaré polynomial*

$$P_p(X, t) = \sum_i \dim H^i(X, Z_p) \cdot t^i.$$

As is well known the Poincaré polynomial of a cartesian product $X \times Y$ is the product $P(X, t) \cdot P(Y, t)$, and more generally

$$H^*(X \times Y, K) = H^*(X, K) \otimes H^*(Y, K)$$

(and similarly for homology).

A continuous map $f: X \rightarrow Y$ induces a (degree preserving) homo-morphism of $H^*(Y, A)$ (resp. $H_*(X, A)$) into $H^*(X, A)$ (resp. $H_*(Y, A)$) to be denoted by $f^*$ (resp. $f_*$).

**5. Compact Lie groups.** We denote by $G/U$ the space of left co-sets of a Lie group $G$ modulo a closed subgroup $U$, endowed with the usual quotient topology. It is an analytic manifold on which $G$ acts transitively and analytically by means of left translations. Con-versely any manifold on which a Lie group acts transitively is homeo-morphic to a coset space $G/U$ by a homeomorphism which commutes with the operations of $G$.

A Lie group is compact, or connected, if its underlying manifold is compact or connected. Two Lie groups are locally isomorphic if there exists a homeomorphism between two neighborhoods of the identities compatible with the product.

Any abelian compact connected $n$-dimensional Lie group is iso-morphic to a torus $T^n$, i.e., to the direct product of $n$ copies of the multiplicative group of complex numbers with norm 1. As is well known, the maximal tori of a compact Lie group $G$ are conjugate to each other by inner automorphisms; their common dimension is the *rank* of $G$; a maximal torus will be in general denoted by $T$, since the omission of the rank will not bring confusion. A maximal torus has finite index in its normalizer $N_T$ and the quotient $N_T/T$ is a finite group, the Weyl group of $G$, to be denoted by $W(G)$; it has an obvious representation as automorphism group of $T$, which is faithful when $G$ is connected.

A compact connected Lie group is simple if it has no proper closed invariant subgroups of strictly positive dimension, it is semi-simple if its center is finite. Compact connected Lie groups are locally iso-morphic to (and in fact finitely covered by) direct products of tori and simple non-abelian groups, so that their classification reduces to that of simple groups. The different classes of locally isomorphic com-pact connected simple groups are usually denoted by the symbols $A_r$ $(r \geq 1)$, $B_r$ $(r \geq 2)$, $C_r$ $(r \geq 3)$, $D_r$ $(r \geq 4)$ (the classical structures), and $G_2$, $F_4$, $E_6$, $E_7$, $E_8$ (the exceptional structures); the corresponding groups have dimension $r(r+2)$, $r(2r+1)$, $r(2r+1)$, $r(2r-1)$, 14, 52, 78, 133, 248 respectively; the subscript denotes the rank. Each of these symbols may represent several groups, as will be discussed more thoroughly in §11. For the moment, we simply recall that the classical structures are represented by well known linear groups, namely:

$A_r$ by the group $SU(r+1)$ of $r+1 \times r+1$ complex unitary matrices of determinant $+1$.

$B_r$ (resp. $D_r$) by the group $SO(2r+1)$ (resp. $SO(2r)$) or real orthogonal $2r+1 \times 2r+1$ (resp. $2r \times 2r$) matrices of determinant $+1$, or by the spinor group $Spin\ (2r+1)$ (resp. $Spin\ (2r)$).

$C_r$ by the group $Sp(r)$ of $r \times r$ quaternionic unitary matrices. They are of course all defined for $r \geq 1$, but the restriction on the indices was made above in order to get each structure exactly once. We recall that

$$(5.1) \qquad A_1 = B_1 = C_1, \quad B_2 = C_2, \quad A_3 = D_3, \quad D_2 = A_1 \times A_1.$$

The full group of real orthogonal (resp. complex unitary) matrices will be denoted by $O(n)$ (resp. $U(n)$).

**6. Hopf's and Samelson's theorems.** An $H$-space is a space endowed with a binary continuous law of composition with unit (in fact a weaker condition is usually postulated, but this is of no importance here). Hopf's theorem recalled in §2 admits the following generalization [2]: Let $X$ be a connected finite polyhedron which is an $H$-space. Then $H^*(X, Z_p)$ has a minimal system of homogeneous generators $(x_i)$, $(1 \leq i \leq m)$, such that the monomials

$$x_1^{r_1} \cdot x_2^{r_2} \cdot \cdots \cdot x_m^{r_m} \qquad\qquad (0 \leq r_i < s_i,\ x_i^{s_i-1} \neq 0,\ x_i^{s_i} = 0)$$

form an additive basis; moreover, for $p=0$, $d^0 x_i$ is odd and $s_i = 2$; for $p=2$, $s_i$ is a power of 2; for $p \neq 0, 2$, $s_i = 2$ when $d^0 x_i$ is odd and $s_i$ is a power of $p$ when $d^0 x_i$ is even. A suitable modification of that statement applies also to infinite dimensional $H$-spaces, but will not be considered here. A consequence of this theorem is that if $X$ has no $p$-torsion (resp. no torsion) its cohomology ring over $Z_p$ (resp. $Z$) is the exterior algebra of a subspace (resp. free abelian group) generated by elements of odd degrees. As in Hopf's case, this follows from a purely algebraic result. Let us say that an algebra $H$ over a field $K$ is a Hopf algebra if it is graded by subspaces $H^i$ $(i \geq 0)$, has a unit generating $H^0$, is associative, distributive, anticommutative, and if there is a homomorphism $h^*$ of $H$ into $H \otimes H$ such that for $x$ homogeneous and $\neq 0$ we have

$$h^*(x) = x \otimes 1 + 1 \otimes x + \sum_1^k u_i \otimes v_i \quad (0 < d^0 u_i < d^0 x = d^0 u_i + d^0 v_i).$$

If $X$ is an $H$-space, the product $h: X \times X \to X$ induces a map

$$h^*: H^*(X, Z_p) \to H^*(X \times X, Z_p) \cong H^*(X, Z_p) \otimes H^*(X, Z_p)$$

which satisfies the previous condition and the above theorem follows from the fact that every finite dimensional Hopf algebra over a perfect field has a system of generators $(x_i)$ with the above mentioned properties. Standard facts about binomial coefficients show that the unit and $x_i$ generate a subalgebra which is a Hopf algebra under the map $h_i^*$ defined by

$$h_i^*(x_i) = x_i \otimes 1 + 1 \otimes x_i;$$

hence we may say that a Hopf algebra over a perfect field is isomorphic to the tensor product of Hopf algebras $H_i$ which are generated by one element (besides the unit). This does not mean however that the isomorphism carries $h^*$ over to the tensor product of the $h_i^*$. The existence of such an isomorphism is essentially equivalent to the existence of a system of generators which are "primitive" elements, i.e., elements for which

$$h^*(x) = x \otimes 1 + 1 \otimes x,$$

and examples show that this need not be the case. However, it is true in one important particular case: when $H$ is an exterior algebra generated by elements of odd degrees and when $h^*$ is "associative," i.e., when the two homomorphisms $h^* \otimes 1$ and $1 \otimes h^*$ of $H \otimes H$ into $(H \otimes H) \otimes H$ and $H \otimes (H \otimes H)$ become identical under the standard isomorphism of the two triple products. This is Samelson's theorem or more precisely the cohomological version of it (see also §7) proved in characteristic zero by Samelson [66], and later on by J. Leray [45], whose argument is valid for arbitrary characteristic, and even for the exterior algebra of a free abelian group. The associativity condition is of course satisfied in the case of $H$-spaces with an associative product, in particular for Lie groups, for which Samelson's theorem can also be obtained via transgression theorems [2, §20].

Even for cohomology algebras of Lie groups, the properties of $h^*$, which in fact are those of the Pontrjagin product discussed below, are not completely known; they seem to be closely connected with the universal spectral sequence (defined in §9), witness e.g. the fact that a universally transgressive element is primitive [2, §20]. This, combined with the results of §9, shows that, very often, $H^*(G, Z_p)$ is generated by primitive elements, but not much is known about $h^*$ when this fails to be true, as e.g. in the case of $H^*(\text{Spin}\ (n), Z_2)$ $(n \geq 10)$ (see [5]).

We already pointed out that if the $H$-space $X$ (always supposed to be a finite polyhedron) has no torsion, then $H^*(X, Z)$ is the exterior algebra of a free abelian group graded by odd degrees, and spanned by primitive elements when the product is associative. More generally the same conclusion applies to the quotient $H^*(X)$ of $H^*(X, Z)$ by its torsion ideal. In fact, the Künneth rule shows first that $h^*$ induces a homomorphism of $H^*(X)$ into $H^*(X) \otimes H^*(X)$ satisfying Hopf's condition (6.1), then the generalized Hopf's theorem, applied to $H^*(X) \otimes Z_p$ for all $p$, gives the first statement and the second one follows from Leray's proof of Samelson's theorem (for compact Lie groups these facts are also proved in [29]). It follows that for $p \neq 2$, $H^*(X, Z_p)$ contains an exterior subalgebra having the same Poincaré polynomial as $H^*(X, Z_0)$; it would have some interest to know more about this embedding.

In the general case, nothing is known about the cohomology ring of an $H$-space over the integers or over a ring (say the integers modulo a power of a prime) which is not a field. A chief difficulty is of course that $H^*(X \times X, A)$ is not the tensor product of $H^*(X, A)$ with itself, but an extension of it by the Tor-product of $H^*(X, A)$ with itself.

7. **The Pontrjagin product.** Again let $X$ be a connected $H$-space, with associative product $h$. The latter defines a map $h_*$ of $H_*(X \times X, K)$, which we may identify with $H_*(X, K) \otimes H_*(X, K)$, into $H_*(X, K)$, and $h_*(a \otimes b)$ is called the Pontrjagin product of $a$ and $b$: thus $H_*(X, K)$ becomes a ring under a product, first considered by Pontrjagin [62], which is associative, distributive, adds the degrees, has a unit spanning $H_0(X, K)$, but, unlike the cup-product, is not necessarily anticommutative, and that last fact makes its study more difficult. It may be remarked that the ring $H_*(X, K)$ together with the map $d_*$ induced by the diagonal map $d:x \to (x, x)$ of $X$ into $X \times X$ satisfies all conditions imposed on a Hopf algebra except for anticommutativity, but there is no structure theorem analogous to the generalized Hopf theorem of §6; in fact Bott-Samelson (Comment. Math. Helv. vol. 27 (1954) pp. 320–337) have given examples of infinite dimensional $H$-spaces whose homology rings are free associative algebras. Even for Lie groups the Pontrjagin product is not always anticommutative, as the following example shows [5]: $H_*(\text{Spin }(10), Z_2)$ has a simple system of generators $x_3, x_5, x_6, x_7, x_9, x_{15}$ $(d^0 x_i = i)$, with the following relations:

$$x_i \cdot x_i = 0 \text{ (all } i), \qquad x_i x_j = x_j \cdot x_i \qquad (i < j, (i, j) \neq (6, 9)),$$
$$x_6 \cdot x_9 = x_9 \cdot x_6 + x_{15}.$$

This is so far the only case in which the homology ring of a Lie group over a field is completely known and is not an anticommutative exterior algebra; its structure is still reasonably simple and it does not seem too unlikely that homology rings of *finite-dimensional* $H$-spaces have more common properties than have been found so far.

The homomorphisms $h^*$ and $h_*$ are transposes of each other under the standard duality between homology and cohomology over a field; hence $h^*$ and the Pontrjagin product determine each other. It is also easily seen that if $H^*(X, K)$ has a simple system of primitive generators $(x_i)$ $(1 \leq i \leq m)$, then

$$H_*(X, K) = \wedge (y_1, \cdots, y_m) \qquad (d^0 y_i = d^0 x_i, \ i = 1, \cdots, m),$$

and conversely. By Samelson's theorem, the assumption is fulfilled in characteristic zero (and in fact the conclusion is Samelson's formulation of this result), and also in characteristic $p$ when $H^*(X, Z_p)$ is an exterior algebra generated by elements of odd degrees.

The Pontrjagin product admits a useful generalization. Let $M$ be a space on which an $H$-space $X$ operates, i.e. we have a continuous map $g: M \times X \to X$ such that

$$(7.1) \qquad \begin{aligned} g(m, e) &= m \qquad &&(e \text{ the identity element}), \\ g(m, x \cdot y) &= g(g(m, x), y). \end{aligned}$$

There is induced a map $g_*$ of $H_*(M \times X, K)$, which is identified with $H_*(M, K) \otimes H_*(X, K)$, into $H_*(M, K)$, and the image of $a \otimes b$ $(a \in H_*(M, K), b \in H_*(X, K))$ will also be called the Pontrjagin product of $a$ and $b$. By duality, one also gets a pairing of $H^*(M, K)$ and $H^*(X, K)$ to $H^*(M, K)$. If $X$ operates on another space $N$ and if there is a continuous map $f: M \to N$ commuting with the operations of $X$, then $f^*$ commutes with the Pontrjagin product in the obvious way. More generally, one may define a pairing of the spectral sequence $(E_r)$ of $f$ and of $H_*(X, K)$ to $(E_r)$. When $X$ is a Lie group, this was considered by J. Leray [46; 47] and later on, for fiber maps, by T. Kudo [44] and the author [2; 5]. An analogous situation, involving spaces of loops, is the subject of Bott-Samelson's paper already mentioned. This pairing allows one e.g. to prove the following generalization of some results of [2; 47; 66], (see [5, §3]): Let $G$ be a compact connected Lie group operating on a space $M$ and let $f$ be a map of $G$ into $M$ commuting with the operations of $G$ on $M$ and onto itself by left translations. Assume $H^*(G, Z_p)$ to be an exterior algebra generated by elements of odd degrees. Then the image of $f^*$ is generated by primitive elements, and if $p \neq 2$, $H^*(M, Z_p) = A \otimes B$ where $f^*$ is 1-1 on $A$ and annihilates the elements of strictly positive degrees in $B$.

**8. Characteristic classes, principal and universal bundles.** For more details about the facts of fiber bundle theory discussed in the sequel, we refer once and for all to [19; 48; 73].

The notion of characteristic class arose in 1935 in the work of Stiefel and Whitney about vector fields on manifolds. It is well known that on a compact manifold $M$ it is not always possible to construct a field of nonzero tangent vectors, depending continuously on their origin. However, this can be done up to a finite number of points and to each of these points there corresponds a certain integer, the "index of singularity" of the vector field at the point. By a well known result of H. Hopf the sum of these indices is equal to the Euler-Poincaré characteristic of $M$ (in our notations to $P_0(M, -1)$); in particular it is independent of the vector field. Stiefel and Whitney studied a generalization of the problem: the existence of $k$ tangent vector fields, linearly independent at every point. To construct them, one starts from a triangulation of $M$, defines the vector fields arbitrarily at the vertices, then tries to extend the definition continuously to the edges, 2-dimensional faces, and so on. This is always possible up to the $(n-k)$-dimensional simplices of the triangulation, but not necessarily to the $(n-k+1)$-dimensional skeleton. Thus we are led to consider the "indices of singularity" attached to the $(n-k+1)$-dimensional simplices; to their sum there corresponds an $(n-k+1)$-dimensional cohomology class $w_{n-k+1}$ which is called the $(n-k+1)$st Stiefel-Whitney class of $M$. The important point is that it depends only on $M$, and not on the construction of the vector fields. We shall omit discussion of the natural coefficient systems with respect to which $w_i$ is taken, and for simplicity consider $w_i$ to be an element of $H^i(M, Z_2)$. Let us just mention that when $M$ is orientable and oriented, $w_n$ is in reality an integral class, equal by Hopf's theorem to the fundamental class multiplied by the Euler-Poincaré characteristic.

In 1942 Pontrjagin attached to a compact oriented manifold $M$ integral cohomology classes by a seemingly quite different procedure. He started from an embedding of $M$ into some euclidian space $E^N$ ($N$ large), and by assigning to each point $P \in M$ the $n$-dimensional subspace parallel to the tangent space to $M$ at $P$, he defined a map $f$ of $M$ into the Grassmann manifold $G^0_{N,n}$ of oriented $n$-dimensional subspaces of $E^N$. By a careful study of its cohomology, he singled out certain elements $p_i \in H^{4i}(G^0_{N,n}, Z)$ ($1 \leq 4i \leq n$) which appeared to be basic and considered their images $f^*(p_i)$. These turned out to be independent of the embedding and therefore to be intrinsically attached to the given differentiable manifold. Subsequently, it was also shown that the Stiefel-Whitney classes can be defined in a similar fashion and, conversely, that the Pontrjagin classes are connected with certain problems on vector fields. Later on, S. S. Chern defined for a compact complex analytic manifold $M$ of complex dimension $n$, classes $C_i \in H^{2i}(M, Z)$ $(0 \leq i \leq n)$ which may be characterised either as "obstructions" to the construction of complex vector fields or as images of certain elements in the cohomology of the complex Grassmann manifold $H_{N,n}$ of $n$-dimensional subspaces of the complex affine space $C^N$ ($N$ large), relative to a suitable map of $M$ into $H_{N,n}$.

A first generalization of these ideas depends on the notion of *principal bundle*. A space $E$ is a principal bundle with structural group $G$ (or as we shall say, a $G$-bundle), if $E$ is a transformation space for $G$ and if no transformation other than the identity has a fixed point (we assume $G$ to be compact, otherwise the definition is slightly more complicated). Then the orbits of $G$ are all homeomorphic to $G$ and are called the fibers. The space of orbits $B$ and the map of $E$ onto $B$ associating with each point in $E$ its orbit are called the base space and the projection. Examples: (1) Let $E$ be a topological group containing $G$ as a closed subgroup, and let $G$ operate on $E$ by right multiplication. The fibers are then the left cosets $xG$ and $B$ is the space of left cosets, denoted by $E/G$. (2) $B = M_n$ is an $n$-dimensional Riemannian manifold, $E$ the set of all orthonormal frames on $M_n$ (i.e. a point of $E$ is an orthonormal basis of the tangent space at some point of $M_n$), with a suitable topology. The orthogonal group $O(n)$ operates on $E$ in a natural way and $E$ becomes an $O(n)$-bundle: the fibers are the frames with a given origin and the projection assigns to each frame its origin. Similarly, if $M_n$ is orientable, the space of orthonormal frames corresponding to a given orientation is an $SO(n)$-bundle, and if $M$ is a complex analytic hermitian manifold, the space of unitary orthonormal frames on $M$ is a $U(n)$-bundle.

It next became apparent that the above characteristic classes may be associated with bundles of frames and moreover that the Stiefel-Whitney, Pontrjagin, and Chern classes may be defined for any $O(n)$, $SO(n)$, and $U(n)$-bundle respectively.

The final step in the generalization arose from the observation that the Grassmann manifolds were not necessary as "reference" spaces but could be replaced by what we now call classifying spaces. This generalization is valid for any compact Lie group $G$.

A principal bundle with structural group $G$ is said to be *$n$-universal* (for $G$) if its homology (or homotopy) groups vanish up to $n$ (except for $H_0$ of course). Such spaces exist for arbitrary compact Lie groups and any $n$, including $n = \infty$; we shall hereafter omit mentioning $n$. The base space $B_G$ of the universal bundle $E_G$ for $G$ is called a *classify-*

*ing space for* $G$; its importance lies in the classification theorem which, roughly, states that the essentially different $G$-bundle structures with a given base $B$ are in 1-1 correspondence with the homotopy classes of maps $f:B\to B_G$. Therefore, to any $G$-bundle over $B$ there is attached a homomorphism $f^*$ of $H^*(B_G, A)$ into $H^*(B, A)$, the *characteristic map* of the fibering, the image of which is called *the characteristic ring* of the fibering. The characteristic classes of Stiefel-Whitney, Pontrjagin, and Chern appear then as images of particular elements in $H^*(B_{O(n)}, Z_2)$, $H^*(B_{SO(n)}, Z)$, and $H^*(B_{U(n)}, Z)$ respectively. Thus $H^*(B_G, A)$ may be viewed as the ring of "universal" characteristic classes for $G$-bundles; its properties are universal in the sense that, by the classification theorem, they are valid in any $G$-bundle, and are therefore quite important. More generally there is the problem of investigating the relations between the cohomology rings of $B_G$ and of $G$, in other words of the base and the fiber in the universal bundle $E_G$; this is precisely the problem alluded to in §2; it will be discussed in §9. In the study of this problem, an important role is played by a map $\rho(U, G)$ defined as follows. Let $U$ be a closed subgroup of $G$. Then $E_G$ is clearly a principal bundle with structural group $U$, with vanishing homotopy groups; hence it is also a universal bundle for $U$. The natural projection of $E_G/U$ onto $E_G/G$ may then be considered as a map of $B_U$ into $B_G$, to be denoted by $\rho(U, G)$.

Without entering into details, let us just mention in passing that $\rho(U, G)$ is a fiber map of a fibering of $B_U$, with typical fiber $G/U$, base $B_G$, and that $\rho(U, G)$ also occurs in the problem of restricting the structural group of a fiber bundle: the structural group of a bundle with base $B$ defined by a map $f:B\to B_G$ can be restricted to $U$ if and only if there exists a map $g:B\to B_U$ such that $f=\rho(U, G)\cdot g$.

9. **Results on universal bundles. Invariants of the Weyl group.** To express these results, we shall use the notion of transgression in a fiber bundle, and first recall briefly one of its possible definitions (see $[2, \S5]$ for more details). Let $E$ be a bundle with fiber $F$, base $B$, projection map $\pi$ (e.g. a principal bundle, the only case in which this definition will be used below). Let $\pi'$ (resp. $i'$) be the map of cochains induced by $\pi$ (resp. the inclusion of a fiber in $E$). An element $x\in H^s(F, A)$ is *transgressive* in $E$ if there exists a cochain $c$ on $E$ such that $i'(c)$ is a cocycle of $x$ and that its coboundary is of the form $\pi'(b)$, where $b$ is some cochain on $B$, necessarily a cocycle. Its cohomology class $y\in H^{s+1}(B, A)$ is determined by $x$ only modulo a certain subgroup $L^{s+1}$ and the transgression is the map of the transgressive elements of $H^s(F, A)$ into $H^{s+1}(B, A)/L^{s+1}$ derived from

$x \rightarrow y$. In spite of the fact that $y$ is not uniquely determined by $x$ in general, we shall write $y = \tau(x)$ whenever $y$ is obtained from $x$ by this procedure.

Let now $G$ be a compact connected Lie group. Then $x \in H^s(G, A)$ is *universally transgressive* if it is transgressive in $E_G$. The classification theorem shows that it is then transgressive in all $G$-bundles. The notion of transgression is interesting for at least two reasons: First, as we shall see, it is intimately related with the characteristic classes, and second a knowledge of the transgressive elements is quite useful in the computation of spectral sequences; this more technical point will not be illustrated here any further and we refer to $[2; 5]$ for examples.

The study of the homological properties of the universal bundle, i.e., essentially of its spectral sequence, the *universal spectral sequence* for $G$, appears thus to be a basic problem. So far, only partial results are known, the main one being:

(A) *If $H^*(G, Z_p)$ is the exterior algebra of a subspace graded by odd degrees, then $H^*(G, Z_p) = \bigwedge(x_1, \cdots, x_m)$, with $x_i$ universally transgressive, of odd degree, and $H^*(B_G, Z_p) = Z_p[y_1, \cdots, y_m]$ with $y_i = \tau(x_i)$ $(1 \leq i \leq m)$. Conversely if $H^*(B_G, Z_p) = Z_p[y_1, \cdots, y_m]$ with the $y_i$'s of even degrees, then $H^*(G, Z_p) = \bigwedge(x_1, \cdots, x_m)$ with the $x_i$'s universally transgressive and $y_i = \tau(x_i)$ $(1 \leq i \leq m)$.*

A similar result is valid over integers, when $G$ has no torsion (see $[2,$ Théorème 19.1; 5, Théorème 6.1$]$). The assumption of (A) is fulfilled when $G$ has no $p$-torsion, and in particular in characteristic zero. An analogous, but weaker, result is:

(B) *If $H^*(G, Z_2)$ has a simple system $(x_i)$ of universally transgressive generators, then $H^*(B_G, Z_2) = Z_2[y_1, \cdots, y_m]$, where $y_i = \tau(x_i)$ $(1 \leq i \leq m)$ and conversely.*

(See $[2,$ Proposition 19.1; 5, Théorème 6.1$]$). In (B) we assume the existence of transgressive generators, whereas it is a part of the conclusion in (A); this assumption is often fulfilled, even when there is 2-torsion, e.g. in the case of $SO(n)$ $(n \geq 3)$, $G_2$, $F_4$, Spin $(n)$ $(7 \leq n \leq 9)$. However it is not true for $H^*(\text{Spin}\ (n), Z_2)$ when $n \geq 10$ (see $[5]$).

Nothing is known up to now about $H^*(B_G, Z_p)$ outside the cases covered by (A) and (B); it seems that one has to expect quite different properties and that their study will require more knowledge about the behavior of reduced powers in the spectral sequence.

Let now $T$ be a maximal torus of $G$. Then

$$H^*(T, Z) = \bigwedge(u_1, \cdots, u_r) \qquad (d^0 u_i = 1, r = \text{dimension of } T),$$

and by (A), or also by more direct considerations,

$$H^*(B_T, Z) = Z[v_1, \cdots, v_m] \qquad\qquad (v_i = \tau(u_i), (1 \leq i \leq r)).$$

The Weyl group $W(G)$ of $G$ operates on $T$, hence on its cohomology, and also on $H^*(B_T, Z)$, as is easily seen; we denote by $I_G$ the ring of polynomials in the latter invariant under $W(G)$; it is a direct summand, and $I_G \otimes Z_p$ is thus canonically embedded in $H^*(B_T, Z) \otimes Z_p$, which is just $H^*(B_T, Z_p)$, since $B_T$ has no torsion; it is of course contained in the ring of invariants of $W(G)$ operating on $H^*(B_T, Z_p)$, and is equal to it when $p=0$, but may be different from it otherwise. If we consider real cohomology, then we may identify $H^*(B_T, R)$ with the ring of polynomials over the Lie algebra of $T$, the operations of $W(G)$ being the obvious ones, but we have of course to give the "dimension" 2 to the coordinates $v_i$ when we consider them as elements of $H^*(B_T, R)$. The invariants of the Weyl group and the cohomology of $B_G$ are connected by the following theorem:

(C) *Let $T$ be a maximal torus of a compact connected Lie group $G$. Assume $H^*(G, Z_p)$ to be the exterior algebra of an s-dimensional subspace graded by odd degrees. Then $s=\dim T$ and $\rho^*(T, G)$ maps $H^*(B_G, Z_p)$ isomorphically onto $I_G \otimes Z_p$.*

A similar result is valid over integers when $G$ has no torsion. This theorem is established in $[2, \S\S26, 27]$, under the apparently slightly stronger (though in fact equivalent) assumption that $G$ has no $p$-torsion, but the proof is the same. Also, $[2]$ assumes that $G/T$ has no $p$-torsion (resp. no torsion), a fact which has since been proved to be always true (see §15). Theorems (A) and (C) have assumptions always fulfilled in characteristic zero and show therefore that the ring of invariants of the Weyl group has $r$ algebraically independent generators of (cohomological) dimensions $2m_1, \cdots, 2m_r$, where $H^*(G, R) = \wedge(x_1, \cdots, x_r)$ $(d^0 x_i = 2m_i - 1, i=1, \cdots, r)$, a result first obtained by C. Chevalley $[24]$ $(r=\text{rank } G)$.

Let $U$ be a closed connected subgroup of $G$, and $S \subset T$ be maximal tori of $U$ and $G$. When (A) can be applied to $U$ and $G$, the study of the homological position of $U$ in $G$, i.e., of the map $H^*(G, K) \to H^*(U, K)$ induced by the inclusion, is essentially equivalent to that of $\rho^*(U, G)$. If moreover (C) can be used, then $\rho^*(U, G)$ is determined by the behavior of the invariants of $W(G)$ under the map $\rho^*(S, T)$, which in turn is explicitly described by means of the homomorphism $H^1(T, K) \to H^1(S, K)$ defined by the inclusion $S \subset T$ (see $[2, \S\S28 \text{ and } 31]$ for some applications). If $G = U(n), Sp(n), SO(n)$, then the knowledge of $\rho^*(S, T)$ boils down to that of the weights (in E. Cartan's sense) of the linear group $U$. Thus we are led to connections between weights and homological position of subgroups of the classical linear groups. For real cohomology, and starting from a point of view more akin to [20; 24], they have been studied by E. B. Dynkin [27; 28; 30; 31a].

An analogous, though different, example of relations between classifying spaces and group theoretical properties is offered in cohomology mod 2 by $O(n)$. Here we take instead of a maximal torus the subgroup $Q(n)$ of diagonal matrices which is isomorphic to $(Z_2)^n$; by a standard result

$$H^*(B_{Q(n)}, Z_2) = Z_2[v_1, \cdots, v_n] \qquad (d^0 v_i = 1; i = 1, \cdots, n).$$

The quotient by $Q(n)$ of the normalizer of $Q(n)$ in $O(n)$ is readily seen to operate on $H^*(B_{Q(n)}, Z_2)$ as the full group of permutations of the $v_i$'s. Then, in analogy with (C), it may be shown that $\rho^*(Q(n), O(n))$ maps $H^*(B_{O(n)}, Z_2)$ isomorphically onto the ring of symmetric functions in the $v_i$'s, i.e., onto the ring of invariants of the "Weyl group" defined by using $Q(n)$ instead of $T$. Moreover, $\rho^*(Q(n), O(n))$ maps the $i$th universal Stiefel-Whitney class $w_i$ (introduced in §8) onto the $i$th elementary symmetric function in the $v_i$'s [3, Théorème 6.1]. A similar result is valid for the special orthogonal group.

Here again, not much is known outside these two cases. The latter one suggests the substitution of maximal abelian subgroups of type $(p, \cdots, p)$ for maximal tori when dealing mod $p$ with a group having $p$-torsion, but examples show that one cannot expect relations as simple as for $O(n)$ in general, though on the other hand these subgroups seem definitely to be related to the $p$-torsion of the group (see §12).

**10. Examples.** We describe here briefly some relations between the results of §9 and the characteristic classes introduced in §8, using some facts on the cohomology of the classical groups (see §11 for references), and on their structure (see e.g. [74]).

$U(n)$ has rank $n$ and no torsion. The Weyl group operating on $H^*(B_T, Z) = Z[v_1, \cdots, v_n]$ is the group of permutations of the $v_i$'s, and $\rho^*(T, U(n))$ maps $H^*(B_{U(n)}, Z)$ isomorphically onto the ring $S(v_1, \cdots, v_n)$ of symmetric functions. The universal $i$th Chern class is mapped on the $i$th elementary symmetric function. Thus $H^*(B_{U(n)}, Z)$ is the ring of polynomials in the Chern classes, and moreover $H^*(U(n), Z) = \wedge(x_1, \cdots, x_n)$, where $C_i = \tau(x_i)$ and therefore $d^0 x_i = 2i - 1$.

The unitary symplectic group $Sp(n)$ has rank $n$ and no torsion. $W(Sp(n))$ is the group of permutations of the $v_i$ combined with arbitrary changes of signs; hence $I_{Sp(n)} = S(v_1^2, \cdots, v_n^2)$: the ring $H^*(B_{Sp(n)}, Z)$ is generated by elements of dimensions $4i$ $(1 \leq i \leq n)$, and $H^*(Sp(n), Z)$ by elements of dimensions $4i-1$ $(1 \leq i \leq n)$.

$SO(2n+1)$ (resp. $SO(2n)$), has rank $n$ and its Weyl group consists of the permutations of the $v_i$'s together with an arbitrary (resp. even) number of changes of signs. Hence $I_{SO(2n+1)} = S(v_1^2, \cdots, v_n^2)$ and $I_{SO(2n)}$ is generated by $S(v_1^2, \cdots, v_n^2)$ and the product $v_1 \cdots v_n$. For $p \neq 2$, $SO(m)$ has no $p$-torsion $(m = 1, 2, 3, \cdots)$ and we may apply (A) and (C). Also, it turns out that $\rho^*(T, SO(m))$ maps the $i$th universal Pontrjagin class, reduced mod $p$, onto $\sigma_i(v_1^2, \cdots, v_n^2)$. In fact, this is also true over the integers, though in that case the kernel of $\rho^*(T, SO(m))$ is not zero. In the case $m = 2n$, the product $v_1 \cdots v_n$ plays a special role, too; it is the image under $\rho^*(T, SO(2n))$ of the so called Euler-Poincaré class $W_m$. The latter is the unique element of $H^{2n}(B_{SO(2n)}, Z)$ having the following property: if $M$ is a $2n$-dimensional orientable compact oriented manifold, and if $f: M \rightarrow B_{SO(2n)}$ is the map corresponding to the bundle of orthonormal frames (see §8), then $f^*(W_m)$ is equal to the generator of $H^{2n}(M, Z)$ singled out by the orientation, multiplied by the Euler-Poincaré characteristic of $M$.

Analogously, it may be shown that for $m = 2n, 2n+1$, and for $p \neq 2$, $\rho^*(T, O(m))$ maps $H^*(B_{O(m)}, Z_p)$ isomorphically onto $S(v_1^2, \cdots, v_n^2)$. One can also introduce a universal Pontrjagin class $P_i \in H^{4i}(B_{O(m)}, Z)$, (i.e., for $O(m)$ bundles and not as before for $SO(m)$ bundles); it is mapped onto $\sigma_i(v_1^2, \cdots, v_n^2)$ by $\rho^*(T, O(m))$ (also over integers).

The cohomology mod 2 and the relations with Stiefel-Whitney classes have already been mentioned in §9. A closer investigation shows that in $H^*(B_{O(n)}, Z)$ and $H^*(B_{SO(n)}, Z)$ all torsion elements have order 2. This implies that an element of the integral cohomology ring is completely determined by its reductions mod 2 and over the rationals. The $i$th Pontrjagin class may then be characterised as the element which is mapped onto the $i$th elementary symmetric function in the $v_i$'s in $H^*(B_T, Z_0)$ and onto the square of the $2i$th elementary symmetric function in $H^*(B_{Q(n)}, Z_2)$.

Some of the above results for the orthogonal groups are not in the literature, but follow without difficulty from known facts. A complete discussion may be found in mimeographed notes of lectures held by the author at the University of Chicago, Fall 1954.

The interpretation of characteristic classes as elementary functions gives immediate interpretations or proofs of their so-called Whitney duality properties. It also leads to a method of computation of their Steenrod reduced powers and, via transgression, of reduced powers in the classical Lie groups. This in turn has applications to problems of differential geometry like existence of vector fields or of almost complex structures on spheres (see [12]).

**11. Homology and cohomology of compact simple Lie groups.** The different classes of locally isomorphic compact simple Lie groups have been listed in §5. Each of them contains a simply connected representative, unique up to global isomorphism, and the other groups are quotients of the former by subgroups of its center.

For $A_r$, $B_r$, $C_r$ the simply connected groups are

$$SU(r+1), \quad \mathrm{Spin}(2r+1), \quad Sp(r)$$

whose centers are cyclic of orders $r+1$, 2, 2. The quotients by the full centers are the groups $PU(r+1)$, $SO(2r+1)$, $PSp(r)$ of projective transformations induced in the complex $r$-dimensional, real $2r$-dimensional, quaternionic $(r-1)$-dimensional projective space respectively.

The simply connected group of structure $D_r$ is Spin $(2r)$, its center is of order 4, cyclic if $r$ is odd, noncyclic otherwise; the quotient of order 4 is the projective orthogonal group $PSO(2r)$. For $r$ odd, there is one quotient of order 2, which is $SO(2r)$; for $r$ even there are besides $SO(2r)$ the two "semi-spinor" groups. The latter are homeomorphic to each other for all $r$, and in particular for $r=4$, are isomorphic to $SO(8)$ by the triality principle; however, it is not known to the author whether the semi-spinor group is homeomorphic to the corresponding orthogonal group in general.

Finally the simply connected representatives of the structures $G_2$, $F_4$, $E_6$, $E_7$, $E_8$ have cyclic centers of orders 1, 1, 3, 2, 1. (For all this, see e.g. E. Cartan, Annali di Matematica vol. 4 (1927) pp. 209–256).

Up to now, the following information on the homological properties of these groups has been obtained.

(11.1) *The real cohomology for all groups* (see e.g. [2], [24], [66], and [67] for other references). Two locally isomorphic groups have the same real cohomology (see e.g. [62], it also follows from standard theorems on coverings, or from statement (C) in §9); hence it is a property of a class of locally isomorphic groups. For $E_6$, $E_7$, $E_8$ the degrees of the primitive generators are (3, 9, 11, 15, 17, 23), (3, 11, 15, 19, 23, 27, 35), (3, 15, 23, 27, 35, 39, 47, 59). For the other structures, see below.

(11.2) *The integral cohomology ring of* $SU(n)$, $Sp(n)$, $G_2$, $F_4$. The groups $SU(n)$ and $Sp(n)$ have no torsion [36; 62; 2] and

$$H^*(SU(n), Z) = \bigwedge(x_3, x_5, \cdots, x_{2n-1}),$$

$$H^*(Sp(n), Z) = \bigwedge(x_3, x_7, \cdots, x_{4n-1}), \qquad (d^0 x_i = i).$$

$G_2$ has 2-torsion and $H^*(G_2, Z)$ has 2 generators $h_3$, $h_{11}$ of degrees 3, 11 such that $h_3^4 = h_{11}^2 = 0$ and that $H^*(G_2, Z)$ is the weak direct sum of the infinite cyclic groups generated by 1, $h_3$, $h_{11}$, $h_3 \cdot h_{11}$ and of the groups of order 2 generated by $h_3^2$, $h_3^3$ (see [5, §17]).

$F_4$ has torsion coefficients of order 2, 3, 6, and $H^*(F_4, Z)$ is isomorphic to the product

$$U \otimes H^*(G_2, Z) \otimes \bigwedge(x) \qquad (d^0 x = 15),$$

where $U$ is a graded algebra with unit defined by

$$U^0 = U^{23} = Z, \quad U^8 = U^8 \cdot U^8 = U^{16} = Z_3, \quad U^i = 0 \text{ otherwise}$$

(see [5, §23]).

(11.3) Spin $(n)$ $(n \leq 6)$ *has no torsion*; $SO(n)$ $(n \geq 3)$ *and* Spin $(n)$ $(n \geq 7)$ *have 2-torsion and all their torsion coefficients are equal to 2* (see [2; 35; 56; 62] for $SO(n)$, and [5] for Spin $(n)$). Hence their integral cohomology rings are theoretically determined by their cohomology rings over $Z_0$ and $Z_2$; however the explicit formulas seem to be quite cumbersome and have not been written down.

*Added in proof.* Other proofs of the results about Spin$(n)$ mentioned in (11.3), (11.4) have been recently given by S. Araki (Memoirs of the Faculty of Science. Kyusyu Imperial University, Series A, vol. 9 (1955) pp. 1–35). He uses a cellular decomposition which is a covering of the J. H. C. Whitehead cellular decomposition of $SO(n)$, the basic tool of Miller [56].

(11.4) *The cohomology* mod $p$ (all $p$) *for* $G_2$, $F_4$ *and all the groups of the classical structures* (with the possible exception of the semispinor groups of type $D_{2r}$ $(r \neq 2)$ in cohomology mod 2), with partial or complete information on Steenrod's reduced powers. In the case of $G_2$, $F_4$, $SU(n)$, $Sp(n)$ the cohomology ring can be read off (11.2). For the reduced powers see [5; 12]; for the $Sq^i$ in $SO(n)$, see [3; 56]. Moreover, $H^*(G_2, Z_2)$ and $H^*(F_4, Z_2)$ have simple systems of universally transgressive generators of degrees (3, 5, 6) and (3, 5, 6, 15, 23) respectively.

Let $s$ be the greatest power of 2 dividing a given integer $n$. Then

$$H^*(PSp(n), Z_2)$$

$$= Z_2[a]/(a^{4s}) \otimes \bigwedge(x_3, x_7, \cdots, x_{4s-5}, x_{4s+3}, \cdots, x_{4n-1}),$$

$(d^0 a = 1, d^0 x_i = i, 1 \leq i \leq 4n)$. There are analogous results for $PSO(2r)$

and for the quotients of $SU(n)$, which we do not recall here (see $[5, §10]$).

$H^*(SO(n), Z_2)$ has a simple system of universally transgressive elements $(h_i)$ $(d^0 h_i = i, i = 1, \cdots, n-1)$, with the relations

$$Sq^i h_j = \binom{j}{i} h_{i+j} \qquad (i \leq j, i+j \leq n-1), Sq^i h_j = 0 \text{ otherwise.}$$

In particular, $h_i \cdot h_i = h_{2i}$ if $2i \leq n-1$, and $h_i \cdot h_i = 0$ otherwise. $H^*(PSO(2n), Z_2)$ is derived from this in the same way as $H^*(PSp(n), Z_2)$ from $H^*(Sp(n), Z_2)$.

Finally, let $s(n)$ be the integer such that $2^{s(n)-1} < n \leq 2^{s(n)}$. Then $H^*(\text{Spin } (n), Z_2)$ has a simple system of generators whose degrees form a sequence obtained from $3, 4, \cdots, n-1$ by erasing all powers of 2 and adding $2^{s(n)} - 1$ (one generator for each degree). The $Sq^i$ are also known for the greater part $[5, §13]$.

(11.5) *The groups of the structure $E_6$ (resp. $E_7$, $E_8$) have no $p$-torsion for $p \geq 7$ (resp. $p \geq 11$) (see $[7]$) and the group of structure $E_8$ has 2-torsion $[11, see §12]$.*

(11.6) *Let $G$ be compact, connected, simply connected, simple and non-abelian. Then $H_3(G, Z) = Z$.*

This is deduced by Hurewicz's isomorphism theorem from $\pi_1(G) = \pi_2(G) = 0$, $\pi_3(G) = Z$ (see §18).

(11.7) We have already pointed out that the homology ring (the multiplication being the Pontrjagin product) mod $p$ is an exterior algebra when there is no $p$-torsion, in particular for $p = 0$. It follows also from §7 and (11.4) that $H_*(SO(n), Z_2)$, $H_*(G_2, Z_2)$, $H_*(F_4, Z_2)$ are exterior algebras generated by elements of degrees $(1, 2, \cdots, n-1)$, $(3, 5, 6)$, $(3, 5, 6, 15, 23)$ respectively, (see $[5]$, and also $[56]$ for $SO(n)$).

Finally, we point out that many results on the classical linear groups are particular cases of theorems on Stiefel manifolds (see the references given above).

## 12. Remarks on cohomology of Lie groups and on Weyl groups.
Many of the results on the torsion of Lie groups listed in §11 are established by use of special properties of the individual groups. However even if the three last exceptional groups could be handled in the same way, this would not constitute a fully satisfactory solution of the problem, the ultimate goal being to arrive at a systematic procedure for computing cohomology from the group theoretical, or infinitesimal, properties. For real cohomology this is attained by Chevalley's theorem (see §9) which relates Betti numbers and in-

variants of the Weyl group. Another method was already contained in E. Cartan's work [16], but it led to computations too cumbersome to be applied to the last 4 exceptional groups. No such result is yet available in cohomology mod $p$ for $p \neq 0$, though there is evidence of relations between torsion and group-theoretical properties. An example [7] is the theorem stating that if the prime $p$ does not divide the order of the Weyl group of a compact connected Lie group $G$, then $G$ has no $p$-torsion. For $E_6$, $E_7$, $E_8$ the orders of the Weyl groups are $2^7 \cdot 3^4 \cdot 5$, $9! \cdot 8$, $10! \cdot 3 \cdot 2^6$ respectively, whence the first part of (11.5). Also all results known so far agree with the following *conjecture*: If $p$ is greater than the coefficients of the highest root, expressed as linear combination of fundamental roots, then the simply connected group $G$ has no $p$-torsion. For the simply connected representatives of the structures $E_6$, $E_7$, $E_8$ this would imply no $p$-torsion for $p \geq 5$, $p \geq 5$, $p \geq 7$ respectively.

In this connection, let us also mention that if a compact connected Lie group of rank $r$ contains an abelian subgroup isomorphic to $(Z_p)^k$ with $k > r$, then it has $p$-torsion [11]; in application $E_8$ has 2-torsion. Also, if $H^*(G, Z_2)$ has a simple system of $s$ universally transgressive generators, then it does not contain a subgroup isomorphic to $(Z_2)^t$ with $t > s$; the upper bound of $t$ is equal to $s$ for $G = U(n)$, $SU(n)$, $Sp(n)$, $SO(n)$ (any $n$), $G_2$, $F_4$. In other cases, the connection between abelian subgroups of type $(p, \cdots, p)$ and $p$-torsion is not as simple. Anyway, in all examples known to the author, it seems to be true that $G$ has $p$-torsion if and only if it has an abelian subgroup of type $(p, \cdots, p)$ not contained in a maximal torus.

The connections between Weyl groups and homology suggest some problems about the former. Viewed as a transformation group of the universal covering $R^r$ of a maximal torus $T$ of a compact connected Lie group $G$ of rank $r$, the Weyl group is a finite linear group, generated by reflections in hyperplanes, which is moreover "crystallographic," i.e. it leaves a lattice of rank $r$ invariant or, equivalently, is represented by matrices with integral coefficients in a suitable basis. Conversely, every crystallographic group generated by reflections is a Weyl group, as was checked by E. Stiefel [74] and later on given an a priori proof by C. Chevalley (C. R. Acad. Sci. Paris vol. 227 (1948) pp. 1136–1138) and Harish-Chandra (Trans. Amer. Math. Soc. vol. 70 (1951) pp. 28–96, Theorem 1). We recall that two locally isomorphic, not isomorphic, groups have isomorphic Weyl groups but different lattices [74]. We have seen (§9) that the ring of invariant polynomials with real coefficients of a Weyl group $W(G)$ has $r$ algebraically independent generators ($r = $ dimension of the vector space on which $W(G)$ operates, i.e., the rank of $G$). This can in fact be proved directly for all finite groups generated by reflections (Chevalley), crystallographic or not. In the crystallographic case, it does not seem to be known whether a similar result is valid for invariants with integral coefficients in the symmetric algebra over $Z$ of an invariant lattice: also, the invariants of a finite group generated by reflections of a vector space over a field of characteristic $p$ have not yet been considered except to prove that Chevalley's theorem holds true for a group obtained by "reduction mod $p$" from a Weyl group $W$, given by integral matrices, when $p$ is prime to the order of the group [7].

*Added in proof.* For Chevalley's theorem, see a forthcoming note of his in the American Journal of Mathematics.

An interesting question about Weyl groups also arises in connection with a result of Bott [13]. Let $G$ be a compact, connected and simply connected Lie group and $\Omega_G$ the space of closed paths on $G$, with a fixed origin. Then Bott has proved that $\Omega_G$ has no torsion, and moreover he gives an explicit method to get the Betti numbers of $\Omega_G$ out of the "diagram" of $G$ (i.e., essentially the planes of reflections of the elements of $W(G)$ and the invariant lattice). On the other hand, these Betti numbers can be read off from the degrees of the invariants of $W(G)$ with real coefficients (using Chevalley's theorem and spectral sequences arguments). Thus a connection between these degrees and the diagram which so far has been proved only with the help of rather difficult topological methods. For more details and other problems about these finite groups, we refer to G. C. Shephard [72].

### 13. Cohomology of homogeneous spaces.

The most comprehensive result on the real cohomology of a homogeneous space is due to H. Cartan [20] (see [2, §26] for a topological proof). It says that $H^*(G/U, R)$ ($G$ compact connected, $U$ closed connected) is isomorphic to the cohomology ring of the tensor product $H^*(B_U, R) \otimes H^*(G, R)$ relative to a certain coboundary operator completely (and explicitly) determined by the transgression in $E_G$ and by a homomorphism which turns out to be equivalent to $\rho^*(U, G)$. Many particular results obtained previously by Samelson, Leray, Koszul can be derived from it, either directly or using Koszul's theory of homology of $S$-modules [42]. Particular cases of H. Cartan's theorem are to be found in [65].

Cartan's theorem shows how to compute $H^*(G/U, R)$, knowing $H^*(G, R)$, $H^*(U, R)$, and $\rho^*(U, G)$, i.e. in the last analysis out of group theoretical information, namely the invariants of the Weyl groups of $G$ and $U$ and the position of a maximal torus of $U$ in a

maximal torus of $G$. This reduction of cohomology theory to group
theory has not been yet achieved in characteristic $p \neq 0$ (except however for characteristic classes of the tangential structure, see §14);
the best tools presently available are spectral sequences; one of them
[2, Théorème 22.1] is so to say a weak analog of H. Cartan's algebra
mentioned above and it seems possible that H. Cartan's theorem is
2    also valid mod $p$ when $G$ and $U$ have no $p$-torsion or, more generally,
when their cohomology rings mod $p$ are generated by universally
transgressive elements.

The proof of (C) in §9 also gives information on $H^*(G/U, Z_p)$
when $G$ and $U$ have the same rank and no $p$-torsion [2, §§29, 30].
In that case $G/U$ has no $p$-torsion, $H^*(G/U, Z_p)$ is isomorphic to
the quotient of $I_U \otimes Z_p$ by the ideal generated by the elements of
strictly positive degrees in $I_G \otimes Z_p$, and its Poincaré polynomial is

$$P_p(G/U, t) = (1 - t^{2m_1}) \cdots (1 - t^{2m_r}) \cdot (1 - t^{2n_1})^{-1} \cdots (1 - t^{2n_r})^{-1},$$

$(2m_1 - 1, \cdots, 2m_r - 1)$ (resp. $2n_1 - 1, \cdots, 2n_r - 1$) being the degrees of the primitive elements in $H^*(G, Z_0)$ (resp. $H^*(U, Z_0)$). This
is valid in particular for $p = 0$ and the last equality is then the Hirsch
formula, conjectured by G. Hirsch, proved by H. Cartan-J. L. Koszul
[20; 42] and by J. Leray [49] (see also [2, §20]). Also, if only $U$ has
no $p$-torsion then $G/U$ has no $p$-torsion and (13.1) is again valid although the multiplicative structure may be rather different. Similar
statements are valid for integral cohomology when the assumption
"no $p$-torsion" is replaced by "no torsion." These results allow us to
describe rather completely the cohomology of certain classical coset
spaces, like complex Grassmann manifolds or complex quadrics [2,
§31].

In §9 it was pointed out that results similar to (C) hold for the
cohomology mod 2 of the orthogonal groups and their classifying
spaces if maximal tori are replaced by maximal abelian subgroups of
type $(2, \cdots, 2)$. This analogy can be pushed further and leads in
certain cases to results paralleling those above for $H^*(G/U, Z_2)$ when
$G$ and $U$ have the same "2-rank," i.e., have a maximal abelian subgroup of type $(2, \cdots, 2)$ in common. One gets a "Hirsch formula"
mod 2, in which degrees of primitive elements are replaced by degrees
of the members of simple systems of universally transgressive generators [3].

At the other extreme so to say is the case where $U$ is a circle.
Koszul had shown that $P_0(G/T^1, t)$ ($G$ compact semi-simple) is obtained from $P_0(G, t)$ simply by writing $(1 + t^2)$ for $(1 + t^3)$; this follows
also from H. Cartan's theorem, which moreover gives the multiplica-

tive structure of $H^*(G/T^1, R)$. The cohomology mod $p$ of that quotient can also be investigated when $H^*(G, Z_p)$ has a simple system of universally transgressive generators; here $P_p(G/U, t)$ is $P_p(G, t)$ with one of the factors $(1+t^{2k+1})$ replaced by $(1+t+\cdots+t^{2k})$, but $k$ may now be $\neq 1$ and its value depends in fact on the position of subgroup in the group. This case has not yet been treated in the literature but it is quite analogous to, only slightly simpler than, the study of the quotient $G/Z_p$, which is done in [5, §10]; the common feature of these two problems is that $H^*(B_U, Z_p)$ is or is "almost" a ring of polynomials with one generator.

**14. Characteristic classes of homogeneous spaces.** A coset space $G/U$ is a differentiable manifold; hence we may consider the Pontrjagin or Stiefel-Whitney classes of its tangential structure, or also its Chern classes when it carries an almost complex or a complex analytic structure invariant under $G$. It turns out that they can be expressed by means of group theoretical invariants, namely, by roots [9]. We content ourselves with some brief indications, assuming familiarity of the reader with the theory of roots of complex or compact semisimple Lie algebras (see e.g. [26; 74; 81]). The roots are usually defined as linear forms on the Lie algebra of a maximal torus $T$ but they can in a natural way be identified with elements of $H^1(T, Z)$, and, via transgression, with elements of $H^2(G/T, Z)$. Now to any system of positive roots $(a_i)$, $(i=1, \cdots, m, \dim G = \dim T + 2m)$, there is associated a complex analytic structure on $G/T$ (about which more will be said in §15), invariant under $G$. Its $i$th Chern class is then the $i$th elementary symmetric function in the $a_i$'s. If $G$ and its closed connected subgroup $U$ have the same rank and if $G/U$ carries an invariant complex analytic structure, then the map $f^*$ induced by the natural projection of $G/T$ onto $G/U$ maps the $i$th Chern class on the $i$th elementary symmetric function in the roots of $G$ which are not roots of $U$. Similarily, the Pontrjagin classes are symmetric functions in squares of roots (and vanish for $G/T$). When $G$ and $U$ have different ranks, one must take the roots of $G$ with respect to a maximal torus of $U$. The Stiefel-Whitney classes (mod 2) may be also connected with symmetric functions not exactly in the roots but in what may be called the "2-roots," i.e., essentially the characters of a maximal abelian subgroup of type $(2, 2, \cdots, 2)$ in the adjoint representation. These facts are interesting for $G/T$, where they allow us to establish relations between topological properties, theorem of Riemann-Roch, and formulas of representation theory [9].

**15. $G/T$ and related spaces. Cellular decompositions.** We say that a compact manifold has a cellular decomposition if there is a partition of $M$ into a finite number of embedded submanifolds $M_i$, the "open cells," each homeomorphic to some affine space, and having a set-theoretical boundary made up of open cells of strictly smaller dimensions. The closures of the open cells then form a cellular decomposition of $M$ in the sense of combinatorial topology. In the same way a compact complex analytic manifold has a complex analytic cellular decomposition if the $M_i$ are embedded complex analytic submanifolds, bi-holomorphically homeomorphic to complex affine spaces. In his Thesis [33] Ehresmann constructed complex analytic cellular decompositions for certain algebraic homogeneous spaces (Grassmann manifolds, complex quadrics, $SO(2n)/U(n)$, $Sp(n)/U(n)$, and some others), using Schubert systems. This can be done in fact for all algebraic varieties which admit a transitive compact semi-simple group of complex analytic homeomorphisms, by a group theoretical method [6]. The manifolds in question are the quotients $G/U$, where $G$ is compact semi-simple and $U$ is the centralizer of a toral subgroup of $G$. The complexification $G^c$ of $G$ also operates on $G/U$, and the latter may be identified with a quotient of $G^c$ by a complex subgroup $V$ containing a maximal connected solvable subgroup $L$ of $G^c$ (and, conversely, every quotient $G^c/V$ with $V \supset L$ is algebraic); the group $L$ is generated by a Cartan subalgebra and the root vectors corresponding to a system of positive roots. The open cells are then just the orbits of $L$ acting in the obvious way on $G^c/V$; they are also birationally and biregularly equivalent to complex affine spaces, and it follows that these coset spaces are rational varieties; this last fact was first proved by M. Goto [37] and, as a matter of fact, precisely by construction of the open cell of highest dimension. Among these spaces we find $G/T$, where $T$ is as usual a maximal torus of $G$, which may also be written $G^c/L$. In this case the cells are in 1-1 correspondence with the elements of the Weyl group $W(G)$ of $G$, which implies that the Euler-Poincaré characteristic $\chi(G/T)$ of $G/T$ is equal to the order of the Weyl group. This gives a new proof of a result of A. Weil (C. R. Acad. Sci. Paris vol. 200 (1935) pp. 518–520) which was later proved again by Hopf-Samelson [39]: more precisely [39] gives $\chi(G/U)$ for any coset space $G/U$ with $G$ compact, but this follows by easy fiber bundle arguments once $\chi(G/T)$ is known. (*Added in proof.* The previous cellular decomposition of $G/T$ is also obtained in a paper by C. Chevalley on simple groups, to appear in The Tohoku Mathematical Journal.)

Since they carry a complex analytic cellular decomposition, the coset spaces considered above have no torsion, a fact first proved by

R. Bott [13], who moreover gives an expression of the Poincaré polynomial of the space computable out of the diagram of singular elements of $G$. Both procedures are group theoretical but have the disadvantage of not yielding any information on the cup-product in $H^*(G/U, Z)$. For $G/T$ another approach has been devised by Bott and Samelson [14]. They first construct a space, say $Y_G$, of the same dimension as $G/T$, which is a multiple fibering with 2-dimensional spheres as fibers, and whose cohomology ring is determined by the Cartan integers of $G$. Then they prove the existence of a map $f$ of degree 1 of $Y_G$ onto $G/T$, and show that the 1-1 image of $f^*$ is a direct summand completely characterized by the expressions of the roots of $G$ as linear combinations of fundamental roots. It may be hoped that this will for instance allow one to prove *a priori* a fact *checked* by the author [7] for all simple groups $G$: If $p$ is strictly greater than the coefficients of the dominant root, expressed as sum of fundamental roots, then $H^*(G/T, Z_p)$ is generated by 1 and by $H^2(G/T, Z_p)$, and, consequently, $B_G$ has no $p$-torsion, when $G$ is simply connected.

Ehresmann [34] and Nordon [61] have studied cellular decompositions of some real algebraic manifolds, notably the real "flag" manifolds $O(n)/O(n_1) \times \cdots \times O(n_k)$ $(n_1 + \cdots + n_k = n)$. A new difficulty arises because the cells may have all possible dimensions and are not always cycles, so that incidence numbers must be computed. It was shown that these cells are cycles mod 2 and that all torsion coefficients of the integral homology groups are equal to 2. These cells may also be defined as orbits, in essentially the same way as in the complex case, and it might have some interest to know whether this method extends to a wider class of real algebraic coset spaces and if so, whether these spaces have the same torsion properties as the flag manifolds.

**16. Homogeneous complex spaces.** In connection with the manifolds discussed in §15, we now digress slightly to report on recent investigations about homogeneous complex spaces.

A coset space $G/U$ is homogeneous complex (resp. homogeneous kählerian) if it carries a complex analytic structure (resp. and a kählerian metric) invariant under $G$. The quotients $G/U$ ($G$ compact, $U$ centralizer of a torus) considered in §15 are exactly the compact homogeneous kählerian spaces with finite fundamental group and are in fact all simply connected. We have pointed out that they are rational algebraic varieties; they have been studied from a different point of view by J. Tits [77; 78].

More generally, Wang [79] has determined all compact simply connected homogeneous complex spaces. These are precisely the even dimensional quotients $G/U$ where $G$ is compact and $U$ is (locally) the product of a torus $T^s$ by the semi-simple part of the centralizer of some torus (containing $T^s$ of course, but possibly bigger). Among them we find the even dimensional compact groups, a particular case also discussed by H. Samelson [68]. In the nonalgebraic case, not much is known about compact homogeneous complex spaces with infinite fundamental group: if it is algebraic, then it is globally a direct product of a rational coset space (see above) by an algebraic complex torus (not yet published by the author); if it is homogeneous kählerian, then it is locally the product of a torus by a simply connected kählerian homogeneous space [52]; if the compact complex manifold is "complex parallisable", it is the quotient of a complex Lie group by a discrete subgroup [80].

In the noncompact case, some results have been obtained about homogeneous kählerian or homogeneous symplectic (i.e. carrying an invariant nondegenerate closed exterior 2-form) coset spaces. For instance [6], if $G$ is semi-simple, with maximal compact subgroup $K$, then $G/U$ is homogeneous kählerian if and only if $U$ is compact, centralizer of a torus, and $G/K$ is hermitian symmetric. (For hermitian symmetric spaces, see [10].) Related results are obtained by Koszul [43] who investigates necessary conditions for a homogeneous space to carry a nondegenerate 2-form derived from an invariant volume element, in the same way as Bergmann's metric is derived from the kernel function. Under that assumption, he moreover proves e.g. that if $G$ is effective, then its center must be discrete.

A bounded domain in $C^n$ carries a kählerian metric (the Bergmann metric) invariant under all complex analytic homeomorphisms; hence it is homogeneous kählerian whenever it is homogeneous complex. E. Cartan determined all those which are symmetric ([17], see also [10]). They are products of irreducible ones, the latter ones being exactly the quotients $G/K$ ($G$ simple noncompact, $K$ maximal compact subgroup) where $K$ has a nondiscrete center. To be more accurate, E. Cartan had checked case by case (except for possibly two cases) that all these spaces are equivalent to bounded domains; recently this has been proved *a priori*, by a general argument, for all of them by Harish-Chandra (yet unpublished). E. Cartan posed the question as to whether there are bounded homogeneous domains which are not symmetric. Only partial answers have been given so far: the bounded domain $G/U$ is symmetric if the linear isotropy group is irreducible [50] (also contained in [43]) or if $G$ is semi-simple [6; 43].

**17. Noncompact Lie groups and their coset spaces.** A fundamental theorem due to E. Cartan-Malcev-Iwasawa (see [67] for references) states that a connected Lie group $G$ is homeomorphic to the direct product of a maximal compact subgroup $K$ by a euclidian space. More precisely, there exists a subspace $F$ homeomorphic to $R^m$ such that each $g \in G$ may be written in one and only one way as product $k \cdot f$, with $k \in K$, $f \in F$, depending continuously on $g$. We write $G = K \cdot F$ or $G = K \cdot R^m$. Moreover, every compact subgroup of $G$ is conjugate by an inner automorphism to a subgroup of $K$.

The circumstances are more complicated for a coset space $G/U$, even when $U$ is connected. Let us write

$$G = K \cdot R^s, \quad U = L \cdot R^t$$

$$(K, \text{ resp. } L, \text{ compact maximal in } G, \text{ resp. } U, \ K \supset L).$$

Then $s \geq t$ and $G/U$ has the same homological properties as $K/L \times R^{s-t}$ [4], and in fact $K/L$ is a deformation retract of $G/H$ [58]: this implies in particular that $G/U$ has at most 2 ends in Freudenthal's sense [4]. The space $G/U$ is homeomorphic to the product $K/L \times R^{s-t}$ when $s-t=1$ [4] or also when $G$ is solvable (Chevalley, see [57]; $G/U$ is then a product of circles and straight lines). It is natural to ask whether the above decompositions of $G$ and $U$ may be chosen in a "coherent" way, i.e., with $R^t \subset R^s$. This apparently difficult question has not yet been fully answered. Mostow [58] has shown, under a rather often fulfilled condition, which might conceivably be superfluous, that there exist subspaces $E$, $F$ of $G$, homeomorphic to euclidian spaces, generated, by means of the exponential, by subspaces of the Lie algebra of $G$ invariant under the inner automorphisms of $L$, such that

$$G = K \cdot F \cdot E, \quad U = L \cdot F.$$

It follows that $G/U$ has a fibering with base $K/L$ and typical fiber $E = R^{s-t}$. Mostow's condition is that $U$ be "self-adjoint modulo the radical $R(G)$ of $G$," i.e., $UR(G)/R(G)$ must be invariant under one characteristic involutive automorphism of the semi-simple group $G/R(G)$. This condition is always fulfilled when $U$ is semi-simple [59]. It has also been shown in [58] that if $G/U$ is acyclic (i.e., as is easily seen, if and only if $K=L$) then $G/U$ is homeomorphic to a euclidian space (without any other condition on $U$). Some acyclic homogeneous spaces are discussed in [15].

The quotients $G/U$, with $G$ connected noncompact, $U$ nonconnected, have been investigated so far only when $G$ is nilpotent [54; 55; 60], or solvable [57]. In the former case $G/U$ is the product of a euclidian space by a compact homogeneous space of a nilpotent group; in the latter case there exists a subgroup $U^*$ of finite index of $U$, containing the commutator group of $U$, such that $G/U^*$ is the product of a euclidian space by a compact coset space of a solvable group. The example of the Möbius strip shows that one may have to go to a covering to get a product decomposition. Since a connected and simply connected solvable group $G$ is homeomorphic to euclidian space (see e.g. [18]), it is immediately seen that $G/U$ is a classifying space, in the sense of §8, for its fundamental group $U/U_0$, ($U_0$ connected component of the identity in $U$). It follows then from standard facts of fiber bundle theory that if $G/U$ and $G'/U'$ ($G$, $G'$ simply connected solvable) have isomorphic fundamental groups, then they have the same homotopy type. If they are moreover compact, then they are actually homeomorphic [57]. When $G$, $G'$ are nilpotent simply connected, and $U$, $U'$ are discrete, this homeomorphism is induced by an isomorphism of $G$ onto $G'$ carrying $U$ onto $U'$ [54], but this need not be so in the solvable case. Malcev has proved that a nilpotent Lie group $G$ has a discrete subgroup $U$ with compact quotient $G/U$ if and only if its Lie algebra has rational constants of structure, relative to a suitable basis; this is not generally true for solvable groups, in fact, the affine group of the real line has no discrete subgroup with a compact quotient, as may be seen without difficulty.

A compact coset space $G/U$ with infinite fundamental group is not in general the quotient of a compact Lie group, and little is known about its homological properties, except for nilpotent $G$. In that case $G/U$ is orientable and its Euler-Poincaré characteristic is $\geq 0$ [60]; the second property is also shared by the quotients of compact groups [39] and it is not known whether this is true for all compact homogeneous spaces. For nilpotent $G$ again, $H^*(G/U, R)$ is isomorphic to the cohomology ring of the Lie algebra of $G$ modulo the Lie algebra of $U$, in the sense of Chevalley-Eilenberg; this had been proved by Matsushima [55] in dimensions 1, 2 and was generalized by K. Nomizu [60] for all dimensions. Here again, easy examples show that it may be wrong for solvable $G$. Even in the nilpotent case, $H^*(G/U, R)$ is not always isomorphic to the cohomology ring of invariant differentiable forms [60], in contrast with E. Cartan's result [16] about compact groups $G$.

A discrete subgroup is the fundamental group of the quotient of a connected nilpotent (resp. solvable) Lie group if and only if it is a torsion free finitely generated nilpotent group [54], (resp. the extension of a torsion free finitely generated nilpotent group by a finitely generated free abelian group (H. C. Wang, *Discrete subgroups of solvable groups* I, to appear in the Annals of Mathematics)).

**18. Homotopy groups of Lie groups.** The $n$th homotopy group $\pi_n(X)$ or $\pi_n(X, P)$ of a space $X$ is the set of all homotopy classes of continuous maps of the $n$-dimensional sphere $S_n$ into $X$, sending a fixed point of $S_n$ onto a fixed point $P \in X$, endowed with a suitable law of composition (see e.g. [73]), which is commutative for $n \geq 2$. The group $\pi_1(X)$ is the fundamental group of $X$, it is also abelian when $X$ is a topological group (or an $H$-space). $\pi_n(X \times Y)$ is the direct sum of $\pi_n(X)$ and $\pi_n(Y)$; also a space and a covering space have isomorphic $n$th homotopy group for $n \geq 2$. Hence, taking into account the theorem recalled at the beginning of §17, it is enough, when dealing with Lie groups, to consider compact semi-simple (or even simple) Lie groups.

In the introduction, we mentioned H. Weyl's theorem to the effect that $\pi_1(G)$ is finite for $G$ compact connected, semi-simple ([81]; see also [69] and [67] for references to other proofs). Extending Weyl's argument further, E. Cartan [18] showed that $\pi_2(G) = 0$. It follows also directly from the fact that the space of loops on $G$ has no torsion (for simply connected $G$) [13]; it can also be obtained by an easy homotopy sequence argument from the absence of torsion on $G/T$, discussed in §15. Bott's result also implies that $\pi_3(G) = Z$, for $G$ compact connected, simple, non-abelian.

3     By use of Morse theory, Bott and Samelson have obtained the following result on $\pi_4(G)$, for $G$ compact connected, simply connected, simple. Let $T$ be a maximal torus, $R^r$ its universal covering, $\Gamma$ the inverse image of the identity of $T$ in $R^r$, and let $a$ be the dominant root with respect to some lexicographic order of the roots of $G$. Then $\pi_4(G) = Z_2$ (resp. $\pi_4(G) = 0$) if the hyperplane $a = 1$ has a point (resp. no point) of $\Gamma$ (yet unpublished).

It was pointed out several times that the cohomology ring over the reals of a compact connected Lie group $G$ is an exterior algebra generated by $r$ elements ($r = $ rank $G$) of odd degrees, say $(m_i)$ ($1 \leq i \leq r$). In other words, $H^*(G, R)$ is isomorphic to the real cohomology ring of a product of spheres of dimensions $m_1, \cdots, m_r$, which will be denoted by $X_G$. This of course leads to the problem of knowing to what extent $G$ and $X_G$ have similar properties. L. S. Pontrjagin [63] showed that $SU(n)$ ($n \geq 3$), which has the same integral cohomology ring as $X_{SU(n)}$, is not the product of $S_3$ by some space, hence is not homeomorphic to $X_{SU(n)}$. His proof used homotopy, but the theorem can also be obtained in the framework of homology, by showing that there is a nonzero Steenrod square $Sq^2$ in $H^*(SU(n), Z_2)$. In a similar way, Steenrod's reduced powers allow one to show that $Sp(n)$ $(n \geq 2)$ is not homeomorphic to $X_{Sp(n)}$ [12]. The groups $G_2$, $F_4$, $E_8$, having torsion, are not homeomorphic to the corresponding products of spheres, and it is rather likely to be also true for $E_6$, $E_7$ so that finally it seems highly probable that no simple group of rank $>1$ is homeomorphic to a product of spheres.

However, $G$ and $X_G$ have many common properties, discovered by J-P. Serre [70]. For instance, there exists a map of $G$ into $X_G$ which induces an isomorphism of $\pi_n(G) \otimes Z_0$ onto $\pi_n(X_G) \otimes Z_0$ ($G$ is compact semi-simple, connected). Known results on spheres show then that the rank of $\pi_n(G)$ is equal to the number of $m_i$ (as defined above) equal to $n$ $(n \geq 1)$; in particular, $\pi_n(G)$ is finite if $n \neq m_i$ $(1 \leq i \leq r)$, e.g., if it is even. Let $G$ be compact connected, simply connected semi-simple, of dimension $m$ and rank $r$. Then if $p \geq m/r - 1$, there is a map of $X_G$ into $G$ which induces an isomorphism of the $p$-primary component of $\pi_n(X_G)$ onto the $p$-primary component of $\pi_n(G)$ $(n \geq 2)$ ([70, §5], we have also included the exceptional groups in the statement by making use of [7]); moreover, if $G$ is a classical group, such a map exists only if $p \geq m/r - 1$ [70]; however, the latter inequality is not necessary for the exceptional groups, because it follows from Toda's result $\pi_{10}(G_2) = Z_3$ (see below) that there is such a map for $G = G_2$, and $p = 3$ (see [70, last remark]).

The foregoing gives all known homotopy properties having a general character. Other results have been obtained for the classical groups, $G_2$, $F_4$ by extensive use of homotopy theory. We summarize the main ones.

First, we remind the reader of the isomorphisms (5.1) and we recall the isomorphisms

$$\pi_i(SO(m)) = \pi_i(SO(n)) \qquad (n, m \geq i + 2)$$
$$\pi_i(SU(m)) = \pi_i(SU(n)) \qquad (n, m \geq (i + 1)/2),$$
$$\pi_i(Sp(m)) = \pi_i(Sp(n)) \qquad n, m \geq (i - 1)/4,$$
$$\pi_i(G_2) = \pi_i(\mathrm{Spin}\,(7)) \qquad (i \leq 5),$$
$$\pi_i(F_4) = \pi_i\,(\mathrm{Spin}\,(9)) \qquad (i \leq 6),$$
$$\pi_i\,(\mathrm{Spin}\,(9)) = \pi_i\,(\mathrm{Spin}\,(7)) \qquad (i \leq 13),$$

which follow from the homotopy sequence of the fiberings:

$$SO(n)/SO(n - 1) = S_{n-1}, \qquad SU(n)/SU(n - 1) = S_{2n-1},$$
$$Sp(n)/Sp(n - 1) = S_{4n-1}, \qquad \mathrm{Spin}\,(7)/G_2 = S_7,$$
$$F_4/\mathrm{Spin}\,(9) = W, \qquad \mathrm{Spin}\,(9)/\mathrm{Spin}\,(7) = S_{15}$$

where $W$ is the projective plane over the Cayley numbers (see [1] for the last three fiberings).

5 The following table lists the groups $\pi_i(G)$ for $i \leq 13$, $G$ a classical group of $G_2$, $F_4$ as given to the author by H. Toda. We write $m$, for $Z_m$ and $Z$ respectively. Some of these results had been established previously by several authors: For $SU(2) = S_3$, see notably [71; 73]; H. Toda, Jour. Inst. Polyt. Osaka City Univ. vol. 3 (1952) pp. 43–82, C. R. Acad. Sci. Paris vol. 240 (1955) pp. 42–44, 147–149; J-P. Serre, C. R. Acad. Sci. Paris vol. 234 (1952) pp. 1243–1245. For $\pi_4$, $\pi_5$, $\pi_6$ of the classical groups, see [73; 32; 12] respectively. The groups $\pi_7(SO(n))$, $\pi_8(SO(n))$ have been determined by Serre [71], Sugawara [75; 76], Paechter (not yet published), the two last named authors giving also the value of $\pi_9(SO(n))$. In [76] we also find partial information on $\pi_{10}(SO(n))$, $\pi_{11}(SO(n))$ and [12] gives also some results on $p$-primary components of higher homotopy groups of the classical groups.

|          | 4 | 5 | 6 | 7 | 8 | 9 | 10 | 11 | 12 | 13 |
|----------|---|---|---|---|---|---|----|----|----|----|
| $SU$ (2) | 2 | 2 | 12 | 2 | 2 | 3 | 15 | 2 | 2+2 | 2+4+2 |
| $SU$ (3) | 0 | $\infty$ | 6 | 0 | 12 | 3 | 30 | 4 | 60 | 6 |
| $SU$ (4) | 0 | $\infty$ | 0 | $\infty$ | 24 | 2 | 120+2 | 4 | 60 | 4 |
| $SU$ (5) | 0 | $\infty$ | 0 | $\infty$ | 0 | $\infty$ | 120 | 0 | 360 | 4 |
| $SU$ (6) | 0 | $\infty$ | 0 | $\infty$ | 0 | $\infty$ | 3 | $\infty$ | 720 | 0 |
| $SU$ (7) | 0 | $\infty$ | 0 | $\infty$ | 0 | $\infty$ | 3 | $\infty$ | 0 | $\infty$ |
| $Sp$ (2) | 2 | 2 | 0 | $\infty$ | 0 | 0 | 120 | 2 | 2+2 | 4+2 |
| $Sp$ (3) | 2 | 2 | 0 | $\infty$ | 0 | 0 | 3 | $\infty$ | 2 | 2 |
| $SO$ (8) | 0 | 0 | 0 | $\infty+\infty$ | 2+2+2 | 2+2+2 | 24+24 | $\infty+2$ | 0 | 2+2 |
| $SO$ (9) | 0 | 0 | 0 | $\infty$ | 2+2 | 2+2 | 24 | $\infty+2$ | 0 | 2 |
| $SO$ (10) | 0 | 0 | 0 | $\infty$ | 2 | $\infty+2$ | 12 | $\infty$ | 12 | 2 |
| $SO$ (11) | 0 | 0 | 0 | $\infty$ | 2 | 2 | 6 | $\infty$ | 2 | 2+2 |
| $SO$ (12) | 0 | 0 | 0 | $\infty$ | 2 | 2 | 3 | $\infty+\infty$ | 2+2 | 2+2 |
| $SO$ (13) | 0 | 0 | 0 | $\infty$ | 2 | 2 | 3 | $\infty$ | 2 | 2 |
| $SO$ (14) | 0 | 0 | 0 | $\infty$ | 2 | 2 | 3 | $\infty$ | 0 | $\infty$ |
| $SO$ (15) | 0 | 0 | 0 | $\infty$ | 2 | 2 | 3 | $\infty$ | 0 | 0 |
| $G_2$ | 0 | 0 | 3 | 0 | 2 | 6 | 3 | $\infty+2$ | 0 | 3 |
| $F_4$ | 0 | 0 | 0 | 0 | 2 | 2 | 0 | $\infty+2$ | 0 | 0 |

6 In this connection, let us mention a question raised by J-P. Serre: As far as homology or infinitesimal theory are concerned, the groups $SO(2n+1)$ and $Sp(n)$ "differ only with respect to the prime 2." Is it then true that $\pi_i(SO(2n+1))$ and $\pi_i(Sp(n))$ have isomorphic $p$-primary components for all odd primes? Using the above results, Serre has proved that it is indeed the case for $n=3$. For $n=1$, 2 it is of course implied by (5.1).

Very little is known about homotopy groups of homogeneous spaces, and up to now, only those of the Stiefel manifolds have been subject to rather systematic investigations, see J. H. C. Whitehead, Proc. London Math. Soc. vol. 48 (1944) pp. 243–291, vol. 49 (1947) pp. 479–481; [32]; [44] and a forthcoming paper of G. F. Paechter.

## Bibliography

As regards the papers published up to 1951, we refer to [67] for a complete list and mention here mainly those which are connected with the text.

1. A. Borel, *Le plan projectif des octaves et les sphères comme espaces homogènes*, C. R. Acad. Sci. Paris vol. 230 (1950) pp. 1378–1380.

2. ———, *Sur la cohomologie des espaces fibrés principaux et des espaces homogènes de groupes de Lie compacts*, Ann. of Math. vol. 57 (1953) pp. 115–207.

3. ———, *La cohomologie mod 2 de certains espaces homogènes*, Comment. Math. Helv. vol. 27 (1953) pp. 165–197.

4. ———, *Les bouts des espaces homogènes de groupes de Lie*, Ann. of Math. vol. 58 (1953) pp. 443–457.

5. ———, *Sur l'homologie et la cohomologie des groupes de Lie compacts connexes*, Amer. J. Math. vol. 76 (1954) pp. 273–342.

6. ———, *Kählerian coset spaces of semi-simple Lie groups*, Proc. Nat. Acad. Sci. U.S.A. vol. 40 (1954) pp. 1147–1151.

7. ———, *Sur la torsion des groupes de Lie*, J. Math. Pures Appl., to appear.

8. A. Borel and C. Chevalley, *The Betti numbers of the exceptional groups*, Memoirs of the American Mathematical Society, no. 14, 1955, pp. 1–9.

9. A. Borel and F. Hirzebruch, *On characteristic classes of homogeneous spaces*, to appear.

10. A. Borel and A. Lichnerowicz, *Espaces riemanniens et hermitiens symétriques*, C. R. Acad. Sci. Paris vol. 234 (1952) pp. 2332–2334.

11. A. Borel and J-P. Serre, *Sur certains sous-groupes des groupes de Lie compacts*, Comment. Math. Helv. vol. 27 (1953) pp. 128–139.

12. ———, *Groupes de Lie et puissances réduites de Steenrod*, Amer. J. Math. vol. 73 (1953) pp. 409–448.

13. R. Bott, *On torsion in Lie groups*, Proc. Nat. Acad. Sci. U.S.A. vol. 40 (1954) pp. 586–588.

14. R. Bott and H. Samelson, *On the cohomology ring of G/T*, Ibid. vol. 41 (1955).

15. L. Calabi, *I gruppi semisemplici di Lie che operano sullo spazio euclideo ad n dimensioni*, Rend. Mat. e Applicazioni Ser. V vol. 11 (1952) pp. 1–5.

16. E. Cartan, *Sur les invariants intégraux de certains espaces homogènes clos et les propriétés topologiques de ces espaces*, Annales de la Société Polonaise de Mathématique vol. 8 (1929) pp. 181–225; *Oeuvres complètes*, Part I, vol. 2, Paris, Gauthier-Villars, 1952, pp. 1081–1125.

17. ———, *Sur les domaines bornés homogènes de l'espace de n variables complexes*, Abh. Math. Sem. Hamburgischen Univ. vol. 11 (1935) pp. 116–162; *Oeuvres complètes*, Part. I, vol. 2, Paris, Gauthier-Villars, 1952, pp. 1259–1305.

18. ———, *La topologie des espaces représentatifs des groupes de Lie*, Actualités Scientifiques et Industrielles, no. 358, Paris, Hermann, 1936, *Oeuvres complètes*, Part I, vol. 2, Paris, Gauthier-Villars, 1952, pp. 1307–1330.

**19.** H. Cartan, *Séminaire de Topologie de l'E.N.S.* II, Paris, 1949–1950, (Notes polycopiées).

**20.** ———, a. *Notions d'algèbre différentielle; application aux groupes de Lie et aux variétés où opère un groupe de Lie*, Colloque de Topologie (espaces fibrés), Bruxelles, 1950, Liège et Paris, 1951, pp. 15–27; b. *La transgression dans un groupe de Lie et dans un espace fibré principal*, ibid. pp. 57–71.

**21.** S. S. Chern, *Characteristic classes of hermitian manifolds*, Ann. of Math. vol. 47 (1946) pp. 85–121.

**22.** ———, *Topics in differential geometry*, Institute for Advanced Study, Princeton, 1951 (mimeographed notes).

**23.** ———, *On the characteristic classes of complex sphere bundles and algebraic varieties*, Amer. J. Math. vol. 75 (1953) pp. 565–597.

**24.** C. Chevalley, *The Betti numbers of the exceptional Lie groups*, Proceedings of the International Congress of Mathematicians, Cambridge, Mass., 1950, Providence, American Mathematical Society, 1952, vol. 2, pp. 21–24.

**25.** C. Chevalley and S. Eilenberg, *Cohomology theory of Lie groups and Lie algebras*, Trans. Amer. Math. Soc. vol. 63 (1948) pp. 85–124.

**26.** E. Dynkin, *The structure of semi-simple Lie algebras*, Uspehi Matematičeskih Nauk (N.S.) vol. 2 (1947) pp. 59–127, translated in Amer. Math. Soc. Translation no. 17, 1950.

**27.** ———, *Topological invariants of linear representations of the unitary group*, C. R. Acad. Sci. URSS (N.S.) vol. 85 (1952) pp. 697–699.

**28.** ———, *A connection between homologies of a compact Lie group and its subgroups*, ibid. vol. 87 (1952) pp. 333–336.

**29.** ———, *Construction of primitive cycles in compact Lie groups*, ibid. vol. 91 (1953) pp. 201–204.

**30.** ———, *Homological characterisations of homomorphisms of compact Lie groups*, ibid. pp. 1007–1009.

**31.** ———, *Homologies of compact Lie groups*, Uspehi Matematičeskih Nauk (N.S.) vol. 5 (1953) pp. 73–120.

**31a.** ———, *Homological characterizations of homomorphisms of compact Lie groups*, Mat. Sbornik N.S. vol. 35 (1954) pp. 129–173.

**32.** B. Eckmann, *Espaces fibrés et homotopie*, Colloque de Topologie Algébrique (espaces fibrés), Bruxelles, 1950, Liège et Paris, 1951, pp. 83–89.

**33.** C. Ehresmann, *Sur la topologie de certains espaces homogènes*, Ann. of Math. vol. 35 (1934) pp. 396–443.

**34.** ———, *Sur la topologie de certaines variétés algébriques réelles*, J. Math. Pures Appl. vol. 16 (1937) pp. 69–100.

**35.** ———, *Sur la variété des génératrices planes d'une quadrique réelle et sur la topologie du groupe orthogonal à n variables*, C. R. Acad. Sci. Paris vol. 208 (1939) pp. 321–323.

**36.** ———, *Sur la topologie des groupes simples clos*, ibid. pp. 1263–1265.

**37.** M. Goto, *On algebraic homogeneous spaces*, Amer. J. Math. vol. 76 (1954) pp. 811–818.

**38.** H. Hopf, *Ueber die Topologie der Gruppen-Mannigfaltigkeiten und ihrer Verallgemeinerungen*, Ann. of Math. vol. 42 (1941) pp. 22–52.

**39.** H. Hopf and H. Samelson, *Ein Satz über die Wirkungsräume geschlossener Liescher Gruppen*, Comment Math. Helv. vol. 13 (1940–1941) pp. 240–251.

**40.** I. M. James, *A note on factor spaces*, J. London Math. Soc. vol. 28 (1953) pp. 278–285.

41. J. L. Koszul, *Homologie et cohomologie des algèbres de Lie*, Bull. Soc. Math. France vol. 78 (1950) pp. 65–127.

42. ———, *Sur un type d'algèbres différentielles en rapport avec la transgression*, Colloque de Topologie Algébrique (espaces fibrés), Bruxelles, 1950, Liège et Paris, 1951, pp. 73–81.

43. ———, *Sur la forme hermitienne canonique des espaces homogènes complexes*, to appear.

44. T. Kudo, *Homological structure of fibre bundles*, Jour. Inst. of Polytechnics, Osaka City University vol. 2 (1952) pp. 101–140.

45. J. Leray, *Sur la forme des espaces topologiques et sur les points fixes des représentations*, J. Math. Pures Appl. vol. 54 (1945) pp. 95–167.

46. ———, *Espaces où opère un groupe de Lie compact connexe*, C. R. Acad. Sci. Paris vol. 228 (1949) pp. 1545–1547.

47. ———, *Applications continues commutant avec les éléments d'un groupe de Lie*, ibid. pp. 1784–1786.

48. ———, *L'homologie d'un espace fibré dont la fibre est connexe*, J. Math. Pures Appl. vol. 29 (1950) pp. 169–213.

49. ———, *Sur l'homologie des groupes de Lie, des espaces homogènes et des espaces fibrés principaux*, Colloque de Topologie Algébrique, Bruxelles, 1950, Liège et Paris, 1951, pp. 101–115.

50. A. Lichnerowicz, *Variétés pseudo-kähleriennes à courbure de Ricci non nulle; application aux domaines bornés de $C^n$*, C. R. Acad. Sci. Paris vol. 235 (1952) pp. 12–14.

51. ———, *Sur les espaces homogènes kähleriens*, ibid. vol. 237 (1953) pp. 695–697.

52. ———, *Espaces homogènes kähleriens*, Colloque de Géométrie différentielle, Strasbourg, 1953, Publ. du C.N.R.S. Paris, 1953, pp. 171–184.

53. ———, *Un théorème sur les espaces homogènes complexes*, Archiv der Mathematik vol. 5 (1954) pp. 207–215.

54. A. Malcev, *On a class of homogeneous spaces*, Izvestiya Akademii Nauk SSSR Ser. Math. vol. 13 (1949) pp. 9–32, translated in Amer. Math. Soc. Translation no. 42, 1951.

55. Y. Matsushima, *On the discrete subgroups and homogeneous spaces of nilpotent Lie groups*, Nagoya Math. Jour. vol. 2 (1951) pp. 95–110.

56. C. E. Miller, *The topology of rotation groups*, Ann. of Math. vol. 57 (1953) pp. 95–110.

57. G. D. Mostow, *Factor spaces of solvable groups*, Ann. of Math. vol. 60 (1954) pp. 1–27.

58. ———, *On covariant fiberings of Klein spaces*, Amer. J. Math. vol. 77 (1955),

59. ———, *Decomposition theorems for semi-simple Lie groups*, Memoirs of the American Mathematical Society, no. 14, 1955.

60. K. Nomizu, *On the cohomology of compact homogeneous spaces of nilpotent Lie groups*, Ann. of Math. vol. 59 (1954) pp. 531–538.

61. J. Nordon, *Les éléments d'homologie des quadriques et des hyperquadriques*, Bull. Soc. Math. France vol. 74 (1946) pp. 11–129.

62. L. S. Pontrjagin, *Homologies in compact Lie groups*, Math. Sbornik (N.S.) vol. 6 (1939) pp. 389–422.

63. ———, *Ueber die topologische Struktur der Lie'schen Gruppen*, Comment Math. Helv. vol. 13 (1940–1941) pp. 227–238.

64. ———, *Characteristic cycles on differentiable manifolds*, Mat. Sbornik (N.S.) vol. 21 (1947) pp. 233–284.

**65.** I. Z. Rosenknop, *Homology groups of homogeneous spaces*, C. R. Acad. Sci. URSS (N.S.) vol. 85 (1952) pp. 1219–1221.

**66.** H. Samelson, *Beiträge zur Topologie der Gruppen-Mannigfaltigkeiten*, Ann. of Math. vol. 42 (1941) pp. 1091–1137.

**67.** ———, *Topology of Lie groups*, Bull. Amer. Math. Soc. vol. 58 (1952) pp. 2–37.

**68.** ———, *A class of complex analytic manifolds*, Portugaliae Math. vol. 12 (1953) pp. 129–132.

**69.** I. Satake, *On a theorem of E. Cartan*, J. Math. Soc. Japan vol. 2 (1951) pp. 284–305.

**70.** J-P. Serre, *Groupes d'homotopie et classes de groupes abéliens*, Ann. of Math. vol. 58 (1953) pp. 258–294.

**71.** ———, *Quelques calculs de groupes d'homotopie*, C. R. Acad. Sci. Paris vol. 236 (1953) pp. 2475–2477.

**72.** G. C. Shephard, *On finite groups generated by reflections*, Enseignement Mathématique, to appear.

**73.** N. Steenrod, *The topology of fibre bundles*, Princeton Mathematical Series, no. 14.

**74.** E. Stiefel, *Ueber eine Beziehung zwischen geschlossenen Lie'schen Gruppen und diskontinuerlichen Bewegungsgruppen Euklidischer Räume und ihre Anwendung auf die Aufzählung einfacher Lie'scher Gruppen*, Comment Math. Helv. vol. 14 (1941–1942) pp. 350–380.

**75.** M. Sugawara, *On the homotopy groups of rotation groups*, Math. J. Okayama Univ. vol. 3 (1953–1954) pp. 11–21.

**76.** ———, *Some remarks on homotopy groups of rotation groups*, ibid. pp. 129–133.

**77.** J. Tits, *Etude géométrique d'une classe d'espaces homogènes*, C. R. Acad. Sci. Paris vol. 239 (1954) pp. 466–468.

**78.** ———, *Sur les R-espaces*, ibid. pp. 850–852.

**79.** H. C. Wang, *Closed manifolds with homogeneous complex structure*, Amer. J. Math. vol. 76 (1954) pp. 1–32.

**80.** ———, *Complex parallisable manifolds*, Proc. Amer. Math. Soc. vol. 5 (1954) pp. 771–776.

**81.** H. Weyl, *Theorie der Darstellung kontinuerlicher halb-einfacher Gruppen durch lineare Transformationen*, I, II, III, Math. Zeit. vol. 23 (1925) pp. 271–309, vol. 24 (1926) pp. 328–395.

**82.** Chih-Tah Yen, *Sur les polynomes de Poincaré des groupes de Lie exceptionnels*, C. R. Acad. Sci. Paris vol. 228 (1949) pp. 628–630.

INSTITUTE FOR ADVANCED STUDY

# 34.

## Nouvelle démonstration d'un théorème de P. A. Smith

Comment. Math. Helv. **29** (1955) 27–39

L'objet principal de ce travail est de démontrer à nouveau un théorème classique de P. A. Smith [7] affirmant que l'ensemble des points fixes d'un homéomorphisme de période $p$ ($p$ premier), d'une sphère d'homologie mod. $p$ est lui-même une sphère d'homologie mod. $p$ (*voir* No 3 pour l'énoncé précis). Notre démonstration utilise l'algèbre spectrale des revêtements réguliers finis, la suite exacte de cohomologie à supports compacts et la cohomologie des groupes cycliques (au sens de Hopf-Ellenberg-MacLane-Eckmann), mais par contre elle ne fait pas intervenir les groupes de cohomologie spéciale, le principal instrument de Smith. Malgré cela, la méthode suivie ici n'est tout de même pas sans relations avec celle de Smith, mais elle a au moins l'utilité de bien mettre en évidence le rôle fondamental joué dans cette question par la cohomologie des groupes, et de ne faire appel qu'à des moyens de topologie algébrique relativement généraux.

Le No 5 apporte quelques compléments à ce théorème, et établit notamment un résultat plus récent de E. E. Floyd [5] qui avait été conjecturé par Smith. On remarquera que notre démonstration du théorème de Smith est aussi purement „additive" en ce sens qu'elle ne se sert pas du cup-produit, dont nous aurons en revanche besoin au No 5.

*Notations*. — $p$ désigne toujours un nombre premier, $Z_p$ le corps, (ou suivant le cas, le groupe additif) des entiers modulo $p$.

$H^i(X, A)$, (resp. $H^*(X, A)$), $i$-ème groupe (resp. algèbre) de cohomologie d'Alexander-Spanier à supports compacts de l'espace localement compact $X$, à coefficients dans l'anneau $A$. Sauf mention expresse du contraire, on convient de plus que pour $X$ compact, $H^0(X, A)$ dénote le 0-ème groupe de cohomologie *réduit* (i. e. le noyau de $H^0(X, A)$ $\rightarrow H^0(P, A)$, $P$ point de $X$, cf. [4] No 7); avec cette convention une sphère d'homologie mod. $p$ est un espace compact $X$ pour lequel

$H^n(X, Z_p) = Z_p$, $H^i(X, Z_p) = 0$, $(i \neq n)$, et cela pour tout $n \geqslant 0$. Par convention une $(-1)$-sphère d'homologie mod. $p$ est l'ensemble vide.

Soit $A$ un module sur un anneau principal $L$ et soit $G$ un groupe fini opérant sur $A$. On note $A^G$ l'ensemble des éléments fixes par $G$, et $H^i(G, A)$, (resp. $H^*(G, A)$), le $i$-ème groupe de cohomologie de $G$ à valeurs dans $A$, (resp. la somme directe des $H^i(G, A)$, qui est une algèbre sur $L$ si $A$ est une algèbre sur $L$ avec groupe d'opérateurs $G$), (pour ces notions, *voir* par exemple [1], Exposés I—II—III, ou [3]). Rappelons que $H^0(G, A) \cong A^G$.

A partir du No 3, la cohomologie est toujours relative à $Z_p$ et on ne mentionnera plus les coefficients.

## 1. Algèbre spectrale des revêtements finis réguliers

Soit $E$ un espace sur lequel un groupe fini $G$ opère „sans points fixes" (i. e. toute transformation non identique n'a aucun point fixe). $E$ est donc un espace fibré principal de groupe structural $G$, et nous notons $B$ sa base. H. Cartan et J. Leray [2], [1] Exp. XI, XII, ont construit une algèbre spectrale qui relie $H^*(G, H^*(E, A))$ à $H^*(B, A)$, dont nous allons décrire les principales propriétés ; nous ajouterons également quelques détails sur sa construction, sans chercher du tout à faire un exposé complet, mais simplement pour être à même de démontrer les propriétés (1.4) et (1.5), pour lesquelles nous ne pouvons renvoyer à [1] ou à [2]. Les propriétés (1.1) à (1.4) sont formulées pour des algèbres, mais pour l'usage que nous en ferons aux Nos 3 et 4 on pourrait faire abstraction du produit et n'en considérer que la partie additive ; (1.5) n'interviendra qu'au No 5.

Soit $L$ un anneau principal. Nous noterons $C^*$ un complexe sur $L$, gradué par des sous-modules $C^{*i}$, qui est $G$-libre et acyclique pour la cohomologie relative à $L$. On a donc

$$H^0(C^*) \cong L \; , \qquad H^i(C^*) = 0 \qquad (i > 0) \; ,$$

relativement à un opérateur cobord qui augmente le degré de 1[1]). Si $A$ est une algèbre sur $L$, avec $G$ comme groupe d'opérateurs, on sait que

---

[1]) On peut prendre pour $C^*$ la somme directe des groupes $\mathrm{Hom}_G(C_i, L)$, où $C$ est un complexe sur $Z$, $G$-libre et acyclique pour l'homologie, gradué par des sous-groupes $C_i$. Comme $G$ est *fini*, on peut supposer $C_i$ de type fini, et l'algèbre $(C^* \otimes A)^G$ (resp. $(C^* \otimes \mathcal{E})^G$), considérée plus bas s'identifie alors à la somme directe des groupes $\mathrm{Hom}_G(C_i, A)$ (resp. $\mathrm{Hom}_G(C_i, \mathcal{E}^j)$), introduite dans [1]. Nous adoptons donc dans ce travail plutôt le langage de [2].

$H^*(G, A)$ est l'algèbre de cohomologie de $(C^* \otimes A)^G$, (produit tensoriel sur $L$), muni de la différentielle induite par l'opérateur cobord de $C^*$.

Soient $\mathcal{E}, \mathcal{B}$ les algèbres des cochaines d'Alexander-Spanier à supports compacts, à valeurs dans $A$, de $E$ et $B$ respectivement ; et soit $\pi$ la projection de $E$ sur $B$ ; le groupe $G$ opère sur $\mathcal{E}$ et $\pi$ induit un isomorphisme $\pi'$ de $\mathcal{B}$ sur $\mathcal{E}^G$. L'algèbre spectrale associée à cette fibration est l'algèbre spectrale de

$$S = (C^* \otimes \mathcal{E})^G$$

muni de la différentielle totale, somme des différentielles données sur $C^*$ et $\mathcal{E}$, et filtré par les sous-modules

$$S^j = \Sigma_{i \geqslant j} (C^{*i} \otimes \mathcal{E})^G , \qquad (j = 0, 1, 2, \ldots) .$$

On démontre que $H^*(S) \cong H^*(B, A)$, que

$$E_1^{s,t} \cong (C^{*s} \otimes H^t(E, A))^G$$

et que $d_1$ est la différentielle partielle par rapport à $C^*$. Il en résulte :

1.1. *Soient $E$ un espace fibré principal localement compact de groupe structural fini $G$, de base $B$, $\pi$ la projection de $E$ sur $B$ et soit $A$ une algèbre sur un anneau principal $L$. Alors il existe une algèbre spectrale $(E_r)$ sur $L$, bigraduée, dans laquelle $E_\infty$ est l'algèbre graduée associée à $H^*(B, A)$ convenablement filtrée, et où*

$$E_2^{s,t} = H^s(G, H^t(E, A))\ ^3) .$$

$E_{r+1}$ *est l'algèbre de cohomologie de $E_r$ relativement à une différentielle $d_r$ qui augmente $s$ de $r$ et diminue $t$ de $\ r - 1\ ^4)$.*

1.2. *Si $A$ et $L$ sont isomorphes à un même corps et si $G$ opère trivialement sur $H^t(E, A)$, alors*

$$E_2^{s,t} \cong H^s(G, A) \otimes H^t(E, A) , \qquad (s = 0, 1, \ldots) .$$

1.3. $E_2^{0,t} \cong (H^t(E, A))^G$; *le groupe $E_\infty^{0,t}$ s'identifie à l'ensemble des cocycles permanents* $^2)$ *de $E_2^{0,t}$ et le composé des homomorphismes*

---

$^2)$ Nous utiliserons les notations usuelles relatives à l'algèbre spectrale, telles qu'elles figurent par exemple dans A. Borel, Ann. Math. **57** (1953), pp. 115–207, § 1. Nous dirons qu'un élément $x \in E_r$ est un *cocycle permanent* s'il est annulé par toutes les différentielles ultérieures, i. e. si $d_s \varkappa_s^r(x) = 0$, $(s \geq r)$.

$^3)$ Si $E$ est compact, on prend pour $E$ et $B$ le 0-ième groupe de cohomologie non réduit.

$^4)$ $(E_r)$ a de plus les propriétés habituelles de l'algèbre spectrale des espaces fibrés (*voir* par exemple loc. cit.$^2)$, § 4), $s$ et $t$, $s + t$ jouant le rôle du degré base, degré fibre et degré total, $E$ et $B$ apparaissant ainsi comme la fibre et l'espace total respectivement. Pour une interprétation topologique, *voir* [1] ou loc. cit.$^2)$, § 22, Remarque 2.

$$H^t(B, A) \to E_\infty^{0,t} \to E_2^{0,t} \to H^t(E, A)$$

*est* $\pi^*$, (cf. [1], Exp. XII, No 10).

1.4. *Soient* $L$ *et* $A$ *isomorphes à un corps. Alors l'image de l'homo-morphisme naturel*

$$\overline{\pi}^* : H^*(G, H^*(B, A)) \to H^*(G, H^*(E, A)) \cong E_2$$

*induit par l'homomorphisme* $\pi^*$ *des coefficients est formée de cocycles per-manents.*

*Démonstration* : Munissons l'algèbre

$$T = (C^* \otimes \mathscr{B})^G \cong C^{*G} \otimes \mathscr{B}$$

de la différentielle totale et de la filtration définie par les sous-modules

$$T^j = \Sigma_{i \geqslant j}(C^{*i} \otimes \mathscr{B})^G , \qquad (j = 0, 1, \ldots) ;$$

l'homomorphisme $\pi'$ de $\mathscr{B}$ dans $\mathscr{E}$ induit un homomorphisme de $T$ dans $S$, compatible avec différentielles et filtrations, d'où un homomorphisme $(v_r^*)$ de l'algèbre spectrale $(E_r')$ de $T$ dans $(E_r)$ ; on a visiblement

$$E_1'^{s,t} \cong (C^{*s} \otimes H^t(B, A))^G \cong (C^{*s})^G \otimes H^t(B, A)$$

$$E_2'^{s,t} \cong H^s(G, H^t(B, A)) \cong H^s(G, A) \otimes H^t(B, A) ,$$

(nous avons fait usage du fait que $A$ est un corps et que $G$ agit triviale-ment sur $\mathscr{B}$ et sur $H^*(B, A)$). Bien entendu $v_2^*$ n'est autre que $\overline{\pi}^*$ et pour obtenir (1.4), il suffit de faire voir que les différentielles $d_r'$ de $(E_r')$, $(r \geqslant 2)$, sont toutes nulles, ce qui est immédiat. En effet, un élément

$$u \otimes v , \qquad (u \in H^s(G, A), v \in H^t(B, A))$$

de $E_2'^{s,t}$ admet comme représentant dans le sous-groupe $C_2'^{s,t}$ de $T$ dont $E_2'^{s,t}$ est le quotient[2]) un produit $\overline{u} \otimes \overline{v}$ de cocycles de $u$ et $v$ ; ce produit est lui-même un cocycle et par définition même de $d_r'$ il s'ensuit que $u \otimes v$ est un cocycle permanent.

1.5. *Soient* $L$ *et* $A$ *isomorphes à un corps et* $k \geqslant j \geqslant 2$ *des entiers. Supposons que* $G$ *agisse trivialement sur* $H^k(E, A)$ *et* $H^{k-j+1}(E, A)$ *et soit* $x \in E_j^{0,k}$. *On peut écrire d'après* (1.1), (1.2)

$$d_j x = \varkappa_j^2(\Sigma_1^m (u_i \otimes v_i)) , \qquad (u_i \in H^j(G, A) , \qquad v_i \in H^{k-j+1}(E, A)) ;$$

*soit enfin* $h \in H^q(G, A)$. *Alors* $h \otimes x \in E_2^{q,k}$ *vu* (1.2) *et l'hypothèse, et l'on a*

$$d_r \varkappa_r^2(h \otimes x) = 0 , \qquad (2 \leqslant r < j); \quad d_j \varkappa_j^2(h \otimes x) = \varkappa_j^2(\Sigma_1^m (h \cdot u_i \otimes v_i)) .$$

Remarquons tout d'abord que (1.5) est évident lorsque $E$ est compact. Dans ce cas en effet $H^*(E, A)$ possède un élément neutre et $h \otimes x$ est le produit du cocycle permanent $(h \otimes 1)$ par $(1 \otimes x)$, et il suffit de savoir que $d_r$ est une différentielle ; c'est seulement pour $E$ non compact que la démonstration ci-dessous est nécessaire [5].

Définissons tout d'abord un accouplement de $C^{*G}$ et $(C^* \otimes \mathcal{E})^G$ à $(C^* \otimes \mathcal{E})^G$ en associant à $c \in C^{*G}$ et à

$$x = \Sigma_1^m (a_i \otimes b_i) , \qquad (a_i \in C^*, b_i \in \mathcal{E}, x \in (C^* \otimes \mathcal{E})^G) ,$$

l'élément

$$c \cdot x = \Sigma_1^m (c \cdot a_i \otimes b_i) ,$$

ce qui est légitime, comme on le voit tout de suite en remontant à la définition du produit tensoriel. Si $c$ est homogène de degré $q$ on a $c \cdot S^j \subset S^{q+j}$, si de plus $c$ est un cocycle, alors

$$c \cdot C_r^{s,t} \subset C_r^{q+s,t} , \qquad c \cdot D_r^{s,t} \subset D_r^{q+s,t} , \qquad c \cdot E_r^{s,t} \subset E_r^{q+s,t} \tag{2}$$

et $x \to c \cdot x$ induit un endomorphisme (additif) de la suite spectrale commutant à $\varkappa_{r+1}^r$ et à $d_r$, augmentant le degré-base de $q$, laissant le degré-fibre invariant. Pour un élément

$$x = \Sigma_1^m (a_i \otimes b_i) , \qquad (a_i \in C^{*s}, b_i \in H^t(E, A)) ,$$

qui fait partie de $E_1^{s,t}$, on a évidemment

$$c \cdot x = \Sigma_1^m (c \cdot a_i \otimes b_i) ;$$

si donc $G$ agit trivialement sur $H^t(E, A)$, on en déduit que pour l'élément

$$x = a \otimes b , \qquad (a \in H^s(G, A), b \in H^t(E, A))$$

de $E_2^{s,t}$, on a

$$c \cdot x = \bar{c} \cdot a \otimes b , \qquad (\bar{c} \text{ classe de cohomologie de } c) .$$

Nous pouvons maintenant passer à la démonstration de (1.5). Soit $c$ un cocycle de $h$, alors

$$d_r \varkappa_r^2 (h \otimes x) = d_r \varkappa_r^2 (c \cdot (1 \otimes x)) = c \cdot (d_r \varkappa_r^2 (1 \otimes h)) = 0 \qquad (r < j) ,$$
$$d_j \varkappa_j^2 (h \otimes x) = c \cdot \varkappa_j^2 (\Sigma_1^m (u_i \otimes v_i)) = \varkappa_j^2 (c \cdot \Sigma_1^m (u_i \otimes v_i))$$
$$d_j \varkappa_j^2 (h \otimes x) = \varkappa_j^2 (\Sigma_1^m (h \cdot u_i \otimes v_i)) .$$

---

## 2. Cohomologie des groupes cycliques

Pour les résultats de ce No, voir par exemple [1], Exp. III—IV ou [3], No 11 ; $Z_m$ désigne le groupe cyclique à $m$ éléments, $g$ un générateur de $Z_m$, $A$ un groupe abélien sur lequel $G$ opère ; la norme $Na$ de $a \in A$ est la somme des éléments $g^i \cdot a$ $(1 \leqslant i \leqslant m)$, et $NA$ désigne le sous-groupe formé par les normes.

2.1.  *Si $i$ est impair, $H^i(Z_m, A)$ est le quotient du groupe des éléments de norme nulle par le sous-groupe qu'engendrent les éléments de la forme $g \cdot a - a$. Si $i$ est pair et $> 0$, alors $H^i(Z_m, A) \cong A^g/NA$.*

On en déduit en particulier, (compte tenu de $H^0(G, A) \cong A^G$) :

2.2.  *Soit $p$ un nombre premier. Alors $H^i(Z_p, Z_p) \cong Z_p$, $(i \geqslant 0)$ ,* [6].

Au point de vue multiplicatif, (les coefficients étant alors envisagés comme un corps), (2.2) se précise par le résultat suivant, que nous n'utiliserons qu'au No 5 :

2.3.  *Pour $p$ impair, $H^*(Z_p, Z_p)$ est le produit tensoriel (gauche) d'une algèbre extérieure $\bigwedge(x)$ engendrée par un élément $x$ de degré 1 et d'une algèbre de polynômes $Z_p[y]$, ($y$ de degré 2). Pour $p = 2$, $H^*(Z_2, Z_2) \cong Z_2[x]$, ($x$ de degré 1).*

## 3. Énoncé du théorème de Smith; début de la démonstration

Nous supposons dorénavant $p$ fixé, et notons $H^i(X)$, $H^i(G)$ les groupes de cohomologie d'un espace ou d'un groupe fini à valeurs dans $Z_p$.

**Théorème.** *Soient $p$ un nombre premier, $X$ un espace compact de dimension finie qui est une $n$-sphère d'homologie mod. $p$, $T$ un homéomorphisme de $X$, de période $p$. Alors l'ensemble $F$ des points fixes de $T$ est une $k$-sphère d'homologie mod. $p$, $(- 1 \leqslant k \leqslant n)$.*

Soit $Y$ l'espace quotient de $X$ par la relation d'équivalence qu'y définit $T$ et soit $\pi$ la projection de $X$ sur $Y$ ; elle est biunivoque sur $F$, dont l'image dans $Y$ sera aussi notée $F$. Il n'y a rien à démontrer si $F$ est vide, (ou si $T$ est l'identité), et nous supposerons dorénavant $F$ et $X - F$ non vides. L'application $\pi$ induit un homomorphisme de la suite exacte de cohomologie relative de la paire $(Y, F)$ dans celle de $(X, F)$ ; mais $X$ et $Y$ sont compacts, $F$ est fermé, les groupes de cohomologie relative s'identifient donc, comme on sait, aux groupes de cohomologie à supports compacts des espaces différences. Nous obtenons ainsi un diagramme commutatif

---

[6]) Nous utiliserons fréquemment et sans autre commentaire le fait que $Z_p$ opère toujours trivialement sur $Z_p$.

$$\to H^{t-1}(F) \to H^t(X-F) \to H^t(X) \to H^t(F) \to$$
$$\uparrow \text{ id.} \qquad \uparrow \pi_t^* \qquad \uparrow \pi_t^* \qquad \uparrow \text{ id.} \qquad (3.1)$$
$$\to H^{t-1}(F) \to H^t(Y-F) \to H^t(Y) \to H^t(F) \to$$

(id. = identité), où les deux lignes sont exactes.

3.2. $p$ étant *premier*, le groupe cyclique engendré par $T$ opère sans points fixes sur $X-F$, qui est donc un espace fibré principal de groupe structural $Z_p$, de base $Y-F$, projection $\pi$, d'où (No 1) une algèbre spectrale que nous noterons $(E_r)$. L'algèbre $E_\infty$ est donc l'algèbre graduée associée à $H^*(Y-F)$ convenablement filtrée, et $E_2$ est isomorphe à $H^*(Z_p, H^*(X-F))$.

3.3. *$F$, $X-F$ et $Y-F$ sont de dimensions finies $\leqslant \dim X$; en particulier leurs groupes de cohomologie d'Alexander-Spanier à supports compacts sont nuls pour les degrés $>\dim. X$.*

Car $X$ est de dimension finie et $Y-F$ est localement homéomorphe à $X-F$.

3.4. *On a $H^{t-1}(F) = H^t(X-F)$ pour $t \neq n, n+1$.*

Cela se déduit de la suite exacte de $(X, F)$.

3.5. *Pour $t \neq n$, $H^t(X-F)$ est dans l'image de $\pi^*$, par conséquent (voir (1.2), (1.4), (2.2)), $E_2^{s,t}$ est isomorphe à $H^t(X-F)$ et formé de cocycles permanents, $(s \geqslant 0)$.*

Il suffit de remarquer que (3.1) donne pour $t \neq n$ :

$$H^{t-1}(F) \to H^t(X-F) \to 0$$
$$\uparrow \text{ id.} \qquad \uparrow \pi^*$$
$$H^{t-1}(F) \to H^t(Y-F) \ .$$

3.6. *On a $H^t(X-F) = 0$, $(t \geqslant n)$, donc, d'après (3.4), $H^i(F) = 0$, $(i > n)$.*

Supposons (3.6) faux; il existe alors, vu (3.3), un plus grand $k$, $(k > n)$, tel que $H^k(X-F) \neq 0$ et, d'après (3.5), $E_2^{s,k}$ est $\neq 0$ et formé de cocycles permanents $(s \geqslant 0)$; ces cocycles ne peuvent jamais être cobords, car les différentielles $d_r$, $(r \geqslant 2)$, diminuent strictement le degré-fibre et ici $E_2$, (donc a fortiori $E_r$, $(r \geqslant 2)$), ne contient aucun élément de degré-fibre $>k$. Ainsi on a $E_\infty^{s,k} \simeq E_2^{s,k} \neq 0$ et $H^{s+k}(Y-F)$ est $\neq 0$ pour tout $s \geqslant 0$, en contradiction avec (3.3).

Un raisonnement tout pareil, que nous ne reproduirons pas, utilisant (1.4). (3.3) et (3.6) donne :

3.7. *L'image de $\bar{\pi}^* : H^i(Z_p, H^n(Y-F)) \to H^i(Z_p, H^n(X-F))$ est nulle pour $i > \dim X - n$.*

### 4. Fin de la démonstration

Montrons tout d'abord que $F$ possède au moins un groupe de cohomologie mod. $p$ non nul (rappelons que $F$ est supposé non vide et que nous considérons en dim 0 les groupes de cohomologie réduits). Si ce n'est pas le cas, on obtient par suite exacte :

$$H^i(X - F) = 0 \ , \qquad (i \neq n) \ , \qquad H^n(X - F) \cong Z_p$$

d'où

$$E_2^{s,t} = 0 \quad (t \neq n) \ , \qquad E_2^{s,n} \cong H^n(X - F) \cong Z_p \ , \qquad (s \geqslant 0) \ .$$

L'algèbre spectrale n'a donc qu'un degré-fibre, par conséquent les différentielles sont identiquement nulles, et $E_\infty^{s,n} \cong E_2^{s,n}$ est $\neq 0$ pour tout $s$, en contradiction avec (3.3).

Soit alors $k$ le plus grand degré pour lequel $H^k(F) \neq 0$ ; on sait par (3.6) que $k \leqslant n$ et nous devons montrer

$$H^i(F) = 0 \ , \quad (i < k) \ , \quad H^k(F) \cong Z_p \ . \tag{4.1}$$

Nous distinguerons trois cas, le premier étant le plus général, et le troisième étant le moins simple.

*Premier cas :* $k \leqslant n - 2$. Vu (3.4) et $H^k(F) \neq 0$, il nous suffit d'établir

$$\dim (H^{n-1}(X - F) + H^{n-2}(X - F) + \cdots + H^0(X - F)) = 1 \ . \tag{4.2}$$

La suite exacte de $(X, F)$ montre que

$$H^n(X - F) \cong H^n(X) \cong Z_p$$

d'où

$$E_2^{s,n} \cong H^s(Z_p) \otimes H^n(X - F) \cong Z_p \quad (s \geqslant 0) \ .$$

Posons

$$B_r^{i+n} = E_r^{i+1,n-1} + E_r^{i+2,n-2} + \ldots + E_r^{i+n,0} \ ;$$

d'après ce qui précède et (3.5) on sait que

$$B_2^{i+n} \cong H^{n-1}(X - F) + H^{n-2}(X - F) + \ldots + H^0(X - F) \tag{4.3}$$

est $\neq 0$ et est formé de cocycles permanents. Pour $i > \dim X$, $B_2^{i+n}$ doit avoir une image nulle dans $E_\infty$, autrement dit, chaque élément de $B_2^{i+n}$ doit être cobord relativement à une différentielle $d_r$, d'un élément qui doit naturellement avoir le degré total $n + i - 1$. Or, parmi les groupes $E_2^{s,t}$ $(s + t = n + i - 1)$, seul $E_2^{i-1,n}$ n'est pas a priori formé de cocycles permanents ; comme il est de dimension 1, cela signifie qu'il existe un unique indice $j$ $(j \geqslant 2)$, tel que

$$d_r(E_r^{i-1,n}) = 0 \quad (2 \leqslant r < j) , \quad d_j E_j^{i-1,n} = B_j^{i+n} ,$$

ce qui implique

$$B_2^{i+n} \cong B_j^{i+n} \cong E_j^{i-1,n} \cong E_2^{i-1,n} \cong Z_p$$

et, ajouté à (4.3), démontre (4.2).

*Deuxième cas :* $k = n$. Comme $H^n(X) \cong Z_p$, le diagramme

$$0 \to H^{n-1}(F) \to H^n(X - F) \to H^n(X) \to H^n(F) \to 0$$
$$\uparrow \text{id.} \qquad \uparrow \pi^*$$
$$H^{n-1}(F) \to H^n(Y - F)$$

montre que

$$H^n(F) \cong Z_p \; ; \quad H^{n-1}(F) \cong H^n(X - F) \cong \pi^*(H^n(Y - F)) . \tag{4.5}$$

Ainsi, $E_2^{s,n}$ est lui aussi formé de cocycles permanents ; on a donc $d_r = 0$ $(r \geqslant 2)$ et

$$H^t(X - F) \cong E_2^{s,t} \cong E_\infty^{s,t}$$

doit être nul pour $s$ assez grand, d'où, vu (3.4) et (4.5), la nullité de $H^i(F)$ pour $i < n$, et $F$ est une $n$-sphère d'homologie mod. $p$.

*Troisième cas :* $k = n - 1$. Nous montrerons en premier lieu :

4.6.   $H^{n-1}(F) \cong Z_p$. *L'espace* $H^n(X - F)$ *est de dimension deux, soustendu par un élément* $u$ *engendrant l'image de* $\pi^*$, *donc fixe par* $T$, *et par un élément* $v$ *tel que* $Tv = u + v$.

Le diagramme

$$0 \to H^{n-1}(F) \xrightarrow{\lambda} H^n(X - F) \xrightarrow{\mu} H^n(X) \to 0$$
$$\uparrow \text{id.} \qquad \uparrow \pi^*$$
$$H^{n-1}(F) \to H^n(Y - F)$$

montre que $H^n(X - F)$ est somme de l'image biunivoque (donc $\neq 0$), $U$ de $H^{n-1}(F)$ et d'un sous-espace $V$ de dimension 1, appliqué biunivoquement sur $H^n(X)$ par $\mu$ ; de plus $U$ fait partie de l'image de $\pi^*$, et ses éléments sont fixes par $T$ ; cette transformation ne peut agir trivialement sur $V$, car sinon $E_2^{i,n}$ serait, pour tout $i$, la somme directe de $H^i(Z_p, V)$ et d'un espace $H^i(Z_p, U)$ non nul, contenu dans l'image de

$\bar{\pi}^*$, ce qui contredit (3.7). Comme $T$ agit trivialement sur $H^n(X)$ et commute à $\mu$, on a pour $v \epsilon V$ $(v \neq 0)$ :

$$T v = u + v \qquad (u \epsilon U, \ u \neq 0) \ ,$$

d'où

$$T^i v = v + i \cdot u \qquad (1 \leqslant i \leqslant p) \qquad ,$$

et l'espace à deux dimensions $W$ engendré par $u$ et $v$ est invariant par $T$ ; il admet un supplémentaire $W'$ contenu dans $U$, donc fixe par $T$ et faisant partie de l'image de $\pi^*$ ; l'espace $H^n(X - F)$ est donc somme directe de deux sous-espaces $W, W'$ *invariants* par $T$, d'où

$$E_2^{i,n} \cong H^i(Z_p, H^n(X - F)) \cong H^i(Z_p, W) + H^i(Z_p, W') \ ;$$

de plus le dernier terme est dans l'image de $\bar{\pi}^*$, donc (3.7) nul pour $i > \dim X$, d'où $W' = 0$, puisque $T$ agit trivialement sur $W'$. Ainsi $H^n(X - F)$ est sous-tendu par les éléments $u, v$ linéairement indépendants, vérifiant les conditions de (4.6) ; par ailleurs $H^{n-1}(F)$ est isomorphe à $U$, donc de dimension 1 ; enfin, $U$ est toute l'image de $\pi^*$, puisque $T$ n'agit pas trivialement sur $H^n(X - F)$, ce qui termine la démonstration de (4.6).

4.7. *A montrer :* $p = 2$. Supposons $p$ impair ; à l'aide de (4.6) on calcule immédiatement que les normes dans $H^n(X - F)$ sont toutes nulles et, vu (2.1), on voit que, pour tout $i > 0$ et *pair*,

$$E_2^{i,n} \cong H^i(Z_p, H^n(X - F)) = \bar{\pi}^*(H^i(Z_p, H^n(Y - F))) \cong Z_p$$

ce qui est en contradiction avec (3.7).

4.8. Nous savons déjà que $H^{n-1}(F) \cong Z_2$ ; il reste donc à prouver que $H^i(F) = 0$ pour $i \leqslant n - 2$.

En s'appuyant sur (2.1), (4.6), (4.7) on calcule aisément que

$$E_2^{i,n} \cong H^i(Z_2, H^n(X - F)) = 0 \qquad (i > 0) \ ;$$

d'autre part, $E_2^{0,n} \cong (H^n(X - F))^T$ est égal à $U$, donc dans l'image de $\bar{\pi}^*$ et (1.4) formé de cocycles permanents, ce qui, ajouté à (3.5), montre que $E_2 \cong E_\infty$, d'où

$$H^t(X - F) \cong E_2^{i,t} \cong E_\infty^{i,t} = 0 \qquad (t \neq n, \ i \text{ assez grand})$$

et la nullité de $H^i(F)$ pour $i \leqslant n - 2$ se déduit de (3.4).

*Remarque* 4.9. Nous venons de voir que $E_\infty^{0,n} \cong Z_2$, $E_\infty^{s,t} = 0$ sinon, d'où $H^n(Y - F) = Z_2, H^i(Y - F) = 0 \ (i \neq n)$, dans ce dernier cas.

### 5. Compléments

**Convention.** *Dans tous les énoncés de ce No, on garde les hypothèses et notations du Théorème de Smith ; on note $Y$ l'espace quotient de $X$ par la relation d'équivalence qu'y définit $T$.*

**Proposition 5.1.** *Si $k = n - 1$, alors $p = 2$.*

Si $F$ est non vide, *voir* (4.7) ; il reste donc à examiner le cas où $F$ est vide, c'est-à-dire où $n = 0$, $k = -1$. L'espace $X$ est alors fibré principal de groupe structural $Z_p$ et de base $Y$, qui est par conséquent aussi de dimension finie. Comme $H^i(X)$ est nul pour $i > 0$ on a dans la suite spectrale correspondante $E_2^{s,t} = 0$ pour $s \geqslant 0$, $t \neq 0$ d'où

$$H^s(Y) \cong E_\infty^{s,0} \cong E_2^{s,0} \cong H^s(Z_p, H^0(X)) \qquad (s \geqslant 0) \ ,$$

($H^0(X)$ étant le groupe non réduit, donc isomorphe à $Z_p + Z_p$), et $H^s(Z_p, H^0(X))$ doit être nul pour $s > \dim X$ ; ainsi, $T$ ne peut opérer trivialement sur $H^0(X)$, et $X$ est formé de deux composantes connexes échangées par $T$, d'où $p = 2$.

*Remarque* 5.2. En fait (5.1) est un cas particulier de la proposition suivante ; nous l'avons cependant isolée car il faut quoi qu'il en soit traiter à part le cas $n = 0$, $k = -1$.

**Proposition 5.3.** (Floyd [5]). *Si $p$ est impair, $n - k$ est pair.*

Pour $k = n$ il n'y a rien à démontrer, et d'après (5.1) on a $k \neq n - 1$. Il reste à considérer le cas $k \leqslant n - 2$, $n \geqslant 1$ ; nous n'excluons pas $k = -1$, c'est-à-dire $F$ vide, mais convenons alors d'utiliser en dimension 0 les groupes de cohomologie non réduits.

On tire tout d'abord de la suite exacte de $(X, F)$ :

$$H^{k+1}(X - F) \cong H^n(X - F) \cong Z_p, \quad H^i(X - F) = 0, \quad (i \neq k + 1, n) \ ,$$

d'où pour l'algèbre spectrale

$$E_2^{s,k+1} \cong E_2^{s,n} \cong Z_p ; \qquad E_2^{s,t} = 0 \qquad (t \neq k + 1, n) \ .$$

Il n'y a ainsi que deux degrés-fibre, dont la différence est $n - k - 1$, et seule la différentielle $d_{n-k}$ peut ne pas être identiquement nulle, d'où

$$E_{n-k} \cong E_2 \ , \qquad E_{n-k+1} \cong E_\infty \ .$$

Soient $u$ et $v$ des générateurs de $E_{n-k}^{0,n}$ et $E_{n-k}^{0,k+1}$ ; on peut écrire

$$d_{n-k}(u) = f \otimes v \qquad (f \in H^{n-k}(Z_p)) \ ,$$

448

et par conséquent (*voir* (1.5)) :

$$d_{n-k}(h \otimes u) = h \cdot f \otimes v \qquad (h \in H^i(Z_p) , \qquad i \geqslant 0) . \qquad (5.4)$$

$d_{n-k}$ est nulle sur $E_{n-k}^{s,k+1}$ (par (3.5), ou parce que ces éléments ont le degré-fibre minimum), par suite, si $f = 0$, la différentielle $d_{n-k}$ est identiquement nulle, $E_\infty$ est isomorphe à $E_2$ et contient des éléments non nuls de degrés arbitrairement grands, ce qui est impossible (3.3). Ainsi $f \neq 0$, et si l'on suppose $n - k$ impair, on a dans les notations de (2.3) :

$$f = c \cdot x \cdot y^a , \qquad (c \in Z_p, \ c \neq 0 ; \ 2a + 1 = n - k) ;$$

(5.4) donne alors

$$d_{n-k}(x \cdot y^b \otimes u) = c \cdot x^2 \cdot y^{a+b} \otimes v = 0$$

(puisque $x^2 = 0$), donc $d_{n-k}(E_{n-k}^{2b+1,n}) = 0$ et

$$E_\infty^{2b+1,n} \cong E_{n-k+1}^{2b+1,n} \cong E_{n-k}^{2b+1,n} \cong Z_p$$

pour tout $b \geqslant 0$, en contradiction avec (3.3), d'où (5.3).

*Remarque* 5.5. Sachant $n - k$ pair, on détermine aisément $E_\infty$ ; en effet on a

$$d_{n-k}(u) = c \cdot y^a \otimes v , \qquad (c \in Z_p, \ c \neq 0, \ 2a = n - k) ,$$

d'où, en utilisant (5.4), (2.3)

$$d_{n-k}(E_{n-k}^{s,n}) = E_{n-k}^{s+n-k,k+1} \qquad (s \geqslant 0) ,$$
$$E_\infty^{j,k+1} \cong E_{n-k+1}^{j,k+1} \cong E_{n-k}^{j,k+1} \cong Z_p \qquad (0 \leqslant j < n - k)$$
$$E_\infty^{s,t} = 0 \quad \text{sinon}$$

et finalement

$$H^i(Y - F) \cong Z_p , \qquad (k + 1 \leqslant i \leqslant n) , \qquad H^i(Y - F) = 0 \quad \text{sinon.}$$

**Lemme 5.6.** *On a* $H^i(Y - F) = Z_p$, $(k + 1 \leqslant i \leqslant n)$ , $H^i(Y - F) = 0$ *sinon.*

(Si $F$ est vide, on prend le groupe de cohomologie non réduit en dimension 0.) Pour $k = n$, *voir* No 4, deuxième cas ; pour $p$ impair, $k<n$ *voir* (5.5), pour $p = 2$, $k<n - 1$, la démonstration est tout à fait analogue et laissée au lecteur ; enfin, pour $p = 2$, $k = n - 1$, *voir* (4.9).

**Proposition 5.7** (Liao [6]). *Pour $k<n$ on a*

$$H^i(Y) \cong Z_p \, , \qquad (k+1< i \leqslant n) \, , \qquad H^i(Y) = 0 \ \textit{sinon}.$$

*Pour $k = n$, on a $H^n(Y) \cong Z_p$, $H^i(Y) = 0$ sinon.*

Si $k = n$, ou si $k = -1$, cela résulte de (5.6) et de la suite exacte de la paire $(Y, F)$. Soit donc $0 \leqslant k<n$; la suite exacte de $(Y, F)$ donne

$$H^i(Y) = 0 \, , \qquad (i<k) ; \qquad H^j(Y) = H^j(Y - F) \qquad (j \geqslant k+2) ;$$

compte tenu de (5.6), il nous suffira de montrer que $H^k(Y)$ et $H^{k+1}(Y)$ sont nuls ; considérons pour cela le diagramme

$$0 \to H^k(F) \overset{g}{\to} H^{k+1}(X - F)$$
$$\uparrow \text{id.} \qquad\quad \uparrow \pi^*$$
$$0 \to H^k(Y) \to H^k(F) \overset{h}{\to} H^{k+1}(Y - F) \to H^{k+1}(Y) \to 0$$

ou les deux lignes sont exactes. Puisque $H^k(F) \cong Z_p$, l'homomorphisme $g$ est non nul et il doit en être de même pour $h$ ; mais $H^{k+1}(Y - F)$ étant aussi de dimension 1, $h$ est alors un isomorphisme sur, d'où la nullité de $H^k(Y)$ et $H^{k+1}(Y)$.


### BIBLIOGRAPHIE

[1] *H. Cartan*, Séminaire de Topologie algébrique de l'E. N. S., Paris 1951–52, Notes polycopiées.

[2] *H. Cartan-J. Leray*, Relations entre anneau d'homologie et groupe de Poincaré, Colloque de Topologie algébrique, C. N. R. S. Paris 1949, pp. 83–85.

[3] *S. Eilenberg*, Topological methods in abstract algebra. Cohomology theory of groups, Bull. Amer. Math. Soc. **55** (1949), pp. 3–27.

[4] *S. Eilenberg-N. Steenrod*, Foundations of algebraic topology, Princeton 1952.

[5] *E. E. Floyd*, On periodic maps and the Euler-characteristic of associated spaces. Trans. Amer. Math. Soc. **72** (1952), pp. 138–147.

[6] *S. D. Liao*, A theorem on periodic transformations of homology spheres. Ann. Math. **56** (1952), pp. 68–83.

[7] *P. A. Smith*, Transformations of finite period, Ann. Math. **39** (1938), pp. 127 à 164. Aussi Fixed points of periodic transformations, Appendix B de Lefchetz, Algebraic Topology, Amer. Math. Soc. Colloquium publ. No. 28, New-York 1942.


(Reçu le 28 juin 1954.)

**35.**

(with C. Chevalley)

# The Betti numbers of the exceptional groups

Mem. Amer. Math. Soc. **14** (1955) 1–9

The Betti numbers [1] of the classical groups have been known for a long time and can be obtained in several ways, (see e.g. [1], Chap. III, [8], and [9] for other references); those of the exceptional groups have been given only more recently ([4], [10]) [2], with practically no proof, and the purpose of this Note is to describe the actual computations which allow us to derive them from general statements proved elsewhere. We will mainly use elementary divisibility considerations based on the Hirsch formula (1.4), on the knowledge of subgroups of maximal rank [2], and their Poincaré polynomials. Thus this method requires a certain amount of information and, in that respect, is less satisfactory than that of [4], based solely on the study of the invariants of the Weyl group, but it has the advantage of leading to simpler computations. However, the method is not sufficient to deal with $E_8$, and there we shall also have to consider some invariants of the Weyl group.

**1. Preliminaries. 1.1.** $G$ will always denote a compact connected Lie group, $r(G)$ or $r$ its rank; we recall that $r(G)$ is the (common) dimension of the maximal toral subgroups of $G$. If $T^r$ is one of them, the quotient by $T^r$ of its normaliser in $G$ is a finite group, the *Weyl group* $W(G)$ of $G$, whose order will be denoted $\operatorname{ord} W(G)$; it may be identified in a natural way with the group of automorphisms of the Lie algebra $\mathfrak{t}^r$ of $T^r$ which are induced by inner automorphisms, and $I_G$ will be the ring of polynomials over $\mathfrak{t}^r$ with real coefficients which are fixed under the operations of $W(G)$.

The classes of locally isomorphic compact connected non abelian simple Lie groups are usually denoted by $A_r$, $(r \geq 1)$, $B_r$, $(r \geq 2)$, $C_r$, $(r \geq 3)$, $D_r$, $(r \geq 4)$, (the classical structures), $G_2$, $F_4$, $E_6$, $E_7$, $E_8$, (the exceptional structures). Their respective dimensions are $r(r+2)$, $r(2r+1)$, $r(2r+1)$, $r(2r-1)$, $14$, $52$, $78$, $133$, $248$, and the orders of the respective Weyl groups are $(r+.)!$, $r! \cdot 2^r$, $r! \cdot 2^r$, $r! \cdot 2^{r-1}$, $12$, $2^7 \cdot 3^2$, $2^7 \cdot 3^4 \cdot 5$, $9! \cdot 8$, $10! \cdot 3 \cdot 2^6$; subscripts denote rank.

**1.2.** $H^*(X)$, (resp. $H^i(X)$), will denote the cohomology algebra, (resp. the $i$-th cohomology space) of the space $X$, with real coefficients, and

$$P(X, t) = \sum_{i \geq 0} \dim H^i(X) \cdot t^i$$

its Poincaré polynomial.

---

1. Only cohomology over the field of real numbers is considered in this Note.
2. except however of $G_2$, (see [3]).

451

By Hopf's theorem [5], combined with [3], or with H. Hopf, Comm. Math. Helv. 13(1940–41), pp. 119–143, (see also [1], Prop. 26.1), $H^*(G)$ is the exterior algebra of an $r$-dimensional subspace $P$, graded by odd degrees; in particular

$$P(G, t) = (1 + t^{s_1}) \cdot \cdots \cdot (1 + t^{s_r}),$$

the $s_i$'s being the degrees of a base of $P$; by Samelson's theorem ([8], [7], [1]), one may take as $P$ the subspace generated by primitive elements.

As well known, and as follows e.g. from (1.3), two compact connected locally isomorphic Lie groups have isomorphic cohomology algebras over the reals, so we can allow ourselves to speak about the Betti numbers of $A_r$, $B_r$, etc., meaning by that of course the Betti numbers of any representative of that structure. Recall that

$$P(A_r, t) = (1 + t^3) \cdot (1 + t^5) \cdot \cdots \cdot (1 + t^{2r+1}),$$

$$P(B_r, t) = P(C_r, t) = (1 + t^3) \cdot (1 + t^7) \cdot \cdots \cdot (1 + t^{4r-1}),$$

$$P(D_r, t) = (1 + t^3) \cdot (1 + t^7) \cdot \cdots \cdot (1 + t^{4r-5}) \cdot (1 + t^{2r-1}).$$

**1.3.** The ring $I_G$ of invariants of $W(G)$ has $r$ algebraically independent generators (to be called hereafter *primitive invariants*) of degrees $m_1, \cdots, m_r$ and

$$P(G, t) = (1 + t^{2m_1 - 1}) \cdot \cdots \cdot (1 + t^{2m_r - 1}),$$

([4], see [1], §26–27 for a topological proof).

**1.4.** Let $U$ be a closed connected subgroup of $G$, having the same rank as $G$. Then the Euler-Poincaré characteristic $P(G/U, -1)$ of $G/U$ is equal to the quotient of ord$W(G)$ by ord$W(U)$, (see [6]), and, by Hirsch formula, (proved e.g. in [1], §26):

$$P\left(\frac{G}{U}, t\right) = (1 - t^{2m_1}) \cdot \cdots \cdot (1 - t^{2m_r}) \cdot (1 - t^{2n_1})^{-1} \cdot \cdots \cdot (1 - t^{2n_r})^{-1},$$

where the $m_i$'s, (resp., the $n_i$'s), are the degrees of the primitive invariants of $W(G)$, (resp. $W(U)$).

In particular, *if $k$ different coefficients $n_i$ are divisible by an integer $c$, the system $(m_i)$ has the same property.*

**1.5.** Applying (1.4) to $G/T^r$, one gets

$$2(m_1 + \cdots + m_r) = \dim G + r, \quad m_1 \cdot \cdots \cdot m_r = \operatorname{ord} W(G).$$

Let now $G$ be simple non abelian. Then, as well known, $W(G)$ is absolutely irreducible, therefore it has no linear invariant and only one quadratic invariant (up to a multiplicative constant), so we may assume in that case:

$$m_1 = 2, \quad m_i > 2, \quad (i \geq 2).$$

1.6. If $a = p_1 \cdot \cdots \cdot p_n$ is the factorisation of an integer $a$ into prime numbers $p_1, \cdots, p_n$, we set

$$S(a) = \sum_{i=1}^{i=n} p_i, \quad E(a) = a - S(a);$$

we have $E(a) \geq 0$, $S(a \cdot b) = S(a) + S(b)$, whence $E(a \cdot b) \geq b(a-1) - S(a)$.

2. **The Poincaré polynomials of $G_2$ and $F_4$.** For $G_2$, (1.5) gives $m_1 = 2$, $m_2 = 6$, whence:

$$P(G_2, t) = (1 + t^3) \cdot (1 + t^{11}).$$

$F_4$ contains a subgroup of type $B_4$, (see e.g. [2]); by (1.1) and (1.4), the coset space $F_4/B_4$ has vanishing odd-dimensional Betti numbers, and its Euler-Poincaré characteristic is equal to $3$; since it is a compact orientable manifold, we can apply Poincaré duality, and that shows

$$P(F_4/B_4, t) = 1 + t^8 + t^{16};$$

hence, if $(m_i)$ are the degrees of the primitive invariants of $W(F_4)$:

$$\prod_{i=1}^{i=4} (1 - t^{2m_i}) = (1 + t^8 + t^{16}) \cdot \prod_{i=1}^{i=4} (1 - t^{4i}),$$

and finally, by (1.3):

$$P(F_4, t) = (1 + t^3) \cdot (1 + t^{11}) \cdot (1 + t^{15}) \cdot (1 + t^{23}).$$

3. **The Poincaré polynomial of $E_6$.** $E_6$ has three maximal connected subgroups of rank 6 [2]:

$$T^1 \times D_5 : 1,\, 2,\, 4,\, 6,\, 8,\, 5$$

$$A_2 \times A_2 \times A_2 : 2,\, 3,\, 2,\, 3,\, 2,\, 3$$

$$A_1 \times A_5 : 2,\, 2,\, 3,\, 4,\, 5,\, 6$$

(On the right are given the degrees of the primitive invariants of the Weyl group, deduced from (1.1) and (1.3)). Therefore, by (1.4), there are among the $m_i$'s at least one multiple of $8$, another multiple of $4$, two more multiples of $2$, as well as at least three multiples of $3$.

By (1.5) we have

$$m_1 = 2,\ \ \sum_2^6 m_i = 40,\ \ \prod_2^6 m_i = 2^6 \cdot 3^4 \cdot 5,$$

whence

$$\sum_2^6 E(m_i) = 40 - S(2^6 \cdot 3^4 \cdot 5) = 11.$$

We may assume that $m_2 = 8n_2$; since one of $m_3, \cdots, m_6$ is $\equiv 0 \bmod 4$ and another one is even, $n_2$ is odd; moreover $7n_2 - 6 \le E(m_2) \le 11$, whence $n_2 = 1$, and

$$\sum_3^6 m_i = 32,\ \ \prod_3^6 m_i = 2^3 \cdot 3^4 \cdot 5,\ \ \sum_3^6 E(m_i) = 9.$$

Since $32 \not\equiv 0 \bmod 3$, all of $m_3, \cdots, m_6$ cannot be $\equiv 0 \bmod 3$ and one of them is divisible by $9$. Assume that $m_3 = 9n_3$, then $8n_3 - 6 \le E(m_3) \le 9$, whence $n_3 = 1$, and

$$\sum_3^6 m_i = 23,\ \ \prod_3^6 m_i = 2^3 \cdot 3^2 \cdot 5,\ \ \sum_3^6 E(m_i) = 6.$$

Set $m_4 = 5n_4$; then $4n_4 - 5 \le E(m_4) \le 6$, whence $n_4 \le 2$. Were $n_4 = 2$, then we would have $m_5 + m_6 = 13$, which is impossible, since three of the $m_i$'s have to be multiples of $3$. Thus $n_4 = 1$,

$$m_5 + m_6 = 18,\ \ m_5 \cdot m_6 = 72,$$

which gives for $m_5,\, m_6$ the values $6,\, 12$; finally we get:

$$P(E_6, t) = (1 + t^3) \cdot (1 + t^9) \cdot (1 + t^{11}) \cdot (1 + t^{15}) \cdot (1 + t^{17}) \cdot (1 + t^{23}).$$

**4. The Poincaré polynomial of $E_7$.** For the degrees of the primitive invariants we have here

$$(4.1) \qquad m_1 = 2, \ \sum_2^7 m_i = 68, \ \prod_2^7 m_i = 2^9 \cdot 3^4 \cdot 5 \cdot 7.$$

$E_7$ contains a subgroup of type $A_1 \times D_6$; by (1.1), (1.3), the degrees of the primitive invariants of the latter are $2, 2, 4, 6, 8, 10, 6$; hence, by (1.4), all the $m_i$'s are even and, putting $m_i = 2n_i$, we get:

$$(4.2) \qquad \sum_2^7 n_i = 34, \ \prod_2^7 n_i = 2^3 \cdot 3^4 \cdot 5 \cdot 7, \ \sum_2^7 E(n_i) = 4.$$

We may assume $n_2 = 7p_2$; then $6p_2 - 7 \leq E(n_2) \leq 4$, whence $p_2 = 1$ and

$$\sum_3^7 n_i = 27, \ \prod_3^7 n_i = 2^3 \cdot 3^4 \cdot 5, \ \sum_3^7 E(n_i) = 4.$$

Not all $n_i$'s may be $\equiv 0 \bmod 3$; since their sum is divisible by $3$, at least two of them are $\not\equiv 0 \bmod 3$ and therefore another one must be $\equiv 0 \bmod 9$. Set $n_3 = 9p_3$, then $8p_3 - 6 \leq E(n_4) \leq 4$, whence $n_3 = 1$ and

$$\sum_4^7 n_i = 18, \ \prod_4^7 n_i = 2^3 \cdot 3^2 \cdot 5, \ \sum_4^7 E(n_i) = 1.$$

Assume that $n_4 = 5p_4$, then $4p_4 - 5 \leq E(n_4) \leq 1$, whence $p_4 = 1$ and

$$\sum_5^7 n_i = 13, \ \prod_5^7 n_i = 2^3 \cdot 3^2, \ \sum_5^7 E(n_i) = 1.$$

Since the sum is $\not\equiv 0 \bmod 2$, one of the remaining $n_i$'s, say $n_5$, is odd; then $n_5$ is a power of $3$, different from $9$ since $E(n_5) \leq 1$; hence

$$n_5 = 3, \ n_6 + n_7 = 10, \ n_6 \cdot n_7 = 24,$$

which gives the values $4$ and $6$ for $n_6$ and $n_7$. Thus we obtain

$$P(E_7, t) = (1 + t^3) \cdot (1 + t^{11}) \cdot (1 + t^{15}) \cdot (1 + t^{19}) \cdot (1 + t^{23}) \cdot (1 + t^{27}) \cdot (1 + t^{35}).$$

**5. The Poincaré polynomial of $E_8$. 5.1.** Let $(x_i)$, $(1 \leq i \leq 8)$, be coordinates in the Lie algebra of a maximal torus of $E_8$. Then the roots may be written

$$\pm x_i \pm x_j, \ (i < j), \ \tfrac{1}{2}(\sum_1^8 \epsilon_i \cdot x_i), \ (\epsilon_i = \pm 1, \ \prod_1^8 \epsilon_i = 1).$$

The Killing form is then $\Sigma x_i^2$ up to a constant factor; we put moreover

$$s_j = \sum_1^8 x_i^j;$$

we will also use (overabundant) coordinates $z$, $y_i$, $(1 \leq i \leq 8)$, defined by

$$z = \frac{1}{8} \cdot (\sum_1^8 x_i); \quad y_i = x_i - z, \quad (1 \leq i \leq 8);$$

the $y_i$'s being therefore subject to the relation $\Sigma y_i = 0$; we put

$$t_j = \sum_1^8 y_i^j;$$

we denote by $s$ the symmetry to the hyperplane $\Sigma x_i = 0$; it is defined either by

$$s(x_i) = x_i - 2z, \quad (1 \leq i \leq 8),$$

or by

$$s(z) = -z, \quad s(y_i) = y_i, \quad (1 \leq i \leq 8).$$

5.2. $W(E_8)$ is generated by the reflections to the hyperplanes obtained by equating to zero one root; the reflections to the hyperplanes $x_i \pm x_j = 0$ generate a subgroup $W^*$ of $W(E_8)$, (in fact $W^* = W(D_8)$), which may be described as the group of permutations of the $x_i$'s combined with an even number of changes of signs. Thus the invariants of $W^*$, and therefore those of $W(E_8)$, will be polynomials in the functions $s_{2k}$, $(1 \leq k \leq 7)$, and in the product of the $x_i$'s; in particular *their degrees are all even.*

The proof of the following lemma will be given in (5.3) to (5.6).

LEMMA. *Let $S_{2m}$ be the half-sum of the 2m-th powers of the roots of $E_8$. Then $S_8$ and $S_{12}$ are primitive invariants of $W(E_8)$. Moreover, $W(E_8)$ has no primitive invariant of degree 4 or 6.*

5.3. **Degree 4.** If there is a primitive invariant of degree 4, it must have the form $as_4 + bs_2^2$, $(a, b$ real constants, $a \neq 0)$, and $s_4$ is then also invariant; but

$$s_4 = t_4 + 4 \cdot z \cdot t_3 + 6 \cdot z^2 \cdot t_2 + 8 \cdot z^4, \quad (\text{since } t_1 = 0),$$

and $s(s_4) = s_4$ would imply that $t_3 = 0$ under the sole condition $t_1 = 0$, in other terms that $t_3$ is divisible by $t_1$, which is not the case; hence a contradiction.

5.4. **Degree 6.** If there is a primitive invariant of degree 6, then there must exist an invariant of the form

$$a \cdot s_6 + b \cdot s_4 \cdot s_2, \quad ((a, b) \neq (0, 0));$$

but the coefficient of $z$ in that expression is

$$6 \cdot a \cdot t_5 + 4 \cdot b \cdot t_3 \cdot t_2$$

and is not divisible by $t_1$, whence a contradiction.

5.5. **Degree 8.** Since there is no primitive invariant of degree 4, it will be enough to show that $S_8$ is not divisible by $S_2$. We have

$$(5.5)^* \qquad S_{2m} = \sum_{i<j} [(x_i - x_j)^{2m} + (x_i + x_j)^{2m}] + 2^{-2m-1} \cdot \sum_{(\epsilon_i)} (\sum_1^8 \epsilon_i \cdot x_i)^{2m}$$

the latter sum being extended to all systems $(\epsilon_i)$ such that $\epsilon_i = \pm 1$, $\Pi_1^8 \epsilon_i = 1$. Putting $m = 4$, $x_i = 0$, $(3 \leq i \leq 8)$, we get

$$12(x_1^8 + x_2^8) + (x_1 - x_2)^8 + (x_1 + x_2)^8 + 2^{-3} \cdot (x_1 - x_2)^8 + 2^{-3} \cdot (x_1 + x_2)^8$$

which, for the particular values $x_1 = 1$, $x_2 = i$, is a sum of strictly positive terms; thus $S_8$ is $\neq 0$ for a set of values of the $x_i$ which annihilates $S_2$, and therefore is not divisible by $S_2$.

5.6. **Degree 12.** Since there are no primitive invariants of degrees 4, 6 it will be enough to show that $S_{12}$ is not divisible by $S_2$. Let $j$ be a primitive cube root of unity, and let us put in $(5.5)^*$:

$$m = 6, \ x_1 = 1, \ x_2 = j, \ x_3 = j, \ x_i = 0, \ (i \geq 4).$$

The polynomial $S_{12}$ becomes then a sum with positive coefficients of the numbers

$$1, \ j^{12}, \ j^{24}, \ (1-j)^{12}, \ (1-j^2)^{12}, \ (j-j^2)^{12},$$

$$(1+j)^{12}, \ (1+j^2)^{12}, \ (j+j^2)^{12},$$

$$(-1+j+j^2)^{12}, \ (1-j+j^2)^{12}, \ (1+j-j^2)^{12},$$

each of which is $> 0$, as one easily sees; thus $S_{12} > 0$ and $S_2 = 0$ for these values of the $x_i$ and $S_2$ does not divide $S_{12}$, which concludes the proof of the lemma.

**5.7.** The foregoing and (1.5) already give

$$m_1 = 2, \quad m_2 = 8, \quad m_3 = 12, \quad m_i = 2n_i > 2 \ (i \geq 4).$$

Since $\operatorname{ord} W(E_8) = 2^{14} \cdot 3^5 \cdot 5^2 \cdot 7$, we get

$$(5.7)^* \qquad \sum_4^8 n_i = 53, \quad \prod_4^8 n_i = 2^3 \cdot 3^4 \cdot 5^2 \cdot 7, \quad \sum_4^8 E(n_i) = 18.$$

Among the subgroups of rank 8 of $E_8$, we have [2]:

$$A_1 \times E_7 : \quad 2, \ 2, \ 6, \ 8, \ 10, \ 12, \ 14, \ 18$$

$$D_8 \qquad : \quad 2, \ 4, \ 6, \ 8, \ 10, \ 12, \ 14, \ 8$$

$$A_8 \qquad : \quad 2, \ 3, \ 4, \ 5, \ 6, \ 7, \ 8, \ 9$$

$$A_2 \times E_6 : \quad 2, \ 3, \ 2, \ 5, \ 6, \ 8, \ 9, \ 12$$

$$A_4 \times A_4' : \quad 2, \ 3, \ 4, \ 5, \ 2, \ 3, \ 4, \ 5$$

(following each group are the degrees of the corresponding primitive invariants). For the $n_i$'s that gives by (1.4) the conditions:

(a) two multiples of 5.

(b) one multiple of 9, two more multiples of 3, no other factor 3.

(c) one multiple of 4, another multiple of 2, no other factor 2.

(d) one multiple of 7.

By $(5.7)^*$, we have $E(n_i) \leq 18$, $(4 \leq i \leq 8)$. Since

$$E(9p) \geq 8p - 6, \quad E(7p) \geq 6p - 7, \quad E(5p) \geq 4p - 5,$$

we see that, if some $n_i$ is a product $a \cdot b$, then $a = 9$ implies $b \leq 3$, $a = 7$ implies $b \leq 4$, $a = 5$ implies $b \leq 5$; moreover, it is impossible that one of the $n_i$'s, say $n_4$, is equal to 20, for $n_5 + n_6 + n_7 + n_8$ would then be 33, which is $\equiv 0 \bmod 3$ while in virtue of (5.7) (b) exactly three of $n_5$, $n_6$, $n_7$, $n_8$ would be divisible by 3. Hence, none of $n_4$, $n_5$, $n_6$, $n_7$, $n_8$ is divisible by two of the factors 4, 5, 7, 9 and, in view of (5.7), we may assume:

$$n_4 = 9p_4, \quad n_5 = 7p_5, \quad n_6 = 5p_6, \quad n_7 = 5p_7, \quad n_8 = 4p_8$$

with

$$p_4 \le 2, \quad p_5 \le 4, \quad p_6 \le 5, \quad p_7 \le 5, \quad \prod_4^8 p_i = 2 \cdot 3^2.$$

Moreover, it follows from (5.7) (b), (c) that $p_8$ is odd and not divisible by $9$. Thus, each of the $p_i$'s is $1$, $2$, or $3$ and $\prod p_i = 2 \cdot 3^2$ implies $\sum p_i = 10$. On the other hand,

$$53 = \sum_4^8 n_i = 5 \cdot \sum_4^8 p_i + 4p_4 + 2p_5 - p_8,$$

whence

$$4p_4 + 2p_5 = 3 + p_8.$$

Since $p_8 \le 3$, that gives $p_4 = p_5 = 1$, whence $p_8 = 3$, and one of $p_6$, $p_7$ is $2$, the other $3$. Finally we obtain

$$P(E_8, t) = (1 + t^3) \cdot (1 + t^{15}) \cdot (1 + t^{23}) \cdot (1 + t^{27}) \cdot (1 + t^{35}) \cdot (1 + t^{39}) \cdot (1 + t^{47}) \cdot (1 + t^{59}).$$

## BIBLIOGRAPHY

1. A. Borel, *Sur la cohomologie des espaces fibrés principaux et des espaces homogènes de groupes de Lie compacts*, Ann. of Math. vol. 57 (1953) pp. 115–207.

2. A. Borel and J. de Siebenthal, *Les sous-groupe fermés connexes de rang maximum des groupes de Lie clos*, Comment. Math. Helv. vol. 23 (1949–50) pp. 200–221.

3. E. Cartan, *Sur les invariants intégraux de certains espaces homogènes clos et les propriétés topologiques de ces espaces*, Ann. Soc. Polonaise Math. vol. 8 (1929) pp. 181–225; Oeuvres complètes, Part I, vol. 2, pp. 1081–1125.

4. C. Chevalley, *The Betti numbers of the exceptional simple Lie groups*, Proceedings of the International Congress of Mathematicians, 1950, Vol 2, 1952, pp. 21–24.

5. H. Hopf, *Ueber die Topologie der Gruppen-Mannigfaltigkeiten und ihrer Verallgemeinerungen*, Ann. of Math. vol. 42 (1941) pp. 22–52.

6. H. Hopf and H. Samelson, *Ein Satz über die Wirkungsräume geschlossener Liescher Gruppen*, Comment. Math. Helv. vol. 13 (1940–41) pp. 240–251.

7. J. L. Koszul, *Homologie et cohomologie des algèbres de Lie*, Bull. Soc. Math. France vol. 78 (1950) pp. 65–127.

8. H. Samelson, *Beiträge zur Topologie der Gruppen-Mannigfaltigkeiten*, Ann. of of Math. vol. 42 (1941) pp. 1091–1137.

9. ————, *Topology of Lie groups*, Bull. Amer. Math Soc. vol. 58 (1952) pp. 2–37.

10. Chih-Ta Yen, *Sur les polynomes de Poincaré des groupes de Lie exceptionnels*, C. R. Acad. Sci. Paris vol. 228 (1949) pp. 628–630.

**36.**

(with G. D. Mostow)

## On semi-simple automorphisms of Lie algebras

Ann. Math., (2) **61** (1955) 389–405

### Introduction

This paper investigates the existence of fixed points and invariant Cartan subalgebras under automorphisms of Lie algebras.[1] Our theorems are valid for Lie algebras over an arbitrary field of characteristic zero and their proofs are purely algebraic. The main results are:

*Let $\Gamma$ be a group of semi-simple automorphisms of a Lie algebra G. Then:*

(A). *If $\Gamma$ is cyclic (finite or infinite), and if G is non solvable, $\Gamma$ leaves fixed an element x such that ad x is not nilpotent, and which is regular when G is semi-simple.*

(B). *$\Gamma$ leaves a Cartan subalgebra invariant in the two following cases:* (1) *G and $\Gamma$ are solvable,* (2) *$\Gamma$ has a finite sequence $\Gamma = \Gamma_s \supset \Gamma_{s-1} \supset \cdots \supset \Gamma_0 = (e)$ of invariant subgroups such that $\Gamma_{i+1} \mid \Gamma_i$ is cyclic, $(0 \leq i < s)$.*

In fact (B2) will be proved under a weaker assumption on the quotients $\Gamma_{i+1} / \Gamma_i$, (see Theorem 7.6), which, in case of real Lie algebras, allows them to be also one parameter groups. It will thus generalise the main theorem of [1].

It had been proved previously ([1], Proposition 4), that if $\Gamma$ has prime order and if $G$ is not nilpotent, $\Gamma$ has a non zero fixed element.[2] Various examples in Section 5 will show that in all these statements, the assumptions on the structure of $\Gamma$ cannot probably be weakened in an essential way;[3] also the hypothesis that the automorphisms be semi-simple is essential in view of a partial converse to (A) and (B), (Proposition 7.7).

In (A), which is dealt with in Section 4, the main case is clearly the semi-simple one, where we use some properties of linear Lie algebras with a non degenerate trace established in Section 3. The proof of (B) is given in Section 7 and relies mainly on some results concerning algebraic groups and algebraic Lie algebras recalled in Section 1 and on a study of conjugacy of Cartan sub-

---

* Work of the latter performed under contract with Office of Ordnance research. This investigation was initiated during the Summer Mathematical Institute on Lie groups and Lie algebras, Colby College, 1953.

[1] All vector spaces and Lie algebras considered in this paper are finite dimensional and over a field of characteristic zero which, unless otherwise specified, is arbitrary.

[2] It is proved in [1] only for real Lie algebras, but the extension to any ground field of characteristic zero is straighforward. Moreover, it has been lately generalised to arbitrary characteristic by N. Jacobson, *A note on automorphisms and derivations of Lie algebras*, to appear in Proc. Amer. Math. Soc.

[3] Except however that (B1) is valid for any completely reducible group of automorphisms $\Gamma$, see a forthcoming paper, *On fully reducible subgroups of algebraic Lie groups*, by one of us.

460

algebras in solvable Lie algebras made in Section 6. We remark finally that Proposition 7.2 gives results analogous to (A) and (B) for abelian algebras of semi-simple derivations.

## 1. Preliminaries

We collect here some definitions and facts which are more or less well known.

1.1. *Linear endomorphisms.* Let $V$ be a finite dimensional vector space over a field of characteristic zero, and let $\mathcal{E}(V)$ be the space of endomorphisms of $V$. For $T \in \mathcal{E}(V)$, we denote by $V_b(T)$ or $V_b$, the sub-space of elements annihilated by some power of $T - bI$ where $I$ is the identity map and $b$ is in the ground field; in particular, $V_0(T)$ is called the *nilspace* of $T$; the nilspace $V_0(F)$ of a family $F$ of endomorphisms is the intersection of the nilspaces $V_0(T)$, $(T \in F)$.

$T$ is said to be *semi-simple* if its elementary divisors are simple or, equivalently, if it is completely reducible (i.e. $V$ is direct sum of minimal subspaces invariant under $T$); any endomorphism of finite period is semi-simple. $T$ is *nilpotent* if its nilspace is the entire space, it is *unipotent* if $T - I$ is nilpotent.

We recall that there is a unique Jordan sum decomposition

$$T = S + N, \qquad S \cdot N = N \cdot S$$

with $S$ semi-simple, $N$ nilpotent; $S$ and $N$ are called respectively the semi-simple part and the nilpotent part of $T$; when $T$ is one–one, it has also a unique Jordan product decomposition

$$T = S \cdot U, \qquad S \cdot U = U \cdot S$$

with $S$ semi-simple and $U$ unipotent; $S$ is the same as in the sum decomposition and $U = I + S^{-1} \cdot N$; moreover $V_b(T) = V_b(S)$, $(b \in K)$.

If $W$ is a subspace of $V$ invariant under a family $F$ of endomorphisms the induced families of maps of $W$ and $V/W$ are called the $W$-part and $V/W$-part of $F$; they are denoted by $F_W$ and $F_{V/W}$.

As is well known, an abelian group $\Gamma$ of semi-simple automorphisms of $V$ is completely reducible and conversely. If $b$ is a homomorphism of $\Gamma$ in $K$, we denote by $V_b$ the biggest subspace on which $T - b(T)I = 0$ for all $T \in \Gamma$; if $V_b \neq 0$, the character $b$ is called a *weight* of $\Gamma$ in $V$.

1.2. *Lie algebras.* They will be denoted by Roman letters, mostly $G$, $H$, their elements by small Roman letters. A *linear Lie algebra* is a subalgebra of the general linear Lie algebra $GL(V)$, i.e. of the space $\mathcal{E}(V)$ endowed with the product $[A, B] = A \cdot B - B \cdot A$. A linear Lie algebra is *splittable* (Malcev [4]) if it contains the semi-simple and the nilpotent parts of its elements.

A derivation $D$ of the Lie algebra $G$ is a linear map such that

$$D[x, y] = [Dx, y] + [x, Dy]$$

in particular, the map $ad\ x$ defined by

$$ad\ x(y) = [x, y]$$

is the *inner derivation* induced by $x$, it will be sometimes denoted by $ad_G x$ to avoid confusions. As may be seen directly, or as follows from general results quoted below, the semi-simple part and the nilpotent (resp. unipotent) part of a derivation (resp. automorphism) are also derivations, (resp. automorphisms). Using Jacobi identity, one proves easily:

*Let $T$ (resp. $D$) be an automorphism (resp. derivation) of the Lie algebra $G$. Then*

$$[G_a(T),\, G_b(T)] \subset G_{ab}(T), \qquad (resp.\ [G_a(D),\, G_b(D)] \subset G_{a+b}(D)),$$

$(a, b \ \epsilon\ K)$, *in particular $G_1(T)$ (resp. $G_0(D)$) is a subalgebra.*

*Let the basic field be algebraically closed and let $\Gamma$ be an abelian group of semi-simple automorphisms of $G$. Then $[G_a ,\, G_b] \subset G_{ab}$ for any weights $a$, $b$ of $\Gamma$ in $G$, (see 1.1), and $G_1$ is a subalgebra.*

**1.3. *Invariant bilinear forms.*** A bilinear form $B$ on the Lie algebra $G$ is invariant under the automorphism $T$ if

$$B(Tx,\, Ty) = B(x,\, y), \qquad\qquad (x,\, y\ \epsilon\ G),$$

it is called *infinitesimally invariant* (or simply invariant if there is no danger of confusion) under a derivation $D$ if

$$B(Dx,\, y) + B(x,\, Dy) = 0.$$

It follows immediately from these definitions:

*Let $T$ (resp. $D$) be an automorphism (resp. derivation) of a Lie algebra $G$ over an algebraically closed field $K$, and let $B$ be a bilinear symmetric form invariant under $T$ (resp. infinitesimally invariant under $D$). Then*

$$B(G_a ,\, G_b) = 0\ \text{if}\ ab \neq 1, \qquad (resp.\ B(G_a ,\, G_b) = 0\ \text{if}\ a + b \neq 0);$$

*in particular, if $B$ is non-degenerate, its restriction to $G_a + G_{1/a}$ (resp. $G_a + G_{-a}$) is non-degenerate; the same is true when $a$ and $b$ are weights of an abelian group of semi-simple automorphisms.*[4]

That applies to the *Killing form* tr $ad\ x\ ad\ y$ of $G$, trace of the adjoint representation of $G$, which is invariant under all automorphisms or all derivations. Recall that it is non-degenerate if and only if $G$ is semi-simple.

**1.4. *Solvable Lie algebras.*** We put for a Lie algebra $G$

$$G^{(1)} = [G, G], \qquad G^{(n+1)} = [G^{(n)}, G^{(n)}], \qquad G^{(\infty)} = \bigcap_n G^{(n)}$$

$$G^1 = G^{(1)}, \qquad G^{n+1} = [G, G^n], \qquad G^\infty = \bigcap_n G^n;$$

these are characteristic ideals; $G^1$ is called the *derived algebra* of $G$; if $f$ is a homomorphism of $G$ onto $G_*$ , then clearly

$$f(G^{(n)}) = G_*^{(n)}, \qquad f(G^{(\infty)}) = G_*^{(\infty)},$$

$$f(G^n) = G_*^n , \qquad f(G^\infty) = G_*^\infty .$$

---

[4] Clearly, the statement on non-degeneracy applies also to a non-algebraically closed groundfield $K$, provided $a$ is an eigenvalue of $T$ contained in $K$, or is a character of $\Gamma$ with values in $K$.

$G$ is *solvable* (resp. *nilpotent*) if $G^{(\infty)} = 0$, (resp. $G^{\infty} = 0$); for a general Lie algebra $G$, the ideal $G^{(\infty)}$ (resp. $G^{\infty}$) is the smallest ideal $N$ such that $G/N$ is solvable (resp. nilpotent).

By Lie's theorem, any solvable linear Lie algebra over an algebraically closed field may be put in triangular form; the diagonal terms are then linear forms on $G$, called the *weights* of $G$. We list now some consequences of Lie's theorem, valid for arbitrary ground field (of characteristic zero): The set $N$ of all nilpotent endomorphisms of a solvable linear Lie algebra $G$ is a nilpotent ideal, containing the derived algebra $G^1$ of $G$; If $A$ is an endomorphism of the underlying space such that $[A, G] \subset G$, then $[A, G] \subset N$, (apply Lie's theorem to the solvable Lie algebra generated by $A$ and $G$ over an algebraically closed extension of the basic field). Analogously, the set $N$ of elements $x$ in a solvable Lie algebra $G$ for which *ad* $x$ is nilpotent is an ideal, containing $G^1$; if $D$ is a derivation of $G$, then $D(G) \subset N$. A solvable linear Lie algebra made up of semi-simple endomorphisms is abelian and completely reducible, and conversely a completely reducible solvable linear Lie algebra is abelian and made up of semi-simple endomorphisms.

We recall that a linear Lie algebra of nilpotent endomorphisms annihilates at least one non zero vector and is nilpotent (Engel's theorem). Also, if $G$ is a nilpotent Lie algebra of endomorphisms of a space $V$ over an algebraically closed field, $V$ is the direct sum of invariant subspaces on which $G$ has only one weight. It follows that the nilspace of a nilpotent linear Lie algebra $G$ over an arbitrary field of characteristic zero is equal to the nilspace of some element of $G$.

1.5. *Algebraic groups.* We employ the Zariski topology for subsets of a finite dimensional vector space, *i.e.* a closed subset is an algebraic variety; the notions relatively open, dense, connected, etc. are defined in the usual way in terms of closed subsets. Linear groups will be denoted by Greek capitals.

An algebraic group is a group of automorphisms of a vector space which consists of all automorphisms in some algebraic variety of the space $\mathcal{E}(V)$ of endomorphisms of the space; its connected component of the identity is a normal relatively open algebraic subgroup of finite index.

By the *hull* $\bar{\Gamma}$ of a linear group $\Gamma$ is meant the intersection of all algebraic Lie groups containing $\Gamma$; it is the closure of $\Gamma$ in $\mathcal{E}(V)$, (cf. [2], Proposition 2, p. 82). An adherent of an automorphism $T$ is an element of the hull of the linear group generated by $T$; the unipotent and semi-simple parts of $T$ are adherents of $T$, ([2], p. 184); thus if $T$ is an automorphism of a Lie algebra, or more generally if it leaves some tensor invariant, so do its unipotent and semi-simple parts.

If $\Delta$ is a normal subgroup of the linear group $\Gamma$, then its hull $\bar{\Delta}$ is normal in the hull $\bar{\Gamma}$ of $\Gamma$; If $\Gamma/\Delta$ is abelian, then $\bar{\Gamma}/\bar{\Delta}$ is also abelian; for the mapping $(u, v) \to uvu^{-1}v^{-1}$ is rational and therefore carries dense subsets onto dense subsets; since the commutator group of $\Gamma$ is in $\bar{\Delta}$, the smae is true for $\bar{\Gamma}$, i.e. $\bar{\Gamma}/\bar{\Delta}$ is abelian; in particular, if $\Gamma$ is solvable, its hull is also solvable.

1.6. *Algebraic Lie algebras*, (cf. [2]). An endomorphism $T$ of a vector space $V$

acts by the left translation $U \to TU$ on $\mathcal{E}(V)$, whence a derivation $\delta(T)$ of the ring of polynomials over $\mathcal{E}(V)$. The Lie algebra of an algebraic group is the totality of endomorphisms $T$ such that $\delta(T)$ keeps invariant the ideal of functions vanishing on $G$. An *algebraic Lie algebra* is the Lie algebra of some algebraic Lie group. It is always splittable ([2], Propositions 2, 3, p. 181). Examples of algebraic Lie algebras are the centralizer of a set of endomorphisms, the totality of endomorphisms sending a subspace $U$ of $V$ into a subspace $W \subset U$, the set of all derivations of an algebra $A$, the last one being the Lie algebra of the group of automorphisms of $A$. A fundamental result states that the derived algebra of any linear Lie algebra is algebraic ([2], Theorem 15, p. 177); in particular a semi-simple linear Lie algebra is always algebraic.

Algebraic Lie algebras are related to connected algebraic groups in much the same way as real Lie algebras are related to real Lie groups which are connected in the euclidian topology (not withstanding the fact that the two notions of connectedness are different for real Lie groups). There is notably a one–one inclusion preserving correspondence between algebraic Lie algebras and connected algebraic Lie groups; for example, if an algebraic Lie algebra keeps a subspace $W$ invariant, so does the corresponding connected algebraic group and conversely.

1.7. *The restricted automorphism group.* The Lie algebra $ad\ G$ of inner derivations of the Lie algebra $G$ is not necessarily algebraic, but its derived algebra $(ad\ G)^1$ is; since it is contained in the Lie algebra of derivations of $G$, the corresponding connected algebraic Lie group is a subgroup of the group of automorphisms of $G$[5] to be denoted here by $RA(G)$, (for restricted automorphism group of $G$). When $G$ is semi-simple $ad\ G$ is equal to its derived algebra and also to the algebra of all derivations of $G$, hence $RA(G)$ is just the connected component of the identity in the full group of automorphisms of $G$; for *real* semi-simple $G$, it contains the group of inner automorphisms, and it coincides with it when $G$ is *complex* semi-simple.

*If $M$ is a subalgebra of $G$, then the restriction to $M$ of the subgroup of $RA(G)$ leaving $M$ invariant contains a subgroup dense in $RA(M)$.*

*Proof.* $(ad_G M)^1$ is an algebraic Lie algebra and the corresponding connected algebraic group $\Gamma$ is a subgroup of $RA(G)$ leaving $M$ invariant. Its restriction to $M$ is a rational representation whose differential is the restriction homomorphism $ad_G m \to ad_M m$, $(m \in M)$, and sends $(ad_G M)^1$ onto $(ad_M M)^1$; it follows that the restriction of $M$ of $\Gamma$ is dense in $RA(M)$, (see [2], Proposition 8, p. 117, Proposition 5, p. 140).

## 2. Cartan subalgebras

A Cartan subalgebra $H$ of a Lie algebra $G$ is a subalgebra which is nilpotent and equal to its normalizer or, equivalently, which is equal to its nilspace in $G$. It is always maximal nilpotent.

---

[5] This group was introduced by C. Chevalley in a series of lectures on Cartan subgroups and Cartan subalgebras held at the Summer Mathematical Institute, Colby 1953. See also [3].

An element $x \,\epsilon\, G$ is *regular* if $\dim V_0(ad\ x) \leqq \dim V_0(ad\ y)$ for any $y \,\epsilon\, G$; since $\dim V_0(ad\ x)$ is equal to the multiplicity of the root zero in the Killing equation $\det (ad\ x - \lambda I) = 0$, whose coefficients are polynomial functions on $G$, the regular elements form a non empty open subset (in the Zariski topology).

2.1. *If $x$ is regular in $G$, it is regular in any subalgebra of $G$ and it maps onto a regular element of any homomorphic image of $G$ (see [5]).*

2.2. *Let $H$ be a Cartan subalgebra of $G$. Then the orbit of $H$ under $RA(G)$ is dense in $G$.*[6]

2.3. *The nilspace of a regular element is a Cartan subalgebra. Conversely, any Cartan subalgebra is the nilspace of a regular element.*

That the nilspace of a regular element (in fact of any element) is equal to its normalizer is clear, the nilpotency following from (2.1) and Engel's theorem. The converse is a consequence of that and of (2.2). Note that by (2.3) all Cartan subalgebras of a Lie algebra have the same dimension.

2.4. *Let $G^*$ be the image of $G$ under a homomorphism $f$. If $H$ is a Cartan subalgebra of $G$, then $f(H)$ is a Cartan subalgebra of $G^*$. If $H^*$ is a Cartan subalgebra of $G^*$, then any Cartan subalgebra of $f^{-1}(H^*)$ is a Cartan subalgebra of $G$.*

The first part follows from (2.1) and (2.3). Let now $H$ be a Cartan subalgebra of $f^{-1}(H^*)$. Since

$$f(V_0(ad_G G)_{G/M}) = V_0(ad_{G^*} H^*)_{G^*/H^*} = 0, \qquad (M = f^{-1}(H^*)),$$

the normalizer of $H$ in $G$ is already contained in $f^{-1}(H^*)$; hence it is equal to $H$ and by definition, $H$ is a Cartan subalgebra of $G$.

2.5. *Let $H$ be a Cartan subalgebra of the Lie algebra $G$. Then $G = H + G^\infty$ with $H \cap G^\infty \subset [G^\infty, G^\infty]$, and the $G^\infty/[G^\infty, G^\infty]$-part of $ad\ x$ is 1–1 for any regular $x$,* (see [5]).

2.6. *Let $M$ be a subalgebra of $G$, and $H$ be a Cartan subalgebra of $M$. Then* $\dim V_0(ad_G H)_{G/M})$ *is the minimum of* $\dim V_0((ad_G m)_{G/M}$ *for $m \,\epsilon\, M$.*

The set $P$ of elements $m \,\epsilon\, M$ for which $\dim V_0((ad_G m)_{G/M})$ has a minimal value $k$ is open non-empty and of course invariant under the automorphisms of $G$ leaving $M$ invariant. By (1.7) and (2.2), $P$ meets $H$. The desired equality follows then from $\dim V_0((ad_G H)_{G/M}) \leqq k$ and from the last assertion in (1.4).

2.7. *Let $N$ be a nilpotent subalgebra of the Lie algebra $G$. Then every Cartan subalgebra of the nilspace of $N$ is a Cartan subalgebra of $G$.*

Let $M$ be the nilspace of $N$. By (1.4) we can find $n \,\epsilon\, N$ such that $(ad_G n)_{G/M}$ is one–one; since the nilpotent algebra $N$ is contained in its nilspace, the set $P$ of elements $m \,\epsilon\, M$ for which $(ad_G m)_{G/M}$ is 1–1 is thus open non-empty; as in the proof of (2.6), we see that $P$ meets an arbitrary Cartan subalgebra $H$ of $M$, whence $V_0((ad_G H)_{G/M}) = 0$; the normalizer of $H$ in $G$ is already contained in $M$, is therefore equal to $H$, and the latter is a Cartan subalgebra of $G$.

### 3. Linear Lie algebras with a non-degenerate trace

These are linear Lie algebras on which the bilinear form $\mathrm{tr}\ (x \cdot y)$ is non-degenerate.

---

[6] This was shown by Chevalley in the lectures mentioned in footnote 5. See also [3].

LEMMA 3.1. *The radical of a linear Lie algebra with a non-degenerate trace contains no non-zero nilpotent endomorphism.*

PROOF. Let $N$ be the totality of nilpotent endomorphisms in the radical $R$ of $G$. Then $N$ is an ideal with $[x, R] \subset N$ for any $x \, \epsilon \, G$, (see 1.4); and the linear span $M$ of $x$ and $N$ is a solvable linear Lie algebra; on representing the elements of $M$ by simultaneously triangular matrices with coefficients in the algebraic closure of the ground field, we see that $x \cdot n$ is nilpotent and therefore tr $(x \cdot n) = 0$ for any $x \, \epsilon \, G$, $n \, \epsilon \, N$; by the non-degeneracy assumption we conclude $N = 0$.

PROPOSITION 3.2. *A linear Lie algebra with a non-degenerate trace is the direct sum of its center of a unique semi-simple ideal.*

Giving to $G$, $R$, $N$ the same meaning as above, we have $[x, R] \subset N = 0$ for all $x \, \epsilon \, G$; thus the radical is central and $[G, G]$ is the unique semi-simple ideal complementary to $R$ by the Levi decomposition theorem.

COROLLARY 3.3. *A Cartan subalgebra of a linear Lie algebra with a non-degenerate trace or of a semi-simple Lie algebra is abelian.*

Let $G$ be a linear Lie algebra with a non-degenerate trace. A Cartan subalgebra is the nilspace of a regular element by (2.3), hence (see 1.3) the trace is non-degenerate on $H$ and the latter, being nilpotent, is abelian by (3.2). For semi-simple $G$, we apply the foregoing to the adjoint representation and the Killing form.

PROPOSITION 3.4. *A Cartan subalgebra of a splittable linear Lie algebra $G$ with non-degenerate trace consists of semi-simple endomorphisms.*

We already know that a Cartan subalgebra $H$ of $G$ is abelian, and has a non-degenerate trace; since it is maximal nilpotent, it is also maximal abelian, and, ($G$ being splittable), also splittable; (3.4) follows now from (3.1).

REMARK. It may be proved easily that the algebra $G$ of (3.4) is completely reducible, and that more generally than in (3.4) any Cartan subalgebra of a completely reducible linear Lie algebra consists of semi-simple endomorphisms.

PROPOSITION 3.5. *Let $N$ be a nilpotent subalgebra of a semi-simple Lie algebra $G$ containing no element regular in $G$. Then the nilspace $G_0$ of $N$ is the direct product of its center by a uniuqe non-zero semi-simple ideal.*

$G_0$ is the nilspace of some element $x \, \epsilon \, N$ by (1.4) and by (1.3) the restriction of the Killing form to $G_0$ is non-degenerate; (3.2) shows then that it is the product of its center by a unique semi-simple ideal; if the latter were trivial, $G_0$ would be abelian, equal to its nilspace in $G$, therefore would be a Cartan subalgebra of $G$, and finally $x$ would be regular, contrary to assumption.

## 4. Elements fixed under semi-simple automorphisms

PROPOSITION 4.1. *Let $\Gamma$ be an abelian group of semi-simple automorphisms of a semi-simple Lie algebra $G$, and let $G_1$ be the set of elements fixed under $\Gamma$. Then $ad_G G_1$ is an algebraic (therefore splittable) linear Lie algebra with non-degenerate trace.*

PROOF. For any automorphism $T$,

$$[Tx, Ty] = T[x, y] \quad \text{gives} \quad ad \, Tx = T \cdot ad \, x \cdot T^{-1};$$

since $G$ has no center, $ad_G G_1$ is then the intersection of two algebraic Lie algebras, namely $ad\, G$ and the centralizer of $\Gamma$. Hence it is algebraic. The trace fo $ad_G G_1$ is the restriction of the Killing form and is non-degenerate by (1.3).

PROPOSITION 4.2. *An infinite abelian group $\Gamma$ of semi-simple automorphisms of a semi-simple Lie algebra $G$ has non-zero fixed points.*

Let $G_1$ be the set of fixed points. If we extend the ground field $K$, $G_1$ extends to the set of fixed points of $\Gamma$ operating on the new algebra in the obvious way. Therefore it is enough to consider the case where $K$ is algebraically closed. Let then $G = \sum G_b$ be the direct sum decomposition of $G$ into the invariant subspaces corresponding to the different weights of $\Gamma$ in $G$. Since $\Gamma$ is infinite and the number of weights is finite, there is one weight $b$ such that $b^n \neq 1$ for all positive integers, 1 being the constant character of $\Gamma$; for any weight $a$ of $\Gamma$, $b^n a$ is then not a weight for big enough $n$. It follows that

$$(ad\, x)^n(y) \, \epsilon \, G_{b^n a} = 0 \qquad\qquad (x \, \epsilon \, G_b , \, y \, \epsilon \, G_a),$$

i.e., $ad\, x$ is nilpotent for $x \, \epsilon \, G_b$. If now $G_1 = 0$, then $[G_b , G_{1/b}] = 0$ (see 1.3), the product $ad\, x \cdot ad\, y$ is nilpotent whenever $x \, \epsilon \, G_b$, $y \, \epsilon \, G_{1/b}$ and the restriction of the Killing form to $G_b + G_{1/b}$ is degenerate, in contradiction with (1.3). Hence $G_1 \neq 0$.

PROPOSITION 4.3. *An automorphism of finite period of a semi-simple Lie algebra has non-zero fixed points.*

Since a subgroup or a quotient of a finite cyclic group is also finite cyclic, (4.3) will clearly be a consequence of the following proposition:

PROPOSITION 4.3'. *Let $\Gamma$ be a finite abelian group of automorphisms of a semi-simple Lie algebra which has no fixed point $\neq 0$. Assume that no proper semi-simple sub-algebra of $G$ is invariant under $\Gamma$ and that any proper subgroup of $\Gamma$ has fixed points. Then there is a prime $p$ such that $\Gamma \cong Z_p + Z_p$[7] and $\dim G \leq p^2 - 1$.*

Here again we may without loss of generality assume the ground field to be algebraically closed, and we consider the direct sum decomposition $G = \sum G_b$, where $b$ runs through the different weights of $\Gamma$ in $G$; the *order* of a weight $b$ will be the smallest positive integer $n$ such that $b^n = 1$.

(a). *For each weight $b$ of $\Gamma$, the non-zero elements of $G_b$ are regular.* Let $x$ be a non-zero element of $G_b$. It is not nilpotent, because otherwise we would conclude as in the proof of (4.2) that the restriction of the Killing form to $G_b + G_{1/b}$ is degenerate; the nilspace $N$ of $ad\, x$ is therefore a proper subalgebra, clearly invariant under $\Gamma$; if $x$ is not regular, $N$ contains by (3.5) a non-zero maximal semi-simple ideal which is unique, hence also invariant under $\Gamma$, but this contradicts one of our assumptions.

(b). *The subalgebra $F = \sum G_{b^k}$, (all integers $k$), is abelian for any weight $b$.* Since $G_1 = 0$ and $b^n \cdot b^k = 1$ for some positive integer $n$, $(ad_G G_b)_F$ consists of nilpotent elements and $F$ lies in the nilspace of $ad\, x$ for any $x \, \epsilon \, G_b$ ; if $x \neq 0$, it is regular, its nilspace is a Cartan subalgebra, which is abelian by (3.3), whence (b).

---

[7] $Z_m$, ($m$ positive integer), is the cylic group of order $m$.

(c). *For any weight $b$, the space $G_b$ is one-dimensional.* Let $H$ be the Cartain subalgebra containing $G_b$ and let $x$, $y$ be non-zero elements of $G_b$. They are regular by (a), which means that $(ad\ x)_{G/H}$ and $(ad\ y)_{G/H}$ are 1–1. Since for any $k \in K$,

$$(ad\ (x - ky))_{G/H} = (ad\ x)_{G/H} - k \cdot (ad\ y)_{G/H}$$

it follows that the equation

$$\det\ ((ad\ (x - ky)_{G/H}) = 0$$

has at least one solution $k_0 \in K$, ($K$ being algebraically closed). The element $x - k_0 y$ is then not regular, therefore $x = k_0 y$ by (a) and $G_b$ is one-dimensional.

(d). *Let $a$ and $b$ be weights of $\Gamma$ whose orders are relatively prime. Then $[G_a, G_b] = 0$.* Let $p$ and $q$ be the orders of $a$ and $b$; since they are relatively prime, we can find integers $m$, $n$ such that

$$nq + 1 \equiv 0 \text{ modulo } p, \qquad mp + 1 \equiv 0 \text{ modulo } q;$$

that gives

$$(ab)^{nq+1} = b, \qquad (ab)^{mp+1} = a,$$

$G_a$ and $G_b$ are included in $\sum G_{(ab)^k}$ and (d) follows from (b).

(e). *If $[G_a, G_b] \neq 0$, then $G = \sum G_{a^m b^n}$, ($m$, $n$ all integers).* Let $F$ be the sum of the subspaces $G_{a^m b^n}$. It is a subalgebra invariant under $\Gamma$, on which the restriction of the Killing form of $G$ is non-degenerate by (1.3); being not abelian, it has by (3.2) a maximal semi-simple ideal $S$ which is $\neq 0$ and unique, hence invariant under $\Gamma$. In view of our assumptions, this implies $S = G$, i.e., $F = G$.

(f). *For any non-constant character $b$ of $\Gamma$, there exists an integer $n$ such that $b^n$ is a weight in $G$.* The ground field being algebraically closed, $\Gamma$ can be identified with the character group of its character group $\Gamma^*$ in a well known fashion; in particular, the kernel $\Delta$ of $b$ may be viewed as the annihilator of $b$. Since $\Delta$ is the annihilator of the cyclic group $\Delta^*$ generated by $b$, $\Delta^*$ is also the annihilator of $\Delta$, i.e., every character of $\Gamma$ which is 1 on $\Delta$ is a power of $b$. Inasmuch as any proper subgroup of $\Gamma$ has fixed points in $G$ by assumption, there is a weight which annihilates $\Delta$ and is therefore of the form $b^n$.

(g). *There exist weights $a$, $b$ of prime order such that $[G_a, G_b] \neq 0$.* Suppose otherwise. Let $c$ and $d$ be weights such that $[G_c, G_d] \neq 0$, let $c_1$, $d_1$ be powers of $c$ and $d$ which are non-constant characters of prime order, in turn let $a$ and $b$ be powers of $c_1$ and $d_1$ which are weights. We have

$$[G_a, G_c] = [G_b, G_d] = 0$$

by (b) and $[G_a, G_b] = 0$ by assumption; $G_b$ and $G_c$ being in the centralizer $Z(G_a)$ of $G_a$, which is abelian by (a), (2.3), (3.3), we infer that $G_c$ is in the centralizer $Z(G_b)$ of $G_b$; the algebra $Z(G_b)$ being abelian too, and containing $G_c$ and $G_d$, we deduce $[G_c, G_d] = 0$ contrary to assumption.

(h). *There is a prime number $p$ such that $\Gamma \cong Z_p + Z_p$ and $\dim\ G \leqq p^2 - 1$.*

By (d), (g), there are weights $a$, $b$ of equal prime order $p$ such that $[G_a, G_b] \neq 0$; by (e) all weights have then order $p$; since they form a separating family of characters, all non-unit elements of $\Gamma$ have order $p$, and the same will be true for the character group $\Gamma^*$ of $\Gamma$. In view of (f), it follows then that $\Gamma^*$ is generated by the weights, and therefore, by (b), (e), (g), it has $p^2$ elements. As a result $\Gamma \cong Z_p + Z_p$ and finally (e) gives dim $G \leq p^2 - 1$.

REMARK 4.4. We indicate briefly how the preceding argument can be carried further to prove that $G$ is isomorphic to the algebra $A_{p-1}$ of $p \times p$ matrices with trace zero (for algebraically closed ground field).

Since $ad_G G_b$ is completely reducible and $ad_G G_b(G_a) \neq 0$, we have $(ad_G G_b)^k(G_a) \neq 0$ for all integers $k$, whence

$$G_{ab^k} \neq 0, \qquad [G_b, G_{ab^k}] \neq 0 \qquad \text{(all integers } k);$$

since any weight $a^m \cdot b^n$ with $m \not\equiv 0 \bmod p$ is a power of some $a \cdot b^k$, and since the centralizer of any $G_c$ is abelian (as part of a Cartan subalgebra), it follows that $F = \sum G_{b^k}$ is the entire centralizer of $G_b$ and is a Cartan subalgebra of $G$. Similarly $G_{a^k b} \neq 0$ for any integer $k$ and there is at least one weight, namely $a^{p-1} \cdot b$, whose inverse is also a weight; changing our notations, we may assume it to be $a$. The space $G_{ab^k}$ being not contained in the Cartan subalgebra of $G_{1/a}$ or $G_a$, it does not commute with $G_{1/a}$ whence $G_{b^k} \neq 0$ and $b^k$ is a weight for all integers $k$; similarly $a^k$ is a weight and since again $G_{a^m}$ and $G_{b^n}$ do not commute, all non-constant expressions $a^m \cdot b^n$ are weights. Thus $G$ has dimension $p^2 - 1$ and rank $p - 1$. Also, any element of $\Gamma$ annihilates one weight, and leaves therefore one Cartan subalgebra pointwise fixed; it follows readily that $\Gamma$ leaves invariant each factor of the decomposition of $G$ in a product of simple ideals; by our assumptions, $G$ must then be simple; being of dimension $p^2 - 1$ and rank $p - 1$, over an algebraically closed field, it must be isomorphic to $A_{p-1}$ by the Killing-Cartan classification.

In (5.4) we will see that $A_{p-1}$ does admits a group of automorphisms without fixed points which is isomorphic to $Z_p + Z_p$.

THEOREM 4.5. *A semi-simple automorphism $A$ of a non-solvable Lie algebra $G$ leaves fixed an element $x$ such that ad $x$ is not nilpotent, and which is regular when $G$ is semi-simple.*[8]

(a). *$G$ is semi-simple.* The subalgebra $G_1$ of elements fixed under $A$ is $\neq 0$ by (4.2) and (4.3). Let $H_1$ be a Cartan subalgebra of $G_1$. It is abelian, formed by elements $x$ with semi-simple $ad_G x$ by (4.1) and (3.4), and the centralizer $N$ of $H_1$ is also the centralizer, or the nilspace, of some element $h \in H_1$; we want to prove that $h$ is regular in $G$. The algebra $N$ is of course invariant under $A$, and the restriction to $N$ of the Killing form of $G$ is non-degenerate by (1.3); hence (see 3.5), if $h$ is not regular, $N$ has a non-zero unique maximal semi-simple ideal $S$, also invariant under $A$. Now $S \cap G_1$ is contained in the normalizer of $H_1$ in

---

[8] For an automorphism of the Lie algebra of a *compact semi-simple* Lie group, this was shown first by J. deSiebenthal, and communicated to one of us in Summer 1952; the argument (*a*) below is analogous to a part of his.

$G_1$, hence is in $H_1$, which means that $G_1$ is central in $S$, whence $S \cap G_1 = 0$, but this contradicts (4.2) and (4.3). Thus $h$ is regular.

(b). *G is not semi-simple.* The radical $R$ of $G$ is invariant under $A$, and the latter also keeps invariant a subspace $F$ of $G$ supplementary to $R$; the automorphism $A$ induces a semi-simple automorphism of $G/R$ which, by the foregoing, leaves a regular element $x^*$ fixed. The unique $x \, \epsilon \, F$ which projects onto $x$ is then fixed under $A$ and $ad_G x$, which projects onto $ad_{G/R} x^*$, is not nilpotent.

PROPOSITION 4.6. *A semi-simple automorphism $A$ of a semi-simple Lie algebra $G$ contained in the connected identity component of the automorphism group of $G$ leaves a Cartan subalgebra pointwise fixed.*

This follows from (4.5) and from the fact that an automorphism in the identity component of the automorphism group of a semi-simple Lie algebra which leaves a regular element fixed also keeps pointwise fixed the Cartan subalgebra containing it. The latter result is usually stated for inner automorphisms of complex semi-simple Lie algebras (see, e.g., F. Gantmacher, Rec. Math. *Moscou* N.S. 5, 101–144 (1939)), but it extends to the case considered here by well known procedures.

## 5. Examples

We recalled in the introduction that a Lie algebra admitting an automorphism of prime period without fixed points is nilpotent. If the period is merely finite, even square free or power of a prime, no such sharpening of (4.6) holds, as the three following examples show.

5.1. $G$ is the 3-dimensional Lie algebra over $K$ spanned by $x$, $y$, $z$ with relations

$$[x, y] = z, \qquad [x, z] = y, \qquad [y, z] = 0,$$

$T$ is the automorphism of order 4 defined by

$$T(x) = -x, \qquad T(y) = -z, \qquad T(z) = y.$$

5.2. Let $G$ be as before and let $r$ be a primitive 6-root of unity. Then

$$T(x) = r^3 \cdot x, \qquad T(y) = r^5 \cdot y, \qquad T(z) = r^2 \cdot z$$

defines an automorphism of order 6 of $G^{K(r)}$ without fixed points.

5.3. Let $G^{K(r)}$ be considered as Lie algebra over $K$ and let $T$ be as before.

5.4. Let $(e_i)$, $(1 \leqq i \leqq n)$, be a base of the $n$-dimensional vector space over an algebraically closed field $K$, let $r$ be a primitive $n$-root of unity and consider the three linear maps:

$$U: e_1 \to e_2 \to \cdots \to e_{n-1} \to e_n \to e_1,$$

$$V: e_i \to r^{i-1} \cdot e_i, \qquad (1 \leqq i \leqq n),$$

$$W: e_i \to r \cdot e_i, \qquad (1 \leqq i \leqq n).$$

Clearly, $U \cdot V = V \cdot U \cdot W^{n-1}$ and $U, V, W$ generate a solvable subgroup $\bar{\Gamma}$ of order $n^3$ of the group $SL(n, K)$ of $n \times n$ unimodular matrices; it is readily checked that its centralizer in $SL(n, K)$ reduces to the cyclic group of order $n$ generated by $W$, which is the center of $SL(n, K)$. It follows that $Ad\ U: X \to UXU^{-1}$ and $Ad\ V$ generate an abelian group, isomorphic to $Z_n + Z_n$, of automorphisms of the Lie algebra $A_{n-1}$ of $SL(n, K)$, which has no fixed points.

In view of the remark 4.4., these are for $n$ prime "minimal" examples. Note also that if we imbed $SL(n, K)$ in $SL(n + 1, K)$ in the usual way, we get easily an infinite abelian group, isomorphic to $K + Z_n + Z_n$, of semi-simple automorphisms of $A_n$ leaving an element fixed (the centralizer of $A_{n-1}$), in agreement with (4.2), but no regular element fixed.

5.5. Of course a finite group of automorphisms of a semi-simple Lie algebra leaving a regular element fixed needs not be abelian, in fact may be any finite group, as is seen by letting the symmetric group in $n$ letters operate in the obvious way on the direct product of $n$ copies of a semi-simple Lie algebra. However, for simple Lie algebras, we have the following:

*Let $G$ be a simple Lie algebra over the complex number field $C$, and let $\Gamma$ be a group of automorphisms leaving a regular element $x$ fixed. Then $\Gamma$ is solvable, and if $G$ is not the algebra of $8 \times 8$ skew symmetric matrices $0(8, C)$, $\Gamma$ is either abelian or an extension of $Z_2$ with abelian kernel.*

$\Gamma$ leaves the Cartan subalgebra $H$ containing $x$ invariant and keeps a Weyl chamber invariant, hence $\Gamma/\exp.\ ad\ H \cap \Gamma$ is a subgroup of the group of permutations of a system of positive roots induced by automorphisms, (or also of aut $G/Ad\ G$); it is well known that the latter group is either trivial or with two elements, except for $G = 0(8, C)$, in which case it is isomorphic to the group of permutations of three objects.

5.6. The group of permutations of 3 objects is imbedded in $SL(3, K)$ but does not commute with any one parameter subgroup. Hence (4.3) cannot be extended to non-abelian groups with cyclic Sylow subgroups.

5.7. Finally, anticipating (7.6), let us recall an example of [1]: The alternating group of three objects, which is an extension of $Z_3$ with kernel $Z_2 + Z_2$, is imbedded in the real unimodular orthogonal group $SO(3, R)$, but does not leave invariant a maximal torus; the corresponding group of automorphisms of the Lie algebra does not keep invariant a Cartan subalgebra.

## 6. Conjugacy of Cartan subalgebras in a solvable Lie algebra

We recall first that if $D$ is a nilpotent derivation of an algebra $A$, (ground field of characteristic zero), the exponential series

$$e^D = \exp D = I + D + \tfrac{1}{2}!\ D^2 + \cdots + 1/n!\ D^n + \cdots$$

is a finite sum, and represents a unipotent automorphism of D. Conversely for a given unipotent automorphism $U$ there is a unique nilpotent derivation $D = \log U$, its "logarithm", such that $U = \exp D$. In particular, if $x$ is a nilpotent element in a Lie algebra $G$, the exponential $\exp\ ad\ x$ is well defined and is an automorphism of $G$.

PROPOSITION 6.1. *Any two Cartan subalgebras of a solvable Lie algebra $G$ are conjugate under an inner automorphism $\exp ad\ x$ with $x \in G^\infty$.*[9]

Proof is by induction on the dimension, and we assume accordingly (6.1) to be true for solvable Lie algebras of dimension $< \dim G$. We distinguish two cases:

(a). *$G^\infty$ is not abelian.* Let $Z$ be the center of $G^\infty$, it is $\neq 0$ since $G^\infty$ is nilpotent. Let $H_1$, $H_2$ be two Cartan subalgebras of $G$, let $f$ be the projection of $G$ onto $G^* = G/Z$ and put

$$H_i^* = f(H_i), \qquad M_i = f^{-1}(H_i^*), \qquad (i = 1, 2).$$

$H_1^*$ and $H_2^*$ are Cartan subalgebras of $G^*$ by (2.4); since $G^{*\infty} = f(G^\infty)$, we see by the induction hypothesis that there exists $u \in G^\infty$ such that $\exp ad\ u(M_1) = M_2$, and therefore $H_2$ and $H_3 = \exp ad\ u(H_1)$ are Cartan subalgebras of $M_2$. Since

$$f(M_2^\infty) = H_2^{*\infty} = 0$$

($H_2^*$ being nilpotent), we have $M_2^\infty \subset Z$, and $M_2$ is a proper subalgebra of $G$. Applying again the induction assumption, we get $z \in Z$ such that

$$\exp ad\ z(H_3) = H_2 ;$$

$Z$ being the center of $G^\infty$, we have

$$\exp ad\ z\ \exp ad\ u = \exp ad\ (z + u)$$

whence $\exp ad\ x(H_1) = H_2$ with $x = z + u \in G^\infty$.

(b) *$G^\infty$ is abelian.* Here $G = H + G^\infty$ (semi-direct) for any Cartan subalgebra and $[x, G^\infty] = G^\infty$ for any regular element (see 2.5). Let $h_1$ be a regular element of $H_1$ and let $h_2$ be the element of $H_2$ such that $h_2 = h_1 + n$, with $n \in G^\infty$. The equation $\exp ad\ x(h_1) = h_2$ with $x \in G^\infty$ is equivalent to

$$h_1 + [x, h_1] = h_1 + n$$

or to $[x, h_1] = n$ and has a solution since $[h_1, G^\infty] = G^\infty$. It follows that $\exp ad\ x(H_1)$ is a Cartan subalgebra containing $h_2$. Since

$$[h_2, G^\infty] = [h_1, G^\infty] = G^\infty,$$

$h_2$ is also regular, therefore contained in a unique Cartan subalgebra, whence $\exp ad\ x(H_1) = H_2$.

REMARK 6.2. For abelian $G^\infty$, $\exp ad\ x(H) = \exp ad\ y(H)$, ($H$ Cartan subalgebra, $x$, $y \in G^\infty$), implies $x = y$. For the first equality may be written $\exp ad\ (x - y)\ (H) = H$ and going over to logarithms, $ad\ (x - y)\ (H) \subset H$ or $[x - y, H] \subset H$; thus $x - y$ is in the normalizer of $H$, therefore in $H$, and the equality $x = y$ follows from $H \cap G^\infty = 0$.

---

[9] The conjugacy under $\exp ad\ G^1$ was proved by N. Iwahori and Satake, Kod. Math. Sem. Reports 3, 57–60 (1950), and independently by C. Chevalley (see [3], Proposition 19, p. 221). The proof given here is different from theirs. It could also be derived from [4].

## 7. Invariant Cartan subalgebras

THEOREM 7.1. *A solvable group $\Gamma$ of semi-simple automorphisms of a solvable Lie algebra $G$ leaves a Cartan subalgebra invariant.*

Without loss of generality we can assume $G^\infty$ to be abelian, because proving the theorem by induction on dimension, we can as in 6.1(a) reduce to that case by two applications of the induction assumption, (using also 2.4). The proof is divided into two steps.

(a). $\Gamma$ *is finite.* Let $\Gamma = \Gamma_3 \supset \Gamma_{s-1} \supset \cdots \supset \Gamma_0 = (e)$ be a series of subgroups with $\Gamma_{i-1}$ normal in $\Gamma_i$ and $\Gamma_i/\Gamma_{i-1}$ cyclic $(1 \leq i \leq s)$. We shall define by induction a sequence of Cartan subalgebras $H_i$ with $H_i$ invariant under $\Gamma_i$, $(0 \leq i \leq s)$.

Let $H_0$ be any Cartan subalgebra and assume $H_i$ has been selected. Let $T$ be any generator of $\Gamma_{i+1}$ over $\Gamma_i$ and denote its order by $k$. By (6.1), we have

$$T(H_i) = u(H_i) \quad \text{with} \quad u = e^{ad\ n}, \qquad (n \in G^\infty),$$

hence

$$H_i = T^k(H_i) = T^{k-1}u(H_i) = T^{k-1}uT^{-(k-1)} \cdots TuT^{-1}u(H_i) = e^{ad\ v}(H_i)$$

with $v$ equal to $(T^{k-1} + \cdots + T + I)(n)$ by definition and equal to zero by (6.2).

Letting $f(t)$ denote the polynomial $1 + t + \cdots + t^{k-1}$ we can find polynomials $a(t)$ and $b(t)$ such that

$$a(t) \cdot f(t) + b(t) \cdot (t - 1) = 1,$$

whence $b(T) \cdot (T - I)(n) = n$. Setting

$$m = -b(T)(n)$$

we get

$$Tm = m - n$$

and

$$T \cdot e^{ad\ m}(H_i) = e^{ad\ Tm} \cdot T(H_i) = e^{ad\ (m-n)} \cdot e^{ad\ n}(H_i) = e^{ad\ m}(H_i).$$

On the other hand, we have for any $S \in \Gamma_i$ :

$$S \cdot T(H_i) = T \cdot T^{-1} \cdot S \cdot T(H_i) = T \cdot S_1(H_i), \qquad (S_1 \in \Gamma_i),$$

therefore

$$S \cdot T(H_i) = T(H_i)$$

or also

$$e^{ad\ n}(H_i) = S \cdot e^{ad\ n}(H_i) = e^{ad\ Sn}(H_i),$$

and by (6.2), $Sn = n$ for all $S \in \Gamma_i$. It follows that

$$S \cdot T^j(n) = T^j \cdot T^{-j} \cdot S \cdot T^j(n) = T^j \cdot S^*(n) = T^j(n), \qquad (S^* \in \Gamma_i)$$

$$S \cdot b(T)(n) = b(T)(n)$$

and finally

$$S \cdot e^{ad\ m}(H_i) = e^{ad\ Sm}(H_i) = e^{ad\ m}(H_i).$$

Thus $H_{i+1} = \exp\ ad\ m(H_i)$ is invariant under $\Gamma_{i+1}$.

(b). $\Gamma$ *any solvable group.* Let $\bar{\Gamma}_0$ be the connected component of the identity of the algebraic hull $\bar{\Gamma}$ of $\Gamma$, which is also solvable by (1.5). By Lie's theorem, the commutator subgroup of the group $\Delta = \bar{\Gamma}_0 \cap \Gamma$ consists of unipotent elements, therefore reduces to the identity, and $\Delta$ is abelian. It is clearly dense in $\bar{\Gamma}_0$, whose Lie algebra $L$ is thus abelian, completely reducible and therefore consists of semi-simple endomorphisms.

Let $G_0$ be the nilspace of $L$ in $G$, or equivalently, the biggest subspace of $G$ which is annihilated by $L$; it is also the set of fixed points under $\Gamma_0$ and therefore is invariant under $\Gamma$. If $G_0 = G$, then $L(G) = 0$, $L = 0$, $\Gamma_0$ is the identity, $\Gamma$ is a finite solvable group and we are back to (a).

There remains to consider the case where $G_0 \neq G$; by induction $G_0$ has a Cartan subalgebra $H_0$ invariant under $\Gamma$; since $L(G)$ is contained in the nilpotent ideal $N$ formed by the $n \in G$ with nilpotent $ad\ n$, (see 1.4), we have $G = G_0 + N$ and, $G$ not being nilpotent, there exists $g \in G_0$ with $ad_G g$ not nilpotent. By (2.6) the nilspace $M$ of $H_0$ is then a proper subalgebra of $G$, clearly invariant under $\Gamma$. By induction again, $\Gamma$ leaves invariant a Cartan subalgebra $H$ of $M$; since $H$ is a Cartan subalgebra of $G$ by (2.7), the proof is now complete.

PROPOSITION 7.2. *Let $A$ be an abelian algebra of semi-simple derivations of a Lie algebra $G$. Then*

(a). *If $G$ is not solvable, $A$ annihilates an element $x$ such that $ad\ x$ is not nilpotent, and which is regular for semi-simple $G$.*

(b). *$A$ leaves a Cartan subalgebra invariant.*

(a). By consideration of an invariant subspace supplementary to the radical of $G$, one reduces (a) to the semi-simple case, where it follows from (2.7) and from the fact that all derivations are inner.

(b). For semi-simple $G$, same proof as in (a). Let now $G$ be solvable. The smallest algebraic Lie algebra $\bar{A}$ containing $A$ is also abelian and made up of semi-simple derivations of $G$; the corresponding connected algebraic group is an abelian group of semi-simple automorphisms which by (7.1) leaves invariant a Cartan subalgebra $H$; the latter is then also invariant under $A$.

Let now $G$ be neither solvable nor semi-simple and let $R$ be its radical. It is invariant under $A$, which therefore induces an abelian algebra $A^*$ of semi-simple derivations of $G/R$. Let $M$ be the inverse image in $G$ of a Cartan subalgebra of $G/R$ kept invariant by $A^*$. It is solvable, invariant under $A$, therefore $A$ leaves invariant a Cartan subalgebra $H$ of $M$, which by (2.4) is also a Cartan subalgebra of $G$.

COROLLARY 7.3. *Let $\Gamma$ be a commutative connected algebraic group of semi-simple automorphisms of a Lie algebra $G$. Then*

(a). *If $G$ is not solvable, $\Gamma$ has a fixed element $x$ such that $ad\ x$ is not nilpotent, and which is regular for semi-simple $G$.*

(b). *$\Gamma$ leaves a Cartan subalgebra invariant.*

In analogy with [1], we introduce now the following definition:

DEFINITION. *A linear group* $\Gamma$ *has type* $(MP)^*$ *if it has a finite sequence* $\Gamma = \Gamma_s \supset \Gamma_{s-1} \supset \cdots \supset \Gamma_1 \supset \Gamma_0 = (e)$ *of invariant subgroups, where* $\Gamma_{i+1}$ *is generated by* $\Gamma_i$ *and by a subgroup* $\Delta_i$ *which either is cyclic or has an abelian and connected algebraic hull,* $(0 \leq i \leq s)$.

A group of type $(MP)^*$ is always solvable. A *real* linear group with a sequence of closed (in the matrix group topology) invariant subgroups such that the successive quotients are either cyclic or connected abelian Lie groups has type $(MP)^*$ hence this notion includes the linear groups of type $(MP)$. of [1].

LEMMA 7.4. *Let* $\Gamma$ *be a linear group,* $\bar{\Gamma}$ *its algebraic hull. Let* $W$ *be a subspace of the underlying space* $V$ *and let* $\rho$ *be the restriction to* $W$ *of endomorphisms of* $V$ *leaving* $W$ *invariant. If* $\Gamma$ *leaves* $W$ *invariant, so does* $\bar{\Gamma}$ *and we have* $\overline{\rho(\bar{\Gamma})} = \overline{\rho(\Gamma)}$; *if* $\bar{\Gamma}$ *is connected, so is* $\overline{\rho(\Gamma)}$.

The invariance of $W$ under $\bar{\Gamma}$ is clear. Let

$$\Delta = \{T \in \bar{\Gamma}, \rho(T) \in \overline{\rho(\Gamma)}\}$$

it is an algebraic group ([2], Proposition 3, p. 102), containing $\Gamma$ and therefore equal to $\bar{\Gamma}$, whence $\rho(\bar{\Gamma}) \subset \overline{\rho(\Gamma)}$ and $\overline{\rho(\bar{\Gamma})} \subset \overline{\rho(\Gamma)}$. The other inclusion is obvious. If $\bar{\Gamma}$ is connected, $\overline{\rho(\bar{\Gamma})}$ is also connected by Proposition 2, p. 115 of [2].

COROLLARY 7.5. *Let* $\Gamma$ *be a linear group of type* $(MP)^*$ *and let* $W$ *be a subspace of the underlying space* $V$ *invariant under* $\Gamma$. *Then the restriction of* $\Gamma$ *to* $W$ *is a group of type* $(MP)^*$.

It is an immediate consequence of (7.4) and of the definition.

THEOREM 7.6. *A group* $\Gamma$ *of type* $(MP)^*$ *of semi-simple automorphisms of a Lie algebra* $G$ *leaves a Cartan subalgebra invariant.*

For solvable $G$, (7.6) follows from (7.1). In the general case, the proof is by induction on the dimension of $G$. Let $G$ be non-solvable and let $G_1$ by the set of fixed points under a non-trivial invariant abelian subgroup $\Gamma_1$ of $\Gamma$ which either is cyclic or has a connected algebraic hull; $G_1$ is a proper subalgebra, invariant under $\Gamma$, and by (7.5) and the induction hypothesis, it has a Cartan subalgebra $H_1$ invariant under $\Gamma$. Since by (4.5) and (7.3) the algebra $G_1$ has an element $x$ with non nilpotent $ad_G x$, the nilspace $N$ of $H_1$ is a proper subalgebra of $G$, (see 2.6), clearly invariant under $\Gamma$; by induction and (7.5), $\Gamma$ keeps invariant a Cartan subalgebra $H$ of $G$; since $H$ is also a Cartan subalgebra of $G$ by (2.7), our theorem is proved.

The importance of the semi-simplicity assumption for automorphisms, made throughout this paper, is stressed by the following:

PROPOSITION 7.7. *If an automorphism of a semi-simple Lie algebra keeps a Cartan subalgebra invariant, it is semi-simple.*

PROOF. Let $T$ be an automorphism of a semi-simple algebra $G$ leaving a Cartan subalgebra $H$ invariant, and let $T = S \cdot U$ be the Jordan product decomposition of $T$, with $S$ semi-simple, $U$ unipotent. $S$ and $U$ are automorphisms of $G$ keeping $H$ invariant, (see 1.5), and log $U$ is a derivation of $G$ leaving also $H$

invariant. All derivations of $G$ being inner, we have log $U = ad\ n$, with $n\ \epsilon\ G$, and moveover $ad\ n(H) \subset H$ implies $n\ \epsilon\ H$. Thus $ad\ n$ is nilpotent by construction, and semi-simple by (3.4); as a result $ad\ n = 0$ and $T = S$ is semi-simple.

University of Chicago
Johns Hopkins University


## BIBLIOGRAPHY

[1]. A. Borel et J.-P. Serre, *Sur certains sous-groupes des groupes de Lie compacts*, Comment. Math. Helv. 27 (1953), pp. 128–139.
[2]. C. Chevalley, Théorie des groupes de Lie II. Groupes algébriques, Act. Sci. et Ind. 1152, Hermann ed., Paris, 1951.
[3]. C. Chevalley, Théorie des groupes de Lie III, to be published by Hermann, Paris.
[4]. A. I. Malcey, *Solvable Lie algebras*, Izv. Akad. Nauk. SSSR, Ser. Mat. 9 (1945), pp. 329–352, AMS Translations, No. 27.
[5]. G. D. Mostow, *Factor spaces of solvable groups*, Ann. of Math. 60 (1954), pp. 1–27.

**37.**

## Sur la torsion des groupes de Lie

J. Math. Pures Appl. (9) **35** (1955) 127–139

On sait que la connaissance des invariants du groupe de Weyl $W(G)$ d'un groupe de Lie compact connexe G permet de décrire complètement l'algèbre de cohomologie réelle de G, par l'intermédiaire d'un théorème de C. Chevalley [8] (rappelé au début du n° **4**). Notre but ici est d'établir une relation entre $W(G)$ et la cohomologie mod $p$ de G en démontrant le :

Théorème I. — *Soit G un groupe de Lie compact connexe et soit $p$ un nombre premier ne divisant pas l'ordre du groupe de Weyl de G. Alors G n'a pas de $p$-torsion* ([1]).

Corollaire. — *Les groupes de structure* $E_6$, $E_7$, $E_8$ *n'ont pas de $p$-torsion pour* $p \geqq 7$, $p \geqq 11$, $p \geqq 11$ *respectivement.*

Ce théorème ne fait pas de distinction entre deux groupes localement isomorphes, puisque deux tels groupes ont même groupe de Weyl; il en résulte par exemple qu'un groupe compact connexe, simplement connexe G, ne peut contenir dans son centre un élément $\neq e$ d'ordre $p$ premier à l'ordre du groupe de Weyl (car sinon le groupe adjoint de G aurait un groupe fondamental, commutatif, d'ordre divisible par $p$, donc de la $p$-torsion). Pour les groupes simples de structures $E_6$, $E_7$, $E_8$, les seuls dont la $p$-torsion n'est pas connue (*voir* [1], [2]), les ordres du groupe de Weyl sont $2^7.3^4.5$, $9!.8$ et $10!.3.2^6$ respectivement, d'où le corollaire.

---

([1]) Un espace topologique est dit être sans $p$-torsion ($p$ premier), si ses groupes de cohomologie entière ne contiennent pas d'éléments $\neq 0$ d'ordre fini divisible par $p$.

477

La démonstration du théorème I s'appuie sur quelques résultats de [1], [2], sur une légère extension d'un théorème de Chevalley [9] concernant les invariants de W(G), discutée au n° **2**, et sur un lemme (3.1) qui donne une condition suffisante pour que dans un espace fibré E de base B, la projection $\pi : E \to B$ induise un homomorphisme de noyau nul de la cohomologie de B dans celle de E.

Les racines de G, au sens de la théorie infinitésimale, peuvent s'exprimer comme combinaisons linéaires à coefficients entiers tous de même signe de $r$, d'entre elles, où $r$ est le rang de G; il en est une dont les coefficients ont la plus grande valeur possible, la racine dominante (*voir* à ce sujet [7] par exemple). Il paraît plausible que si $p$ ne divise aucun coefficient de cette dernière, et si G est simple et simplement connexe, alors G est sans $p$-torsion; cela est en tout cas vrai pour $G = SU(n)$, $Sp(n)$, $Spin(n)$, $G_2$, $F_4$. Ici, nous *vérifierons un résultat plus faible* (au moins dans l'état actuel de la question) :

THÉORÈME II. — *Soit G un groupe de Lie compact connexe, simplement connexe et simple et soit p un nombre premier. Si p ne divise pas les coefficients de la racine dominante, alors l'espace classifiant* $B_G$ *pour G n'a pas de p-torsion.*

Nous renvoyons au n° **3** pour une discussion des relations entre la torsion de G et celle de $B_G$; on verra aussi que $B_G$ sans $p$-torsion équivaut à $H^\star(G/T, K_p)$ (T, tore maximal), est engendré par ses éléments de degré 2.

**1. PRÉLIMINAIRES.** — De façon générale, nous suivons les notations et conventions de [1], à cela près que nous noterons le $r^{\text{ième}}$ terme d'une algèbre spectrale $E_r$ au lieu de $H_r$, et nous nous bornons à rappeler celles qui interviendront le plus fréquemment ici.

$p$ est soit un nombre premier, soit zéro, $K_p$ est un corps de caractéristique $p$, Z l'anneau des entiers.

Soit V un espace vectoriel gradué par des (c'est-à-dire somme directe de) sous-espaces $V^i$ ($i$ entier $\geq o$), de dimensions finies. On note $P(V, t)$ le polynome (ou série formelle) de Poincaré :

$$P(V, t) = \sum_{i \geq o} \dim V^i t^i;$$

un élément $x \in V^i$ est dit homogène de degré $i$, son degré est noté $\mathrm{D}x$.

$\mathrm{H}^i(\mathrm{X}, \mathrm{A})$ est le $i^{\text{ième}}$ groupe de cohomologie de l'espace $\mathrm{X}$ à coefficients dans $\mathrm{A}$, $\mathrm{H}^\star(\mathrm{X}, \mathrm{A})$ est la somme directe des $\mathrm{H}^i(\mathrm{X}, \mathrm{A})$. On écrira $\mathrm{P}_p(\mathrm{X}, t)$ pour $\mathrm{P}(\mathrm{H}^\star(\mathrm{X}, \mathrm{K}_p), t)$. On utilisera les remarques suivantes sur les espaces à cohomologie de type fini (nous n'en considérerons pas d'autres), qui découlent immédiatement de la formule des coefficients universels : $\mathrm{X}$ n'a pas de $p$-torsion si et seulement si $\mathrm{P}_0(\mathrm{X}, t) = \mathrm{P}_p(\mathrm{X}, t)$; si les espaces $\mathrm{H}^i(\mathrm{X}, \mathrm{K}_p)$ sont nuls pour tout $i$ impair, alors $\mathrm{X}$ n'a pas de $p$-torsion.

Soit $f$ une application continue de $\mathrm{X}$ dans $\mathrm{Y}$. Elle induit un homomorphisme $f^\star$ de $\mathrm{H}^\star(\mathrm{Y}, \mathrm{A})$ dans $\mathrm{H}^\star(\mathrm{X}, \mathrm{A})$; plus précisément on notera $f_p^\star$ l'homomomorphisme de $\mathrm{H}^\star(\mathrm{Y}, \mathrm{K}_p)$ dans $\mathrm{H}^\star(\mathrm{X}, \mathrm{K}_p)$ ainsi obtenu.

$\mathrm{G}$ est un groupe de Lie compact connexe, $\mathrm{T}$ un tore maximal de $\mathrm{G}$, $r$ la dimension de $\mathrm{T}$, c'est-à-dire le rang de $\mathrm{G}$. Le groupe de Weyl $\mathrm{W}(\mathrm{G})$ est le quotient par $\mathrm{T}$ du normalisateur de $\mathrm{T}$ dans $\mathrm{G}$; c'est un groupe fini. Enfin $\mathrm{B}_\mathrm{G}$ est un espace classifiant pour $\mathrm{G}$ (*cf.* par exemple [1], § 18).

**2.** Groupes finis engendrés par des symétries. — Soit $\mathrm{V}$ un espace vectoriel de dimension finie sur $\mathrm{K}_p$. Tout automorphisme de $\mathrm{V}$ induit un automorphisme de l'algèbre des polynomes sur $\mathrm{V}$; un *invariant* d'un ensemble $\mathrm{A}$ d'automorphismes de $\mathrm{V}$ est un polynome fixe par toutes les transformations de $\mathrm{A}$. On appellera ici *symétrie de* $\mathrm{V}$ une transformation linéaire d'ordre $2$ qui laisse fixes tous les points d'un hyperplan. C. Chevalley [9] a démontré le théorème suivant ([2]).

Théorème 2.1. — *Soit* $\mathrm{V}$ *un espace vectoriel de dimension* $r$ *sur un corps* $\mathrm{K}_0$ *de caractéristique zéro, et soit* $\mathrm{W}$ *un groupe fini de transformations linéaires de* $\mathrm{V}$ *engendré par des symétries. Alors la* $\mathrm{K}_0$-*algèbre des invariants de* $\mathrm{W}$ *est engendrée par* $r$ *éléments homogènes algébriquement indépendants* $\mathrm{I}_i (1 \le i \le r)$, *(et l'unité). L'ordre de* $\mathrm{W}$ *est égal au produit des degrés des* $\mathrm{I}_i$.

---

([2]) Je tiens à remercier vivement le Professeur C. Chevalley, qui a aimablement mis à ma disposition le manuscrit du Mémoire [9].

Ce théorème résulte lui-même principalement du lemme suivant ([9], lemme 2) :

LEMME 2.2. — *Soit* V *un espace vectoriel de dimension finie sur un corps infini* $K_p$ *et soit* W *un groupe fini d'automorphismes de* V *engendré par des symétries, d'ordre premier à* p. *Soient* $I_1, \ldots, I_m$ *des invariants homogènes formant une base d'idéal de l'idéal* $F_w$ *engendré par les invariants homogènes de degrés* $> 0$ *de* W [3]. *Alors si* $I_1 \ldots, I_k$ *sont de degrés premiers à* p, *ils sont algébriquement indépendants.*

On ne sait pas si le théorème 2.1 vaut en général lorsque le corps de base est de caractéristique $p$ première à l'ordre de W; nous voulons montrer ici qu'il est vrai dans le cas particulier où W s'obtient par réduction mod $p$ à partir d'un groupe *cristallographique*.

Soit W un groupe d'automorphismes d'un espace vectoriel V sur $K_0$, de dimension $r$. On dit qu'il est cristallographique s'il laisse invariant « un réseau » $\Gamma$ de V, c'est-à-dire un groupe additif de V engendré par $r$ éléments linéairement indépendants, autrement dit si W est représenté par des matrices à coefficients entiers dans une base convenable. Soit $(x_i)(1 \leq i \leq r)$, une base du groupe $\Gamma^*$ des formes linéaires sur V à valeurs entières sur $\Gamma$; W est un groupe d'automorphismes de $\Gamma$ ou $\Gamma^*$, donc aussi de l'anneau des polynomes $Z[x_1, \ldots, x_r]$ à coefficients entiers en les $x_i$. On en déduit un groupe d'automorphismes de l'espace $\Gamma \otimes K_p$ sur $K_p$ et de l'algèbre $K_p[x_1 \ldots, x_r]$ des polynomes sur $\Gamma \otimes K_p$. On note $I_w$ (resp. $I_{w,p}$), l'ensemble des invariants de W dans $Z[x_1, \ldots, x_r]$ (resp. $K_p[x_1 \ldots, x_r]$); l'anneau $I_w$ est un addende direct dans $Z[x_1, \ldots, x_r]$ car si $mP \in I_w (m \in Z)$, alors $m(w(P) - P) = 0$ pour tout $w \in W$, d'où $w(P) = P$ et $P \in I_w$; par conséquent, $I_w \otimes K_p$ est canoniquement contenu dans $I_{w,p}$; il peut en être différent, cependant :

LEMME 2.3. — *Soit* W *un groupe cristallographique fini et soit* p *premier à l'ordre* N *de* W. *Alors, dans les notations précédentes,* $I_w \otimes K_p = I_{w,p}$.

---

[3] Une telle base existe car l'anneau des invariants d'un groupe fini admet un nombre fini de générateurs d'après un résultat classique.

En effet, un élément $P \in I_{W,p}$ peut s'écrire

$$P = \sum_1^m P_i \otimes a_i \qquad (P_i \in Z[x_1, \ldots, x_r],\ a_i \in K_p,\ i = 1, \ldots, m),$$

d'où

$$N.P = \sum_1^m Q_i \otimes a_i \qquad \left[ Q_i = \sum_{w \in W} w(P_i),\ i = 1, \ldots, m \right],$$

et finalement

$$P = \sum_1^m Q_i \otimes a_i . N^{-1} \in I_W \otimes K_p.$$

Soit $s$ une symétrie de $W$. Il est élémentaire que l'hyperplan fixé point par point par $s$ peut se représenter par une équation

$$a_1 x_1 + \ldots + a_r.x_r = 0$$

où les $a_i$ sont entiers et premiers dans leur ensemble, donc qu'il existe une base de $\Gamma$ dont les $r-1$ premiers éléments sous-tendent cet hyperplan. Ainsi si l'on part d'un groupe cristallographique $W$ dans $V$ engendré par des symétries, le groupe obtenu dans $\Gamma \otimes K_p$ est aussi engendré par des symétries.

THÉORÈME 2.4. — *Soit* $W$ *un groupe cristallographique fini engendré par des symétries, opérant sur l'anneau* $Z[x_1, \ldots, x_r]$. *Soit* $I_W$, (*resp.* $I_{W,p}$), *l'ensemble des invariants de* $W$ *dans* $Z[x_1, \ldots, x_r]$ (*resp.* $K_p[x_1 \ldots, x_r]$). *Notons* $m_i(i = 1, \ldots, r,\ m_i \leq m_j\ si\ i \leq j)$, *les degrés d'un système minimal de générateurs homogènes* $I_{i,0}$ *de* $I_{W,0}$. *Alors pour p premier à l'ordre de* $W$, *l'algèbre* $I_{W,p}$ *est engendrée par r éléments algébriquement indépendants* $I_{i,p}$, $[DI_{i,p} = DI_{i,0}\ (1 \leq i \leq r)]$, *et l'unité.*

On a d'après (2.1) et (2.3) :

$$(2.5) \qquad P(I_{W,0},\ t) = P(I_W \otimes K_0,\ t) = \prod_1^r (1 - t^{m_i})^{-1},$$

de plus on a

$$(2.6) \qquad P(I_{W,p},\ t) = P(I_W \otimes K_p,\ t) = \prod_1^r (1 - t^{m_i})^{-1},$$

la première égalité résultant de $(2.3)$, la seconde de $(2.5)$ et du fait que $I_w$ est addende direct. Soient

$$I_{i,p} \qquad (i = 1, \ldots, m,\ DI_{i,p} \leq DI_{j,p} \text{ si } i \leq j),$$

des invariants homogènes formant une base d'idéal de l'idéal $F_{w,p}$ engendré par les invariants homogènes de degrés $> 0$ [3]. Par formation de moyennes sur $W$, il est immédiat que les $I_{i,p}$ et l'unité constituent un système de générateurs de la $K_p$-algèbre $I_{w,p}$, visiblement minimal.

Supposons que pour $i \leq s$, $I_{i,p}$ ait même degré que $I_{i,0}$; ce degré étant premier à $p$ d'après la dernière assertion de $(2.1)$, le lemme $(2.2)$ montre que $I_{1,p}, \ldots, I_{s,p}$ sont algébriquement indépendants; ils engendrent donc avec $1$ une algèbre qui a même série de Poincaré que la sous-algèbre de $I_{w,0}$ engendrée par $1, I_{1,0}, \ldots, I_{s,0}$, et il suit alors de $(2.5)$, $(2.6)$, que $DI_{s+1,p} = DI_{s+1,0}$. On voit ainsi par récurrence que $DI_{i,p} = DI_{i,0}$ $(1 \leq i \leq r)$, donc aussi que $m \geq r$; les éléments $I_{i,p}$ sont, vu $(2.1)$, $(2.2)$, algébriquement indépendants et engendrent avec $1$ une sous-algèbre ayant la série de Poincaré figurant dans $(2.5)$, $(2.6)$, donc égale à $I_{w,p}$, d'où $m = r$ et le théorème.

**5.** **Un lemme sur les espaces fibrés.** — On considère un espace fibré connexe E de base B, fibre typique connexe F, projection $\pi$, système qui sera désigné par $(E, B, F, \pi)$, et l'on suppose être dans les conditions d'existence d'une algèbre spectrale ayant les propriétés usuelles décrites dans [1] (§ 5); par exemple, pour fixer les idées, E est compact, la fibration est localement triviale et l'on se place en cohomologie d'Alexander-Spanier, ce qui suffit pour la suite; $i$ dénote l'injection d'une fibre dans E.

**Lemme 3.1** — *Soient* $(E, B, F, \pi)$ *une fibration et* K *un corps. On suppose qu'il existe un entier* $q$ *tel que* $H^i(F, K) = 0$ *pour* $i > q$, *que* $i^*(H^q(E, K)) \neq 0$ *et que les espaces de cohomologie en dimension* $q$ *des différentes fibres forment un système simple sur* B. *Alors* $\pi^*$ : $H^*(B, K) \to H^*(E, K)$ *a un noyau nul.*

D'après les hypothèses, on a dans la suite spectrale de $(E, B, F, \pi)$ :

$$E_2^{m,q} = H^m(B, K) \otimes H^q(F, K), \qquad E_2^{m,n} = 0 \qquad (m \geq 0,\ n > q)$$

et il existe un élément $h \in \mathrm{H}^q(\mathrm{F}, \mathrm{K})$ non nul, faisant partie de l'image de $i^\star$; l'élément correspondant $\mathrm{I} \otimes h$ de $\mathrm{E}_1^{0,q}$ est donc un cocycle pour toutes les différentielles $d_r(r \geqq 2)$; ces dernières sont nulles sur $\mathrm{H}^\star(\mathrm{B}, \mathrm{K}) \otimes \mathrm{I}$, donc aussi sur $\mathrm{H}^\star(\mathrm{B}, \mathrm{K}) \otimes h$.

Supposons qu'il existe un élément $b \in \mathrm{H}^k(\mathrm{B}, \mathrm{K})$ non nul annulé par $\pi^\star$. Alors il y a un indice $r$ tel que

$$\varkappa_r^2(b \otimes \mathrm{I}) = d_r \varkappa_r^2(y) \neq \mathrm{o} \qquad (y \in \mathrm{E}_2^{k-r, r-1}),$$

et puisque $d_r$ est une différentielle relativement au produit, il en résulte que

$$\varkappa_r^2(b \otimes h) = \varkappa_r^2((b \otimes \mathrm{I}) . (\mathrm{I} \otimes h)) = d_r \varkappa_r^2(y . (\mathrm{I} \otimes h));$$

mais cela est impossible, car $b \otimes h$ est un élément non nul de $\mathrm{E}_2$ dont le degré fibre est maximum et $d_s$ diminue strictement le degré fibre pour tout $s \geqq 2$, donc $b \otimes h$ n'est jamais un cobord.

COROLLAIRE 3.2. — *Soit* $(\mathrm{E}, \mathrm{B}, \mathrm{F}, \pi)$ *un espace fibré différentiable compact à fibre orientable, et soit p un nombre premier. Si la caractéristique d'Euler-Poincaré* $\chi(\mathrm{F})$ *de* F *n'est pas divisible par p, alors* $\pi_p^\star$ : $\mathrm{H}^\star(\mathrm{B}, \mathrm{K}_p) \to \mathrm{H}^\star(\mathrm{E}, \mathrm{K}_p)$ *a un noyau nul.*

Soit $\mathrm{E}^\star$ l'espace fibré de base E formé par les vecteurs tangents aux fibres de E, et soit $\mathrm{F}^\mathrm{T}$ l'espace fibré des vecteurs tangents de F. L'inclusion d'une fibre dans E définit un homomorphisme de $\mathrm{F}^\mathrm{T}$ dans $\mathrm{E}^\star$. D'après le théorème de classification, $\mathrm{E}^\star$ est induit par une application $\sigma$ de E dans l'espace $\mathrm{B}_{0(s)}$ classifiant pour le groupe orthogonal $(s = \dim \mathrm{F})$, donc $\mathrm{F}^\mathrm{T}$ est induit par $\sigma \circ i$.

Soit $z$ un générateur de $\mathrm{H}^s(\mathrm{F}, \mathrm{Z})$. Alors $\chi(\mathrm{F}) . z$ est une classe caractéristique de $\mathrm{F}^\mathrm{T}$, donc fait partie de l'image de $(\sigma \circ i)^\star$; puisque $p$ ne divise pas $\chi(\mathrm{F})$, il en résulte que $\mathrm{H}^s(\mathrm{F}, \mathrm{K}_p)$ est dans l'image de $(\sigma \circ i)_p^\star$, donc *a fortiori* dans celle de $i_p^\star$; comme l'image de $i^\star$ se compose toujours d'éléments qui forment un système simple sur la base (*voir* par exemple [1], § 4), toutes les hypothèses de (3.1) sont remplies.

**4.** DÉMONSTRATION DU THÉORÈME I. — L'algèbre $\mathrm{H}^\star(\mathrm{B}_\mathrm{T}, \mathrm{Z})$ est une algèbre de polynomes à $r$ variables $x_i$ de degré 2, sur laquelle $\mathrm{W}(\mathrm{G})$

opère de façon naturelle, et le groupe induit dans $H^\star(B_T, K_0)$ est un groupe cristallographique engendré par des symétries (*cf.* par exemple [2] § 18). On note $I_{W(G)}$ l'anneau des invariants de $W(G)$ dans $H^\star(B_T, Z)$.

Soit $(I_{i,0})(1 \leq i \leq r)$ un système minimal de générateurs de $I_{W,0}$ et soit $m_i$ le degré de $I_{i,0}$. Le théorème de Chevalley auquel il est fait allusion au début de cet article affirme que

$$H^\star(G, K_0) = \bigwedge (h_1, \ldots, h_r) \qquad (D h_i = 2 m_i - 1, i = 1, \ldots, r)$$

([8], *voir* [1] § 26 pour une démonstration topologique); $\bigwedge(h_1, \ldots, h_r)$ désigne une algèbre extérieure engendrée par des éléments $h_1, \ldots, h_r$.

Il existe une fibration $(B_T, B_G, G/T, \rho(T, G))$, ([1], § 21), sur laquelle $W(G)$ opère en laissant fixe chaque point de la base (*voir* [1], § 27; [2], § 18); par conséquent l'image de $\rho^\star(T, G)$ est formée d'invariants de $W(G)$. De plus si l'on se donne un entier $m$ arbitrairement grand et si l'on se borne à considérer la cohomologie jusqu'au degré $m$, on peut supposer que la fibration précédente est différentiable car dans sa construction on peut partir d'un espace fibré différentiable compact, universel pour $G$ et pour $m + \dim G$. La fibre $G/T$ est évidemment orientable et d'après Hopf-Samelson [10], $\chi(G/T)$ est égale à l'ordre de $W(G)$, donc est première à $p$. On est ainsi dans les hypothèses de $(3.2)$, ce qui montre que $\rho_p^\star(T, G)$ est de noyau nul, donc que $H^i(B_G, K_p) = 0$ pour $i$ impair, ou encore que $B_G$ est sans $p$-torsion et que

$$(4.1) \qquad P_p(B_G, t) = P_0(B_G, t).$$

D'autre part, $\rho_0^\star(T, G)$ identifie $H^\star(B_G, K_0)$ à $I_{W(G)} \otimes K_0 = I_{W(G),0}$ ([1], § 27), donc

$$(4.2) \qquad P_0(B_G, t) = P(I_{W(G),0}, t) = \prod_1^r (1 - t^{2m_i})^{-1}$$

et finalement, vu $(2.4)$ :

$$(4.3) \qquad P_p(B_G, t) = P(I_{W(G),p}, t) = P(I_{W(G),0}, t).$$

Ainsi l'image de $\rho_p^\star(T, G)$ est isomorphe à $H^\star(B_G, K_p)$, donc a même série de Poincaré que $H^\star(B_G, K_p)$, et est contenue dans $I_{W(G),p}$;

il suit alors de $(4.3)$ que cette image est égale à $I_{W(G),p}$, donc vu $(2.4)$, que $H^\star(B_G, K_p)$ est une algèbre de polynomes à $r$ générateurs $I_{i,p}$ de degrés $2m_1, \ldots, 2m_r$ (⁴). D'après le théorème 6.1 de [2], on a alors

$$H^\star(G, K_p) = \wedge (h_{1,p}, \ldots, h_{r,p}) \qquad (Dh_{i,p} = 2m_i - 1, i = 1, \ldots, r).$$

En appliquant le même théorème en caractéristique zéro, ou le théorème de Chevalley, on obtient une formule analogue pour $H^\star(G, K_0)$, d'où

$$P_p(G, t) = P_0(G, t)$$

et $G$ n'a pas de $p$-torsion.

**5. Remarque sur la torsion de $G$ et de $B_G$.** — Nous explicitons ici quelques corollaires de résultats connus.

**Proposition 5.1.** — *Si $G$ n'a pas de $p$-torsion, alors $B_G$ n'a pas de $p$-torsion.*

En effet, $H^\star(G, K_p)$ est alors une algèbre extérieure engendrée par des éléments de degrés impairs ([1], prop. 7.2), et, d'après le théorème 19.1 de [1], $H^\star(B_G, K_p)$ est une algèbre de polynomes engendrée par des éléments de degrés *pairs*, donc $B_G$ est sans $p$-torsion.

**Proposition 5.2.** — *Soient $G$ un groupe de Lie compact connexe, $p$ un nombre premier. Alors les trois conditions suivantes sont équivalentes :*

$(1)$ *$G$ est sans $p$-torsion ;*
$(2)$ *$H^\star(G, K_p)$ est une algèbre extérieure engendrée par des éléments de degrés impairs ;*
$(3)$ *$H^\star(B_G, K_p)$ est une algèbre de polynomes à générateurs de degrés pairs.*

Les implications $(1) \Rightarrow (2)$ et $(2) \Rightarrow (3)$ résultent respectivement de la proposition 7.2 et du théorème 19.1 de [1]. Il reste à voir que $(3) \Rightarrow (1)$.

---

(⁴) Dans $(2.4)$ les $x_i$ sont considérées comme coordonnées d'un espace vectoriel et ont le degré 1. Ici par contre on les envisage comme éléments du deuxième groupe de cohomologie de $B_T$ et on leur attribue ainsi le degré topologique 2, d'où la duplication des degrés des polynomes $I_{i,p}$ et $I_{i,0}$.

$H^\star(B_G, K_0)$ est une algèbre de polynomes à $r$ générateurs de degrés $2m_1, \ldots, 2m_r$ pairs ([1], théorème 19.1). Comme on suppose que les espaces de cohomologie $H^i(B_G, K_p)$ sont nuls pour $i$ impair, l'espace $B_G$ est sans $p$-torsion, donc

$$(5.3) \qquad P_p(B_G, t) = P_0(B_G, t) = \prod_{i=1}^{i=r} (1 - t^{2m_i})^{-1}.$$

Si l'on suppose que $H^\star(B_G, K_p)$ est de plus une algèbre de polynomes, alors il résulte immédiatemenn de cette égalité que $H^\star(B_G, K_p)$ doit aussi posséder $r$ générateurs de degrés $2m_1, \ldots, 2m_r$. En appliquant le théorème 6.1 de [2], on voit alors comme à la fin du n° **4** que $P_0(G, t) = P_p(G, t)$, donc que G n'a pas de $p$-torsion.

*Remarques* 5.4. — *a*. L'implication $(1) \Rightarrow (2)$ vaut en fait pour tout H-espace qui est un polyèdre fini (connexe bien entendu). Par ailleurs, des considérations élémentaires, basées uniquement sur le théorème de Hopf généralisé de [1] (§ 6) montrent que (2) entraîne (1) pour un H-espace simplement connexe [la condition $H^2(X, Z)$ sans $p$-torsion indiquée en remarque dans [1] (p. 143) est probablement trop faible]; cependant je ne sais pas si (1) et (2) sont équivavalents pour tout H-espace connexe qui est un polyèdre fini.

*b*. Il semble probable que la réciproque à (5.1) est vraie, donc que G est sans $p$-torsion si $B_G$ l'est. Si $B_G$ est sans $p$-torsion, alors $H^\star(B_G, K_p)$ a même série de Poincaré qu'une algèbre de polynomes [*cf*. (5.3)] et il suffirait de savoir que c'est une algèbre de polynomes au point de vue multiplicatif, mais nous n'y sommes parvenus au n° **4** que pour $p$ premier à l'ordre de $W(G)$, en nous appuyant sur un théorème relatif aux invariants de $W(G)$.

PROPOSITION 5.5. — *Soit G simplement connexe. Alors $B_G$ est sans $p$-torsion si et seulement si $H^\star(G/T, K_p)$ est engendrée par ses éléments de degré 2 ou est égale à sa sous-algèbre caractéristique.*

On renvoie à [1] (déf. 18.3) pour la notion de sous-algèbre caractéristique. Compte tenu de propriétés connues de l'algèbre spectrale, et de $H^i(B_T, K_p) = 0$ pour $i$ impair, il suffit de montrer que chacune des deux premières conditions de l'énoncé entraîne que $E_2 = E_\infty$ dans l'algèbre spectrale sur $K_p$ de la fibration $(B_T, B_G, G/T, \rho(T, G))$.

$G/T$ est sans torsion, et plus exactement $H^i(G/T, K_p)$ est nul pour $i$ impair et $p$ arbitraire [3], [5]. Si $B_G$ est sans $p$-torsion, alors $H^i(B_G, K_p)$ est nul pour $i$ impair $[cf. (5.3)]$ donc

$$E_2 = H^\star(B_G, K_p) \otimes H^\star(G/T, K_p)$$

n'a d'éléments non nuls qu'en degrés pairs, et est égal à $E_\infty$ d'après un raisonnement élémentaire bien connu $(cf. [1], \S 4)$.

G étant simplement connexe, on a $H^1(G, K_p) = 0$, donc aussi $H^2(B_G, K_p) = 0$, car dans la fibration $(E_G, B_G, G)$, où $E_G$ est universel pour $G$, la transgression est un isomorphisme de $H^1(G, K_p)$ sur $H^2(B_G, K_p)$ vu l'acyclicité de $E_G$. Dans la suite spectrale considérée ici, on a donc

$$E_2^{2,0} = E_2^{1,1} = 0 ; \qquad E_2^{0,2} \cong H^2(G/T, K_p),$$

et l'espace $^2E_2$ des éléments de degré total 2 dans $E_2$ a la dimension de $H^2(G/T, K_p)$, soit $r$([1], pro. 26.1, compte tenu du fait que $G/T$ est sans torsion). D'autre part, $^2E_\infty$ est l'espace gradué associé à $H^2(B_T, K_p)$ convenablement filtré, donc est aussi de dimension $r$. Cela n'est possible que si $E_2^{0,2} = E_\infty^{0,2}$ donc si les éléments de $H^2(G/T, K_p)$ sont cocycles pour toutes les différentielles $d_s(s \geq 2)$. Si l'on suppose $H^\star(G/T, K_p)$ engendré par ses éléments de degré 2 et l'unité il sera alors lui aussi formé d'éléments qui sont cocycles pour toutes les différentielles, d'où $E_2 = E_\infty$.

**6. Vérification du théorème II.** — Commençons par tirer de $(3.2)$ une conséquence un peu plus générale que celle qui a été utilisée au n° **4.**

Proposition 6.1. — *Soient $p$ un nombre premier et* U *un sous-groupe fermé connexe de* G, *de même rang que* G, *sans $p$-torsion, tel que $\chi(G/U)$ soit première à $p$. Alors* $B_G$ *est sans $p$-torsion et* $H^\star(G/U, K_p)$ *est égale à sa sous-algèbre caractéristique.*

U étant sans $p$-torsion, il en est de même pour $B_U$, qui a alors des espaces de cohomologie nuls en dimensions impaires (5.3). En appliquant (3.2) à la fibration $(B_U, B_G, G/U, \rho(U, G))$ [introduite dans [1] (§ 21) et qui comme dans le cas $U = T$ peut être supposée différentiable], on en déduit que $H^i(B_G, K_p) = 0$ pour $i$ impair, donc que $B_G$ est sans $p$-torsion.

L'absence de $p$-torsion dans U montre aussi que $G/U$ est sans $p$-torsion ([1], prop. 30.1, compte tenu du fait que $G/T$ et $U/T$ sont sans torsion [3], [5]), donc aussi, vu le théorème 26.1 de [1], que $H^i(G/U, K_p) = 0$ pour $i$ impair. On n'a ainsi que des éléments de degrés pairs dans le terme $E_2$ de l'algèbre spectrale de $(B_U, B_G, G/U, \rho(U, G))$ d'où $E_2 = E_\infty$ et le fait que $H^*(G/U, K_p)$ est égale à sa sous-algèbre caractéristique.

*Remarque* 6.2. — D'après [10], $\chi(G/U)$ est égale à l'indice de $W(U)$ dans $W(G)$.

6.3 On note $SU(n)$ le groupe unitaire unimodulaire à $n$ variables complexes, $Spin(n)$ le groupe des spineurs de l'espace à $n$ dimensions, c'est-à-dire le revêtement universel du groupe orthogonal unimodulaire $SO(n)$ à $n$ variables réelles. Le centre de $SU(n)$ est d'ordre $n$, celui de $Spin(n)$ est d'ordre 4 pour $n$ pair, d'ordre 2 pour $n$ impair: les groupes $W(SU(n))$, $W(Spin(2m))$, $W(Spin(2m+1))$ sont d'ordres respectifs $n!$, $m! . 2^{m-1}$ et $m! . 2^m$. Le groupe $SU(n)$ n'a pas de torsion (*voir* par exemple [1], § 9), et $Spin(n)$ n'a que de la 2-torsion ([2], § 12). Un raisonnement élémentaire sur les revêtements galoisiens finis montre qu'un groupe G et son quotient par un sous-groupe fini H sont simultanément avec ou sans $p$-torsion, lorsque $p$ est premier à l'ordre de H, ([2], corollaire 9.3). Par conséquent *un groupe localement isomorphe à* $SU(m) \times SU(n)$ [*resp.* $Spin(n)$], *n'a pas de p-torsion pour p premier à m.n* (*resp. p impair*).

6.4. Nous passons maintenant au théorème II. Les coefficients de la racine dominante sont 1 pour $SU(n)$, 1, 2 pour $Spin(n)$, $Sp(n)$, 2, 3 pour $G_2$, $F_4$, 1, 2, 3 pour $E_6$, 1, 2, 3, 4 pour $E_7$ et 2, 3, 4, 5, 6 pour $E_8$. Les ordres des groupes de Weyl des trois dernières structures ont été rappelés dans l'introduction. On désigne par $E_i^*$ un groupe simplement connexe de structure $E_i (i = 6, 7, 8)$. Compte tenu de la classification des groupes simples, du théorème I, de (5.1), des résultats de $[1]\,(\S\,9)$ sur $SU(n)$, $Sp(n)$, de $[2]\,(\S\,12,\,17,\,23)$ sur $Spin(n)$, $G_2$, $F_4$ il reste à vérifier II pour $G = E_6^\star$, $p = 5$, $G = E_7^\star$, $p = 5,7$ et $G = E_8^\star$, $p = 7$.

$E_6^\star$ contient un sous-groupe U localement isomorphe à $SU(2) \times SU(6)$, (*voir* [4], [6]), et l'on calcule à l'aide de (6.2) que $\chi(E_6^\star/U) = 36$. Alors (6.1) et (6.3) montrent qu'un espace classifiant pour $E_6^\star$ n'a pas de $p$-torsion pour $p \geqq 5$.

D'après [4] ou [6], $E_7^\star$, (resp. $E_8^\star$), a un sous-groupe U localement isomorphe à $SU(8)$ [resp. $Spin(16)$]. On a $\chi(E_7^\star/U) = 72$ et $\chi(E_8^\star/U) = 135$. En s'appuyant sur (6.1) et (6.3), on voit qu'un espace classifiant pour $E_7^\star$ (resp. $E_8^\star$), n'a pas de $p$-torsion pour $p \geqq 5$ (resp. $p \geqq 7$).

BIBLIOGRAPHIE.

[1] A. Borel, *Sur la cohomologie des espaces fibrés principaux et des espaces homogènes de groupes de Lie compacts* (*Ann. Math.*, t. 57, 1953, p. 115-207).

[2] A. Borel, *Sur l'homologie et la cohomologie des groupes de Lie compacts connexes* (*Amer. J. Math.*, t. 76, 1954, p. 273-342).

[3] A. Borel, *Kählerian coset spaces of semi-simple Lie groups* (*Proc. Nat. Acad. Sc. U. S. A.*, t. 40, 1954, p. 1147-1151).

[4] A. Borel et J. de Siebenthal, *Les sous-groupes fermés connexes de rang maximum des groupes de Lie clos* (*Comm. Math. Helv.*, t. 23, 1949-1950, p. 200-221).

[5] R. Bott, *On torsion in Lie groups* (*Proc. Nat. Acad. Sc. U. S. A.*, t. 40, 1954, p. 586-588).

[6] E. Cartan, *Sur une classe remarquable d'espaces de Riemann*, (*Bull. Soc. Math.*, t. 54, 1926, p. 214-264 et t. 55, 1927, p. 114-134).

[7] E. Cartan, *La géométrie des groupes simples* (*Annali di Matematica*, t. 4, 1927, p. 209-256 et t. 5, 1928, p. 253-260).

[8] C. Chevalley, *Determination of the Betti numbers of the exceptional Lie groups* (*Proc. Int. Congress Math.*, Harvard t. 2, 1950, p. 21-24).

[9] C. Chevalley, *Invariants of finite groups generated by reflections* [*Amer. J. Math.* (à paraître)].

[10] H. Hopf et H. Samelson, *Ein Satz über die Wirkungsräume geschlossener Lie'scher Gruppen* (*Comm. Math. Helv.*, t. 13, 1940-1941, p. 240-251).

# 39.

## Groupes linéaires algébriques

Ann. Math., (2) **64** (1956) 20–82

INTRODUCTION[1]

Un *groupe algébrique* sera dans ce travail un groupe linéaire, formé de matrices à coefficients dans un corps universel (i.e. algébriquement fermé, de degré de transcendance infini sur son corps premier), qui est la totalité des éléments inversibles d'un ensemble algébrique de l'espace des matrices. Nous étudierons avant tout les groupes algébriques et aussi, incidemment, les notions voisines de $k$-groupes algébriques et de variétés de groupe dont il sera question à la fin de cette introduction. Suivant E. Kolchin [5, 6] nous raisonnons directement sur les groupes en faisant appel, le cas échéant, à des notions et théorèmes de géométrie algébrique, et laissons complètement de côté l'algèbre de Lie, qui est à la base des recherches de C. Chevalley [2, 3]. Les résultats obtenus sont valables en caractéristique $p$ quelconque, et leurs démonstrations ne font le plus souvent aucune distinction entre les cas $p = 0$ et $p \neq 0$; ils concernent principalement la structure des groupes résolubles connexes,[2] les sous-groupes résolubles connexes maximaux, les sous-groupes de Cartan et les éléments réguliers.

Le 1er chapitre de généralités mis à part, ce travail peut se diviser en deux parties. La première (Chap. II et III) étudie quelques propriétés des groupes algébriques commutatifs, ou bien résolubles connexes; elle ne fait intervenir que les notions les plus élémentaires de la géométrie algébrique. On passe de là à un groupe algébrique général $G$ dans la seconde partie (Chap. IV et V) en s'appuyant sur deux propriétés fondamentales des sous-groupes résolubles connexes maximaux de $G$: Ils sont conjugués par automorphismes intérieurs, et l'espace homogène quotient de $G$ par l'un quelconque d'entre eux est une variété projective, donc *complète* au sens de Weil (Théorème 16.5).

On sait que tout automorphisme $g$ d'un espace vectoriel $V$ de dimension finie sur un corps parfait $k$ s'écrit d'une et d'une seule façon comme produit $g_s \cdot g_u$ d'un automorphisme $g_s$ semi-simple (i.e. à diviseurs élémentaires simples) et d'un automorphisme $g_u$ unipotent (i.e. à valeurs propres égales à 1) commutant entre eux; on appellera $g_s$, (resp. $g_u$), la partie semi-simple (resp. unipotente) de $g$. Un de nos premiers buts est de montrer que $g_s$ et $g_u$ font partie de tout groupe algébrique contenant $g$ (Théorème 8.4), résultat du reste déjà obtenu par Kolchin. Modulo quelques remarques à peu près évidentes, cela résultera ici principalement de propriétés (en partie connues) des groupes algébriques diagonaux discutées au §7: un tel groupe est caractérisé par des équations monomiales,

---

[1] The main part of this work was done while the author was supported in part under a National Science Foundation Grant G-1008 (Chicago, 1954–55).

[2] Connexe dans la topologie de Zariski ce qui, pour un groupe algébrique, équivaut à l'irréductibilité de l'ensemble algébrique sous-jacent (cf. 2.2).

490

donc est défini sur le corps premier, est complètement déterminé par ses éléments d'ordre fini et, s'il est connexe, est isomorphe au produit direct de groupes multiplicatifs du corps. Les groupes diagonaux connexes, ou plus intrinsèquement, les groupes connexes commutatifs formés de matrices semi-simples, jouerons un rôle considérable dans ce mémoire, tout à fait analogue à celui des *tores* dans la théorie des groupes de Lie compacts, et nous nous permettrons de leur donner le même nom, cela d'autant plus que nous n'aurons jamais à considérer les tores au sens usuel.[3]

En applications des résultats précédents on obtient notamment la structure du plus petit groupe algébrique contenant une matrice (8.5), le fait que l'image d'une matrice semi-simple (resp. unipotente) par une représentation rationnelle est semi-simple (unipotente), (9.3) et un lemme (9.6) qui est essentiel pour les §§12, 13, 21. Le §11 montre qu'un groupe nilpotent connexe est produit direct du sous-groupe formé par les matrices unipotentes et du sous-groupe des matrices semi-simples, qui est central. Les §§12, 13 sont consacrés aux groupes résolubles connexes: un tel groupe est produit semi-direct d'un tore maximal par le sous-groupe des matrices unipotentes, ses tores maximaux sont conjugués par automorphismes intérieurs (12.2), contiennent tous les éléments semi-simples (12.6); le centralisateur d'un tore est connexe (13.2) et est (au moins au point de vue groupe abstrait) facteur semi-direct lorsque le tore est maximal et que $C^{\infty}G$ (cf. §4) est commutatif (13.4).

Pour étudier les groupes algébriques généraux, nous nous basons sur les deux lemmes suivants: Soit $G$ un groupe algébrique connexe (ou une variété de groupe) opèrant sur une variété $V$, (au sens de [10], cf. §15). Alors il existe une orbite qui est un sous-ensemble algébrique (15.4), si $G$ est résoluble connexe (linéaire) et si $V$ est complète, alors $G$ admet un point fixe (15.5). On applique cela au §16 à un groupe algébrique connexe en le faisant opérer sur la *variété des drapeaux* de l'espace vectoriel sous-jacent; on en tire le théorème 16.5 énoncé plus haut et si $G$ est résoluble (15.5) donne immédiatement une nouvelle démonstration du théorème de Lie-Kolchin [5] affirmant que $G$ peut être mis sous forme triangulaire. Comme corollaires, on voit notamment que les tores maximaux de $G$ sont conjugués et que le centralisateur connexe d'un tore maximal est nilpotent.

Pour aller plus loin, il faut savoir que tout élément de $G$ est contenu dans un sous-groupe résoluble connexe, ce qui est établi au §17; cela résulte du §16 et d'un théorème (17.1) donnant des conditions suffisantes, satisfaites par le centralisateur connexe d'un tore maximal, pour que les conjugués d'un sous-groupe $H$ contiennent un ouvert de $G$ (dans la topologie de Zariski), donc remplissent $G$ si $G/H$ est une variété complète. Diverses conséquences sont déduites au §18, (par exemple: les tores de $G$ contiennent tous ses éléments semi-simples et ont des centralisateurs connexes, la puissance $m$-ième d'un point

---

[3] Dans la terminologie de Kolchin [5], ce sont les groupes algébriques quasicompacts connexes commutatifs, et l'on peut en fait omettre le mot commutatif si l'on tient compte d'un théorème de [6] (cf. 19.5).

générique est générique si $m$ est premier à $p$), ainsi qu'au §19, où l'on retrouve les résultats de Kolchin relatifs aux groupes qu'il appelle quasicompacts et anticompacts, en particulier: un groupe formé de matrices unipotentes peut être mis sous forme triangulaire, un groupe algébrique connexe formé de matrices semi-simples est commutatif.

Un *sous-groupe de Cartan* d'un groupe $G$ est un sous-groupe nilpotent maximal $C$ tel que tout sous-groupe d'index fini de $C$ ait un index fini dans son normalisateur (Chevalley [3] p. 199). Au §20 on montre que les sous-groupes de Cartan d'un groupe algébrique connexe sont exactement les centralisateurs de tores maximaux; vu les résultats précédemment acquis ils sont donc connexes et conjugués par automorphismes intérieurs, et remplissent un ouvert de $G$. Un élément de $g \, \epsilon \, G$ est dit *régulier* si le centralisateur de sa partie semi-simple est de dimension minimum. Une condition nécessaire et suffisante pour cela est que $g$ fasse partie d'exactement un sous-groupe de Cartan (Théorème 21.5). Enfin, les théorèmes 22.1 et 22.2 montrent que les notions de sous-groupe résoluble connexe maximal, tore maximal, sous-groupe de Cartan, élément régulier se conservent par représentation rationnelle surjective.[4]

Il est naturel de considérer à côté des groupes algébriques, au sens donné ici à cette expression, des groupes de matrices à coefficients dans un corps $k$ non nécessairement universel, définis par des équations polynomes à coefficients dans $k$, et que nous appellerons des $k$-groupes algébriques; c'est du reste le point de vue de C. Chevalley [2; 3]; il conduit à introduire des notions voisines, mais pas identiques, à celles de la géométrie algébrique relative à un corps de base qui seront brièvement rappelées en cours de route. On verra que nos résultats s'étendent aux $k$-groupes lorsque $k$ est *algébriquement fermé*. Dans quelques cas simples, on peut aussi passer à $k$ parfait, mais il reste à savoir si cela est possible (au moins pour $k$ infini) pour des résultats plus substantiels, tels que ceux obtenus par Chevalley en caractéristique zéro. Peut-être pourrait-on parvenir directement au cas $k$ algébriquement fermé, mais la méthode suivie en général ici est d'établir tout d'abord le théorème dans le cas "universel", puis de le compléter par quelques précisions sur les corps de définition, qui conduisent alors aisément à l'extension aux $k$-groupes; ce n'est que lorsque cela n'introduit pratiquement aucun changement dans la démonstration et évite des répétitions que l'on a directement traité ces derniers. C'est dire que les $k$-groupes jouent dans ce travail un rôle secondaire et que ce qui les concerne peut être omis sans supprimer rien d'essentiel; il en va de même pour les questions de corps de définition (sauf au §7 cependant), qui sont insérées ici principalement en vue du passage aux $k$-groupes, et sont quoi qu'il en soit très élémentaires.

Une autre généralisation des groupes algébriques est la notion de variété (abstraite, au sens de [9]) de groupe, introduite par Weil. En ce qui la concerne, on se bornera ici simplement à signaler quand certains résultats s'étendent à

---

[4] Une application d'un ensemble $A$ dans un ensemble $B$ est *injective* si deux points différents de $A$ ont des images différentes, elle est *surjective* si tout point de $B$ est image d'un point de $A$, et *bijective* si elle est à la fois injective et surjective.

ces groupes, soit sans modification de la démonstration, soit en vertu du fait que le quotient d'une variété de groupe par son centre est un groupe algébrique.

## TABLE DES MATIÈRES

### CHAPITRE I: GÉNÉRALITÉS



### CHAPITRE II: LE GROUPE ADHÉRENT À UNE MATRICE



### CHAPITRE III: GROUPES RÉSOLUBLES



### CHAPITRE IV: SOUS-GROUPES RÉSOLUBLES CONNEXES MAXIMAUX



### CHAPITRE V: SOUS-GROUPES DE CARTAN. ÉLÉMENTS RÉGULIERS



### CHAPITRE I: GÉNÉRALITÉS

## §1. Géométrie algébrique

Les notions de géométrie algébrique utilisées dans la plus grande partie de ce travail sont élémentaires et bien connues. Cependant, comme il ne semble guère possible de nous référer à un seul ouvrage, et encore moins à un ouvrage de même caractère élémentaire, il a paru préférable de rappeler dans le §1 les faits et définitions dont nous aurons le plus fréquemment besoin.

1.1. *Notations.* $\Omega$ désigne un corps universel, c'est à dire un corps algébriquement fermé de dimension algébrique infinie sur son corps premier, choisi une fois pour toutes, de caractéristique $p$ arbitraire; $Z_p$ est le corps premier de caractéristique $p$. La condition: $m$ est un entier premier à $p$, est supposée vide lorsque $p = 0$.

$k$, $k'$, $K$, $L$, $\cdots$ sont des sous-corps de $\Omega$, quelconques, mais il est entendu que si un tel corps est envisagé comme un corps de définition relativement auquel on prend des points génériques, alors on suppose que $\Omega$ est de degré de transcendance infini sur lui, ce qui est toujours loisible; $\bar{k}$ est la fermeture algébrique de $k$.

$k[X_1, \cdots, X_n]$ ou simplement $k[X]$ est l'anneau des polynomes à coefficients dans $k$ et à $n$ indéterminées $X_i$ ; le corps engendré par $k$ et par $n$ éléments $x_i \in \Omega$ est noté $k(x_1, \cdots, x_n)$ ou $k(x)$.

$\mathcal{E}(V)$ est l'espace des endomorphismes d'un espace vectoriel $V$ de dimension finie sur un corps $k$ qui sera précisé. En fait, nous ne ferons en général aucun effort pour être intrinsèques et choisirons une fois pour toutes une base dans $V$. En d'autres termes, $V$ sera identifié à $k^n$ et $\mathcal{E}(V)$ à l'espace des matrices carrées d'ordre $n$ à coefficients dans $k$, qui sera noté $M(n, k)$.

$GL(n, k)$ est le groupe multiplicatif des éléments inversibles de $M(n, k)$ et $k^*$ est le groupe multiplicatif des éléments non nuls de $k$.

1.2. *Ensembles algébriques. Topologie de Zariski.* Un sous-ensemble $A$ de $\Omega^n$ est algébrique si c'est la totalité des points de $\Omega^n$ qui annulent une collection donnée de polynomes de $\Omega[X]$. *L'idéal associé* $I(A)$ à $A$ est l'ensemble de tous les polynomes de $\Omega[X]$ nuls sur $A$. L'ensemble algébrique $A$ est irréductible (ou est une variété affine dans la terminologie de [9]), si $I(A)$ est premier. Tout ensemble algébrique est l'union d'un nombre fini d'ensembles irréductibles univoquement déterminés; l'union d'un nombre fini ou l'intersection d'un nombre quelconque d'ensembles algébriques est un ensemble algébrique. Si $A \subset \Omega^n$ et $B \subset \Omega^m$ sont des ensembles algébriques, $A \times B$ est un ensemble algébrique de $\Omega^n \times \Omega^m$ identifié à $\Omega^{m+n}$, irréductible quand $A$ et $B$ le sont.

Les notions de topologie ensembliste seront toujours entendues au sens de la topologie de Zariski, dans laquelle les fermés sont les ensembles algébriques. En particulier l'adhérence d'un sous-ensemble $M$ est le plus petit ensemble algébrique contenant $M$, et sera notée $\bar{M}$. Suivant Chevalley, nous dirons que $M$ est épais si $\bar{M}$ est irréductible et si $M$ contient un sous-ensemble non vide relativement ouvert dans $\bar{M}$.

Rappelons encore que toute suite strictement décroissante de fermés est finie et que la topologie de Zariski d'un produit est plus fine que la topologie produit des topologies de Zariski.

1.3. *Corps de définition; point générique.* On dit que $k$ est un corps de définition pour l'idéal $J \subset \Omega[X]$ si $J$ possède une base (d'idéal) formée de polynomes à coefficients dans $k$. L'intersection de tous les corps de définition de $J$ est aussi un corps de définition ([9], Lemma 2, p. 19), le corps de définition minimal de $J$.

$k$ est un corps de définition (resp. minimal) pour l'ensemble algébrique $A$ si c'en est un pour $I(A)$. Pour unifier le langage, on dira quelquefois qu'un point est défini sur $k$, au lieu de rationnel sur $k$, si ses coordonnées sont dans $k$. Rappelons la propriété fondamentale du corps de définition minimal déf $(A)$ d'un ensemble algébrique $A$, ([9], loc. cit):

Soit $\sigma : x \to x^\sigma$, un automorphisme de $\Omega$; on en déduit un automorphisme de $\Omega[X]$ et un automorphisme de $\Omega^n$, envoyant $(x_1, \cdots, x_n)$ sur $(x_1^\sigma, \cdots, x_n^\sigma)$, aussi dénotés $\sigma$; ce dernier envoie $A$ sur un ensemble algébrique $A^\sigma$ d'idéal associé $I(A)^\sigma$. Alors $A = A^\sigma$ si et seulement si $\sigma$ induit l'identité sur déf $(A)$. Il en résulte en particulier: Si $A = A^\sigma$ pour tout automorphisme de $\Omega$ laissant fixe chaque élément d'un corps $K$, alors le composé $K . $ déf $(A)$ est une extension purement inséparable de $K$.

Si $k$ est un corps de définition de $A$, alors chaque composante irréductible $A_i$ de $A$ possède un corps de définition qui est algébrique *séparable* sur $k$ ([10], Appendice, cas (i) de la démonstration de la Proposition 6), ce qui équivaut à dire que $k$ est un corps de rationnalité pour le cycle formé par les $A_i$ avec le coefficient 1, au sens de [9], p. 198.

On dira que $k$ est un corps de quasi-définition (ou corps de fermeture) pour l'ensemble algébrique $A$ si ce dernier peut être défini comme l'ensemble des points annulant une collection donnée de polynomes de $k[X]$. Cela ne signifie pas nécessairement que $k$ est un corps de définition pour $A$, au sens de la définition précédente, car cette dernière exige que l'idéal associé à $A$ dans $\Omega[X]$ possède une base dans $k[X]$; cependant, ce qui a été dit plus haut montre que le plus petit corps de définition contenant $k$ en est une extension purement inséparable. Réciproquement, si $A$ possède un corps de définition $k'$ purement inséparable sur $k$, alors on voit en prenant des puissances $p^m$-ièmes convenables d'éléments de $k'[X]$ formant une base de $I(A)$ que $A$ admet $k$ comme corps de quasi-définition; cette condition équivaut à être normalement algébrique sur $k$ au sens de [9].

Soit $A$ un ensemble algébrique défini sur $k$, et soit $B \subset A$. On dit que $B$ est un ouvert sur $k$, de $A$ si $A - B$ est quasi-défini sur $k$, (nous ne dirons pas $k$-ouvert, comme dans [10], car nous donnons ici au préfixe $k$ une autre signification, *voir* (1.9)).

Un point $x' \in \Omega^n$ est une spécialisation (finie) de $x \in \Omega^n$ sur $k$ si tout élément de $k[X]$ nul en $x$ l'est aussi en $x'$. Soit $A$ un ensemble algébrique irréductible, défini sur $k$. Un point $x \in A$ est générique pour $A$ sur $k$ si tout polynome de $k[X]$ nul en $x$ est nul sur $A$, donc si tout point de $A$ est spécialisation de $x$ sur $k$. Soit $x \in \Omega^n$. Si $k(x)$ est une extension régulière de $x$ ([9], Chap. I, §7), alors l'ensemble des spécialisations de $x$ sur $k$ est une variété affine, définie sur $k$, dont $x$ est un point générique sur $k$, que l'on appelle aussi *le lieu* de $x$ sur $k$.

Enfin, rappelons que la dimension d'une variété affine $A$ est le degré de transcendance de $k(x)$ sur $k$, ($k$ corps de définition, $x$ point générique sur $k$); elle ne dépend que de $A$. La dimension d'un ensemble algébrique est la borne supérieure des dimensions de ses composantes irréductibles.

1.4. *Fonctions rationnelles.* Soient $A$ une variété affine et $k$ un corps de définition pour $A$. Alors $I_k(A) = k[X] \cap I(A)$ est premier, et l'on peut former le corps des fractions de l'anneau d'intégrité $k[X]/I_k(A)$, le corps des fonctions rationnelles de $A$, définies sur $k$ qui sera noté $k(A)$. Un élément $f \in k(A)$ est donc une classe d'équivalence de fractions $P/Q$, $(P, Q \in k[X], Q \notin I_k(A))$, suivant la relation $P/Q = P'/Q'$ si $PQ' = QP'$ modulo $I_k(A)$; on dira que $P/Q$ est une représentation de $f$.

Soit $a \in A$. On dit que $f$ est *définie en a* ou *holomorphe en a* si elle possède une représentation $P/Q$ telle que $Q(a) \neq 0$, et qu'elle y prend alors la valeur $f(a) = P(a)/Q(a)$; si une deuxième expression de $f$ est définie en $a$, elle y prend visiblement la même valeur, ce qui justifie la notation $f(a)$; la fonction $f$ est toujours définie en un point $x$ générique sur $k$, et est complètement déterminée par $f(x)$; l'application $f \to f(x)$ est un isomorphisme de $k(A)$ sur $k(x)$. Le domaine de définition ou domaine d'holomorphie de $f \in k(A)$ est ouvert sur $k$, ([10], Appendice, Prop. 8).

Si $f \in k(A)$ et $f' \in k'(A)$ ont même valeur en un point générique sur $k$ et $k'$, alors elles ont même domaine de définition et prennent la même valeur en chaque point de ce domaine ([9], p. 217–218); on identifiera $f$ et $f'$ et on dira que $k$ et $k'$ sont deux corps de définition de cette fonction; ici aussi, l'intersection des corps de définition est un corps de définition.

1.5. *Applications rationnelles.* $A$ est toujours supposé irréductible, défini sur $k$. Une application rationnelle $F$ de $A$ dans $\Omega^m$, définie sur $k$ est une suite de $m$ éléments $f_i \in k(A)$. Si les $f_i$ sont définies en $a \in A$, on dit que $F$ est définie en $a$ et que le point de coordonnées $f_i(a)$ est l'image $F(a)$ de $a$ par $F$. Le domaine de définition de $F$ est un ouvert sur $k$ contenant tous les points génériques sur $k$. Soit $B \subset A$. On note $F(B)$ l'ensemble des points $F(b)$, où $b$ parcourt l'intersection de $B$ et du domaine de définition de $F$; supposons que $B$ soit fermé irréductible, défini sur $K \supset k$, et soit $b$ un point générique de $B$ sur $K$; dans ce cas, $\overline{F(B)}$ est irréductible, défini sur $K$, et $F(b)$ en est un point générique sur $k$. Il peut être différent de $F(B)$, cependant ce dernier est toujours épais, et plus précisément contient un ensemble ouvert sur $K$ de $\overline{F(B)}$, ([10], Appendice, Prop. 10).

Soit $M \subset \Omega^m$. La notation $F^{-1}(M)$ pour l'image réciproque sera dans ce travail *uniquement utilisée au sens ensembliste*, et pour des applications partout définies; c'est donc l'ensemble des points de $A$ dont l'image est dans $M$; si $M$ est fermé, $F^{-1}(M)$ l'est aussi; si $A$, $F$, $M$ sont définis sur $K$, le corps de définition minimal de $F^{-1}(M)$ contenant $K$ en est une extension purement inséparable, vu les remarques de 1.3.

Soit $x$ générique pour $A$ sur $k$. Alors $F(x)$ est générique pour $\overline{F(A)}$ sur $k$ et $F$ induit une application injective de $k(\overline{F(A)}) \cong k(F(x))$ dans $k(A) \cong k(x)$. On dit que $F$ est séparable, ou purement inséparable, si $k(x)$ est une extension séparable ou purement inséparable de $k(F(x))$.[5] $F$ est *birationnelle* si $k(x) =$

---

[5] Dans cet ordre d'idées, il semble à certains égards préférable de dire que $F$ est *régulière* si $k(x)$ est une extension régulière (au sens de [9]), de $k(F(x))$. C'est pourquoi nous dirons application définie en un point ou holomorphe en un point et nous utiliserons biholomorphe au lieu de birégulier pour les applications birationnelles.

$k(F(x))$, ou, ce qui revient au même, s'il existe une application rationnelle $G$ de $\overline{F(A)}$ dans $A$ telle que $GF(y) = y$ et $FG(x) = x$ pour $x$, $y$ génériques. Si $F$ est holomorphe en $a$ et $G$ est holomorphe en $F(a)$ on dit que $F$ est *biholomorphe* en $a$. Une application biholomorphe en tout point est dite simplement "biholomorphe." Rappelons qu'en caractéristique $p \neq 0$ une application rationnelle partout définie, bijective, n'est pas toujours birationnelle car elle peut être purement inséparable; par ailleurs, une application birationnelle partout définie, bijective, n'est pas toujours biholomorphe. C'est toutefois vrai si $F(A)$ est non singulière ([9], Chap. VI, Théor. 13) (cette notion est rappelée plus bas), ou même si $F(A)$ est normale.

Si $F'$ est une application rationnelle de $A$ dans $\Omega^m$ définie sur $k'$ et si $F$ et $F'$ ont même valeur en un point générique sur $k$ et $k'$, alors elles ont même domaine de définition et y prennent les mêmes valeurs; on identifie $F$ à $F'$ et on dit que $k$ et $k'$ sont deux corps de définition de cette application. Ici aussi, l'intersection des corps de définition est un corps de définition.

1.6. *Points simples.* Soient $V$ une variété affine, $k$ un corps de définition pour $V$, et $x = (x_i)$ un point de $V$. Pour tout $P \in I(V) \cap k[X]$, on considère la variété linéaire d'équations

$$\sum_i^n \partial P / \partial X_i(x_i)(X_i - x_i) = 0;$$

l'intersection de ces variétés est une variété linéaire passant par $x$, de dimension $\geq \dim V$. On dit que $x$ est un *point* (absolument) *simple* si cette dimension est égale à $\dim V$, que c'est un point multiple sinon; tout point générique est simple. Si $F$ est une application birationnelle de $V$ à $W$ biholomorphe en $x$, alors $x$ et $F(x)$ sont simultanément simples ou non. Une variété sans points multiples est dite *non singulière.*

1.7. *Ensembles projectifs algébriques.* On note $P(m, k)$ l'espace projectif à $m$ dimensions sur $k$. Il sera identifié au quotient de $k^{m+1}$, privé de l'origine, par la relation d'équivalence usuelle. Un ensemble projectif algébrique $A \subset P(m, \Omega)$ est l'image dans $P(m, \Omega)$ d'un ensemble algébrique $A^*$ de $\Omega^{m+1}$, (privé de l'origine), dont l'idéal associé possède une base formée de polynomes homogènes. Il est irréductible, ou est une *variété projective* dans la terminologie de [9], si $A^*$ est irréductible. On munit bien entendu $P(m, \Omega)$ de la topologie de Zariski. Un point $P \in P(m, \Omega)$ est rationnel sur $k$ si les quotients de coordonnées homogènes de $P$, à dénominateurs non nuls, sont dans $k$.

1.8. *Variétés abstraites.* Les notions rappelées ci-dessus, et celles de 1.9 qui sont de caractère affine, nous suffiront dans la plus grande partie de ce travail, et si nous mentionnons quelquefois des variétés abstraites, c'est presque toujours quand les démonstrations relatives au cas affine ou projectif se transportent directement au cas abstrait, pour autant bien entendu que l'on remplace les notions de géométrie algébrique affine ou projective par les notions correspondantes du cas abstrait. Nous renvoyons à [9] pour la définition d'une variété abstraite et pour l'extension des notions rappelées ci-dessus.

Pour abréger, et parce que cela ne prêtera pas à confusion, on dira qu'une variété abstraite $V$ est projective s'il existe une variété projective $W$ au sens de 1.7 et une application birationnelle biholomorphe de $V$ sur $W$, alors qu'en fait il serait plus précis de dire que $V$ admet un modèle projectif $W$.

1.9. *k-ensembles algébriques.* Comme on l'a mentionné dans l'introduction, nous aurons à utiliser des notions voisines des précédentes, mais relatives à un corps de base, que nous allons passer en revue.

On appellera $k$-ensemble un sous-ensemble de $k^n$; il sera dit algébrique si c'est l'ensemble des points qui annulent une collection donnée de polynomes de $k[X]$. L'idéal associé à un $k$-ensemble algébrique $A$ sera l'idéal des éléments de $k[X]$ nuls sur $A$, et sera noté $I_k(A)$; l'ensemble $A$ est dit irréductible si $I_k(A)$ est premier; tout $k$-ensemble algébrique est l'union d'un nombre fini de $k$-ensembles algébriques irréductibles, univoquement déterminés. L'union d'un nombre fini ou l'intersection de $k$-ensembles algébriques est un $k$-ensemble algébrique. On utilisera aussi dans $k^n$ la topologie de Zariski, dans laquelle les fermés sont les $k$-ensembles algébriques, que l'on appellera occasionnellement la $k$-topologie.

Soit $A$ un $k$-ensemble algébrique irréductible. On définit comme plus haut une fonction rationnelle sur $A$, son domaine de définition, une application rationnelle de $A$ dans $k^m$ et son domaine de définition, en partant pour cela bien entendu de polynomes ou fractions rationnelles à coefficients dans $k$. Le domaine de définition est un $k$-ensemble ouvert non vide, l'image réciproque d'un $k$-ensemble algébrique par une application partout définie est un $k$-ensemble algébrique.

Soit $K$ une extension de $k$ et soit $A$ un $k$-ensemble algébrique. On note $A^K$ le $K$-ensemble algébrique défini par $I_k(A)$; on a donc $A^K \cap k^n = A$. Il est élémentaire que le $K$-espace vectoriel engendré par $I_k(A)$ dans $K[X]$, l'idéal de $I_k(A)$ dans $K[X]$ et l'idéal des polynomes de $K[X]$ nuls sur $A$ sont égaux. On en déduit que $A^K$ est le plus petit $K$-ensemble algébrique contenant $A$, que $I_K(A^K)$ est l'idéal engendré par $I_k(A)$, aussi que $A$ et $A^K$ sont simultanément irréductibles ou non [2, Lemme 2, p. 104], que $k(A)$ est une extension séparable (et même régulière) de $k$ et que $K(A^K)$ s'obtient par extension du corps de base à partir de $k(A)$, [2, p. 107]. Enfin, toute fonction ou application rationnelle de $A$ s'étend canoniquement en une fonction ou application rationnelle de $A^K$, [2, p. 108].

Soit $A^*$ un $K$-ensemble algébrique et soit $(P_i)$ une famille minimale d'éléments de $k[X]$, linéairement indépendants sur $K$, qui $K$-engendrent un système de générateurs de $I_K(A^*)$. On voit tout de suite que $A^* \cap k^n$ est un $k$-ensemble algébrique défini par les équations $P_i = 0$, ce qui montre que la $k$-topologie est identique à la topologie induite par la $K$-topologie sur $k^n$, et que $(A^* \cap k^n)^K \subset A^*$. En vertu du théorème des zéros de Hilbert $(A^* \cap k^n)^K$ est égal à $A^*$ lorsque $k$ est algébriquement fermé et que $A^*$ peut être défini par l'annulation de polynomes de $k[X]$.

## §2. Groupes algébriques

2.1. *La notion de groupe algébrique.* Par groupe algébrique, on entend dans ce travail un sous-groupe de $GL(n, \Omega)$ qui est l'intersection de ce dernier avec un ensemble algébrique de $M(n, \Omega)$. En fait, il y aurait lieu de parler de groupe algébrique linéaire pour éviter toute confusion avec une notion similaire, plus générale, introduite par A. Weil (*voir* [10] et Variétés abéliennes, Paris 1948, No. 9): celle de variété abstraite munie d'une loi de composition de groupe définie par une application $F\colon G \times G \to G$ rationnelle et partout holomorphe, et telle que $x \to x^{-1}$ soit birationnelle et biholomorphe. Ici, nous réserverons le nom de *variété de groupe* à ce concept, qui n'interviendra du reste qu'incidemment dans ce travail.

Remarquons encore que l'ensemble algébrique sous-jacent à une variété de groupe est irréductible par définition, alors que *nous ne faisons pas cette restriction* dans le cas d'un groupe algébrique; on peut la lever sans la moindre difficulté parce qu'en fait, lorsqu'on parle d'un groupe algébrique, on considère un sous-groupe fermé d'un groupe ambiant, à savoir $GL(n, \Omega)$, qui lui est irréductible; de même on envisage des sous-groupes fermés, irréductibles ou non, d'une variété de groupe.

Un groupe algébrique n'est pas toujours à proprement parler un ensemble algébrique affine, mais c'est en tout cas un ouvert d'un tel ensemble. Malgré cela nous appliquerons directement au groupe les notions et théorèmes relatifs aux ensembles algébriques. Il n'y a évidemment aucune difficulté à revenir à un langage strict en tenant compte des matrices singulières; on peut aussi justifier cela en remarquant que l'on peut toujours plonger $GL(n, \Omega)$ dans $GL(n + 1, \Omega)$ en faisant correspondre à $g = (g_{i,j})$, $(1 \leqq i, j \leqq n)$, une matrice

$$g^* = (g^*_{i,j}), \qquad\qquad (1 \leqq i, j \leqq n + 1),$$

telle que

$$g^*_{ij} = g_{ij}, \qquad\qquad (1 \leqq i, j \leqq n);$$
$$g^*_{n+1,i} = g^*_{i,n+1} = 0, \qquad\qquad (1 \leqq i \leqq n),$$
$$g_{n+1,n+1} = \det g^{-1}.$$

Un groupe algébrique $G$ devient alors un groupe algébrique $G^*$ dans $GL(n + 1, \Omega)$ qui est un vrai ensemble algébrique, car la condition $\det g^* \neq 0$ est inclue dans la condition $\det g^* = 1$ qui, elle, est algébrique; de plus la correspondance $G \to G^*$ préserve évidemment toutes les notions qui nous intéressent. Enfin, on pourrait aussi considérer $G$ directement comme un ensemble de variétés abstraites d'une variété abstraite et utiliser systématiquement le point de vue de [9].

Soit $G$ un groupe algébrique (ou un sous-groupe fermé d'une variété de groupe). Alors l'application $x \to x^{-1}$ et les translations à gauche ou à droite permutent les composantes irréductibles de $G$ et sont birationnelles biholomorphes sur chacune d'elles; ces dernières sont donc non singulières. L'élément neutre est rationnel sur tout corps de définition de $G$ ([10], p. 358, ce n'est évidemment à démontrer que pour une variété de groupe).

PROPOSITION 2.2. *Soit $G$ un groupe algébrique (ou un sous-groupe fermé d'une variété de groupe), et soit $k$ un corps de définition pour $G$. Alors la composante connexe de l'élément neutre $e$ est un sous-ensemble fermé irréductible, défini sur $k$, qui est un sous-groupe invariant d'indice fini de $G$. Il sera noté $G_0$ ; c'est l'unique sous-groupe fermé connexe d'indice fini de $G$.*

Rappelons la démonstration, qui est bien connue. Soient $U$, $V$ deux sous-ensembles fermés irréductibles de $G$, contenant $e$, $K \supset k$ un corps de définition pour $U$, $V$ et $(x, y)$ un point générique de $U \times V$ sur $K$. Alors $x \cdot y$ admet $x \cdot e = x$ et $e \cdot y = y$ comme spécialisations sur $K$, donc la variété définie sur $K$, de point générique $x \cdot y$ contient $U$ et $V$, (c'est bien une variété au sens de [9], car $k(x \cdot y)$ est contenu dans $k(x, y)$, donc est une extension régulière de $k$). Il en résulte que l'union de toutes les sous-variétés de $G$ contenant $e$ est elle-même une sous-variété, soit $G_0$ ; elle est visiblement invariante par $x \rightarrow x^{-1}$, par les transformations $x \rightarrow gxg^{-1}$, $(g \in G)$, et par les translations $x \rightarrow xg$ et $x \rightarrow gx$, $(g \in G_0)$, donc $G_0$ est un sous-groupe invariant fermé. Soient $(U_i)$, $(1 \leqq i \leqq m)$, des sous-variétés dont $G$ est l'union et soit $u_i \in U_i$. Alors $u_i^{-1} U_i \subset G_0$, d'où $U_i \subset u_i G_0$ et $G = \bigcup_i u_i G_0$ ; le groupe $G_0$ est donc d'indice fini dans $G$. Si $H$ est un sous-groupe fermé connexe, alors vu ce qui précède il est irréductible en tant qu'ensemble algébrique, d'où $H \subset G_0$ ; s'il est de plus d'indice fini, alors il doit avoir même dimension que $G_0$ donc être égal à $G_0$.

Ainsi $G$ est l'union d'un nombre fini de composantes irréductibles disjointes, dont $G_0$. Vu ce qui a été rappelé au No 1.3, $G_0$ admet un corps de définition algébrique séparable sur $k$, soit $k'$; par ailleurs comme $e$ est rationnel sur $k$, il est clair que tout automorphisme de $k'$ sur $k$ doit transformer $G_0$ en lui-même, d'où $k' = k$, (*voir* 1.3).

2.3. Nous voyons donc que pour un groupe algébrique, l'ensemble algébrique sous-jacent est irréductible si et seulement s'il est *connexe*; c'est ce dernier mot que nous utiliserons systématiquement afin d'éviter toute confusion avec la notion de réductibilité pour les transformations linéaires.

Une application rationnelle ou birationnelle d'un groupe algébrique, (ou d'un sous-groupe fermé d'une variété de groupe) est par définition un ensemble d'applications rationnelles ou birationnelles de chaque composante connexe.

On dira normalisateur (resp. centralisateur) connexe pour composante connexe de $e$ du normalisateur (resp. centralisateur). Le centralisateur d'un sous-ensemble $M$ sera noté $\mathbb{Z}(M)$.

2.4. *$k$-groupes algébriques*. Un $k$-groupe est un sous-groupe de $GL(n, k)$. Il est algébrique si c'est l'intersection de $GL(n, k)$ avec un $k$-ensemble algébrique de $M(n, k)$. On a aussi la

PROPOSITION. *Soit $G$ un $k$-groupe algébrique. Alors la $k$-composante connexe de $e$ est un $k$-sous-ensemble fermé irréductible $G_0$, qui est un sous-groupe invariant d'indice fini.*

Comme cela se voit aisément en prenant pour $G_0$ l'intersection de $G$ et de $(G^\Omega)_0$, (pour une démonstration directe, *voir* [2], p. 86). Ici aussi, on dira connexe pour irréductible.

Soit $K$ une extension de $k$ et soit un $k$-ensemble algébrique tel que $G = A \cap GL(n, k)$. Alors $A^K \cap GL(n, K)$ est un $K$-groupe algébrique, qui sera noté $G^K$; c'est le plus petit $K$-groupe algébrique contenant $G$, et l'on a $G^K \cap GL(n, k) = G$. Le groupe $G$ est connexe si et seulement si $G^K$ l'est. Si $t_iG$, $(1 \leqq i \leqq m)$, sont les différentes composantes connexes de $G$, alors celles de $G^K$ sont $t_iG_0^K$, [2, Théor. 3, p. 104].

Soit $G^*$ un $K$-groupe algébrique. Alors $G = G^* \cap GL(n, k)$ est un $k$-groupe algébrique et $G^K \subset G^*$. Il y a égalité lorsque $k = \bar{k}$ et que $G^*$ est défini par l'annulation de polynomes de $k[X]$. Cela résulte des assertions correspondantes pour les $k$-ensembles (1.9) et du fait que $G$ est un groupe.

Supposons $k$ algébriquement fermé et soient $G$ un $k$-groupe algébrique, $M$ un $k$-ensemble algébrique de $G$. Alors $\mathrm{Z}(M^K) = \mathrm{Z}(M)^K$. Comme $M^\Omega$ est le plus petit ensemble algébrique contenant $M$, il est clair que les centralisateurs dans $GL(n, \Omega)$ de $M$ et $M^\Omega$ sont identiques et qu'il suffit de faire la démonstration pour $K = \Omega$; les ensembles $Z(M^\Omega)$ et $Z(M)^\Omega$ étant algébriques et définis sur $k$, il suffit de faire voir qu'ils ont les mêmes points rationnels sur $k$, ce qui est immédiat. On démontre de même l'égalité correspondante pour le normalisateur.

2.5. Nous passons maintenant à quelques propriétés élémentaires qui seront souvent utilisées sans références. Elles sont aussi vraies pour les sous-groupes fermés des variétés de groupes et $a$, $b$, $c$, $d$, $g$ valent aussi pour des $k$-groupes et $k$-ensembles (mêmes démonstrations). Dans tout le No 2.5, $G$ désigne un groupe algébrique, $M$, (resp. $N$), un sous-ensemble, (resp. fermé), de $G$.

(a). *L'ensemble $L(M, N)$, (resp. $R(M, N)$), des éléments $x \in G$ tels que $xM \subset N$, (resp. $Mx \subset N$), est fermé.* Soit $\rho_g$ l'application rationnelle partout définie $x \to xg$, ($g$ fixé). L'ensemble $L(M, N)$ est l'intersection des ensembles algébriques $\rho_m^{-1}(N)$, ($m \in M$), donc est algébrique. Démonstration analogue pour $R(M, N)$.

(b). $\{x, x \in G, xMx^{-1} \subset N\}$ *est fermé.* C'est en effet l'intersection, pour $m$ parcourant $M$, des images réciproques de $N$ par les applications $f_m : x \to xmx^{-1}$.

(c). *Le normalisateur de $N$ est fermé.* En effet, $xNx^{-1}$ est un ensemble algé-brique qui pour chaque entier $d$ a le même nombre de composantes irréducti-bles de dimension $d$ que $N$, donc $xNx^{-1} = N$ équivaut à $xNx^{-1} \subset N$ et (c) résulte de (b).

(d). *Le centralisateur $\mathrm{Z}(M)$ de $M$ est fermé.* En effet, $\mathrm{Z}(M)$ est l'intersection des ensembles algébriques $\gamma_m^{-1}(e)$, ($m \in M$), où $\gamma_m$ désigne l'application $x \to xmx^{-1}m^{-1}$.

(e). *Supposons maintenant $M$ fermé et soit $k$ un corps de définition pour $G$, $N$, $M$. Alors les ensembles considérés dans* (a), (b), (c), (d) *sont quasi-définis sur $k$.* Considérons par exemple $L(M, N)$ et soit $\sigma$ un automorphisme de $\Omega$ sur $k$. Alors $xM \subset N$ entraine $x^\sigma M^\sigma \subset N^\sigma$, donc $x^\sigma M \subset N$, d'où $L(M, N)^\sigma \subset L(M, N)$ et $L(M, N)^\sigma = L(M, N)$. On raisonne de même dans les autres cas. Il en résulte en particulier:

*S'il existe $x$ tel que $xM \subset N$, (resp. $Mx \subset N$, $xMx^{-1} \subset N$, etc.), alors il existe $y$ rationnel sur $\overline{k}$ tel que $yM \subset N$, (resp. $My \subset N$, $yMy^{-1} \subset N$, etc.).*

On tire aussi de ce qui précède que le centre de $G$ est un sous-groupe fermé, quasi-défini sur $k$. On ne sait pas s'il est déjà défini sur $k$.

(f). *Soient $G$ connexe et $H$ un sous-ensemble épais dense dans $G$. Alors tout $x \in G$ est produit de deux éléments de $H$; si de plus $H$ est un sous-groupe, il est donc égal à $G$.* En effet, $H^{-1}$ et $xH^{-1}$ sont aussi épais et denses, donc $xH^{-1} \cap H \neq \phi$.

(g). *Tout sous-groupe invariant fini $N$ de $G$, supposé connexe, est dans le centre de $G$.* En effet le centralisateur de $N$ dans $G$ est un sous-groupe fermé d'indice fini, donc (2.2) égal à $G$.

## §3. Groupe adhérent à un sous-ensemble

Soient $G$ un groupe algébrique (ou un sous-groupe fermé d'une variété de groupe) et $M$ un sous-ensemble de $G$. On appellera *groupe adhérent à $M$* et on notera $\mathfrak{a}(M)$ l'intersection des sous-groupes fermés de $G$ contenant $M$. Nous passons à quelques propriétés de cette notion.

3.1. *Soit $M$ un ensemble algébrique irréductible de $G$ contenant $e$ et soit $k$ un corps de définition pour $G$ et $M$. Alors $\mathfrak{a}(M)$ est connexe, défini sur $k$, et égal au plus petit sous-groupe contenant $M$.* Il est immédiat que $\mathfrak{a}(M)$ est connexe. En effet, $M$ est irréductible, donc a *fortiori* connexe, et fait partie d'une composante connexe de $\mathfrak{a}(M)$; comme il contient $e$, il doit alors être dans $\mathfrak{a}(M)_0$, d'où $\mathfrak{a}(M) = \mathfrak{a}(M)_0$ par définition de $\mathfrak{a}(M)$. Cependant, pour pouvoir plus loin nous référer à la démonstration de (3.1) sans avoir à la modifier, nous la conduirons en faisant abstraction de la remarque précédente, donc sans savoir dès maintenant que $\mathfrak{a}(M)$ est connexe.

Soient $x_1$, $y_1$, $x_2$, $y_2$, $\cdots$ des points génériques indépendants pour $M$ sur $k$ et soit

$$z_m = x_1 \cdot y_1^{-1} \cdot x_2 \cdot y_2^{-1} \cdot \cdots \cdot x_m \cdot y_m^{-1}, \qquad (m = 1, 2, \cdots);$$

le corps $k(z_m)$ est contenu dans $k(x_1, y_1, \cdots, x_m, y_m)$, donc est une extension régulière de $k$, et l'on peut former le lieu de $z_m$ sur $k$, soit $X_m$; c'est un ensemble algébrique irréductible, défini sur $k$; puisque $z_m^{-1}$ est une spécialisation générique de $z_m$, il est clair que $X_m = X_m^{-1}$; puisque $M$ contient $e$, le point $z_{m-1}$ est une spécialisation de $z_m$ sur $k$, donc $X_m \supset X_{m-1}$; pour des raisons de dimension, il existe alors un entier $s$ tel que $X_s = X_{s+1}$; ce qui entraine que $X_s = X_t$ pour tout $t \geq s$, donc que $X_s$ est un sous-groupe fermé connexe défini sur $k$; il contient $M$, donc aussi $\mathfrak{a}(M)$.

Soit $K$ un corps de définition pour les composantes connexes de $\mathfrak{a}(M)$, contenant $k$, et soient $u_i$, $v_i$, $(1 \leq i \leq s)$, des points génériques indépendants pour $M$ sur $K$. Alors le point

$$u_1 \cdot v_1^{-1} \cdot u_2 \cdot v_2^{-1} \cdot \cdots \cdot u_s \cdot v_s^{-1}$$

est générique pour $X_s$ sur $K$ et fait évidemment partie de $\mathfrak{a}(M)$. Par suite, $X_s$ est dans une composante de $\mathfrak{a}(M)$, d'où finalement $X_s = \mathfrak{a}(M)$, ce qui montre que ce dernier est irréductible, donc connexe, et défini sur $k$.

Il reste encore à montrer que $\mathfrak{a}(M)$ est égal au sous-groupe engendré par $M$, soit $H$. Notions $\sigma_n$ l'application rationnelle du produit de $2n$ copies de $M$ dans $G$ définie par

$$(a_1 , b_1 , a_2 , b_2 , \cdots , a_n , b_n) \to a_1 \cdot b_1^{-1} \cdot a_2 \cdot b_2^{-1} \cdot \cdots \cdot a_n \cdot b_n^{-1},$$

$(a_i , b_i \in M)$; l'image de $\sigma_n$ contient un ouvert non vide de son adhérence (1.5), qui est égale à $\mathfrak{a}(M)$ pour $n = s$ vu ce qui précède; comme l'image de $\sigma_n$ fait partie de $H$, l'égalité $H = \mathfrak{a}(M)$ résulte alors de (2.5f).

REMARQUE. Plus généralement si $M$ est un ensemble épais de $G$ contenant $e$, le sous-groupe $L$ engendré par $M$ est égal à $\mathfrak{a}(\bar{M})$, donc est fermé connexe. En effet, $M$ contient tout point générique de son adhérence et l'on voit tout de suite en reprenant la démonstration précédente que $L$ contient un ouvert non vide de $\mathfrak{a}(\bar{M})$, d'où l'égalité annoncée. (Je dois cette remarque à D. Hertzig).

3.2. *Soient $G$, $G'$ deux groupes algébriques et $M \subset G$, $M' \subset G'$. Alors*

$$\mathfrak{a}(M \times M') = \mathfrak{a}(M) \times \mathfrak{a}(M').$$

$\mathfrak{a}(M \times M')$ contient:

$$\mathfrak{a}(M \times \{e'\}) \cup \mathfrak{a}(\{e\} \times M') = (\mathfrak{a}(M) \times \{e'\}) \cup (\{e\} \times \mathfrak{a}(M')),$$

d'où $\mathfrak{a}(M \times M') \supset \mathfrak{a}(M) \times \mathfrak{a}(M')$ puisque $\mathfrak{a}(M \times M')$ est un groupe; l'autre inclusion résulte de la définition du groupe adhérent et du fait qu'un produit de fermés est fermé.

3.3. *Soit $M$ un sous-groupe du groupe algébrique $G$. Alors $\mathfrak{a}(M)$ est le plus petit ensemble algébrique $\bar{M}$ contenant $M$.*

Il suffit de faire voir que $\bar{M}$ est un groupe. Or on a $\bar{M}^{-1} = \bar{M}$ et $mM \subset M$, d'où $m\bar{M} \subset \bar{M}$ pour $m \in M$, et vu (2.5a), $\bar{M} \cdot \bar{M} \subset \bar{M}$.

3.4. *Si $M$ centralise $N$, alors $\mathfrak{a}(M)$ centralise $\mathfrak{a}(N)$.*

Il suffit de considérer le cas où $M$ et $N$ sont des sous-groupes. Soit $\gamma$ l'application $(x, y) \to xyx^{-1}y^{-1}$ de $G \times G$ dans $G$. L'ensemble $\gamma^{-1}(e)$ est algébrique et contient $M \times N$, donc aussi l'adhérence de cet ensemble, qui est égale à $\mathfrak{a}(M) \times \mathfrak{a}(N)$ d'après (3.2) et (3.3).

3.5. *Soit $N$ un sous-groupe invariant du sous-groupe $M$ de $G$. Alors $\mathfrak{a}(N)$ est invariant dans $\mathfrak{a}(M)$.*

En effet, $mNm^{-1} \subset N$ entraine $m\mathfrak{a}(N)m^{-1} \subset \mathfrak{a}(N)$, $(m \in M)$, d'où vu (2.5b) et (3.3), $m\mathfrak{a}(N)m^{-1} \subset \mathfrak{a}(N)$ pour tout $m \in \mathfrak{a}(M)$.

3.6. Soit $M$ un $k$-ensemble et soit $K \supset k$. On note $\mathfrak{a}_K(M)$, et on appelle $K$-sous-groupe adhérent à $M$, le plus petit $K$-sous-groupe algébrique contenant $M$; en particulier, $\mathfrak{a}(M)$ n'est autre que $\mathfrak{a}_\Omega(M)$. Il est très aisé de voir que si $L \supset K$, alors

$$\mathfrak{a}_K(M) = \mathfrak{a}_L(M) \cap GL(n, K); \qquad (\mathfrak{a}_K(M))^L = \mathfrak{a}_L(M),$$

d'où l'on déduit que (3.1) à (3.5) valent aussi pour le $K$-groupe adhérent.

## §4. Groupe des commutateurs. Groupes résolubles et nilpotents

4.1. Soit $G$ un groupe abstrait. On note $[a, b]$ le commutateur $aba^{-1}b^{-1}$ de $a$ et $b$, $(a, b \in G)$, et $[A, B]$ le plus petit sous-groupe contenant les commutateurs

$[a, b]$, $(a \in A, b \in B)$, où $A$ et $B$ sont des sous-ensembles de $G$. On définit par induction la série des groupes dérivés

$$D^i G = [D^{i-1}G, D^{i-1}G], \quad (D^0 G = G; i = 0, 1, 2, \cdots),$$

et la série centrale descendante:

$$C^i G = [G, C^{i-1}G], \qquad (C^0 G = G, i \geqq 0),$$

et l'on pose

$$D^* G = \bigcap_i D^i G \qquad C^* G = \bigcap_i C^i G.$$

$G$ est résoluble (resp. nilpotent) s'il existe $j$ tel que $D^j G = \{e\}$, (resp. $C^j G = \{e\}$). Tout sous-groupe ou groupe quotient d'un groupe résoluble (resp. nilpotent) est résoluble (resp. nilpotent). Toute extension (resp. extension centrale) d'un groupe résoluble (resp. commutatif) par un groupe résoluble (resp. nilpotent) est résoluble (resp. nilpotente).

4.2. Soit maintenant $G$ un groupe algébrique (ou un sous-groupe fermé d'une variété de groupe). On définit par récurrence la série des sous-groupes dérivés fermés

$$\mathfrak{D}^i G = \mathfrak{a}([\mathfrak{D}^{i-1}G, \mathfrak{D}^{i-1}G]), \qquad (\mathfrak{D}^0 G = G, i \geqq 0),$$

et la série centrale descendante

$$\mathfrak{C}^i G = \mathfrak{a}([G, \mathfrak{C}^{i-1}G]), \qquad (\mathfrak{C}^0 G = G, i \geqq 0),$$

et l'on pose

$$\mathfrak{D}^* G = \bigcap_i \mathfrak{D}^i G \qquad \mathfrak{C}^* G = \bigcap_i \mathfrak{C}^i G.$$

On a donc $\mathfrak{D}^* G = \mathfrak{D}^j G$ et $\mathfrak{C}^* G = \mathfrak{C}^j G$ pour $j$ assez grand. Si $f$ est un homomorphisme (de groupes algébriques) de $G$ sur $G'$, alors

$$f(\mathfrak{D}^i G) = \mathfrak{D}^i G', \quad f(\mathfrak{C}^i G) = \mathfrak{C}^i G', \qquad (i \geqq 0).$$

Ces sous-groupes sont invariants, et même invariants par tout automorphisme de $G$, et sont quasi-définis sur tout corps de définition de $G$. Lorsque $G$ est connexe, défini sur $k$, alors $\mathfrak{D}^i G$ et $\mathfrak{C}^i G$, $(i \geqq 0)$, sont aussi *connexes*, définis sur $k$. Cela résulte du

LEMME 4.3. *Soient $G$ un groupe algébrique (ou un sous-groupe fermé d'une variété de groupe), $M$, $N$ des sous-ensembles fermés irréductibles contenant $e$, et soit $k$ un corps de définition pour $G$, $M$, $N$. Alors $[M, N]$ est fermé connexe, défini sur $k$.*

Soient $x_i$, (resp. $y_i$), $(i \geqq 1)$, des points génériques pour $M$, (resp. $N$), sur $k$, indépendants dans leur ensemble, et soit

$$z_m = [x_1, y_1] \cdot [y_2, x_2] \cdot \cdots \cdot [x_{2m-1}, y_{2m-1}] \cdot [y_{2m}, x_{2m}], \qquad (m \geqq 1).$$

On voit, exactement comme en (3.1), que $z_m$ est un point générique sur $k$ d'un ensemble algébrique irréductible $X_m$ défini sur $k$, que $X_m = X_m^{-1}$ et qu'il existe

$s$ tel que $X_s = X_{s+1} = X_t$, $(t \geqq s)$, donc tel que $X_s$ soit un sous-groupe fermé connexe, et enfin que $X_s \subset \mathcal{C}([M, N])$. Mais puisque $X_s$ est égal à $X_t$ pour tout $t \geqq s$, il contient $[M, N]$ d'où $X_s \supset \mathcal{C}([M, N])$ et $X_s = \mathcal{C}([M, N])$. Enfin, on voit comme à la fin de la démonstration de 3.1 que $[M, N]$ contient un ouvert non vide de son adhérence, donc (2.5f) qu'il lui est égal.

4.4. Soit toujours $G$ un groupe algébrique ou un sous-groupe fermé d'une variété de groupe. $G$ est résoluble (resp. nilpotent) au sens algébrique si $\mathfrak{D}^*G = \{e\}$, (resp. $\mathcal{C}^*G = \{e\}$). $G$ est donc résoluble au sens algébrique si et seulement si il possède une suite normale finie de sous-groupes fermés $G_i$ allant de $G$ à $\{e\}$ dont les quotients successifs sont commutatifs; il est nilpotent au sens algébrique si et seulement si il possède une suite décroissante de sous-groupes invariants fermés $(G_i)$ allant de $G$ à $\{e\}$ telle que $G_i/G_{i+1}$ soit dans le centre de $G/G_{i+1}$ pour tout $i$.

Pour faire la comparaison avec les notions correspondantes relatives aux groupes abstraits, nous nous appuyerons sur le lemme:

LEMME 4.5. *Soient $G$ un groupe algébrique (ou un sous-groupe fermé d'une variété de groupe), et $M$, $N$ des sous-groupes. Alors $\mathcal{C}([\mathcal{C}(M), \mathcal{C}(N)]) = \mathcal{C}([M, N])$.*

Le premier membre de l'égalité à établir contient évidemment le second. Pour obtenir l'inclusion contraire, on considère l'application des commutateurs $\gamma\colon (x, y) \to [x, y]$ de $G \times G$ dans $G$. Alors $\gamma^{-1}(\mathcal{C}([M, N]))$ est algébrique et contient $M \times N$, donc aussi l'adhérence de $M \times N$, qui est égale à $\mathcal{C}(M) \times \mathcal{C}(N)$ par (3.2) et (3.3); cela entraine $[\mathcal{C}(M), \mathcal{C}(N)] \subset \mathcal{C}([M, N])$ et l'inclusion cherchée.

COROLLAIRE 4.6. *Soit $M$ un sous-groupe de $G$. Alors $\mathcal{C}(D^i M) = \mathfrak{D}^i(\mathcal{C}(M))$ et $\mathcal{C}(C^i M) = \mathcal{C}^i(\mathcal{C}(M))$, $(i \geqq 0)$.*

Démonstration par récurrence sur $i$. On a

$$\mathfrak{D}^1(\mathcal{C}(M)) = \mathcal{C}([\mathcal{C}(M), \mathcal{C}(M)]) = \mathcal{C}([M, M]) = \mathcal{C}(D^1 M),$$

et si $\mathcal{C}(D^i M) = D^i(\mathcal{C}(M))$, alors

$$\mathfrak{D}^{i+1}(\mathcal{C}(M)) = \mathcal{C}([\mathfrak{D}^i(\mathcal{C}(M)), \mathfrak{D}^i(\mathcal{C}(M))]) = \mathcal{C}([\mathcal{C}(D^i M), \mathcal{C}(D^i M)])$$

$$\mathfrak{D}^{i+1}(\mathcal{C}(M)) = \mathcal{C}([D^i M, D^i M]) = \mathcal{C}(D^{i+1} M).$$

La deuxième égalité s'établit de la même façon.

COROLLAIRE 4.7. *Soit $M$ un sous-groupe de $G$. Alors $M$ est résoluble (resp. nilpotent) si et seulement si $\mathcal{C}(M)$ est résoluble (resp. nilpotent) au sens algébrique.*

En effet, d'une part $M$ est un sous-groupe de $\mathcal{C}(M)$, et d'autre part, $\mathfrak{D}^j(\mathcal{C}(M)) = \{e\}$, (resp. $\mathcal{C}^j(\mathcal{C}(M)) = \{e\}$), entraine $\mathfrak{D}^j M = \{e\}$, (resp. $\mathcal{C}^j M = \{e\}$), vu (4.6).

COROLLAIRE 4.8. *Soient $G$, $N$ un sous-groupe invariant, et $M$ un sous-groupe de $G$ contenant $N$. Alors $M/N$ commutatif (resp. nilpotent, resp. résoluble), implique $\mathcal{C}(M)/\mathcal{C}(N)$ commutatif, (resp. nilpotent, resp. résoluble).*

Remarquons tout d'abord que $\mathcal{C}(N)$ est invariant dans $\mathcal{C}(M)$, d'après (3.5). L'hypothèse $M/N$ commutatif signifie que $[M, M] \subset N$, d'où $\mathcal{C}([M, M]) \subset \mathcal{C}(N)$, et vu (4.5), $\mathcal{C}([\mathcal{C}(M), \mathcal{C}(M)]) \subset \mathcal{C}(N)$, et finalement $[\mathcal{C}(M), \mathcal{C}(M)] \subset \mathcal{C}(N)$, autrement dit $\mathcal{C}(M)/\mathcal{C}(N)$ est commutatif.

Soit $M/N$ nilpotent. Il existe donc un indice $j$ tel que $C^j M \subset N$, d'où $\mathfrak{a}(C^j M) \subset \mathfrak{a}(N)$, et, compte tenu de (4.6), $\mathfrak{C}^j(\mathfrak{a}(M)) \subset \mathfrak{a}(N)$, ce qui entraine que $\mathfrak{a}(M)/\mathfrak{a}(N)$ est nilpotent. Même démonstration dans le cas résoluble.

REMARQUE 4.9. Soit $G$ un groupe algébrique ou un sous-groupe fermé d'une variété de groupe. Alors $D^i G$ et $C^i G$, $(i \geq 0)$, sont toujours fermés et l'on peut donc se passer d'introduire les groupes $\mathfrak{D}^i G$ et $\mathfrak{C}^i G$. Si $G$ est connexe, cela résulte du Lemme 4.5.; dans le cas général, ce fait m'a été signalé pour les groupes dérivés par I. Kaplansky (voir son Introduction to Differential Algebra, Theorem 8.19, à paraître) et pour les groupes $C^i G$ par D. Hertzig, qui a plus généralement montré que si $M$ et $N$ sont des sous-groupes invariants fermés de $G$, alors $[M, N]$ est fermé, (non publié). La démonstration utilise le théorème suivant de R. Baer (Math. Annalen 124 (1952), p. 170). Soient $M$, $N$, $H$, $K$ des sous-groupes invariants d'un groupe (abstrait) $G$ tels que $M \subset H$, $N \subset K$, et que $H/M[N, H]$ et $K/N[M, K]$ soient finis. Alors $[H, K]/[M, K][N, H]$ est fini.

4.10. Soit $G$ un $k$-groupe algébrique. On définira la série des $k$-sous-groupes dérivés $k$-fermés $\mathfrak{D}_k^i G$ et la série centrale descendante des $k$-sous-groupes fermés $\mathfrak{C}_k^i G$ exactement comme en (4.2), en utilisant le $k$-groupe adhérent au lieu du groupe adhérent. De même qu'en (4.2), un $k$-groupe algébrique sera résoluble, (resp. nilpotent), si $\mathfrak{D}_k^* G = \{e\}$, (resp. $\mathfrak{C}_k^* G = \{e\}$).

Compte tenu de (3.6), on voit que

$$\text{(a)} \qquad \mathfrak{a}_k([\mathfrak{a}_k M, \mathfrak{a}_k N]) = \mathfrak{a}_k([M, N])$$

et que plus généralement (4.5) à (4.8) et leurs démonstrations restent valables si on y remplace $\mathfrak{a}$ par $\mathfrak{a}_k$.

Soient $K \supset k$ et $G$ un $k$-groupe algébrique. Alors

$$\text{(b)} \qquad \mathfrak{D}_K^i(G^K) = (\mathfrak{D}_k^i G)^K; \qquad \mathfrak{D}_k^i G = \mathfrak{D}_K^i(G^K) \cap G; \qquad (i \geq 0),$$
$$\mathfrak{C}_K^i(G^K) = (\mathfrak{C}_k^i G)^K, \qquad \mathfrak{C}_k^i G = \mathfrak{C}_K^i(G^K) \cap G, \qquad (i \geq 0).$$

En effet, $G^K = \mathfrak{a}_K G$ par définition, d'où vu (a) et (3.6)

$$\mathfrak{D}_K^1(G^K) = \mathfrak{a}_K([G, G]) = (\mathfrak{a}_k([G, G]))^K = (\mathfrak{D}_k^1 G)^K,$$

et on effectue de même le passage de $i$ à $i + 1$; l'égalité de droite résulte alors de (3.6); démonstration analogue pour les égalités relatives aux $\mathfrak{C}_k^i$ et $\mathfrak{C}_K^i$. En prenant $K = \Omega$ et en tenant compte de (2.4), (4.3), on en tire que si $G$ est connexe, il en est de même pour $\mathfrak{D}_k^i G$ et $\mathfrak{C}_k^i G$, $(i \geq 0)$. On peut aussi étendre (4.3), au moins lorsque $M$ et $N$ sont des $k$-groupes. En effet, si $M$ et $N$ sont des sous-groupes de $G$, on a

$$\text{(c)} \qquad (\mathfrak{a}_k([M, N]))^K = \mathfrak{a}_K([M^K, N^K]),$$

ce qui montre donc, (en prenant $K = \Omega$ et en utilisant (2.4), (4.3)), que si $M$ et $N$ sont de plus fermés et connexes, alors $\mathfrak{a}_k([M, N])$ est aussi connexe. L'égalité (c) est conséquence de (a) et (3.6).

## §5. Homomorphismes, groupes quotients, espaces homogènes

Dans ce §, les groupes algébriques peuvent être aussi des sous-groupes fermés de variétés de groupe.

DÉFINITION 5.1. *Soient $G$, $G'$ des groupes algébriques. Un homomorphisme $f$ de $G$ dans $G'$ est une application rationnelle dans $G'$ de chaque composante connexe de $G$ vérifiant la condition suivante: Soit $k$ un corps de définition pour les composantes de $G$, $G'$ et $f$ et soient $x$, $y$ génériques indépendants sur $k$ pour des composantes de $G$. Alors $f(x \cdot y) = f(x) \cdot f(y)$.*

Pour être complets, nous rappelons brièvement la démonstration de la proposition suivante, qui est connue (*voir* [7], Theorem 1 et, en ce qui concerne les $k$-groupes, *voir* (5.8) pour les références à [2]):

PROPOSITION 5.2. *Soient $G$, $G'$ des groupes algébriques, $f$ un homomorphisme de $G$ dans $G'$. Alors*

(a) *$f$ est une application partout définie vérifiant $f(x \cdot y) = f(x) \cdot f(y)$ pour $x$, $y$ quelconques dans $G$.*

(b) *Le noyau $f^{-1}(e) = N$ de $f$ est un sous-groupe invariant fermé. L'image $f(G)$ est un sous-groupe fermé de $G'$.*

(c) $\dim N + \dim f(G) = \dim G$.

Soit $a \in G$, soient $k$ un corps de définition pour $f$ et pour les composantes de $G$, $G'$ et $x$, $y$ des points génériques indépendants de $G_0$ sur $k(a)$. Alors $x$ et $ya$ sont génériques indépendants sur $k(a)$ pour $G_0$ et $G_0 a$, donc $f(xya) = f(x) \cdot f(ya)$; spécialisons $y$ en $x^{-1}$ relativement à $k(x, y)$; comme $x^{-1}a$ est aussi générique pour $G_0 a$ sur $k(a)$, la fonction $f$ est définie en $x^{-1}a$ et par suite l'expression $f(y) \cdot f(x^{-1}a)$ est bien définie; mais $f(x)f(ya)$ n'est qu'une expression de $f(xya)$, considérée comme fonction de $y$, définie sur $k(x, a)$. Cela entraine que $f(xya)$ est définie pour $y = x^{-1}$, donc que $f$ est définie en $x \cdot x^{-1} \cdot a = a$. Ainsi $f$ est partout définie, et la dernière assertion de (a) résulte du fait que l'égalité générique $f(x \cdot y) = f(x) \cdot f(y)$ se conserve par toute spécialisation en laquelle les deux membres sont définis.

Cela étant, $N$ est alors un sous-groupe invariant, qui est fermé en tant qu'image réciproque d'un fermé. Pour montrer que $f(G)$ est fermé, il suffit de considérer le cas où $G$ est connexe; mais alors $f(G)$ est un sous-groupe, épais d'après (1.5), dont l'adhérence est un sous-groupe (3.2), donc est égal à son adhérence (2.5f).

Pour prouver (c) on peut aussi se borner au cas où $G$ est connexe. Soient $m$, $m'$, $s$ les dimensions de $G$, $f(G)$ et $N$ respectivement et soient $x$, $n$ génériques indépendants pour $G$, $N$ sur un corps de définition $k$ pour $G$, $N$, $f$. Le point $y = f(x)$ est générique pour $f(G)$ sur $k$ donc $k(x)$ est de dimension $m - m'$ sur $k(y)$, et le lieu de $x$ sur $\overline{k(y)}$, soit $V$, est de dimension $m - m'$; On a évidemment $f(v) = y$ pour tout $v \in V$, d'où $x^{-1}V \subset N$ et $\dim N \geq m - m'$. D'autre part $x \cdot n$ est générique pour $G$ sur $k(n)$, donc sur $k$, donc est de dimension $m$ sur $k$ et est générique pour $x \cdot N$ sur $k(x)$, donc est de dimension $\geq s$ sur $k(y)$, d'où

$$m = \dim_k x \cdot n \geq \dim N + \dim_k y$$

$$\dim N \leq m - m'.$$

Définition 5.3. *Soient $G$ et $G'$ des groupes algébriques. Un isomorphisme $f$ de $G$ sur $G'$ est un homomorphisme birationnel et biholomorphe.*

Pour qu'un homomorphisme soit un isomorphisme, il suffit qu'il soit bijectif et birationnel, car il est alors biholomorphe vu l'absence de singularités dans les ensembles algébriques considérés. Un homomorphisme bijectif est une application rationnelle qui est un isomorphisme pour les groupes abstraits sous-jacents; en caractéristique $p \neq 0$, ce n'est pas nécessairement un isomorphisme au sens de (5.3), car le corps des fonctions de $G$ peut être une extension purement inséparable du corps des fonctions de $G'$.

Définition 5.4. *Soient $G$ un groupe algébrique connexe, $A$ et $B$ des sous-groupes fermés connexes, $B$ étant invariant. On dit que $G$ est le produit semi-direct de $A$ et $B$ si $G = A \cdot B$, $A \cap B = \{e\}$ et si l'application $\tau\colon (a, b) \to a \cdot b$ de $A \times B$ dans $G$ est birationnelle. Si de plus $A$ est invariant dans $G$, ce dernier est le produit direct de $A$ et $B$.*

L'application $\tau$ de (5.4) est évidemment rationnelle partout holomorphe, et est bijective lorsque $G = A \cdot B$ et $A \cap B = \{e\}$ mais, pour des raisons d'inséparabilité pure, elle n'est pas nécessairement birationnelle en caractéristique $p \neq 0$. *Exemple:* $G$ est le groupe additif des vecteurs de $\Omega^2$, $A$ le sous-groupe des éléments de deuxième coordonnée nulle, $B$ le sous-groupe des éléments $(x, x^p)$. Remarquons encore que $G$, $A$, $B$ étant non singulières, $\tau$ est biholomorphe dès qu'elle est birationnelle.

Proposition 5.5. *Soient $G$ un groupe algébrique, $H$, $M$ des sous-groupes fermés de $G$, tels que $H$ soit dans le normalisateur de $M$. Alors l'ensemble $H \cdot M$ des produits $h \cdot m$, $(h \in H, m \in M)$, est un sous-groupe fermé dont $H_0 \cdot M_0$ est le plus grand sous-groupe fermé connexe.*

Soit $f$ l'application rationnelle de $H_0 \times M_0$ dans $G$ qui associe $h \cdot m$ à $(h, m)$. Elle est partout holomorphe et son image $H_0 \cdot M_0$ est un ensemble épais; comme $H$ normalise $M$, donc $M_0$, $H_0 \cdot M_0$ est un groupe abstrait, qui est alors fermé d'après (2.5f), et irréductible (donc connexe) en tant qu'image d'un ensemble irréductible. L'ensemble $H \cdot M$ est un sous-groupe, union d'un nombre fini d'ensembles de la forme $hH_0 \cdot M_0 \cdot m$, donc fermé, dont $H_0 M_0$ est alors le plus grand sous-groupe connexe d'après (2.2).

Remarque 5.6. Soit $k$ un corps de définition pour $G$, $H$, $M$. Alors $H \cdot M$ est défini sur une extension purement inséparable de $k$, et $H_0 \cdot M_0$ est défini sur $k$.

La première assertion s'obtient comme en (2.5e); pour la seconde, il suffit de remarquer que $H_0 \cdot M_0$ est le lieu de $h \cdot m$ sur $k$, où $h$, $m$ sont génériques indépendants pour $H_0$, $M_0$ sur $k$.

Proposition 5.7. *Soient $G$, $G'$ des groupes algébriques et $f$ un homomorphisme de $G$ sur $G'$, de noyau $N$. Alors si $G$ est connexe, $G'$ l'est aussi; si $G'$ et $N$ sont connexes, $G$ l'est aussi. En particulier, $f(G_0) = G_0'$.*

La première affirmation résulte de (2.2) et d'une propriété générale des applications rationnelles (1.5). Soient maintenant $G'$ et $N$ connexes. Alors $N \subset G_0$ et les images des composantes connexes de $G$ par $f$ seront disjointes, et fermées d'après (5.2), donc aussi ouvertes dans $G'$, d'où $G_0 = G$. La dernière assertion résulte alors de la première, de (2.2) et (5.2).

5.8. *Les k-groupes.* Soient $G$, $G'$ des $k$-groupes algébriques. Un homomorphisme de $G$ dans $G'$ est une application rationnelle, définie sur $k$, vérifiant la condition $f(x \cdot y) = f(x) \cdot f(y)$ pour tous les points d'un $k$-ouvert dense dans $G$. Si $K \supset k$, $f$ s'étend canoniquement en un homomorphisme de $G^K$ dans $G'^K$. En particulier, en prenant $K = \Omega$, on voit par (5.2) que $f$ est partout définie et vérifie $f(x \cdot y) = f(x) \cdot f(y)$ pour des éléments quelconques de $G$, (*voir* [2], p. 100 pour une autre démonstration). Evidemment, $f^{-1}(e)$ est encore un sous-groupe invariant fermé, mais par contre $f(G)$ n'est pas nécessairement fermé, comme le montrent des exemples simples; c'est toutefois le cas lorsque $k$ est algébriquement fermé ([2], Corollaire 1, p. 122).

Soient $N$ le noyau de $f$, $m$, $m'$ et $s$ les dimensions de $G$, $f(G)$ et $N$. On a toujours $s \leqq m - m'$, ([2], Prop. 8, p. 117), et il y a égalité lorsque $k$ est algébriquement fermé, ([2], p. 118), ou lorsque $k$ est de caractéristique zéro ([2], Théor. 12, p. 172), ou plus généralement lorsque $k$ est parfait (J. Dieudonné, Comm. Math. Helv., 28 (1954), pp. 87–118, No 25); mais on peut avoir $s \neq m - m'$ lorsque $k$ n'est pas parfait [2, p. 119].

On introduit bien entendu des définitions analogues à (5.3), (5.4) pour les $k$-groupes. (5.5) vaut pour les $k$-groupes lorsque $k$ est algébriquement fermé, et (5.7) s'étend aux $k$-groupes pour $k$ arbitraire, (mêmes démonstrations).

5.9. *Groupes quotients, espaces homogènes.* Cette question a été étudiée par Nakano [7], Rosenlicht [8], Barsotti [1], et Weil [10, 11] dont les énoncés plus précis tiennent compte des corps de définition. Pour le théorème suivant, voir [11, Prop. 2].

THÉORÈME 5.9.1. *Soient $G$ une variété de groupe, $H$ un sous-groupe fermé de $G$, $k$ un corps de définition pour $G$, $H$. Alors il existe une variété notée $G/H$, définie sur $k$, et une application rationnelle $\pi_H$ de $G$ sur $G/H$ définie sur $k$, ayant les propriétés suivantes:*

*(a) $\pi_H$ est une application séparable partout holomorphe. On a $\pi_H(g) = \pi_H(g')$ si et seulement si $g \epsilon g'(H)$.*

*(b) Soit $f$ une application rationnelle de $G$ dans une variété $V$, définie sur $K \supset k$, telle que $f(g \cdot h) = f(g)$ pour $g$, $h$ génériques indépendants pour $G$, $H$, alors il existe une application rationnelle $\psi$ de $G/H$ telle que $f(g) = \psi \circ \pi_H(g)$ pour $g$ générique.*

*(c) Si $H$ est invariant dans $G$, $G/H$ est une variété de groupe et $\pi_H$ est un homomorphisme de $G$ sur $G/H$.*

*Les propriétés (a), (b) caractérisent $G/H$ à une transformation birationnelle biholomorphe, compatible avec $\pi_H$, près.*

Bien entendu, si l'application $f$ de (b) est partout définie, il en est de même pour $\psi$ et l'on a $f(g) = \psi \circ \pi_H(g)$ pour tout $g \epsilon G$. Remarquons que si $f$ est une application partout définie telle que $f(g) = f(g')$ si et seulement si $g \epsilon g'H$, alors $\psi$ est une application rationnelle bijective de $G/H$ sur $f(G)$, mais pas nécessairement birationnelle pour $p \neq 0$, et elle ne permet donc pas toujours d'identifier $G/H$ à $f(G)$, au point de vue algébrique.

Il résulte immédiatement de (a) et (b) que la translation à gauche $x \to gx$ induit une transformation birationnelle biholomorphe $T_g$ de $G/H$ sur lui-même et que $T_{gg'} = T_g T_{g'}$, $T_e = \mathrm{Id}$.; en particulier, l'ensemble des $T_g$, $(g \in G)$, étant transitif, $G/H$ est non singulière.

Ajoutons encore un complément naturel au théorème précédent, dû à Rosenlicht [8]:

PROPOSITION 5.9.2. *Soient $G$ une variété de groupe, $M$ un sous-groupe fermé connexe, $N$ un sous-groupe fermé de $M$, invariant dans $G$. Alors l'homomorphisme de $M/N$ sur $\pi_N(M)$ induit par la restriction de $\pi_N$ à $M$ est un isomorphisme.*

5.10. *Groupes quotients de groupes linéaires.* Dans le cas particulier d'un groupe algébrique, (donc linéaire), 5.9.1 se précise par le théorème suivant, démontré indépendamment par Chevalley (non publié) et Rosenlicht [8]:

THÉORÈME 5.10.1. *Soient $G$ un groupe algébrique et $N$ un sous-groupe invariant fermé. Alors $G/N$ est isomorphe à un groupe algébrique.*

Il peut se déduire des deux lemmes suivants:

LEMME 5.10.2. *Soient $G$ un $k$-groupe algébrique et $N$ un $k$-sous-groupe algébrique invariant de $G$. Alors il existe une représentation rationnelle de $G$ ayant $N$ comme noyau.*

[3, p. 119]. Lorsque $k = \Omega$, cela montre que $G/N$ possède une représentation rationnelle fidèle; cependant, ce n'est pas forcément un isomorphisme de $G/N$ sur son image au sens de (5.3), aussi pour parvenir à (5.10.1), doit-on encore utiliser le lemme suivant, de Chevalley et Rosenlicht [8]:

LEMME 5.10.3. *Soit $G$ une variété de groupe possédant une représentation rationnelle de noyau fini. Alors $G$ est isomorphe à un groupe algébrique.*

En fait, nous aurons dans la suite surtout besoin du lemme 5.10.2, qui est de caractère élémentaire; c'est souvent simplement pour simplifier le langage et les notations que nous ferons intervenir le groupe algébrique $G/N$.

Pour terminer, ce §, nous mentionnerons encore une légère extension de 5.10.1, qui peut s'envisager comme une conséquence du théorème de Chevalley démontré dans [8]; elle n'interviendra du reste qu'une seule fois dans ce travail, tout à la fin.

PROPOSITION 5.10.4. *Soient $G$ un groupe algébrique, $G'$ une variété de groupe et $f$ un homomorphisme de $G$ sur $G'$. Alors $G'$ est isomorphe à un groupe algébrique.*

## CHAPITRE II: LE GROUPE ADHÉRENT A UNE MATRICE

### §6. Remarques sur les ensembles commutatifs d'applications linéaires

6.1. Soit $x$ un endomorphisme d'un espace vectoriel $V$ de dimension finie sur un corps $k$. On dit que $x$ est *semi-simple* si $V$ est somme directe de sous-espaces minimaux invariants par $x$; lorsque $k$ est parfait, cela équivaut à l'existence d'une base de $V \otimes \bar{k}$ formée de vecteurs propres de $x$ ou au fait que les diviseurs élémentaires de $x$ sont simples, (*voir* par exemple [2], Chap. I, §8).

$x$ est *nilpotent* s'il existe un entier $s$ tel que $x^s = 0$, donc si ses valeurs propres sont nulles, il est *unipotent* si $x - I$, ($I$ est l'identité), est nilpotent, donc si ses valeurs propres sont égales à 1.

6.2. On suppose dorénavant $k$ parfait. Un endomorphisme qui est semi-simple et unipotent (resp. nilpotent), est l'identité, (resp. nul). Soit $x$ inversible. On sait, (*voir* [2], loc. cit.), que $x$ se met d'une et d'une seule façon sous la forme

$$x = x_s \cdot x_u , \qquad (x_s x_u = x_u x_s \; ; x_s \text{ semi-simple, } x_u \text{ unipotent}).$$

On dira que $x_s \cdot x_u$ est la décomposition (multiplicative) de Jordan de $x$ et que $x_s$ , (resp. $x_u$), est la partie semi-simple, (resp. unipotente), de $x$.

6.3. Relevons une fois pour toutes que *l'ensemble des matrices unipotentes de* $M(n, \Omega)$, *qui sera noté* $\mathfrak{U}(n)$, *est algébrique, défini sur le corps premier*. En effet, $x$ est unipotente si est seulement si le déterminant de $x - \lambda I$ est égal à $(\lambda - 1)^n$, ce qui est une condition algébrique pour $x$, à coefficients dans le corps premier. Ainsi $\mathfrak{U}(n)$ admet $Z_p$ comme corps de quasi-définition donc aussi, puisque $Z_p$ est parfait, comme corps de définition.

LEMME 6.4. *Soient $k$ un corps algébriquement fermé et $M$ un ensemble commutatif de matrices de degré $n$. On suppose soit que $M \subset M(n, k)$, soit que $M$ est un ensemble algébrique défini sur $k$. Alors il existe $x \in GL(n, k)$ tel que $xMx^{-1} = N$ soit de la forme*

$$\begin{pmatrix} N_1 & & & \\ & \cdot & & \\ & & \cdot & \\ & & & \cdot \\ 0 & & & N_t \end{pmatrix}$$

*chaque matrice de $N_i$ , $(1 \leqq i \leqq t)$, ayant une seule valeur propre et des coefficients nuls en dessous de la diagonale principale. Les parties semi-simples des éléments de $N$ sont diagonales* ([5], Lemma 1).

On sait qu'étant donné un endomorphisme $a$ d'un espace vectoriel $V$ de dimension $n$ sur un corps algébriquement fermé $k$, $V$ est somme directe des sous-espaces $V_\lambda(a)$, définis par

$$V_\lambda(a) = \{v \in V, (a - \lambda I)^n(v) = 0\}, \qquad (\lambda \in k).$$

Soit $M$ commutatif, contenu dans $M(n, k)$. Pour tout $m \in M$, les sous-espaces $V_\lambda(m)$ sont invariants par $M$, et s'il existe $m \in M$ avec deux valeurs propres distinctes, on pourra raisonner par récurrence et appliquer l'hypothèse d'induction aux $V_\lambda(m)$. Sinon soit $\lambda(m)$ la valeur propre de $m \in M$. Alors l'ensemble $U_m$ des vecteurs propres de $m$ correspondant à $\lambda(m)$ est $\neq 0$ et invariant par $M$. S'il est égal à $V$ pour tout $m \in M$, alors $M$ est formé de matrices diagonales, sinon on applique l'hypothèse d'induction à $U_m$ et $V/U_m$ .

Soit maintenant $M$ un ensemble algébrique, défini sur $k$. D'après ce qui précède, il existe $x \in GL(n, k)$ tel que $N = x(M \cap M(n, k))x^{-1}$ vérifie les conditions requises; mais celles-ci consistent en la nullité de certains coefficients et en l'égalité de certains autres, et s'expriment donc à l'aide de polynomes de $Z_p[X]$. Ainsi $xMx^{-1}$ est un ensemble algébrique, défini sur $k$, dont les éléments rationnels sur $k$ vérifient ces conditions; ces dernières sont alors vérifiées par $xMx^{-1}$ tout entier.

Si une matrice $x$ est de la forme

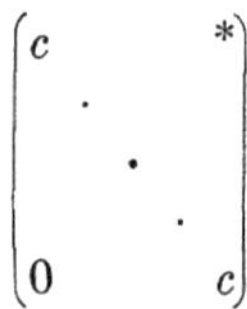

alors elle commute à $c^{-1}I$, et $c^{-1}I \cdot x$ est unipotente, donc $(cI) \cdot (c^{-1}x)$ est la décomposition multiplicative de Jordan de $x$ et $x_s = cI$, d'où la dernière assertion de (6.4).

COROLLAIRE 6.5. *Soit $G$ un groupe algébrique commutatif. Alors les applications $g \to g_s$ et $g \to g_u$ sont des représentations rationnelles de $G$, définies sur tout corps de définition $k$ algébriquement fermé de $G$.*

$g \to g_s$ et $g \to g_u$ sont évidemment des homomorphismes de groupes abstraits. D'après (6.4), il existe $x \in GL(n, k)$ tel que $(xgx^{-1})_s = xg_sx^{-1}$ soit la partie diagonale de $xgx^{-1}$, donc s'exprime rationnellement à l'aide de $xgx^{-1}$. Alors $g_s$ est une fonction rationnelle, à coefficients dans $k$, de $g$, et $g \to g_s$ est une représentation rationnelle définie sur $k$. Il en est alors de même pour $g \to g_u = g \cdot g_s^{-1}$.

## §7. Groupes diagonaux

On note $D(n)$ le sous-groupe des matrices diagonales de $GL(n, \Omega)$. Un sous-groupe de $D(n)$ est dit *diagonal*; un sous-groupe de $GL(n, \Omega)$, équivalent, par un automorphisme intérieur de $GL(n, \Omega)$, à un groupe diagonal est dit *diagonalisable*; il faut et il suffit pour cela qu'il soit commutatif et formé de matrices semi-simples. Enfin, on appellera *tore* un groupe algébrique commutatif connexe diagonalisable (cf. introduction).

PROPOSITION 7.1. *Soit $G$ un groupe algébrique diagonalisable.*

(a) *Soit $p \neq 0$. Alors $\bar{\omega}_p : x \to x^p$ est un homomorphisme bijectif.*

(b) *Si $G$ est connexe, $\bar{\omega}_d : x \to x^d$ est surjectif pour tout entier $d \neq 0$.*

(c). *$G$ est engendré par $G_0$ et par ses éléments d'ordre fini.*

Il suffit de démontrer ces propriétés pour $G$ diagonal.

(a). Vu l'unicité des racines $p$-ièmes en caractéristique $p \neq 0$, l'homomorphisme $\bar{\omega}_p$ est injectif, donc $\bar{\omega}_p(G)$ est de même dimension que $G$, et les composantes connexes distinctes de $G$ doivent avoir des images distinctes, d'où $\bar{\omega}_p(G) = G$.

(b). Le noyau de $\bar{\omega}_d$ est formé d'éléments ayant des coefficients qui sont racines $d$-ièmes de 1, et est donc fini; ainsi (5.2), $\bar{\omega}_d(G)$ a même dimension que $G$, et lui est égal.

(c). Soit $g \in G$. Alors il existe $d$ tel que $g^d \in G_0$ ; vu (b), il existe $h \in G_0$ tel que $h^d = g^d$, d'où $g = ch$ avec $h \in G_0$ et $c = gh^{-1}$ d'ordre fini.

Avant de passer au prochain résultat sur les groupes diagonaux, rappelons un théorème de Chevalley qui est aussi à la base de (5.10.2). Soit, pour $x \in M(n, k)$, $\eta(x)$ l'endomorphisme de l'algèbre des polynomes $S(M(n, k))$ sur $M(n, k)$ induit par la translation à droite $y \to yx$, ($y \in M(n, k)$). Si $M$ est un sous-ensemble de $M(n, k)$ et si $\chi$ est une fonction sur $M$ à valeurs dans $k$, on dit que $P \in S(M(n, k))$ est un semi-invariant de $M$, de poids $\chi$, si $\eta(x)(P) = \chi(x) \cdot P$ pour tout $x \in M$. Chevalley [2, Théor. 1, p. 84] montre que si $G$ est un $k$-groupe algébrique alors il existe un nombre fini de semi-invariants $P_i$, $(1 \leq i \leq m)$, de $G$, de même poids $\chi$, tels que $G$ soit le plus grand sous-groupe de $GL(n, k)$ ayant les $P_i$ comme semi-invariants. (Le fait que l'on peut prendre des $P_i$ de même poids résulte de la démonstration, voir bas p. 85).

On appellera équation monomiale une équation de la forme

$$X_1^{m_1} X_2^{m_2} \cdot \ \cdots \ \cdot X_n^{m_n} = 1 \qquad (m_i \text{ entier}, 1 \leq i \leq n).$$

PROPOSITION 7.2. *Un groupe algébrique diagonal $G$ peut être défini par un nombre fini d'équations monomiales. Il admet donc $Z_p$ comme corps de définition.*

Prenons dans l'espace des polynomes de degrés $u$ sur $M(n, \Omega)$ la base formée par les monomes en les coordonnées canoniques de $M(n, \Omega)$. Il est clair que $\eta(x)$, $(x \in D(n))$, est représentée par une matrice diagonale, dont les coefficients sont de la forme

$$x_1^{a_1} \cdot x_2^{a_2} \cdot \ \cdots \ \cdot x_n^{a_n}, \quad (a_i \text{ entier} \geq 0, i = 1, \cdots, n),$$

où les $x_i$ sont bien entendu les coefficients de $x$. Soient $P_1$, $\cdots$, $P_m$ des semi-invariants de même poids $\chi$ qui caractérisent $G$ et soit $V$ l'espace de tous les semi-invariants de poids $\chi$ de $G$ qui ont un degré $\leq u$, où $u$ est un entier au moins égal au degré de chaque $P_i$. Comme $D(n)$ est commutatif, il laisse aussi $V$ invariant, donc la restriction $\eta^*(x)$ de $\eta(x)$ à $V$, $(x \in D(n))$ sera, dans une base convenable, indépendante de $x$, représentée par une matrice diagonale ayant des coefficients monômes en les $x_i$ de la forme précédente; $\eta^*(x)$ est un multiple de l'identité si et seulement si $V$ est formé de semi-invariants de $x$, donc si et seulement si $x \in G$. Soit $\xi(x)$, $(x \in D(n))$, l'endomorphisme de $\mathcal{E}(V)$ défini par

$$\xi(x)(X) = \eta^*(x) \cdot X \cdot \eta^*(x^{-1}), \qquad (X \in \mathcal{E}(V)).$$

Si nous rapportons $\mathcal{E}(V)$ à la base associée à la base déjà choisie de $V$, il est clair que $\xi(x)$ est représentée par une matrice diagonale dont les coefficients sont quotients de coefficients de $\eta^*(x)$, et ont par conséquent la forme

$$x_1^{m_{1i}} \cdot x_2^{m_{2i}} \cdot \ \cdots \ \cdot x_n^{m_{ni}}, \qquad (m_{ji} \text{ entier}, 1 \leq i \leq \dim \mathcal{E}(V)).$$

$G$ est alors complètement caractérisé par les équations monomiales

$$x_1^{m_{1i}} \cdot x_2^{m_{2i}} \cdot \ \cdots \ \cdot x_n^{m_{ni}} = 1, \qquad (1 \leq i \leq \dim \mathcal{E}(V)).$$

En faisant passer dans le deuxième membre les $x_i$ à exposants négatifs, on obtient des équations polynomiales à coefficients dans $Z_p$ ; ce dernier est donc un corps de définition pour $G$, (*voir* 1.3).

REMARQUE. La démonstration précédente vaut évidemment aussi pour un $k$-groupe algébrique diagonal. En caractéristique zéro, (7.2) est dû à C. Chevalley [2, Prop. 3, p. 169], qui caractérise aussi de manière similaire l'algèbre de Lie de $G$.

COROLLAIRE 7.3. *Soient $G$ un groupe algébrique diagonalisable et $k$ un corps de définition pour $G$. Alors tout sous-groupe algébrique de $G$ est défini sur $\bar{k}$. En particulier, si $G$ est connexe, tout élément générique sur $k$ engendre un sous-groupe dense dans $G$ et n'est contenu dans aucun sous-groupe algébrique propre de $G$.*

Il existe $s \in GL(n, \bar{k})$ tel que $sGs^{-1} \subset D(n)$; tout sous-groupe algébrique de $G$ est alors de la forme $s^{-1}Hs$, où $H$ est un sous-groupe fermé de $D(n)$, donc est défini sur $\bar{k}$.

Soient $G$ connexe et $g$ générique pour $G$ sur $k$, donc sur $\bar{k}$. Alors $g$ n'est contenu dans aucun sous-ensemble algébrique propre défini sur $\bar{k}$, donc dans aucun sous-groupe propre fermé; enfin, l'adhérence du sous-groupe engendré par $g$ est un sous-groupe (3.3), donc est égale à $G$.

PROPOSITION 7.4. *Soit $G$ un sous-groupe algébrique connexe de $D(n)$, de dimension $d$. Alors $G$ est défini par $n - d$ équations monomiales et est isomorphe à $(\Omega^*)^d$.*

Soit $g$ un point générique pour $G$, $g_1, \cdots, g_n$ ses coefficients. Il est clair que toute puissance $g^m$ ($m$ entier $> 0$) de $g$ est aussi générique pour $G$; en effet, si $g_{i_1}, \cdots, g_{i_s}$ sont algébriquement indépendants, il en est de même pour leurs puissances $m$-ièmes, qui sont des coefficients de $g^m$, donc le degré de transcendance de $g^m$ sur un corps $k$ est au moins égal à celui de $g$.

Supposons que $g$ vérifie une relation monomiale $g_1^{m_1} \cdots g_n^{m_n} = 1$ à exposants entiers non tous nuls. Vu la remarque qui précède, on peut supposer les $m_i$ premiers dans leur ensemble, et il existe par conséquent une matrice unimodulaire $(m_{ij})$, $(1 \leqq i, j \leqq n)$, à coefficients entiers telle que $m_{1i} = m_i$, $(1 \leqq i \leqq n)$. Soit $\tau$ l'automorphisme de $D(n)$ défini par

$$\tau(t)_i = \prod_{j=1}^{j=n} t_j^{m_{ij}}, \qquad (1 \leqq i \leqq n),$$

et soit $s = \tau(t)$. Alors $s_1 = 1$ équivaut à $\prod t_j^{m_j} = 1$, donc $\tau(G)$ est dans le sous-groupe de $D(n)$ que forment les éléments à premier coefficient égal à 1; et il est clair que les relations monomiales satisfaites par $G$ et $\tau(G)$ se correspondent biunivoquement; par conséquent, une relation monomiale indépendante de la précédente permettra de réduire le nombre de variables à $n - 2$, et ainsi de suite. Il en résulte que pour terminer la démonstration il suffit de faire voir que si $G \subset D(m)$ ne satisfait à aucune relation monomiale, alors il est égal à $D(m)$, mais cela est une conséquence de (7.2).

REMARQUES 7.5.(1). Pour (7.4), voir aussi Dieudonné [4, §3]. La démonstration ci-dessus montre qu'il existe un automorphisme de $D(n)$, défini par des relations monomiales, qui applique $G$ sur le sous-groupe obtenu en égalant $n - d$ coefficients quelconques à 1.

(2). Soit $G$ un $k$-groupe algébrique diagonal connexe. Comme $G^\Omega$ est aussi connexe, et comme les relations et isomorphismes considérés dans la démonstration de (7.4) sont définis sur le corps premier, on voit en passant à $G^\Omega$ que (7.4) vaut aussi pour $G$.

COROLLAIRE 7.6. *Soit $G$ un tore de dimension $d$ et soit $q = p^m \cdot r$ ($r$ entier premier à $p$). Alors $G$ possède $r^d$ éléments d'ordre $q$. Si $r \neq 1$, les éléments d'ordres $r^m$, ($m = 1, 2, \cdots$) forment un sous-groupe dense de $G$.*

COROLLAIRE 7.7. *Soit $\rho$ une représentation rationnelle unidimensionelle d'un sous-groupe connexe fermé de $D(n)$. Alors il existe des entiers $m_i$, $(1 \leqq i \leqq n)$, tels que $\rho(g) = g_1^{m_1} \cdot \cdots \cdot g_n^{m_n}$ pour tout $g \in G$.*

Vu la remarque 7.5(1), il est clair que l'on peut se borner au cas où $G = D(1) \cong \Omega^*$. On a alors

$$\rho(g) = P(g)/Q(g)$$

où $P$ et $Q$ sont des polynomes à une variable, à coefficients dans $\Omega$, que l'on peut supposer premiers entre eux. De $\rho(g^m) = (\rho(g))^m$, on tire alors

$$Q(g)^m = a \cdot Q(g^m), \qquad P(g)^m = b \cdot P(g^m), \qquad\qquad (a, b \in \Omega),$$

pour tout $g \in \Omega$, $m$ entier quelconque, d'où par un calcul que nous omettons

$$P(g) = g^u \qquad Q(g) = g^v, \qquad\qquad (u, v \text{ entiers} \geqq 0).$$

PROPOSITION 7.8. *Soient $G_1$ et $G_2$ des sous-groupes algébriques de $D(n)$. Alors $G_1 \subset G_2$ si l'une des conditions suivantes est remplie.*

(a) *Tout élément d'ordre fini de $G_1$ est dans $G_2$.*

(b) *$G_1$ est connexe, et pour une infinité de nombres premiers $q$, les éléments d'ordre $q$ de $G_1$ sont dans $G_2$.*

(c) *$G_1$ est connexe et il existe un entier $q$ premier à $p$ tel que tout élément de $G_1$ d'ordre $q^m$, $(m = 1, 2, \cdots)$, est dans $G_2$.*

D'après (7.1c), il suffit pour établir (a) de montrer que $G_{10} \subset G_2$ ce qui résultera de (b).

(b). Soit $H = G_1 \cap G_2$ et soit $q$ un entier premier à $p$ et à l'ordre de $H/H_0$ tel que tout élément d'ordre $q$ de $G_1$ soit dans $G_2$. Ces éléments sont alors dans $H$, et même dans $H_0$, d'où, vu (7.6), dim $G_1 = $ dim $H_0$, et $G_1 = H_0 \subset G_2$.

(c). Il suffit de remarquer que l'adhérence du sous-groupe engendré par les éléments d'ordres $q^m$, $(m = 1, 2, \cdots)$ de $G$, est contenue dans $G_2$ vu l'hypothèse et est égale à $G_1$ d'après (7.6).

PROPOSITION 7.9. *Soient $G$ un groupe algébrique connexe (ou une variété de groupe), et $N$ un sous-groupe fermé invariant, commutatif formé de matrices semi-simples. Alors $N$ est dans le centre de $G$.*

Soit $q$ un entier. Les éléments d'ordre $q$ de $N$ forment un sous-groupe invariant dans $G$, qui est fini puisque $N$ est isomorphe à un sous-groupe de $D(n)$, donc est central (2.5g). Ainsi l'intersection de $N$ et du centre de $G$ contient tous les éléments d'ordre fini de $N$, et est égale à $N$ d'après (7.8).

Nous terminons ce § par une remarque élémentaire, utile dans l'étude des éléments réguliers.

PROPOSITION 7.10. *Soient $G$ un groupe algébrique, $Q$ un tore de $G$, et $k$ un corps de définition algébriquement fermé pour $G$ et $Q$. Alors l'ensemble des points de $Q$ dont le centralisateur dans $G$ est égal à celui de $Q$ contient un ouvert sur $k$, non vide.*

On peut supposer que $Q$ est diagonal, (6.4). Or, le centralisateur dans $GL(n, \Omega)$ d'un élément $q$ diagonal de coefficients $(q_i)$ se compose des matrices $(g_{ij})$ pour lesquelles $g_{ij} = 0$ si $q_i \neq q_j$ et $g_{ij}$ est arbitraire sinon; il en résulte que les éléments de $Q$ qui ne vérifient aucune des équations $q_i = q_j$ non satisfaites par tout élément de $Q$ ont un centralisateur égal à celui de $Q$ dans $GL(n, \Omega)$, donc a fortiori dans $G$.

REMARQUE 7.11. En ce qui concerne les $k$-groupes, (7.9) vaut lorsque $k$ est parfait, et (7.10) pour $k$ algébriquement fermé. On le voit pour la première en passant à $G^{\Omega}$ et pour la seconde par la même démonstration.

## §8. Le groupe adhérent à une matrice

Remarquons tout d'abord une fois pour toutes que le groupe adhérent $\mathcal{G}(x)$ à une matrice unipotente (resp. semi-simple) est formé de matrices unipotentes (resp. semi-simples). En effet, d'une part l'ensemble des matrices unipotentes est algébrique (6.3) et $\mathcal{G}(x)$ est l'adhérence du sous-groupe engendré par $x$ (3.3), d'autre part si $x$ est semi-simple il existe $y$ tel que $yxy^{-1} \in D(n)$, d'où $\mathcal{G}(yxy^{-1}) \subset D(n)$, et $\mathcal{G}(x) = y^{-1}\mathcal{G}(yxy^{-1})y$ est formé de matrices semi-simples.

PROPOSITION 8.1. (a). *Soit $p \neq 0$. Alors une matrice est unipotente si et seulement elle est d'ordre une puissance de $p$. $\mathcal{G}(x)$ est alors le groupe cyclique fini engendré par $x$.*

(b). *Soit $p = 0$, et soit $x$ unipotente $\neq e$. Alors $x$ est d'ordre infini. $A(x)$ est connexe, de dimension 1, formé des matrices $\exp (t \cdot \log x)$, $(t \in \Omega)$.*

(a). Si $x$ est d'ordre $p^m$, ses valeurs propres sont racines $p$-ièmes de l'unité, donc égales à 1. Si $x$ est unipotente, alors $x = I + u$, ($u$ nilpotente), d'où pour $q = p^m$, $m$ entier assez grand, $x^q = I + y^q = I$ et $x$ est d'ordre divisant $q$, donc égal à une puissance de $p$.

(b). Mettons $x - I$ sous la forme normale de Jordan. On a donc $y_{ij} = 0$ pour $i \geq j$, ou $i < j - 1$ et $y_{i,i+1} = 0, 1$ et est égal à 1 pour au moins une valeur de $i$, disons $y_{a,a+1} = 1$. Un calcul élémentaire montre alors que pour tout entier $m$, $(x^m)_{a,a+1} = m$, donc $x$ est d'ordre infini, et $\mathcal{G}(x)$ est de dimension 1 au moins. Comme $y = x - I$ est nilpotente, la série logarithmique

$$\log x = +y/1 - y^2/2 + \cdots$$

se réduit à un polynome et est une matrice nilpotente. Par suite, l'exponentielle de $t \cdot \log x$, $(t \in \Omega)$, définie par

$$\exp (t \cdot \log x) = I + t/1(\log x) + t^2/2(\log x)^2 + \cdots$$

est aussi un polynome, qui est égal à $x$ pour $t = 1$. On a

$$\exp [(t_1 + t_2) \log x] = \exp (t_1 \log x) \cdot \exp (t_2 \log x)$$

et les coefficients de $\exp (t \log x)$ sont des polynomes en $t$; par conséquent l'application $f : t \to \exp (t \log x)$ est une représentation rationnelle du groupe additif $\Omega$ dans $GL(n, \Omega)$. Il est immédiat que le coefficient d'indices $(a, a + 1)$ de $\exp (t \log x)$ est $t$, donc $f$ est bijectif et birationnel; l'image de $f$ est donc connexe, de dimension 1, isomorphe à $\Omega$; comme elle contient $\mathcal{G}(x)$, qui est de dimension $\geq 1$, elle doit être égale à $\mathcal{G}(x)$.

COROLLAIRE 8.2. *Soit $p = 0$ et soient $x$, $y$ des matrices unipotentes de $GL(n, \Omega)$. S'il existe des entiers $a$, $b$ tels que $x^a = y^b$, alors $\mathcal{G}(x) = \mathcal{G}(y)$.*

On tire en effet de (8.1) que $\mathfrak{G}(x) = \mathfrak{G}(x^a) = \mathfrak{G}(y^b) = \mathfrak{G}(y)$.

LEMME 8.3. *Soit $x$ une matrice semi-simple.*

(a). *Si elle est d'ordre fini, cet ordre est premier à $p$.*

(b). *Soit $q = p^a$, $a$ entier. Alors $x$ a exactement une racine $q$-ième semi-simple; cette dernière fait partie de $\mathfrak{G}(x)$.*

(a) est claire. Pour obtenir (b), mettons $x$ sous forme diagonale. Alors $\mathfrak{G}(x)$ est diagonal et (7.1) contient $z$ tel que $z^q = x$; ainsi, $x$ a au moins une racine $q$-ième semi-simple, qui est adhérente à $x$. Soit $y$ une deuxième racine $q$-ième de $x$ qui soit semi-simple. Elle centralise, $x$ donc $\mathfrak{G}(x)$, et l'on peut mettre $y$ et $\mathfrak{G}(x)$ simultanément sous forme diagonale. Mais alors $y = z$ puisque $g \to g^p$ est bijectif dans $D(n)$.

THÉORÈME 8.4. *Les parties unipotente $x_u$ et semi-simple $x_s$ d'une matrice inversible $x$ sont contenues dans $\mathfrak{G}(x)$.*[6]

Soit tout d'abord $p \neq 0$. Il existe une puissance $q$ de $p$ telle que $x_u^q = I$, donc $x_s^q \in \mathfrak{G}(x)$. Vu (8.3), $x_s$ est dans $\mathfrak{G}(x_s^q)$ donc fait a fortiori partie de $\mathfrak{G}(x)$, d'où aussi $x_u \in \mathfrak{G}(x)$.

Soit $p = 0$. Mettons $\mathfrak{G}(x)$ sous la forme triangulaire du lemme 6.4, et soit $H = \mathfrak{G}(x) \cap D(n)$. C'est l'ensemble des matrices semi-simples de $\mathfrak{G}(x)$. Soit encore $H'$ l'image de $\mathfrak{G}(x)$ par l'application $f: y \to y_s$, qui est une représentation rationnelle de $\mathfrak{G}(x)$ dans $D(n)$ d'après (6.5). Ce groupe contient $H$, $x_s$ et pour établir le théorème, il suffit de montrer que $H' \subset H$, ou encore, vu (7.8), que tout élément d'ordre fini de $H'$ fait partie de $H$.

Soit $s \in H'$ d'ordre fini égal à $m$. Il existe donc $y \in \mathfrak{G}(x)$ de la forme $y = s \cdot u$, ($su = us$, $u$ unipotente). Alors $u^m = y^m$ est dans $\mathfrak{G}(x)$ et fait partie du noyau $N$ de $f$; comme d'après (8.2) $u$ est dans $\mathfrak{G}(u^m)$, elle est aussi contenue dans $N$, donc dans $\mathfrak{G}(x)$, d'où aussi $s \in \mathfrak{G}(x)$ et $s$ est contenu dans $H$.

COROLLAIRE 8.5. $\mathfrak{G}(x)$ *est le produit direct de $\mathfrak{G}(x_s)$ et $\mathfrak{G}(x_u)$.*

$\mathfrak{G}(x_s)$ et $\mathfrak{G}(x_u)$ sont des sous-groupes fermés de $\mathfrak{G}(x)$, d'intersection réduite à $e$. Par ailleurs l'ensemble des produits $s \cdot u$, ($s \in \mathfrak{G}(x_s)$, $u \in \mathfrak{G}(x_u)$), est un groupe algébrique (5.5) contenant $x$, donc $\mathfrak{G}(x)$, donc égal à $\mathfrak{G}(x)$. Compte tenu de (6.5), on voit que $(s, u) \to s \cdot u$ est un isomorphisme de $\mathfrak{G}(x_s) \times \mathfrak{G}(x_u)$ sur $\mathfrak{G}(x)$, au sens de (5.3), et $\mathfrak{G}(x)$ est le produit direct de $\mathfrak{G}(x_s)$ et $\mathfrak{G}(x_u)$ au sens de (5.4).

REMARQUE 8.6. $\mathfrak{G}(x_u)$ est décrite dans (8.1). Supposons $x_s$ mise sous forme diagonale et soient $x_1, \cdots, x_n$ ses coefficients. La proposition 7.2 montre que $\mathfrak{G}(x_s)$ est formée des matrices diagonales $y$ dont les coefficients satisfont à toutes les relations monomiales vérifiées par les $x_i$. Cela décrit donc complètement $\mathfrak{G}(x)$.

Récemment, Iwahori (Jour. Math. Soc. Japan, 6 (1954), pp. 75–105), a étudié la notion de réplique au sens global. Une réplique, ou plus précisément une $s$-$s$-réplique d'un automorphisme $x$ d'un espace vectoriel de dimension finie est un automorphisme qui invarie tous les invariants tensoriels de $x$. Les

---

[6] Ce théorème est essentiellement équivalent au Théorème 9.1, démontré tout d'abord par Kolchin [6, §3]; voir aussi la remarque 8.6; en caractéristique zéro, voir [2, Chap. II, Théor. 18].

résultats de ce §, joints à un théorème de Iwahori, montrent que $\mathfrak{C}(x)$ est exactement formé des $s$-$s$-répliques de $x$. Il serait évidemment intéressant de savoir s'il est vrai qu'un groupe linéaire est algébrique si et seulement s'il contient les $s$-$s$-répliques de tous ses éléments, ce qui serait l'analogue global de la caractérisation de Maurer-Chevalley [2, p. 181] des algèbres de Lie de groupes algébriques en caractéristique zéro.

## §9. Applications

THÉORÈME 9.1. *Soit $G$ un groupe algébrique commutatif. Alors les éléments semi-simples (resp. unipotents) de $G$ forment un sous-groupe $G_s$, (resp. $G_u$), algébrique, et $G$ est le produit direct de $G_s$ et $G_u$.*

Il est clair que $G_s$ et $G_u$ sont des sous-groupes, d'intersection réduite à $\{e\}$, et (8.4) montre que $G = G_s \cdot G_u$. Le groupe $G_u$ est l'intersection de $G$ avec l'ensemble (algébrique) $\mathfrak{U}(n)$ des matrices unipotentes, donc est algébrique. Si l'on suppose $G$ mis sous la forme triangulaire de (6.4), on voit que $G_s = G \cap D(n)$, donc $G_s$ est aussi algébrique. Enfin, en s'appuyant sur (6.5), on montre que $(s, u) \to s \cdot u$ est un isomorphisme de $G_s \times G_u$ sur $G$.

9.2. *Corps de définition; les $k$-groupes.* Soit $k$ un corps de définition pour $G$. Alors $G_s$ et $G_u$ sont quasi-définis sur $k$. Cela est clair pour $G_u = G \cap \mathfrak{U}(n)$. Soit d'autre part $\sigma$ un automorphisme de $\Omega$ sur $k$, et considérons les applications correspondantes de $\Omega^n$ et $M(n, \Omega)$ sur eux-mêmes. Un sous-espace $V$ invariant par $x$ se transforme en un sous-espace invariant par $x^\sigma$, et on en tire immédiatement que si $x$ est semi-simple, $x^\sigma$ l'est aussi. Ainsi $\sigma$ laisse $G_s$ invariant, donc (1.3) ce dernier est quasi-défini sur $k$.

Soient maintenant $k$ un corps *parfait* et $G$ un $k$-groupe algébrique commutatif. Alors, si $G_s$, (resp. $G_u$), est l'ensemble des matrices semi-simples (resp. unipotentes) de $G$, on a

$$G_s = (G^\Omega)_s \cap GL(n, k), \qquad G_u = (G^\Omega)_u \cap GL(n, k)$$

et (9.1) montre que $G$ est le produit direct de $G_s$ et $G_u$. Comme $(G_s)^\Omega \subset (G^\Omega)_s$ et $(G_u)^\Omega \subset (G^\Omega)_u$ vu les égalités précédentes et (2.4) et comme $G^\Omega$ est le plus petit groupe algébrique contenant $G$, on voit aussi que $(G_s)^\Omega = (G^\Omega)_s$ et $(G_u)^\Omega = (G^\Omega)_u$. Cela montre aussi que l'extension à $\Omega$ d'un $k$-groupe algébrique commutatif formé de matrices unipotentes ou semi-simples est un groupe algébrique de même nature.

THÉORÈME 9.3. *Soit $f$ une représentation rationnelle d'un groupe algébrique $G$. Alors si $x \in G$ est semi-simple (resp. unipotente), $f(x)$ est semi-simple (resp. unipotente). Tout élément semi-simple (resp. unipotent) de $f(G)$ est image d'un élément semi-simple (resp. unipotent) de $G$.*

Soit $x$ unipotente. Pour $p \neq 0$, $x$ est d'ordre puissance de $p$, il en est de même pour $f(x)$ qui est donc unipotente (8.1). Soit $p = 0$. Alors $\mathfrak{C}(x)$ est connexe, de dimension 1, sans élément $\neq e$ d'ordre fini, (8.1), donc sans sous-groupe propre fermé $\neq \{e\}$; la restriction de $f$ à $\mathfrak{C}(x)$ est donc injective (on suppose évidemment $f(x) \neq e$). Si $f(x)$ n'est pas unipotent, alors (8.4) montre que $f(\mathfrak{C}(x))$

contient un élément $y \neq e$ semi-simple, donc un sous-groupe fermé $\mathcal{Q}(y) \neq \{e\}$ diagonalisable, et par conséquent un élément $z \neq e$ d'ordre fini, (si $\mathcal{Q}(y)$ est infini, on applique (7.4) à $\mathcal{Q}(y)_0$), en contradiction avec le fait que $f$ est injectif sur $\mathcal{Q}(x)$.

Soit maintenant $x$ semi-simple et posons $y = f(x)$. Comme $f(\mathcal{Q}(x))$ est fermé, il contient $\mathcal{Q}(y)$, donc il existe $z \,\epsilon\, \mathcal{Q}(x)$ tel que $f(z) = y_u$ vu (8.4), d'où $f(\mathcal{Q}(z)) \supset \mathcal{Q}(y_u)$; l'élément $y_u$ étant unipotent, $\mathcal{Q}(y_u)$ ne contient aucun élément d'ordre fini premier à $p$ d'après (8.1); d'autre part $\mathcal{Q}(z) \subset \mathcal{Q}(x)$ est diagonalisable, donc ses éléments d'ordre fini sont tous d'ordre premier à $p$; il s'ensuit que le noyau $N$ de la restriction de $f$ à $\mathcal{Q}(z)$ contient tous les éléments d'ordre fini de $\mathcal{Q}(z)$ et par conséquent $\mathcal{Q}(z)$ lui-même, en vertu de (7.8) appliqué à $\mathcal{Q}(z) \cap N$ et $\mathcal{Q}(z)$, d'où $y_u = f(z) = e$ et $y$ est semi-simple.

On déduit de ce qui précède que pour tout $x \,\epsilon\, G$ on a

$$f(x)_s = (f(x))_s , \qquad f(x)_u = (f(x))_u$$

d'où la deuxième assertion de (9.3).

REMARQUE. Disons qu'une variété de groupe est linéarisable si elle admet un isomorphisme sur un groupe algébrique (donc linéaire). Un groupe algébrique connexe au sens de ce travail est donc une variété de groupe "linéarisée", c'est à dire identifiée une fois pour toutes à un groupe linéaire. Un élément $x$ d'une variété de groupe linéarisable $G$ sera appelé semi-simple (resp. unipotent) si son image par toute représentation rationnelle de $G$ est une matrice semi-simple (resp. unipotente). Le Théorème 9.3 montre qu'il suffit pour cela que $\sigma(x)$ soit semi-simple, (resp. unipotente) pour *un* isomorphisme de $G$ sur un groupe linéaire. Il s'ensuit que tout élément de $G$ s'écrit d'une seule façon comme produit d'un élément semi-simple et d'un élément unipotent commutant entre eux et que plus généralement tout ce qui dans un groupe algébrique a trait aux éléments semi-simples et unipotents est aussi valable dans une variété de groupe linéarisable, et y a un sens intrinsèque, indépendant d'une identification particulière avec un groupe linéaire.

COROLLAIRE 9.4. *Soit $G$ un tore. Alors toute représentation rationnelle de $G$ est équivalente à une représentation diagonale.*

En effet, $f(G)$ est commutatif et formé de matrices semi-simples d'après (9.3). Remarquons qu'une fois mis sous forme diagonale, $f(G)$ a des coefficients qui définissent des représentations unidimensionelles rationnelles de $G$, et ont donc la forme indiquée dans (7.7).

REMARQUE 9.5. Soit $k$ un corps de définition pour $G$ et $f$. On peut préciser la deuxième affirmation de (9.3) en disant que $y$ est l'image d'une matrice semi-simple (resp. unipotente) de $G$ à coefficients dans $\overline{k(y)}$. Il suffit pour cela de remarquer que $f^{-1}(y)$ est défini sur $\overline{k(y)}$, donc contient des points rationnels sur ce corps, que si $x$ est rationnel sur $\overline{k(y)}$, il en est de même de $x_s$ et $x_u$, et d'utiliser les deux égalités qui terminent la démonstration de (9.3).

Relevons encore que (9.3) est aussi valable pour une représentation rationnelle d'un $k$-groupe algébrique, lorsque $k$ est *parfait*. En effet, dans ce cas, un élément semi-simple (resp. unipotent) de $G$ reste semi-simple (resp. unipotent) quand on étend le corps de base et $f$ se prolonge canoniquement en une représentation rationnelle de $G^{\Omega}$.

LEMME 9.6. *Soient $G$ un groupe algébrique, $N$ un sous-groupe invariant fermé commutatif de $G$. Pour $g \in G$, notons $F_g$ l'ensemble des éléments de $N$ commutant à $g$ et $M_g$ l'image de $N$ par l'endomorphisme $\gamma_g : n \to [g, n]$. Alors si $g$ est semi-simple (resp. unipotent) et si $N$ est formé de matrices unipotentes (resp. semi-simples), on a $F_g \cap M_g = \{e\}$ et $\gamma_g$ est un homomorphisme bijectif de $M_g$ sur lui-même. Si de plus $N$ est connexe, on a $N = F_g \cdot M_g$ et $F_g$ est connexe.*

Remarquons en premier lieu que $\gamma_g$ est une application rationnelle par construction, et est un homomorphisme parce que $N$ est commutatif, et que $F_g$ et $M_g$ sont des sous-groupes fermés, dont le second est évidemment stable par $\gamma_g$. De plus $\gamma_g(n) = e$ équivaut à $gng^{-1} = n$, donc à $n \in F_g$ ; par conséquent, $\dim F_g + \dim M_g = \dim N$, (*voir* 5.2).

Admettons pour un instant avoir démontré que $F_g \cap M_g = \{e\}$. Alors $\gamma_g$ est injectif sur $M_g$, donc $\gamma_g(M_g)$ est un sous-groupe fermé de $M_g$ ayant même dimension et même nombre de composantes connexes que $M_g$, donc égal à ce dernier. De même, l'homomorphisme naturel de $F_{g0} \times M_g$ dans $N$ est injectif et son image a même dimension que $N$. Si $N$ est connexe, $M_g$ l'est aussi et l'on obtient $N = F_{g0} \cdot M_g$, d'où aussi $F_{g0} = F_g$. Tout revient donc à prouver que $F_g \cap M_g = \{e\}$.

Soit $a \in N$ tel que $[g, a] = b \in F_g \cap M_g$. Il faut montrer que $b = e$. On a $gag^{-1} = b \cdot a$ et puisque $g$ commute à $b$, on en tire

$$g^{m} \cdot a \cdot g^{-m} = b^{m} \cdot a, \qquad (m = \pm 1, \pm 2, \cdots);$$

l'élément $a$ étant supposé fixé, la condition $[x, a] \in F_g$ est algébrique pour $x$; elle est vérifiée par les éléments du sous-groupe $\{g^{m}\}$ engendré par $g$, donc par l'adhérence de ce sous-groupe, qui est égale à $\mathfrak{C}(g)$ d'après (3.3). Ainsi, l'élément $f(y) = [y, a]$ est dans $F_g$ pour tout $y \in \mathfrak{C}(g)$. Montrons que $f$ est un *homomorphisme* de $\mathfrak{C}(g)$ dans $F_g$.

Il est clair que $f(y)$ est une fonction rationnelle de $y$, (à coefficients dans $Z_p(a)$). D'autre part, si $z \in \mathfrak{C}(g)$, on a

$$y \cdot z \cdot a \cdot z^{-1} \cdot y^{-1} = f(y \cdot z) \cdot a \quad \text{et} \quad z \cdot a \cdot z^{-1} = f(z) \cdot a$$

par définition de $f$, d'où

$$y \cdot z \cdot a \cdot z^{-1} \cdot y^{-1} = y \cdot f(z) \cdot a \cdot y^{-1}$$

et puisque $f(z) \in F_g$ centralise $g$, donc $\mathfrak{C}(g)$,

$$y \cdot z \cdot a \cdot z^{-1} \cdot y^{-1} = f(z) \cdot y \cdot a \cdot y^{-1} = f(z) \cdot f(y) \cdot a$$

et finalement

$$f(y \cdot z) = f(z) \cdot f(y) = f(y) \cdot f(z)$$

et $f$ est bien une représentation rationnelle de $\mathfrak{C}(g)$ dans $F_g$. Si $g$ est semi-simple (resp. unipotente), alors $\mathfrak{C}(g)$ est formé de matrices semi-simples (resp. unipotentes), et $f(x)$ est semi-simple (resp. unipotente) pour tout $x \, \epsilon \, \mathfrak{a}(g)$ d'après (9.3). L'hypothèse faite sur $N$ donne alors $f(x) = e$ pour $x \, \epsilon \, \mathfrak{a}(g)$, donc $b = f(g) = e$.

Le lemme suivant est de démonstration très analogue à la précédente; il interviendra dans la démonstration de (11.8), mais, contrairement à (9.6) ne jouera par ailleurs aucun rôle dans ce travail.

**LEMME 9.7.** *Soient $G$ un groupe algébrique, $N$ un sous-groupe invariant fermé de $G$ formé de matrices unipotentes* (resp. *semi-simples*), *$x$ un élément semi-simple* (resp. *unipotent*) *du normalisateur de $G$. Si $\operatorname{Ad} x \colon g \to xgx^{-1}$ induit l'identité sur $N$ et sur $G/N$, alors c'est l'identité sur $G$.*

Soit $a \, \epsilon \, G$. Par hypothèse, $xax^{-1} = n \cdot a$ avec $n \, \epsilon \, N$. Puisque $N$ centralise $x$ on en tire

$$x^{m} \cdot a \cdot x^{-m} = n^{m} \cdot a, \qquad (m = \pm 1, \pm 2, \cdots);$$

de la même façon que dans la démonstration précédente, on en déduit que $f(y) = [y, a] \, \epsilon \, N$ pour tout $y \, \epsilon \, \mathfrak{a}(x)$ et que

$$f(y \cdot z) = f(z) \cdot f(y), \qquad (y, z \, \epsilon \, \mathfrak{a}(x)),$$

et l'application qui associe à $y \, \epsilon \, \mathfrak{a}(x)$ la transposée $'f(y)$ de $f(y)$ est une représentation rationnelle de $\mathfrak{a}(x)$. Comme une matrice et sa transposée sont simultanément semi-simples ou unipotentes, on déduit comme en (9.6) de (9.3) et des hypothèses que la représentation ainsi construite est triviale, ce qui donne en particulier $gag^{-1} = a$ pour $a$ quelconque dans $G$.

9.8. *Les $k$-groupes.* L'égalité $F_g \cap M_g = \{e\}$ de (9.6) et le lemme 9.7 sont aussi valables pour des $k$-groupes, lorsque $k$ est parfait. La démonstration est la même, à cela près que l'on remplace $\mathfrak{a}(g)$ ou $\mathfrak{a}(x)$ par le $k$-groupe adhérent $\mathfrak{a}_k(g)$ ou $\mathfrak{a}_k(x)$. Les autres assertions de (9.6) et leur démonstration s'étendent sans changement aux $k$-groupes lorsque $k$ est algébriquement fermé.

CHAPITRE III: GROUPES RÉSOLUBLES

## §10. Groupes triangulaires. Le théorème de Lie-Kolchin

On désignera par $T(n)$ le sous-groupe de $GL(n, \Omega)$ que forment les matrices dont les coefficients en-dessous de la diagonale principale sont nuls. Un sous-groupe de $T(n)$ sera dit *triangulaire*. $T(n)$ est un groupe algébrique connexe, (en fait une variété linéaire de $M(n, \Omega)$ privée de ses matrices singulières), de dimension $n(n + 1)/2$. On sait qu'il est résoluble. Plus précisément:

*$T(n)$ possède une suite décroissante de sous-groupes invariants fermés connexes, définis sur le corps premier, tels que les quotients successifs soient isomorphes à $\Omega$ ou à $\Omega^*$.*

Rappelons en brièvement la construction. Notons $T_{n,j}$, $(1 \leq j \leq n)$, le sous-groupe formé des matrices de $T(n)$ pour lesquelles $g_{ii} = 1$ si $i \leq j$ et posons $T_{n,0} = T(n)$. Par ailleurs, ordonnons les paires $(i, j)$, $(1 \leq i \leq j \leq n)$, en disant que $(i, j) < (i', j')$ si $j < j'$ ou si $j = j'$ et $i > i'$. L'ordre croissant est donc

$$(1, 2), \quad (2, 3), \quad (1, 3), \quad (3, 4), \quad (2, 4), \cdots, (2, n), \quad (1, n).$$

521

Soit

$$T_{ij} = \{(g_{ab}) \in T_{n,n}, g_{ab} = 0 \quad \text{pour} \quad (a, b) \leqq (i, j)\}, \qquad (1 \leqq i < j \leqq n).$$

On a donc une suite décroissante:

$$T(n) \supset T_{n,1} \supset \cdots \supset T_{n,n} \supset T_{1,2} \supset T_{2,3} \supset \cdots \supset T_{1,n} \supset \{e\}.$$

Des considérations élémentaires, que nous ne reproduirons pas, montrent que les $T_{n,j}$ et $T_{i,j}$ sont des sous-groupes fermés invariants connexes de $T(n)$, définis sur $Z_p$, que $T_{n,n}$ est nilpotent et égal à $D^1(T(n))$, et enfin que

$$T_{n,j}/T_{n,j+1} \cong \Omega^*, \qquad\qquad (0 \leqq j \leqq n),$$

$$T_{i,j}/T_{i',j'} \cong \Omega, \quad (1 \leqq i < j \leqq n, (i', j') \text{ paire suivant } (i, j)).$$

PROPOSITION 10.1. *Soit $G$ un groupe triangulaire. Alors l'ensemble $G_u$ des matrices unipotentes de $G$ est un sous-groupe invariant contenant $D^1G$. Si $G$ est algébrique, défini sur $k$, (resp. connexe), $G_u$ est algébrique, quasi-défini sur $k$, (resp. connexe).*

Pour démontrer la 1ère assertion, il suffit de remarquer que les coefficients diagonaux d'un produit d'éléments de $T(n)$ sont produits des coefficients correspondants des facteurs. On a $G_u = G \cap \mathcal{U}(n)$, donc $G_u$ est fermé, quasi-défini sur $k$, lorsque $G$ est algébrique, défini sur $k$.

Soit maintenant $G$ algébrique connexe et soit $f$ une représentation rationnelle de noyau $\mathfrak{D}^1G$. Alors le groupe commutatif algébrique $f(G)$ est connexe, et $f(G_u)$, qui est égal à $(f(G))_u$ d'après (9.3), est aussi connexe vu (9.1). Comme $\mathfrak{D}^1G$ est connexe (4.3), $G_u$ est alors connexe en tant qu'extension de $\mathfrak{D}^1G$ par $f(G_u)$, d'après (5.7).

PROPOSITION 10.2. *Soit $G$ un groupe triangulaire et soit $H$ un sous-groupe de $G$ formé de matrices semi-simples. Alors $H$ est commutatif, son centralisateur et son normalisateur dans $G$ coincident.*

L'homomorphisme de $G$ sur $G/G_u$ applique $H$ biunivoquement dans $G/G_u$, et ce dernier groupe est commutatif puisque $G_{u_1} \supset D^1G$.

Soit $g \in G$ normalisant $H$ et soit $h \in H$. Alors, vu $G_u \supset D^1G$:

$$h^* = ghg^{-1} = h \cdot u, \qquad\qquad (u \in G_u);$$

$h$ centralise $h^*$, (qui fait partie de $H$), donc $u = h^{-1} \cdot h^*$, et $h \cdot u$ est la décomposition multiplicative de Jordan de $'h^*$; comme ce dernier est semi-simple, on en déduit que $u = e$, donc que $g$ centralise $h$.

PROPOSITION 10.3. *Soient $G$ un groupe triangulaire algébrique, $k$ un corps de définition pour $G$. Alors $G$ possède une suite décroissante de sous-groupes invariants fermés $(G_i)$, $(1 \leqq i \leqq m = \dim G + 1, G_1 = G, G_m = \{e\})$, connexes à partir de $G_2$, quasi-définis sur $k$, tels que les quotients successifs soient de dimension $1$.[7]*

On considère les intersections $G_{a,b} = G \cap T_{a,b}$ où $(a, b) = (n, i)$ ou $(i, j)$,

---

[7] et soit donc isomorphe à $\Omega$ ou à $\Omega^*$ d'après un résultat bien connu, mais dont nous n'aurons pas besoin.

$(1 \leqq i < j \leqq n)$; ce sont des sous-groupes fermés invariants, quasi-définis sur $k$. Si $(a', b')$ est la paire suivant $(a, b)$, $T_{a',b'}$ est un hyperplan de $T_{a,b}$ ; il résulte donc des résultats usuels sur les dimensions d'intersection que

$$\dim G_{a,b} \geqq \dim G_{a',b'} \geqq \dim G_{a,b} - 1.$$

Il suffira alors de prendre comme groupes $G_i$ les composantes connexes de $e$ de ces intersections qui sont distinctes. (Elles sont aussi quasi-définies sur $k$ vu (2.2).)

THÉORÈME 10.4. (Lie-Kolchin). *Soit $k$ un corps algébriquement fermé et soit $G$ un groupe algébrique défini sur $k$, ou un $k$-groupe algébrique, résoluble connexe. Alors il existe $x \in GL(n, k)$ tel que $xGx^{-1} \subset T(n)$.*

C'est la version algébrique, due à Kolchin [5], du théorème de Lie relatif aux groupes linéaires de Lie résolubles connexes sur les complexes. Une nouvelle démonstration en sera donnée au §16. Ce théorème important a évidemment pour conséquence que les propriétés (10.1) à (10.3) valent pour les groupes (ou $k$-groupes) algébriques résolubles connexes, (compte tenu du fait que $G^{\Omega}$ est résoluble connexe si $G$ est un $k$-groupe résoluble connexe, vu (2.4) et (4.7)).

PROPOSITION 10.5. *Soit $k$ un corps algébriquement fermé et soit $G$ un $k$-groupe algébrique triangulaire. Alors $(G_u)^{\Omega} = (G^{\Omega})_u$ .*

$(G_u)^{\Omega}$ est formé de matrices unipotentes (cf. 6.3), donc contenu dans $(G^{\Omega})_u$ , d'où

$$G_u = (G_u)^{\Omega} \cap G \subset (G^{\Omega})_u \cap G \subset G_u$$

$$(G_u)^{\Omega} \cap G = (G^{\Omega})_u \cap G$$

et l'égalité cherchée, puisque les deux ensembles en question sont algébriques et définis sur $k$.

## §11. Groupes nilpotents

THÉORÈME 11.1. *Soit $G$ un groupe algébrique nilpotent connexe. Alors l'ensemble $G_s$ des éléments semi-simples de $G$ est un sous-groupe central algébrique connexe, et $G$ est le produit direct de $G_s$ et de sa partie unipotente $G_u$ .*

Démonstration par induction sur la dimension de $G$. Soit $C$ la composante connexe de $e$ du centre de $G$. Elle est de dimension $>0$, et l'on a $C = C_s \times C_u$ d'après (9.1). Nous nous proposons de montrer tout d'abord que $G_s$ est central dans $G$, et distinguons pour cela deux cas:

(a). $C_s \neq \{e\}$. Soit $f$ une représentation rationnelle de $G$, de noyau $C_s$ , (cf. 5.10.2), et soit $G' = f(G)$. De l'hypothèse d'induction, on tire que $f^{-1}(G'_s)$ est un sous-groupe invariant fermé de $G$, et à l'aide de (8.4) et (9.3) on voit qu'il est égal à $G_s$ . Ce dernier est alors commutatif et central d'après (10.2) et (10.4).

(b). $C_u \neq \{e\}$. Soit $f$ une représentation rationnelle de $G$ de noyau $C_u$ . Soient $s$ et $g$ des éléments de $G$, dont le premier est semi-simple. Alors $f(s)$ est semi-simple (9.3), donc central dans $f(G)$ par induction, d'où $gsg^{-1} = s \cdot u$ avec $u \in C_u$; comme $u$ est dans le centre de $G$, le produit $s \cdot u$ est la décomposition de Jordan de l'élément $g \cdot s \cdot g^{-1}$, qui est semi-simple, donc $u = e$ et $s$ est central.

$G_s$ est donc l'ensemble des matrices semi-simples du centre de $G$ et est un sous-groupe invariant fermé par (9.1).

Cela étant, l'application rationnelle $\tau : (s, u) \rightarrow s \cdot u$ de $G_s \times G_u$ dans $G$ est un homomorphisme, qui est bijectif vu (8.4), ce qui implique aussi que $G_s$ est connexe, (5.5). Puisque $G_s$ centralise $G_u$, il est immédiat que l'on peut trouver $a \in GL(n, \Omega)$ tel que $aG a^{-1}$ soit diagonal et que $aG_u a^{-1} \subset T_{n,n}$. Alors $s$ est la partie diagonale de $\tau((s, u)) = g$, et s'exprime rationnellement à l'aide de $g$; l'élément $u = s^{-1}g$ est alors de même une fonction rationnelle de $g$, donc $\tau^{-1}$ est une application *rationnelle* et $\tau$ est un isomorphisme.

COROLLAIRE 11.2. *Soient $G$ un groupe algébrique nilpotent connexe et soit $m$ un entier premier à $p$. Alors l'application $g \rightarrow g^m$ est surjective.*

En effet, $g \rightarrow g^m$ est surjective dans le tore $G_s$, (pour $m \neq 0$ arbitraire du reste), d'après (7.1), et elle l'est dans $G_u$ en vertu de (8.1).

11.3. *Corps de définition.* Soit $k$ un corps de définition pour $G$. Alors $G_s$, $G_u$, et l'isomorphisme $\tau$ de $G_s \times G_u$ sur $G$ sont quasi-définis sur $k$. Pour $G_u$, cela résulte de $G_u = G \cap \mathfrak{U}(n)$, pour $G_s$ il suffit de remarquer que le centre de $G$ est quasi-défini sur $k$, (2.5e), et d'appliquer (9.1); il est alors clair que $\tau$ est quasi-défini sur $k$.

PROPOSITION 11.4. *Soient $k$ un corps parfait, $G$ un $k$-groupe algébrique nilpotent connexe. Alors l'ensemble $G_s$ des éléments semi-simples de $G$ est un $k$-sous-groupe central fermé connexe et $G$ est le produit direct de $G_s$ et $G_u$. Soit $k$ algébriquement fermé et soit $m$ un entier $\neq$ premier à la caractéristique $p$ de $k$. Alors $g \rightarrow g^m$ est surjective.*

(9.2) et (11.1) montrent que

$$G_s = (G^{\Omega})_s \cap G, \qquad (G_s)^{\Omega} = (G^{\Omega})_s ,$$

donc que $G_s$ est un sous-groupe central, algébrique, connexe, et, compte tenu de (8.4), que $G = G_s \cdot G_u$ ; cela entraine aussi que $G_u$ est connexe. L'application $\tau : (s, u) \rightarrow s \cdot u$ est alors la restriction à $G$ de l'application considérée dans la démonstration de (11.1), donc est un isomorphisme (qui est bien défini sur $k$ vu 11.3). L'application $g \rightarrow g^m$ est surjective sur $G_u$ de nouveau par (8.1), et cela du reste pour $k$ arbitraire, et elle l'est sur tout $\bar{k}$-groupe diagonal fermé d'après (7.1).

Le reste de ce § est consacré à deux propriétés des groupes nilpotents (11.7, 11.8) dont la première sera utilisée dans le §20.

LEMME 11.5. *Soit $\alpha$ un automorphisme d'ordre fini $m$ d'un tore $Q$, qui induit l'identité sur un sous-groupe $H$ et sur le quotient $Q/H$. Alors $\alpha$ est l'identité.*

L'ensemble des points fixes de $\alpha$ est un sous-groupe fermé et il suffit d'après (7.8) de montrer qu'il contient tous les éléments de $Q$ d'ordre fini premier à $m$. Soit $x$ un tel élément et soit $r$ son ordre. On a $\alpha(x) = x \cdot z$, où $z$ est un élément de $H$, forcément d'ordre $r$, d'où $\alpha^i(x) = x \cdot z^i$, $(i = 1, 2, \cdots)$, donc $z^m = e$ et finalement $z = e$ puisque $(m, r) = 1$.

LEMME 11.6. *Soient $\alpha$ un automorphisme d'ordre fini $m$ d'un tore $Q$ et $F$ l'ensemble de ses points fixes. Soient $\beta$ l'homomorphisme $x \rightarrow \alpha(x) \cdot x^{-1}$ et $M = \beta(Q)$. Alors $Q = F \cdot M$, et $F \cap M$ est un groupe fini; $M$ est appliqué sur lui-même par $\beta$.*

$F$ est un groupe algébrique, égal au noyau de $\beta$, donc $\dim F + \dim M = \dim Q$ d'après (5.2). Supposons déjà savoir que $Q = F \cdot M$, c'est à dire que l'homomorphisme $\mu : (f, m) \to f \cdot m$ de $F \times M$ dans $Q$ est surjectif. Alors le noyau de $\mu$ est fini, donc $F \cap M$ est fini, et aussi $\beta(M) = M$, puisque $F \cap M$ est le noyau de la restriction de $\beta$ à $M$. Il suffit par conséquent de faire voir que $Q = F \cdot M$.

Soit $Q' = Q/F$, muni de sa structure algébrique canonique (voir 5.9), et soit $\pi$ la projection de $Q$ sur $Q'$. L'automorphisme (de groupe abstrait, a priori) $\alpha'$ de $Q'$ induit par $\alpha$ vérifie l'égalité $\alpha' \circ \pi = \pi \circ \alpha$; mais $\pi \circ \alpha$ est un homomorphisme dont le noyau contient $F$, donc $\alpha'$ est une application *rationnelle* vu (5.9.1); on voit de même que $\alpha'^{-1}$ est une application rationnelle, et ainsi $\alpha'$ est un automorphisme du groupe *algébrique* $Q'$. L'ensemble $F'$ de ses points fixes est fermé et le lemme précédent montre que $\alpha$ est l'identité sur la composante connexe de l'élément neutre de $\pi^{-1}(F')$, qui est donc égale à $F_0$ ; il s'ensuit que $F'$ est un groupe fini et que l'homomorphisme $\beta' : y \to \alpha'(y) \cdot y^{-1}$ de $Q'$ dans lui-même est surjectif. Cela entraine que $Q' = \pi(M)$ car si $y \in Q'$, il existe $z \in Q'$ tel que $y = \alpha'(z) \cdot z^{-1}$ d'où

$$y = \pi(\alpha(v)) \cdot \pi(v^{-1}) = \pi(\beta(v)) \in \pi(M)$$

pour tout $v \in Q$ se projetant sur $z$; comme $F$ est le noyau de $\pi$, cela donne finalement $Q = F \cdot M$.

PROPOSITION 11.7. *Soit $G$ un groupe nilpotent algébrique. Alors $G_{0s}$ est dans le centre de $G$.*

On sait déjà (11.1) que $G_{0s}$ est dans le centre de $G_0$ et en est un sous-groupe caractéristique. Soit $g \in G$. Il existe $m$ tel que $g^m \in G_0$ donc $\mathrm{Ad}\, g$ est un automorphisme d'ordre fini $m$ du tore $G_{0s}$. D'après (11.6), on a

$$G_{0s} = F \cdot M \qquad ([F, g] = e, \ [g, M] = M).$$

L'égalité $[g, M] = M$ signifie que $M \subset C^1 G_0$, (notations de 4.2); si maintenant $M \subset C^i G$, alors

$$C^{i+1} G \supset [G, C^i G] \supset [g, M] = M$$

d'où $M \subset C^* G$ et $M = \{e\}$ puisque $G$ est nilpotent, et $g$ centralise $G_{0s} = F$.

PROPOSITION 11.8. *Soit $G$ un groupe algébrique nilpotent. Alors tout élément semi-simple $s \in G$ centralise $G_0$.*

On a $G_0 = G_{0s} \times G_{0u}$ d'après (11.1) et $s$ centralise $G_{0s}$ par (11.7). Il reste à voir que $s$ centralise $G_{0u}$. On procède par récurrence sur la dimension de $G$.

Soit $N$ le dernier groupe dérivé fermé $\neq \{e\}$ de $G_{0u}$. Il est commutatif, connexe (4.3), formé de matrices unipotentes, invariant dans $G$. Vu (9.6), on peut écrire

$$N = F \cdot M, \qquad ([s, F] = \{e\}, \ M = [s, N] = [s, M]),$$

et il en résulte comme dans la démonstration précédente que $M = \{e\}$, donc que $s$ centralise $N$. Soit $f$ une représentation rationnelle de $G$ ayant le noyau $N$, (cf. 5.10.2). Alors $f(G)$ est algébrique, nilpotent, de dimension $< \dim G$ et possède $f(G_0)$ comme composante connexe de $e$, (5.7). Comme $f(s)$ est semi-simple d'après (9.3), il centralise $f(G_0)$, et en particulier $f(G_{0u})$ par hypothèse de récurrence, et il suit alors de (9.7) que $s$ centralise $G_{0u}$.

11.9 *Les $k$-groupes.* Soient $k$ un corps parfait et $G$ un $k$-groupe algébrique nilpotent. Alors (11.7) et (11.8) valent aussi pour $G$. C'est une conséquence évidente de (11.7), (11.8), des égalités

$$(G_0)^\Omega = (G^\Omega)_0\,, \qquad (G_{0s})^\Omega = (G^\Omega)_{0s}$$

(cf. (2.4) et démonstration de (11.4)), et du fait qu'un élément semi-simple $s \in G$ reste semi-simple quand on étend le corps de base.

REMARQUE. La Prop. 11.8 pour les $k$-groupes en caractéristique zéro est due à Chevalley [3, Chap. V, Prop. 23]. Cette proposition contient une autre assertion, disant que étant donné un groupe nilpotent connexe, $G$ et un élément $u$ unipotent engendrant avec $G$ un groupe nilpotent, il existe un groupe nilpotent connexe contenant $G$ et $u$. En caractéristique zéro, c'est une conséquence directe de (8.1), mais nous ne savons pas si ce résultat vaut aussi en caractéristique $p \neq 0$.

## §12. Groupes résolubles

Nous isolons en un lemme préliminaire le point principal de la démonstration du Théorème 12.2.

LEMME 12.1. *Soit $G$ un groupe algébrique résoluble connexe dont la partie unipotente $G_u$ est commutative. Supposons que $G$ contienne un tore $Q$ tel que $G = Q \cdot G_u$, et soit $g$ un élément semi-simple de $G$. Alors il existe $u \in G_u$ tel que $ugu^{-1} \in Q$.*

Par hypothèse, on peut écrire $g = q \cdot t$, ($q \in Q$, $t \in G_u$), (mais bien entendu $q$ et $t$ ne commutent pas en général, et cette décomposition est sans rapport avec la décomposition de Jordan). Appliquons (9.6) en prenant $q^{-1}$ pour $g$, $G_u$ pour $N$. On a, dans les notations de ce lemme:

$$g = q \cdot f \cdot m, \qquad (q \in Q, f \in F_{q-1}, m \in M_{q-1}),$$

et puisque $x \to [q^{-1},\, x]$ est surjectif sur $M_{q-1}$ d'après (9.6), on peut trouver $u \in M_{q-1}$ tel que $\operatorname{Ad} q^{-1}(u) = m^{-1} \cdot u$ d'où $\operatorname{Ad} u(q) = q \cdot m^{-1}$ et

$$u \cdot g \cdot u^{-1} = u \cdot q \cdot u^{-1} \cdot f \cdot m = q \cdot f;$$

mais $f$ est unipotent, $q$ est semi-simple, et $q \cdot f = f \cdot q$, donc $q \cdot f$ est la décomposition de Jordan de l'élément $u \cdot g \cdot u^{-1}$, qui est semi-simple, d'où $f = e$ et $u \cdot g \cdot u^{-1} = q \in Q$.

THÉORÈME 12.2. *Soit $G$ un groupe algébrique résoluble connexe. Alors les tores maximaux de $G$ sont conjugués par des automorphismes intérieurs induits par des éléments de $\mathcal{C}^*G$. Si $Q$ est l'un d'eux, $G$ est le produit semi-direct de $Q$ par $G_u$.*

Pour $G$ nilpotent, (12.2) résulte de (11.1), aussi supposons-nous dorénavant $\mathcal{C}^*G \neq \{e\}$, donc aussi $G \neq G_u$. On établira tout d'abord par récurrence sur la dimension de $G$ la première assertion et le fait que l'application rationnelle $\tau \colon (q, u) \to q \cdot u$ de $Q \times G_u$ dans $G$ est bijective. On démontrera sous (12.4) que

$\tau^{-1}$ est aussi rationnelle, donc que $G$ est le produit semi-direct de $Q$ et $G_u$ au sens de (5.4).

Soit $f$ une représentation rationnelle de $G$, de noyau $\mathcal{C}^*G$ et soit $G' = f(G)$. Ce groupe est algébrique, nilpotent, connexe et l'on a d'après (11.1): $G' = G'_s \times G'_u$. Soient $Q_1$ et $Q_2$ deux tores maximaux de $G$. Vu (9.3), (et (5.2), (5.7)), $f(Q_i)$ est un tore, forcément contenu dans $G'_s$.

(i). Supposons que $G'_u \neq \{e\}$. Alors $H = f^{-1}(G'_s)$ est un sous-groupe fermé propre de $G$. Il contient $Q_1$, $Q_2$ et il est connexe, en tant qu'extension d'un groupe connexe par un groupe connexe (5.7). L'hypothèse d'induction montre alors que $Q_1$ et $Q_2$ sont conjugués par un élément de $\mathcal{C}^*H$, donc de $\mathcal{C}^*G$. Par ailleurs, il suit de (9.3) que $G_u = f^{-1}(G'_u)$, d'où

$$G = H \cdot G_u = Q_i \cdot H_u \cdot G_u = Q_i \cdot G_u, \qquad (i = 1, 2).$$

(ii). On suppose dorénavant que $G'_u = \{e\}$, donc que $G'$ est un tore, ou encore que $\mathcal{C}^*G = G_u$. Nous nous proposons de montrer que $f(Q_i) = G'$, donc que $G = Q_i \cdot G_u$, $(i = 1, 2)$.

Soit $Q'_i = f(Q_i)$ et soit $M_i = f^{-1}(Q'_i)$. Ce dernier est un sous-groupe fermé, invariant, et connexe d'après (5.7). Admettons que $Q'_i \neq G'$, donc que $M_i \neq G$. On peut alors appliquer l'hypothèse d'induction à $M_i$, ce qui montre qu'étant donné $g \in G$, il existe $m \in M_i$ tel que $\mathrm{Ad}\ mg(Q_i) = Q_i$ ; autrement dit, on a $G = C_i \cdot M_i$, où $C_i$ est le normalisateur de $Q_i$ dans $G$ ou, ce qui revient au même d'après (10.2), le centralisateur de $Q_i$ dans $G$. On a $C_i \supset Q_i$, donc $f(C_i) \supset f(Q_i) = f(M_i)$ et

$$G' = f(G) = f(C_i \cdot M_i) = f(C_i).$$

Soit $g' \in G'$. Il existe $g \in C_i$ tel que $f(g) = g'$ et l'on peut prendre $g$ semi-simple d'après (9.3) ; $Q_i$ centralise $g$, donc aussi $\mathcal{Q}(g)$, et $\mathcal{Q}(g)_0$ et $Q_i$ engendrent un tore, d'où $A(g)_0 \subset Q_i$ puisque $Q_i$ est maximal. Cela implique l'existence d'un entier $m$ tel que $g^m \in Q_i$, donc tel que $g'^m \in Q'_i$. Ainsi, tout élément de $Q'$ est contenu dans un sous-groupe propre fermé, en contradiction avec (7.3), ce qui établit l'assertion (ii).

(iii). *Supposons* $G_u = \mathcal{C}^*G$ *non commutatif* et soit $N = \mathcal{D}^1 G_u$. C'est un sous-groupe $\neq \{e\}$ fermé connexe invariant dans $G$. Soit $\rho$ une représentation rationnelle de $G$ de noyau $N$, et soit $G^* = \rho(G)$. On a

$$G^* = \rho(Q_i) \cdot \rho(G_u) = \rho(Q_i) \cdot G_u^*$$

et $\rho(Q_i)$ est un tore (cf. 5.7 et 9.3) ; $\rho(Q_i)$ est alors évidemment un tore maximal de $G^*$. Appliquant l'hypothèse d'induction, on voit qu'il existe $x \in G_u$ tel que $xQ_2x^{-1} \subset \rho^{-1}(\rho(Q_1))$ ; mais ce dernier groupe est fermé, connexe (5.7), et $\neq G$ puisque $G_u \neq N$, d'où, par induction de nouveau, la conjugaison de $Q_1$ et $Q_2$ à l'aide d'un élément de $G_u = \mathcal{C}^*G$.

(iv). Il reste à considérer le cas où $G_u = \mathcal{C}^*G$ est commutatif. Prenons dans $Q_1$ un élément $q_1$ dont le centralisateur soit égal à celui de $Q_1$, ce qui est possible par (7.10). On a vu plus haut que $G = Q_2 \cdot G_u$, on peut donc appliquer le lemme 12.1 et trouver $u \, \epsilon \, G_u$ tel que $u q_1 u^{-1} \, \epsilon \, Q_2$. Le centralisateur de $u Q_1 u^{-1}$ est égal à celui de $u q_1 u^{-1}$ et contient donc $Q_2$. Les groupes $u Q_1 u^{-1}$ et $Q_2$ engendrent par conséquent un tore, d'où $u Q_1 u^{-1} = Q_2$.

Avant de terminer la démonstration de ce théorème, nous voulons tirer des résultats acquis une précision au Théorème de Lie-Kolchin 10.4:

PROPOSITION 12.3. *Soient $G$ un groupe algébrique résoluble connexe, et $Q$ un tore de $G$. Alors il existe $a \, \epsilon \, GL(n, \Omega)$ tel que $a G a^{-1} \subset T(n)$ et $a Q a^{-1} \subset D(n)$.*

On met tout d'abord $G$ sous forme triangulaire. Comme $D(n)$ est un tore maximal de $T(n)$, les résultats précédents montrent qu'il existe $a \, \epsilon \, T(n)$ tel que Ad $x$ applique $Q$ dans $D(n)$, d'où (12.3).

12.4. *Fin de la démonstration de* 12.2. On peut supposer d'après (12.3) que $G \subset T(n)$ et $Q \subset D(n)$, donc aussi $G_u \subset T_{n,n}$, $Q$ étant un tore maximal de $G$. L'application $\tau : (q, u) \rightarrow q \cdot u$ de $Q \times G_u$ dans $G$ est évidemment rationnelle, injective, et nous avons vu plus haut qu'elle est surjective. Mais vu notre hypothèse $q$ est la partie diagonale de $\tau((q, u))$, $= g$ donc s'exprime rationnellement à l'aide de $g$; de même, $u = q^{-1} \cdot g$ est une fonction rationnelle de $g$ et ainsi $\tau^{-1}$ est aussi une application rationnelle partout définie.

COROLLAIRE 12.5. *Soit $G$ un groupe algébrique résoluble connexe et soit $f$ une représentation rationnelle de $G$. Alors l'image d'un tore maximal est un tore maximal et tout tore maximal de $f(G)$ est image d'un tore maximal de $G$.*

Si $Q$ est un tore maximal de $G$, on a $G = Q \cdot G_u$, d'où

$$f(G) = f(Q) \cdot f(G_u) = f(Q) \cdot (f(G))_u$$

et $f(Q)$ est un tore (cf. 5.7, 9.3), forcément maximal. L'autre assertion s'en déduit en utilisant la conjugaison.

THÉORÈME 12.6. *Soient $G$ un groupe algébrique résoluble connexe et $s$ un élément semi-simple de $G$. Alors $s$ est contenu dans un tore de $G$.*

Soit $Q$ un tore maximal de $G$. Si $G_u$ est commutatif, alors $s$ est conjugué à un élément de $Q$, d'après (12.1) et (12.2), donc est contenu dans un tore. Si $G_u$ n'est pas commutatif, on suppose le théorème démontré pour les groupes de dimensions strictement plus petites que celle de $G$, et l'on applique l'hypothèse d'induction à l'image $G'$ d'une représentation rationnelle $f$ de noyau $\mathfrak{D}^1 G_u$, ce qui montre que $f(s)$ est conjugué à un élément de $f(Q)$, et à $f^{-1}(f(Q))$.

COROLLAIRE 12.7. *Soient $G$ un groupe algébrique résoluble connexe, $S$ un tore de $G$, et $x$ un élément semi-simple de $G$ centralisant $S$. Alors il existe un tore de $G$ contenant $x$ et $S$.*

La composante connexe de $e$ du centralisateur de $x$ dans $G$, soit $H$, contient $x$ d'après (12.6) et $S$ par hypothèse. (12.2) et (12.6) appliqués à $H$ montrent que $x$ fait partie de tout tore maximal de $H$, donc en particulier de tout tore maximal contenant $S$.

Pour passer aux $k$-groupes, nous nous appuyerons sur le lemme suivant:

LEMME 12.8. *Soient $G$ un groupe algébrique connexe et $k$ un corps de définition pour $G$. Alors $G$ possède un tore maximal défini sur $\bar{k}$.*

Démonstration par récurrence sur la dimension de $G$. Supposons que $G$ contienne un élément $s$ semi-simple, rationnel sur $\bar{k}$, qui ne soit pas dans le centre de $G$. Alors le centralisateur connexe $Z(s)_0$ de $s$ dans $G$ est un sous-groupe propre fermé défini sur $\bar{k}$. Il contient un tore maximal de $G$ d'après (12.6), donc, par conjugaison, tous ses tores maximaux sont des tores maximaux de $G$; par hypothèse de récurrence l'un d'entre eux est défini sur $\bar{k}$.

Nous devons encore examiner le cas où le centre $Z(G)$ de $G$ contient tous les éléments semi-simples rationnels sur $\bar{k}$. Compte tenu de (11.1), (11.3), il suffira alors de montrer que $G$ est nilpotent. $Z(G)$ est défini sur $\bar{k}$ et il existe une représentation rationnelle, définie sur $\bar{k}$ de noyau $Z(G)$, (cf. 2.5e et 5.10.2); son image $G'$ est un groupe algébrique, connexe résoluble, défini sur $\bar{k}$; comme toute matrice semi-simple rationnelle sur $\bar{k}$ de $G'$ est image d'une matrice de même nature d'après (9.5), notre hypothèse entraine que $G'$ n'a aucun élément $\neq e$ semi-simple, rationnel sur $\bar{k}$, donc, vu (8.4), que tous les points de $G'$ rationnels sur $\bar{k}$ sont des matrices unipotentes. L'ensemble des matrices unipotentes étant algébrique, défini sur $\bar{k}$, (cf. 6.3), il s'ensuit qu'il doit contenir $G'$. Ainsi $G'$ est résoluble connexe, formé de matrices unipotentes, donc conjugué à un sous-groupe de $T_{n,n}$, (notations du §10), donc nilpotent. $G$ apparait alors comme l'extension de son centre par un groupe nilpotent et est aussi nilpotent.

THÉORÈME 12.9. *Soient $k$ un corps algébriquement fermé et $G$ un $k$-groupe algébrique résoluble connexe. Alors les $k$-tores maximaux de $G$ sont conjugués par des automorphismes intérieurs induits par les éléments de $\mathcal{C}_k^* G$. Le groupe $G$ est le produit semi-direct de $G_u$ par l'un quelconque d'entre eux. Les $k$-tores maximaux de $G$ sont les intersections de $G$ et des tores maximaux de $G^\Omega$ qui sont définis sur $k$.*

Remarquons tout d'abord que si $Q$ est un $k$-tore de $G$, alors $Q^\Omega$ est un tore de $G^\Omega$, défini sur $k$. En effet, c'est un groupe algébrique, défini sur $k$, connexe (2.4), et diagonalisable puisqu'il existe $a \in GL(n, k)$ tel que $aQa^{-1} \subset D(n)$.

Soit $Q^*$ un tore maximal de $G^\Omega$, défini sur $k$. Alors $Q^* = Q^\Omega$ avec $Q = Q^* \cap G$ vu (2.4), donc $Q$ est connexe, et est un $k$-tore de $G$, maximal en vertu de la remarque faite ci-dessus. Soit $S$ un $k$-tore de $G$. L'ensemble des éléments $a \in G^\Omega$ tels que $a \cdot S^\Omega \cdot a^{-1} \subset Q^*$ est algébrique, défini sur $k$, (2.5e), et, vu (12.2), son intersection avec $\mathcal{C}^* G^\Omega$, qui est algébrique et définie sur $k$, est non vide. Il existe donc $a \in \mathcal{C}^* G^\Omega \cap GL(n, k)$, donc $a \in \mathcal{C}_k^* G$ vu (4.10), tel que $aS^\Omega a^{-1} \subset Q^*$ d'où $aSa^{-1} \subset Q$. Cela démontre la conjugaison et aussi la dernière affirmation de (12.9).

Soit $Q$ un tore maximal de $G$. En s'appuyant sur (2.5e) et sur 12.3 on voit qu'il existe $a \in GL(n, k)$ tel que $aG^\Omega a^{-1} \subset T(n)$ et $aQ^\Omega a^{-1} \subset D(n)$. Il est alors clair qu'un élément $g = q \cdot u$, ($q \in Q$, $u \in (G^\Omega)_u$), est dans $G$ si et seulement si $q$ et $u$ sont dans $G$, d'où $G = Q \cdot G_u$, et aussi le fait que l'application $\tau \colon (q, u) \to q \cdot u$ est birationnelle.

12.10. Soit de nouveau $G$ un $k$-groupe algébrique résoluble connexe, $k$ étant algébriquement fermé.

Nous indiquons maintenant brièvement, sans répéter les énoncés, comment (12.5), (12.6), (12.7) s'étendent à $G$. Pour (12.5), la démonstration est inchangée. Soit $s \in G$, semi-simple, et soit $Q$ un $k$-tore maximal de $G$. Alors $Q^\Omega$ est un tore maximal de $G$, et il existe $g \in G^{\Omega}$ tel que $gsg^{-1} \subset Q^{\Omega}$. Comme $s$ et $Q$ sont définis sur $k$, on peut trouver $a \in G^{\Omega} \cap GL(n, k) = G$ tel que $asa^{-1} \subset Q^{\Omega}$, (voir 2.5e), d'où $asa^{-1} \subset Q$. Enfin, la démonstration de 12.7 vaut sans modification dans le cas considéré ici.

## §13. Le centralisateur d'un tore

On verra au §20 que les centralisateurs de tores maximaux sont les sous-groupes de Cartan au sens de Chevalley. On pourrait du reste établir cette équivalence ici pour les groupes résolubles, mais on a préféré traiter directement le cas général plus loin.

Les résultats de ce § sont énoncés et démontrés pour les $k$-groupes, car le seul changement que cela apporte au cas "universel" est l'adjonction de quelques préfixes $k$-.

NOTATION. *Dans ce §, $k$ est un corps algébriquement fermé et $G$ est un $k$-groupe algébrique résoluble connexe.*

LEMME 13.1. *Soient $Q$ un $k$-tore maximal de $G$, $C$ le centralisateur de $Q$, et $f$ une représentation rationnelle de $G$. Alors $f(C)$ est le centralisateur de $f(Q)$ dans $f(G)$.*

Il est clair que $f(C)$ est contenu dans le centralisateur de $f(Q)$, soit $C'$. Soit inversément $g \in G$ tel que $f(g) \in C'$, et soit $H$ la composante connexe de $e$ de $f^{-1}(f(Q))$. On a donc $H = Q \cdot N_0$, où $N_0$ est la composante connexe de $e$ du noyau de $f$. Alors $gQg^{-1} \subset H$, et (12.9) il existe $n \in N_0$ tel que $ng$ normalise $Q$, donc le centralise d'après (10.2); ainsi, $f(g) = f(ng) \in f(C)$, d'où $C' \subset f(C)$.

THÉORÈME 13.2. *Le centralisateur $\mathrm{Z}(S)$ d'un $k$-tore $S$ de $G$ est connexe.*

Nous faisons la démonstration en premier lieu pour un tore maximal $Q$ de $G$, par induction sur la dimension de $G$. Soit $N$ le dernier groupe dérivé fermé $\neq \{e\}$ de $G_u$. Il est connexe, commutatif, invariant dans $G$. Soit $f$ une représentation rationnelle de $G$ de noyau $N$ et soit $G' = f(G)$. L'image de $Q$ est un tore maximal de $G'$ d'après (12.5), (12.10), et celle du centralisateur $C$ de $Q$ est le centralisateur de $f(Q)$ par (13.1), donc est connexe vu l'hypothèse d'induction. Par ailleurs, (7.10), appliqué à $G^{\Omega}$, montre que $C$ est le centralisateur d'un élément $q \in Q$ bien choisi; par conséquent, $C \cap N$ est *connexe* d'après (9.6), (9.8). Le groupe $C$ est alors l'extension du groupe connexe $C \cap N$ par le groupe connexe $f(C)$, donc est connexe (5.7), (5.8).

Soit $S$ un tore quelconque de $G$ et soit $Q$ un tore maximal contenant $S$. On a $G = Q \cdot G_u$, d'où $\mathrm{Z}(S) = Q \cdot (\mathrm{Z}(S))_u$, et il suffit de montrer que $(Z(S))_u$ est connexe. Or $S$ peut être envisagé comme un tore maximal du groupe $S \cdot G_u$, qui est algébrique connexe, et dans lequel le centralisateur $C^*$ de $S$ est connexe d'après la première partie de la démonstration. Alors $\mathrm{Z}(S)_u$, qui est la partie unipotente de $C^*$, est aussi connexe (10.5).

LEMME 13.3. *Le centralisateur $C$ d'un tore maximal $Q$ de $G$ est égal à son nor-malisateur.*

$C$ est évidemment le produit direct de $Q$ par $C_u$, donc est nilpotent, et a un seul tore maximal. Le normalisateur de $C$ s'identifie alors à celui de $Q$, donc au centralisateur de $Q$ d'après (10.2).

THÉORÈME 13.4. *Soit $C$ le centralisateur d'un tore maximal $Q$ de $G$. Alors $G = C \cdot \mathcal{C}_k^* G$ et $C \cap \mathcal{C}_k^* G \subset \mathcal{D}_k^1(\mathcal{C}_k^* G)$. Si $\mathcal{C}_k^* G$ est commutatif, alors l'application $g \to gCg^{-1}$ est une application biunivoque de $\mathcal{C}^* G$ sur l'ensemble des centralisateurs de tores maximaux.*

Soit $f$ une représentation rationnelle de noyau $\mathcal{C}_k^* G$. Son image est un $k$-groupe algébrique nilpotent connexe, donc vu 11.3 égal au centralisateur de $f(Q)$; le lemme 13.1 donne alors $f(C) = f(G)$, d'où $G = C \cdot \mathcal{C}_k^* G$.

Soit $\mathcal{C}_k^* G$ commutatif. Nous devons montrer que son intersection avec $C$, soit $F$, est réduite à $\{e\}$. Nous procédons par récurrence sur la dimension de $G$ et supposons $\mathcal{C}_k^* G \neq \{e\}$. Soit $q \in Q$ un élément dont le centralisateur dans $G$ est égal à $C$, (*voir* 7.10, 7.11). Alors $F$ est le centralisateur de $q$ dans $\mathcal{C}_k^* G$ et l'on a d'après (9.6), (9.8):

$$\mathcal{C}_k^* G = F \cdot M, \qquad F \cap M = \{e\}, \qquad M = [q, \mathcal{C}_k^* G] = [q, M],$$

et $M$ est un sous-groupe fermé connexe de $G$; il est de plus invariant dans $G$; en effet, puisque $G = C \cdot \mathcal{C}_k^* G$ et que $\mathcal{C}_k^* G$ est commutatif, il suffit de vérifier que $sMs^{-1} - M$ pour $s \in C$, ce qui résulte de

$$sMs^{-1} = s[q, \mathcal{C}_k^* G]s^{-1} = [q, \mathcal{C}_k^* G] = M.$$

Par définition, $\mathcal{C}_k^* G = [G, \mathcal{C}_k^* G]$ et l'on tire de l'identité

$$[ab, c] = a \cdot [b, c] \cdot a^{-1} \cdot [a, c]$$

que

$$\mathcal{C}_k^* G = [G, \mathcal{C}_k^* G] = [C \cdot \mathcal{C}_k^* G, \mathcal{C}_k^* G] = [C, \mathcal{C}_k^* G]$$

d'où aussi

$$\mathcal{C}_k^* G = [Q \cdot C_u, \mathcal{C}_k^* G] = [Q, \mathcal{C}_k^* G] \cdot [C_u, \mathcal{C}_k^* G].$$

Il s'ensuit que $M \neq \{e\}$; sinon en effet, l'égalité précédente entrainerait

$$\mathcal{C}_k^* G = [C_u, \mathcal{C}_k^* G] \subset \mathcal{C}_k^1 G_u,$$

et l'on entirerait par récurrence sur $i$ que $\mathcal{C}_k^* G \subset \mathcal{C}_k^i G_u$, $(i \geq 0)$, donc que $\mathcal{C}_k^* G = \{e\}$ puisque $G_u$ est nilpotent, ce qui est absurde. Soit alors $f$ une représentation rationnelle de $G$, de noyau $M$. Le groupe $f(C)$ est le centralisateur d'un tore maximal de $f(G)$ d'après (13.1) et $\mathcal{C}_k^*(f(G)) = f(\mathcal{C}_k^* G)$ est commutatif. L'hypothèse de récurrence donne alors

$$f(C) \cap f(\mathcal{C}_k^* {:} G) = \{e\}.$$

d'où $F \subset M$, donc $F = \{e\}$. La dernière assertion de (13.4) se déduit alors de (13.3) et de la conjugaison des tores maximaux. Enfin, l'inclusion $C \cap \mathcal{C}_k^* G \subset \mathcal{D}_k^1(\mathcal{C}_k^* G)$ dans le cas général s'obtient en appliquant ce qui précède à $G/\mathcal{D}_k^1(\mathcal{C}_k^* G)$ et en utilisant (13.1).

REMARQUE. Il n'y a pas de difficulté à établir (13.2) et (13.4) lorsque $k$ est un corps de caractéristique zéro, non nécessairement algébriquement fermé, mais nous ne savons pas si ces résultats sont vrais lorsque $k$ est un corps parfait de caractéristique non nulle. On trouvera l'analogue de (13.4) pour une algèbre de Lie résoluble sur un corps de caractéristique zéro, (les sous-algèbres de Cartan remplaçant les centralisateurs de tores maximaux), dans un article de G. D. Mostow et l'auteur (Ann. of Math., 61 (1955), pp. 389–405, §6).

## Chapitre IV: Sous-groupes résolubles connexes maximaux

### §14. Sur les variétés complètes

Nous aurons besoin dans les §§15 et 16 de notions et résultats de géométrie algébrique qui n'ont pas été rappelés au No 1, dont certains sont de caractère moins élémentaire, et pour lesquels nous renverrons à la littérature. En fait, les applications concrètes faites dans ce travail concernent des variétés affines ou projectives, et l'on pourrait en suivant une voie légèrement différente, par exemple en utilisant le théorème de Lie-Kolchin au lieu de le démontrer à nouveau, essentiellement rester dans le cadre élémentaire adopté jusqu'ici, mais cela serait moins naturel.

Une variété abstraite $V$ est *complète* si toute spécialisation d'un point générique de $V$ est un point de $V$ [9, p. 168]. Cette notion est l'analogue de compact en topologie ensembliste, et elle interviendra ici surtout par l'intermédiaire des trois propriétés suivantes, bien connues: Si $f$ est une application rationnelle partout définie d'une variété complète $V$ dans une variété $W$, alors $f(V)$ est un sous-ensemble fermé (donc une sous-variété dans la terminologie de [9]) et complet. Une variété affine et complète se réduit à un point. Enfin, toute variété projective, ou bien admettant un modèle projectif, est complète.

Lemme 14.1.[8] *Soient $V$ et $U$ des variétés abstraites et $f$ une application rationnelle partout définie de $V$ sur $U$. On suppose que pour tout point $P \in U$, $f^{-1}(P)$ se compose d'un nombre fini de points,[9] soit $m$, indépendant de $P$. Alors si $U$ est complète, $V$ l'est aussi; si $U$ est projective et si $V$ est non singulière, $V$ est projective.*

Soient $k$ un corps de définition pour $V$, $U$, $f$, $P$ un point générique de $U$ sur $k$, $Q_1$, $\cdots$, $Q_m$ les points de $f^{-1}(P)$. Il est clair que le degré de séparabilité de $k(Q_1)$ sur $k(P)$ est égal à $m$ et que l'ensemble complet $(Q^{(i)})$ des conjugués de $Q_1$ sur $k(P)$ se compose des $Q_i$, chacun répété $q$ fois, où $q$ est le degré d'inséparabilité de $k(Q_1)$ sur $k(P)$.

Montrons tout d'abord que $V$ est complète, autrement dit que si $Q'^{(1)}$ est une spécialisation de $Q^{(1)} = Q_1$, alors $Q'^{(1)} \in V$. Prolongeons cette spécialisation en une spécialisation $Q^{(i)} \to Q'^{(i)}$, $(1 \leq i \leq mq)$ sur $k$ et soit $P'$ la spécialisation correspondante de $P$. Alors $P' \in U$ puisque $U$ est complète. Soient alors $Q'_i$, $(1 \leq i \leq m)$, les points de $f^{-1}(P')$. D'après [9, Chap. VI, Théor. 12], chaque $Q'_i$ doit apparaitre au moins une fois parmi les $Q'^{(i)}$. Comme il n'y a parmi les $Q^{(i)}$ que $m$ points distincts et comme les $Q'_i$ sont également en nombre $m$, cela entraine que les $Q'^{(i)}$ sont exactement les points $Q'_i$, chacun répété $q$ fois. En particulier, on voit que $Q'^{(1)} \in V$.

---

[8] La démonstration suivante m'a été communiquée par A. Weil.

[9] Rappelons que dans ce travail $f^{-1}(M)$ est l'image réciproque ensembliste de $M$.

Supposons maintenant $U$ projective et $V$ non singulière. $k(Q_1)$ étant une extension algébrique de $k(P)$, il existe un modèle projectif normal $W$ de $k(Q_1)$, muni d'une application rationnelle $g$, partout définie, sur $U$, telle que l'image réciproque d'un point quelconque de $U$ se compose d'un nombre fini de points (*voir* O. Zariski, Memoirs Amer. Math. Soc., No. 5, pp. 69–70, Matsusaka, Mem. Fac. Sci. Ochanomizu University, 1953).

Soit alors $T$ une application birationnelle de $V$ à $W$ telle que $f(Q_1) = g \cdot T(Q_1)$ et soit $S$ un point de $V$. L'ensemble $\Gamma_T \cap (S \times W)$, où $\Gamma_T$ est le graphe de $T$, se compose d'un nombre fini de points car il fait partie de $S \times g^{-1}(f(S))$; comme $V$ est nonsingulière, l'application $T$ est holomorphe en $S$ d'après le Théor. 13, Chap. VI, de [9]. Puisque $V$ est complète, $T(V)$ est alors un sous-ensemble fermé de $W$, de même dimension que $W$, donc égal à $W$. Comme précédemment, on verra que l'intersection de $S \times V$, où $S$ est un point de $W$, avec le graphe de $T^{-1}$, est formée d'un nombre fini de points; $W$ étant normale, l'application $T^{-1}$ est alors holomorphe en $S$ d'après un cas particulier élémentaire du "Main Theorem" de Zariski sur les correspondances birationnelles (Trans. Amer. Math. Soc., 53 (1943), pp. 490–542).

Ainsi, $T$ est une application birationnelle partout biholomorphe de $V$ sur $W$, et $W$ est un modèle projectif de $V$.

### §15. Espaces de transformations

15.1. Soient $G$ une variété de groupe et $V$ une variété (abstraite). On dit que $V$ est un espace de transformations pour $G$ si l'on s'est donné une application rationnelle partout définie $F: (g, P) \to g(P)$ de $G \times V$ dans $V$ telle que:

$$g(g'(P)) = (g \cdot g')(P), \qquad e(P) = P, \qquad (g, g' \in G; P \in V; e \text{ identité de } G).$$

Il en résulte évidemment que pour $g \in G$ fixé, l'application $P \to g(P)$ est une application birationnelle partout biholomorphe de $V$ sur elle-même. On ne suppose pas nécessairement que seul l'élément neutre de $G$ agit trivialement sur $V$, mais bien entendu, si $N$ est un sous-groupe invariant fermé de $G$ dont tous les éléments induisent l'identité de $V$, alors $V$ peut s'envisager comme espace de transformations de $G/N$, avec les opérations données (cf. [10]).

15.2. On appelle *orbite* de $P \in V$, et on note $G(P)$, l'ensemble des transformés de $P$ par $G$. Par définition, sa dimension est celle de son adhérence. L'orbite elle-même n'est pas nécessairement un ensemble fermé, mais c'est toutefois un ensemble épais, en tant qu'image de $G$ par l'application rationnelle $g \to g(P)$. Plus précisément, c'est un ouvert de $\overline{G(P)}$, comme on le voit en remarquant que $G$ invarie $G(P)$, donc aussi $\overline{G(P)}$, qu'il est transitif sur $G(P)$, et que ce dernier contient un ouvert de son adhérence.

15.3. L'ensemble des éléments $g \in G$ laissant un point $P \in V$ fixe est un sous-groupe qui est fermé, car c'est l'image réciproque dans $G$ de $P$ par l'application rationnelle $g \to g(P)$. L'ensemble $F_g$ des points de $V$ fixes par un élément $g \in G$ est aussi fermé. En effet, $P \to (P, g(P))$ est une application birationnelle partout biholomorphe de $V$ sur un sous-ensemble fermé de $V \times V$, (le graphe $\Gamma$ de

$P \to g(P)$), et $F_g$ correspond à l'intersection de $\Gamma$ et de la diagonale de $V \times V$.

PROPOSITION 15.4. *Soit $V$ un espace de transformations de la variété de groupe $G$. Alors toute orbite de dimension minimum est fermée. En particulier, il existe une orbite fermée.*

Soit $P \in V$. On a déjà remarqué que $G(P)$ et $\overline{G(P)}$ sont invariants par $G$ et que $\overline{G(P)} - G(P)$ est fermé, de dimension $<\dim G(P)$. S'il est non vide, l'orbite d'un quelconque de ses points y est contenue, donc aura une dimension $<\dim G(P)$, d'où la proposition.

PROPOSITION 15.5. *Soit $G$ un groupe algébrique[10] résoluble connexe et soit $V$ un espace de transformations pour $G$ qui soit une variété complète. Alors $V$ possède un point fixe par $G$.*

Procédant par récurrence sur la longueur de la série des groupes dérivés de $G$, nous supposons tout d'abord ce dernier commutatif. Soient $W$ une orbite fermée de $G$, (Prop. 15.4), $P$ un point de $W$ et $H$ le sous-groupe des éléments de $G$ laissant $P$ fixe, qui est fermé. Notons $\tau$ l'application $g \to g(P)$. On a $\tau(g) = \tau(g')$ si et seulement si $g' \in gH$, donc (5.9) on peut écrire $\tau = \psi \circ \pi_H$ où $\pi_H$ est la projection de $G$ sur $G/H$ et où $\psi$ est une application rationnelle partout définie, bijective, de $G/H$ sur $W$. Vu (14.1), cela montre que $G/H$ est une variété complète. D'autre part $G$ est commutatif, donc $H$ y est invariant et $G/H$ est un groupe algébrique (5.10), donc une variété affine. Par suite, $G/H$ se réduit à un point et $P$ est fixe par $G$.

Soit maintenant $G$ non commutatif. $\mathfrak{D}^1 G$ est connexe (4.3) et l'on peut admettre par induction que l'ensemble $U$ de ses points fixes est non vide; $U$ est fermé et évidemment invariant par $G$, qui doit donc en permuter les composantes irréductibles. Le sous-groupe de $G$ laissant ces dernières invariantes est fermé, d'indice fini, donc égal à $G$, qui est supposé connexe. Soit $W$ l'une d'elles. $\mathfrak{D}^1 G$ y opérant trivialement, elle peut s'envisager comme espace de transformations du groupe commutatif $G/\mathfrak{D}^1 G$ et l'on est ramené au cas déjà traité.

15.6. *Corps de définition.* On dira que $k$ est un corps de définition pour l'espace de transformations $V$ si c'en est un pour $G$, $V$ et $F$, (dans les notations de (15.1)). Soit donc $k$ un tel corps.

Soient $P \in V$ et $g \in G$ générique sur $k(P)$. Alors $g(P)$ est un point générique pour $\overline{G(P)}$ sur $k(P)$, et $k(P)$ est un corps de définition pour $\overline{G(P)}$. Il suit alors de [10, Appendice, Proposition 10] et de (15.2) que $\overline{G(P)} - G(P)$ est quasi-défini sur $k(P)$.

Soient $M$, $N$ des sous-ensembles fermés de $V$, $H$ un sous-ensemble fermé de $G$ et $K \supset k$ un corps de définition pour $M$, $N$, $H$. De la même façon qu'en (2.5e), on verra que l'ensemble des éléments de $G$ envoyant $M$ dans $N$ et l'ensemble des points de $V$ fixes par $H$ sont quasi-définis sur $K$.

Cela étant, on peut préciser (15.4), (resp. (15.5)), en disant qu'il existe une orbite fermée, (resp. un point fixe), admettant $\bar{k}$ comme corps de définition. Pour (15.5) cela résulte de ce que l'ensemble des points fixes est non vide par (15.5) et est défini sur $\bar{k}$ par ce qui précède. En ce qui concerne (15.4), soit

---

[10] Rappelons que dans ce travail un groupe algébrique est linéaire par définition.

$P \epsilon V$ rationnel sur $\bar{k}$. Alors $\overline{G(P)} - G(P)$ est défini sur $\bar{k}$ et s'il est non vide, l'orbite d'un de ses points rationnels sur $\bar{k}$ aura une adhérence définie sur $\bar{k}$ et de dimension $<\dim G(P)$. Pour avoir une orbite fermée, définie sur $\bar{k}$, il suffit donc de prendre parmi les orbites des points rationnels sur $\bar{k}$ une dont la dimension est minimum.

15.7. *k-groupes*. Soient $G$ un $k$-groupe algébrique connexe et $V$ un $k$-ensemble algébrique affine ou projectif, irréductible. On définira comme en 15.1 la notion d'espace de transformations $V$ pour $G$, et il est clair que $G^{\Omega}$ opère alors sur $V^{\Omega}$ au sens de (15.1). A l'aide de (15.6), on voit que (15.4) et (15.5), (avec $V$ projective dans ce dernier cas), valent aussi pour des $k$-groupes et des $k$-ensembles lorsque $k$ est algébriquement fermé.

## §16. Sous-groupes résolubles connexes maximaux

16.1. *La variété des drapeaux*. On appellera *drapeau* dans un espace vectoriel $V$ à $n$ dimensions le système formé par $n$ sous-espaces emboîtés $E_i$, (dim $E_i = i$, $i = 1, \cdots, n$). Une *base* d'un drapeau $(E_i)$ est une base $(e_i)$ de $V$ telle que $e_1, \cdots, e_i$ sous-tendent $E_i$, ($1 \leqq i \leqq n$).

On sait que l'ensemble des drapeaux de $\Omega^n$ s'identifie à une variété projective non singulière, de dimension $n(n-1)/2$, définie sur le corps premier, que nous appellerons la *variété des drapeaux* de $\Omega^n$ et désignerons par $F(n)$. Vu l'importance de $F(n)$ dans ce travail, nous en rappelons brièvement une définition.

Représentons un sous-espace $E_j$ de dimension $j$ par ses coordonnées plückeriennes $(p_{i_1 \cdots i_j})$ si $j$ est impair, par ses coordonnées plückeriennes duales $(p^{i_1 \cdots i_{n-j}})$ si $i$ est pair. Le fait que $\binom{n}{j}$ quantités représentent des coordonnées plückeriennes ou plückeriennes duales se traduit par des relations quadratiques bien connues (cf. par exemple Hodge-Pedoe, Methods of algebraic geometry, Vol. I, Cambridge, 1947, p. 312). Le fait que $E_j \subset E_{j+1}$ équivaut à la relation

$$\sum_s p_{s,i_2,\cdots,i_j} p^{s,k_2,\cdots,k_{n-j-1}} = 0$$

(Hodge-Pedoe, loc. cit., p. 304), si $j$ est pair et à une relation similaire si $j$ est impair. Par conséquent l'ensemble des drapeaux se représente par un sous-ensemble algébrique du produit

$$P\left(\binom{n}{1} - 1, \Omega\right) \times \cdots \times P\left(\binom{n}{n-1} - 1, \Omega\right).$$

On identifie alors ce dernier à une sous-variété algébrique de $P(N, \Omega)$, où $N + 1 = \prod_1^{n-1} \binom{n}{i}$ par le procédé bien connu de Segre qui consiste à associer à un point $(P_1, \cdots, P_{n-1})$ un point dont les coordonnées homogènes sont les produits des coordonnées homogènes des $P_i$. Ainsi l'ensemble des drapeaux est identifié à un sous-ensemble algébrique, défini sur $Z_p$, de $P(N, \Omega)$, c'est $F(n)$. Il est clair que c'est un espace de transformations pour $GL(n, \Omega)$, les opérations étant définies sur le corps premier, et que $GL(n, \Omega)$ y est transitif. $F(n)$ est donc une variété non singulière.

16.2. *Drapeaux et groupes triangulaires.* Soient $F_0$ le drapeau ayant les vecteurs coordonnées de $\Omega^n$ comme base, $F$ un drapeau et $g$ une transformation linéaire amenant $F_0$ en $F$. Un sous-groupe $G$ de $GL(n, \Omega)$ laisse $F$ fixe si et seulement s'il est représenté par des matrices triangulaires relativement à une base $(e_i)$ de $F$ ou encore si $g^{-1}Gg \subset T(n)$. En particulier le sous-groupe de $GL(n, \Omega)$ laissant $F$ fixe est conjugué de $T(n)$, donc est de dimension $n(n+1)/2$, d'où dim $F(n) = n(n-1)/2$.

16.3. Un drapeau $F$ est rationnel sur $k$, si le point $P \; \epsilon \; F(n)$ qui le représente est rationnel sur $k$. La définition de $F(n)$ montre immédiatement que cela est le cas si et seulement si on peut trouver une base $(e_i)$ de $F$ formée de vecteurs à coordonnées dans $k$, donc si l'on peut amener $F_0$ en $F$ par un élément de $GL(n, k)$.

16.4. *Le théorème de Lie-Kolchin.* Soit $G$ un groupe algébrique résoluble connexe, et soit $k$ un corps de définition pour $G$. La variété des drapeaux en est un espace de transformations, avec $k$ comme corps de définition. Par conséquent, vu (15.5), (15.6), il existe un drapeau rationnel sur $\bar{k}$ qui est fixe par $G$, donc (16.2), (16.3), on peut trouver $g \; \epsilon \; GL(n, \bar{k})$ tel que $gGg^{-1} \subset T(n)$. De même on voit en utilisant (15.7) que tout $\bar{k}$-groupe algébrique résoluble connexe peut se mettre sous forme triangulaire à l'aide d'un élément de $GL(n, \bar{k})$. C'est le théorème (10.4).

THÉORÈME 16.5. *Les sous-groupes fermés résolubles connexes maximaux d'un groupe algébrique connexe $G$ sont conjugués par automorphismes intérieurs. Soit $R$ l'un d'eux. Alors $G/R$ est une variété projective et $R$ est égal à son normalisateur connexe.*

$G$ opère sur $F(n)$. Soit $W$ une orbite fermée (cf. 15.4), donc une variété projective et soit $H$ le sous-groupe laissant fixe un point $P \; \epsilon \; W$. Il est fermé, et peut être mis sous forme triangulaire (16.2), donc est résoluble. D'après (5.9), l'application $g \to g(P)$ passe au quotient par $H_0$ et induit une application rationnelle, partout définie de $G/H_0$ sur $W$. Il est clair que l'image réciproque de chaque point se compose de $m$ points, où $m$ désigne l'indice de $H_0$ dans $H$; comme $G/H_0$ est non singulière, on peut appliquer (14.1), ce qui montre que $G/H_0$ est une variété projective, et en particulier une variété complète.

Soit $M$ un sous-groupe fermé résoluble connexe. Il opère sur $G/H_0$ par les translations à gauche et y possède un point fixe d'après (15.5), donc il est conjugué à un sous-groupe de $H_0$. Cela montre que $H_0$ est résoluble connexe maximal et que tout sous-groupe résoluble connexe maximal lui est conjugué. Soit $R$ l'un de ces derniers et soit $g \; \epsilon \; G$ tel que $gRg^{-1} = H_0$. Alors il suit immédiatement de (5.9) que $x \to gxg^{-1}$ induit une application birationnelle partout biholomorphe de $G/R$ sur $G/H_0$, et $G/R$ est aussi une variété projective.

Soit enfin $N$ le normalisateur connexe de $R$. Alors $N/R$ est d'une part une variété complète d'après ce qui vient d'être démontré et d'autre part une variété affine d'après (5.10), d'où $N = R$, ce qui termine la démonstration.

REMARQUE. Soit $\mathfrak{G}$ une algèbre de Lie semi-simple sur le corps des complexes. C'est l'algèbre de Lie d'un groupe algébrique connexe, à savoir le groupe adjoint de $\mathfrak{G}$, soit $G$, et les sous-algèbres résolubles de $\mathfrak{G}$ correspondent aux sous-groupes analytiques résolubles de $G$. Le plus petit groupe algébrique contenant un tel groupe est aussi résoluble (4.7) et connexe (en topologie de Zariski) et on peut lui appliquer (16.5). Il en résulte donc que les sous-algèbres résolubles maximales de $\mathcal{G}$ sont conjuguées par $G$, un résultat tout d'abord établi par voie infinitésimale par Morosow (C. R. Acad. Sci. U. R. S. S. (N. S.), 36, (1942), pp. 83–86).

COROLLAIRE 16.6. *Les tores maximaux d'un groupe algébrique connexe $G$ sont conjugués par automorphismes intérieurs. Tout tore maximal dans un sous-groupe fermé résoluble connexe maximal est aussi maximal dans $G$.*

Cela résulte de (12.2) et de (16.5).

COROLLAIRE 16.7. *Un groupe algébrique connexe $G$ dont toutes les matrices semi-simples sont d'ordre fini est formé de matrices unipotentes et est nilpotent.*[11]

Soient $R$ un sous-groupe fermé résoluble connexe maximal, $F$ un drapeau fixe par $R$ et $(e_i)$ une base de $F$. Vu l'hypothèse, tout tore de $R$ se réduit à $\{e\}$, donc (12.2), $R$ est formé de matrices unipotentes et l'on a

$$x(e_j) \equiv e_j \bmod (e_1, \cdots, e_{j-1}), \quad (x \in R, j = 1, \cdots, n).$$

Soit $\eta_j$ la représentation canonique de $GL(n, \Omega)$ dans la $j$-ième puissance extérieure $\wedge^j(\Omega^n)$ de $\Omega^n$. C'est une représentation rationnelle et les égalités ci-dessus montrent que

$$\eta_j(x)(e_1 \wedge e_2 \wedge \cdots \wedge e_j) = e_1 \wedge e_2 \wedge \cdots \wedge e_j, \quad (1 \leqq j \leqq n),$$

pour tout $x \in R$. Soit $f_j$ l'application rationnelle partout définie qui associe à $g \in G$ l'élément $\eta_j(g)(e_1 \wedge \cdots \wedge e_j)$ de $\wedge^j(\Omega^n)$. On a $f_j(gR) = f_j(g)$ donc $f_j$ passe au quotient et induit une application rationnelle partout définie de $G/R$ dans l'espace affine $\wedge^j(\Omega^n)$; comme $G/R$ est complète, l'image est une variété affine complète, donc se réduit à un point, ce qui signifie que $G$ laisse $e_1 \wedge \cdots \wedge e_j$ fixe, $(1 \leqq j \leqq n)$. Ainsi $G$ invarie le drapeau $F$, donc est résoluble et égal à $R$.

COROLLAIRE 16.8. *Soient $G$ un groupe algébrique connexe et $Q$ un tore maximal de $G$. Alors le centralisateur connexe $C$ de $Q$ est nilpotent et égal à son normalisateur connexe. Tout sous-groupe fermé résoluble connexe maximal contenant $Q$ contient aussi $C$.*

$Q$ est l'unique tore maximal de $C$ d'après (16.6) et est donc invariant dans le normalisateur connexe $N$ de $C$. Vu (7.9), il fait partie du centre de $N$, d'où $N = C$.

Soit $s$ un élément semi-simple de $C$. Comme $Q$ est un tore maximal de $C$, il doit contenir $\mathcal{C}(s)_0$, donc aussi une puissance convenable de $s$. Soit alors $f$ une représentation rationnelle de $C$, de noyau $Q$. Toute matrice semi-simple de $f(C)$ étant image d'une matrice semi-simple de $C$ d'après (9.3), on voit que tout élément semi-simple de $f(C)$ est d'ordre fini, et $f(C)$ est nilpotent par (16.7), d'où la nilpotence de $C$. Enfin $C$, étant nilpotent, fait partie d'un sous-groupe fermé résoluble connexe maximal; cela montre qu'il existe un sous-groupe résoluble connexe maximal $R$ ayant un tore maximal dont les centralisateurs connexes dans $R$ et dans $G$ sont égaux. Par les théorèmes de conjugaisons (12.2)

---

[11] Cet énoncé est très voisin du Théorème 19.4, dû à Kolchin [6].

et (16.5), cela est alors vrai pour tout tore maximal de tout sous-groupe résoluble connexe maximal.

Nous terminons ce § par des remarques sur les corps de définition et par des extensions faciles aux $\bar{k}$-groupes et aux variétés de groupes.

LEMME 16.9. *Soient $G$ un groupe algébrique connexe et $k$ un corps de définition pour $G$. Alors $G$ possède un sous-groupe fermé résoluble connexe maximal et un tore maximal définis sur $\bar{k}$.*

Vu (12.8) et (16.6), il suffira de montrer l'existence d'un sous-groupe fermé résoluble connexe maximal défini sur $\bar{k}$. Pour cela, on considère sur la variété des drapeaux une orbite fermée $W$ définie sur $\bar{k}$, ce qui existe par (15.6), et le sous-groupe $H$ laissant fixe un point de $W$ rationnel sur $\bar{k}$. Il est fermé, défini sur $\bar{k}$, (cf. 15.6) ; sa composante connexe de $e$ est alors aussi définie sur $\bar{k}$ et l'on prouve, comme au début de la démonstration de (16.5), que c'est un sous-groupe résoluble connexe maximal.

PROPOSITION 16.10. *Soient $k$ un corps algébriquement fermé et $G$ un $k$-groupe algébrique connexe. Alors le théorème 16.5 et les corollaires 16.6, et 16.8 valent pour $G$. Les sous-groupes fermés résolubles connexes (resp. tores) maximaux de $G$ sont les intersections de $G$ avec les sous-groupes fermés résolubles connexes (tores) maximaux de $G^{\Omega}$ définis sur $k$.*

$G^{\Omega}$ est un groupe algébrique connexe défini sur $k$ et possède (16.9) un sous-groupe fermé résoluble connexe maximal $R^*$ et un tore maximal $Q^*$ définis sur $k$. Les $k$-groupes $R = R^* \cap G$ et $Q = Q^* \cap G$ sont connexes et l'on a $R^* = R^{\Omega}$ et $Q^* = Q^{\Omega}$, (cf. 2.4).

Soit $H$ un sous-groupe $k$-fermé résoluble connexe ou un $k$-tore de $G$. Alors $H^{\Omega}$ est un sous-groupe fermé résoluble connexe ou un tore, évidemment défini sur $k$ ; en effet, $H^{\Omega}$ est connexe si $H$ l'est (2.4), résoluble si $H$ l'est (4.7) et diagonalisable si $H$ l'est. Il en résulte déjà que $R$ et $Q$ sont maximaux. De plus, vu (16.5), (16.6) et (2.5e), il existe $g \in G$ tel que $gH^{\Omega}g^{-1}$ soit dans $R^*$ ou $Q^*$, donc que $gHg^{-1}$ soit dans $R$ ou $Q$, ce qui établit la congujaison des sous-groupes $k$-fermés résolubles connexes maximaux et des $k$-tores maximaux. On en déduit aussi que si $S$, (resp. $T$), est un sous-groupe $k$-fermé résoluble connexe (resp. un $k$-tore) maximal de $G$, alors $S^{\Omega}$, (resp. $T^{\Omega}$), est un sous-groupe fermé résoluble connexe, (resp. un tore), maximal de $G^{\Omega}$, ce qui, joint à ce qui a déjà été dit, prouve la dernière affirmation de (16.10).

Enfin, si $N$, (resp. $C$), est le normalisateur, (resp. centralisateur), connexe de $R$, (resp. $Q$), alors $N^{\Omega}$, (resp. $C^{\Omega}$), est le normalisateur, (resp. centralisateur), connexe de $R^*$, (resp. $Q^*$), vu (2.4), d'où l'on tire $N^{\Omega} = R^*$ et $N = R$ à l'aide de (16.5) et la nilpotence de $C$ à l'aide de (16.8).

COROLLAIRE 16.11. *Les centralisateurs (resp. connexes) des $k$-tores maximaux de $G$ sont les intersections de $G$ avec les centralisateurs (resp. connexes) des tores maximaux de $G^{\Omega}$ qui sont définis sur $k$.*

Cela résulte de (16.10) et des égalités $\mathrm{Z}(M^{\Omega}) = \mathrm{Z}(M)^{\Omega}$ et $(H_0)^{\Omega} = (H^{\Omega})_0$, (cf. 2.4).

PROPOSITION 16.12. *Le théorème 16.5. est valable lorsque $G$ est une variété de* *groupe. Si $k$ est un corps de définition pour $G$, ce dernier possède un sous-groupe fermé résoluble connexe maximal défini sur $\bar{k}$.*

Soit $C$ le centre de $G$. Il est fermé, défini sur $\bar{k}$, et $G/C$ est une variété de groupe définie sur $\bar{k}$. La transformation Ad $g\colon \mathrm{x} \to gxg^{-1}$ laisse l'identité fixe et opère sur l'anneau des séries formelles en des paramètres locaux autour de $e$; on en déduit une représentation rationnelle fidèle de $G/C$, (voir [1; 8]), et ainsi $G/C$ est un groupe algébrique connexe d'après (5.10).

Soit $\pi$ la projection de $G$ sur $G/C$. Les sous-groupes fermés résolubles connexes maximaux de $G$ sont les composantes connexes de $e$ des images réciproques des sous-groupes analogues de $G/C$. Il résulte donc de (16.5) qu'ils sont conjugués par automorphismes intérieurs et de (16.9) que l'un d'eux est défini sur $\bar{k}$. Soient $R^*$ un sous-groupe fermé résoluble connexe maximal de $G/C$ et $R = (\pi^{-1}(R^*))_0$ . L'application naturelle de $G$ sur $(G/C)/R^*$ est constante sur les classes de reste modulo $R$ et induit donc une application rationnelle partout définie de $G/R$ sur $(G/C)/R^*$. L'image réciproque d'un point se compose visiblement d'un nombre fini de points, égal à l'indice de $R$ dans $\pi^{-1}(R^*)$. La variété $G/R$ étant non singulière, et $(G/C)/R^*$ étant projective d'après (16.5), on tire de (14.1) que $G/R$ est projective. Enfin, il est immédiat que le normalisateur connexe de $R$ est la composante connexe de $e$ de l'image réciproque du normalisateur connexe de $R^*$ dans $G/C$; il est donc, vu (16.5), égal à $R$.

CORAILLAIRE 16.13. *Soient $G$ une variété de groupe et $H$ un sous-groupe fermé*
1 *de $G$. Alors $G/H$ est une variété complète si et seulement si $H$ contient un sous-groupe fermé résoluble connexe maximal de $G$.*

Soit $R$ un sous-groupe fermé résoluble connexe maximal de $G$. Si $H \supset R$, alors $G/H$ est image de $G/R$ par une application rationnelle partout définie, donc est complète. Réciproquement, si $G/H$ est complète, $R$, opérant par les translations à gauche, y admet un point fixe (15.5), donc est conjugué à un sous-groupe de $H$, soit $M$; et $M$ est alors un sous-groupe de $H$ résoluble connexe maximal dans $G$.

## §17. La densité des conjugués de certains sous-groupes

PROPOSITION 17.1. *Soient $G$ une variété de groupe, $H$ un sous-groupe fermé égal à son normalisateur connexe, et $k$ un corps de définition pour $G$ et $H$. On suppose de plus que pour tout point $h$ générique de $H$ sur $k$, la condition $ghg^{-1} \in H$ équivaut à $gHg^{-1} = H$, ($g \in G$). Alors l'ensemble des conjugués de $H$ contient un ouvert sur $k$, non vide.*

Soient $g$, $h$ génériques et indépendants pour $G$, $H$ sur $k$. Les conjugués de $H$ forment l'image de $G \times H$ par l'application $(x, y) \to xyx^{-1}$; cette dernière contient un ouvert sur $k$, non vide, de son adhérence, (cf. 1.5), et cette adhérence admet $ghg^{-1}$ comme point générique sur $k$. Notre conclusion est donc que $ghg^{-1}$ est générique pour $G$ sur $k$.

Soit $\pi$ la projection de $G$ sur $G/H$. Elle est définie sur $k$, de même que $P = \pi(H)$ et $G/H$. Pour tout $x \in G$, on a $\pi(x) = x(P)$, et en particulier $\pi(g) = g(P)$ est générique pour $G/H$ sur $k$. Soient $n$ et $m$ les dimensions respectives de $G$ et

$H$; par conséquent dim $G/H = n - m$ et $k(g(P))$ est de dimension (algébrique) $n - m$ sur $k$. Le corps $k(ghg^{-1}, g)$ est égal à $k(h, g)$ et est donc une extension régulière de degré de transcendance $m$ de $k(g)$; le point $ghg^{-1}$ est donc générique pour $gHg^{-1}$ sur $k(g)$ et son lieu sur $\overline{k(g(P))} \subset \overline{k(g)}$ contient $gHg^{-1}$; mais $ghg^{-1}$ laisse $g(P)$ fixe, et il en sera de même pour toute spécialisation finie de $ghg^{-1}$ sur $\overline{k(g(P))}$; le lieu de $ghg^{-1}$ sur $\overline{k(g(P))}$ est donc égal à $gHg^{-1}$, ce qui entraine que $ghg^{-1}$ est de dimension $m$ sur $\overline{k(g(P))}$, donc aussi sur $k(g(P))$, et que $k(ghg^{-1}, g(P))$ est de dimension $n$ sur $k$. Pour établir que $ghg^{-1}$ est générique pour $G$ sur $k$, autrement dit que $k(ghg^{-1})$ est de dimension $n$ sur $k$, il suffira alors de faire voir que $g(P)$ est algébrique sur $k(ghg^{-1})$.

Soit $N$ le normalisateur de $H$ dans $G$. Il est immédiat que l'ensemble $F$ des points fixes de $gHg^{-1}$ dans $G/H$ est $g(\pi(N))$; en effet, si $x \in G$ et si $Q = \pi(x)$, alors $Q$ fixe par $gHg^{-1}$ équivaut à $gHg^{-1}x \in xH$, donc à $g^{-1}x \in N$; comme $H$ est par hypothèse d'indice fini dans $N$, on voit que $F$ est *fini*. Par ailleurs, la dernière hypothèse de (17.1) montre que $F$ est aussi l'ensemble des points fixes de $ghg^{-1}$; en effet, $ghg^{-1}x \in xH$ équivaut à $x^{-1}ghg^{-1}x \in H$, donc à $x^{-1}gHg^{-1}x = H$, donc à $gHg^{-1}x \in xH$. Il en résulte que l'ensemble fermé $F$ est défini sur la fermeture algébrique de $k(ghg^{-1})$, (cf. 15.6); comme il est formé d'un nombre fini de points, il en sera de même pour chacun de ses points, et en particulier pour $g(P)$, ce qui achève la démonstration.

**PROPOSITION 17.2.** *Soient $G$ une variété de groupe et $H$ un sous-groupe fermé connexe dont les conjugués forment un ensemble épais dense dans $G$. Alors si $G/H$ est une variété complète, tout point de $G$ est conjugué à un élément de $H$.*

Soient comme précédemment $\pi$ la projection de $G$ sur $G/H$, $P = \pi(H)$, et $g$, $h$ des points génériques indépendants pour $G$, $H$ sur un corps de définition $k$ pour ces deux groupes. L'hypothèse faite sur les conjugués de $H$ signifie, comme on l'a remarqué au début de la démonstration précédente, que $ghg^{-1}$ est générique pour $G$ sur $k$. Comme cet élément laisse $g(P)$ fixe, on voit qu'il existe un point générique pour $G$ sur $k$, soit $g_1$, et un point $Q \in G/H$ fixe par $g_1$.

Soit alors $x \in G$. C'est une spécialisation finie de $g_1$ sur $k$; cette spécialisation se prolonge en une spécialisation (finie ou non) $Q'$ de $Q$ sur $k$; mais $G/H$ étant complète, $Q'$ est en fait un point de $G/H$. D'autre part l'application $(a, S) \to a(S)$ de $G \times G/H$ sur $G/H$ est partout holomorphe, définie sur $k$; par conséquent, l'égalité $g_1(Q) = Q$ donne par spécialisation $x(Q') = Q'$, d'où $yxy^{-1} \in H$ pour tout $y$ tel que $y(Q') = P$.

**LEMME 17.3.** *Soient $G$ un groupe algébrique connexe, $Q$ un tore maximal de $G$, $C$ le centralisateur connexe de $Q$, et $c$ un point générique de $C$ sur un corps $k$ de définition pour $G$, $Q$, $C$. Alors $gcg^{-1} \in C$ équivaut à $gCg^{-1} = C$.*

$C$ est nilpotent d'après (16.8); c'est donc le produit direct de sa partie unipotente $C_u$ et de sa partie semi-simple, qui est un tore, forcément égal à $Q$, (voir 11.1), et $C_u$ est défini sur $\bar{k}$. La partie semi-simple $c_s$ de $C$ est donc un point générique pour $Q$ sur $k$. La partie semi-simple $gc_sg^{-1}$ de $gcg^{-1}$ étant dans le groupe adhérent à $gcg^{-1}$ d'après (8.4), doit faire partie de $C$ si $gcg^{-1}$ y est contenu, d'où $gc_sg^{-1} \in Q$ ou encore $c_s \in g^{-1}Qg \cap Q$; mais on sait par (7.3) qu'un point générique d'un tore ne fait partie d'aucun sous-groupe propre fermé, d'où l'on tire $g^{-1}Qg = Q$ et finalement $gCg^{-1} = C$.

THÉORÈME 17.4. *Soient $G$ un groupe algébrique connexe, $C$ le centralisateur connexe d'un tore maximal $Q$ de $G$, $k$ un corps de définition pour $G$. Alors l'ensemble des conjugués de $C$ contient un ouvert sur $\bar{k}$, non vide, et tout élément $g \in G$ est contenu dans un sous-groupe fermé résoluble connexe maximal défini sur $\overline{k(g)}$.*

D'après (16.6), l'ensemble des conjugués de $C$ ne dépend pas du centralisateur particulier choisi et l'on peut vu (16.9) supposer $Q$, donc $C$, défini sur $\bar{k}$. Il suffit alors pour obtenir la première assertion de remarquer que, d'après (16.8) et (17.3), $C$ vérifie les conditions imposées à $H$ dans l'énoncé de (17.1).

Soit $R$ un sous-groupe fermé résoluble connexe maximal. Comme il contient le centralisateur connexe d'un tore maximal (16.8), ses conjugués forment a fortiori un ensemble épais dense dans $G$, donc remplissent $G$ vu (17.2) et le fait que $G/R$ est complète (16.5), et ainsi il existe $x \in G$ tel que $xgx^{-1} \in R$. On peut supposer $R$ défini sur $\bar{k}$ d'après (16.9), donc $x$ rationnel sur $\overline{k(g)}$ vu (2.5e), et $x^{-1}Rx$ est un sous-groupe fermé résoluble connexe maximal défini sur $\overline{k(g)}$ et contenant $g$.

COROLLAIRE 17.5. *Soit $G$ un groupe algébrique connexe opérant sur une variété complète $V$. Alors tout $g \in G$ admet un point fixe sur $V$.*

Il suffit d'appliquer (15.5) et (17.4).

PROPOSITION 17.6. *Soit $k$ un corps algébriquement fermé. Alors (17.4) et (17.5) sont aussi vrais pour un $k$-groupe algébrique connexe $G$ et une $k$-variété projective $V$.*

Soient $R$ un $k$-sous-groupe fermé résoluble connexe maximal de $G$ et $C$ le centralisateur connexe d'un $k$-tore maximal $Q$ de $G$. On a déjà dit, (cf. 16.10 et sa démonstration), que $R^{\Omega}$ est résoluble connexe maximal dans $G^{\Omega}$ et que $C^{\Omega}$ est le centralisateur connexe du tore maximal $Q^{\Omega}$ de $G^{\Omega}$. De plus, il suit de (2.5e) que si un élément de $G$ est conjugué dans $G^{\Omega}$ à un élément de $C^{\Omega}$ ou $R^{\Omega}$, alors il est conjugué dans $G$ à un élément de $C$ ou $R$. L'extension de (17.4) au cas traité ici est alors évidente, et celle de (17.5) s'en déduit à l'aide des remarques (15.3) et (15.7).

## §18. Applications

De même qu'au §13, on considérera ici directement les $k$-groupes. Dans les démonstrations on a toutefois indiqué, à côté des références aux théorèmes sur les $k$-groupes, celles des résultats correspondants pour les groupes algébriques; et le lecteur uniquement intéressé au cas universel n'aura qu'à supprimer les premières, ainsi que les préfixes "$k$-" et le premier paragraphe de la démonstration de (18.5).

NOTATION. *Dans tout ce §, $k$ est un corps algébriquement fermé et $G$ est un $k$-groupe algébrique connexe.*

PROPOSITION 18.1. *Tout élément semi-simple $s$ de $G$ est contenu dans un $k$-tore. L'intersection des $k$-tores maximaux de $G$ est la partie semi-simple du centre de $G$.*

$s$ est contenu dans un $k$-sous-groupe fermé résoluble connexe d'après (17.6), (17.4), et la première assertion se déduit de (12.10), (12.6). L'intersection des

$k$-tores maximaux est un sous-groupe fermé diagonalisable, évidemment invariant, donc central d'après (7.9). Réciproquement un élément semi-simple central fait partie d'un $k$-tore maximal d'après ce qui a été déjà démontré, donc de tous les $k$-tores maximaux par conjugaison.

PROPOSITION 18.2. *Soient $H$ un $k$-sous-groupe fermé résoluble connexe et $g$ un élément de $G$ centralisant $H$. Alors il existe un $k$-sous-groupe fermé résoluble connexe contenant $g$ et $H$.*

Soit $R$ un $k$-sous-groupe fermé résoluble connexe maximal de $G$ et soit $F$ l'ensemble des points fixes de $g$ sur $G/R$. Il est fermé, et non vide d'après (16.10), (16.5) et (17.6), (17.5); le groupe $H$ invarie $F$, donc aussi chaque composante irréductible de $F$, et admet sur l'une quelconque d'entre elles un point fixe $Q$ d'après (15.7), (15.5); ce dernier est fixe par $H$, $g$ et l'on a $xRx^{-1} \supset g$, $H$ pour tout $x$ amenant le point fixe par $R$ sur $Q$.

COROLLAIRE 18.3. *Soient $S$ un $k$-tore de $G$ et $g$ un élément semi-simple de $G$ centralisant $S$. Alors il existe un $k$-tore contenant $g$ et $S$.*

La proposition 18.2 montre que l'on peut supposer $g$ et $S$ contenus dans un $k$-groupe fermé résoluble connexe de $G$, et l'on est ramené à (12.10), (12.7).

PROPOSITION 18.4. *Soit $S$ un $k$-tore de $G$. Alors le centralisateur $\mathbb{Z}(S)$ de $S$ dans $G$ est connexe. Si $S$ est maximal, $\mathbb{Z}(S)$ est nilpotent maximal et fait partie de tout $k$-sous-groupe fermé résoluble connexe maximal contenant $S$.*

Soit $x \, \epsilon \, \mathbb{Z}(S)$. Il existe un $k$-sous-groupe fermé résoluble connexe $H$ contenant $x$ et $S$ vu (18.2); comme le centralisateur d'un $k$-tore dans un $k$-groupe algébrique résoluble connexe est connexe d'après (13.2), on en tire que $x \, \epsilon \, \mathbb{Z}(S)_0$.

Soit $S$ un tore maximal. Alors $\mathbb{Z}(S)_0$ est nilpotent et contenu dans tout $k$-sous-groupe fermé résoluble connexe maximal contenant $S$ d'après (16.10), (16.8), et admet évidemment $S$ comme partie semi-simple (cf. 11.4, 11.1); à l'aide de (4.7) et (11.7) on voit que $S$ est dans le centre de tout groupe nilpotent qui le contient, d'où le fait que $\mathbb{Z}(S) = \mathbb{Z}(S)_0$ est nilpotent maximal.

PROPOSITION 18.5. *Soit $R$ un $k$-sous-groupe fermé résoluble connexe maximal de $G$. Alors le centre de $R$ est égal au centre de $G$.*

On sait d'après (2.4) que

$$\mathbb{Z}(R)^{\Omega} = \mathbb{Z}(R^{\Omega}), \qquad \mathbb{Z}(G)^{\Omega} = \mathbb{Z}(G^{\Omega});$$

il suffit donc de considérer le cas où $k = \Omega$.

Soit $g \, \epsilon \, \mathbb{Z}(G)$. Il fait partie d'un sous-groupe fermé résoluble connexe maximal vu (17.5), donc, par conjugaison, de tout sous-groupe fermé résoluble connexe maximal, d'où $\mathbb{Z}(G) \subset \mathbb{Z}(R)$.

Soit inversément $g \, \epsilon \, \mathbb{Z}(R)$ et considérons l'application rationnelle $f$ de $G$ dans $M(n, \Omega)$ définie par $f(x) = xgx^{-1}$, $(x \, \epsilon \, G)$. Elle est partout holomorphe et vérifie $f(xR) = f(x)$, donc elle induit une application rationnelle partout définie de $G/R$ dans $M(n, \Omega)$. L'image en est une variété affine complète, donc un point, ce qui veut justement dire que $g \, \epsilon \, \mathbb{Z}(G)$.

PROPOSITION 18.6. *Soit $m$ un entier premier à la caractéristique $p$ de $k$. Alors l'ensemble des puissances $m$-ièmes des éléments de $G$ est un $k$-ensemble épais dense dans $G$, (Kolchin [6]).*

En effet, les centralisateurs connexes de $k$-tores maximaux sont nilpotents (16.10), (16.8), l'ensemble de leurs points contient un $k$-ensemble $k$-ouvert (17.6), (17.4), et l'application $x \to x^m$ est surjective dans un $k$-groupe algébrique nilpotent connexe (11.4), (11.2).

Remarquons que pour $k = \Omega$, la Proposition 18.6 revient à dire que la puissance $m$-ième d'un point générique de $G$ est aussi un point générique.

On a vu qu'un sous-groupe fermé résoluble connexe maximal est d'indice fini dans son normalisateur. En fait, il parait assez plausible qu'il est égal à son normalisateur; c'est du moins ce qui se passe en caractéristique zéro; la démonstration en est simple et bien connue, mais elle repose sur toute la théorie des racines. Nous voulons terminer ce § par un résultat très faible dans cette direction.

PROPOSITION 18.7. *Soit $R$ un $k$-sous-groupe fermé résoluble connexe maximal de $G$. Alors $R$ n'est pas proprement contenu dans un $k$-sous-groupe de $G$ qui peut être mis sous forme triangulaire.*

Soit $H$ un sous-groupe de $G$ contenant $R$ et pouvant être mis sous forme triangulaire. Ces conditions ne sont visiblement pas altérées si l'on remplace $H$ par le $k$-sous-groupe $k$-adhérent, aussi supposons-nous $H$ fermé. Alors, $H$ étant résoluble, on a $H_0 = R$ et $R$ est invariant dans $H$. Soient $Q$ un $k$-tore maximal de $R$ et $N$ le normalisateur de $Q$ dans $H$. Utilisant la conjugaison des $k$-tores maximaux dans $R$, on voit que $H = N \cdot R$; puisque $H$ peut être mis sous forme triangulaire, $N$ centralise $Q$ d'après (10.2), donc est contenu dans $R$ par (18.4), d'où $H = R$.

## §19. Les groupes quasicompacts et anticompacts de Kolchin

Nous faisons ici une légère digression pour discuter des résultats dus à E. Kolchin (*voir* [5] pour 19.2, 19.3 et [6] pour 19.4, 19.5). Les deux principaux (19.4, 19.5) sont obtenus ici essentiellement comme conséquences de (16.5) tandis que (19.2) et (19.3) se rattachent au §8.

DÉFINITION 19.1. *Un groupe est anticompact s'il ne contient aucun élément d'ordre fini premier à $p$. Un $k$-groupe algébrique (ou un sous-groupe fermé d'une variété de groupe) est quasicompact si tout $k$-sous-groupe fermé contient un élément d'ordre fini premier à $p$.*

La première définition s'applique à un groupe abstrait quelconque, étant alors entendu que $p$ est donné une fois pour toutes; dans la deuxième, $p$ est comme de coutume la caractéristique de $k$. On peut aussi dire qu'un $k$-groupe algébrique est quasicompact si aucun sous-groupe fermé $\neq \{e\}$ n'est anticompact.

PROPOSITION 19.2. *Soient $k$ un corps algébriquement fermé et $G$ un $k$-groupe algébrique. Alors les 3 conditions suivantes sont équivalentes:*

(1) *$G$ est anticompact.*

(2) *$G$ est formé de matrices unipotentes.*

(3) *Pour $p \neq 0$: $G$ est formé d'éléments d'ordres finis, égaux à des puissances de $p$.*

(1) $\Rightarrow$ (2): Si $G$ contient un élément $x = x_s \cdot x_u$ avec une partie semi-simple

$x_s \neq e$, alors il contient $x_s$, donc $\mathcal{C}_k(x_s)$ d'après (8.4), donc un élément d'ordre fini premier à $p$ vu (7.4) et (8.3), en contradiction avec (1).

Les autres implications sont évidentes.

PROPOSITION 19.3. *Soient $k$ un corps algébriquement fermé et $G$ un $k$-groupe algébrique. Alors les 3 conditions suivantes sont équivalentes:*

(1) *$G$ est quasicompact.*

(2) *$G$ est formé de matrices semi-simples.*

(3) *Pour $p \neq 0$; l'application $x \to x^p$ est surjective.*

(1) $\Rightarrow$ (2): Si $G$ contient un élément non semi-simple, alors (8.4) il possède un élément $u \neq e$ unipotent, et par suite un sous-groupe fermé $\neq \{e\}$ formé de matrices unipotentes, donc anticompact, à savoir $\mathcal{C}_k(u)$, en contradiction avec (1).

Les implications (2) $\Rightarrow$ (1) et (2) $\Rightarrow$ (3) résultent de (7.5, 8.3) et (7.1) respectivement.

Il reste à prouver que (3) entraine (2). Si (2) n'est pas vrai, alors $G$ contient au moins une matrice unipotente $\neq e$ d'après (8.4). L'ordre des matrices unipotentes de $G$ est borné supérieurement, par $p^n$ par exemple si $G$ est un sous-groupe de $GL(n, k)$; soit donc $u$ une matrice unipotente de $G$ d'ordre maximum; par hypothèse (3) il existe $x \epsilon G$ tel que $x^p = u$. Alors $x$ est unipotente, d'ordre strictement plus grand que $u$, d'où une contradiction.

THÉORÈME 19.4. *Soit $G$ un groupe linéaire formé de matrices unipotentes. Alors $G$ est nilpotent et peut être mis sous forme triangulaire.*

Le fait qu'une matrice est unipotente s'exprime par des conditions algébriques (6.3), donc le groupe adhérent $\mathcal{C}(G)$ de $G$ est aussi formé de matrices unipotentes et l'on peut se borner au cas où $G$ est un groupe *algébrique*. Alors $G_0$ vérifie le théorème d'après (16.7). Si $p = 0$, le groupe adhérent à tout élément de $G$ est connexe d'après (8.1b), donc $G = G_0$. Soit $p \neq 0$. Alors $G/G_0$ est un $p$-groupe vu (8.1), et $G$ est résoluble. D'autre part, si un groupe triangulaire est formé de matrices unipotentes, alors il fait partie de $T_{n,n}$ dans les notations du §10, donc est nilpotent.

Pour terminer la démonstration, il reste donc à faire voir qu'un groupe algébrique résoluble formé de matrices unipotentes peut être mis sous forme triangulaire, ce qui se fait par induction sur la dimension $n$ de l'espace vectoriel ambiant. Soit $N$ le dernier groupe dérivé algébrique non trivial de $G$. Il est commutatif, donc (lemme 6.4) peut être mis sous forme triangulaire et par suite l'espace $V$ des vecteurs fixes par $N$ est $\neq 0$ et $\neq \Omega^n$. Il est invariant par $G$ et les représentations rationnelles de $G$ induites sur $V$ et sur $\Omega^n/V$ vérifient nos hypothèses; on peut leur appliquer l'hypothèse de récurrence.

REMARQUE. Ce théorème est l'analogue global du théorème d'Engel affirmant qu'une algèbre de Lie linéaire formée de matrices nilpotentes est nilpotente et peut être mise sous forme triangulaire. Dans la terminologie de Kolchin, il s'exprime en disant qu'un groupe linéaire anticompact peut être mis sous forme triangulaire et est nilpotent. La démonstration donnée dans [6] repose sur le critère d'irréductibilité de Burnside et est de caractère plus élémentaire que celle qui est présentée ici.

THÉORÈME 19.5. *Soient $k$ un corps algébriquement fermé et $G$ un $k$-groupe algébrique connexe formé de matrices semi-simples. Alors $G$ est commutatif.*

Montrons tout d'abord que $G^{\Omega}$ est lui aussi formé de matrices semi-simples. L'ensemble $\mathfrak{U}(n)$ des matrices unipotentes est algébrique défini sur $k$, (6.3), et il en est donc de même pour $G \cap \mathfrak{U}(n)$. Si $G^{\Omega}$ ne se compose pas de matrices semi-simples uniquement, alors (8.4) il contient au moins une matrice unipotente $\neq e$, donc $G \cap \mathfrak{U}(n)$ est soit formé d'un nombre fini $\geqq 2$ de points, soit de dimension $>0$; dans les deux cas, il possède un élément $\neq e$ rationnel sur $k$, donc dans $G$, ce qui est absurde. Comme d'autre part $G^{\Omega}$ est connexe si $G$ l'est (2.4), on voit qu'il suffit de démontrer le théorème lorsque $G$ est un groupe algébrique.

Soit alors $R$ un sous-groupe fermé résoluble connexe maximal de $G$. Etant formé de matrices semi-simples, il est commutatif (10.2, 10.4) donc, et c'est là le point principal de la démonstration, contenu dans le centre de $G$ d'après (18.5), et invariant dans $G$. Mais alors $G/R$ est à la fois une variété affine (5.10) et une variété complète (16.5); il se réduit à un point, d'où $G = R$.

REMARQUE. Vu (19.1, 19.2) on peut aussi énoncer ce théorème en disant que tout $k$-groupe algébrique quasicompact connexe est commutatif, donc est un $k$-tore, lorsque $k$ est algébriquement fermé.

CHAPITRE V: SOUS-GROUPES DE CARTAN. ÉLÉMENTS RÉGULIERS

§20. Sous-groupes de Cartan

DÉFINITION 20.1. *Soit $G$ un groupe. Un sous-groupe de Cartan de $G$ est un sous-groupe nilpotent maximal dont tout sous-groupe d'indice fini est d'indice fini dans son normalisateur.*

20.2. Cette définition est empruntée à Chevalley [6, Chap. VI, §4] et s'applique à un groupe quelconque, mais nous n'utiliserons que dans le cas algébrique. Remarquons à cet égard que dans un groupe algébrique (ou dans un sous-groupe fermé d'une variété de groupe), un sous-groupe nilpotent maximal est fermé vu (4.7) et que pour un sous-groupe fermé $H$ les conditions "Tout sous-groupe d'indice fini de $H$ est d'indice fini dans son normalisateur" et "$H_0$ est égal à son normalisateur connexe" sont équivalentes. La première implique en effet la deuxième puisque $H_0$ est d'indice fini dans $H$. Supposons réciproquement la deuxième satisfaite, et soit $\bar{M}$ un sous-groupe d'indice fini de $H$. Alors $\bar{M}$ contient $H_0$ comme sous-groupe invariant et le normalisateur de $M$, qui est évidemment contenu dans celui de $\bar{M}$, donc aussi dans celui de $H_0$, admet par conséquent $M$ comme sous-groupe d'indice fini. Ces remarques valent aussi, avec les mêmes démonstrations, pour un $k$-groupe algébrique.

LEMME 20.3. *Soit $G$ un groupe algébrique nilpotent connexe. Alors tout sous-groupe propre fermé connexe est proprement contenu dans son normalisateur connexe.*

Si $G$ est commutatif, il n'y a rien à démontrer. Si le sous-groupe $H$ ne contient pas la composante connexe de l'identité $Z(G)_0$ du centre de $G$, le lemme est clair. Soient donc $Z(G)_0 \subset H$ et $f$ une représentation rationnelle de $G$, de noyau $Z(G)_0$. Alors $f(H) \neq f(G)$ et est connexe; on peut supposer par induction qu'il est différent de son normalisateur connexe, soit $N'$. Alors $f^{-1}(N')$ est connexe, (5.7), différent de $H$ et normalise $H$.

THÉORÈME 20.4. *Soit $G$ un groupe algébrique connexe. Alors le centralisateur d'un tore maximal de $G$ est un sous-groupe de Cartan et réciproquement.*

En combinant ce théorème avec (16.6), (18.1), (17.4), on obtient:

COROLLAIRE 20.5. *$G$ possède des sous-groupes de Cartan. Ils sont connexes, conjugués par automorphismes intérieurs, et contiennent tous les éléments semi-simples de $G$. Les conjugués de l'un d'entre eux forment un ensemble épais dense dans $G$.*

DÉMONSTRATION DE (20.4): Soit $C$ le centralisateur d'un tore maximal de $G$. Il est connexe, nilpotent maximal (18.4), et égal à son normalisateur connexe (16.8). C'est donc, vu (20.2), un sous-groupe de Cartan.

Soit inversément $C$ un sous-groupe de Cartan. Il est fermé et $C_0$ est d'indice fini dans son normalisateur (20.2); vu ce qui a déjà été établi, il suffira de montrer que $C_0$ est le centralisateur d'un tore maximal, ce qui résultera du lemme:

LEMME 20.6. *Soient $G$ un groupe algébrique connexe et $H$ un sous-groupe nilpotent fermé connexe, égal à son normalisateur connexe. Alors $H$ est le centralisateur d'un tore maximal de $G$.*

Compte tenu de (18.4), il suffit de faire voir que $H$ est le centralisateur connexe d'un tore maximal de $G$.

Soit $S$ un tore maximal de $H$. On a donc $H = S \times H_u$ par (11.1). Soient $R$ un sous-groupe fermé résoluble connexe maximal de $G$ contenant $H$ et $Q$ un tore maximal de $R$, (donc de $G$ vu 16.6), contenant $S$, et notons $M$ le centralisateur connexe de $S$ dans $R$. Le théorème 12.2 permet d'écrire $R = Q \cdot R_u$, $M = Q \cdot M_u$, et $M_u$ est connexe; s'il est $\neq H_u$, alors le normalisateur connexe $N$ de $H_u$ dans $M_u$ est $\neq H_u$ par (20.3), et $H$ est invariant dans le groupe $S \cdot N$ qui est fermé et connexe, $\neq H$, ce qui contredit notre hypothèse. Ainsi $H_u = M_u$, le groupe $H$ contient le groupe dérivé de $M$ et est invariant dans $M$; il en résulte que $H = M$ et que $S$ est égal à $Q$, donc est un tore maximal de $G$.

Soit alors $C$ le centralisateur connexe de $S$. Il est nilpotent (16.8), donc (11.1) égal au produit direct de $S$ par sa partie unipotente $C_u$; il contient $H$ et $C_u \supset H_u$. Le groupe $H$ étant supposé égal à son normalisateur connexe, $H_u$ doit aussi être égal à son normalisateur connexe dans $C_u$, ce qui (20.3) implique $H_u = C_u$, et $H = C$.

20.7. *Corps de définition.* De (16.9), (17.4), (20.4), il suit que si $k$ est un corps de définition pour le groupe algébrique connexe $G$, alors $G$ possède un sous-groupe de Cartan défini sur $\bar{k}$ et l'ensemble des conjugués d'un sous-groupe de Cartan contient un ouvert sur $\bar{k}$, non vide.

PROPOSITION 20.8. *Soit $k$ un corps algébriquement fermé. Alors (20.4) et (20.5) sont valables pour un $k$-groupe algébrique connexe $G$. Les sous-groupes de Cartan de $G$ sont les intersections de $G$ avec les sous-groupes de Cartan de $G^\Omega$ qui sont définis sur $k$.*

Soit $C$ le centralisateur d'un $k$-tore maximal de $G$. Il est connexe nilpotent maximal (18.4), égal à son normalisateur connexe (16.10), c'est donc (20.2) un sous-groupe de Cartan.

Soit $C$ un sous-groupe de Cartan de $G$. Il est fermé et $C_0$ est d'indice fini dans son normalisateur; $C_0^\Omega$, qui est nilpotent (4.7) et connexe (2.4), est donc aussi égal à son normalisateur connexe (2.4); d'après (20.6), $C_0^\Omega$ est le centralisateur d'un tore maximal $Q^*$ de $G^\Omega$. Comme $C_0^\Omega$ est défini sur $k$, il en est de même pour $Q^*$ d'après (11.3) et $Q = Q^* \cap G$ est un tore maximal de $G$ par (16.10). Enfin, vu (2.4), on a $Q^\Omega = Q^*$ et $C_0 = C_0^\Omega \cap G$ est le centralisateur connexe de $Q$, donc aussi (18.4), le centralisateur complet de $Q$.

On déduit alors de (16.11) la dernière assertion de (20.8) et de (17.6), (18.1), (16.10) l'extension de (20.5) aux $k$-groupes.

REMARQUE. En caractéristique zéro, on peut déduire (20.8) des Propositions 22, Chap. V, 6, 18, Chap. VI et des Théorèmes 2, 4, Chap. VI, de [3].

20.9. *Variétés de groupe.* Il est élémentaire que si $N$ est un sous-groupe central d'un groupe quelconque $G$, les sous-groupes de Cartan de $G$ sont les images réciproques de ceux de $G/N$.

Soient $G$ une variété de groupe, $N$ son centre. On a mentionné à propos de (16.11) que $G/N$ est un groupe algébrique connexe, défini sur la fermeture algébrique d'un corps de définition de $G$. On tire alors de (20.4), (20.5) et (20.7) que $G$ possède des sous-groupes de Cartan, qu'ils sont conjugués par automorphismes intérieurs, forment un ensemble contenant un ouvert sur $\bar{k}$, non vide, et que l'un d'eux est défini sur $\bar{k}$.

## §21. Eléments réguliers

PROPOSITION 21.1. *Soient $G$ un groupe algébrique connexe et $g$ un élément de $G$. Alors $g$ est contenu dans le centralisateur connexe de sa partie semi-simple $g_s$ .*

$g_s$ fait partie d'un tore (18.1) et est donc contenu dans $\mathcal{Z}(g_s)_0$ ; il reste à voir que $g_u \in \mathcal{Z}(g_s)_0$ , autrement dit que:

*Si l'élément unipotent $u$ et l'élément semi-simple $s$ de $G$ commutent, alors $u \in \mathcal{Z}(s)_0$ .*

Supposons en premier lieu la caractéristique du corps universel nulle. Alors $\mathcal{C}(u)$ est connexe (8.1), centralise $s$, d'où $u \in \mathcal{C}(u) \subset \mathcal{Z}(s)_0$ .

Soit maintenant $p \neq 0$. Alors $u$ est d'ordre fini égal à une puissance de $p$, le groupe $H$ engendré par $u$ et $\mathcal{Z}(s)_0$ possède $\mathcal{Z}(s)_0$ comme composante connexe de $e$, et $H/H_0$ est un $p$-groupe cyclique. Soit $Q$ un tore maximal de $H_0$ . Par conjugaison, il existe $t \in H_0$ tel que $t \cdot u$ normalise $Q$; posons $t \cdot u = v = v_s \cdot v_u$ . Alors $v_s$ et $v_u$ normalisent aussi $Q$ vu (8.4) et nous devons prouver que $v_s$ , $v_u \in H_0$ .

Il existe une puissance $q$ de $p$ telle que $w = v_s^q$ soit dans $H_0$ ; d'après (8.3b), l'élément $w$ possède une unique racine $q$-ième semi-simple, soit $z$, et $z$ fait partie de $\mathcal{C}(w)$. Par conséquent $v_s = z$ et $v_s \in \mathcal{C}(w) \subset H_0$ .

Il reste à établir que $v_u \in H_0$ . L'élément $s$ est dans le centre de $\mathcal{Z}(s)_0 = H_0$ , donc dans $Q$ vu (18.1), et fait partie du sous-groupe des éléments de $Q$ qui commutent à $u$, soit $F$. Le lemme 9.6 montre alors que $F$ *est connexe*; c'est donc un tore, dont le centralisateur dans $G$ est connexe par (18.4). Finalement on a

$$u \in \mathcal{Z}(F) = \mathcal{Z}(F)_0 \subset \mathcal{Z}(s)_0 .$$

DÉFINITION 21.2. *Soit $G$ un groupe (ou un $k$-groupe) algébrique. Un élément*

*$g \in G$ est dit régulier si le centralisateur $Z(g_s)$ de sa partie semi-simple est de dimension minimum.*

Cette définition est équivalente à la définition usuelle, telle qu'elle figure par exemple dans [3, p. 204], (*voir* [3], Corollaire 1, p. 206). Un élément semi-simple étant toujours dans le centre d'un sous-groupe de Cartan (20.5) et un sous-groupe de Cartan étant le centralisateur d'un élément bien choisi (par exemple générique) de son tore maximal (7.10), la dimension minimum dont il est question dans (21.2) est celle d'un sous-groupe de Cartan. Vu (7.11) et (20.8), cela vaut aussi pour un $k$-groupe algébrique lorsque $k = \bar{k}$. Remarquons encore que selon cette définition, un élément est régulier si et seulement si sa partie semi-simple l'est.

PROPOSITION 21.3. *Soient $G$ un groupe algébrique connexe et $g$ un élément semi-simple de $G$. Alors les 4 conditions suivantes sont équivalentes:*

(1). *$g$ est régulier.*

(2). *$Z(g)_0$ est un sous-groupe de Cartan.*

(3). *$Z(g)_0$ est nilpotent.*

(4). *$Z(g)_0$ a un unique tore maximal.*

L'implication (1) $\Rightarrow$ (2) résulte de la remarque faite plus haut sur la dimension minimum de $Z(g_s)$; (2) $\Rightarrow$ (3) par définition et (3) $\Rightarrow$ (4) d'après (11.1). Il reste à montrer que (4) $\Rightarrow$ (1). Comme $g$ est dans un tore maximal de $G$ par (18.1), l'unique tore maximal $Q$ de $Z(g)_0$ doit être maximal dans $G$; il est évidemment invariant dans $Z(g)_0$, donc central (7.9), d'où $Z(g)_0 = Z(Q)_0$ et $Z(g)$ a la dimension minimum.

COROLLAIRE 21.4. *Un élément régulier semi-simple $g$ de $G$ fait partie d'un et d'un seul sous-groupe de Cartan.*

$Z(g)_0$ est un sous-groupe de Cartan, qui contient $g$ vu (18.1). D'autre part, $g$ fait partie du centre de tout sous-groupe connexe nilpotent qui le contient vu (11.1), donc tout sous-groupe de Cartan contenant $g$ fait partie de $Z(g)_0$, d'où l'unicité.

THÉORÈME 21.5. *Soit $G$ un groupe algébrique connexe. Alors un élément $g \in G$ est régulier si et seulement s'il est contenu dans un seul sous-groupe de Cartan de $G$.*

Soit $g$ régulier. Alors $g_s$ est régulier, $Z(g_s)_0$ est un sous-groupe de Cartan par (21.3), qui contient $g$ vu (21.1). Par ailleurs, tout sous-groupe de Cartan renfermant $g$ contient aussi $g_s$, et est égal à $Z(g_s)_0$ d'après (21.4).

Soit inversément $g$ un élément faisant partie d'exactement un sous-groupe de Cartan $C$ de $G$. Nous devons montrer qu'il est régulier, et il suffit pour cela de faire voir que $g_s$ l'est, donc (21.3) que $Z(g_s)_0$ est nilpotent. $C$ est contenu dans $Z(g_s)_0$ et en est un sous-groupe de Cartan; par conjugaison tout sous-groupe de Cartan de $Z(g_s)_0$ est un sous-groupe de Cartan de $G$; chacun contient le centre de $Z(g_s)_0$, et en particulier $g_s$. Notre hypothèse équivaut donc à dire que $g_u$ est contenu dans un seul sous-groupe de Cartan de $Z(g_s)_0$, et la nilpotence de ce dernier groupe résultera du lemme suivant, que nous énoncerons d'une manière un peu plus précise qu'il n'est nécessaire ici, en vue de l'extension ultérieure aux $k$-groupes.

LEMME 21.6. *Soient $G$ un groupe algébrique connexe et $k$ un corps de définition* *algébriquement fermé pour $G$. On suppose que $G$ possède un élément unipotent $u$, rationnel sur $k$, qui fasse partie d'exactement un sous-groupe de Cartan défini sur $k$. Alors $G$ est nilpotent.*

Soient $C$ le sous-groupe de Cartan défini sur $k$ contenant $u$, $Q$ son tore maximal, $R$ un sous-groupe fermé résoluble connexe maximal contenant $C$, et défini sur $k$, (cette dernière condition peut être satisfaite vu (16.10), et (18.2) appliqué à $G \cap GL(n, k)$). Nous voulons tout d'abord montrer que $R = C$; comme $R = Q \cdot R_u$ par (12.2), il suffit de prouver que $R_u \subset C$. Désignons par $(N_i)$, $(1 \leq i \leq m)$, une suite proprement croissante de sous-groupes invariants fermés connexes de $R_u$ définis par les conditions:

$$N_1 = \{e\}; \; N_m = R_u \, ; \; N_i/N_{i-1} = \mathsf{Z}(R_u/N_{i-1})_0 \, , \qquad (i = 2, 3, \cdots );$$

ces sous-groupes existent puisque $R_u$ est nilpotent, et sont définis sur $k$. Supposons que $N_{i-1} \subset C$ et soit $x$ un élément de $N_i$ rationnel sur $k$. Alors

$$n \cdot g \cdot n^{-1} = g \cdot h, \qquad\qquad (h \, \epsilon \, N_{i-1}),$$

d'où $ngn^{-1} \, \epsilon \, C$; ainsi, $n^{-1}Cn$ est un sous-groupe de Cartan, défini sur $k$, contenant $g$; il est donc égal à $C$ par hypothèse, ce qui montre que tous les éléments de $N_i$ rationnels sur $k$ normalisent $C$; puisque $N_i$ et $C$ sont définis sur $k$, cela entraine que $N_i$ normalise $C$, d'où $N_i \subset C$, et par récurrence sur $i$, $R_u = C$.

Ainsi, $C = R$ et le tore maximal $Q$ de $C$ doit être central dans $G$ d'après (18.5). Il résulte alors de (18.1) et de la conjugaison des tores maximaux que $Q$ contient tous les éléments semi-simples de $G$; par suite, vu (9.3), l'image de $G$ par une représentation rationnelle de noyau $Q$ est formée de matrices unipotentes, et est nilpotente par (16.7); $G$ est ainsi une extension centrale de $Q$ par un groupe nilpotent, donc est nilpotent.

PROPOSITION 21.7. *Soient $G$ un groupe algébrique connexe, $\mathfrak{R}$ l'ensemble de ses éléments réguliers, $C$ un sous-groupe de Cartan de $G$, et $k$ un corps de définition pour $G$. Alors $\mathfrak{R}$ contient un ouvert sur $\bar{k}$, non vide, et est l'ensemble des conjugués de $\mathfrak{R} \cap C$.*

La dernière assertion est évidemment une conséquence de la conjugaison des sous-groupes de Cartan et du fait qu'ils contiennent les éléments réguliers. Supposons, ce qui est permis par (16.9) et (20.4), que $C$ soit le centralisateur d'un tore maximal $Q$ défini sur $\bar{k}$; $C$ et $C_u$ sont donc aussi définis sur $\bar{k}$. On a vu, (cf. 7.10), que l'ensemble des éléments de $Q$ dont le centralisateur dans $G$ est égal à celui de $Q$, soit à $C$, contient un ouvert $V$ sur $\bar{k}$, non vide. Ces éléments forment $\mathfrak{R} \cap Q$ d'après (21.3), et comme $g$ est régulier si et seulement si sa partie semi-simple l'est, on voit que $\mathfrak{R} \cap C$ est égal à $(\mathfrak{R} \cap Q) \times C_u$ et contient un ensemble $W = V \times C_u$ relativement ouvert sur $\bar{k}$ dans $C$, non vide.

Soient $g$, $c$, des points génériques indépendants de $G$, $C$ sur $\bar{k}$, et soit $f$ l'application rationnelle, définie sur $\bar{k}$, de $G \times W$ dans $G$ qui applique $(x, y)$ sur $xyx^{-1}$. L'image de $f$ fait partie de $\mathfrak{R}$ et est un ensemble épais, (1.5), dont l'adhérence, soit $F$, admet $gcg^{-1}$ comme point générique sur $\bar{k}$. Mais on a déjà démontré (cf. 17.4) que $gcg^{-1}$ est un point générique pour $G$ sur $k$, d'où $F = G$ et notre assertion.

Remarque. La proposition (21.7) implique que tout point générique de $G$ est un élément régulier et que $G$ possède des éléments réguliers rationnels sur $\bar{k}$. En caractéristique zéro, les éléments réguliers peuvent se définir à l'aide du polynome de Killing et il est immédiat qu'ils forment un ensemble ouvert. On peut conjecturer que cela est encore vrai en caractéristique $p$, mais la démonstration précédente ne le montre pas.

Proposition 21.8. *Soient $k$ un corps algébriquement fermé et $G$ un $k$-groupe algébrique connexe. Alors* (21.1), (21.3), (21.5) *et* (21.7) *valent aussi pour $G$. Un élément de $G$ est régulier dans $G$ si et seulement s'il l'est dans $G^{\Omega}$.*

Soit $g \in G$. Alors le centralisateur de $g_s$ dans $G^{\Omega}$ est $Z(g_s)^{\Omega}$ et sa composante connexe de $e$ est $(Z(g_s)_0)^{\Omega}$ vu (2.4), d'où la validité de (21.1) pour les $k$-groupes. Par ailleurs $Z(g_s)_0^{\Omega}$ est défini sur $k$, et, d'après (16.11), est centralisateur connexe d'un tore maximal si et seulement si $Z(g_s)$ l'est dans $G$, ce qui établit la dernière assertion de (21.8).

L'extension de (21.7) est alors évidente, de même que celle des implications $(1) \Rightarrow (2) \Rightarrow (3) \Rightarrow (4)$ dans (21.3). Soit $g$ semi-simple tel que $Z(g)_0$ ne contienne qu'un tore maximal, soit $Q$; ce tore est maximal dans $G$, vu (18.1), et invariant dans $Z(g)_0$; par conséquent, $Q^{\Omega}$ est maximal dans $G^{\Omega}$, (16.10), et invariant dans $Z(g)_0^{\Omega}$, (3.5), donc (16.6) est l'unique tore maximal de $Z(g)_0^{\Omega}$ et $g$ est un élément régulier dans $G^{\Omega}$ vu (21.3), donc aussi dans $G$; c'est l'implication $(4) \Rightarrow (1)$ de (21.3) pour les $k$-groupes.

Passons maintenant à (21.5). Soit $g$ régulier dans $G$. Il fait partie de $Z(g_s)_0$, qui est un sous-groupe de Cartan, vu ce qui a été précédemment établi. D'autre part si $C$ est un sous-groupe de Cartan de $G$ contenant $g$, alors $C^{\Omega}$ est un sous-groupe de Cartan de $G^{\Omega}$ (cf. 20.8), contenant $g$; comme $g$ est régulier dans $G$, on doit avoir $C^{\Omega} = Z(g_s)_0^{\Omega}$, d'où l'unicité du sous-groupe de Cartan contenant $g$.

Soit maintenant $g \in G$ contenu dans un seul sous-groupe de Cartan $C$ de $G$. Il nous faut montrer que $g$ est régulier, ou aussi que $g_s$ est régulier dans $G$, donc que $Z(g_s)_0$ ou $Z(g_s)_0^{\Omega}$ est nilpotent. Le sous-groupe $M = Z(g_s)_0^{\Omega}$ de $G^{\Omega}$ est défini sur $k$, et contient un sous-groupe de Cartan $C^{\Omega}$ de $G^{\Omega}$; par conjugaison, tous ses sous-groupes de Cartan sont sous-groupes de Cartan de $G^{\Omega}$ et contiennent $g_s$; comme enfin les sous-groupes de Cartan de $Z(g_s)_0$ sont les intersections de $G$ avec les sous-groupes de Cartan de $M$ qui sont définis sur $k$, notre hypothèse sur $g$ revient à dire que parmi les sous-groupes de Cartan de $M$ qui sont définis sur $k$, un seul contient $g_u$. Alors $M$ est nilpotent en vertu du lemme 21.6.

Remarque. En caractéristique zéro, (21.8) est démontré dans [3], et cela même pour $k$ non algébriquement fermé; *voir* notamment les propositions 6, 12 et le théorème 2 du Chapitre VI. On remarquera que dans cette étude des sous-groupes de Cartan et éléments réguliers nous avons suivi une marche presque inverse de celle de Chevalley, ou de la théorie classique, qui déduisent la conjugaison à partir de propriétés de densité des éléments réguliers.

## §22. Théorèmes de conservation

Théorème 22.1. *Soit $f$ une représentation rationnelle d'un groupe algébrique connexe $G$ et soit $G' = f(G)$. Si $H$ est un sous-groupe fermé résoluble connexe* *maximal* (resp. *un tore maximal*, resp. *un sous-groupe de Cartan*) *de* $G$, *alors* $f(H)$ *est un sous-groupe fermé résoluble connexe maximal* (resp. *un tore maximal*, resp. *un sous-groupe de Cartan*) *de* $G'$. *Si* $H' \subset G'$ *est un sous-groupe fermé résoluble connexe maximal* (resp. *un tore maximal*, resp. *un sous-groupe de Cartan*), *alors* $f^{-1}(H')$ *contient un sous-groupe fermé résoluble connexe maximal* (resp. *un tore maximal*, resp. *un sous-groupe de Cartan*), *de* $G$.

Dans les trois cas, l'assertion relative à $f^{-1}$ résulte d'un théorème de conjugaison et de l'affirmation correspondante sur $f$.

Soit $R' = f(R)$ et soit $\pi$ la projection de $G'$ sur $G'/R'$. Alors $\pi \circ f$ est une application rationnelle partout définie de $G$ sur $G'/R'$, constante sur les classes de reste modulo $R$; elle induit donc (5.9) une application rationnelle partout définie de $G/R$ sur $G'/R'$. Puisque $G/R$ est complète (16.5), $G'/R'$ l'est aussi et on déduit de (15.5) que $R'$ est résoluble connexe maximal.

Soit $Q$ un tore maximal de $G$ et soit $R$ un sous-groupe fermé résoluble connexe maximal le contenant. Alors $f(Q)$ est un tore maximal de $R'$ d'après (12.5), donc aussi un tore maximal de $G'$ vu (16.6). Soit $C$ le centralisateur de $Q$, donc un sous-groupe de Cartan (20.5). Alors $C \subset R$ par (18.4) et $f(C)$ est le centralisateur de $f(Q)$ dans $f(R)$ d'après (13.1). C'est un sous-groupe de Cartan par (18.4) et (20.4).

THÉORÈME 22.2. *Soit* $f$ *une représentation rationnelle d'un groupe algébrique connexe* $G$. *Alors si* $g \in G$ *est régulier,* $f(g)$ *est régulier dans* $f(G)$.

Puisque $f(g_s) = f(g)_s$ vu (9.3) et qu'un élément et sa partie semi-simple sont simultanément réguliers ou non, on peut se borner au cas où $g$ est semi-simple. Soit $Q$ le tore maximal contenant $g$. Alors $Q' = f(Q)$ est un tore maximal de $G' = f(G)$ contenant $f(g) = g'$; d'après (21.3), nous avons à montrer que c'est l'unique tore maximal de $G'$ contenant $g'$.

Soit $N$ le noyau de $f$. Alors (5.9), $f$ se factorise en $\tau \circ \pi$ où $\pi$ est la projection de $G$ sur $G/N_0$ et où $\tau$ est l'homomorphisme induit de $G/N_0$ sur $G/N$. Ce dernier a un noyau fini, égal à $N/N_0$. On peut par ailleurs supposer que $G/N_0$ est linéaire (5.10), donc que $\pi$ et $\tau$ sont des représentations rationnelles; il suffira alors de faire la démonstration pour $\pi$ et $\tau$, donc de considérer séparément les cas d'une représentation rationnelle $f$ à noyau $N$ connexe et à noyau $N$ fini.

(a) $N$ *connexe*. Soit $S$ un tore maximal de $G'$ contenant $g'$ et soit $H = f^{-1}(S)$. C'est un groupe connexe (5.7) qui contient un tore maximal $Q$ de $G$ s'appliquant sur $S$ donc (par conjugaison), tous ses tores maximaux sont maximaux dans $G$ et ont $S$ comme image; l'un d'entre eux, soit $T$, contient $g$, (18.1); comme $g$ est régulier, on a $T = Q$, d'où $S = f(T) = f(Q) = Q'$.

(b) $N$ *fini*. Soit de nouveau $S$ un tore maximal de $G'$ contenant $g'$. La composante connexe de $e$ de $f^{-1}(S)$ est de même dimension que $S$, et est un tore maximal de $G$ vu (22.1), que nous noterons $T$. On a évidemment $f^{-1}(S) = T \cdot N$ et $g$ peut s'écrire $g = t \cdot n$, $(n \in N, t \in T)$, où encore $g = t \cdot n_s \cdot n_u$, avec $n_s$, $n_u \in N$ vu (8.4); mais, $N$, étant invariant fini dans $G$, fait partie du centre de $G$, (2.5g), donc les éléments $n_s$, $n_u$ et $t$ commutent deux à deux; il s'ensuit que $n_s \cdot t$ est semi-simple et que $n_u$ est la partie unipotente de $g$, d'où $n_u = e$ puisque $g$ est semi-simple par hypothèse. Enfin, comme $n_s$ est semi-simple et central, il fait partie de tous les tores maximaux de $G$, (18.1), ce qui entraine $g \, \epsilon \, T$, donc $T = Q$ et $S = f(T) = f(Q)$.

22.3. Soient $k$ un corps algébriquement fermé et $G$ un $k$-groupe algébrique connexe. On a vu qu'un élément de $G$ est régulier si et seulement s'il l'est dans $G^{\Omega}$, (21.8), que les tores maximaux, sous-groupes de Cartan, sous-groupes résolubles connexes maximaux de $G$ sont les intersections de $G$ avec les sous-groupes de même nature de $G^{\Omega}$ qui sont définis sur $k$, (16.10), (20.8). Cela étant, il est immédiat que (22.1) et (22.2) s'étendent aux représentations rationnelles de $G$.

22.4. Pour terminer, nous montrerons que les assertions de (22.1) relatives aux sous-groupes fermés résolubles connexes maximaux et aux sous-groupes de Cartan sont aussi valables pour un homomorphisme $f$ d'une variété de groupe $G$.

Compte tenu des théorèmes de conjugaison (16.12) et (20.9) il suffira ici aussi de montrer que l'image d'un sous-groupe fermé résoluble connexe maximal ou d'un sous-groupe de Cartan est un sous-groupe analogue de l'image $G' = f(G)$. Pour le premier la démonstration est identique à celle donnée en (22.1), à cela près que la référence (16.5) doit être remplacée par (16.12).

Soient $C$ un sous-groupe de Cartan de $G$, $M$ le centre de $G$, $M' = f(M)$, $\pi_1$, (resp. $\pi_2$), la projection de $G$ sur $G/M$, (resp. de $G'$ sur $G'/M'$). D'après (5.9), l'homomorphisme $\pi_2 \circ f$ de $G$ sur $G'/M'$ se factorise en $\psi \circ \pi_1$, où $\psi$ est un homomorphisme de $G/M$ sur $G'/M'$; le groupe $G/M$ est linéaire [8] et, vu (5.10.4), il en est de même pour $G'/M'$; $\psi$ est ainsi une représentation rationnelle. $M$ et $M'$ étant des sous-groupe centraux, il est immédiat, comme on l'a remarqué dans (20.9), que $\pi_1(C)$ est un sous-groupe de Cartan de $G/M$ et que si $H$ est un sous-groupe de Cartan de $G'/M'$ alors $\pi_2^{-1}(H)$ en est un dans $G'$. Cela, joint à (22.1) appliqué à $\psi$, montre alors que $f(C) = \pi_2^{-1} \cdot \psi \cdot \pi_1(C)$ est un sous-groupe de Cartan de $f(G)$.

PAYERNE, SUISSE


BIBLIOGRAPHIE

1. I. BARSOTTI, *Structure theorems for group varieties*, Annali di Matematica, 38 (1955), pp. 78–119.

2. C. CHEVALLEY, Théorie des groupes de Lie, Tome II: Groupes algébriques, Paris, 1951, Hermann éd.

3. ———, Théorie des groupes de Lie, Tome III: Groupes algébriques, Paris, 1954, Hermann éd.

4. J. DIEUDONNÉ, *Sur les groupes de Lie algébriques sur un corps de caractéristique $p > 0$*, Rend. Circ. Mat. Palermo, S. II, vol. 1 (1952), pp. 1–23.

5. E. R. KOLCHIN, *Algebraic matric groups and the Picard-Vessiot theory of homogeneous linear differential equations*, Ann. of Math., 49 (1948), pp. 1–42; Chapter I.

6. ———, *On certain concepts in the theory of algebraic matric groups*, Ibid., pp. 774–789.

7. S. NAKANO, *Note on group varieties*, Mem. Coll. Sci. Univ. Kyoto, Ser. A Math., 27 (1952), pp. 55–66.

8. M. ROSENLICHT, *Some basic theorems on group varieties*, Amer. J. Math. (to appear).

9. A. WEIL, Foundations of algebraic geometry, Amer. Math. Soc. Colloquium Publication. No 29, 1946.

10. ———, *On algebraic groups of transformations*, Amer. J. Math., 77 (1955), pp. 355–391.

11. ———, *On algebraic groups and homogeneous spaces*, Ibid., pp. 493–512.

# 40.

## Transformation groups with two classes of orbits

Proc. Nat. Acad. Sci. USA **43** (1957) 983–985

G will be a connected compact Lie group and $X$ a locally compact space on which $G$ acts continuously and effectively; $G_x$ is the isotropy group of $x \in X$, i.e., the subgroup of elements in $G$ leaving $x$ fixed. When $G_x$ and $G_y$ $(x, y \in X)$ are conjugate by an inner automorphism of $G$, $x$, and $y$, or their orbits, are said to be in the same class. This note gives some results concerning mainly transformation groups with one or two classes of isotropy groups. The detailed proofs will appear elsewhere.

1. *Notation.*—$G/U$ is the space of left cosets of $G$ modulo a closed subgroup $U$, and $N_U$ is the normalizer of $U$ in $G$; $U$, $V$ will be classes of conjugate subgroups in $G$, and we write $U < V$ if every element of $U$ is contained in some element of $V$; $X_U$ is the subspace of $X$ consisting of the points with isotropy group in $U$, and $F_U(U \in U)$ is the set of fixed points of $U$ in $X_U$.

An *equivariant* map $f\colon X \to Y$, where $Y$ is a space also operated upon by $G$, is a continuous map such that $f(g.x) = g.f(x)(x \in X, g \in G)$.

2. *Two Fiberings of $X_U$.*—Using the operations of $N_U$ on $X_U(U \in U)$ and the right translations of $N_U$ in $G$, we see immediately that $F_U$ and $G/U$ are principal bundles for the group $N_U/U$; these operations are meant to define the structural group in the following:

PROPOSITION 2.1. *The subspace $X_U$ admits two locally trivial fiberings $\xi_1$, $\xi_2$ with structural group $N_U/U$. The fibering $\xi_1$ (resp. $\xi_2$) has $G/N_U$ (resp. $X_U/G$), as base, and its fibers are the subspaces $F_{U'}(U' \in U)$ (resp. the orbits of $G$ in $X_U$).*

We say that $U$ is the biggest (resp. smallest) class if $U > V$, (resp. $U < V$) for every class of isotropy groups of $G$ in $X$; there is clearly at most one such class. The smallest one always exists when $X$ is a connected manifold.[1]

PROPOSITION 2.2. *Assume that $G$ operating on $X$ has a smallest class $U$ and a biggest class $V$ of isotropy groups and that every element of $U$ is contained in exactly* one element of **V**. Then there is an equivariant map $\alpha\colon X \to G/N_V(V \in V)$ whose restriction to $X_V$ is the projection in the fibering $\xi_1$ of Proposition 2.1.

If $N_v = V$, it follows that $\alpha_0\colon \pi_1(X) \to \pi_1(G/V)$ is surjective. From results of Smith and from known properties of maximal tori in $G$, we deduce

COROLLARY 2.3. *If the assumptions of Proposition 2.2 are satisfied and if $X$ is homeomorphic to Euclidean n-space, then $G$ has a fixed point.*

3. *One Class of Orbits.*—$S_n$ denotes the $n$-dimensional sphere; $U(1)$ (resp. $Sp(1)$) the group of complex (resp. quaternionic) numbers of norm 1; $SO(3)$ the orthogonal unimodular group in three real variables.

THEOREM 3.1. *Assume that $X = S_n$ and that $G$ has only one class of orbits on $X$. Then, if $G$ is not transitive, it is isomorphic to $U(1)$ or $Sp(1)$, the isotropy groups are reduced to the identity, and $n + 1$ is divisible by 2 or 4.*

Examples of this theorem are, of course, the Hopf fiberings over the complex or quaternionic projective spaces; we do not know whether these are the only ones, up to equivariant homeomorphisms. To prove the theorem, one remarks first that an orbit has the real cohomology of $S_k$ ($k$ odd) which follows, e.g., from a result of Spanier-Whitehead;[2] then, using the Gysin sequence and Proposition 2.1, one shows that an isotropy group $U$ is invariant in $G$, whence $U = (e)$ and rank $G = 1$; finally, $SO(3)$ is excluded by the consideration of its diagonal matrices.

4. *Two Classes of Orbits.*—$H^*(X, L)$ is the Alexander-Spanier cohomology ring of $X$ with coefficients in the commutative ring $L$. We say that $X$ is clc (cohomologically locally connected) over $L$ if, for each $x \in X$, integer $m \geqq 0$, and neighborhood $W$ of $x$, there exists a neighborhood $S$ of $x$ in $W$ such that the natural map of $H^m(W, L)$ in $H^m(S, L)$ has zero image.[3] In Theorem 4.1 below, the notion of generalized manifold may be taken in the sense of Smith[4] or Wilder;[5] we refer to another paper[6] for a discussion of these from the point of view of Alexander-Spanier cohomology and sheaf theory.

THEOREM 4.1. *Let the one point compactification of $X$ be clc over the integers, have the integral cohomology of $S_n$, and for each prime $p$ be a generalized orientable n-manifold over the integers mod $p$. If $G$ has exactly two classes of orbits on $X$, then one consists of fixed points.*

The proof is by induction on dim $G$. Let $U$ be the smaller class of isotropy groups. When $U \in U$ is infinite, one considers the subspace $Y$ of fixed points of a maximal torus $T$ of $U$, acted upon by the quotient $H/T$ by $T$ of its centralizer in $G$, and, using notably results of Smith and Floyd,[7] one shows that $H/T$ and $Y$ satisfy the assumptions of Theorem 4.1; the existence of fixed points follows then from Proposition 2.2 and the induction assumption. When $U$ is finite, one proves, by means of transgression theorems of an earlier paper,[8] that $G$ is three-dimensional. The remainder of the proof consists in a detailed discussion in cohomology mod 2, involving in particular the subgroup of diagonal matrices of $SO(3)$ and its normalizer.

THEOREM 4.2. *Let $X$ be a connected n-dimensional differentiable manifold on which $G$ operates differentiably. Assume that the subspace $F$ of fixed points is not empty and that $G$ has one class of orbits in $X - F$. Then the orbits in $X - F$ are homeomorphic to $S_m$. If $m = n - \dim F - 1$, then $G = U(1)$ and the isotropy groups in $X - F$ are reduced to the identity. If $X$ has the integral cohomology of the Euclidean n-space so has $F$.*

Let $x$ be a fixed point.   Then, by a well-known result of Bochner, the action around $x$ is linear in suitable local coordinates.   The theorem follows then from Theorem 3.1 and a spectral sequence argument.

[1] This follows from Theorem 1 in D. Montgomery, H. Samelson, and L. Zippin, "Singular Points of a Compact Transformation Group," *Ann. Math.*, **63**, 1–9, 1956.

[2] E. Spanier and H. H. C. Whitehead, "On Fibre Spaces in Which the Fibre Is Contractible," *Comm. Math. Helv.*, **29**, 1–8, 1954.

[3] In dimension zero, reduced cohomology groups are used.

[4] P. A. Smith, "Transformations of Finite Period.   II," *Ann. Math.*, **40**, 690–711, 1939.

[5] R. L. Wilder, *The Topology of Manifolds* ("Am. Math. Soc. Colloquium Publs.," No. 32 [New York, 1949]).

[6] A. Borel, "The Poincaré Duality in Generalized Manifolds," to appear in *Mich. J. Math.*

[7] E. E. Floyd, "Fixed Point Sets of Compact Abelian Lie Groups of Transformations," *Am. Math.*, **66**, 30–35, 1957.

[8] A. Borel, *Ann. Math.*, **57**, 115–207, 1953.

# 41.

## Travaux de Mostow sur les espaces homogènes

Séminaire Bourbaki, Exp. 142 (1956/57)

Les travaux discutés ci-dessous concernent principalement la topologie des espaces homogènes de groupes de Lie non compacts, et apportent aussi quelques résultats sur les groupes.

$\mathfrak{g}$, $\mathfrak{u}$, $\mathfrak{k}$, $\mathfrak{l}$, etc., désigne l'algèbre de Lie du groupe de Lie $G$, $U$, $K$, $L$, etc.

$G$ sera toujours un groupe de Lie connexe, $U$ un sous-groupe fermé de $G$. Ad $g$ $(g \in G)$ désigne l'automorphisme intérieur $x \to g x g^{-1}$ ou l'automorphisme correspondant de $\mathfrak{g}$, et Ad $\mathfrak{g}$ est le groupe engendré par les Ad $g$.

$G = A_1 \ldots A_k$ signifie que les $A_i$ sont des sous-espaces de $G$ contenant $e$ et que $(a_1, \ldots, a_k) \to a_1 \times \ldots \times a_k$ est un homéomorphisme; $\sim$ signifie homéomorphe.

### 1. Groupe d'isotropie connexe

Rappelons le théorème de E. Cartan-Iwasawa-Malčev: $G$ possède des sous-groupes compacts maximaux; ils sont conjugués par automorphismes intérieurs. Si $K$ est l'un d'eux, $G \sim K \times \mathbf{R}^s$; enfin, tout sous-groupe compact est contenu dans un sous-groupe compact maximal. Supposons $U$ connexe, donc $U \sim L \times \mathbf{R}^t$, où $L$ est compact maximal dans $U$ et soit $K$ un sous-groupe compact maximal de $G$ contenant $L$. A l'aide des fibrations $(G/L, G/U, U/L)$ et $(G/L, G/K, K/L)$ on voit tout de suite que $s \geqq t$ et que $G/U$ a même homotopie que $K/L \times \mathbf{R}^{s-t}$, et on montre aussi [5] que $G/U$ admet une rétraction de déformation sur $K/L$. Cependant $G/U$ n'est pas toujours homéomorphe au produit $K/L \times \mathbf{R}^{s-t}$.

**Exemple.** $G$ (resp. $U$) est le sous-groupe de $PL(n+1, \mathbf{C})$ laissant fixe un point $A$ (resp. 2 points $A$, $B$) de l'espace projectif complexe $P(n, \mathbf{C})$. Alors $G$ est transitif sur $P(n, \mathbf{C}) - A$, qui s'identifie à $G/U$. Ce dernier possède une classe d'homologie dont la self-intersection est non nulle (celle d'un hyperplan) et ne peut par suite être produit d'un $\mathbf{R}^n$ par un compact. Le «Mémoire» [5] a pour principal but de montrer que, sous certaines hypothèses concernant $U$, l'espace $G/U$ est fibré de fibre $\mathbf{R}^{s-t}$, base $K/L$.

On dira qu'un sous-ensemble $S$ de $G$ est *exponentiel* s'il existe des sous-espaces $\mathfrak{a}_i$ $(1 \leqq i \leqq k)$ linéairement indépendants de $\mathfrak{g}$ tels que l'application continue $\varphi$: $(v_1, \ldots, v_k) \to \exp v_1 \times \ldots \times \exp v_k$, $(v_i \in \mathfrak{a}_i)$ soit une bijection de $\mathfrak{a}_i + \ldots + \mathfrak{a}_k$ sur $S$. Si Ad $g$ laisse les $\mathfrak{a}_i$ invariants, alors il invarie aussi $S$ vu la relation $\exp \mathrm{Ad}\, g\,(x) = \mathrm{Ad}\, g\,(\exp x)$. On dira que $S$ est invariant par $g$.

556

Soient $\mathfrak{g}$ semi-simple non compacte, $\mathfrak{k}$ une sous-algèbre compacte maximale (i.e. engendrant un sous-groupe compact maximal de Ad $\mathfrak{g}$). On sait que la restriction de la forme de Killing à $\mathfrak{k}$, (resp. à son complément orthogonal $\mathfrak{e}$) est négative (resp. positive) non dégénérée, que dans une base convenable exp $\mathfrak{e}$ est l'ensemble des matrices symétriques positives de Ad $\mathfrak{g}$, et que $\theta\colon k + e \to k - e$ est un automorphisme de $\mathfrak{g}$. On dira qu'une sous-algèbre $\mathfrak{s}$ de $\mathfrak{g}$ est self-adjointe si elle est invariante par une involution conjuguée à $\theta$ dans Ad $\mathfrak{g}$. Mostow montre [4] qu'une sous-algèbre semi-simple est toujours self-adjointe; il s'ensuit que $\mathfrak{s}$ est self-adjointe si et seulement si elle est réductive dans $\mathfrak{g}$. Une sous-algèbre $\mathfrak{s}$ d'une algèbre non nécessairement semi-simple $\mathfrak{g}$, de radical $\mathfrak{r}$ est dite *self-adjointe modulo le radical* si $\mathfrak{s} + \mathfrak{r}/\mathfrak{r}$ est self-adjointe dans $\mathfrak{g}/\mathfrak{r}$.

**Théorème 1.** *Soient $U$ connexe, $K \supset L$ des sous-groupes compacts maximaux de $G$ et $U$ et supposons $\mathfrak{u}$ self-adjointe modulo le radical de $\mathfrak{g}$. Alors $G$ possède des ensembles exponentiels $F$, $E$ invariants par $L$, tels que $G = K \cdot F \cdot E$, $U = L \cdot E$.*

(Voir paragraphe 3). Il est immédiat que l'application $\psi\colon (k, f) \to k \cdot f \cdot U$ induit un homéomorphisme du quotient $K \times_L F$ de $K \times F$ par la relation d'équivalence $(k, f) \approx (k, x, x^{-1}fx)$ sur $G/U$ et que $\psi$ commute aux translations à gauche de $K$; comme $K \times_L F$ est fibré de fibre $F$, base $K/L$, de groupe structural $L$ opérant sur $F$ par la représentation adjointe, il en résulte le

**Corollaire 1.** *$G/U$ est fibré de fibre $F$, base $K/L$. Les translations à gauche de $K$ respectent cette fibration et en permutent transitivement les fibres.*

Le théorème 1, appliqué au cas $U = (e)$ montre que la fibration de $G$ par $K$ admet une section qui est un ensemble exponentiel invariant par $K$. On en tire facilement que si $K$, $K'$ sont des sous-groupes compacts maximaux de $G$ et $M$, $M'$ des sous-ensembles de $K$ et $K'$ appliqués l'un sur l'autre par un automorphisme (resp. intérieur) $\alpha$ de $G$, alors il existe un automorphisme (resp. intérieur) $\beta$ tel que $\beta(K) = K'$ et $\beta(m) = \alpha(m)$ pour $m \in M$.

**Théorème 2.** *Soient $G = K' \cdot F' \cdot E'$, $U = L' \cdot E'$ une deuxième décomposition analogue à celle du théorème 1. Alors il existe un isomorphisme de la fibration $(G/U, K/L, F)$ sur la fibration $(G/U, K'/L', F')$.*

Le résultat énoncé avant le théorème 2 permet de se ramener au cas où $K = K'$, $L = L'$. On remarque ensuite que les bijections des sous-espaces $\mathfrak{f}$, $\mathfrak{f}'$, de $\mathfrak{g}$ qui engendrent $F$, $F'$ sur le quotient $\mathfrak{g}/\mathfrak{R} + \mathfrak{e}$ (où $\mathfrak{e}$ est les sous-espace engendrant $E$) commutent à Ad $L$, d'où un homéomorphisme de $F$ sur $F'$ commutant avec Ad $x$, $(x \in L)$ et un isomorphisme de $K \times_L F$ sur $K \times_L F'$. (En fait, [5] établit un théorème d'unicité un peu plus fort).

## 2. Espaces homogènes acycliques

**Théorème 3.** *Tout espace homogène acyclique (i.e. dont tous les groupes d'homotopie sont nuls) d'un groupe de Lie est homéomorphe à un espace euclidien.*

Vu ce qui a été dit au début du paragraphe 1, $G/U$ est acyclique si et seulement si $U$ est connexe et contient un sous-groupe compact maximal de $G$.

Comme on peut sans restreindre la généralité supposer $G$ simplement connexe, on a à montrer que si $G$ est simplement connexe, $U$ connexe, et si $U$ contient un sous-groupe compact maximal $K$ de $G$, alors $G/U$ est homéomorphe à $\mathbf{R}^n$.

(a) *G simple.* Le théorème se vérifie directement lorsque $G$ est le revêtement universel de $SL(2, \mathbf{R})$. Supposons dim $G \neq 3$. Alors $K$ est semi-simple et $\neq (e)$. Soit $\mathfrak{k}^*$ une sous-algèbre compacte maximale de $\mathfrak{g}$ contenant $\mathfrak{k}$. Il est connu que l'on a alors $\mathfrak{k}^* = \mathfrak{k} + \mathfrak{p}$, $[\mathfrak{k}, \mathfrak{p}] = 0$, dim $\mathfrak{p} \leq 1$ et que $\mathfrak{k}^*$ engendre dans $G$ un sous-groupe analytique maximal $K^*$, égal à son normalisateur; donc si $U \supset K^*$, alors $U = K^*$ et $G/U$ s'identifie au quotient de Ad $\mathfrak{g}$ par un sous-groupe compact maximal, donc à un espace euclidien. Si $\mathfrak{p} \neq 0$, il peut se produire que $\mathfrak{u} \neq \mathfrak{k}$, $\mathfrak{k}^*$, mais dans ce cas on montre que $\mathfrak{u}$ est self-adjointe, donc que, dans les notations du théorème 1, $G/U$ s'identifie à $F$.

(b) Dans le cas général, on procède par récurrence sur la paire (dim $G$, dim $G/U$). Soit $V$ un sous-groupe analytique maximal propre de $G$ contenant $U$; il est fermé car sinon il serait dense dans $G$, donc invariant et l'on sait qu'un sous-groupe analytique invariant d'un groupe simplement connexe est fermé. Si $V \neq U$, on applique l'hypothèse d'induction à $G/V$ et $V/U$ et le théorème de Feldbau à la fibration $(G/U, \ G/V, \ V/U)$; sinon soit $N$ un sous-groupe analytique invariant propre maximal de $G$: vu (a) on peut le supposer $\neq (e)$. On a soit $G = NU$, soit $N \subset U$, donc soit $G/U \sim N/N \cap U$ soit $G/U \sim (G/N)/(U/N)$ et l'on peut appliquer l'hypothèse d'induction.

### 3. Indications sur le théorème 1

$\mathfrak{p}$ (resp. $P$) est l'espace des matrices symétriques réelles (resp. et positives non dégénérées) d'ordre $n$ fixé. C'est l'espace homogène symétrique de $SL(n, \mathbf{R})$ qui y opère par $U_x: p \to {}^t x \cdot p \cdot x$, $(x \in SL(n, \mathbf{R}), p \in P)$, en respectant la métrique riemannienne définie par $g(X_p, X_p) = \mathrm{Tr}(p^{-1} \cdot X_p)^2$, $(p \in P, X_p$ vecteur tangent en $p)$. On démontre, soit par la théorie générale des espaces symétriques soit par des calculs élémentaires directs [4], que cette métrique a les propriétés suivantes: deux points $A$, $B$ sont reliés par une unique géodésique, égale à $\exp(t \log A)$ si $B = \mathrm{Id}$; la différentielle en 0 de l'application exponentielle fait correspondre la métrique, définie sur $\mathfrak{f}$ par la trace, à $g$; étant donné un triangle géodésique de sommets $A$, $B$, $C$, on a

$$(3.1) \quad d(B, C)^2 \geq d(A, C)^2 + d(A, B)^2 - 2 d(A, B) \cdot d(A, C) \cos \sphericalangle (\overline{AB}, \overline{AC})$$

($d(X, Y)$ désignant la longueur de la géodésique $\overline{XY}$ joignant $X$ à $Y$).

**Proposition 1.** *Soit $E = \exp \mathfrak{e} \ (\mathfrak{e} \subset \mathfrak{p})$, un sous-espace de $P$ tel que $u$, $v \in E$ entraîne $uvu \in E$ et soit $\mathfrak{f}$ le complément orthogonal de $\mathfrak{e}$ relativement à la trace. Alors*

$$\varphi: (x, y) \to \exp x \cdot \exp y \cdot \exp x$$

*est un homéomorphisme de $\mathfrak{e} \times \mathfrak{f}$ sur $P$.*

Si $efe = e'f'e'$, on tire de ce qui précède que le triangle géodésique $(efe, e^2, e'^2)$ a en $e^2$ et $e'^2$ deux angles droits, d'où, vu (3.1), $e^2 = e'^2$ et $e = e'$, $f = f'$; ainsi $\varphi$ est injective, donc ouverte puisque $\mathfrak{e} \times \mathfrak{f}$ et $P$ sont des variétés de même dimension. En considérant le triangle géodésique $(efe, e^2, Id)$ on voit aussi que $d(efe, Id) \geqq d(e^2, Id)$, $d(f, Id)$ ce qui entraîne que $\varphi$ est fermée, d'où la proposition.

En utilisant les résultats rappelés dans l'alinéa qui précède l'énoncé du théorème 1, on démontre alors sans peine le théorème 1, lorsque $G$ est semi-simple. Dans le cas général on procède par récurrence sur la dimension du radical de $G$; cela va tout seul si ce dernier contient un tore invariant, mais sinon une nouvelle difficulté se présente du fait que étant donné un sous-groupe invariant vectoriel $V$ de $G$, il n'est pas sûr que $U \cdot V$ soit fermé ou bien self-adjoint modulo le radical. On ne cherchera pas à reproduire ici la démonstration très technique et on se bornera à signaler qu'elle s'appuie notamment sur le lemme suivant: Soient $G$ non semi-simple, $U$ fermé connexe tel que $G$ soit égal à l'adhérence de $UV$ pour tout sous-groupe analytique normal commutatif. Alors il existe un tel sous-groupe, soit $W$, tel que $G = UW$.

**Remarques. 1)** La condition imposée à $E$ dans la proposition 1 équivaut à chacune des suivantes: 1° $E$ est totalement géodésique, 2° $x, y \in \mathfrak{e}$ entraîne $[x, [x, y]] \in \mathfrak{e}$; 3° $x, y, z \in \mathfrak{e}$ entraîne $[x, [y, z]] \in \mathfrak{e}$ (i.e. $\mathfrak{e}$ est un système de Lie triple), (voir [4], théorème 2).

2) L'inégalité (3.1) est le point crucial dans la démonstration de la conjugaison des sous-groupes compacts maximaux d'un groupe semi-simple. Les calculs de [4] permettent ainsi d'en donner une démonstration indépendante de la théorie des espaces symétriques.


## 4. $G$ résoluble. $G/U$ compact

**Notations.** $G$ est dorénavant résoluble. $N$ où $N_G$ désigne le sous-groupe analytique engendré par le plus grand idéal nilpotent de $\mathfrak{g}$. $H'$ est le groupe des commutateurs, et $H^*$ l'intersection des termes $C^i H$ de la série centrale descendante (i.e. $C^i H = [H, C^{i-1} H]$, $C^0 H = H$), du groupe de Lie $H$. Un sous-groupe $S$ de $G$ est *uniforme* si $G/\bar{S}$ est compact. $U_0$ est la composante connexe de $e$ de $U$.

Un espace homogène d'un groupe résoluble connexe peut toujours se représenter comme un quotient $G/U$ où $G$ est simplement connexe, $U$ sans sous-groupe $\neq (e)$ analytique invariant dans $G$, et $U_0 \subset G'$, comme on le voit aisément. Sauf mention expresse du contraire, on supposera ces conditions remplies. Lorsque $G$ est *nilpotent* et $U$ uniforme Malčev [1] a montré que $\pi_1(G/U)$ détermine complètement $G/U$ et aussi $G$. Comme le groupe des déplacements de plan opère transitivement sur le tore à 3 dimensions, la deuxième partie de ce résultat n'est pas vraie pour $G$ résoluble, mais un des principaux objectifs de [3] est de montrer le

**Théorème 4.** *Soient $G_1$, $G_2$ résolubles simplement connexes, $U_1$, $U_2$ des sous-groupes fermés uniformes tels que $\pi_1(G_1/U_1) = \pi_1(G_2/U_2)$. Alors $G_1/U_1$ et $G_2/U_2$ sont homéomorphes. Si $\pi_1(G_1/U_1)$ est commutatif, $G_1/U_1$ est un tore.*

D'après le paragraphe 1, $G_i/U_{io}$ *est homéomorphe à un espace euclidien, donc est un espace universel pour* $U_i/U_{io} = \pi_1(G_i/U_i)$, et il résulte de théorèmes standard de la théorie des espaces fibrés que $G_1/U_1$ et $G_2/U_2$ ont même type d'homotopie.

Cela vaut évidemment que $U_1$ et $U_2$ soient uniformes ou non et le théorème 4 affirme donc que ces deux espaces classifiants pour $U_1/U_{10}$ sont homéomorphes lorsqu'ils sont compacts. La démonstration s'appuie surtout sur les deux lemmes suivants:

**Lemme 1.** *Soient $D_1$, $D_2$ deux groupes de Lie, $\alpha: D_1 \to D_2$ un isomorphisme, $E_i$ un espace universel pour $D_i$ tel que $E_i/D_i$ soit homéomorphe à un tore. Alors il existe un homéomorphisme $f$ de $E_1$ sur $E_2$ «équivariant», c'est-à-dire vérifiant $f(x \cdot d) = f(x) \, \alpha(d)$, $(x \in E_1, d \in D_1)$.*

En effet, $E_1/D_1$ et $E_2/D_2$ sont des tores de même dimension, car cette dernière est déterminée par la cohomologie de $D_1$ (au sens de Hopf); il existe une application équivariante $f'$ qui induise une équivalence d'homotopie $f'_0: E_1/D_1 \to E_2/D_2$ et $f'_0$ est homotope à un homéomorphisme, comme on le voit tout de suite.

**Lemme 2.** *Soit $S$ un sous-groupe uniforme fermé de $G$, sans sous-groupe analytique $\neq (e)$ invariant dans $G$. Alors $SN$ est fermé, et $S_0 \subset N$; le groupe $S \cap N$ est uniforme dans $N$, et $S_0$ est invariant.*

On ne donnera qu'une idée de la démonstration, qui est assez longue. On supposera $G$ simplement connexe, car on se ramène immédiatement à ce cas. Il faut montrer que $H = (\overline{SN})_0$ est égal à $N$. Admettons que $H \neq N$; ainsi, $H$ est invariant, non nilpotent, et $H^*$ est $\neq (e)$ et invariant dans $G$. Posons $S_H = H \cap S$, $S_{H^*} = H^* \cap S$; ce sont des sous-groupes invariants de $S$. Du fait que $SH/S$ est compact, on tire que $S_H$ est uniforme dans $H$. Par ailleurs, on montre que $\mathrm{Ad}\, x\,n$ et $\mathrm{Ad}\, x$ $(x \in H, n \in N)$ ont la valeur propre 1 avec la même multiplicité, par conséquent:

(4.1) $S_H$ contient des éléments réguliers de $H$ tels que $\mathrm{Ad}\, s$ ait des valeurs propres arbitrairement voisines de 1.

De l'existence d'un élément régulier dans $S_H$, Mostow déduit que $S_{H^*}$ est uniforme dans $H^*$; d'après Malčev [1], $S_{H^*} \cap H^{*\prime}$ est alors uniforme dans $H^{*\prime}$; par suite, $S_{H^*} \cdot H^{*\prime}$ est fermé dans $H^+$ et son quotient par sa composante neutre $(S_{H^*})_0 H^* = M$ est un sous-groupe discret uniforme du groupe vectoriel $H^*/M$. Ce dernier est $\neq (e)$ car sinon on aurait $H^* = H^{*\prime} \cdot S_{H^*}$ donc, puisque $H^*$ est nilpotent, $S_{H^*} = H^*$, et $S$ contiendrait un sous-groupe connexe invariant dans $G$ et non trivial. $S_{H^*} H^{*\prime}$ et $H^*/M$ sont invariants par $S$; par suite si $\mathrm{Ad}\, s$ a ses valeurs propres dans un voisinage convenable de 1, celles qui correspondent à sa restriction à $H^*/M$ sont égales à 1. Mais si $\mathfrak{c}$ est une sous-algèbre de Cartan de $\mathfrak{h}$, on a toujours $\mathfrak{c} \cap \mathfrak{h}^* \subset \mathfrak{h}^{*\prime}$, donc pour $s$ régulier, $\mathrm{Ad}\, s$ ne peut avoir de valeur propre 1 sur $\mathfrak{h}^*/\mathfrak{h}^{*\prime}$, d'où une contradiction avec (4.1); et la première assertion du lemme 2; la deuxième assertion résulte des faits suivants: $SN/S = N/S \cap N$ est compact; dans un groupe nilpotent simplement connexe $N$, le plus petit sous-groupe analytique contenant un sous-groupe uniforme est $N$, et le normalisateur d'un sous-groupe analytique est connexe.

**Démonstration du théorème 4.** $U_i/U_{i_0}$ est de type fini, et sans élément d'ordre fini car un homéomorphisme périodique de l'espace euclidien $G_i/U_{i_0}$ a un point fixe (Smith).

(a) $U_i/U_{i_0}$ *est commutatif*. On écrira $G$, $U$ pour $G_1$, $U_1$. En appliquant le lemme 2 et en utilisant les faits rappelés à la fin de sa démonstration, on voit que

$NU/U_0$ est commutatif et que $NU/U_0 = NU/N \times N/N_0$ avec $NU/N$ discret. On considère alors un groupe vectoriel $E$ de même dimension que $G/U_0$, et un isomorphisme $\alpha$ de $NU/U_0$ sur un sous-groupe fermé de $E$; le lemme 1, applicable car $G/NU$ est évidemment un tore, donne un homéomorphisme équivariant de $G/U_0$ sur $E$, d'où un homéomorphisme de $G/U$ sur $E/\alpha(U)$, qui, étant compact doit être un tore.

(b) *Cas général.* On utilisera les résultats suivants [1]:

(4.2) Soient $M_1$, $M_2$ des groupes nilpotents de Lie simplement connexes, $S_1\,S_2$ des sous-groupes fermés, $P_1$ (resp. $P_2$), l'intersection des sous-groupes analytiques de $M_1$ (resp. $M_2$), contenant $S_1$ (resp. $S_2$). Alors $P_1$ et $P_2$ sont analytiques, $S_1$ et $S_2$ y sont uniformes et tout isomorphisme de $S_1$ sur $S_2$ se prolonge de façon unique en un isomorphisme de $P_1$ sur $P_2$.

Soient $N_1$, $N_2$ les sous-groupes invariants nilpotents maximaux de $G_1$ et $G_2$ et soit $\theta$ un isomorphisme de $\varDelta_1 = U_1/U_{1_0}$ sur $\varDelta_2 = U_2/U_{2_0}$. D'après le lemme 2, $U_iN_i$ est fermé dans $G$, et $U_{i_0}$ invariant dans $U_iN_i$, donc $G/U_{i_0}$ est fibré principal pour $U_i\mathrm{N}_i/U_{i_0}$. Evidemment $\varDelta_i$ normalise $N_i/U_{i_0}$.

Soient:

$$T_1 = \varDelta_1 \cap N_1/N_{1_0} \cap \theta^{-1}(\varDelta_2 \cap N_2/U_{2_0})\,, \qquad T_2 = \theta(T_1).$$

$T_i$ est invariant dans $\varDelta_i$. Soit $\Gamma_{i_0}$ le sous-groupe analytique minimum de $N_i/U_{i_0}$ contenant $T_i$, et soit $\theta^*$ l'unique isomorphisme de $\Gamma_{1_0}$ sur $\Gamma_{2_0}$ qui prolonge $\theta$ (cf. 4.2); comme $\varDelta_i$ invarie $T_i$ et $N_i/U_{i_0}$, il invarie aussi $\Gamma_{i_0}$ et $\Gamma_i = \varDelta_i$.

$\Gamma_{i_0}$ est un groupe; en utilisant la compacité de $\Gamma_{i_0}/T_i$ on voit tout de suite qu'il est fermé et a $\Gamma_{i_0}$ comme composante connexe de $e$. Montrons qu'en posant $\alpha(x, y) = \theta(x)\,\theta^*(y)$ $(x \in \varDelta_1, y \in \Gamma_{1_0})$ on définit un isomorphisme de $\Gamma_1$ sur $\Gamma_2$. Compte tenu de l'unicité dans (4.2), il suffit pour cela d'établir:

$$\text{(4.3)} \qquad\qquad \theta(\varDelta_1 \cap \Gamma_{1_0}) = \varDelta_2 \cap \Gamma_{2_0};$$

$\theta$ et $\theta^*$ coïncident sur $\varDelta_1 \cap \Gamma_{1_0}$, et $T_1$ est invariant dans $\varDelta_1 \cap \Gamma_{1_0}$, donc $\Gamma_{1_0}/T_1$ est un revêtement galoisien de $\Gamma_{1_0}/\varDelta_1 \cap \Gamma_{1_0}$, de groupe $\varDelta_1 \cap \Gamma_{1_0}/T_1$ qui doit ainsi être d'ordre fini. Si $\theta(\varDelta_1 \cap \Gamma_{1_0})$ n'était pas contenu dans $\Gamma_{2_0}$ on en déduirait l'existence d'un homéomorphisme périodique de l'espace euclidien, $(G_2/U_{2_0})/\Gamma_{2_0}$ ce qui est absurde. Ainsi $\theta(\varDelta_1 \cap \Gamma_{1_0}) \subset \varDelta_2 \cap \Gamma_{2_0}$ et en raisonnant de même sur $\theta^{-1}$, on obtient la première égalité de (4.3). Vu (4.2), la restriction dè $\theta$ à $\varDelta_1 \cap \Gamma_{1_0}$ admet alors une extension qui applique $\Gamma_{1_0}$ sur $\Gamma_{2_0}$, et qui doit coïncider avec $\theta^*$ puisque $\theta$ et $\theta^*$ sont égales sur le sous-groupe uniforme $T_1$, d'où la deuxième partie de (4.3).

On a $\varDelta_1' \subset \varDelta_i \cap N_i/U_{i_0}$ et $\theta(\varDelta_1') = \varDelta_2'$, donc $\varDelta_i' \subset \mathrm{T}_i$; comme $\Gamma_{i_0}$ est invariant dans $\Gamma_i$, le groupe dérivé $\Gamma_i'$ est contenu dans $\varDelta_i' \cdot \Gamma_{i_0}$ donc finalement dans $T_i \cdot \Gamma_{i_0} = \Gamma_{i_0}$ et $\Gamma_i/\Gamma_{i_0}$ est commutatif. Le quotient de $G_i/U_{i_0}$ par $\Gamma_{i_0}$ a $\Gamma_i/\Gamma_{i_0}$ comme groupe fondamental, est compact, et peut aussi se considérer comme le quotient de $G_i$ par un sous-groupe fermé. C'est donc un tore d'après (a). D'après le lemme 1, il existe un homéomorphisme équivariant (relativement à $\alpha$) $\beta$ de $G_1/U_{1_0}$ sur $G_2/U_{2_0}$ d'où un homéomorphisme de $(G_1/G_{1_0})/\varDelta_1 = G_1/U_1$ sur $(G_2/U_{2_0})/\varDelta_2 = G_2/U_2$ ce qui démontre le théorème.

## 5. $G$ résoluble

On dira qu'un sous-groupe fermé $S$ de $G$ est AC («algebraically connectable» dans [3]) dans $G$ s'il possède un sous-groupe $R$ tel que $S = R\,S_0$ et que pour tout $x \in R$, $\mathrm{Ad}\,x$ soit dans la composante neutre de son enveloppe algébrique. Les propriétés suivantes de cette notion sont immédiates:

(5.1) $S$ est AC dans $G$, si et seulement si son image réciproque dans le revêtement universel de $G$ y est AC;

(5.2) Si $S$ est AC dans $G$, il l'est aussi dans tout sous-groupe analytique de $G$ qui le contient.

L'exemple de la bouteille de Klein, qui est quotient d'un groupe résoluble d'après Mostow [2], montre que $G/U$ n'est pas toujours produit d'un espace euclidien par un espace homogène compact. Toutefois, on a le

**Théorème 5.** *Soient $G$ résoluble connexe, $U$ un sous-groupe fermé de $G$. Alors $U$ possède un sous-groupe $\ddot{U}$ d'indice fini, ayant même groupe dérivé que $U$, tel que $G/\ddot{U}$ soit produit d'un espace euclidien par un espace homogène compact d'un groupe résoluble. Si $U$ est AC dans $G$ (en particulier s'il est connexe) on peut prendre $U = \ddot{U}$. Si $U$ est connexe, le facteur compact est un tore.*

La dernière assertion résulte de la $2^{\mathrm{e}}$ et du théorème 4, car si $U$ est connexe, $\pi_1(G/U)$ est un quotient de $\pi_1(G)$, donc est commutatif. Supposons dorénavant $G$ simplement connexe et soit $F$ un sous-groupe analytique minimal contenant $U$; le quotient $G/F$ est un espace euclidien, donc (FELDBAU) $G/U \sim G/F \times F/U$ ainsi si $U$ est uniforme dans $F$ le théorème est démontré avec $U = \bar{U}$; cela a lieu lorsque $G$ ou $F$ est nilpotent (4.2), mais n'est pas vrai en général, et pour parvenir au théorème 5, Mostow utilise une construction dont la discussion est fort longue, que l'on ne décrira ici que très superficiellement.

On dira qu'un sous-groupe $S$ de $G$ est gras (Mostow dit full) s'il n'est contenu dans aucun sous-groupe analytique propre de $G$. On montre sans difficulté ([3], p. 14) le:

**Lemme 3.** *Si $S$ est gras dans $G$ et si $S \cap G^*$ est uniforme dans $G^*$ alors $S$ est uniforme dans $G$.*

La démonstration du théorème 5 repose sur le

**Lemme 4.** *Soient $S$ un sous-groupe fermé gras du groupe résoluble simplement connexe $F$, et $M$ le sous-groupe analytique minimal de $F^*$ contenant $S \cap F^*$. Alors on peut trouver un groupe résoluble simplement connexe $\bar{G}$, un sous-groupe fermé $\bar{S}$ de $\bar{G}$, un sous-groupe analytique minimal $\bar{F}$ contenant $\bar{S}$ tels que:*

(a) *il existe un isomorphisme $\theta$ de $\bar{S}$ sur un sous-groupe d'indice fini de $S$ ayant même groupe dérivé que $S$.*

(b) $F/\theta(\bar{S}) \sim \bar{G}/\bar{S}$.

(c) $\bar{\mathfrak{f}}^*$ *s'identifie à une sous-algèbre de $\mathfrak{f}^{*\prime} + \mathfrak{m}$.*

(d) *Si $S$ est AC dans $F$, on peut faire en sorte que $\theta(\bar{S}) = S$ et que $S$ soit AC dans $\bar{G}$.*

**Démonstration du théorème 5.** Soit $F$ analytique minimal contenant $U$. On construit une suite $G_i$, $F_i$, $U_i$ de groupes et d'homomorphismes $\theta_i \colon U_i \to U_{i-1}$ où

$G_0 = G$, $F_0 = F$, $U_0 = U$, et où $G_i$, $F_i$, $U_i$ est obtenu à partir de $F_{i-1}$, $U_{i-1}$ par le lemme 4, en s'arrêtant au premier indice $n$ tel que $\mathfrak{f}_n^* = \mathfrak{m}_n + \mathfrak{f}_n^{*\prime}$ ou que $\mathfrak{f}_n^* = 0$. Soit $\bar{U} = \theta_1 \cdot \theta_2 \ldots \theta_n(u_n)$. Alors par récurrence on voit tout de suite que $G/\bar{U}$ est homéomorphe au produit des espaces euclidiens $G_i/F_i$ ($0 \leq i \leq n$) par $F_n/U_n$. Si $\mathfrak{f}_n^* = e$, alors $F_n$ est nilpotent et $\Gamma_n/U_n$ est compact par 4.2. Sinon, du fait que $F_n^*$ est nilpotent et de l'égalité ci-dessus on déduit que $F_n^* = M_n$ donc que $U_n \cap F_n^*$ est uniforme dans $F_n^*$, donc (lemme 3) que $U_n$ est uniforme dans $F_n$ et ainsi le dernier facteur est compact. Si $U$ est AC dans $G$ on utilise à chaque pas le lemme 4 (d) d'où la deuxième assertion.

**Indications sur le lemme 4.** Soit $J$ la composante connexe de $e$ du normalisateur de $MF^{*\prime}$. On montre: $J \supset F'$, $SJ$ est fermé uniforme dans $F$, $J \supset S_p$ et $S \cap N_F \subset J$.

$JS/J$ est donc discret uniforme dans le groupe vectoriel $F/J$. Soient $s_i$, ($1 \leq i \leq d$), tels que les classes $s_i J S/J$ forment une base de $F/J$ et soit $p_i$ le plus petit entier $> 0$ tel que Ad $s_i^{p_i} = \exp D_i$ avec $D_i$ dans l'algèbre de Lie de l'enveloppe algébrique de Ad $s_i^{p_i}$, (ce qui existe visiblement). Identifions $\mathfrak{f}$ à une algèbre de Lie linéaire et soit $\mathfrak{f}_u$ son enveloppe algébrique. Alors on peut trouver $X_i \in \mathfrak{f}_u$ tel que Ad $X_i = D_i$. On définit une algèbre $\mathfrak{g}_1$ somme directe de $\mathfrak{j}$ et d'un sous-espace de base $X_i^*$ ($1 \leq i \leq d$) telle que l'application $\theta$ qui prolonge l'identité sur $\mathfrak{j}$ et applique $X_i^*$ sur $X_i$ soit un homomorphisme (cela est possible car $\mathfrak{f}'_u = \mathfrak{f}'$ donc $\mathfrak{j} \supset \mathfrak{f}'_u$). Soient $G_1$ le groupe simplement connexe d'algèbre de Lie $\mathfrak{g}_1$ et $S_1$ le sous-groupe engendré par $S \cap J$ et les $x_i^* = \exp X_i^*$. On montre ensuite que:

$$\varphi \colon x_1^{*n_1}, \ldots, x_d^{*n_d} \times y \to x_1^{n_1} \times \ldots \times x_d^{n_d} \times y \, (y \in J)$$

est un homomorphisme de $S_1 J$ dans $SJ$, injectif sur $S_1$ et envoyant ce dernier sur un sous-groupe d'indice fini de $S$, que $S_1 J$ et $SJ$ sont fermés uniformes dans $G_1$ et $F$, que $G_1/S_1 J$ et $F/\varphi(S_1 J)$ sont des tores isomorphes, donc (lemme 1) que $G_1/S_1 \sim F/\varphi(S_1)$, et enfin que $\varphi(S_1 \cap N_{G_1}) \supset S \cap N$, ce qui entraîne $\varphi(S_1') = S'$. Si $S$ est AC dans $F$, on peut choisir les $s_i$ de manière à ce que $p_i = 1$ et alors $\varphi(S_1) = S$, et on montre aussi que $S_1$ est AC dans $G_1$. Ainsi toutes les conditions du lemme 4 sont vérifiées, excepté (c) ce qui oblige Mostow à refaire une construction analogue à partir du $J_1 = (\overline{S_1 N_1})_0$. Il parvient alors à des groupes $\bar{G}$, $\bar{S}$ vérifiant encore (a), (b), (d) mais où de plus $\bar{S}$ contient un élément régulier de $\bar{G}$. De là, il déduit l'existence d'un sous-groupe de Cartan $C$ tel que $\bar{S} \subset C \cdot M \cdot F^{*\prime}$; comme $C$ est nilpotente, il s'ensuit que si $\bar{F}$ est un sous-groupe analytique minimum de $CMF^*$ contenant $\bar{S}$, alors $\mathfrak{f}^*$ vérifie (c).


### 6. Errata et remarques


*Additif à la référence [3].* Aux errata publiés dans mon analyse du Zentralblatt für Mathematik (1955), ajouter:

p. 15, lignes $8 - 14$ du bas, remplacer $\theta$ par $\varphi$;

p. 17, remplacer $J$ par $\tilde{J}$ dans le (b) du théorème et à la $1^e$ ligne de la démonstration; dans le (d) remplacer $S$ par $\tilde{S}$ et le dernier $F^\infty$ par $\tilde{F}^\infty$.

p. 13, il me semblerait plus correct de dire, au lieu de la ligne 8: «Hence the image of $P'$ in $F/E$ is also the continuous image of the compact space $P'/E \cap P'$

and is therefore compact; hence its inverse image $EP'$ in $P$ is closed». On peut raisonner de manière analogue à plusieurs endroits où Mostow utilise les théorèmes d'isomorphisme de E. Noether topologiquement;

p. 22, proposition 2, insérer «solvable» après «connected».

*Additif à la référence [4].* Le théorème de la p. 51, qui est le point essentiel pour démontrer qu'une sous-algèbre semi-simple d'une algèbre semi-simple est self-adjointe, peut aussi se déduire du

**Lemme.** Soit $M$ un groupe compact d'automorphismes d'une algèbre de Lie semi-simple $\mathfrak{G}$ laissant invariante une sous-algèbre compacte $\mathfrak{s}$. Alors $M$ laisse invariante une sous-algèbre compacte maximale contenant $\mathfrak{s}$.

**Démonstration.** Soient $G = \operatorname{Ad} G$, $K$ un sous-groupe compact maximal de $G$. Comme $K$ est égal à son normalisateur tout $m \in M$ induit une permutation de $G/K$ (dont on identifie chaque point à son groupe d'isotropie) et on voit tout de suite que $m$ induit une isométrie de $G/K$ relativement à la métrique définie par la forme de Killing. L'ensemble $F$ des points fixes de $S$ dans $G/K$ est une sous-variété totalement géodésique, invariante par $M$, et ses points correspondent aux sous-groupes compacts maximaux de $G$ contenant $S$. Muni de la métrique induite, $F$ est une variété riemannienne simplement connexe, à courbure négative et $M$ y admet un point fixe d'après l'astuce classique de Elie Cartan, d'où le lemme.

Enfin p. 33, ligne 9 du bas, remplacer $\exp D/2$ par $\left( \exp \dfrac{D}{2} - \exp -\dfrac{D}{2} \right)$.

*Additif à la référence [5].*

p. 255, ligne 4, remplacer: «on the dimension of $G$» par «on the pair (dim $G$, dim $C$)»;

p. 257, ligne 9, remplacer: $CR \neq R$ *par* $CR/R$; ligne 13, remplacer $G$ et $H$ par $G/R$ et $HR/R$; ligne 19, remplacer: «Case 1» par «the induction assumption»; ligne 22, remplacer $E$ par $E_1$;

p. 258, ligne 16 du bas, remplacer $C$ par $C \cap K$; ligne 15 du bas, remplacer $K = (MC) \cdot W_2$ par $v = W_1 \cdot W_2$ et $K$ par $V$.

## Bibliographie


1. Malčev, A. I.: Ob odnom klasse odnorodnykh prostranstv, Izvestija Akad. Nauk SSSR., Série math., t. 13, 1949, p. 9−32; On a class of homogeneous spaces, Amer. math. Soc. Translation, n° **39** (1951), 33 p.
2. Mostow, G. D.: The extensibility of local Lie groups of transformations and groups on surfaces, Annals of Math., (2) **52** (1950), p. 606−636
3. Mostow, G. D.: Factor spaces of solvable groups, Annals of Math., (2) **60** (1954), p. 1−27
4. Mostow, G. D.: Some new decomposition theorems for semi-simple groups, Lie algebras and Lie groups. − Providence, American mathematical Society, 1955 (Mem. Amer. math. Soc. n° **14**), p. 31−54
5. Mostow, G. D.: On covariant fiberings of Klein spaces, Amer. J. Math., **77** (1955), p. 247−278

# 42.

# The Poincaré duality in generalized manifolds

Mich. Math. J. **4** (1957) 227–239

## 1. INTRODUCTION

The generalized manifolds, that is, topological spaces having the local homology properties of manifolds, have been studied notably by Čech, Lefschetz, Begle [2, 3], and Wilder [9]; the two last-named authors proved, among other results, a Poincaré duality theorem which is also valid in the noncompact case. The main purpose of this paper is to give a simple proof, within the framework of sheaf theory, of such a theorem. The theorem involves Alexander-Spanier cohomology and Alexander-Spanier cohomology with compact carriers (in the sense of [4], not of [6]; see below), and it is proved in Section 3 under a condition more general than Wilder's, not for the sake of generality, but because this simplifies the exposition. Its relationship to the Begle-Wilder theorem is discussed in Section 7; Sections 4 and 5 introduce local Betti numbers and homological local connectedness; Section 6 is devoted to some results of Wilder which pertain to these notions and are of particular interest for generalized manifolds; the latter are discussed in Section 7.

*Notation.* All spaces considered here are locally compact (and Hausdorff). $\overline{Y}$ is the closure of a subset $Y$ of the space $X$; $L$ stands for a principal ideal ring. $C^i(X, L)$ or $C^i$ (resp. $C_c^i(X, L)$ or $C_c^i$) is the $L$-module of $i$-dimensional $L$-valued Alexander-Spanier cochains in $X$ (resp. with compact carriers) (as defined, for example, in [4a, Exposé VI], under the name of Čech-Alexander cochains of the first (resp. second) kind). $C^*(X, L)$ or $C^*$ (resp. $C_c^*(X, L)$ or $C_c^*$) is the direct sum of the $C^i(X, L)$ (resp. $C_c^i(X, L)$), endowed with the usual boundary operator raising degrees by one; and $H^*(X, L)$ (resp. $H_c^*(X, L)$) is the resulting cohomology group: the Alexander-Spanier cohomology group (resp. with compact carriers) of $X$, and with coefficients in $L$. As is well known, $H^*(X, L)$ may be identified with the Čech cohomology based on infinite coverings, and if $X = Y - F$, with $Y$ compact and $F$ closed in $Y$, then $H_c^*(X, L)$ may be identified with the relative Čech cohomology group of $Y$ mod $F$.

By $f^*$ we denote the homomorphism of $H^*(Y, L)$ in $H^*(X, L)$ induced by a continuous map $f: X \to Y$. In case $f$ is the inclusion of a subspace, it will sometimes be convenient to denote by $H^*(X \subset Y, L)$ the image of $f^*$.

Let $U$ be an *open* subset of $X$. Then $C_c^*(U, L)$ may be identified with the subgrating of elements in $C_c^*(X, L)$ having carriers in $U$; and this embedding gives rise to a homomorphism of $H_c^*(U, L)$ in $H_c^*(X, L)$; it will be denoted by $j^*$ or $j_{UX}^*$, and its image by $H_c^*(U \subset X, L)$. Recall that, given a closed subset $F$ of $X$, there is an exact cohomology sequence

$$(1) \qquad \cdots \to H_c^i(F, L) \to H_c^{i+1}(X - F, L) \xrightarrow{j^*} H_c^{i+1}(X, L) \to H_c^{i+1}(F, L) \to \cdots .$$

As far as sheaf theory is concerned, we use the terminology of [4b] and assume it to be known. *Grating* will stand for *carapace*, and $S(a)$ will denote the carrier (support) of an element $a$ belonging to a grating $A$. Given a locally finite covering $(U_i)$ $(i \in I)$, a *partition of unity* for $A$, subordinate to $(U_i)$, is a family $(r_i)$ $(i \in I)$ of

Received June 26, 1957.

endomorphisms of $A$ (for the $L$-module structure only) whose sum is the identity, and such that $S(r_i a) \subset S(a) \cap \overline{U}_i$ for all $i \in I$. If this exists for every locally finite covering, $A$ is said to be *fine*. In particular, $C_c^*(X, L)$ is fine.

## 2. A FINE GRATING

.2.1.  The duality theorem in Section 3 will be obtained simply by applying the fundamental theorems of sheaf theory to the grating $C_*(X, L)$, where $C_*(X, L)$ is the direct sum of the $L$-modules $C_i(X, L) = \mathrm{Hom}\,(C_c^i(X, L), L)$.  The boundary operator $\partial$ of $C_*(X, L)$ shall be the transpose of $d$; that is,

$$\partial a(c) = a(dc) \qquad (a \in C_i(X, L),\ c \in C_c^{i-1}(X, L)) ;$$

and we shall denote by $H_i(C_*(X, L))$ the corresponding i-homology group.

The carrier $S(a)$ of $a \in C_*(X, L)$ is defined by the rule: the point $x \in X$ is not in $S(a)$ if it has a neighborhood $U$ such that $a(c) = 0$ whenever $S(c) \subset U$. Thus $S(a)$ is closed.

2.2.  LEMMA.  *Let $X$ be paracompact. Then $C_*(X, L)$, endowed with the carriers and boundary operator defined above, is a fine grating without torsion, in which locally finite sums converge.*

It follows immediately from the definitions that

$$S(\partial a) \subset S(a), \qquad S(a + a') \subset S(a) \cup S(a'), \qquad S(k \cdot a) \subset S(a)$$

$(a, a' \in C_*(X, L),\ k \in L)$; thus $C_*(X, L)$ is a pregrating: absence of torsion means that $S(k \cdot a) = S(a)$ for $k \in L$ $(k \neq 0)$; this property follows from the fact that $L$ is a domain of integrity.

Let us now show that if $S(a)$ does not meet $S(c)$ $(a \in C_*(X, L),\ c \in C_c^*(X, L))$, then $a(c) = 0$. In fact, $S(c)$ being compact, we can find a finite number of open sets $V_i$ $(1 \leq i \leq k)$ whose union covers $S(c)$, and such that $a$ is zero on any element with support in one of the $V_i$. Let now $(r_j)$ $(0 \leq j \leq k)$ be a partition of unity for $C_c^*(X, L)$, subordinate to a covering of $X$ formed by the $V_i$ $(1 \leq i \leq k)$, and a $V_0$ whose closure is in $X - S(c)$. Then $r_0 c = 0$ and $a(r_i c) = 0$ $(1 \leq i \leq k)$; hence

$$a(c) = \sum_0^k a(r_j c) = 0 .$$

In particular, if $S(a)$ is empty, we have $a = 0$, which means that $C_*(X, L)$ is a grating.

A family $(a_i)$ $(i \in I)$ of elements of $C_*(X, L)$ is said to be *locally finite* if each compact subset of $X$ meets at most a finite number of the $S(a_i)$; in that case, by the above, for any $c \in C_c^*(X, L)$, at most a finite number of the $a_i(c)$ may differ from zero, and their sum is well defined. Thus to the family $(a_i)$ there is assigned a sum $a \in C_*(X, L)$ by the rule $a(c) = \sum_{i \in I} a_i(c)$, and by definition, this means that the locally finite sums converge in $C_*(X, L)$ [4b, Exp. XVIII, No. 4 ].

Let now $(U_j)$ $(j \in J)$ be a locally finite open covering of $X$, and let $(r_j)$ be a partition of unity for $C_c^*(X, L)$, subordinate to $(U_j)$. We define $r_j a$ by $r_j a(c) = a(r_j c)$. Then $S(r_j a) \subset \overline{U}_j \cap S(a)$, and the $r_j a$ form a locally finite family whose sum is clearly $a$. Thus $C_*(X, L)$ is fine.

2.3. We denote by $\mathscr{F}(X, L)$ (or simply, if it does not lead to confusion, by $\mathscr{F}$) the sheaf associated with the grating $C_*(X, L)$. The stalk $\mathscr{F}_x$ above $x$ is then $C_*/C_{*X-x}$, where $C_{*U}$ denotes the set of elements in $C_*$ with carriers in the open set $U$. Then $\mathscr{F}_x$ is a graded, torsion-free $L$-module, with a boundary operator lowering degrees by 1, induced by $\partial$. The homology sheaf of $\mathscr{F}$ will be denoted by $H(\mathscr{F})$ or $H(\mathscr{F}(X, L))$. Thus $H(\mathscr{F})_x = H(\mathscr{F}_x)$. The group $H(\mathscr{F}_x)$ is quite analogous to the homology group *in* the point $x$ introduced by Alexandroff [1], and accordingly we may call $H(\mathscr{F})$ the sheaf of local homology groups. In Section 4, we shall discuss these in connection with the Betti numbers *around* the points of $X$.

For open sets $U$ and $V$ ($U \subset V$) in $X$, let $j_0: C_*(V, L) \to C_*(U, L)$ be the transposed map of $j^0$, and let $j_*$ or $j_*^{UV}: H_*(C_*(V, L)) \to H_*(C_*(U, L))$ be the induced map of homology groups. It is readily seen that

$$H(\mathscr{F}_x) = \lim_{\to} (H_*(C_*(U, L)), j_*^{UV}),$$

where $U$ runs through the open neighborhoods of $x$.

2.4. A grating $A$ is called *complete* provided the natural map of $A$ into the module $\Gamma(\mathscr{F}(A))$ of cross sections of the associated sheaf is an isomorphism. This is the case if $A$ is fine and if the locally finite families of elements in $A$ converge in $A$ [4b, Exp. XVIII, Theorem on p. 9]. Thus, by (2.2), $C_*(X, L)$ is complete, (or, more precisely, is $\Phi$-complete with respect to the family $\Phi$ of closed subsets of $X$).

## 3. THE DUALITY THEOREM

Let $L$ be a principal ideal ring, and $n$ a nonnegative integer. We consider the following condition for a space $X$:

(L-n). X *is locally compact, paracompact, finite-dimensional. For each* $x \in X$, *we have* $H_n(\mathscr{F}(X, L))_x \cong L$, $H_i(\mathscr{F}(X, L)) = 0$ ($i \neq n$). (The dimension which matters in this paper is the cohomological $\Phi$-dimension with respect to the family $\Phi$ of closed sets, as defined in [4b, Exp. XVII, p. 8]. It is majorized by the covering dimension defined by means of locally finite coverings, and minorized by the cohomological dimension introduced by H. Cohen [5].)

A space satisfying (L-n) will be called *locally orientable* (resp. *orientable*) if the sheaf $H_n(\mathscr{F})$ is locally isomorphic (resp. isomorphic), to the constant sheaf $X \times L$. If $X$ satisfies (L-n), so does every open paracompact subspace; if it is moreover orientable or locally orientable, then so is every open paracompact subspace.

3.1. THEOREM. *Let* X *satisfy* (L-n). *Then* $H_{n-i}(C_*(X, L))$ ($i = 0, \pm 1, \pm 2, \cdots$) *is isomorphic to the* i*th cohomology group* $H^i(X, H_n(\mathscr{F}))$ *of* X *with respect to the sheaf* $H_n(\mathscr{F})$ *of local* n-*dimensional homology groups.*

We change the degrees in $C_*(X, L)$ by writing $A^{n-i}$ instead of $C_i(X, L)$. Then the direct sum $A$ of the $A^i$ is a complete fine grating, with boundary operator raising degrees by 1. Under the assumption (L-n), the homology sheaf $H(\mathscr{F}(A))$ is locally of degree zero and therefore, by [4b, Exp. XIX, Corollary to Theorem 5],

$$H^i(A) \cong H^i(X, H^0(\mathscr{F}(A))),$$

or, in the original notation,

$$H_{n-i}(C_*(X, L)) \cong H^i(X, H_n(\mathscr{F}(X, L))),$$

which is our contention.

3.2. Assume now that L is a field. Then, by the universal coefficient theorem, $H_{n-i}(C_*(X, L))$ is the dual space of $H_c^{n-i}(X, L)$, and the theorem gives

$$H^i(X, H_n(\mathscr{F})) \cong \mathrm{Hom}(H_c^{n-i}(X, L), L) \qquad (i \geq 0).$$

3.3. COROLLARY. *Let* L *be a field, and let* F *be a closed subset whose complement* U *is paracompact.*[1] *Then*

(a) $$H_c^j(U, L) = H_c^j(F, L) = 0 \qquad \text{for } j > n.$$

(b) *Assume moreover that* X *is connected and locally orientable.*

*Then* $H_c^n(X, L)$ *is* 1-*dimensional or* 0-*dimensional according to whether* X *is orientable or not.* $H_c^n(F, L) = 0$ *if* $F \neq X$.

(a). The left-hand side of (3.2) is of course zero for $i < 0$, whence

$$H_c^j(X, L) = H_c^j(U, L) = 0 \qquad \text{for } j > n;$$

the equality $H_c^j(F, L) = 0$ $(j > n)$ then follows from the exact sequence (1) of Section 1.

(b). $H^0(X, H_n(\mathscr{F}))$ is the module $\Gamma(H_n(\mathscr{F}))$ of cross sections of the sheaf $H_n(\mathscr{F})$; if the latter is locally constant, the set of points where a cross section is zero is open and closed; X being connected, this implies that the dimension of $H^0(X, H_n(\mathscr{F}))$ is either 0 or 1. It follows further that $H_n(\mathscr{F})$ is constant (that is, X is orientable) if and only if $H^0(X, H_n(\mathscr{F}))$ is one-dimensional. This proves the first part of (b).

By (a) and the exact sequence (1), the second statement of (b) is equivalent to the fact that $j_{UX}^*: H_c^n(U, L) \to H_c^n(X, L)$ is surjective or, equivalently, that

$$j_*^{UX}: H_n(C_*(X, L)) \to H_n(C_*(U, L))$$

is injective. But the isomorphism of the theorem, applied to X and U, is compatible with the restriction to U, so that $j_*^{UX}$ may be viewed as the restriction to U of the cross sections of $H_n(\mathscr{F})$ on X; since a nonzero cross section has no zero in our case, this map is indeed injective.

3.4. *Remark on orientability.* $H_n(C_*(X, L)) \cong H^0(X, H_n(\mathscr{F})) \cong \Gamma(H_n(\mathscr{F}))$. Thus our definition of orientability may be phrased in the following way:

(a) X *is orientable if* $C_n(X, L) = \mathrm{Hom}(C_c^n(X, L), L)$ *has a cycle with carrier equal to the whole space.*

If L is a field, and X is separable metric, the proof of 3.3b shows that this is equivalent to

(b) X *is orientable if* $H_c^n(X, L)$ *contains a nonzero element which is in the image of* $j_{UX}^*$ *for every nonempty open subset* U.

Condition (a) is the precise analogue of Wilder's definition: "existence of an infinite cycle which is not carried by a proper closed subset." Condition (b) corresponds to Smith's definition (see Section 7).

3.5. Assume again that L is a field, and that X is locally connected. Then the connected components of X are open, closed, and paracompact. Thus it follows from

---

1. This will be the case for every open subset if, for example, X is separable metric.

(3.3) that if $X$ is locally orientable, the dimension of $H_c^n(X, L)$ is equal to the number of orientable connected components of $X$.

3.6. *The cup-product pairing.* The cup-product defines a pairing of $H^i(X, L)$ and $H_c^j(X, L)$ to $H_c^{i+j}(X, L)$; when the latter group is one-dimensional, we may identify it with $L$ and obtain a pairing of $H^i(X, L)$ and $H_c^j(X, L)$ to $L$. It is said to be orthogonal if in each module the annihilator of the other is reduced to zero. As in the case of ordinary manifolds, we may in the orientable, connected case strengthen (3.2) as follows.

THEOREM. *Suppose that* $X$ *is connected, satisfies* (L-n), *where* $L$ *is a field, and is orientable. Let* $\xi$ *be a nonzero element of* $H^0(X, L) = \mathrm{Hom}(H_c^n(X, L), L)$. *Then the cup-product pairing of* $H^i(X, L)$ *and* $H_c^{n-i}(X, L)$ *to* $L$ *defined by* $(u, v) \to \xi(u \cup v)$ *is orthogonal, and it identifies* $H^i(X, L)$ *with* $\mathrm{Hom}(H_c^{n-i}(X, L), L)$ $(i \geq 0)$.

As in the proof of (3.2), we write $A^i$ for $C_{n-i}(X, L)$; but we use in $A$ the boundary operator $\partial'$ defined by

$$\partial' a = (-1)^{i+1} \partial a \quad (a \in A^i);$$

of course, this does not alter the homology groups. We define a map $\phi: C^i(X, L) \to A^i$ by

$$\phi(b)(c) = \xi(b \cup c) \quad (b \in C^i(X, L), c \in C_c^{n-i}(X, L)),$$

$\xi$ being identified with a cocycle. The map $\phi$ is linear and, clearly, the carrier of $\phi(b)$ is contained in $S(b)$. Since $\xi$, being a cycle, is zero on coboundaries, we have

$$\xi(db \cup c) + (-1)^i \xi(b \cup dc) = 0 \quad (b \in C^i(X, L), c \in C_c^{n-i+1}(X, L)),$$

$$\phi(db)(c) = (-1)^{i+1}\phi(b)(dc) = \partial'\phi(b)(c),$$

which means that $\phi$ commutes with the coboundary operators. It induces then a map $\phi^*: H^*(C^*(X, L)) \cong H^*(X, L) \to H^*(A)$, and our assertion is clearly equivalent to the proposition that $\phi^*$ is an isomorphism; we shall now prove this.

The map $\phi$ defines a map $\phi': \mathscr{F}(C(X, L)) \to \mathscr{F}(A)$ of the associated sheaves and of their homology sheaves. Both $H^0(\mathscr{F}(C(X, L)) \cong H^0(X, L)$ and $H^0(\mathscr{F}(A))$ are one-dimensional, and since $H^0(X, L)$ is generated by the unit element for the cup-product, $\phi'$ induces an isomorphism of one onto the other. Since in our case the homology sheaves $H^0(\mathscr{F}(C(X, L))$ and $H^0(\mathscr{F}(A))$ are constant, the map which to each cocycle of $\Gamma\mathscr{F}(C^0(X, L))$ (resp. $\Gamma\mathscr{F}(A^0)$), assigns its value at $x \in X$ induces an isomorphism of $H^0(\mathscr{F}(C^*(X, L))$ onto $H^0(\mathscr{F}(C^*(X, L))_x)$, (resp. $H^0(\mathscr{F}(A))$ onto $H^0(\mathscr{F}(A)_x)$); hence $\phi'$ is also an isomorphism of $H^0(\mathscr{F}(C^*(X, L)_x)$ onto $H^0(\mathscr{F}(A)_x)$, for all $x$. It is an isomorphism of $H^i(\mathscr{F}(C^*(X, L))_x)$ onto $H^i(\mathscr{F}(A)_x)$ for $i > 0$, since both groups are then zero. Both $C^*(X, L)$ and $A$ are fine and complete; and the contention that $\phi^*$ is an isomorphism now follows from the Corollary to Theorem 4 in $[4b, \text{Exp. XIX, p. 7}]$.

## 4. LOCAL BETTI NUMBERS

4.1. Let L be a field. The ith local Betti number $p^i(x)$ or $p^i(x, L)$ of X *around* x may be defined as follows, by means of cohomology [2, 9]: For two open neighborhoods $U \subset V$ of x, let

$$p^i(x, U, V) \;=\; \dim H^i_c(U \subset V, L),$$

and let $p^i(x, V)$ be the (possibly transfinite) lower bound of $p^i(x, U, V)$ as U varies inside V. Then $p^i(x)$ is the upper bound of the $p^i(x, V)$ as V runs through a fundamental system of open neighborhoods of x. If $p^i(x)$ is infinite, but the $p^i(x, V)$ are finite, it is said to be *increasingly infinite*. If the $p^i(x, V)$ are infinite for a fundamental system of neighborhoods, $p^i(x)$ is said to be *actually infinite*. Now $H_i(C_*(U, L))$ is the dual space of $H^i_c(U, L)$, and $j^{UV}_*$ is the transpose of $j^*_{UV}$; since $H_i(\mathscr{F})_x$ is the inductive limit of the $H_i(C_*(U, L))$, we immediately have the following result.

4.2. LEMMA. *If* $p^i(x)$ *is finite and equal to* k, *then so is* $\dim H_i(\mathscr{F})_x$. *If* $\dim H_i(\mathscr{F}_x)$ *is infinite, then so is* $p^i(x)$. *If* $\dim H_i(\mathscr{F})_x$ *is finite, and if* $p^i(x)$ *is at most increasingly infinite, then* $p^i(x)$ *is finite.*

Thus $H_i(\mathscr{F})_x$ bears the same relationship to $p^i(x)$ as the Alexandroff ith homology group *in* x, (see [10]); however, I do not know under what assumptions, if any, these groups are isomorphic. By [10], the Alexandroff group is the inductive limit of the Čech relative homology groups of compact pairs in X - x; the group $H_i(\mathscr{F}_x)$ is here $H_i(C_*/C_{*X-x}, L)$, by definition; when $p^i(x)$ is finite, these spaces have the same dimension and are therefore isomorphic.

4.3. When L is an arbitrary principal ideal ring, we shall, in analogy with the above, use the following definitions: $p^i(x, L)$ is equal to k if corresponding to each open neighborhood U of x there exist open sets $W \subset V \subset U$, containing x and such that for each open neighborhood W' of x in W, $H^i_c(W' \subset V, L)$ is a free L-module with k-generators. If every open neighborhood U of x contains another open neighborhood V of x such that $H^i(V \subset U, L)$ is a finitely generated L-module, then $p^i(x, L)$ is at most increasingly infinite.

## 5. COHOMOLOGICAL LOCAL CONNECTEDNESS

5.1. In formulating the concept of local connectedness in terms of cohomology, we shall use the symbol clc, in order to avoid conflict with the notation of [9]. In this section, $H^0(X, L)$ is the reduced cohomology group.

The space X is p-clc (over the principal ideal ring L) at x if, given a neighborhood V of x, there exists a neighborhood U of x in V such that $H^p(U \subset V, L) = 0$; it is $clc^r$ at x if it is p-clc at x for all $p < r$, and clc at x if this is true for all r. The space X is p-clc, $clc^r$ or clc if it has the corresponding property at every point. Clearly, X is p-clc for all $p > \dim X$. Since X is assumed to be locally compact, we obtain equivalent definitions using only open or closed neighborhoods. We are interested only in finite-dimensional spaces, and thus if X is p-clc at x for all p, then there exists, for a given V, a $U \subset V$ such that $H^p(U \subset V, L) = 0$ simultaneously for all p.

5.2. It is a well-known fact that, given $x \in X$ and $a \in H^p(X, L)$, there exists a neighborhood U of x such that the natural map $H^p(X, L) \to H^p(U, L)$ annihilates a. It follows then that for X to be p-clc at x, it suffices that given a neighborhood U of x, there exists a neighborhood V of x in U such that $H^p(V \subset U, L)$ is a finitely generated L-module.

## 6. SOME RESULTS OF WILDER

Wilder has drawn interesting consequences from homological local connectedness or finiteness of local Betti numbers; they will be used in Section 7, and we prove them here for the sake of completeness. The proofs are Wilder's, phrased in the technique underlying this paper, and in such a way that they are valid also in the case where the coefficients do not form a field.

All cohomology groups are taken with respect to a fixed principal ideal ring of coefficients L, which will not be mentioned explicitly. "Finitely generated" will always refer to the L-module structure.

6.1. DEFINITION. *The space X has property* $(P, Q)_n$ *if, whenever* $\overline{Q} \subset P$ $(P, Q$ *open,* $\overline{Q}$ *compact),* $H^n_c(Q \subset P)$ *is finitely generated.*

This notion was introduced by Wilder [9, p. 193].

6.2. PROPOSITION. *If X has property* $(P, Q)_{n+1}$ *and if* $p^n(x)$ *is at most increasingly infinite for all* $x \in X$, *then X has property* $(P, Q)_n$.

[9, Chap. VI, Theorem 7.2.] Let P, Q be open, with $\overline{Q}$ compact and contained in P. If R is an open neighborhood of Q in P, then $H^n_c(R \subset P) \supset H^n_c(Q \subset P)$. On the other hand, if the $U_i$ $(1 < i < k)$ are open sets in P whose union contains Q, then we can find open sets $V_i$ $(1 < i < k)$ with $\overline{V}_i \subset U_i$, whose union also contains Q. Therefore, using suitable finite coverings of Q, and using induction on the number of elements in the coverings, we can readily see that it is enough to show the following:

Let $V_i$, $U_i$ be open sets in P such that $\overline{V}_i \subset U_i$ and $\overline{U}_i \subset P$ (i = 1, 2), and let $U = U_1 \cup U_2$, $V = V_1 \cup V_2$. Then, if $H^n_c(U_i \subset P)$ is finitely generated (i = 1, 2), so is $H^n_c(V \subset P)$.

To this end we consider the following commutative diagram

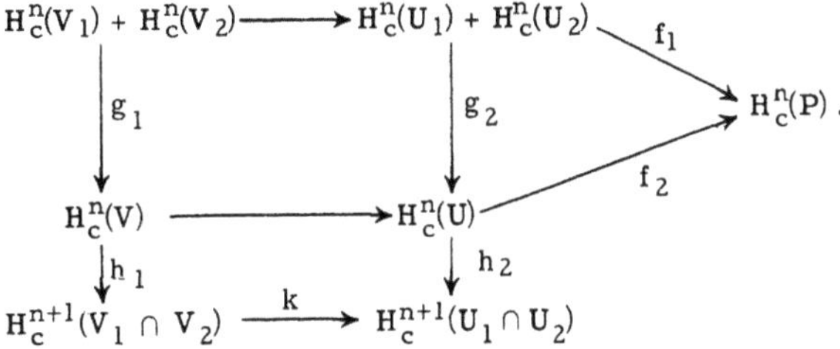

The horizontal arrows are the natural inclusion maps j*, the first two vertical columns are portions of exact Mayer-Vietoris sequences (see Section 8). Let A be the kernel of $h_2$; by exactness, $f_2(A) = \text{Im } f_1$, and it is finitely generated, since $H^n_c(U_i \subset P)$ has this property by assumption (i = 1, 2). The image of $h_2 \circ j^*_{VU}$ is equal to that of $k \circ h_1$; since Im k is finitely generated by the property $(P, Q)_{n+1}$, we can find a finitely generated submodule B of $H^n_c(U)$ such that $H^n_c(V \subset U) \subset A + B$ (the latter sum not necessarily being direct). Then $H^n_c(V \subset P)$ is contained in $f_2(A) + f_2(B)$, and since both of these are finitely generated, $H^n_c(V \subset P)$ is also finitely generated.

**6.3. PROPOSITION.** *Let* X *be* $clc^n$, *and let* P, Q *be subspaces, with* $\overline{P}$ *compact and* $\overline{Q}$ *interior to* P. *Then* $H^n(Q \subset P)$ *is finitely generated.*

[9, Chap. VI, 3.8.] Since Q has an open neighborhood with closure in P, it is enough to show that $H^n(\overline{Q} \subset \overline{P})$ is finitely generated. For a proof of this last statement, see [7, 3.5]; the proof there is given in Čech homology; but the translation into cohomology offers no difficulty.

**6.4. THEOREM.** *Let* X *be a locally compact, finite-dimensional space. Then* X *is* clc *if and only if, for all* $i \geq 0$, $p^i(x)$ *is at most increasingly infinite for all* $x \in X$.

For the "if" part, see [9, Chap. VI, 7.9]; for the "only if" part, see [9, Chap. VII, 2.25].

(i) We assume first that X is clc, and we have to prove that $p^n(x)$ is at most increasingly infinite for all n and x. If $n > \dim X$, this is clear, and we may therefore assume by induction that our assertion is true for $n + 1$; it will be sufficient to prove the following: Let P be an open relatively compact neighborhood of x, and let U, V, W be open neighborhoods of x such that $\overline{U} \subset P$, $\overline{V} \subset U$, $\overline{W} \subset V$ and $H^n(\overline{U} \subset P) = 0$; then $H^n_c(W \subset V)$ is finitely generated.

We consider the following diagram

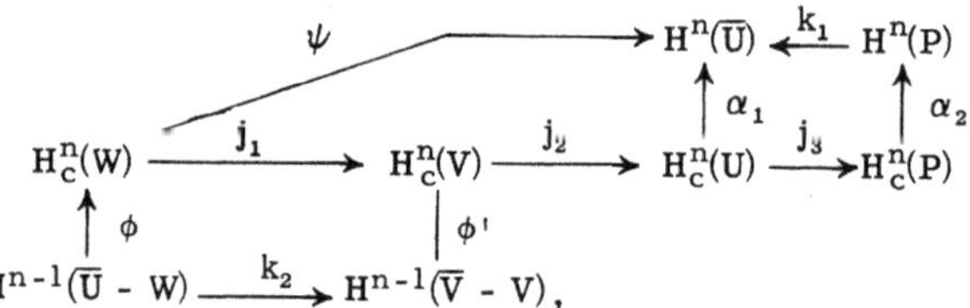

where the maps $j_i$, $k_i$ are defined by inclusions, $\phi$, $\psi$ (resp. $\phi'$) are parts of the cohomology sequence of $(\overline{U}, \overline{U} - W)$ (resp. $(\overline{V}, \overline{V} - V)$), $\alpha_1$ is defined by the inclusion of $C^*_c(U)$ in $C^*(\overline{U})$, and $\alpha_2$ is defined in the same way as $\alpha_1$. The commutativity of the diagram is clear. By assumption, Im $k_1$ = 0, hence Im $\psi$ = 0; this implies that Im $\phi$ = $H^n_c(W)$, therefore that

$$\text{Im } j_1 = \text{Im } (j_1 \circ \phi) = \text{Im } (\phi' \circ k_2),$$

and our assertion follows from the fact (6.3) that Im $k_2$ is finitely generated.

(ii) Let us now assume that $p^n(x)$ is at most increasingly infinite for all n and x. We have to prove that X is clc.

The space X is n-clc and has property $(P, Q)_n$ for $n > \dim X$. Using induction and (6.2), we may assume that X is $(n + 1)$-clc and has property $(P, Q)_j$ for all $j \geq n$.

Let P be an open, relatively compact neighborhood of x, let Q be an open neighborhood of x with closure in P such that $H^n_c(Q \subset P)$ is finitely generated, and let U, V be open neighborhoods of x such that $\overline{V} \subset U$, $\overline{U} \subset Q$. Let $R = Q - \overline{V}$, and let W be an open neighborhood of $\overline{U} - U$ with closure in R. By (5.2), it is enough to show that $H^n(V \subset P)$ is finitely generated.

Let $\alpha: H^n_c(P) \to H^n(P)$ be induced by the inclusion of $C^*_c(P)$ in $C^*(P)$, and let $\beta = \alpha \circ j^*_{QP}$: it follows from the property $(P, Q)_n$ that Im $\beta$ is finitely generated.

Let $r_1, r_2$ be a partition of unity of $C^*(P)$, subordinate to a covering $A_1, A_2$ of $P$ such that $\overline{A}_1 \subset U$, $\overline{A}_2 \subset W \cup (P - \overline{U})$. We want to define an L-linear map $\gamma$ of the module $Z^n(P)$ of cocycles in $C^n(P)$ into $H_c^{n+1}(W)$. Let $z \in Z^n(P)$. Then

$$0 = dz = dr_1 z + dr_2 z,$$

whence

$$S(dr_k z) \subset U \cap (W \cup (P - \overline{U})) = W \qquad (k = 1, 2).$$

Since $S(dr_k z)$ is closed in $P$, and since it is contained in $\overline{W}$, which is compact and interior to $P$, $S(dr_k z)$ is also closed in $X$ and is compact. Thus $dr_1 z$ is a cocycle of $C_c^{n+1}(W)$, and we define $\gamma(z)$ to be the cohomology class of $dr_1 z$. By property $(P, Q)_{n+1}$, the image of $j_{WR}^*$ is finitely generated, and we can therefore find a finitely generated submodule $A$ of $Z^n(P)$ which has the same image as $Z^n(P)$ under $j_{WR}^* \circ \gamma$. Let $A'$ be the submodule of $H^n(P)$ defined by $A$, and let $i^*$ be the natural map of $H^n(P)$ in $H^n(V)$. In order to show that the image of $i^*$ is finitely generated, it is sufficient by the above to prove that it is contained in $i^*\beta(H_c^n(Q)) + i^*A'$.

Let $z' \in H^n(P)$, and let $z$ be a representative cocycle. There exists $a \in A$ such that $j_{WR}^* \circ \gamma(z + a) = 0$, that is, such that

$$dr_1 z + dr_1 a = -dr_2 z - dr_2 a = dc \qquad (c \in C_c^n(R)).$$

Thus

$$z + a = v_1 + v_2,$$

where $v_1 = r_1 z + r_1 a - c$ (resp. $v_2 = r_2 z + r_2 a + c$) is a cocycle with carrier in $Q$ (resp. $P - V$). Let $v_1', v_2'$ be the corresponding elements of $H^n(P)$. Then $v_1 \in \beta(H_c^n(Q))$, and since $v_2'$ contains a cocycle whose carrier does not meet $V$, we get

$$i^*(z') + i^*(a') = i^*(v_1'),$$

and therefore

$$i^*(z') \subset i^*(A') + i^*\beta(H_c^n(Q)).$$

We shall come back to this proof in Section 8.


## 7. GENERALIZED MANIFOLDS

**7.1. DEFINITION.** *Let* L *be a field,* n *a nonnegative integer. A generalized* n-*manifold (an* n-gm) *over* L *is a locally compact, finite-dimensional space* X *in which* $p^n(x, L) = 1$ *and* $p^i(x, L) = 0$ $(i \neq n)$ *at all points.*

This definition is Wilder's [9], except that we do not require the dimension of the space to be equal to n; this mild extension is useful in connection with the Smith theory. Such a space, which we shall call a Wilder n-manifold, is automatically clc by (6.4). In view of (4.2), a paracompact Wilder n-manifold over L satisfies condition (L-n), and we can apply to it the results of Section 3. We now want to relate (3.1) to the duality theorem of [3, 9]. Its formulation in the noncompact case makes use of new homology groups $h_r(X, L)$ and $h^r(X, L)$. In our language, the former is the inductive limit of the cohomology groups $H_c^r(U, L)$ of the open relatively compact subsets of $X$, with respect to the maps $j_{UV}^*$, and it is clearly equal to $H_c^r(X, L)$. The space $h^r(X, L)$ is the projective limit of the Čech homology groups $H_r(K, L)$ of the compact subsets of $X$, with respect to the inclusion maps. The duality theorem then reads (see [3], [9], Chap. VIII, 5.16):

7.2. THEOREM. *Let* X *be a paracompact connected orientable* n-gm. *Then* $h_r(X, L) \cong h^{n-r}(X, L$ $(r \geq 0)$. *Moreover, these spaces have at most countable dimension.*

In the proof, we use the following elementary facts about direct and inverse limits: let

$$V = \lim_{\leftarrow}(V_i, f_{ij}), \qquad W = \lim_{\rightarrow}(W_i, g_{ij}) \qquad (i = 1, 2, \cdots)$$

be respectively inverse and direct limits of sequences of vector spaces over L. Assume that there is a pairing $\phi_i$ of $V_i$ and $W_i$ and that $f_{ij}: V_j \to V_i$ and $g_{ij}: W_i \to W_j$ are the transposes of each other with respect to $\phi_i$, $\phi_j$ $(1 \leq i \leq j)$. These pairings induce in the obvious way pairings $\phi_{ij}$ of Im $f_{ij}$ and Im $g_{ij}$ and a pairing $\phi$ of V and W. Then if $\phi_i$ and $\phi_j$ are orthogonal, so is $\phi_{ij}$. If all the $\phi_i$ are orthogonal and if the spaces Im $f_{ij}$ (or equivalently the spaces Im $g_{ij}$) are finite-dimensional, the pairing $\phi$ is orthogonal.

Being connected, X is paracompact if and only if it is the union of an increasing sequence of compact subspaces $K_i$ $(i = 1, 2, \cdots)$, and we may assume that $K_i$ is in the interior Int $K_{i+1}$ of $K_{i+1}$, and that Int $K_i$ is connected $(i = 1, 2, \cdots)$.

Since $H_c^r(\text{Int } K_i \subset \text{Int } K_{i+1}, L)$ is finite-dimensional by (6.2) and (6.4), $h_r(X, L)$ has at most countable dimension. Analogously, it follows from (6.3), or more precisely from its homological counterpart [9, Chap. VI, 7.9], that $h^r(X, L)$ has at most countable dimension.

Let us now define $h_*^r(X, L)$ as the projective limit of the cohomology spaces $H^r(K, L)$ of the compact subspaces of X, with respect to the maps $i^*$. We have here

$$h_*^r(X, L) = \lim_{\leftarrow} H^r(K_i, L) = \lim_{\leftarrow} H^r(\text{Int } K_i, L);$$

and since $H^r(K_i \subset K_{i+1}, L)$ is finite-dimensional by (6.3), $h_*^r(X, L)$ can be considered as a projective limit of finite-dimensional vector spaces and hence has at most countable dimension. Now $H^r(K_i, L)$ and $H_r(K_i, L)$ are paired in the standard way; the pairing commutes with the injection maps, and by our initial remark, it is orthogonal. Hence, by the same remark and the above, we have

$$h_*^r(X, L) \cong h^r(X, L),$$

and (7.2) will follow if we show the existence of an orthogonal pairing of $h_*^{n-r}(X, L)$ with $H_c^r(X, L)$. At least in the case where the Int $K_i$ are paracompact, this follows by the previous argument from (3.1), because the latter implies that

$$H^{n-r}(\text{Int } K_i, L) \cong \text{Hom}\,(H_c^r(\text{Int } K_i, L), L).$$

It also follows then that $H^r(X, L)$ and $h_*^r(X, L)$ are isomorphic if one of them is finite-dimensional. It is not so otherwise, because $h_*^r(X, L)$ has countable dimension, whereas $H^r(X, L)$, being dual to an infinite-dimensional space, has an uncountable base.

In order to derive (3.1) from (7.2) in the case of an orientable n-gm, one should know a priori that $H^r(X, L)$ and $h^r_*(X, L)$ are isomorphic if one of them is finite-dimensional. We do not know whether this can be proved directly, perhaps more generally for a locally compact, paracompact and clc space.

7.3. By (4.2) and Section 6, a paracompact n-gm can also be defined as a space which is clc and satisfies the condition (L-n). Both definitions can be formulated for an arbitrary principal ideal ring (by means of (4.3), in one case); but we do not know whether they are equivalent, or even whether one implies the other when L is not a field, because, seeing no reason why $C^*_c(X, L)$ should be projective, we cannot assert that $H_*(C_*(X, L))$ and $H^*_c(X, L)$ are related by the universal coefficient formula. In the same connection, we may ask the following question: if X satisfies condition (Z-n) (where Z is the ring of integers), and is clc over Z, connected and orientable, does one have, as in the case of ordinary manifolds, an exact sequence

$$0 \to \mathrm{Ext}\,(H^{i+1}_c(X, Z), Z) \to H^{n-i}(X, Z) \to \mathrm{Hom}\,(H^i_c(X, Z), Z) \to 0 \,?$$

7.4. *Smith manifolds.* In [8], Smith considers a space X (we shall call it a Smith n-manifold) with the following properties:

(i) X is locally compact, finite-dimensional and clc over L.

(ii) Property $P_n$: Each $x \in X$ has an open neighborhood U such that (a) given $y \in U$ and an open neighborhood V of y in U, there is an open neighborhood W of y in V such that

$$H^i_c(W \subset V, L) = 0 \ (i \ne n), \qquad H^n_c(W \subset V, L) \cong L\,;$$

(b) for each open V in U, $H^n_c(V \subset U, L) \ne 0$.

(iii) Property Q: Given x and an open U containing x, there exists an open V with $x \in V \subset U$ such that, given $y \in V$ and an open neighborhood U' of y contained in V, there exists an open neighborhood V' of y in U' such that the map of relative cohomology modules $H^*(X - V', X - V, L) \to H^*(X - U', X - U, L)$ induced by the inclusion $(X - U', X - U) \subset (X - V', X - V)$ has zero image.

Actually, Smith considers this only when L is the field of integers modulo a prime p, and X is compact and also locally paracompact; and he formulates his conditions in homology. The extension of it mentioned here has been studied by Yang [11], who expresses it in Čech homology with a compact abelian group of coefficients; but there is of course no difficulty in going over to cohomology. The property (iia) means that $p^n(x, L) = 1$, $p^i(x, L) = 0$ $(i \ne n)$; therefore, by (6.4), the condition clc is redundant, and X is a Wilder n-manifold. In view of (iia), (iib) clearly implies that x has a connected neighborhood U such that $H^n_c(U, L)$ contains a nonzero element which belongs to $H^n_c(V \subset U, L)$ for each open V in U. Thus (iib) implies local orientability (see 3.4). Yang has shown [11, Appendix] that (iii) follows from the other conditions, so that the notions of a Smith n-manifold and of a locally orientable Wilder n-manifold are equivalent. In [11], Corollary 3.3 of the present paper is proved directly, for a Smith n-manifold, for any principal ideal ring L and any open subspace U. As a consequence, if a proper closed subset of a connected Smith n-manifold is a Wilder m-manifold, then $m < n$; in fact, for any boundary point x of F and any connected neighborhood U of x in X, we have $H^j_c(F \cap U, L) = 0$ for $j \ge n$, and therefore the jth local Betti number of F around x is zero for all $j \ge n$.

## 8. A MAYER-VIETORIS SEQUENCE IN $\Phi$-COHOMOLOGY

The map $\gamma$ in the proof of (6.4ii) also defines a map $\gamma^*$ of $H^n(P)$ in $H_c^{n+1}(W)$, leading to an exact sequence of the Mayer-Vietoris type, which we shall now discuss briefly.

Let $\Phi$ be a family of closed sets in X, satisfying the usual conditions for $\Phi$-cohomology [4b, Exp. XVII]; and let A be a fundamental grating over L for X, (for example, let $A = C^*(X, L)$), and let $A_\Phi$ be the subgrating of elements in A with carriers in $\Phi$. Then the $\Phi$-cohomology group $H_\Phi^*(X, L)$ of X with coefficients in L is by definition $H^*(A_\Phi)$. If Y is an open subspace of X, and $\Phi'$ is the set of elements of $\Phi$ contained in Y, then $H^*(A_{\Phi'}) = H_{\Phi'}^*(Y, L)$, and the inclusion of $A_{\Phi'}$ in $A_\Phi$ defines a homomorphism of $H_{\Phi'}^*(Y, L)$ in $H_\Phi^*(X, L)$; this homomorphism generalizes $j_{YX}^*$, and it will be denoted by the same symbol.

Let now X be the union of two open subspaces $X_1$, $X_2$, and let $\Phi_1$, $\Phi_2$, $\Phi_{12}$ be the family of elements in $\Phi$ contained in $X_1$, $X_2$, $X_1 \cap X_2$, respectively. A map $\gamma^*: H_\Phi^n(X, L) \to H_{\Phi_{12}}^{n+1}(X_1 \cap X_2, L)$ is defined in the following way: let $z' \in H^n(X, L)$ and z be a representative cocycle. Consider a decomposition $z = z_1 + z_2$ of z with $S(z_i) \subset \Phi_i$ $(i = 1, 2)$; using a partition of unity as in (6.4ii), one sees that there is always at least one such decomposition. Then $dz_1 + dz_2 = 0$, hence $S(dz_1) \subset X_1 \cap X_2$, and $\gamma^*(z')$ is by definition the class of $dz_1$ in $H_{\Phi_{12}}^{n+1}(X_1 \cap X_2, L)$. It is a routine exercise to verify that $\gamma^*(z')$ does not change if we use another decomposition of z, or another cocycle of $z'$, and that the following sequence is exact:

$$\to H_{\Phi_{12}}^n(X_1 \cap X_2, L) \xrightarrow{j^*} H_{\Phi_1}^n(X_1, L) + H_{\Phi_2}^n(X_2, L) \xrightarrow{k^*} H_\Phi^n(X, L) \to H_{\Phi_{12}}^{n+1}(X_1 \cap X_2, L) \to,$$

where

$$j^*(x) = j_{U, X_1}^*(x) - j_{U, X_2}^*(x) \qquad (U = X_1 \cap X_2, \; x \in H_{\Phi_{12}}^n(U, L)),$$

$$k^*(x_1 + x_2) = j_{X_1, X}^*(x_1) + j_{X_2, X}^*(x_2) \qquad (x_i \in H_{\Phi_i}^n(X_i, L), \; i = 1, 2).$$

If $X = Y_1 \cup Y_2$, with $Y_i$ open and containing $X_i$, one obtains in the obvious way a map of the Mayer-Vietoris sequence of $(X, X_1, X_2)$ into that of $(X, Y_1, Y_2)$. When $\Phi$ is the family of compact subspaces, we get the Mayer-Vietoris sequence for cohomology with compact carriers used in (6.2).

We now use the notations of (6.4ii) and take for $\Phi$ the family of all closed sets on P. Then the elements of $\Phi$ with carriers in Q (resp. W, R) are precisely the compact subsets of Q (resp. W, R) and we have a commutative diagram

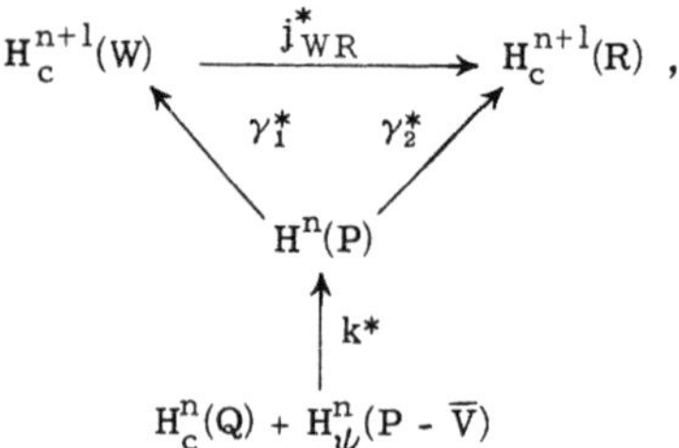

where $\gamma_1^*$ is the map of the Mayer-Vietoris sequence of $(P, U, W \cup (P - \overline{U}))$, and $\Psi$ is the family of elements of $\Phi$ contained in $P - \overline{V}$. Then (6.4ii) follows from the facts that $\operatorname{Im} j_{WR}^*$ and $k^*(H_c^n(Q)) = \beta(H_c^n(Q))$ are finitely generated and that $i^*k^*(H_\Psi^n(P - \overline{V})) = 0$.

In this proof, we assume tacitly that $P$ is paracompact, since the elements of a family $\Phi$ are paracompact; but in fact this condition does not play any role here if we take $A = C^*(P, L)$; in any case, the first version of the proof did not require that assumption.

## REFERENCES


1. P. Alexandroff, *On local properties of closed sets*, Ann. of Math. (2) 36 (1935), 1-35.

2. E. G. Begle, *Locally connected spaces and generalized manifolds*, Amer. J. Math. 64 (1942), 553-574.

3. ———, *Duality theorems for generalized manifolds*, Amer. J. Math. 67 (1945), 59-70.

4. H. Cartan, *Séminaire de topologie algébrique de l'Ecole Normale Supérieure*, a) 1948-49, b) 1950-51.

5. H. Cohen, *A cohomological definition of dimension for locally compact Hausdorff spaces*, Duke Math. J. 21 (1954), 209-224.

6. S. Eilenberg and N. Steenrod, *Foundations of algebraic topology*, Princeton Mathematical Series 15 (1952).

7. E. E. Floyd, *Closed coverings in Čech homology theory*, Trans. Amer. Math. Soc. 84 (1957), 319-337.

8. P. A. Smith, *Transformations of finite period. II*, Ann. of Math. (2) 40 (1939), 690-711.

9. R. L. Wilder, *Topology of manifolds*, Amer. Math. Soc. Colloquium Publications 32 (1949).

10. ———, *Some consequences of a method of proof of J. H. C. Whitehead*, Michigan Math. J. 4 (1957), 27-31.

11. C. T. Yang, *Transformation groups on a homological manifold*, Trans. Amer. Math. Soc. [87 (1958), 261-283].


The Institute for Advanced Study

**43.**

(with F. Hirzebruch)

## Characteristic classes and homogeneous spaces, I*

Amer. J. Math. **80** (1958) 458–538

**Introduction.** It is known that the characteristic classes of a real or complex vector bundle may be interpreted as elementary symmetric functions in certain variables, which are 1, 2 or 4 dimensional cohomology classes. If we consider the tangent bundle of the coset space $G/U$ of a compact connected Lie group modulo a closed subgroup, it turns out that these variables may be identified with certain roots of $G$ (or their squares). Our first purpose is to establish this connection between roots and characteristic classes, which is the basis of this paper, and to compute the characteristic classes of certain well-known homogeneous spaces. These results are then applied in particular to $G/T$ ($T$ maximal torus of $G$), and to other algebraic homogeneous spaces, where they lead to relations between characteristic classes, Betti numbers, the Riemann-Roch theorem and representation theory; they are also used to discuss multiplicative properties of the Todd genus and other genera in fibre bundles with $G/U$ as fibre. As an application, we get a divisibility property of the Chern class of a complex vector bundle over an even dimensional sphere which yields some information about certain homotopy groups of Lie groups.

We now give a summary of the different chapters. For the notions and notations used without further comments, the reader is referred to [2, 19].

Chapter I. The first three Sections give a survey of standard properties of roots and linear representations; §4 gives two characterizations of systems of positive roots which will be used in Chapter IV. In §5 we introduce the roots of a Lie group with respect to a commutative subgroup of type $(2, 2, \cdots, 2)$, which will occur in the description of Stiefel-Whitney classes.

Chapter II recalls those concepts of fibre bundle theory which are most often used in this paper, such as restriction and extension of the structural group (with respect to homomorphisms), integration over the fibre, to be denoted by $\natural$, and the bundle of vectors tangent to the fibres of a bundle whose typical fibre admits a differentiable structure invariant under the structural group, to be called hereafter the "bundle along the fibres".

---

* Received January 29, 1958.

578

Chapter III starts with a review of the definition by means of symmetric functions of the characteristic classes of a bundle having a classical group as structural group (§ 9). In § 10, we consider the $\lambda$-extension $\eta^1$ of a principal $G$-bundle $\eta$ by means of a unitary representation $\lambda \colon G \to U(n)$; the bundle $\eta^1$ is a principal $U(n)$-bundle, whose Chern classes are shown to be the elementary symmetric functions in the weights of $\lambda$, suitably interpreted as 2-dimensional classes; analogous statements are proved for the real orthogonal representations and Pontrjagin classes (10.3). Now, the real tangent bundle to $G/U$ is the $\iota$-extension of the principal $U$-bundle $(G, G/U, U)$, with respect to the linear isotropy representation $\iota$ of $U$ in the tangent space at a point of $G/U$ fixed under $U$ (Proposition 7.5). Applying 10.3 to this situation yields the relation between roots and characteristic classes mentioned at the beginning of this introduction, which, in fact, holds more generally for the bundle along the fibres of $(E/U, B, G/U)$, where $(E, B, G)$ is a principal $G$-bundle.

Chapter IV. The homogeneous space $G/U$ admits an invariant almost complex structure $J$ if and only if the isotropy representation $\iota$ can be factorized through the standard inclusion of $U(n)$ in $SO(2n)$, $(2n = \dim G/U)$; we obtain in this case a unitary representation $\iota_c \colon U \to U(n)$, whose weights are certain roots of $G$, to be called the roots of $J$; they allow us to compute the Chern classes of $J$ using 10.3 and to discuss the integrability of $J$ using the results of § 4; among the applications in § 13 we give new proofs of some results of H. C. Wang.

The invariant complex structures of $G/U$ (where $U$ is the centralizer of a torus in $G$), can be obtained directly by using the complexification of $G$; the space $G/U$ is also homogeneous kählerian [5] and even rational algebraic, and there is a close connection between its projective embeddings and the linear representations of $G$. For later use, we include in § 14 a short discussion of some of these results; moreover, we prove (14.10) that the real cohomology classes of these algebraic homogeneous spaces are all of type $(p, p)$ and for $p = 1$ describe those which are positive in the sense of Kodaira.

Chapter V is devoted to some special cases; in particular, to projective spaces.

Chapter VI.† In § 20 a formula for the homomorphism $\natural$ in the bundle. $\xi = (B_T, B_G, G/T, \rho(T, G))$ is established (20.3); it shows, in particular (22.2), that $\natural$, applied to the total Todd class of the bundle along the fibres of $\xi$ endowed with the complex vector bundle structure defined by means of an

---

† §§ 20 to 30 will be published in a later issue of this Journal.

invariant almost complex structure $J$ on $G/T$, gives a zero-dimensional term, which is 1 or 0, according to whether $J$ is integrable or not; it follows that the Todd genus $T(G/T)^1$ of $G/T$ with respect to $J$ is 1 or zero respectively and that (22.5) in certain bundles $(E, B, G/T)$, with almost complex $E$ and $B$ the Todd genus, "behaves multiplicatively," i.e., that we have $T(E) = T(B) \cdot T(F)$. These results are generalized to the $T_y$-genus and to homogeneous almost complex spaces $G/U$ (rank $U = $ rank $G$).

In §23 we consider the $A$-genus of homogeneous spaces $G/U$ with rank $U = $ rank $G$ and, in particular, prove it to be equal to 0 when the second Betti number of $G/U$ vanishes; moreover, in a differentiable bundle $(E/U, B, G/U)$ with $A(G/U) = 0$, we also have $A(E) = 0$.

In §24, $G/U$ (rank $U = $ rank $G$) is assumed to be algebraic. The value of the $T_y$-genus found in §22 and (14.10) yield a formula for the Betti numbers of $G/U$ in terms of the action of the Weyl groups of $G$ and $U$ on the roots of $G$. The dimension of the vector space of holomorphic cross-sections of a complex line bundle $F$ on $G/U$ is computed by means of the Riemann-Roch theorem and is shown to be either zero or equal to the degree of the irreducible representation of $G$ having the first Chern class of $F$ as highest weight (24.7); (this fact has led to the results of [7a] and has been further generalized by R. Bott [7b]). The degree (in the sense of algebraic geometry) of the projective embedding of $G/U$ given by this linear representation, or equivalently, by the complete linear system of divisors belonging to $F$, is also explicitly calculated.

Chapter VII. In §25, the $A$-genus is proved to be an integer. More generally, we introduce, for a complex vector bundle $\eta$ over a differentiable manifold $X$ and for an arbitrary element $d \in H^2(X, \mathbf{Z})$, a rational number $\hat{A}(X, d, \eta)$, in analogy with the Riemann-Roch formula, and prove that it is an integer after multiplication by a suitable power of 2. It follows that the $q$-th Chern class of a complex vector bundle over the $2q$-dimensional sphere $S_{2q}$ is divisible by the greatest odd factor of $(q-1)!$; applications of this last fact to the homotopy of Lie groups are given in §26.

As is well known, the index of a differentiable manifold $X$ equals the $L$-genus of $X$, which is a linear combination of Pontrjagin numbers [19]. It was recently proved [12] that the index "behaves multiplicatively" in differentiable bundles. This fact has certain consequences for the Pontrjagin classes of the bundle along the fibres of a differentiable bundle, from which

---

[1] We allow ourselves to denote by $T$ the Todd genus as well as a maximal torus, since this is unlikely to bring any confusion.

we conclude that the sequence of $L$-polynomials is essentially uniquely characterized by the property of giving rise to a genus which behaves multiplicatively in differentiable fibre bundles.

In Appendix I, we compare the different definitions of Chern classes known to us, with particular emphasis on the signs.

In Appendix II, it is first proved that the torsion coefficients of $H^*(B_{O(n)}, \mathbf{Z})$ and $H^*(B_{SO(n)}, \mathbf{Z})$ are all of order 2. This allows us to characterize the universal *integral* Pontrjagin class $p_i$ by its canonical images in $H^{4i}(B_{O(n)}, \mathbf{R})$ and $H^{4i}(B_{O(n)}, \mathbf{Z}_2)$, the latter being equal to the square of the universal $2i$-th Stiefel-Whitney class. It is also shown that, up to 2-torsion, the integral $i$-th Pontrjagin class of a principal $\mathbf{O}(n)$-bundle $\xi$ can be defined by means of the transgression in a certain bundle $\eta_i$ associated with $\xi$; in particular, $\eta_i$ has the typical fibre $\mathbf{O}(n)/\mathbf{O}(2i-1)$ when $n$ is odd.

## TABLE OF CONTENTS

CHAPTER V. SPECIAL CASES



CHAPTER VI. APPLICATIONS TO TODD GENERA



CHAPTER VII. GENERA DEFINED BY PONTRJAGIN CLASSES



Appendix I



Appendix II



## Chapter I. Compact Lie Groups.

### 1. Generalities.

1.1. *Coset spaces.* Let $G$ be a Lie group, $U$ a closed subgroup of $G$, $G/U$ the space of left cosets of $G \bmod U$, $\pi$ the natural projection of $G$ onto $G/U$, and $\mathfrak{g}$, $\mathfrak{u}$ the Lie algebras of $G$, $U$ identified as usual with the tangent spaces at the neutral element. Left translation by $g \in G$ induces a homeomorphism of $G/U$ which will be denoted by the same letter; if $u \in U$ it leaves $o = \pi(e)$ invariant and induces an automorphism $\tilde{u}$ of the tangent space $(G/U)_o$ of $G/U$ at $o$. The homomorphism $\iota_u : u \to \tilde{u}$ is called the *isotropy representation* and its image the *linear isotropy group* $\bar{U}$. For

1 connected $G$, its kernel is the subgroup of those elements of $G$ which act trivially on $G/U$ or, also, the largest subgroup of $U$ invariant in $G$.

$\mathrm{Ad}\, g$ or $\mathrm{Ad}_{\mathfrak{g}}\, g$ will denote the automorphism of $\mathfrak{g}$ induced by the inner automorphism $x \to gxg^{-1}$ of $G$. If $\pi_e$ is the differential of $\pi$ at $e$, we have clearly

$$\pi_e \circ \mathrm{Ad}_{\mathfrak{g}}\, u = \tilde{u} \circ \pi_e \qquad\qquad (u \in U) ;$$

in particular, since the kernel of $\pi_e$ is $\mathfrak{u}$, $\pi_e$ allows us to identify $(G/U)_0$ with any subspace $\mathfrak{m}$ of $\mathfrak{g}$ supplementary to $\mathfrak{u}$, invariant under $\mathrm{Ad}_{\mathfrak{g}}\, u$, in such a way that $\tilde{u}$ is carried over to the restriction of $\mathrm{Ad}_{\mathfrak{g}}\, u$ to $\mathfrak{m}$. If $\sigma$ is an automorphism of $G$ and $\sigma_e$ its differential at $e$, then

$$(1) \qquad\qquad \mathrm{Ad}\, \sigma(g) = \sigma_e \circ \mathrm{Ad}\, g \circ \sigma_e^{-1}.$$

1.2. From now on, $G$ is a compact Lie group. We recall that its maximal toral subgroups are conjugate to each other by inner automorphisms and are maximal abelian subgroups of $G$ if $G$ is connected; their common dimension is the *rank* of $G$, to be denoted here by $l$ or $l(G)$. The letter $T$ will be reserved for a maximal torus of $G$, and $S$ for an arbitrary toral subgroup; $V_S$ will be the universal covering of $S$ and $\Gamma_S$ the "unit lattice", i. e., the inverse image of the identity element of $S$. The latter is a free commutative group of rank $k$ $(k = \dim S)$, which spans $V_S$. A real valued linear form on $V_S$ is said to be *integral* if it takes integral values on $\Gamma_S$.

1.3. *Roots, diagram.* The representation $s \to \mathrm{Ad}_{\mathfrak{g}}\, s$ of $S$ in $\mathfrak{g}$ is fully reducible and there is a direct sum decomposition

$$(2) \qquad\qquad \mathfrak{g} = \mathfrak{a}_1 + \cdots + \mathfrak{a}_k + \mathfrak{b} + \mathfrak{s} \qquad\qquad (\dim \mathfrak{a}_i = 2)$$

of $\mathfrak{g}$ into subspaces invariant under $\mathrm{Ad}_{\mathfrak{g}}\, S$, where $\mathfrak{b} + \mathfrak{s}$ is the largest subspace on which $S$ operates trivially. We may then write, for $s \in S$,

$$(3) \qquad\qquad \mathrm{Ad}_{\mathfrak{g}}\, s \mid_{\mathfrak{a}_i} = \begin{pmatrix} \cos 2\pi a_i(s) & -\sin 2\pi a_i(s) \\ \sin 2\pi a_i(s) & \cos 2\pi a_i(s) \end{pmatrix}$$

where $a_i(p(x))$, $p$ the projection of $V_S$ onto $S$, is a non-zero integral linear form.[2] The linear forms $\pm a_i$ are *the roots of $G$ with respect to $S$*. We shall be concerned mainly with the case where $S = T$ is a maximal torus. Then $\mathfrak{b} = 0$, and the $2m$ linear forms $\pm a_i$, $(i = 1, \cdots, m$; $\dim. G = l + 2m)$, are simply *the roots* of $G$.[3] Clearly, if $S \subset T$, the roots relative to $S$ are the restriction to $V_S$ of the roots of $G$ which do not vanish identically on $S$.

---

[2] In the sequel, there will be no notational distinction between $a(p(x))$ and $a(t)$.

[3] We call them roots in spite of the facts that the roots in the sense of the

An element $t \in T$ is *singular* if its centralizer has dimension $> l(G)$, *regular* otherwise; in $V_T$ the singular elements are represented by the points of the hyperplanes $a_i \equiv 0 \bmod 1$, $(1 \leq i \leq m)$, which form the *diagram of $G$*.

In case $S$ is a toral subgroup of $U$, the decomposition (2) may be chosen in such a way that $\mathfrak{u}$ is spanned by a subspace $\mathfrak{h}_1$ of $\mathfrak{h}$, $\mathfrak{s}$ and some of the $a_i$, say $a_1, \cdots, a_q$; the $\pm a_i$ $(q < i \leq m)$ will be called *the roots of $G$ relative to $S$ complementary to those of $U$*, or simply the *complementary roots* if there is no danger of confusion.

1.4. *The Weyl Group.* We choose once and for all a positive definite metric on $\mathfrak{g}$ invariant under $\mathrm{Ad}\, G$, and consider on $V_T$ the metric which is induced by it in the obvious way; it allows us to define in the standard way a canonical isomorphism between $V_T$ and its dual space $V_T^*$ and a metric on $V_T^*$; the scalar product on $V_T$ or $V_T^*$ will be denoted $(\ ,\ )$. An element $a \in V_T^*$ is called *singular* if there exists a root $a_i$ such that $(a, a_i) = 0$; its image in $V_T$ under the canonical isomorphism is then singular in the above sense. Finally, we remark that the symmetry $S_a$ of $V_T$ with respect to the hyperplane $a = 0$ induces a symmetry of $V_T^*$, to be denoted also by $S_a$, defined by

$$S_a(b) = b - 2(a, b)(a, a)^{-1} \cdot a.$$

The Weyl group $W(G)$ of $G$ is the group of automorphisms of $T$ induced by inner automorphisms of $G$ leaving $T$ invariant; it is a finite group and a quotient of $N_T/T$, where $N_T$ is the normalizer of $T$ in $G$; it may also be viewed as a group of isometries of $V_T$ leaving $\Gamma_T$ and the diagram invariant. For connected $G$, it is isomorphic to $N_T/T$ and is generated by the symmetries to the hyperplanes $a_i = 0$ $(i = 1, \cdots, m)$.

**2. Standard properties of roots.** $G$ is a compact *connected* Lie group of dimension $n$ and rank $l$, $T$ a maximal torus, $V$ its universal covering and $\pm a_i$ $(1 \leq i \leq m, n = l + 2m)$ are the roots of $G$. The proofs of the statements in §§2, 3 may be found e.g. in [8, 13, 23, 27, 28].

2.1. An element $v \in V$ is in the inverse image of the center of $G$ if and only if $a_i(v) \equiv 0 \bmod 1$ $(i = 1, \cdots, m)$; in particular, $G$ is semi-simple if and only if it has $l$ linearly independent roots.

2.2. $a_i$ and $a_j$ are linearly independent if $i \neq j$.

---

infinitesimal theory (i. e., the roots of the Killing equation), are the forms $\pm 2\pi i a_j$ and the zero form; the forms $a_j$ were called " paramètres angulaires " by E. Cartan [8]. Also, unless otherwise specified, the zero form will not be considered as a root.

2.3. The number $2(a,b)\cdot(a,a)^{-1}$ is an integer for any two roots $a, b$ and the linear forms $b-k\cdot a$ are also roots for $k$ integral varying between 0 and $2(a,b)(a,a)^{-1}$.

2.4. *Simple roots.* Let $(x^i)$, $(1\leq i\leq l)$, be a base of $V^*$. We define a total ordering $\mathscr{S}$ on $V^*$ by saying that $a=a_1x^1+\cdots+a_lx^l$ is $>0$ if its first non vanishing coefficient is $>0$ and that $a>b$ if $a-b>0$. A root is *simple*, relative to $\mathscr{S}$, if it is positive and cannot be represented as the sum of two positive non-zero roots. The simple roots are linearly independent, the scalar product of any two of them is $\leq 0$, and every root is a linear combination, with integral coefficients of the same sign, of simple roots. It follows, in particular, that, when $G$ is semi-simple, there are $l$ simple roots; also, a simple root is not a linear combination with positive coefficients of other positive roots.

2.5. A set of elements of $V$ or $V^*$ is said to be decomposable if it is the union of two non-empty mutually orthogonal subsets. A semi-simple group $G$ is simple if and only if its root system or the system of its simple roots is indecomposable. Assume $G$ to be simple, let $a_i$ $(1\leq i\leq l)$ be the simple roots and let $b=b_1a_1+\cdots+b_la_l$ be the highest root with respect to an ordering $\mathscr{S}$. Then we have

$$(b,a_i)\geq 0, \qquad b_i>0, \qquad\qquad (i=1,\cdots,l),$$

and $b_i$ majorizes the coefficient of $a_i$ for all roots.

2.6. *The sign of an element of $W(G)$.* Let $a_i$ $(1\leq i\leq m)$, be the positive roots with respect to $\mathscr{S}$. Since $W(G)$ leaves the diagram invariant, any $w\in W(G)$ induces a permutation of the system $(\pm a_i)$ $(1\leq i\leq m)$, and transforms $(a_i)$ into a system of roots $(\epsilon_i a_i)$ with $\epsilon_i=\pm 1$. We shall denote by $s(w)$ the number of $\epsilon_i$'s equal to $-1$ and by sgn $w$ the product of the $\epsilon_i$'s. We contend that sgn $w$ is equal to the determinant of $w$ viewed as a linear transformation of $V$, and, in particular, does not depend on $\mathscr{S}$. In fact, let $e_i$, $e_{-i}$ be the orthonormal base of $\mathfrak{a}_i$ with respect to which we have (3) of §1, and let $g\in N_T$ belong to the coset of $w$. It follows from 2.2 that $w$ permutes the $\mathfrak{a}_i$, and then from (1) §1 that if $w(a_i)=\epsilon_i a_j$, then Ad $g(e_i\wedge e_{-i})$ $=\epsilon_i e_j\wedge e_{-j}$; moreover, the natural isomorphism of $\mathfrak{t}$ on $V$ carries the restriction of Ad $g$ to $\mathfrak{t}$ over to $w$; our contention follows readily from this and from the fact that, $G$ being connected, we have det Ad $g=1$.

2.7. *The Weyl chambers.* Let $a_1,\cdots,a_r$ be the simple roots belonging to the order $\mathscr{S}$. A *Weyl chamber* in $V$ or $V^*$ is a connected component of the set of regular elements. In particular, the set of points $v \in V$ (resp. $x \in V^*$), such that $a_i(v) > 0$, (resp. $(x, a_i) > 0$) $(1 \leq i \leq r)$, is one and will be called the positive Weyl chamber with respect to $\partial$. The Weyl group acts simply transitively on the Weyl chambers, and, in particular, the integer $s(w)$ defined in 2.6 is zero if and only if $w$ is the identity; it is generated by the symmetries to the hyperplanes $a_i = 0$ $(1 \leq i \leq r)$.

2.8. *Remark on orderings.* Let $a \in V^*$ be such that $(a, a_i) \neq 0$ for all $i$ $(1 \leq i \leq m)$, and let us say that a root is positive if $(a, a_i) > 0$. Then the order relation thus obtained between roots is induced by an ordering on $V^*$ as considered in (2.4) and has, therefore, the properties (2.4), (2.5). To define $\partial$, one takes a base $(x^i)$ of $V^*$ dual to a base $(e_i)$ $(1 \leq i \leq l)$, of $V$ where $e_i$ $(i \geq 2)$ is contained in the hyperplane $a = 0$.

2.9. *Classification.* We recall that a compact connected Lie group $G$ has a finite covering $\bar{G}$ which is the direct product of a torus $S$ by a semi-simple and simply connected group $\bar{G}'$; the group $\bar{G}$ is uniquely determined, up to an isomorphism, if we require, moreover, that the kernel of the projection of $\bar{G}$ onto $G$ intersects $S$ only at the identity. The image of $\bar{G}'$ in $G$ is the derived group $G'$ of $G$ and is also its largest semi-simple sub-group; the image of $S$ is, of course, the connected identity component of the center of $G$.

The semi-simple groups are locally isomorphic to products of simple non-commutative groups. For the classification of the Lie algebras of compact simple Lie groups, we refer to [13, 23]. For a list of their roots, see for instance [25a]. For the simple Lie groups and the classical linear groups we follow here the standard notations.

**3. Linear representations.** $a_i$ $(1 \leq i \leq m)$ are the positive roots of the compact connected Lie group $G$ of rank $l$, with respect to an ordering $\partial$, $a$ is the sum of the $a_i$'s and $a_1, \cdots, a_r$ are the simple roots, $r$ being the rank of the semi-simple part $G'$ of $G$.

3.1. LEMMA. *We have* $(a, a_j) = (a_j, a_j)$, $(1 \leq j \leq r)$.

Let $S_j$ be the symmetry with respect to $a_j = 0$. We have

$$S_j a_i = a_i - 2 (a_i, a_j) \cdot (a_j, a_j)^{-1} \cdot a_j.$$

Hence $S_j a_i$ and $a_i$ $(j \leq r)$, when expressed as linear combinations of simple roots, differ at most by the coefficient of $a_j$; thus, if $a_i \neq a_j$, $S_j a_i$ has at least one positive coefficient, and is a positive root by (2.4); this means that $S_j$ permutes among themselves the positive roots different from $a_j$. But we have

$$(a_j, S_j a_i + a_i) = 0,$$

whence the lemma.

3.2. To abbreviate, we write $E(b)$, ($b \in V^*$ or $b \in V^* \otimes \boldsymbol{C}$), for

$$\sum_{w \in W(G)} (\operatorname{sgn} w) \exp(2\pi \sqrt{-1} \cdot w(b))$$

and $E(b, x)$ for the value of this function on $x \in V$. If $b^*$ and $x_*$ are the images of $b$ and $x$ under the canonical isomorphism between $V$ and $V^*$ defined by a metric invariant under $W(G)$, we have clearly $E(x_*, b^*) = E(b, x)$.

By a standard result of representation theory, we have

$$(1) \qquad E(a/2) = \prod_{i=1}^{i=m} 2\sqrt{-1} \sin \pi a_i.$$

The computation of the $m$-th orders terms on each side yields the equality

$$(2) \qquad m! \prod a_i = \sum_{w \in W(G)} (\operatorname{sgn} w) \cdot w(a/2)^m.$$

Let us denote by $E_x^{(m)}(b, 0)$ the value at 0 of the $m$-th derivative of $E(b, y)$ in the direction $x$; then we have

$$(3) \qquad E_x^{(m)}(a/2, 0) = m! (2\pi \sqrt{-1})^m \prod_1^m \langle a_i, x \rangle.$$

It follows directly from the definition that $E(b)$ vanishes identically when $b$ is singular. Conversely, the equality $E(x_*, b^*) = E(b, x)$, recalled above, and (3) imply

$$(4) \quad E_{a^*/2}^{(m)}(b, 0) = m! (2\pi \sqrt{-1})^m \prod_1^m \langle a_i, b \rangle = m! (2\pi \sqrt{-1})^m \prod_1^m (a_i, b);$$

hence, if $E(b) = 0$, the element $b$ must be singular.

3.3. *The weights.* An element $b \in V^*$ is called a weight of $G$ if it is integral on the unit lattice of the connected identity component of the center of $G$ and is such that $2(b, a_j) \cdot (a_j, a_j)^{-1}$ is an integer ($j \leq m$). The weights form a free commutative group of rank $l$. The previous condition may also be expressed by saying that a weight is a linear form which is integral on the unit lattice $\Gamma_0$ corresponding to the covering $\bar{G}$ of $G$ which has the form $S \times \bar{G}'$ where $S$ is a torus, $\bar{G}'$ is semi-simple and simply connected, and such that the kernel of the projection $\bar{G} \to G$ intersects $S$ only at the identity (2.9).

For $b, c \in V^*$, let us put $q(b, c) = 2 \cdot (b, c)(c, c)^{-1}$. Let $S_a$ be the symmetry to the hyperplane $d = 0$. We have $(b, S_d c) = (S_d b, c)$, $(S_d c, S_d c)$ $= (c, c)$ and $S_d b = b - q(b, d) d$, and therefore

$$(5) \qquad q(b, S_d c) = q(b, c) - q(b, d) q(d, c).$$

PROPOSITION. *Let $b$ be an element of $V^*$. Then $q(b, a_j)$ is an integer for $1 \leqq j \leqq m$ if and only if it is so for $1 \leqq j \leqq r$. In particular, $a/2$ is a weight.*

The Weyl group $W(G)$ is generated by the symmetries $S_j$ to the hyperplanes $a_j = 0$ $(1 \leqq j \leqq r)$, and every root is the image of a simple root under some transformation of $W(G)$ (this follows from 2.7). Since $q(d, c)$ is an integer when $c$ and $d$ are roots (2.3), the equality (5) shows that $q(b, S_j a_k)$ is integral if $q(b, a_k)$ and $q(b, a_j)$ are, and our first assertion follows by an obvious induction. The second one is then a consequence of (3.1) and of the fact that $a$ is zero on the identity component of the center of $G$.

3.4. *Characters.* It follows from the results of H. Weyl and from standard facts about direct products, that the characters of the irreducible representations of the group $G$ introduced in 3.3, restricted to the maximal torus $\bar{T}$, are the functions

$$(6) \qquad \chi(t) = E(b) \cdot E(a/2)^{-1},$$

where $b$ runs through the weights contained in the positive Weyl chamber defined by $\mathcal{S}$. In other words, the $b$'s are the weights which verify

$$2(a_j, b) = k_j(a_j, a_j), \qquad (k_j > 0, \text{ integral}, j = 1, \cdots, r).$$

By dividing out in (6), one may write $\chi(t)$ as a finite sum of exponentials $\exp 2\pi \sqrt{-1}\, c_s$, where the $c_s$'s are weights. The highest one is $b - (a/2)$; it has multiplicity one and characterizes the linear representations up to an equivalence. In view of the foregoing, the highest weights are those which satisfy

$$(7) \qquad 2(a_j, c) = k_j(a_j, a_j), \qquad (k_j \geqq 0, \text{ integral}, j = 1, \cdots, r).$$

Assume now $G$ to be semi-simple, hence $r = l = \text{rank } G$. Let $\varpi_i$ be the linear form defined by $q(\varpi_i, a_j) = \delta_{ij}$ $(i = 1, \cdots, l)$. By (3.3), the $\varpi_i$'s are weights, to be called the fundamental weights, and form a basis of the group of weights. By (7), the highest weights are the linear combinations of the $\varpi_i$'s with integral non negative coefficients.

Let again $\bar{G}$ be compact, not necessarily semi-simple. The degree $d$ of the representation with highest weight $b - (a/2)$ is $\chi(0)$. In the right hand side of (6), this appears in the form $0/0$, but by taking suitable $m$-derivatives at the origin, and using (2), (3), (4), one arrives easily at the formulas:

$$d \cdot (m!) \cdot \prod_1^m a_i = \sum_{w \, \epsilon \, W(G)} (\operatorname{sgn} w) w(b)^m$$

(8)

$$d = \prod_1^m (a_i, b) \cdot (a_i, a/2)^{-1}.$$

Finally, we remark that the representation of $\bar{G}$ with highest weight $b - (a/2)$ is single-valued on $G$ if and only if $b - (a/2)$ is integral on the unit lattice corresponding to $G$.

**4. Two characterizations of systems of positive roots.** We assume here $G$ to be semi-simple, and denote its rank by $l$, but otherwise follow the notations of §3. We discuss here two conditions under which given roots are positive relative to a suitable ordering; the first one is the object of (4.3), which will be preceded by two lemmas.

4.1. LEMMA. *Let $u_j$ be the integers such that the sum $a$ of the positive roots is equal to $u_1 a_1 + \cdots + u_l a_l$. Then the only solution of the system of inequalities*

(1) $\quad (a_j, x) \geqq (a_j, a_j) ; \; 0 \leqq x_j \leqq u_j, \quad (x = x_1 a_1 + \cdots + x_l a_l ; j = 1, \cdots, l),$

*is $a$ itself.*

That $a$ is a solution follows from (3.1).

Let $y = y_1 a_1 + \cdots + y_l a_l$ be a solution of (1) for which the sum of the $y_i$ is minimum; such a $y$ clearly exists. The $y_i$'s are $> 0$, because if, e. g., $y_k = 0$, then we would have $(a_k, y) \leqq 0$ by (2.4).

Put $r_j = (a_j, y)$. Since the $a_j$'s $(1 \leqq j \leqq l)$ form a base, it is enough to show that $r_j = (a_j, a_j)$. Suppose otherwise; then there exists a $k$ such that $r_k > (a_k, a_k)$. Consider $z = y - c \cdot a_k$, where $c$ is a small positive constant. Then

$$z = \sum z_j a_j, \quad (z_j = y_j, (j \neq k) ; z_k = y_k - c)$$
$$(a_j, z) = (a_j, y) - c(a_j, a_k) = r_j - (a_j, a_k) c.$$

Since $(a_j, a_k) \leqq 0$ for $j \neq k$ by (2.4), $z$ is, for suitably small $c > 0$, a solution of (1) for which the sum of the coefficients is strictly smaller than for $y$, contradicting the latter's definition.

4.2. LEMMA. *Let $(\epsilon_i)$, $(i = 1, \cdots, m)$, be a sequence of integers of* *absolute value 1, and let* $a^* = \sum_i \epsilon_i a_i$. *If* $(a^*, a_j) > 0$ *for* $j = 1, \cdots, l$, *then* $a^* = a$ *and* $\epsilon_i = 1$ $(1 \leq i \leq m)$.

Let $c = c_1 a_1 + \cdots + c_l a_l$ (resp. $d = d_1 a_1 + \cdots + d_l a_l$), be the sum of the $a_i$ for which $\epsilon_i = 1$ (resp. $\epsilon_i = -1$). We have

$$(2) \quad a^* = c - d; \; a = c + d; \; c_j + d_j = u_j; \; c_j, d_j \geq 0, \qquad (j = 1, \cdots, l).$$

By assumption,

$$(a_j, c) - (a_j, d) = (a_j, a^*) > 0, \qquad (j = 1, \cdots, l),$$

and by (3.1),

$$(a_j, c) + (a_j, d) = (a_j, a) = (a_j, a_j), \qquad (j = 1, \cdots, l),$$

whence

$$2 (a_j, c) > (a_j, a_j), \qquad (j = 1, \cdots, l).$$

But it follows from (2.3) that $2 (a_j, c) \cdot (a_j, a_j)^{-1}$ is an integer; therefore the preceding inequality implies that

$$(a_j, c) \geq (a_j, a_j), \qquad (j = 1, \cdots, l),$$

which, together with (2), shows that $c$ is a solution of (1). By (4.1), this gives $c = a$, $d = 0$, $a = a^*$ and $d = 0$ implies (2.4) that no $\epsilon_i$ equals $-1$.

4.3. **Theorem.** *Let* $(\epsilon_i)$, $(i = 1, \cdots, m)$, *be a sequence of integers of absolute value 1. Then the set* $(\epsilon_i a_i)$ *is the system of positive roots with respect to some ordering* $\mathcal{S}'$ *if and only if* $a^* = \sum_i \epsilon_i a_i$ *is a regular element.*

*Necessity:* Suppose that $(\epsilon_i a_i)$ are the positive roots with respect to some ordering; by (2.7), there exists $w \in W(G)$ which sends the $\epsilon_i a_i$ onto the $a_i$ and, therefore, $a^*$ onto $a$. Since the Weyl group leaves the set of regular elements invariant, it suffices to show that $a$ is regular; but this follows from (3.1).

*Sufficiency:* Suppose $a^*$ to be regular, and let $\mu_i = \pm 1$ be such that $(a^*, \mu_i a_i) > 0$. Then, as remarked in (2.8), $(\mu_i a_i)$ is the system of positive roots with respect to some ordering $\mathcal{S}_1$, and it will therefore be enough to show that $\mu_i = \epsilon_i$, $(i = 1, \cdots, m)$.

By (2.7), we may find $w \in W(G)$ carrying $(\mu_i a_i)$ onto $(a_i)$ and, therefore, $a^*$ onto $a^{**} = \sum_i \epsilon_i \mu_i a_{\sigma(i)}$, where $\sigma$ is a permutation of $(1, 2, \cdots, m)$ since $(a^*, \mu_i a_i) > 0$ for all $i$ and since $w$ preserves the scalar product, we have

$(a^{**}, a_j) > 0$, $(j = 1, \cdots, l)$, and (4.2) gives then $a^{**} = a$ and $\mu_i \epsilon_i = 1$,

$$(i = 1, \cdots, m).$$

4.4. COROLLARY. *Let $J$ be a non-empty set of integers belonging to the interval $[1, m]$. Suppose we have signs $\epsilon_j$, $(j \in J)$, such that $\sum\limits_{j \in J} \epsilon_j a_j = 0$. Then for any choice of the remaining signs $\epsilon_i$, the form $\sum\limits_1^m \epsilon_i a_i$ is a singular element.*

Suppose otherwise; then by (4.3), the $(\epsilon_i a_i)$ are the positive roots in some suitable ordering, but, obviously, a sum of positive roots cannot vanish.

4.5. DEFINITION. *A set $B$ of roots of $G$ is said to be closed if it contains the sum of any two of its elements whenever this sum is a root of $G$.*

Our main purpose will be to show that a closed system containing one root from each pair $\pm a_i$ is positive for some ordering.

4.6. LEMMA. *Let $B$ be a closed system which for no $i$ $(1 \leqq i \leqq m)$, contains both $a_i$ and $-a_i$. Then if a linear combination $b$ of elements of $B$ with positive integral coefficients is a root, it belongs to $B$.*

Proof by induction on the sum $k$ of the coefficients of $b$. For $k = 2$, it is an assumption; assume the lemma to be true for $k - 1$, and let

$$b = c_1 b_1 + \cdots + c_q b_q, \quad (c_i > 0, c_i \text{ integer}, \sum c_i = k, b_i \in B).$$

We distinguish two cases. (a) For some $j \leqq q$, $b_1 + b_j$ is a root; it is then in $B$ by definition, and we have

$$b = (b_1 + b_j) + (c_1 - 1)b_1 + c_2 b_2 + \cdots + (c_j - 1)b_j + c_{j+1}b_{j+1}$$
$$+ \cdots + c_q b_q.$$

Therefore, $b$ may also be written as

$$b = c'_1 b'_1 + \cdots + c'_r b'_r, \quad (c'_i > 0, \text{ integral}, \sum c'_i = k - 1, b'_i \in B),$$

and is in $B$ by the induction assumption. (b) No element $b_1 + b_j$ is a root; then $(b_1, b_j) \geqq 0$ for $j = 2, \cdots, q$, (see 2.3), whence $(b_1, b) > 0$, and $b - b_1$ is a root. By induction, it is in $B$, and $b$ then belongs to $B$ by definition.

4.7. LEMMA. *We keep the same assumption on $B$. Then any sum $\sum c_i b_i$ $(b_i \in B, c_i > 0, integral)$ is $\neq 0$.*

Otherwise, we would have

$$-b_1 = (c_1 - 1)b_1 + c_2 b_2 + \cdots + c_q b_q,$$

contradicting (4.5) and (4.6).

4.8. A sequence $(b_1, \cdots, b_k)$ of elements of $B$ such that $b_i - b_{i+1} \in B$ for $i = 1, \cdots, k-1$ will be said to be *decreasing of length* $k$. The *height* $h(b)$ of $b \in B$ will be the maximal length of decreasing sequences starting with $b$. By Lemma 4.7, any two elements in a decreasing sequence are different, and hence $h(b)$ is always finite. Let $k = h(b)$ and $b, b_2, \cdots, b_k$ a decreasing sequence. If we add to $b$ a decreasing sequence for $b_2$ or for $b - b_2$, we clearly get a decreasing sequence starting with $b$. Therefore $h(b) = k$ implies that $h(b_2)$, $h(b - b_2)$ are $\leqq k-1$; thus *an element of height* $k \geqq 2$ *is sum of two elements of heights* $\leqq k-1$.

4.9. THEOREM. *Let $B$ be a closed system of roots which, for each $i$, $(1 \leqq i \leqq m)$, contains exactly one of the two roots $\pm a_i$. Then $B$ is the set of positive roots for a suitable ordering.*

Let $b_1, \cdots, b_s$ be the elements of height 1 in $B$. By induction on the height, it follows from the last assertion in (4.8) that every element of $B$ is a linear combination of the $b_i$'s $(i = 1, \cdots, s)$ with positive integral coefficients. Therefore, it suffices to show that the $b_i$'s are linearly independent. Since they span all roots, their rank is $l$; assume that $b_1, \cdots, b_l$ are independent and that, contrary to our contention, $s \neq l$. We have then a relation

$$(3) \qquad b_{l+1} = c_1 b_1 + \cdots + c_l b_l, \quad (c_i \text{ real, not all zero}).$$

The $c_i$'s are also a solution of the linear system

$$(4) \qquad (x_1(b_1, b_j) + \cdots + x_l(b_l, b_j))(b_j, b_j)^{-1} = (b_{l+1}, b_j)(b_j, b_j)^{-1}$$

$(j = 1, \cdots, l)$, whose determinant is, up to a positive factor, the determinant of the products $(b_i, b_j)$ and is therefore $\neq 0$. Thus the $c_i$'s are the unique solution of (4) and are rational numbers since the coefficients are rational by (2.3). The given relation is then equivalent to a relation

$$d_1 b_1 + \cdots + d_l b_l + d_{l+1} b_{l+1} = 0 \quad (d_i \text{ integers, } d_{l+1} \neq 0).$$

By (4.7) the coefficients do not all have the same sign, and, after a change in numeration of the $b_i$ $(i \leqq l)$, we arrive at an equality

$$(5) \qquad e_1 b_1 + \cdots + e_p b_p = e_{p+1} b_{p+1} + \cdots , + e_{l+1} b_{l+1} = b$$

$(e_i \geqq 0$, integral, $(e_1, \cdots, e_p) \neq (0, \cdots, 0))$. On the other hand, we have $(b_i, b_j) \leqq 0$ for $(1 \leqq i < j \leqq s)$; because otherwise, by $(2.3)$, the elements $\pm (b_i - b_j)$ would be roots, one of them would belong to $B$ and either $b_i$ or $b_j$ would have a height $\geqq 2$. Therefore we have

$$(b, b) = (e_1 b_1 + \cdots + e_p b_p, e_{p+1} b_{p+1} + \cdots + e_{l+1} b_{l+1}) \leqq 0$$

and $b = 0$, in contradiction to $(4.7)$, which proves that $l = s$.

4.10. COROLLARY. *Let $B$ be a closed system of roots which for each $i$, $(1 \leqq i \leqq m)$, contains at least one of the roots $\pm a_i$. Then $B$ contains the set of all positive roots relative to a suitable ordering.*[4]

Let us number the roots in such a way that $B$ consists of $\pm a_1, \cdots, \pm a_q$, $\epsilon_{q+1} a_{q+1}, \cdots, \epsilon_m a_m$ $(\epsilon_i = \pm 1)$. Then the system $B'$ consisting of the $a_i$ $(1 \leqq i \leqq q)$ and the $\epsilon_j a_j$ $(q < j \leqq m)$ is closed; in fact, if $a_s + a_t$ $(s, t \leqq q)$ is a root, it is positive and in $B$, hence in $B'$. If $a_s + \epsilon_t a_t = - a_p$ $(s, p \leqq q < t)$, then $a_s + a_p = - \epsilon_t a_t$ and $B$ would not be closed; if $\epsilon_s a_s + \epsilon_t a_t = - a_p$, $(p \leqq q < s, t)$, then $a_p + \epsilon_t a_t = - \epsilon_s a_s$ and $B$ is again not closed. Therefore, by the theorem, $B'$ is the set of positive roots for some ordering.

4.11. *Remark.* Using complex semi-simple Lie algebras, one can also prove more generally than 4.9 that a closed system of roots $B$ which for each $i$ contains at most one of the roots $\pm a_i$ is positive for some ordering. In fact, in the notations of $(12.2)$, it follows readily from $(4.7)$ that the subspace of $\mathfrak{g}^c$ spanned by $\mathfrak{t}^c$ and the $\mathfrak{d}_b$, $(b \in B)$, is a solvable subalgebra. It is then conjugate by an inner automorphism $\alpha$ to a subalgebra of the algebra spanned by $\mathfrak{t}^c$ and the $\mathfrak{d}_{a_i}$ by a result of Morosow (C. R. Acad. Sci. U. R. S. S. (N. S.), 36 (1942), pp. 83-86), also proved in A. Borel, Annals of Math., 64 (1956), pp. 20-80, §16. Moreover, by the conjugacy of Cartan subalgebras in solvable Lie algebras, we may assume that $\alpha(\mathfrak{t}^c) = \mathfrak{t}^c$ which means that $B$ is transformed onto a subset of the $a_i$'s by an element of the Weyl group.

**5. The 2-roots of a compact Lie group.** We define here certain linear forms with values in $\mathbf{Z}_2$, analogous to the roots, which are useful in the study of Stiefel-Whitney classes.

5.1. Let $G$ be a Lie group. We denote by $Q$ or $Q_s$ a subgroup of $G$

---

[4] Another, completely different, proof of this corollary has been given by Harish-Chandra, *American Journal of Mathematics*, vol. 77 (1955), pp. 743-777, § 2, Lemma 4.

isomorphic to the product of $s$ copies of $\mathbf{Z}_2$. The real irreducible linear representations of $Q$ are 1-dimensional, being defined by a character which may be viewed as an element of $\mathrm{Hom}(Q, \mathbf{Z}_2)$. Let us now decompose the Lie algebra $\mathfrak{g}$ of $G$ into a direct sum

$$\mathfrak{g} = \mathfrak{b}_1 + \cdots + \mathfrak{b}_n, \qquad\qquad (n = \dim \mathfrak{g})$$

of 1-dimensional subspaces invariant under $\mathrm{Ad}_\mathfrak{g} Q$; the characters $\mathfrak{b}_1, \cdots, \mathfrak{b}_n$ corresponding to these subspaces will be called the 2-*roots of* $G$ *with respect to* $Q$. In case $Q$ is contained in a maximal torus, these are just the restrictions to $Q$ of the roots of $G$ and the zero form with multiplicity $l = \mathrm{rank}\ (G)$, but otherwise, they represent different elements of the group-theoretical structure of $G$ and have a " global " character.

5.2. Let $U$ be a closed subgroup of $G$ containing $Q$. Then we can choose a decomposition into subspaces $\mathfrak{b}_i$, such that the $n - k$ last ones generate the Lie algebra $\mathfrak{u}$ of $U$. The 2-roots $\mathfrak{b}_i$ $(1 \leqq i \leqq k)$ are then the *complementary* 2-roots; or, more explicitly, the 2-roots of $G$ with respect to $Q$ which are complementary to those of $U$.

*Examples.*

5.3. $G = \boldsymbol{O}(n)$, $\boldsymbol{SO}(n)$. We consider in $\boldsymbol{O}(n)$ the subgroup $\boldsymbol{Q}$ of diagonal matrices; it is a maximal commutative subgroup of type $(2, 2, \cdots, 2)$, and any subgroup of this type is conjugate to a subgroup of $\boldsymbol{Q}$. We take in $\mathfrak{g}$ the usual basis consisting of the antisymmetric matrices having only two non-vanishing entries, equal to $\pm 1$. Let $x_{i1}$ $(1 \leqq i \leqq n)$ be the diagonal matrix all of whose coefficients are equal to 1, except for the $i$-th one which is equal to $-1$, and let $(y_i)$ be the dual basis of $\mathrm{Hom}(\boldsymbol{Q}, \mathbf{Z}_2)$. A straightforward computation shows that the basis of $\mathfrak{g}$ mentioned above is invariant under $\mathrm{Ad}_\mathfrak{g} \boldsymbol{Q}$ and that the 2-roots relative to $\boldsymbol{Q}$ are

$$y_i - y_j, \qquad\qquad (1 \leqq i < j \leqq n).$$

In $\boldsymbol{SO}(n)$, the diagonal matrices also form a maximal commutative subgroup $\boldsymbol{Q}'$ of type $(2, 2, \cdots, 2)$, isomorphic to $(\mathbf{Z}_2)^{n-1}$. It is convenient to consider it as a subgroup of $\boldsymbol{Q}$, and, therefore, $\mathrm{Hom}(\boldsymbol{Q}', \mathbf{Z}_2)$ as a quotient of $\mathrm{Hom}(\boldsymbol{Q}, \mathbf{Z}_2)$; it is then generated by $n$ elements $y_i$ subject to the relation $y_1 + \cdots + y_n = 0$, and the 2-roots are again the differences $y_i - y_j$ $(1 \leqq i < j \leqq n)$.

5.4. $G = \boldsymbol{U}(n), \boldsymbol{SU}(n)$. In $\boldsymbol{U}(n)$, all maximal commutative subgroups of type $(2, 2, \cdots, 2)$ are conjugate to the subgroup $\boldsymbol{Q}$ of diagonal matrices with coefficients $\pm 1$, and are therefore contained in maximal tori. The 2-roots are then obtained from the usual roots and, with respect to the standard basis of skew-hermitian matrices, are the zero form with multiplicity $n$ and the differences $y_i - y_j$ $(1 \leqq i < j \leqq n)$, each with multiplicity two.

The 2-roots of $\boldsymbol{SU}(n)$ with respect to the subgroup of the elements of $\boldsymbol{Q}$ having determinant 1 will be the same, the $y_i$'s being subject to the relation $y_1 + \cdots + y_n = 0$, the zero form having multiplicity $n - 1$.

5.5. $G = \boldsymbol{Sp}(n)$. Here again, all maximal commutative subgroups of type $(2, 2, \cdots, 2)$ are conjugate to the subgroup $\boldsymbol{Q}$ of diagonal matrices with coefficients $\pm 1$ ($G$ being considered as the group of unitary matrices with quaternionic coefficients) and are isomorphic to $(\boldsymbol{Z}_2)^n$. Since the usual roots are $\pm y_i \pm y_j$ $(1 \leqq i < j \leqq n)$ and $\pm 2y_i$ $(1 \leqq i \leqq n)$, we get as 2-roots: the root zero, with multiplicity $3n$ and $y_i - y_j$ $(1 \leqq i < j \leqq n)$, with multiplicity 4.

In §17, we shall also discuss the 2-roots of the exceptional group $\boldsymbol{G}_2$ with respect to a subgroup not contained in a maximal torus.

## Chapter II. Topological Preliminaries.

### 6. Fibre bundles.

6.1. *Notations.* $p$ denotes a prime number or zero, $K_p$ a field of characteristic $p$, $\boldsymbol{Z}_p$ $(p \neq 0)$, $\boldsymbol{Z}_0$, $\boldsymbol{R}$, $\boldsymbol{C}$, the fields of integers mod $p$, of rational, real, complex numbers respectively.

$H^i(X, A)$ (resp. $H_i(X, A)$) is the $i$-th singular cohomology (resp. homology) group of the space $X$ with coefficients in the commutative group $A$, $H^*(X, A)$ (resp. $H_*(X, A)$) the direct sum of the cohomology (resp. homology) groups; for all spaces considered in this paper, $H^i(X, \boldsymbol{Z})$ will be finitely generated and equal to the $i$-th Alexander-Spanier cohomology group. The map of cohomology (resp. homology) groups induced by a continuous map $f$ is denoted by $f^*$ (resp. $f_*$).

When dealing with classifying spaces, it will sometimes be convenient to consider formal infinite sums of cohomology elements, and to this effect, we also introduce the *direct product* $H^{**}(X, A)$ of the $H^i(X, A)$; an element $x \in H^{**}(X, A)$ may be identified with a sum $x_0 + \cdots + x_i + \cdots$, with $x_i \in H^i(X, A)$ possibly $\neq 0$ for infinitely many values of $i$. When $A$ is a ring, $H^{**}(X, A)$ also becomes an associative ring under the cup product. The homomorphism of $H^{**}(Y, A)$ into $H^{**}(X, A)$ induced by $f : X \to Y$ will be denoted by $f^{**}$.

$A\{X_1, \cdots, X_k\}$ will denote the ring of formal power series in the $X_i$'s, with coefficients in the commutative ring $A$.

Let $U$ be a closed, connected subgroup of maximal rank of the compact, connected Lie group $G$, and let $T$ be a maximal torus of $U$. We have then $H^{**}(B_T, A) = A\{x_1, \cdots, x_l\}$, $(x_i \in H^2(B_T, A)$, $1 \leq i \leq l = \operatorname{rank} G)$. The results of [2, §§ 26, 27] imply that $\rho^{**}(T, G)$ maps $H^{**}(B_G, \mathbf{Z}_0)$ isomorphically onto the ring of invariants of the Weyl group, and that it is isomorphic to a ring of formal power series in $l$ indeterminates; moreover, $H^{**}(G/U, \mathbf{Z}_0)$ is the quotient of $H^{**}(B_U, \mathbf{Z}_0)$, regarded as a subring of $H^{**}(B_T, \mathbf{Z}_0)$, by the ideal $(I^+{}_G)^*$ generated in $H^{**}(B_U, \mathbf{Z}_0)$ by the (finite or infinite) sums of homogeneous invariants of $W(G)$ with strictly positive degrees. Similar translations in cohomology over $\mathbf{R}$, $\mathbf{Z}_p$ or $\mathbf{Z}$ of the results of [2, § 29] are left to the reader.

6.2. *Fibre bundles.* The fibre bundles occurring in this paper will be locally trivial; we follow the definitions of [19, 26]. We do not require the structural group to act effectively on the fibre [19, § 3.2c)]. A fibre bundle is denoted by $(E, B, F, \pi)$ or $(E, B, F)$, where $E$ is the total space, $B$ the base space, $F$ the typical fibre, $\pi$ the propection, or just by one symbol, mostly $\xi, \eta, \theta$; in the latter case, we often write $E_\xi, B_\xi, F_\xi, \pi_\xi, G_\xi, \tau_\xi$ for $E, B, F, \pi$, the structural group and the transgression in $\xi$ respectively. A bundle with structural group $G$ will also be called a $G$-bundle.

Let $\xi$ be a principal $G$-bundle and $U$ a closed subgroup of $G$. The space of the cosets $x \cdot U$ modulo $U$ $(x \in E_\xi)$, is denoted by $E_\xi/U$; it is the base space of the principal fibering $(E_\xi, E_\xi/U, U)$ and the total space of the $G$-bundle $(E_\xi/U, B_\xi, G/U)$. Let $F$ be a space operated upon by $G$. We denote by $E_\xi \times_G F$ the quotient of $E_\xi \times F$ by the equivalence relation $(x, f) \approx (x \cdot g, g^{-1} \cdot f)$. As is well known, it is the total space of a $G$-bundle $(\xi, F)$ over $B_\xi$, with fibre $F$.

6.3. *Representations of fibre bundles.* Let $\xi, \eta$ be two fibre bundles. A representation of $\xi$ in $\eta$ is a continuous map $\phi: E_\xi \to E_\eta$ which sends fibres into fibres; it induces then a map $\bar\phi: B_\xi \to B_\eta$ such that $\bar\phi \circ \pi_\xi = \pi_\eta \circ \phi$. We shall use without further comment the fact that $\phi$ commutes with transgression and, more generally, induces a homomorphism of the spectral sequence of $\eta$ into that of $\xi$ (see e.g. [2], § 4).

6.4. *Homomorphisms of fibre bundles.* Let $G$, $G'$ be topological groups, $\lambda: G \to G'$ a homomorphism, and $F$ (resp. $F'$), a space on which $G$, (resp. $G'$), operates. A $\lambda$-map of $F$ into $F'$ is a continuous map $\psi$ such that

$\psi(g \cdot f) = \lambda(g) \cdot \psi(f)$, (or $\psi(f \cdot g) = \psi(f) \cdot \lambda(g)$ if $G, G'$ operate on the right). Let $\xi$ and $\eta$ be principal $G$- and $G'$-bundles respectively. A homomorphism of $\xi$ into $\eta$ is a representation induced by a $\lambda$-map of $E_\xi$ into $E_\eta$; clearly every $\lambda$-map defines a homomorphism. A homomorphism of $(\xi, F)$ into $(\eta, F')$ is a representation defined by two $\lambda$-maps of $E_\xi$ and $F$ into $E$, and $F'$ respectively.

Let $U$, $U'$ be closed subgroups of $G$ and $G'$ such that $\lambda(U) \subset U'$. Then we have a commutative diagram

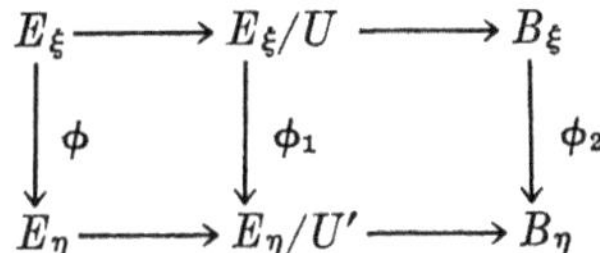

$\phi$ defines $\lambda$-homomorphisms $(E_\xi, E_\xi/U, U) \to (E_\eta, E_\eta/U', U')$ and $E_\xi, B_\xi, G)$ $\to (E_\eta, B_\eta, G')$; the map $\phi_1$ is a $\lambda$-homomorphism of $(E_\xi/U, B_\xi, G/U)$ into $(E_\eta/U', B_\eta, G'/U')$.

6.5. *Restriction and extension of the structural group.* Let $\xi$ and $\eta$ be two principal bundles over the same base space $B$, and let $\lambda$ be a homomorphism of $G_\xi$ into $G_\eta$. Assume that there exists a $\lambda$-homomorphism of $\xi$ into $\eta$ which induces the identity of $B$. Then we say that $\eta$ is a $\lambda$-extension of $\xi$ and that $\xi$ is a $\lambda$-restriction of $\eta$. We recall that, given $\xi$ and $\lambda$, there always exists a $\lambda$-extension which is unique up to equivalence, and which will be denoted by $\lambda(\xi)$; whereas given $\eta$ and $\lambda$, a $\lambda$-restriction does not always exist and, if it does, is not necessarily unique. The $\lambda$-extension $\eta$ of $\xi$ is defined as follows: $E_\eta = E_\xi \times_G G'$, where $G$ operates on $G'$ by $g \cdot g' = \lambda(g) \cdot g'$; if $\mu$ is the projection of $E_\xi \times G'$ onto $E_\eta$, then $\pi_\eta$ is induced by $\mu(x, g') \to \pi_\xi(x)$, and the $\lambda$-map $\phi : E_\xi \to E_\eta$ is defined by $\phi(x) = \mu(x, e)$, where $e$ is the neutral element in $G'$; finally, the principal bundle operations on $E_\eta$ are introduced by $(x, y) \cdot g' = (x, y \cdot g')$, $(x \in E_\xi; y, g' \in G')$. These notions are defined in the same way for associated bundles; they generalize the standard concepts of extension and restriction of the structural group, to which they reduce when $\lambda$ is the inclusion map of a closed subgroup. Clearly they can also be formulated for equivalence classes of bundles; if these are identified with the elements of the cohomology sets $H^1(B, G_c)$ and $H^1(B, G'_c)$, in the notations of [19, §3], then the $\lambda$-extension of $\xi \in H^1(B, G_c)$ is its image under the natural coefficient map induced by $\lambda$.

6.6. *Characteristic map.* $E_G$ (resp. $B_G$) is a universal bundle (resp. classifying space) for the compact Lie group $G$ ([26], §19, [2], §18; as in

[6] they will usually be taken as universal or classifying for all dimensions). Any principal $G$-bundle $\xi$ over a base space $B$ belonging to a suitable class of topological spaces is induced from the universal bundle by a map $\sigma : B \to B_G$, defined up to homotopy as the "characteristic map" for $\xi$ [26, §19].

To a homomorphism $\lambda$ of $G$ into a compact Lie group $G'$ corresponds a map $\rho(\lambda)$ of $B_G$ into $B_{G'}$, defined up to homotopy, called the characteristic map for the $\lambda$-extension of $(E_G, B_G, G)$ (see [6], §1). It follows immediately from the definitions that a $\lambda$-restriction of a principal $G'$-bundle $\eta$ exists if and only if the characteristic map $\sigma$ of $\eta$ can be written as $\sigma = \rho(\lambda) \circ \sigma'$ where $\sigma'$ is a map of $B$ into $B_G$; when $\lambda$ is an inclusion, $\rho(\lambda)$ reduces to the map $\rho(G, G')$ introduced in [2].

6.7. *Fibre bundle over a fibre bundle.* We discuss here a generalization of the "bundle along the fibres" (see §7), which allows us to put in its proper setting a useful fact about characteristic maps.

Let $\xi$, $\eta$ be fibre bundles, $\bar{\xi}$, $\bar{\eta}$ the corresponding principal bundles. We assume that $F_\xi = B_\eta$ and that $G_\xi$ is also a group of automorphisms of $\bar{\eta}$; the latter condition means that there is a homomorphism $g \to \bar{g}$ of $G_\xi$ in the group of those homeomorphisms of $E_\eta$ which commute with the operations of $G_\eta$, and, of course, such that the induced homeomorphisms of $B_\eta$ are those which define $G_\xi$ as structural group for $\xi$. In particular, the homeomorphism $\bar{g} \times \mathrm{Id}$ of $E_{\bar{\eta}} \times F_\eta$ is compatible with the equivalence relation which defines $\eta$, hence $G_\xi$ is also a group of homeomorphisms of $E_\eta$ commuting with $\pi_\eta$. By means of these operations, we define first a bundle $\mu = (E_\mu, B_\xi, E_\eta)$ with structural group $G_\xi$, and typical fibre $E_\eta$, associated to $\bar{\xi}$; its total space is then

$$E_\mu = E_{\bar{\xi}} \times_{G_\xi} E_\eta.$$

Since $G_\xi$ commutes with $\pi_\eta$, this map induces a map $\lambda$ of $E_\mu$ onto $E_{\bar{\xi}} \times_{G_\xi} B_\eta = E_\xi$. Since $G_\xi$, operating on $E_{\bar{\eta}}$, and $G_\eta$ commute, the space $E_{\bar{\xi}} \times_{G_\xi} E_{\bar{\eta}}$ can be considered as a principal $G_\eta$-bundle over $E_\xi$, the operations of the group being defined by means of its action on the right factor, and moreover, we have the "associativity law"

$$(E_{\bar{\xi}} \times_{G_\xi} E_{\bar{\eta}}) \times_{G_\eta} F_\eta \approx E_{\bar{\xi}} \times_{G_\xi} (E_{\bar{\eta}} \times_{G_{\bar{\eta}}} F_\eta).$$

From this, it follows immediately that $\lambda$ is the projection in a fibre bundle $(E_\mu, E_\xi, F_\eta) = \nu$, in which $G_\eta$ is the structural group, and whose corresponding principle bundle has total space $E_{\bar{\xi}} \times_{G_\xi} E_{\bar{\eta}}$. Therefore, we have obtained a bundle over $E_\xi$ with fibre $F_\eta$. It is clear that the inclusion map of a fibre of $\mu$ in $E_\mu$ may be viewed as a homomorphism of $\eta$ in $\nu$; it induces a map $i : B_\eta \to E_\xi$ of their base spaces which is the inclusion map of a fibre of $\xi$.

Therefore, if $\sigma$ is the characteristic map for $\nu$, then $\sigma \circ i$ is characteristic for $\eta$, and the characteristic ring of $\eta$ is the image of $i^* \circ \sigma^*$. This proves in particular the following:

6.8. PROPOSITION. *Let $\xi$, $\eta$ be two bundles with $F_\xi = B_\eta$, satisfying the conditions of 6.7., and let $i$ be the injection of a fibre of $\xi$. Then the image of $i^*: H^*(E_\xi, A) \to H^*(F_\xi, A)$ contains the characteristic ring of $\eta$.*

Let $G$ be a topological group, $U$ be a closed subgroup and $\theta$ be a principal $G$-bundle. Then $\xi = (E_\theta/U, B_\theta, G/U)$ and $\eta = (G, G/U, U)$ satisfy the assumptions of 6.7, $\eta$ being considered as a principal $U$-bundle, and $G_\xi = G$ (resp. $G_\eta = U$) acting by means of left (resp. right) translations on $G$; in this case, $\mu$ may be identified with $\theta$ and $\nu$ with $(E_\theta, E_\theta/U, U)$, and 6.8 reduces to the corollary to Prop. 18.3 of [2]. The application to differentiable bundles will be mentioned in § 7.

## 7. Vector bundles.

7.1. A real (resp. complex) vector bundle is a fibre bundle with an $n$-dimensional real (resp. complex) vector space as typical fibre, the structural group operating by means of linear transformations. Most often, we shall identify the typical fibre with $R^n$ or $C^n$, and the structural group with a subgroup of $GL(n, R)$ or $GL(n, C)$. We refer to [19] for the notions of sub-bundle, quotient bundle of a vector bundle, of Whitney sum $\xi \oplus \eta$ and tensor product $\xi \otimes \eta$ of two vector bundles $\xi$, $\eta$. We recall that a principal bundle with group $GL(n, R)$ or $GL(n, R)^+$ or $GL(n, C)$ has a unique restriction (up to isomorphism) with group $O(n)$ or $SO(n)$ or $U(n)$ [26, § 12].

7.2. *Orientable real vector bundles.* A real vector bundle is orientable if its structural group can be reduced to $GL(n, R)^+$ or $SO(n)$. If such a restriction has been made, we then endow each fibre with the orientation which is carried over from a fixed given orientation of the typical fibre $V$ by the allowable homeomorphisms of the bundle structure; the bundle is then said to be oriented; if $V$ has been identified with $R^n$, we always take the natural orientation of $R^n$.

7.3. *Almost complex structures.* A complex vector bundle $(E, B, C^q)$ defines in a natural fashion a real vector bundle $(E', B, R^{2q})$, its $\lambda$-extension relative to the standard inclusion $\lambda: GL(q, C) \to GL(2q, R)$; it is oriented. Conversely, if a real vector bundle $(E, B, R^{2q})$ has a $\lambda$-restriction, we say that it admits a complex structure and that such a complex restriction is a complex structure of the given bundle. A differentiable manifold admits an almost complex structure (resp. is almost complex) if its tangent bundle admits (resp. has been given) a complex structure.[5] To a complex structure of $\xi = (E, B, \mathbf{R}^{2n})$ there is attached a section $J$ in the real vector bundle $\xi^* \otimes \xi = \mathrm{Hom}(\xi, \xi)$, where the value of $J_b$ of $J$ at $b \in B$ is the linear map defined by multiplication by $\sqrt{-1}$; conversely, given a section $J$ of linear maps such that $J_b{}^2 = -\mathrm{Id}$ for all $b \in B$, we introduce on each fibre a complex structure by putting

$$(x + \sqrt{-1}\,y) \cdot v = x \cdot v + y \cdot J_b(v),$$

which gives a complex structure for the given real vector bundle.

7.4. *The bundle along the fibres.* Let $\xi$ be a fibre bundle whose fibre is a differentiable manifold $F$ of dimension $n$, $G_\xi$ being a group of differentiable homeomorphisms of $F$; the group $G_\xi$ is then also a group of automorphisms of the tangent bundle $\eta = T(F_\xi)$ to $F_\xi$ and of the bundle of frames $\bar{\eta} = B(F_\xi)$ which have $\mathbf{GL}(n, \mathbf{R})$ as structural group. We may apply 6.7, and the bundle corresponding to $\nu$ of 6.7 will be called *the bundle along the fibres.* It is a real vector bundle over $E_\xi$, whose fibres are the tangent spaces to the fibres of $\xi$, and will be denoted by $\hat{\xi}$. If $F$ has an almost complex structure which is invariant under $G_\xi$, in other words, if $G_\xi$ is also a group of automorphisms for a complex structure $\eta'$ of $\eta$, then the construction of 6.7 may also be applied to $\xi$ and $\eta'$ and yields a complex structure on $\hat{\xi}$ which will then be called a *complex bundle along the fibres of $\xi$.* Also, if $F_\xi$ carries an orientation invariant under $G_\xi$, then the structural group of $\hat{\xi}$ may also be reduced to $\mathbf{GL}(n, \mathbf{R})^+$. Applying 6.8 to the basic elements of the characteristic ring of a $\mathbf{O}(n)$, $\mathbf{SO}(n)$ or $\mathbf{U}(n)$-bundle (see § 9), we obtain the

PROPOSITION. *Let $\xi$ be a fibre bundle whose typical fibre $F_\xi$ has a differentiable structure invariant under $G_\xi$, and let $i$ be the inclusion map of a fibre in $E_\xi$. Then the Pontrjagin and Stiefel-Whitney classes of $F_\xi$, its Euler-Poincaré class with respect to an orientation invariant under $G_\xi$, and its Chern classes with respect to a $G_\xi$-invariant almost complex structure are in the image of $i^*$.*

(A similar remark has already been made in A. Borel, Jour. math. pur. appl. (9) 35, 127-139 (1956), proof of 3.2.)

---

[5] In this terminology therefore, an *almost complex* structure on a manifold corresponds to a *complex* structure of its tangent bundle.

$\xi$ is said to be differentiable if $E_\xi$, $B_\xi$, $F_\xi$ are differentiable manifolds, $\pi_\xi$ is a differentiable map, and the coordinate functions are differentiable; it follows then that $G_\xi$ is a group of diffeomorphisms of $F_\xi$. In this case, the fibre of $\hat{\xi}$ over $x \in E_\xi$ may be identified with the subspace of the tangent space of $E_\xi$ at $x$ which is tangent to the fibre of $\xi$ passing through $x$.

7.5. PROPOSITION. *Let $G$ be a Lie group, $U$ a closed subgroup, $\iota : U \to \boldsymbol{GL}(n, R)$ the isotropy representation* (1.1), *and let $\xi$ be a principal $G$-bundle. Then the principal bundle $\eta$ along the fibres of $(E_\xi/U, B_\xi, G/U)$ is the $\iota$-extension of $(E_\xi, E_\xi/U, U)$.*

We have to show the existence of a $\iota$-map: $E_\xi \to E_\eta$ inducing the identity on $E_\xi/U$.

We recall first that $(E_\xi/U, B_\xi, G/U)$ may be considered as the bundle with typical fibre $G/U$ associated to $\xi$; more precisely, there is a commutative diagram

$$
\begin{array}{ccc}
E_\xi & \xrightarrow{\ \alpha\ } & E_\xi \times G/U \\
\big\downarrow{\gamma} & & \big\downarrow{\delta} \\
E_\xi/U & \xrightarrow[\ \ \beta\ \ ]{} & E_\xi \times_G G/U
\end{array}
$$

where $\gamma$ and $\delta$ are the natural projections, $\alpha$ is defined by $x \to (x, o)$, the point $o \in G/U$ being the image of $U$ under the projection, $\beta$ is determined by the other maps and is a homeomorphism. This also allows us to attach to each $x \in E_\xi$ a homeomorphism $\sigma_x$ of $G/U$ onto the fibre $\gamma(x \cdot G)$ of $\gamma(x)$ in $E_\xi/U$, defined by

$$
\sigma_x(y) = \gamma \cdot \alpha^{-1}(x \cdot g, o), \quad (y \in G/U, \ g \in G \text{ such that } g^{-1}(y) = o).
$$

We have

$$
\sigma_x(o) = \gamma(x); \quad \sigma_{x \cdot g} = \sigma_x \circ g.
$$

All this is well known and easily checked. Let now $R_0$ be a fixed base of the tangent space to $G/U$ at $o$. Then $\sigma_x(R_0)$ is a base of the tangent space to the fibre of $(E_\xi/U, B_\xi, G/U)$ at $\gamma(x)$. We define $\phi$ by $\phi(x) = \sigma_x(R_0)$; from the relation $\sigma_{x \cdot u} = \sigma_x \circ u$, it follows readily that $\phi(x \cdot u) = \phi(x) \cdot \iota(u)$, in other words, that $\phi$ is a $\iota$-map. Since by construction, $\phi$ induces the identity on $E_\xi/U$, our contention is proved.

(7.5) shows in particular that the structural group of the tangent bundle to $G/U$ may be $\iota$-restricted to $U$. Finally, we mention the following well known elementary fact:

7.6. Proposition. *Let $\xi$ be a differentiable bundle. Then the quotient of the tangent bundle to $E_\xi$ by the bundle along the fibres $\hat{\xi}$ is equivalent to the bundle induced by $\pi_\xi$ from the tangent bundle to $B_\xi$.*

In fact, $\pi_\xi$ induces a bundle map of this quotient onto the tangent bundle to $B_\xi$, and the proposition follows then from [26, § 10.3].

## 8. Integration over the fibre.

8.1. Let $A$ be a commutative group, $(E, B, F, \pi)$ a fibre bundle with connected fibres such that (i) there exists an integer $q$ for which $H^r(F, A) = 0$ for $r > q$ and that (ii) the cohomology groups of the different fibres form a constant sheaf over $B$.

We want to define, in terms of the spectral sequence of the bundle, a homomorphism

$$\natural : H^k(E, A) \to H^{k-q}(B, H^q(F, A)) \qquad (k = 0, 1, \cdots),$$

the so-called "integration over the fibre". We put, of course, $\natural = 0$ for $k < q$ and assume from now on that $k \geqq q$. By (i), no non zero element of $E_r^{k-q,q}$, $(r \geqq 2)$, is a coboundary, hence the subgroup of the elements in $E_2^{k-q,q}$ which are cocycles for all differentials is canonically isomorphic to $E_\infty^{k-q,q}$, and we get a natural inclusion map

$$h_1 : E_\infty^{k-q,q} \to E_2^{k-q,q} \cong H^{k-q}(B, H^q(F, A)).$$

Let now $J^a$ $(a = 0, 1, \cdots)$, be the decreasing sequence of submodules defining the filtration of $H^*(E, A)$ attached to the fibration, and let us put, as usual, $J^{a,b} = J^a \cap H^{a+b}(E, A)$. Since $E_\infty^{a,b} = 0$ for $b > q$, we have $H^k(E, A) = J^{k-q,q}$, whence

$$E_\infty^{k-q,q} = J^{k-q,q}/J^{k-q+1,q-1} = H^k(E, A)/J^{k-q+1,q-1}$$

and a natural projection

$$h_2 : H^k(E, A) \to E_\infty^{k-q,q}.$$

$\natural$ is then defined by $\natural = h_1 \circ h_2$; by linearity it extends to an additive homomorphism of $H^*(E, A)$ into $H^*(B, H^q(F, A))$ and of $H^{**}(E, A)$ into $H^{**}(B, H^q(F, A))$. Whenever $H^q(F, A)$ can be identified with $A$, for instance, when $F$ is an oriented $q$-dimensional manifold, we consider it as a map from $H^*(E, A)$ or $H^{**}(E, A)$ to $H^*(B, A)$ or $H^{**}(B, A)$, lowering by $q$ the degree of homogeneous elements.

8.2. **Proposition.** *Let $A$ be a commutative ring, $\xi$ a bundle satisfying conditions* (i), (ii) *of* (8.1), $\natural$ *the integration over the fibre. Then*

$$(\pi_\xi^*(b) \cdot x)^\natural = b \cdot (x)^\natural, \quad (b \in H^*(B,A), x \in H^*(E,A)).$$

(Here $b \cdot (x)^\natural$ means the product of $b$ and $(x)^\natural$ under the natural pairing of $A$ and $H^q(F_\xi,A)$ to $H^q(F_\xi,A)$.) For the proof, we may assume $b$ and $x$ to be homogeneous of degrees $s, t$. We identify $b$ with its image in $E_2^{s,0}$ under the canonical isomorphism with $H^s(B_\xi, H^0(F_\xi,A)) = H^s(B_\xi,A)$. Then we have

$$h_2(\pi_\xi^*(b) \cdot (x)) = \kappa_\infty^2(b) \cdot h_2(x)$$
$$h_1(\kappa_\infty^2(b) \cdot h_2(x)) = b \cdot (h_1 \circ h_2(x))$$

because $E_\infty$ is the graded ring associated to $H^*(E_\xi,A)$ filtered by the $J^a$, and $b$ is a cocycle for all differentials.

8.3. **Proposition.** *Let $\xi, \eta$ be two fibre bundles satisfying the conditions* (i), (ii) *of* (8.1) *and let $\phi$ be a representation of $\xi$ in $\eta$. Let $\psi$: $H^*(B_\eta, H^q(F_\eta,A)) \to H^*(B_\xi, H^q(F_\xi,A))$ be the homomorphism which is induced by the map $\bar\phi \colon B_\xi \to B_\eta$ defined by $\phi$, and by the map $v \colon H^*(F_\eta,A) \to H^*(F_\xi,A)$ defined by the restriction of $\phi$ to a fibre.[6]. Then the following diagram is commutative*

$$
\begin{array}{ccc}
H^k(E_\eta, A) & \xrightarrow{\phi^*} & H^k(E_\xi, A) \\
\downarrow{\scriptstyle\natural} & & \downarrow{\scriptstyle\natural} \\
H^{k-q}(B_\eta, H^q(F_\eta,A)) & \xrightarrow{\psi} & H^{k-q}(B_\xi(\,H^q(F_\xi,A)).
\end{array}
$$

This follows from the fact that $\phi$ induces a homomorphism of the spectral sequence of $\eta$ into that of $\xi$, reducing to $\psi$ on the $E_2$ terms [2, §4].

*Remark.* For another discussion of the integration over the fibre, see [11]; it is also proved there, but we shall not need this fact, that in case $E, B, F$ are oriented compact connected manifolds, then $\natural$ is equivalent to the Gysin homomorphism defined by means of $\pi$ [11, Theorem 3].

8.4. Let $\xi$ be a fibre bundle satisfying (i), (ii) and: (iii) $A$ is a principal ideal ring, $H^*(F_\xi,A)$ is a free $A$-module of finite rank, $H^q(F_\xi,A) \cong A$, and $F_\xi$ is totally non-homologous to zero in $E_\xi$.

As is well known, these conditions have the following consequences for the spectral sequence of $\xi$:

---

[6] Note that, by assumption (ii), the latter homomorphism has an invariant meaning, independent from the particular fibre to which we restrict $\phi$.

$$E_\infty = E_2 = H^*(B_\xi, A) \otimes H^*(F_\xi, A),$$

and $\pi_\xi^*$ is injective; if $H^*(E_\xi, A)$ is considered as a $H^*(B_\xi, A)$-module by means of the rule $b \cdot x = \pi_\xi^*(b) \cup x$, ($b \in H^*(B_\xi, A)$, $x \in H^*(E_\xi, A)$), and if $h_i$ ($1 \leq i \leq m = \mathrm{rank}\, H^*(F_\xi, A)$) are homogeneous elements of $H^*(E_\xi, A)$ inducing a module basis of $H^*(F_\xi, A)$, then $H^*(E_\xi, A)$ is a free $H^*(B_\xi, A)$-module with base $(h_i)$.

Assume that $h_1$ induces a generator $\bar{h}_1$ of $H^q(F_\xi, A)$, and use $\bar{h}_1$ to identify $H^q(F_\xi, A)$ with $A$. Then we have clearly

$$(1) \qquad x = \pi_\xi^*(x^\natural) \cdot h_1 + \sum_2^m \pi_\xi^*(b_i) \cdot h_i,$$

and this characterizes $x^\natural$ completely.

Let $\mu$, $\nu$ be two fibre bundles with the following properties: $E_\mu = E_\xi$, $B_\mu = E_\nu$, $B_\nu = B_\xi$, $\pi_\xi = \pi_\nu \circ \pi_\mu$, and the restriction of $\pi_\mu$ to a fibre of $\xi$ is the projection map in a fibre bundle $\theta = (F_\xi, F_\nu, F_\mu)$. Assume that $\xi$, $\mu$, $\nu$, $\theta$ satisfy (i), (ii), (iii), (with of course $q$ depending on the fibre bundle); let $h_\mu$, $h_\nu$ be homogeneous elements of $H^*(E_\mu, A)$, $H^*(E_\nu, A)$ whose restrictions to a fibre generate the highest non-vanishing cohomology groups. Then $\pi_\mu^*(h_\nu) \cdot h_\mu = h_\xi$ has the same property in $\xi$. If these elements are used to identify the corresponding cohomology groups of the fibres with $A$, then it follows immediately from (1) that

$$(2) \qquad\qquad \natural_\xi = \natural_\nu \circ \natural_\mu.$$

When $\xi$, $\mu$, $\nu$, $\theta$ are fibre bundles satisfying (i), (ii) whose total spaces, fibres and base spaces are compact oriented manifolds, then (2) follows directly from the equivalence with the Gysin homomorphism mentioned in 8.3; it was shown to us to be true in general by Puppe, but since this is not needed here, we shall not reproduce the somewhat longer proof of this fact.

## Chapter III. Roots and Characteristic Classes.

**9. Characteristic classes.** We recall here the definitions of Chern, Stiefel-Whitney and Pontrjagin classes to be used in this paper, i. e., mainly the definitions which use universal bundles and flag manifolds. $S(x_1, \cdots, x_n)$ is the ring of symmetric polynomials in the $x_i$'s, with respect to a ring of coefficients which the context will make precise. $S\{x_1, \cdots, x_n\}$ is the corresponding ring of symmetric formal power series.

9.1. *Chern classes.* Let $\xi$ be a principal $U(n)$-bundle. Its $i$-th Chern class is denoted by $c_i$ or $c_i(\xi)$, ($c_i \in H^{2i}(B_\xi, \mathbf{Z})$), and $c$ or $c(\xi)$ is the sum of the $c_i$'s. It may be defined as follows: let $d_j$ $(1 \leqq j \leqq n)$ be the complex lines spanned by the canonical basis vectors of $\boldsymbol{C}^n$ and let $\boldsymbol{T}$ be the group of diagonal matrices in $\boldsymbol{U}(n)$; the group $\boldsymbol{T}$ is a maximal torus of $\boldsymbol{U}(n)$, its largest subgroup leaving the $d_j$'s invariant. In the universal covering $V$ of $\boldsymbol{T}$, we introduce coordinates $x_j$ such that $x = (x_1, \cdots, x_n)$ operates on $d_j$ by $z \to z \cdot \exp(2\pi i x_j)$; in other words, $x_j$ is such that, for small positive values of $x_j$, the product $z \wedge x(z)$ defines the natural orientation of $d_j$. The restrictions of the $x_j$ to the unit lattice define a basis of $\mathrm{Hom}(H_1(\boldsymbol{T}, \boldsymbol{Z}), \boldsymbol{Z})$ and thus a basis of $H^1(\boldsymbol{T}, \boldsymbol{Z})$, and they are, moreover, permuted by the Weyl group $W(\boldsymbol{U}(n))$ of $\boldsymbol{U}(n)$. Let $y_j = -\tau(x_j)$, where $\tau$ is the transgression in $(E_\xi, E_\xi/T, T)$, and let $\rho$ be the projection of $E_\xi/T$ onto $B_\xi$. Then $y_i \in H^2(E_\xi/T, Z)$ and $c(\xi)$ is defined by

$$\rho^*(c(\xi)) = \prod_1^n (1 + y_i).$$

To legitimize this, we have to know that the right hand side is in the image of $\rho^*$ and that $\rho^*$ is injective. It suffices to prove the first point in the universal bundle, in view of the commutative diagram

$$
\begin{array}{ccccc}
E_\xi & \longrightarrow & E_\xi/\boldsymbol{T} & \overset{\rho}{\longrightarrow} & B_\xi \\
\downarrow & & \downarrow & & \downarrow{\scriptstyle \sigma} \\
E_{\boldsymbol{U}(n)} & \longrightarrow & E_{\boldsymbol{U}(n)}/\boldsymbol{T} & \underset{\rho'}{\longrightarrow} & B_{\boldsymbol{U}(n)}
\end{array}
$$

where $\sigma$ is a characteristic map, but there it follows from [2, §29] since $\rho$ is by definition $\rho^*(\boldsymbol{T}, \boldsymbol{U}(n))$. As to the second point, $H^*(\boldsymbol{U}(n)/\boldsymbol{T}, \boldsymbol{Z})$ is equal to its characteristic subalgebra [2, Prop. 29.2]; hence $\boldsymbol{U}(n)/\boldsymbol{T}$ is totally non-homologous to zero in *any* fibre bundle of the type $(E_\xi/\boldsymbol{T}, B_\xi, \boldsymbol{U}(n)/\boldsymbol{T})$, where $\xi$ is a principal $\boldsymbol{U}(n)$-bundle ([2], Cor. to Prop. 18.3), and this implies, in particular, that $\rho^*$ is injective.

Let us call here a flag or, more precisely, a complex flag an ordered system of $n$ mutually orthogonal 1-dimensional subspaces of $\boldsymbol{C}^n$. Then $\boldsymbol{U}(n)/\boldsymbol{T}$ is the space of flags and $E_\xi/\boldsymbol{T}$ is the total space of the bundle of flags in the complex vector bundle $\xi_1$ associated to $\xi$; the bundle $\eta$ induced from $\xi_1$ by $\rho$, with base space $E_\xi/\boldsymbol{T}$, decomposes into a Whitney sum of $n$ $\boldsymbol{C}^1$-vector-bundles with characteristic classes $y_i$. Thus the present definition of $c(\xi)$ is quite analogous to that of [19, §4] and, in fact, will be shown in Appendix I to be equivalent to it.

From the properties of $\rho^*$ quoted above, it follows that $\rho^{**}: H^{**}(B_\xi, \boldsymbol{R})$ $\to H^{**}(E_\xi/\boldsymbol{T}, \boldsymbol{R})$ is injective and has an image containing the formal power series in the $y_i$'s which are symmetric. Thus we may introduce the *Chern character* $ch(\xi)$ of $\xi$ as an element of $H^{**}(B_\xi, \boldsymbol{R})$ by

$$\rho^*(ch(\xi)) = \exp y_1 + \cdots + \exp y_n = \sum_{j \geqq 0} (j!)^{-1}(y_1{}^j + \cdots + y_n{}^j).$$

Clearly, $ch(\xi)$ and $c(\xi)$, both regarded as elements of $H^{**}(B_\xi, \boldsymbol{R})$, determine each other; $ch(\xi)$ is denoted by $t(\xi)$ in [19].

9.2. *The Stiefel-Whitney classes mod* 2. Let $\xi$ be a principal $\boldsymbol{O}(n)$-bundle; its $i$-th Stiefel-Whitney class mod 2 is denoted by $w_i$ or $w_i(\xi)$, $(w_i \in H^i(B_\xi, \boldsymbol{Z}_2))$, and the sum of the $w_i$ by $w$ or $w(\xi)$. By naturality, it is enough to define it in the universal bundle. Let $\boldsymbol{Q}$ be the subgroup of diagonal matrices in $\boldsymbol{O}(n)$; we have $H^*(B_{\boldsymbol{Q}(n)}, \boldsymbol{Z}_2) = \boldsymbol{Z}_2[u_1, \cdots, u_n]$, where the $u_i$'s are 1-dimensional classes, which may be assumed to be permuted among themselves by the normalizer of $\boldsymbol{Q}$ in $\boldsymbol{O}(n)$, and $\rho^*(\boldsymbol{Q}, \boldsymbol{O}(n))$ maps $H^*(B_{\boldsymbol{O}(n)}, \boldsymbol{Z}_2)$ isomorphically onto $S(u_1, \cdots, u_n)$. Then $w$ is defined by

$$\rho^*(\boldsymbol{Q}(n), \boldsymbol{O}(n))(w) = \prod_1^n (1 + u_j)$$

(see [3]). This can also be expressed by means of flags. In fact, $\boldsymbol{O}(n)/\boldsymbol{Q}$ is the space of flags (i. e., of ordered systems of $n$ mutually orthogonal lines) in $\boldsymbol{R}^n$ and $(E_\xi/\boldsymbol{Q}, B_\xi, \boldsymbol{O}(n)/\boldsymbol{Q})$ is the bundle of flags in the vector bundle associated to $\xi$. Let $u'_j$ be the image of $u_j$ under the characteristic map of $(E_\xi, E_\xi/\boldsymbol{Q}, \boldsymbol{Q})$, and let $\rho$ be the projection of $E_\xi/\boldsymbol{Q}$ on $B_\xi$. Then

$$\rho^*(w(\xi)) = \prod_1^n (1 + u'_j),$$

and this characterizes $w(\xi)$ since $\rho^*$ is injective by [3], Remark on p. 177, and [2], Cor. to Prop. 18.3.

For an $\boldsymbol{SO}(n)$ bundle, the Stiefel-Whitney classes mod 2 are defined as those of the extension to $\boldsymbol{O}(n)$.

9.3. *The Pontrjagin classes*. Let $\xi$ be a principal $\boldsymbol{O}(n)$- or $\boldsymbol{SO}(n)$-bundle. Its $i$-th Pontrjagin class $p_i$ or $p_i(\xi)$ is the $2i$-th Chern class of the unitary extension of $\xi$ multiplied by $(-1)^i$, and $p$ or $p(\xi)$ is the sum of the $p_i$'s. It may also be characterized in the following way: for $n = 2m$, $2m + 1$, let $d_j$ be the 2-dimensional subspaces of $\boldsymbol{R}^n$ spanned by the $(2j-1)$-th and $2j$-th canonical basis vectors, and let $\boldsymbol{T}$ be the maximal subgroup of $\boldsymbol{SO}(n)$ leaving the $d_j$'s invariant; it is a maximal torus. We choose coordinates $x_j$ in its universal covering such that $x = (x_1, \cdots, x_m)$ operates on $d_j$ by means of a rotation of angle $2\pi x_j$; for $n = 2m$, we require that for small positive values of the $x_j$'s, the exterior product $v_j \wedge x(v_j)$ $(v_j \in d_j,\ v_j \neq 0,$ $j = 1, \cdots, m)$ defines in $d_j$ the same orientation as the $(2j-1)$-th and $2j$-th canonical basis vectors of $\mathbf{R}^n$. This determines the $x_j$'s completely. Let us consider the $x_j$'s as a basis of $H^1(\mathbf{T}, \mathbf{Z})$ and put $y_j = -\tau(x_j)$, where $\tau$ is the transgression in the universal bundle. It follows from the definition and from the computations made in [2], proof of Prop. 31.4 (see also 9.4), that

$$(1) \qquad \rho_{\mathbf{Z}}{}^*(\mathbf{T}, G)(p) = \prod_1^m (1 + y_i{}^2).$$

In § 30, we shall see that

$$(2) \qquad \rho_2{}^*(\mathbf{T}, G)(p_i) = w_{2i}{}^2, \qquad (G = \mathbf{SO}(n), \mathbf{O}(n)),$$

and that $p$ is completely characterized by (1) and (2). The Pontrjagin classes mod $p$ $(p \neq 2)$, may also be defined by going over to a bundle of flags. In $\mathbf{R}^n$ $(n = 2m, 2m+1)$, we call a 2-flag an ordered system of $m$ mutually orthogonal 2-dimensional oriented subspaces. Then the space of 2-flags in $\mathbf{R}^n$ is $\mathbf{O}(n)/\mathbf{T}$ for $n$ even or $\mathbf{O}(n)/\mathbf{T}'$ for $n$ odd, where $\mathbf{T}'$ is an extension of $\mathbf{T}$ by $\mathbf{Z}_2$. Let $\xi$ be a principal $\mathbf{O}(n)$-bundle and $\rho$ be the projection of $E_\xi/\mathbf{T}$ or $E_\xi/\mathbf{T}'$ on $B_\xi$. Then we have

$$\rho^*(p(\xi)) = \prod (1 + \tau(x_i)^2),$$

where $\tau$ is the transgression in the canonical principal $\mathbf{T}$-bundle over $E_\xi/\mathbf{T}$ or $E_\xi/\mathbf{T}'$ respectively. This is valid over the integers; however $\rho^*$ is injective in general only for the cohomology mod $p$ $(p \neq 2)$, (again by [2], § 29 and Cor. to Prop. 18.3, since $\mathbf{SO}(n)$ and $\mathbf{O}(n)$ have no $p$-torsion for $p \neq 2$).

The $(2i+1)$-th Chern class of the complex extension will be denoted $p_{i+\frac{1}{2}}$; it is an element of order 2, equal to the square of the integral $(2i+1)$-th Stiefel-Whitney class (see Appendix II); $\bar{p}$ or $\bar{p}(\xi)$ will be the sum of the $p_i$ and $p_{i+\frac{1}{2}}$. We have $\rho_{\mathbf{Z}}{}^*(\mathbf{T}, G)(p) = \rho_{\mathbf{Z}}{}^*(\mathbf{T}, G)(\bar{p})$.

9.4. *Remark on the complex extension.* For computational convenience, we shall take as a complex extension of an $\mathbf{O}(n)$-bundle the $\lambda$-extension, where $\lambda = \delta \circ \gamma$ is the product of the injection $\gamma : \mathbf{O}(n) \to \mathbf{U}(n)$ and of the inner automorphism $\delta : x \to gxg^{-1}$, the element $g$ being a direct sum of $2 \times 2$ matrices

$$\frac{1}{\sqrt{2}} \begin{pmatrix} 1 & i \\ 1 & -i \end{pmatrix}$$

and of (1) for odd $n$; since it is equivalent to the $\gamma$-extension, this does not alter the Chern classes. The maximal torus $\mathbf{T}$ of $\mathbf{O}(n)$, previously described, is then mapped onto the diagonal matrices with coefficients $\exp(\pm 2\pi i x_j)$, and 1 for odd $n$. We have

$$\lambda^*(x'_{2j-1}) = -\lambda^*(x'_{2j}) = x_j, \qquad\qquad (1 \leqq j \leqq [n/2])$$
$$\lambda^*(x'_n) = 0, \quad (n \text{ odd}),.$$

where $(x_j)$, $(x'_j)$ are the bases of the first integral cohomology groups of the standard maximal tori of $O(n)$ and $U(n)$ described before.

9.5. *The Euler-Poincaré class.* Let $\xi$ be an oriented vector bundle with $2m$-dimensional fibre, structural group $SO(2m)$, and let $\eta$ be the associated bundle of unit spheres. The Euler-Poincaré class $W_{2m}(\xi)$ or $W_{2m}$ of $\xi$ is equal to $-\tau(x)$, where $x$ is the generator of $H^{2m-1}(S_{2m-1}, Z)$ defined by the positive orientation, and $\tau$ is the transgression in $\eta$. In the universal case, it is also characterized by the two properties:

(i)             $W_{2m}$, reduced mod 2, is equal to $w_{2m}$,

(ii)            $\rho_Z^*(T, SO(2m))(W_{2m}) = y_1 \cdots\cdots y_m.$

For the tangent bundle to a differentiable, compact, connected, oriented manifold, $W_{2n}$ is the fundamental class multiplied by the Euler-Poincaré characteristic.

9.6. *Symplectic Pontrjagin classes.* Let $\xi$ be a $Sp(n)$ bundle and $\eta$ its extension under the standard inclusion of $Sp(n)$ in $U(2n)$. Its $i$-th symplectic Pontrjagin class $e_i(\xi)$ or $e_i$ is by definition

$$e_i(\xi) = (-1)^i c_{2i}(\xi),$$

and its total symplectic Pontrjagin class $e(\xi)$ or $e$ is the sum of the $e_i$'s. The computations made in the proof of Prop. 31.3 in [2] show then that the universal symplectic Pontrjagin class satisfies

$$(3) \quad \rho_Z^*(T, Sp(n))(e) = \prod_1^n (1 + y_i^2), \quad (T \text{ a maximal torus of } Sp(n)),$$

where the $y_i$'s form a base of $H^2(B_T, Z)$ whose elements are permuted, up to sign, by $W(Sp(n))$. Moreover, it follows from ([2], §9, 29) that $H^*(B_{Sp(n)}, Z)$ is the ring of polynomials in the $e_i$'s and that $\rho_Z^*(T, Sp(n))$ is injective.

9.7. *The multiplication theorem.* Finally, we recall the Whitney multiplication theorem. Let

$$0 \to \xi' \to \xi \to \xi'' \to 0$$

be an exact sequence of real (resp. complex, resp. quaternionic) vector bundles, with structural group $G = \boldsymbol{O}(n)$ (resp. $\boldsymbol{U}(n)$, resp. $\boldsymbol{Sp}(n)$) for three suitable values of $n$. Then we have

$$(4) \qquad w(\xi) = w(\xi') \cdot w(\xi'') \qquad (G = \boldsymbol{O}(n)),$$

$$(5) \qquad \tilde{p}(\xi) = \tilde{p}(\xi') \cdot \tilde{p}(\xi'') \qquad (G = \boldsymbol{O}(n)),$$

$$(6) \qquad c(\xi) = c(\xi') \cdot c(\xi'') \qquad (G = \boldsymbol{U}(n)),$$

$$(7) \qquad e(\xi) = e(\xi') \cdot e(\xi'') \qquad (G = \boldsymbol{Sp}(n)).$$

(4) and (6) are classical; (5) and (7) follow from (6) and the definitions. We note that, in view of (5), we also have

$$(8) \qquad p(\xi) \equiv p(\xi') \cdot p(\xi'') \quad \text{modulo 2-torsion.}$$

These formulae imply, in particular, that $w$ or $\tilde{p}$ (resp. $c$, resp. $e$) is invariant under an extension relative to the standard inclusion $\boldsymbol{O}(k) \subset \boldsymbol{O}(m)$ (resp. $\boldsymbol{U}(k) \subset \boldsymbol{U}(m)$, resp. $\boldsymbol{Sp}(k) \subset \boldsymbol{Sp}(m)$), $(m \geqq k)$.

## 10. Representations and characteristic classes.

10.1. *Integral forms as cohomology classes.* Let $T$ be a torus, $V$ its universal covering, $\Gamma$ the unit lattice, and $\Gamma^* = \mathrm{Hom}(\Gamma, \boldsymbol{Z})$. Thus $\Gamma^* \cong H^1(T, \boldsymbol{Z})$, and, for any commutative group, $\Gamma^* \otimes A \cong H^1(T, A)$. We shall make this identification and, in particular, identify $H^1(T, \boldsymbol{R})$ with $V^*$ and $H^1(T, \boldsymbol{Z})$ with the integral linear forms on $V$. Also, *the roots* discussed in Chap. I *will be considered in this way as elements of* $H^1(T, \boldsymbol{Z})$ or $H^1(T, A)$.

Let $\xi$ be a principal $T$-bundle. Then $\tau_\xi$ maps all of $H^1(T, A)$ in $H^2(B_\xi, A)$. Unless this may lead to a confusion, *we shall denote by the same symbol* $\omega \in \Gamma^* \otimes A$, *the corresponding element in* $H^1(T, A)$, *and* $-\tau_\xi(\omega) \in H^2(B_\xi, A)$.

Let $G$ be a compact connected Lie group and let $T$ be a maximal torus of $G$. First assume $G$ to be semi-simple and simply connected. Then the transgression in $(G, G/T, T)$ is an isomorphism of $H^1(T, \boldsymbol{Z})$ onto $H^2(G/T, \boldsymbol{Z})$ since $G/T$ is simply connected. Thus the previous conventions identify $H^2(G/T, \boldsymbol{Z})$ and $H^1(T, \boldsymbol{Z})$ with the weights of $G$ (see 3.3). Let $G^*$ be the quotient of $G$ by a finite invariant subgroup and $T^*$ the image of $T$ under the natural map of $G$ onto $G^*$. Then $G/T$ is homeomorphic to $G^*/T^*$, as is well known (see e.g. [2], §26); however the transgression in $(G^*, G^*/T^*, T^*)$ will be an isomorphism of $H^1(T^*, \boldsymbol{Z})$ onto the subgroup of $H^2(G/T, \boldsymbol{Z})$ corresponding to the weights which are integral on the unit lattice of $G^*$. In the general case, let $G_1$ be the greatest semi-simple sub-group of $G$ (2.9); since maximal tori are maximal abelian subgroups, $T_1 = G_1 \cap T$ is a maximal torus of $G_1$, and moreover (2.9), $G/T$ may be identified with $G_1/T_1$. Since a toral subgroup of a torus is always a direct factor, the map $H^1(T, Z) \to H^1(T_1, Z)$, induced by inclusion, is surjective, and the map: $\mu = (G_1, G_1/T_1, T_1) \to \nu = (G, G/T, T)$, defined by inclusion, shows then that $\tau_\nu(H^1(T, Z)) = \tau_\mu(H^1(T_1, Z))$.

Let now $G'$ be the quotient of $G$ by a closed subgroup of the center, $\pi: G \to G'$ the projection, $U$ a connected subgroup of maximal rank in $G$, $U_1 = G_1 \cap U$, $U' = \pi(U)$. Then rank $U_1 =$ rank $G_1$, rank $U' =$ rank $G'$, and it follows from 2.9 that $G/U = G_1/U_1$. Also, the argument of $[2, \S 26]$ referred to above shows that $U$ is the full inverse image of $U'$ in $G$, and, consequently, that $G/U = G'/U'$. Therefore, when we deal with coset spaces $G/U$ (rank $G =$ rank $U$), there is no loss in generality in assuming that $G$ is semi-simple and simply connected.

10.2. *The weights and the character of a homomorphism.* Let $G, G'$ be two compact Lie groups, $\lambda: G \to G'$ a homomorphism, $T$ and $T'$ toral subgroups of $G$ and $G'$ such that $\lambda(T) \subset T'$, and $(x'_i)$ a base of $H^1(T, \mathbf{Z})$. Then $\lambda$ induces homomorphisms of $H^1(T', Z)$ and $V'^*$ in $H^1(T, \mathbf{Z})$ and $V^*$, both to be denoted by $\lambda^*$. The elements $\omega_i = \lambda^*(x'_i)$, viewed either as elements of $H^1(T, \mathbf{Z})$ or as integral linear forms, will be called the $(T, T')$-weights of $\lambda$, or simply the weight of $\lambda$ when $T$ and $T'$ are maximal.[7] The formal power series

$$ch(\lambda) = \Sigma \exp \omega_i$$

considered as an element of $H^{**}(B_T, \mathbf{R})$ or of $H^{**}(B_\xi, \mathbf{R})$, where $\xi$ is a principal $T$-bundle, will be called the *character* of $\lambda$.

Assume now $T, T'$ to be maximal and $G' = \mathbf{U}(n)$. Then for $t \in T$, the matrix $\lambda(t)$ is diagonal with the coefficients $\exp(2\pi i\omega_j)$; in other words, the $\omega_j$ and the sum of the exponentials of the $2\pi i\omega_j$ are, respectively, the weights and the character of the representation $\lambda$ in the usual sense.

In the case $G' = \mathbf{O}(n)$, i.e., of a real linear representation, we have analogously

$$\lambda(x) = \begin{bmatrix} D(2\pi\omega_1) & & \\ & \ddots & 0 \\ 0 & & \ddots \\ & & D(2\pi\omega_m) \end{bmatrix} \qquad \lambda(x) = \begin{bmatrix} D(2\pi\omega_1) & & & \\ & \ddots & 0 & \\ 0 & & \ddots & \\ & & D(2\pi\omega_m) & \\ & & & 1 \end{bmatrix}$$

---

[7] More precisely, with respect to the basis $(x'_i)$, which is always supposed to be chosen as in § 9 when $G'$ is a classical group.

for $n = 2m$ and $n = 2m + 1$ respectively, where $D(\alpha)$ is a 2-dimensional rotation of angle $\alpha$; the weights of $\lambda$, considered as a representation in $U(n)$, are then the forms $\pm \omega_j$, together with the zero form for odd $n$.

10.3. THEOREM. *Let $G$, $G'$ be two compact Lie groups, $\lambda: G \to G'$ a homomorphism, $T$, $T'$ maximal tori of $G$ and $G'$ such that $\lambda(T) \subset T'$, and $(\omega_j)$ the weights of $\lambda$. Let $\xi$ be a principal $G$-bundle, $\eta$ its $\lambda$-extension, $\rho$ the projection of $E_\xi/T$ onto $B_\xi$. Then*

(a) *If $G' = U(m)$, then*
$$\rho^*(c(\eta)) = \prod(1 + \omega_j) \,;\quad \rho^{**}(ch(\eta)) = ch\,\lambda.$$

(b) *If $G' = SO(m)$ or $O(m)$, the Pontrjagin class $p(\eta)$ satisfies*
$$\rho^*(p(\eta)) = \rho^*(\tilde{p}(\eta)) = \prod(1 + (\omega_j)^2).$$

(c) *If $G' = SO(2m)$, the Euler-Poincaré class $W_{2m}(\eta)$ satisfies*
$$\rho^*(W_{2m}(\eta)) = \prod \omega_j.$$

(a) We have a commutative diagram

$(1)$

$$
\begin{array}{ccccc}
E_\xi & \longrightarrow & E_\xi/T & \overset{\rho}{\longrightarrow} & B_\xi \\
\phi\downarrow & & \phi_1\downarrow & & \downarrow \\
E_\eta & \longrightarrow & E_\eta/T' & \underset{\rho'}{\longrightarrow} & B_\xi,
\end{array}
$$

where $\phi$ is a $\lambda$-map. By (9.1), putting $c'$ for $c(\eta)$, we have
$$\rho'^*(c') = \prod(1 - \tau'(x'_i)),$$

where $\tau'$ is the transgression in $(E_\eta, E_\eta/T', T')$; and therefore
$$\rho^*(c') = \phi_1^* \cdot \rho'^*(c') = \prod(1 - \phi_1^* \tau'(x'_j)).$$

Since $\phi$ commutes with transgression, this gives
$$\rho^*(c') = \prod(1 - \tau \lambda^*(x'_j))$$

and our assertion follows from the definition of the weights and the notation convention of (10.1). The proofs for (b) and (c) are similar.

10.4. COROLLARY. *Let $G = U(n)$, $G' = U(m)$, $T$ the standard maximal torus of $G$, $\omega_j = \sum_i a_{ij} x_i$ the weights of $\lambda$ expressed in terms of the canonical basis of $H^1(T, Z)$, $(i = 1, \cdots, n; j = 1, \cdots, m)$. Then*
$$c(\eta) = \prod(1 + \sum_i a_{ij} y_i)$$

*where the $y_i$'s are formally defined by $c(\xi) = \prod(1 + y_i)$. The class $c(\eta)$ is a polynomial with integral coefficients in the classes $c_i(\xi)$.*

By (9.1), we have $\rho^*(c(\xi)) = \prod(1 - \tau(x_i))$, and our first assertion follows from 10.3 and the fact that $\rho^*$ is injective when $G$ is the unitary group. Moreover, the Weyl group $W(U(n))$ operates in a natural way on the fibration $(E_\xi/T, B_\xi, U(n)/T, \rho)$ and induces the identity on $B_\xi$ (see [2], § 27). Therefore the image of $\rho^*$, and in particular, $\rho^*c(\eta)$, is made up of invariants of $W(U(n))$; since the latter is the group of permutations of the $x_i$, or equivalently, of the $\tau(x_i)$, it follows that $c(\eta)$ is a symmetric function in the $y_i$'s, whence our second assertion.

10.5. COROLLARY. *Let $G = O(n)$ or $SO(n)$, $G'$ be $O(m)$ or $SO(m)$. Then $p(\eta)$ reduced $\bmod p$ $(p \neq 2)$, is a polynomial in the $p_i(\xi)$, and if $G = SO(2m)$, in $W_{2m}(\xi)$. If $\lambda$ can be extended to a homomorphism of $U(n)$ into $U(m)$, then $\tilde{p}(\eta)$ is a polynomial in the classes $p_i(\xi)$, $p_{i+1}(\xi)$, and, in particular, $p(\eta)$ reduced $\bmod p$ $(p \neq 2)$, is a polynomial in the classes $p_i(\xi)$.*

The first assertion is proved in the same way as 10.1, using 0.3, 0.5 and the properties of the invariants of $W(G)$ recalled in 30.2. The second one follows from 10.4 by considering the Pontrjagin classes as the Chern classes of the complex extension.

10.6. *Examples.* (a) Let $\xi$ be a complex vector bundle, $\xi^*$ the dual bundle. Then, if $c(\xi) = \prod(1 + x_i)$, we have $c(\xi^*) = \prod(1 - x_i)$. In fact, the principal bundle $\theta$ associated to $\xi^*$ is the $\lambda$-extension of the principal bundle of $\xi$, where $\lambda$ is the contragredient representation, whose weights are obviously the forms $-x_i$.

(b) Let $G = U(n)$, $j$ be a positive integer $\leq n$, and $\lambda$ the natural representation of $U(n)$ in the $j$-th exterior power $\wedge^j C^n$ of $C^n$. Let $(e_i)$ be the canonical base of $C^n$. Then the products

$$e_{i_1} \wedge e_{i_2} \wedge \cdots \wedge e_{i_j} \qquad\qquad (1 \leq i_1 < \cdots < i_j \leq n)$$

form a base of $\wedge^j C^n$, and we have

$$\lambda(x)(e_{i_1} \wedge \cdots \wedge e_{i_j}) = \exp[2\pi i(x_{i_1} + \cdots + x_{i_j})](e_{i_1} \wedge \cdots \wedge e_{i_j});$$

i.e., the weights of $\lambda$ are the sums

$$x_{i_1} + \cdots + x_{i_j}, \qquad\qquad (1 \leq i_1 < \cdots < i_j \leq n).$$

Here $\eta$ is the principal bundle associated to the bundle of contravariant $p$-

vectors in the complex vector bundle associated to $\xi$. This bundle has, therefore, as Chern class

$$c' = \prod_{1 \leq i_1 < \cdots < i_j \leq n} (1 + x_{i_1} + \cdots + x_{i_j}).$$

(c) In the same way, the Chern class of the bundle of contravariant symmetric tensors of degree $j$ will be

$$\prod_{1 \leq i_1 \leq \cdots \leq i_j \leq n} (1 + x_{i_1} + \cdots + x_{i_j}).$$

(d) Let $\xi_i$ $(i = 1, 2)$, be two complex vector bundles over $B$ and let

$$c_{(i)} = \prod_{j=1}^{n_i} (1 + x_j^{(i)})$$

be formal decompositions of their Chern polynomials. Then

$$c(\xi_1 \otimes \xi_2) = \prod_{i=1}^{n_1} \prod_{j=1}^{n_2} (1 + x_i^{(1)} + x_j^{(2)}).$$

To see this, we take as $\xi$ the principal bundle with group $U(n_1) \times U(n_2)$ associated to the sum $\xi_1 \oplus \xi_2$, whose Chern class is $c_{(1)} \cdot c_{(2)}$ by the multiplication theorem (9.7), and as $\lambda$ the representation of $U(n_1) \times U(n_2)$ in $U(n_1 \cdot n_2)$ defined by $(g_1, g_2) \to g_1 \otimes g_2$, considered as an automorphism of $C^{n_1} \otimes C^{n_2}$. The products $e_i \otimes f_j$, where $(e_i)$ and $(f_j)$ are the canonical bases of $C^{n_1}$ and $C^{n_2}$, form a base of $C^{n_1} \otimes C^{n_2}$; hence the weights of $\lambda$ are the forms $x_i^{(1)} + x_j^{(2)}$, and our contention follows from (10.3) and from the fact that the $\lambda$-extension of $\xi$ is the principal bundle of $\xi_1 \otimes \xi_2$.

(e) To compute the Pontrjagin classes of real vector bundles, it is often more convenient to look at the Chern classes of the complex extensions; as an illustration, we take the case where $G = SO(2n)$ and $\lambda$ is the representation in $\wedge^2 R^{2n}$. Let $\mu$, $\nu$ denote the complex extensions of $\xi$, $\eta$ (as defined in 9.4), let $T$, $T'$ be the standard maximal tori of $SO(2n)$, $U(2n)$, and let $(x_i)$, $(x_i')$ be the canonical bases of $H^1(T, Z)$ and $H^1(T', Z)$. We have a commutative diagram

$$
\begin{array}{ccccc}
E_\xi & \longrightarrow & E_\xi/T & \overset{\rho}{\longrightarrow} & B_\xi \\
{\scriptstyle \phi}\downarrow & & {\scriptstyle \phi_1}\downarrow & & \downarrow{\scriptstyle \mathrm{Id}} \\
E_\mu & \longrightarrow & E_\mu/T' & \underset{\sigma}{\longrightarrow} & B_\xi,
\end{array}
$$

and it follows from (9.4), (10.3) that

$$x_i = \lambda^*(x'_{2i-1}) = -\lambda^*(x'_{2i}), \qquad\qquad (1 \leqq i \leqq n),$$

$$\rho^*(p(\xi)) = \prod_1^n (1 + x_i^2),$$

$$\sigma^*(c(\mu)) = \prod_1^{2n} (1 + x'_j).$$

Now, $\nu$ is clearly the extension of $\mu$ corresponding to the "complexification of $\lambda$," i.e., to the natural representation of $\boldsymbol{U}(2n)$ in $\wedge^2 \boldsymbol{C}^{2n}$; therefore, by example (b),

$$\sigma^*(c(\nu)) = \prod_{1 \leqq i < j \leqq 2n} (1 + x'_i + x'_j).$$

This gives

$$\phi^*_1 \cdot \sigma^*(c(\nu)) = \prod_{1 \leqq i < j \leqq n} (1 - (x_i + x_j)^2) \cdot (1 - (x_i - x_j)^2),$$

$$\rho^*(c(\nu)) = \prod_{1 \leqq i < j \leqq n} [(1 - x_i^2 - x_j^2)^2 - 4 \cdot x_i^2 \cdot x_j^2],$$

and finally

$$\rho^*(\tilde{p}(\eta)) = \rho^*(p(\eta)) = \prod_{1 \leqq i < j \leqq n} [(1 + x_i^2 + x_j^2)^2 - 4 \cdot x_i^2 \cdot x_j^2].$$

(f) It may be shown in the same way that if $\xi_1$, $\xi_2$ are two real vector bundles over the same base space $B$ with Pontrjagin classes reduced mod $p$ ($p \neq 2$), equal to

$$p(\xi_1) = \prod_1^m (1 + x_i^2), \qquad p(\xi_2) = \prod_1^n (1 + y_j^2),$$

then

$$p(\xi_1 \otimes \xi_2) = \prod_{i=1}^m \prod_{j=1}^n (1 + (x_i + x_j)^2) \cdot (1 + (x_i - x_j)^2).$$

10.7. THEOREM. *Let $G$ be a compact connected Lie group, $U$ a closed subgroup of $G$, $S$ a maximal torus of $U$, and $(\pm b_j)$ $(1 \leqq j \leqq k)$, the roots of $G$ with respect to $S$ which are complementary to those of $U$. Let $\xi$ be a principal $G$-bundle, $\rho$ the projection of $E_\xi/S$ onto $E_\xi/U$, and $\eta$ the bundle along the fibres (7.4) of $(E_\xi/U, B_\xi, G/U)$. Then $\rho^*(\tilde{p}(\eta)) = \prod(1 + b_j^2)$; if, moreover, $U$ is connected and $\dim G/U = m$ is even, then $\rho^*(W_m(\eta)) = \pm \prod b_j$.*

By (7.5), $\eta$ is the $\iota$-extension of $(E_\xi, E_\xi/U, U)$, where $\iota$ is the isotropy representation; according to the definitions in (1.3) and (10.1), the $b_j$'s are the weights of $\iota$ (up to a certain number of zero forms, but this does not alter our formulas), and (10.7) follows then from (10.3). The sign for the Euler-Poincaré class will be determined by the conventions made in 9.5, once the bundle along the fibres has been oriented.

10. 8. We keep the previous notations. Let $J$ be an invariant almost complex structure on $G/U$ and $\eta'$ be the complex vector bundle structure of $\eta$ constructed by means of $J$ (see 7.4). $J$ is defined by a complex structure on the tangent space $(G/U)_0$, invariant under $U$; this complex structure gives rise to a linear representation $\iota_c$ of $U$ in $\boldsymbol{C}^{m/2}$ ($m = \dim G/U$), which goes over to $\iota$ by taking real and imaginary parts. The weights of $\iota_c$ are some of the forms $\pm b_j$, and (10.3) also implies:

THEOREM. *We keep the notations of 10.7; assume, moreover, that $G/U$ has an invariant almost complex structure $J$, and denote by $\eta'$ the complex vector bundle structure of $\eta$ associated to $J$. Then $\rho^*(c(\eta')) = \prod\limits_{j \in J} (1 + \epsilon_j b_j)$, $(\epsilon_j = \pm 1)$, where $\epsilon_j b_j$ runs through the weights of the complex isotropy representation $\iota_c$ defining $J$.*

The weights of $\iota_c$ will be discussed in detail for the case where rank $G$ = rank $U$ in Chapter IV.

10. 9. In order to study. the tangent bundle to $G/U$ it is usually convenient to consider the bundle $\hat{\theta}$ along the fibres of $(B_U, B_G, G/U, \rho(U, G)) = \theta$ and restrict to a fibre of $\theta$, since this allows one to make use of known results about classifying spaces. We consider here, in particular, the case where $U = T$ is a maximal torus and show the

PROPOSITION. *Let $T$ be a maximal torus of $G$. Then the total Pontrjagin class $\bar{p}(\mu)$ of the tangent bundle $\mu$ to $G/T$ is 1.*

Let $\theta = (B_T, B_G, G/T)$ and let $i$ be the inclusion map of a fibre. $H^*(G/T, \boldsymbol{Z})$ is torsion free ([5], or R. Bott, *Bull. Soc. Math. France* 84, (1956) 251-281), and therefore the subgroup $S$ of invariants of $W(G)$ in $H^*(G/T, \boldsymbol{Z})$ is a free abelian group; since by a lemma of Leray (see [2], Lemma 27.1), $H^*(G/T, \boldsymbol{R})$ is the space of the regular representation of $W(G)$, it follows that $S = H^0(G/T, \boldsymbol{Z})$ and that the kernel of $i^*$ contains the subgroup $I_G{}^+$ of invariants of $W(G)$ in $H^*(B_T, \boldsymbol{Z})$ having strictly positive degrees.

By (10.7) we have

$$\bar{p}(\hat{\theta}) = \prod(1 + b_j{}^2),$$

where the $\pm b_j$'s are the roots of $G$. Since $W(G)$ permutes the $b_j{}^2$, it leaves $\bar{p}(\hat{\theta})$ invariant, whence

$$\bar{p}(\mu) = i^*(\bar{p}(\hat{\theta})) = 1.$$

**11. Representations and Stiefel-Whitney classes.** In this section, $Q$, $Q'$ denote commutative groups of type $(2,2,\cdots,2)$. The following discussion applies to any arbitrary compact Lie group, but has an interest only for groups in which maximal commutative subgroups of type $(2,\cdots,2)$ are conjugate and play in cohomology mod 2 the role of maximal tori in real cohomology. We therefore assume tacitly that $G$, $G'$ are products of copies of $\boldsymbol{O}(n)$, $\boldsymbol{SO}(n)$, $\boldsymbol{U}(n)$, $\boldsymbol{SU}(n)$, $\boldsymbol{Sp}(n)$, $\boldsymbol{G}_2$ (see [3]).

11.1. *Characters of $Q$ as cohomology classes.* $Q$ being discrete, $H^*(B_Q, A)$ is the cohomology ring of $Q$ in the sense of Hopf-Eilenberg-MacLane, and, in particular, $H^1(B_Q, A) = \mathrm{Hom}(Q, A)$. Thus $x \in \mathrm{Hom}(Q, A)$ may be considered as a 1-dimensional cohomology element in $B_Q$ or, via the characteristic map, in the base space of any principal bundle $(E, B, Q)$, which will be usually denoted by the same symbol $(x \in H^1(B, A))$ in particular, the 2-roots introduced in §5 will be considered as elements of $H^1(B, \boldsymbol{Z}_2)$. We note that if $\lambda : Q \to Q'$ is a homomorphism, then

$$\rho(\lambda)^* : H^1(B_{Q'}, A) \to H^1(B_Q, A) \ \text{ and } \ \lambda' : \mathrm{Hom}(Q', A) \to \mathrm{Hom}(Q, A)$$

are carried into one another by the previous identification.

11.2. *The 2-weights of a homomorphism.* Let $\lambda : G \to G'$ be a homomorphism, $Q$, $Q'$ maximal and such that $\lambda(Q) \subset Q'$, and $(x_i)$, $(x'_i)$ bases of $\mathrm{Hom}(Q, \boldsymbol{Z}_2)$ and $\mathrm{Hom}(Q', \boldsymbol{Z}_2)$, considered as $Z_2$-modules. Then $\lambda^* : \mathrm{Hom}(Q', \boldsymbol{Z}_2) \to \mathrm{Hom}(Q, \boldsymbol{Z}_2)$ is characterized by elements $\omega_j = \lambda^*(x'_j) = \sum a_{ij} x_i$, to be called the 2-*weights* of $\lambda$. Here, also, we assume, in case of an orthogonal group, the basis to be chosen as in (9.2).

11.3. THEOREM. *Let $G$ be a compact Lie group, $Q$ a maximal commutative subgroup of type $(2,\cdots,2)$, $\lambda : G \to \boldsymbol{O}(n)$ a homomorphism, $(\omega_j)$ its 2-weights, $\xi$ a principal bundle, $\xi'$ its $\lambda$-extension, and $\rho$ the projection of $E/Q$ onto $B$. Then $\rho^*(w(\xi')) = \prod(1 + \omega_j)$.*

The proof is the same as for (10.3), except that instead of (1) §10, we use the commutativity of the diagram

$$
\begin{array}{ccc}
E_\xi/Q & \xrightarrow{\ \phi'\ } & E_\xi/Q' \\
\downarrow{\scriptstyle \sigma} & & \downarrow{\scriptstyle \sigma'} \\
B_Q & \xrightarrow{\hspace{1cm}} & B_{Q'},
\end{array}
$$

where $\sigma$ and $\sigma'$ are characteristic maps, and the end remark of (11.1); therefore, we shall not reproduce it here.

*Remark.* For the groups mentioned at the beginning of §11, $\rho^*$ is injective [3].

11.4. COROLLARY. *Assume, moreover, that $G = \boldsymbol{O}(n)$. Then $w(\xi')$ $= \prod(1 + \sum a_{ij} x_i)$, where the $x_i$ are the formal roots of $w(\xi)$. In particular, $w(\xi')$ is a polynomial in the classes $w_i(\xi)$.*

Same proof as for (10.4), except that instead of using the Weyl group, we take the quotient by $Q$ of its normalizer in $\boldsymbol{O}(n)$; its inner automorphisms also induce the group of permutations of the $x_i$'s.

*Examples.* Computations paralleling those of 10.6, (b), (c), (d) will lead to the same formulas for the Stiefel-Whitney classes of bundles of $p$-vectors, symmetric tensors, and for tensor products, the $x_i$ and $y_j$ standing now for 1-dimensional classes mod 2. Details are left to the reader.

11.5. THEOREM. *Let $G$ be a compact Lie group, $U$ a closed subgroup, and $Q$ a maximal commutative subgroup of type $(2, \cdots, 2)$ of $U$. Let $\xi$ be a principal $G$-bundle, $\rho$ the projection of $E_\xi/Q$ on $E_\xi/U$, and $\eta'$ the bundle along the fibres $G/U$. Then*

$$\rho^*(w(\eta')) = \prod(1 + a_i),$$

*where the $a_i$'s are the 2-roots of $G$ with respect to $Q$, complementary to those of $U$.*

The $a_i$'s are the 2-weights of the isotropy representation; hence (11.5) follows from (7.5) and (11.3).

Applications will be given in Chapter V.

## Chapter IV. Roots and Invariant Almost Complex Structures.

In this chapter, $G$ is a compact, connected, semi-simple, Lie group, $l$ its rank, $U$ a proper closed connected subgroup of the same rank, and $T$ a maximal torus of $U$. If $\psi$ is a set of roots, we put $-\psi = \{-a, a \in \psi\}$.

**12. Integrability of invariant almost complex structures.** We recall here some known facts in a form convenient for the sequel.

12.1. Let $V$ be a real $2n$-dimensional vector space, endowed with a complex structure defined by a linear transformation $J$, and let $V^c$ be its complexification. Then

$$V^c = T^+ + T^-, \qquad T^- = \overline{T^+}, \qquad T^+ \cap T^- = (0),$$

where $T^+$ (resp. $T^-$) is the eigenspace of the extension $J^c$ of $J$ to $V^c$ corresponding to the eigenvalue $+i$ (resp. $-i$) and where the bar denotes complex conjugation with respect to $V$. Conversely, given such a decomposition of $V^c$, we define $J^c$ by $J^c(x) = i \cdot x$ $(x \in T^+)$, $J^c(x) = -ix$, $(x \in T^-)$; then $J^c$ leaves $V$ invariant and induces there a complex structure such that $x \to x + \bar{x}$ is a complex isomorphism $(x \in T^+)$. In particular, given a linear transformation $A$ without real eigenvalues, we define $T^+$ (resp. $T^-$) as the sum of the eigenspaces of its semi-simple part corresponding to eigenvalues with positive (resp. negative) imaginary parts, and thus attach to $A$ a complex structure on $V$.

12.2. The roots of $G$ with respect to $T$ define linear forms on the Lie algebra $\mathfrak{t}$ of $T$, and it follows from (1.3) and standard facts about the adjoint representation that

$$\operatorname{ad} x\,|_{\mathfrak{a}_i} = \begin{pmatrix} 0 & -2\pi a_i(x) \\ 2\pi a_i(x) & 0 \end{pmatrix}, \quad (x \in \mathfrak{t}),$$

$\operatorname{ad} x$ being defined by $(\operatorname{ad} x)(y) = [x, y]$, $(x, y \in \mathfrak{g})$.

We have then, superscripts denoting complexification, that

$$\mathfrak{g}^c = \mathfrak{t}^c + \mathfrak{a}_1{}^c + \cdots + \mathfrak{a}_m{}^c, \qquad \mathfrak{a}_i{}^c = \mathfrak{v}_{a_i} + \mathfrak{v}_{-a_i},$$

$$[x, e_{\pm a_j}] = \pm 2\pi i a_j(x) e_{\pm a_j}, \qquad (e_{\pm a_j} \in \mathfrak{v}_{\pm a_j});$$

since any two roots are different from each other, the 1-dimensional eigenspaces $\mathfrak{v}_{\pm a_j}$ are well determined by $\mathfrak{t}$. We recall that if $\alpha$, $\beta$ are two roots, we have

$$\begin{aligned}
&[\mathfrak{v}_\alpha, \mathfrak{v}_\beta] = 0 && \text{if } \alpha + \beta \text{ is not a root and not zero,} \\
(1) \quad &[\mathfrak{v}_\alpha, \mathfrak{v}_\beta] = \mathfrak{v}_{\alpha+\beta} && \text{if } \alpha + \beta \text{ is a root,} \\
&[\mathfrak{v}_\alpha, \mathfrak{v}_{-\alpha}] \subset \mathfrak{t}^c, \ [\mathfrak{v}_\alpha, \mathfrak{v}_{-\alpha}] \neq 0.
\end{aligned}$$

12.3. Assume now that $G/U$ has been endowed with an invariant almost complex structure and let $\pm b_j$ $(1 \leq j \leq k)$ be the complementary roots. The almost complex structure is characterized by a linear transformation $J$, $(J^2 = -\operatorname{Id})$, of $(G/U)_0$ which commutes with the linear isotropy group (1.1). Since $b_i \neq b_j$ for $i \neq j$, $J$ must also leave the subspaces $\mathfrak{b}_i$ invariant and it induces complex structures on them which characterize it completely. Now on each $\mathfrak{b}_j$ there are two complex structures commuting with the isotropy representation of $T$ in $\mathfrak{b}_j$, differing by the orientation they induce; to each $\mathfrak{b}_j$ we attach a sign $\epsilon_j$, equal to $+1$ (resp. $-1$), according to whether the ordered pairs $(e, \operatorname{Ad} t(e))$ and $(e, J(e))$ define the same orientation or not

$(e \in \mathfrak{b}_j, e \neq 0, t \in T$ such that $0 < b_j(t) < \frac{1}{2})$. The $\epsilon_j b_j$ will be called *the roots of the almost complex structure,* which they describe completely.

We extend $J$ to a linear transformation $\bar{J}$ of $\mathfrak{g}$ by putting it equal to zero on $\mathfrak{u}$, and to a linear transformation $\bar{J}^c$ of $\mathfrak{g}^c$; it is readily seen that

$$\bar{J}^c(e_{\epsilon_j b_j}) = i \cdot e_{\epsilon_j b_j}; \quad \bar{J}^c(e_{-\epsilon_j b_j}) = -i \cdot e_{\epsilon_j b_j} (e_{\pm b_j} \in \mathfrak{b}_{\pm b_j}).$$

The space $T^+$ of (12.1) may be identified with the space spanned by the $v_{\epsilon_j b_j}$ which, by the foregoing, is invariant under $\mathrm{Ad}_G U$. Since $x \to x + \bar{x}$ is a complex isomorphism of $T^+$ onto $(G/U)_0$, the previous identification carries the restriction of $\mathrm{Ad}_G U$ onto the complex isotropy representation $\iota_c$ defined in §10, and, therefore, *the $\epsilon_j b_j$ are the weights of $\iota_c$.*

The almost complex structure is integrable, i.e. (since we are in the real analytic case), derives from an automatically invariant complex analytic structure, if and only if

$$\mathfrak{n} = \mathfrak{u}^c + \mathfrak{v}_{\epsilon_1 b_1} + \cdots + \mathfrak{v}_{\epsilon_k b_k}$$

is a Lie algebra [14, §20]. In view of the properties of the bracket recalled above, this proves the first assertion of:

12.4. LEMMA. *Let $\mathcal{B}$ be an invariant almost complex structure on $G/U$, $\psi$ the system of its roots, and $\Sigma$ the system of roots of $U$. Then $\mathcal{B}$ is integrable if and only if $\Sigma \cup \psi$ is closed in the sense of §4. In this case, $\psi$ is closed and contained in a system of positive roots.*

As to the second assertion, we remark that by 4.10, we have $\Sigma = \theta \cup -\theta$, where $\theta \cup \psi$ is a system of positive roots for some ordering. Since $\Sigma \cup \psi$ and $\theta \cup \psi$ are closed and since $\psi \cap -\psi = \phi$, it follows immediately that $\psi$ is closed.

More precise statements about $\psi$ will be given in 13.7.

## 13. Applications.

13.1. The following known facts will be used in this section. A compact connected Lie group $K$ is semi-simple if and only if $H^1(K, \mathbf{R}) = 0$, and then $H^2(K, \mathbf{R}) = 0$ (see, e.g., Chevalley-Eilenberg, Trans. Amer. Math. Soc., 63 (1948), 85-124). A simple spectral sequence argument then shows that, if $K$ is compact and semi-simple and $L$ is a closed connected subgroup, the transgression is an isomorphism of $H^1(L, \mathbf{R})$ onto $H^2(K/L, \mathbf{R})$, and, in particular, that $H^2(K/L, \mathbf{R}) = 0$ if and only if $L$ is semi-simple, too.

13.2. *Coset spaces with second Betti number zero.* As a first application of §§ 4 and 10, we prove anew a theorem of H. C. Wang [31, Theorem C] to the effect that *a coset space $G/U$ with rank $G = \mathrm{rank}\, U$ and second Betti number zero is not homogeneous complex.*

Assume that $G/U$ has an invariant almost complex structure with roots $(\epsilon_j b_j)$, $(1 \leqq j \leqq k)$; let $c_1$ be its first Chern class and $\rho$ be the projection of $G/T$ onto $G/U$. By (10.8) and (12.3),

$$\rho^*(c_1) = -\tau(\epsilon_1 b_1 + \cdots + \epsilon_k b_k)$$

($\tau$ transgression in $(G, G/T, T)$). Since $H^2(G/U, \boldsymbol{R}) = 0$, $c_1$ must be a fortiori zero as a real cohomology class, and hence, by (13.1), $\sum \epsilon_j b_j = 0$. But then, by § 4, the system $(\epsilon_j b_j)$ does not satisfy the condition of 12.4, and thus the almost complex structure is not integrable.

13.3. *Examples of* (13.2). Now let $G$ be simple and $U$ be a maximal connected subgroup of maximal rank. A complete list of such inclusions is given in [7]; to discuss it, we assume, moreover, the center of $G$ to be reduced to the identity, which is no loss in generality. These inclusions may then be divided into three classes:

(a) $U$ is the connected centralizer of an element of order 2, which generates its center.

(b) $U$ is the centralizer of a one dimensional torus $S$, and $S$ is the identity component of the center of $U$.

(c) $U$ is the connected centralizer of an element $z$ of order 3 or 5, which generates its center.

The coset spaces $G/U$ corresponding to the classes (a), (b) are irreducible Riemannian and hermitian symmetric spaces respectively. In the class (c) we find seven spaces, namely $\boldsymbol{G}_2/\boldsymbol{A}_2 = \boldsymbol{S}_6$, $\boldsymbol{F}_4/\boldsymbol{A}_2 \times \boldsymbol{A}_2$, $\boldsymbol{E}_6/\boldsymbol{A}_2 \times \boldsymbol{A}_2 \times \boldsymbol{A}_2$, $\boldsymbol{E}_7/\boldsymbol{A}_2 \times \boldsymbol{A}_5$, $\boldsymbol{E}_8/\boldsymbol{A}_8$, $\boldsymbol{E}_8/\boldsymbol{A}_2 \times \boldsymbol{E}_6$ for $z$ of order 3 and $\boldsymbol{E}_8/\boldsymbol{A}_4 \times \boldsymbol{A}_4$ for $z$ of order 5.

$U$ being the connected centralizer of $z$, its algebra $\mathfrak{u}$ is the set of fixed points under $\mathrm{Ad}\, z$; consequently, $\mathrm{Ad}\, z$ has no real eigenvalues on the complementary subspaces $b_j$, and we may attach to it a complex structure on $(G/U)_0$, as recalled in (12.1), which will be invariant under $U$, since the latter commutes with $\mathrm{Ad}\, z$, and defines, consequently, an invariant almost complex structure on $G/U$. Here since $U$ has a discrete center, it is semi-simple, and $H^2(G/U, R) = 0$ (see 13.1). Therefore, by (13.2), we have the

PROPOSITION. *The seven coset spaces of the class* (c) *above are homogeneous almost complex but not homogeneous complex.*

This generalizes a known result for $S_6$ (Ehresmann Libermann, *C. R. Acad. Sci. Paris* 232 (1951), 1281 [14, § 10]).

13.4. PROPOSITION. *Let $G/U$ be homogeneous almost complex, and let $\iota = \iota_1 + \cdots + \iota_s$ be a decomposition of the isotropy representation into real irreducible representations; then the $\iota_i$ are unique, each one has the complex numbers as commuting field, and $G/U$ admits exactly $2^s$ invariant almost complex structures.*

Let $(G/U)_0 = W_1 + \cdots + W_s$ be a direct sum decomposition of $(G/U)_0$ such that the restriction of $\iota$ to $W_i$ is $\iota_i$. Since these subspaces are invariant under $T$, they are direct sums of subspaces $\mathfrak{b}_j$, and the corresponding roots $\pm b_j$ are the weights of $\iota_i$; since any two roots are different, the complex irreducible components of the $\iota_i$ will be pairwise inequivalent, from which follows the uniqueness of the $\iota_i$ and of the $W_i$. Also, a straightforward application of Schur's lemma shows that any linear transformation commuting with $\iota$ leaves the $W_i$'s invariant. Since, by assumption, there is at least one transformation without real eigenvalues commuting with $\iota$, we see that the commuting field of $\iota_i$ is either the field of complex numbers $G$ or of quaternionic numbers $K$; in any case $\iota_i$ is not complex irreducible and its extension to $W_i \otimes C$ decomposes into $\gamma_i + \bar{\gamma}_i$, where $\gamma_i$ is complex irreducible and $\bar{\gamma}_i$ is the complex conjugate representation of $\gamma_i$; the weights of $\bar{\gamma}_i$ are opposite in sign to the weights of $\gamma_i$. Since the roots of $G$ are pairwise distinct (§ 2), $\gamma_i$ is not equivalent to $\bar{\gamma}_i$, and it follows from Schur's lemma again that the commuting field of $\iota_i$ is the field of complex numbers. Thus we have on each $W_i$ exactly 2 invariant complex structures, from which our contention follows.

*Remark.* Let $\sigma$ be an automorphism of $G$ leaving $T$ and $U$ invariant, $d\sigma$ the induced automorphism of $\mathfrak{g}$; let $\psi$ be the root system of an invariant almost complex structure $\mathcal{E}$ on $G/U$, and $\psi'$ the transform of $\psi$ under $d\sigma$. From the formula (1) in § 1, it follows readily that the homeomorphism $\sigma'$ of $G/U$ defined by $\sigma$ carries $\mathcal{E}$ onto the invariant almost complex structure with roots $\psi'$. If, in particular, $\sigma(x) = g\,x\,g^{-1}$ with $g \in N_T \cap U$, then $\sigma'$ reduces to the left translation defined by $g$ and leaves $\mathcal{E}$ invariant; hence the element of $W(U)$ represented by $g$ must leave $\psi$ invariant.

13.5. *Centralizers of tori.* The following proposition is due to H. C. Wang [31]:

PROPOSITION. *$G/U$ (with rank $U =$ rank $G$; $U$ connected) is homogeneous complex if and only if $U$ is the centralizer of a torus in $G$.*

*Proof.* Let $U$ be the centralizer of a torus $S$, which we assume, as we may, to be in $T$, and let $s \in S$ generate an everywhere dense subgroup of $S$. Then $U$ is the centralizer of $s$, 11 the space of vectors fixed under Ad $s$, and we have $b_j(s) \not\equiv 0\,(1)$ if and only if $b_j$ is complementary. Let $\epsilon_j = \mathrm{sgn}\,(b_j(s))$ $(1 \leq j \leq k)$; since $s$ centralizes $U$, the $\epsilon_j b_j$ are the roots of an invariant almost complex structure; moreover, being characterized by $\epsilon_j b_j(s) > 0$, these roots satisfy the criterion of 12.4, and the structure is integrable.

Assume now, conversely, that $G/U$ has been endowed with a homogeneous complex structure and let $(\epsilon_j b_j)$ $(1 \leq j \leq k)$, be its roots. By (2.9), the group is locally isomorphic to the direct product of its largest semi-simple subgroup $U'$ and of a torus $S$; moreover, by 13.1 and 13.2, $S \neq \{e\}$. Now let $W$ be the centralizer of $S$. We have $W = S_1 \cdot W'$, where $S_1$ is a torus containing $S$ and $W'$ a semi-simple subgroup containing $U'$ and $W' \cap S_1$ is finite. The equalities

$$\mathrm{rank}\,G = \mathrm{rank}\,U' + \dim S = \mathrm{rank}\,W' + \dim S_1$$

show then that $S = S_1$, that $\mathrm{rank}\,W' = \mathrm{rank}\,U'$, and that $W/U$ is to be identified with $W'/U'$; since $W'$ and $U'$ are semi-simple, we have $H^2(W'/U', \mathbf{R}) = 0$ and $W/U$ is not homogenous complex (13.1, 13.2).

Let $J \subset [1, k]$ be such that the $\pm\, b_j$'s, with $j \in J$, are the complementary roots of $U$ in $W$. The roots $(\epsilon_j b_j)$ $(j \in J)$, define a complex structure on $(W/U)_0$ which is invariant under the linear isotropy representation $\iota'$ of $U$ in $(W/U)_0$ since $\iota'$ is nothing but the restriction to an invariant subspace of the isotropy representation of $U$ in $(G/U)_0$; moveover, since the system $(\epsilon_j b_j)$ $(1 \leq j \leq k)$, satisfies the condition of 12.4, so does $(\epsilon_j b_j)$ $(j \in J)$. Therefore, if $W \neq U$, then we get on $W/U$ an invariant integrable almost complex structure, in contradiction to what has already been proved. Thus $U = W$ and $U$ is the centralizer of the torus $S$.

13.6.   For the sake of completeness, we recall the proof of the following well-known lemma.

LEMMA. *Let $U$ be the centralizer of a torus in $G$, $S$ the connected center of $U$ and $k = \dim S$. Then, for a suitable ordering $\delta$, there are $l - k$ simple roots $a_i$ $(1 \leq i \leq l - k)$ vanishing on $S$ and such that the roots of $U$ are exactly the roots of $G$ which are linear combinations of the $a_i$ $(1 \leq i \leq l - k)$.*

The roots of $U$ are those of $G$ which vanish on $S$; since the semi-simple part of $U$ has rank $l - k$, $U$ has $l - k$ independent roots. We consider in the dual space $V_T{}^*$ of the universal covering $V_T$ of $T$ the lexicographic order which is associated to a base whose first $k$ elements span the covering $V_S$ of $S$. It is then clear that if a sum of positive linear forms $b_i$ with strictly positive coefficients vanishes on $V_S$, so does each $b_i$; the lemma follows readily from this and from the fact that $U$ has $l-k$ linearly independent roots.

*Remark.* In the ordering $\mathscr{S}$, the complementary roots are linear combinations of the $a_j$'s with at least one of the $k$ last ones appearing with a non-zero coefficient. Therefore, if the sum $a+b$ of a root $a$ of $U$ and of a complementary root $b$ is a root, then it must be a complementary root. Also, the set of positive complementary roots is closed.

13. 7. *Number of invariant complex structures.* In this section, we assume $G/U$ to be homogeneous complex; $U$ is then the centralizer of a torus by 13. 5, and we keep the notations of 13. 6.

PROPOSITION. *Let $\Theta$ be a system of positive roots of $U$. The roots of an invariant complex structure form a closed system $\Psi$ such that $\Theta \cup \Psi$ is a positive system of roots for $G$. Conversely, a closed set $\Psi$ of complementary roots such that $\Theta \cup \Psi$ is the set of positive roots of $G$ for a suitable ordering is the system of roots of an invariant complex structure of $G/U$.*

Let $\Psi$ be the root system of an invariant complex structure $\mathscr{C}$. Then (12. 4) $\Psi$ is closed and is contained in a system $\Phi$ of positive roots of $G$. $\Phi$ is necessarily of the form $\Theta' \cup \Psi$, where $\Theta'$ is a system of positive roots for $U$. There exists, therefore, $w \in W(U)$ which carries $\Theta'$ onto $\Theta$; since $w$ leaves $\Psi$ invariant (remark in 13. 4), it carries $\Theta' \cup \Psi$ onto $\Theta \cup \Psi$, and the latter is also a positive system.

Let now $\Psi$ be a closed system of complementary roots such that $\Theta \cup \Psi$ is the set of positive roots relative to an ordering $\mathscr{S}'$. The remark in 13. 6 and the fact that $\Psi$ is closed show that if $a \in \Theta$ is a sum of two positive roots for $\mathscr{S}'$, then these two roots also belong to $\Theta$; this means that the simple roots of $\Theta$, considered as a positive system for $U$, are also simple for $\mathscr{S}'$. Let then $a_j$ $(1 \leq j \leq l)$ be the simple roots of $\mathscr{S}'$, with $a_j \in \Theta$ for $j \leq l-k$; the elements of $\Theta$ (resp. $\Psi$) are then linear combinations with positive coefficients of $a_1, \cdots, a_{l-k}$ (resp. $a_1, \cdots, a_l$, where at least one $a_j$ $(j > l-k)$ has a non-vanishing coefficient). This implies first that $\Theta \cup -\Theta \cup \Psi$ is closed and second that there is an $s \in S$ such that $0 < b(s) < \frac{1}{2}$ for all $b \in \Psi$; thus the map of $(G/U)_0 \cong \mathfrak{g}/\mathfrak{u}$ onto itself, defined by $\operatorname{Ad} s$, has no real eigenvalues and the complex structure attached to it by the rule of 12. 1 has the root system $\Psi$. Since $s$ commutes with $U$, this structure is invariant under the isotropy representation, and hence, by (12.4), gives an invariant complex structure on $G/U$.

13.8. PROPOSITION. *Let $G/U$ be homogeneous complex, let $k$ be the dimension of the center of $U$, and let $l$ be the rank of $G$. If $k = 1$ (resp. $k = l$, i.e., $U = T$), then the number of invariant complex structures is equal to two (resp. the order of $W(G)$). Given two of them, there is a homeomorphism of $G/U$ induced from an (resp. inner) automorphism of $G$ leaving $U$ invariant and carrying one onto the other.*

Let $k = l$. Then in the notations of 13.7, $\Theta$ is empty and the invariant complex structures are in 1-1 correspondence with the different systems of positive roots of $G$, by 13.7 (or directly by 4.9 and 12.4). Since $W(G)$ operates transitively on the set of systems of positive roots, it is obvious by the remark of 13.4 that the inner automorphisms of $G$ defined by the elements of the normalizer of $T$ induce homeomorphisms of $G/T$ which permute transitively the invariant complex structures.

Now let $k = 1$. We first take an ordering $\mathscr{S}$ having the properties mentioned in 13.6. Then the set of positive complementary roots $\Psi$ defines an invariant complex structure by 13.7. Let $\Psi'$ be the root system of another invariant complex structure. As in 13.7, we denote by $\Theta$ the set of roots of $U$ which are positive for $\mathscr{S}$ and by $a_l$ the simple root of $\mathscr{S}$ not belonging to $\Theta$; $\Psi' \cup \Theta$ is the set of positive roots for some ordering $\mathscr{S}'$, and the proof of Proposition 13.7 shows that $a_1, \cdots, a_{l-1}$ are also simple for $\mathscr{S}'$. If $a_l \in \Psi'$, then $\Psi' \cup \Theta$ contains all simple roots of $\mathscr{S}'$, and hence $\Psi = \Psi'$. Let now $-a_l \in \Psi'$ and let $a'_l$ be the $l$-th simple root of $\mathscr{S}'$; $-a_l$ is a linear combination with positive coefficients of $a_1, \cdots, a_{l-1}, a'_l$, and therefore, if we express $a'_l$ as a linear combination of $a_1, \cdots, a_l$, then the root $a_l$ must have coefficient $-1$. But then the elements of $\Psi'$ which are combinations with positive coefficients of $a_1, \cdots, a_{l-1}, a'_l$, where the last coefficient is $\neq 0$, must also have at least one negative coefficient when expressed as linear combinations of $a_1, \cdots, a_l$; this means that they are negative for $\mathscr{S}$, and therefore that $\Psi' = -\Psi$. Thus we have only two invariant complex structures.

It is known (see [23] or Gantmacher, Rec. Math. Moscou 47 (1939), 101-144) that any automorphism of $\mathfrak{t}$ permuting the roots extends to an automorphism of $\mathfrak{g}$. In particular, there is an automorphism $\sigma$ carrying each root into its opposite; since we may assume here $G$ to be simply connected (10.1), $\sigma$ also defines an automorphism of $G$ leaving $T$ invariant; it maps $\Psi$ onto $-\Psi$ and leaves invariant the set of roots of $U$. Therefore $\sigma$ leaves $U$

invariant and defines a homeomorphism of $G/U$ carrying the complex structure with roots $\Psi$ onto the complex structure with roots $-\Psi$.

*Remarks.* 1) The argument which ends the preceding proof shows more generally the following: let $\Psi$, $\Psi'$ be the root systems of two invariant complex structures $\mathscr{C}$, $\mathscr{C}'$ on $G/U$. If there is an automorphism of $V_T$ carrying $\Psi$ onto $\Psi'$ and leaving the root system of $U$ invariant, then $\mathscr{C}$, $\mathscr{C}'$ are equivalent under a differentiable homeomorphism of $G/U$, which is induced from an automorphism of $G$ leaving $U$ invariant.

2) If $\Psi$ is the set of roots of an invariant complex structure $\mathscr{C}$, then $-\Psi$ is clearly the root system of the "bar structure" or conjugate of $\Psi$, that is, of the structure in which the vectors of type $(1,0)$ are those of type $(0,1)$ for $\mathscr{C}$. Thus the last part of the above proof shows that on $G/U$ an invariant complex structure and its conjugate are equivalent under an automorphism of $G$. In the case $\boldsymbol{P}_{n-1}(C) = \mathbf{U}(n)/\boldsymbol{U}(n-1)\times \boldsymbol{U}(1)$, the automorphism may be taken as complex conjugation and therefore has to be an outer automorphism for $n \geq 3$.

3) The case $k = 1$ in 13.8 includes the hermitian symmetric spaces for which our assertion has already been noticed by I. Satake, "A remark on bounded symmetric domains," Sci. Papers Coll. Ed. Gen. Univ. Tokyo 3 (1953), 131-144).

13.9. *Examples of inequivalent structures.* There are cases in which $G/U$ carries at least two invariant complex structures which are not equivalent under a differentiable homeomorphism. For instance, take $G = \boldsymbol{U}(4)$, $U = \boldsymbol{U}(2)\times \boldsymbol{U}(1)\times \boldsymbol{U}(1)$, embedded in the standard fashion. With respect to the standard maximal torus, the roots of $\boldsymbol{U}(4)$ are $\pm(x_i - x_j)$, $(1 \leq i < j \leq 4)$, and those of $U$ are $\pm(x_1 - x_2)$. Let $\mathscr{S}_1$ (resp. $\mathscr{S}_2$) be the ordering defined by $x_4 > x_1 > x_2 > x_3 > 0$ (resp. $x_1 > x_2 > x_3 > x_4 > 0$). Then by 13.7, the set $\Psi_1$ (resp. $\Psi_2$) formed by $x_4 - x_1$, $x_4 - x_2$, $x_4 - x_3$, $x_1 - x_3$, $x_2 - x_3$ (resp. $x_1 - x_3$, $x_1 - x_4$, $x_2 - x_3$, $x_2 - x_4$, $x_3 - x_4$) is the root system of an invariant complex structure $\mathscr{C}_1$ (resp. $\mathscr{C}_2$). The image in $H^2(\boldsymbol{U}(4)/\boldsymbol{T}, \boldsymbol{Z})$ of the first Chern class of $\mathscr{C}_1$ (resp. $\mathscr{C}_2$) is, by 10.8, equal to $3(x_4 - x_3)$ (resp. $2x_1 + 2x_2 - x_3 - 3x_4$). Now $\boldsymbol{U}(4)/\boldsymbol{T} = \boldsymbol{SU}(4)/\boldsymbol{T}'$ where $\boldsymbol{T}' = \boldsymbol{T} \cap \boldsymbol{SU}(4)$ is a maximal torus of $\boldsymbol{SU}(4)$. The inclusion map of $\boldsymbol{T}'$ in $\boldsymbol{T}$ identifies $H^1(\boldsymbol{T}', \boldsymbol{Z})$ with the quotient of $H^1(\boldsymbol{T}, \boldsymbol{Z})$ by $\boldsymbol{Z} \cdot (x_1 + x_2 + x_3 + x_4)$; since $\boldsymbol{SU}(4)$ is simply connected, the transgression is an isomorphism of $H^1(\boldsymbol{T}', \boldsymbol{Z})$ on $H^2(\boldsymbol{SU}(4)/\boldsymbol{T}', \boldsymbol{Z})$. It follows then that the first Chern class of $\mathscr{C}_1$ (resp. $\mathscr{C}_2$) is divisible (resp. not divisible) by 3. Hence $\mathscr{C}_1$ and $\mathscr{C}_2$ are not equivalent under a differentiable homeomorphism of $G/U$. Moreover it will be shown in Section 24.11 that the Chern numbers $c_1^5$ of $\mathscr{C}_1$ and $\mathscr{C}_2$ are equal to 4860 and 4500 respectively.

The following observation leads to other examples:

PROPOSITION. *Assume that $G/U$ carries two invariant homogeneous structures $\mathscr{C}$, $\mathscr{C}'$ with root systems $\Psi$, $\Psi'$, and that $G^c$ is the greatest connected group of automorphisms of $\mathscr{C}$ and of $\mathscr{C}'$. Then $\mathscr{C}$ and $\mathscr{C}'$ are equivalent under a differentiable homeomorphism of $G/U$ if and only if there is a linear transformation $\alpha$ of $\mathfrak{t}$ leaving the root system of $U$ invariant and carrying $\Psi$ onto $\Psi'$.*

The " if " part follows from Remark 1) in 13.8.

Let now $\beta$ be a differentiable homeomorphism of $G/U$ carrying $\mathscr{C}$ onto $\mathscr{C}'$. By the assumption on $G^c$, $\beta$ defines an automorphism of $G^c$. Using homogeneity and the facts recalled in 14.3, it is then seen that $\mathscr{C}$ and $\mathscr{C}'$ are also equivalent under a homeomorphism $\gamma$ which is induced from an automorphism of $G^c$ leaving $U^c$, $T^c$ invariant. Since $\gamma$ permutes the roots of $\mathfrak{g}^c$ with respect to $\mathfrak{t}^c$, and since $\mathfrak{t}$ is characterized as the subset of $\mathfrak{t}^c$ on which the roots are real valued, $\gamma$ leaves $\mathfrak{t}$ invariant, and its restriction to $\mathfrak{t}$ is the desired $\alpha$. Q. E. D.

According to Bott (unpublished), $G^c$ satisfies our assumption, for instance, if $G = \boldsymbol{E}_7, \boldsymbol{E}_8$. Moreover, $\boldsymbol{E}_7, \boldsymbol{E}_8$ have no outer automorphisms, hence the automorphisms of $\mathfrak{t}$ keeping the root system of $G$ invariant are just those of the Weyl group. Let now $a$, $b$ be two different simple roots with respect to an ordering $\mathscr{S}$ and let $w \in W(G)$ be a transformation carrying $b$ onto $a$. (This exists because the roots of $\boldsymbol{E}_7$ or $\boldsymbol{E}_8$ all have the same length and $W(G)$ is known to be transitive on a set of roots of the same length.)

Let $\Phi$ be the set of positive roots for $\mathscr{S}$, and $\Psi = \Phi - a$, $\Psi' = w(\Phi - b)$. The symmetry to $a = 0$ carries $\Phi$ onto $-a \cup \Psi$ (see the proof of 3.1). Therefore, if there existed an $\alpha$ carrying $\pm a$ onto itself and $\Psi$ onto $\Psi'$, there would also be a $w' \in W(G)$ carrying $a$ onto $b$ and leaving $\Phi$ invariant, but this contradicts the fact that $W(G)$ is simply transitive on the Weyl chambers (2.7). Now $\pm a$ is the set of roots of the centralizer $U$ of the singular torus defined by $a = 0$. Thus, by our criterion, $\Psi$ and $\Psi'$ are the root systems of two invariant complex structures on $G/U$ which are not equivalent under a differentiable homeomorphism. A similar discussion would also show that the complex structures on $\boldsymbol{U}(4)/\boldsymbol{U}(2) \times \boldsymbol{U}(1) \times \boldsymbol{U}(1)$ discussed above are not equivalent.

**14. Complex Lie groups, embeddings, representations, invariant differential forms.** We collect here some results to be used in the sequel. For more details about the facts mentioned without proofs in 14.3, 14.4 or about related questions, see [5], [7a], Goto "On algebraic homogeneous spaces," *Amer. Jour. Math.* 76 (1954), 811-818, J. Tits, "Sur certaines classes d'espaces homogènes de groupes de Lie," *Mém. Acad. Royale Belgique* 29 (1955), Chapitre III.

14.1. *Notations.* $G$ is semi-simple and simply connected, $\mathcal{S}$ is an ordering of the roots with respect to $T$, and $a_1, \cdots, a_l$ are the simple roots for $\mathcal{S}$. If $I$ is a (possibly empty) proper subset of $[1, l]$, we denote by $U_I$ the centralizer of the torus $S_I$ defined by $a_i(t) = 0$ $(i \in I, t \in T)$ and put $M_I = G/U_I$. We consider it to be endowed with the invariant complex structure $\mathcal{C}_I$ defined by the set $\Psi_I$ or $\Psi$ of *positive complementary roots* (whose existence follows from 13.7). $U_I'$ is the semi-simple part of $U_I$. Thus we have $U_I = S_I \cdot U_I'$ with $S_I \cap U_I'$ finite.

*Remark.* Let $G$ be a compact connected Lie group and $G_1, G', U, U_1, U'$ be as in 10.1. Then $G/U = G'/U' = G_1/U_1$. By a result of Hopf (see e.g. [23, Exp. XXI]), the centralizer of a toral subgroup in a compact connected Lie group is connected; hence, if one of $U, U', U_1$ is centralizer of a torus, so are the other two. Thus the assumption $G$ semi-simple and simply connected made in §14, which allows one to avoid some slight irrelevant technical complications, is no real restriction, and the results of this paragraph are valid, with little or no modification, in the general case. In particular, in 14.4 one has to consider then the representations of the group $\bar{G}$ mentioned in 2.9.

14.2. The natural map $\nu_I : G/T \to G/U_I$ is the projection in the fibering $(G/T, G/U_I, U_I/T)$; the spaces $G/T, G/U_I, U_I/T$ have no torsion and have vanishing odd dimensional Betti numbers ([5] or R. Bott, *Bull. Soc. Math. France* 84 (1956), 251-81). Therefore [2, §4], for any commutative group $A$ of coefficients, the fibre is totally non homologous to zero, $\nu_I^*$ is injective, $\nu_I^*(H^2(G/U_I, A))$ is the kernel of the map of $H^2(G/T, A)$ into $H^2(U_I/T, A)$ induced by inclusion. It follows that $\nu_I^*(H^2(G/U_I, A)$ is a direct summand of $H^2(G/T, A)$; also, since the transgression in $(G, G/U_I, U_I)$ is an isomorphism of $H^1(U_I, \mathbf{Z})$ onto $H^2(G/U_I, \mathbf{Z})$, the former group is free abelian.

LEMMA. *Let $A$ be a principal ideal ring. Then $\nu_I^*$ is an isomorphism of $H^2(G/U_I, A)$ onto the submodule of $H^2(G/T, A)$ formed by the elements orthogonal to the $a_i$'s $(i \in I)$, that is, which is spanned by the fundamental weights $\varpi_i$'s $(i \notin I)$.*

By the above and the universal coefficient formula, it is enough to prove the lemma for $A = \mathbf{Z}$. The fundamental weights $\varpi_i$ $(1 \leq i \leq \operatorname{rank} G)$, form a basis of $H^1(T, \mathbf{Z})$, (see 3.4), hence of $H^2(G/T, \mathbf{Z})$, and the subgroup $B_I$ spanned by the $\varpi_i$'s $(i \notin I)$ is a direct summand whose rank equals the dimension of $S_I$.

The group $T' = T \cap U_I'$ is a maximal torus of $U_I'$, whose covering in the universal covering $V_T$ of $T$ is spanned by the contravariant images of the $a_i$ $(i \in I)$. Since $U_I'$ is semi-simple and $U_I$ is locally isomorphic to the product $S_I \times U_I'$, the map $H_1(S_I, \mathbf{R}) \to H_1(U_I, \mathbf{R})$, (resp. $H_1(T', \mathbf{R}) \to H_1(U_I, \mathbf{R})$), induced by inclusion, is an isomorphism (resp. has zero image). Since $H^1(U_I, \mathbf{Z})$ is free, it follows immediately that $\alpha^* : H^1(U_I, \mathbf{Z}) \to H^1(T, \mathbf{Z})$ is injective, with its image contained in $B_I$, and of finite index in $B_I$, where $\alpha$ is the inclusion of $T$ in $U_I$.

The projection $\nu_I$ defines a representation of the fibering $(G, G/T, T)$ into $(G, G/U_I, U_I)$, whose restriction to a fibre is $\alpha$. Therefore, using transgression, we see that the image of $\nu_I^*$ is a subgroup of finite index of $B_I$. But we have already shown that it is a direct summand, whence the lemma.

*Remark.* By transgression, we also see that $\alpha^*$ identifies $H^1(U_I, \mathbf{Z})$ with $B_I$.

14.3. *Complexification.* $G^c$ denotes the complex Lie group containing $G$, with Lie algebra $\mathfrak{g}^c$, whose existence and uniqueness up to an isomorphism is well known. We use the notation of §§1, 12 and, moreover, put

$$\mathfrak{p}_I = \mathfrak{u}_I{}^c + \sum_{-b \in \Psi} \mathfrak{v}_\mathfrak{b}.$$

It is a subalgebra which generates a closed, connected, complex analytic subgroup $P_I$ of $G^c$, equal to its normalizer, such that $P_I \cap G = U_I$; it follows then that $G$ is transitive on $G^c/P_I$ and that there is a natural identification of $G/U_I$ with $G^c/P_I$ which carries $\mathscr{E}_I$ onto the quotient complex structure, as defined in the theory of complex Lie groups (see e. g. [7a]). If, in particular, $I$ is empty, then $\mathfrak{b} = \mathfrak{p}_I$ is solvable and $G^c/B = G/T$, where $B = P_I$.

14.4. *Representations and embeddings.* Let $\mathscr{S}^-$ be the ordering of the roots which is opposite to $\mathscr{S}$, that is, which has the negative roots of $\mathscr{S}$ as positive roots. The highest weights of the irreducible representations of $G$ with respect to $\mathscr{S}^-$ are then the opposite of the highest weights in the order $\mathscr{S}$. If $\Gamma$ has highest weight $\varpi$ for $\mathscr{S}$ and $\Gamma'$ highest weight $-\varpi$ for $\mathscr{S}^-$, then $\Gamma'$ is the contragredient representation to $\Gamma$, and its weights are the opposite of those of $\Gamma$.

Let $\Gamma$ be an irreducible representation of degree $q+1$,

$$\varpi = c_1\varpi_1 + \cdots + c_l\varpi_l$$

its highest weight in the ordering $\mathscr{S}$, $\check{\Gamma}$ the contragredient representation, $\check{\Gamma}'$ and $\Gamma'$ the associated representations by means of projective transformations in $\boldsymbol{P}_q(\boldsymbol{C})$. Let $V$ be a representation space for $\check{\Gamma}$ and $\pi$ be the projection of $V-0$ on $\boldsymbol{P}_q(\boldsymbol{C})$. There is in $V$ exactly one 1-dimensional subspace $W$ which is invariant under $B$, and we have

$$\check{\Gamma}(t)(x) = \exp[-2\pi i\varpi(t)]\cdot x, \qquad\qquad (t\in T^c, x\in W).$$

$x' = \pi(W-0)$ is then the unique point of $\boldsymbol{P}_q(\boldsymbol{C})$ fixed under $\check{\Gamma}'(B)$.

We say that $M_I$ is *associated* (resp. *strictly associated*) to $\Gamma$ if $c_i=0$ for $i\in I$ (resp. and, moreover, if $c_j\neq 0$ for $j\notin I$). If $M_I$ is associated (resp. strictly associated) to $\Gamma$, then the map $\phi: g\to\check{\Gamma}'(g)\cdot x'$ induces a holomorphic (resp. bijective and bi-holomorphic) map $\beta_I$ of $M_I$ onto a projective non-singular variety $M_\Gamma$. In particular, each irreducible representation yields a holomorphic map $\beta_2$ of $G/T$ into some projective space. Since a given $M_I$ is strictly associated to infinitely many representations, it therefore admits projective embeddings.

The cone $\pi^{-1}(M_\Gamma)$ over $M_\Gamma$ is, in the obvious way, a $\boldsymbol{C}^*$-bundle $\eta$ over $M_\Gamma$; on the other hand, let $N$ be the subgroup of $B$ whose Lie algebra over $\boldsymbol{C}$ is spanned by the $\mathfrak{v}_a$ ($a<0$ for $\mathscr{S}$). $N$ is the commutator subgroup of $B$, and $B/N\cong T^c$. The quotient $G^c/N$ can be considered as the total space of a principal $T^c$-bundle $\xi = (G^c/N, G^c/B, T^c)$. If $\gamma$ is the representation of $T^c$ with character $\exp(-2\pi i\varpi)$, it is then easily seen that $\beta_2$ induces a $\gamma$-homomorphism of $\xi$ on $\eta$. Therefore, by 10.4, $\varpi = -\beta_2{}^*(c_1(\eta))$. It follows from this and from 14.2 that if $M_I$ is associated to $\Gamma$, then $-\varpi$ may be identified with an element of $H^2(M_I, \boldsymbol{Z})$ which is the Chern class of the bundle over $M_I$ induced from $\eta$ by $\beta_I: M_I\to M_\Gamma$. But $c_1(\eta)$ is $-e^*$, where $e^*$ is the dual of the homology class containing a hyperplane section of $M_I$ (see §29). Thus $\varpi$ is the dual of the homology class of a divisor on $M_I$, namely, the inverse image of a hyperplane section of $M_\Gamma$. It may be shown [7a] that the inverse images of the hyperplane sections of $M_\Gamma$ form a complete linear system on $M_I$, and that this system is the only one on which the natural representation of $G$ is $\Gamma'$.

14.5. *Positive classes.* Since we want to use some facts about complex Lie algebras, we now identify $V_T$ with its tangent space $\mathfrak{t}$ at $e$, and assume the invariant metric to be the restriction of $-K$, where $K$ is the Killing form. The roots of $\mathfrak{g}^c$ with respect to $\mathfrak{t}^c$ in the sense of infinitesimal theory are then the forms $2\pi ia$, where $a$ runs through the roots as defined in this paper (or, more precisely, through their extensions to $\mathfrak{t}^c$, since they were originally defined on $V_T$ or $\mathfrak{t}$). If $a$ is a linear form on $\mathfrak{t}^c$, we denote by $h_a$ its contravariant representative with respect to $-K$; if $a$ is real valued on $\mathfrak{t}$, then $h_a \in \mathfrak{t}$. It is known (see, for instance, [23], Exp. 10, 11) that we can find $e_a \in \mathfrak{v}_a$ with the following properties:

$$(1) \qquad [e_a, e_{-a}] = 2\pi i h_a, \qquad K(e_a, e_{-a}) = -1,$$

$\mathfrak{g}$ is spanned over the reals by $\mathfrak{t}$ and the vectors $e_a + e_{-a}$, $i(e_a - e_{-a})$, and the Killing form is the direct sum

$$K = K_1 - \sum_{a>0} x_a x_{-a},$$

where $K_1$ is the restriction of $K$ to $\mathfrak{t}^c$ and the $x_a$, $x_{-a}$ form the dual base to $(e_a, e_{-a})$.

Finally, we recall that if $X$, $Y$ are left-invariant vector fields and $\omega$ is a left-invariant 1-form on a Lie group $H$, then

$$(2) \qquad d\omega(X, Y) = -\omega([X, Y]) \qquad ([X, Y] = X \cdot Y - Y \cdot X)$$

(see e. g. Chevalley, *Theory of Lie groups I*, Princeton, Chap. V, §4; it is there stated for real Lie groups, but the proof is also valid in the complex case).

Let us denote by $\omega_a$ the left-invariant 1-form on $G^c$ whose restriction to $\mathfrak{g}^c$ is annihilated by $\mathfrak{t}^c$ and which is such that $\omega_a(e_b) = 1$ if $a = b$ and is zero if $a \neq b$. A straightforward computation using (1), (2) and 12.2 yields then the

LEMMA. *Let $\eta_b$ be the left-invariant 1-form on $G^c$ whose restriction to $\mathfrak{g}^c$ is zero on $\sum \mathfrak{v}_a$ and which induces the linear form $b$ on $\mathfrak{t}^c$. Then*

$$(3) \qquad d\eta_b = -2\pi i \sum_{a>0} (b, a) \omega_a \wedge \omega_{-a}.$$

We are interested only in the case where $b$ is real valued on $\mathfrak{t}$; then $(b, a)$ is also real valued. Assume now that $b$ is orthogonal to the roots $a_i$ $(i \in I)$, i. e., that $h_b \in \hat{\mathfrak{s}}_I$. Then

$$(4) \qquad d\eta_b = -2\pi i \sum_{a \in \Psi_I} (b, a) \omega_a \wedge \omega_{-a}.$$

The restriction $\eta_{b|G}$ of $\eta_b$ to $G$ is left-invariant. By (4), $d\eta_b$ is zero on $\mathfrak{u}$, and hence, by invariance, it vanishes on $U$; thus $\eta_{b|U}$ and, a fortiori, $\eta_{b|T}$ are closed. Since $\eta_{b|T}$ is clearly in the class $b \in H^1(T, \mathbf{R})$, it follows by 14.2

that $\eta_{b|U}$ represents the element of $H^1(U, \mathbf{R})$ which we have identified with $b$. We want to show that $d\eta_{b|G}$ is the inverse image of a 2-form on $M_I$; for this, it is necessary and sufficient that the 2-form defined by $d\eta_b$ on $\mathfrak{g}$ vanishes whenever one of the arguments is in $\mathfrak{u}_I$ and is invariant under $\mathrm{Ad}_\mathfrak{g} U_I$ (see e. g. Chevalley-Eilenberg, Trans. A. M. S. 63 (1948), 85-124, Theorem 13.1). The first property is obvious from (4); as to the second, we may argue as follows: by (4), we have only to show that the restriction of $d\eta_b$ to $\sum\limits_{b \in \Psi} \mathfrak{b}$ is invariant under the linear isotropy group $\bar{U}$. From the properties of the Killing form recalled above, we see that if we take in $\mathfrak{b}$ the real and imaginary parts of $x_b$ as coordinates, then the Killing form is the negative unit form, and therefore, the isotropy group $\bar{U}$ is orthogonal; this means that $d\eta_b$ is invariant under $\bar{U}$ if its matrix commutes with $\bar{U}$. But it follows from (4) and 12.2 that this matrix is equal to the restriction of the matrix of $\mathrm{ad}_\mathfrak{g} h_b$. Since $h_b \in \mathfrak{z}_I$, it centralizes $\mathfrak{u}$, and $\mathrm{ad}_\mathfrak{g} h_b$ does commute with $\mathrm{Ad}_\mathfrak{g} U$.

By the foregoing and by the definition of transgression, $d\eta_{b|G}$ may be identified with a closed 2-form on $G/U_I$ belonging to the image of $b \in H^1(U, \mathbf{R})$ under transgression; in view of the conventions made in 10.1, this form represents the cohomology class which has been identified with $-b$. Moreover, by the definition of the complex structure $\mathcal{C}_I$ on $M_I$, the $\mathfrak{v}_a$ ($a \in \Psi_I$), span the subspace of $M_I \otimes \mathbf{C}$ which contains the differentials of local holomorphic functions, and we have $\omega_{-a} = \bar{\omega}_a$ in the standard notations. Thus we have shown the following:

14.6. PROPOSITION. *We keep the notations of 14.1, 14.2. Let $b$ be a linear form on $V_T$ orthogonal to the simple roots $a_i$ ($i \in I$). Then the element of $H^2(G/U_I, \mathbf{R})$ identified with $b$ in 14.2 contains the invariant 2-form of type $(1,1)$*

$$(5) \qquad \omega = 2\pi i \sum_{a \in \Psi_I} (b, a)\, \omega_a \wedge \bar{\omega}_a.$$

$\omega$ is the imaginary of the hermitian form

$$(6) \qquad 4\pi \sum_{a \in \Psi} (b, a)\, \omega_a \cdot \bar{\omega}_a \ \text{(symmetric product)}.$$

A 2-dimensional complex cohomology class on a complex manifold $M$ is *positive in the sense of* Kodaira if it contains the imaginary part of a positive non-degenerate hermitian metric, which is then necessarily kählerian. From (5), (6) and the remark in 13.6, we get:

14.7. COROLLARY. *$b$ is positive in the sense of Kodaira if $(b, a) > 0$ for $a \in \Psi_I$, that is, if $(b, a_i) > 0$ for $i \notin I$.*

This is in agreement with the fact (14.4) that when $b$ is the highest weight of an irreducible representation $\Gamma$ to which $M_I$ is strictly associated, then it is dual to the class of a hyperplane section in the projective embedding provided by the representation $\check{\Gamma}$.

14.8. COROLLARY. *The first Chern class $c_1$ of the tangent bundle to $M_I$ is positive.*

$c_1$ is the sum of the positive complementary roots (10.7) and, by 13.6, these are the linear combinations of the simple roots in which at least one $a_i$ with $i \notin I$ has a strictly positive coefficient. Thus, if $a \in \Psi_I$, its transform by the symmetry to the plane $a_i = 0$ $(i \in I)$ belongs to $\Psi_I$. Since $(a_i, S_i a + a) = 0$, it follows that $(a_i, c_1) = 0$. This is also a consequence of 14.2.

In view of (5), (6), we have to show that if $a \in \Psi$, then $(a, c_1) > 0$. Let $b \in \Psi$ and assume that $(a, b) < 0$. Then (§2)

$$(7) \qquad b, b + a, b + 2a, \cdots, b + ka \qquad (k = -2(a, b)(a, a)^{-1})$$

are roots of $G$ and, in fact, belong to $\Psi$, since the latter is a closed system (13.7). We have $(a, b + ka) = (a, a)k/2 > 0$ and

$$(a, b + b + a + \cdots + b + ka) = (k + 1)(a, b) + (a, a)k \cdot (k + 1)/2 = 0.$$

From this we deduce readily that we may represent $\Psi$ as a union of disjoint subsets $\Psi_j$, where $\Psi_j$ consists either of one root $b$ with $(a, b) \geq 0$ or of a string of type (7), whose sum is orthogonal to $a$; in the first category we have the set consisting of $a$ itself, and hence, finally, $(a, c_1) > 0$.

14.9. Using some properties of the constants of structure of $\mathfrak{g}^o$, one can show that 14.6 gives all invariant 2-forms on $M_I$, as indicated in [5]; this implies that the condition of 14.7 is also necessary for $b$ to be positive as will also follow from § 24.

14.10. We recall that for a kählerian compact manifold $M$, the $d$- and the $\bar{\partial}$-cohomology are identical, and that $H^i(M, C)$ is a direct sum of subspaces $H^{p,q}(M)$, $(p + q = i)$, where $H^{p,q}$ is the space of $i$-dimensional cohomology classes which can be represented by exterior differential forms of type $(p, q)$. This applies, in particular, to the projective variety $G/U_I$.

PROPOSITION. *In the previous notations, we have $H^{2i+1}(M_I, C) = 0$ and $H^{2i}(M_I, C) = H^{i,i}(M_I)$ for all $i \geq 0$.*

For the first assertion, see [2, Théorème 26.1].

As remarked in 14.2, the projection $\nu_I$ of $G/T$ onto $G/U_I$ induces an injective homomorphism of $H^*(G/U_I, C)$ in $H^*(G/T, C)$. This map is also holomorphic with respect to the complex structures on $G/T$ and $G/U_I$ defined by the positive complementary roots, because, in the notations of 14.3, it can be identified with the projection of $G^c/B$ onto $G^c/P_I$, both spaces being endowed with the natural quotient complex structures. Thus $\nu_I^*$ identifies $H^{p,q}(M_I)$ with a subspace of $H^{p,q}(G/T, C)$, and it suffices to prove our contention for $G/T$. Since $H^*(G/T, C)$ is generated by the unit and its 2-dimensional classes [2, §26], it is enough to show that $H^2(G/T, C) = H^{1,1}(G/T)$, but this follows from 14.6.

## Chapter V.   Special Cases.

### 15.   Projective spaces.

15.1.   *Complex projective spaces.* We wish to apply Theorem 10.8 to the case where $G = U(q)$ and $U = U(1) \times U(q-1)$ and $G/U = P_{q-1}(C)$, $(q \geqq 2)$. The imbedding of $U$ in $G$ is the usual one; namely, as follows: $U(q)$ is the group of unitary matrices and $U(1) \times U(q-1)$ is the group of $q \times q$-matrices of the form

$$\begin{pmatrix} a' & 0 \\ 0 & A'' \end{pmatrix},$$

where $a' \in U(1)$ and $A'' \in U(q-1)$, which is a subgroup of maximal rank of $G$. Let $T$ be the standard maximal torus of diagonal unitary matrices

$$\begin{bmatrix} e^{2\pi i x_1} & & & 0 \\ & \cdot & & \\ & & \cdot & \\ & & & \cdot \\ 0 & & & e^{2\pi i x_q} \end{bmatrix}.$$

$T$ is contained in $U(1) \times U(q-1)$ and plays the role of $S$ in Theorem 10.7. The coordinates $x_1, \cdots, x_q$ are integral linear forms on $V_T$ (see 1.2 and 10.1), and the roots of $U(q)$ with respect to $T$ are $\pm(x_j - x_k)$, where $1 \leqq j < k \leqq q$. The roots of $U(1) \times U(q-1)$ are $\pm(x_j - x_k)$ with $2 \leqq j < k \leqq q$. Hence the roots of $U(q)$ complementary to $U(1) \times U(q-1)$ are $\pm(x_1 - x_j)$ with $2 \leqq j \leqq q$.

     The usual invariant complex structure of $P_{q-1}(C)$ is given by regarding $P_{q-1}(C)$ as the space of the lines passing through the origin of $C^q$. Let $GL(q, C)$ operate in the usual way on $C^q$ and thus on $P_{q-1}(C)$. Let $GL(1, q-1; C)$ be the subgroup of those elements of $GL(q, C)$ which keep the point $(1, 0, \cdots, 0)$ of $P_{q-1}(C)$ fixed. Then

$$U(q)/(U(1)\times U(q-1)) = GL(q, C)/GL(1, q-1\,; C) = P_{q-1}(C).$$

Thus $P_{q-1}(C)$ is represented as a quotient of complex Lie groups and is, therefore, endowed with an invariant structure which is just the usual one. The complex isotropy representation $\iota_c$ of this complex structure has the weights $x_j - x_1$ $(j = 2, \cdots, q)$, which can be seen as follows: The element $(e^{2\pi i x_1}, \cdots, e^{2\pi i x_q})$ of $T$, when operating on the point $(1, z_2, \cdots, z_q)$ of $P_{q-1}(C)$, gives the point

$$(1, z_2 e^{2\pi i(x_2-x_1)}, \cdots, z_q e^{2\pi i(x_q-x_1)})$$

of $P_{q-1}(C)$, which proves the desired result. We may remark here that $P_{q-1}(C)$ admits exactly two invariant complex structures and these are complex conjugate to each other (see 13.8).

Let $\xi$ be a principal $U(q)$-bundle. We consider some associated fibre bundles and their projections according to the following diagram: Let $\rho$, $\sigma$ be the natural projections

$$(1) \qquad E_\xi/T \xrightarrow{\ \rho\ } E_\xi/(U(1)\times U(q-1)) \xrightarrow{\ \sigma\ } B_\xi$$

and $\pi = \sigma \circ \rho$. Let $\eta$ be the real vector bundle along the fibres (7.4) of $(E_\xi/(U(1)\times U(q-1)), B_\xi P_{q-1}(C))$ endowed with the complex structure $\eta'$ coming from the usual invariant complex structure on $P_{q-1}(C)$; i.e., $\eta'$ is defined by the complex isotropy representation $\iota_c$ considered above. Then we have for the total Chern class of $\eta'$

$$\rho^* c(\eta') = \prod_{j=1}^{q} (1 + x_j - x_1).$$

Now let $c_i \in H^{2i}(B_\xi, Z)$ be the Chern classes of $\xi$. Then we have (9.1)

$$\pi^*(1 + c_1 + c_2 + \cdots + c_q) = (1 + x_1)(1 + x_2)\cdots(1 + x_q).$$

Considering $z$ as an indeterminate over $H^*(E_\xi/T, Z)$, we have the equation

$$z^q + z^{q-1}\pi^*(c_1) + \cdots + \pi^*(c_q) = (z + x_1)(z + x_2)\cdots(z + x_q).$$

Replacing $z$ by $1 - x_1$ gives

$$\rho^* c(\eta') = \prod_{j=1}^{q} (1 + x_j - x_1) = \sum_{i=0}^{q} (1 - x_1)^{q-i}\pi^*(c_i).$$

$x_1, x_2, \cdots, x_q$ are the first Chern classes of the $q$ principal $U(1)$-bundles $\xi_1, \cdots, \xi_q$, into which the principal bundle $(E_\xi, E_\xi/T, T)$ splits. The principal bundle $(E_\xi, E_\xi/(U(1)\times U(q-1)), U(1)\times U(q-1))$ splits into a principal $U(1)$-bundle $\xi'$ and a principal $U(q-1)$-bundle $\xi''$. Obviously,

$\rho^*(\xi')$ is equivalent to $\xi_1$ and $\rho^*(\gamma_1) = x_1$, where $\gamma_1$ denotes the first Chern class of $\xi'$. Since $\pi^* = \rho^* \circ \sigma^*$ and since $\rho^*$ is injective for integral cohomology, we get

$$(2) \qquad c(\eta') = \sum_{i=0}^{q} (1 - \gamma_1)^{q-i} \sigma^*(c_i).$$

Since $c_q(\eta') = 0$, we have

$$(3) \qquad \sum_{i=0}^{q} (-\gamma_1)^{q-i} \sigma^*(c_i) = 0.$$

Once $\gamma_1$ is defined, the Chern classes of $\xi$ are characterized by (3), a fact due to Hirsch (compare [11]).

To calculate the Chern class of $\boldsymbol{P}_{q-1}(\boldsymbol{C})$, we now specialize to the case where $E_\xi = \boldsymbol{U}(q)$ and where $B_\xi$ is a single point. Then $\eta'$ is the tangent bundle of $\boldsymbol{P}_{q-1}(\boldsymbol{C})$. Since $c_i = c_i(\xi) = 0$ for $i > 0$, we get

$$c(\eta') = c(\boldsymbol{P}_{q-1}(C)) = (1 - \gamma_1)^q.$$

Now we observe that $\xi'$ corresponds to the Hopf bundle; i.e., $(\boldsymbol{C}^q - \{0\}, \boldsymbol{P}_{q-1}(\boldsymbol{C}), \boldsymbol{C}^*)$ is the extension of $\xi'$ with respect to the natural imbedding of $\boldsymbol{U}(1)$ in $\boldsymbol{C}^*$. Thus $-\gamma_1 = e^*$, where $e^* \in H^2(\boldsymbol{P}_{q-1}(\boldsymbol{C}), \boldsymbol{Z})$ is dual to the hyperplane of $\boldsymbol{P}_{q-1}(\boldsymbol{C})$ (see § 29). Therefore

$$c(\boldsymbol{P}_{q-1}(\boldsymbol{C})) = (1 + e^*)^q.$$

15.2. *Complex projective bundles.* In Sections 15.2 and 15.3, all cohomology groups are taken with real coefficients. The projective unitary group is defined by

$$\boldsymbol{PU}(q) = \boldsymbol{U}(q)/\boldsymbol{D},$$

where $\boldsymbol{D}$ is the 1-dimensional torus of scalar matrices of $\boldsymbol{U}(q)$. Let $\boldsymbol{T}^q$ be the maximal torus of diagonal matrices of $\boldsymbol{U}(q)$. Then $\tilde{\boldsymbol{T}}^{q-1} = \boldsymbol{T}^q/\boldsymbol{D}$ is a maximal torus of $\boldsymbol{PU}(q)$, and we have the commutative diagram

$$(4) \qquad \begin{array}{ccccccccc} 0 & \longrightarrow & \boldsymbol{D} & \longrightarrow & \boldsymbol{T}^q & \longrightarrow & \tilde{\boldsymbol{T}}^{q-1} & \longrightarrow & 0 \\ & & \downarrow{\scriptstyle \mathrm{Id}} & & \downarrow & & \downarrow & & \\ 0 & \longrightarrow & \boldsymbol{D} & \longrightarrow & \boldsymbol{U}(q) & \overset{\alpha}{\longrightarrow} & \boldsymbol{PU}(q) & \longrightarrow & 0 \end{array}$$

which induces a commutative diagram for the classifying spaces (6.6)

$$(5) \qquad \begin{array}{ccccc} B_{\boldsymbol{D}} & \longrightarrow & B_{\boldsymbol{T}^q} & \longrightarrow & B_{\tilde{\boldsymbol{T}}^{q-1}} \\ \downarrow{\scriptstyle \mathrm{Id}} & & \downarrow{\scriptstyle \pi} & & \downarrow \\ B_{\boldsymbol{D}} & \underset{\rho(\alpha)}{\longrightarrow} & B_{\boldsymbol{U}(q)} & \longrightarrow & B_{\boldsymbol{PU}(q)} \end{array}$$

where the two horizontal lines come from the fibre bundles $(B_{T^q}, B_{\bar{T}^{q-1}}, B_D)$ and $(B_{U(q)}, B_{PU(q)}, B_D)$, see [2]. Then, in the commutative diagram

$$
(6) \qquad
\begin{array}{ccc}
H^*(B_{T^q}) & \longleftarrow & H^*(B_{\bar{T}^{q-1}}) \\
\uparrow {\scriptstyle \pi^*} & & \uparrow \\
& {\scriptstyle \rho(\alpha)^*} & \\
H^*(B_{U(q)}) & \longleftarrow & H^*(B_{PU(q)})
\end{array}
$$

which is induced by (5), all arrows indicate injections. If we denote by $\xi$ the universal principal $U(q)$-bundle and by $\tilde{\xi}$ the universal principal $PU(q)$-bundle, then $\rho(\alpha)^*\tilde{\xi}$ is (up to equivalence) the $\alpha$-extension of $\xi$. Let $x_1, \cdots, x_q$ be the first Chern classes (with real coefficients) of the $q$ principal $U(1)$-bundles into which $\pi^*\xi$ splits. Then

$$
H^*(B_{T^q}) = \mathbf{R}[x_1, \cdots, x_q].
$$

Using the Weyl group of $\mathbf{PU}(q)$ (which is isomorphic to that of $\mathbf{U}(q)$), it follows easily from diagram (6) that $\pi^*\rho(\alpha)^*H^*(B_{PU(q)})$ is the subring of those polynomials in $\mathbf{R}[x_1, \cdots, x_q]$ which are symmetric in $x_1, \cdots, x_q$ and invariant under the substitution $t: x_i \to x_i + b$, where $b$ is an indeterminate. Roughly speaking, for a $\mathbf{PU}(q)$-bundle the Chern classes $c_j$ (i. e., the elementary symmetric functions in the $x_i$) make no sense, but the polynomials in the $c_j$ invariant under $t$ do.

Now let $(L, X, \mathbf{P}_{q-1}(\mathbf{C}), \sigma)$ be a bundle with $\mathbf{PU}(q)$ as a structural group. It is known that $\sigma^*$ maps $H^*(X)$ isomorphically in $H^*(L)$ (real cohomology) and that, for every element $\gamma \in H^2(L)$ whose restriction to the fibre equals the generator $e^*$ of $H^2(\mathbf{P}_{q-1}(\mathbf{C}))$, there is (8.4) a relation

$$
(7) \qquad \gamma^q - \sigma^*(d_1)\gamma^{q-1} + \sigma^*(d_2)\gamma^{q-2} - \cdots + (-1)^q\sigma^*(d_q) = 0
$$

with uniquely determined elements $d_i \in H^{2i}(X)$ depending only on $\gamma$. Let $\eta'$ be the complex vector bundle along the fibres of $L$. We recall that $\mathbf{P}_{q-1}(\mathbf{C}) = \mathbf{PU}(q)/((\mathbf{U}(1) \times \mathbf{U}(q-1))/\mathbf{D})$ and that the complex structure $\eta'$ comes from the complex isotropy representation $\iota_c$ considered in 15.1 ($\iota_c$ is trivial on $\mathbf{D}$).

15.3. Theorem. *The Chern class (with real coefficients) of the complex vector bundle $\eta'$ along the fibres of a fibre bundle $(L, X, \mathbf{P}_{q-1}(C), \sigma)$ with $\mathbf{PU}(q)$ as structural group is given by the formula*

$$
(8) \qquad c(\eta') = \sum_{i=0}^{q} (1 - \gamma)^{q-i}\sigma^*(d_i), \qquad (d_0 = 1),
$$

*where $\gamma \in H^2(L)$ is an arbitrary element whose restriction to the fibre gives the generator $e^*$ and where the $d_i \in H^2(X)$ are defined by the relation (7).*

For the proof, we introduce an indeterminate $z$. The polynomial

$$F(z) = \sum_{i=0}^{q} z^{q-i} \sigma^*(d_i), \quad (\text{see } (7)),$$

is then the unique element of $\sigma^* H^*(X)[z]$ which is a polynomial of degree $q$ in $z$, has the unit 1 as the coefficient of $z^q$, and for which $F(-\gamma)$ vanishes. If $\bar{\gamma} = \gamma + \sigma^*(b)$, where $b \in H^2(X)$, then $\bar{F}(z) = F(z + \sigma^*(b))$ is the analogous unique polynomial with $\bar{F}(-\bar{\gamma}) = 0$. Since $F(1-\gamma) = F(1-\bar{\gamma})$, the right side of (8) is independent of the choice of $\gamma$. Taking this into account, (2) and (3) of 15.1 yield our theorem for bundles whose structural groups can be $\alpha$-reduced to $U(q)$. Furthermore, we see that it is enough to prove the theorem for the universal principal $PU(q)$-bundle $\bar{\xi}$. Since the theorem is true for $\rho(\alpha)^*\bar{\xi}$ (see (5)), it follows easily in full generality.

Theorem 15.3 was announced in the first note of [16].

15.4. *Real projective spaces.* In Section 15.4, all cohomology groups are taken with $\mathbf{Z}_2$ as coefficients. Let $\xi$ be a principal $\mathbf{O}(q)$-bundle and $\eta$ the vector bundle along the fibres of $(E_\xi/(\mathbf{O}(1) \times \mathbf{O}(q-1)), B_\xi, \mathbf{P}_{q-1}(\mathbf{R}))$. Let $\mathbf{Q}$ be the group of all diagonal matrices of $\mathbf{O}(q)$. Consider the maps

$$E_\xi/\mathbf{Q} \xrightarrow{\rho} E_\xi/(\mathbf{O}(1) \times \mathbf{O}(q-1)) \xrightarrow{\sigma} B_\xi,$$

and let $w_i$ $(1 \leq i \leq q)$ be the Stiefel-Whitney classes of $\xi$. Then we have

$$(9) \qquad w(\eta) = \sum_{i=0}^{q} (1-\gamma_1)^{q-i} \sigma^*(w_i),$$

where $\gamma_1$ is the 1-dimensional characteristic class of the $\mathbf{O}(1)$-bundle over $E_\xi/(\mathbf{O}(1) \times \mathbf{O}(q-1))$. The class $\gamma_1$ induces on each fibre the generator of its cohomology ring. The proof uses 5.3 and 11.5 but is otherwise formally identical to that given in 15.1 (except that the $x_i$'s are now 1-dimensional classes), and is therefore left to the reader. (9) implies the well-known fact that the Stiefel-Whitney class of $\mathbf{P}_{q-1}(\mathbf{R})$ equals $(1+a)^q$, where $a$ is the generator of $H^*(\mathbf{P}_{q-1}(\mathbf{R}))$.

15.5. *The Pontrjagin classes of the quaternionic projective spaces.* The treatment of the quaternionic projective spaces

$$\mathbf{P}_{q-1}(\mathbf{K}) = \mathbf{Sp}(q)/(\mathbf{Sp}(1) \times \mathbf{Sp}(q-1)), \qquad q \geq 2,$$

is similar to the discussion in 15.1.

$\mathbf{Sp}(q)$ is the group of all unitary quaternionic $q \times q$-matrices. $\mathbf{Sp}(q)$ contains $U(q)$, and $U(q)$ contains the maximal torus $\mathbf{T}$ of 15.1 which is also maximal in $\boldsymbol{Sp}(q)$. When applying Theorem 10.7, we let $\xi$ be the universal principal $\boldsymbol{Sp}(q)$-bundle.    Putting

$$G = \boldsymbol{Sp}(q) \quad \text{and} \quad U = \boldsymbol{Sp}(1) \times \boldsymbol{Sp}(q-1),$$

we have the diagram

$$(10) \qquad\qquad B_{\boldsymbol{T}} = E_\xi/\boldsymbol{T} \xrightarrow{\ \rho\ } B_U \xrightarrow{\ \sigma\ } B_G,$$

and the integral cohomology ring of $\boldsymbol{P}_{q-1}(\boldsymbol{K})$ has to be identified with $H^{**}(B_U, \boldsymbol{Z})$ (see 6.1) modulo the ideal $(I_{G^+})^*$. As in 15.1, we have the elements $x_1, \cdots, x_q \in H^1(\boldsymbol{T}, \boldsymbol{Z})$ which, via the negative transgression, are to be regarded as elements of $H^2(B_{\boldsymbol{T}}, \boldsymbol{Z})$.

By means of (10), the cohomology ring $H^{**}(B_G, \boldsymbol{Z})$ will be considered as a subring of $H^{**}(B_U, \boldsymbol{Z})$, and $H^{**}(B_U, \boldsymbol{Z})$ as a subring of $H^{**}(B_{\boldsymbol{T}}, \boldsymbol{Z})$. The latter ring will be identified with $\boldsymbol{Z}\{x_1, \cdots, x_q\}$. Thus $H^*(\boldsymbol{P}_{q-1}(\boldsymbol{K}), \boldsymbol{Z})$ is the quotient of

$$(11) \qquad\qquad \boldsymbol{Z}\{x_1{}^2\} \otimes S\{x_2{}^2, \cdots, x_q{}^2\}$$

modulo the ideal $(I_{G^+})^*$ which is generated by the symmetric power series in $x_1{}^2, \cdots, x_q{}^2$ without constant terms.    (We use here essentially, that $G$ and $U$ have no torsion, see [2].)

We restrict ourselves to the calculation of the Pontrjagin classes of $\boldsymbol{P}_{q-1}(\boldsymbol{K})$, i.e., of its tangent bundle.    The more general case of the bundle along the fibres is left to the reader.

We do the calculations following a schema which will also be used in other cases.

$\quad$ *Roots of $\boldsymbol{Sp}(q)$:* $\qquad\qquad\qquad \pm x_i \pm x_j, \pm 2x_k \qquad (1 \leqq i < j \leqq q)$

$\quad$ *Roots of $\boldsymbol{Sp}(1) \times \boldsymbol{Sp}(q-1)$:* $\quad \pm x_i \pm x_j, \pm 2x_k \qquad (2 \leqq i < j \leqq q)$

$\quad$ *Complementary roots:*

$$\pm (x_1 - x_2, x_1 - x_3, \cdots, x_1 - x_q ; x_1 + x_2, x_1 + x_3, \cdots, x_1 + x_q).$$

We have
$$(1 + x_2{}^2)(1 + x_3{}^2) \cdots (1 + x_q{}^2) = (1 + x_1{}^2)^{-1} \qquad \mathrm{mod}\ (I_{G^+})^*.$$

This shows that the $r$-th elementary symmetric function in the $x_j{}^2$ $(2 \leqq j \leqq q)$ equals $(-1)^r x_1{}^{2r}$ $(\mathrm{mod}\ (I_{G^+})^*)$ and that $x_1{}^2$ represents an element $u \in H^4(\boldsymbol{P}_{q-1}(\boldsymbol{K}), \boldsymbol{Z})$ which generates $H^*(\boldsymbol{P}_{q-1}(\boldsymbol{K}), \boldsymbol{Z})$ ; in particular, $u$ is a generator of the infinite cyclic group $H^4(\boldsymbol{P}_{q-1}(\boldsymbol{K}), \boldsymbol{Z})$.

Introducing an indeterminate $z$, we have

$$\prod_{j=1}^{q} (z + x_j)(z - x_j) = z^{2q} \qquad\qquad \mathrm{mod}\,(I_{G^+})^*.$$

Setting $z = 1 + x_1$, this yields

$$(12) \qquad \prod_{j=2}^{q} (1 + x_1 + x_j)(1 + x_1 - x_j) = (1 + x_1)^{2q}(1 + 2x_1)^{-1} \quad \mod (I_G^+)^*.$$

Theorem 10.7 shows that the (integral) Pontrjagin class of $\boldsymbol{P}_{q-1}(\boldsymbol{K})$ is represented by the element

$$\prod_{j=2}^{q} (1 + (x_1 + x_j)^2)(1 + (x_1 - x_j)^2).$$

Taking into account that we are dealing with graded rings and that $x_1^2$ represents the generator $u$ of $H^4(\boldsymbol{P}_{q-1}(\boldsymbol{K}), \boldsymbol{Z})$, we obtain from (12)

$$(13) \qquad p(\boldsymbol{P}_{q-1}(\boldsymbol{K})) = (1 + u)^{2q}(1 + 4u)^{-1}.$$

15.6. *Application.* Formula (13) implies, in particular, for the first (i. e., four-dimensional) Pontrjagin class of $\boldsymbol{P}_{q-1}(\boldsymbol{K})$ that

$$p_1 = (2q - 4)u.$$

$p_1$ is different from 0 for $q - 1 > 1$.

Since $\phi^*(p_1) = p_1$ for all diffeomorphisms $\phi$ of $\boldsymbol{P}_{q-1}(\boldsymbol{K})$ onto itself, we see that, for $q - 1 > 1$, there does not exist a diffeomorphism $\phi$ with $\phi^*(u) = -u$; i. e., for all $\phi$, we have $\phi^*(u) = u$. In particular, all diffeomorphisms preserve orientation $(\phi^*(u^{q-1}) = u^{q-1})$.

This fact on the orientation is obvious for $q - 1 \equiv 0 \pmod 2$ and aribtrary homeomorphisms of $\boldsymbol{P}_{q-1}(\boldsymbol{K})$ onto itself, since then

$$\phi^*(u) = \pm u \text{ implies } \phi^*(u^{q-1}) = u^{q-1}.$$

15.7. *The Stiefel-Whitney class of the quaternionic projective spaces.* We keep essentially the preceding notations and denote by $\boldsymbol{Q}$ the subgroup of elements of order 2 in $\boldsymbol{T}$. For suitable (1-dimensional) generators $u_i$ of $H^*(B_{\boldsymbol{Q}}, \boldsymbol{Z}_2)$, we have [4, §11]

$$\rho_2^*(\boldsymbol{Q}, \boldsymbol{T})(x_i) = u_i^2 \qquad\qquad (i = 1, \cdots, q),$$

where here the $x_i$ are elements of $H^2(B_{\boldsymbol{T}}, \boldsymbol{Z}_2)$, namely, the reductions mod 2 of the $x_i$ of 15.5. Thus the images of $\rho_2^*(\boldsymbol{Q}, \boldsymbol{Sp}(q))$ and $\rho_2^*(\boldsymbol{Q}, \boldsymbol{Sp}(1) \times \boldsymbol{Sp}(q-1))$ are, respectively, $S(u_1^4, \cdots, u_q^4)$ and $\boldsymbol{Z}_2[u_1^4] \otimes S(u_2^4, \cdots, u_q^4)$, and $H^*(\boldsymbol{P}_{q-1}(\boldsymbol{K}), \boldsymbol{Z}_2)$ may be identified with the quotient of the latter ring by the ideal $I$ generated by the symmetric functions in the $u_i^4$ of strictly positive degrees; in particular, $u_1^4$ represents the generator $\bar{u}$ of $H^*(\boldsymbol{P}_{q-1}(\boldsymbol{K}), \boldsymbol{Z}_2)$.

By (5.5), the complementary 2-roots are $(u_1 - u_i)$, $(i = 2, \cdots, p)$, each counted with multiplicity 4, and therefore, 11.5 gives for the Stiefel-Whitney class of $\boldsymbol{P}_{q-1}(\boldsymbol{K})$ :

$$w = \prod_{i=2}^{q} (1 + u_1 - u_i)^4 = \prod_{i=1}^{q} (1 + u_1{}^4 - u_i{}^4) \bmod I$$

which, modulo $I$, is equal to $(1 + u_1{}^4)^q$, and hence, finally,

$$w(\boldsymbol{P}_{q-1}(\boldsymbol{K})) = (1 + \tilde{u})^q,$$

where $\tilde{u}$ is the generator of $H^*(\boldsymbol{P}_{q-1}(\boldsymbol{K}), \boldsymbol{Z}_2)$.

The characteristic classes of $\boldsymbol{P}_{q-1}(\boldsymbol{K})$ were calculated in [17] by a different method.

## 16.  Hermitian symmetric spaces.

16.1.  We consider here first the homogeneous spaces of the form $G/U$, where $U$ is the centralizer of a 1-dimensional torus $S$, has a 1-dimensional center, and $G$ is semi-simple.  As was shown in 13.8, such a space admits exactly two invariant complex structures; they are conjugate to each other and equivalent under an automorphism of $G$.

We may assume that $S$ is defined by $a_1 = \cdots = a_{l-1} = 0$, where $a_1, \cdots, a_l$ are the simple roots with respect to some ordering $\mathscr{S}$.  Then (see 13.6, 13.8), the roots of $U$ are the linear combinations of the $a_i$'s with $1 \leq i \leq l-1$, and the set $\Psi$ of positive complementary roots is closed and is the root system of one of the two invariant complex structures on $G/U$, to be denoted by $\mathscr{C}$. Moreover, a root $b$ is in $\Psi$ if and only if, when expressed as a linear combination of the simple roots, the term containing $a_l$ has a strictly positive coefficient.  (The space $G/U$ is irreducible hermitian symmetric if and only if $G$ is simple and $U$ is maximal connected.  In this case, the coefficients of $a_l$ in the complementary roots are all equal to one and the sum of two elements of $\Psi$ is never a root of $G$.)

By 14.2, $H^2(G/U, \boldsymbol{Z})$ is infinite cyclic and has a generator $g$ such that $\nu^*(g) = \varpi_l$, where $\nu$ is the natural projection of $G/T$ on $G/U$ and $\varpi_l$ is the $l$-th fundamental weight.  If $c_1(G/U)$ denotes the first Chern class of $G/U$ with respect to $\mathscr{C}$, we have then, necessarily, that

$$c_1(G/U) = \lambda(G/U) \cdot g \qquad\qquad (\lambda(G/U) \in Z).$$

By 14.7 and 14.8, both $g$ and $c_1(G/U)$ are positive classes, and hence $\lambda(G/U) > 0$.  By 10.8, $\nu^*(c_1)$ is equal to the sum of the positive complementary roots, and hence

$$\lambda(G/U) = 2(b, a_l)/(a_l, a_l), \qquad\qquad (b = \sum_{a \in \Psi} a).$$

Since the invariant complex structures on $G/U$ are equivalent, $\lambda(G/U)$ does not depend on the choice of the invariant complex structure. Among the spaces considered here are the compact irreducible hermitian symmetric spaces which are divided into six classes, see, e.g., A. Borel, *Bull. Soc. Math. Frances* 80 (1952), 167-182) :

I. $\boldsymbol{U}(m+n)/(\boldsymbol{U}(m) \times \boldsymbol{U}(n))$

II. $\boldsymbol{SO}(2n)/\boldsymbol{U}(n)$

III. $\boldsymbol{Sp}(n)/\boldsymbol{U}(n)$

IV. $\boldsymbol{SO}(n+2)/(\boldsymbol{SO}(2) \times \boldsymbol{SO}(n)), \qquad\qquad (n > 2)$

V. $\boldsymbol{E_6}/\boldsymbol{Spin}(10) \times \boldsymbol{T}^1$

VI. $\boldsymbol{E_7}/\boldsymbol{E_6} \times \boldsymbol{T}^1.$

By the preceding formula, we get for $\lambda(G/U)$ the following values

I. $m+n$, II. $2n-2$, III. $n+1$, IV. $n$, V. 12, VI. 18.

In the following sections 16.2 to 16.5, we study the non-exceptional types I.-IV. and give formulas for their Chern classes. We also obtain in these cases the values of $\lambda(G/U)$ in a different way. To describe the complex structure on $G/U$, we choose an ordering having the properties of 13.6. The maximal torus is always chosen in the standard way, i.e., in the cases I, II, III, it is the maximal torus of $\boldsymbol{U}(m+n)$ or $\boldsymbol{U}(n)$ respectively, used in 15.1.

16.2. *The Grassmannian* $\boldsymbol{W}(m,n) = \boldsymbol{U}(m+n)/(\boldsymbol{U}(m) \times \boldsymbol{U}(n))$.

As a system of positive roots of $\boldsymbol{U}(m+n)$, we take

$$\{-x_i + x_j \mid 1 \leq i < j \leq m+n\}, \qquad\qquad \text{(see 15.1)}.$$

$H^*(\boldsymbol{W}(m,n), \boldsymbol{Z})$ has to be identified with the quotient of

$$(1) \qquad\qquad S\{x_1, \cdots, x_m\} \otimes S\{x_{m+1}, \cdots, x_{m+n}\}$$

by the ideal $I$ generated by the symmetric power series in $x_1, \cdots, x_{m+n}$ without constant term. The (total) Chern class of $\boldsymbol{W}(m,n)$ is given by

$$c(\boldsymbol{W}(m,n)) = \prod_{\substack{1 \leq i \leq m \\ m+1 \leq j \leq m+n}} (1 - x_i + x_j) \qquad\qquad \mod I.$$

In the tensor product (1), we have

$$\prod_{1 \leq i \leq m} (1 + x_i)^{-1} = \prod_{m+1 \leq j \leq m+n} (1 + x_j) \qquad \mathrm{mod}\, I.$$

The $r$-th elementary symmetric function in the $x_i$ $(1 \leq i \leq m)$ represents an element $\sigma_r$ of $H^*(\boldsymbol{W}(m,n), \boldsymbol{Z})$. The preceding equation shows that the $\sigma_r$ $(1 \leq r \leq m)$ generate $H^*(\boldsymbol{W}(m,n), \boldsymbol{Z})$. (Recall that we are dealing with graded rings.) The element $\sigma_1$ generates the infinite cyclic group $H^2(\boldsymbol{W}(m,n), \boldsymbol{Z})$. Using an indeterminate $z$, we have

$$(2) \qquad \prod_{m+1 \leq j \leq m+n} (z + x_j) = z^{m+n} \prod_{1 \leq i \leq m} (z + x_i)^{-1} \qquad \mathrm{mod}\, I.$$

By replacing in the preceding formula $z$ by $1 - x_s$ $(1 \leq s \leq m)$, respectively, we obtain $m$ equations; multiplying all of these together yields

$$(3) \qquad c(\boldsymbol{W}(m,n)) = \prod_{i=1}^{m} (1 - x_i)^{m+n} \prod_{1 \leq i \leq j \leq m} (1 - (x_i - x_j)^2)^{-1} \qquad \mathrm{mod}\, I.$$

We recall that $\sigma_r$ is the $r$-th Chern class of the canonical principal $\boldsymbol{U}(m)$-bundle over $\boldsymbol{W}(m,n)$. Formula (3) expresses $c(\boldsymbol{W}(m,n))$ by the $\sigma_r$; for example,

$$c_1(\boldsymbol{W}(m,n)) = -(m+n)\sigma_1,$$

$$c_2(\boldsymbol{W}(m,n)) = (C_2^{m+n} + m - 1)\sigma_1^2 + (n - m)\sigma_2.$$

The formula for the first Chern class gives us the value of $\lambda(\boldsymbol{W}(m,n))$ and shows that $-\sigma_1$ is a positive generator of $H^2(\boldsymbol{W}(m,n), \boldsymbol{Z})$ in the sense of 16.1. For $m = 1$, the Grassmannian $\boldsymbol{W}(1,n)$ is the complex projective space $\boldsymbol{P}_n(\boldsymbol{C})$ discussed in 15.1.

16.3. *The space* $\boldsymbol{F}_n = \boldsymbol{SO}(2n)/\boldsymbol{U}(n)$, $(n \geq 2)$. As a system of positive roots of $\boldsymbol{SO}(2n)$ we take $\{\pm x_i + x_j \mid 1 \leq i < j \leq n\}$. We regard the $x_i$ as elements of $H^2(B_T, K_p)$. If $p \neq 2$, then $H^*(\boldsymbol{F}_n, K_p)$ may be identified with the quotient of $S\{x_1, \cdots, x_n\}$ by the ideal $I$ generated by the symmetric power series without constant terms in $x_1^2, \cdots, x_n^2$ and by the element $x_1 x_2 \cdots x_n$. All power series under consideration have coefficients in $K_p$. The total Chern class of $\boldsymbol{F}_n$ is given by

$$(4) \qquad c(\boldsymbol{F}_n) = \prod_{i<j} (1 + x_i + x_j) \qquad \mathrm{mod}\, I.$$

The preceding formula expresses the Chern classes of $\boldsymbol{F}_n$ as polynomials in the elementary symmetric functions of the $x_i$. The coefficients are integral. Let $\sigma_r \in H^{2r}(\boldsymbol{F}_n, \boldsymbol{Z})$ be the $r$-th Chern class of the canonical $\boldsymbol{U}(n)$-principal bundle over $F_n$. If we reduce $\sigma_r$ to coefficients $K_p$ $(p \neq 2)$, we get the $r$-th elementary symmetric function in the $x_i$ $(\mathrm{mod}\, I)$. Since $F_n$ has no torsion, (4) gives a formula for integral cohomology if we replace the $r$-th elementary symmetric function in the $x_i$ by $\sigma_r$. For example, we get

$$c_1(F_n) = (n-1)\sigma_1.$$

$\sigma_1$ is not a generator of the infinite cyclic group $H^2(F_n, Z)$, but $\sigma_1$ equals $2\tilde{g}$, where $\tilde{g}$ is a generator. This is true for $n = 2$, since $F_2$ is the complex projective line for which $c_1(F_2)$ is twice a generator. It follows then for all $n$ by induction, using the natural imbedding of $F_n$ in $F_{n+1}$ and the fibre bundle $(F_{n+1}, S_{2n}, F_n)$, see $[26, \S 41.18]$. Thus we have

$$c_1(F_n) = (2n-2)\tilde{g};$$

moreover, $\tilde{g}$ is a positive generator of $H^2(F_n, Z)$ and $\lambda(F_n) = 2n-2$ (see 16.1).

16.4. *The space* $G_n = Sp(n)/U(n)$. As a system of positive roots of $Sp(n)$ we take

$$\{\pm x_i + x_j (1 \leq i < j \leq n), 2x_i\ (1 \leq i \leq n)\}.$$

The integral cohomology ring of $G_n$ has to be identified with the quotient of $S\{x_1, \cdots, x_n\}$ by the ideal $I$ generated by the symmetric power series without constant terms in $x_1^2, \cdots, x_n^2$. The (total) Chern class of $G_n$ is given by

$$c(G_n) = \prod_{1 \leq i \leq j \leq n} (1 + x_i + x_j) \qquad \mathrm{mod}\, I.$$

This formula expresses the Chern classes of $G_n$ by the Chern classes $\sigma_r$ of the canonical $U(n)$-bundle over $G_n$. The element $x_1 + \cdots + x_n$ represents $\sigma_1$, and $\sigma_1$ is a generator of the infinite cyclic group $H^2(G_n, Z)$; we have

$$c_1(G_n) = (n+1)\sigma_1.$$

Thus $\sigma_1$ is a positive generator and $\lambda(G_n) = n+1$ (see (16.1)).

16.5. *The complex quadric* $Q_n = SO(n+2)/(SO(2) \times SO(n))$. We distinguish the two cases (a) $n$ is even and (b) $n$ is odd.

(a)    $n + 2 = 2k$.

We have the natural imbedding of $U(k)$ in $SO(2k)$ and take for the maximal torus $T$ of $SO(2k)$ the maximal torus of $U(k)$ considered in 15.1. As a system of positive roots of $SO(2k)$, we choose

$$\{x_i \pm x_j \mid 1 \leq i < j \leq k\}.$$

The $x_i$ are to be regarded as elements of $H^2(B_T, K_p)$. If $p \neq 2$, then $H^*(Q_n, K_p)$ may be identified with the quotient of the ring $V$ generated by $S\{x_2^2, \cdots, x_k^2\}$ and by the elements $x_2 x_3 \cdots x_k$, $x_1$ in $K_p\{x_1, x_2, \cdots, x_k\}$ by the ideal $I$ generated by the symmetric power series without constant terms in $x_1^2, \cdots, x_k^2$ and by $x_1 x_2 \cdots x_k$; i.e.,

$$H^*(Q_n, K_p) = V/I.$$

Using an indeterminate $z$, we have

$$(5) \qquad \prod_{i=1}^{k} (z - x_i)(z + x_i) = z^{2k} \qquad \mathrm{mod}\, I.$$

We have also

$$(6) \qquad (1 + x_2^2)(1 + x_3^2) \cdots (1 + x_k^2) = (1 + x_1^2)^{-1} \qquad \mathrm{mod}\, I.$$

From $(6)$, we see easily that the elements

$$1, x_1, x_1^2, \cdots, x_1^n, \text{ and } x_2 x_3 \cdots x_k \in V$$

constitute an additive base of $H^*(Q_n, K_p)$. The Chern class of $Q_n$ is given by

$$c(Q_n) = \prod_{j=2}^{k} (1 + x_1 - x_j)(1 + x_1 + x_j) \qquad \mathrm{mod}\, I.$$

Replacing in $(5)$ the indeterminate $z$ by $1 + x_1$, yields

$$(7\mathrm{a}) \qquad c(Q_n) = (1 + x_1)^{n+2}(1 + 2x_1)^{-1} \qquad \mathrm{mod}\, I.$$

$(\mathrm{b}) \qquad n + 1 = 2k.$

We have the imbedding of $U(k) = U(k) \times 1$ in $SO(2k + 1)$ and take for the maximal torus $T$ of $SO(2k + 1)$ the maximal torus of $U(k)$ considered in 15.1. As a system of positive roots of $SO(2k + 1)$, we choose

$$\{x_i \pm x_j \,(1 \leq i < j \leq k)\,; x_i \,(1 \leq i \leq k)\}.$$

If $p \neq 2$, then $H^*(Q_n, K_p)$ may be identified with the quotient of

$$K_p\{x_1\} \otimes S\{x_2^2, \cdots, x_k^2\}$$

by the ideal $I$ generated by the symmetric power series without constant terms in $x_1^2, \cdots, x_k^2$. As in the case $(\mathrm{a})$, we see that

$$1, x_1, x_1^2, \cdots, x_1^n$$

constitute an additive base of $H^*(Q_n, K_p)$. The Chern class of $Q_n$ is given by

$$c(Q_n) = (1 + x_1) \prod_{j=2}^{k} (1 + x_1 - x_j)(1 + x_1 + x_j), \qquad \mathrm{mod}\, I.$$

As in (a), we get

$$(7b) \qquad c(\boldsymbol{Q}_n) = (1 + x_1)(1 + x_1)^{2k}(1 + 2x_1)^{-1} = (1 + x_1)^{n+2}(1 + 2x_1)^{-1}$$
$$\mathrm{mod}\, I.$$

Now we combine again the two cases (a) and (b). Let $\tilde{g}$ be the Euler class of the canonical principal $\boldsymbol{SO}(2)$-bundle over $\boldsymbol{Q}_n = \boldsymbol{SO}(n+2)/(\boldsymbol{SO}(2) \times \boldsymbol{SO}(n))$,

$$\tilde{g} \in H^2(\boldsymbol{Q}_n, \boldsymbol{Z}).$$

If we apply the coefficient homomorphism $\boldsymbol{Z} \to K_p$, the element $\tilde{g}$ goes over into $x_1 \,(\mathrm{mod}\, I)$. Since $\boldsymbol{Q}_n$ has no torsion, we get from (7a) and (7b)

$$(8) \qquad c(\boldsymbol{Q}_n) = (1 + \tilde{g})^{n+2}(1 + 2\tilde{g})^{-1}.$$

For the Pontrjagin class, we obtain

$$(9) \qquad p(\boldsymbol{Q}_n) = (1 + \tilde{g}^2)^{n+2}(1 + 4\tilde{g}^2)^{-1}.$$

The Euler number $E(\boldsymbol{Q}_n)$ equals $n + 2$ in the case (a), resp. $n + 1$ in the case (b). An easy calculation shows that (8) implies

$$2c_n(\boldsymbol{Q}_n) = E(\boldsymbol{Q}_n)\tilde{g}^n.$$

Therefore $\tilde{g}^n$ is twice a generator of $H^n(\boldsymbol{Q}_n, \boldsymbol{Z})$ and it follows that $\tilde{g}$ is a generator of $H^2(\boldsymbol{Q}_n, \boldsymbol{Z})$ for $n > 2$. Formula (8) shows that $\tilde{g}$ is the positive generator $g$ of 16.1 and that, for $n > 2$, $\lambda(\boldsymbol{Q}_n)$ equals $n$. For $n = 1$ the quadric $\boldsymbol{Q}_n$ is the complex projective line; for $n = 2$ it is reducible, namely the product of two projective lines. For $n \neq 2$, $\boldsymbol{Q}_n$ is irreducible.

(8) can, of course, be derived by other methods (see, e. g., F. Hirzebruch, Proc. Intern. Congress Math. 1954, Vol. III, pp. 457-473).

16.6. The homogeneous space $\boldsymbol{Q}_n = \boldsymbol{SO}(n+2)/(\boldsymbol{SO}(2) \times \boldsymbol{SO}(n))$ can be regarded as the space of oriented planes through the origin of $\boldsymbol{R}^{n+2}$. In this section, we assume $n > 2$. If one attaches to each oriented plane the same plane with the opposite orientation, one gets a one-one real analytic map $\sigma$ of $\boldsymbol{Q}_n$ onto itself. $\sigma$ has no fixed points and is involutive ($\sigma\sigma = \mathrm{Id}$). Identifying the points $u$ and $\sigma(u)$ of $\boldsymbol{Q}_n$ gives a manifold

$$\bar{\boldsymbol{Q}}_n = \boldsymbol{Q}_n/\sigma, \qquad \pi: \boldsymbol{Q}_n \to \bar{\boldsymbol{Q}}_n.$$

Here $\pi$ denotes the covering map. $\boldsymbol{Q}_n$ is simply connected and is a twofold covering of $\bar{\boldsymbol{Q}}_n$. The manifold $\bar{\boldsymbol{Q}}_n$ is the space of all (non-oriented) planes through the origin of $\boldsymbol{R}^{n+2}$, or the space of all projective lines in $\boldsymbol{P}_{n+1}(\boldsymbol{R})$. For $p \neq 2$, it is known that $\pi^*$ maps $H^*(\bar{\boldsymbol{Q}}_n, K_p)$ isomorphically onto the subring of those elements of $H^*(Q_n, K_p)$ which are invariant under $\sigma^*$. For the Pontrjagin class of $\bar{Q}_n$, we have

$$(10) \qquad \pi^*(p(\bar{Q}_n)) = p(Q_n) = (1 + g^2)^{n+2}(1 + 4g^2)^{-1},$$

where $g$ is a generator of $H^2(Q_n, Z)$. By (10), the Pontrjagin class of $\bar{Q}_n$ with coefficients reduced to $K_p$ $(p \neq 2)$ is completely given.

Let $a$ be the following element of $SO(n+2)$: $a$ is a diagonal matrix which has the entry $-1$ at the first and third places in the diagonal and otherwise $+1$. Then $a$ is in the normalizer of $SO(2) \times SO(n)$. The operation of $a$ by right translation on $Q_n$ is just $\sigma$. (We may remark here that $\sigma$ is a map which carries one of the homogeneous complex structures into the other.) On the other hand, $a$ induces the operation of the Weyl group which maps $x_1, x_2$ in $-x_1, -x_2$ and keeps the other $x_i$ fixed. Thus we know how $\sigma^*$ operates on the additive bases of $H^*(Q_n, K_p)$ given in (a), resp. (b). In either case, the ring of invariants of $\sigma^*$ is generated by $x_1^2$. If $n$ is odd, then $\bar{Q}_n$ is non-orientable. For $n = 2m$, we see that $\bar{Q}_n$ is orientable and that $H^*(P_m(K), K_p)$ is isomorphic to $H^*(\bar{Q}_n, K_p)$. The isomorphism

$$\alpha_p : H^*(P_m(K), K_p) \to H^*(\bar{Q}_n, K_p)$$

can be chosen such that

$$(\pi^* \circ \alpha_p)(u_p) = x_1^2 \,(\mathrm{mod}\, I) = g^2 \text{ (reduced to } K_p),$$

where $u_p$ is the reduction to coefficients $K_p$ of the generator $u \in H^4(P_m(K), Z)$ used in 15.5. Under the isomorphism $\alpha_p$, the Pontrjagin class (coefficients $K_p$) of $P_m(K)$ is carried over into that of $\bar{Q}_n$ (see 15.5 and (10)). The value of $\alpha_0(u_0^m)$ on the fundamental cycle of $\bar{Q}_n$ equals $\pm 1$, since $g^n$ takes the value $\pm 2$ on the fundamental cycle of $Q_n$. Therefore, when using proper orientations, the Pontrjagin numbers of $P_m(K)$ equal those of $\bar{Q}_n$.

The proof in [17] of the fact that $P_m(K)$, for $m \neq 2, 3$, does not admit an almost complex structure, works also for $\bar{Q}_{2m}$ and thus shows that $\bar{Q}_{2m}$ $(m \neq 2, 3)$ does not admit an almost complex structure (compatible with its usual differentiable structure).

16.7. *Remark.* Let us consider $Q_n$ as imbedded in $P_{n+1}(C)$ by the equation

$$z_0^2 + z_1^2 + \cdots + z_{n+1}^2 = 0.$$

The conjugation map

$$z = (z_0, \cdots, z_{n+1}) \to \bar{z} = (z_0, \cdots, z_{n+1})$$

induces a map $\kappa$ of $\boldsymbol{Q}_n$ onto itself which has no fixed point and which is involutive. If $z \in \boldsymbol{Q}_n$, then the line passing through $z$, $\kappa z$ is a real line. If we attach to the point $z$ this real line, then we get a homeomorphism between $\boldsymbol{Q}_n/\kappa$ and the space of the projective lines in $\boldsymbol{P}_{n+1}(\boldsymbol{R})$. The map $\kappa$ corresponds to $\sigma$.

## 17. The Stiefel-Whitney class of $G_2/SO(4)$.

17.1. We recall first some known properties of $\boldsymbol{G}_2$ and of the Cayley numbers. The Cayley-Graves algebra of octonions over the real numbers will be denoted by $\mathfrak{L}$. It is spanned by 1 and seven purely imaginary elements $e_i$ $(i \in \boldsymbol{Z}_7)$ satisfying

$$(1) \qquad e_i \cdot e_{i+1} = e_{i+3} ; e_{i+1} \cdot e_{i+3} = e_i ; e_{i+3} \cdot e_i = e_{i+1} \qquad (i \in \boldsymbol{Z}_7),$$

and, of course, $e_i \cdot e_i = -1$. Thus $e_i, e_{i+1}, e_{i+3}$ generate a subalgebra isomorphic to the field of quaternionic numbers.

$\boldsymbol{G}_2$ may be defined as the group of automorphism of $\mathfrak{L}$. It is a compact, connected, and simply connected 14-dimensional Lie group of rank 2 and with center reduced to the identity; it leaves invariant the subspace $\mathfrak{M}$ of $\mathfrak{L}$ spanned by the $e_i$'s and thus may be identified with a subgroup of $SO(7)$, whose Lie algebra is the following:

Let $G_{ij}$ $(1 \leq i, j \leq 7)$ be the endomorphisms of $\mathfrak{M}$ defined by $G_{ii} = 0$ and

$$G_{ij}(e_j) = e_i ; G_{ij}(e_i) = -e_j ; G_{ij}(e_k) = 0 \qquad (i \neq j ; k \neq i, j).$$

The $G_{ij}$ $(i < j)$ form a basis of the Lie algebra of $SO(7)$. We have

$$(2) \qquad \begin{aligned} &G_{ij} + G_{ji} = 0, [G_{ij}, G_{jk}] = G_{ik} \qquad (i \neq j ; j \neq k), \\ &[G_{ij}, G_{kl}] = 0 \qquad (i, j, k, l \text{ pairwise distinct}). \end{aligned}$$

Using (1) and (2), it is readily seen that the Lie algebra $\mathfrak{g}_2$ of $\boldsymbol{G}_2$, that is, the Lie algebra of derivations of $\mathfrak{L}$, is the direct sum of the seven 2-dimensional commutative subalgebras [8]

$$(3) \qquad \mathfrak{v}_i = \{ aG_{i+1,i+3} + bG_{i+2,i+6} + cG_{i+4,i+5} ; a + b + c = 0 \}$$

and that we have

$$(4) \qquad [\mathfrak{v}_i, \mathfrak{v}_{i+1}] = \mathfrak{v}_{i+3} ; \quad [\mathfrak{v}_{i+1}, \mathfrak{v}_{i+3}] = \mathfrak{v}_i ; \quad [\mathfrak{v}_{i+3}, \mathfrak{v}_i] = \mathfrak{v}_{i+1} \qquad (i \in \boldsymbol{Z}_7).$$

---

[8] For more details, see H. Freudenthal, "Oktavengeometrie," mimeographed Notes, University of Utrecht. Freudenthal's $e_1, \cdots, e_7$ are replaced here by $e_1, e_4, e_2, e_7, -e_3, e_5, -e_6$ respectively. On page 17, line 14 from the bottom, read $G_{76}$ instead of $G_{67}$.

The subspace $\mathfrak{u} = \mathfrak{v}_3 + \mathfrak{v}_4 + \mathfrak{v}_6$ is therefore a subalgebra of rank 2 and dimension 6, and hence is isomorphic to the Lie algebra of $SO(4)$, as can also be easily checked directly. Thus the subgroup $U$ of $G_2$ generated by $\mathfrak{u}$ is a compact group locally isomorphic to $SO(4)$, that is, having the product $Sp(1) \times Sp(1)$ as universal covering. It is, in fact, globally isomorphic to $SO(4)$, as can be derived for instance from [7]. In fact, it is proved in [7] that $G_2$ contains exactly one class (relative to inner automorphisms) of subgroups locally isomorphic to $SO(4)$; one of them, say $U_1$, is the centralizer of a vertex $z$ of order two of a fundamental simplex, and $z$ generates the center of $U_1$ ([7], Remarque II, p. 220). Looking at the diagram of $G_2$, one sees that the two invariant 3-dimensional subgroups of $U_1$ are globally isomorphic to $Sp(1)$; since $U_1$ has a center of order two, it is then isomorphic to $SO(4)$.

17.2. The subgroup $Q$. The relations (1) imply that the linear transformation $S_i$ ($i \in \mathbf{Z}_7$) of $\mathfrak{M}$ which keeps $e_{i+1}$, $e_{i+5}$, $e_{i+6}$ fixed and changes the signs of the other $e_j$'s is an automorphism of $\mathfrak{L}$. The seven elements $S_i$ and the identity form a commutative subgroup $Q$ of $G_2$ of type $(2, 2, 2)$. Moreover, $G_2$ contains no commutative subgroup of type $(2, 2, 2, 2)$ (see A. Borel-J-P. Serre, Comm. Math. Helv. 27 (1953), 128-129 or 17.5).

PROPOSITION. *We keep the previous notations and denote by $x_i$ the element of $\mathrm{Hom}(Q, \mathbf{Z}_2)$ defined by $x_i(S_j) = \delta_{ij}$ ($1 \leq i, j \leq 3$). Then $Q \subset U$, and the 2-roots of $U$ (resp. $G_2$) with respect to $Q$ are $x_1 + x_2$, $x_1 + x_3$, $x_2 + x_3$ (resp. together with $x_1, x_2, x_3, x_1 + x_2 + x_3$). Each has multiplicity 2 and is the character of $Q$ in one of the $\mathfrak{v}_i$'s.*

It follows from the definition of $U$ that this group leaves invariant the subspaces $\mathfrak{C}$, $\mathfrak{D}$ of $\mathfrak{M}$ spanned, respectively, by $e_3$, $e_4$, $e_6$ and $e_1$, $e_2$, $e_5$, $e_7$ and that the restriction to $\mathfrak{D}$ of the standard maximal abelian subgroup $Q'$ of type $(2, 2, 2)$ of $U$ consists of the diagonal matrices of determinant $+1$. On the other hand, it is readily seen that this is also the restriction of $Q$ to $\mathfrak{D}$; since by (1) an automorphism of $\mathfrak{L}$ leaving $e_1$, $e_2$, $e_5$, $e_7$ fixed must be the identity, we have $Q' = Q$ and $Q \subset U$. The other assertions follow from the fact that the inner automorphism $\mathrm{Ad}\, S_i$ defined by $S_i$ is the identity on $\mathfrak{v}_{i+1}$, $\mathfrak{v}_{i+5}$, $\mathfrak{v}_{i+6}$ and is $-\mathrm{Id}$ on the other $\mathfrak{v}_j$'s.

17.3. *The cohomology ring* $\bmod 2$ *of* $G_2/SO(4)$. The following facts are proved in [3]: $H^*(B_{SO(4)}, \mathbf{Z}_2)$ and $H^*(B_{G_2}, \mathbf{Z}_2)$ are rings of polynomials in three variables of degrees $2, 3, 4$ and $4, 6, 7$ respectively; the homomorphisms $\rho_2^*(Q, SO(4))$ and $\rho_2^*(Q, G_2)$ are injective. The ring $H^*(G_2/SO(4), \mathbf{Z}_2)$

is the quotient of $H^*(B_{SO(4)}, \mathbf{Z}_2)$ by the ideal generated by the elements of strictly positive degrees in the image of $\rho_2^*(SO(4), G_2)$; the Poincaré polynomial mod 2 of $G_2/SO(4)$ is

$$P_2(G_2/SO(4),t) = (1-t^4)(1-t^6)(1-t^7)/(1-t^2)(1-t^3)(1-t^4),$$

and hence

$$P_2(G_2/SO(4), t) = 1 + t^2 + t^3 + t^4 + t^5 + t^6 + t^8.$$

PROPOSITION. *We keep the previous notations and denote by $\sigma_i$ the i-th elementary symmetric function in the $x_i$'s. Then the image of $\rho_2^*(Q, U)$ equals $\mathbf{Z}_2[u_2, u_3, u_4]$ with $u_2 = \sigma_2 + \sigma_1{}^2$, $u_3 = \sigma_3 + \sigma_1\sigma_2$, $u_4 = \sigma_1\sigma_3$, and the image of $\rho_2^*(Q, G_2)$ equals $\mathbf{Z}_2[g_4, g_6, g_7]$ with $g_4 = u_2{}^2 + u_4$, $g_6 = u_3{}^2 + u_2u_4$ and $g_7 = u_4u_3$. Consequently, $H^*(G_2/SO(4), \mathbf{Z}_2)$ is generated by two elements $u_2, u_3$ of degrees 2, 3 with the relations $u_2{}^3 = u_3{}^2$ and $u_3u_2{}^2 = 0$.*

We identify $U$ with $SO(4)$ by means of the representation in $\mathfrak{D}$. Let $Q_1$ be the subgroup of diagonal matrices of $O(4)$ and $\mu$ the inclusion of $Q$ in $Q_1$. Then, for an obvious choice of a basis $(y_1, y_2, y_3, y_4)$ of $\mathrm{Hom}(Q_1, \mathbf{Z}_2)$, the image of $\rho_2^*(Q_1, O(4))$ is the ring of symmetric functions in the $y_i$ (cf. [3]), and the homomorphism $\mu'\colon \mathrm{Hom}(Q_1, \mathbf{Z}_2) \to \mathrm{Hom}(Q, \mathbf{Z}_2)$ induced by $\mu$ is given by

$$\mu'(y_i) = x_i \ \ (i = 1, 2, 3), \ \ \mu'(y_4) = x_1 + x_2 + x_3.$$

Therefore, $\mu'$ annihilates $y_1 + y_2 + y_3 + y_4$ and maps the $i$-th elementary symmetric function in the $y_j$'s onto $u_i$, for $i = 2, 3, 4$. Since $\rho_2^*(Q, O(4))$ and $\rho_2^*(Q, SO(4))$ have the same image (see [3]), this proves our first assertion.

The image of $\rho_2^*(Q, G_2)$ is a subring of $\mathbf{Z}_2[u_2, u_3, u_4]$ generated by elements of degrees 4, 6, 7 and its elements are invariant under the action of the normalizer of $Q$ in $G_2$, operating in the usual way [3]; therefore, in order to prove the second assertion, it suffices to exhibit an automorphism $\alpha$ of $H^*(B_Q, \mathbf{Z}_2) = \mathbf{Z}_2[x_1, x_2, x_3]$ induced by an inner automorphism of $G_2$, leaving $Q$ invariant, and for which $g_i$ is the only non-zero invariant of degree $i$ ($i = 4, 6, 7$).

Let $S$ be the linear transformation of $\mathfrak{M}$ which sends $e_1, \cdots, e_7$ onto $e_5, e_7, -e_3, e_4, e_1, -e_6, e_2$ respectively. It follows from (1) that $S \in G_2$. Moreover, it is seen without difficulty that

$$S \cdot S_1 \cdot S = S_1, \ S \cdot S_2 \cdot S = S_1 \cdot S_3 = S_4, \ S \cdot S_3 \cdot S = S_1 \cdot S_2 = S_6$$

and, therefore, the automorphism $\alpha$ of $H^*(B_Q, \mathbf{Z}_2)$ induced by $\mathrm{Ad}\, S$ satisfies:

$$(5) \qquad \alpha(x_1) = x_1, \quad \alpha(x_2) = x_1 + x_3, \quad \alpha(x_3) = x_1 + x_2,$$

$$(6) \qquad \alpha(\sigma_1) = \sigma_1, \quad \alpha(\sigma_2) = x_1{}^2 + x_2 x_3, \quad \alpha(\sigma_3) = x_1(x_1{}^2 + \sigma_2),$$

$$\alpha(u_2) = x_2{}^2 + x_3{}^2 + x_2 x_3,$$

$$(7) \qquad \alpha(u_3) = x_2 x_3 (x_2 + x_3),$$

$$\alpha(u_4) = x_1(x_1{}^2 + \sigma_2)\sigma_1.$$

An element $h \in H^4(B_U, \mathbf{Z}_2)$ may be written in the form $h = a \cdot u_4 + b \cdot u_2{}^2$ $(a, b \in \mathbf{Z}_2)$, and hence

$$\alpha(h) = ax_1(x_1{}^2 + \sigma_2)\sigma_1 + bx_2{}^2 x_3{}^2 + b(x_2{}^4 + x_3{}^4).$$

The coefficients of $x_1{}^4$ in $h$ and $\alpha(h)$ are $b$ and $a$ respectively; therefore, if $h = \alpha(h)$ with $h \neq 0$ we must have $a = b = 1$ and $h = g_4$. That $g_4$ is in fact invariant under $\alpha$ can be checked directly, but this is not necessary since we know a priori that $H^4(B_{G_2}, \mathbf{Z}_2)$ has dimension one.

The proofs of the invariance of $g_6, g_7$ under $\alpha$ are quite analogous: an element of degree six may be written

$$h = au_2{}^3 + bu_3{}^2 + cu_2 g_4 \qquad\qquad (a, b, c \in \mathbf{Z}_2).$$

Using (7), one sees that the coefficients of $x_1{}^6$ in $h$ and $\alpha(h)$ are $a + c$ and zero respectively, while those of $x_1{}^4 \cdot x_2{}^2$ are $a + b + c$ and $c$. Thus $\alpha(h) = h$ and $h \neq 0$ imply $a = b = c = 1$ and $h = g_6$. Finally, starting with a general element

$$h = u_3(au_2{}^2 + bg_4) \qquad\qquad (a, b \in \mathbf{Z}_2)$$

of degree seven, we see by looking at the coefficients of $x_1{}^6 \cdot x_2$ that $h = \alpha(h)$ and $h \neq 0$ imply $a = b = 1$, that is $h = g_7$.

The last assertion follows then from the results recalled at the beginning of 17.3.

17.4. Proposition. *The Stiefel-Whitney classes of $\mathbf{G}_2/\mathbf{SO}(4)$ are non-zero only in the dimensions* 0, 4, 6, 8.

By 11.5 and 17.2, the image under $\rho_2{}^*(\mathbf{Q}, U)$ of the total Stiefel-Whitney class of the bundle along the fibres of $(B_U, B_{G_2}, G/U)$ is

$$w' = (1 + \sigma_1)^2 \cdot \prod_1^3 (1 + x_i)^2;$$

therefore

$$w' = (1 + \sigma_1{}^2 + \sigma_2{}^2 + \sigma_3{}^2)(1 + \sigma_1{}^2) = 1 + u_2{}^2 + u_3{}^2 + u_4{}^2,$$

and 17.4 follows now from 17.3.

17.5. *Remarks.* 1) The 2-roots of $G_2$ have been computed with respect to a particular subgroup of type $(2, 2, 2)$. In fact, these subgroups are conjugate by inner automorphisms, and these 2-roots are therefore invariants of $G_2$. To see this, one uses the fact that given three orthonormal purely imaginary Cayley numbers $u, v, w$ with $w$ also orthogonal to $u \cdot v$, there exists exactly one automorphism of $\mathfrak{L}$ which maps $e_1, e_2, e_3$ onto $u, v, w$, respectively (see N. Jacobson, *Duke Math. Jour.* 5 (1939), 776-783). This implies easily that any commutative subgroup of type $(2, 2, 2)$ of $G_2$ can be put in the diagonal form by means of an automorphism of $G_2$. Moreover, one deduces from (1) that $Q$ contains all diagonal matrices of $G_2$; hence, $G_2$ does not contain commutative subgroups of type $(2, 2, 2, 2)$.

(2) It follows a posteriori from the proof of 17.3 that $\rho_{20}(Q, G_2)$ maps $H^*(B_{G_2}, Z_2)$ isomorphically onto the ring of invariants of the normalizer of $Q$ in $G_2$. Thus, the analogy between the role of $Q$ in cohomology mod 2 and that of a maximal torus in real cohomology, which is the basis of [3], is also very complete for $G_2$.

## 18. Some manifolds with Poincaré polynomial $1 + t^4 + t^8$.

18.1. The quaternionic plane $P_2(K)$ is an 8-dimensional manifold with real Poincaré polynomial $1 + t^4 + t^8$. We know (15.5) that the (integral) Pontrjagin class of $P_2(K)$ is given by

$$p = (1 + u)^6 (1 + 4u)^{-1}.$$

Thus $p_1 = 2u$ and $p_2 = 7u^2$. The Pontrjagin numbers of $P_2(K)$ are

$$p_1{}^2[P_2(K)] = 4 \quad \text{and} \quad p_2[P_2(K)] = 7.$$

Here we use the orientation defined by $u^2[P_2(K)] = 1$.

18.2. The manifolds $G_2/SO(4)$ (see §17) and $\tilde{Q}_4$ (see 16.6) have the real Poincaré polynomial $1 + t^4 + t^8$. Their Pontrjagin numbers are (for suitable orientations) the same as those of the quaternionic plane. For $\tilde{Q}_4$, this was proved already in 16.6. In the next section, it will be shown for $G_2/SO(4)$. We do not know whether all differentiable manifolds with real Poincaré polynomial $1 + t^4 + t^8$ have the same Pontrjagin numbers. By the index theorem ([19], p. 85), we know for such a manifold $X$ that (for suitable orientation)

$$(1) \qquad (7p_2 - p_1{}^2)[X] = 45,$$

and therefore, it is sufficient to calculate one Pontrjagin number. But, as an example, we shall make the computations without the use of the index theorem in the case of $G_2/SO(4)$.

*Remark.* Milnor has constructed an 8-dimensional combinatorial manifold with real Poincaré polynomial $1 + t^4 + t^8$ whose Pontrjagin numbers (in the sense of Thom) satisfy (1), but are rational, non-integral numbers. This manifold of Milnor does not admit a differentiable structure compatible with its combinatorial structure.

18.3. By the Hirsch formula, the manifold $G_2/SO(4)$ has the real Poincaré polynomial $(1 - t^4)(1 - t^{12})(1 - t^4)^{-1}(1 - t^4)^{-1} = 1 + t^4 + t^8$. We calculate the Pontrjagin class of $G_2/SO(4)$ by the schema used in 15.5. All cohomology groups are taken with real coefficients.

*Roots of $G_2$:*

$$\pm x_1, \pm x_2, \pm (x_1 - x_2), \pm (x_1 - 2x_2), \pm (x_1 - 3x_2), \pm (2x_1 - 3x_2)$$

with respect to a convenient base $x_1, x_2 \in H^2(G_2/T)$ for a maximal torus $T$ of $G_2$.

Following de Siebenthal [25a] we take $\phi_1 = x_2$ and $\phi_2 = x_1 - 3x_2$ as simple roots of $G_2$. The dominant root is then $3\phi_1 + 2\phi_2 = 2x_1 - 3x_2$. By [7, p. 218], we know that there is an imbedding of $SO(4)$ in $G_2$ for which $\pm \phi_1$ and $\pm(3\phi_1 + 2\phi_2)$ are the roots of $SO(4)$.

*Complementary roots:* $\pm x_1, \pm (x_1 - x_2), \pm (x_1 - 2x_2), \pm (x_1 - 3x_2).$

We put $y_1 = 2x_1 - 3x_2$ and $y_2 = x_2$.

*Invariants of the Weyl group of $G_2$:* Since $H^*(B_{G_2})$ is the polynomial ring over $R$ in two indeterminates of degrees 4 and 12, we have only one invariant in dimension 4. Since the dimension of $G_2/SO(4)$ equals 8, this is the only invariant we need. An invariant of dimension 4 is always given by the sum of the squares of all roots, which, up to a factor, is, in our case,

$$4(x_1{}^2 - 3x_1x_2 + 3x_2{}^2) = (y_1{}^2 + 3y_2{}^2).$$

It is convenient to express the complementary roots as linear combinations of $y_1, y_2$. This gives

$$x_1 = \tfrac{1}{2}(y_1 + 3y_2),$$
$$x_1 - x_2 = \tfrac{1}{2}(y_1 + y_2),$$
$$x_1 - 2x_2 = \tfrac{1}{2}(y_1 - y_2),$$
$$x_1 - 3x_2 = \tfrac{1}{2}(y_1 - 3y_2).$$

*Euler class $W$ of $G_2/SO(4)$:*

$$\pm 16W = (y_1{}^2 - y_2{}^2)(y_1{}^2 - 9y_2{}^2) = 4y_2{}^2 \cdot 12y_2{}^2,$$
$$\pm W = 3y_2{}^4,$$

the computations being made modulo the invariants. Since the Euler number of $G_2/SO(4)$ equals 3, we get

$$(2) \qquad\qquad y_2{}^4[G_2/SO(4)] = 1$$

after choosing the orientation of $G_2/SO(4)$ conveniently.

*The Pontrjagin class $p$ of $G_2/SO(4)$:*

$$1 + 4p_1 + 16p_2$$
$$= (1 + (y_1 + 3y_2)^2)(1 + (y_1 - 3y_2)^2)(1 + (y_1 - y_2)^2)(1 + (y_1 + y_2)^2)$$
$$= (1 + 2(y_1{}^2 + 9y_2{}^2) + (y_1{}^2 - 9y_2{}^2)^2)(1 + 2(y_1{}^2 + y_2{}^2) + (y_1{}^2 - y_2{}^2)^2)$$
$$= (1 + 12y_2{}^2 + 144y_2{}^4)(1 - 4y_2{}^2 + 16y_2{}^4).$$

$$1 + p_1 + p_2 = (1 + 3y_2{}^2 + 9y_2{}^4)(1 - y_2{}^2 + y_2{}^4),$$
$$p_1 = 2y_2{}^2, \qquad p_2 = 7y_2{}^4.$$

(All calculations modulo the invariants.)

By (2), we get for the Pontrjagin numbers (with respect to the orientation defined by (2))

$$p_1{}^2[G_2/SO(4)] = 4, \qquad p_2[G_2/SO(4)] = 7.$$

## 19. The Cayley plane.

19.1. The center of the simply connected representative of the local structure $F_4$ consists only of the unit element, as is well known. The structure $F_4$ has, therefore, one and only one representative which we also denote by $F_4$. According to [7], the group $F_4$ contains exactly one class (relative to inner automorphisms) of subgroups with local structure $B_4$. They are, in fact, globally isomorphic to $\boldsymbol{Spin}(9)$. The homogeneous space $\boldsymbol{F}_4/\boldsymbol{Spin}(9)$ has dimension 16 and may be identified with the Cayley plane $W$, the projective plane over the Cayley-numbers. The Cayley plane $\boldsymbol{W}$, considered as the homogeneous space $\boldsymbol{F}_4/\boldsymbol{Spin}(9)$, was studied, for instance, in [1], see also [2], §29 and Freudenthal, loc. cit.,[8] §17. The integral cohomology of $\boldsymbol{W}$ is given by

$$H^0 = H^8 = H^{16} = Z, \qquad H^i = 0 \text{ otherwise.}$$

19.2. Let $\boldsymbol{T}$ be the standard maximal torus of $\boldsymbol{SO}(9)$ with the base $x_1, x_2, x_3, x_4 \in H^1(\boldsymbol{T}, \boldsymbol{Z})$ (see 16.5(b)). Then the roots of $\boldsymbol{SO}(9)$ are

$$(1) \qquad \pm x_i \pm x_j \, (1 \leq i < j \leq 4); \quad \pm x_1, \pm x_2, \pm x_3, \pm x_4.$$

We have the projection

$$\pi: \boldsymbol{Spin}(9) \to \boldsymbol{SO}(9).$$

$\pi^{-1}(\boldsymbol{T}) = \boldsymbol{T}'$ is a maximal torus of $\boldsymbol{Spin}(9)$. The restriction of $\pi$ to $\boldsymbol{T}'$ induces an isomorphism of $H^1(\boldsymbol{T}, \boldsymbol{R})$ onto $H^1(\boldsymbol{T}', \boldsymbol{R})$. Thus $x_1, x_2, x_3, x_4$ may be regarded as elements of $H^1(\boldsymbol{T}', \boldsymbol{R})$. They constitute a base of $H^1(\boldsymbol{T}', \boldsymbol{R})$. By [7, Théorème 4], we can choose an embedding of $\boldsymbol{Spin}(9)$ in $\boldsymbol{F}_4$ such that the roots of $\boldsymbol{F}_4$ with respect to $\boldsymbol{T}'$ (considered as elements of $H^1(\boldsymbol{T}', \boldsymbol{R})$) are those given in (1) together with the following (see, e. g., [25a]):

$$(2) \qquad \tfrac{1}{2}(\pm x_1 \pm x_2 \pm x_3 \pm x_4),$$

which are the roots of $\boldsymbol{F}_4$ complementary to $\boldsymbol{Spin}(9)$. We now regard $x_1, x_2, x_3, x_4$ as elements of $H^2(B_{\boldsymbol{T}'}, \boldsymbol{R})$. We introduce the elementary symmetric functions $a_1, \cdots, a_4$ in the $x_i^2$

$$(3) \qquad 1 + a_1 + a_2 + a_3 + a_4 = \prod_{i=1}^{4} (1 + x_i^2).$$

The polynomials

$$(4) \qquad a_1, \; -6a_3 + a_1 a_2, \; 12 a_4 + a_2^2 - \tfrac{1}{2} a_1^2 a_2$$

are invariants of the Weyl group of $\boldsymbol{F}_4$.

*Proof.* Since the $a_i$ are invariants of the Weyl group of $\boldsymbol{Spin}(9)$, it suffices to check that the polynomials (4) are invariant under the reflection to the plane

$$x_1 + x_2 + x_3 + x_4 = 0,$$

with respect to the usual Euclidean metric.

19.3. The calculation of the Pontrjagin class of $W$ goes in the same way as for $G_2/SO(4)$ (see §18). We indicate briefly the various steps of the computation. We put

$$r_i = \tfrac{1}{2}(x_1 \pm x_2 \pm x_3 \pm x_4), \qquad\qquad (i = 1, 2, \cdots, 8).$$

For the Pontrjagin class with real coefficients, we get, modulo the invariants (4),

$$p(W) = \prod_{i=1}^{8} (1 + r_i{}^2) = 1 - a_2 - 13a_4, \text{ i. e.,}$$

(5) $$p_1 = p_3 = 0, \quad p_2 = -a_2, \quad p_4 = -13a_4,$$

(6) $$p_2{}^2 = a_2{}^2 = -12a_4.$$

Let $u$ be a generator of the infinite cyclic group $H^8(W, Z)$. Then the Euler class of $W$ equals $\pm\, 3u^2$. On the other hand, we have, after reducing to real coefficients and modulo the invariants (4),

$$\pm\, 3u^2 = \prod_{i=1}^{8} r_i = -\, a_4 = a_2{}^2/12.$$

The preceding equation and (6) yield, since $p_2$ is a real multiple of $u$,

(7) $$p_2{}^2 = +\, 36u^2, \qquad p_2 = \pm\, 6u,$$

(8) $$p_4 = 39u^2.$$

Since $W$ is without torsion, we conclude that (7) and (8) are also true in integral cohomology. We choose the generator $u$ such that $p_2 = 6u$.

19.4. THEOREM. *There exists a generator $u$ of the infinite cyclic group $H^8(W, Z)$ such that the integral Pontrjagin classes of W are given by*

$$p_2(W) = 6u, \qquad p_4(W) = 39u^2.$$

*Choosing that orientation of $W$ which is defined by $u^2$, the non-vanishing Pontrjagin numbers of $W$ are*

(9) $$p_2{}^2[W] = 36, \qquad p_4[W] = 39.$$

19.5. The manifold $W$, oriented as in 19.4, has the index $\tau(W) = 1$. By the index theorem ([19], Satz 8.2.2), we have

(10) $$(381p_4 - 19p_2{}^2)[W] = 3^4 \cdot 5^2 \cdot 7.$$

We shall see later in this paper by some general arguments that the $A$-genus ([19], 1.6) of $W$ vanishes. This, together with (10), gives a system of two linear equations for the Pontrjagin numbers from which (9) can also be obtained.

19.6. From Theorem 19.4, we can easily draw the following consequences.

(a) Let $\mathcal{P}_5^1$ be the Steenrod reduced power

$$\mathcal{P}_5^1 : H^k(X, \mathbf{Z}_5) \to H^{k+8}(X, \mathbf{Z}_5).$$

For the generator $u$ of 19.4 we have, by [15] (coefficients reduced to $\mathbf{Z}_5$),

$$(11) \qquad \mathcal{P}_5^1 u = \tfrac{1}{9}(7p_2 - p_1^2)u = -2p_2 u = -2u^2.$$

(11) implies that, for each homeomorphism $\phi$ of $W$ onto $W$, we have $\phi^* u = u$.

(b) The manifold $W$ with its usual differentiable structure does not admit an almost complex structure.

*Proof.*

$$c^2 = (1 + c_4 + c_8)^2 = 1 + 6u + 39u^2$$

would imply

$$c_8 = 15u^2,$$

but, for an almost complex structure, we would have

$$c_8 = \pm 3u^2.$$

(c) The (total) Stiefel-Whitney class $w$ of $W$ is

$$w = 1 + u + u^2 \text{ (coefficients reduced to } \mathbf{Z}_2).$$

*Proof.* We have (coefficients reduced to $\mathbf{Z}_2$), see 9.2, 9.3 and Appendix II,

$$w_8^2 = p_4, \qquad w_{16} = 3u^2 \text{ (Euler class)}.$$

INSTITUTE FOR ADVANCED STUDY,
UNIVERSITY OF BONN, GERMANY.

REFERENCES.

[1] A. Borel, "Le plan projectif des octaves et les sphères comme espaces homogènes," *Comptes Rendus*, vol. 230 (1950), pp. 1378-1380.

[2] ———, "Sur la cohomologie des espaces fibrés principaux et des espaces homogènes de groupes de Lie compacts," *Annals of Mathematics*, vol. 57 (1953), pp. 115-207.

[3] ———, "La cohomologie mod 2 de certains espaces homogènes," *Commentarii Mathematici Helvetici*, vol. 27 (1953), pp. 165-191.

[4] ———, "Sur l'homologie et la cohomologie des groupes de Lie compacts connexes," *American Journal of Mathematics*, vol. 76 (1954), pp. 273-342.

[5] ———, "Kählerian coset spaces of semi-simple Lie groups," *Proceedings of the National Academy of Sciences*, vol. 40 (1954), pp. 1147-1151.

[6] ——— and J.-P. Serre, "Groupes de Lie et puissances réduites de Steenrod," *American Journal of Mathematics*, vol. 75 (1953), pp. 409-448.

[7] ——— and J. de Siebenthal, "Sur les sous-groupes fermés de rang maximum des groupes de Lie compacts connexes," *Commentarii Mathematici Helvetici*, vol. 23 (1949), pp. 200-221.

[7a] ——— and A. Weil, "Représentations linéaires et espaces homogènes kähleriens des groupes de Lie compacts," *Séminaire Bourbaki*, May 1954 (Exposé by J.-P. Serre).

[7b] R. Bott, "Homogeneous vector bundles," *Annals of Mathematics*, vol. 66 (1957), pp. 203-248.

[8] E. Cartan, "La géométrie des groupes simples," *Annali di Matematica*, vol. 4 (1927), pp. 209-256, vol. 5 (1928), pp. 253-260.

[9] S. S. Chern, "Characteristic classes of hermitian manifolds," *Annals of Mathematics*, vol. 47 (1946), pp. 85-121.

[10] ———, "Topics in differential geometry," Notes, Institute for Advanced Study, Princeton 1951.

[11] ———, "On the characteristic classes of complex sphere bundles and algebraic varieties," *American Journal of Mathematics*, vol. 75 (1953), pp. 565-597.

[12] S. S. Chern, F. Hirzebruch, J.-P. Serre, "On the index of a fibred manifold," *Proceedings of the American Mathematical Society*, vol. 8 (1957), pp. 587-596.

[13] E. B. Dynkin, "The structure of semi-simple Lie algebras," Uspehi Matematiceskih Nauk (N. S.), vol. 2 (1947), pp. 59-127, translated in *American Mathematical Society Translations* 17, 1950.

[14] A. Frölicher, "Zur Differentialgeometrie der komplexen Strukturen," *Mathematische Annalen*, vol. 129 (1955), pp. 50-95.

[15] F. Hirzebruch, "On Steenrod's reduced powers, the index of inertia, and the Todd genus," *Proceedings of the Academy of Sciences of the U. S. A.*, vol. 39 (1953), pp. 951-956.

[16] ———, "Todd arithmetic genus for almost complex manifolds," "On Steenrod's reduced powers in oriented manifolds," "The index of an oriented manifold and the Todd genus of an almost complex manifold," Notes, Princeton University, 1953.

[17] ———, " Über die quaternionalen projektiven Räume," *Bayerische Akademie der Wissenschaften* (1954), pp. 301-312.

[18] ———, " Some problems on differentiable and complex manifolds," *Annals of Mathematics*, vol. 60 (1954), pp. 213-236.

[19] ———, " Neue topologische Methoden in der algebraischen Geometrie," *Ergebnisse der Mathematik und ihrer Grenzgebiete* (N. F.) 9, Berlin, 1956.

[20] W. V. D. Hodge, " The characteristic classes on algebraic varieties," *Proceedings of the London Mathematical Society*, (3), vol. 1 (1951), pp. 138-151.

[21] H. Hopf und H. Samelson, " Ein Satz über die Wirkungsräume geschlossener Liescher Gruppen," *Commentarii Mathematici Helvetici*, vol. 13 (1940-41), pp. 240-251.

[22] K. Kodaira, " On a differential-geometric method in the theory of analytic stacks," *Proceedings of the National Academy of Sciences of the U. S. A.*, vol. 39 (1953), pp. 1268-1273.

[23] " Groupes et algèbres de Lie," Séminaire S. Lie, Notes, Paris, 1954.

[24] W. Rohlin, " New results in the theory of four-dimensional manifolds " (in Russian), Doklady Akademii Nauk S. S. S. R. 84 (1952), pp. 221-224.

[25] J-P. Serre, " Groupes d'homotopie et classes de groupes abéliens," *Annals of Mathematics*, vol. 58 (1953), pp. 258-294.

[25a] J. de Siebenthal, " Sur les sous-groupes fermés connexes des groupes de Lie clos," *Commentarii Mathematici Helvetici*, vol. 25 (1951), pp. 210-256.

[26] N. Steenrod, " Topology of fibre bundles," *Princeton Mathematical Series*, no. 14.

[27] E. Stiefel, " Ueber eine Beziehung zwischen geschlossenen Lie'schen Gruppen und . . .", *Commentarii Mathematici Helvetici*, vol. 14 (1941-42), pp. 350-380.

[28] ———, " Kristallographische Bestimmung der Charaktere der geschlossenen Lie'schen Gruppen," *Commentarii Mathematici Helvetici*, vol. 14 (1944-45), pp. 165-200.

[29] R. Thom, " Quelques propriétés globales des variétés différentiables," *Commentarii Mathematici Helvetici*, vol. 28 (1954), pp. 17-86.

[30] H. Toda, " Quelques tables des groupes d'homotopie des groupes de Lie," *Comptes Rendus*, vol. 241 (1955), pp. 922-923.

[31] H. C. Wang, " Closed manifolds with homogeneous complex structure," *American Journal of Mathematics*, vol. 76 (1954), pp. 1-32.

[32] H. Weyl, " Theorie der Darstellung kontinuierlicher halb-einfacher Gruppen durch lineare Transformationen I, II, III," *Mathematische Zeitschrift*, vol. 23 (1925), pp. 271-309, vol. 24 (1926), pp. 328-395.

**44.**

(avec J-P. Serre)

# Le théorème de Riemann-Roch, d'après Grothendieck

Bull. Soc. Math. France **86** (1958) 97–136

## INTRODUCTION.

Ce qui suit constitue les notes d'un séminaire tenu à Princeton en automne 1957 sur les travaux de GROTHENDIECK; les résultats nouveaux qui y figurent sont dus à ce dernier; notre contribution est uniquement de nature rédactionnelle.

Le « théorème de Riemann-Roch » dont il s'agit est valable pour des variétés algébriques (non singulières) sur un corps de caratéristique quelconque; dans le cas classique, où le corps de base est $\mathbf{C}$, ce théorème contient comme cas particulier celui démontré il y a quelques années par HIRZEBRUCH [ *cf.* [9] (1)].

La démonstration proprement dite du théorème de Riemann-Roch occupe les paragraphes **7** à **16**, le dernier paragraphe étant consacré à une application. Les paragraphes **1** à **6** contiennent des préliminaires sur les faisceaux algébriques cohérents [ *cf.* FAC (1)]. La terminologie suivie est celle de FAC, à une différence près : pour nous conformer à une coutume qui se répand de plus en plus, nous avons appelé « morphismes » les « applications régulières » de FAC.

**1. Résultats auxiliaires sur les faisceaux.** — (Toutes les variétés considérées ci-après sont des variétés algébriques sur un corps $k$ algébriquement clos de caractéristique quelconque. Sauf mention du contraire, tous les faisceaux considérés sont des faisceaux algébriques cohérents.)

---

(1) *Voir* la bibliographie, placée à la fin de ce travail.

659

PROPOSITION 1. — *Soit $U$ un ouvert d'une variété $V$, soit $\mathcal{F}$ un faisceau cohérent sur $V$ et soit $\mathcal{G}$ un sous-faisceau cohérent de $\mathcal{F} \mid U$ (restriction de $\mathcal{F}$ à $U$). Il existe alors un faisceau cohérent $\mathcal{G}' \subset \mathcal{F}$ tel que $\mathcal{G}' \mid U = \mathcal{G}$.*

(En fait, la démonstration va montrer qu'il existe un *plus grand* faisceau ayant cette propriété.)

Pour tout ouvert $W \subset V$, on définit $\mathcal{G}'_W$ comme l'ensemble des sections de $\mathcal{F}$ sur $W$ qui appartiennent à $\mathcal{G}$ sur $U \cap W$. Tout revient à montrer que le faisceau $\mathcal{G}'$ associé à ce préfaisceau est cohérent. Comme c'est une question locale, on peut supposer que $V$ est une variété affine. Soit $A$ son anneau de coordonnées. Il existe des éléments $f_i \in A$ tels que $U = \cup V_{f_i}$ où $V_{f_i} = U_i$ désigne l'ensemble des points de $V$ où $f_i \neq 0$. Si, dans la définition de $\mathcal{G}'$, on remplace l'ouvert $U$ par l'ouvert $U_i$, on obtient un faisceau $\mathcal{G}'_i \subset \mathcal{F}$, et il est clair que $\mathcal{G}' = \cap \mathcal{G}'_i$. En vertu de résultats connus sur les faisceaux cohérents (*cf.* FAC, p. 209), il suffit de montrer que les $\mathcal{G}'_i$ sont cohérents. On est donc ramené au cas où $V$ est affine, et où $U = V_f$, $f \in A$. Dans ce cas, le faisceau $\mathcal{F}$ est défini par un module $M$ sur $A$, et le sous-faisceau $\mathcal{G}$ de $\mathcal{F} \mid U$ est défini par un sous-module $N$ de $M_f = M \otimes_A A_f$. Soit $N'$ l'image réciproque de $N$ dans $M$ par l'application canonique $M \to M_f$. Le module $N'$ correspond à un sous-faisceau cohérent de $\mathcal{F}$, et l'on vérifie immédiatement (en prenant pour $W$ des $V_{f'}$, par exemple) que ce faisceau n'est autre que $\mathcal{G}'$, ce qui achève la démonstration.

LEMME 1. — *Soit $U$ un ouvert d'une variété affine $V$ et soit $\mathcal{F}$ un faisceau (cohérent) sur $U$. Alors $\mathcal{F}$ est engendré par ses sections (sur $U$).*

Soit $x \in U$, et soit $f$ une fonction régulière sur $V$, nulle sur $V - U$ et non nulle en $x$. On a $V_f \subset U \subset V$. Comme $V_f$ est affine, on sait (FAC) que $\mathcal{F}_x$ est engendré par ses sections sur $V_f$, et il nous suffit donc de démontrer que ces sections peuvent se prolonger à $U$, une fois multipliées par une puissance convenable de $f$. C'est ce qui résulte du lemme général suivant :

LEMME 2. — *Soit $X$ une variété, soit $f$ une fonction régulière sur $X$, soit $\mathcal{F}$ un faisceau sur $X$, et soit $s$ une section de $\mathcal{F}$ sur $U = X_f$. Il existe alors un entier $n > 0$ tel que $f^n s$ se prolonge en une section de $\mathcal{F}$ sur $X$.*

On recouvre $X$ par des ouverts affines $X_i$ en nombre fini. En appliquant à chacun d'eux le lemme 1 de FAC, p. 247 (ou en raisonnant directement comme dans la proposition 1), on voit qu'il existe un entier $n$ et des sections $s_i$ de $\mathcal{F}$ sur les $X_i$ prolongeant $f^n s$ sur $X_i \cap U$. Puisque les $s_i - s_j$ sont nulles sur $X_i \cap X_j \cap U$, il existe un entier $m$ tel que $f^m(s_i - s_j) = 0$ sur $X_i \cap X_j$ (FAC, p. 235, ou raisonnement direct), et $m$ peut être choisi indépendant du couple $(i, j)$. Les $f^m s_i$ définissent alors une section $s'$ de $\mathcal{F}$ sur $X$ qui prolonge bien $f^{n+m} s$.

**Proposition 2.** — *Si $U$ est un ouvert d'une variété $V$, tout faisceau $\mathcal{F}$ sur $U$ se prolonge à $V$.*

Montrons que, si $U \neq V$, on peut prolonger $\mathcal{F}$ à un ouvert $U' \supset U$, avec $U' \neq U$; du fait que toute suite croissante d'ouverts est stationnaire, cela entraînera la proposition. Soit $x \in V - U$, et soit $W$ un ouvert affine contenant $x$; posons $U' = W \cup U$. On est donc ramené à prolonger à $W$ le faisceau $\mathcal{F} \mid W \cap U$, autrement dit, on est ramené à démontrer la proposition dans le cas particulier où $V$ est affine. Dans ce cas, le lemme 1 montre que $\mathcal{F}$ est engendré par ses sections, c'est-à-dire est de la forme $\mathcal{L}/\mathcal{R}$, où $\mathcal{L}$ est somme directe de faisceaux $\mathcal{O}_U$. Le faisceau $\mathcal{L}$ se prolonge de façon évidente à $V$, et, d'après la proposition 1, il existe un sous-faisceau $\mathcal{R}'$ de $\mathcal{L}$ sur $V$ dont la restriction à $U$ est $\mathcal{R}$. Le faisceau $\mathcal{L}/\mathcal{R}'$ est alors le prolongement cherché.

Remarque. — Les propositions 1 et 2 correspondent au fait géométrique que toute sous-variété algébrique de $U$ a pour adhérence une sous-variété algébrique de $V$. Ces propositions ne s'étendent pas *telles quelles* au cas « analytique ». On peut tout au plus espérer (en vertu des résultats de Rothstein) qu'elles sont encore valables si l'on fait certaines restrictions sur les dimensions de $V - U$ et des variétés intervenant dans la décomposition primaire locale du faisceau $\mathcal{F}$.

**2. Applications propres de variétés quasi projectives.** — Une variété $A$ est dite *quasi projective* si elle est isomorphe à une sous-variété localement fermée d'un espace projectif. Elle est dite *projective* si elle est isomorphe à une sous-variété fermée d'un espace projectif. *A partir de maintenant, toutes les variétés considérées seront supposées quasi projectives.*

Lemme 3. — *Soient $P$ un espace projectif, $U$ une variété quelconque, $G$ un sous-ensemble fermé de $P \times U$. La projection de $G$ dans $U$ est fermée.*

C'est la traduction en langage géométrique du fait bien connu qu'un espace projectif est une variété « complète » au sens de Weil. Rappelons rapidement le principe de la démonstration :

La question étant locale par rapport à $U$, on peut supposer $U$ affine et même $U$ ouvert affine de l'espace $k^n$. On peut aussi supposer $G$ irréductible. Choisissons alors dans $P$ des coordonnées projectives $x_i$ telles que $G$ rencontre l'ensemble $P_0 \times U$ des points où $x_0 \neq 0$. Si $A$ désigne l'anneau de coordonnées de $U$, celui de la variété affine $P_0 \times U$ est $A[x_i/x_0] = B_0$; l'ensemble $G$ définit (et est défini par) un idéal premier $\mathfrak{p}$ de $B_0$. Si $\mathfrak{p}'$ désigne $A \cap \mathfrak{p}$, l'idéal premier $\mathfrak{p}'$ correspond à l'adhérence de la projection $G'$ de $G$ dans $U$. Un point de cette adhérence est donc un homomorphisme $f : A \to k$ ($k$ désignant le corps de base) qui est nul sur $\mathfrak{p}'$;

ce point est image d'un point de $G$ situé dans $P_0 \times U$ si et seulement si $f$ peut se prolonger en un homomorphisme $g : B_0 \to k$, nul sur $\mathfrak{p}$. Soit alors $L$ le corps des fonctions de $G$; le corps $L$ contient $A/\mathfrak{p}'$ comme sous-anneau. D'après le théorème d'extension des spécialisations, il existe une valuation $v$ de $L$, à valeurs dans $k$, et qui prolonge $f$. Soit $\Phi$ la place associée à cette valuation. Si $v(x_i/x_0) \geqq 0$ pour tout $i$, la place $\Phi$ est finie sur les $x_i/x_0$, donc induit sur $B_0/\mathfrak{p} \subset L$ un homomorphisme $g$ qui prolonge $f$. Si $v(x_i/x_0) < 0$ pour un $i$, on remplace $x_0$ par celui des $x_i$ tel que $v(x_i/x_0)$ soit le plus petit possible, et l'on est ramené au cas précédent.

Si $f : X \to Y$ est un morphisme, on notera $G_f$ son graphe. Il est trivial que $G_f$ est fermé dans $X \times Y$.

LEMME 4. — *Soient* $f : X \to Y$ *et* $g : Y \to Z$ *deux morphismes,* $X$ *et* $Y$ *étant des sous-variétés des espaces projectifs* $P$ *et* $P'$. *Supposons que* $G_f$ *soit fermé dans* $P \times Y$ *et* $G_g$ *fermé dans* $P' \times Z$. *Alors* $G_{gf}$ *est fermé dans* $P \times Z$.

On a $G_f \subset P \times Y = P \times G_g \subset P \times P' \times Z$, et comme chacun est fermé dans le suivant, on voit que $G_f$ s'identifie à un sous-ensemble fermé de $P \times P' \times Z$. Comme $G_{gf}$ n'est autre que la projection de $G_f$ sur le facteur $P \times Z$, le lemme résulte du lemme 3.

LEMME 5. — *Soit* $f : X \to Y$ *un morphisme, et soient* $X \subset P$, $X \subset P'$ *deux plongements de* $X$ *dans des espaces projectifs. Si* $G_f$ *est fermé dans* $P \times Y$, *il l'est dans* $P' \times Y$.

On applique le lemme 4 aux morphismes $X \xrightarrow{i} X \xrightarrow{f} Y$, où $i$ désigne l'application identique. Tout revient à voir que le graphe $G_i$ de $i$ dans $P \times X$ est fermé, ce qui résulte du fait que c'est l'intersection avec $P \times X$ de la diagonale de $P \times P$.

Le lemme 5 justifie la définition suivante :

DÉFINITION. — *Une application* $f : X \to Y$ *est dite propre si c'est un morphisme, et si son graphe* $G_f$ *est fermé dans* $P \times Y$, *où* $P$ *est un espace projectif contenant* $X$.

On peut donner une définition des applications propres qui soit analogue à la définition des variétés complètes :

PROPOSITION 3. — *Pour qu'un morphisme* $f : X \to Y$ *soit propre, il faut et il suffit que, pour toute variété* $Z$, *et tout sous-ensemble fermé* $T$ *de* $X \times Z$, *l'image de* $T$ *dans* $Y \times Z$ *soit fermée.*

Soit $P$ un espace projectif dans lequel $X$ se trouve plongé; puisque $G_f$ est fermé dans $P \times Y$, le produit $G_f \times Z$ est fermé dans $P \times Y \times Z$, et $T$ se trouve donc plongé comme sous-ensemble fermé dans $P \times Y \times Z$.

Appliquant le lemme 3, on voit que la projection de $T$ dans $Y \times Z$ [qui n'est autre que $f \times 1(T)$] est fermée. Inversement, supposons cette propriété vérifiée, et appliquons la à $Z = P$, l'ensemble $T$ étant la diagonale de $X \times X$, plongée dans $X \times P$. L'image de $T$ dans $Y \times Z = Y \times P$ n'est alors pas autre chose que $G_f$, qui est donc bien fermé,

C.Q.F.D.

PROPOSITION 4. — (i) *L'application identique $i : X \to X$ est propre.*

(ii) *La composée de deux applications propres est propre.*

(iii) *Le produit direct de deux applications propres est propre.*

(iv) *L'image d'un fermé par une application propre est un fermé.*

(v) *Une injection $Y \to X$ est propre si et seulement si $Y$ est fermé dans $X$.*

(vi) *Tout morphisme d'une variété projective est propre.*

(vii) *Une projection $Y \times Z \to Y$ est propre si et seulement si $Z$ est projective (la variété $Y$ étant supposée non vide).*

Indiquons à titre d'exemple comment on démontre (vii) (les autres assertions étant encore plus faciles à vérifier). Si $Z$ est projective, on applique le critère de la proposition 3; soit donc $Z'$ une variété quelconque et $T$ un sous-ensemble fermé de $Y \times Z \times Z'$; on doit montrer que la projection de $T$ dans $Y \times Z'$ est fermée, ce qui résulte du lemme 3. Réciproquement, si $Y \times Z \to Y$ est propre, la composée $Z \to Y \times Z \to Y$ est propre. Comme cette application a pour image un point, on en déduit aussitôt que $Z$ est projective (en revenant à la définition).

COROLLAIRE 5. — *Pour qu'un morphisme $f : X \to Y$ soit propre, il faut et il suffit qu'on puisse le factoriser en $X \to P \times Y \to Y$, où $X \to P \times Y$ est une injection sur une sous-variété fermée, et $P \times Y \to Y$ est la projection sur le second facteur ($P$ désignant un espace projectif).*

Par définition même d'une application propre cette condition est nécessaire (si l'on prend pour $P$ un espace projectif où se trouve plongé $X$). Elle est suffisante d'après (ii), (v) et (vii).

PROPOSITION 5. — *Supposons que le corps de base $k$ soit le corps des complexes. Pour qu'un morphisme $f : X \to Y$ soit propre (au sens précédent), il faut et il suffit qu'il soit propre (au sens topologique) quand on munit $X$ et $Y$ de la topologie « usuelle ».*

Supposons que $f$ soit propre au sens algébrique, et soit $K$ un compact de $Y$ (pour la topologie usuelle). Supposons $X$ plongé dans un projectif $P$. Du fait que $P$ est compact, on a $f^{-1}(K) = G_f \cap (P \times K)$ compact, ce qui montre que $f$ est propre au sens topologique. Supposons inversement cette condition vérifiée, et prouvons que la condition de la proposition 3 est satisfaite : l'image de $T$ dans $Y \times Z$ est fermée pour la topologie usuelle, donc aussi pour la topologie de Zariski (GAGA, proposition 7, p. 12),

C.Q.F.D.

REMARQUE. — La notion d'application propre s'étend aux variétés « abstraites » (c'est-à-dire non quasi projectives) : il suffit de prendre le critère de la proposition 3 comme définition, *cf.* [4]. Les propositions 4 et 5 restent encore valables (à condition d'énoncer la proposition 4 (vii) en remplaçant « projective » par « complète » ). Les démonstrations sont essentiellement les mêmes : au lieu d'utiliser des plongements dans des projectifs, on se sert du fait que toute variété est image par une application propre d'une variété quasi projective (lemme de Chow, *cf.* [4] ou jub. Denjoy).

**3. Image d'un faisceau par une application propre.** — Soit $f : X \to Y$ un morphisme d'une variété $Y$, et soit $\mathcal{F}$ un faisceau (algébrique cohérent, comme toujours) sur $X$. On définit, par le procédé classique de LERAY, des faisceaux $R^q f(\mathcal{F})$ sur $Y$ en posant

$$R^q f(\mathcal{F})_U = H^q(f^{-1}(U),\, \mathcal{F}) \quad \text{pour tout ouvert } U \text{ de } Y.$$

Pour $q = 0$, on trouve le faisceau associé au préfaisceau des $H^0(f^{-1}(U),\, \mathcal{F})$; c'est *l'image directe* du faisceau $\mathcal{F}$. On peut montrer (*cf.* Tohoku) que les $R^q f$ sont les *foncteurs dérivés* du foncteur $\mathcal{F} \to R^0 f(\mathcal{F})$ (lorsque $\mathcal{F}$ parcourt la catégorie de tous les faisceaux sur $X$, cohérents ou pas).

EXEMPLES. — 1° Si $X \to Y$ est une injection sur une sous-variétés fermée, le faisceau $R^0 f(\mathcal{F})$ n'est autre que le faisceau $\mathcal{F}$ prolongé par 0 en dehors de $X$, et les faisceaux $R^q f(\mathcal{F})$, $q \geqq 1$, sont nuls [prendre pour $U$ un ouvert affine; on a alors $f^{-1}(U) = U \cap X$ affine, d'où $R^q f(\mathcal{F})_U = 0$].

2° Prenons pour $Y$ un point. Un faisceau sur un point est simplement un groupe (ou un $k$-espace vectoriel, s'il s'agit de faisceaux algébriques). Les $R^q f(\mathcal{F})$ sont alors simplement les groupes de cohomologie $H^q(X, \mathcal{F})$; on notera que ce ne sont pas nécessairement des espaces vectoriels de dimension finie (autrement dit des faisceaux cohérents sur $Y$).

3° Supposons que $f : X \to Y$ définisse un isomorphisme birationnel entre les variétés $X$ et $Y$ (supposées projectives et non singulières). Prenons pour $\mathcal{F}$ le faisceau $\mathcal{O}_X$ des anneaux locaux de $X$ ; on voit tout de suite que $R^0 f(\mathcal{O}_X) = \mathcal{O}_Y$. Est-il vrai que $R^q f(\mathcal{O}_X) = 0$ pour $q \geqq 1$ ? On peut en tout cas le vérifier pour les « éclatements », et il serait intéressant de le savoir dans le cas général.

Signalons que la théorie de LERAY se laisse transposer sans changements (cf. Tohoku); il y a une suite spectrale aboutissant à $H^*(X, \mathcal{F})$ et de terme $E_2^{p,q} = H^p(Y, R^q f(\mathcal{F}))$. Si l'on applique par exemple cette suite spectrale à l'exemple 3° ci-dessus, on voit que $R^q f(\mathcal{O}_X) = 0$ pour $q \geqq 1$ entraîne $H^*(X, \mathcal{O}_X) = H^*(Y, \mathcal{O}_Y)$.

On a vu (exemple 2°) que les $R^q f(\mathcal{F})$ ne sont en général pas des faisceaux cohérents sur $Y$. Toutefois :

**Théorème 1.** — *Si $f : X \to Y$ est propre, les $R^q f(\mathcal{F})$, $q > 0$, sont des faisceaux cohérents sur $Y$, quel que soit le faisceau cohérent $\mathcal{F}$ sur $X$.*

Soit $P$ un espace projectif dans lequel $X$ se trouve plongé, et soit $G_f$ le graphe de $f$ dans $P \times Y$. Par définition d'une application propre, $G_f$ est fermé dans $P \times Y$. Soit $\mathcal{F}'$ le faisceau sur $P \times Y$ obtenu en prolongeant $\mathcal{F}$ par $0$ en dehors de $G_f = X$ (*cf.* exemple 2°); si $\pi$ désigne la projection de $P \times Y$ sur $Y$, on voit tout de suite que $R^q \pi(\mathcal{F}') = R^q f(\mathcal{F})$. *On est donc ramené à démontrer le théorème 1 pour $\pi : P \times Y \to Y$.* De plus, comme la question est locale par rapport à $Y$, on peut supposer que $Y$ est une variété affine.

Sur $P$ on a un fibré « standard » de dimension $1$, soit $L$, dont les sections sont les formes linéaires (*cf.* FAC, chap. III, § 2); ce fibré définit un fibré sur $X = P \times Y$ qu'on note de la même manière. Le faisceau associé à $L^n$ sur $P \times Y$ sera noté $\mathcal{O}_X(n)$. On a alors :

**Lemme 6.** — *Tout faisceau algébrique cohérent $\mathcal{F}$ sur $X = P \times Y$, $Y$ affine, est isomorphe à un quotient d'une somme directe de faisceaux $\mathcal{O}_X(n)$.*

Lorsque $Y$ est réduit à un point, c'est le théorème 1 de FAC, p. 247. On va se ramener à ce cas particulier : soit $Y \subset P'$ un plongement de $Y$ dans un espace projectif, et soit $\overline{Y}$ l'adhérence de $Y$. D'après la proposition 2, le faisceau $\mathcal{F}$ se prolonge en un faisceau $\overline{\mathcal{F}}$ sur $P \times \overline{Y}$. D'autre part, le plongement de $\overline{Y}$ dans $P'$ définit sur $\overline{Y}$ (et donc aussi sur $P \times \overline{Y}$) un fibré $L'$ de dimension $1$. Le fibré produit $LL'$ correspond au plongement bien connu de $P \times P'$ dans un projectif $P''$ (plongement « de Segre », au moyen des produits $x_i y_j$ des coordonnées homogènes des deux projectifs). En appliquant alors à $\overline{\mathcal{F}}$ et à $P''$ le résultat de FAC cité plus haut, on voit que $\overline{\mathcal{F}}$ est quotient d'une somme directe de faisceaux $\mathcal{O}_{P \times \overline{Y}}(L^n L'^n)$; en restreignant à $P \times Y$, et en tenant compte du fait que $P'$ est *trivial* sur $Y$, on obtient bien le résultat cherché.

[Bien entendu, on pourrait aussi faire une démonstration directe, calquée sur celle de FAC.]

**Lemme 7.** — *Les $R^q \pi(\mathcal{O}_X(n))$ sont des faisceaux cohérents sur $Y$.*

On calcule explicitement les faisceaux $R^q \pi(\mathcal{O}_X(n))$. Si $U$ est un ouvert affine de $Y$, on a

$$R^q \pi(\mathcal{O}_X(n))_U = H^q(P \times U, \mathcal{O}_X(n)).$$

Si $\mathfrak{U} = \{U_i\}$ est un recouvrement affine de $P$, les $U_i \times U$ forment un recouvrement affine $\mathfrak{U}'$ de $P \times U$; tenant compte de ce que $\mathcal{O}_X(n)$ « provient » de $P$, on voit que le complexe $C(\mathfrak{U}', \mathcal{O}_X(n))$ est isomorphe au produit tensoriel $C(\mathfrak{U}', \mathcal{O}_P(n)) \otimes_k H^0(U, \mathcal{O}_U)$. La formule des coefficients universels montre alors qu'on a

$$H^q(P \times U, \mathcal{O}_X(n)) = H^q(P, \mathcal{O}_P(n)) \otimes_k H^0(U, \mathcal{O}_U).$$

Cette dernière formule signifie que $R^q \pi(\mathcal{O}_X(n))$ est isomorphe au faisceau $\mathcal{O}_Y \otimes_k V^q$, avec $V^q = H^q(P, \mathcal{O}_P(n))$. Comme $V^q$ est un espace vectoriel de dimension finie sur $k$, c'est bien là un faisceau cohérent sur $Y$, ce qui démontre le lemme.

[La démonstration précédente s'applique plus généralement à toute projection $\pi : Y \times Z \to Y$, avec $Z$ projective, lorsque le faisceau $\mathcal{F}$ est de la forme $\mathcal{G} \otimes \mathcal{H}$, avec $\mathcal{G}$ cohérent sur $Y$, et $\mathcal{H}$ cohérent sur $Z$. On trouve alors que $R^q \pi(\mathcal{F}) = \mathcal{G} \otimes H^q(Z, \mathcal{H})$. On pourrait considérer, encore plus généralement, le cas d'une application produit $Y \times Z \to Y' \times Z'$, ....]

Nous pouvons maintenant démontrer le théorème 1 pour un faisceau $\mathcal{F}$ quelconque sur $X = P \times Y$. On raisonne par récurrence descendante sur l'entier $q$. Si $q > \dim X$, il est clair que $R^q \pi(\mathcal{F}) = o$. Supposons donc le théorème démontré pour $q + 1$. D'après le lemme 6, il existe une suite exacte $o \to \mathcal{R} \to \mathcal{L} \to \mathcal{F} \to o$, où $\mathcal{L}$ est isomorphe à une somme directe de faisceaux $\mathcal{O}_X(n)$. La suite exacte de cohomologie (ou la suite exacte des foncteurs dérivés) montre qu'on a une suite exacte :

$$R^q \pi(\mathcal{R}) \to R^q \pi(\mathcal{L}) \to R^q \pi(\mathcal{F}) \to R^{q+1} \pi(\mathcal{R}) \to R^{q+1} \pi(\mathcal{L}).$$

Vu l'hypothèse de récurrence et le lemme 7, les faisceaux $R^q \pi(\mathcal{L})$, $R^{q+1} \pi(\mathcal{R})$ et $R^{q+1} \pi(\mathcal{L})$ sont cohérents. Il s'ensuit que $R^q \pi(\mathcal{F})$ admet comme sous-faisceau un faisceau de type fini, le quotient étant cohérent. Un raisonnement immédiat montre alors que $R^q \pi(\mathcal{F})$ est de type fini. Ce résultat, étant démontré pour tout faisceau cohérent, vaut aussi pour $\mathcal{R}$. L'image de $R^q \pi(\mathcal{R})$ dans $R^q \pi(\mathcal{L})$ est alors un faisceau cohérent (FAC, p. 208), et $R^q \pi(\mathcal{F})$ est extension de deux faisceaux cohérents, donc est cohérent (*id.*).

Remarques. — $1^o$ Le théorème 1 reste valable si l'on ne suppose plus que $X$ est quasi projective (on se ramène à ce cas en utilisant le lemme de Chow et le « dévissage » des faisceaux cohérents, *cf.* [6]).

$2^o$ Grauert et Remmert ont démontré l'analogue analytique du théorème 1 pour la projection $\pi : P \times Y \to Y$. Inutile de préciser que la démonstration est plus difficile !

**4. Le groupe $K(X)$ des classes des faisceaux sur une variété $X$.** —
Soit $X$ une variété algébrique, et soit $F(X)$ le groupe abélien libre ayant
pour base l'ensemble $\mathcal{C}$ des faisceaux (algébriques cohérents, comme
toujours) sur $X$. Un élément de $F(X)$ est donc une combinaison linéaire
formelle

$$x = \sum n_i \mathcal{F}_i \qquad (n_i \in \mathbf{Z}, \; \mathcal{F}_i \text{ faisceaux cohérents sur } X).$$

On convient, bien entendu, d'identifier deux faisceaux isomorphes [sinon,
$F(X)$ ne serait même pas un « ensemble » !].

Soit

$$(E) \qquad 0 \to \mathcal{F}' \to \mathcal{F} \to \mathcal{F}'' \to 0$$

une suite exacte de faisceaux. A cette suite exacte nous ferons correspondre
l'élément $Q(E) = \mathcal{F} - \mathcal{F}' - \mathcal{F}''$ de $F(X)$.

DÉFINITION. — *On appelle groupe des classes de faisceaux sur $X$ le
groupe quotient de $F(X)$ par le sous-groupe engendré par les $Q(E)$,
pour $E$ parcourant toutes les suites exactes à trois termes.*

Ce groupe sera noté $K(X)$ dans ce qui suit. Si $\mathcal{F}$ est un faisceau sur $X$,
son image canonique dans $K(X)$ sera notée $\gamma_X(\mathcal{F})$, ou $\gamma(\mathcal{F})$, ou simplement $\mathcal{F}$, suivant les risques de confusion. Les $\gamma(\mathcal{F})$ engendrent $K(X)$, et
l'application $\mathcal{F} \to \gamma(\mathcal{F})$ est « additive »; autrement dit, si l'on a la suite
exacte $(E)$, on a $\gamma(\mathcal{F}) = \gamma(\mathcal{F}') + \gamma(\mathcal{F}'')$. Réciproquement, par définition
même de $K(X)$, toute application de l'ensemble des faisceaux dans un
groupe abélien $G$ qui est additive peut s'écrire sous la forme $F \to \pi(\gamma(\mathcal{F}))$,
où $\pi : K(X) \to G$ est un homomorphisme déterminé de manière unique.

On peut appliquer la construction précédente à bien d'autres situations
que celle des faisceaux. Nous aurons besoin, en particulier, du cas des
*fibrés à fibre vectorielle* de base $X$. Soit donc $\mathcal{V}$ l'ensemble de ces fibrés;
on définit $F_1(X)$ comme le groupe libre ayant pour base $\mathcal{V}$, et $K_1(X)$
comme le quotient de $F_1(X)$ par les $Q_1(E) = \mathcal{F} - \mathcal{F}' - \mathcal{F}''$, où $(E)$
désigne cette fois une suite exacte d'espaces fibrés. Si $X$ est connexe (ce qu'on
supposera), on sait qu'on peut identifier les fibrés à fibre vectorielle avec les
faisceaux localement libres sur $X$; on a donc $\mathcal{V} \subset \mathcal{C}$, et l'injection $\mathcal{V} \to \mathcal{C}$
définit un homomorphisme canonique $\varepsilon : K_1(X) \to K(X)$.

THÉORÈME 2. — *Supposons que $X$ soit une variété quasi projective,
irréductible, et non singulière. L'homomorphisme $\varepsilon : K_1(X) \to K(X)$
défini ci-dessus est alors une bijection.*

Nous aurons besoin d'un certain nombre de résultats auxiliaires sur les
relations entre $\mathcal{V}$ et $\mathcal{C}$ :

LEMME 8. — *Soit $0 \to \mathcal{Z} \to \mathcal{L}' \to \mathcal{L} \to 0$ une suite exacte telle que $\mathcal{L}'$,
$\mathcal{L} \in \mathcal{V}$. On a alors $\mathcal{Z} \in \mathcal{V}$.*

Si $P \in X$, le module local $\mathcal{L}_P$ est libre sur $\mathcal{O}_P$, donc facteur direct dans $\mathcal{L}'_P$, ce qui montre que $\mathcal{Z}_P$ est un $\mathcal{O}_P$-module projectif, donc libre puisque $\mathcal{O}_P$ est un anneau local. Or, un faisceau algébrique cohérent dont tous les modules ponctuels sont libres est localement libre (*cf.* FAC, p. 242, lignes 10-11 du bas).

LEMME 9. — *Soit* $n = \dim X$, *et soit* $0 \to \mathcal{Z} \to \mathcal{L}_p \to \ldots \to \mathcal{L}_0 \to \mathcal{F} \to 0$ *une suite exacte, avec* $\mathcal{L}_i \in \mathcal{V}$. *Si* $p \geqq n - 1$, *on a* $\mathcal{Z} \in \mathcal{V}$.

C'est encore une fois une question locale. Soit donc $P \in X$; du fait que l'anneau local $\mathcal{O}_P$ est un anneau local *régulier* de dimension $n$, le théorème des syzygies s'applique, et montre que $\mathcal{Z}_P$ est $\mathcal{O}_P$-libre, d'où le résultat cherché (noter que l'hypothèse que $X$ est non singulière est utilisée ici de façon essentielle).

LEMME 10. — *Tout* $\mathcal{F} \in \mathcal{C}$ *est quotient d'un* $\mathcal{L} \in \mathcal{V}$.

Soit $X \subset P$ un plongement projectif de $X$, et soit $\overline{X}$ son adhérence dans $P$. D'après la proposition 2, $\mathcal{F}$ se prolonge en un faisceau $\mathcal{F}'$ sur $\overline{X}$. D'après le théorème 1 de FAC, p. 247 (*cf.* aussi lemme 6) le faisceau $\mathcal{F}'$ est quotient d'une somme directe de faisceaux $\mathcal{O}_{\overline{X}}(n)$, donc d'un faisceau localement libre sur $\overline{X}$. Par restriction à $X$ on obtient le résultat cherché.

COROLLAIRE. — *Pour tout* $\mathcal{F} \in \mathcal{C}$ *il existe une suite exacte* :

$$0 \to \mathcal{L}_n \to \mathcal{L}_{n-1} \to \ldots \to \mathcal{L}_0 \to \mathcal{F} \to 0 \qquad avec \quad \mathcal{L}_i \in \mathcal{V}.$$

C'est une conséquence des lemmes 9 et 10. On peut l'énoncer en disant qu'il existe un « complexe » $\mathcal{L}$ de $\mathcal{V}$, acyclique en dimensions $\geqq 1$, et tel que $H_0(\mathcal{L}) = \mathcal{F}$.

Passons maintenant à la démonstration du théorème 2. Si $\mathcal{F} \in \mathcal{C}$, choisissons un complexe acyclique $\mathcal{L}$ de $\mathcal{V}$ tel que $H_0(\mathcal{L}) = \mathcal{F}$. Nous poserons

$$\gamma_1(\mathcal{L}) = \sum (-1)^p \gamma_1(\mathcal{L}_p);$$

c'est un élément de $K_1(X)$; définition analogue pour $\gamma(\mathcal{L}) \in K(X)$. Supposons démontrés les deux lemmes suivants :

LEMME 11. — $\gamma_1(\mathcal{L})$ *ne dépend que de* $\mathcal{F}$.

LEMME 12. — $\gamma_1(\mathcal{L})$ *est une fonction additive de* $\mathcal{F}$.

Posant alors $\eta(\mathcal{F}) = \gamma_1(\mathcal{L})$, on obtient un homomorphisme $\eta : K(X) \to K_1(X)$. Par définition de $\mathcal{L}$, on a

$$\varepsilon(\gamma_1(\mathcal{L})) = \gamma(\mathcal{L}) = \gamma(\mathcal{F}), \qquad \text{d'où} \qquad \varepsilon \circ \eta = 1.$$

La vérification de $\eta \circ \varepsilon = 1$ est encore plus triviale. Tout revient donc à démontrer les lemmes 11 et 12.

**Démonstration du lemme 11.** — Énonçons d'abord un corollaire du lemme 10 :

**Lemme 13.** — *Soient* $\mathcal{A}$, $\mathcal{B}$, $\mathcal{C} \in \mathcal{C}$, *et soient* $u : \mathcal{A} \to \mathcal{B}$ *et* $v : \mathcal{C} \to \mathcal{B}$, *avec* $u$ *et* $v$ *surjectifs. Il existe alors* $\mathcal{L} \in \mathcal{V}$ *et* $u' : \mathcal{L} \to \mathcal{C}$, $v' : \mathcal{L} \to \mathcal{A}$ *tels que* $v \circ u' = u \circ v'$ *et que* $u'$ *et* $v'$ *soient surjectifs :*

$$
\begin{array}{ccc}
\mathcal{L} & \xrightarrow{v'} & \mathcal{A} \\
\scriptstyle u' \downarrow & & \scriptstyle u \downarrow \\
\mathcal{C} & \xrightarrow{v} & \mathcal{B}.
\end{array}
$$

Soit $(\mathcal{A}, \mathcal{C})$ le sous-faisceau de $\mathcal{A} \times \mathcal{C}$ formé des éléments ayant même image dans $\mathcal{B}$. Du fait que $u$ et $v$ sont surjectifs, les projections canoniques $(\mathcal{A}, \mathcal{C}) \to \mathcal{A}$ et $(\mathcal{A}, \mathcal{C}) \to \mathcal{C}$ sont surjectives. En appliquant le lemme 10 à $(\mathcal{A}, \mathcal{C})$ on en déduit le résultat cherché.

Soient maintenant $\mathcal{L}$ et $\mathcal{L}'$ deux résolutions de $\mathcal{F}$, qu'on se propose de comparer. On va montrer qu'il existe une troisième résolution $\mathcal{L}''$ de $\mathcal{F}$ munie d'homomorphismes surjectifs $\mathcal{L}'' \to \mathcal{L}$ et $\mathcal{L}'' \to \mathcal{L}'$ induisant l'identité sur $H_0$ ; tout reviendra alors à prouver que $\gamma_1(\mathcal{L}'') = \gamma_1(\mathcal{L})$, par exemple. Or, si l'on note $\mathcal{L}_1$ le noyau de $\mathcal{L}'' \to \mathcal{L}$, on a $\mathcal{L}_1 \in \mathcal{V}$ d'après le lemme 8, et la suite exacte d'homologie montre que $H_q(\mathcal{L}_1) = 0$ pour tout $q \geqq 0$. On en déduit tout de suite que $\gamma_1(\mathcal{L}_1) = 0$, et comme $\gamma_1(\mathcal{L}'') = \gamma_1(\mathcal{L}) + \gamma_1(\mathcal{L}_1)$, cela donne le résultat cherché. Tout revient donc à démontrer l'existence de la résolution $\mathcal{L}''$, ce qui se fait dimension par dimension (en arrêtant la construction au moyen du lemme 9), au moyen du lemme suivant :

**Lemme 14.** — *Soient*

$$
0 \to \mathcal{Z} \to \mathcal{L} \to \mathcal{B} \to 0 \qquad \text{et} \qquad 0 \to \mathcal{Z}' \to \mathcal{L}' \to \mathcal{B}' \to 0
$$

*deux suites exactes* $(\mathcal{L}, \mathcal{L}' \in \mathcal{V})$, *et soit* $\mathcal{B}'' \to \mathcal{B}$, $\mathcal{B}'' \to \mathcal{B}'$ *des applications surjectives. On peut alors compléter* $\mathcal{B}''$ *en une suite exacte*

$$
0 \to \mathcal{Z}'' \to \mathcal{L}'' \to \mathcal{B}'' \to 0 \qquad \text{avec} \quad \mathcal{L}'' \in \mathcal{V},
$$

*et trouver des homomorphismes surjectifs*

$$
\mathcal{Z}'' \to \mathcal{Z}, \qquad \mathcal{Z}'' \to \mathcal{Z}', \qquad \mathcal{L}'' \to \mathcal{L}, \qquad \mathcal{L}'' \to \mathcal{L}'
$$

*tels que le diagramme ainsi constitué soit commutatif :*

$$
\begin{array}{ccccccccc}
0 & \to & \mathcal{Z} & \to & \mathcal{L} & \to & \mathcal{B} & \to & 0 \\
 & & \uparrow & & \uparrow & & \uparrow & & \\
0 & \to & \mathcal{Z}'' & \to & \mathcal{L}'' & \to & \mathcal{B}'' & \to & 0 \\
 & & \downarrow & & \downarrow & & \downarrow & & \\
0 & \to & \mathcal{Z}' & \to & \mathcal{L}' & \to & \mathcal{B}' & \to & 0.
\end{array}
$$

En appliquant le lemme **13** à $\mathcal{L} \to \mathcal{B}$ et $\mathcal{B}'' \to \mathcal{B}$, on trouve $\mathcal{L}_1 \to \mathcal{L}$ et $\mathcal{L}_1 \to \mathcal{B}''$ surjectifs. En appliquant le même lemme à $\mathcal{L}_1 \to \mathcal{B}'' \to \mathcal{B}'$ et $\mathcal{L}' \to \mathcal{B}'$, on trouve $\mathcal{L}_2 \to \mathcal{L}_1$ et $\mathcal{L}_2 \to \mathcal{L}'$ surjectifs, rendant le diagramme commutatif.

On choisit, d'autre part, $\mathcal{L}_3 \to \mathcal{Z}$ et $\mathcal{L}'_3 \to \mathcal{Z}'$ surjectifs, et l'on pose

$$\mathcal{L}'' = \mathcal{L}_2 + \mathcal{L}_3 + \mathcal{L}'_3 \quad \text{(somme directe)}.$$

On définit $\mathcal{L}'' \to \mathcal{B}''$ comme étant $o$ sur $\mathcal{L}_3$ et $\mathcal{L}'_3$, et égal à $\mathcal{L}_2 \to \mathcal{L}_1 \to \mathcal{B}''$ sur $\mathcal{L}_2$; on définit $\mathcal{L}'' \to \mathcal{L}$ comme étant égal à $\mathcal{L}_2 \to \mathcal{L}_1 \to \mathcal{L}$ sur $\mathcal{L}_2$, à $o$ sur $\mathcal{L}'_3$, et à $\mathcal{L}_3 \to \mathcal{Z} \to \mathcal{L}$ sur $\mathcal{L}_3$; définition analogue pour $\mathcal{L}'' \to \mathcal{L}'$. On définit ensuite $\mathcal{Z}''$ comme le noyau de $\mathcal{L}'' \to \mathcal{B}''$ et $\mathcal{Z}'' \to \mathcal{Z}$, $\mathcal{Z}'' \to \mathcal{Z}'$ comme restrictions des applications de $\mathcal{L}''$. La commutativité du diagramme est alors immédiate; de plus, $\mathcal{Z}''$ contient évidemment $\mathcal{L}_3$ qui s'applique sur $\mathcal{Z}$; *a fortiori*, $\mathcal{Z}'' \to \mathcal{Z}$ est surjectif, et de même pour $\mathcal{Z}'' \to \mathcal{Z}'$, ce qui achève la démonstration du lemme **13**, et en même temps celle du lemme **11**.

DÉMONSTRATION DU LEMME **12**. — Soit $o \to \mathcal{F}' \to \mathcal{F} \to \mathcal{F}'' \to o$ une suite exacte. On va montrer qu'il existe des résolutions $\mathcal{L}'$, $\mathcal{L}$, $\mathcal{L}''$ de ces faisceaux formant aussi une suite exacte $o \to \mathcal{L}' \to \mathcal{L} \to \mathcal{L}'' \to o$. L'additivité de $\gamma_1(\mathcal{L})$ sera alors évidente. Pour construire ces résolutions on procède encore dimension par dimension. Tout revient à montrer qu'étant donnée une suite exacte du type ci-dessus, on peut la plonger dans un diagramme commutatif

$$
\begin{array}{ccccccccc}
o & \to & \mathcal{F}' & \to & \mathcal{F} & \to & \mathcal{F}'' & \to & o \\
& & \uparrow & & \uparrow & & \uparrow & & \\
o & \to & \mathcal{L}' & \to & \mathcal{L} & \to & \mathcal{L}'' & \to & o, \quad \mathcal{L}', \mathcal{L}, \mathcal{L}'' \in \mathcal{V}
\end{array}
$$

où les $\mathcal{L} \to \mathcal{F}$ sont surjectifs.

Pour cela, on choisit d'abord $\mathcal{L}'' \to \mathcal{F}''$ surjectif, et l'on applique le lemme **13** à $\mathcal{F} \to \mathcal{F}''$ et $\mathcal{L}'' \to \mathcal{F}''$. On en déduit $\mathcal{L}_1 \to \mathcal{F}$ et $\mathcal{L}_1 \to \mathcal{L}''$ surjectifs et rendant le diagramme commutatif. D'autre part, on choisit $\mathcal{L}_2 \to \mathcal{F}'$ surjectif, et l'on pose $\mathcal{L} = \mathcal{L}_2 + \mathcal{L}_1$ (somme directe). On définit $\mathcal{L} \to \mathcal{F}$ et $\mathcal{L} \to \mathcal{L}''$ de façon évidente, et l'on prend pour $\mathcal{L}'$ le noyau de $\mathcal{L} \to \mathcal{L}''$. On a $\mathcal{L}_2 \subset \mathcal{L}'$, ce qui montre que $\mathcal{L}'$ s'applique sur $\mathcal{F}'$, et toutes les conditions voulues sont satisfaites.

La démonstration du théorème **2** est donc achevée.

REMARQUE. — L'hypothèse que $X$ est quasi projective a été utilisée uniquement dans le lemme **10**, pour montrer que tout faisceau cohérent sur $X$ est quotient d'un faisceau localement libre. Nous ignorons si ce lemme s'étend aux variétés algébriques « abstraites ».

## 5. Opérations sur $K(X)$. — *a. Structure d'anneau sur $K(X)$.* —

Soient $\mathcal{F}$ et $\mathcal{G}$ deux faisceaux (cohérents) sur $X$. Les $\mathrm{Tor}_p(\mathcal{F}, \mathcal{G})$ ($p = o, 1, \ldots$) sont des faisceaux cohérents sur $X$ (bien entendu, les Tor sont pris sur le faisceau des anneaux locaux de $X$). Comme $X$ est non singulière, on a $\mathrm{Tor}_p(\mathcal{F}, \mathcal{G}) = 0$ lorsque $p > \dim X$, ce qui fait que la somme alternée $\chi(\mathcal{F}, \mathcal{G}) = \sum (-1)^p \mathrm{Tor}_p(\mathcal{F}, \mathcal{G})$ est un élément bien défini de $K(X)$. La suite exacte des Tor montre que $\chi(\mathcal{F}, \mathcal{G})$ est bilinéaire en $\mathcal{F}$, $\mathcal{G}$, donc se prolonge en une application bilinéaire de $K(X) \times K(X)$ dans $K(X)$; nous noterons $(x, x') \to x.x'$ cette application.

PROPOSITION 6. — *Le produit ci-dessus est commutatif et associatif.*

La commutativité est triviale, chaque Tor étant commutatif. L'associativité peut se déduire de la « formule d'associativité » des Tor (*cf.* Dipl.) : on définit des « Tor simultanés » $\mathrm{Tor}(\mathcal{F}, \mathcal{G}, \mathcal{H})$ et deux suites spectrales aboutissant à $\mathrm{Tor}(\mathcal{F}, \mathcal{G}, \mathcal{H})$ et de termes $E_2$ égaux respectivement à $\mathrm{Tor}(\mathcal{F}, \mathrm{Tor}(\mathcal{G}, \mathcal{H}))$ et $\mathrm{Tor}(\mathrm{Tor}(\mathcal{F}, \mathcal{G}), \mathcal{H})$; on utilise le fait que les caractéristiques d'Euler-Poincaré sont invariantes dans une suite spectrale.

On peut donner une démonstration plus simple en utilisant le théorème 2 : on remarque que, lorsque $\mathcal{F}$ ou $\mathcal{G}$ est localement libre, on a

$$\chi(\mathcal{F}, \mathcal{G}) = \gamma(\mathcal{F} \otimes \mathcal{G})$$

ce qui rend l'associativité évidente lorsque $\mathcal{F}$, $\mathcal{G}$, $\mathcal{H}$ sont localement libres. Comme $K(X)$ est engendré par les $\gamma(\mathcal{F})$, avec $\mathcal{F}$ localement libre, ceci démontre l'associativité.

[Le produit ci-dessus correspond donc au produit tensoriel des fibrés à fibre vectorielle.]

*b. Les opérations de puissance extérieure.* — Soit $E$ un fibré à fibre vectorielle. Les puissances extérieures $\bigwedge^p E$ sont des fibrés à fibre vectorielle, dont les classes dans $K(X) = K_1(X)$ seront notées $\lambda^p(E)$. Si l'on a une suite exacte

$$0 \to E' \to E \to E'' \to 0,$$

on définit par un procédé bien connu (thèse de KOSZUL!) une filtration de $\bigwedge(E)$ dont le gradué associé est $\bigwedge(E') \otimes \bigwedge(E'')$. On en déduit la formule suivante :

$$\lambda^p(E) = \sum_{r+s=p} \lambda^r(E') . \lambda^s(E'').$$

Cette formule peut s'interpréter comme une formule d'additivité en introduisant la série formelle en $t$

$$\lambda_t(E) = \sum \lambda^p(E) t^p;$$

c'est un élément de $K(X)[[t]]$, commençant par **1**. La formule ci-dessus signifie qu'on a

$$\lambda_t(E) = \lambda_t(E')\lambda_t(E'').$$

L'application $E \to \lambda_t(E)$ se prolonge donc en un homomorphisme $x \to \lambda_t$ de $K(X) = K_1(X)$ dans le groupe multiplicatif $U$ des séries formelles

$$1 + a_1 t + \ldots + a_n t^n + \ldots, \qquad \text{avec} \quad a_i \in K(X).$$

Par définition, $\lambda^p(x)$ sera le coefficient de $t^p$ dans $\lambda_t(x)$.

En caractéristique o, GROTHENDIECK montre que, pour tout faisceau $\mathscr{F}$, $\lambda^p(\mathscr{F})$ est égal à la somme alternée des « Tor alternés » de $p$ faisceaux égaux à $\mathscr{F}$. En caractéristique $\neq$ o on ne connaît aucune formule analogue.

$c.$ *L'opération $f^!$.* — Soit $f : Y \to X$ un morphisme. Si $E$ est un fibré à fibre vectorielle de base $X$, le fibré $f^{-1}(E)$ est un fibré à fibre vectorielle de base $Y$. Cette opération est additive, donc se prolonge en un homomorphisme $f^! : K(X) \to K(Y)$. En raisonnant sur les fibrés on voit tout de suite que $f^!$ *est un homomorphisme d'anneaux, compatible avec les opération $\lambda^p$* et qu'on a $(fg)^! = g^! f^!$.

Si $\mathscr{F}$ est un faisceau cohérent sur $X$, on peut définir directement $f^!(\mathscr{F})$ comme la somme alternée des $\mathrm{Tor}_p^{\mathcal{O}_X}(\mathcal{O}_Y, \mathscr{F})$; en effet cette expression est additive en $\mathscr{F}$ (à cause de la suite exacte des Tor), et se réduit à $\mathcal{O}_Y \otimes \mathscr{F}$ lorsque $\mathscr{F}$ est localement libre.

$d.$ *L'opération $f_!$.* — Soit encore $f : Y \to X$ un morphisme que nous supposons *propre*. Si $\mathscr{F}$ est cohérent sur $Y$, on a vu (théorème 1, § 3) que les $R^q f(\mathscr{F})$, $q = o, 1, \ldots$, sont des faisceaux cohérents sur $X$, et leur somme alternée est un élément bien défini de $K(X)$. Comme cette somme alternée est additive en $\mathscr{F}$ (suite exacte de cohomologie), on obtient ainsi un homomorphisme (additif) $f_! : K(Y) \to K(X)$. Dans le cas particulier où $Y$ est une sous-variété fermée de $X$ et où $f$ est l'injection canonique $Y \to X$, cette opération se réduit au prolongement par o en dehors de $Y$.

L'application $f_!$ n'est pas compatible avec la multiplication. On a toutefois la formule suivante :

$$f_!(y \cdot f^!(x)) = f_!(y) \cdot x \qquad \text{pour} \quad x \in K(X), \quad y \in K(Y).$$

Il suffit en effet de vérifier cette formule lorsque $y = \gamma_Y(\mathscr{F})$ et $x = \gamma_X(\mathscr{L})$, où $\mathscr{F}$ (resp. $\mathscr{L}$) est un faisceau cohérent sur $Y$ (resp. un faisceau localement libre sur $X$). Dans ce cas, on a même la formule plus précise

$$(\star) \qquad\qquad R^q f\big(\mathscr{F} \otimes_{\mathcal{O}_Y} f^{-1}(\mathscr{L})\big) = R^q f(\mathscr{F}) \otimes_{\mathcal{O}_X} \mathscr{L},$$

où l'on pose

$$f^{-1}(\mathscr{L}) = \mathscr{L} \otimes_{\mathcal{O}_X} \mathcal{O}_Y.$$

Pour démontrer ($\star$), on remarque d'abord que

$$\mathscr{F} \otimes_{\mathscr{O}_Y} f^{-1}(\mathscr{L}) = \mathscr{F} \otimes_{\mathscr{O}_X} \mathscr{L}.$$

Revenant à la définition de $R^q f$, on définit un homomorphisme canonique du membre de droite dans celui de gauche; pour montrer que c'est un isomorphisme on peut raisonner localement. On se ramène ainsi au cas où $\mathscr{L} = \mathscr{O}_X$, et dans ce cas notre assertion est triviale.

Si l'on a deux applications propres $Z \xrightarrow{g} Y \xrightarrow{f} X$, et si $\mathscr{F}$ est un faisceau cohérent sur $Z$, on peut construire une suite spectrale de terme

$$E_2^{p,q} = R^p f(R^q g(\mathscr{F}))$$

qui aboutit aux $R^n(fg)(\mathscr{F})$ : c'est un cas particulier de la suite spectrale des foncteurs composés (*cf:* Tohoku). On en déduit la formule

$$(fg)_!(\mathscr{F}) = f_!(g_!(\mathscr{F}))$$

d'où finalement le fait que $(fg)_! = f_! g_!$.


**6. Classes de Chern.** — Le fait que $K_1(X) = K(X)$ permet d'étendre la définition des classes de Chern aux faisceaux cohérents quelconques.

Plaçons-nous d'abord dans le cas où le corps de base est le corps des complexes; tout fibré $E$ à fibre vectorielle de base $X$ définit des classes de Chern $c_i(E) \in H^{2i}(X, \mathbf{Z})$. Si l'on a une suite exacte

$$0 \to E' \to E \to E'' \to 0,$$

on sait qu'on a $c_p(E) = \sum_{r+s=p} c_r(E').c_s(E'')$.

Comme au paragraphe $5b$, ceci peut s'interpréter comme une propriété de multiplicativité du polynôme de Chern $c_t(E) = \sum c_p(E) t^p$ et permet de définir $c_t(x)$ pour tout $x \in K(X)$. Les $c_p(x)$ sont des éléments homogènes de degré $2p$ de $H^*(X, \mathbf{Z})$.

Dans le cas d'un corps de base quelconque, GROTHENDIECK procède de la même manière, en remplaçant $H^*(X)$ par l'anneau gradué $A(X)$ des *classes de cycles* sur $X$, pour l'équivalence linéaire (à la Chow). Rappelons seulement qu'un cycle $Z$ sur $X$, de codimension $p$ [c'est-à-dire élément de degré $p$ de $A(X)$] est dit linéairement équivalent à zéro s'il existe un cycle $H$ sur $X \times D$ ($D$ désignant la droite projective) tel que $Z = H_a - H_b$ pour deux points $a, b \in D$; on convient de noter $H_a$ la projection sur $X$ de $H.(X \times \{a\})$ si celle-ci est propre. CHOW et SAMUEL ([2]) ont montré que

---

([2]) *Cf.* CHOW [5] et SAMUEL [10]. *Voir* aussi le Séminaire CHEVALLEY [11].

cette relation d'équivalence possède toutes sortes de propriétés raisonnables, et CHOW a montré (non publié) qu'on pouvait aussi construire une théorie des classes de Chern des fibrés à fibre vectorielle ($^3$), ces classes étant des éléments de $A(X)$. Noter que, même dans le cas classique, cette définition est en quelque sorte *plus fine* que la définition cohomologique (puisque deux cycles peuvent très bien être homologues sans être linéairement équivalents).

Dans ce qui suit, nous désignerons par $A(X)$ indifféremment cet anneau de classes de cycles ou $H^*(X)$, laissant au lecteur le soin de choisir entre les deux théories.

Noter que, dans tous les cas, si $f: Y \to X$ est un morphisme (resp. un morphisme propre), on lui associe un homomorphisme $f^*: A(X) \to A(Y)$ [resp. un homomorphisme $f_*: A(Y) \to A(X)$]. La formule

$$f_*(y \cdot f^*(x)) = f_*(y) \cdot x$$

est valable.

Toutes les constructions formelles usuelles exposées dans l'ouvrage de HIRZEBRUCH [9] peuvent s'effectuer sur les classes de Chern $c_p(x)$ d'un élément $x \in K(X)$. On peut, par exemple, définir la *classe de Todd* $T(x) \in A(X) \otimes \mathbf{Q}$ de l'élément $x$ : on écrit formellement $c_i(x)$ sous la forme $\prod (1 + a_i t)$, et l'on pose $T(x) = \prod a_i/(1 - e^{-a_i})$. On a

$$T(x + y) = T(x) \cdot T(y).$$

De même, on définit la classe « exponentielle » de Chern, notée $ch(x)$ (qui est aussi un élement de $A(X) \otimes \mathbf{Q}$) en posant

$$ch(x) = rg(x) + \sum (e^{a_i} - 1)$$

où $rg(x)$ est le *rang* de $x$ [c'est l'unique homomorphisme de $K(X)$ dans $\mathbf{Z}$ qui applique un fibré à fibre vectorielle sur sa dimension]. On a

$$ch(x + y) = ch(x) + ch(y) \qquad \text{et} \qquad ch(xy) = ch(x) \cdot ch(y),$$

en vertu des propriétés analogues des fibrés à fibre vectorielle. Bien entendu, on peut calculer $ch(x)$ en fonction de $c_i(x)$ et de $rg(x)$ par des formules « universelles ». Si $f: Y \to X$ est un morphisme, on a

$$c_p(f^!(x)) = f^*(c_p(x)) \qquad \text{et} \qquad ch(f^!(x)) = f^*(ch(x)) \qquad [x \in K(X)].$$

En effet, ces formules sont bien connues lorsque $x = \gamma(E)$, où $E$ est un fibré à fibre vectorielle de base $X$, et le cas général s'en déduit par linéarité, en appliquant le théorème 2.

---

($^3$) *Voir* le Mémoire de GROTHENDIECK qui fait suite au présent travail [8].

**7. Énoncé du théorème de Riemann-Roch. Premières réductions. —** Soit $f : Y \to X$ un morphisme propre, $X$ et $Y$ étant des variétés quasi projectives, irréductibles, et non singulières. On note $T(X)$ la classe de Todd du fibré tangent à $X$; c'est un élément de $A(X) \otimes \mathbf{Q}$. Soit maintenant $y \in K(Y)$. On a :

**THÉORÈME DE RIEMANN-ROCH. —** $f_*(ch(y) . T(Y)) = ch(f_!(y)) . T(X)$.

[Les deux membres sont considérés comme des éléments de $A(X) \otimes \mathbf{Q}$; en ce sens, on peut dire que R-R est une formule « modulo torsion »; GROTHENDIECK a des formules plus précises qui sont sans torsion — c'est-à-dire qui opèrent dans $A(X)$ — mais il ne sait pour l'instant les démontrer qu'en caractéristique zéro.]

Montrons comment le théorème de R-R, sous la forme de Grothendieck, *entraîne la formule de* R. R. HIRZEBRUCH [9] :

On applique R-R à $Y$ projective, $X$ réduite à un point, et $y$ classe d'un faisceau cohérent $\mathcal{F}$ sur $Y$. Du fait que $A(X)$ se réduit à $\mathbf{Z}$ en dimension 0, et est nul en dimensions supérieures, $f_*(u)$, $u \in A(Y)$, est simplement le termes $x_n(u)$ de degré $n = \dim Y$ dans $u$. D'autre part, on a $T(X) = 1$, et $f_!(y)$ est la somme alternée des faisceaux $R^q f(\mathcal{F})$; un faisceau sur un point est simplement un espace vectoriel de dimension finie; en particulier, $R^q f(\mathcal{F})$ est l'espace vectoriel $H^q(Y, \mathcal{F})$. Sur $X$, l'opération $\mathcal{G} \to ch(\mathcal{G})$ consiste simplement à prendre le *rang* d'un faisceau; le membre de droite de R-R devient donc $\sum (-1)^p \dim H^p(Y, \mathcal{F}) = \chi(Y, \mathcal{F})$, et R-R se réduit à la forme de Hirzebruch :

$$x_n(ch(\mathcal{F}) . T(Y)) = \chi(Y, \mathcal{F}).$$

On notera que cette formule est démontrée pour tout faisceau cohérent et non pas seulement pour les fibrés à fibre vectorielle; cette généralité est d'ailleurs illusoire en vertu du caractère linéaire de R-R et du théorème 2.

La démonstration de R-R se fera par réduction aux cas particuliers d'une projection et d'une injection. On utilise pour cela le lemme suivant :

**LEMME 15. —** *Soient* $Z \xrightarrow{g} Y \xrightarrow{f} X$ *des morphismes propres. Soit* $z \in K(Z)$, *et soit* $y = g_!(z)$. *Alors :*

   *a. Si* R-R *est vrai pour* $\{g, z\}$ *et pour* $\{f, y\}$, *il est vrai pour* $\{fg, z\}$.
   *b. Si* R-R *est vrai pour* $\{fg, z\}$ *et pour* $\{f, y\}$ *et si* $f_*$ *est injective,* R-R *est vrai pour* $\{g, z\}$.

**DÉMONSTRATION DE $a$. —** D'après R-R pour $g$, on a

$$g_*(ch(z) . T(Z)) = ch(y) . T(Y).$$

En appliquant $f_*$ aux deux membres, et en tenant compte de $(fg)_* = f_* g_*$, on trouve

$$(fg)_*(ch(z).T(Z)) = f_*(ch(y).T(Y)).$$

En appliquant R-R pour $\{f, y\}$, on voit que le deuxième membre est égal à $ch((fg)_!(z).T(X))$, ce qui démontre bien R-R pour $\{fg, z\}$.

DÉMONSTRATION DE $b$. — Posons

$$u = g_*(ch(z).T(Z)) \qquad \text{et} \qquad v = ch(y).T(Y).$$

On veut prouver que $u = v$. Vu l'hypothèse faite sur $f_*$, il suffit de prouver que $f_*(u) = f_*(v)$. Or R-R pour $\{fg, z\}$ montre que

$$f_*(u) = ch(x).T(X), \qquad \text{avec} \quad x = (fg)_!(z) = f_!(y).$$

De même, R-R pour $\{f, y\}$ montre que

$$f_*(v) = ch(x).T(X),$$

C. Q. F. D.

Soient maintenant $Y$ et $Y'$ deux variétés, et formons leur produit $Y \times Y'$. Les projections $Y \times Y' \to Y$ et $Y \times Y' \to Y'$ définissent des homomorphismes $K(Y) \to K(Y \times Y')$ et $K(Y') \to K(Y \times Y')$ d'où un homomorphisme $K(Y) \otimes K(Y') \to K(Y \times Y')$. Par abus de langage, nous noterons encore $y \otimes y'$ l'image dans $K(Y \times Y')$ du produit tensoriel de deux éléments $y \in K(Y)$ et $y' \in K(Y')$.

LEMME 16. — *Soient $f : Y \to X$ et $f' : Y' \to X'$ deux morphismes propres, et soient $y \in K(Y)$, $y' \in K(Y')$. Si R-R est vrai pour $\{f, y\}$ et pour $\{f', y'\}$, il est vrai pour $\{f \times f', y \otimes y'\}$.*

(On désigne par $f \times f' : Y \times Y' \to X \times X'$ le produit de $f$ et $f'$.)

La démonstration consiste en un calcul analogue à celui du lemme 15; on doit utiliser les formules suivantes :

(i) $\qquad\qquad (f \times f')_!(y \otimes y') = f_!(y) \otimes f'_!(y');$

(ii) $\quad (f \times f')_*(x \otimes x') = f_*(x) \otimes f'_*(x') \qquad [x \in A(Y), x' \in A(Y')];$

(iii) $\qquad\qquad ch(y \otimes y') = ch(y) \otimes ch(y').$

La formule (i) se démontre en prenant $y = \gamma(\mathcal{F})$, $y' = \gamma(\mathcal{F}')$, et en appliquant la formule de Künneth au calcul de $(f \times f')_!(y \otimes y')$; la validité de la formule de Künneth pour les faisceaux cohérents résulte du calcul de la cohomologie par les recouvrements et du théorème d'Eilenberg-Zilber (*cf.* le livre de GODEMENT sur les faisceaux).

La formule (ii) est immédiate, qu'on se place au point de vue classes de cycles (pour l'équivalence linéaire), ou au point de vue cohomologique (dans le cas classique).

La formule (iii) est conséquence de la propriété multiplicative de $ch$.

[En fait, nous n'utiliserons ce lemme que dans le cas où l'une des variétés $X'$ et $Y'$ est réduite à un point.]

Le lemme 15, joint au corollaire à la proposition 4, montre qu'*il suffit de démontrer* R-R *dans les deux cas suivants* :

$a.$ $Y = X \times P$, avec $P$ espace projectif, et $f : X \times P \to X$ est la projection sur le premier facteur.

$b.$ $f : Y \to X$ est une injection de $Y$ sur une sous-variété fermée de $X$.

D'après le lemme 16, $a$ résulte de :

$a'.$ L'homomorphisme $K(X) \otimes K(P) \to K(X \times P)$ est surjectif;

$a''.$ R-R est vrai pour l'application de $P$ sur un point (autrement dit, la formule de R-R-Hirzebruch est vraie pour $P$).

Les deux paragraphes qui suivent sont consacrés à la démonstration de $a'$ et $a''$. Le cas d'une injection (qui est le plus difficile) sera traité plus loin.

## 8. Propriétés d'exactitude et d'homotopie pour $K(X)$.

**Proposition 7.** — *Soient $X$ une variété algébrique (singulière ou non), $X'$ une sous-variété fermée de $X$, et $U = X - X'$. On a une suite exacte*

$$K(X') \to K(X) \to K(U) \to 0.$$

[L'homomorphisme $K(X') \to K(X)$ est celui qui consiste à prolonger un faisceau sur $X'$ par $0$ en dehors de $X'$; dans le cas où $X$ et $X'$ sont sans singularités, c'est $i_!$ si $i : X' \to X$ désigne l'injection canonique. Quant à $K(X) \to K(U)$, c'est l'homomorphisme de restriction; dans le cas où $X$ est non singulière, c'est $j^!$ si $j : U \to X$ désigne l'injection canonique.]

Soit $A = K(X)/\operatorname{Im} K(X')$. Nous allons définir un homomorphisme de $K(U)$ dans $A$. Soit pour cela $\mathcal{F}$ un faisceau cohérent sur $U$; d'après la proposition 2, $\mathcal{F}$ se prolonge en un faisceau $\mathcal{G}$ sur $X$. On va montrer que l'image de $\gamma_X(\mathcal{G})$ dans $A$ ne dépend pas de $\mathcal{G}$, mais seulement de $\mathcal{F}$. Soient, en effet, $\mathcal{G}$ et $\mathcal{G}'$ deux prolongement de $\mathcal{F}$. Plongeons $\mathcal{F}$ diagonalement dans $\mathcal{F} \times \mathcal{F} = (\mathcal{G} \times \mathcal{G}')|U$; d'après la proposition 1, il y a un sous-faisceau $\mathcal{G}''$ de $\mathcal{G} \times \mathcal{G}'$ dont la restriction à $U$ est $\mathcal{F}$, et tout revient à montrer que

$$\gamma_X(\mathcal{G}'') \equiv \gamma_X(\mathcal{G}') \qquad \text{mod. } \operatorname{Im} K(X'),$$

et de même pour $\mathcal{G}'$. Or, puisque $\mathcal{G}'' \subset \mathcal{G} \times \mathcal{G}'$, on a un homomorphisme $f : \mathcal{G}'' \to \mathcal{G}$ qui est bijectif sur $U$. Soient $\mathcal{N}$ et $\mathcal{Q}$ le noyau et le conoyau de $f$; on a

$$\gamma_X(\mathcal{G}'') - \gamma_X(\mathcal{G}) = \gamma_X(\mathcal{N}) - \gamma_X(\mathcal{Q}).$$

D'autre part, $\mathcal{N}$ et $\mathcal{Q}$ sont mis en dehors de $X'$; si $\mathcal{J}$ désigne le faisceau d'idéaux de $X'$ dans $\mathcal{O}_X$, il existe donc un entier $n > 0$ tel que $\mathfrak{J}^n \mathfrak{N} = 0$, et de même pour $\mathfrak{Q}$ (c'est un énoncé local essentiellement équivalent au « Nullstellensatz », *cf.* jub. Denjoy); on en conclut que $\mathfrak{N}$ et $\mathfrak{Q}$ admettent des suites de composition dont les quotients successifs sont annulés par $\mathfrak{J}$, c'est-à-dire sont cohérents sur $X'$ et l'on a donc

$$\gamma_X(\mathfrak{Q}) \equiv \gamma_X(\mathfrak{N}) \equiv 0 \qquad \mathrm{mod.\ Im}\, K(X').$$

L'indépendance de $\gamma_X(\mathcal{G})$ mod. Im $K(X)$ est donc démontrée, et l'on obtient ainsi un élément $\eta(\mathcal{F}) \in A$ bien déterminé. Si $0 \to \mathcal{F}' \to \mathcal{F} \to \mathcal{F}'' \to 0$ est une suite exacte sur $U$, on peut prolonger $\mathcal{F}$ en $\mathcal{G}$ sur $X$, et $\mathcal{F}'$ en un sous-faisceau $\mathcal{G}'$ de $\mathcal{G}$ (*cf.* proposition 1). Le faisceau $\mathcal{G}'' = \mathcal{G}/\mathcal{G}'$ prolonge $\mathcal{F}''$, ce qui montre que $\eta(\mathcal{F}) = \eta(\mathcal{F}') + \eta(\mathcal{F}'')$. L'opération $\eta$, étant additive, définit $\eta : K(U) \to A$. Si l'on note $\varepsilon$ l'homomorphisme canonique de $A$ dans $K(U)$ on voit tout de suite que $\eta \circ \varepsilon = 1$ et $\varepsilon \circ \eta = 1$, ce qui achève la démonstration.

Soient maintenant $X$ et $Y$ deux variétés. Notons $p : X \times Y \to X$ la projection canonique. Lorsque $X$ et $Y$ sont *non singulières*, l'homomorphisme $p^! : K(X) \to K(X \times Y)$ est défini (*cf.* § 5, $c$ ainsi que § 7). En fait, cet homomorphisme peut se définir *dans le cas général*. Cela provient de ce que $\mathcal{O}_{X \times Y}$ est $\mathcal{O}_X$-plat (c'est-à-dire annulateur de Tor), du fait que c'est un anneau de fractions du produit tensoriel usuel $\mathcal{O}_X \otimes_k \mathcal{O}_Y$. On peut donc poser $p^!(\mathcal{F}) = \mathcal{F} \otimes_{\mathcal{O}_X} \mathcal{O}_{X \times Y}$ pour tout faisceau cohérent $\mathcal{F}$ sur $X$, et $p^!(\mathcal{F})$ est additif, donc définit $K(X) \to K(X \times Y)$. Ceci précisé, on a :

**Proposition 8.** — *Si $Y$ est une droite affine, l'homomorphisme $p^! : K(X) \to K(X \times Y)$ est bijectif.*

Soit $a$ l'origine dans $Y$, et identifions $X$ à $X \times \{a\} \subset X \times Y$. On a une suite exacte :

$$0 \to \mathcal{O}_{X \times Y} \xrightarrow{t} \mathcal{O}_{X \times Y} \to \mathcal{O}_X \to 0,$$

où $t$ désigne la projection $X \times Y \to Y$, considérée comme fonction sur $X \times Y$. Cette suite exacte montre $\mathrm{Tor}_p^{\mathcal{O}_{X \times Y}}(\mathcal{O}_X, \mathcal{F}) = 0$ pour $p \geqq 2$, si $\mathcal{F}$ est un faisceau cohérent sur $X \times Y$. On peut donc définir $\pi_a : K(X \times Y) \to K(X)$ en posant

$$\pi_a(\mathcal{F}) = \mathrm{Tor}_0(\mathcal{O}_X, \mathcal{F}) - \mathrm{Tor}_1(\mathcal{O}_X, \mathcal{F});$$

on voit, de plus, que $\pi_a \circ p^! = 1$, ce qui montre déjà que $p^!$ est *injectif*. A partir de maintenant, nous considérerons $K(X)$ comme *plongé* dans $K(X \times Y)$.

Pour démontrer que $K(X) = K(X \times Y)$ nous raisonnerons par récurrence sur $n = \dim X$, et nous utiliserons le diagramme suivant (où $X'$ est fermé dans $X$, et $U = X - X'$) :

$$
\begin{array}{ccccccc}
K(X') & \to & K(X) & \to & K(U) & \to & 0 \\
\downarrow & & \downarrow & & \downarrow & & \\
K(X' \times Y) & \to & K(X \times Y) & \to & K(U \times Y) & \to & 0.
\end{array}
$$

D'après la proposition **7**, les lignes de ce diagramme sont exactes. On en conclut que, si $K(X') = K(X' \times Y)$ (ce qui est le cas, en vertu de l'hypothèse de récurrence, si $\dim X' < n$), tout élément de $K(X \times Y)$ dont la restriction à $U \times Y$ est dans $K(U)$ appartient à $K(X)$. Autrement dit, on peut « négliger » les sous-variétés de $X$ de dimension $< n$. En particulier, on peut supposer $X$ *affine, non singulière, et irréductible* (car le complémentaire de l'ensemble des points singuliers est réunion de variétés irréductibles disjointes). On va se servir du lemme de dévissage suivant :

**LEMME 17.** — *Soit $Z$ une variété algébrique. Les $\gamma_Z(\mathcal{O}_T)$ engendrent $K(Z)$ lorsque $T$ parcourt l'ensemble des sous-variétés irréductibles de $Z$.*

On raisonne par récurrence sur $\dim Z$ ; utilisant la proposition **7**, on peut supposer $Z$ irréductible. Soit $\mathcal{F}$ un faisceau sur $Z$ ; si $\mathcal{F}$ est un faisceau de torsion, il est concentré sur une sous-variété, et l'hypothèse de récurrence montre qu'il est contenu dans le sous-groupe $K'(Z)$ de $K(Z)$ engendré par les $\gamma_Z(\mathcal{O}_T)$. Dans le cas où $\mathcal{F}$ est sans torsion, on le plonge dans $\mathcal{F} \otimes_{\mathcal{O}_Z} K$, où $K$ est le corps des fonctions rationnelles sur $Z$ ; on a $\mathcal{F} \otimes K = K^n$, et l'on en conclut que $\mathcal{F}$ est isomorphe à $(\mathcal{O}_Z)^n$ modulo un faisceau de torsion ; d'où le résultat. (Pour plus de détails, *voir* jub. Denjoy, ou [**6**].)

En appliquant le lemme **17** au cas qui nous intéresse, on voit qu'il suffit de montrer que $\gamma(\mathcal{O}_T) \in K(X)$ pour toute sous-variété irréductible $T$ de $X \times Y$. Si $\mathrm{proj}_X(T) \neq X$, c'est évident d'après l'hypothèse de récurrence ; si $T = X \times Y$, c'est encore plus évident. Il reste donc le cas où $\dim T = n$, et $\mathrm{proj}_X(T)$ est dense dans $X$. Si $A$ désigne l'anneau de coordonnées de $X$, $T$ correspond à un idéal premier minimal $\mathfrak{p}$ dans l'anneau de coordonnées $A[t]$ de $X \times Y$ ; le fait que la projection de $T$ dans $X$ soit dense signifie que $A \cap \mathfrak{p} = 0$. Soit $S$ l'ensemble des éléments inversibles de $A$, et soit $K = A_S$ le corps des fractions de $A$. On a $A[t]_S = K[t]$, et le fait que $\mathfrak{p} \cap S = \varnothing$ entraîne que $\mathfrak{p}$ soit de la forme $\mathfrak{p}' \cap A[t]$ où $\mathfrak{p}'$ est un idéal premier non nul de $K[t]$. Il existe donc un polynome irréductible $P(t)$, à coefficients dans $A$ si l'on veut, tel que $\mathfrak{p}$ soit l'ensemble des polynômes de $A[t]$ qui sont divisibles par $P(t)$ dans $K[t]$. On a

$$A[t] \supset \mathfrak{p} \supset P(t) . A[t] = \mathfrak{q}.$$

Le faisceau $\mathcal{O}_T$ correspond au module $A[t]/\mathfrak{p}$ ; soit $\mathcal{F}$ le faisceau qui correspond à $A[t]/\mathfrak{q}$. Du fait que $\mathfrak{p}_S = \mathfrak{q}_S$, il existe $a \in S$ tel que $a . (\mathfrak{p}/\mathfrak{q}) = 0$, ce qui montre que $\mathcal{O}_T$ est congru à $\mathcal{F}$ modulo un élément d'un $K(X' \times Y)$, avec $\dim X' < \dim X$. D'autre part, la suite exacte

$$0 \to \mathcal{O}_{X \times Y} \xrightarrow{P(t)} \mathcal{O}_{X \times Y} \to \mathcal{F} \to 0,$$

montre que $\gamma(\mathcal{F}) = 0$ dans $K(X \times Y)$, d'où

$$\gamma(\mathcal{O}_T) \in \mathrm{Im}\, K(X' \times Y) = \mathrm{Im}\, K(X') \subset K(X),$$

ce qui achève la démonstration.

[Remarque (Cartier). — On peut éviter le recours au lemme de dévissage en appliquant à un module quelconque $M$ sur $A[t]$ le procédé appliqué ici à l'idéal premier $\mathfrak{p}$. On forme $M \otimes_A K = M_S$ qui est un $K[t]$-module. La structure des modules sur les anneaux principaux montre que le groupe des classes de $K[t]$-modules est cyclique infini, engendré par le module $A[t]$. Comme le passage à $M_S$ revient à « négliger » tout ce qui est concentré sur un $X' \times Y$, le résultat s'ensuit.]

Corollaire. — *Si $Y$ est un espace affine $k^n$, on a*

$$K(X) = K(X \times Y).$$

C'est immédiat, par récurrence sur $\dim Y$.


**9. Démonstration du théorème de Riemann-Roch pour** $f : X \times P \to X$. — Nous allons d'abord démontrer l'assertion $a'$ de la fin du paragraphe 7 :

Proposition 9. — *Pour toute variété $X$, et pour tout espace projectif $P$, l'homorphisme $K(X) \otimes K(P) \to K(X \times P)$ est surjectif.*

On raisonne par récurrence sur $\dim P$. Pour $\dim P = 0$, la proposition est triviale. Soit donc $P'$ un hyperplan de $P$, et soit $U = P - P'$. On a un diagramme de suites exactes

$$
\begin{array}{ccccc}
K(X) \otimes K(P') & \to & K(X) \otimes K(P) & \to & K(X) \otimes K(U) \to 0 \\
\varepsilon_1 \downarrow & & \varepsilon_2 \downarrow & & \varepsilon_3 \downarrow \\
K(X \times P') & \to & K(X \times P) & \to & K(X \times U) \to 0.
\end{array}
$$

Ce diagramme est commutatif : c'est trivial pour le second et le troisième carré, et, pour le premier carré, il faut faire une vérification locale, par exemple avec des ouverts affines. Vu l'hypothèse de récurrence, $\varepsilon_1$ est surjectif. D'autre part, $U$ est un espace affine; le corollaire à la proposition 8 montre donc que $K(U) = \mathbf{Z}$ et que $K(X \times U) = K(X)$, d'où le fait que $\varepsilon_3$ est bijectif. Le lemme des cinq montre alors que $\varepsilon_2$ est surjectif,

C. Q. F. D.

Remarque. — La démonstration précédente montre que

$$K(X) \otimes K(Y) \to K(X \times Y)$$

est surjectif chaque fois que $Y$ admet une *décomposition cellulaire algébrique* où les cellules sont des *espaces affines*. C'est notamment le cas si $Y$ est une grassmannienne.

Passons maintenant à la vérification de l'assertion $a''$ :

Proposition 10. — *Soit $\mathcal{F}$ un faisceau cohérent sur un espace projectif $P$*

680

*de dimension r. La formule de R-R-Hirzebruch :*

$$\varkappa_r(ch(\mathcal{F}) . T(P)) = \chi(P, \mathcal{F})$$

*est alors valable.*

Soit $H$ un hyperplan, et soit $x$ sa classe dans $A^1(P)$. On sait que le polynôme de Chern de $P$ est $(1 + tx)^{r+1}$ ; on a donc

$$T(P) = x^{r+1}/(1 - e^{-x})^{r+1}.$$

D'autre part, on sait que $\mathcal{F}$ correspond à un module gradué $M$ sur $k[X_0, \ldots, X_r]$. D'après le théorème des syzygies de Hilbert, $M$ admet une résolution finie par des modules libres gradués ; il s'ensuit que $\mathcal{F}$ est égal [dans $K(X)$] à une combinaison linéaire des faisceaux $\mathcal{O}(n)$ définis dans FAC, p. 246, et il suffit de vérifier la formule de R-R-Hirzebruch pour $\mathcal{F} = \mathcal{O}(n)$. Ce faisceau n'est pas autre chose que le faisceau associé au diviseur $nH$ ; on en déduit $ch(\mathcal{F}) = e^{nx}$. D'autre part un calcul direct montre que $\chi(P, \mathcal{F})$ est égal à $\binom{n+r}{r}$ ($cf.$ FAC, p. 275), et nous sommes donc ramenés à démontrer la formule :

$$(\star) \qquad \varkappa_r[e^{nx} . x^{r+1}/(1 - e^{-x})^{r+1}] = \binom{n+r}{r}.$$

Il y a intérêt à écrire cette formule en terme de résidus :

$$(\star\star) \qquad \operatorname{Res}[e^{nx} \, dx/(1 - e^{-x})^{r+1}] = \binom{n+r}{r}.$$

En prenant comme nouvelle variable $y = 1 - e^{-x}$, on voit que le premier membre est égal à

$$\operatorname{Res}(dy . y^{-r-1} . (1-y)^{-n-1}) = \varkappa_r((1-y)^{-n-1})$$
$$= (-1)^r \binom{-n-1}{r} = \binom{n+r}{r},$$

C. Q. F. D.

Puisque nous avons vérifié $a'$ et $a''$, nous pouvons énoncer :

COROLLAIRE. — *R-R est vrai pour la projection $X \times P \to X$.*

REMARQUE. — Le fait que $K(P)$ est engendré par les $\mathcal{O}(n)$ peut aussi se voir, sans utiliser le théorème des syzygies, au moyen de la décomposition cellulaire de $P$. On obtient également la structure complète de $K(P)$ : si l'on désigne par $\alpha$ la classe dans $K(P)$ de $\mathcal{O}_H$, les éléments $1, \alpha, \alpha^2, \ldots, \alpha^r$ forment une *base* de $K(P)$ et $\alpha^{r+1} = 0$. Les $\mathcal{O}(n)$ sont égaux à $(1 - \alpha)^{-n}$ comme le montre la suite exacte

$$0 \to \mathcal{O}(-1) \to \mathcal{O} \to \mathcal{O}_H \to 0.$$

681

**10. Remarques générales sur l'injection d'une sous-variété.** — *a.* Notations. — Avant de poursuivre la démonstration de $R$-$R$ nous discuterons ici la résolution locale du faisceau d'anneaux locaux d'une sous-variété et en tirerons quelques conséquences. Certaines ne seront du reste utilisées que dans des cas particuliers mais elles sont intéressantes en soi et le cas général n'est pas plus difficile que les cas particuliers nécessaires dans la suite.

$Y$ est une sous-variété (non-singulière bien entendu) de $X$, $i$ l'injection de $Y$ dans $X$, $p$ la codimension de $Y$ dans $X$, $E$ le fibré normal à $Y$, et $\mathcal{I}(Y)$ le faisceau des idéaux locaux de $Y$. On a donc la suite exacte

$$(1) \qquad 0 \to \mathcal{I}(Y) \to \mathcal{O}_X \overset{r}{\to} \mathcal{O}_Y \to 0,$$

où $r$ est la restriction.

Enfin, $F^*$ est le dual d'un fibré vectoriel $F$, et $[Z]$ est le fibré associé à un diviseur $Z$. On rappelle que $c([Z]) = 1 + Z$.

*b.* Paramètres locaux. Fibré normal. — Soit $a \in Y$. Il existe un ouvert affine $U \subset X$ contenant $a$ et des fonctions $f_1, \ldots, f_p$ régulières dans $U$, formant un système de paramètres locaux ou « uniformisants » pour $Y$. Cela signifie que $Y \cap U$ est définie par les équations $f_1 = \ldots = f_p = 0$, que $df_1, \ldots, df_p$ sont linéairement indépendantes en tout point de $Y \cap U$, que les $f_i$ forment une base de l'idéal $\mathcal{I}(Y)_b$ de $Y$ dans $\mathcal{O}_{b,X}$ ($b \in Y \cap U$) et enfin que cet idéal est « parfait », c'est-à-dire que l'annulateur de $f_i$ dans $\mathcal{O}_{b,X}/(f_1, \ldots, f_{i-1})$ est nul ($1 \leq i \leq p$; $f_0 = 0$).

En tout point $b \in Y \cap U$, les $df_i$ forment une base de $E_b^*$. Par ailleurs $\mathcal{I}(Y)/\mathcal{I}(Y)^2$ est un faisceau concentré sur $Y$, annulé par $\mathcal{I}(Y)$, donc est un faisceau de $\mathcal{O}_Y$-modules. Il est immédiat que $f \to df$ est un homomorphisme de $\mathcal{O}_Y$-modules de $\mathcal{I}(Y)/\mathcal{I}(Y)^2$ dans le faisceau $\mathcal{O}_Y(E^*)$ des germes de sections de $E^*$. En utilisant des paramètres locaux, on voit que :

*l'application $D : \mathcal{I}(Y)/\mathcal{I}(Y)^2 \to \mathcal{O}_Y(E^*)$ définie par $f \to df$ est un isomorphisme de $\mathcal{O}_Y$ modules.*

*c.* Résolution locale de $\mathcal{O}_Y$ sur $\mathcal{O}_X$. — Soient $V$ un espace vectoriel sur $k$ de dimension $p$, $e_1, \ldots, e_p$ une base de $V$ et $\mathfrak{M}_i = \mathcal{O}_X \otimes_k \wedge^i V$. On munit la somme directe $\mathfrak{M}$ des $\mathfrak{M}_i$ de la différentielle $d$ définie par

$$d(f \otimes e_{i_1} \wedge \ldots \wedge e_{i_k}) = \sum_j (-1)^j f.f_{i_j} \otimes e_{i_1} \wedge \ldots \wedge \hat{e}_{i_j} \wedge \ldots \wedge e_{i_k} \quad (^4).$$

Alors la suite

$$(2) \qquad 0 \to \mathfrak{M}_p \overset{d}{\to} \mathfrak{M}_{p-1} \to \ldots \to \mathfrak{M}_1 \overset{d}{\to} \mathcal{O}_X \overset{r}{\to} \mathcal{O}_Y \to 0$$

est exacte en tout point de $U$, et $\mathfrak{M}$ est donc, dans $U$, une résolution

---

($^4$) Comme d'habitude, le signe $\wedge$ indique que le symbole au-dessus duquel il se trouve doit être omis.

projective de $\mathcal{O}_Y$ sur $\mathcal{O}_X$. L'exactitude de (2) en un point $b \in U \cap Y$ est un résultat bien connu (*cf.* par exemple Dipl., proposition 4.3, p. 151, en tenant compte du fait que $\mathcal{O}_{b,Y} = \mathcal{O}_{b,X}/(f_1, \ldots, f_p)$). Pour $b \in U$, $b \notin Y$, on a $\mathcal{O}_{b,Y} = 0$ et l'exactitude de (2) est un exercice élémentaire laissé au lecteur.

REMARQUE. — Si $Y$ est un diviseur, (1) n'est qu'une autre manière d'écrire la suite exacte de faisceaux (qui est valable sur tout $X$)

$$(3) \qquad 0 \to \mathcal{O}_X([Y]^{-1}) \overset{f}{\to} \mathcal{O}_X \to \mathcal{O}_Y \to 0,$$

où $f$ est la multiplication par une équation locale de $Y$. Cette suite exacte montre donc que $\gamma(Y) = 1 - [Y]^{-1}$.

PROPOSITION 11. — *Soient $Y_1, \ldots, Y_m$ des sous-variétés non singulières de $X$ telles que $Y_i$ coupe transversalement*

$$Y_{i-1} \cap \ldots \cap Y_1 \qquad (i = 2, \ldots, m).$$

*Alors*

$$\gamma(Y_1 \cap \ldots \cap Y_m) = \prod_i \gamma(Y_i).$$

Une récurrence évidente sur $m$ montre qu'il suffit de considérer le cas de deux sous-variétés $Y$, $Z$ se coupant transversalement.

Par définition $\gamma(Y).\gamma(Z)$ est la somme alternée des $\mathrm{Tor}_i^{\mathcal{O}_X}(\mathcal{O}_Y, \mathcal{O}_Z)$. Il est clair que ces faisceaux et le faisceau $\mathcal{O}_{Y \cap Z}$ sont égaux (et nuls) en tout point non contenu dans $Y \cap Z$, ce qui en particulier établit notre assertion si $Y \cap Z = \emptyset$.

Soit $a \in Y \cap Z$. Puisque $Y$ et $Z$ se coupent transversalement, on peut trouver un ouvert affine $U$ contenant $a$, des fonctions $f_1, \ldots, f_p, g_1, \ldots, g_q$ régulières dans $U$ telles que les $f_i$(resp. les $g_j$, resp. les $f_i$ et les $g_j$) forment un système de paramètres uniformisants pour $Y$ (resp. $Z$, resp. $Y \cap Z$). Pour calculer les $\mathrm{Tor}_i(\mathcal{O}_Y, \mathcal{O}_Z)$ on résout $\mathcal{O}_Y$ à l'aide de (2). On doit donc déterminer l'homologie du complexe

$$0 \to \mathfrak{M}_n \otimes_{\mathcal{O}_X} \mathcal{O}_Z \to \ldots \to \mathcal{O}_X \otimes_{\mathcal{O}_X} \mathcal{O}_Z$$

qui peut aussi s'écrire

$$0 \to \mathcal{O}_Z \otimes_k \bigwedge^p V \to \ldots \to \mathcal{O}_Z \otimes_k V \to \mathcal{O}_Z,$$

muni de la même différentielle que plus haut, les $f_i$ étant considérés comme éléments de $\mathcal{O}_Z$. Puisque $\mathcal{O}_{a,Z} = \mathcal{O}_{a,X}/(g_1, \ldots, g_q)$, les $f_i$ y engendrent aussi un idéal parfait; donc ce complexe est acyclique, (*cf. c*) et son $0^{\text{ième}}$ groupe d'homologie est $\mathcal{O}_{a,Z}/(f_1, \ldots, f_p)$, c'est-à-dire $\mathcal{O}_{a,Y \cap Z}$. On a donc

$$\mathrm{Tor}_0 = \mathcal{O}_{Y \cap Z} \qquad \text{et} \qquad \mathrm{Tor}_i = 0 \qquad (i \geqq 1),$$

ce qui termine la démonstration.

COROLLAIRE. — *Soit $Y$ une section hyperplane non singulière de $X$ et soit $k$ la dimension de $X$. Alors $(1 - [\,Y\,])^{k+1} = 0$.*

On prend des sections hyperplanes $Y_1$, ..., $Y_{k+1}$ non singulières dont l'intersection est vide et telles que $Y_i$ coupe transversalement $Y_{i-1} \cap \ldots \cap Y_1$ ($i = 2, \ldots, k+1$). Comme $[\,Y_i\,] = [\,Y\,]$, la proposition 11 et la remarque qui la précède montrent que $(1 - [\,Y\,]^{-1})^{k+1} = 0$, d'où le corollaire, puisque $[\,Y\,]$ est inversible dans $K(X)$.

$d$. Nous utiliserons, ici et plus loin, la remarque suivante; soient $\mathcal{F}$, $\mathcal{G}$ deux faisceaux d'algèbres sur $X$. Alors la somme directe des $\mathrm{Tor}_i^{\mathcal{O}_X}(\mathcal{F}, \mathcal{G})$ admet canoniquement une structure de faisceau d'algèbres graduées (par $i$). Si $\mathcal{F}$ admet dans $U$ une résolution $\mathcal{L}$ sur $\mathcal{O}_X$ qui est un faisceau d'algèbres graduées, alors le produit induit dans l'homologie de $\mathcal{L} \otimes \mathcal{G}$ par les produits dans $\mathcal{L}$ et $\mathcal{G}$ coïncide dans $U$ avec l'accouplement précité des $\mathrm{Tor}_i$. [Détails laissés au lecteur, $cf$. Dipl., chap. IX, pour des considérations analogues et plus générales. Cela se déduit du résultat classique sur les applications d'un complexe acyclique (Dipl., proposition 11, p. 76).]

PROPOSITION 12. — *On a $i^!i_!(y) = y \cdot \lambda_{-1}(E^\star)$ pour tout $y \in K(Y)$. En particulier $i^!\gamma(Y) = \lambda_{-1}(E^\star)$.*

Par linéarité et le théorème 2, on peut se borner à démontrer la proposition 12 lorsque $y = \mathcal{F}$ est un faisceau localement libre. Par définition, $i^!i_!(\mathcal{F})$ est la somme alternée des $\mathrm{Tor}_i^{\mathcal{O}_X}(\mathcal{F}, \mathcal{O}_Y)$ et puisque $\mathcal{F}$ et les $\lambda^i E^\star$ sont localement libres, $\mathcal{F} \cdot \lambda_{-1} E^\star$ est la somme alternée des $\mathcal{F} \otimes_{\mathcal{O}_Y} \lambda^i E^\star$. Vu $b$, il suffit donc, pour établir la proposition 12, de montrer que

$$(4) \qquad \mathrm{Tor}_1^{\mathcal{O}_X}(\mathcal{F}, \mathcal{O}_Y) = \mathcal{F} \otimes_{\mathcal{O}_Y} \mathcal{J}(Y)/\mathcal{J}(Y)^2$$

$$(5) \qquad \mathrm{Tor}_i^{\mathcal{O}_X}(\mathcal{F}, \mathcal{O}_Y) = \mathcal{F} \otimes_{\mathcal{O}_Y} \lambda^i\big(\mathrm{Tor}_1^{\mathcal{O}_X}(\mathcal{O}_Y, \mathcal{O}_Y)\big).$$

[Dans (5) $\lambda^i$ est la $i^{\text{ième}}$ puissance extérieure d'un faisceau qui est localement libre vu (4).]

Sauf mention expresse du contraire, les Tor et $\otimes$ sont pris sur $\mathcal{O}_Y$. La suite exacte des Tor, appliquée à (1), donne la suite exacte

$$0 \to \mathrm{Tor}_1(\mathcal{F}, \mathcal{O}_Y) \to \mathcal{J}(Y) \otimes \mathcal{F} \xrightarrow{g} \mathcal{F}$$

où $g$ est définie par $g(u \otimes v) = u \cdot v$. Puisque $\mathcal{J}(Y)$ annule $\mathcal{F}$, $g$ a une image nulle, donc

$$\mathrm{Tor}_1(\mathcal{F}, \mathcal{O}_Y) = \mathcal{J}(Y) \otimes \mathcal{F}.$$

Mais, comme $\mathcal{F}$ est un faisceau sur $Y$, il est annulé par $\mathcal{J}(Y)$, donc l'image de $\mathcal{J}(Y)^2 \otimes \mathcal{F}$ dans $\mathcal{J}(Y) \otimes \mathcal{F}$ est nulle, et $\mathcal{J}(Y) \otimes \mathcal{F}$ s'identifie à $\mathcal{J}(Y)/\mathcal{J}(Y)^2 \otimes \mathcal{F}$. Enfin, comme dans ce produit les deux faisceaux sont sur $\mathcal{O}_Y$, leur $\otimes$ sur $\mathcal{O}_X$ s'identifie à leur produit tensoriel sur $\mathcal{O}_Y$, ce qui termine la démonstration de (4).

Dans les notations de $b$, les $\operatorname{Tor}_i(\mathcal{F}, \mathcal{O}_Y)$ sont, dans $U$, les groupes d'homologie du complexe

$$ 0 \to \mathfrak{M}_p \otimes \mathcal{F} \to \mathfrak{M}_{p-1} \otimes \mathcal{F} \to \ldots \to \mathcal{F}, $$

qui peut aussi s'écrire

$$ (6) \qquad 0 \to \mathcal{F} \otimes_k \bigwedge{}^p V \to \mathcal{F} \otimes_k \bigwedge{}^{p-1} V \to \ldots \to \mathcal{F}, $$

muni de la différentielle nulle sur $\mathcal{F}$ qui prolonge $d$. Les $f_i$ étant des sections locales de $\mathcal{I}(Y)$ et ce dernier annulant $\mathcal{F}$, il s'ensuit que dans (6) la différentielle est identiquement nulle, donc

$$ \operatorname{Tor}_i(\mathcal{F}, \mathcal{O}_Y) = \mathcal{F} \otimes_k \bigwedge{}^i V = \mathcal{F} \otimes_{\mathcal{O}_Y} \mathcal{O}_Y \otimes_k \bigwedge{}^i V \qquad (i \geqq 0). $$

Dans le cas particulier où $\mathcal{F} = \mathcal{O}_Y$, cette formule montre que

$$ \operatorname{Tor}_1(\mathcal{O}_Y, \mathcal{O}_Y) = \mathcal{O}_Y \otimes_k V, $$

d'où un isomorphisme (pour l'instant local, défini à l'aide des paramètres $f_i$) des deux membres de (5). Mais $\mathfrak{M}$, envisagé comme produit tensoriel d'algèbres de $\mathcal{O}_Y$ et de $\bigwedge V$, est visiblement une algèbre différentielle graduée, la remarque faite au début de $d$ s'applique et montre qu'en fait cet isomorphisme est intrinsèque (en particulier ne dépend pas du système de paramètres locaux choisi) et est valable sur $X$.

$e$. CAS PARTICULIER DU DIVISEUR. — Dans ce cas, on peut utiliser la résolution (3) qui est globale. Les $\operatorname{Tor}_i(\mathcal{F}, \mathcal{O}_Y)$ sont donc les groupes d'homologie du complexe

$$ \ldots \to 0 \to \mathcal{O}_Y([Y]^{-1}) \otimes \mathcal{F} \xrightarrow{f} \mathcal{F}, $$

où $f$ est la multiplication par une équation locale; puisque $\mathcal{F}$ est annulé par $\mathcal{I}(Y)$, l'homomorphisme $f$ a une image nulle, ce qui entraîne

$$ \operatorname{Tor}_i(\mathcal{F}, \mathcal{O}_Y) = 0 \quad (i \geqq 2), \qquad \operatorname{Tor}_1(\mathcal{F}, \mathcal{O}_Y) = [Y]^{-1} . \mathcal{F}, $$
$$ \operatorname{Tor}_0(\mathcal{F}, \mathcal{O}_Y) = \mathcal{F}. $$

En comparant avec la proposition 12, on voit que la restriction de $[Y]^{-1}$ à $Y$ et $E^*$ définissent le même élément de $K(Y)$. En fait on a

PROPOSITION 13. — *On suppose que* codim $Y = 1$ *et l'on note* $L$ *la restriction de* $[Y]$ *à* $Y$. *Alors* :

$a$. $L = E$,
$b$. $\gamma(Y) = 1 - [Y]^{-1}$,
$c$. $i!_1(y) = y.(1 - L^*)$.

L'assertion $c$ a été démontrée ci-dessus, et $b$ l'a été dans la remarque du paragraphe **10** $b$. Il reste à établir $a$.

Soit $(U_i)$ un recouvrement de $U$ tel que, dans $U_i$, $Y$ soit défini par une équation $f_i = 0$, la différentielle $df_i$ étant non nulle en tout point de $Y \cap U_i$, et soit $f_{ij} = f_i/f_j$ dans $U_i \cap U_j$. On sait que $[Y]$ est défini par le système $\{f_{ij}\}$ de fonctions de transition. D'autre part, on peut dans $U_i$ identifier $E^*$ au produit $U_i \times k$ en appliquant $df_i$ sur la section unité. Or sur $Y \cap U_i \cap U_j$, on a $df_i = f_{ij}.df_j$, (puisque $f_j = 0$ sur $Y$), donc on peut définir $E^*$ par le système de fonctions de transition $\{f_{ij}{}^{-1}\}$, ce qui démontre $a$.

**11. Démonstration de R-R dans un cas particulier de l'injection. —** Vu les résultats des paragraphes **7** et **9**, il nous reste à établir R-R pour une injection. Dans les notations du paragraphe **10** $a$, la formule à démontrer équivaut alors à

$$(1) \qquad ch\, i_! y = i_*(ch\, y . T(E)^{-1}) \qquad [y \in K(Y)].$$

En effet, $E$ est le quotient de la restriction à $Y$ du fibré tangent à $X$ par le fibré tangent à $Y$, donc $i^* T(X) = T(Y) . T(E)$, d'où

$$i_*(ch\, y . T(E)^{-1}) = i_*(ch\, y . T(Y) . i^*(T(X))^{-1}),$$
$$i_*(ch\, y . T(E)^{-1}) = i_*(ch\, y . T(Y)) . T(X)^{-1},$$

donc $(1)$ donne R-R si l'on multiplie les deux membres par $T(X)$.

Pour établir $(1)$, Grothendieck traite tout d'abord le cas où $Y$ est un diviseur et où $y \in i^!(K(X))$, puis s'y ramène en faisant éclater $X$ le long de $Y$. Ce premier cas particulier est traité ci-dessous, le cas général de l'injection le sera dans le paragraphe **13**, où l'on admettra quelques propriétés de l'éclatement qui seront démontrées dans les paragraphes **14, 15, 16**.

On utilisera sans autre commentaire les formules

$$(2) \qquad \begin{cases} f_!(y.f^!(x)) = f_!(y).x, \\ f_*(y.f^*(x)) = f_*(y).x, \end{cases}$$

dont la première a été démontrée au paragraphe **5** $c$ et la deuxième mentionnée au paragraphe **6** (auquel nous renvoyons pour les notations).

Proposition **14**. — *L'égalité* $(1)$ *du paragraphe* **10** *est vraie si* $\mathrm{codim}_X Y = 1$ *et si* $y = i^!(x)$ $(x \in K(X))$.

En utilisant $(2)$ et la proposition **13**, on obtient

$$ch(i_! i^!(x)) = ch(x.i_!(1)) = ch(x.(1 - [Y]^{-1})).$$

Puisque $x \to ch\, x$ est un homomorphisme d'anneaux et que $c([Y]) = 1 + Y$, cela entraîne

$$ch(i_! y) = ch\,x \,.\, ch(1 - [\,Y\,]^{-1}) = ch\,x\,.\,(1 - e^{-Y}).$$

Le deuxième membre de (1) est

$$i_*(ch(i^! x)\,.\,T(L)^{-1}) = i_*(i^*(ch\,x)\,.\,i^*(T([\,Y\,])^{-1})$$
$$= ch\,x\,.\,T([\,Y\,])^{-1}\,.\,i_*(1) = ch\,x\,.\,T([\,Y\,])^{-1}\,.\,Y$$

et (1) résulte alors de $T([\,Y\,]) = Y/(1 - e^{-Y})$.

**Corollaire 1.** — R-R *est vrai si* $X = Y \times P$, *où* $P$ *est un espace projectif,* $i$ *étant l'application* $a \to (a, p_0)$, *où* $p_0$ *est un point fixé de* $P$.

L'application $i$ est le produit de l'identité sur $Y$ et de l'injection d'un point dans $P$. Vu le lemme 16, il suffit de démontrer R-R dans ce dernier cas. Si $Y$ est un point, alors $K(Y) = \mathbf{Z}$, et il suffit de considérer le cas où $y = 1$. Comme $1 \in i^!(P)$, notre assertion résulte de la proposition 14 si $\dim P = 1$. Raisonnant par récurrence, on peut la supposer vraie pour l'injection $u : Y \to H$ de $Y$ dans un hyperplan de $P$; vu le lemme $15\,a$, il suffit de montrer que R-R est vrai pour $u_!(1)$ et l'injection $v : H \to P$; cela, à son tour, se déduit de la proposition 14 si l'on sait que $u_!(1) \in v^!(K(P))$. Or, soient $Z$ un deuxième hyperplan et $D$ une droite de $H$ telle que $Y = D \cap Z \cap H$. On a (proposition 11) : $\gamma_H(Y) = \gamma_H(D)\,.\,\gamma_H(H \cap Z)$. D'après la proposition $13\,b$, $\gamma_H(H \cap Z) = 1 - [\,H \cap Z\,]^{-1}$; comme $[\,H \cap Z\,]$ s'identifie à la restriction de $[\,H\,]$ à $H$, la proposition $13\,c$ montre alors que

$$u_!(1) = \gamma_H(Y) = v^! v_!(\gamma_H(D)) = v^!(\gamma_P(D)).$$

**Corollaire 2.** — *Si l'égalité* (1) *du paragraphe* 10 *est vraie lorsque* $2\,.\,\dim Y \le \dim X - 2$, *elle est vraie en général.*

Il suffit de composer $i$ avec une injection $X \to X \times P$, où $P$ est de grande dimension, et d'appliquer le corollaire 1 et le lemme $15\,b$.

**12. Éclatement le long d'une sous-variété.** — *a.* Notations. — $X'$ sera la variété obtenue par éclatement de $X$ le long de $Y$, $f$ la projection de $X'$ sur $X$, $g$ sa restriction à $Y' = f^{-1}(Y)$, et $j$ l'injection de $Y'$ dans $X'$. On a donc le diagramme commutatif

$$
(1) \qquad
\begin{array}{ccc}
Y' & \xrightarrow{\ j\ } & X' \\
\downarrow{g} & & \downarrow{f} \\
Y & \xrightarrow{\ i\ } & X.
\end{array}
$$

Comme précédemment, $E$ est le fibré normal à $Y$ dans $X$, et $p = \operatorname{codim}_X Y$. On écrira quelquefois $E'$ pour l'image réciproque de $E$. On verra que $f$ est un isomorphisme en dehors de $Y'$, que $g$ est la projection dans une fibration de fibre l'espace projectif $P_{p-1}$ à $p-1$ dimensions, que $\operatorname{codim}_{X'} Y' = 1$, et que $E'$ contient la restriction de $[Y']$ à $Y'$, qui sera notée $L$. Enfin on pose $F = E'/L$. C'est un fibré vectoriel de rang $p-1$.

$b$. Définition de $X'$ par cartes locales. — Au-dessus d'un ouvert affine $U$ ne rencontrant pas $Y$, on prend $U$ lui-même comme carte locale. Supposons maintenant que $U \cap Y \neq \emptyset$ et que $Y$ admette dans $U$ des paramètres uniformisants $f_i (1 \leq i \leq p)$. Soient $t_i$ des coordonnées homogènes dans $P_{p-1}$. Alors $f^{-1}(U)$ est la sous-variété de $P_{p-1} \times U$ définie par

$$U' = f^{-1}(U) = \{(t, u) \mid t_i f_j(u) - t_j f_i(u) = 0\}$$

(les $t_i$ étant les coordonnées homogènes de $t$) et $f$ est la projection sur le deuxième facteur. Il est évident que $f$ est un morphisme, qui est un isomorphisme en dehors de $f^{-1}(Y \cap U)$, et que si $u \in Y$, $f^{-1}(u) = P_{p-1}$. La variété $U'$ est réunion des ouverts affines $U_i'$ où $U_i'$ est l'ensemble des points $(t, u)$ pour lesquels $t_i \neq 0$. Si l'on pose $f_j' = f_j \circ f$, l'équation locale de $Y'$ dans $U_i'$ est $f_i' = 0$, et $df_i'$ est une base de la fibre de $L$ en chaque point de $U_i'$ (cf. démonstration de la proposition 13).

Les différentielles $df_i$ sont linéairement indépendantes en tout point de $Y \cap U$ et sur $Y \cap U$ on identifiera $E^*$ à $U \times k^p$ en appliquant $df_1, \ldots, df_p$ sur la base canonique de $k^p$. Soit $b = (t_1, \ldots, t_p) \in g^{-1}(a)$, $(a \in Y \cap U)$, et supposons que $t_i \neq 0$. Les équations dans $P \times U$ du plan tangent à $Y'$ en $b$ sont $df_j = (t_j/t_i) df_i$; il s'ensuit que $f$ applique l'espace normal à $Y'$ en $b$ bijectivement sur la droite $t_1 X_1 + \ldots + t_p X_p$, où $(X_i)$ est la base duale de $(df_j)$, d'où une bijection $\mu_U$ de $g^{-1}(a)$ sur le projectif associé à $E_a$, et une inclusion de $L$ dans $E'$, obtenue en associant à la fibre $L_b$ de $L$ la droite de $E_b'$ qui s'applique sur $t_1 X_1 + \ldots + t_p X_p$ dans l'identification canonique de $E_b'$ à $E_a$.

Soit $V$ un deuxième ouvert affine de $X$ rencontrant $Y$, dans lequel $Y$ a les paramètres locaux $g_1, \ldots, g_p$. Soit $P'$ un espace projectif de coordonnées homogènes $s_1, \ldots, s_p$. Alors

$$V' = f^{-1}(V) = \{(s, v) \mid s_i g_j(v) - s_j g_i(v) = 0\}$$

et l'on aura comme précédemment une application canonique $\mu_V$ de $g^{-1}(a)$ sur le projectif de $E_a$. Cela conduit à définir le changement de cartes dans $U' \times V'$ par la règle : $(t, u) = (s, v)$ si ou bien $u = v (u \notin Y)$, ou bien

$$u = v (u \in Y) \qquad \text{et} \qquad \mu_U(t) = \mu_V(s).$$

Il faut voir que cette correspondance est un isomorphisme. Or soit $c \in U \cap V$. Comme les $(f_i)$ et les $(g_i)$ sont deux systèmes de paramètres locaux pour $Y$, il existe des éléments $a_{ij} \in \mathcal{O}_{c,X}$ formant une matrice inversible dans $\mathcal{O}_{c,X}$

tels que

$$f_i = \sum_j a_{ij} g_j,$$

ce qui entraîne aussi $df_i = \sum_j a_{ij}\, dg_j$ sur $Y$. Au voisinage d'un point $c' \in f^{-1}(c)$, la correspondance précédente est alors définie par $(s, v) \rightarrow (t, u)$, avec $v = u$ et $t_i = \sum a_{ij}(u) s_j$. On vérifie que

$$f_i t_j - f_j t_i = \sum_{m,n} a_{im} a_{jn} (g_m s_n - g_n s_m)$$

et il s'ensuit aisément que la correspondance envisagée est un isomorphisme.

*c.* Plongement projectif de $X'$. — On considère un plongement de $X$ dans un projectif $P_N$ de dimension $N$, coordonnées homogènes $(z_i)$. Soit $\varphi_i (1 \leq i \leq s)$ une base de l'idéal de $Y$ formée de polynômes homogènes, et soit $m$ un entier $\geq$ maximum des degrés des $\varphi_i$. Soit $(h_1, \ldots, h_M)$ une base de l'espace vectoriel sur $k$ des formes de degré $m$ en les $z_i$ qui s'annulent sur $Y$. On peut donc prendre comme $h_i$ tous les produits de la forme $\varphi_j . \mu$ $(1 \leq j \leq s)$, $\mu$ parcourant les monômes en les $z_i$ dont le degré est égal à $m - \deg(\varphi_j)$. On en tire immédiatement :

(i) Etant donné $x \in X - Y$, il existe un $j$ pour lequel $h_j(x) \neq 0$. Etant donné $y \in Y$, il existe une forme $g$ de degré $m$ et une partie à $p$ éléments, soit $I$, de $[0, M]$ telle que les $h_i/g$ $(i \in I)$ forment dans un ouvert affine convenable contenant $y$ un système de paramètres locaux pour $Y$, et que les $h_i/g \in \mathcal{O}_{y,X}$ pour $i = 0, \ldots, M$.

Les $h_i$ sont les sections du fibré $H^m$, où $H$ est le fibré associé à une section hyperplane de $X$. On note $h'_i$ les sections correspondantes du fibré image réciproque, et l'on considère à la manière usuelle « l'application » $h : x' \rightarrow (h'_0(x'), \ldots, h'_M(x'))$ de $X'$ dans $P_M$ définie par cet espace de sections. *A priori,* ce n'est pas une application à proprement parler puisqu'elle n'est pas définie aux points où tous les $h'_i$ s'annulent. Cependant, nous voulons montrer que :

(ii) $h$ est un morphisme;
(iii) si $u'$, $v' \in Y'$ ont la même image dans $Y$ et sont distincts, alors $h(u') \neq h(v')$.

Pour prouver (ii) il suffit de faire voir qu'étant donné $x' \in X'$, il existe un indice $k$ tel que $h'_i/h'_k \in \mathcal{O}_{x',X}$ $(0 \leq i \leq M)$, car les $h'_i(x')/h'_k(x')$ seront alors les coordonnées de $h(x')$ et l'un de ces quotients au moins est $\neq 0$. Vu (i) l'existence de $h'_i$ est évidente si $x' \notin Y$. Soit maintenant $x' \in Y$. On peut appliquer la deuxième assertion de (i) et pour simplifier les notations nous supposons que les $f_i = h_i/g$ $(i = 1, \ldots, p)$ forment un système de paramètres locaux; soient $t_1, \ldots, t_p$ les coordonnées homogènes de $x'$ dans $P$ (notations du début de $b$), et supposons que $t_k \neq 0$. Alors $f'_k = 0$ est une équation locale de $Y'$, donc les $h'_j/g'$ sont tous divisibles par $f'_k$ dans $\mathcal{O}_{x',X'}$ et ainsi $h$ est un morphisme en $x'$. On voit aussi que la $i^{\text{ième}}$ coordonnée homogène de $h(x')$ est $t_i/t_k$ $(1 \leq i \leq p)$, ce qui entraîne évidemment (iii).

Cela étant, on considère l'application $\Psi$ de $X'$ dans $X \times P_M$ définie par $\Psi(x') = (f(x'), (x'))$. Vu (ii) et (iii), $\Psi$ est un morphisme bijectif, et il est clair que $\Psi$ est un isomorphisme en dehors de $Y'$. A l'aide de la normalisation projective et du Main Theorem de Zariski, on en déduit alors que $X'$ est quasi projective.

### 13. Fin de la démonstration de R-R.

**Lemme 18.** — *Soit $G$ un fibré vectoriel de rang $k$ sur une variété $X$. Alors*

$$ch(\lambda_{-1} G) = c_k(G^*) \, T(G^*)^{-1}.$$

Ecrivons la classe de Chern $c(G)$ de $G$ sous la forme

$$c(G) = \prod_1^k (1 + a_i).$$

Alors (*cf.* [9])

$$c(G^*) = \prod (1 - a_i),$$

$$c(\wedge^s G) = \prod_{i_1 < \ldots < i_s} (1 + a_{i_1} + \ldots + a_{i_s})$$

d'où

$$c_k(G^*) = (-1)^k a_1 \ldots a_k,$$

$$ch(\lambda_{-1} G) = \prod (1 - e^{a_i}),$$

donc

$$ch(\lambda_{-1} G) = T(G^*)^{-1} c_k(G^*).$$

**Lemme 19.** — *Dans les notations du paragraphe $12a$ on a :*

$(a)$ $\qquad\qquad f_*(1) = 1, \quad \textit{donc } f_* f^* \textit{ est l'identité};$

$(b)$ $\qquad\qquad g_*(c_{p-1}(F)) = 1,$

$(c)$ $\qquad f^! i_!(y) = j_!(g^!(y) . \lambda_{-1} F^*) \qquad [y \in K(Y)].$

$(d)$ $\qquad \lambda_{-1} F^* \equiv 0 \quad \textit{modulo } (1 - L^*) \qquad \textit{si} \quad p \geq \dim Y + 2.$

Ce lemme sera démontré dans les paragraphes **14, 15, 16**.

**Proposition 15.** — R-R *est vrai pour une injection.*

Il faut (*cf.* § 11) établir l'égalité

$$(1) \qquad chi_!(y) = i_*(chy \cdot T(E)^{-1}),$$

et il suffit de le faire dans le cas où $p \geqslant \dim Y + 2$ (corollaire 2 à la proposition 15). Dans ce cas, $g^!(y) \cdot \lambda_{-1} F^* \equiv 0$ $(1 - L^*)$ d'après le lemme 19$d$, donc fait partie de l'image de $K(X')$ par $j^!$ (proposition 13) et (proposition 14) on peut appliquer R-R à $g^!(y) \cdot \lambda_{-1} F^*$ et $j$. Cela donne

$$(2) \qquad chj_!(g^! y \cdot \lambda_{-1} F^*) = j_*(ch(g^! y \cdot \lambda_{-1} F^*) \cdot T(L)^{-1}).$$

Pour en déduire (1), il suffit évidemment de faire voir que

$$(3) \qquad f_*(chj_!(g^! y \cdot \lambda_{-1} F^*)) = chi_! y,$$
$$(4) \qquad f_* j_*(ch(g^! y \cdot \lambda_{-1} F^*) \cdot T(L)^{-1}) = i_*(chy \cdot T(E)^{-1}).$$

Le lemme 19$c$ montre que le premier membre de (3) est égal à

$$f_*(chf^! i_! y) = f_* f^*(chi_! y),$$

donc au deuxième membre de (3) vu le lemme 19$a$.

Puisque $ch$ est multiplicatif, on a

$$ch(g^! y \cdot \lambda_{-1} F^*) = chg^! y \cdot ch\lambda_{-1} F^* = g^*(chy) \cdot ch\lambda_{-1} F^*,$$

donc (lemme 18)

$$ch(g^! y \cdot \lambda_{-1} F^*) = g^*(chy) c_{p-1}(F) \cdot T(F)^{-1}.$$

Par ailleurs, $E'/L = F$, donc

$$g^*(T(E)) = T(E') = T(F) \cdot T(L),$$

d'où

$$ch(g^! y \cdot \lambda_{-1} F^*) \cdot T(L)^{-1} = c_{p-1}(F) \cdot g^*(chy \cdot T(E)^{-1}).$$

Vu (2) (§ 11) et le lemme 19$b$, l'image par $g_*$ du deuxième membre est égale à $chy \cdot T(E)^{-1}$ et l'égalité (4) résulte alors de ce que $f_* j_* = i_* g_*$.


**14. Démonstration du lemme 19$a$, $b$.** — L'application $f$ est un isomorphisme en dehors de $Y'$, donc est de degré local 1, donc applique un cycle fondamental sur un cycle fondamental, d'où 19$a$.

L'application $g_*$ diminue le degré (qui est la codimension géométrique) de $p - 1$, et correspond à l'intégration sur la fibre. Par ailleurs, la restriction de $L$ à une fibre $P_{p-1}$ de $g$ peut s'envisager comme $k^p - \{0\}$, fibré principal de groupe $k^*$, base $P_{p-1}$. On sait que la première classe de Chern de ce dernier fibré est l'opposé de la classe d'un hyperplan. Si l'on pose $-u = c_1(L)$, cela entraîne que

$$g_*(u^{p-1}) = 1$$

tandis qu'on a évidemment $g_*(u^i) = 0 \, (0 \leq i < p-1)$ pour des raisons de dimension.

Puisque $E'/L = F$, on a
$$c(E') = c(F)(1-u),$$
$$c(F) = g^*(c(E)).(1 + u + u^2 + \ldots),$$
$$c_{p-1}(F) = u^{p-1} + g^*(c_1(E)).u^{p-2} + \ldots + g^*(c_{p-1}(E)),$$
$$g_*(c_{p-1}(F)) = g_*(u^{p-1}) + c_1(E)g_*(u^{p-2}) + \ldots + c_{p-1}(E)g_*(1),$$
d'où
$$g_*(c_{p-1}(F)) = 1.$$

**15. Démonstration du lemme 19$c$.** — Dans ce paragraphe, on écrira $\mathcal{J}$ pour $\mathcal{J}(Y)$, et $\mathcal{J}'$ pour $\mathcal{J}(Y')$. Comme on l'a remarqué au paragraphe 10$b$, $\mathcal{J}'/\mathcal{J}'^2$ (resp. $\mathcal{J}/\mathcal{J}^2$) est le faisceau des germes de sections de $L^*$ (resp. $E^*$), par conséquent $\mathcal{J}/\mathcal{J}^2 \otimes_{\mathcal{O}_Y} \mathcal{O}_{Y'}$ est le faisceau des germes de sections de $g^!(E^*) = E'^*$.

En faisant correspondre à un élément $u \in \mathcal{J}_x$ l'élément $u \circ f$ de $\mathcal{J}'_x(f(x') - x)$, on définit de façon évidente un homomorphisme surjectif de $\mathcal{O}_{Y'}$-modules $\mu : \mathcal{J}/\mathcal{J}^2 \otimes_{\mathcal{O}_Y} \mathcal{O}_{Y'} \to \mathcal{J}'/\mathcal{J}'^2$. Cela montre à nouveau que $E'^*$ s'envoie sur $L^*$, donc que $L$ s'injecte dans $E'$; le noyau de $\mu$ est le faisceau $\mathcal{O}_{Y'}(F^*)$ des germes de sections de $F^*$, comme on le vérifie aisément; en fait cette vérification est superflue car on sait que le noyau de $\mu$ est localement libre (*voir* lemme 8, § 4) et correspond par conséquent à un sous-fibré $N$ de $E'^*$ tel que $E'^*/N = L^*$, et représente donc nécessairement le même élément que $F^*$ dans $K(Y')$. On a donc la suite exacte

$$(1) \qquad 0 \to \mathcal{O}_{Y'}(F^*) \to \mathcal{J}/\mathcal{J}^2 \otimes_{\mathcal{O}_Y} \mathcal{O}_{Y'} \xrightarrow{\mu} \mathcal{J}'/\mathcal{J}'^2 \to 0.$$

Par linéarité et le théorème 2, il suffit de prouver le lemme 19$c$ lorsque $y = \mathcal{G}$ est un faisceau localement libre. Dans ce cas $g^!(y) = \mathcal{G} \otimes_{\mathcal{O}_Y} \mathcal{O}_{Y'}$ est localement libre sur $\mathcal{O}_Y$ et $g^!(y) . \lambda_{-1} F^*$ est la somme alternée des

$$\mathcal{G} \otimes_{\mathcal{O}_Y} \mathcal{O}_{Y'} \otimes_{\mathcal{O}_{Y'}} \mathcal{O}_{Y'}(\lambda^i F^*) = \mathcal{G} \otimes_{\mathcal{O}_Y} \mathcal{O}_{Y'}(\lambda^i F^*).$$

Par ailleurs, $f^! i_!(y)$ est la somme alternée des $\mathrm{Tor}_i^{\mathcal{O}_X}(\mathcal{G}, \mathcal{O}_{X'})$; il nous suffira donc de montrer

$$(2) \qquad \mathrm{Tor}_i^{\mathcal{O}_X}(\mathcal{O}_Y, \mathcal{O}_{X'}) = \lambda^i \mathrm{Tor}_1^{\mathcal{O}_X}(\mathcal{O}_Y, \mathcal{O}_{X'}) \qquad (i \geq 1),$$

$$(3) \qquad \mathrm{Tor}_1^{\mathcal{O}_X}(\mathcal{O}_Y, \mathcal{O}_{X'}) = \mathcal{O}_{Y'}(F^*),$$

$$(4) \qquad \mathrm{Tor}_j^{\mathcal{O}_X}(\mathcal{G}, \mathcal{O}_{X'}) = \mathcal{G} \otimes_{\mathcal{O}_Y} \mathrm{Tor}_j^{\mathcal{O}_X}(\mathcal{O}_Y, \mathcal{O}_{X'}) \qquad (j \geq 1).$$

Les égalités (2) et (3) correspondent au cas particulier de **19**$c$ où $y = 1$; leur démonstration va être analogue à celle de la proposition **12** (§ **10**). On établira tout d'abord (2) et aussi que $\mathrm{Tor}_i{}^{\mathcal{O}_X}(\mathcal{O}_Y, \mathcal{O}_{X'})$ est annulé par $\mathcal{J}'$, donc s'identifie à un faisceau sur $Y'$.

Il est clair que les deux membres de (2) sont nuls dans un ouvert ne rencontrant pas $Y'$. Pour établir (2) au voisinage d'un point $b' \in Y'$, nous reprenons les notations du paragraphe **10**$c$ et du paragraphe **12**$b$. On doit donc calculer l'homologie du complexe.

$$0 \to \mathfrak{M}_p \otimes_{\mathcal{O}_X} \mathcal{O}_{X'} \to \ldots \to \mathcal{O}_{X'}$$

qui peut aussi s'écrire

$$0 \to \mathcal{O}_{X'} \otimes_k \Lambda^p V \to \ldots \to \mathcal{O}_{X'}.$$

Supposons que $b'$ soit dans l'ouvert $U'_j$ où $t_j \neq 0$. Il est clair que ce complexe de faisceaux est isomorphe au complexe

$$0 \to \mathcal{O}_{X'} \otimes_k \Lambda^p V' \to \ldots \to \mathcal{O}_{X'},$$

où $V'$ a une base $(e'_i)$ et où la différentielle est caractérisée par

$$d(1 \otimes e'_j) = f_j \otimes 1, \qquad d(1 \otimes e'_i) = (f_i - t_i f_j / t_j) \otimes 1,$$

et par le fait qu'elle se prolonge en une différentielle d'algèbre. Dans ce nouveau complexe il est immédiat que les cycles de degré extérieur $s$ forment $\mathcal{O}_{X'} \otimes_k \Lambda^s(e''_1, \ldots, \hat{e}'_j, \ldots, e'_p)$ et que les bords de degré extérieur $s$ forment l'idéal

$$f_j \cdot \mathcal{O}_{X'} \otimes_k \Lambda^s(e'_1, \ldots, \hat{e}'_j, \ldots, e'_p).$$

Par conséquent

$$\mathrm{Tor}_i{}^{\mathcal{O}_X}(\mathcal{O}_Y, \mathcal{O}_{X'}) \cong \mathcal{O}_{Y'} \otimes_k \Lambda^i(e'_1, \ldots, \hat{e}'_j, \ldots, e'_p),$$

ce qui montre que les $\mathrm{Tor}_i$ sont des faisceaux sur $Y'$ et, compte tenu de la remarque initiale dans le paragraphe **10**$d$, donne aussi (2).

DÉMONSTRATION DE (3). — La suite exacte des Tor, appliquée à

$$0 \to \mathcal{J} \to \mathcal{O}_X \to \mathcal{O}_Y \to 0,$$

donne la suite exacte

$$0 \to \mathrm{Tor}_1{}^{\mathcal{O}_X}(\mathcal{O}_Y, \mathcal{O}_{X'}) \to \mathcal{J} \otimes_{\mathcal{O}_X} \mathcal{O}_{X'} \xrightarrow{g} \mathcal{O}_{X'}.$$

Il est clair que si $b = f(b')$, alors $\mathcal{J}'_{b'} = \mathcal{J}_b \cdot \mathcal{O}_{b',X'}$, donc l'image de $g$ est $\mathcal{J}'$ et l'on obtient la suite exacte

$$(5) \qquad 0 \to \mathrm{Tor}_1{}^{\mathcal{O}_X}(\mathcal{O}_Y, \mathcal{O}_{X'}) \to \mathcal{J} \otimes_{\mathcal{O}_X} \mathcal{O}_{X'} \to \mathcal{J}' \to 0.$$

Puisque $\mathrm{Tor}_1(\mathcal{O}_{Y'}, \mathcal{O}_{X'})$ est un faisceau sur $Y'$, on peut écrire

$$\mathrm{Tor}_1^{\mathcal{O}_X}(\mathcal{O}_Y, \mathcal{O}_{X'}) \otimes_{\mathcal{O}_{X'}} \mathcal{O}_{Y'} = \mathrm{Tor}_1^{\mathcal{O}_X}(\mathcal{O}_Y, \mathcal{O}_{X'}) \otimes_{\mathcal{O}_Y} \mathcal{O}_{Y'} = \mathrm{Tor}_1(\mathcal{O}_{Y'}, \mathcal{O}_{X'}).$$

D'autre part, $\mathcal{J}'$ s'identifie à $\mathcal{O}_{X'}([Y']^{-1})$ et est localement libre, donc $\mathrm{Tor}_1^{\mathcal{O}_{X'}}(\mathcal{J}', \mathcal{O}_{Y'}) = 0$ et la suite exacte des Tor, appliquée à (5), donne la suite exacte

$$(6) \qquad 0 \to \mathrm{Tor}_1^{\mathcal{O}_X}(\mathcal{O}_Y, \mathcal{O}_{X'}) \to \mathcal{J} \otimes_{\mathcal{O}_X} \mathcal{O}_{Y'} \xrightarrow{g} \mathcal{J}' \otimes_{\mathcal{O}_{X'}} \mathcal{O}_{Y'} \to 0.$$

Il est immédiat que l'image canonique de $\mathcal{J} \otimes_{\mathcal{O}_X} \mathcal{O}_{Y'}$ (resp. $\mathcal{J}'^2 \otimes_{\mathcal{O}_{X'}} \mathcal{O}_{Y'}$) dans $\mathcal{J} \otimes_{\mathcal{O}_X} \mathcal{O}_{Y'}$ (resp. $\mathcal{J}' \otimes_{\mathcal{O}_{X'}} \mathcal{O}_{Y'}$) est nulle, d'où des isomorphismes canoniques

$$\mathcal{J} \otimes_{\mathcal{O}_X} \mathcal{O}_{Y'} = \mathcal{J}/\mathcal{J}^2 \otimes_{\mathcal{O}_X} \mathcal{O}_{Y'} = \mathcal{J}/\mathcal{J}^2 \otimes_{\mathcal{O}_Y} \mathcal{O}_{Y'},$$
$$\mathcal{J}' \otimes_{\mathcal{O}_{X'}} \mathcal{O}_{Y'} = \mathcal{J}'/\mathcal{J}'^2 \otimes_{\mathcal{O}_{X'}} \mathcal{O}_{Y'} = \mathcal{J}'/\mathcal{J}'^2,$$

qui transforment $g$ en l'homomorphisme $\mu$ de la suite (1). L'égalité (2) résulte donc de (1) et (6).

L'égalité (4) se déduit alors d'une formule d'associativité des Tor (*cf.* Dipl., p. 345). On considère $T(\mathcal{G}, \mathcal{O}_{X'}) = \mathcal{G} \otimes_{\mathcal{O}_Y} \mathcal{O}_Y \otimes \mathcal{O}_{X'}$ comme fonctour en $\mathcal{G}$, $\mathcal{O}_{X'}$. Pour calculer ses foncteurs dérivés gauches $L_i T$, on a deux suites spectrales, de termes $E_2$ respectifs

$$E_2^{ij} = \mathrm{Tor}_i^{\mathcal{O}_Y}\big(\mathrm{Tor}_j^{\mathcal{O}_X}(\mathcal{O}_{X'}, \mathcal{O}_Y), \mathcal{G}\big)$$
$$E_2'^{ji} = \mathrm{Tor}_j^{\mathcal{O}_X}\big(\mathrm{Tor}_i^{\mathcal{O}_Y}(\mathcal{G}, \mathcal{O}_Y), \mathcal{O}_{X'}\big).$$

Il en résulte évidemment $E_2^{ij} = E_2'^{ji} = 0$ si $i > 0$, donc que

$$E_2^{0j} = E_2'^{j0} = L_j T(\mathcal{G}, \mathcal{O}_{X'});$$

comme $E_2^{0j}$ et $E_2'^{j0}$ sont respectivement égaux au $2^e$ et au $1^{er}$ membre de (4), cette égalité est démontrée.

## 16. Démonstration du lemme 19 *d*.

LEMME 20. — *Soit $G$ un fibré vectoriel ample de rang $q + k$ sur $Y$, $(q = \dim Y; k \geq 0)$. Alors $G$ contient un sous-fibré trivial de rang $k$.*

« $G$ ample » signifie qu'en chaque point $y$ la fibre $G_y$ est engendrée par des sections. Il existe alors un espace vectoriel $V$ sur $k$ de sections, de dimension finie, tel que l'application $r_y : V \to G_y$ qui associe à chaque section sa valeur en $y$ soit surjective pour tout $y \in Y$. (Si $Y$ n'est pas complète, prendre un recouvrement par des ouverts affines dans lesquels cela est vrai, puis en extraire un recouvrement fini par « quasi-compacité ».) On a donc une suite exacte

$$0 \to N_y \to V \to E_y \to 0$$

pour tout $y \in Y$, où $\operatorname{codim}_V N_y = q + k$. Les $N_y$ forment un sous-fibré vectoriel $N'$ du fibré trivial $V \times Y$, d'après le lemme 8 du paragraphe 4. L'injection des $N_y$ dans $V$ définit alors un morphisme $u : N \to V$. Comme $\dim V = q + \dim N_y$, l'adhérence de $\operatorname{Im} u$ est de $\operatorname{codim} \geq k$. Comme $\operatorname{Im} u$ est une réunion de sous-espaces vectoriels, $\overline{\operatorname{Im} u}$ est une variété homogène; par conséquent, il existe un sous-espace $W$ de dimension $k$ dont l'intersection avec $\overline{\operatorname{Im} u}$ se réduit à zéro. On a ainsi $W \cap N_y = (\mathrm{o})$ pour tout $y \in Y$, donc $W$ définit le sous-fibré cherché. (Pour cette démonstration, *voir* Atiyah, [1].)

Lemme 21. — *Soit $G$ un fibré vectoriel de rang $p = q + k$ sur $Y$, $(q = \dim Y)$. Alors $\lambda^s(G - k) = \mathrm{o}$ pour $s \geq q + 1$.*

Soit $h$ le fibré associé à une section hyperplane de $Y$. On a (corollaire à la proposition 11, § 10)

$$(\mathrm{1} - h)^{q+1} = \mathrm{o},$$

donc $h = \mathrm{1} + u$, avec $u^{q+1} = \mathrm{o}$, d'où

$$h^n = \sum_{0 \leq i \leq q} \binom{n}{i} u^i.$$

Il s'ensuit que

$$\lambda_t(Gh^n - k) = \prod_1^q \lambda_t(Gu^i)^{\binom{n}{i}} . (\mathrm{1} - t)^{-k}$$

et le lecteur se fera un plaisir d'en déduire que $\lambda^s(Gh^n - k)$ est de la forme

$$\lambda^s(Gh^n - k) = \sum_1^{m_s} B_{s,i} P_{s,i}(n),$$

où $B_{s,i} \in K(Y)$, et où $P_{s,i}(n)$ est un polynôme à coefficients rationnels qui pour tout $n > \mathrm{o}$ assez grand prend une valeur entière. On sait alors (Hilbert) que $P_{s,i}$ est combinaison linéaire à coefficients entiers des polynômes

$$\binom{X}{j} = X(X - \mathrm{1}) \ldots (X - j + \mathrm{1})/j!$$

donc finalement

$$(\mathrm{1}) \qquad \lambda^s(Gh^n - k) = \sum_0^{n_s} A_{s,i} \binom{n}{i} \qquad [A_{s,i} \in K(Y)].$$

Pour $n > n_0$, le fibré $Gh^n$ est ample (FAC), donc (lemme 20) contient un fibré trivial de rang $k$, et $Gh^n - k$ s'identifie à un fibré de rang $q$; sa $s^{\text{ième}}$ puissance extérieure est alors évidemment nulle pour $s \geq q + 1$. Vu (1), il nous suffira de montrer que si le polynôme

$$P(n) = \sum_{0}^{m} A_i \binom{n}{i} \qquad [A_i \in K(Y)]$$

est nul pour $n > n_0$, alors tous les $A_i$ sont nuls. Pour cela on procède par récurrence sur $m$, et l'on considère la différence première

$$\Delta P(n) = P(n+1) - P(n) = \sum_{1}^{m} A_i \binom{n}{i-1}$$

$$\Delta P(n) = \sum_{0}^{m-1} A_{j+1} \binom{n}{j}.$$

Comme $\Delta P(n) = 0$ pour $n > n_0$ les $A_i (1 \leq i \leq m)$ sont nuls par hypothèse de récurrence, d'où aussi évidemment $A_0 = 0$.

LEMME 22. — *Soient $G$ et $L$ des fibrés vectoriels sur $Y$, de rangs respectifs $p$ et $1$. Alors*

$(a)$ $$\lambda^p(G - 1) = (-1)^p \lambda_{-1}(G),$$

$(b)$ $$\lambda_t G(1 - L) \equiv 1 \ modulo \ (1 - L),$$

*donc si $G_1 \equiv G_2 \ (1 - L)$, $(G_1, G_2 \in K(Y))$, alors $\lambda^i G_1 \equiv \lambda^i G_2 \ (1 - L)$ pour tout $i \geq 1$.*

$a$. On a

$$\lambda_t(G - 1) = \lambda_t(G)/\lambda_t(1) = \lambda_t(G).(1 + t)^{-1},$$
$$= \lambda_t(G)(1 - t + t^2 - t^3 + \ldots)$$

et il suffit de comparer les coefficients de $t^p$.

$b$. On a

$$\lambda^i(G.L) = L^i.\lambda^i G, \qquad donc \quad \lambda^i(G.L) \equiv \lambda^i(G) \ modulo \ (1 - L)$$

ou encore $\lambda_t(GL) \equiv \lambda_t(G) \ (1 - L)$ ce qui donne $b$.

DÉMONSTRATION DU LEMME 19$d$. — D'après le lemme 22, on a

$$(-1)^{p-1} \lambda_{-1} F^\star = \lambda^{p-1}(F^\star - 1).$$

Mais $E'^\star/F^\star = L^\star$, donc $F^\star - 1 \equiv E'^\star - 2$ modulo $(1 - L^\star)$, d'où (lemme 22)

$$\lambda_{-1} F^\star \equiv \lambda^{p-1}(E'^\star - 2) \quad \mathrm{mod}\,(1 - L^\star),$$

ce qui peut aussi s'écrire

$$\lambda_{-1} F^\star \equiv g^1(\lambda^{p-1}(E'^\star - 2)) \quad \mathrm{mod}\,(1 - L^\star).$$

Il suffit donc de faire voir que $\lambda^{p-1}(E^* - 2) = 0$ si $p \geqq \dim Y + 2$, ce qui résulte du lemme **21**.

**17. Une application de R-R.** — L'application suivante (signalée par Hirzebruch) concerne « l'intégration sur la fibre » dans un fibré algébrique. On se place dans le cas classique, c'est-à-dire $k = \mathbf{C}$.

**Proposition 16.** — *Soit* $(E, B, F, g)$ *un fibré algébrique où* $E$, $B$, $F$ *sont projectives, irréductibles, non singulières, et soit* $\xi$ *le fibré tangent le long des fibres. Alors*

$$g_*(T(\xi)) = To(F) \cdot 1.$$

[Ici $To(X)$ désigne le genre de Todd de $X$.]

Le fibré tangent à $E$ est extension de $\xi$ par le fibré induit du fibré tangent à $B$, donc

$$T(X) = g^*(T(B)) \cdot T(\xi),$$

d'où

$$g_*(T(X)) = T(B) \cdot g_*(T(\xi)).$$

Appliquons R-R à $g$ et au fibré $1$ sur $X$. On a donc

$$g_*(T(X)) = ch\, g_!(1) \cdot T(B),$$

donc, vu ce qui précède,

$$g_*(T(\xi)) = ch\, g_!(1).$$

Il nous faut calculer $g_!(1)$. Soit $U$ un ouvert affine de $B$ au-dessus duquel le fibré est trivial. On a par Künneth (*cf.* démonstration du lemme **16**)

$$H^q(U \times F, \mathcal{O}_X) = \sum_{i+j=q} H^i(U, \mathcal{O}_U) \otimes H^j(F, \mathcal{O}_F).$$

Comme $U$ est affine, $H^i(U, \mathcal{O}_U) = 0$ pour $i > 0$ et $H^0$ s'identifie aux fonctions régulières dans $U$. D'autre part, dans un fibré algébrique, le groupe structural $G$ est connexe (par hypothèse), donc opère trivialement sur $H^j(F, \mathcal{O}_F)$, composante de type $(0, j)$ de $H^j(F, \mathbf{C})$ [5]. Il en résulte

$$g_!(1) = \mathcal{O}_B \otimes \left( \sum_q (-1)^q H^q(F, \mathcal{O}_F) \right).$$

Ainsi $g_!(1)$ est somme alternée de fibrés triviaux, donc $g_!(1)$ n'a qu'une composante en degré $0$, qui est la somme alternée des $\dim H^q(F, \mathcal{O}_F)$, ce qui démontre la proposition.

---

[5] Nous ignorons si le fait que $G$ opère trivialement sur les $H^j(F, \mathcal{O}_F)$ reste vrai en caractéristique $p > 0$. C'est pourquoi nous avons dû supposer que $k = \mathbf{C}$.

REMARQUE. — Cette proposition signifie que la suite multiplicative qui définit la classe de Todd est « strictement multiplicative » pour les fibrés algébriques dans la terminologie de Borel-Hirzebruch [2]. Il en résulte en particulier que $To(E) = To(B) \cdot To(F)$. Dans [2], ce caractère de stricte multiplicativité est démontré dans le cas presque complexe, différentiable, lorsque la fibre est un $G/T$ ou un espace apparenté.

## BIBLIOGRAPHIE.

[1] ATIYAH (M. F.). — *Vector bundles over an elliptic curve* (*Proc. London math. Soc.*, t. 7, 1957, p. 414-452).

[2] BOREL (A.) et HIRZEBRUCH (F.). — *Characteristic classes and homogeneous spaces*, II (*Amer. J. Math.* à paraître).

[3] CARTAN (H.) et EILENBERG (S.). — *Homological algebra*, Princeton, Princeton University Press, 1956 (*Princeton Math. Series*, n° 19) (*cité* « Dipl. »).

[4] CHEVALLEY (C.). — *La notion de correspondance propre en géométrie algébrique* (*Séminaire Bourbaki*, t. 10, 1957-1958, n° 152).

[5] CHOW (W. L.). — *On equivalence classes of cycles in an algebraic variety* (*Ann. Math.*, t. 64, 1956, p. 450-479).

[6] GROTHENDIECK (A.). — *Sur les faisceaux algébriques et les faisceaux analytiques cohérents* (*Séminaire H. Cartan*, t. 9, 1956-1957, n° 2).

[7] GROTHENDIECK (A.). — *Sur quelques points d'algèbre homologique* (*Tohoku math. J.*, t. 9, 1957, p. 119-221) (*cité* « Tohoku »).

[8] GROTHENDIECK (A.). — *Bull. Soc. math. France*, t. 80, 1958, p. 137-154.

[9] HIRZEBRUCH (F.). — *Neue topologische Methoden in der algebraischen Geometrie*, Berlin, Springer, 1956 (*Ergebnisse der Mathematik*, neue Folge, Heft 9).

[10] SAMUEL (P.). — *Rational equivalence of arbitrary cycles* (*Amer. J. Math.*, t. 78, 1956, p. 383-400).

[11] Séminaire CHEVALLEY : *Anneaux de Chow et applications*, t. 2, 1958.

[12] SERRE (J.-P.). — *Faisceaux algébriques cohérents* (*Ann. Math.*, t. 61, 1955, p. 197-278) (*cité* « FAC »).

[13] SERRE (J.-P.). — *Géométrie algébrique et géométrie analytique* (*Ann. Inst. Fourier, Grenoble*, t. 6, 1955-1956. p. 1-42) (*cité* « GAGA »).

[14] SERRE (J.-P.). — *Sur la cohomologie des variétés algébriques* (*J. Math. pures et appl.*, 9ᵉ série, t. 36, 1957, p. 1-16) (*cité* « jub. Denjoy »).

( Manuscrit reçu le 9 mai 1958. )

Armand BOREL,
Institute for Advanced Study,
Princeton, N.-J. ( États-Unis ).

Jean-Pierre SERRE,
Collège de France,
Paris

# Commentaires et corrections

Les Notes à chaque article sont numérotées consécutivement. Un symbole tel que XY.z dans la marge de gauche réfère à z, page XY de ce volume.

## 1. Sur les sous-groupes fermés connexes de rang maximum des groupes de Lie clos (avec J. de Siebenthal)

1.1   Il faut lire: «les sous-groupes abéliens connexes maximaux d'un groupe de Lie connexe clos ont la même dimension»;

## 2. Some remarks about Lie groups transitive on spheres and tori

7.1   Insérer «connected» après «maximal».

## 3. Les sous-groupes fermés de rang maximum des groupes de Lie clos (avec J. de Siebenthal)

11.1   Il faut lire: «Dans un groupe de Lie compact $G$, tout sous groupe abélien connexe maximum est clos, puisqu'il est fermé»;
  Il est sous-entendu que $G$ est connexe.

27.2   La deuxième phrase doit être supprimée.

## 7. Le plan projectif des octaves et les sphères comme espaces homogènes

39.1   Ce théorème affirme en fait que l'espace homogène $F_4/\bar{B}_4$ admet une géométrie projective plane invariante par $F_4$, dont les droites sont difféomorphes à $S^8$, mais il n'identifie pas cet espace à un modèle du plan projectif des octaves qui serait construit directement à l'aide des octaves de Cayley. Cela a été fait dans la suite, de plusieurs manières, dans des travaux de H. Freudenthal, J. Tits et T. A. Springer, souvent valables sur des corps de base plus généraux et où l'on voit aussi que le groupe des collinéations de ce plan projectif est une forme du groupe exceptionnel $E_6$. Sur les nombres réels, c'est la forme réelle admettant un sous-groupe compact maximal de type $F_4$. Un tel sous-groupe apparaît alors comme le groupe des collinéations respectant une «polarité» (qui associe à tout point sa variété antipodique par rapport à une métrique riemannienne invariante). Pour des références, je me borne à renvoyer à J. Tits, Proc. Symp. pure math. **9** (1966), 33–62, AMS 1966.

## 9. Impossibilité de fibrer un espace euclidien par des fibres compactes (avec J-P. Serre)

55.1   Un complément à cette Note (n° 4 de [11]) montre aussi la non existence de fibrations de $R^n$ à fibres connexes et à base compacte non réduite à un point.

## 19. Groupes d'holonomie des variétés riemanniennes
(avec A. Lichnérowicz)

90.1    Cette remarque suppose $V_m$ orientable.


## 23. Sur la cohomologie des espaces fibrés principaux et des espaces homogènes de groupes de Lie compacts

123.1    Certaines des corrections faites ici à cet article répondent à des questions posées par E. B. Dynkin en 1954–55. Cela vaut en particulier pour 5) ci-dessous et pour le remplacement de $k$ par $k + 1$ dans la Prop. 12.1. (Dans une version préliminaire, que je possède encore, c'est bien $k + 1$ qui figurait et, apparemment, je n'en ai plus vu la nécessité en passant à la rédaction finale.) Il a été également tenu compte d'une liste d'Errata due à A. L. Onishtchik, notés à l'occasion de la traduction de cet article en russe publiée dans le Recueil: «Espaces fibrés et leurs applications», édité par B. H. Boltyanski, E. B. Dynkin et M. M. Postnikov (Moscou, 1958).

144.2    Insérer «$c$» entre représentants et dans.

151.3    Remplacer «$H^2(X, Z)$ sans $p$-torsions» par «$X$ simplement connexe».

165.4    La démonstration de ce théorème est très pénible et, en fait, je ne sais si elle a eu d'autres lecteurs attentifs que J. Leray (cf. Introduction) et E. B. Dynkin (cf. 1) ci-dessus). En définitive, le point essentiel qui permet faire la récurrence est la notion d'éléments sans relations (devenue populaire plus tard dans un contexte voisin d'algèbre homologique sous le nom de suite régulière, ou $E$-suite) et le lemme 11.1, qui a lui aussi un analogue en algèbre homologique. Sous les hypothèses minimales et purement algébriques faites ici, il me semble difficile de pouvoir trouver une démonstration essentiellement différente. Mais il n'en est pas de même pour l'application faite dans le Théor. 19.1 à la fibration universelle $E_G \to B_G$ d'un groupe de Lie compact connexe $G$. Pour l'obtenir, on peut procéder plus directement dans le cadre de la suite spectrale d'Eilenberg-Moore. En effet, sous les hypothèses de 19.1, J. Moore a montré à l'aide de cette dernière, très directement, que $H^*(B_G; K_p)$ est une algèbre de polynômes en des générateurs ayant les degrés exigés (Sém. H. Cartan 1959–60, Exp. 7, Théor. 4.1 p. 14, Théor. I p. 33 et les commentaires p. 35, où il n'est pas nécessaire de supposer $G$ classique pour ce qui nous concerne). Cela étant acquis, c'est un exercice élémentaire de suites spectrales de voir que $H^*(G; K_p)$ est engendrée par des éléments transgressifs, satisfaisant aux conditions du Théorème.

180.5    Remplacer la fin de la démonstration du Théorème 1, à partir de la ligne 18, p. 172, par le texte suivant:
    Désignons par $D^i$, (resp. $T^i$), le sous-groupe de éléments décomposables (resp. universellement transgressifs), de $H^i(T, Z)$; la suite spectrale $(H'_r)$ sur $Z_0$ de la fibration universelle peut être envisagée comme le produit tensoriel par $Z_0$ de la suite spectrale de cette fibration sur $Z$; par conséquent si un élément $x \in H^i(G, Z)$ est transgressif dans $(H'_r)$, il existe un entier $m$ tel que $m \in T^i$; comme tout élément de $H^i(G, Z_0)$ admet un multiple contenu dans $H^i(G, Z)$, on déduit de la validité du

Théorème 19.1 pour $H(G, Z_0)$ que $D^i \cap T^i = (0)$ et que $D^i + T^i$ est un groupe de même rang que $H^i(G, Z)$.

Nous voulons maintenant construire par récurrence sur $j$, $(j = 2, 3, \ldots)$ une base d'algèbre extérieure $(x_{j,i})$ de $H(G, Z)$ ayant les propriétés suivantes:

(a) $x_{j,i}$ *est transgressif pour* $D x_{j,i} \leq j - i$ et $d_r \varkappa_r^2(1 \otimes x_{j,i}) = \varkappa_r^2(y_i \otimes 1)$, $(D x_{j,i} \leq j - i; r = D x_{j,i} + 1)$.

(b) $d_r \varkappa_r^2(1 \otimes x_{j,i}) = 0$, $(2 \leq r \leq j; D x_{j,i} \geq j)$,

ce qui terminera la démonstration. On note $Q^k$, (resp. $P_j^k$), le sous-groupe engendré par les $y_i$, (resp. $x_{j,i}$), de dimension $k$.

Supposons $(x_{s-1,i})$ construite. On pose alors

$$x_{s,i} = x_{s-1,i} \ (D x_{s-1,i} \leq s - 1) \, ;$$

par ailleurs, un calcul facile montre que

$$H_s \cong Z[Q^s, Q^{s+1}, \ldots] \otimes \Lambda (P_{s-1}^{s-1} + P_{s-1}^s + \ldots)$$

pour $D \leq n - s$; comme $E_\infty$ est triviale, la transgression est un isomorphisme de $H_s^{0,s-1} \cong P_{s-1}^{s-1}$ sur $H_s^{s,0} \cong Q^s$, d'où l'existence d'éléments $x_{s,i}$ de degré $s - 1$ vérifiant (a) et aussi le fait que $Z[Q^s] \otimes \Lambda P_s^{s-1}$ a une cohomologie triviale relativement à $d_s$; la sous-algèbre de $H_s$ engendrée par $\varkappa_s^2(Q^s \otimes 1)$ et $\varkappa_s^2(1 \otimes P_s^{s-1})$ a donc une cohomologie triviale au moins pour $D \leq n - s - 1$.

Admettons que des éléments $x_{s,i}$ satisfaisant à (a) et (b), avec $x_{s,i}$ congru à $x_{s-1,i}$ modulo les éléments décomposables, aient été choisis pour $i \leq k$, et soit $u = D x_{s-1,k+1}$; on peut donc supposer $u \geq s$, vu ce qui a été dit précédemment. On a

$$d_s \varkappa_s^2(1 \otimes x_{s-1,k+1}) = \Sigma \, a_i \otimes b_i \, ,$$

où $a_i \in \varkappa_s^2(Q^s \otimes \Lambda P_s^{s-1})$ et où $b_i$ parcourt une base de $\varkappa_s^2(\Lambda P_s^{s-1} + \ldots + P_s^{u-1})$. Par ailleurs, il suit de la remarque faite plus haut sur $D^i$ et $T^i$ qu'il existe un entier $m$ tel que

$$m \cdot x_{s-1,k+1} = z + t, \quad (z \in \Lambda (P_s^{s-1} + \ldots + P_s^{u-1})) \, ; \quad t \in T^u) \, .$$

Puisque $u \geq s$, l'élément $t$ est annulé par $d_s$ et l'on a

$$m \, d_s \, \varkappa_s^2(1 \otimes x_{s-1,k+1}) = d_s \, \varkappa_s^2(1 \otimes z) \, .$$

Posons

$$z = 1 \otimes \Sigma \, (c_i \otimes b_i) \, , \quad (c_i \in \Lambda P_s^{s-1}) \, .$$

Alors,

$$d_s \, \varkappa_s^2(1 \otimes z) = \Sigma \, d_s \, \varkappa_s^2(c_i \otimes b_i)$$

d'où $m \, a_i = d_s \, \varkappa_s^2 c_i$. Comme $H_s$ est sans torsion et comme la sous-algèbre engendrée par $Q^s$ et $P_s^{s-1}$ est triviale pour $D \leq n - s + 1$, il s'ensuit que $d_s a_i = 0$ et qu'il existe $\bar{a}_i \in \Lambda P_s^{s-1}$ tel que

$$a = d_s \, \varkappa_s^2(1 \otimes \bar{a}_i) \, .$$

Il en résulte que

$$d_s \varkappa_s^2 (1 \otimes x_{s-1,k+1}) = d_s (\varkappa_s^2 (1 \otimes \bar{a}_i) \otimes b_i) \, ,$$

ce qui permet de poser

$$x_{s,k+1} = x_{s-1,k+1} - \Sigma \, \bar{a}_i \otimes b_i \, .$$

De la même façon on construira $(x_{2,i})$, ce qui donne le point de départ de la récurrence.

183.6  Il s'agit ici simplement d'une constatation que l'on peut faire en cours de démonstration, et qui simplifie légèrement cette dernière, mais non d'un argument général à priori qui, lui, mènerait à une simplification considérable.

### 24. Sur certains sous-groupes des groupes de Lie compacts
(avec J-P. Serre)

219.1  Theorem 9.4 de [36] généralise le Théorème 1′ au cas d'une algèbre de Lie de dimension finie sur un corps de caractéristique zéro

220.2  Une Note de N. Jacobson, C. R. Acad. Sci. Paris **234** (1952), 579−581 contient un théorème qui en particulier étend la Proposition 4 à une algèbre de Lie de dimension finie sur un corps de caractéristique quelconque. Pour la Proposition 4 sur un corps quelconque, *voir* aussi N. Bourbaki, Groupes et algèbres de Lie I, Paris, Hermann éd. § 4 Exercice 21.

    V. A. Kreknin, Dokl. Ak. Nauk. SSSR **150** (1963), 467−469 a montré qu'une algèbre de Lie sur un corps admettant un automorphisme d'ordre fini sans point fixe $\neq 0$ est résoluble, résultat étendu ensuite par D. Winter à tout automorphisme (Jour. Algebra **8** (1968), 131−142, Cor. 1 to Theor. 2). Des analogues pour les groupes algébriques linéaires ont été aussi obtenus: si $G$ est un groupe algébrique connexe sur un corps quelconque qui admet un automorphisme $\sigma$ n'ayant que l'élément neutre comme point fixe, alors $G$ est résoluble, et nilpotent si $\sigma$ est d'ordre premier (D. Hertzig, Amer. J. Math. **83** (1961), 431−431, et **90** (1968), 1041−1047), résultat étendu au cas où $\sigma$ n'admet qu'un nombre fini de points fixes par D. Winter, Proc. A. M. S. **18** (1967), 371−377).

225.3  Il est facile de voir, par considération d'un plongement de $G$ dans un groupe unitaire, que $H^*(B_G; K_p)$ est une algèbre de type fini sur une algèbre de polynômes. Il s'ensuit que la série de Poincaré $A(t)$ s'identifie à une fraction rationnelle de la forme $P(t)/\prod_i (1 - t^{m_i})$, où $i$ parcourt un ensemble fini, les $m_i$ sont des entiers strictement positifs et $P(t)$ un polynôme à coefficients entiers (cf. D. Quillen, Annals of Math. **94** (1971), 549−602, Lemma 2.6). Cela étant, le raisonnement de la Proposition 7 montre aussi que l'on a $d_p(B_G) \geqq l_p(G)$, où $d_p(B_G)$ désigne l'ordre du pôle de $A(t)$ au point $t=1$. En fait, D. Quillen montre qu'il y a égalité (*loc. cit.* Cor. 7.8) et que les classes de conjugaison de $p$-sous-groupes abéliens commutatifs élémentaires maximaux correspondent bijectivement aux idéaux premiers minimaux de $H^*(B_G; K_p)$ (§ 10). Il signale aussi que $d_p(B_G)$ est la dimension de Krull de $H^*(B_G; K_p)$.

226.4    A. Kono et M. Mimura, Jour. Math. Kyoto University **17** (1977), 1−18, montrent que, sous l'hypothèse de ce corollaire, on a $l_2 = r$. Plus généralement soit $s(G)$ le nombre d'éléments d'un système simple de générateurs de $H^*(G; K_2)$. Alors cette hypothèse est équivalente à chacune des deux conditions: $l_2(G) \geqq s(G)$, et $l_2(G) = s(G)$. Si elles sont remplies on a évidemment $r = s(G)$. De plus, d'après [23], $H^*(B_G; K_2)$ est une algèbre de polynômes donc le corollaire 7.8 de D. Quillen cité dans la note précédente entraîne que les 2-sous-groupes commutatifs élémentaires maximaux de $G$ sont conjugués par automorphisme intérieurs (comme cela est du reste remarqué par A. Kono et M. Mimura, *loc. cit.*).

228.5    En fait, on a $l_2(\mathbf{E}_6) = 6$ d'après A. Kono et Mimura (*loc. cit.* 5). On peut aussi retrouver ce résultat par une méthode qui montre de plus que $7 \leqq l_2(\mathbf{E}_7) \leqq 8$ et $9 \leqq l_2(\mathbf{E}_8) \leqq 10$ et que $l_2(\mathbf{E}_7) = 7 \Rightarrow l_2(\mathbf{E}_8) = 9$.

### 26. Groupes de Lie et puissances réduites de Steenrod (avec J-P. Serre)

287.1    Le Théorème de J. F. Adams sur les applications d'invariant de Hopf un (Annals of Math. **72** (1960), 20−104) implique que cette Proposition est aussi valable sans l'hypothèse (c),

300.2    Contrairement à ce qu'il «est assez naturel de conjecturer», I. James (Proc. London Math. Soc. (3) **4** (1959), 536−547) a montré l'existence d'un entier $b_s$ tel que la fibration $\mathbf{W}_{m,s} \to \mathbf{S}^{2m-1}$, de fibre $\mathbf{W}_{m,s-1}$ ait une section si et seulement si $m$ est un multiple de $b_s$. Cet entier a été déterminé par J. F. Adams et G. Walker (Proc. Cambridge **61** (1965), 81−103). Par exemple $b_3$ (qui est notre $b_2$) est égal à 24. Voir le livre de I. James «The topology of Stiefel manifolds», London Math. Soc. Lectures **24** (1976), pour un exposé d'ensemble.

### 27. Les bouts des espaces homogènes de groupes de Lie

303.1    Cela a été démontré par G. D. Mostow (Amer. J. Math. **77** (1955), 247−277, Theor. 6.1). *Voir* aussi [41].

315.2    Contrairement à l'espoir émis ici, je ne suis pas revenu sur cette question. Bien entendu, (4.61) pour $n \geqq 4$ résulte si l'on veut de la validité de la conjecture de Poincaré (S. Smale, J. Stallings pour $n \geqq 5$, M. Freedman pour $n = 4$) mais on peut s'en tirer avec des moyens beaucoup plus modestes. La démonstration à laquelle il est fait allusion ici consiste simplement à faire voir, par considération des degrés de représentations linéaires irréductibles en basse dimension, que certaines inclusions de groupes sont uniques à conjugaison près. Des raisonnements semblables figurent dans la Thèse de J. Poncet (Comm. Math. Helv. **33** (1959), 109−120, § 2). Signalons encore que d'après G. Bredon (Annals of Math. **73** (1961), 556−565), le quotient de $SO$ (3) par le groupe de l'icosaèdre est le seul espace homogène non simplement connexe d'un groupe de Lie compact connexe ayant même homologie entière qu'une sphère.

## 29. Sur l'homologie et la cohomologie des groupes
## de Lie compacts connexes

356.1 Pour d'autres résultats sur la cohomologie des quotients de groupes classiques, *voir*
P. Baum and W. Browder (Topology **3** (1965), 305−336).

367.2 Il y a dans les §§ 15 et 16 deux erreurs qui ont été signalées et corrigées, indépendamment, par A. S. Švarc (Dokl. Ak. Nauk. USSR **104** (1955), 26−29) et J.
Kojima (Mem. Fac. Sci. Kyusju Un. Ser. A, **11** (1957), 1−14).

(a) Ma démonstration des Prop. 15.2, 15.3 n'est pas valable si $n \geqq 10$ est de la
forme $2^s + 1$. Pour établir 15.2, je crois montrer que $H^*(\mathbf{Spin}\,(n), Z_2)$ n'a pas de
système simple de générateurs primitifs pour $n \geqq 10$. En fait cela n'est pas vrai si
$n = 2^s + 1$ (et seulement dans ce cas). Cependant 15.2 et 15.3 sont exacts (*loc. cit.*).

(b) En m'appuyant sur un résultat communiqué oralement par H. Cartan, je
montre (p. 366−367) que $H_*(\mathbf{Spin}\,(n), Z_2)$, munie du produit de Pontrjagin, n'est pas
commutative pour $n \geqq 10$. En fait elle l'est si $n = 2^s + 1$ (et seulement dans ce cas si
$n \geqq 10$). Il a du reste été établi indépendamment que cette assertion de H. Cartan
était inexacte.

371.3 L'algèbre $H^*(B_{\mathbf{Spin}(n)}, Z_2)$ a été déterminée pour tout $n$ par D. G. Quillen (Math.
Annalen **194** (1971), 197−202).


## 30. Représentations linéaires et espaces homogènes kähleriens
## des groupes simples compacts

392.1 Les résultats des §§ 4, 5 ont été obtenus en collaboration avec André Weil vers la
fin de 1953. Ils avaient été suggérés par des calculs que j'avais fait peu avant avec
F. Hirzebruch, qui montraient que la dimension du système linéaire associé à un
poids dominant était celle de la représentation linéaire irréductible de $G$ ayant ce
poids dominant (cf. [43; 45]). Ce manuscrit était envisagé à l'époque comme un
premier état, partiel, d'un article à écrire en collaboration avec A. Weil, projet qui
n'a jamais été exécuté. Il n'était donc pas destiné à la publication tel quel. Il avait été
communiqué à J-P. Serre et a servi de base à son exposé au séminaire Bourbaki
(Exp. 100, Mai 1954, W. A. Benjamin, New York, 1966). Le § 2 de ce dernier est
extrait d'un autre manuscrit, sur les espaces homogènes kähleriens, non reproduit
ici.

396.2 Voir M. Goto, On algebraic homogeneous spaces. Amer. J. Math. **76** (1974),
811−818.


## 31. Kählerian coset spaces of semi-simple Lie groups

398.1 Les espaces homogènes kähleriens considérés ici comprennent notamment les
revêtements universels des «period mapping domains» de la théorie de P.
Griffiths. À ce titre, ils ont été étudiés au point de vue de la géométrie différentielle
et de l'analyse complexe par P. Griffiths et W. Schmid (Acta Math. **123** (1969),
253−302).

401.₂  L'article de J. L. Koszul a paru au Canadian M. J. **7** (1955), 562−576. En s'appuyant sur ce résultat, J. I. Hano a montré plus généralement qu'un domaine borné homogène admettant un groupe de Lie unimodulaire transitif d'automorphisme est symétrique (Amer. J. M. **79** (1957), 885−900). Tout cela apportait des réponses partielles positives à la question de E. Cartan mentionnée plus haut. Mais I. I. Piatetski-Shapiro fournissait bientôt un exemple, très surprenant à l'époque, d'un domaine borné homogène non symétrique de dimension complexe quatre (Dokl. Ak. Nauk. SSSR **124** (1959), 760−763). Sa théorie des domaines de Siegel de deuxième ou troisième espèce devait en mettre en évidence beaucoup d'autres. Elle le conduisit bientôt, en collaboration avec S. G. Gindikin et E. B. Vinberg, à une classification des domaines bornés homogènes (Trudy Mosc. Mat. Obšč **12** (1963), 359−358). *Voir* aussi I. I. Piatetski-Shapiro (Usp. Math. Nauk **20** (1965), no 2 (122), 3−51, Russian Math. Surveys **20** (1965), 1−48).

### 33. Topology of Lie groups and characteristic classes

419.₁  P. Baum et W. Browder ont répondu à cette question en montrant que pour $n > 8$ et divisible par 4, le groupe $\mathbf{SO}(n)$ n'a pas le même type d'homotopie que le groupe de semi-spineurs correspondant (Topology **3** (1965), 305−336, Theorem 9.1).

424.₂  La possibilité envisagée ici a été confirmée depuis: si $H^*(G; \mathbf{Z})$ et $H^*(U; \mathbf{Z})$ sont sans $p$-torsion et $K$ est un corps de caractéristique $p$, alors $H^*(G/U; K)$ est donné, au moins au point de additif, par la formule de H. Cartan, que l'on préfère écrire maintenant

$$\mathrm{Tor}_{H^*(B_G; K)}(K, H^*(B_U; K)) .$$

La démonstration revient à faire voir que la suite spectrale de Eilenberg-Moore de la fibration $G \to X \to B_U$, dont l'espace total $X$ a même type d'homotopie que $G/U$, dégénère. Quatre démonstrations en ont été données, la première annoncée par P. May (Bull. A.M.S. **74** (1968), 334−339), la dernière due à J. Wolf (Amer. Jour. Math. **99** (1977), 312−330). *Voir* aussi le rapport sur cette dernière par P. May (Math. Rev. **55**, 11284) pour des références et une discussion des relations entre ces démonstrations.

431.₃  Pour les démonstrations, *voir* R. Bott and H. Samelson, Amer. Jour. Math. **80** (1958), 964−1029, § 12).

432.₄  En fait, il s'est avéré que $\pi_{10}(\mathbf{G}_2) \otimes (\mathbf{Z}/3\,\mathbf{Z})$ est nul (voir 5) ci-dessous), ce qui supprimait le seul cas connu où la condition $p \geqq \dim G/\mathrm{rang}\, G - 1$ n'était pas nécessaire pour que le groupe simple $G$ soit $p$-régulier, au sens de J-P. Serre (Annals of Math. **58** (1953), 258−294). Dans cet article, Serre montrait que cette condition était suffisante pour tout $G$ et nécessaire pour tout $G$ classique. Depuis, P. G. Kumpel a prouvé qu'elle est aussi nécessaire pour $G$ exceptionnel (Proc. A.M.S. **16** (1965), 1350−1356).

433.₅  Cette table de groupes d'homotopie, qui m'avait été communiquée par *H.* Toda et figure dans sa Note aux C. R. Acad. Sci. Paris **241** (1955), 922−923, contient plusieurs erreurs. F. Hirzebruch et moi nous en sommes aperçus au début de 1957, lors des calculs qui ont été publiés dans [45: § 26]. A la base des arguments de Toda se trouvaient des résultats sur les groupes d'homotopie des sphères que les spécialistes estimaient démontrés, aussi a-t-il fallu plusieurs mois pour qu'un accord se fasse. En particulier, une autre démonstration de la nullité de $\pi_{10}(\mathbf{G_2}) \otimes (\mathbf{Z}/3\,\mathbf{Z})$ a été ensuite fournie par R. Bott et H. Samelson, utilisant la théorie de Morse (au printemps 1957, publiée ultérieurement dans *loc. cit.* 3), §§ 14, 15), et les résultats sur les groupes d'homotopie des groupes classiques ont été confirmés, en 1957 déjà, par les théorèmes de périodicité de R. Bott, qui lui ont été justement en partie suggérés par ces modifications à la table de Toda. Enfin, Toda lui-même a publié des corrections (Mem. Coll. Sci. Univ. Kyoto Ser. A, **31** (1958), 129–160, 191–210).

433.6   La question de J-P. Serre mentionée ici, à savoir si $\pi_i(SO\,(2\,n+1))$ et $\pi_i(Sp\,(n))$ ont la même composante $p$-primaire pout tout nombre premier impair et tout $i$, a reçu une réponse affirmative (B. Harris, Annals of Math. **74** (1961), 407–413).


## 36. On semi-simple automorphisms of Lie algebras (with G. D. Mostow)

469.1   Signalons deux généralisations de la Prop. 4.5. En caractéristique zéro, N. Jacobson (Pacific J. M. **12** (1962), 303–315) a montré que tout automorphisme (semi-simple ou non) d'une algébre de Lie non résoluble admet un point fixe $\neq 0$. D'autre part, D. Winter a prouvé qu'un automorphisme semi-simple d'un groupe linéaire algébrique connexe sur un corps quelconque laisse stable un sous-groupe de Cartan, et aussi un élément régulier si $G$ est de plus semi-simple (Bull. A. M. S. **72** (1966), 706–708). Theor. 3 and Proc. A. M. S. **18** (1967), 1107–1113, Theor. 4).

475.2   Une extension du Theor. 7.6 à des algèbres de Lie restreintes sur un corps de caractéristique non-nulle a été établie par D. Winter, Jour. Algebra **8** (1968), 131–142, Theor. 6. Pour une généralisation à des groupes connexes semi-simples sur un corps quelconque, *voir* R. Steinberg, Springer Lecture Notes **131** (1970), Part E, Theor. 5.16, p. 210–211).


## 39. Groupes linéaires algébriques

539.1   Dans ce corollaire, il faut supposer $G$ linéaire.


## 40. Transformation groups with two classes of orbits

533.1   Les démonstrations des résultats annoncés ici figurent dans le Chapitre XIV de [52].


## 42. The Poincaré duality in generalized manifolds

574.1   Pour des corrections à 7.2 et à la discussion le précédant, *voir* 7.13, p. 155 de [46].

583.1 Il est exact que le plus grand sous-groupe $N$ de $U$ qui est normal dans $G$ est le sous-groupe des éléments de $G$ agissant trivialement sur $G/U$ et que $N$ est contenu dans le noyau de la représentation d'isotropie. Mais il ne lui est pas forcément égal. C'est cependant le cas si tout sous-groupe invariant fermé de $U$ est engendré par des sous-groupes compacts, par exemple si $U$ est semi-simple connexe à centre fini ou est compact.

# Bibliographie

La numérotation de gauche suit l'ordre chronologique de parution (de rédaction pour [30] et [87]). Un chiffre romain I, II ou III à droite d'un titre indique dans quel volume l'article en question est contenu. Les titres suivis du signe 0 sont ceux des travaux non reproduits ici.


1. (avec J. de Siebenthal) Sur les sous-groupes fermés connexes de rang maximum des groupes de Lie clos, C. R. Acad. Sci., Paris **226** (1948) 1662–1664 — I, 1–2

2. Some remarks about Lie groups transitive on spheres and tori, Bull. Amer. Math. Soc. **55** (1949) 580–587 — I, 3–10

3. (avec J. de Siebenthal) Les sous-groupes fermés de rang maximum des groupes de Lie clos, Comment Math. Helv. **23** (1949) 200–221 — I, 11–32

4. Groupes d'homotopie des groupes de Lie, Espaces Fibrés et Homotopie, Sém. H. Cartan, E. N. S. Paris 1949–1950, Exp. 12, 13; Notes polycopiées, 2éme éd. Secrét. Mathématique, Soc. Math. France (1955) — 0

5. Limites projectives de groupes de Lie, C. R. Acad. Sci., Paris **230** (1950) 1197–1199 — I, 33–35

6. Sections locales de certains espaces fibrés, C. R. Acad. Sci., Paris **230** (1950) 1246–1248 — I, 36–38

7. Le plan projectif des octaves et les sphères comme espaces homogènes, C. R. Acad. Sci., Paris **230** (1950) 1378–1380 — I, 39–41

8. Groupes localement compacts, Séminaire Bourbaki, Exp. 29 (1949/50) — I, 42–54

9. (avec J-P. Serre) Impossibilité de fibrer un espace euclidien par des fibres compactes, C. R. Acad. Sci., Paris **230** (1950) 2258–2259 — I, 55–56

10. Remarques sur l'homologie filtrée, J. Math. Pures Appl., (9) **29** (1950) 313–322 — I, 57–66

11. Impossibilité de fibrer une sphère par un produit de sphères, C. R. Acad. Sci., Paris **231** (1950) 943–945 — I, 67–69

12. Sous-groupes compacts maximaux des groupes de Lie, Séminaire Bourbaki, Exp. 33 (1950/51) — I, 70–76

13. Sur la cohomologie des variétés de Stiefel et de certains groupes de Lie, C. R. Acad. Sci., Paris **232** (1951) 1628–1630 — I, 77–79

14. La transgression dans les espaces fibrés principaux, C. R. Acad. Sci., Paris **232** (1951) 2392–2394 — I, 80–82

15. Sur la cohomologie des espaces homogènes de groupes de Lie compacts, C. R. Acad. Sci., Paris **233** (1951) 569–571     I, 83–85

16. (avec J-P. Serre) Détermination des p-puissances réduites de Steenrod dans la cohomologie des groupes classiques. Applications, C. R. Acad. Sci., Paris **233** (1951) 680–682     I, 86–88

17. Cohomologie des espaces homogènes, Séminaire Bourbaki, Exp. 45 (1950/51)     0

18. Cohomologie des espaces localement compacts d'après J. Leray, Notes. E. P. F. Zürich, 1951; 3ème édition: Lect. Notes Math. **2** (1964)     0

19. (avec A. Lichnérowicz) Groupes d'holonomie des variétés riemanniennes, C. R. Acad. Sci., Paris **234** (1952) 1835–1837     I, 89–91

20. (avec A. Lichnérowicz) Espaces riemanniens et hermitiens symétriques, C. R. Acad. Sci., Paris **234** (1952) 2332–2334     I, 92–94

21. Les espaces hermitiens symétriques, Séminaire Bourbaki, Exp. 62 (1951/52)     I, 95–103

22. Les fonctions automorphes de plusieurs variables complexes, Bull. Soc. Math. France **80** (1952) 167–182     I, 104–119

23. Sur la cohomologie des espaces fibrés principaux et des espaces homogènes de groupes de Lie compacts, (Thèse, Paris, 1952) Ann. Math., (2) **57** (1953) 115–207     I, 121–216

24. (avec J-P. Serre) Sur certains sous-groupes des groupes de Lie compacts, Comment. Math. Helv. **27** (1953) 128–139     I, 217–228

25. La cohomologie mod 2 de certains espaces homogènes, Comment. Math. Helv. **27** (1953) 165–197     I, 229–261

26. (avec J-P. Serre) Groupes de Lie et puissances réduites de Steenrod, Amer. J. Math. **75** (1953) 409–448     I, 262–301

27. Les bouts des espaces homogènes de groupes de Lie, Ann. Math., (2) **58** (1953) 443–457     I, 302–316

28. Homology and cohomology of compact connected Lie groups, Proc. Nat. Acad. Sci. USA **39** (1953) 1142–1146     I, 317–321

29. Sur l'homologie et la cohomologie des groupes de Lie compacts connexes, Amer. J. Math. **76** (1954) 273–342     I, 322–391

30. Représentations linéaires et espaces homogènes kähleriens des groupes simples compacts (inédit, Mars 1954)     I, 392–396

31. Kählerian coset spaces of semi-simple Lie groups, Proc. Nat. Acad. Sci, USA **40** (1954) 1147–1151     I, 397–401

32. Topics in the homology theory of fibre bundles, Univ. of Chicago 1954 (Notes by E. Halpern), Lect. Notes Math. **36** (1967)     0

33. Topology of Lie groups and characteristic classes, Bull. Amer. Math. Soc. **61** (1955) 397–432     I, 402–437

34. Nouvelle démonstration d'un théorème de P. A. Smith, Comment. Math. Helv. **29** (1955) 27–39     I, 438–450

35. (with C. Chevalley) The Betti numbers of the exceptional groups, Mem. Amer. Math. Soc. **14** (1955) 1–9 — I, 451–459

36. (with G. D. Mostow) On semi-simple automorphisms of Lie algebras, Ann. Math., (2) **61** (1955) 389–405 — I, 460–476

37. Sur la torsion des groupes de Lie, J. Math. Pures Appl., (9) **35** (1955) 127–139 — I, 477–489

38. Groupes algébriques, Séminaire Bourbaki, Exp. 121 (1955/56) — 0

39. Groupes linéaires algébriques, Ann. Math., (2) **64** (1956) 20–82 — I, 490–552

40. Transformation groups with two classes of orbits, Proc. Nat. Acad. Sci. USA **43** (1957) 983–985 — I, 553–555

41. Travaux de Mostow sur les espaces homogènes, Séminaire Bourbaki, Exp. 142 (1956/57) — I, 556–564

42. The Poincaré duality in generalized manifolds, Mich. Math. J. **4** (1957) 227–239 — I, 565–577

43. (with F. Hirzebruch) Characteristic classes and homogeneous spaces I, Amer. J. Math. **80** (1958) 458–538 — I, 578–658

44. (avec J-P. Serre) Le théorème de Riemann-Roch, d'après Grothendieck, Bull. Soc. Math. France **86** (1958) 97–136 — I, 659–698

45. (with F. Hirzebruch) Characteristic classes and homogeneous spaces II, Amer. J. Math. **81** (1959) 315–382 — II, 1–68

46. Fixed points of elementary commutative groups, Bull. Amer. Math. Soc. **65** (1959) 322–326 — II, 69–73

47. (with F. Hirzebruch) Characteristic classes and homogeneous spaces III, Amer. J. Math. **82** (1960) 491–504 — II, 74–87

48. On the curvature tensor of the hermitian symmetric manifolds, Ann. Math., (2) **71** (1960) 508–521 — II, 88–101

49. (with J. C. Moore) Homology theory for locally compact spaces, Mich. Math. J. **7** (1960) 137–159 — II, 102–124

50. Density properties for certain subgroups of semi-simple groups without compact components, Ann. Math., (2) **72** (1960) 179–188 — II, 125–134

51. Commutative subgroups and torsion in compact Lie groups, Bull. Amer. Math. Soc. **66** (1960) 285–288 — II, 135–138

52. Seminar on transformation groups, Ann. Math. Stud. **46** (1960), (with contributions by G. Bredon, E. Floyd, D. Montgomery, R. Palais) — 0

53. Sous groupes commutatifs et torsion des groupes de Lie compacts connexes, Tôhoku Math. J., (2) **13** (1961) 216–240 — II, 139–163

54. (with Harish-Chandra) Arithmetic subgroups of algebraic groups, Bull. Amer. Math. Soc. **67** (1961) 579–583 — II, 164–168

55. Some properties of adele groups attached to algebraic groups, Bull. Amer. Math. Soc. **67** (1961) 583–585 — II, 169–171

56. (avec A. Haefliger) La classe d'homologie fondamentale d'un espace analytique, Bull. Soc. Math. France **89** (1961) 461–513    II, 172–224

57. (mit R. Remmert) Über kompakte homogene Kählersche Mannigfaltigkeiten, Math. Ann. **145** (1962) 429–439    II, 225–235

58. (with Harish-Chandra) Arithmetic subgroups of algebraic groups, Ann. Math., (2) **75** (1962) 485–535    II, 236–286

59. Ensembles fondamentaux pour les groupes arithmétiques, Colloque sur la Théorie des Groupes Algébriques, Bruxelles 1962, 23–40    II, 287–304

60. Some finiteness properties of adele groups over number fields, Publ. Math., Inst. Hautes Etud. Sci. **16** (1963) 5–30    II, 305–330

61. Arithmetic properties of linear algebraic groups, Proc. Int. Congr. Mathematicians, Stockholm 1962, Uppsala 1963, 10–22    II, 331–343

62. Compact Clifford-Klein forms of symmetric spaces, Topology **2** (1963) 111–122    II, 344–355

63. (with W. L. Baily Jr.) On the compactification of arithmetically defined quotients of bounded symmetric domains, Bull. Amer. Math. Soc. **70** (1964) 588–593    II, 356–361

64. (avec J-P. Serre) Théorèmes de finitude en cohomologie galoisienne, Comment. Math. Helv. **39** (1964) 111–164    II, 362–415

65. Cohomologie et rigidité d'espaces compacts localement symétriques, Séminaire Bourbaki, Exp. 265 (1963/64)    II, 416–423

66. (avec J. Tits) Groupes réductifs, Publ. Math., Inst. Hautes Etud. Sci. **27** (1965) 55–150    II, 424–520

67. Statement of the index theorem. Outline of proof, Chap. I in: Seminar on the Atiyah-Singer index theorem by R. Palais et al., Ann. Math. Stud. **57** (1965) 1–11    II, 521–531

68. A spectral sequence for complex analytic bundles, Appendix Two in: F. Hirzebruch, Topological methods in algebraic geometry, 3rd edition, 202–217, Springer 1966    II, 532–547

69. (with W. L. Baily Jr.) Compactification of arithmetic quotients of bounded symmetric domains, Ann. Math., (2) **84** (1966) 442–528    II, 548–634

70. Density and maximality of arithmetic subgroups, J. Reine Angew. Math. **224** (1966) 78–89    II, 635–646

71. Opérateurs de Hecke et fonctions zêta, Séminaire Bourbaki, Exp. 307 (1965/66)    II, 647–661

72. Class invariants, Chap. III, IV in: Seminar on complex multiplication, with S. Chowla, C. S. Herz, K. Iwasawa, J-P. Serre, Lect. Notes Math. **21** (1966)    0

73. Linear algebraic groups, Proc. Symp. Pure Math. **9,** Amer. Math. Soc. (1966) 3–19    II, 662–678

74. Reduction theory for arithmetic groups, Proc. Symp. Pure Math. **9,** Amer. Math. Soc. (1966) 20–25    II, 679–684

75. Introduction to automorphic forms, Proc. Symp. Pure Math. **9**, Amer. Math. Soc. (1966) 199–210    II, 685–696

76. (with T. A. Springer) Rationality properties of linear algebraic groups, Proc. Symp. Pure Math. **9**, Amer. Math. Soc. (1966) 26–32    II, 697–703

77. (with R. Narasimhan) Uniqueness conditions for certain holomorphic mappings, Invent. Math. **2** (1967) 247–255    II, 704–712

78. Sur une généralisation de la formule de Gauss-Bonnet, An. Acad. Bras. Cienc. **39** (1967) 31–37    II, 713–719

79. Ensembles fondamentaux pour les groupes arithmétiques et formes automorphes, Notes d'un cours à l'Inst. H. Poincaré 1964, rédigées par H. Jacquet, J.-J. Sansuq et B. Schiffmann, Ecole Normale Supérieure, Paris 1967    0

80. (with T. A. Springer) Rationality properties of linear algebraic groups II, Tôhoku Math. J., (2) **20** (1968) 443–497    II, 720–774

81. On the automorphisms of certain subgroups of semi-simple Lie groups, Proc. Inter. Colloquium on Algebraic Geometry 1968, Tata Institute, Bombay (1969) 43–73    III, 1–31

82. (avec J. Tits) On 'abstract' homomorphisms of simple algebraic groups, Proc. Colloquium on Algebraic Geometry 1968, Tata Institute, Bombay (1969) 75–82    III, 32–39

83. Injective endomorphisms of algebraic varieties, Arch. Math. **20** (1969) 531–537    III, 40–46

84. Introduction aux groupes arithmétiques, Actualités Sci. Ind. no 1341, Hermann, Paris (1969)    0

85. Linear algebraic groups (Notes by H. Bass), Math. Lecture Notes Series, Benjamin, Inc. New York (1969); Traduction russe Moscou MIR (1972)    0

86. Sous-groupes discrets de groupes semi-simples (d'après D. A. Kajdan et G. A. Margoulis), Séminaire Bourbaki, Exp. 358, (1968/69), Lect. Notes Math. **179** (1971) 199–216    III, 47–56

87. On periodic maps of certain $K(\pi, 1)$, (unpublished, 1969)    III, 57–60

88. Pseudo-concavité et groupes arithmétiques, Essays on Topology and Related Topics, Mémoires dédiés à G. de Rham, Springer (1970) 70–84    III, 61–75

89. Properties and linear representations of Chevalley groups, Seminar on algebraic groups and related finite groups, Lect. Notes Math. **131** (1970) 1–55    III, 76–108

90. (avec J-P. Serre) Adjonction de coins aux espaces symétriques; Applications à la cohomologie des groupes arithmétiques, C. R. Acad. Sci., Paris **271** (1970) 1156–1158    III, 109–111

91. (avec J-P. Serre) Cohomologie à supports compacts des immeubles de Bruhat-Tits; Applications à la cohomologie des groupes S-arithmétiques, C. R. Acad. Sci., Paris **272** (1971) 110–113    III, 112–115

92. (avec J. Tits) Eléments unipotents et sous-groupes paraboliques de groupes réductifs I, Invent. Math. **12** (1971) 95–104    III, 116–125

93. Cohomologie réelle stable de groupes S-arithmétiques, C. R. Acad. Sci., Paris **274** (1972) 1700–1702    III, 126–128

94. (avec J. Tits) Compléments à l'article: 'Groupes réductifs', Publ. Math., Inst. Hautes Etud. Sci. **41** (1972) 253–276    III, 129–152

95. Some metric properties of arithmetic quotients of symmetric spaces and an extension theorem, J. Differ. Geom. **6** (1972) 543–560    III, 153–170

96. Représentations de groupes localement compacts, Lect. Notes Math. **276** (1972)    0

97. (avec J. Tits) Homomorphismes 'abstraits' de groupes algébriques simples, Ann. Math., (2) **97** (1973) 499–571    III, 171–243

98. (with J-P. Serre) Corners and arithmetic groups. With an appendix by A. Douady and L. Hérault: Arrondissement des Variétés à coins. Comment. Math. Helv. **48** (1973) 436–491    III, 244–299

99. Cohomologie de certains groupes discrets et Laplacien $p$-adique (d'après H. Garland), Séminaire Bourbaki, Exp. 437 (1973/74), Lect. Notes Math. **431** (1975) 12–35    III, 300–314

100. Stable real cohomology of arithmetic groups, Ann. Sci. Ec. Norm. Super., (4) **7** (1974) 235–272    III, 315–352

101. Cohomology of arithmetic groups, Proc. Int. Congr. of Mathematicians, Vancouver, 1974, Vol. 1 (1975) 435–442    III, 353–360

102. Linear representations of semi-simple algebraic groups, Proc. Symp. Pure Math. **29**, Amer. Math. Soc. (1975) 421–439    III, 361–373

103. Formes automorphes et séries de Dirichlet (d'après R. P. Langlands), Séminaire Bourbaki, Exp. 466 (1974/75), Lect. Notes Math. **514** (1976) 183–222    III, 374–398

104. Cohomologie de sous-groupes discrets et représentations de groupes semi-simples, Astérisque **32–33** (1976) 73–112    III, 399–438

105. (avec J-P. Serre) Cohomologie d'immeubles et de groupes S-arithmétiques, Topology **15** (1976) 211–232    III, 439–460

106. Admissible representations of a semi-simple group over a local field with vectors fixed under an Iwahori subgroup, Invent. Math. **35** (1976) 233–259    III, 461–487

107. (with B. M. Schreiber) $p$-adic linear groups with ergodic automorphisms, Isr. J. Math. **24** (1976) 199–205    III, 488–494

108. Cohomologie de $SL_n$ et valeurs de fonctions zeta aux points entiers, Ann. Sc. Norm. Super. Pisa, Cl. Sci., (4) **4** (1977) 613–636; Correction, ibid. **7** (1980) 373    III, 495–519

109. (with G. Harder) Existence of discrete cocompact subgroups of reductive groups over local fields, J. Reine Angew. Math. **298** (1978) 53–64    III, 520–531

110. (avec J. Tits) Théorèmes de structure et de conjugaison pour les groupes algébriques linéaires, C. R. Acad. Sci., Paris **287** (1978) 55–57 — III, 532–534

111. On the development of Lie group theory, Proc. of the Bicentennial Congr. of the Dutch Math. Soc., Math. Centre Tract 100/101 (1979) 25–37 and Nieuw Archief voor Wiskunde (3) **27** (1979) 13–25; Math. Intell. **2.2** (1980) 67–72 — III, 535–547

112. (with H. Jacquet) Automorphic forms and automorphic representations, Proc. Symp. Pure Math. **33,** Part 1, Amer. Math. Soc. (1979) 189–202 — III, 548–561

113. Automorphic L-functions, Proc. Symp. Pure Math. **33,** Part 2, Amer. Math. Soc. (1979) 27–61 — III, 562–596

114. Symmetric compact complex spaces, Arch. Math. **33** (1979) 49–56 — III, 597–604

115. (with N. Wallach) Continuous cohomology, discrete subgroups and representations of reductive groups, Ann. Math. Stud. **94** (1980), Introduction — III, 605–613

116. Stable and $L^2$-cohomology of arithmetic groups, Bull. Amer. Math. Soc., (N.S.) **3** (1980) 1025–1027 — III, 614–616

117. Commensurability classes and volumes of hyperbolic 3-manifolds, Ann. Sc. Norm. Super. Pisa, Cl. Sci., (4) **8** (1981) 1–33 — III, 617–649

118. Stable real cohomology of arithmetic groups II, Prog. Math., Boston **14** (1981) 21–55 — III, 650–684

119. Mathematik: Kunst und Wissenschaft, Themen-Reihe der Carl Friedrich von Siemens Stiftung XXXIII München 1982 — III, 685–701

*A paraître:*

Cohomology and spectrum of an arithmetic group, Proc. of a Conference on Operator Algebras and Group Representations, Neptun, Rumania (1980), Pitman (1983)

On free subgroups of semi-simple groups, Enseign. Math. (2)

(with H. Garland) Laplacian and the discrete spectrum of an arithmetic group, to appear in the Amer. J. Math.

Regularization theorems in Lie algebra cohomology. Applications

(with W. Casselman) $L^2$-cohomology of locally symmetric manifolds of finite volume

$L^2$-cohomology and intersection cohomology of certain arithmetic varieties

# Acknowledgements

Springer-Verlag would like to thank the original publishers of Armand Borel's papers for granting permission to reprint them here.

The numbers following each source correspond to the numbering of the articles in the bibliography at the end of each volume.

Reprinted from Amer. J. Math., © by Johns Hopkins University Press: 26, 29, 43, 45, 47

Reprinted from An. Acad. Bras. Cienc., © by Academia Brasiliera de Ciencias: 78

Reprinted from Ann. Math. Stud., © by Princeton University Press: 67, 115

Reprinted from Ann. Math., (2), © by Princeton University Press: 23, 27, 36, 39, 48, 50, 58, 69, 97

Reprinted from Ann. Sc. Norm. Super. Pisa, Cl. Sci., (4), © by Scuola Normale Superiore, Italy: 108, 117

Reprinted from Ann. Sci. Ec. Norm. Super., (4), © by Editions Bordas-Dunod-Gauthier-Villars: 100

Reprinted from Arch. Math.,© by Birkhäuser Verlag, Basel: 83, 114

Reprinted from Astérisque, © by Société Mathématique de France: 104

Reprinted from Bull. Am. Math. Soc., © by The American Mathematical Society: 2, 33, 46, 51, 54, 55, 63, 116

Reprinted from Bull. Soc. Math. France, © by Editions Bordas-Dunod-Gauthier-Villars: 22, 44, 56

Reprinted from C. R. Acad. Sci., Paris, © by Editions Bordas-Dunod-Gauthier-Villars: 1, 5, 6, 7, 9, 11, 13, 14, 15, 16, 19, 20, 90, 91, 93, 110

Reprinted from Comment. Math. Helv., © by The University of Zürich: 3, 24, 25, 34, 64, 98

Reprinted from Essays on Topology and Related Topics, © by Springer-Verlag Berlin Heidelberg New York: 88

Reprinted from Invent. Math., © by Springer-Verlag Berlin Heidelberg New York: 77, 92, 106

Reprinted from Isr. J. Math., © by Weizmann Science Press: 107

Reprinted from J. Differ. Geom., © by The Lehigh University: 95

Reprinted from J. Math. Pures Appl., (9), © by Editions Bordas-Dunod-Gauthier-Villars: 10, 37

Reprinted from J. Reine Angew. Math., © by Walter de Gruyter & Co.: 70, 109

Reprinted from Math. Ann., © by Springer-Verlag Berlin Heidelberg New York: 57

Reprinted from Mem. Amer. Math. Soc., © by The American Mathematical Society: 35

Reprinted from Mich. Math. J., © by The University of Michigan: 42, 49

Reprinted from Proc. Int. Congr. Mathematicians, Stockholm, 1962, © by The American Mathematical Society: 61